新三导丛书

高等数学
导教·导学·导考

(高教·同济·第六版)

主　编　孙法国　王晓东
副主编　金上海　陈建莉
编　委　(按姓氏笔画为序)
丁小丽　王彩霞　张娟娟
贾悦利　樊　苗　薛应珍

西北工業大學出版社

【内容简介】 本书是根据多年的教学经验，在对教学大纲和课程内容进行深入研究和理解的基础上编写而成的。全书内容结构按照同济大学数学系编写的《高等数学》(第六版)的章节顺序共分12章。每章分6个板块：本章小结、释疑解难、典型例题分析、课后习题精解、模拟检测题、模拟检测题答案与提示。

本书是理工科院校本科生及经济管理类院校本科生学习高等数学的同步辅导资料，也可以作为研究生入学考试的复习参考资料。

图书在版编目（CIP）数据

高等数学导教·导学·导考/孙法国，王晓东主编. —西安：西北工业大学出版社，2014.8
(新三导丛书)
ISBN 978-7-5612-4123-3

Ⅰ.①高… Ⅱ.①孙…②王… Ⅲ.①高等数学—高等学校—教学参考资料 Ⅳ.①O13

中国版本图书馆CIP数据核字（2014）第201150号

出版发行：西北工业大学出版社
通信地址：西安市友谊西路127号 **邮编**：710072
电 话：(029)88493844 88491757
网 址：www.nwpup.com
印 刷 者：兴平市博闻印务有限公司
开 本：787 mm×1 092 mm 1/16
印 张：35.75
字 数：1 116千字
版 次：2014年9月第1版 2014年9月第1次印刷
定 价：59.80元

前　言

高等数学是理工科院校及经济管理类院校的一门重要基础课。为帮助读者学好高等数学，我们根据多年的教学经验，在对教学大纲和课程内容进行深入研究和理解的基础上编写了本书。本书是理工科院校本科生及经济管理类院校学生学习高等数学的同步辅导资料，也可以作为研究生入学考试的复习参考资料。

全书内容结构按照同济大学数学系编写的《高等数学》(第六版)的章节顺序共分12章。每章分为6个模块：

一、本章小结；

二、释疑解难；

三、典型例题分析；

四、课后习题精解；

五、模拟检测题；

六、模拟检测题答案与提示。

本书有以下几个特点：

(1)对每讲的内容及方法做了小结，并指出了课程考试重点和考研重点。

(2)通过"释疑解难"，对重点概念及容易混淆的问题进行了诠释及辨析，力求使读者建立起准确无误的概念。

(3)通过对典型例题的分析和解答，揭示了高等数学的解题方法、解题规律和解题技巧。

(4)精心设计模拟检测题，以方便初学者检测之用。

(5)根据大纲编写了考研模拟训练题，兼顾了考研学生复习的需要。

全书由孙法国和王晓东统稿。

限于水平，书中若有疏漏之处，敬请读者批评指正。

编　者

2014年5月

目　录

上　册

下　册

上　册

第1章　函数与极限

一、本章小结

(一) 本章小结

1. 映射的概念

设 X,Y 是两个非空集合，如果存在一个法则 f，使得对 X 中的每个元素 x，按法则 f，在 Y 中有唯一确定的元素 y 与之对应，则称 f 为从 X 到 Y 的映射，记作 $f:X\to Y$. 其中 y 称为元素 x（在映射 f 下）的像，记作 $f(x)$，即 $y=f(x)$；集合 X 称为映射 f 的定义域，记作 D_f，即 $D_f=X$；X 中的所有元素的像组成的集合称为映射 f 的值域，记作 R_f 或 $f(X)$，即 $R_f=f(X)=\{f(x)\mid x\in X\}$.

注　① 构成一个映射必须具备三个要素：集合 X，即定义域 $D_f=X$；集合 Y，即值域 $R_f\subset Y$；对应法则 f，使对每个 $x\in X$，有唯一确定的 $y=f(x)$ 与之对应.

② 对每个 $x\in X$，元素 x 的像 y 是唯一的；而对每个 $y\in R_f$，y 的原像不一定唯一；映射 f 的值域 R_f 是 Y 的子集，即 $R_f\subset Y$.

2. 函数的概念

设数集 $D\subset R$，则称映射 $f:D\to R$ 为定义在 D 上的函数，记作 $y=f(x)$，$x\in D$. 称 D 为该函数的定义域，x 为自变量，y 为因变量或函数.

注　① 确定函数的两个要素：定义域和对应法则.

② 两个函数相同的条件：定义域相同，且对应法则相同.

3. 函数的特性

(1) 有界性：设函数 $f(x)$ 在 I 上有定义（I 可以是 $f(x)$ 的整个定义域，也可以是定义域的一部分），如果存在正数 M，使得 $x\in I$ 时，$|f(x)|\leqslant M$，则称函数 $f(x)$ 在 I 上有界；如果这样的 M 不存在，则称函数 $f(x)$ 在 I 上无界.

注　① 正数 M 不是唯一的，但也不是任意的.

② 由于正数 M 不唯一，因此定义中的 $|f(x)|\leqslant M$ 也可以换成 $|f(x)|<M$.

③ 函数 $f(x)$ 是否有界与所讨论的区间有关. 例如，$f(x)=\dfrac{1}{x}$ 在 $[1,+\infty)$ 上有界，但在 $(0,+\infty)$ 内无界.

(2) 单调性：设函数 $f(x)$ 的定义域为 D，区间 $I\subset D$，如果对于 I 内的任何两点 x_1,x_2，当 $x_1<x_2$ 时，有 $f(x_1)<f(x_2)$（或 $f(x_1)>f(x_2)$），则称函数 $f(x)$ 在区间 I 内是单调增加（或减少）的函数. 这时区间 I 称为单调区间.

单调增加和单调减少的函数统称为单调函数.

注　单调性与区间有关. 例如，$y=x^2$ 在 $(-\infty,0]$ 上是单调减少，在 $[0,+\infty)$ 上是单调增加，因而在 $(-\infty,0]$ 或 $[0,+\infty)$ 上是单调的，但在 $(-\infty,+\infty)$ 上不是单调的.

(3) 奇偶性：设函数 $f(x)$ 的定义域 D 关于原点对称(即若 $x\in D$，必有 $-x\in D$)，如果对于任一 $x\in D$，都有 $f(-x)=f(x)$(或 $f(-x)=-f(x)$)，则称 $f(x)$ 为偶(或奇) 函数.

注 ① 偶函数的图形关于 y 轴对称，奇函数的图形关于原点对称.
② $f(x)=0$ 既是奇函数又是偶函数的函数，而且是唯一的.

(4) 周期性：设函数 $f(x)$ 的定义域为 D，如果存在一个不为零的数 T，对于任一 $x\in D$，有 $(x\pm T)\in D$，且 $f(x+T)=f(x)$ 恒成立，则称 $f(x)$ 为周期函数，T 称为 $f(x)$ 的周期.

注 ① 若 T 是 $f(x)$ 的周期，则 kT(k 为整数) 也是 $f(x)$ 的周期，通常周期函数的周期是指最小正周期.
② 不是任何周期函数都有最小正周期. 例如，$f(x)=c$(c 为常数) 是周期函数，但没有最小正周期.
③ 若 $f(x)$ 是周期为 T 的函数，则在定义域内每一个长度为 T 的区间上，函数图形有相同的形状.

4. 反函数

设函数 $y=f(x)$ 的定义域为 D，值域为 W，如果对于 W 中的每一个 y 值，在 D 上必有确定的 x 值(这样的 x 值可能不止一个) 与之对应，使 $f(x)=y$，这时 x 也是 y 的函数，称为 $y=f(x)$ 的反函数，记作 $x=\varphi(y)$，或 $x=f^{-1}(y)$.

注 ① 通常以 x 表示自变量，y 表示因变量，反函数 $x=\varphi(y)$ 或 $x=f^{-1}(y)$ 记为 $y=\varphi(x)$ 或 $y=f^{-1}(x)$.
② 把函数 $y=f(x)$ 和它的反函数 $y=\varphi(x)$ 画在同一坐标平面上，这两个图形关于直线 $y=x$ 对称.
③ 若 $y=f(x)$ 是单值单调增加(或减少) 的，则它的反函数 $y=\varphi(x)$ 也是单值单调增加(或减少) 的.

5. 复合函数

如果 y 是 u 的函数，$y=f(u)$，而 u 又是 x 的函数，$u=\varphi(x)$，且 $\varphi(x)$ 的值域全部或部分在 $f(u)$ 的定义域内，那么 y 为 x 的函数，记作 $y=f[\varphi(x)]$. 这个函数称为由 $y=f(u)$ 及 $u=\varphi(x)$ 复合而成的复合函数，u 称为中间变量.

注 函数的复合是有条件的，不是任何两个函数都可以复合成一个复合函数，只有 $u=\varphi(x)$ 值域与 $y=f(x)$ 定义域的交非空时，它们才能复合.

6. 基本初等函数

幂函数、指数函数、对数函数、三角函数及反三角函数统称为基本初等函数.

注 一定要掌握基本初等函数的定义域、值域、图形和它们所具有的函数特性.

7. 初等函数

由常数和基本初等函数经过有限次四则运算和有限次复合而得到的，并且可用一个式子表示的函数称为初等函数.

8. 双曲函数

(1) 双曲正弦函数 $$\mathrm{sh}x=\frac{\mathrm{e}^x-\mathrm{e}^{-x}}{2}$$

(2) 双曲余弦函数 $$\mathrm{ch}x=\frac{\mathrm{e}^x+\mathrm{e}^{-x}}{2}$$

(3) 双曲正切函数 $$\mathrm{th}x=\frac{\mathrm{sh}x}{\mathrm{ch}x}=\frac{\mathrm{e}^x-\mathrm{e}^{-x}}{\mathrm{e}^x+\mathrm{e}^{-x}}$$

9. 取整函数

设 x 为任一实数，不超过 x 的最大整数称为 x 的取整函数，记作 $y=[x]$.

10. 极限的概念

(1) 数列极限的定义：如果数列$\{x_n\}$与常数a有下列关系：对于任意给定的$\varepsilon>0$(不论它多么小)，总存在正整数N，使得对于$n>N$的一切x_n，不等式$|x_n-a|<\varepsilon$成立，则称常数a是数列$\{x_n\}$的极限，或称数列$\{x_n\}$收敛于a，记作$\lim\limits_{n\to\infty}x_n=a$或$x_n\to a(n\to\infty)$. 如果数列没有极限则称数列是发散的.

注 ① ε是任意给定的正数，ε的作用是刻画变量x_n与常数a的接近程度.ε是任意给定的，一旦给定就相对固定了，即在寻找正整数N的过程中不变.

② N是正整数，N的作用是刻画了从N以后所有的项x_n都满足$|x_n-a|<\varepsilon$. N依赖于ε，但不唯一.

③ 数列$\{x_n\}$的极限为a的几何解释：对于任意给定的$\varepsilon>0$，数列$\{x_n\}$落在$(a-\varepsilon,a+\varepsilon)$之外的点至多是有限个(即$N$个)(见图1.1). 由此推知收敛数列必有界.

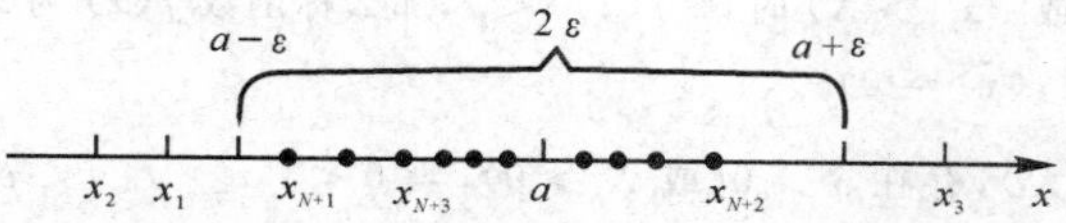

图 1.1

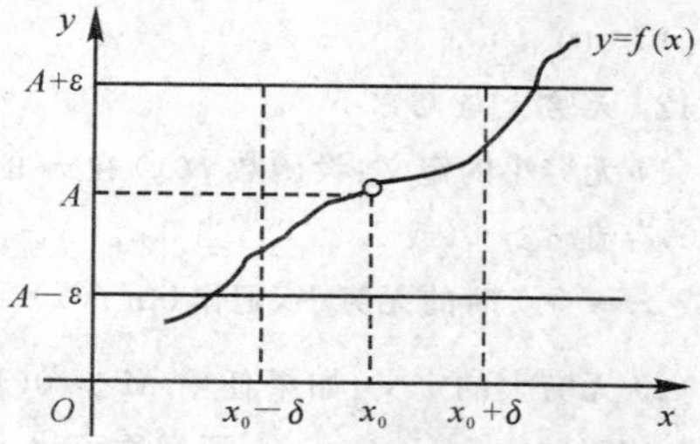

图 1.2

(2) $x\to x_0$时，函数$f(x)$的极限的定义：设函数$f(x)$在x_0的某个邻域内有定义(点x_0可除外)，如果任给$\varepsilon>0$(不论多么小)，存在$\delta>0$，当$0<|x-x_0|<\delta$时，$|f(x)-A|<\varepsilon$，则常数A称为函数$f(x)$当$x\to x_0$时的极限. 记作$\lim\limits_{x\to x_0}f(x)=A$或$f(x)\to A(x\to x_0)$.

注 ① ε是任意给定的正数，ε的作用是刻画$f(x)$与常数A的接近程度.ε是任意给定的，一旦给定就相对固定下来了，即在寻找δ的过程中不变.

② δ是正数，它用来刻画x与x_0的接近程度，δ与ε和x_0有关，当x_0给定后，δ依赖于ε. δ不唯一.

③ 当$x\to x_0$时，函数$f(x)$的极限存在与否，与点x_0邻域的函数值变化趋势有关，与$f(x)$在点x_0是否有定义无关. 若有定义，与$f(x_0)$的值是什么也无关. 这就是在定义中为什么不把$0<|x-x_0|<\delta$写成$|x-x_0|<\delta$的原因.

④ $\lim\limits_{x\to x_0}f(x)=A$的几何解释：任给$\varepsilon>0$，作平行于$x$轴的两条直线$y=A+\varepsilon$，$y=A-\varepsilon$，介于这两条直线之间是一横条区域，依定义，对于给定的x_0，存在点x_0的一个δ邻域$(x_0-\delta,x_0+\delta)$，当$y=f(x)$的图形上点的横坐标x在$(x_0-\delta,x_0+\delta)$内取值时，这些点的纵坐标$f(x)$满足$|f(x)-A|<\varepsilon$或$A-\varepsilon<f(x)<A+\varepsilon$，亦即这些点落在上面所作的横条区域内(见图1.2).

⑤ 由极限定义以及左右极限的定义可知，$\lim\limits_{x\to x_0}f(x)=A$的充要条件是$f(x_0-0)=f(x_0+0)=A$.

(3) $x\to\infty$时，函数$f(x)$的极限的定义：设函数$f(x)$对绝对值无论多大的x都有定义，如果任给$\varepsilon>0$，存在$X>0$，当$|x|>X$时，$|f(x)-A|<\varepsilon$，则常数A称为函数$f(x)$当$x\to\infty$时的极限，记作$\lim\limits_{x\to\infty}f(x)=A$或$f(x)\to A(x\to\infty)$.

如果$x>0$且无限增大(记作$x\to+\infty$)，只把上面定义中的$|x|>X$改为$x>X$，可得$\lim\limits_{x\to+\infty}f(x)=A$的定义；同样，$x<0$且$|x|$无限增大(记作$x\to-\infty$)，只把上面定义中$|x|>X$改为$x<-X$，便得$\lim\limits_{x\to-\infty}f(x)=A$的定义.

$$\lim_{x\to\infty} f(x) = A \Leftrightarrow \lim_{x\to+\infty} f(x) = \lim_{x\to-\infty} f(x) = A$$

11. 极限的性质

(1) 极限的唯一性：若数列或函数的极限存在，则极限值一定唯一．

(2) 收敛数列的有界性：若数列$\{x_n\}$收敛，则数列$\{x_n\}$一定有界．反之，结论不真．

(3) 函数极限的局部保号性：如果$\lim\limits_{x\to x_0} f(x) = A$，且$A > 0$（或$A < 0$），则存在点$x_0$某一去心邻域$\mathring{U}(x_0)$，当$x \in \mathring{U}(x_0)$时，有$f(x) > 0$（或$f(x) < 0$）．特别地，当$A \neq 0$时，则存在点$x_0$某一去心邻域$\mathring{U}(x_0)$，当$x \in \mathring{U}(x_0)$时，有$|f(x)| > \dfrac{|A|}{2}$．

(4) 保不等式性：如果在点x_0的某一去心邻域内，$f(x) \geqslant 0$（或$f(x) \leqslant 0$），且$\lim\limits_{x\to x_0} f(x) = A$，那么$A \geqslant 0$（或$A \leqslant 0$）．

12. 无穷大与无穷小

(1) 无穷小的定义：设函数$f(x)$在x_0的某一去心邻域内有定义（或$|x|$大于某一正数时有定义），若任给$\varepsilon > 0$，存在$\delta > 0$（或$X > 0$），当$0 < |x - x_0| < \delta$（或$|x| > X$）时，$|f(x)| < \varepsilon$，那么称函数$f(x)$为$x \to x_0$（或$x \to \infty$）时的无穷小，记作$\lim\limits_{x\to x_0} f(x) = 0$（或$\lim\limits_{x\to\infty} f(x) = 0$）．

(2) 无穷大的定义：如果任给$M > 0$（M无论多大），存在$\delta > 0$（或$X > 0$），当$0 < |x - x_0| < \delta$（或$|x| > X$）时，$|f(x)| > M$，那么称函数$f(x)$为$x \to x_0$（或$x \to \infty$）时的无穷大，记作$\lim\limits_{x\to x_0} f(x) = \infty$（或$\lim\limits_{x\to\infty} f(x) = \infty$）．

注　① 不要把无穷小与很小的数混为一谈．无穷小是在自变量某一变化过程中以零为极限的量．除"0"外任何一个绝对值很小很小的数都不能作为无穷小，仅"0"是唯一的无穷小常数．

② 无穷小（或无穷大）是对自变量的某一变化过程而言的．说函数是无穷小（或无穷大）时一定要强调自变量的变化过程．

③ 若函数$f(x)$是无穷大，则$f(x)$必无界；反之，不一定成立．例如，函数$f(x) = x\cos x$在$(-\infty, +\infty)$内无界，但由于$f(x)$的绝对值并不是无限增大的，故$f(x) = x\cos x$当$x \to \infty$时不是无穷大．

④ 无穷大与无穷小的关系：在自变量的同一变化过程中，若$f(x)$为无穷大，则$\dfrac{1}{f(x)}$为无穷小；反之，若$f(x)$为无穷小，且$f(x) \neq 0$，则$\dfrac{1}{f(x)}$为无穷大．

⑤ 函数极限与无穷小的关系：$\lim f(x) = A \Leftrightarrow f(x) = A + \alpha(x)$，其中$\alpha(x)$为无穷小．

13. 无穷小的比较

(1) 设α及β是同一极限过程中的两个无穷小，且$\alpha \neq 0$．

若$\lim \dfrac{\beta}{\alpha} = 0$，则称$\beta$是比$\alpha$高阶的无穷小，记作$\beta = o(\alpha)$．

若$\lim \dfrac{\beta}{\alpha} = \infty$，则称$\beta$是比$\alpha$低阶的无穷小．

若$\lim \dfrac{\beta}{\alpha} = c \neq 0$，则称$\beta$与$\alpha$是同阶的无穷小．

若$\lim \dfrac{\beta}{\alpha} = 1$，则称$\beta$与$\alpha$是等价无穷小，记作$\alpha \sim \beta$．

若$\lim \dfrac{\beta}{\alpha^k} = c \neq 0$，$k > 0$，则称$\beta$是$\alpha$的$k$阶无穷小．

(2) 等价无穷小的重要性质：若$\alpha \sim \alpha'$，$\beta \sim \beta'$，且$\lim \dfrac{\beta'}{\alpha'}$存在，则$\lim \dfrac{\beta}{\alpha} = \lim \dfrac{\beta'}{\alpha'}$．

(3) 常用的一些等价无穷小：当$x \to 0$时，有

$$\sin x \sim x,\quad \tan x \sim x,\quad \arcsin x \sim x,\quad \arctan x \sim x$$

$$\ln(1+x) \sim x,\quad e^x - 1 \sim x,\quad 1-\cos x \sim \frac{1}{2}x^2,\quad \sqrt{1+x}-\sqrt{1-x} \sim x$$

$$\sqrt{1+x}-1 \sim \frac{1}{2}x,\quad \sqrt[n]{1+x}-1 \sim \frac{x}{n},\quad a^x - 1 \sim x\ln a\ (a>1,\ a\neq 1)$$

14. 极限的运算法则

(1) 有限个无穷小的和是无穷小.

(2) 有界函数与无穷小的积是无穷小.

(3) 有限个无穷小的积是无穷小.

(4) 若 $\lim f(x) = A$, $\lim g(x) = B$,则

① $\lim[f(x) \pm g(x)] = \lim f(x) \pm \lim g(x) = A \pm B$;

② $\lim[f(x) \cdot g(x)] = \lim f(x) \cdot \lim g(x) = AB$;

③ $\lim \dfrac{f(x)}{g(x)} = \dfrac{\lim f(x)}{\lim g(x)} = \dfrac{A}{B}(B \neq 0)$.

注 ① 运算法则对数列同样成立.

② 由运算法则(4)中的①,②可推广到有限个函数的情形.

③ 由运算法则(4)中的②可推知:

$$\lim cf(x) = c\lim f(x)\ (c\text{为常数}),\quad \lim[f(x)]^n = [\lim f(x)]^n\ (n\text{为正整数})$$

(5) 几个常用公式:

① $\lim\limits_{x\to\infty} \dfrac{a_0x^m + a_1x^{m-1} + \cdots + a_m}{b_0x^n + b_1x^{n-1} + \cdots + b_n} = \begin{cases} \dfrac{a_0}{b_0}, & n = m \\ 0, & n > m \\ \infty, & n < m \end{cases}$.

② 当 $a > 0$ 时,$\lim\limits_{n\to\infty} \sqrt[n]{a} = 1$.

③ $\lim\limits_{n\to\infty} \sqrt[n]{n} = 1$.

(6) 复合函数的极限运算法则:设 $\lim\limits_{x\to x_0} \varphi(x) = a$,且在 x_0 某去心邻域内 $\varphi(x) \neq a$,又 $\lim\limits_{u\to a} f(u) = A$,则 $\lim\limits_{x\to x_0} f[\varphi(x)]$ 存在,且 $\lim\limits_{x\to x_0} f[\varphi(x)] = \lim\limits_{u\to a} f(u) = A$.

注 把上述法则中 $\lim\limits_{x\to x_0} \varphi(x) = a$ 换成 $\lim\limits_{x\to x_0} \varphi(x) = \infty$ 或 $\lim\limits_{x\to\infty} \varphi(x) = \infty$,而把 $\lim\limits_{u\to a} f(u) = A$ 换成 $\lim\limits_{u\to\infty} f(u) = A$,则有 $\lim\limits_{x\to x_0} f[\varphi(x)] = \lim\limits_{u\to\infty} f(u) = A$ 或 $\lim\limits_{x\to\infty} f[\varphi(x)] = \lim\limits_{u\to\infty} f(u) = A$.

15. 极限存在准则

(1) 单调有界原理:单调有界数列必有极限.

(2) 夹逼准则:若 $g(x) \leqslant f(x) \leqslant h(x)$,且 $\lim\limits_{\substack{x\to x_0 \\ (x\to\infty)}} g(x) = \lim\limits_{\substack{x\to x_0 \\ (x\to\infty)}} h(x) = A$,则 $\lim\limits_{\substack{x\to x_0 \\ (x\to\infty)}} f(x) = A$. 特别地,若 $y_n \leqslant x_n \leqslant z_n$,且 $\lim\limits_{n\to\infty} y_n = \lim\limits_{n\to\infty} z_n = a$,则 $\lim\limits_{n\to\infty} x_n = a$.

16. 两个重要极限

(1) $\lim\limits_{x\to 0} \dfrac{\sin x}{x} = 1$;

(2) $\lim\limits_{x\to\infty} \left(1 + \dfrac{1}{x}\right)^x = e$ (或 $\lim\limits_{x\to 0}(1+x)^{\frac{1}{x}} = e$).

17. 连续函数的概念

(1) 函数在一点连续的定义：

① 定义1：设函数 $f(x)$ 在点 x_0 的某一邻域内有定义，若 $\lim\limits_{x \to x_0} f(x) = f(x_0)$，则称函数 $f(x)$ 在点 x_0 连续.

② 定义2：若 $\lim\limits_{\Delta x \to 0} \Delta y = 0(\Delta y = f(x_0 + \Delta x) - f(x_0))$，则称函数 $f(x)$ 在点 x_0 连续.

③ 定义3：若任给 $\varepsilon > 0$，存在 $\delta > 0$，当 $|x - x_0| < \delta$ 时，$|f(x) - f(x_0)| < \varepsilon$，则称函数 $f(x)$ 在点 x_0 连续.

特别地，若 $\lim\limits_{x \to x_0^-} f(x) = f(x_0)$，则称函数 $f(x)$ 在点 x_0 左连续. 若 $\lim\limits_{x \to x_0^+} f(x) = f(x_0)$，则称函数 $f(x)$ 在点 x_0 右连续.

$f(x)$ 在点 x_0 连续的充要条件：$f(x)$ 在点 x_0 既左连续又右连续.

(2) 函数的间断点的定义：设函数 $f(x)$ 在点 x_0 的某个邻域内有定义(点 x_0 可以除外)，若函数具有下列三种情形之一：① 在 $x = x_0$ 没有定义；② 虽在 $x = x_0$ 有定义，但 $\lim\limits_{x \to x_0} f(x)$ 不存在；③ 虽在 $x = x_0$ 有定义，且 $\lim\limits_{x \to x_0} f(x)$ 存在，但 $\lim\limits_{x \to x_0} f(x) \neq f(x_0)$，则称函数 $f(x)$ 在点 x_0 不连续，点 x_0 称为 $f(x)$ 的间断点.

(3) 间断点的分类：设 x_0 是 $f(x)$ 的间断点，且 $f(x_0 - 0)$ 及 $f(x_0 + 0)$ 都存在，则称 x_0 为 $f(x)$ 的第一类间断点. 特别地，若 $f(x_0 - 0) = f(x_0 + 0)$，则称 x_0 为可去间断点. 若 $f(x_0 - 0) \neq f(x_0 + 0)$，则称 x_0 为跳跃间断点，不属于第一类间断点的就称为第二类间断点.

18. 连续函数的运算

(1) 若 $f(x)$ 及 $g(x)$ 在 $x = x_0$ 处连续，则 $f(x) \pm g(x)$，$f(x)g(x)$，$\dfrac{f(x)}{g(x)}(g(x_0) \neq 0)$，$|f(x)|$ 在 $x = x_0$ 处也连续.

(2) 反函数的连续性：若 $y = f(x)$ 在某区间上单调且连续，则其反函数 $y = f^{-1}(x)$ 在相应区间上也单调且连续.

(3) 复合函数的连续性：若 $y = f(u)$ 在点 u_0 连续，$u = \varphi(x)$ 在点 x_0 连续，且 $u_0 = \varphi(x_0)$，则复合函数 $f[\varphi(x)]$ 在点 x_0 连续，且有

$$\lim_{x \to x_0} f[\varphi(x)] = f[\lim_{x \to x_0} \varphi(x)] = f[\varphi(x_0)] = f(u_0)$$

或

$$\lim_{x \to x_0} f[\varphi(x)] = \lim_{u \to u_0} f(u) = f(u_0)$$

注　此式表示在上述条件下，求复合函数 $f[\varphi(x)]$ 的极限时，函数符号“f”与极限符号“lim”可以交换次序.

19. 初等函数的连续性

基本初等函数在其定义域内连续；初等函数在其定义区间上连续.

20. 闭区间上连续函数的性质

(1) 最值定理：闭区间上的连续函数一定有最大值和最小值.

(2) 介值定理：设 $f(x)$ 在 $[a,b]$ 上连续，c 是介于 $f(a)$ 与 $f(b)$ 之间的任何一个值($f(a) \neq f(b)$)，则存在 $\xi \in (a,b)$，使 $f(\xi) = c$.

(3) 零点定理：设 $f(x)$ 在 $[a,b]$ 上连续，且 $f(a)$ 与 $f(b)$ 异号，即 $f(a)f(b) < 0$，则在 (a,b) 内至少有一点 ξ，使 $f(\xi) = 0$.

(二) 基本要求

(1) 理解函数的概念，会求函数的定义域、表达式及函数值，会求分段函数的定义域、函数值，并会作出简单分段函数的图形.

(2) 理解和掌握函数的单调性、奇偶性、有界性和周期性，会判断所给函数具有的特性.

(3) 了解函数 $y = f(x)$ 与其反函数 $y = f^{-1}(x)$ 之间的关系(定义域，值域，图形)，会求单调函数的反

函数.

(4) 理解和掌握函数的四则运算与复合运算，熟练掌握复合函数的复合过程.

(5) 掌握基本初等函数的简单性质及其图形.

(6) 了解初等函数的概念.

(7) 会建立简单实际问题的函数关系式.

(8) 理解极限的概念(对极根的 $\varepsilon-N$，$\varepsilon-\delta$，$\varepsilon-X$ 定义可在学习过程中逐步加深理解. 对于给出 ε，求 N，δ 或 X 没有过高要求)，能根据极限的概念分析函数的变化趋势，会求函数在一点处的左极限与右极限，了解函数在一点处极限存在的充要条件.

(9) 了解极限的性质，掌握极限的四则运算法则.

(10) 理解无穷小与无穷大的概念，掌握无穷小的性质，无穷小与无穷大的关系，会进行无穷小阶的比较(高阶，低阶，同阶和等价)，掌握利用等价无穷小代换求极限.

(11) 了解两个极限存在准则(夹逼准则和单调有界准则)，熟练掌握用两个重要极限求极限的方法.

(12) 理解函数在一点连续与间断的概念，掌握判断函数(包括分段函数)在一点的连续性，理解函数在一点的连续性与极限存在关系.

(13) 会求函数的间断点，并会确定间断点的类型.

(14) 理解初等函数在其定义区间上的连续性，并会利用连续性求极限.

(15) 掌握闭区间上连续函数的性质(最值定理，零点定理，介值定理)，会运用这些性质推证一些简单命题.

(三) 重点与难点

重点：函数的概念，基本初等函数和初等函数的概念，复合函数的概念；数列极限和函数极限的概念，极限运算法则和极限存在准则，两个重要极限；无穷小阶的比较及等价无穷小在求极限中的应用；连续函数的概念和初等函数的连续性，间断点的概念和间断点类型的判断，闭区间上连续函数的性质.

难点：复合函数，极限概念，极限存在的准则，连续函数的概念，闭区间上连续函数性质的应用.

二、释疑解难

问题 1.1 函数 $y=\ln\left(\dfrac{\sqrt{1+x^2}-1}{\sqrt{1+x^2}+1}\right)$ 与 $y=2\ln\left(\dfrac{\sqrt{1+x^2}-1}{x}\right)$ 是相同的函数吗？

答 不同. 原因是它们的定义域不同. $y=\ln\left(\dfrac{\sqrt{1+x^2}-1}{\sqrt{1+x^2}+1}\right)$ 的定义域为 $D_1=\{x\mid x\neq 0,\ x\in\mathbf{R}\}$，$y=2\ln\left(\dfrac{\sqrt{1+x^2}-1}{x}\right)$ 的定义域为 $D_2=\{x\mid x>0,\ x\in\mathbf{R}\}$.

判断两个函数是否相同，应考虑它们的定义域及对应法则是否相同，这是函数定义的两个要素.

问题 1.2 $y=2\ln x$ 及 $x=2\ln y$ 是相同的函数吗？

答 相同. 虽然 $y=2\ln x$ 及 $x=2\ln y$ 在同一直角坐标系 xOy 中确实表示两条不同的曲线，但不同的曲线并不一定表示不同的函数. 曲线作为函数的几何表示，是要涉及坐标系的，而函数概念本身并不指定要与什么坐标相联系. 判断两个函数是否相同的标准，只是函数定义的两个要素，而与变量用什么字母表示无关，与坐标系的选取方式也无关.

因为函数 $y=2\ln x$ 与 $x=2\ln y$，其自变量有相同的定义域，因变量与自变量有相同的对应法则，所以它们是相同的函数.

由此可知，$y=e^x$ 的反函数既可以用 $x=\ln y$ 表示，也可以用 $y=\ln x$ 表示.

显然下列解答是错误的. 因为从 $x=2\ln y$ 中可解出等价的关系式 $y=e^{\frac{x}{2}}$，则 $y=2\ln x$ 与 $y=e^{\frac{x}{2}}$ 是两

个不同的函数，所以 $y=2\ln x$ 与 $x=2\ln y$ 是不同的函数．

问题 1.3 如何求复合函数的定义域？并求函数 $y=\arcsin\left[\lg\dfrac{x-1}{x-10}\right]$ 的定义域．

答 考虑复合函数定义域时应由最外层的复合关系算起，逐层向内推算，最后确定自变量 x 的取值范围. 若先由里层的复合关系算起，必然会顾此失彼．

函数 y 是一个复合函数，其复合关系为 $y=\arcsin u$，$u=\lg v$，$v=\dfrac{x-1}{x-10}$.

由于 $y=\arcsin u$ 的定义域为 $-1\leqslant u\leqslant 1$，从而推知 $-1\leqslant \lg v\leqslant 1$，即有 $0.1\leqslant v\leqslant 10$，最后归结为解不等式 $0.1\leqslant\dfrac{x-1}{x-10}\leqslant 10$，故所求定义域为 $\{x\mid x\geqslant 11\}\cup\{x\mid x\leqslant 0\}$.

问题 1.4 数列极限的定义是否可叙述为“对任意给定的 $\varepsilon\in(0,1)$，总存在正整数 N，当 $n>N$ 时，恒有 $|x_n-a|\leqslant 2\varepsilon$”？

答 本题涉及数列极限的实质问题．由数列极限定义可知，$\lim\limits_{n\to\infty}x_n=a$ 的充分必要条件是，对任意给定的 $\varepsilon>0$，总存在正整数 N，当 $n>N$ 时，恒有 $|x_n-a|<\varepsilon$ 成立．这里 $\varepsilon>0$ 是任意给定的要多小就有多小的正数，用以描述 x_n 与 a 之间的距离随着 n 的增大越来越小，在极限定义中，只要求 $\varepsilon>0$ 且充分小即可，因此，可限定 $0<\varepsilon<1$. 其次，由于 $|x_n-a|\leqslant 2\varepsilon$ 中 2ε 仍可充分小，它同样描述了 x_n 与 a 之间的距离随着 n 的增大要多小就有多小这一事实，因此，题中的叙述也可看作是数列 $\{x_n\}$ 以 a 为极限的定义，即为充分必要条件．

问题 1.5 函数极限与数列极限有什么联系？

答 如果对于任何以 x_0 为极限的数列 $x_n(x_n\neq x_0)$，有 $\lim\limits_{n\to\infty}f(x_n)=A$，那么 $\lim\limits_{x\to x_0}f(x)=A$. 反之，如果 $\lim\limits_{x\to x_0}f(x)=A$，那么对任何以 x_0 为极限的数列 $x_n(x_n\neq x_0)$，都有 $\lim\limits_{n\to\infty}f(x_n)=A$.

由此命题可知，如果 $\lim\limits_{n\to\infty}x_n=\lim\limits_{n\to\infty}x_n'=x_0$，并且 $\lim\limits_{n\to\infty}f(x_n)\neq\lim\limits_{n\to\infty}f(x_n')$，则 $\lim\limits_{x\to x_0}f(x)$ 不存在．例如，$f(x)=\sin\dfrac{1}{x}$，取 $x_n=\dfrac{2}{(4n+1)\pi}$，$x_n'=\dfrac{2}{(4n-1)\pi}$，且 $n=1,2,\cdots$，则 $\lim\limits_{n\to\infty}x_n=\lim\limits_{n\to\infty}x_n'=0$，但是 $\lim\limits_{n\to\infty}f(x_n)=1$，$\lim\limits_{n\to\infty}f(x_n')=-1$，即 $\lim\limits_{n\to\infty}f(x_n)\neq\lim\limits_{n\to\infty}f(x_n')$，所以，$\lim\limits_{x\to 0}f(x)=\lim\limits_{x\to 0}\sin\dfrac{1}{x}$ 不存在．此命题是判断极限不存在的一个有效工具．

问题 1.6 讨论函数的极限时，在什么情况下要考虑左、右极限？

答 一般地说，讨论函数 $f(x)$ 在点 x_0 的极限时，应先看一看左、右两侧极限的情况，如果当 $x\to x_0$ 时 $f(x)$ 在点 x_0 的两侧变化一致，即 $f(x)$ 在点 x_0 的两侧的表达式一样，则不必分开研究；如果左、右两侧的变化趋势可能有差别，即 $f(x)$ 在点 x_0 的两侧的表达式不一样，就应分开研究．尤其求分段函数在分段点处的极限时，须研究左、右极限；有些函数在特殊点的左、右极限不一样，在求极限时应加以注意．如 $\lim\limits_{x\to 0^-}\dfrac{1}{x}=-\infty$，$\lim\limits_{x\to 0^+}\dfrac{1}{x}=+\infty$；$\lim\limits_{x\to\frac{\pi}{2}^-}\tan x=+\infty$，$\lim\limits_{x\to\frac{\pi}{2}^+}\tan x=-\infty$；$\lim\limits_{x\to 0^-}\arctan\dfrac{1}{x}=-\dfrac{\pi}{2}$，$\lim\limits_{x\to 0^+}\arctan\dfrac{1}{x}=\dfrac{\pi}{2}$；$\lim\limits_{x\to 0^-}e^{\frac{1}{x}}=0$，$\lim\limits_{x\to 0^+}e^{\frac{1}{x}}=+\infty$.

问题 1.7 指出下列各题解法中的错误，并写出正确解法：

(1) $\lim\limits_{x\to 3}\dfrac{x}{x-3}=\dfrac{\lim\limits_{x\to 3}x}{\lim\limits_{x\to 3}(x-3)}=\infty$；

(2) $\lim\limits_{x\to\infty}(2x^3-x+1)=\lim\limits_{x\to\infty}2x^3-\lim\limits_{x\to\infty}x+1=\infty-\infty+1$；

(3) $\lim\limits_{n\to\infty}\left(\dfrac{1^2}{n^3}+\dfrac{2^2}{n^3}+\cdots+\dfrac{n^2}{n^3}\right)=\lim\limits_{n\to\infty}\dfrac{1^2}{n^3}+\lim\limits_{n\to\infty}\dfrac{2^2}{n^3}+\cdots+\lim\limits_{n\to\infty}\dfrac{n^2}{n^3}=0+0+\cdots+0=0$；

(4) $\lim\limits_{n\to\infty}\left[\dfrac{(-1)^n}{n+1}\sin n!\right]=\lim\limits_{n\to\infty}\dfrac{(-1)^n}{n+1}\lim\limits_{n\to\infty}\sin n!=0.$

答　(1) 错用了商的极限运算法则．因为分母的极限为零，所以不能用商的极限运算法则．正确解法是利用无穷小与无穷大的关系来求．

因为
$$\lim_{x\to 3}\frac{x-3}{x}=\frac{\lim\limits_{x\to 3}(x-3)}{\lim\limits_{x\to 3}x}=\frac{0}{3}=0$$

所以
$$\lim_{x\to 3}\frac{x}{x-3}=\infty$$

(2) 错用了函数代数和的极限运算法则．因为$\lim\limits_{x\to\infty}2x^3=\infty$，$\lim\limits_{x\to\infty}x=\infty$都属于极限不存在情形，所以不能用代数和的极限运算法则．"∞"只是一个记号，不能进行四则运算．正确的解法应该利用无穷小与无穷大的关系来求．

因为
$$\lim_{x\to\infty}\frac{1}{2x^3-x+1}=\lim_{x\to\infty}\frac{\frac{1}{x^3}}{2-\frac{1}{x^2}+\frac{1}{x^3}}=\frac{\lim\limits_{x\to\infty}\frac{1}{x^3}}{\lim\limits_{x\to\infty}\left(2-\frac{1}{x^2}+\frac{1}{x^3}\right)}=\frac{0}{2}=0$$

所以
$$\lim_{x\to\infty}(2x^3-x+1)=\infty$$

(3) 错用了和的极限运算法则．因为式中的项数随n的无限增大而无限增多，不是有限项，所以不能用上述法则．正确解法是先化为有限项代数和或有限项乘积形式再求极限．

$$\lim_{n\to\infty}\left(\frac{1^2}{n^3}+\frac{2^2}{n^3}+\cdots+\frac{n^2}{n^3}\right)=\lim_{n\to\infty}\left[\frac{1^2+2^2+\cdots+n^n}{n^3}\right]=\lim_{n\to\infty}\frac{\frac{1}{6}n(n+1)(2n+1)}{n^3}=$$
$$\frac{1}{6}\lim_{n\to\infty}\left(1+\frac{1}{n}\right)\left(2+\frac{1}{n}\right)=\frac{1}{6}\times1\times2=\frac{1}{3}$$

(4) 错用了极限的乘法法则．因为$\lim\limits_{n\to\infty}\sin n!$不存在，所以不能用乘法法则．正确解法是根据无穷小与有界函数的乘积是无穷小的定理来求．

因为$\lim\limits_{n\to\infty}\dfrac{(-1)^n}{n+1}=0$，$|\sin n!|\leqslant 1$，即$\sin n!$有界，所以$\lim\limits_{n\to\infty}\left[\dfrac{(-1)^n}{n+1}\cdot\sin n!\right]=0$.

问题1.8　"凡分段函数都不是初等函数"对吗？

答　不对．初等函数是指由常数及基本初等函数经过有限次四则运算及有限次复合所得到的，并能用一个式子表示的函数．分段函数不是用一个式子表示的函数，但不能说"凡分段函数都不是初等函数"．例如，$y=\begin{cases}x, & x\geqslant 0\\ -x, & x<0\end{cases}$是一个分段函数，但它也可用一个式子$y=\sqrt{x^2}$来表示．事实上，$y=\sqrt{x^2}$是由$y=\sqrt{u}$，$u=x^2$复合而成，因此，这个分段函数是初等函数．又如，$y=\begin{cases}x, & x\geqslant 0\\ 1, & x<0\end{cases}$是一个分段函数，却不是初等函数．

问题1.9　为什么说初等函数在其定义区间上都是连续的，而不说在其定义域上都连续呢？

答　定义区间与定义域是不同的，定义区间是包含在定义域内的区间，是一个区间；定义域不一定是区间．基本初等函数在其定义域上连续，是因为基本初等函数的定义域都是区间，但初等函数在其定义域的某些点上不一定连续．例如，初等函数$f(x)=\sqrt{\dfrac{x^2}{x+1}+4}$的定义域为$x=-2$及$(-1,+\infty)$．$(-1,+\infty)$是$f(x)$的定义区间，$x=-2$是$f(x)$定义域内的一个孤立点．因为$f(x)$在$x=-2$附近没有定义，所以$f(x)$在$x=-2$间断．故函数$f(x)$在它的定义区间$(-1,+\infty)$内连续，在其定义域$x=-2$及$(-1,+\infty)$内不连续．

问题1.10　利用闭区间上连续函数的性质时应注意什么？

答　如果$f(x)$是闭区间$[a,b]$上连续的函数，则在这闭区间内一定有最大值和最小值，这就是最值定理．还有，如果$f(x)$在闭区间$[a,b]$上连续，且$f(a)$与$f(b)$异号(即$f(a)f(b)<0$)，则在开区间(a,b)内一定有$f(\xi)=0(a<\xi<b)$，即在(a,b)内一定有方程$f(x)=0$的根，这就是零点定理．这两个定理中$f(x)$在

闭区间上连续的条件是很重要的，若把闭区间改为开区间结论不一定成立．例如，$y=\tan x$ 在 $\left(-\frac{\pi}{2},\frac{\pi}{2}\right)$ 内连续，但是它在 $\left(-\frac{\pi}{2},\frac{\pi}{2}\right)$ 内既无最大值也无最小值．又如 $y=\frac{1}{\sqrt{1-x^2}}$ 在 $(-1,1)$ 内连续，它在 $(-1,1)$ 内无最大值．但是，1 是它的最小值．当然，在开区间内连续的函数也可能既有最大值，又有最小值．例如，$\sin x$ 在 $(-\pi,\pi)$ 内连续，它有最大值 1 与最小值 -1．又如函数 $f(x)=\begin{cases}x+1, & 0<x\leqslant 1\\ -1, & x=0\end{cases}$ 在 $(0,1)$ 内连续，且 $f(0)=-1<0$，$f(1)=2>0$，但在 $(0,1)$ 内方程 $f(x)=0$ 没有根，即函数 $f(x)$ 在 $(0,1)$ 内无零点．再如 $f(x)=\begin{cases}x-\frac{1}{2}, & 0<x\leqslant 1\\ -1, & x=0\end{cases}$ 在 $(0,1)$ 内连续，且 $f(0)=-1<0$，$f(1)=\frac{1}{2}>0$，但是，在 $(0,1)$ 内，$x=\frac{1}{2}$ 是方程 $f(x)=0$ 的根．

三、典型例题分析

例 1.1 设 $f(x)=\mathrm{e}^{x^2}$，$f[\varphi(x)]=1-x$，且 $\varphi(x)\geqslant 0$，求 $\varphi(x)$ 及其定义域．

解 由 $f(x)=\mathrm{e}^{x^2}$ 知，$f[\varphi(x)]=\mathrm{e}^{\varphi^2(x)}=1-x$，又 $\varphi(x)\geqslant 0$，则 $\varphi(x)=\sqrt{\ln(1-x)}$，由

$$\ln(1-x)\geqslant 0\Rightarrow 1-x\geqslant 1\Rightarrow x\leqslant 0$$

可知，$\varphi(x)$ 的定义域为 $x\leqslant 0$．

例 1.2 设 $f(x)=\begin{cases}1, & |x|\leqslant 1\\ 0, & |x|>1\end{cases}$，则 $f[f(x)]=$ ______．

分析 因为 $|f(x)|\leqslant 1$，所以 $f[f(x)]=1$．

答 1．

例 1.3 设 $g(x)=\begin{cases}2-x, & x\leqslant 0\\ x+2, & x>0\end{cases}$，$f(x)=\begin{cases}x^2, & x<0\\ -x, & x\geqslant 0\end{cases}$，则 $g[f(x)]=$（　　）．

A. $\begin{cases}2+x^2, & x<0\\ 2-x, & x\geqslant 0\end{cases}$　　B. $\begin{cases}2+x^2, & x<0\\ 2-x, & x\geqslant 0\end{cases}$

C. $\begin{cases}2-x^2, & x<0\\ 2-x, & x\geqslant 0\end{cases}$　　D. $\begin{cases}2+x^2, & x<0\\ 2+x, & x\geqslant 0\end{cases}$

分析 函数 $g[f(x)]$ 是一个复合函数．

令 $y=g(u)=\begin{cases}2-u, & u\leqslant 0\\ u+2, & u>0\end{cases}$，$u=f(x)=\begin{cases}x^2, & x<0\\ -x, & x\geqslant 0\end{cases}$，当 $x<0$ 时，$u=x^2>0$，则

$$g(u)=u+2=2+x^2$$

当 $x\geqslant 0$ 时，$u=-x\leqslant 0$，则

$$g(u)=2-u=2-(-x)=2+x$$

故

$$g[f(x)]=\begin{cases}2+x^2, & x<0\\ 2+x, & x\geqslant 0\end{cases}$$

答 选 D．

注　要求两个分段函数 $y=f(u)$ 和 $u=\varphi(x)$ 的复合函数 $y=f[\varphi(x)]$，实际上就是将 $u=\varphi(x)$ 代入 $y=f(u)$．而这里关键是要搞清 $u=\varphi(x)$ 的函数值 $\varphi(x)$ 落在 $y=f(u)$ 的定义域的哪一部分．

例 1.4 用数列极限的"$\varepsilon-N$"定义证明 $\lim\limits_{n\to\infty}\frac{\sqrt{n^2+a^2}}{n}=1$．

证明　因为 $\left|\dfrac{\sqrt{n^2+a^2}}{n}-1\right|=\left|\dfrac{\sqrt{n^2+a^2}-n}{n}\right|=\dfrac{a^2}{n(\sqrt{n^2+a^2}+n)}\leqslant\dfrac{a^2}{n}$，所以任给 $\varepsilon>0$，要使 $\left|\dfrac{\sqrt{n^2+a^2}}{n}-1\right|<\varepsilon$，只要 $\dfrac{a^2}{n}<\varepsilon$，即 $n>\dfrac{a^2}{\varepsilon}$. 取 $N=\left[\dfrac{a^2}{\varepsilon}\right]+1$，则当 $n>N$ 时，有 $\left|\dfrac{\sqrt{n^2+a^2}}{n}-1\right|<\varepsilon$ 成立. 故由数列极限定义得 $\lim\limits_{n\to\infty}\dfrac{\sqrt{n^2+a^2}}{n}=1$.

例 1.5　用函数极限的定义证明：$\lim\limits_{x\to1}\dfrac{x}{1+x^2}=\dfrac{1}{2}$.

证明　因为 $\left|\dfrac{x}{1+x^2}-\dfrac{1}{2}\right|=\left|\dfrac{2x-1-x^2}{2(1+x^2)}\right|=\dfrac{(x-1)^2}{2(1+x^2)}\leqslant\dfrac{(x-1)^2}{2}$，所以任给 $\varepsilon>0$，只要 $\dfrac{(x-1)^2}{2}<\varepsilon$，即 $|x-1|<\sqrt{2\varepsilon}$，取 $\delta=\sqrt{2\varepsilon}$，则当 $0<|x-1|<\delta$ 时，有 $\left|\dfrac{x}{1+x^2}-\dfrac{1}{2}\right|<\varepsilon$，故由定义知 $\lim\limits_{x\to1}\dfrac{x}{1+x^2}=\dfrac{1}{2}$.

例 1.6　用函数极限的定义证明：$\lim\limits_{x\to2}(x^2+x)=6$.

证明　因为 $|x^2+x-6|=|x-2||x+3|$，将 x 限制在 $|x-2|<1$ 内，此时，$|x+3|=|(x-2)+5|\leqslant|x-2|+5<6$，从而 $|x^2+x-6|<6|x-2|$，所以任给 $\varepsilon>0$，只要 $6|x-2|<\varepsilon$，即 $|x-2|<\dfrac{\varepsilon}{6}$，取 $\delta=\min\left\{1,\dfrac{\varepsilon}{6}\right\}$，则当 $0<|x-2|<\delta$ 时，有 $|x^2+x-6|<\varepsilon$，故 $\lim\limits_{x\to2}(x^2+x)=6$.

注　在此例中，不直接取 $\delta=\dfrac{\varepsilon}{6}$，而取 $\delta=\min\left\{1,\dfrac{\varepsilon}{6}\right\}$，这是因为上面的放大是在 $|x-2|<1$ 条件下进行的，最后取 δ 时必须满足此条件的限制.

小结　(1) 用定义证明极限，首先，要弄清楚要证明的极限类型，这样才能确定要找的是 N,δ 还是 X；其次，解不等式 $|x_n-a|<\varepsilon$ 或 $|f(x)-A|<\varepsilon$，直接解有困难时，可适当放大不等式.

(2) 用分析定义证明极限 $\lim\limits_{n\to\infty}x_n=a$（函数极限 $\lim\limits_{x\to\infty}f(x)=a$ 类似）的方法步骤：

方法一：直接解不等式 $|x_n-a|<\varepsilon$ 步骤如下：

① 任意给定 $\varepsilon>0$；

② 解不等式 $|x_n-a|<\varepsilon$，解得 $n>\varphi(\varepsilon)$；

③ 令 $N=[\varphi(\varepsilon)]$；

④ 指出当 $n>N$ 时，有 $|x_n-a|<\varepsilon$ 成立.

方法二：适当放大法，其步骤如下：

① 任意给定 $\varepsilon>0$；

② 将 $|x_n-a|$ 放大为 $g(n)$（有时要先对 n 作一些限制，假定 $n>N_1$），解不等式 $g(n)<\varepsilon$，解出 $n>\varphi(\varepsilon)$，放大的目的是为了容易求出 $n>\varphi(\varepsilon)$；

③ 取 $N=[\varphi(\varepsilon)]$（或选取 $N=\max\{N_1,[\varphi(\varepsilon)]\}$）；

④ 指出当 $n>N$ 时，有 $|x_n-a|<\varepsilon$ 成立.

(3) 用分析定义证明 $\lim\limits_{x\to x_0}f(x)=A$ 的方法步骤：

方法一：直接解不等式 $|f(x)-A|<\varepsilon$.

方法二：适当放大法，其步骤如下：

① 任意给定 $\varepsilon>0$；

② 将 $|f(x)-A|$ 放大为 $g(x)$（有时对 x 作一些限制，假定在 $|x-x_0|<\delta_1$ 的条件下），解不等式 $g(x)<\varepsilon$，得其解为 $0<|x-x_0|<\delta_2$；

③ 取 $\delta=\min\{\delta_1,\delta_2\}$；

④ 指出当 $0<|x-x_0|<\delta$ 时,有 $|f(x)-A|<\varepsilon$ 成立.

(4) 用放大法放大不等式的几点要求:

① 放大要适当(不能放得太大),将 $|x_n-a|$(或 $|f(x)-A|$)放大为 $g(n)$(或 $g(x)$)时,$g(n)$(或 $g(x)$)要满足 $n\to\infty$ 时,$g(n)\to 0$(或 $x\to\infty$ 时,$g(x)\to 0$),且由不等式 $g(n)<\varepsilon$ 容易解出 n(或由不等式 $g(x)<\varepsilon$ 容易解出 x);

② 当 $|x_n-a|$(或 $|f(x)-A|$)去掉绝对值后,若为正分式时,常用分子放大、分母缩小,而使整个分式放大;若不为分式时,往往可以通过代数或三角变换以及有关函数的性质使其放大.

证明 $\lim\limits_{x\to x_0} f(x)=A$ 时,放大不等式 $|f(x)-A|\leqslant g(x)$,要切记保留 $|x-x_0|$.

例 1.7 $\lim\limits_{n\to\infty}(\sqrt{n+3\sqrt{n}}-\sqrt{n-\sqrt{n}})=$______.

分析 原式 $=\lim\limits_{n\to\infty}\dfrac{n+3\sqrt{n}-n+\sqrt{n}}{\sqrt{n+3\sqrt{n}}+\sqrt{n-\sqrt{n}}}=\lim\limits_{n\to\infty}\dfrac{4\sqrt{n}}{\sqrt{n+3\sqrt{n}}+\sqrt{n-\sqrt{n}}}=$

$$\lim_{n\to\infty}\frac{4}{\sqrt{1+\frac{3}{\sqrt{n}}}+\sqrt{1-\frac{1}{\sqrt{n}}}}=2$$

答 2.

例 1.8 $\lim\limits_{n\to\infty}[\sqrt{1+2+\cdots+n}-\sqrt{1+2+\cdots+(n-1)}]=$______.

分析 原式 $=\lim\limits_{n\to\infty}\left[\sqrt{\dfrac{n(n+1)}{2}}-\sqrt{\dfrac{n(n-1)}{2}}\right]=\dfrac{1}{\sqrt{2}}\lim\limits_{n\to\infty}(\sqrt{n^2+n}-\sqrt{n^2-n})=$

$$\frac{\sqrt{2}}{2}\lim_{n\to\infty}\frac{2n}{\sqrt{n^2+n}+\sqrt{n^2-n}}=\frac{\sqrt{2}}{2}\lim_{n\to\infty}\frac{2}{\sqrt{1+\frac{1}{n}}+\sqrt{1-\frac{1}{n}}}=\frac{\sqrt{2}}{2}$$

答 $\dfrac{\sqrt{2}}{2}$.

例 1.9 设函数 $f(x)=a^x(a>0,\ a\neq 1)$,则 $\lim\limits_{n\to\infty}\dfrac{1}{n^2}\ln[f(1)f(2)\cdots f(n)]=$______.

分析 原式 $=\lim\limits_{n\to\infty}\dfrac{1}{n^2}\ln(a^1a^2\cdots a^n)=\lim\limits_{n\to\infty}\dfrac{1}{n^2}\ln a^{1+2+\cdots+n}=\lim\limits_{n\to\infty}\dfrac{1}{n^2}\ln a^{\frac{n(n+1)}{2}}=$

$$\lim_{n\to\infty}\frac{n(n+1)}{2n^2}\ln a=\frac{1}{2}\ln a$$

答 $\dfrac{1}{2}\ln a$.

例 1.10 $\lim\limits_{x\to 1}\dfrac{\sqrt{3-x}-\sqrt{1+x}}{x^2+x-2}=$______.

分析 原式 $=\lim\limits_{x\to 1}\dfrac{-2(x-1)}{(\sqrt{3-x}+\sqrt{1+x})(x^2+x-2)}=\lim\limits_{x\to 1}\dfrac{-2(x-1)}{(\sqrt{3-x}+\sqrt{1+x})(x-1)(x+2)}=$

$$-\frac{1}{\sqrt{2}}\lim_{x\to 1}\frac{1}{x+2}=-\frac{\sqrt{2}}{6}$$

$-\dfrac{\sqrt{2}}{6}$.

例 1.11 $\lim\limits_{x\to 0}\dfrac{\sqrt{1+x}+\sqrt{1-x}-2}{x^2}=$______.

分析 原式 $=\lim\limits_{x\to 0}\dfrac{2(\sqrt{1-x^2}-1)}{x^2(\sqrt{1+x}+\sqrt{1-x}+2)}=\lim\limits_{x\to 0}\dfrac{-2x^2}{x^2(\sqrt{1+x}+\sqrt{1-x}+2)(\sqrt{1-x^2}+1)}=$

$$\lim_{x\to 0}\frac{-2}{(\sqrt{1+x}+\sqrt{1-x}+2)(\sqrt{1-x^2}+1)}=-\frac{1}{4}$$

答　$-\frac{1}{4}$.

小结　极限的四则运算法则是求极限的基础，运用时一定要注意法则成立的条件，有时法则的条件不满足，就要用一些代数的方法对所求极限的数列或函数恒等变形．常用的方法：等差、等比数列的前 n 项求和公式，分解因式约掉零因子，分子分母的有理化等．

例 1.12　求 $\lim\limits_{n\to\infty}\left(\frac{1}{n^2+n+1}+\frac{2}{n^2+n+2}+\cdots+\frac{n}{n^2+n+n}\right)$.

分析　当 $n\to\infty$ 时，虽然各项的极限存在且为 0，但随着 n 无限增大，和式的项数随着增加，不是有限项之和，因此不能用和的运算法则．这里用夹逼准则来求．

解　设 $x_n=\frac{1}{n^2+n+1}+\frac{2}{n^2+n+2}+\cdots+\frac{n}{n^2+n+n}$，则

$$x_n\geqslant\frac{1}{n^2+n+n}+\frac{2}{n^2+n+n}+\cdots+\frac{n}{n^2+n+n}=\frac{1+2+\cdots+n}{n^2+n+n}=\frac{n(n+1)}{2(n^2+n+n)}$$

$$x_n\leqslant\frac{1}{n^2+n+1}+\frac{2}{n^2+n+1}+\cdots+\frac{n}{n^2+n+1}=\frac{1+2+\cdots+n}{n^2+n+1}=\frac{n(n+1)}{2(n^2+n+1)}$$

从而

$$\lim_{n\to\infty}\frac{n(n+1)}{2(n^2+n+n)}=\frac{1}{2}=\lim_{n\to\infty}\frac{n(n+1)}{2(n^2+n+1)}$$

故由夹逼准则知 $\lim\limits_{n\to\infty}x_n=\frac{1}{2}$.

例 1.13　求 $\lim\limits_{n\to\infty}\sqrt[n]{n}$.

解　令 $\sqrt[n]{n}=1+h_n(h_n>0)$，则

$$n=(1+h_n)^n=1+nh_n+\frac{n(n-1)}{2}h_n^2+\cdots+h_n^n>\frac{n(n-1)}{2}h_n^2$$

即 $n>\frac{n(n-1)}{2}h_n^2$，从而 $0<h_n<\sqrt{\frac{2}{n-1}}$，$\lim\limits_{n\to\infty}\sqrt{\frac{2}{n-1}}=0$，由夹逼准则知 $\lim\limits_{n\to\infty}h_n=0$，故

$$\lim_{n\to\infty}\sqrt[n]{n}=\lim_{n\to\infty}(1+h_n)=1$$

小结　(1) $\lim\limits_{n\to\infty}\sqrt[n]{n}$ 可以看成极限 $\lim\limits_{x\to+\infty}\sqrt[x]{x}$ 的一种特例，即取 x 为正整数数列，而对于 $\lim\limits_{x\to+\infty}\sqrt[x]{x}$，以后学习了洛必达法则后，很容易求得其极限为 $\lim\limits_{x\to+\infty}\sqrt[x]{x}=e^{\lim\limits_{x\to+\infty}\frac{1}{x}\ln x}=e^0=1$. 另外 $\lim\limits_{n\to\infty}\sqrt[n]{n}=1$ 是一个很重要的结论，在以后学习中还会用到．

(2) 使用夹逼准则求 $\lim\limits_{n\to\infty}x_n$ 时，要注意放大和缩小后的不等式 $y_n\leqslant x_n\leqslant z_n$（或 $g(x)\leqslant f(x)\leqslant h(x)$）中的 y_n 和 z_n（或 $g(x)$ 和 $h(x)$）都收敛，且有相同的极限．

例 1.14　设 $x_n=10$，$x_{n+1}=\sqrt{6+x_n}(n=1,2,\cdots)$，试证：数列 $\{x_n\}$ 收敛，并求此极限．

证法一　因为 $x_1=10>3$，所以 $3=\sqrt{6+3}<x_2=\sqrt{6+x_1}=\sqrt{6+10}=4$，即 $3<x_2\leqslant 4$. $3<x_3=\sqrt{6+x_2}=\sqrt{6+4}=\sqrt{10}<4$，即 $3<x_3<4$，假设 $3<x_k<4(k>2)$，则 $3=\sqrt{6+3}<x_{k+1}=\sqrt{6+x_k}<\sqrt{6+4}=\sqrt{10}<4$，即 $3<x_{k+1}<4$. 由数学归纳法知，数列 $\{x_n\}$ 有界．

又因为 $x_{n+1}-x_n=\sqrt{6+x_n}-x_n=\frac{6+x_n-x_n^2}{\sqrt{6+x_n}+x_n}=\frac{-(x_n-3)(x_n+2)}{\sqrt{6+x_n}+x_n}<0$，所以，数列 $\{x_n\}$ 单调递减．故由单调有界原理知，数列 $\{x_n\}$ 的极限存在．

证法二　先证数列 $\{x_n\}$ 单调递减．由 $x_1=10$，$x_2=\sqrt{x_1+6}=\sqrt{16}=4$ 知，$x_1>x_2$. 则 $n=1$ 时，有 $x_n>x_{n+1}$. 假设 $n=k$ 时，不等式 $x_n>x_{n+1}$ 成立．

由 $x_{k+1}=\sqrt{x_k+6}>\sqrt{x_{k+1}+6}=x_{k+2}$ 知，当 $n=k+1$ 时，$x_n>x_{n+1}$ 也成立，故对一切正整数 n 都有

$x_n > x_{n+1}$ 成立，即数列 $\{x_n\}$ 单调递减．

又 $x_n > 0(n=1,2,\cdots)$，即数列 $\{x_n\}$ 有下界，由单调有界原理知，数列 $\{x_n\}$ 收敛．

设 $\lim\limits_{n\to\infty}x_n = a$，对 $x_{n+1}=\sqrt{6+x_n}$ 两边取极限得，$a=\sqrt{6+a}$，解之得 $a=3$，$a=-2$（舍去）．故 $\lim\limits_{n\to\infty}x_n=3$．

例 1.15 设 $0<x_1<3$，$x_{n+1}=\sqrt{x_n(3-x_n)}(n=1,2,\cdots)$，证明：数列 $\{x_n\}$ 收敛，并求极限．

证明 由 $0<x_1<3$ 知，x_1，$3-x_1$ 均为正数，故

$$0<x_2=\sqrt{x_1(3-x_1)}\leqslant\frac{1}{2}(x_1+3-x_1)=\frac{3}{2}$$

设 $0<x_k\leqslant\frac{3}{2}(k>1)$，则

$$0<x_{k+1}=\sqrt{x_k(3-x_k)}\leqslant\frac{1}{2}(x_k+3-x_k)=\frac{3}{2}$$

由数学归纳法知，对任意正整数 $n>1$，均有 $0<x_n\leqslant\frac{3}{2}$，因而数列 $\{x_n\}$ 有界．又当 $n>1$ 时，有

$$x_{n+1}-x_n=\sqrt{x_n(3-x_n)}-x_n=\sqrt{x_n}(\sqrt{3-x_n}-\sqrt{x_n})=\frac{\sqrt{x_n}(3-2x_n)}{\sqrt{3-x_n}+\sqrt{x_n}}\geqslant 0$$

因此 $x_{n+1}\geqslant x_n(n>1)$，即数列 $\{x_n\}$ 单调增加，由单调有界原理知，数列 $\{x_n\}$ 收敛．

设 $\lim\limits_{n\to\infty}x_n=a$，对 $x_{n+1}=\sqrt{x_n(3-x_n)}$ 两边取极限得 $a=\sqrt{a(3-a)}$，解之得 $a=\frac{3}{2}$，$a=0$（舍去），故 $\lim\limits_{n\to\infty}x_n=\frac{3}{2}$．

例 1.16 求 $\lim\limits_{x\to\infty}\left(\frac{3+x}{6+x}\right)^{\frac{x-1}{2}}$．

解 原式 $=\lim\limits_{x\to\infty}\left(1+\frac{-3}{6+x}\right)^{\frac{6+x}{-3}\cdot\frac{-3(x-1)}{2(6+x)}}$

由于
$$\lim_{x\to\infty}\left(1+\frac{-3}{6+x}\right)^{\frac{6+x}{-3}}=\mathrm{e},\quad \lim_{x\to\infty}\frac{-3(x-1)}{2(6+x)}=-\frac{3}{2}$$

故
$$\lim_{x\to\infty}\left(\frac{3+x}{6+x}\right)^{\frac{x-1}{2}}=\mathrm{e}^{-\frac{3}{2}}$$

例 1.17 求 $\lim\limits_{x\to 0}(1+3x)^{\frac{2}{\sin x}}$．

解 原式 $=\lim\limits_{x\to 0}(1+3x)^{\frac{1}{3x}\cdot\frac{6x}{\sin x}}=\mathrm{e}^6$．

例 1.18 求 $\lim\limits_{x\to\infty}\frac{3x^2+5}{5x-3}\sin\frac{2}{x}$．

解 原式 $=\lim\limits_{x\to\infty}\dfrac{3x+\frac{5}{x}}{5x-3}\cdot\dfrac{2\sin\frac{2}{x}}{\frac{2}{x}}=\frac{6}{5}$．

例 1.19 求 $\lim\limits_{x\to 0}\dfrac{3\sin x+x^2\sin\frac{1}{x}}{(1+\cos x)\ln(1+x)}$．

解 原式 $=\lim\limits_{x\to 0}\dfrac{\frac{3\sin x}{x}+x\sin\frac{1}{x}}{(1+\cos x)\ln(1+x)^{\frac{1}{x}}}=\frac{3}{2}$．

小结 (1) 两个重要极限是指 $\lim\limits_{x\to\infty}\left(1+\frac{1}{x}\right)^x=\mathrm{e}$ 和 $\lim\limits_{x\to 0}\frac{\sin x}{x}=1$．当然，在解题的过程中，也可以利用其

变形,例如$\lim\limits_{x\to 0}(1+x)^{\frac{1}{x}}=\mathrm{e}$, $\lim\limits_{x\to\infty}x\sin\dfrac{1}{x}=1$等.

(2) 利用两个重要极限求极限是一种常用方法,这两个重要极限主要解决含有三角函数的$\dfrac{0}{0}$型极限和幂指函数的1^∞型极限.要掌握两个重要极限的特点,$\lim\limits_{x\to 0}\dfrac{\sin x}{x}=1$的特点是$\dfrac{0}{0}$型,符号"sin"右边的变量和分母的变量相同,且该变量趋于0.即当$\lim\limits_{x\to x_0}\varphi(x)=0$时,有$\lim\limits_{x\to x_0}\dfrac{\sin\varphi(x)}{\varphi(x)}=1$.不是$\dfrac{0}{0}$型或不能化为$\dfrac{0}{0}$型的极限不能使用上面的公式.$\lim\limits_{x\to\infty}\left(1+\dfrac{1}{x}\right)^x=\mathrm{e}$(或$\lim\limits_{x\to 0}(1+x)^{\frac{1}{x}}=\mathrm{e}$)的特点是$1^\infty$型,函数是幂指函数,指数趋于$\infty$,底数由两项组成,第一项是1,第二项趋于0,且第二项与括号外的指数互为倒数.当$\lim\limits_{x\to x_0}\varphi(x)=0$时,有$\lim\limits_{x\to x_0}(1+\varphi(x))^{\frac{1}{\varphi(x)}}=\mathrm{e}$(或当$\lim\limits_{x\to x_0}\varphi(x)=\infty$时,有$\lim\limits_{x\to x_0}\left(1+\dfrac{1}{\varphi(x)}\right)^{\varphi(x)}=\mathrm{e}$).不是$1^\infty$型或不能化成$1^\infty$型的极限不能使用上面的公式.

(3) 用两个重要极限求极限时,往往用三角公式或代数公式进行恒等变形或作变量代换,使之成为重要极限的标准形式.求$\lim u(x)^{v(x)}$这种1^∞型极限一般分三步:① 变$u(x)=1+\alpha(x)$;② 变$u(x)^{v(x)}=[1+\alpha(x)]^{\frac{1}{\alpha(x)}v(x)\alpha(x)}$;③ 求极限$v(x)\alpha(x)\to a$,则$u(x)^{v(x)}\to \mathrm{e}^a$.

例1.20 求$\lim\limits_{x\to 0}[1+\ln(1+x)]^{\frac{2}{x}}$.

解 原式$=\lim\limits_{x\to 0}[1+\ln(1+x)]^{\frac{1}{\ln(1+x)}\cdot\frac{2\ln(1+x)}{x}}=\mathrm{e}^2$.

例1.21 已知当$x\to 0$时,$(1+ax^2)^{\frac{1}{3}}-1$与$\cos x-1$是等价无穷小,则常数$a=$______.

分析 当$x\to 0$时,$(1+ax^2)^{\frac{1}{3}}-1\sim\dfrac{1}{3}ax^2$, $\cos x-1\sim-\dfrac{1}{2}x^2$,则

$$\lim_{x\to 0}\frac{(1+ax^2)^{\frac{1}{3}}-1}{\cos x-1}=\lim_{x\to 0}\frac{\frac{1}{3}ax^2}{-\frac{1}{2}x^2}=-\frac{2}{3}a=1$$

故$a=-\dfrac{3}{2}$.

答 $-\dfrac{3}{2}$.

例1.22 求$\lim\limits_{x\to 0^+}\dfrac{1-\sqrt{\cos x}}{x(1-\cos\sqrt{x})}$.

解 原式$=\lim\limits_{x\to 0^+}\dfrac{1-\cos x}{x(1-\cos\sqrt{x})(1+\sqrt{\cos x})}=\lim\limits_{x\to 0^+}\dfrac{\frac{1}{2}x^2}{x\cdot\frac{1}{2}x(1+\sqrt{\cos x})}=\dfrac{1}{2}$.

例1.23 求$\lim\limits_{x\to 0}\dfrac{1}{x^3}\left[\left(\dfrac{2+\cos x}{3}\right)^x-1\right]$.

解 原式$=\lim\limits_{x\to 0}\dfrac{\mathrm{e}^{x\ln\left(\frac{2+\cos x}{3}\right)}-1}{x^3}=\lim\limits_{x\to 0}\dfrac{\ln\left(\frac{2+\cos x}{3}\right)}{x^2}=\lim\limits_{x\to 0}\dfrac{\ln\left(1+\frac{\cos x-1}{3}\right)}{x^2}=$

$$\lim_{x\to 0}\frac{\cos x-1}{3x^2}=\lim_{x\to 0}\frac{-\frac{1}{2}x^2}{3x^2}=-\frac{1}{6}.$$

例1.24 设当$x\to 0$时,$(1-\cos x)\ln(1+x^2)$是比$x\sin x^n$高阶的无穷小,而$x\sin x^n$是比$(\mathrm{e}^{x^2}-1)$高阶的无穷小,则正整数n等于( ).

A. 1　　B. 2　　C. 3　　D. 4

分析 因为$(1-\cos x)\ln(1+x^2)=o(x^4)$，$x\sin x^n=o(x^{n+1})$，$e^{x^2}-1=o(x^2)$，由题设有$2<n+1<4$，即$1<n<3$，所以$n=2$.

答 选 B.

例 1.25 当$x\to 0$时，$\alpha(x)=kx^2$与$\beta(x)=\sqrt{1+x\arcsin x}-\sqrt{\cos x}$是等价无穷小，则$k=$________.

分析 根据等价无穷小的定义知

$$1=\lim_{x\to 0}\frac{\beta(x)}{\alpha(x)}=\lim_{x\to 0}\frac{\sqrt{1+x\arcsin x}-\sqrt{\cos x}}{kx^2}=\lim_{x\to 0}\frac{1-\cos x+x\arcsin x}{kx^2(\sqrt{1+x\arcsin x}+\sqrt{\cos x})}=$$

$$\lim_{x\to 0}\frac{1-\cos x}{kx^2}\cdot\frac{1}{\sqrt{1+x\arcsin x}+\sqrt{\cos x}}+\lim_{x\to 0}\frac{x\arcsin x}{kx^2(\sqrt{1+x\arcsin x}+\sqrt{\cos x})}=$$

$$\lim_{x\to 0}\frac{\frac{1}{2}x^2}{kx^2}\cdot\frac{1}{\sqrt{1+x\arcsin x}+\sqrt{\cos x}}+\lim_{x\to 0}\frac{x^2}{kx^2(\sqrt{1+x\arcsin x}+\sqrt{\cos x})}=$$

$$\frac{1}{2k}\cdot\frac{1}{2}+\frac{1}{2k}=\frac{3}{4k}$$

即$\frac{3}{4k}=1$，故$k=\frac{3}{4}$.

答 $\frac{3}{4}$.

例 1.26 极限$\lim\limits_{x\to\infty}x\sin\frac{2x}{x^2+1}=$________.

分析 因为$\lim\limits_{x\to\infty}\frac{2x}{x^2+1}=0$，当$x\to\infty$时，有 $\sin\frac{2x}{x^2+1}\sim\frac{2x}{x^2+1}$

所以
$$\lim_{x\to\infty}x\sin\frac{2x}{x^2+1}=\lim_{x\to\infty}\frac{2x^2}{x^2+1}=2$$

答 2.

小结 利用等价无穷小代换求极限时，只有对所求极限式中的相乘或相除因式才能用等价无穷小来替代，而对极限式中的相加或相减部分则不能随意替代．当$x\to 0$时，$\tan x\sim x$，$\sin x\sim x$，推出$\lim\limits_{x\to 0}\frac{\tan x-\sin x}{\sin x^3}=\lim\limits_{x\to 0}\frac{x-x}{\sin x^3}=0$，则得到的是错误结果．事实上，$\lim\limits_{x\to 0}\frac{\tan x-\sin x}{\sin x^3}=\frac{1}{2}$.

总结 通过以上例题可知，求极限的主要方法如下：

(1) 利用极限定义证明某常数是否为数列或函数的极限.

(2) 利用代数方法求极限.

(3) 利用单调有界原理和夹逼准则求极限.

(4) 利用两个重要极限公式求极限.

(5) 利用等价无穷小代换求极限.

除上述的主要方法外，还有一个重要方法是利用洛必达法则求极限(此方法将在第3章中详细介绍)，除此之外，还有许多其他方法，尽管这些方法的使用不像前面介绍的方法那样普遍，但是，它们对于深刻理解与极限有关的数学概念，灵活掌握极限求法是大有益处的．以后在学习中将会发现，可以利用导数定义求极限，利用泰勒公式作代换求极限，利用定积分的定义求极限，利用级数收敛的必要性求极限．

例 1.27 $\lim\limits_{x\to\infty}\left(\frac{x+2a}{x-a}\right)^x=8$，则$a=$________.

分析 $8=\lim\limits_{x\to\infty}\left(\frac{x+2a}{x-a}\right)^x=\lim\limits_{x\to\infty}\left(1+\frac{3a}{x-a}\right)^{x-a+a}=\lim\limits_{x\to\infty}\left(1+\frac{3a}{x-a}\right)^{\frac{x-a}{3a}\cdot 3a}\left(1+\frac{3a}{x-a}\right)^a=e^{3a}$

即$e^{3a}=8$，解得$a=\ln 2$.

答 $\ln 2$.

例 1.28 若 $x\to 0$ 时，$(1-ax^2)^{\frac{1}{4}}-1$ 与 $x\sin x$ 是等价无穷小，则常数 $a=$ ________.

分析 若 $\lim\limits_{x\to 0}\dfrac{(1-ax^2)^{\frac{1}{4}}-1}{x\sin x}=\lim\limits_{x\to 0}\dfrac{\frac{-ax^2}{4}}{x^2}=-\dfrac{a}{4}$（这里利用了 $(1-ax^2)^{\frac{1}{4}}-1\sim\dfrac{-ax^2}{4}$），要使 $(1-ax^2)^{\frac{1}{4}}-1$ 与 $x\sin x$ 是等价无穷小，则须 $-\dfrac{a}{4}=1$，故 $a=-4$.

答 -4.

例 1.29 若 $\lim\limits_{x\to 0}\dfrac{\sin x}{e^x-a}(\cos x-b)=5$，则 $a=$ ________，$b=$ ________.

分析 由已知极限可知，$\lim\limits_{x\to 0}(e^x-a)=0$，即 $1-a=0\Rightarrow a=1$. 将 $a=1$ 代入已知极限得

$$5=\lim_{x\to 0}\frac{\sin x}{e^x-1}(\cos x-b)=\lim_{x\to 0}\frac{x}{x}(\cos x-b)=\lim_{x\to 0}(\cos x-b)=1-b$$

即 $5=1-b\Rightarrow b=-4$.

答 $a=1$，$b=-4$.

> 注 一般地，已知 $\lim\dfrac{f(x)}{g(x)}=A$，若 $g(x)\to 0$，则 $f(x)\to 0$；若 $f(x)\to 0$，$A\neq 0$，则 $g(x)\to 0$.

例 1.30 已知 $\lim\limits_{x\to\infty}\left(\dfrac{x^2}{x+1}-ax-b\right)=0$，其中 a,b 是常数，则（ ）.

A. $a=1$，$b=1$　　　　B. $a=-1$，$b=1$

C. $a=1$，$b=-1$　　　　D. $a=-1$，$b=-1$

分析 由 $\lim\limits_{x\to\infty}\left(\dfrac{x^2}{x+1}-ax-b\right)=\lim\limits_{x\to\infty}\left(\dfrac{x^2-ax^2-ax}{x+1}-b\right)=\lim\limits_{x\to\infty}\left[\dfrac{(1-a)x-a}{1+\frac{1}{x}}-b\right]=0$ 可知，$1-a=0\Rightarrow a=1$. 将 $a=1$ 代入上式有

$$0=\lim_{x\to\infty}\left(\frac{x^2}{x+1}-x-b\right)=\lim_{x\to\infty}\left(\frac{-1}{1+\frac{1}{x}}-b\right)=-1-b$$

即 $0=-1-b\Rightarrow b=-1$.

答 选 C.

例 1.31 设 $\lim\limits_{x\to 0}\dfrac{a\tan x+b(1-\cos x)}{c\ln(1-2x)+d(1-e^{-x^2})}=2$，其中 $a^2+c^2\neq 0$，则必有（ ）.

A. $b=4d$　　B. $b=-4d$　　C. $a=4c$　　D. $a=-4c$

分析

$$\lim_{x\to 0}\frac{a\tan x+b(1-\cos x)}{c\ln(1-2x)+d(1-e^{-x^2})}=\lim_{x\to 0}\frac{\frac{a\tan x}{x}+\frac{b(1-\cos x)}{x}}{\frac{c\ln(1-2x)}{x}+\frac{d(1-e^{-x^2})}{x}}$$

$$\lim_{x\to 0}\frac{\tan x}{x}=1,\quad \lim_{x\to 0}\frac{1-\cos x}{x}=\lim_{x\to 0}\frac{\frac{1}{2}x^2}{x}=0$$

$$\lim_{x\to 0}\frac{\ln(1-2x)}{x}=\lim_{x\to 0}\frac{-2x}{x}=-2,\quad \lim_{x\to 0}\frac{1-e^{-x^2}}{x}=\lim_{x\to 0}\frac{x^2}{x}=0$$

则

$$\lim_{x\to 0}\frac{a\tan x+b(1-\cos x)}{c\ln(1-2x)+d(1-e^{-x^2})}=\frac{a}{-2c}=2$$

故 $a=-4c$.

答 D.

注　此题主要考查极限的四则运算法则．由于 $x\to 0$ 时，$\tan x\sim x$，$\ln(1-2x)\sim -2x$，$1-\cos x\sim \frac{1}{2}x^2$，$1-e^{-x^2}\sim x^2$，则分子和分母中各项的最低阶无穷小项分别为 $a\tan x$ 和 $c\ln(1-2x)$，它们都是 x 的一阶无穷小，因此分子分母同除以 x 问题很快解决．此题关键是确定分子分母各项中最低阶无穷小项的阶数．

例 1.32　求函数 $f(x)=\dfrac{x^2-x}{|x|(x^2-1)}$ 的连续区间与间断点，并判别间断点的类型．

解　函数 $f(x)$ 的定义域为 $(-\infty,-1)\cup(-1,0)\cup(0,1)\cup(1,+\infty)$，且 $f(x)$ 是一个初等函数．因为初等函数在其定义区间内连续，所以函数 $f(x)$ 的连续区间为 $(-\infty,-1)$，$(-1,0)$，$(0,1)$，$(1,+\infty)$．

又因为 $f(x)$ 在 $x=-1$，$x=0$，$x=1$ 处无定义，所以 $x=-1$，$x=0$，$x=1$ 是 $f(x)$ 的间断点．

$$f(-1-0)=\lim_{x\to -1^-}\frac{x^2-x}{|x|(x^2-1)}=\lim_{x\to -1^-}\frac{x(x-1)}{-x(x-1)(x+1)}=\lim_{x\to -1^-}\frac{1}{-(x+1)}=+\infty$$

$$f(-1+0)=\lim_{x\to -1^+}\frac{x^2-x}{-x(x^2-1)}=\lim_{x\to -1^+}\frac{1}{-(x+1)}=-\infty$$

故 $x=-1$ 是 $f(x)$ 的无穷间断点，属于第二类间断点．

$$f(0-0)=\lim_{x\to 0^-}\frac{x^2-x}{-x(x^2-1)}=\lim_{x\to 0^-}\frac{-1}{x+1}=-1$$

$$f(0+0)=\lim_{x\to 0^+}\frac{x^2-x}{x(x^2-1)}=\lim_{x\to 0^+}\frac{1}{x+1}=1$$

故 $x=0$ 是 $f(x)$ 的跳跃间断点，属于第一类间断点．

$$f(1-0)=\lim_{x\to 1^-}\frac{x^2-x}{x(x^2-1)}=\lim_{x\to 1^-}\frac{1}{x+1}=\frac{1}{2}$$

$$f(1+0)=\lim_{x\to 1^+}\frac{x^2-x}{x(x^2-1)}=\frac{1}{2}$$

从而 $\lim\limits_{x\to 1}f(x)=\dfrac{1}{2}$．故 $x=1$ 是 $f(x)$ 的可去间断点，属于第一类间断点．

例 1.33　设函数 $f(x)=\lim\limits_{n\to\infty}\dfrac{1+x}{1+x^{2n}}$，讨论函数 $f(x)$ 的间断点，其结论为（　　）．

A. 不存在间断点　　　　B. 存在间断点 $x=1$

C. 存在间断点 $x=0$　　　　D. 存在间断点 $x=-1$

分析　先求出 $f(x)$ 的表达式，再求 $f(x)$ 的间断点．

$$f(x)=\lim_{n\to\infty}\frac{1+x}{1+x^{2n}}=\begin{cases}1+x, & -1\leqslant x<1\\ 1, & x=1\\ 0, & x<-1,\ x>1\end{cases}$$

因为 $f(-1-0)=f(-1+0)=0=f(0)$，所以 $f(x)$ 在 $x=-1$ 处连续．又因 $f(1-0)=2\neq f(1+0)=0$，所以 $x=1$ 是 $f(x)$ 的间断点．

答　选 B.

例 1.34　求极限 $\lim\limits_{t\to x}\left(\dfrac{\sin t}{\sin x}\right)^{\frac{x}{\sin t-\sin x}}$，记此极限为 $f(x)$，求函数 $f(x)$ 的间断点并指出其类型．

解　先求出 $f(x)$ 的表达式，再求 $f(x)$ 的间断点．

$$f(x)=\lim_{t\to x}\left(\frac{\sin t}{\sin x}\right)^{\frac{x}{\sin t-\sin x}}=\lim_{t\to x}\left(1+\frac{\sin t}{\sin x}-1\right)^{\frac{x}{\sin t-\sin x}}=\lim_{t\to x}\left(1+\frac{\sin t-\sin x}{\sin x}\right)^{\frac{\sin x}{\sin t-\sin x}\cdot\frac{x}{\sin x}}=e^{\frac{x}{\sin x}}$$

因为 $f(x)$ 在 $x=k\pi(k=0,\pm1,\pm2,\cdots)$ 处无定义，所以 $x=k\pi(k=0,\pm1,\pm2,\cdots)$ 是 $f(x)$ 的间断点．

又因为 $\lim\limits_{x\to 0}e^{\frac{x}{\sin x}}=e$，$\lim\limits_{x\to k\pi}e^{\frac{x}{\sin x}}=\infty(k=\pm1,\pm2,\cdots)$，所以 $x=0$ 是函数 $f(x)$ 的第一类（可去）间断点，$x=k\pi(k=\pm1,\pm2,\cdots)$ 是 $f(x)$ 的第二类（无穷）间断点．

例 1.35 设函数 $f(x)=\dfrac{1}{e^{\frac{x}{x-1}}-1}$，则(　　).

A. $x=0$，$x=1$ 都是 $f(x)$ 的第一类间断点

B. $x=0$，$x=1$ 都是 $f(x)$ 的第二类间断点

C. $x=0$ 是 $f(x)$ 的第一类间断点，$x=1$ 是 $f(x)$ 的第二类间断点

D. $x=0$ 是 $f(x)$ 的第二类间断点，$x=1$ 是 $f(x)$ 的第一类间断点

分析 因为 $\lim\limits_{x\to 0}f(x)=\infty$，所以 $x=0$ 是 $f(x)$ 的第二类间断点．又因为

$$\lim_{x\to 1}f(x)=\lim_{x\to 1}\frac{1}{e^{\frac{x}{x-1}}-1}=\begin{cases}\lim\limits_{x\to 1^-}\dfrac{1}{e^{\frac{x}{x-1}}-1}=-1\\ \lim\limits_{x\to 1^+}\dfrac{1}{e^{\frac{x}{x-1}}-1}=0\end{cases}$$

所以 $x=1$ 是 $f(x)$ 的第一类间断点．

答 选 D.

小结 讨论函数的连续性时，要充分利用初等函数在其定义区间内都是连续的这一结论，但分段函数一般不是初等函数，因此讨论分段函数的连续性时，在分段点的连续性一定要用连续的定义判断，特别有时要用左右连续性．

例 1.36 设函数 $f(x)=\begin{cases}\dfrac{1-e^{\tan x}}{\arcsin\dfrac{x}{2}}, & x>0\\ ae^{2x}, & x\leqslant 0\end{cases}$ 在 $x=0$ 处连续，则 $a=$________.

分析 因为 $\lim\limits_{x\to 0^+}f(x)=\lim\limits_{x\to 0^+}\dfrac{1-e^{\tan x}}{\arcsin\dfrac{x}{2}}=\lim\limits_{x\to 0^+}\dfrac{-\tan x}{\dfrac{x}{2}}=-2$，$\lim\limits_{x\to 0^-}f(x)=\lim\limits_{x\to 0^-}ae^{2x}=a$，$f(0)=a$，所以要使 $f(x)$ 在 $x=0$ 处连续，则须 $a=-2$.

答 -2.

例 1.37 设函数 $f(x)=\begin{cases}a+bx^2, & x\leqslant 0\\ \dfrac{\sin bx}{x}, & x>0\end{cases}$ 在 $x=0$ 处连续，则常数 a 与 b 应满足的关系是________.

分析 因为 $\lim\limits_{x\to 0^-}f(x)=\lim\limits_{x\to 0^-}(a+bx^2)=a$，$\lim\limits_{x\to 0^+}f(x)=\lim\limits_{x\to 0^+}\dfrac{\sin bx}{x}=b\lim\limits_{x\to 0^+}\dfrac{\sin bx}{bx}=b$，$f(0)=a$，所以要使 $f(x)$ 在 $x=0$ 处连续，则须 $a=b$.

答 $a=b$.

例 1.38 讨论 α,β 取何值时，$f(x)=\begin{cases}x^{\alpha}\sin\dfrac{1}{x}, & x>0\\ e^x+\beta, & x\leqslant 0\end{cases}$ 在 $x=0$ 处连续．

解 因为 $f(0)=1+\beta$，所以 $f(0-0)=\lim\limits_{x\to 0^-}f(x)=\lim\limits_{x\to 0^-}(e^x+\beta)=1+\beta$，$f(0+0)=\lim\limits_{x\to 0^+}f(x)=\lim\limits_{x\to 0^+}x^{\alpha}\sin\dfrac{1}{x}=\begin{cases}0, & \alpha>0\\ \text{不存在}, & \alpha\leqslant 0\end{cases}$，要使 $f(x)$ 在 $x=0$ 处连续，必须使 $f(0-0)=f(0+0)=f(0)$. 故当 $\alpha>0$，$1+\beta=0$，即 $\alpha>0$，$\beta=-1$ 时，$f(x)$ 在 $x=0$ 处连续．

例 1.39 设 $f(x)$ 在 $[0,2a]$ 上连续，且 $a>0$，$f(0)=f(2a)$. 证明：方程 $f(x)=f(x+a)$ 在 $[0,a]$ 上至少有一个根．

证明 令 $F(x)=f(x)-f(x+a)$，由题设可知，$F(x)$ 在 $[0,a]$ 上连续，且

$$F(0)=f(0)-f(a),\quad F(a)=f(a)-f(2a)=f(a)-f(0)=-[f(0)-f(a)]$$

从而

$$F(0)F(a)=-[f(0)-f(a)]^2\leqslant 0$$

若 $f(0)=f(a)$，则 $F(0)=0$，由此可知，$x=0$ 是方程 $f(x)=f(x+a)$ 在 $[0,a]$ 上的一个根．

若 $f(0)\neq f(a)$，则 $F(0)F(a)<0$，由零点定理知，在 $[0,a]$ 上至少存在一点 ξ，使 $F(\xi)=0$，即 ξ 就是方程 $f(x)=f(x+a)$ 在 $[0,a]$ 上的一个根．

例 1.40 设 $f(x)$ 在 $[a,b]$ 上连续，$c,d\in(a,b)$，$t_1>0$，$t_2>0$，证明：在 $[a,b]$ 上必有点 ξ，使得 $t_1f(c)+t_2f(d)=(t_1+t_2)f(\xi)$．

证明 因 $f(x)$ 在 $[a,b]$ 上连续，由最值定理知，$f(x)$ 在 $[a,b]$ 上存在最大值 M 和最小值 m．又因 $c,d\in(a,b)$，所以 $m\leqslant f(c)\leqslant M$，$m\leqslant f(d)\leqslant M$．而 $t_1>0$，$t_2>0$，所以，$t_1m\leqslant t_1f(c)\leqslant t_1M$，$t_2m\leqslant t_2f(d)\leqslant t_2M\Rightarrow(t_1+t_2)m\leqslant t_1f(c)+t_2f(d)\leqslant(t_1+t_2)M\Rightarrow m\leqslant\dfrac{t_1f(c)+t_2f(d)}{t_1+t_2}\leqslant M$，再由介值定理可知，在 $[a,b]$ 上必有一点 ξ，使得 $f(\xi)=\dfrac{t_1f(c)+t_2f(d)}{t_1+t_2}$，整理得 $t_1f(c)+t_2f(d)=(t_1+t_2)f(\xi)$．

例 1.41 函数 $f(x)=\dfrac{|x|\sin(x-2)}{x(x-1)(x-2)^2}$ 在下列（　　）区间内有界．

A. $(-1,0)$　　B. $(0,1)$　　C. $(1,2)$　　D. $(2,3)$

分析 一般地，若 $f(x)$ 在闭区间 $[a,b]$ 连续，则 $f(x)$ 一定有界．若 $f(x)$ 在开区间内连续，则不一定有界，但若 $f(x)$ 在开区间 (a,b) 连续，且 $\lim\limits_{x\to a^+}f(x)$ 与 $\lim\limits_{x\to b^-}f(x)$ 存在，则 $f(x)$ 在 (a,b) 内也有界．

此题当 $x\neq 0,1,2$ 时，$f(x)$ 连续，而 $\lim\limits_{x\to-1^+}f(x)=-\dfrac{\sin3}{18}$，$\lim\limits_{x\to0^-}f(x)=-\dfrac{\sin2}{4}$，$\lim\limits_{x\to0^+}f(x)=\dfrac{\sin2}{4}$，$\lim\limits_{x\to1}f(x)=\infty$，$\lim\limits_{x\to2}f(x)=\infty$，所以 $f(x)$ 在 $(-1,0)$ 内有界．

答 选 A.

小结 闭区间上连续函数性质应用的关键是，首先要熟悉闭区间上连续函数性质（最值定理，有界性定理，零点定理，介值定理），其次是根据要推证结论构造辅助函数和区间．

四、课后习题精解

（一）习题 1-1 解答

1. 设 $A=(-\infty,-5)\cup(5,+\infty)$，$B=[-10,3)$，写出 $A\cup B$，$A\cap B$，$A\backslash B$ 及 $A\backslash(A\backslash B)$ 的表达式．

解 $A\cup B=(-\infty,3)\cup(5,+\infty)$，　$A\cap B=[-10,-5)$

$A\backslash B=(-\infty,-10)\cup(5,+\infty)$，　$A\backslash(A\backslash B)=[-10,-5)$

2. 设 A,B 是任意两个集合，证明：对偶律 $(A\cap B)^C=A^C\cup B^C$．

证明 先证 $(A\cap B)^C\subset A^C\cup B^C$．

因为 $x\in(A\cap B)^C\Rightarrow x\notin A\cap B\Rightarrow x\in A^C$ 或 $x\in B^C\Rightarrow x\in A^C\cup B^C$，所以

$$(A\cap B)^C\subset A^C\cup B^C$$

再证 $A^C\cup B^C\subset(A\cap B)^C$．

因为 $x\in A^C\cup B^C\Rightarrow x\in A^C$ 或 $x\in B^C\Rightarrow x\notin A$ 或 $x\notin B\Rightarrow x\notin A\cap B\Rightarrow x\in(A\cap B)^C$，所以

$$A^C\cup B^C\subset(A\cap B)^C$$

于是

$$(A\cap B)^C=A^C\cup B^C$$

3. 设映射 $f:X\to Y$，$A\subset X$，$B\subset X$．证明：

(1) $f(A\cup B)=f(A)\cup f(B)$；　　(2) $f(A\cap B)\subset f(A)\cap f(B)$．

证明 (1) 设 $x\in A\cup B$，且 $f(x)=y\Rightarrow x\in A$ 或 $x\in B\Rightarrow f(x)\in f(A)$ 或 $f(x)\in f(B)\Rightarrow f(x)\in f(A)\cup f(B)$，则 $f(A\cup B)\subset f(A)\cup f(B)$．

设 $y=f(x)\in f(A)\cup f(B)\Rightarrow y\in f(A)$ 或 $y\in f(B)\Rightarrow x\in A$ 或 $x\in B\Rightarrow x\in A\cup B\Rightarrow y\in f(A\cup B)$，则 $f(A)\cup f(B)\subset f(A\cup B)$．

于是

$$f(A\cup B)=f(A)\cup f(B)$$

(2) 设 $y=f(x)\in f(A\cap B)\Rightarrow x\in A\cap B\Rightarrow x\in A$ 且 $x\in B\Rightarrow f(x)\in f(A)$ 且 $f(x)\in f(B)\Rightarrow f(x)\in f(A)\cap f(B)$,则

$$f(A\cap B)\subset f(A)\cap f(B)$$

4. 求下列函数的定义域:

(1) $y=\sqrt{3x+2}$;　(2) $y=\dfrac{1}{1-x^2}$;　(3) $y=\dfrac{1}{x}-\sqrt{1-x^2}$;

(4) $y=\dfrac{1}{\sqrt{4-x^2}}$;　(5) $y=\sin\sqrt{x}$;　(6) $y=\tan(x+1)$;

(7) $y=\arcsin(x-3)$;　(8) $y=\sqrt{3-x}+\arctan\dfrac{1}{x}$;

(9) $y=\ln(x+1)$;　(10) $y=e^{\frac{1}{x}}$.

解　(1) 因为 $3x+2\geqslant 0\Rightarrow x\geqslant -\dfrac{2}{3}$,所以此函数的定义域为 $\left[-\dfrac{2}{3},+\infty\right)$.

(2) 因为 $1-x^2\neq 0\Rightarrow x\neq\pm 1$,所以此函数的定义域为 $(-\infty,-1)\cup(-1,1)\cup(1,+\infty)$.

(3) 因为 $x\neq 0$ 且 $1-x^2\geqslant 0\Rightarrow x\neq 0$ 且 $|x|\leqslant 1$,所以此函数的定义域为 $[-1,0)\cup(0,1]$.

(4) 因为 $4-x^2>0\Rightarrow |x|<2$,所以此函数的定义域为 $(-2,2)$.

(5) 由 $x\geqslant 0$ 知,此函数的定义域为 $[0,+\infty)$.

(6) 因为 $x+1\neq k\pi+\dfrac{\pi}{2}\Rightarrow x\neq k\pi+\dfrac{\pi}{2}-1(k\in\mathbf{Z})$,所以此函数的定义域为

$$\bigcup_{k\in\mathbf{Z}}\left(\left(k-\frac{1}{2}\right)\pi-1,\left(k+\frac{1}{2}\right)\pi-1\right)$$

(7) 因为 $|x-3|\leqslant 1\Rightarrow 2\leqslant x\leqslant 4$,所以此函数的定义域为 $[2,4]$.

(8) 因为 $3-x\geqslant 0$ 且 $x\neq 0\Rightarrow x\leqslant 3$ 且 $x\neq 0$,所以此函数的定义域为 $(-\infty,0)\cup(0,3]$.

(9) 因为 $x+1>0\Rightarrow x>-1$,所以此函数的定义域为 $(-1,+\infty)$.

(10) 由 $x\neq 0$ 知,此函数的定义域为 $(-\infty,0)\cup(0,+\infty)$.

5. 下列各题中,函数 $f(x)$ 和 $g(x)$ 是否相同?为什么?

(1) $f(x)=\lg x^2$, $g(x)=2\lg x$;　(2) $f(x)=x$, $g(x)=\sqrt{x^2}$;

(3) $f(x)=\sqrt[3]{x^4-x^3}$, $g(x)=x\sqrt[3]{x-1}$;　(4) $f(x)=1$, $g(x)=\sec^2 x-\tan^2 x$.

解　(1) 不同,因为定义域不同.

(2) 不同,因为对应法则不同.当 $x<0$ 时,$g(x)=-x$.

(3) 相同,因为定义域和对应法则均相同.

(4) 不同,因为定义域不同.

6. 设 $\varphi(x)=\begin{cases}|\sin x|, & |x|<\dfrac{\pi}{3}\\ 0, & |x|\geqslant\dfrac{\pi}{3}\end{cases}$,求 $\varphi\left(\dfrac{\pi}{6}\right)$,$\varphi\left(\dfrac{\pi}{4}\right)$,$\varphi\left(-\dfrac{\pi}{4}\right)$,$\varphi(-2)$,并作出函数 $y=\varphi(x)$ 的图形.

解

$$\varphi\left(\frac{\pi}{6}\right)=\left|\sin\frac{\pi}{6}\right|=\frac{1}{2}$$

$$\varphi\left(\frac{\pi}{4}\right)=\left|\sin\frac{\pi}{4}\right|=\frac{\sqrt{2}}{2}$$

$$\varphi\left(-\frac{\pi}{4}\right)=\left|\sin\left(-\frac{\pi}{4}\right)\right|=\frac{\sqrt{2}}{2}$$

$$\varphi(-2)=0$$

$y=\varphi(x)$ 的图形如图 1.3 所示.

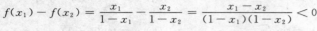

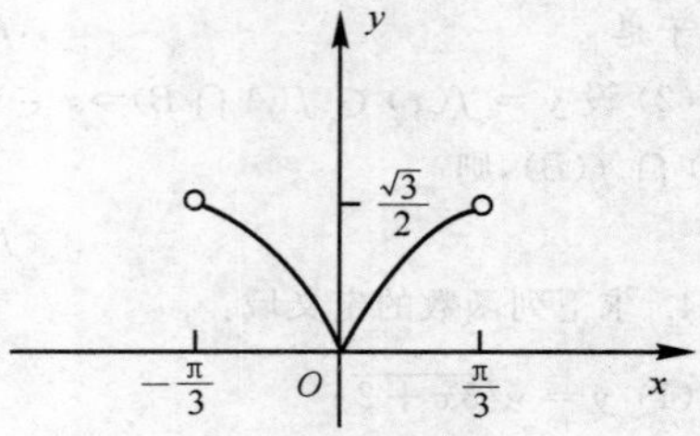

图 1.3

7. 试证下列函数在指定区间内的单调性:

(1) $y=\dfrac{x}{1-x}$, $x\in(-\infty,1)$;

(2) $y=x+\ln x$, $x\in(0,+\infty)$.

证明 (1) 设 $x_1,x_2\in(-\infty,1)$ 且 $x_1<x_2$,则

$$f(x_1)-f(x_2)=\frac{x_1}{1-x_1}-\frac{x_2}{1-x_2}=\frac{x_1-x_2}{(1-x_1)(1-x_2)}<0$$

即 $$f(x_1)<f(x_2)$$

故 $f(x)$ 在 $(-\infty,1)$ 上单调增加.

(2) 设 $x_1,x_2\in(0,+\infty)$ 且 $x_1<x_2$,则

$$f(x_1)-f(x_2)=x_1+\ln x_1-(x_2+\ln x_2)=(x_1-x_2)+\ln\frac{x_1}{x_2}<0$$

即 $$f(x_1)<f(x_2)$$

故 $f(x)$ 在 $(0,+\infty)$ 上单调增加.

8. 设 $f(x)$ 为定义在 $(-l,l)$ 内的奇函数,若 $f(x)$ 在 $(0,l)$ 内单调增加,证明:$f(x)$ 在 $(-l,0)$ 内也单调增加.

证明 设 $x_1,x_2\in(-l,0)$ 且 $x_1<x_2$,则有 $-x_1,-x_2\in(0,l)$ 且 $-x_2<-x_1$. 由 $f(x)$ 在 $(0,l)$ 内单调增加可得

$$f(-x_2)<f(-x_1)$$

因为 $f(x)$ 在 $(-l,l)$ 内是奇函数,所以 $f(-x_2)=-f(x_2)$, $f(-x_1)=-f(x_1)$, $-f(x_2)<-f(x_1)$, 从而 $f(x_1)<f(x_2)$,故 $f(x)$ 在 $(-l,0)$ 内也单调增加.

9. 设下面所考虑的函数都是定义在区间 $(-l,l)$ 上的. 证明:

(1) 两个偶函数的和是偶函数,两个奇函数的和是奇函数;

(2) 两个偶函数的乘积是偶函数,两个奇函数的乘积是偶函数,偶函数与奇函数的乘积是奇函数.

证明 (1) 设 $f_1(x)$, $f_2(x)$ 均为偶函数,即 $f_1(-x)=f_1(x)$, $f_2(-x)=f_2(x)$,令 $F(x)=f_1(x)+f_2(x)$,则

$$F(-x)=f_1(-x)+f_2(-x)=f_1(x)+f_2(x)=F(x)$$

故 $F(x)$ 是偶函数.

设 $g_1(x)$, $g_2(x)$ 均为奇函数,即 $g_1(-x)=-g_1(x)$, $g_2(-x)=-g_2(x)$,令 $G(x)=g_1(x)+g_2(x)$,则

$$G(-x)=g_1(-x)+g_2(-x)=-g_1(x)-g_2(x)=-G(x)$$

故 $G(x)$ 是奇函数.

(2) 类似可证.(略)

10. 下列函数中哪些是偶函数?哪些是奇函数?哪些既非偶函数又非奇函数?

(1) $y=x^2(1-x^2)$; (2) $y=3x^2-x^3$; (3) $y=\dfrac{1-x^2}{1+x^2}$;

(4) $y=x(x-1)(x+1)$; (5) $y=\sin x-\cos x+1$; (6) $y=\dfrac{a^x+a^{-x}}{2}$.

解 (1) 因为 $f(-x)=(-x)^2[1-(-x)^2]=x^2(1-x^2)=f(x)$,故 $f(x)$ 是偶函数.

(2) 因为 $f(-x)=3(-x)^2-(-x)^3=3x^2+x^3$,故 $f(x)$ 既非偶函数又非奇函数.

(3) 因为 $f(-x)=\dfrac{1-(-x)^2}{1+(-x)^2}=\dfrac{1-x^2}{1+x^2}=f(x)$,故 $f(x)$ 是偶函数.

(4) 因为 $f(-x)=(-x)(-x-1)(-x+1)=-x(x+1)(x-1)=-f(x)$,故 $f(x)$ 是奇函数.

(5) 因为 $f(-x)=\sin(-x)-\cos(-x)+1=-\sin x-\cos x+1$,故 $f(x)$ 既非偶函数又非奇函数.

(6) 因为 $f(-x)=\frac{1}{2}(a^{-x}+a^{x})=f(x)$,故 $f(x)$ 是偶函数.

11. 下列函数中哪些是周期函数？对于周期函数,指出其周期：

(1) $y=\cos(x-2)$；　(2) $y=\cos 4x$；　(3) $y=1+\sin\pi x$；

(4) $y=x\cos x$；　(5) $y=\sin^2 x$.

解　(1) 是周期函数,周期为 2π.　(2) 是周期函数,周期为 $\frac{\pi}{2}$.　(3) 是周期函数,周期为 2.

(4) 不是周期函数.　(5) $y=\frac{1-\cos 2x}{2}$ 是周期函数,周期为 π.

12. 求下列函数的反函数：

(1) $y=\sqrt[3]{x+1}$；　(2) $y=\frac{1-x}{1+x}$；

(3) $y=\frac{ax+b}{cx+d}\ (ad-bc\neq 0)$；　(4) $y=2\sin 3x\ \left(-\frac{\pi}{6}\leqslant x\leqslant\frac{\pi}{6}\right)$；

(5) $y=1+\ln(x+2)$；　(6) $y=\frac{2^x}{2^x+1}$.

解　(1) 由 $y=\sqrt[3]{x+1}$ 解得 $x=y^3-1$,故反函数为 $y=x^3-1,x\in\mathbf{R}$.

(2) 由 $y=\frac{1-x}{1+x}$ 解得 $x=\frac{1-y}{1+y}$,故反函数为 $y=\frac{1-x}{1+x},\{x\mid x\neq -1,x\in\mathbf{R}\}$.

(3) 由 $y=\frac{ax+b}{cx+d}$ 解得 $x=\frac{-dy+b}{cy-a}$,故反函数为 $y=\frac{-dx+b}{cx-a},\{x\mid x\neq\frac{a}{c},x\in\mathbf{R}\}$.

(4) 由 $y=2\sin 3x$ 解得 $x=\frac{1}{3}\arcsin\frac{y}{2}$,故反函数为 $y=\frac{1}{3}\arcsin\frac{x}{2},x\in[-2,2]$.

(5) 由 $y=1+\ln(x+2)$ 解得 $x=e^{y-1}-2$,故反函数为 $y=e^{x-1}-2,x\in\mathbf{R}$.

(6) 由 $y=\frac{2^x}{2^x+1}$ 解得 $x=\log_2\frac{y}{1-y}$,故反函数为 $y=\log_2\frac{x}{1-x},x\in(0,1)$.

13. 设函数 $f(x)$ 在数集 X 上有定义,试证：函数 $f(x)$ 在 X 上有界的充分必要条件是它在 X 上既有上界又有下界.

证明　(1) 充分性：已知 $f(x)$ 在 X 上既有上界又有下界,即存在 M_1,M_2,使得对于任意的 $x\in X$,有 $M_1\leqslant f(x)\leqslant M_2$,取 $M=\max\{|M_1|,|M_2|\}$,则 $|f(x)|\leqslant M$. 故 $f(x)$ 有界.

(2) 必要性：已知 $f(x)$ 在 X 上有界,即存在常数 M,使得对于任意的 $x\in X$,有 $|f(x)|\leqslant M$,即 $-M\leqslant f(x)\leqslant M$,故 $f(x)$ 有上界 M,有下界 $-M$.

14. 在下列各题中,求由所给函数构成的复合函数,并求这函数分别对应于给定自变量值 x_1 和 x_2 的函数值：

(1) $y=u^2,\ u=\sin x,\ x_1=\frac{\pi}{6},\ x_2=\frac{\pi}{3}$；　(2) $y=\sin u,\ u=2x,\ x_1=\frac{\pi}{8},\ x_2=\frac{\pi}{4}$；

(3) $y=\sqrt{u},\ u=1+x^2,\ x_1=1,\ x_2=2$；　(4) $y=e^u,\ u=x^2,\ x_1=0,\ x_2=1$；

(5) $y=u^2,\ u=e^x,\ x_1=1,\ x_2=-1$.

解　(1) $y=\sin^2 x,\ y_1=\frac{1}{4},\ y_2=\frac{3}{4}$.　(2) $y=\sin 2x,\ y_1=\frac{\sqrt{2}}{2},\ y_2=1$.

(3) $y=\sqrt{1+x^2},\ y_1=\sqrt{2},\ y_2=\sqrt{5}$.　(4) $y=e^{x^2},\ y_1=1,\ y_2=e$.

(5) $y=e^{2x},\ y_1=e^2,\ y_2=e^{-2}$.

15. 设 $f(x)$ 的定义域 $D=[0,1]$,求下列各函数的定义域：

(1) $f(x^2)$；　(2) $f(\sin x)$；

(3) $f(x+a)\ (a>0)$；　(4) $f(x+a)+f(x-a)\ (a>0)$.

解　(1) 由于 $0\leqslant x^2\leqslant 1\Rightarrow|x|\leqslant 1$,故定义域为 $[-1,1]$.

(2) 由于 $0 \leqslant \sin x \leqslant 1 \Rightarrow 2k\pi \leqslant x \leqslant 2k\pi + \pi\ (k \in \mathbf{Z})$，故定义域为 $\bigcup_{k\in\mathbf{Z}}[2k\pi, (2k+1)\pi]$.

(3) 由于 $0 \leqslant x + a \leqslant 1 \Rightarrow -a \leqslant x \leqslant 1 - a$，故定义域为$[-a, 1-a]$.

(4) 由于 $0 \leqslant x + a \leqslant 1$ 且 $0 \leqslant x - a \leqslant 1 \Rightarrow$ 当 $0 < a \leqslant \dfrac{1}{2}$ 时，则定义域为$[a, 1-a]$；当 $a > \dfrac{1}{2}$ 时，则函数无定义域．

16. 设 $f(x) = \begin{cases} 1, & |x| < 1 \\ 0, & |x| = 1 \\ -1, & |x| > 1 \end{cases}$，$g(x) = \mathrm{e}^x$，求 $f[g(x)]$ 和 $g[f(x)]$，并作出这两个函数的图形．

解 将 $f(x)$ 中的 x 用 $g(x) = \mathrm{e}^x$ 替换得

$$f[g(x)] = f(\mathrm{e}^x) = \begin{cases} 1, & |\mathrm{e}^x| < 1 \\ 0, & |\mathrm{e}^x| = 1 \\ -1, & |\mathrm{e}^x| > 1 \end{cases} = \begin{cases} 1, & x < 0 \\ 0, & x = 0 \\ -1, & x > 0 \end{cases}$$

将 $g(x)$ 中的 x 用 $f(x)$ 替换得

$$g[f(x)] = \mathrm{e}^{f(x)} = \begin{cases} \mathrm{e}^1, & |x| < 1 \\ \mathrm{e}^0, & |x| = 1 \\ \mathrm{e}^{-1}, & |x| > 1 \end{cases} = \begin{cases} \mathrm{e}, & |x| < 1 \\ 1, & |x| = 1 \\ \mathrm{e}^{-1}, & |x| > 1 \end{cases}$$

$f[g(x)]$ 的图形如图 1.4(a) 所示，$g[f(x)]$ 的图形如图 1.4(b) 所示．

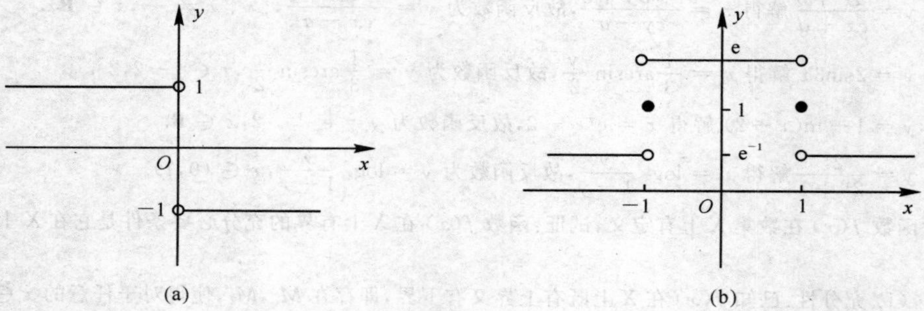

图 1.4

17. 已知水渠的横断面为等腰梯形，斜角 $\varphi = 40°$（见图 1.5)，当过水断面 $ABCD$ 的面积为定值 S_0 时，求湿周 L ($L = AB + BC + CD$) 与水深 h 之间的函数关系式，并指明其定义域．

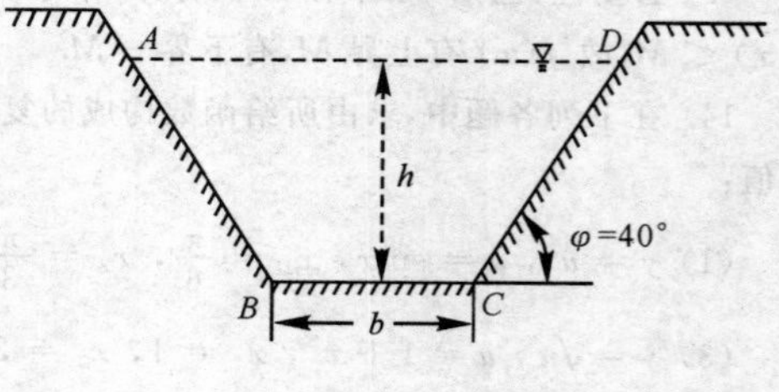

图 1.5

解 由图 1.5 可得，$h = AB\sin\varphi = DC\sin\varphi$，故 $AB = DC = \dfrac{h}{\sin\varphi}$，又从梯形面积计算公式

$$S_0 = \frac{1}{2}h(BC + AD) = \frac{1}{2}h[BC + (BC + 2h\cot\varphi)]$$

得 $BC = \dfrac{S_0}{h} - h\cot\varphi$，则

$$L = AB + BC + DC = \frac{S_0}{h} + \frac{2 - \cos 40°}{\sin 40°}h$$

自变量 h 的取值范围由 $h > 0$，$\dfrac{S_0}{h} - h\cot 40° > 0$ 确定，故定义域为 $0 < h < \sqrt{S_0 \tan 40°}$.

18. 收音机每台售价为 90 元，成本为 60 元．厂方为鼓励销售商大量采购，决定凡是定购量超过 100 台以上的，每多订购1台，售价就降低1分，但最低价为每台75元．

(1) 将每台的实际售价 p 表示为订购量 x 的函数；

(2) 将厂方所获的利润 P 表示成订购量 x 的函数；

(3) 某一商行订购了1 000台，厂方可获利润多少？

解 (1) 当 x 不超过100台，即 $0 \leqslant x \leqslant 100$ 时，$p = 90$，令 $90-(x-100)\times 0.01 = 75$，得 $x = 1\,600$；当 $x \geqslant 1\,600$ 时，$p = 75$；当 $100 < x < 1\,600$ 时，$p = 90-(x-100)\times 0.01$，故

$$p = \begin{cases} 90, & 0 \leqslant x \leqslant 100 \\ 90-(x-100)\times 0.01, & 100 < x < 1\,600 \\ 75, & x \geqslant 1\,600 \end{cases}$$

(2) 利润 = (销售价 − 成本价) × 销售量，故

$$P = (p-60)x = \begin{cases} 30x, & 0 \leqslant x \leqslant 100 \\ 31x - 0.01x^2, & 100 < x < 1\,600 \\ 15x, & x \geqslant 1\,600 \end{cases}$$

(3) $P\,|_{x=1\,000} = (31x - 0.01x^2)\,|_{x=1\,000} = 21\,000$ 元．

19. 求联系华氏温度(用 F 表示)和摄氏温度(用 C 表示)的转换公式，并求：

(1) F 为 $90°$ 的等价摄氏温度和 $-5℃$ 的等价华氏温度；

(2) 是否存在一个温度值，使华氏温度计和摄氏温度计的读数是一样的？如果存在，那么该温度值是多少？

解 设 $F = mC + b$，其中 m, b 均为常数．

因为 $F = 32°$ 相当于 $C = 0°$，$F = 212°$ 相当于 $C = 100°$，所以

$$b = 32, \quad m = \frac{212-32}{100} = 1.8$$

故

$$F = 1.8C + 32 \quad 或 \quad C = \frac{5}{9}(F-32)$$

(1)

$$F = 90°, \quad C = \frac{5}{9}(90-32) \approx 32.2°$$

$$C = -5°, \quad F = 1.8\times(-5)+32 = 23°$$

(2) 设温度值 t 符合题意，则有 $\quad t = 1.8t + 32, \quad t = -40$

即华氏 $-40°$ 恰好也是摄氏 $-40°$．

20. 利用以下联合国统计办公室提供的世界人口数据以及指数模型来推测2010年的世界人口．

年　份	人口数/(百万人)	当年人口数与上一年人口数的比值
1986	4 936	
1987	5 023	1.017 6
1988	5 111	1.017 5
1989	5 201	1.017 6
1990	5 329	1.024 6
1991	5 422	1.017 5

解 由表中第3列，猜想1986年后任一年的世界人口是前一年人口的1.018倍．于是，在1986年后的第 t 年，世界人口将是

$$P(t) = 4\,936 \cdot (1.018)^t \text{(百万人)}$$

2010年对应 $t = 24$，于是

$$P(24) = 4\,936 \cdot (1.018)^{24} \approx 7\,573.9(\text{百万人}) \approx 76(\text{亿人})$$

即推测 2010 年的世界人口约为 76 亿人.

（二）习题 1－2 解答

1. 下列各题中，哪些数列收敛，哪些数列发散？对收敛数列，通过观察数列$\{x_n\}$的变化趋势，写出它们的极限：

(1)$x_n = \frac{1}{2^n}$；　(2)$x_n = (-1)^n \frac{1}{n}$；　(3)$x_n = 2 + \frac{1}{n^2}$；

(4)$x_n = \frac{n-1}{n+1}$；　(5)$x_n = n(-1)^n$；　(6)$x_n = \frac{2^n - 1}{3^n}$；

(7)$x_n = n - \frac{1}{n}$；　(8)$x_n = [(-1)^n + 1]\frac{n+1}{n}$.

解　(1) 收敛，$\lim\limits_{n\to\infty}\frac{1}{2^n} = 0$.　(2) 收敛，$\lim\limits_{n\to\infty}(-1)^n\frac{1}{n} = 0$.

(3) 收敛，$\lim\limits_{n\to\infty}(2 + \frac{1}{n^2}) = 2$.　(4) 收敛，$\lim\limits_{n\to\infty}\frac{n-1}{n+1} = 1$.

(5)$\{n(-1)^n\}$发散.　(6) 收敛，$\lim\limits_{n\to\infty}\frac{2^n-1}{3^n} = 0$.

(7)$\{n - \frac{1}{n}\}$发散.　(8)$\{[(-1)^n + 1]\}\frac{n+1}{n}$发散.

*2. 设数列$\{x_n\}$的一般项$x_n = \frac{1}{n}\cos\frac{n\pi}{2}$. 问$\lim\limits_{n\to\infty}x_n = ?$ 求出 N，使当 $n > N$ 时，x_n 与其极限之差的绝对值小于正数 ε. 当 $\varepsilon = 0.001$ 时，求出数 N.

解　$\lim\limits_{n\to\infty}x_n = 0$，由于

$$|x_n - 0| = \left|\frac{1}{n}\cos\frac{n\pi}{2}\right| = \left|\frac{1}{n}\right|\left|\cos\frac{n\pi}{2}\right| \leqslant \frac{1}{n}$$

$\forall\varepsilon > 0$，要使 $|x_n - 0| < \varepsilon$，只要 $\frac{1}{n} < \varepsilon$，即 $n > \frac{1}{\varepsilon}$，则取 $N = \left[\frac{1}{\varepsilon}\right]$ 即可.

当 $\varepsilon = 0.001$ 时，$N = \left[\frac{1}{\varepsilon}\right] = 1\,000$，即若取 $\varepsilon = 0.001$，只要 $n > 1\,000$，就有 $|x_n - 0| < 0.001$.

*3. 根据数列极限的定义证明：

(1) $\lim\limits_{n\to\infty}\frac{1}{n^2} = 0$；　(2) $\lim\limits_{n\to\infty}\frac{3n+1}{2n+1} = \frac{3}{2}$；

(3) $\lim\limits_{n\to\infty}\frac{\sqrt{n^2+a^2}}{n} = 1$；　(4) $\lim\limits_{n\to\infty}0.\underbrace{999\cdots9}_{n\text{个}} = 1$.

证明　(1) 任给 $\varepsilon > 0$，要使 $\left|\frac{1}{n^2} - 0\right| < \varepsilon$，只要 $n^2 > \frac{1}{\varepsilon}$，即 $n > \frac{1}{\sqrt{\varepsilon}}$，于是对任给 $\varepsilon > 0$，取 $N = \left[\frac{1}{\sqrt{\varepsilon}}\right]$，当 $n > N$ 时，有 $\left|\frac{1}{n^2} - 0\right| < \varepsilon$，故 $\lim\limits_{n\to\infty}\frac{1}{n^2} = 0$.

(2) 因为

$$\left|\frac{3n+1}{2n+1} - \frac{3}{2}\right| = \frac{1}{2(2n+1)} < \frac{1}{2n+1} < \frac{1}{n}$$

所以任给 $\varepsilon > 0$，要使 $\left|\frac{3n+1}{2n+1} - \frac{3}{2}\right| < \varepsilon$，只要 $\frac{1}{n} < \varepsilon$，即 $n > \frac{1}{\varepsilon}$，于是对任给 $\varepsilon > 0$，取 $N = \left[\frac{1}{\varepsilon}\right]$，当 $n > N$ 时，有 $\left|\frac{3n+1}{2n+1} - \frac{3}{2}\right| < \varepsilon$，故 $\lim\limits_{n\to\infty}\frac{3n+1}{2n+1} = \frac{3}{2}$.

(3) 因为

$$\left|\frac{\sqrt{n^2+a^2}}{n} - 1\right| = \left|\frac{\sqrt{n^2+a^2} - n}{n}\right| = \frac{a^2}{n(\sqrt{n^2+a^2} + n)} \leqslant \frac{a^2}{n}$$

所以任给 $\varepsilon>0$，要使 $\left|\frac{\sqrt{n^2+a^2}}{n}-1\right|<\varepsilon$，只要 $\frac{a^2}{n}<\varepsilon$，即 $n>\frac{a^2}{\varepsilon}$. 取 $N=\left[\frac{a^2}{\varepsilon}\right]$，当 $n>N$ 时，有 $\left|\frac{\sqrt{n^2+a^2}}{n}-1\right|<\varepsilon$ 成立，故 $\lim\limits_{n\to\infty}\frac{\sqrt{n^2+a^2}}{n}=1$.

(4) 因为

$$\left|0.\underbrace{999\cdots9}_{n个}-1\right|=\left|1-\frac{1}{10^n}-1\right|=\frac{1}{10^n}$$

任给 $\varepsilon>0$ $(\varepsilon<1)$，要使 $\left|0.\underbrace{999\cdots9}_{n个}-1\right|<\varepsilon$，只要 $\frac{1}{10^n}<\varepsilon$，即 $n>\lg\frac{1}{\varepsilon}$，于是任给 $\varepsilon>0$ $(\varepsilon<1)$，取 $N=\left[\lg\frac{1}{\varepsilon}\right]$，当 $n>N$ 时，有 $\left|0.\underbrace{999\cdots9}_{n个}-1\right|<\varepsilon$，故 $\lim\limits_{n\to\infty}0.\underbrace{999\cdots9}_{n个}=1$.

*4. 若 $\lim\limits_{n\to\infty}x_n=a$，证明 $\lim\limits_{n\to\infty}|x_n|=|a|$. 并举例说明：如果数列 $\{|x_n|\}$ 有极限，则数列 $\{x_n\}$ 未必有极限.

证明　因为 $||x_n|-|a||\leqslant|x_n-a|$，所以任给 $\varepsilon>0$，要使 $||x_n|-|a||<\varepsilon$，只要 $|x_n-a|<\varepsilon$ 即可. 由 $\lim\limits_{n\to\infty}x_n=a$ 可知，对任给 $\varepsilon>0$，存在 $N>0$，当 $n>N$ 时，有 $|x_n-a|<\varepsilon$，从而 $||x_n|-|a||<\varepsilon$，故 $\lim\limits_{n\to\infty}|x_n|=|a|$.

反之，未必成立. 例如，设 $x_n=(-1)^n$，则 $\lim\limits_{n\to\infty}|x_n|=\lim\limits_{n\to\infty}1=1$，但 $\lim\limits_{n\to\infty}x_n$ 不存在.

*5. 设数列 $\{x_n\}$ 有界，又 $\lim\limits_{n\to\infty}y_n=0$，证明 $\lim\limits_{n\to\infty}x_ny_n=0$.

证明　因为数列 x_n 有界，所以存在 $M>0$，对一切 n 有 $|x_n|\leqslant M$.

任给 $\varepsilon>0$，由于 $\lim\limits_{n\to\infty}y_n=0$，因此对于 $\varepsilon_1=\frac{\varepsilon}{M}>0$，存在 $N>0$，当 $n>N$ 时，就有 $|y_n-0|=|y_n|<\varepsilon_1=\frac{\varepsilon}{M}$，于是 $|x_ny_n-0|=|x_n||y_n|<M\frac{\varepsilon}{M}=\varepsilon$，故 $\lim\limits_{n\to\infty}x_ny_n=0$.

*6. 对于数列 $\{x_n\}$，若 $x_{2k-1}\to a(k\to\infty)$，$x_{2k}\to a(k\to\infty)$，证明 $x_n\to a(n\to\infty)$.

证明　任给 $\varepsilon>0$，因为 $x_{2k-1}\to a(k\to\infty)$，所以存在 N_1，当 $2k-1>2N_1-1$ 时，就有 $|x_{2k-1}-a|<\varepsilon$. 又因为 $x_{2k}\to a(k\to\infty)$，对上面的 $\varepsilon>0$，存在 N_2，当 $2k>2N_2$ 时，就有 $|x_{2k}-a|<\varepsilon$，取 $N=\max\{2N_1-1,2N_2\}$. 则当 $n>N$ 时，就有 $|x_n-a|<\varepsilon$，故 $\lim\limits_{n\to\infty}x_n=a$.

(三) 习题 1-3 解答

1. 对图 1.6 所示的函数 $f(x)$，求下列极限，如极限不存在，说明理由.

(1) $\lim\limits_{x\to-2}f(x)$；　(2) $\lim\limits_{x\to-1}f(x)$；　(3) $\lim\limits_{x\to0}f(x)$.

解　(1) $\lim\limits_{x\to-2}f(x)=0$.　(2) $\lim\limits_{x\to-1}f(x)=-1$.　(3) $\lim\limits_{x\to0}f(x)$ 不存在，因为 $f(0^+)\neq f(0^-)$.

2. 对图 1.7 所示的函数 $f(x)$，下列陈述中哪些是对的，哪些是错的？

(1) $\lim\limits_{x\to0}f(x)$ 不存在；　(2) $\lim\limits_{x\to0}f(x)=0$；

(3) $\lim\limits_{x\to0}f(x)=1$；　(4) $\lim\limits_{x\to1}f(x)=0$；

(5) $\lim\limits_{x\to1}f(x)$ 不存在；　(6) 对每个 $x_0\in(-1,1)$，$\lim\limits_{x\to x_0}f(x)$ 存在.

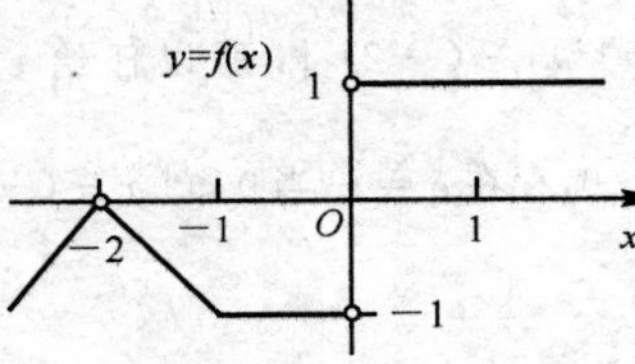

图　1.6

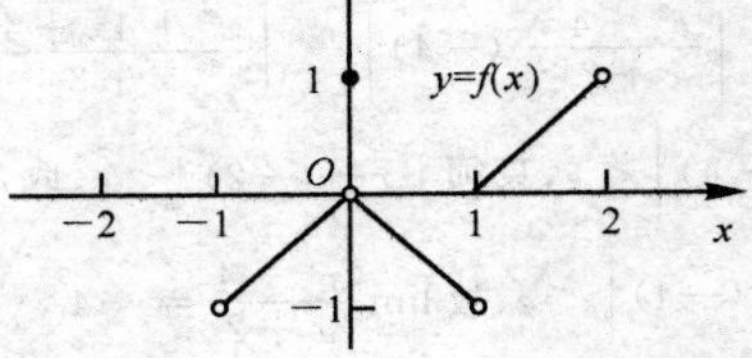

图　1.7

解 (1) 错，$\lim\limits_{x\to 0}f(x)$ 存在与否，与 $f(0)$ 的值无关．

(2) 对，因为 $f(0^+)=f(0^-)=0$．

(3) 错，$\lim\limits_{x\to 0}f(x)$ 的值与 $f(0)$ 的值无关．

(4) 错，$f(1^+)=0$，但 $f(1^-)=-1$，故 $\lim\limits_{x\to 1}f(x)$ 不存在．

(5) 对，因为 $f(1^-)\neq f(1^+)$．

(6) 对．

3. 对图 1.8 所示的函数，下列陈述中哪些是对的，哪些是错的？

(1) $\lim\limits_{x\to -1^+}f(x)=1$；　(2) $\lim\limits_{x\to -1^-}f(x)$ 不存在；

(3) $\lim\limits_{x\to 0}f(x)=0$；　(4) $\lim\limits_{x\to 0}f(x)=1$；

(5) $\lim\limits_{x\to 1^-}f(x)=1$；　(6) $\lim\limits_{x\to 1^+}f(x)=0$；

(7) $\lim\limits_{x\to 2^-}f(x)=0$；　(8) $\lim\limits_{x\to 2}f(x)=0$．

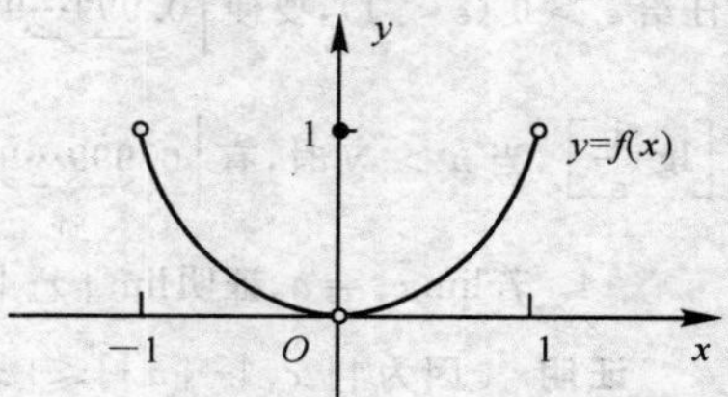

图 1.8

解 (1) 对．

(2) 对，因为当 $x<-1$ 时，$f(x)$ 无定义．

(3) 对，因为 $f(0^+)=f(0^-)=0$．

(4) 错，$\lim\limits_{x\to 0}f(x)$ 的值与 $f(0)$ 的值无关．

(5) ～ (7) 对．

(8) 错，因为当 $x>2$ 时，$f(x)$ 无定义，$f(2^+)$ 不存在．

4. 求 $f(x)=\dfrac{x}{x}$，$\varphi(x)=\dfrac{|x|}{x}$ 当 $x\to 0$ 时的左、右极限，并说明它们在 $x\to 0$ 时的极限是否存在．

解
$$\lim_{x\to 0^+}f(x)=\lim_{x\to 0^+}\frac{x}{x}=\lim_{x\to 0^+}1=1,\ \lim_{x\to 0^-}f(x)=\lim_{x\to 0^-}\frac{x}{x}=\lim_{x\to 0^-}1=1$$

因为 $\lim\limits_{x\to 0^+}f(x)=1=\lim\limits_{x\to 0^-}f(x)$，所以 $\lim\limits_{x\to 0}f(x)=1$．

$$\lim_{x\to 0^+}\varphi(x)=\lim_{x\to 0^+}\frac{|x|}{x}=\lim_{x\to 0^+}\frac{x}{x}=1,\ \lim_{x\to 0^-}\varphi(x)=\lim_{x\to 0^-}\frac{|x|}{x}=\lim_{x\to 0^-}\frac{-x}{x}=-1$$

因为 $\lim\limits_{x\to 0^+}\varphi(x)\neq\lim\limits_{x\to 0^-}\varphi(x)$，所以 $\lim\limits_{x\to 0}\varphi(x)$ 不存在．

*5. 根据函数极限的定义证明：

(1) $\lim\limits_{x\to 3}(3x-1)=8$；　(2) $\lim\limits_{x\to 2}(5x+2)=12$；

(3) $\lim\limits_{x\to -2}\dfrac{x^2-4}{x+2}=-4$；　(4) $\lim\limits_{x\to -\frac{1}{2}}\dfrac{1-4x^2}{2x+1}=2$．

证明 (1) 因为 $|(3x-1)-8|=|3x-9|=3|x-3|$，所以任给 $\varepsilon>0$，要使 $|(3x-1)-8|<\varepsilon$，即 $3|x-3|<\varepsilon$，只须 $|x-3|<\dfrac{1}{3}\varepsilon$，取 $\delta=\dfrac{1}{3}\varepsilon$，则对任给 $\varepsilon>0$，存在 $\delta=\dfrac{1}{3}\varepsilon$，当 $0<|x-3|<\delta$ 时，有 $|(3x-1)-8|<\varepsilon$，故 $\lim\limits_{x\to 3}(3x-1)=8$．

(2) 因为 $|(5x+2)-12|=|5x-10|=5|x-2|$，所以任给 $\varepsilon>0$，要使 $|(5x+2)-12|<\varepsilon$，只须 $5|x-2|<\varepsilon$，即 $|x-2|<\dfrac{1}{5}\varepsilon$，取 $\delta=\dfrac{1}{5}\varepsilon$，则任给 $\varepsilon>0$，存在 $\delta=\dfrac{1}{5}\varepsilon$，当 $0<|x-2|<\delta$ 时，有 $|(5x-2)-12|<\varepsilon$，故 $\lim\limits_{x\to 2}(5x+2)=12$．

(3) 因为 $\left|\dfrac{x^2-4}{x+2}-(-4)\right|=\left|\dfrac{x^2+4x+4}{x+2}\right|=|x+2|=|x-(-2)|$，所以任给 $\varepsilon>0$，要使 $\left|\dfrac{x^2-4}{x+2}-(-4)\right|<\varepsilon$，只须 $|x-(-2)|<\varepsilon$，取 $\delta=\varepsilon$，则任给 $\varepsilon>0$，存在 $\delta=\varepsilon$，当 $0<|x-(-2)|<\delta$ 时，有 $\left|\dfrac{x^2-4}{x+2}-(-4)\right|<\varepsilon$，故 $\lim\limits_{x\to -2}\dfrac{x^2-4}{x+2}=-4$．

(4) 因为 $\left|\frac{1-4x^2}{2x+1}-2\right| = |1-2x-2| = 2\left|x-\left(-\frac{1}{2}\right)\right|$，所以任给 $\varepsilon>0$，要使 $\left|\frac{1-4x^2}{2x+1}-2\right|<\varepsilon$，只要 $2\left|x-\left(-\frac{1}{2}\right)\right|<\varepsilon$，即 $\left|x-\left(-\frac{1}{2}\right)\right|<\frac{1}{2}\varepsilon$，取 $\delta=\frac{1}{2}\varepsilon$，则任给 $\varepsilon>0$，存在 $\delta=\frac{1}{2}\varepsilon$，当 $0<\left|x-\left(-\frac{1}{2}\right)\right|<\delta$ 时，有 $\left|\frac{1-4x^2}{2x+1}-2\right|<\varepsilon$，故 $\lim\limits_{x\to-\frac{1}{2}}\frac{1-4x^2}{2x+1}=2$.

*6. 根据函数极限的定义证明：

(1) $\lim\limits_{x\to\infty}\frac{1+x^3}{2x^3}=\frac{1}{2}$；　　(2) $\lim\limits_{x\to+\infty}\frac{\sin x}{\sqrt{x}}=0$.

证明 (1) 因为 $\left|\frac{1+x^3}{2x^3}-\frac{1}{2}\right| = \left|\frac{1+x^3-x^3}{2x^3}\right| = \frac{1}{2|x|^3}$，所以任给 $\varepsilon>0$，要使 $\left|\frac{1+x^3}{2x^3}-\frac{1}{2}\right|<\varepsilon$，只须 $\frac{1}{2|x|^3}<\varepsilon$，即 $|x|>\frac{1}{\sqrt[3]{2\varepsilon}}$，取 $X=\frac{1}{\sqrt[3]{2\varepsilon}}$，则任给 $\varepsilon>0$，存在 $X=\frac{1}{\sqrt[3]{2\varepsilon}}$，当 $|x|>X$ 时，有 $\left|\frac{1+x^3}{2x^3}-\frac{1}{2}\right|<\varepsilon$，故 $\lim\limits_{x\to\infty}\frac{1+x^3}{2x^3}=\frac{1}{2}$.

(2) 因为 $\left|\frac{\sin x}{\sqrt{x}}-0\right|\leqslant\frac{1}{\sqrt{x}}$，所以要使 $\left|\frac{\sin x}{\sqrt{x}}-0\right|<\varepsilon$，只要 $\frac{1}{\sqrt{x}}<\varepsilon$，即 $x>\frac{1}{\varepsilon^2}$，取 $X=\frac{1}{\varepsilon^2}$，则任给 $\varepsilon>0$，存在 $X=\frac{1}{\varepsilon^2}$，当 $x>X$ 时，有 $\left|\frac{\sin x}{\sqrt{x}}-0\right|<\varepsilon$，故 $\lim\limits_{x\to+\infty}\frac{\sin x}{\sqrt{x}}=0$.

*7. 当 $x\to2$ 时，$y=x^2\to4$. 问 δ 等于多少，使当 $|x-2|<\delta$ 时，$|x^2-4|<0.001$？

解 因为 $x\to2$ 时，有 $|x-2|\to0$，所以无妨设 $|x-2|<1$，即 $1<x<3$，要使 $|x^2-4| = |x+2||x-2|<5|x-2|<0.001$，只要 $|x-2|<\frac{0.001}{5}=0.000\,2$，即取 $\delta=0.000\,2$，当 $0<|x-2|<\delta$ 时，就有 $|x^2-4|<0.001$.

*8. 当 $x\to\infty$ 时，$y=\frac{x^2-1}{x^2+3}\to1$. 问 X 等于多少，使当 $|x|>X$ 时，$|y-1|<0.01$？

解 要使 $|y-1|=\left|\frac{x^2-1}{x^2+3}-1\right|=\frac{4}{x^2+3}<0.01$，只要 $|x|>\sqrt{\frac{4}{0.01}-3}=\sqrt{397}$，故取 $X=\sqrt{397}$ 即可.

*9. 证明：函数 $f(x)=|x|$ 当 $x\to0$ 时极限为零.

证明 因为 $||x|-0|=|x|=|x-0|$，所以 $\forall\varepsilon>0$，要使 $||x|-0|<\varepsilon$，只要 $|x-0|<\varepsilon$，取 $\delta=\varepsilon$，则当 $0<|x-0|<\delta$ 时，就有 $||x|-0|<\varepsilon$，由极限定义知，$\lim\limits_{x\to0}|x|=0$.

*10. 证明：若 $x\to+\infty$ 及 $x\to-\infty$ 时，函数 $f(x)$ 的极限都存在且都等于 A，则 $\lim\limits_{x\to\infty}f(x)=A$.

证明 已知 $\lim\limits_{x\to+\infty}f(x)=A$，则任给 $\varepsilon>0$，存在 $X_1>0$，当 $x>X_1$ 时，有 $|f(x)-A|<\varepsilon$；对上面的 $\varepsilon>0$，由 $\lim\limits_{x\to-\infty}f(x)=A$，则存在 $X_2>0$，当 $x<-X_2$ 时，有 $|f(x)-A|<\varepsilon$；取 $X=\max\{X_1,X_2\}$，则当 $|x|>X$ 时，有 $x>X_1$ 或 $x<-X_2$，从而有 $|f(x)-A|<\varepsilon$，故 $\lim\limits_{x\to\infty}f(x)=A$.

*11. 根据极限定义证明：函数 $f(x)$ 当 $x\to x_0$ 时极限存在的充分必要条件是左极限、右极限各自存在并且相等.

证明 (1) 必要性：若 $\lim\limits_{x\to x_0}f(x)=A$，任给 $\varepsilon>0$，存在 $\delta>0$，当 $0<|x-x_0|<\delta$ 时，有 $|f(x)-A|<\varepsilon$，特别当 $0<x-x_0<\delta$ 时，有 $|f(x)-A|<\varepsilon$，故 $\lim\limits_{x\to x_0^+}f(x)=A$；当 $0<x_0-x<\delta$ 时，有 $|f(x)-A|<\varepsilon$，故 $\lim\limits_{x\to x_0^-}f(x)=A$；从而

$$\lim_{x\to x_0^+}f(x)=\lim_{x\to x_0^-}f(x)=A$$

(2) 充分性：若 $\lim\limits_{x\to x_0^+}f(x)=\lim\limits_{x\to x_0^-}f(x)=A$，则任给 $\varepsilon>0$，存在 $\delta_1>0$，当 $0<x-x_0<\delta_1$ 时，有 $|f(x)-A|<\varepsilon$；存在 $\delta_2>0$，当 $0<x_0-x<\delta_2$ 时，有 $|f(x)-A|<\varepsilon$.

取 $\delta=\min\{\delta_1,\delta_2\}$，当 $0<|x-x_0|<\delta$ 时，有 $|f(x)-A|<\varepsilon$，故 $\lim\limits_{x\to x_0}f(x)=A$.

*12. 试给出 $x\to\infty$ 时函数极限的局部有界性的定理，并加以证明．

解　函数极限的局部有界性定理：如果 $\lim\limits_{x\to\infty}f(x)=A$，那么存在常数 $M>0$ 和 $X>0$，当 $|x|>X$ 时，有 $|f(x)|<M$.

现证明如下：因为 $\lim\limits_{x\to\infty}f(x)=A$，所以取 $\varepsilon=1$，则存在 $X>0$，当 $|x|>X$ 时，有 $|f(x)-A|<\varepsilon=1$，从而 $|f(x)|=|f(x)-A+A|\leqslant|f(x)-A|+|A|<|A|+1$，取 $M=|A|+1$，则上述定理得证．

(四) 习题 1－4 解答

1. 两个无穷小的商是否一定是无穷小？举例说明之．

解　不一定．例如，当 $x\to0$ 时，$\alpha(x)=2x$，$\beta(x)=4x$ 都是无穷小，但 $\dfrac{\alpha(x)}{\beta(x)}$ 不是无穷小，因为 $\lim\limits_{x\to0}\dfrac{\alpha(x)}{\beta(x)}=\lim\limits_{x\to0}\dfrac{2x}{4x}=\dfrac{1}{2}\neq0$.

*2. 根据定义证明：

(1) $y=\dfrac{x^2-9}{x+3}$ 为当 $x\to3$ 时的无穷小；　　(2) $y=x\sin\dfrac{1}{x}$ 为当 $x\to0$ 时的无穷小．

证明　(1) 因为 $\left|\dfrac{x^2-9}{x+3}\right|=|x-3|$．所以任给 $\varepsilon>0$，要使 $\left|\dfrac{x^2-9}{x+3}\right|<\varepsilon$，只要 $|x-3|<\varepsilon$，取 $\delta=\varepsilon$，则当 $0<|x-3|<\delta$ 时，$\left|\dfrac{x^2-9}{x+3}\right|<\varepsilon$，即 $\lim\limits_{x\to3}\dfrac{x^2-9}{x+3}=0$.

(2) 因为 $\left|x\sin\dfrac{1}{x}-0\right|=\left|x\sin\dfrac{1}{x}\right|\leqslant|x|=|x-0|$，所以任给 $\varepsilon>0$，要使 $\left|x\sin\dfrac{1}{x}-0\right|<\varepsilon$，只要 $|x-0|<\varepsilon$，取 $\delta=\varepsilon$，当 $0<|x-0|<\delta$ 时，就有 $\left|x\sin\dfrac{1}{x}-0\right|<\varepsilon$，即 $\lim\limits_{x\to0}x\sin\dfrac{1}{x}=0$.

*3. 根据定义证明：函数 $y=\dfrac{1+2x}{x}$ 为当 $x\to0$ 时的无穷大．问 x 应满足什么条件，能使 $|y|>10^4$？

证明　因为 $\left|\dfrac{1+2x}{x}\right|=\left|2+\dfrac{1}{x}\right|\geqslant\left|\dfrac{1}{x}\right|-2$，所以任给 $M>0$，欲使 $\left|\dfrac{1+2x}{x}\right|>M$，只要 $\left|\dfrac{1}{x}\right|-2>M$，即 $|x|<\dfrac{1}{M+2}$，则任给 $M>0$，取 $\delta=\dfrac{1}{M+2}$，当 $0<|x-0|<\delta$ 时，有 $\left|\dfrac{1+2x}{x}\right|>M$，故 $x\to0$ 时，$\dfrac{1+2x}{x}$ 为无穷大．

令 $M=10^4$，得 $\delta=\dfrac{1}{10^4+2}$，当 $0<|x-0|<\dfrac{1}{10^4+2}$ 时，$\left|\dfrac{1+2x}{x}\right|>10^4$.

4. 求下列极限，并说明理由：

(1) $\lim\limits_{x\to\infty}\dfrac{2x+1}{x}$；　　(2) $\lim\limits_{x\to0}\dfrac{1-x^2}{1-x}$.

解　(1) 原式 $=\lim\limits_{x\to\infty}\left(2+\dfrac{1}{x}\right)=2$.

因为 $f(x)=\dfrac{2x+1}{x}$ 与数 $A=2$ 之间只相差一个无穷小 $\dfrac{1}{x}(x\to\infty)$.

(2) 原式 $=1$.

因为 $f(x)=\dfrac{1-x^2}{1-x}=\dfrac{(1-x)(1+x)}{1-x}=1+x$ 与数 $A=1$ 之间只相差一个无穷小 $x(x\to0)$.

5. 根据函数极限或无穷大定义，填写下表：

解

	$f(x)\to A$	$f(x)\to\infty$	$f(x)\to+\infty$	$f(x)\to-\infty$
$x\to x_0$	$\forall\varepsilon>0$，$\exists\delta>0$ 当 $0<\|x-x_0\|<\delta$ 时， 有 $\|f(x)-A\|<\varepsilon$	$\forall M>0$，$\exists\delta>0$ 当 $0<\|x-x_0\|<\delta$ 时， 有 $\|f(x)\|>M$	$\forall M>0$，$\exists\delta>0$ 当 $0<\|x-x_0\|<\delta$ 时， 有 $f(x)>M$	$\forall M>0$，$\exists\delta>0$ 当 $0<\|x-x_0\|<\delta$ 时， 有 $f(x)<-M$
$x\to x_0^+$	$\forall\varepsilon>0$，$\exists\delta>0$ 当 $0<x-x_0<\delta$ 时， 有 $\|f(x)-A\|<\varepsilon$	$\forall M>0$，$\exists\delta>0$ 当 $0<x-x_0<\delta$ 时， 有 $\|f(x)\|>M$	$\forall M>0$，$\exists\delta>0$ 当 $0<x-x_0<\delta$ 时， 有 $f(x)>M$	$\forall M>0$，$\exists\delta>0$ 当 $0<x-x_0<\delta$ 时， 有 $f(x)<-M$
$x\to x_0^-$	$\forall\varepsilon>0$，$\exists\delta>0$ 当 $0<x_0-x<\delta$ 时， 有 $\|f(x)-A\|<\varepsilon$	$\forall M>0$，$\exists\delta>0$ 当 $0<x_0-x<\delta$ 时， 有 $\|f(x)\|>M$	$\forall M>0$，$\exists\delta>0$ 当 $0<x_0-x<\delta$ 时， 有 $f(x)>M$	$\forall M>0$，$\exists\delta>0$ 当 $0<x_0-x<\delta$ 时， 有 $f(x)<-M$
$x\to\infty$	$\forall\varepsilon>0$，$\exists X>0$ 当 $\|x\|>X$ 时， 有 $\|f(x)-A\|<\varepsilon$	$\forall M>0$，$\exists X>0$ 当 $\|x\|>X$ 时， 有 $\|f(x)\|>M$	$\forall M>0$，$\exists X>0$ 当 $\|x\|>X$ 时， 有 $f(x)>M$	$\forall M>0$，$\exists X>0$ 当 $\|x\|>X$ 时， 有 $f(x)<-M$
$x\to+\infty$	$\forall\varepsilon>0$，$\exists X>0$ 当 $x>X$ 时， 有 $\|f(x)-A\|<\varepsilon$	$\forall M>0$，$\exists X>0$ 当 $x>X$ 时， 有 $\|f(x)\|>M$	$\forall M>0$，$\exists X>0$ 当 $x>X$ 时， 有 $f(x)>M$	$\forall M>0$，$\exists X>0$ 当 $x>X$ 时， 有 $f(x)<-M$
$x\to-\infty$	$\forall\varepsilon>0$，$\exists X>0$ 当 $x<-X$ 时， 有 $\|f(x)-A\|<\varepsilon$	$\forall M>0$，$\exists X>0$ 当 $x<-X$ 时， 有 $\|f(x)\|>M$	$\forall M>0$，$\exists X>0$ 当 $x<-X$ 时， 有 $f(x)>M$	$\forall M>0$，$\exists X>0$ 当 $x<-X$ 时， 有 $f(x)<-M$

6. 函数 $y=x\cos x$ 在 $(-\infty,+\infty)$ 内是否有界？这个函数是否为 $x\to+\infty$ 时的无穷大？为什么？

解　$y=x\cos x$ 在 $(-\infty,+\infty)$ 内无界．因为任给 $M>0$，在 $(-\infty,+\infty)$ 内总能找到这样的 x，使得 $|y(x)|>M$. 例如，取 $x_k=2k\pi(k=0,1,2,\cdots)$，$y(2k\pi)=2k\pi\cos 2k\pi=2k\pi$，当 $k\to+\infty$ 时，$y(2k\pi)=2k\pi\to+\infty$，故当 k 充分大时，就有 $|y(2k\pi)|>M$，所以无界．

但此函数当 $x\to+\infty$ 时不是无穷大，若取 $x_n=2n\pi+\dfrac{\pi}{2}(n=0,1,2,\cdots)$，$y(x_n)=0$，则当 $n\to+\infty$ 时，$x_n\to+\infty$，$y(x_n)\to 0$，故 y 不是无穷大．

*7. 证明：函数 $y=\dfrac{1}{x}\sin\dfrac{1}{x}$ 在区间 $(0,1]$ 上无界，但这函数不是 $x\to 0^+$ 时的无穷大．

证明　要证 $y=\dfrac{1}{x}\sin\dfrac{1}{x}$ 在区间 $(0,1]$ 上无界，就是要证任给 $M>0$（无论多大），在区间 $(0,1]$ 中存在点 x_0，使 $y(x_0)>M$. 若取 $x_0=\dfrac{1}{2[M]\pi+\dfrac{\pi}{2}}$，则 $y(x_0)=2[M]\pi+\dfrac{\pi}{2}>M$，故函数 $y=\dfrac{1}{x}\sin\dfrac{1}{x}$ 在区间 $(0,1]$ 上无界．

要证此函数不是 $x\to 0^+$ 时的无穷大，就是要证存在 $M>0$，对于任意的 $\delta>0$，存在这样的点 x_k，且 $0<x_k<\delta$，使 $y(x_k)<M$. 可取 $x_k=\dfrac{1}{2k\pi}(k=1,2,\cdots)$，当 k 充分大时，$0<x_k<\delta$，但 $y(x_k)=2k\pi\sin 2k\pi=0<M$，故此函数不是 $x\to 0^+$ 时的无穷大．

8. 求函数 $f(x)=\dfrac{4}{2-x^2}$ 的图形的渐近线．

解 因为$\lim\limits_{x\to\infty}f(x)=0$，所以 $y=0$ 是函数图形的水平渐近线．

因为 $\lim\limits_{x\to-\sqrt{2}}f(x)=\infty$，$\lim\limits_{x\to\sqrt{2}}f(x)=\infty$，所以 $x=-\sqrt{2}$ 及 $x=\sqrt{2}$ 都是函数图形的铅直渐近线．

（五）习题 1－5 解答

1. 计算下列极限：

(1) $\lim\limits_{x\to2}\dfrac{x^2+5}{x-3}$；

(2) $\lim\limits_{x\to\sqrt{3}}\dfrac{x^2-3}{x^2+1}$；

(3) $\lim\limits_{x\to1}\dfrac{x^2-2x+1}{x^2-1}$；

(4) $\lim\limits_{x\to0}\dfrac{4x^3-2x^2+x}{3x^2+2x}$；

(5) $\lim\limits_{h\to0}\dfrac{(x+h)^2-x^2}{h}$；

(6) $\lim\limits_{x\to\infty}\left(2-\dfrac{1}{x}+\dfrac{1}{x^2}\right)$；

(7) $\lim\limits_{x\to\infty}\dfrac{x^2-1}{2x^2-x-1}$；

(8) $\lim\limits_{x\to\infty}\dfrac{x^2+x}{x^4-3x^2+1}$；

(9) $\lim\limits_{x\to4}\dfrac{x^2-6x+8}{x^2-5x+4}$；

(10) $\lim\limits_{x\to\infty}\left(1+\dfrac{1}{x}\right)\left(2-\dfrac{1}{x^2}\right)$；

(11) $\lim\limits_{n\to\infty}\left(1+\dfrac{1}{2}+\dfrac{1}{4}+\cdots+\dfrac{1}{2^n}\right)$；

(12) $\lim\limits_{n\to\infty}\dfrac{1+2+3+\cdots+(n-1)}{n^2}$；

(13) $\lim\limits_{n\to\infty}\dfrac{(n+1)(n+2)(n+3)}{5n^3}$；

(14) $\lim\limits_{x\to1}\left(\dfrac{1}{1-x}-\dfrac{3}{1-x^3}\right)$．

解 (1) 原式 $=\dfrac{4+5}{2-3}=-9$

(2) 原式 $=\dfrac{3-3}{3+1}=0$

(3) 原式 $=\lim\limits_{x\to1}\dfrac{(x-1)^2}{(x-1)(x+1)}=\lim\limits_{x\to1}\dfrac{x-1}{x+1}=\dfrac{0}{2}=0$

(4) 原式 $=\lim\limits_{x\to0}\dfrac{4x^2-2x+1}{3x+2}=\dfrac{1}{2}$

(5) 原式 $=\lim\limits_{h\to0}\dfrac{(x^2+2hx+h^2)-x^2}{h}=\lim\limits_{h\to0}(2x+h)=2x$

(6) 原式 $=2-0+0=2$

(7) 原式 $=\dfrac{1}{2}$

(8) 原式 $=0$

(9) 原式 $=\lim\limits_{x\to4}\dfrac{(x-4)(x-2)}{(x-4)(x-1)}=\lim\limits_{x\to4}\dfrac{x-2}{x-1}=\dfrac{2}{3}$

(10) 原式 $=\lim\limits_{x\to\infty}\left(1+\dfrac{1}{x}\right)\lim\limits_{x\to\infty}\left(2-\dfrac{1}{x^2}\right)=2$

(11) 原式 $=\lim\limits_{n\to\infty}\dfrac{1-\dfrac{1}{2^{n+1}}}{1-\dfrac{1}{2}}=\dfrac{1-0}{\dfrac{1}{2}}=2$

(12) 原式 $=\lim\limits_{n\to\infty}\dfrac{\dfrac{(n-1)n}{2}}{n^2}=\lim\limits_{n\to\infty}\dfrac{n-1}{2n}=\lim\limits_{n\to\infty}\dfrac{1}{2}\left(1-\dfrac{1}{n}\right)=\dfrac{1}{2}$

(13) 原式 $=\dfrac{1}{5}\lim\limits_{n\to\infty}\left(1+\dfrac{1}{n}\right)\left(1+\dfrac{2}{n}\right)\left(1+\dfrac{3}{n}\right)=\dfrac{1}{5}$

(14) 原式 $=\lim\limits_{x\to1}\dfrac{1+x+x^2-3}{(1-x)(1+x+x^2)}=\lim\limits_{x\to1}\dfrac{(x-1)(x+2)}{(1-x)(1+x+x^2)}=-\lim\limits_{x\to1}\dfrac{x+2}{x^2+x+1}=-1$

2. 计算下列极限：

(1) $\lim\limits_{x\to 2}\dfrac{x^3+2x^2}{(x-2)^2}$； (2) $\lim\limits_{x\to\infty}\dfrac{x^2}{2x+1}$； (3) $\lim\limits_{x\to\infty}(2x^3-x+1)$.

解 (1) 因为$\lim\limits_{x\to 2}\dfrac{(x-2)^2}{x^3+2x^2}=\dfrac{0}{16}=0$，所以，原式 $=\infty$.

(2) 因为$\lim\limits_{x\to\infty}\dfrac{2x+1}{x^2}=\lim\limits_{x\to\infty}\left(\dfrac{2}{x}+\dfrac{1}{x^2}\right)=0+0=0$，所以，原式 $=\infty$.

(3) 因为$\lim\limits_{x\to\infty}\dfrac{1}{2x^3-x+1}=0$，所以，原式 $=\infty$.

3. 计算下列极限：

(1) $\lim\limits_{x\to 0}x^2\sin\dfrac{1}{x}$； (2) $\lim\limits_{x\to\infty}\dfrac{\arctan x}{x}$.

解 (1) 因为 $x\to 0$ 时，x^2 为无穷小，而$\left|\sin\dfrac{1}{x}\right|\leqslant 1$，即 $\sin\dfrac{1}{x}$ 为有界变量，又因为有界变量与无穷小的积仍为无穷小，所以，原式 $=0$.

(2) 因为 $x\to\infty$ 时，$\dfrac{1}{x}$ 为无穷小，而 $|\arctan x|\leqslant\dfrac{\pi}{2}$，即 $\arctan x$ 为有界变量，所以

$$\text{原式}=\lim_{x\to\infty}\frac{1}{x}\arctan x=0$$

4. 设$\{a_n\}$，$\{b_n\}$，$\{c_n\}$均为非负数列，且$\lim\limits_{n\to\infty}a_n=0$，$\lim\limits_{n\to\infty}b_n=1$，$\lim\limits_{n\to\infty}c_n=\infty$. 下列陈述中哪些是对的，哪些是错的？如果是对的，说明理由；如果是错的，试给出一个反例.

(1) $a_n<b_n, n\in\mathbf{N}^+$； (2) $b_n<c_n, n\in\mathbf{N}^+$；

(3) $\lim\limits_{n\to\infty}a_nc_n$ 不存在； (4) $\lim\limits_{n\to\infty}b_nc_n$ 不存在.

解 (1) 错. 例如 $a_n=\dfrac{1}{n}$，$b_n=\dfrac{n}{n+1}$，$n\in\mathbf{N}^+$，当 $n=1$ 时，$a_1=1>\dfrac{1}{2}=b_1$，故对任意 $n\in\mathbf{N}^+$，$a_n<b_n$ 不成立.

(2) 错. 例如 $b_n=\dfrac{n}{n+1}$，$c_n=(-1)^n n$，$n\in\mathbf{N}^+$. 当 n 为奇数时，$b_n<c_n$ 不成立.

(3) 错. 例如 $a_n=\dfrac{1}{n^2}$，$c_n=n$，$n\in\mathbf{N}^+$. $\lim\limits_{n\to\infty}a_nc_n=0$.

(4) 对. 因为，若$\lim\limits_{n\to\infty}b_nc_n$ 存在，则$\lim\limits_{n\to\infty}c_n=\lim\limits_{n\to\infty}(b_nc_n)\cdot\lim\limits_{n\to\infty}\dfrac{1}{b_n}$ 也存在，与已知条件矛盾.

5. 下列陈述中，哪些是对的，哪些是错的？如果是对的，说明理由；如果是错的，试给出一个反例.

(1) 如果$\lim\limits_{x\to x_0}f(x)$ 存在，但$\lim\limits_{x\to x_0}g(x)$ 不存在，那么$\lim\limits_{x\to x_0}[f(x)+g(x)]$ 不存在；

(2) 如果$\lim\limits_{x\to x_0}f(x)$ 和$\lim\limits_{x\to x_0}g(x)$ 都不存在，那么$\lim\limits_{x\to x_0}[f(x)+g(x)]$ 不存在.

(3) 如果$\lim\limits_{x\to x_0}f(x)$ 存在，但$\lim\limits_{x\to x_0}g(x)$ 不存在，那么$\lim\limits_{x\to x_0}[f(x)\cdot g(x)]$ 不存在.

解 (1) 对. 因为，若$\lim\limits_{x\to x_0}[f(x)+g(x)]$存在，则$\lim\limits_{x\to x_0}g(x)=\lim\limits_{x\to x_0}[f(x)+g(x)]-\lim\limits_{x\to x_0}f(x)$ 也存在，与已知条件矛盾.

(2) 错. 例如 $f(x)=\operatorname{sgn}x$，$g(x)=-\operatorname{sgn}x$ 在 $x\to 0$ 时的极限都不存在，但 $f(x)+g(x)\equiv 0$ 在 $x\to 0$ 时的极限存在.

(3) 错. 例如$\lim\limits_{x\to 0}x=0$，$\lim\limits_{x\to 0}\sin\dfrac{1}{x}$ 不存在，但$\lim\limits_{x\to x_0}x\sin\dfrac{1}{x}=0$.

*6. 证明：本节定理3中的(2).

证明 设在自变量的某一变化过程中，$\lim f(x)=A$，$\lim g(x)=B$，则有

$$f(x)=A+\alpha,\quad g(x)=B+\beta$$

$$f(x)g(x) = (A+\alpha)(B+\beta) = AB + \alpha\beta + \beta A + \alpha B$$

而 $\alpha\beta + \beta A + \alpha B$ 为无穷小，故 $\lim f(x)g(x) = AB$.

（六）习题 1-6 解答

1. 计算下列极限：

(1) $\lim\limits_{x\to 0}\dfrac{\sin\omega x}{x}$；　(2) $\lim\limits_{x\to 0}\dfrac{\tan 3x}{x}$；　(3) $\lim\limits_{x\to 0}\dfrac{\sin 2x}{\sin 5x}$；

(4) $\lim\limits_{x\to 0}x\cot x$；　(5) $\lim\limits_{x\to 0}\dfrac{1-\cos 2x}{x\sin x}$；　(6) $\lim\limits_{n\to\infty}2^n\sin\dfrac{x}{2^n}$（$x$ 为不等于零的常数）.

解　(1) 原式 $= \lim\limits_{x\to 0}\omega\dfrac{\sin\omega x}{\omega x} \xlongequal{\omega x = t} \omega\lim\limits_{t\to 0}\dfrac{\sin t}{t} = \omega$

(2) 原式 $= \lim\limits_{x\to 0}\left(\dfrac{\sin 3x}{3x}\cdot\dfrac{3}{\cos 3x}\right) = 3$

(3) 原式 $= \lim\limits_{x\to 0}\left(\dfrac{\sin 2x}{2x}\cdot\dfrac{5x}{\sin 5x}\cdot\dfrac{2}{5}\right) = \dfrac{2}{5}$

(4) 原式 $= \lim\limits_{x\to 0}\dfrac{x}{\sin x}\cdot\cos x = 1$

(5) 原式 $= \lim\limits_{x\to 0}\dfrac{2\sin^2 x}{x\sin x} = \lim\limits_{x\to 0}\dfrac{2\sin x}{x} = 2$

(6) 原式 $= x\lim\limits_{n\to\infty}\dfrac{\sin\dfrac{x}{2^n}}{\dfrac{x}{2^n}} = x$

2. 计算下列极限：

(1) $\lim\limits_{x\to 0}(1-x)^{\frac{1}{x}}$；　(2) $\lim\limits_{x\to 0}(1+2x)^{\frac{1}{x}}$；

(3) $\lim\limits_{x\to\infty}\left(\dfrac{1+x}{x}\right)^{2x}$；　(4) $\lim\limits_{x\to\infty}\left(1-\dfrac{1}{x}\right)^{kx}$（$k$ 为正整数）.

解　(1) 原式 $= \lim\limits_{x\to 0}[1+(-x)]^{\left(-\frac{1}{x}\right)\cdot(-1)} = \mathrm{e}^{-1}$

(2) 原式 $= \lim\limits_{x\to 0}(1+2x)^{\frac{1}{2x}\cdot 2} = \mathrm{e}^2$

(3) 原式 $= \lim\limits_{x\to\infty}\left(1+\dfrac{1}{x}\right)^{2x} = \lim\limits_{x\to\infty}\left[\left(1+\dfrac{1}{x}\right)^{x}\right]^2 = \mathrm{e}^2$

(4) 原式 $= \lim\limits_{x\to\infty}\left[\left(1+\dfrac{1}{-x}\right)^{-x}\right]^{-k} = \mathrm{e}^{-k}$

*3. 根据函数极限的定义，证明极限存在的准则 I′.

证明　设(1) $g(x)\leqslant f(x)\leqslant h(x)$；(2) $\lim\limits_{x\to x_0}g(x) = A$，$\lim\limits_{x\to x_0}h(x) = A$. 要证 $\lim\limits_{x\to x_0}f(x) = A$.

对任给 $\varepsilon > 0$，由于 $\lim\limits_{x\to x_0}g(x) = A$，则存在 $\delta_1 > 0$，当 $0 < |x - x_0| < \delta_1$ 时，有 $|g(x) - A| < \varepsilon$，即

$$A-\varepsilon < g(x) < A+\varepsilon \qquad ①$$

由于 $\lim\limits_{x\to x_0}h(x) = A$，对 $\varepsilon > 0$，则存在 $\delta_2 > 0$，当 $0 < |x - x_0| < \delta_2$ 时，有 $|h(x) - A| < \varepsilon$，即

$$A-\varepsilon < h(x) < A+\varepsilon \qquad ②$$

取 $\delta = \min\{\delta_1, \delta_2\}$，当 $0 < |x - x_0| < \delta$ 时，式①，②同时成立；因为 $g(x)\leqslant f(x)\leqslant h(x)$，所以 $A-\varepsilon < f(x) < A+\varepsilon$，因此，由极限定义有 $\lim\limits_{x\to x_0}f(x) = A$.

再设(1) $g(x)\leqslant f(x)\leqslant h(x)$，(2) $\lim\limits_{x\to\infty}g(x) = A$，$\lim\limits_{x\to\infty}h(x) = A$. 要证 $\lim\limits_{x\to\infty}f(x) = A$.

对任给 $\varepsilon > 0$，由于 $\lim\limits_{x\to\infty}g(x) = A$，则存在 $X_1 > 0$，当 $|x| > X_1$ 时，有 $|g(x) - A| < \varepsilon$，即

$$A-\varepsilon < g(x) < A+\varepsilon \qquad ③$$

由于$\lim\limits_{x\to\infty}h(x)=A$，对$\varepsilon>0$，则存在$X_2>0$，当$|x|>X_2$时，有$|h(x)-A|<\varepsilon$，即

$$A-\varepsilon<h(x)<A+\varepsilon \qquad ④$$

由于$g(x)\leqslant f(x)\leqslant h(x)$，对任给$\varepsilon>0$，取$X=\max\{X_1,X_2\}$，只要$|x|>X$，由式③，④就有$A-\varepsilon<f(x)<A+\varepsilon$，即$|f(x)-A|<\varepsilon$，因此$\lim\limits_{x\to\infty}f(x)=A$.

4. 利用极限存在准则证明：

(1) $\lim\limits_{n\to\infty}\sqrt{1+\dfrac{1}{n}}=1$；　　(2) $\lim\limits_{n\to\infty}n\left(\dfrac{1}{n^2+\pi}+\dfrac{1}{n^2+2\pi}+\cdots+\dfrac{1}{n^2+n\pi}\right)=1$；

(3) 数列$\sqrt{2}$，$\sqrt{2+\sqrt{2}}$，$\sqrt{2+\sqrt{2+\sqrt{2}}}$，…的极限存在；

(4) $\lim\limits_{x\to 0}\sqrt[n]{1+x}=1$；　　(5) $\lim\limits_{x\to 0^+}x\left[\dfrac{1}{x}\right]=1$.

证明　(1) 因为$1<\sqrt{1+\dfrac{1}{n}}<1+\dfrac{1}{n}$，而$\lim\limits_{n\to\infty}1=\lim\limits_{n\to\infty}\left(1+\dfrac{1}{n}\right)=1$，所以由夹逼准则知

$$\lim_{n\to\infty}\sqrt{1+\frac{1}{n}}=1$$

(2) 因为
$$\frac{1}{n^2+\pi}\geqslant\frac{1}{n+2\pi}\geqslant\cdots\geqslant\frac{1}{n^2+n\pi}$$

所以
$$n\cdot\frac{n}{n^2+n\pi}\leqslant n\left(\frac{1}{n^2+\pi}+\frac{1}{n^2+2\pi}+\cdots+\frac{1}{n^2+n\pi}\right)\leqslant n\cdot\frac{n}{n^2+\pi}$$

而
$$\lim_{n\to\infty}n\cdot\frac{n}{n^2+n\pi}=\lim_{n\to\infty}\frac{1}{1+\frac{\pi}{n}}=1,\quad \lim_{n\to\infty}n\cdot\frac{n}{n^2+\pi}=\lim_{n\to\infty}\frac{1}{1+\frac{\pi}{n^2}}=1$$

由夹逼准则可得结论.

(3) $x_{n+1}=\sqrt{2+x_n}\ (n=1,2,\cdots)$，$x_1=\sqrt{2}$.

① 先证数列x_n有界．当$n=1$，$x_1=\sqrt{2}<2$，假定$n=k$时，$x_k<2$，当$n=k+1$时，$x_{k+1}=\sqrt{2+x_k}<\sqrt{2+2}=2$，得$x_n<2$，故$x_n$有上界.

② 再证数列x_n单调递增．因为

$$x_{n+1}-x_n=\sqrt{2+x_n}-x_n=\frac{2+x_n-x_n^2}{\sqrt{2+x_n}+x_n}=\frac{-(x_n-2)(x_n+1)}{\sqrt{2+x_n}+x_n}$$

由$x_n<2$得，$x_{n+1}-x_n>0$，所以$x_{n+1}>x_n$，根据①，②知，$\{x_n\}$为单调增且有上界数列，故$\lim\limits_{n\to\infty}x_n$存在．设$\lim\limits_{n\to\infty}x_n=A$. 由于$x_{n+1}=\sqrt{2+x_n}$，$x_{n+1}^2=2+x_n$，因此$\lim\limits_{n\to\infty}x_{n+1}^2=\lim\limits_{n\to\infty}(2+x_n)$，得$A^2=2+A$，即$A^2-A-2=0$，解得$A=2$，$A=-1$（不合题意舍去），故$\lim\limits_{n\to\infty}x_n=2$.

(4) 当$x>0$时，$1<\sqrt[n]{1+x}<1+x$；当$-1<x<0$时，$1+x<\sqrt[n]{1+x}<1$. 而$\lim\limits_{x\to 0}1=1$，$\lim\limits_{x\to 0}(1+x)=1$. 由夹逼准则，即得证.

(5) 因为$x>0$时，$\dfrac{1}{x}-1\leqslant\left[\dfrac{1}{x}\right]\leqslant\dfrac{1}{x}$，于是$\left(\dfrac{1}{x}-1\right)x\leqslant x\left[\dfrac{1}{x}\right]\leqslant x\cdot\dfrac{1}{x}=1$，而

$$\lim_{x\to 0^+}\left(\frac{1}{x}-1\right)x=\lim_{x\to 0^+}\frac{1-x}{x}\cdot x=\lim_{x\to 0^+}(1-x)=1,\quad \lim_{x\to 0^+}1=1$$

所以，由夹逼准则知$\lim\limits_{x\to 0^+}x\left[\dfrac{1}{x}\right]=1$.

（七）习题1-7解答

1. 当$x\to 0$时，$2x-x^2$与x^2-x^3相比，哪一个是高阶无穷小？

解　因为$\lim\limits_{x\to 0}\dfrac{x^2-x^3}{2x-x^2}=\lim\limits_{x\to 0}\dfrac{x-x^2}{2-x}=0$，所以当$x\to 0$时，$x^2-x^3$是比$2x-x^2$高阶的无穷小，但不等价.

2. 当 $x \to 1$ 时,无穷小 $1-x$ 和(1) $1-x^3$,(2) $\frac{1}{2}(1-x^2)$ 是否同阶?是否等价?

解 (1) 因为$\lim\limits_{x\to 1}\frac{1-x^3}{1-x}=\lim\limits_{x\to 1}(1+x+x^2)=3$,所以当 $x\to 1$ 时,$1-x^3$ 与 $1-x$ 为同阶无穷小,但不等价.

(2) 因为$\lim\limits_{x\to 1}\frac{\frac{1}{2}(1-x^2)}{1-x}=\lim\limits_{x\to 1}\frac{1+x}{2}=1$,所以当 $x\to 1$ 时,$\frac{1}{2}(1-x^2)$ 与$(1-x)$ 是等价无穷小.

3. 当 $x\to 0$ 时,证明:(1) $\arctan x \sim x$;(2) $\sec x-1\sim\frac{x^2}{2}$.

证明 (1) 令 $y=\arctan x$,则 $x=\tan y$,当 $x\to 0$ 时,$y\to 0$,有

$$\lim_{x\to 0}\frac{\arctan x}{x}=\lim_{y\to 0}\frac{y}{\tan y}=1$$

故 $x\to 0$ 时,$\arctan x\sim x$.

(2) $$\lim_{x\to 0}\frac{\sec x-1}{\frac{x^2}{2}}=\lim_{x\to 0}\frac{1-\cos x}{\frac{x^2}{2}\cdot\cos x}=\lim_{x\to 0}\frac{1}{\cos x}\cdot\lim_{x\to 0}\frac{1-\cos x}{\frac{x^2}{2}}=1\cdot\lim_{x\to 0}\frac{2\sin^2\frac{x}{2}}{\frac{x^2}{2}}=\lim_{x\to 0}\left(\frac{\sin\frac{x}{2}}{\frac{x}{2}}\right)^2=1$$

故当 $x\to 0$ 时,$\sec x-1\sim\frac{x^2}{2}$.

4. 利用等价无穷小的性质,求下列极限:

(1) $\lim\limits_{x\to 0}\frac{\tan 3x}{2x}$;　　(2) $\lim\limits_{x\to 0}\frac{\sin(x^n)}{(\sin x)^m}$ (m,n 为正整数);

(3) $\lim\limits_{x\to 0}\frac{\tan x-\sin x}{\sin^3 x}$;　　(4) $\lim\limits_{x\to 0}\frac{\sin x-\tan x}{(\sqrt[3]{1+x^2}-1)(\sqrt{1+\sin x}-1)}$.

解 (1) 因为 $x\to 0$ 时,$\tan 3x\sim 3x$,所以

$$\lim_{x\to 0}\frac{\tan 3x}{2x}=\lim_{x\to 0}\frac{3x}{2x}=\frac{3}{2}$$

(2) 因为 $x\to 0$ 时,$\sin x\sim x$, $\sin x^n\sim x^n$,所以

$$\lim_{x\to 0}\frac{\sin x^n}{(\sin x)^m}=\lim_{x\to 0}\frac{x^n}{x^m}=\begin{cases}1, & n=m\\ 0, & n>m\\ \infty, & n<m\end{cases}$$

(3) $$\lim_{x\to 0}\frac{\tan x-\sin x}{\sin^3 x}=\lim_{x\to 0}\frac{\sin x\left(\frac{1}{\cos x}-1\right)}{\sin^3 x}=\lim_{x\to 0}\frac{1-\cos x}{\cos x\sin^2 x}=\lim_{x\to 0}\frac{\frac{1}{2}x^2}{x^2\cos x}=\frac{1}{2}$$

(4) 当 $x\to 0$ 时,$\sqrt[3]{1+x^2}-1\sim\frac{1}{3}x^2$, $\sqrt{1+\sin x}-1\sim\frac{1}{2}\sin x\sim\frac{1}{2}x$,且

$$\sin x-\tan x=\tan x(\cos x-1)\sim x\left(-\frac{1}{2}x^2\right)\sim-\frac{1}{2}x^3$$

故

$$\text{原式}=\lim_{x\to 0}\frac{-\frac{1}{2}x^3}{\frac{1}{3}x^2\cdot\frac{1}{2}x}=-3$$

5. 证明无穷小的等价关系具有下列性质:

(1) $\alpha\sim\alpha$(自反性);　　(2) 若 $\alpha\sim\beta$,则 $\beta\sim\alpha$(对称性);

(3) 若 $\alpha\sim\beta$, $\beta\sim\gamma$,则 $\alpha\sim\gamma$(传递性).

证明 (1) 因为 $\lim\frac{\alpha}{\alpha}=\lim 1=1$,所以 $\alpha\sim\alpha$.

(2) 因为 $\alpha \sim \beta$，即 $\lim \frac{\alpha}{\beta} = 1$，所以 $\lim \frac{\beta}{\alpha} = \lim \frac{1}{\frac{\alpha}{\beta}} = \frac{1}{1} = 1$，故 $\beta \sim \alpha$.

(3) 因为 $\alpha \sim \beta, \beta \sim \gamma$，即 $\lim \frac{\alpha}{\beta} = 1, \lim \frac{\beta}{\gamma} = 1$，所以 $\lim \frac{\alpha}{\gamma} = \lim \frac{\alpha}{\beta} \cdot \frac{\beta}{\gamma} = 1$，故 $\alpha \sim \gamma$.

(八) 习题 1-8 解答

1. 设 $y = f(x)$ 的图形如图 1.9 所示，试指出 $f(x)$ 的全部间断点，并对可去间断点补充或修改函数值的定义，使它成为连续点.

解 $x = -1, 0, 1, 2, 3$ 均为 $f(x)$ 的间断点，除 $x = 0$ 外它们均为 $f(x)$ 的可去间断点. 补充定义 $f(-1) = f(2) = f(3) = 0$，修改定义使 $f(1) = 2$，则它们均成为 $f(x)$ 的连续点.

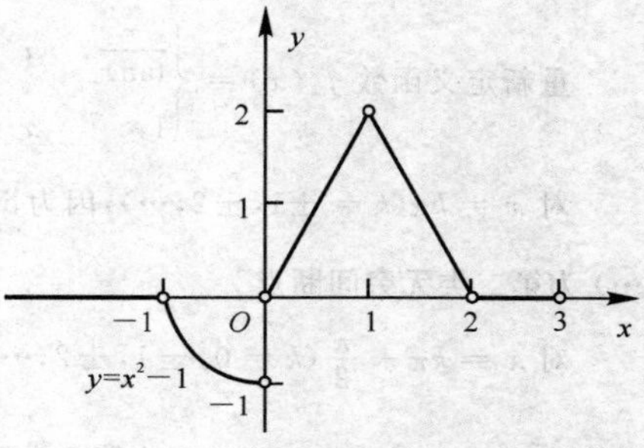

图 1.9

2. 研究下列函数的连续性，并画出函数的图形：

(1) $f(x) = \begin{cases} x^2, & 0 \leqslant x \leqslant 1 \\ 2 - x, & 1 < x \leqslant 2 \end{cases}$;

(2) $f(x) = \begin{cases} x, & -1 \leqslant x \leqslant 1 \\ 1, & x < -1 \text{ 或 } x > 1 \end{cases}$.

解 (1) 显然，$f(x)$ 在 $[0,1)$，$(1,2]$ 上连续，在 $x = 1$ 处，因为 $\lim\limits_{x \to 1^-} f(x) = \lim\limits_{x \to 1^-} x^2 = 1$，$\lim\limits_{x \to 1^+} f(x) = \lim\limits_{x \to 1^+} (2 - x) = 1$，$f(1) = 1$，所以 $f(x)$ 在 $x = 1$ 处连续，故 $f(x)$ 在 $[0,2]$ 内连续. 如图 1.10 所示.

(2) 显然，$f(x)$ 在 $(-\infty, -1)$，$(-1, 1)$，$(1, +\infty)$ 内连续，因为在 $x = -1$ 处，$\lim\limits_{x \to -1^+} f(x) = \lim\limits_{x \to -1^+} x = -1$，$\lim\limits_{x \to -1^-} f(x) = \lim\limits_{x \to -1^-} 1 = 1$，$f(-1) = -1$，从而 $\lim\limits_{x \to -1^+} f(x) \neq \lim\limits_{x \to -1^-} f(x)$，所以 $f(x)$ 在 $x = -1$ 处间断(但右连续).

又因为在 $x = 1$ 处，$\lim\limits_{x \to 1^+} f(x) = \lim\limits_{x \to 1^+} 1 = 1$，$\lim\limits_{x \to 1^-} f(x) = \lim\limits_{x \to 1^-} x = 1$，$f(1) = 1$，所以 $f(x)$ 在 $x = 1$ 处连续，故 $f(x)$ 在 $(-\infty, -1)$，$(-1, +\infty)$ 内连续，在 $x = -1$ 处间断，但右连续. 如图 1.11 所示.

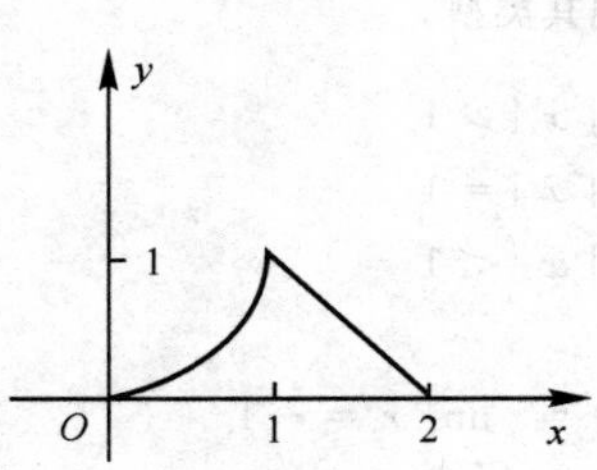

图 1.10

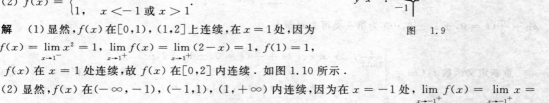

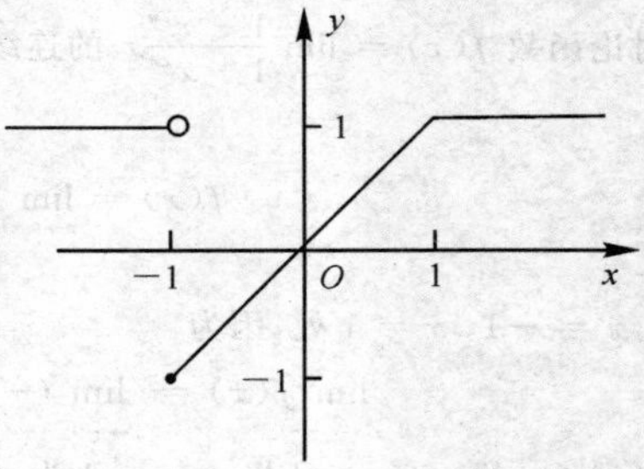

图 1.11

3. 下列函数在指出的点处间断，说明这些间断点属于哪一类. 如果是可去间断点，则补充或改变函数的定义使它连续：

(1) $y = \frac{x^2 - 1}{x^2 - 3x + 2}$，$x = 1$，$x = 2$；

(2) $y = \frac{x}{\tan x}$，$x = k\pi$，$x = k\pi + \frac{\pi}{2}$ $(k = 0, \pm 1, \pm 2, \cdots)$；

(3) $y = \cos^2 \frac{1}{x}$，$x = 0$；

(4) $y = \begin{cases} x - 1, & x \leqslant 1 \\ 3 - x, & x > 1 \end{cases}$，$x = 1$.

解 (1) 对 $x=1$，因为$\lim\limits_{x\to 1}\dfrac{x^2-1}{x^2-3x+2}=\lim\limits_{x\to 1}\dfrac{(x-1)(x+1)}{(x-2)(x-1)}=\lim\limits_{x\to 1}\dfrac{x+1}{x-2}=-2$，所以 $x=1$ 为第一类可去间断点．

重新定义函数 $f_1(x)=\begin{cases}\dfrac{x^2-1}{x^2-3x+2}, & x\neq 1,2\\ -2, & x=1\end{cases}$，则 $f_1(x)$ 在 $x=1$ 处连续．

对 $x=2$，因为$\lim\limits_{x\to 2}y=\infty$，所以 $x=2$ 为第二类无穷间断点．

(2) 对 $x=0$，因为$\lim\limits_{x\to 0}\dfrac{x}{\tan x}=\lim\limits_{x\to 0}\dfrac{x}{x}=1$，所以 $x=0$ 为第一类可去间断点．

重新定义函数 $f_1(x)=\begin{cases}\dfrac{x}{\tan x}, & x\neq k\pi,\ k\pi+\dfrac{\pi}{2}(k=0,\pm 1,\pm 2,\cdots)\\ 1, & x=0\end{cases}$，则 $f_1(x)$ 在 $x=0$ 处连续．

对 $x=k\pi(k=\pm 1,\pm 2,\cdots)$，因为$\lim\limits_{x\to k\pi}\dfrac{x}{\tan x}=\infty$(分子为确定数，分母趋0)，所以 $x=k\pi(k=\pm 1,\pm 2,\cdots)$ 为第二类无穷间断点．

对 $x=k\pi+\dfrac{\pi}{2}(k=0,\pm 1,\pm 2,\cdots)$，因为 $\lim\limits_{x\to k\pi+\frac{\pi}{2}}\dfrac{x}{\tan x}=0$(分子为确定数，分母趋于无穷大)，所以 $x=k\pi+\dfrac{\pi}{2}(k=0,\pm 1,\pm 2,\cdots)$ 为第一类可去间断点．

重新定义函数 $f_2(x)=\begin{cases}\dfrac{x}{\tan x}, & x\neq k\pi,\ k\pi+\dfrac{\pi}{2}(k=0,\pm 1,\pm 2,\cdots)\\ 0, & x=k\pi+\dfrac{\pi}{2}(k=0,\pm 1,\pm 2,\cdots)\end{cases}$，则 $f_2(x)$ 在 $x=k\pi+\dfrac{\pi}{2}(k=0,\pm 1,\pm 2,\cdots)$ 处连续．

(3) 对 $x=0$，因为$\lim\limits_{x\to 0}\cos^2\dfrac{1}{x}$ 不存在(振荡)，所以 $x=0$ 为第二类(振荡)间断点．

(4) 对 $x=1$，因为 $\lim\limits_{x\to 1^+}y=\lim\limits_{x\to 1^+}(3-x)=2$，$\lim\limits_{x\to 1^-}y=\lim\limits_{x\to 1^-}(x-1)=0$，即左极限 $\neq$ 右极限，所以 $x=1$ 为第一类跳跃间断点．

4. 讨论函数 $f(x)=\lim\limits_{n\to\infty}\dfrac{1-x^{2n}}{1+x^{2n}}x$ 的连续性，若有间断点，判别其类型．

解
$$f(x)=\lim_{n\to\infty}\frac{1-x^{2n}}{1+x^{2n}}x=\begin{cases}-x, & |x|>1\\ 0, & |x|=1\\ x, & |x|<1\end{cases}$$

在分段点 $x=-1$，$x=1$ 处，因为
$$\lim_{x\to -1^-}f(x)=\lim_{x\to -1^-}(-x)=1,\quad \lim_{x\to -1^+}f(x)=\lim_{x\to -1^+}x=-1$$
且 $\lim\limits_{x\to -1^-}f(x)\neq\lim\limits_{x\to -1^+}f(x)$，所以 $x=-1$ 为 $f(x)$ 的第一类跳跃间断点．

又因为 $\lim\limits_{x\to 1^-}f(x)=\lim\limits_{x\to 1^-}x=1$，$\lim\limits_{x\to 1^+}f(x)=\lim\limits_{x\to 1^+}(-x)=-1$，且 $\lim\limits_{x\to 1^-}f(x)\neq\lim\limits_{x\to 1^+}f(x)$，所以 $x=1$ 为 $f(x)$ 的第一类跳跃间断点．

5. 下列陈述中，哪些是对的，哪些是错的？如果是对的，说明理由；如果是错的，试给出一个反例．

(1) 如果函数 $f(x)$ 在 a 连续，那么 $|f(x)|$ 也在 a 连续；

(2) 如果函数 $|f(x)|$ 在 a 连续，那么 $f(x)$ 也在 a 连续．

解 (1) 对．因为
$$||f(x)|-|a||\leqslant|f(x)-a|\to 0(x\to a)$$
所以 $|f(x)|$ 也在 a 连续．

(2) 错．例如

$$f(x)=\begin{cases}1, x\geqslant 0\\ -1, x<0\end{cases}$$

则 $|f(x)|$ 在 $a=0$ 处连续，而 $f(x)$ 在 $a=0$ 处不连续．

*6. 证明：若函数 $f(x)$ 在点 x_0 连续且 $f(x_0)\neq 0$，则存在 x_0 的某一邻域 $U(x_0)$，当 $x\in U(x_0)$ 时，$f(x)\neq 0$.

证明　设 $f(x_0)=A\neq 0$，不妨设 $A>0$（$A<0$ 可类似证明），由极限的局部保号性定理知，存在 x_0 的某去心邻域 $\mathring{U}(x_0)$，当 $x\in\mathring{U}(x_0)$ 时，$f(x)>0$ 即 $f(x)\neq 0$.

又因 $f(x_0)\neq 0$，故去心邻域 $\mathring{U}(x_0)$ 可替换为邻域 $U(x_0)$.

*7. 设

$$f(x)=\begin{cases}x, x\in\mathbf{Q}\\ 0, x\in\mathbf{Q}^C\end{cases}$$

证明：(1) $f(x)$ 在 $x=0$ 连续；　　(2) $f(x)$ 在非零的 x 处都不连续．

证明　(1) $\forall\varepsilon>0$，取 $\delta=\varepsilon$，则当 $|x-0|=|x|<\delta$ 时，

$$|f(x)-f(0)|=|f(x)|\leqslant|x|<\varepsilon$$

故 $\lim\limits_{x\to 0}f(x)=f(0)$，即 $f(x)$ 在 $x=0$ 连续．

(2) 证明：$\forall x_0\neq 0$，$f(x)$ 在 x_0 不连续．

若 $x_0=r\neq 0$，$r\in\mathbf{Q}$，则 $f(x_0)=f(r)=r$.

分别取一有理数列 $\{r_n\}$：$r_n\to r(n\to\infty)$，$r_n\neq r$；取一无理数列 $\{s_n\}$：$s_n\to r(n\to\infty)$，则

$$\lim_{n\to\infty}f(r_n)=\lim_{n\to\infty}r_n=r,\quad \lim_{n\to\infty}f(s_n)=\lim_{n\to\infty}0=0$$

而 $r\neq 0$，由函数极限与数列极限的关系知 $\lim\limits_{x\to r}f(x)$ 不存在，故 $f(x)$ 在 r 处不连续．

若 $x_0=s$，$s\in\mathbf{Q}^C$，同理可证：$f(x_0)=f(s)=0$，但 $\lim\limits_{x\to s}f(x)$ 不存在，故 $f(x)$ 在 s 处不连续．

8. 试举出具有以下性质的函数 $f(x)$ 的例子：

$x=0,\pm 1,\pm 2,\pm\frac{1}{2},\cdots,\pm n,\pm\frac{1}{n},\cdots$ 是 $f(x)$ 的所有间断点，且它们都是无穷间断点．

解

$$f(x)=\cot\pi x+\cot\frac{\pi}{x}$$

(九) 习题 1-9 解答

1. 求函数 $f(x)=\dfrac{x^3+3x^2-x-3}{x^2+x-6}$ 的连续区间，并求极限 $\lim\limits_{x\to 0}f(x)$，$\lim\limits_{x\to -3}f(x)$ 及 $\lim\limits_{x\to 2}f(x)$.

解　因为 $f(x)$ 在 $x_1=-3$，$x_2=2$ 无定义，故 $f(x)$ 在 $x_1=-3$，$x_2=2$ 处间断．又因 $f(x)$ 为初等函数，所以连续区间为 $(-\infty,-3)$，$(-3,2)$，$(2,+\infty)$. 由于

$$f(x)=\frac{x^3+3x^2-x-3}{x^2+x-6}=\frac{x^2(x+3)-(x+3)}{(x+3)(x-2)}=\frac{x^2-1}{x-2}$$

因此 $\lim\limits_{x\to 0}f(x)=\dfrac{0-1}{0-2}=\dfrac{1}{2}$，$\lim\limits_{x\to -3}f(x)=\dfrac{9-1}{-3-2}=-\dfrac{8}{5}$，$\lim\limits_{x\to 2}f(x)=\infty$.

2. 设函数 $f(x)$ 与 $g(x)$ 在点 x_0 连续，证明函数：$\varphi(x)=\max\{f(x),g(x)\}$，$\psi(x)=\min\{f(x),g(x)\}$ 在点 x_0 也连续．

证明　$\varphi(x)=\dfrac{f(x)+g(x)+|f(x)-g(x)|}{2}$，　$\psi(x)=\dfrac{f(x)+g(x)-|f(x)-g(x)|}{2}$

而 $|f(x)-g(x)|=\sqrt{(f(x)-g(x))^2}$，由连续函数的四则运算法则和复合函数的连续性可知，$\varphi(x)$，$\psi(x)$ 在点 x_0 处连续．

3. 求下列极限：

(1) $\lim\limits_{x\to 0}\sqrt{x^2-2x+5}$；　(2) $\lim\limits_{\alpha\to\frac{\pi}{4}}(\sin 2\alpha)^3$；　(3) $\lim\limits_{x\to\frac{\pi}{6}}\ln(2\cos 2x)$；

(4) $\lim\limits_{x\to 0}\dfrac{\sqrt{x+1}-1}{x}$；　(5) $\lim\limits_{x\to 1}\dfrac{\sqrt{5x-4}-\sqrt{x}}{x-1}$；　(6) $\lim\limits_{x\to a}\dfrac{\sin x-\sin a}{x-a}$；

(7) $\lim\limits_{x\to+\infty}(\sqrt{x^2+x}-\sqrt{x^2-x})$.

解　(1) 原式 $=\sqrt{\lim\limits_{x\to 0}(x^2-2x+5)}=\sqrt{5}$.

(2) 原式 $=\left[\sin\left(2\times\dfrac{\pi}{4}\right)\right]^3=1$.

(3) 原式 $=\ln\left[2\times\cos\left(2\times\dfrac{\pi}{6}\right)\right]=0$.

(4) 原式 $=\lim\limits_{x\to 0}\dfrac{(\sqrt{x+1}-1)(\sqrt{x+1}+1)}{x(\sqrt{x+1}+1)}=\lim\limits_{x\to 0}\dfrac{x}{x(\sqrt{x+1}+1)}=\lim\limits_{x\to 0}\dfrac{1}{\sqrt{x+1}+1}=\dfrac{1}{2}$.

(5) 原式 $=\lim\limits_{x\to 1}\dfrac{(\sqrt{5x-4}-\sqrt{x})(\sqrt{5x-4}+\sqrt{x})}{(x-1)(\sqrt{5x-4}+\sqrt{x})}=\lim\limits_{x\to 1}\dfrac{4}{\sqrt{5x-4}+\sqrt{x}}=\dfrac{4}{\sqrt{5-4}+1}=2$.

(6) 原式 $=\lim\limits_{x\to a}\dfrac{2\cos\dfrac{x+a}{2}\sin\dfrac{x-a}{2}}{x-a}=\lim\limits_{x\to a}\dfrac{2\cos\dfrac{x+a}{2}\cdot\dfrac{x-a}{2}}{x-a}=\cos a$.

(7) 原式 $=\lim\limits_{x\to+\infty}\dfrac{(\sqrt{x^2+x}-\sqrt{x^2-x})(\sqrt{x^2+x}+\sqrt{x^2-x})}{\sqrt{x^2+x}+\sqrt{x^2-x}}=\lim\limits_{x\to+\infty}\dfrac{2x}{\sqrt{x^2+x}+\sqrt{x^2-x}}=$

$$\lim_{x\to+\infty}\frac{2x}{x\left(\sqrt{1+\frac{1}{x}}+\sqrt{1-\frac{1}{x}}\right)}=\lim_{x\to+\infty}\frac{2}{\sqrt{1+\frac{1}{x}}+\sqrt{1-\frac{1}{x}}}=1.$$

4. 求下列极限：

(1) $\lim\limits_{x\to\infty}\mathrm{e}^{\frac{1}{x}}$；　(2) $\lim\limits_{x\to 0}\ln\dfrac{\sin x}{x}$；　(3) $\lim\limits_{x\to\infty}\left(1+\dfrac{1}{x}\right)^{\frac{x}{2}}$；

(4) $\lim\limits_{x\to 0}(1+3\tan^2 x)^{\cot^2 x}$；　(5) $\lim\limits_{x\to\infty}\left(\dfrac{3+x}{6+x}\right)^{\frac{x-1}{2}}$；　(6) $\lim\limits_{x\to 0}\dfrac{\sqrt{1+\tan x}-\sqrt{1+\sin x}}{x\sqrt{1+\sin^2 x}-x}$.

解　(1) 原式 $=\mathrm{e}^{\lim\limits_{x\to\infty}\frac{1}{x}}=\mathrm{e}^0=1$.

(2) 原式 $=\ln\left(\lim\limits_{x\to 0}\dfrac{\sin x}{x}\right)=\ln 1=0$.

(3) 原式 $=\lim\limits_{x\to\infty}\left[\left(1+\dfrac{1}{x}\right)^x\right]^{\frac{1}{2}}=\mathrm{e}^{\frac{1}{2}}=\sqrt{\mathrm{e}}$.

(4) 原式 $=\lim\limits_{x\to 0}[(1+3\tan^2 x)^{\frac{1}{3\tan^2 x}}]^3=\mathrm{e}^3$.

(5) 原式 $=\lim\limits_{x\to\infty}\left(1+\dfrac{-3}{6+x}\right)^{\frac{6+x}{-3}\cdot\frac{-3}{6+x}\cdot\frac{x-1}{2}}=\mathrm{e}^{-\frac{3}{2}}$.

(6) 原式 $=\lim\limits_{x\to 0}\dfrac{(\sqrt{1+\tan x}-\sqrt{1+\sin x})(\sqrt{1+\tan x}+\sqrt{1+\sin x})(\sqrt{1+\sin^2 x}+1)}{x(\sqrt{1+\sin^2 x}-1)(\sqrt{1+\sin^2 x}+1)(\sqrt{1+\tan x}+\sqrt{1+\sin x})}=$

$$\lim_{x\to 0}\frac{(\tan x-\sin x)(\sqrt{1+\sin^2 x}+1)}{x\sin^2 x(\sqrt{1+\tan x}+\sqrt{1+\sin x})}=\lim_{x\to 0}\frac{\tan x-\sin x}{x\sin^2 x}=$$

$$\lim_{x\to 0}\frac{\sin x\left(\dfrac{1-\cos x}{\cos x}\right)}{x\sin^2 x}=\lim_{x\to 0}\frac{1-\cos x}{x\sin x}\cdot\frac{1}{\cos x}=\lim_{x\to 0}\frac{\frac{1}{2}x^2}{x^2}=\frac{1}{2}.$$

5. 设 $f(x)$ 在 **R** 上连续，且 $f(x)\neq 0$，$\varphi(x)$ 在 **R** 上有定义，且有间断点，则下列陈述中，哪些是对的？哪

些是错的？如果是对的，说明理由；如果是错的，试给出一个反例．

(1)$\varphi[f(x)]$ 必有间断点；　　(2)$[\varphi(x)]^2$ 必有间断点；

(3)$f[\varphi(x)]$ 未必有间断点；　　(4) $\dfrac{\varphi(x)}{f(x)}$ 必有间断点．

解　(1) 错．例如 $\varphi(x)=\mathrm{sgn}x, f(x)=\mathrm{e}^x, \varphi[f(x)]\equiv 1$ 在 $\mathbf{R}$ 上处处连续．

(2) 错．例如 $\varphi(x)=\begin{cases}1, x\in\mathbf{Q},\\ -1, x\in\mathbf{Q}^C,\end{cases}$ $[\varphi(x)]^2\equiv 1$ 在 $\mathbf{R}$ 上处处连续．

(3) 对．例如 $\varphi(x)$ 同(2)，$f(x)=|x|+1, f[\varphi(x)]\equiv 2$ 在 $\mathbf{R}$ 上处处连续．

(4) 对．因为，若 $F(x)=\dfrac{\varphi(x)}{f(x)}$ 在 $\mathbf{R}$ 上处处连续，则 $\varphi(x)=F(x)\cdot f(x)$ 也在 $\mathbf{R}$ 上处处连续，这与已知条件矛盾．

6. 设函数 $f(x)=\begin{cases}\mathrm{e}^x, & x<0\\ a+x, & x\geqslant 0\end{cases}$，应当怎样选择数 a，使得 $f(x)$ 成为在 $(-\infty,+\infty)$ 内的连续函数．

解　先考虑分断点 $x=0$. 因为 $\lim\limits_{x\to 0^-}f(x)=\lim\limits_{x\to 0^-}\mathrm{e}^x=1$，$\lim\limits_{x\to 0^+}f(x)=\lim\limits_{x\to 0^+}(a+x)=a$，$f(0)=a$，令 $\lim\limits_{x\to 0^-}f(x)=\lim\limits_{x\to 0^+}f(x)=a$，则 $a=1$，所以 $f(x)$ 在 $x=0$ 处连续．

根据初等函数连续性，e^x 在 $(-\infty,0)$ 连续，$1+x$ 在 $(0,+\infty)$ 连续，故当 $a=1$ 时，$f(x)$ 在 $(-\infty,+\infty)$ 连续.

(十) 习题 1-10 解答

1. 假设函数 $f(x)$ 在闭区间 $[0,1]$ 上连续，并且对 $[0,1]$ 上任一点 x 有 $0\leqslant f(x)\leqslant 1$. 试证明 $[0,1]$ 中必存在一点 c，使得 $f(c)=c$（c 称为函数 $f(x)$ 的不动点）.

证明　设 $F(x)=f(x)-x$，则 $F(0)=f(0)\geqslant 0, F(1)=f(1)-1\leqslant 0$.

若 $F(0)=0$ 或 $F(1)=0$，则 0 或 1 即为 $f(x)$ 的不动点；若 $F(0)>0$ 且 $F(1)<0$，则由零点定理，必存在 $c\in(0,1)$，使 $F(c)=0$，即 $f(c)=c$，这时 c 为 $f(x)$ 的不动点．

2. 证明：方程 $x^5-3x=1$ 至少有一个根介于 1 和 2 之间．

证明　令 $f(x)=x^5-3x-1$，则 $f(1)=-3<0$，$f(2)=25>0$，且 $f(x)$ 在 $[1,2]$ 上连续，由零点定理，至少存在一点 $\xi\in(1,2)$，使 $f(\xi)=0$，即 ξ 为方程 $x^5-3x=1$ 的根．

3. 证明：方程 $x=a\sin x+b$，其中 $a>0$，$b>0$，至少有一个正根，并且它不超过 $a+b$.

证明　令 $f(x)=x-b-a\sin x$，则 $f(x)$ 在闭区间 $[0,a+b]$ 上连续．

$$f(0)=-b<0,\quad f(a+b)=a[1-\sin(a+b)]\geqslant 0$$

(1) 当 $\sin(a+b)<1$ 时，$f(a+b)>0$，由零点定理知，存在 $\xi\in(0,a+b)$，使 $f(\xi)=0$，即 ξ 为原方程的正根且不超过 $a+b$.

(2) 当 $\sin(a+b)=1$ 时，$f(a+b)=0$，$\xi=a+b$ 就是满足条件的正根．

故结论得证．

*4. 设函数 $f(x)$ 对于闭区间 $[a,b]$ 上的任意两点 x,y，恒有 $|f(x)-f(y)|\leqslant L|x-y|$，其中 L 为正常数，且 $f(a)f(b)<0$. 证明：至少有一点 $\xi\in(a,b)$，使得 $f(\xi)=0$.

证明　只需证 $f(x)$ 在 $[a,b]$ 上连续，然后用零点定理可得结论．

对任意 $x_0\in(a,b)$，取 $x\in(a,b)$，则由已知条件知 $|f(x)-f(x_0)|\leqslant L|x-x_0|$，$L>0$ 为常数，对任意 $\varepsilon>0$，取 $\delta=\dfrac{\varepsilon}{L}$，则当 $|x-x_0|<\delta$ 时，有

$$|f(x)-f(x_0)|\leqslant L|x-x_0|<L\delta=L\frac{\varepsilon}{L}=\varepsilon$$

由连续定义知，$f(x)$ 在点 x_0 连续，由 x_0 的任意性可知，$f(x)$ 在 (a,b) 内连续．

当 $x_0 = a$ 时,对任意 $\varepsilon > 0$,取 $\delta = \frac{\varepsilon}{L}$,则当 $x - a < \delta$ 且 $x \in [a,b]$ 时,由已知条件知

$$|f(x) - f(a)| \leqslant L|x - a| < L\delta = L\frac{\varepsilon}{L} = \varepsilon$$

故 $f(x)$ 在 $x = a$ 点右连续.

当 $x_0 = b$ 时,类似可证 $f(x)$ 在 $x = b$ 点左连续.故 $f(x)$ 在 $[a,b]$ 上连续.再由零点定理可得结论.

*5. 若 $f(x)$ 在 $[a,b]$ 上连续,$a < x_1 < x_2 < \cdots < x_n < b(n \geqslant 3)$,则在 (x_1,x_n) 内至少有一点 ξ,使

$$f(\xi) = \frac{f(x_1) + f(x_2) + \cdots + f(x_n)}{n}$$

证明 因为 $f(x)$ 在 $[a,b]$ 上连续,又 $[x_1,x_n] \subset [a,b]$,所以 $f(x)$ 在 $[x_1,x_n]$ 上连续.设

$$M = \max\{f(x) \mid x_1 \leqslant x \leqslant x_n\}, \quad m = \min\{f(x) \mid x_1 \leqslant x \leqslant x_n|\}$$

则

$$m \leqslant \frac{f(x_1) + f(x_2) + \cdots + f(x_n)}{n} \leqslant M$$

若上述不等式中为严格不等号,则由介值定理知,$\exists \xi \in (x_1,x_n)$,使

$$f(\xi) = \frac{f(x_1) + f(x_2) + \cdots + f(x_n)}{n}$$

若上述不等式中出现等号,如

$$m = \frac{f(x_1) + f(x_2) + \cdots + f(x_n)}{n}$$

则有 $f(x_1) = f(x_2) = \cdots = f(x_n) = m$,任取 $x_2,\cdots,x_{n-1}$ 中一点作为 ξ,即有 $\xi \in (x_1,x_n)$,使

$$f(\xi) = \frac{f(x_1) + f(x_2) + \cdots + f(x_n)}{n}$$

如

$$\frac{f(x_1) + f(x_2) + \cdots + f(x_n)}{n} = M$$

同理可证.

*6. 证明:若 $f(x)$ 在 $(-\infty,+\infty)$ 内连续,且 $\lim\limits_{x\to\infty} f(x)$ 存在,则 $f(x)$ 必在 $(-\infty,+\infty)$ 内有界.

证明 设 $\lim\limits_{x\to\infty} f(x) = A$,则根据极限定义知,对给定正数的 $\varepsilon_0 = 1$,存在 $X > 0$,只要 $|x| > X$,即 $x \in (-\infty,-X) \cup (X,+\infty)$,就有 $|f(x) - A| < \varepsilon_0 = 1$,即

$$A - 1 < f(x) < A + 1$$

$$(-\infty,+\infty) = (-\infty,-X) \cup [-X,X] \cup (X,+\infty)$$

又由于 $f(x)$ 在闭区间 $[-X,X]$ 连续,根据有界性定理,存在 $M_1 > 0$,使 $|f(x)| \leqslant M_1$,$x \in [-X,X]$,取 $M = \max(M_1,|A-1|,|A+1|)$,则对任意的 $x \in (-\infty,+\infty)$,$|f(x)| \leqslant M$,即 $f(x)$ 在 $(-\infty,+\infty)$ 内有界.

*7. 在什么条件下,(a,b) 内的连续函数 $f(x)$ 为一致连续?

解 当 $f(a+0)$ 及 $f(b-0)$ 存在时,则 $f(x)$ 在 (a,b) 内一致连续.

因为无论 $f(x)$ 在 $x = a$ 或 b 是否有定义,均可定义函数 $F(x)$ 为

$$F(x) = \begin{cases} f(x), & x \in (a,b) \\ f(a+0), & x = a \\ f(b-0), & x = b \end{cases}$$

所以 $F(x)$ 在 $[a,b]$ 连续,可由一致性连续定理得,$F(x)$ 在 $[a,b]$ 上一致连续.从而 $f(x)$ 在 (a,b) 一致连续.

(十一)总习题一解答

1. 在"充分""必要"和"充分必要"三者中选择一个正确的填入下列空格内:

(1) 数列 $\{x_n\}$ 有界是数列 $\{x_n\}$ 收敛的______条件.数列 $\{x_n\}$ 收敛是数列 $\{x_n\}$ 有界的______条件.

(2) $f(x)$ 在 x_0 某一去心邻域内有界是 $\lim\limits_{x\to x_0}f(x)$ 存在的________条件. $\lim\limits_{x\to x_0}f(x)$ 存在是 $f(x)$ 在 x_0 的某一去心邻域内有界的________条件.

(3) $f(x)$ 在 x_0 某一去心邻域内无界是 $\lim\limits_{x\to x_0}f(x)=\infty$ 的________条件. $\lim\limits_{x\to x_0}f(x)=\infty$ 是 $f(x)$ 在 x_0 的某一去心邻域内无界的________条件.

(4) $f(x)$ 当 $x\to x_0$ 时的右极限 $f(x_0^+)$ 及左极限 $f(x_0^-)$ 都存在且相等是 $\lim\limits_{x\to x_0}f(x)$ 存在的________条件.

答案　(1) 必要,充分;　(2) 必要,充分;　(3) 必要,充分;　(4) 充分必要.

2. 已知函数

$$f(x)=\begin{cases}(\cos x)^{-x^2}, & x\neq 0\\ a, & x=0\end{cases}$$

在 $x=0$ 连续,则 $a=$ ________.

解
$$a=f(0)=\lim_{x\to 0}f(x)=\lim_{x\to 0}(\cos x)^{-x^2}=1$$

3. 选择以下两题中给出的四个结论中一个正确的结论.

(1) 设 $f(x)=2^x+3^x-2$,则当 $x\to 0$ 时,有(　　).

(A) $f(x)$ 与 x 是等价无穷小.　(B) $f(x)$ 与 x 同阶但非等价无穷小.

(C) $f(x)$ 是比 x 高阶的无穷小.　(D) $f(x)$ 是比 x 低阶的无穷小.

(2) 设

$$f(x)=\frac{e^{\frac{1}{x}}-1}{e^{\frac{1}{x}}+1}$$

则 $x=0$ 是 $f(x)$ 的(　　).

(A) 可去间断点.　(B) 跳跃间断点.　(C) 第二类间断点.　(D) 连续点.

解　(1) 因为
$$\lim_{x\to 0}\frac{f(x)}{x}=\lim_{x\to 0}\frac{2^x+3^x-2}{x}=\lim_{x\to 0}\frac{2^x-1}{x}+\lim_{x\to 0}\frac{3^x-1}{x}=\ln 2+\ln 3=\ln 6\neq 1$$

所以当 $x\to 0$ 时,$f(x)$ 与 x 同阶但非等价无穷小,应选 B.

(2) $f(0^-)=\lim\limits_{x\to 0}f(x)=-1$,$f(0^+)=\lim\limits_{x\to 0}f(x)=1$,因为 $f(0^+)$,$f(0^-)$ 均存在,但 $f(0^+)\neq f(0^-)$,所以 $x=0$ 是 $f(x)$ 的跳跃间断点,应选 B.

4. 设 $f(x)$ 的定义域是 $[0,1]$,求下列函数的定义域:

(1) $f(e^x)$;　(2) $f(\ln x)$;　(3) $f(\arctan x)$;　(4) $f(\cos x)$.

解　(1) 因为 $0\leqslant e^x\leqslant 1$,所以 $x\leqslant 0$,即 $f(e^x)$ 的定义域为 $(-\infty,0]$.

(2) 因为 $0\leqslant \ln x\leqslant 1$,所以 $1\leqslant x\leqslant e$,即 $f(\ln x)$ 的定义域为 $[1,e]$.

(3) 因为 $0\leqslant \arctan x\leqslant 1$,所以 $0\leqslant x\leqslant \tan 1$,即 $f(\arctan x)$ 的定义域为 $[0,\tan 1]$.

(4) 因为 $0\leqslant \cos x\leqslant 1$,所以 $2n\pi-\frac{\pi}{2}\leqslant x\leqslant 2n\pi+\frac{\pi}{2}$,$n=0,\pm 1,\pm 2,\cdots$,即 $f(\cos x)$ 的定义域为 $\left[2n\pi-\frac{\pi}{2},2n\pi+\frac{\pi}{2}\right]$,$n=0,\pm 1,\pm 2,\cdots$.

5. 设 $f(x)=\begin{cases}0, & x\leqslant 0\\ x, & x>0\end{cases}$,$g(x)=\begin{cases}0, & x\leqslant 0\\ -x^2, & x>0\end{cases}$,求 $f[f(x)]$,$g[g(x)]$,$f[g(x)]$,$g[f(x)]$.

解
$$f[f(x)]=\begin{cases}0, & f(x)\leqslant 0\\ f(x), & f(x)>0\end{cases}$$

当 $x\in(-\infty,+\infty)$ 时,总有 $f(x)\geqslant 0$,故 $f[f(x)]=f(x)$.

$$g[g(x)]=\begin{cases}0, & g(x)\leqslant 0\\ -g^2(x), & g(x)>0\end{cases}$$

当 $x\in(-\infty,+\infty)$ 时,总有 $g(x)\leqslant 0$,故 $g[g(x)]=0$.

$$f[g(x)] = \begin{cases} 0, & g(x) \leqslant 0 \\ g(x), & g(x) > 0 \end{cases}$$

当 $x \in (-\infty, +\infty)$ 时，总有 $g(x) \leqslant 0$，故 $f[g(x)] = 0$.

$$g[f(x)] = \begin{cases} 0, & f(x) \leqslant 0 \\ -f^2(x), & f(x) > 0 \end{cases} = \begin{cases} 0, & x \leqslant 0 \\ -x^2, & x > 0 \end{cases}$$

所以
$$g[f(x)] = g(x)$$

6. 利用 $y = \sin x$ 的图形作出下列函数的图形：

(1) $y = |\sin x|$；　(2) $y = \sin|x|$；　(3) $y = 2\sin\dfrac{x}{2}$.

解　(1) 如图 1.12 所示.　(2) 如图 1.13 所示.　(3) 如图 1.14 所示.

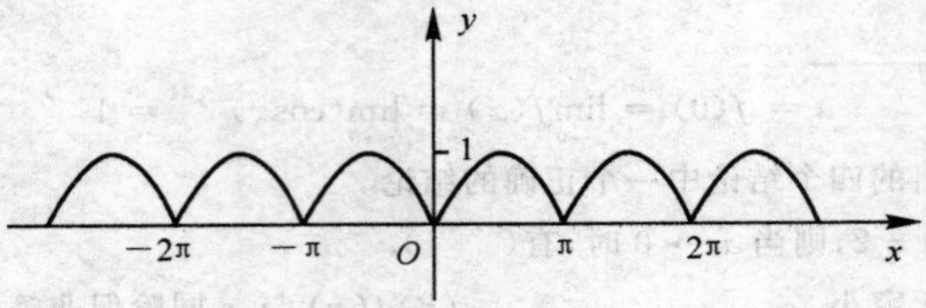

图 1.12

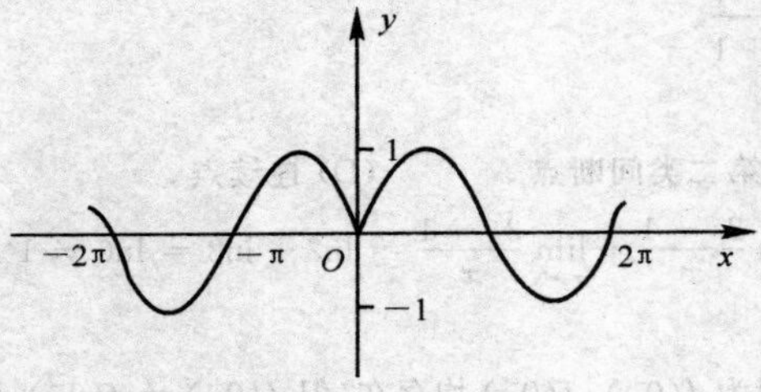

图 1.13

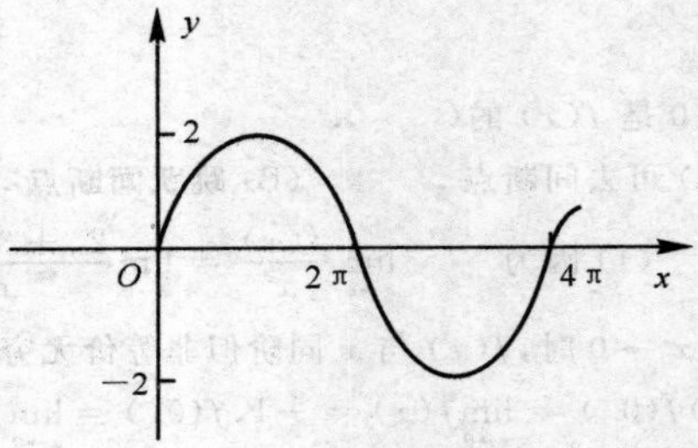

图 1.14

7. 把半径为 R 的圆形铁片，自中心处剪去中心角为 α 的一扇形后围成一无底圆锥. 试将这圆锥的体积表示为 α 的函数.

解　设围成的圆锥的底半经为 r，高为 h，由题意有 $R(2\pi - \alpha) = 2\pi r$，$h = \sqrt{R^2 - r^2}$，所以

$$r = \frac{R(2\pi - \alpha)}{2\pi}, \quad h = \sqrt{R^2 - \frac{R^2(2\pi - \alpha)^2}{4\pi^2}} = \frac{\sqrt{4\pi\alpha - \alpha^2}\,R}{2\pi}$$

故围成的圆锥体积为

$$V = \frac{1}{3}\pi \cdot \frac{R^2(2\pi - \alpha)^2}{4\pi^2} \cdot \frac{\sqrt{4\pi\alpha - \alpha^2}\,R}{2\pi} = \frac{R^3}{24\pi^2}(2\pi - \alpha)^2\sqrt{4\pi\alpha - \alpha^2} \quad (0 < \alpha < 2\pi)$$

*8. 根据函数极限的定义证明 $\lim\limits_{x \to 3} \dfrac{x^2 - x - 6}{x - 3} = 5$.

证明　因为 $\left|\dfrac{x^2 - x - 6}{x - 3} - 5\right| = \left|\dfrac{x^2 - 6x + 9}{x - 3}\right| = |x - 3|$，对任意 $\varepsilon > 0$，欲使 $\left|\dfrac{x^2 - x - 6}{x - 3} - 5\right| < \varepsilon$，只须 $|x - 3| < \varepsilon$，取 $\delta = \varepsilon$，当 $0 < |x - 3| < \delta$ 时，就有 $|x - 3| < \varepsilon$，即 $\left|\dfrac{x^2 - x - 6}{x - 3} - 5\right| < \varepsilon$，所以 $\lim\limits_{x \to 3} \dfrac{x^2 - x - 6}{x - 3} = 5$.

9. 求下列极限：

(1) $\lim\limits_{x\to1}\dfrac{x^2-x+1}{(x-1)^2}$；

(2) $\lim\limits_{x\to+\infty}x(\sqrt{x^2+1}-x)$；

(3) $\lim\limits_{x\to\infty}\left(\dfrac{2x+3}{2x+1}\right)^{x+1}$；

(4) $\lim\limits_{x\to0}\dfrac{\tan x-\sin x}{x^3}$；

(5) $\lim\limits_{x\to0}\left(\dfrac{a^x+b^x+c^x}{3}\right)^{\frac{1}{x}}(a>0,b>0,c>0)$；

(6) $\lim\limits_{x\to\frac{\pi}{2}}(\sin x)^{\tan x}$.

解 (1) 因为$\lim\limits_{x\to1}\dfrac{(x-1)^2}{x^2-x+1}=0$,所以,原式$=\infty$.

(2) 原式 $=\lim\limits_{x\to+\infty}\dfrac{x(\sqrt{x^2+1}-x)(\sqrt{x^2+1}+x)}{\sqrt{x^2+1}+x}=\lim\limits_{x\to+\infty}\dfrac{x}{\sqrt{x^2+1}+x}=$

$\lim\limits_{x\to+\infty}\dfrac{1}{\sqrt{1+\dfrac{1}{x^2}}+1}=\dfrac{1}{2}$.

(3) 原式 $=\lim\limits_{x\to\infty}\left(1+\dfrac{2}{2x+1}\right)^{x+1}=\lim\limits_{x\to\infty}\left(1+\dfrac{2}{2x+1}\right)^{\frac{2x+1}{2}}\left(1+\dfrac{2}{2x+1}\right)^{\frac{1}{2}}=$

$\lim\limits_{x\to\infty}\left(1+\dfrac{2}{2x+1}\right)^{\frac{2x+1}{2}}\lim\limits_{x\to\infty}\left(1+\dfrac{2}{2x+1}\right)^{\frac{1}{2}}=\mathrm{e}$.

(4) 原式 $=\lim\limits_{x\to0}\dfrac{\tan x(1-\cos x)}{x^3}=\lim\limits_{x\to0}\dfrac{x\cdot\frac{1}{2}x^2}{x^3}=\dfrac{1}{2}$.

(5) 原式 $=\lim\limits_{x\to0}\left(1+\dfrac{a^x+b^x+c^x}{3}-1\right)^{\frac{1}{x}}=\lim\limits_{x\to0}\left(1+\dfrac{a^x+b^x+c^x-3}{3}\right)^{\frac{1}{\frac{a^x+b^x+c^x-3}{3}}\cdot\frac{a^x+b^x+c^x-3}{3x}}=$

$\mathrm{e}^{\frac{1}{3}(\ln a+\ln b+\ln c)}=\sqrt[3]{abc}$.

而 $\lim\limits_{x\to0}\dfrac{a^x+b^x+c^x-3}{3x}=\dfrac{1}{3}\lim\limits_{x\to0}\left(\dfrac{a^x-1}{x}+\dfrac{b^x-1}{x}+\dfrac{c^x-1}{x}\right)=\dfrac{1}{3}(\ln a+\ln b+\ln c)=\ln\sqrt[3]{abc}$

(这里利用了等价无穷小代换 $a^x-1\sim x\ln a$, $b^x-1\sim x\ln b$, $c^x-1\sim x\ln c$)

(6) 原式 $=\lim\limits_{x\to\frac{\pi}{2}}(\sqrt{1-\cos^2x})^{\tan x}=\lim\limits_{x\to\frac{\pi}{2}}(1-\cos^2x)^{\frac{\tan x}{2}}=\lim\limits_{x\to\frac{\pi}{2}}(1-\cos^2x)^{\frac{-1}{\cos^2x}\cdot\frac{-\sin x\cos x}{2}}=\mathrm{e}^0=1$.

10. 设 $f(x)=\begin{cases}x\sin\dfrac{1}{x}, & x>0\\ a+x^2, & x\leqslant0\end{cases}$,要使 $f(x)$ 在$(-\infty,+\infty)$内连续,应当怎样选择数 a?

解 $f(x)$ 在$(-\infty,0)$,$(0,+\infty)$内均连续,要使 $f(x)$ 在$(-\infty,+\infty)$内连续,只须在点 $x=0$ 连续即可.由于$\lim\limits_{x\to0^+}f(x)=\lim\limits_{x\to0^+}x\sin\dfrac{1}{x}=0$,$\lim\limits_{x\to0^-}(a+x^2)=a$,$f(0)=a$,要使 $f(x)$ 在 $x=0$ 连续,必须使 $f(x)$ 在 $x=0$ 处的左极限等于右极限且等于该点的函数值,因而得 $a=0$,$f(x)$ 在点 $x=0$ 处连续.于是取 $a=0$ 时,$f(x)$ 在$(-\infty,+\infty)$内连续.

11. 设 $f(x)=\begin{cases}\mathrm{e}^{\frac{1}{x-1}}, & x>0\\ \ln(1+x), & -1<x\leqslant0\end{cases}$,求 $f(x)$ 的间断点,并说明间断点所属类型.

解 易知 $x=1$ 为一个间断点(因为函数在 $x=1$ 处无定义).因为

$$\lim_{x\to1^-}f(x)=\lim_{x\to1^-}\mathrm{e}^{\frac{1}{x-1}}=0\quad\left(\text{因为}\lim_{x\to1^-}\frac{1}{x-1}=-\infty\right)$$

$$\lim_{x\to1^+}f(x)=\lim_{x\to1^+}\mathrm{e}^{\frac{1}{x-1}}=+\infty\quad\left(\text{因为}\lim_{x\to1^+}\frac{1}{x-1}=+\infty\right)$$

所以 $x=1$ 为第二类间断点.

又因为$\lim\limits_{x\to0^-}f(x)=\lim\limits_{x\to0^-}\ln(1+x)=0$,$\lim\limits_{x\to0^+}f(x)=\lim\limits_{x\to0^+}\mathrm{e}^{\frac{1}{x-1}}=\mathrm{e}^{-1}$,所以 $x=0$ 为 $f(x)$ 的间断点,且是

第一类间断点.

12. 证明$\lim\limits_{n\to\infty}\left(\dfrac{1}{\sqrt{n^2+1}}+\dfrac{1}{\sqrt{n^2+2}}+\cdots+\dfrac{1}{\sqrt{n^2+n}}\right)=1$.

证明 因为
$$\frac{n}{\sqrt{n^2+n}}=\frac{1}{\sqrt{n^2+n}}+\frac{1}{\sqrt{n^2+n}}+\cdots+\frac{1}{\sqrt{n^2+n}}\leqslant$$
$$\frac{1}{\sqrt{n^2+1}}+\frac{1}{\sqrt{n^2+2}}+\cdots+\frac{1}{\sqrt{n^2+n}}\leqslant$$
$$\frac{1}{\sqrt{n^2+1}}+\frac{1}{\sqrt{n^2+1}}+\cdots+\frac{1}{\sqrt{n^2+1}}=\frac{n}{\sqrt{n^2+1}}$$

又因为
$$\lim_{n\to\infty}\frac{n}{\sqrt{n^2+n}}=\lim_{n\to\infty}\frac{1}{\sqrt{1+\frac{1}{n}}}=1,\quad \lim_{n\to\infty}\frac{n}{\sqrt{n^2+1}}=\lim_{n\to\infty}\frac{1}{\sqrt{1+\frac{1}{n^2}}}=1$$

所以,由夹逼准则知
$$\lim_{n\to\infty}\left(\frac{1}{\sqrt{n^2+1}}+\frac{1}{\sqrt{n^2+2}}+\cdots+\frac{1}{\sqrt{n^2+n}}\right)=1$$

13. 证明:方程 $\sin x+x+1=0$ 在开区间$\left(-\dfrac{\pi}{2},\dfrac{\pi}{2}\right)$内至少有一个根.

证明 令 $f(x)=\sin x+x+1$,则 $f(x)$ 在闭区间$\left[-\dfrac{\pi}{2},\dfrac{\pi}{2}\right]$上连续,在区间端点有
$$f\left(\frac{\pi}{2}\right)=\sin\frac{\pi}{2}+\frac{\pi}{2}+1=2+\frac{\pi}{2}>0,\quad f\left(-\frac{\pi}{2}\right)=\sin\left(-\frac{\pi}{2}\right)-\frac{\pi}{2}+1=-\frac{\pi}{2}<0$$

由零点定理知,至少存在一点 $\xi\in\left(-\dfrac{\pi}{2},\dfrac{\pi}{2}\right)$,使 $f(\xi)=0$,即 $\sin\xi+\xi+1=0$,故方程 $\sin x+x+1=0$ 在$\left(-\dfrac{\pi}{2},\dfrac{\pi}{2}\right)$内至少有一个根.

14. 如果存在直线 $L:y=kx+b$,使得当 $x\to\infty$(或 $x\to+\infty$, $x\to-\infty$)时,曲线 $y=f(x)$ 上的动点 $M(x,y)$ 到直线 L 的距离 $d(M,L)\to 0$,则称 L 为曲线 $y=f(x)$ 的渐近线. 当直线 L 的斜率 $k\neq 0$ 时,称 L 为斜渐近线.

(1) 证明:直线 $L:y=kx+b$ 为曲线 $y=f(x)$ 的渐近线的充分必要条件是
$$k=\lim_{\substack{x\to\infty\\ \left(\substack{x\to+\infty\\ x\to-\infty}\right)}}\frac{f(x)}{x};\quad b=\lim_{\substack{x\to\infty\\ \left(\substack{x\to+\infty\\ x\to-\infty}\right)}}[f(x)-kx]$$

(2) 求曲线 $y=(2x-1)e^{\frac{1}{x}}$ 的斜渐近线.

证明(1) 必要性. 已知 $y=kx+b$ 是曲线 $y=f(x)$ 的渐近线,当 $x\to\infty$ 时,$y=f(x)$ 上的动点 $M(x,y)=M(x,f(x))$ 到直线 L 的距离 $d(M,L)\to 0$, $d=\dfrac{|f(x)-kx-b|}{\sqrt{1+k^2}}$,故 $\lim\limits_{x\to\infty}[f(x)-kx-b]=0$. 这又等价于 $\lim\limits_{x\to\infty}[f(x)-kx]=b$. 由此可得 $\lim\limits_{x\to\infty}\left[\dfrac{f(x)}{x}-k\right]=\lim\limits_{x\to\infty}\dfrac{1}{x}[f(x)-kx]=0\times b=0$,故 $\lim\limits_{x\to\infty}\dfrac{f(x)}{x}=k$. 当 $x\to+\infty$,或 $x\to-\infty$ 时,类似可证.

充分性. 由 $\lim\limits_{\substack{x\to\infty\\ \left(\substack{x\to+\infty\\ x\to-\infty}\right)}}(f(x)-kx)=b$ 可知 $\lim\limits_{\substack{x\to\infty\\ \left(\substack{x\to+\infty\\ x\to-\infty}\right)}}(f(x)-kx-b)=0$,由必要性推证过程知,$d(M,L)\to 0$,故 $y=kx+b$ 是 $y=f(x)$ 的渐近线.

(2) 因为
$$k=\lim_{x\to\infty}\frac{(2x-1)e^{\frac{1}{x}}}{x}=\lim_{x\to\infty}\frac{2x-1}{x}\cdot e^{\frac{1}{x}}=2\times 1=2$$
$$b=\lim_{x\to\infty}[(2x-1)e^{\frac{1}{x}}-2x]=\lim_{x\to\infty}[2x\cdot(e^{\frac{1}{x}}-1)-e^{\frac{1}{x}}]=2\lim_{x\to\infty}x(e^{\frac{1}{x}}-1)-\lim_{x\to\infty}e^{\frac{1}{x}}=2-1=1$$
所以,渐近线为 $y=2x+1$.

五、模拟检测题

(一) 基础知识模拟检测题

1. 填空题

(1) 已知 $f(x)=\begin{cases}1, & |x|\leqslant 1\\ 0, & |x|>1\end{cases}$，$\varphi(x)=e^{x}$，则 $f[\varphi(x)]=$ ________，$\varphi[f(x)]=$ ________.

(2) 函数 $y=\begin{cases}x, & -\infty<x<1\\ x^{2}, & 1\leqslant x\leqslant 4\\ 2^{x}, & 4<x<+\infty\end{cases}$ 的反函数 $y=$ ________.

(3) $\lim\limits_{x\to\pi}\dfrac{\sin x}{x-\pi}=$ ________；$\lim\limits_{x\to\infty}\dfrac{\sin x}{x}=$ ________.

(4) $\lim\limits_{t\to 0}\dfrac{t}{\sqrt{1-\cos t}}=$ ________.

(5) 当 $a=$ ________时，$f(x)=\begin{cases}\left(1+\dfrac{x}{a}\right)^{\frac{1}{x}}, & x\neq 0\\ e^{2}, & x=0\end{cases}$ 在 $x=0$ 处连续.

(6) 设 $f(\sin^{2}x)=\cos 2x+\cos^{2}x$，则 $f(x)=$ ________，$f[f(x)]=$ ________.

2. 选择题

(1) 下列几对函数中，$f(x)$ 与 $g(x)$ 相同的是(　　).

A. $f(x)=\lg x^{2}$ 与 $g(x)=2\lg x$　　B. $f(x)=x$ 与 $g(x)=\sqrt{x^{2}}$

C. $f(x)=|x|$ 与 $g(x)=\sqrt{x^{2}}$　　D. $f(x)=1$ 与 $g(x)=\dfrac{x}{x}$

(2) 如果 $f(x)=\dfrac{x}{x-1}$，那么 $f\left(\dfrac{1}{f(x)}\right)$ 的表达式是(　　).

A. $x-1$　　B. $1-x$　　C. $\dfrac{x-1}{x}$　　D. 都不是

(3) 下列命题正确的是(　　).

A. 如果数列 $\{u_n\}$ 以 A 为极限，那么在数列 $\{u_n\}$ 增加或去掉有限项之后，所形成的新数列 $\{v_n\}$ 仍以 A 为极限

B. 如果 $\lim\limits_{n\to\infty}u_n v_n=0$，则有 $\lim\limits_{n\to\infty}u_n=0$ 或 $\lim\limits_{n\to\infty}v_n=0$

C. 如果 $\lim\limits_{n\to\infty}a_n=a$，且存在自然数 N，当 $n>N$ 时恒有 $a_n<0$，则必有 $a<0$

D. 如果 $\lim\limits_{n\to\infty}a_n$，$\lim\limits_{n\to\infty}b_n$ 均不存在，则有 $\lim\limits_{n\to\infty}(a_n+b_n)$ 必不存在

(4) 下列命题不正确的是(　　).

A. 设 $f(x)$ 在点 x_0 连续，则 $\lim\limits_{x\to x_0}f(x)=f(\lim\limits_{x\to x_0}x)$

B. 若 $f(x)$ 连续，则 $|f(x)|$ 必连续

C. 若函数 $f(x)$ 在 $[a,b]$ 上连续且恒为正，则 $\dfrac{1}{f(x)}$ 在 $[a,b]$ 上必连续

D. $x=0$ 是函数 $f(x)=x\sin\dfrac{1}{x}$ 的振荡间断点

(5) 已知 $\lim\limits_{x\to 2}\dfrac{x^{3}-x^{2}+a}{x-2}=b$，则 a,b 之值为(　　).

A. $a=4,\ b=8$　　B. $a=4,\ b=-8$　　C. $a=-4,\ b=8$　　D. $a=-4,\ b=-8$

(6) 下列运算正确的是(　　).

A. $\lim\limits_{x\to\infty}(\sqrt{x^2-x}-x)=\infty-\infty=0$

B. 当 $x\to0^+$ 时，$\frac{1}{x}\to+\infty$，从而 $\lim\limits_{x\to0^+}\arctan\frac{1}{x}=\frac{\pi}{2}$；当 $x\to0^-$ 时，$\frac{1}{x}\to-\infty$，从而 $\lim\limits_{x\to0^-}\arctan\frac{1}{x}=-\frac{\pi}{2}$，故 $\lim\limits_{x\to0}\arctan\frac{1}{x}$ 不存在

C. $\lim\limits_{n\to\infty}\left(\frac{1}{n^2}+\frac{2}{n^2}+\cdots+\frac{n}{n^2}\right)=\lim\limits_{n\to\infty}\frac{1}{n^2}+\lim\limits_{n\to\infty}\frac{2}{n^2}+\cdots+\lim\limits_{n\to\infty}\frac{n}{n^2}=0$

D. 因为 $x\to0$ 时，$\tan x\sim x$，$\sin x\sim x$，所以 $\lim\limits_{x\to0}\frac{\sin x-\tan x}{x^3}=\lim\limits_{x\to0}\frac{x-x}{x^3}=0$

3. 计算题

(1) 求 $\lim\limits_{n\to\infty}\dfrac{n^3\left(1+\frac{1}{2}+\frac{1}{2^2}+\cdots+\frac{1}{2^n}\right)}{(n+1)+2(n+2)+\cdots+n(n+n)}$.

(2) 求 $\lim\limits_{x\to1}\left(\frac{1}{1-x}-\frac{3}{1-x^3}\right)$.

(3) 求 $\lim\limits_{x\to0}\dfrac{\sqrt{x^2+p^2}-p}{\sqrt{x^2+q^2}-q}$ $(p>0,\ q>0)$.

(4) 求 $\lim\limits_{x\to0}\dfrac{x^2\sin\frac{1}{x^2}}{\sin x}$.

(5) 求 $\lim\limits_{n\to\infty}\left[\frac{1}{n^2}+\frac{1}{(n+1)^2}+\cdots+\frac{1}{(2n)^2}\right]$.

(6) 求 $\lim\limits_{x\to0}\dfrac{\sqrt{1+x\sin x}-1}{e^{x^2}-1}$.

(7) 已知 $\lim\limits_{x\to+\infty}(5x-\sqrt{ax^2-bx+c})=2$，求 a 与 b 的值.

(8) 设函数
$$f(x)=\begin{cases}\dfrac{\sin ax}{\sqrt{1-\cos x}}, & x<0\ (x\neq-2k\pi,\ k\in\mathbf{N}^+)\\ b, & x=0\\ \dfrac{1}{x}[\ln x-\ln(x^2+x)], & x>0\end{cases}$$
问 a,b 为何值时，$f(x)$ 在其定义域内的每一点处都连续?

(9) 指出函数 $y=\dfrac{x^2-1}{x^2-3x+2}$ 的间断点，并说明类型. 如果是可去间断点，则补充或改变函数的定义，使它连续.

(10) 设 $f(x)=\dfrac{px^2-2}{x^2+1}+3qx+5$，当 $x\to\infty$ 时，p,q 取何值时 $f(x)$ 为无穷小量? p,q 取何值时 $f(x)$ 为无穷大量?

4. 证明题

(1) 已知 $x_1=\sqrt{a}$，$x_2=\sqrt{a+\sqrt{a}}$，$x_3=\sqrt{a+\sqrt{a+\sqrt{a}}}$，$\cdots$ $(a>0)$，证明：数列 $\{x_n\}$ 的极限存在，并求 $\lim\limits_{n\to\infty}x_n$.

(2) 证明：方程 $e^x-2=x$ 至少有一个不超过 2 的正根.

(3) 证明：若 $f(x)$ 在 $(-\infty,+\infty)$ 内连续，且 $\lim\limits_{x\to\infty}f(x)$ 存在，则 $f(x)$ 在 $(-\infty,+\infty)$ 内有界.

（二）考研模拟训练题

1. 填空题

(1) 设 a 是非零常数，则 $\lim\limits_{x\to\infty}\left(\frac{x+a}{x-a}\right)^x=$ ________.

(2) $\lim\limits_{n\to\infty}\left(\frac{1}{\sqrt{n^2+1}}+\frac{1}{\sqrt{n^2+2}}+\cdots+\frac{1}{\sqrt{n^2+n}}\right)=$ ________.

(3) $\lim\limits_{x\to\infty}x\left[\sin\ln\left(1+\frac{3}{x}\right)-\sin\ln\left(1+\frac{1}{x}\right)\right]=$ ________.

(4) 若 $f(x)=\begin{cases}\dfrac{\sin 2x+e^{2ax}-1}{x}, & x\neq 0\\ a, & x=0\end{cases}$ 在 $(-\infty,+\infty)$ 上连续，则 $a=$ ________.

(5) 设 $f(x)=\lim\limits_{n\to\infty}\dfrac{(n-1)x}{nx^2+1}$，则 $f(x)$ 的间断点为 $x=$ ________.

2. 选择题

(1) 当 $x\to 0$ 时，变量 $\dfrac{1}{x^2}\sin\dfrac{1}{x}$ 是(　　).

A. 无穷小　　B. 无穷大

C. 有界的，但不是无穷小　　D. 无界的，但不是无穷大

(2) 设数列 x_n 与 y_n 满足 $\lim\limits_{n\to\infty}x_ny_n=0$，则下列命题正确的是(　　).

A. 若 x_n 发散，则 y_n 必发散　　B. 若 x_n 无界，则 y_n 必无界

C. 若 x_n 有界，则 y_n 必为无穷小　　D. 若 $\dfrac{1}{x_n}$ 为无穷小，则 y_n 必为无穷小

(3) 设 $x\to 0$ 时，$e^{\tan x}-e^x$ 是与 x^n 同阶的无穷小，则 n 为(　　).

A. 1　　B. 2　　C. 3　　D. 4

(4) 设对任意的 x，总有 $\varphi(x)\leqslant f(x)\leqslant g(x)$，且 $\lim\limits_{x\to\infty}[g(x)-\varphi(x)]=0$，则 $\lim\limits_{x\to\infty}f(x)$(　　).

A. 存在且一定等于零　　B. 存在但不一定为零

C. 一定不存在　　D. 不一定存在

(5) 设 $\{a_n\}$，$\{b_n\}$，$\{c_n\}$ 均为非负数列，且 $\lim\limits_{n\to\infty}a_n=0$，$\lim\limits_{n\to\infty}b_n=1$，$\lim\limits_{n\to\infty}c_n=\infty$，则有(　　).

A. $a_n<b_n$ 对任意 n 成立　　B. $b_n<c_n$ 对任意 n 成立

C. 极限 $\lim\limits_{n\to\infty}a_nc_n$ 不存在　　D. 极限 $\lim\limits_{n\to\infty}b_nc_n$ 不存在

(6) 当 $x\to 1$ 时，函数 $\dfrac{x^2-1}{x-1}e^{\frac{1}{x-1}}$ 的极限(　　).

A. 等于2　　B. 等于0　　C. 为 ∞　　D. 不存在但不为 ∞

(7) 设 $f(x)=\dfrac{x}{a+e^{bx}}$ 在 $(-\infty,+\infty)$ 内连续，且 $\lim\limits_{x\to-\infty}f(x)=0$，则常数 a,b 满足(　　).

A. $a<0,\ b<0$　　B. $a>0,\ b>0$　　C. $a\leqslant 0,\ b>0$　　D. $a\geqslant 0,\ b<0$

(8) 设 $\lim\limits_{x\to 0}\dfrac{\ln(1+x)-(ax+bx^2)}{x^2}=2$，则(　　).

A. $a=1,\ b=-\dfrac{5}{2}$　　B. $a=0,\ b=-2$

C. $a=0,\ b=-\dfrac{5}{2}$　　D. $a=1,\ b=-2$

3. 计算题

(1) 设 $f(x)=\begin{cases}0, & x<0\\ 1, & x\geqslant 0\end{cases}$，$g(x)=\begin{cases}2-x^2, & |x|<1\\ |x|-2, & |x|\geqslant 1\end{cases}$，试求 $f[g(x)]$ 和 $g[f(x)]$.

(2) 求 $\lim\limits_{x\to 0}\left[\dfrac{2+e^{\frac{1}{x}}}{1+e^{\frac{4}{x}}}+\dfrac{\sin x}{|x|}\right]$.　　(3) 求 $\lim\limits_{x\to 0^+}\dfrac{1-\sqrt{\cos x}}{x(1-\cos\sqrt{x})}$.

(4) 求 $\lim\limits_{x\to 1}(1-x^2)\tan\dfrac{\pi}{2}x$.　　(5) 求 $\lim\limits_{x\to 0}(2\sin x+e^x)^{\frac{2}{x}}$.

(6) 求 $\lim\limits_{n\to\infty}\sqrt[n]{a^n+b^n+c^n}$ (其中 a,b,c 均为非负实数).

(7) 求 $\lim\limits_{n\to\infty}\dfrac{10^n}{n!}$.　　(8) 求 $\lim\limits_{n\to\infty}\dfrac{n!}{n^n}$.

(9) 设 $x_1 > a > 0$，且 $x_{n+1} = \sqrt{ax_n}$ $(n = 1,2,3,\cdots)$，求 $\lim\limits_{n\to\infty} x_n$.

(10) 讨论函数 $f(x) = \dfrac{x\arctan\dfrac{1}{x-1}}{\sin\dfrac{x}{2}}$ 的连续性，并指出间断点的类型.

4. 证明题

(1) 证明：若函数 $f(x)$ 在点 x_0 连续，且 $f(x_0) \neq 0$，则存在 x_0 的某一邻域 $U(x_0)$，当 $x \in U(x_0)$ 时，$f(x) \neq 0$.

(2) 设 $f(x)$ 在 $[0,n]$ 上连续，$f(0) = f(n)$，n 为正整数，试证：必有 $\xi \in (0,n)$，使得 $f(\xi+1) = f(\xi)$.

(3) 证明：方程 $x = \sin x + 2$ 至少有一个不超过 3 的正根.

六、模拟检测题答案与提示

(一) 基础知识模拟检测题答案与提示

1. 填空题

(1) $\begin{cases}1, & x \leqslant 0 \\ 0, & x > 0\end{cases}$；$\begin{cases}\mathrm{e}, & |x| \leqslant 1 \\ 1, & |x| > 1\end{cases}$.　(2) $\begin{cases}x, & -\infty < x < 1 \\ \sqrt{x}, & 1 \leqslant x \leqslant 16 \\ \log_2 x, & 16 < x < +\infty\end{cases}$.

(3) -1；0.　(4) 不存在.　(5) $\dfrac{1}{2}$.　(6) $2-3x$，$9x-4$.

2. 选择题

(1) C.　(2) B.　(3) A.　(4) D.　(5) C.　(6) B.

3. 计算题

(1) 原式 $= \lim\limits_{n\to\infty} \dfrac{n^3\left(1+\dfrac{1}{2}+\dfrac{1}{2^2}+\cdots+\dfrac{1}{2^n}\right)}{n(1+2+3+\cdots+n)+(1^2+2^2+3^2+\cdots+n^2)} =$

$$\lim_{n\to\infty} \frac{n^3\left[1-\left(\dfrac{1}{2}\right)^{n+1}\right]\Big/\left(1-\dfrac{1}{2}\right)}{n\dfrac{n(n+1)}{2}+\dfrac{n(n+1)(2n+1)}{6}} = \frac{2}{\dfrac{1}{2}+\dfrac{1}{3}} = \frac{12}{5}.$$

(2) -1.　(3) $\dfrac{q}{p}$.　(4) 0.　(5) 0.

(6) $\dfrac{1}{2}$　提示：因为当 $x\to 0$ 时，有 $\sqrt{1+x\sin x}-1 \sim \dfrac{1}{2}x\sin x \sim \dfrac{1}{2}x^2$，$\mathrm{e}^{x^2}-1 \sim x^2$.

(7) $a = 25$，$b = 20$　提示：原式 $= \lim\limits_{x\to+\infty} \dfrac{(25-a)x+b-\dfrac{c}{x}}{5+\sqrt{a-\dfrac{b}{x}+\dfrac{c}{x^2}}} = 2$，必有 $\begin{cases}25-a=0 \\ \dfrac{b}{5+\sqrt{a}} = 2\end{cases}$.

(8) $a = \dfrac{\sqrt{2}}{2}$，$b = -1$

(9) $x = 2$，$x = 1$ 是函数 y 的间断点；$x = 2$ 是函数 y 的第二类的无穷间断点；$x = 1$ 是函数 y 的第一类的可去间断点.

补充定义 $y = \begin{cases}\dfrac{x^2-1}{x^2-3x+2}, & x \neq 1 \\ -2, & x = 1\end{cases}$，则函数 y 在 $x = 1$ 处连续.

(10) 当 $q = 0$，$p = -5$ 时为无穷小量，当 $q \neq 0$，p 任取值时为无穷大量.

4. 证明题

(1) $\lim\limits_{n\to\infty}x_n=\dfrac{1+\sqrt{4a+1}}{2}$　提示：利用单调有界原理证明极限的存在性.

(2) 提示：设 $f(x)=e^x-2-x$，在$[0,2]$上利用零点定理推证.

(3) 提示：利用极限定义和闭区间连续函数的有界性定理推证.

(二) 考研模拟训练题答案与提示

1. 填空题

(1) e^{2a}.　(2) 1.　(3) 2.　(4) -2.　(5) 0.

2. 选择题

(1) D.　(2) D.　(3) C.　(4) D.　(5) D.　(6) D.　(7) D.　(8) A.

3. 计算题

(1) $f[g(x)]=\begin{cases}0, & 1\leqslant|x|<2\\ 1, & |x|<1\text{或}|x|\geqslant 2\end{cases}$，$g[f(x)]=\begin{cases}2, & x<0\\ -1, & x\geqslant 0\end{cases}$.

(2) 1.　提示：$\lim\limits_{x\to0^-}\left[\dfrac{2+e^{\frac{1}{x}}}{1+e^{\frac{4}{x}}}+\dfrac{\sin x}{|x|}\right]=2-1=1$，$\lim\limits_{x\to0^+}\left[\dfrac{2+e^{\frac{1}{x}}}{1+e^{\frac{4}{x}}}+\dfrac{\sin x}{|x|}\right]=\lim\limits_{x\to0^+}\left[\dfrac{2e^{-\frac{4}{x}}+e^{-\frac{3}{x}}}{e^{-\frac{4}{x}}+1}+\dfrac{\sin x}{x}\right]=1$.

(3) $\dfrac{1}{2}$.　(4) $\dfrac{4}{\pi}$.　(5) e^6.　(6) $\max\{a,b,c\}$.

(7) 0.　提示：利用单调有界原理.

(8) 0.　提示：因 $0<\dfrac{n!}{n^n}=\dfrac{1}{n}\cdot\dfrac{2}{n}\cdot\dfrac{3}{n}\cdot\cdots\cdot\dfrac{n}{n}<\dfrac{1}{n}$，然后利用夹逼准则.

(9) a.　提示：先证数列 $x_n>a$，即有下界 a，再由 $\dfrac{x_{n+1}}{x_n}=\dfrac{\sqrt{ax_n}}{x_n}=\sqrt{\dfrac{a}{x_n}}<1$ 知数列 x_n 单调递减.

(10) $x=0$ 为可去间断点，$x=1$ 为跳跃间断点，$x=2k(k=\pm1,\pm2,\cdots)$ 为无穷间断点；其余点处处连续.

4. 证明题

(1) 提示：利用函数连续性定义证，不妨设 $f(x_0)<0$(设 $f(x_0)>0$ 类似)，取 $\varepsilon_0=-\dfrac{1}{2}f(x_0)$.

(2) 令 $F(x)=f(x+1)-f(x)$，由 $f(x)$ 在$[0,n]$上连续可知，$F(x)$ 在$[0,n-1]$上连续；由最值定理知，$F(x)$ 在$[0,n-1]$上一定存在最大值 M，最小值 m.

$$m\leqslant F(k)\leqslant M,\quad k=0,1,2,\cdots,n-1$$

而
$$F(0)=f(1)-f(0),\quad F(1)=f(2)-f(1)$$
$$F(2)=f(3)-f(2),\quad \cdots,\quad F(n-1)=f(n)-f(n-1)$$
$$\sum_{k=0}^{n-1}F(k)=f(n)-f(0)=0,\quad nm\leqslant\sum_{k=0}^{n-1}F(k)\leqslant nM\Rightarrow m\leqslant\frac{1}{n}\sum_{k=0}^{n-1}F(k)\leqslant M$$

由介值定理知，必有 $\xi\in(0,n-1)\subset(0,n)$，使得
$$F(\xi)=\frac{1}{n}\sum_{k=0}^{n-1}F(k)=\frac{1}{n}[f(n)-f(0)]=0$$

而 $F(\xi)=f(\xi+1)-f(\xi)$，即　$f(\xi+1)=f(\xi),\quad \xi\in(0,n)$

(3) 提示：考虑函数 $f(x)=x-\sin x-2$ 在$[0,3]$上是否满足零点定理的条件，然后利用零点定理.

第 2 章　导数与微分

一、本章小结

(一)本章小结

1. 导数概念

设 $y=f(x)$ 在点 x_0 的某邻域 $U(x_0)$ 内有定义，当自变量 x 在 x_0 处取增量 Δx(点 $x_0+\Delta x$ 仍在 $U(x_0)$ 内)时，相应的函数增量 $\Delta y=f(x_0+\Delta x)-f(x_0)$，若 $\lim\limits_{\Delta x\to 0}\dfrac{\Delta y}{\Delta x}$ 存在，则称函数 $y=f(x)$ 在点 x_0 处可导，而其极限称为函数 $y=f(x)$ 在点 x_0 处的导数，记作 $y'|_{x=x_0}$ 或 $f'(x_0)$ 或 $\left.\dfrac{dy}{dx}\right|_{x=x_0}$ 或 $\left.\dfrac{df(x)}{dx}\right|_{x=x_0}$.

$$f'(x_0)=\lim_{x\to x_0}\frac{f(x)-f(x_0)}{x-x_0}=\lim_{\Delta x\to 0}\frac{f(x_0+\Delta x)-f(x_0)}{\Delta x}$$

函数 $y=f(x)$ 在点 x_0 处的左导数为

$$f'_-(x_0)=\lim_{\Delta x\to 0^-}\frac{\Delta y}{\Delta x}=\lim_{\Delta x\to 0^-}\frac{f(x_0+\Delta x)-f(x_0)}{\Delta x}$$

函数 $y=f(x)$ 在点 x_0 处的右导数为

$$f'_+(x_0)=\lim_{\Delta x\to 0^+}\frac{\Delta y}{\Delta x}=\lim_{\Delta x\to 0^+}\frac{f(x_0+\Delta x)-f(x_0)}{\Delta x}$$

函数 $y=f(x)$ 在点 x_0 处可导 $\Leftrightarrow f(x)$ 在该点处左、右导数存在且相等.

2. 微分定义

设函数 $y=f(x)$ 在包含 x_0 的某区间 I 内有定义，$x_0+\Delta x\in I$，若相应函数 $y=f(x)$ 的增量 $\Delta y=f(x_0+\Delta x)-f(x_0)$ 可表示为 $\Delta y=A\Delta x+o(\Delta x)$，其中 A 是不依赖于 Δx 的常数，则称 $A\Delta x$ 为函数 $y=f(x)$ 在点 x_0 处相应自变量增量 Δx 的微分，记作 dy，即 $dy=Adx$(其中自变量增量 Δx 记作 dx).

3. 几何意义

$f'(x_0)$ 表示曲线 $y=f(x)$ 在点(x_0,y_0)处的切线斜率. dy 表示函数 $y=f(x)$ 在点 x_0 处切线上点的纵坐标的相应增量.

4. 可导、可微以及连续之间的关系

(1) $y=f(x)$ 在 x_0 点，可导 $\Leftrightarrow$ 可微.

(2) $y=f(x)$ 在 x_0 点，可导 $\Rightarrow$ 连续，但连续 $\nRightarrow$ 可导.

5. 求导法则

(1) 四则运算：设 u,v 可导，则

$$(u\pm v)'=u'\pm v';\quad (uv)'=u'v+uv';\quad \left(\frac{u}{v}\right)'=\frac{u'v-uv'}{v^2}\quad (\text{其中 } v\neq 0)$$

(2) 反函数求导法则：设函数 $y=f(x)$ 在区间 I 内单调、可导，且反函数为 $x=\varphi(y)$，则 $\varphi'(y)=\dfrac{1}{f'(x)}$.

(3) 复合函数求导法则：若函数 $y=f(u)$ 和 $u=g(x)$ 关于其自变量分别可导，则函数 $y=f[g(x)]$ 可导，且 $\dfrac{dy}{dx}=\dfrac{df}{du}\cdot\dfrac{dg}{dx}$(链式法则).

(4) 隐函数求导法则：若方程 $f(x,y)=0$ 满足隐函数存在定理的条件，则确定了函数 $y=y(x)$，从而可在方程两边对 x 求导(其中方程中的 y 是 x 的函数 $y(x)$)，整理后解得 y'(其表达式中含 x 和 y，其中 $y=y(x)$ 即隐函数).

(5) 由参数方程所确定函数的求导法则：设参数方程为 $\begin{cases} x=\varphi(t) \\ y=\psi(t) \end{cases}$，其中 $\varphi(t)$，$\psi(t)$ 可导，且 $\varphi'(t)\neq 0$，则

$$\frac{\mathrm{d}y}{\mathrm{d}x}=\frac{\psi'(t)}{\varphi'(t)}$$

6. 高阶导数(二阶或二阶以上的导数)

函数的 n 阶导数是其 $n-1$ 阶导函数的导数，即

$$\frac{\mathrm{d}^n y}{\mathrm{d}x^n}=\frac{\mathrm{d}}{\mathrm{d}x}\left(\frac{\mathrm{d}^{n-1}y}{\mathrm{d}x^{n-1}}\right)$$

或者

$$y^{(n)}=(y^{(n-1)})'$$

若 $u=u(x)$，$v=v(x)$ 有 n 阶导数，则

(1) $(\alpha u+\beta v)^{(n)}=\alpha u^{(n)}+\beta v^{(n)}\quad(\forall\,\alpha,\beta\in\mathbf{R})$.

(2) $(uv)^{(n)}=u^{(n)}v+C_n^1u^{(n-1)}v'+C_n^2u^{(n-2)}v''+\cdots+C_n^{n-1}u'v^{(n-1)}+uv^{(n)}$(莱布尼兹公式).

常用公式：

$$(x^{\mu})^{(n)}=\mu(\mu-1)\cdots(\mu-n+1)x^{\mu-n};\qquad \left(\frac{1}{x+a}\right)^{(n)}=\frac{(-1)^n n!}{(x+a)^{n+1}}$$

$$(\mathrm{e}^x)^{(n)}=\mathrm{e}^x;\qquad (a^x)^{(n)}=(\ln a)^n a^x$$

$$(\sin x)^{(n)}=\sin\left(x+\frac{n\pi}{2}\right);\qquad (\cos x)^{(n)}=\cos\left(x+\frac{n\pi}{2}\right)$$

$$(\ln(x+a))^{(n)}=\frac{(-1)^{n-1}(n-1)!}{(x+a)^n}$$

7. 相关变化率

设 $x=x(t)$ 和 $y=y(t)$ 都是可导函数，而变量 x 与 y 间存在某种关系，从而变化率 $\frac{\mathrm{d}x}{\mathrm{d}t}$ 与 $\frac{\mathrm{d}y}{\mathrm{d}t}$ 间也存在一定关系，这两个相互依赖的变化率称为相关变化率.

(二) 重点与难点

重点：导数与微分的定义及导数的几何意义和物理意义、复合函数求导.

难点：高阶导数、隐函数求导、参数方程求导.

二、释疑解难

问题 2.1　设函数 $y=f(x)$ 在 x_0 的某邻域内有定义，Δx 是变量 x 在 x_0 处的增量. 如果把

(1) $\lim\limits_{\Delta x\to 0}\dfrac{f(x_0+\Delta x)-f(x_0-\Delta x)}{2\Delta x}$；　(2) $\lim\limits_{\Delta x\to 0}\dfrac{f(x_0)-f(x_0-\Delta x)}{\Delta x}$

作为函数 $y=f(x)$ 在 x_0 处的导数定义，问它们与定义 $\lim\limits_{\Delta x\to 0}\dfrac{f(x_0+\Delta x)-f(x_0)}{\Delta x}$ 是否等价？

答　情况(1)不等价.

如果 $\lim\limits_{\Delta x\to 0}\dfrac{f(x_0+\Delta x)-f(x_0)}{\Delta x}$ 存在，则

$$\lim_{\Delta x\to 0}\frac{f(x_0+\Delta x)-f(x_0-\Delta x)}{2\Delta x}=\lim_{\Delta x\to 0}\frac{f(x_0+\Delta x)-f(x_0)-[f(x_0-\Delta x)-f(x_0)]}{2\Delta x}=$$

$$\frac{1}{2}\lim_{\Delta x\to 0}\frac{f(x_0+\Delta x)-f(x_0)}{\Delta x}+\frac{1}{2}\lim_{\Delta x\to 0}\frac{f(x_0-\Delta x)-f(x_0)}{-\Delta x}=f'(x_0)$$

即 $\lim\limits_{\Delta x\to 0}\dfrac{f(x_0+\Delta x)-f(x_0-\Delta x)}{2\Delta x}$ 存在且等于 $f'(x_0)$. 反之,则不成立.

事实上,$f(x_0+\Delta x)-f(x_0-\Delta x)$ 是取以 x_0 为中心的对称点 $x_0+\Delta x$, $x_0-\Delta x$ 处的函数值之差,它对 x_0 处的函数值无任何要求,也就是说

$$\lim_{\Delta x\to 0}\frac{f(x_0+\Delta x)-f(x_0-\Delta x)}{2\Delta x}$$

存在与否跟 x_0 处的函数值无关. 即函数 $y=f(x)$ 在 x_0 处不连续,也有可能

$$\lim_{\Delta x\to 0}\frac{f(x_0+\Delta x)-f(x_0-\Delta x)}{2\Delta x}$$

存在.

例如,函数 $f(x)=\begin{cases}\cos\dfrac{1}{x}, & x\neq 0\\ 0, & x=0\end{cases}$ 在 $x=0$ 处不连续,但有

$$\frac{f(0+\Delta x)-f(0-\Delta x)}{2\Delta x}=\frac{\cos\dfrac{1}{\Delta x}-\cos\dfrac{1}{\Delta x}}{2\Delta x}=0$$

因此
$$\lim_{\Delta x\to 0}\frac{f(0+\Delta x)-f(0-\Delta x)}{2\Delta x}=0$$

又 $\lim\limits_{\Delta x\to 0}\dfrac{f(0+\Delta x)-f(0)}{\Delta x}=\lim\limits_{\Delta x\to 0}\dfrac{\cos\dfrac{1}{\Delta x}}{\Delta x}$ 不存在,由此可进一步想到,对于任何偶函数 $f(x)$,有

$$\lim_{\Delta x\to 0}\frac{f(0+\Delta x)-f(0-\Delta x)}{2\Delta x}=0$$

但 $\lim\limits_{\Delta x\to 0}\dfrac{f(0+\Delta x)-f(0)}{\Delta x}$ 不一定存在.

情况(2) 等价.

因为导数定义中自变量的增量 Δx 趋向于零是双侧的,包含 $\Delta x\to 0^+$ 与 $\Delta x\to 0^-$ 两种变化过程,所以定义中的 Δx 换成 $-\Delta x$ 是等价的. 即若极限

$$\lim_{\Delta x\to 0}\frac{f(x_0)-f(x_0-\Delta x)}{\Delta x}=\lim_{\Delta x\to 0}\frac{f(x_0-\Delta x)-f(x_0)}{-\Delta x}$$

存在,则此极限就是 $f(x)$ 在点 x_0 处的导数 $f'(x_0)$.

问题 2.2 在区间 I 上的导数定义 $\lim\limits_{\Delta x\to 0}\dfrac{f(x+\Delta x)-f(x)}{\Delta x}=f'(x)$, $x\in I$, $f'(x)$ 与 Δx 及 x 是什么关系? 究竟 Δx 是变量,还是 x 是变量? 简要地说,就是导函数 $f'(x)$ 与 Δx 有无关系?

答 当考察区间 I 中指定点 x 处的导数时,极限

$$\lim_{\Delta x\to 0}\frac{f(x+\Delta x)-f(x)}{\Delta x}$$

的过程是随 Δx 在变化,其中 x 是不变的. 也就是说 Δx 是变量,x 是常量. 如果 $f(x)$ 在区间 I 上可导,那么对 I 中任一给定的点 x,上述极限都存在,即有一个确定的实数 $f'(x)$ 与之对应. 由函数的定义知,$f'(x)$ 是在区间 I 上以 x 为自变量的函数.

综上所述,在极限 $\lim\limits_{\Delta x\to 0}\dfrac{f(x+\Delta x)-f(x)}{\Delta x}$ 的过程中,Δx 是一个变量,x 是不变的. 而当求出极限后,即得到 $f'(x)$,那么 $f'(x)$ 是以 x 为自变量的一个函数,$x\in I$,它与 Δx 无关. 简单地说,Δx 是极限过程中的变量,x 是导函数 $f'(x)$ 的自变量.

问题 2.3 符号 $f'_+(x_0)$ 与 $f'(x_0+0)$ 有何不同?

答 $f'_+(x_0)$ 表示函数 $f(x)$ 在点 x_0 处的右导数,即 $f'_+(x_0)=\lim\limits_{x\to x_0^+}\dfrac{f(x)-f(x_0)}{x-x_0}$,而 $f'(x_0+0)$ 表示

导数 $f'(x)$ 在点 x_0 处的右极限，即 $f'(x_0+0)=\lim\limits_{x\to x_0^+}f'(x)$，它们是两个不同概念下的记号，$f'(x_0+0)$ 还隐含了 $f'(x)$ 在点 x_0 的一个右邻域 $(x_0,x_0+\delta)$ 内每一点都可导．

问题 2.4 $f'(x_0)$，$(f(x))'$ 与 $[f(x_0)]'$ 有何区别与联系？

答 $f'(x_0)$ 是函数 $f(x)$ 在 x_0 处的导数，它是一个极限值，即 $f'(x_0)=\lim\limits_{h\to 0}\dfrac{f(x_0+h)-f(x_0)}{h}$．$(f(x))'$ 表示求导运算，其结果是导函数 $f'(x)$，它是某个区间 (a,b) 上的函数，即由 $x\in(a,b)$ 的导数值定义的一个新函数，当 $x_0\in(a,b)$ 时，$f'(x_0)$ 可由 $f'(x)$ 将 x_0 代入得到．$[f(x_0)]'=0$，因为 $f(x_0)$ 是一个常数，所以它的导数为零．

问题 2.5 设函数 $f(x)=\begin{cases}x^2\sin\dfrac{1}{x}, & x\neq 0\\ 0, & x=0\end{cases}$，当 $x\neq 0$ 时，$f'(x)=2x\sin\dfrac{1}{x}-\cos\dfrac{1}{x}$，于是

(1) 因为在 $x=0$ 处 $f'(x)$ 无意义，所以 $f(x)$ 在 $x=0$ 处不可导．

(2) 因为 $\lim\limits_{x\to 0}f'(x)$ 不存在，所以 $f(x)$ 在 $x=0$ 处不可导．

这两种分析对吗？

答 都不对．事实上，有

$$\lim_{x\to 0}\frac{f(x)-f(0)}{x}=\lim_{x\to 0}\frac{x^2\sin\frac{1}{x}-0}{x}=\lim_{x\to 0}x\sin\frac{1}{x}=0$$

即 $f(x)$ 在 $x=0$ 处可导，且 $f'(0)=0$．问题错在哪里？

(1) 由于 $f'(x)=2x\sin\dfrac{1}{x}-\cos\dfrac{1}{x}$ 是仅在 $x\neq 0$ 时求得的，因此不能用它在 $x=0$ 处无意义就去判定 $f(x)$ 在 $x=0$ 处不可导．

(2) 由 $\lim\limits_{x\to 0}f'(x)$ 不存在而推出 $f'(0)$ 不存在，这也是没有根据的．要说清楚这个问题，复习一下极限概念是有好处的．由于 $\lim\limits_{x\to x_0}\varphi(x)$ 是否存在以及存在时其值是多少与 $\varphi(x)$ 在 x_0 处的值无关，则即使 $\lim\limits_{x\to x_0}\varphi(x)$ 不存在，但 $\varphi(x)$ 在 x_0 处却可以有定义．这就容易明白为什么 $\lim\limits_{x\to 0}f'(x)$ 不存在而 $f'(0)$ 却可以存在的道理．

问题 2.6 如果函数 $f(x)$ 在点 x_0 处可导，那么是否存在点 x_0 的一个邻域，在此邻域内 $f(x)$ 也一定可导？

答 不一定．例如，函数 $f(x)=\begin{cases}0, & x\text{ 为有理数}\\ x^2, & x\text{ 为无理数}\end{cases}$ 在 $x=0$ 处可导，因为

$$0\leqslant\left|\frac{f(0+\Delta x)-f(0)}{\Delta x}\right|\leqslant\left|\frac{(\Delta x)^2}{\Delta x}\right|\to 0\qquad(\Delta x\to 0)$$

所以 $f'(0)=0$．而在 $x\neq 0$ 处 $f(x)$ 不连续，当然谈不上可导了．

问题 2.7 如果函数 $f(x)$ 在点 x_0 处可导，那么 $f(x)$ 在 x_0 处必连续．但是在 x_0 的充分小邻域内 $f(x)$ 是否也一定连续呢？

答 不一定．问题2.4中就是一个在一点连续且可导的例子．下面再举一个仅在一点处连续且可导的例子．设函数

$$f(x)=\begin{cases}x^2, & x\text{ 为有理数}\\ -x^2, & x\text{ 为无理数}\end{cases}$$

当 Δx 为有理数时，有

$$\lim_{\Delta x\to 0}\frac{f(0+\Delta x)-f(0)}{\Delta x}=\lim_{\Delta x\to 0}\frac{\Delta x^2}{\Delta x}=0$$

当 Δx 为无理数时，有

$$\lim_{\Delta x\to 0}\frac{f(0+\Delta x)-f(0)}{\Delta x}=\lim_{\Delta x\to 0}\frac{-\Delta x^2}{\Delta x}=0$$

故 $f(x)$ 在 $x=0$ 处可导，从而必连续．但是，对每一 $x_0\neq 0$，$\lim\limits_{x\to x_0}f(x)$ 均不存在，从而 $f(x)$ 在每一 $x_0\neq 0$ 处不连续，自然也不可导．

从本例可以看出，函数在一点处可导，仅仅反映函数在该点处的性质．

问题 2.8 设函数 $f(x)$ 在 x_0 处可导，则极限

$$\lim_{h\to 0}\frac{f(x_0+h)-f(x_0-h)}{h}\xlongequal{令 x=x_0-h}\lim_{h\to 0}\frac{f(x+2h)-f(x)}{h}=$$

$$2\lim_{h\to 0}\frac{f(x+2h)-f(x)}{2h}=2\lim_{h\to 0}f'(x)=2\lim_{h\to 0}f'(x_0-h)=2f'(x_0)$$

问这个结论是否正确，做法对吗？

答 结论正确，但其做法不对．解题过程中两处发生概念性错误．

(1) 由题设条件知，$f(x)$ 在 x_0 处可导，在 $x=x_0-h$ 处是否可导无从知晓．因此

$$\lim_{h\to 0}\frac{f(x+2h)-f(x)}{2h}=\lim_{h\to 0}f'(x)$$

是没有根据的，算式也是错误的．

(2) 错误还发生在最后一步

$$2\lim_{h\to 0}f'(x_0-h)=2f'(x_0)$$

这一极限运算需要导函数 $f'(x)$ 在点 x_0 处连续的条件下才能得到，在题设中没有给出这样的条件．正确的解法为

$$\lim_{h\to 0}\frac{f(x_0+h)-f(x_0-h)}{h}=\lim_{h\to 0}\frac{[f(x_0+h)-f(x_0)]-[f(x_0-h)-f(x_0)]}{h}=$$

$$\lim_{h\to 0}\frac{f(x_0+h)-f(x_0)}{h}+\lim_{h\to 0}\frac{f(x_0-h)-f(x_0)}{-h}=$$

$$f'(x_0)+f'(x_0)=2f'(x_0)$$

问题 2.9 试求由参数方程 $\begin{cases}x=a(\cos t+t\sin t)\\ y=a(\sin t-t\cos t)\end{cases}$ 确定的函数的导数 $\dfrac{dy}{dx}$，$\dfrac{d^2y}{dx^2}$．问下列解法对吗？

$$y'=\frac{\frac{dy}{dt}}{\frac{dx}{dt}}=\frac{a(\sin t-t\cos t)'}{a(\cos t+t\sin t)'}=\frac{t\sin t}{t\cos t}=\tan t$$

$$y''=(y')'=(\tan t)'=\sec^2 t$$

答 一阶导数的解法是正确的，而二阶导数的解法是错误的．二阶导数 $y''=\dfrac{d^2y}{dx^2}$ 是一阶导数 $\dfrac{dy}{dx}$ 再对 x 求导，而不是 $\dfrac{dy}{dx}$ 对 t 求导．正确的解法是

$$\frac{d^2y}{dx^2}=\frac{d}{dx}\left(\frac{dy}{dx}\right)=\frac{d(\tan t)}{dx}=\frac{\frac{d(\tan t)}{dt}}{\frac{dx}{dt}}=\frac{\sec^2 t}{at\cos t}=\frac{1}{at}\sec^3 t$$

由参数方程 $\begin{cases}x=x(t)\\ y=y(t)\end{cases}$ 所确定的变量 y 与 x 之间的函数关系是通过参数 t 联系的．要求的是 y 对 x 的导数，而不是 y 对 t 的导数．这在求高阶导数时最容易被疏忽．尤其采用 y'，y'' 等导数记号时，更容易忘记，从而造成错误．

问题 2.10 问微分 $dy=f'(x)dx$ 中的 dx 是否要很小？

答 不一定．设函数 $y=f(x)$ 在某区间内有定义，x_0 及 $x_0+\Delta x$ 都在这区间内，如果函数 $f(x)$ 的增量

$$\Delta y=f(x_0+\Delta x)-f(x_0) \quad ①$$

可表示为

$$\Delta y=A\Delta x+o(\Delta x)$$

其中，A 是不依赖于 Δx 的常数，$A\Delta x$ 称为函数 $y=f(x)$ 在点 x_0 处（关于 Δx）的微分，记作 $\mathrm{d}y$. 由式①可以推知 $A=f'(x_0)$，故有 $\mathrm{d}y=f'(x_0)\Delta x$. 由此可知，表达式

$$\Delta y = A\Delta x + o(\Delta x)$$

并非当 Δx 很小时才成立，而是不管 Δx 的大或小都应成立的. 因此 $\mathrm{d}y=A\Delta x$ 应理解为 Δx 的函数，而这个函数具有这样的性质：当 $\Delta x\to 0$ 时，它是无穷小量，且 $\Delta y-\mathrm{d}y$ 是高阶无穷小量.

综上所述，① 微分 $\mathrm{d}y=A\Delta x$ 中的 Δx 可以任意取值；② 当 $A\neq 0$，$|\Delta x|\ll 1$ 时，$\Delta y\approx \mathrm{d}y=A\Delta x$.

问题 2.11　导数与微分的区别与联系是什么？

答　区别：概念上有本质的不同. 函数 $y=f(x)$ 在点 x 的导数 $f'(x)$ 是函数 $y=f(x)$ 在点 x 关于自变量的变化率，反映了函数 y 在点 x 随自变量变化的快慢程度；而微分 $\mathrm{d}y=f'(x)\Delta x$ 是以 x 和 $x+\Delta x$ 为端点的微小区间上以函数 y 在点 x 的变化率 $f'(x)$ 代替该小区间上任意点处的变化率后得到的线性函数的增量. 当函数 $y=f(x)$ 给定后，该函数在点 x 的导数 $f'(x)$ 的大小一般仅与 x 有关；而微分 $\mathrm{d}y=f'(x)\Delta x$ 一般与 x 和 Δx 有关. 从性质上看，函数在某点的导数是常数，而微分是变量. 从几何上看，导数是表示曲线在该点的切线的斜率，而微分表示在该点切线上的函数增量.

联系：可导与可微是等价的，导数是可以看成是函数的微分与自变量的微分之商.

问题 2.12　导数的经济学意义是什么？

答　$f'(x)$ 表示经济变量 $f(x)$ 的边际值. 如成本函数 $C(x)$ 的导数 $C'(x)$ 表示边际成本，它近似地表示产量为 x 时生产一个单位产品所需增加或减少的成本. 收入函数 $R(x)$ 的导数 $R'(x)$ 为边际收入，它近似地表示销售量为 x 时，再销售一个单位产品所增加或减少的收入. 利润函数 $L(x)$ 的导数 $L'(x)$ 为边际利润，它近似地表示销售量为 x 时，再销售一个单位的产品所增加或减少的利润. 弹性：设经济函数 $y=f(x)$，称 $\dfrac{xf'(x)}{f(x)}$ 为经济函数 $y=f(x)$ 的弹性，它表示经济变量 x 变动 1% 时，经济变量 y 相应变动的百分比.

三、典型例题分析

例 2.1　函数 $f(x)=\begin{cases} x\sin\dfrac{1}{x}, & x\neq 0 \\ 0, & x=0 \end{cases}$ 在点 $x=0$ 处是否连续？是否可导？

解　因为 $\lim\limits_{x\to 0}f(x)=\lim\limits_{x\to 0}x\sin\dfrac{1}{x}=0=f(0)$，所以 $f(x)$ 在 $x=0$ 点连续.

当自变量在点 $x=0$ 取得增量 Δx 时，函数增量

$$\Delta y = f(0+\Delta x)-f(0)=\Delta x\sin\frac{1}{\Delta x}\quad(\Delta x\neq 0)$$

因为 $\lim\limits_{\Delta x\to 0}\dfrac{\Delta y}{\Delta x}=\lim\limits_{\Delta x\to 0}\sin\dfrac{1}{\Delta x}$ 不存在，所以函数 $f(x)$ 在点 $x=0$ 不可导. 故函数 $f(x)$ 在点 $x=0$ 连续但不可导.

注　一般地，对函数 $f(x)=\begin{cases} x^k\sin\dfrac{1}{x}, & x>0 \\ 0, & x\leqslant 0 \end{cases}$ $(k>0)$，当 $k>1$ 时，函数 $f(x)$ 在点 $x=0$ 连续且可导，当 $0<k\leqslant 1$ 时，函数 $f(x)$ 在点 $x=0$ 连续但不可导.

例 2.2　问函数 $f(x)=\begin{cases} \dfrac{x}{1+\mathrm{e}^{\frac{1}{x}}}, & x\neq 0 \\ 0, & x=0 \end{cases}$ 在点 $x=0$ 是否可导？

分析　要求分段函数在分段点的导数，应分别求左、右导数.

解

$$f_+'(0)=\lim_{\Delta x\to 0^+}\frac{f(0+\Delta x)-f(0)}{\Delta x}=\lim_{\Delta x\to 0^+}\frac{\dfrac{\Delta x}{1+\mathrm{e}^{\frac{1}{\Delta x}}}-0}{\Delta x}=\lim_{\Delta x\to 0^+}\frac{1}{1+\mathrm{e}^{\frac{1}{\Delta x}}}=0$$

$$f_-'(0)=\lim_{\Delta x\to 0^-}\frac{f(0+\Delta x)-f(0)}{\Delta x}=\lim_{\Delta x\to 0^-}\frac{\frac{\Delta x}{1+e^{\frac{1}{\Delta x}}}-0}{\Delta x}=\lim_{\Delta x\to 0^-}\frac{1}{1+e^{\frac{1}{\Delta x}}}=1$$

因为 $f_+'(0)\neq f_-'(0)$，所以 $f(x)$ 在点 $x=0$ 不可导.

例 2.3 设 $f(x)=\begin{cases}x\arctan\dfrac{1}{x^2}, & x\neq 0\\ 0, & x=0\end{cases}$，试讨论 $f'(x)$ 在 $x=0$ 处的连续性.

解 因为
$$f'(0)=\lim_{x\to 0}\frac{x\arctan\frac{1}{x^2}}{x}=\frac{\pi}{2}$$
$$\lim_{x\to 0}f'(x)=\lim_{x\to 0}\left(\arctan\frac{1}{x^2}-\frac{2x^2}{1+x^4}\right)=\frac{\pi}{2}$$
所以 $f'(x)$ 在 $x=0$ 处是连续的.

例 2.4 设 $f(x)=\begin{cases}\dfrac{1-\sqrt{1-x}}{x}, & x<0\\ a+bx, & x\geqslant 0\end{cases}$，确定常数 a,b，使 $f(x)$ 在点 $x=0$ 处可导.

解 欲使 $f(x)$ 在点 $x=0$ 处可导，应先使 $f(x)$ 在点 $x=0$ 处连续.

$$f(0-0)=\lim_{x\to 0^-}\frac{1-\sqrt{1-x}}{x}=\lim_{x\to 0^-}\frac{(1-\sqrt{1-x})(1+\sqrt{1-x})}{x(1+\sqrt{1-x})}=$$
$$\lim_{x\to 0^-}\frac{1}{1+\sqrt{1-x}}=\frac{1}{2}$$
$$f(0+0)=\lim_{x\to 0^+}(a+bx)=a$$

当 $a=\dfrac{1}{2}$ 时，$f(0-0)=f(0+0)=f(0)$，故 $f(x)$ 在 $x=0$ 点连续.

$$f_-'(0)=\lim_{x\to 0^-}\frac{f(x)-f(0)}{x-0}=\lim_{x\to 0^-}\frac{\frac{1-\sqrt{1-x}}{x}-\frac{1}{2}}{x-0}=\lim_{x\to 0^-}\frac{2-x-2\sqrt{1-x}}{2x^2}=$$
$$\lim_{x\to 0^-}\frac{(2-x)^2-4(1-x)}{2x^2(2-x+2\sqrt{1-x})}=\lim_{x\to 0^-}\frac{x^2}{2x^2(2-x+2\sqrt{1-x})}=\frac{1}{8}$$
$$f_+'(0)=\lim_{x\to 0^+}\frac{f(x)-f(0)}{x-0}=\lim_{x\to 0^+}\frac{\left(\frac{1}{2}+bx\right)-\frac{1}{2}}{x}=b$$

当 $b=\dfrac{1}{8}$ 时，$f_+'(0)=f_-'(0)$，即 $f(x)$ 在 $x=0$ 可导且 $f'(0)=\dfrac{1}{8}$.

例 2.5 设 $\varphi(x)$ 在 $x=a$ 处连续，讨论 $f(x)=|x-a|\varphi(x)$ 在 $x=a$ 的可导性.

分析 对于带有绝对值的函数讨论可导性，一般先去掉绝对值符号将函数表示为分段函数，再按分段函数讨论其可导性.

解
$$f(x)=\begin{cases}(x-a)\varphi(x), & x\geqslant a\\ (a-x)\varphi(x), & x<a\end{cases}$$
$$f_+'(a)=\lim_{x\to a^+}\frac{f(x)-f(a)}{x-a}=\lim_{x\to a^+}\frac{(x-a)\varphi(x)-0}{x-a}=\lim_{x\to a^+}\varphi(x)=\varphi(a)$$
$$f_-'(a)=\lim_{x\to a^-}\frac{f(x)-f(a)}{x-a}=\lim_{x\to a^-}\frac{(a-x)\varphi(x)-0}{x-a}=-\lim_{x\to a^-}\varphi(x)=-\varphi(a)$$
当 $\varphi(a)=0$ 时，$f_+'(a)=f_-'(a)$，即 $f(x)$ 在 $x=a$ 处可导；当 $\varphi(a)\neq 0$ 时，$f_+'(a)\neq f_-'(a)$，即 $f(x)$ 在 $x=a$ 处不可导.

例 2.6 确定常数 a 和 b，使函数 $f(x)=\begin{cases}ax+b, & x>1\\ x^2, & x\leqslant 1\end{cases}$ 处处可导.

解　当 $x \neq 1$ 时，$f(x)$ 显然可导．

当 $x = 1$ 时，因 $f(x)$ 在 $x = 1$ 处连续，由 $f(1+0) = f(1-0) = f(1)$，得 $a + b = 1$．由 $f_+'(1) = a$，$f_-'(1) = 2$ 得 $a = 2$．故当 $a = 2$，$b = -1$ 时，$f(x)$ 处处可导．

注　分段函数分段点的导数要用导数的定义求得，尤其是函数在分段点两侧的表达式不一致时，要通过定义求得左、右导数，进一步判别是否可导．

例 2.7　已知 $y = \ln \dfrac{\sqrt[4]{1+x^4}+1}{\sqrt[4]{1+x^4}-1} - 2\arctan \sqrt[4]{1+x^4}$，求 y'．

分析　若引入中间变量 $t = \sqrt[4]{1+x^4}$，则求导比较方便．

解　设 $t = \sqrt[4]{1+x^4}$，则

$$y = \ln \frac{t+1}{t-1} - 2\arctan t = \ln(t+1) - \ln(t-1) - 2\arctan t$$

于是
$$y' = \frac{\mathrm{d}[\ln(t+1) - \ln(t-1) - 2\arctan t]}{\mathrm{d}t} \frac{\mathrm{d}[\sqrt[4]{1+x^4}]}{\mathrm{d}x} =$$

$$\left(\frac{1}{t+1} - \frac{1}{t-1} - \frac{2}{1+t^2}\right) \frac{x^3}{\sqrt[4]{1+x^4}} = -\frac{4}{x\sqrt[4]{1+x^4}}$$

例 2.8　设 $y = 2^{-\sin^2 2x}$，求 y'．

解　$y' = [2^{-\sin^2 2x}]' = 2^{-\sin^2 2x} \cdot \ln 2 \cdot [-\sin^2 2x]' = -2^{-\sin^2 2x} \cdot \ln 2 \cdot [\sin^2 2x]' =$

$-2^{-\sin^2 2x} \ln 2 \cdot 2\sin 2x[\sin 2x]' = -2^{-\sin^2 2x} \ln 2 \cdot 2\sin 2x \cdot \cos 2x(2x)' = -2^{-\sin^2 2x} \cdot 2\ln 2 \cdot \sin 4x$

例 2.9　设 $f(x) = \begin{cases} x^2 \mathrm{e}^x, & x < 0 \\ 0, & x = 0 \\ x\sin x, & x > 0 \end{cases}$，求 $f'(x)$．

解　(1) $x < 0$ 时，$f(x) = x^2\mathrm{e}^x$，则有

$$f'(x) = 2x\mathrm{e}^x + x^2\mathrm{e}^x$$

(2) $x > 0$ 时，$f(x) = x\sin x$，则有

$$f'(x) = \sin x + x\cos x$$

(3) $x = 0$ 时，有

$$f_+'(0) = \lim_{x\to 0^+} \frac{f(x) - f(0)}{x - 0} = \lim_{x\to 0^+} \frac{x\sin x - 0}{x} = 0$$

$$f_-'(0) = \lim_{x\to 0^-} \frac{f(x) - f(0)}{x - 0} = \lim_{x\to 0^-} \frac{x^2\mathrm{e}^x}{x} = 0$$

因为 $f_+'(0) = f_-'(0) = 0$，所以 $f'(0) = 0$，则

$$f'(x) = \begin{cases} (2x + x^2)\mathrm{e}^x, & x < 0 \\ 0, & x = 0 \\ \sin x + x\cos x, & x > 0 \end{cases}$$

例 2.10　设 $y = x^{\sin x}$，求 y'．

解法一　$y = x^{\sin x} = \mathrm{e}^{\sin x \ln x}$

$$y' = (\mathrm{e}^{\sin x \ln x})' = \mathrm{e}^{\sin x \ln x}(\sin x \ln x)' = \mathrm{e}^{\sin x \ln x}\left(\cos x \ln x + \frac{\sin x}{x}\right) = x^{\sin x}\left(\cos x \ln x + \frac{\sin x}{x}\right)$$

解法二　对 $y = x^{\sin x}$ 两边取对数，得

$$\ln y = \sin x \ln x$$

对上式两边关于 x 求导，得

$$\frac{1}{y}\frac{\mathrm{d}y}{\mathrm{d}x} = \cos x \ln x + \frac{\sin x}{x}$$

因此 $$\frac{dy}{dx}=y\left(\cos x\ln x+\frac{\sin x}{x}\right)$$

即 $$\frac{dy}{dx}=x^{\sin x}\left(\cos x\ln x+\frac{\sin x}{x}\right)$$

注　形如 $y=u(x)^{v(x)}$ 的函数为幂指函数，对幂指函数的求导方法如下：

(1) 原函数变形为指数函数 $y=e^{v(x)\ln u(x)}$，化为复合函数求导．

(2) 原函数两边取对数得 $\ln y=v(x)\ln u(x)$，化为隐函数求导．

例 2.11　设 $f(x)$ 在 $(-\infty,+\infty)$ 上可导，$y(x)=f(\sin^2 x)+f(\cos^2 x)$，求 $y'(x)$.

解　$$\begin{aligned}y'(x)&=[f(\sin^2 x)+f(\cos^2 x)]'=[f(\sin^2 x)]'+[f(\cos^2 x)]'=\\&f'(\sin^2 x)\cdot(\sin^2 x)'+f'(\cos^2 x)\cdot(\cos^2 x)'=\\&f'(\sin^2 x)2\cdot\sin x\cdot(\sin x)'+f'(\cos^2 x)2\cos x(\cos x)'=\\&f'(\sin^2 x)\sin 2x-f'(\cos^2 x)\sin 2x=[f'(\sin^2 x)-f'(\cos^2 x)]\sin 2x\end{aligned}$$

注　复合函数求导时，若 $y=f[\varphi(x)]$，请注意区别 y' 与 $f'[\varphi(x)]$，即 $y'=\frac{d(f[\varphi(x)])}{dx}$，$f'[\varphi(x)]=f'(u)|_{u=\varphi(x)}$，前者为复合函数的导数，后者是因变量对中间变量的导数．

例 2.12　设 $y=y(x)$ 由 $\begin{cases}x=\arctan t\\2y-ty^2+e^t=5\end{cases}$ 所确定，求 $\frac{dy}{dx}$.

解　$\frac{dx}{dt}=\frac{1}{1+t^2}$，因为 $2\frac{dy}{dt}-y^2-2t\frac{dy}{dt}y+e^t=0$，所以 $\frac{dy}{dt}=\frac{y^2-e^t}{2-2ty}$. 从而

$$\frac{dy}{dx}=\frac{dy}{dt}\frac{dt}{dx}=\frac{\frac{dy}{dt}}{\frac{dx}{dt}}=\frac{(y^2-e^t)(1+t^2)}{2(1-ty)}$$

例 2.13　已知 $\begin{cases}x=\ln(1+t^2)\\y=\arctan t\end{cases}$，求 $\frac{dy}{dx}$，$\frac{d^2y}{dx^2}$.

解　$$\frac{dy}{dx}=\frac{1}{2t},\quad \frac{d^2y}{dx^2}=-\frac{1+t^2}{4t^3}$$

例 2.14　设曲线参数方程为 $\begin{cases}x=t+2+\sin t\\y=t+\cos t\end{cases}$，求此曲线在点 $x=2$ 处的切线方程与法线方程．

解　$x=2$ 时对应参数 $t=0$，进而可知曲线上点为 $(2,1)$. 又因

$$\frac{dy}{dx}=\frac{d(t+\cos t)}{d(t+2+\sin t)}=\frac{1-\sin t}{1+\cos t},\quad \left.\frac{dy}{dx}\right|_{t=0}=\frac{1}{2}$$

即曲线在点 $(2,1)$ 处切线斜率为 $\frac{1}{2}$，故切线方程为

$$y-1=\frac{1}{2}(x-2)$$

法线方程为 $$y-1=-2(x-2)$$

例 2.15　求由方程 $2y-x=(x-y)\ln(x-y)$ 所确定的函数 $y=y(x)$ 的微分 dy.

解法一　对方程两边求微分

$$2dy-dx=(dx-dy)\ln(x-y)+(x-y)\frac{dx-dy}{x-y}$$

得 $$dy=\frac{x}{2x-y}dx$$

解法二　对方程两边求导数

$$2y'-1=(1-y')\ln(x-y)+(1-y')$$

得
$$y'=\frac{2+\ln(x-y)}{3+\ln(x-y)}=\frac{x}{2x-y}$$

故
$$\mathrm{d}y=\frac{x}{2x-y}\mathrm{d}x$$

例 2.16 设函数 $y=y(x)$ 由方程 $y-xe^y=1$ 所确定,求 $\left.\frac{\mathrm{d}^2y}{\mathrm{d}x^2}\right|_{x=0}$ 的值.

解 由题设当 $x=0$ 时,$y=1$. 方程两边对 x 求导得
$$y'-e^y-xe^yy'=0$$
方程两边再对 x 求导得
$$y''-e^yy'-(e^yy'+xe^yy'^2+xe^yy'')=0$$
将 $x=0$, $y=1$ 代入得
$$y'|_{x=0}=e,\quad y''|_{x=0}=2e^2$$
即
$$\left.\frac{\mathrm{d}^2y}{\mathrm{d}x^2}\right|_{x=0}=2e^2$$

例 2.17 设 $y=f(x+y)$,其中 f 具有二阶导数,且其一阶导数不等于 1,求 $\frac{\mathrm{d}^2y}{\mathrm{d}x^2}$.

解 由于 $y'=(1+y')f'$,因此 $y'=\frac{f'}{1-f'}$, $y''=(1+y')^2f''+y''f'$,故
$$y''=\frac{(1+y')^2f''}{1-f'}=\frac{f''}{(1-f')^3}$$

例 2.18 设函数 $y=y(x)$ 由方程 $xe^{f(y)}=e^y$ 确定,其中 f 具有二阶导数,且 $f'\neq1$,求 $\frac{\mathrm{d}^2y}{\mathrm{d}x^2}$.

解 方程两边取对数得
$$\ln x+f(y)=y$$
从而求得
$$y'=\frac{1}{x[1-f'(y)]},\quad y''=-\frac{[1-f'(y)]^2-f''(y)}{x^2[1-f'(y)]^3}$$

例 2.19 设函数 $f(x)$ 在 $x=0$ 某邻域内有一阶连续导数,且 $f(0)\neq0$, $f'(0)\neq0$,若 $af(h)+bf(2h)-f(0)$ 在 $h\to0$ 时是比 h 高阶的无穷小,试确定 a,b 的值.

解法一 由题设条件知
$$\lim_{h\to0}[af(h)+bf(2h)-f(0)]=(a+b-1)f(0)=0$$
由于 $f(0)\neq0$,则 $a+b-1=0$.

由洛必达法则知
$$0=\lim_{h\to0}\frac{af(h)+bf(2h)-f(0)}{h}=\lim_{h\to0}\frac{af'(h)+2bf'(2h)}{1}=(a+2b)f'(0)$$
又 $f(0)\neq0$,则 $a+2b=0$,于是 $a=2$, $b=-1$.

解法二 由题设可知
$$f(h)=f(0)+f'(0)h+o(h)$$
$$f(2h)=f(0)+2f'(0)h+o(h)$$
$$af(h)+bf(2h)-f(0)=(a+b-1)f(0)+(a+2b)f'(0)h+o(h)$$
因此,当 $a+b-1=0$,且 $a+2b=0$ 时,有
$$af(h)+bf(2h)-f(0)=o(h)$$
故 $a=2$, $b=-1$.

解法三 由于
$$\frac{af(h)+bf(2h)-f(0)}{h}=\frac{a[f(h)-f(0)]}{h}+\frac{b[f(2h)-f(0)]}{h}+\frac{(a+b-1)f(0)}{h}$$
由题设可知,上式右端极限应为零. 又 $f(0)\neq0$,因此 $a+b-1=0$. 从而

$$\lim_{h\to0}\frac{af(h)+bf(2h)-f(0)}{h}=\lim_{h\to0}\frac{a[f(h)-f(0)]}{h}+\lim_{h\to0}\frac{b[f(2h)-f(0)]}{h}=$$

$$af'(0)+2bf'(0)=(a+2b)f'(0)=0$$

而 $f'(0)\neq0$，则 $a+2b=0$. 由 $a+b-1=0$ 及 $a+2b=0$ 可知，$a=2,\ b=-1$.

例 2.20 求 $\dfrac{d}{dx}\int_0^{x^2}(x^2-t)f(t)dt$，其中 $f(t)$ 为已知的连续函数.

解 原式 $=\left[x^2\int_0^{x^2}f(t)dt-\int_0^{x^2}tf(t)dt\right]'=2x\int_0^{x^2}f(t)dt$

例 2.21 设 $y=\sin[f(x^2)]$，其中 f 具有二阶导数，求 $\dfrac{d^2y}{dx^2}$.

解 $\dfrac{dy}{dx}=2x\cos[f(x^2)]f'(x^2)$

$$\frac{d^2y}{dx^2}=2f'(x^2)\cos[f(x^2)]+4x^2\{f''(x^2)\cos[f(x^2)]-[f'(x^2)]^2\sin[f(x^2)]\}$$

例 2.22 设 $\begin{cases}x=\cos(t^2)\\ y=t\cos(t^2)-\int_1^{t^2}\dfrac{1}{2\sqrt{u}}\cos u du\end{cases}$，求 $\dfrac{dy}{dx},\ \dfrac{d^2y}{dx^2}$ 在 $t=\sqrt{\dfrac{\pi}{2}}$ 的值.

解 因为

$$\frac{dy}{dt}=t,\quad \frac{d^2y}{dx^2}=-\frac{1}{2t\sin(t^2)}$$

所以

$$\left.\frac{dy}{dx}\right|_{t=\sqrt{\frac{\pi}{2}}}=\sqrt{\frac{\pi}{2}},\quad \left.\frac{d^2y}{dx^2}\right|_{t=\sqrt{\frac{\pi}{2}}}=-\frac{1}{\sqrt{2\pi}}$$

例 2.23 设 $\begin{cases}x=\int_0^t f(u^2)du\\ y=[f(t^2)]^2\end{cases}$，其中 $f(u)$ 具有二阶导数，且 $f(u)\neq0$，求 $\dfrac{d^2y}{dx^2}$.

解 因为

$$\frac{dx}{dt}=f(t^2),\quad \frac{dy}{dt}=4tf(t^2)f'(t^2)$$

所以

$$\frac{dy}{dx}=4tf'(t^2),\quad \frac{d^2y}{dx^2}=\frac{4[f'(t^2)+2t^2f''(t^2)]}{f(t^2)}$$

例 2.24 设 $f(x)=\begin{cases}\dfrac{2}{x^2}(1-\cos x), & x<0\\ 1, & x=0\\ \dfrac{1}{x}\int_0^x\cos t^2dt, & x>0\end{cases}$，讨论 $f(x)$ 在 $x=0$ 处的连续性和可导性.

解 因为 $\displaystyle\lim_{x\to0^-}\frac{2}{x^2}(1-\cos x)=\lim_{x\to0^-}\frac{\sin x}{x}=1,\quad \lim_{x\to0^+}\frac{1}{x}\int_0^x\cos t^2dt=\lim_{x\to0^+}\frac{\cos x^2}{1}=1$

故 $\lim\limits_{x\to0}f(x)=1=f(0)$，$f(x)$ 在 $x=0$ 处连续. 又因

$$f_-'(0)=\lim_{x\to0^-}\frac{1}{x}\left[\frac{2(1-\cos x)}{x^2}-1\right]=\lim_{x\to0^-}\frac{2(1-\cos x)-x^2}{x^3}=$$

$$\lim_{x\to0^-}\frac{2\sin x-2x}{3x^2}=\lim_{x\to0^-}\frac{2\cos x-2}{6x}=\lim_{x\to0^-}\frac{-\sin x}{3}=0$$

$$f_+'(0)=\lim_{x\to0^+}\frac{1}{x}\left(\frac{1}{x}\int_0^x\cos t^2dt-1\right)=\lim_{x\to0^+}\frac{\int_0^x\cos t^2dt-x}{x^2}=$$

$$\lim_{x\to0^+}\frac{\cos x^2-1}{2x}=\lim_{x\to0^+}\frac{-2x\sin x^2}{2}=0$$

故 $f(x)$ 在 $x=0$ 处可导，且 $f'(0)=0$.

例 2.25 设某产品的总成本函数为 $C(x)=400+3x+\dfrac{1}{2}x^2$，而需求函数为 $p=\dfrac{100}{\sqrt{x}}$，其中 x 为产量(假

定等于需求量)，p 为价格，试求：(1) 边际成本；(2) 边际收益；(3) 边际利润；(4) 收益的价格弹性．

解　(1) 边际成本为 $\dfrac{\mathrm{d}C(x)}{\mathrm{d}x}=3+x$.

(2) 因为收益 $R=px=100\sqrt{x}$，故边际收益为 $\dfrac{\mathrm{d}R(x)}{\mathrm{d}x}=\dfrac{50}{\sqrt{x}}$.

(3) 因为利润 $=R-C$，故边际利润为 $\dfrac{\mathrm{d}(R-C)}{\mathrm{d}x}=\dfrac{50}{\sqrt{x}}-3-x$.

(4) 因为收益 $R=px$，由 $p=\dfrac{100}{\sqrt{x}}$ 知 $x=\dfrac{100^2}{p^2}$，故 $R=\dfrac{100^2}{p}$，于是收益对价格的弹性为

$$\frac{\mathrm{d}R}{R}\bigg/\frac{\mathrm{d}p}{p}=\frac{p}{R}\cdot\frac{\mathrm{d}R}{\mathrm{d}p}=\left(\frac{p}{100}\right)^2\left(-\frac{100^2}{p^2}\right)=-1$$

例 2.26　设 $y=\mathrm{e}^x\sin x$，求 $y^{(n)}(x)$.

解
$$y'=\mathrm{e}^x\sin x+\mathrm{e}^x\cos x=\mathrm{e}^x(\sin x+\cos x)=\sqrt{2}\,\mathrm{e}^x\sin\left(x+\frac{\pi}{4}\right)$$

$$y''=\sqrt{2}\,\mathrm{e}^x\sin\left(x+\frac{\pi}{4}\right)+\sqrt{2}\,\mathrm{e}^x\cos\left(x+\frac{\pi}{4}\right)=(\sqrt{2})^2\mathrm{e}^x\sin\left(x+\frac{2\pi}{4}\right)$$

即每求导一次多出一个因子 $\sqrt{2}$，正弦自变量增加 $\dfrac{\pi}{4}$，故由归纳法可得

$$y^{(n)}(x)=(\sqrt{2})^n\mathrm{e}^x\sin\left(x+\frac{n\pi}{4}\right)$$

例 2.27　设 $y=\dfrac{1}{6x^2+x-1}$，求 $y^{(n)}$.

解　因为
$$y=\frac{1}{6x^2+x-1}=\frac{1}{(2x+1)(3x-1)}=\frac{-\frac{1}{5}}{x+\frac{1}{2}}+\frac{\frac{1}{5}}{x-\frac{1}{3}}$$

所以
$$y^{(n)}=-\frac{1}{5}\left[(-1)^n\frac{n!}{\left(x+\frac{1}{2}\right)^{n+1}}\right]+\frac{1}{5}\left[(-1)^n\frac{n!}{\left(x+\frac{1}{3}\right)^{n+1}}\right]=$$
$$(-1)^n n!\left[-\frac{2^{n+1}}{5(2x+1)^{n+1}}+\frac{3^{n+1}}{5(3x-1)^{n+1}}\right]$$

例 2.28　$y=\dfrac{x^2+1}{x^2-1}$，求 $y^{(n)}$.

解
$$y=\frac{x^2-1+2}{x^2-1}=1+\frac{2}{x^2-1}=1+\frac{1}{x-1}-\frac{1}{x+1}$$

则
$$y^{(n)}=1^{(n)}+\left(\frac{1}{x-1}\right)^{(n)}-\left(\frac{1}{x+1}\right)^{(n)}=\frac{(-1)^n n!}{(x-1)^{n+1}}-\frac{(-1)^n n!}{(x+1)^{n+1}}$$

例 2.29　求函数 $f(x)=x^2\ln(1+x)$ 在 $x=0$ 处的 n 阶导数 $f^{(n)}(0)\ (n\geqslant 3)$.

解法一　由莱布尼兹公式

$$(uv)^{(n)}=u^{(n)}v^{(0)}+C_n^1u^{(n-1)}v'+C_n^2u^{(u-2)}v''+\cdots+u^{(0)}v^{(n)}$$

及
$$[\ln(1+x)]^{(k)}=\frac{(-1)^{k-1}(k-1)!}{(1+x)^k}\quad(k\text{ 为正整数})$$

得
$$f^{(n)}(x)=x^2\frac{(-1)^{n-1}(n-1)!}{(1+x)^n}+2nx\frac{(-1)^{n-2}(n-2)!}{(1+x)^{n-1}}+n(n-1)\frac{(-1)^{n-3}(n-3)!}{(1+x)^{n-2}}$$

故
$$f^{(n)}(0)=(-1)^{n-3}n(n-1)(n-3)!=\frac{(-1)^{n-1}n!}{n-2}$$

解法二　由麦克劳林公式

$$f(x)=f(0)+\frac{f'(0)}{1!}x+\cdots+\frac{f^{(n)}(0)}{n!}x^n+o(x^n)$$

及
$$x^2[\ln(1+x)] = x^2\left[x - \frac{x^2}{2} + \frac{x^3}{3} + \cdots + (-1)^{n-1}\frac{x^{n-2}}{n-2} + o(x^{n-2})\right] =$$
$$x^3 - \frac{x^4}{2} + \frac{x^5}{3} + \cdots + (-1)^{n-1}\frac{x^n}{n-2} + o(x^n)$$

比较 x^n 的系数得
$$\frac{f^{(n)}(0)}{n!} = \frac{(-1)^{n-1}}{n-2}$$

故
$$f^{(n)}(0) = \frac{(-1)^{n-1}n!}{n-2}$$

注　求函数 n 阶导数常用的方法：

(1) 直接法：先求前几阶导数，从中寻找规律，最后用数学归纳法证明．

(2) 间接法：将函数变形，变成会求的形式，然后利用已知的 n 阶导数公式直接写出结果．

(3) 利用莱布尼兹公式 $(uv)^{(n)} = \sum\limits_{k=0}^{n} C_n^k u^{(k)} v^{(n-k)}$.

例 2.30　求 tan31° 的近似值．

解　设 $f(x) = \tan x$，则 $f'(x) = \sec^2 x$. 令
$$x_0 = 30° = \frac{\pi}{6},\quad \Delta x = 1° = \frac{\pi}{180}$$

由
$$f(x) \approx f(x_0) + f'(x_0)(x - x_0)$$

得
$$\tan 31° = \tan\left(\frac{\pi}{6} + \frac{\pi}{180}\right) \approx \tan\frac{\pi}{6} + \left(\sec^2\frac{\pi}{6}\right)\frac{\pi}{180} \approx 0.577\,4 + 0.023\,3 = 0.600\,7$$

注　利用微分求近似值的方法：

(1) 根据形式选择适当的函数 $f(x)$，使 $f(x)\big|_{x=x_0+\Delta x} = A$.

(2) 选择适当的 x_0，使 $f(x_0)$ 及 $f'(x_0)$ 都易求出，且 $|\Delta x| \ll 1$.

(3) 根据公式 $f(x) \approx f(x_0) + f'(x_0)\Delta x$ 求出 A 的近似值．

四、课后习题精解

(一) 习题 2-1 解答

1. 设物体绕定轴旋转，在时间间隔 $[0,t]$ 内转过角度 θ，从而转角 θ 是 t 的函数：$\theta = \theta(t)$. 如果旋转是匀速的，那么称 $\omega = \frac{\theta}{t}$ 为该物体旋转的角速度．如果旋转是非匀速的，应怎样确定该物体在时刻 t_0 的角速度？

解　由题意知
$$\bar{\omega} = \frac{\Delta\theta}{\Delta t} = \frac{\theta(t_0+\Delta t) - \theta(t_0)}{\Delta t},\quad \omega = \lim_{\Delta t\to 0}\bar{\omega} = \lim_{\Delta t\to 0}\frac{\Delta\theta}{\Delta t} = \theta'(t_0)$$

2. 当物体的温度高于周围介质的温度时，物体就不断冷却．若物体的温度 T 与时间 t 的函数关系为 $T = T(t)$，应怎样确定该物体在时刻 t 的冷却速度？

解　物体在 $[t, t+\Delta t]$ 内的温度改变量为 $\Delta T = T(t+\Delta t) - T(t)$，平均冷却速度为 $\frac{\Delta T}{\Delta t} = \frac{T(t+\Delta t) - T(t)}{\Delta t}$，故在 t 时刻冷却速度为 $\lim\limits_{\Delta t\to 0}\frac{\Delta T}{\Delta t} = T'(t)$.

3. 设某工厂生产 x 件产品的成本为
$$C(x) = 2\,000 + 100x - 0.1x^2 \text{(元)}$$
函数 $C(x)$ 称为成本函数，成本函数 $C(x)$ 的导数 $C'(x)$ 在经济学中称为边际成本．试求：

(1) 当生产100件产品时的边际成本；

(2) 生产第101件产品的成本，并与(1)中求得的边际成本作比较，说明边际成本的实际意义．

解　(1)

$$C'(x) = 100 - 0.2x$$

$$C'(100) = 100 - 20 = 80(\text{元}/\text{件})$$

(2)

$$C(101) = 2\,000 + 100 \times 101 - 0.1 \times (101)^2 = 11\,079.9(\text{元})$$

$$C(100) = 2\,000 + 100 \times 100 - 0.1 \times (100)^2 = 11\,000(\text{元})$$

$$C(101) - C(100) = 11\,079.9 - 11\,000 = 79.9(\text{元})$$

即生产第101件产品的成本为79.9元，与(1)中求得的边际成本比较，可以看出边际成本$C'(x)$的实际意义是近似表达产量达到x单位时再增加一个单位产品所需的成本．

4. 设$f(x) = 10x^2$，试按定义求$f'(-1)$.

解

$$f'(-1) = \lim_{x \to -1} \frac{f(x) - f(-1)}{x - (-1)} = \lim_{x \to -1} \frac{10x^2 - 10}{x + 1} = -20$$

5. 证明$(\cos x)' = -\sin x$.

证明

$$(\cos x)' = \lim_{\Delta x \to 0} \frac{\cos(x + \Delta x) - \cos x}{\Delta x} = \lim_{\Delta x \to 0} \frac{-2\sin\left(x + \dfrac{\Delta x}{2}\right)\sin\dfrac{\Delta x}{2}}{\Delta x} =$$

$$\lim_{\Delta x \to 0} -\sin\left(x + \frac{\Delta x}{x}\right)\frac{\sin\dfrac{\Delta x}{2}}{\dfrac{\Delta x}{2}} = -\sin x$$

6. 下列各题中均假定$f'(x_0)$存在，按照导数定义观察下列极限，指出A表示什么：

(1) $\lim\limits_{\Delta x \to 0} \dfrac{f(x_0 - \Delta x) - f(x_0)}{\Delta x} = A$；　　(2) $\lim\limits_{x \to 0} \dfrac{f(x)}{x} = A$；其中$f(0) = 0$，且$f'(0)$存在；

(3) $\lim\limits_{h \to 0} \dfrac{f(x_0 + h) - f(x_0 - h)}{h} = A$.

解　(1)　$A = \lim\limits_{\Delta x \to 0} \dfrac{f(x_0 - \Delta x) - f(x_0)}{\Delta x} = \lim\limits_{-\Delta x \to 0} -\dfrac{f(x_0 - \Delta x) - f(x_0)}{-\Delta x} = -f'(x_0)$

(2)

$$A = \lim_{x \to 0} \frac{f(x)}{x} = \lim_{x \to 0} \frac{f(x) - f(0)}{x - 0} = f'(0)$$

(3) $A = \lim\limits_{h \to 0} \dfrac{f(x_0 + h) - f(x_0 - h)}{h} = \lim\limits_{h \to 0} \dfrac{f(x_0 + h) - f(x_0)}{h} + \lim\limits_{-h \to 0} \dfrac{f(x_0 - h) - f(x_0)}{-h} = 2f'(x_0)$

7. 设

$$f(x) = \begin{cases} \dfrac{2}{3}x^3, x \leqslant 1 \\ x^2, \quad x > 1 \end{cases}$$

则$f(x)$在$x = 1$处的(　　).

(A) 左、右导数都存在．　　(B) 左导数存在，右导数不存在．

(C) 左导数不存在，右导数存在．　　(D) 左、右导数都不存在．

解

$$f'_-(1) = \lim_{x \to 1^-} \frac{f(x) - f(1)}{x - 1} = \lim_{x \to 1^-} \frac{\dfrac{2}{3}x^3 - \dfrac{2}{3}}{x - 1} =$$

$$\lim_{x \to 1^-} \frac{2}{3} \cdot \frac{x^3 - 1}{x - 1} = \lim_{x \to 1^-} \frac{2}{3}(x^2 + x + 1) = 2$$

$$f'_+(1) = \lim_{x \to 1^+} \frac{f(x) - f(1)}{x - 1} = \lim_{x \to 1^+} \frac{x^2 - \dfrac{2}{3}}{x - 1} = \infty$$

故该函数左导数存在，右导数不存在，因此应选B.

8. 设$f(x)$可导，$F(x) = f(x)(1 + |\sin x|)$，则$f(0) = 0$是$F(x)$在$x = 0$处可导的(　　).

(A) 充分必要条件．　　　　(B) 充分条件但非必要条件．

(C) 必要条件但非充分条件．　　　　(D) 既非充分条件又非必要条件．

解
$$F'_+(0)=\lim_{x\to 0^+}\frac{F(x)-F(0)}{x-0}=\lim_{x\to 0^+}\frac{f(x)(1+\sin x)-f(0)}{x}=$$
$$\lim_{x\to 0^+}\left[\frac{f(x)-f(0)}{x}+f(x)\frac{\sin x}{x}\right]=f'(0)+f(0)$$
$$F'_-(0)=\lim_{x\to 0^-}\frac{F(x)-F(0)}{x-0}=\lim_{x\to 0^-}\frac{f(x)(1-\sin x)-f(0)}{x}=$$
$$\lim_{x\to 0^-}\left[\frac{f(x)-f(0)}{x}-f(x)\frac{\sin x}{x}\right]=f'(0)-f(0)$$

当 $f(0)=0$ 时，$F'_+(0)=F'_-(0)$，反之当 $F'_+(0)=F'_-(0)$ 时，$f(0)=0$，因此应选 A.

9. 求下列函数的导数：

(1) $y=x^4$；　(2) $y=\sqrt[3]{x^2}$；　(3) $y=x^{1.6}$；

(4) $y=\dfrac{1}{\sqrt{x}}$；　(5) $y=\dfrac{1}{x^2}$；　(6) $y=x^3\sqrt[5]{x}$；

(7) $y=\dfrac{x^2\sqrt[3]{x^2}}{\sqrt{x^5}}$.

解 (1) $y'=4x^3$；　(2) $y'=\dfrac{2}{3}x^{-\frac{1}{3}}$；

(3) $y'=1.6x^{0.6}$；　(4) $y'=-\dfrac{1}{2}x^{-\frac{3}{2}}$；

(5) $y'=-2x^{-3}$；　(6) $y'=\dfrac{16}{5}x^{\frac{11}{5}}$；

(7) $y'=\dfrac{1}{6}x^{-\frac{5}{6}}$.

10. 已知物体的运动规律为 $s=t^3$(m)，求该物体在 $t=2$ s 时的速度．

解 因为 $v=s'=3t^2$，所以 $u|_{t=2}=3\times 2^2=12$ (m/s).

11. 如果 $f(x)$ 为偶函数，且 $f'(0)$ 存在，证明 $f'(0)=0$.

证明 因为 $f(x)$ 为偶函数，即 $f(-x)=f(x)$，所以
$$f'(0)=\lim_{x\to 0}\frac{f(x)-f(0)}{x-0}=-\lim_{-x\to 0}\frac{f(-x)-f(0)}{-x-0}=-f'(0)$$
则 $2f'(0)=0$，即 $f'(0)=0$.

12. 求曲线 $y=\sin x$ 在具有下列横坐标的各点处切线的斜率：$x=\dfrac{2}{3}\pi$；$x=\pi$.

解 由于 $y'=\cos x$，因此
$$k_1=y'|_{x=\frac{2}{3}\pi}=-\frac{1}{2},\quad k_2=y'|_{x=\pi}=-1$$

13. 求曲线 $y=\cos x$ 上点 $\left(\dfrac{\pi}{3},\dfrac{1}{2}\right)$ 处的切线方程和法线方程．

解 由于 $y'|_{x=\frac{\pi}{3}}=-\sin\dfrac{\pi}{3}=-\dfrac{\sqrt{3}}{2}$，因此曲线在点 $\left(\dfrac{\pi}{3},\dfrac{1}{2}\right)$ 处切线方程为
$$y-\frac{1}{2}=-\frac{\sqrt{3}}{2}\left(x-\frac{\pi}{3}\right)$$
法线方程为
$$y-\frac{1}{2}=\frac{2}{\sqrt{3}}\left(x-\frac{\pi}{3}\right)=\frac{2\sqrt{3}}{3}\left(x-\frac{\pi}{3}\right)$$

14. 求曲线 $y=e^x$ 在点(0,1)处的切线方程．

解 $y'=e^x$，$y'|_{x=0}=1$，故在点(0,1)处切线方程为 $y-1=1\times(x-0)$，即 $y=x+1$.

15. 在抛物线 $y=x^2$ 上取横坐标为 $x_1=1$ 及 $x_2=3$ 的两点，作过这两点的割线．问该抛物线上哪一点的切线平行于这条割线？

解　割线斜率为 $k=\dfrac{y(3)-y(1)}{3-1}=\dfrac{9-1}{2}=4$．由 $y'=2x=4$ 得 $x=2$，又 $y(2)=4$，故抛物线上点 (2,4) 上切线平行于这条割线．

16. 讨论下列函数在 $x=0$ 处的连续性与可导性：

(1) $y=|\sin x|$；　　(2) $y=\begin{cases}x^2\sin\dfrac{1}{x}, & x\neq 0\\ 0, & x=0\end{cases}$

解　(1) 因为 $\lim\limits_{x\to0^-}y=\lim\limits_{x\to0^-}(-\sin x)=0$，$\lim\limits_{x\to0^+}y=\lim\limits_{x\to0^+}(\sin x)=0$，$y(0)=0$

所以函数在 $x=0$ 处连续．又因为

$$\lim_{x\to0^-}\frac{y(x)-y(0)}{x-0}=\lim_{x\to0^-}\left(-\frac{\sin x}{x}\right)=-1$$

$$\lim_{x\to0^+}\frac{y(x)-y(0)}{x-0}=\lim_{x\to0^+}\left(\frac{\sin x}{x}\right)=1$$

从而 $f_-'(0)\neq f_+'(0)$，所以函数在 $x=0$ 处不可导．

(2) 因为 $\lim\limits_{x\to0}x^2\sin\dfrac{1}{x}=0$，所以 $y(0)=0$；又因函数在 $x=0$ 处连续，且 $y'(0)=\lim\limits_{x\to0}\dfrac{f(x)-f(0)}{x-0}=\lim\limits_{x\to0}x\sin\dfrac{1}{x}=0$，所以函数在 $x=0$ 处可导．

17. 设函数 $f(x)=\begin{cases}x^2, & x\leqslant 1\\ ax+b, & x>1\end{cases}$，为了使函数 $f(x)$ 在 $x=1$ 处连续且可导，a,b 应取什么值？

解　$\lim\limits_{x\to1^-}f(x)=\lim\limits_{x\to1^-}x^2=1$，$\lim\limits_{x\to1^+}f(x)=\lim\limits_{x\to1^+}(ax+b)=a+b$，$f(1)=1$

若这三个值相等，则函数在 $x=1$ 处连续，则 $a+b=1$．

$$f_-'(1)=\lim_{x\to1^-}\frac{f(x)-f(1)}{x-1}=\lim_{x\to1^-}\frac{x^2-1}{x-1}=2$$

$$f_+'(1)=\lim_{x\to1^+}\frac{f(x)-f(1)}{x-1}=\lim_{x\to1^+}\frac{ax+b-1}{x-1}=a$$

若 $f_-'(1)=f_+'(1)$，即 $a=2$，此时 $f'(1)$ 存在．故当 $a=2$，$b=-1$ 时，$f(x)$ 在 $x=1$ 处连续且可导．

18. 已知 $f(x)=\begin{cases}x^2, & x\geqslant 0\\ -x, & x<0\end{cases}$，求 $f_+'(0)$ 及 $f_-'(0)$，问 $f'(0)$ 是否存在？

解　因为

$$f_-'(0)=\lim_{x\to0^-}\frac{f(x)-f(0)}{x-0}=\lim_{x\to0^-}\frac{-x-0}{x-0}=-1$$

$$f_+'(0)=\lim_{x\to0^+}\frac{f(x)-f(0)}{x-0}=\lim_{x\to0^+}\frac{f(x)-0}{x-0}=0$$

所以 $f_+'(0)\neq f_-'(0)$，故 $f'(0)$ 不存在．

19. 已知 $f(x)=\begin{cases}\sin x, & x<0\\ x, & x\geqslant 0\end{cases}$，求 $f'(x)$．

解　由于

$$f_-'(0)=\lim_{x\to0^-}\frac{f(x)-f(0)}{x-0}=\lim_{x\to0^-}\frac{\sin x}{x-0}=1$$

$$f_+'(0)=\lim_{x\to0^+}\frac{f(x)-f(0)}{x-0}=\lim_{x\to0^+}\frac{x-0}{x-0}=1$$

因此 $f'(0)=1$，则　$f'(x)=\begin{cases}\cos x, & x<0\\ 1, & x\geqslant 0\end{cases}$

20. 证明：双曲线 $xy=a^2$ 上任一点处的切线与两坐标轴构成的三角形的面积都等于 $2a^2$．

证明 曲线 $xy=a^2$ 在 x_0 的切线为

$$y=-\frac{a^2}{x_0^2}x+\frac{2a^2}{x_0}$$

该切线与 x 轴的交点为 $(2x_0,0)$，与 y 轴的交点为 $\left(0,\frac{2a^2}{x_0}\right)$，所构成的三角形面积为

$$S=|2x_0|\left|\frac{2a^2}{x_0}\right|\times\frac{1}{2}=2a^2$$

(二) 习题 2-2 解答

1. 推导余切函数及余割函数的导数公式：

(1) $(\cot x)'=-\csc^2 x$；　　(2) $(\csc x)'=-\csc x\cot x$.

解 (1) $(\cot x)'=\lim\limits_{\Delta x\to 0}\dfrac{\cot(x+\Delta x)-\cot x}{\Delta x}=\lim\limits_{\Delta x\to 0}\dfrac{\cos(x+\Delta x)\sin x-\sin(x+\Delta x)\cos x}{\sin(x+\Delta x)\sin x\Delta x}=$

$$\lim_{\Delta x\to 0}\frac{\sin(-\Delta x)}{\sin(x+\Delta x)\sin x\Delta x}=-\csc^2 x$$

(2) $(\csc x)'=\lim\limits_{\Delta x\to 0}\dfrac{\dfrac{1}{\sin(x+\Delta x)}-\dfrac{1}{\sin x}}{\Delta x}=\lim\limits_{\Delta x\to 0}\dfrac{\sin x-\sin(x+\Delta x)}{\sin(x+\Delta x)\sin x\Delta x}=$

$$\lim_{\Delta x\to 0}\frac{2\cos\dfrac{2x+\Delta x}{2}\sin\left(-\dfrac{\Delta x}{2}\right)}{\sin(x+\Delta x)\sin x\Delta x}=-\csc x\cot x$$

2. 求下列函数的导数：

(1) $y=x^3+\dfrac{7}{x^4}-\dfrac{2}{x}+12$；　(2) $y=5x^3-2^x+3e^x$；　(3) $y=2\tan x+\sec x-1$；

(4) $y=\sin x\cos x$；　(5) $y=x^2\ln x$；　(6) $y=3e^x\cos x$；

(7) $y=\dfrac{\ln x}{x}$；　(8) $y=\dfrac{e^x}{x^2}+\ln 3$；　(9) $y=x^2\ln x\cos x$；

(10) $s=\dfrac{1+\sin t}{1+\cos t}$.

解 (1) $y'=3x^2-28x^{-5}+2x^{-2}$；　(2) $y'=15x^2-2^x\ln 2+3e^x$；

(3) $y'=2\sec^2 x+\sec x\tan x$；　(4) $y'=\cos^2 x-\sin^2 x=\cos 2x$；

(5) $y'=2x\ln x+x$；　(6) $y'=3e^x(\cos x-\sin x)$；

(7) $y'=\dfrac{1-\ln x}{x^2}$；　(8) $y'=\dfrac{e^x(x-2)}{x^3}$；

(9) $y'=2x\ln x\cos x+x\cos x-x^2\ln x\sin x$；　(10) $s'=\dfrac{\cos t+\sin t+1}{(1+\cos t)^2}$.

3. 求下列函数在给定点处的导数：

(1) $y=\sin x-\cos x$，求 $y'|_{x=\frac{\pi}{6}}$ 和 $y'|_{x=\frac{\pi}{4}}$；　(2) $\rho=\theta\sin\theta+\dfrac{1}{2}\cos\theta$，求 $\left.\dfrac{d\rho}{d\theta}\right|_{\theta=\frac{\pi}{4}}$；

(3) $f(x)=\dfrac{3}{5-x}+\dfrac{x^2}{5}$，求 $f'(0)$ 和 $f'(2)$.

解 (1)

$$y'=\cos x+\sin x,\quad y'|_{x=\frac{\pi}{6}}=\frac{\sqrt{3}+1}{2},\quad y'|_{x=\frac{\pi}{4}}=\sqrt{2}$$

(2)

$$\frac{d\rho}{d\theta}=\sin\theta+\theta\cos\theta-\frac{1}{2}\sin\theta=\frac{1}{2}\sin\theta+\theta\cos\theta,\quad \left.\frac{d\rho}{d\theta}\right|_{x=\frac{\pi}{4}}=\frac{\sqrt{2}\pi}{8}(2+\pi)$$

(3) 由于 $f'(x)=\dfrac{3}{(5-x)^2}+\dfrac{2}{5}x$，则

$$f'(0)=\frac{3}{25},\quad f'(2)=\frac{17}{25}$$

4. 以初速 v_0 竖直上抛的物体，其上升高度 s 与时间 t 的关系为 $s=v_0t-\frac{1}{2}gt^2$. 求：

(1) 该物体的速度 $v(t)$；　　(2) 该物体达到最高点的时刻 .

解　(1)
$$v(t)=\frac{ds}{dt}=v_0-gt$$

(2) 当 $v(t)=0$ 时，即 $t=\frac{v_0}{g}$ 时物体达到最高 .

5. 求曲线 $y=2\sin x+x^2$ 上横坐标为 $x=0$ 的点处的切线方程和法线方程 .

解　由于 $y'|_{x=0}=(2\cos x+2x)|_{x=0}=2$，则切线方程为 $y=2x$，法线方程为 $y=-\frac{1}{2}x$.

6. 求下列函数导数：

(1) $y=(2x+5)^4$；　(2) $y=\cos(4-3x)$；　(3) $y=e^{-3x^2}$；

(4) $y=\ln(1+x^2)$；　(5) $y=\sin^2x$；　(6) $y=\sqrt{a^2-x^2}$；

(7) $y=\tan(x^2)$；　(8) $y=\arctan(e^x)$；　(9) $y=(\arcsin x)^2$；

(10) $y=\ln\cos x$.

解　(1) $y'=8(2x+5)^3$；　(2) $y'=3\sin(4-3x)$；

(3) $y'=-6xe^{-3x^2}$；　(4) $y'=\frac{2x}{1+x^2}$；

(5) $y'=\sin 2x$；　(6) $y'=-\frac{x}{\sqrt{a^2-x^2}}$；

(7) $y'=2x\sec^2(x^2)$；　(8) $y'=\frac{e^x}{1+e^{2x}}$；

(9) $y'=\frac{2\arcsin x}{\sqrt{1-x^2}}$；　(10) $y'=-\tan x$.

7. 求下列函数的导数：

(1) $y=\arcsin(1-2x)$；　(2) $y=\frac{1}{\sqrt{1-x^2}}$；　(3) $y=e^{-\frac{x}{2}}\cos 3x$；

(4) $y=\arccos\frac{1}{x}$；　(5) $y=\frac{1-\ln x}{1+\ln x}$；　(6) $y=\frac{\sin 2x}{x}$；

(7) $y=\arcsin\sqrt{x}$；　(8) $y=\ln(x+\sqrt{a^2+x^2})$；　(9) $y=\ln(\sec x+\tan x)$；

(10) $y=\ln(\csc x-\cot x)$.

解　(1) $y'=-\frac{1}{\sqrt{x-x^2}}$；　(2) $y'=\frac{x}{(1-x^2)\sqrt{1-x^2}}$；

(3) $y'=-e^{-\frac{x}{2}}\left(\frac{1}{2}\cos 3x+3\sin 3x\right)$；　(4) $y'=\frac{1}{|x|\sqrt{x^2-1}}$；

(5) $y'=-\frac{2}{x(1+\ln x)^2}$；　(6) $y'=\frac{2x\cos 2x-\sin 2x}{x^2}$；

(7) $y'=\frac{1}{2\sqrt{x-x^2}}$；　(8) $y'=\frac{1}{\sqrt{a^2+x^2}}$；

(9) $y'=\sec x$；　(10) $y'=\csc x$.

8. 求下列函数的导数：

(1) $y=\left(\arcsin\frac{x}{2}\right)^2$；　(2) $y=\ln\tan\frac{x}{2}$；　(3) $y=\sqrt{1+\ln^2x}$；

(4) $y=e^{\arctan\sqrt{x}}$；　(5) $y=\sin^n x\cos nx$；　(6) $y=\arctan\frac{x+1}{x-1}$；

(7) $y=\dfrac{\arcsin x}{\arccos x}$； (8) $y=\ln\ln\ln x$； (9) $y=\dfrac{\sqrt{1+x}-\sqrt{1-x}}{\sqrt{1+x}+\sqrt{1-x}}$；

(10) $y=\arcsin\sqrt{\dfrac{1-x}{1+x}}$.

解 (1) $$y'=2\arcsin\frac{x}{2}\left(\arcsin\frac{x}{2}\right)'=2\arcsin\frac{x}{2}\frac{\left(\frac{x}{2}\right)'}{\sqrt{1-\left(\frac{x}{2}\right)^2}}=\frac{2\arcsin\frac{x}{2}}{\sqrt{4-x^2}}$$

(2) $$y'=\frac{1}{\tan\frac{x}{2}}\left(\tan\frac{x}{2}\right)'=\frac{1}{\tan\frac{x}{2}}\sec^2\frac{x}{2}\times\frac{1}{2}=\csc x$$

(3) $$y'=\frac{1}{2}(1+\ln^2x)^{-\frac{1}{2}}(1+\ln^2x)'=\frac{1}{2}(1+\ln^2x)^{-\frac{1}{2}}2\ln x\times\frac{1}{x}=-\frac{\ln x}{x\sqrt{1+\ln^2x}}$$

(4) $$y'=e^{\arctan\sqrt{x}}\frac{1}{1+(\sqrt{x})^2}\frac{1}{2\sqrt{x}}=e^{\arctan\sqrt{x}}\frac{1}{2\sqrt{x}(1+x)}$$

(5) $$y'=n\sin^{n-1}x\cos x\cos nx+\sin^n x[-\sin(nx)]n=n\sin^{n-1}x\cos(n+1)x$$

(6) $$y'=\frac{1}{1+\left(\frac{x+1}{x-1}\right)^2}\left(\frac{x+1}{x-1}\right)'=\frac{(x-1)^2}{2(x^2+1)}\frac{-2}{(x-1)^2}=-\frac{1}{1+x^2}$$

(7) $$y'=\frac{\frac{1}{\sqrt{1-x^2}}(\arccos x)-\arcsin x\left(-\frac{1}{\sqrt{1-x^2}}\right)}{(\arccos x)^2}=\frac{\arcsin x+\arccos x}{\sqrt{1-x^2}(\arccos x)^2}=\frac{x}{2\sqrt{1-x^2}(\arccos x)^2}$$

(8) $$y'=\{\ln[\ln(\ln x)]\}'=\frac{1}{\ln(\ln x)}(\ln\ln x)'=\frac{1}{\ln\ln x}\frac{1}{\ln x}\frac{1}{x}=\frac{1}{x\ln x\ln\ln x}$$

(9) $$y'=\left(\frac{\sqrt{1+x}-\sqrt{1-x}}{\sqrt{1+x}+\sqrt{1-x}}\right)'=\left(\frac{2-2\sqrt{1-x^2}}{2x}\right)'=\left(\frac{1}{x}-\frac{\sqrt{1-x^2}}{x}\right)'=$$

$$\left(\frac{1}{x}\right)'-\left(\frac{\sqrt{1-x^2}}{x}\right)'=\frac{1-\sqrt{1-x^2}}{x^2\sqrt{1-x^2}}$$

(10) $$y'=\left(\arcsin\frac{\sqrt{1-x}}{\sqrt{1+x}}\right)'=\frac{1}{\sqrt{1-\left(\sqrt{\frac{1-x}{1+x}}\right)^2}}\left(\sqrt{\frac{1-x}{1+x}}\right)'=-\frac{1}{\sqrt{2x}(1+x)\sqrt{1-x}}$$

9. 设函数 $f(x)$ 和 $g(x)$ 可导，且 $f^2(x)+g^2(x)\neq 0$，试求函数 $y=\sqrt{f^2(x)+g^2(x)}$ 的导数．

解 $$y'=[\sqrt{f^2(x)+g^2(x)}]'=\frac{1}{2\sqrt{f^2(x)+g^2(x)}}[f^2(x)+g^2(x)]'=$$

$$\frac{1}{2\sqrt{f^2(x)+g^2(x)}}[2f(x)f'(x)+2g(x)g'(x)]=\frac{f(x)f'(x)+g(x)g'(x)}{\sqrt{f^2(x)+g^2(x)}}$$

10. 设 $f(x)$ 可导，求下列函数的导数$\dfrac{dy}{dx}$：

(1) $y=f(x^2)$； (2) $y=f(\sin^2x)+f(\cos^2x)$.

解 (1) $$\frac{dy}{dx}=(f(x^2))'=f'(x^2)(x^2)'=2xf'(x^2)$$

(2) $$\frac{dy}{dx}=(f(\sin^2x)+f(\cos^2x))'=f'(\sin^2x)(\sin^2x)'+f'(\cos^2x)(\cos^2x)'=$$

$$f'(\sin^2x)2\sin x\cos x+f'(\cos^2x)(-2\cos x\sin x)=\sin 2x[f'(\sin^2x)-f'(\cos^2x)]$$

11. 求下列函数的导数：

(1) $y=e^{-x}(x^2-2x+3)$； (2) $y=\sin^2x\sin(x^2)$； (3) $y=\left(\arctan\dfrac{x}{2}\right)^2$；

(4) $y=\frac{\ln x}{x^n}$；　(5) $y=\frac{e^t-e^{-t}}{e^t+e^{-t}}$；　(6) $y=\ln\cos\frac{1}{x}$；

(7) $y=e^{-\sin^2\frac{1}{x}}$；　(8) $y=\sqrt{x+\sqrt{x}}$；　(9) $y=x\arcsin\frac{x}{2}+\sqrt{4-x^2}$；

(10) $y=\arcsin\frac{2t}{1+t^2}$.

解　(1) $$y'=-e^{-x}(x^2-2x+3)+e^{-x}(2x-2)=e^{-x}(-x^2+4x-5)$$

(2) $$y'=[\sin^2x\sin(x^2)]'=2\sin x\cos x\sin(x^2)+\sin^2x\cos(x^2)2x=\sin 2x\sin(x^2)+2x\sin^2x\cos(x^2)$$

(3) $$y'=2\arctan\frac{x}{2}\cdot\frac{1}{1+\left(\frac{x}{2}\right)^2}\cdot\frac{1}{2}=\frac{4}{x^2+4}\arctan\frac{x}{2}$$

(4) $$y'=(x^{-n}\ln x)'=-nx^{-(n+1)}\ln x+x^{-n}\frac{1}{x}=\frac{1-n\ln x}{x^{n+1}}$$

(5) $$y'=\left(\frac{e^{2t}-1}{e^{2t}+1}\right)'=\left(1-\frac{2}{e^{2t}+1}\right)'=\frac{2}{(e^{2t}+1)^2}e^{2t}\cdot 2=\frac{4e^{2t}}{(1+e^{2t})^2}=\frac{1}{\mathrm{ch}^2t}$$

(6) $$y'=\frac{1}{\cos\frac{1}{x}}\left(-\sin\frac{1}{x}\right)\left(-\frac{1}{x^2}\right)=\frac{1}{x^2}\tan\frac{1}{x}$$

(7) $$y'=e^{-\sin^2\frac{1}{x}}\left(-\sin^2\frac{1}{x}\right)'=e^{-\sin^2\frac{1}{x}}\left(-2\sin\frac{1}{x}\cos\frac{1}{x}\right)\left(-\frac{1}{x^2}\right)=\frac{1}{x^2}\sin\left(\frac{2}{x}\right)e^{-\sin^2\frac{1}{x}}$$

(8) $$y'=(\sqrt{x+\sqrt{x}})'=\frac{1}{2\sqrt{x+\sqrt{x}}}\left(1+\frac{1}{2\sqrt{x}}\right)=\frac{2\sqrt{x}+1}{4\sqrt{x}\sqrt{x+\sqrt{x}}}$$

(9) $$y'=\arcsin\frac{x}{2}+x\cdot\frac{1}{\sqrt{1+\frac{x^2}{4}}}\cdot\frac{1}{2}+\frac{1}{2\sqrt{4-x^2}}(-2x)=\arcsin\frac{x}{2}$$

(10) $$y'=\frac{1}{\sqrt{1-\left(\frac{2t}{1+t^2}\right)^2}}\left(\frac{2t}{1+t^2}\right)'=\frac{1}{\sqrt{1-\left(\frac{2t}{1+t^2}\right)^2}}\frac{(1+t^2)2-2t(2t)}{(1+t^2)^2}=$$

$$\frac{1+t^2}{\sqrt{(1-t^2)^2}}\frac{2(1-t^2)}{(1+t^2)^2}=\frac{2(1-t^2)}{|1-t^2|(1+t^2)}$$

*12. 求下列函数的导数：

(1) $y=\mathrm{ch}(\mathrm{sh}\,x)$；　(2) $y=\mathrm{sh}\,x\cdot e^{\mathrm{ch}\,x}$；　(3) $y=\mathrm{th}(\ln x)$；

(4) $y=\mathrm{sh}^3x+\mathrm{ch}^2x$；　(5) $y=\mathrm{th}(1-x^2)$；　(6) $y=\mathrm{arsh}(x^2+1)$；

(7) $y=\mathrm{arch}(e^{2x})$；　(8) $y=\arctan(\mathrm{th}x)$；　(9) $y=\ln\mathrm{ch}x+\frac{1}{2\mathrm{ch}^2x}$；

(10) $y=\mathrm{ch}^2\left(\frac{x-1}{x+1}\right)$.

解　(1) $$y'=\mathrm{sh}(\mathrm{sh}x)\cdot\mathrm{ch}x=\mathrm{ch}x\,\mathrm{sh}(\mathrm{sh}\,x)$$

(2) $$y'=\mathrm{ch}x\,e^{\mathrm{ch}x}+\mathrm{sh}x\,e^{\mathrm{ch}\,x}\mathrm{sh}x=e^{\mathrm{ch}\,x}(\mathrm{ch}x+\mathrm{sh}^2x)$$

(3) $$y'=\frac{1}{\mathrm{ch}^2(\ln x)}\cdot\frac{1}{x}=\frac{1}{x\,\mathrm{ch}^2(\ln x)}$$

(4) $$y'=3\mathrm{sh}^2x\,\mathrm{ch}x+2\mathrm{ch}x\,\mathrm{sh}x=\mathrm{sh}x\,\mathrm{ch}x(3\mathrm{sh}x+2)$$

(5) $$y'=\frac{1}{\mathrm{ch}^2(1-x^2)}\cdot(-2x)=-\frac{2x}{\mathrm{ch}^2(1-x^2)}$$

(6) $$y'=\frac{1}{\sqrt{1+(x^2+1)^2}}\cdot 2x=\frac{2x}{\sqrt{x^4+2x^2+2}}$$

(7) $$y'=\frac{1}{\sqrt{(e^{2x})^2-1}}\cdot e^{2x}\cdot 2=\frac{2e^{2x}}{\sqrt{e^{4x}-1}}$$

(8) $$y' = \frac{1}{1+(\text{th}x)^2}\cdot\frac{1}{\text{ch}^2 x} = \frac{1}{1+\dfrac{\text{sh}^2 x}{\text{ch}^2 x}}\cdot\frac{1}{\text{ch}^2 x} = \frac{1}{\text{ch}^2 x+\text{sh}^2 x} = \frac{1}{1+2\text{sh}^2 x}$$

(9) $$y' = \frac{1}{\text{ch}x}\text{sh}x - \frac{1}{(2\text{ch}^2 x)^2}\cdot 4\text{ch}x\,\text{sh}x = \frac{\text{sh}x}{\text{ch}x} - \frac{\text{sh}x}{\text{ch}^3 x} = \frac{\text{sh}x(\text{ch}^2 x-1)}{\text{ch}^3 x} = \frac{\text{sh}^3 x}{\text{ch}^3 x} = \text{th}^3 x$$

(10) $$y' = 2\text{ch}\left(\frac{x-1}{x+1}\right)\text{sh}\left(\frac{x-1}{x+1}\right)\cdot\frac{x+1-(x-1)}{(x+1)^2} = \frac{2}{(x+1)^2}\text{sh}\left(2\cdot\frac{x-1}{x+1}\right)$$

13. 设函数 $f(x)$ 和 $g(x)$ 均在点 x_0 的某一邻域内有定义，$f(x)$ 在 x_0 处可导，$f(x_0)=0$，$g(x)$ 在 x_0 处连续，试讨论 $f(x)g(x)$ 在 x_0 处的可导性.

解 由 $f(x)$ 在 x_0 处可导，且 $f(x_0)=0$，则有

$$f'(x_0) = \lim_{x\to x_0}\frac{f(x)-f(x_0)}{x-x_0} = \lim_{x\to x_0}\frac{f(x)}{x-x_0}$$

由 $g(x)$ 在 x_0 处连续，则有 $\lim\limits_{x\to x_0} g(x) = g(x_0)$，故

$$\lim_{x\to x_0}\frac{f(x)g(x)-f(x_0)g(x_0)}{x-x_0} = \lim_{x\to x_0}\frac{f(x)}{x-x_0}g(x) = f'(x_0)g(x_0)$$

即 $f(x)g(x)$ 在 x_0 处可导，其导数为 $f'(x_0)g(x_0)$.

14. 设函数 $f(x)$ 满足下列条件：

(1) $f(x+y)=f(x)f(y)$，对一切 $x,y\in\mathbf{R}$；　　(2) $f(x)=1+xg(x)$，而 $\lim\limits_{x\to 0}g(x)=1$.

试证明 $f(x)$ 在 $\mathbf{R}$ 上处处可导，且 $f'(x)=f(x)$.

证明 由(2)知 $f(0)=1$，故

$$f'(x) = \lim_{\Delta x\to 0}\frac{f(x+\Delta x)-f(x)}{\Delta x} = \lim_{\Delta x\to 0}\frac{f(x)f(\Delta x)-f(x)}{\Delta x} =$$

$$\lim_{\Delta x\to 0}\left[f(x)\cdot\frac{f(\Delta x)-1}{\Delta x}\right] = \lim_{\Delta x\to 0}\left[f(x)\cdot\frac{\Delta x g(\Delta x)}{\Delta x}\right] =$$

$$\lim_{\Delta x\to 0}[f(x)g(\Delta x)] = f(x)\cdot 1 = f(x)$$

(三) 习题 2－3 解答

1. 求下列函数的二阶导数：

(1) $y=2x^2+\ln x$；　(2) $y=e^{2x-1}$；　(3) $y=x\cos x$；

(4) $y=e^{-t}\sin t$；　(5) $y=\sqrt{a^2-x^2}$；　(6) $y=\ln(1-x^2)$；

(7) $y=\tan x$；　(8) $y=\dfrac{1}{x^3+1}$；　(9) $y=(1+x^2)\arctan x$；

(10) $y=\dfrac{e^x}{x}$；　(11) $y=xe^{x^2}$；　(12) $y=\ln(x+\sqrt{1+x^2})$.

解 (1) $y''=4-\dfrac{1}{x^2}$；　(2) $y''=4e^{2x-1}$；

(3) $y''=-2\sin x-x\cos x$；　(4) $y''=-2\cos te^{-t}$；

(5) $y''=-\dfrac{a^2}{(a^2-x^2)^{\frac{3}{2}}}$；　(6) $y''=\dfrac{-2-2x^2}{(x^2-1)^2}$；

(7) $y''=2\sec^2 x\tan x$；　(8) $y''=\dfrac{12x^4-6x}{(x^3+1)^3}$；

(9) $y''=2\arctan x+\dfrac{2x}{1+x^2}$；　(10) $y''=2x^{-3}e^x-2x^{-2}e^x+x^{-1}e^x$；

(11) $y''=6xe^{x^2}+4x^3e^{x^2}$；　(12) $y''=-\dfrac{1}{1+x^2}\dfrac{x}{\sqrt{1+x^2}}$.

2. 设 $f(x)=(x+10)^6$，$f'''(2)$ 等于多少?

解 $f'''(x)=6\times5\times4(x+10)^3$， $f'''(2)=6\times5\times4\times(2+10)^3=207\ 360$

3. 设 $f''(x)$ 存在，求下列函数的二阶导数 $\dfrac{d^2y}{dx^2}$：

(1) $y=f(x^2)$； (2) $y=\ln[f(x)]$.

解 (1)
$$\frac{dy}{dx}=[f(x^2)]'=f'(x^2)2x=2xf'(x^2)$$

$$\frac{d^2y}{dx^2}=[2xf'(x^2)]'=2f'(x^2)+2x[f'(x^2)]'=2f'(x^2)+2x[f''(x^2)2x]=2f'(x^2)+4x^2f''(x^2)$$

(2)
$$\frac{dy}{dx}=(\ln[f(x)])'=\frac{1}{f(x)}f'(x),\quad \frac{d^2y}{dx^2}=\left[\frac{f'(x)}{f(x)}\right]'=\frac{f(x)f''(x)-[f'(x)]^2}{f^2(x)}$$

4. 试从 $\dfrac{dx}{dy}=\dfrac{1}{y'}$ 导出：

(1) $\dfrac{d^2x}{dy^2}=-\dfrac{y''}{(y')^3}$； (2) $\dfrac{d^3x}{dy^3}=\dfrac{3(y'')^2-y'y'''}{(y')^5}$.

解 (1)
$$\frac{dx}{dy}=\frac{1}{y_x'},\quad \frac{d^2x}{dy^2}=\frac{d\left(\frac{dx}{dy}\right)}{dy}=\frac{d\left(\frac{1}{y_x'}\right)}{dy}=\frac{d\left(\frac{1}{y_x'}\right)}{dx}\frac{dx}{dy}=-\frac{y''}{(y')^3}$$

(2)
$$\frac{d^3x}{dy^3}=\frac{d\left(\frac{d^2x}{dy^2}\right)}{dy}=\frac{d\left[\frac{-y''}{(y')^3}\right]}{dx}\frac{dx}{dy}=-\frac{(y')^3y'''-y''3(y')^2y''}{(y')^6}\frac{1}{y'}=\frac{3(y'')^2-y'''y'}{(y')^5}$$

5. 已知物体的运动规律为 $s=A\sin\omega t$ (A,ω 是常数)，求物体运动的加速度，并验证：

$$\frac{d^2s}{dt^2}+\omega^2s=0$$

解
$$\frac{ds}{dt}=A\omega^2\cos\omega t,\quad \frac{d^2s}{dt^2}=-A\omega^2\sin\omega t$$

故物体运动的加速度为

$$a=\frac{d^2s}{dt^2}=-A\omega^2\sin\omega t,\quad \frac{d^2s}{dt^2}+\omega^2s=-A\omega^2\sin\omega t+A\omega^2\sin\omega t=0$$

6. 比重大的陨星进入大气层时，当它离地心为 s km 时的速度与 $\sqrt{s}$ 成反比，试证陨星的加速度 a 与 s^2 成反比.

证明 由题意知 $v=\dfrac{ds}{dt}=\dfrac{k}{\sqrt{s}}$，其中 k 为比例系数，则

$$a=\frac{d^2s}{dt^2}=\frac{d}{ds}\left(\frac{k}{\sqrt{s}}\right)\cdot\frac{ds}{dt}=-\frac{1}{2}\cdot\frac{k}{s^{\frac{3}{2}}}\cdot\frac{k}{\sqrt{s}}=-\frac{k^2}{2s^2}$$

即陨星的加速度与 s^2 成反比.

7. 假设质点沿 x 轴运动的速度为 $\dfrac{dx}{dt}=f(x)$，试求质点运动的加速度.

解 质点运动的加速度为

$$a=\frac{d^2x}{dt^2}=\frac{d}{dx}(f(x))\frac{dx}{dt}=f'(x)f(x)$$

8. 验证函数 $y=C_1e^{\lambda x}+C_2e^{-\lambda x}$ (λ,C_1,C_2 是常数) 满足关系式：

$$y''-\lambda^2y=0$$

解 因为
$$y'=C_1\lambda e^{\lambda x}-C_2\lambda e^{-\lambda x}$$
$$y''=C_1\lambda^2e^{\lambda x}+C_2\lambda^2e^{-\lambda x}=\lambda^2(C_1e^{\lambda x}+C_2e^{-\lambda x})=\lambda^2y$$

所以
$$y''-\lambda^2y=0$$

9. 验证函数 $y=e^x\sin x$ 满足关系式：

$$y''-2y'+2y=0$$

解 $$y' = e^x\sin x + e^x\cos x$$

$$y'' = e^x\sin x + e^x\cos x + e^x\cos x - e^x\sin x = 2e^x\cos x$$

代入得 $$y'' - 2y' + 2y = 2e^x\cos x - 2e^x\sin x - 2e^x\cos x + 2e^x\sin x = 0$$

10. 求下列函数所指定的阶的导数：

(1) $y = e^x\cos x$，求 $y^{(4)}$；　　(2) $y = x^2\sin 2x$，求 $y^{(50)}$.

解 (1) 利用莱布尼兹公式 $$(uv)^{(n)} = \sum_{k=0}^{n} C_n^k u^{(n-k)} v^{(k)}$$

其中 $$C_n^k = \frac{n(n-1)(n-2)\cdots(n-k+1)}{k!}$$

$$(e^x\cos x)^{(4)} = (e^x)^{(4)}\cos x + 4(e^x)'''(\cos x)' + \frac{4\cdot 3}{2!}(e^x)''(\cos x)'' + \frac{4\cdot 3\cdot 2}{3!}(e^x)'(\cos x)''' + e^x(\cos x)^{(4)} =$$

$$e^x\cos x - 4e^x\sin x + 6e^x(-\cos x) + 4e^x\sin x + e^x\cos x = -4e^x\cos x$$

(2) 由 $(\sin 2x)^{(n)} = 2^n\sin\left(2x + \frac{n\pi}{2}\right)$ 及莱布尼兹公式

$$(x^2\sin 2x)^{(50)} = x^2(\sin 2x)^{(50)} + 50(x^2)'(\sin 2x)^{(49)} + \frac{50\cdot 49}{2!}(x^2)''(\sin 2x)^{(48)} =$$

$$2^{50}x^2\sin\left(2x + \frac{50\pi}{2}\right) + 100\cdot 2^{49}x\sin\left(2x + \frac{49\pi}{2}\right) + \frac{50\cdot 49}{2}\cdot 2\cdot 2^{48}\sin\left(2x + \frac{48\pi}{2}\right) =$$

$$2^{50}\left(-x^2\sin 2x + 50x\cos 2x + \frac{1\,225}{2}\sin 2x\right)$$

*11. 求下列函数的 n 阶导数的一般表达式：

(1) $y = x^n + a_1x^{n-1} + a_2x^{n-2} + \cdots + a_{n-1}x + a_n$（$a_1, a_2, \cdots, a_n$ 都是常数）；

(2) $y = \sin^2 x$；　　(3) $y = x\ln x$；　　(4) $y = xe^x$.

解 (1) 因为 $(x^k)^{(n)} = 0\ (k = 1, 2, \cdots, n-1)$，所以

$$y^{(n)} = (x^n + a_1x^{n-1} + \cdots + a_n)^{(n)} = (x^n)^{(n)} = n!$$

(2)
$$y' = 2\sin x\cos x = \sin 2x$$

$$y'' = 2\cos 2x = 2\sin\left(2x + \frac{\pi}{2}\right)$$

$$y''' = 2^2\cos\left(2x + \frac{\pi}{2}\right) = 2^2\sin\left(2x + 2\times\frac{\pi}{2}\right)$$

……

$$y^{(n)} = 2^{n-1}\sin\left[2x + (n-1)\frac{\pi}{2}\right]$$

(3)
$$y' = \ln x + x\frac{1}{x} = \ln x + 1$$

$$y'' = \frac{1}{x} = x^{-1}$$

$$y''' = (-1)x^{-2}$$

$$y^{(4)} = (-1)(-2)x^{-3}$$

……

$$y^{(n)} = (-1)^{n-2}(n-2)!\ x^{-(n-1)}$$

(4)
$$y' = e^x + xe^x = e^x(1+x)$$

$$y'' = e^x(1+x) + e^x = e^x(2+x)$$

$$y''' = e^x(2+x) + e^x = e^x(3+x)$$

……

$$y^{(n)} = e^x(n+x)$$

12. 求函数 $f(x)=x^2\ln(1+x)$ 在 $x=0$ 处的 n 阶导数 $f^{(n)}(0)(n\geqslant 3)$.

解 本题可用莱布尼兹公式求解.

设 $u=\ln(1+x),v=x^2$,则 $u^{(n)}=\dfrac{(-1)^{n-1}(n-1)!}{(1+x)^n}(n=1,2,\cdots),v'=2x,v''=2,v^{(k)}=0(k\geqslant 3)$.

故由莱布尼兹公式,得

$$f^{(n)}(x)=\frac{(-1)^{n-1}(n-1)!}{(1+x)^n}\cdot x^2+n\frac{(-1)^{n-2}(n-2)!}{(1+x)^{n-1}}\cdot 2x+\frac{n(n-1)}{2}\cdot\frac{(-1)^{n-3}(n-3)!}{(1+x)^{n-2}}\cdot 2(n\geqslant 3)$$

$$f^{(n)}(0)=\frac{(-1)^{n-1}n!}{n-2}(n\geqslant 3)$$

(四) 习题2-4解答

1. 求由下列方程所确定的隐函数的导数$\dfrac{dy}{dx}$:

(1) $y^2-2xy+9=0$;　　(2) $x^3+y^3-3axy=0$;

(3) $xy=e^{x+y}$;　　(4) $y=1-xe^y$.

解 (1) 对 x 求导得　$2yy'-2y-2xy'=0,\quad y'=\dfrac{y}{y-x}$

(2) 对 x 求导得　$3x^2+3y^2y'-3ay-3axy'=0,\quad y'=\dfrac{ay-x^2}{y^2-ax}$

(3) 对 x 求导得　$y+xy'=e^{x+y}(1+y'),\quad y'=\dfrac{e^{x+y}-y}{x-e^{x+y}}$

(4) 对 x 求导得　$y'=-e^y-xe^yy',\quad y'=-\dfrac{e^y}{1+xe^y}$

2. 求曲线 $x^{\frac{2}{3}}+y^{\frac{2}{3}}=a^{\frac{2}{3}}$ 在点$\left(\dfrac{\sqrt{2}}{4}a,\dfrac{\sqrt{2}}{4}a\right)$处的切线方程和法线方程.

解 两边对 x 求导得

$$\frac{2}{3}x^{-\frac{1}{3}}+\frac{2}{3}y^{-\frac{1}{3}}y'=0$$

则

$$y'=-\frac{x^{-\frac{1}{3}}}{y^{-\frac{1}{3}}},\quad y'\Big|_{\left(\frac{\sqrt{2}}{4}a,\frac{\sqrt{2}}{4}a\right)}=-1$$

故切线方程为 $y-\dfrac{\sqrt{2}}{4}a=(-1)\left(x-\dfrac{\sqrt{2}}{4}a\right)$,即

$$x+y=\frac{\sqrt{2}}{2}a$$

法线方程为 $y-\dfrac{\sqrt{2}}{4}a=\dfrac{-1}{-1}\left(x-\dfrac{\sqrt{2}}{4}a\right)$,即

$$x-y=0$$

3. 求由下列方程所确定的隐函数的二阶导数$\dfrac{d^2y}{dx^2}$:

(1) $x^2-y^2=1$;　　(2) $b^2x^2+a^2y^2=a^2b^2$;

(3) $y=\tan(x+y)$;　　(4) $y=1+xe^y$.

解 (1) 两边对 x 求导得 $2x-2yy'=0$,即

$$y'=\frac{x}{y}$$

两边再对 x 求导得 $y''=\dfrac{y-xy'}{y^2}$,把 y' 代入得

$$y''=\frac{y-x\dfrac{x}{y}}{y^2}=\frac{y^2-x^2}{y^3}=-\frac{1}{y^3}$$

(2) 对 x 求导可得 $2b^2x+2a^2yy'=0$,即

$$y'=-\frac{b^2}{a^2}\frac{x}{y}$$

两边再对 x 求导可得 $2b^2+a^2y'^2+a^2yy''=0$,即

$$y''=-\frac{2b^2}{a^2y}-\frac{y'^2}{y}=-\frac{b^4}{a^2y^3}$$

(3) $y'=\sec^2(x+y)(1+y')$, $y'=\dfrac{-\sec^2(x+y)}{\sec^2(x+y)-1}$, $\sec^2(x+y)=1+\tan^2(x+y)=1+y^2$

$$y'=-\frac{1}{y^2}-1,\quad y''=-\left(\frac{1}{y^2}+1\right)'=2y^{-3}y'=\frac{-2(1+y^2)}{y^5}$$

(4) 两边对 x 求导得 $y'=e^y+xe^yy'$,解得

$$y'=\frac{e^y}{1-xe^y}$$

两边再对 x 求导得 $y''=\dfrac{e^yy'(1-xe^y)+e^y(e^y+xe^yy')}{(1-xe^y)}$,把 y' 代入得

$$y''=\frac{e^{2y}(3-y)}{(2-y)^3}$$

4. 用对数求导法求下列函数的导数:

(1) $y=\left(\dfrac{x}{1+x}\right)^x$;　　(2) $y=\sqrt[5]{\dfrac{x-5}{\sqrt[5]{x^2+2}}}$;

(3) $y=\dfrac{\sqrt{x+2}(3-x)^4}{(x+1)^5}$;　　(4) $y=\sqrt{x\sin x\sqrt{1-e^x}}$.

解　(1) 两边取对数得　$\ln y=x[\ln x-\ln(1+x)]$

两边对 x 求导得　$\dfrac{y'}{y}=(\ln x-\ln(1+x))+x\left(\dfrac{1}{x}-\dfrac{1}{1+x}\right)$

从而　$y'=\left(\dfrac{1}{1+x}\right)^x\left(\ln\dfrac{x}{1+x}+\dfrac{1}{1+x}\right)$

(2) 由于　$y=\sqrt[5]{\dfrac{x-5}{\sqrt[5]{x^2+2}}}=\dfrac{(x-5)^{\frac{1}{5}}}{(x^2+2)^{\frac{1}{25}}}$

两边取对数得　$\ln y=\dfrac{1}{5}\ln(x-5)-\dfrac{1}{25}\ln(x^2+2)$

两边对 x 求导得　$\dfrac{y'}{y}=\dfrac{1}{5}\dfrac{1}{x-5}-\dfrac{1}{25}\dfrac{2x}{x^2+2}$

故　$y'=y\left(\dfrac{1}{5(x-5)}-\dfrac{2x}{25}\cdot\dfrac{1}{x^2+2}\right)=\dfrac{1}{5}\sqrt[5]{\dfrac{x-5}{\sqrt[5]{x^2+2}}}\left(\dfrac{1}{x-5}-\dfrac{2x}{5(x^2+2)}\right)$

(3) 两边取对数得　$\ln y=\dfrac{1}{2}\ln(x+2)+4\ln(3-x)-5\ln(1+x)$

两边对 x 求导得　$\dfrac{y'}{y}=\dfrac{1}{2}\dfrac{1}{x+2}-\dfrac{4}{3-x}-\dfrac{5}{x+1}$

$$y'=\frac{\sqrt{x+2}\cdot(3-x)^4}{(1+x)^5}\left[\frac{1}{2(x+2)}+\frac{4}{x-3}-\frac{5}{x+1}\right]$$

(4) 两边取对数得　$\ln y=\dfrac{1}{2}\ln x+\dfrac{1}{2}\ln\sin x+\dfrac{1}{4}\ln(1-e^x)$

两边对 x 求导得

$$\frac{y'}{y}=\frac{1}{2x}+\frac{1}{2}\frac{\cos x}{\sin x}+\frac{1}{4}\frac{-\mathrm{e}^x}{1-\mathrm{e}^x}$$

$$y'=\frac{1}{4}\sqrt{x\sin x\sqrt{1-\mathrm{e}^x}}\left(\frac{2}{x}+2\cot x-\frac{\mathrm{e}^x}{1-\mathrm{e}^x}\right)$$

5. 求下列参数方程所确定的函数的导数$\frac{\mathrm{d}y}{\mathrm{d}x}$：

(1) $\begin{cases}x=at^2\\ y=bt^3\end{cases}$；　(2) $\begin{cases}x=\theta(1-\sin\theta)\\ y=\theta\cos\theta\end{cases}$.

解　(1)

$$\frac{\mathrm{d}y}{\mathrm{d}x}=\frac{y'_t}{x'_t}=\frac{3b}{2a}t$$

(2)

$$\frac{\mathrm{d}y}{\mathrm{d}x}=\frac{y'_\theta}{x'_\theta}=\frac{\cos\theta-\theta\sin\theta}{1-\sin\theta-\theta\cos\theta}$$

6. 已知$\begin{cases}x=\mathrm{e}^t\sin t\\ y=\mathrm{e}^t\cos t\end{cases}$，求当 $t=\frac{\pi}{3}$ 时$\frac{\mathrm{d}y}{\mathrm{d}x}$的值.

解

$$\frac{\mathrm{d}x}{\mathrm{d}t}=\mathrm{e}^t\sin t+\mathrm{e}^t\cos t,\quad \frac{\mathrm{d}y}{\mathrm{d}t}=\mathrm{e}^t\cos t-\mathrm{e}^t\sin t,\quad \frac{\mathrm{d}y}{\mathrm{d}x}=\frac{\frac{\mathrm{d}y}{\mathrm{d}t}}{\frac{\mathrm{d}x}{\mathrm{d}t}}=\frac{\cos t-\sin t}{\cos t+\sin t}$$

当 $t=\frac{\pi}{3}$ 时，有

$$\frac{\mathrm{d}y}{\mathrm{d}x}=\frac{\cos\frac{\pi}{3}-\sin\frac{\pi}{3}}{\cos\frac{\pi}{3}+\sin\frac{\pi}{3}}=\sqrt{3}-2$$

7. 写出下列曲线在所给参数值相应的点处的切线方程和法线方程：

(1) $\begin{cases}x=\sin t\\ y=\cos 2t\end{cases}$，在 $t=\frac{\pi}{4}$ 处；　(2) $\begin{cases}x=\dfrac{3at}{1+t^2}\\ y=\dfrac{3at^2}{1+t^2}\end{cases}$，在 $t=2$ 处.

解　(1) 曲线在 $t=\frac{\pi}{4}$ 处的切线方程为

$$y=-2\sqrt{2}\left(x-\frac{\sqrt{2}}{2}\right),\quad 即\quad 2\sqrt{2}x+y-2=0$$

法线方程为

$$y=\frac{1}{2\sqrt{2}}\left(x-\frac{\sqrt{2}}{2}\right),\quad 即\quad \sqrt{2}x-4y-1=0$$

(2) 曲线在 $t=2$ 处的切线方程为

$$4x+3y-12a=0$$

法线方程为

$$3x-4y+6a=0$$

8. 求下列参数方程所确定的函数的二阶导数$\frac{\mathrm{d}^2y}{\mathrm{d}x^2}$：

(1) $\begin{cases}x=\dfrac{t^2}{2}\\ y=1-t\end{cases}$；　(2) $\begin{cases}x=a\cos t\\ y=b\sin t\end{cases}$；

(3) $\begin{cases}x=3\mathrm{e}^{-t}\\ y=2\mathrm{e}^t\end{cases}$；　(4) $\begin{cases}x=f'(t)\\ y=tf'(t)-f(t)\end{cases}$，设 $f''(t)$ 存在且不为零.

解　(1)

$$\frac{\mathrm{d}x}{\mathrm{d}t}=t,\quad \frac{\mathrm{d}y}{\mathrm{d}t}=-1,\quad \frac{\mathrm{d}y}{\mathrm{d}x}=\frac{\left(\frac{\mathrm{d}y}{\mathrm{d}t}\right)}{\frac{\mathrm{d}x}{\mathrm{d}t}}=-\frac{1}{t},\quad \frac{\mathrm{d}\left(\frac{\mathrm{d}y}{\mathrm{d}x}\right)}{\mathrm{d}t}=\frac{1}{t^2}$$

$$\frac{\mathrm{d}^2y}{\mathrm{d}x^2}=\frac{\mathrm{d}\left(\frac{\mathrm{d}y}{\mathrm{d}x}\right)}{\mathrm{d}t}\Big/\frac{\mathrm{d}x}{\mathrm{d}t}=\frac{1}{t^2}\Big/t=\frac{1}{t^3}$$

(2) $$\frac{dy}{dx}=\frac{y'_t}{x'_t}=\frac{b\cos t}{-a\sin t}=-\frac{b}{a}\cot t,\quad \frac{d^2y}{dx^2}=\frac{\left(\frac{dy}{dx}\right)'}{x'_t}=\frac{\left(-\frac{b}{a}\cot t\right)'}{-a\sin t}=\frac{-b}{a^2\sin^3 t}$$

(3) $$\frac{dy}{dx}=-\frac{2}{3}e^{2t},\quad \frac{d^2y}{dx^2}=\frac{\left(\frac{dy}{dx}\right)'}{x'_t}=\frac{4}{9}e^{3t}$$

(4) $$\frac{dy}{dx}=\frac{\frac{dy}{dt}}{\frac{dx}{dt}}=\frac{f'(t)+tf''(t)-f'(t)}{f''(t)}=t,\quad \frac{d^2y}{dx^2}=\frac{dx}{dt}\Big/\frac{dx}{dt}=\frac{1}{f''(t)}$$

*9. 求下列参数方程所确定的函数的三阶导数$\frac{d^3y}{dx^3}$：

(1) $\begin{cases}x=1-t^2\\ y=t-t^3\end{cases}$；　　(2) $\begin{cases}x=\ln(1+t^2)\\ y=t-\arctan t\end{cases}$.

解 (1) $$\frac{dy}{dx}=\frac{y'_t}{x'_t}=\frac{3t^2-1}{2t},\quad \frac{d^2y}{dx^2}=\frac{\left(\frac{dy}{dx}\right)'_t}{x'}=-\frac{1}{4}\left(\frac{1}{t^3}+\frac{3}{t}\right),\quad \frac{d^3y}{dx^3}=-\frac{3(1+t^2)}{8t^5}$$

(2) $$\frac{dy}{dx}=\frac{(t-\arctan t)'}{(\ln(1+t)^2)'}=\frac{t}{2},\quad \frac{d^2y}{dx^2}=\frac{1+t^2}{4t},\quad \frac{d^3y}{dx^3}=\frac{t^4-1}{8t^3}$$

10. 落在平静水面上的石头，产生同心波纹．若最外一圈波半径的增大率总是 6 m/s，问在 2 s 末扰动水面面积的增大率为多少？

解 设波的半径为 r，对应圆面积 $S=\pi r^2$，$r'_t=6$，则 $S'_t=2\pi rr'_t$．当 $t=2$ 时，$r=2\times 6=12$.

$$S'_t\big|_{t=2}=2\pi\times 12\times 6=144\pi\ \mathrm{m^2/s}$$

11. 注水入深 8 m，上顶直径 8 m 的正圆锥形容器中，其速率为 4 m³/min. 当水深为 5 m 时，其表面上升的速率为多少？

解 如图 2.1 所示，设在 t 时刻容器中的水深为 $h(t)$，水的容积为 $V(t)$，

$$\frac{r}{4}=\frac{h}{8}$$

即 $$r=\frac{h}{2}$$

$$V=\frac{1}{3}\pi r^2h=\frac{1}{3}\pi\left(\frac{h}{2}\right)^2h=\frac{\pi}{12}h^3$$

$$\frac{dV}{dt}=\frac{\pi}{4}h^2\frac{dh}{dt}$$

即 $$\frac{dh}{dt}=\frac{4}{\pi h^2}\frac{dV}{dt}$$

故 $$\frac{dh}{dt}\bigg|_{h=5}=\frac{4}{25\pi}\cdot 4=\frac{16}{25\pi}\approx 0.204\ (\mathrm{m/min})$$

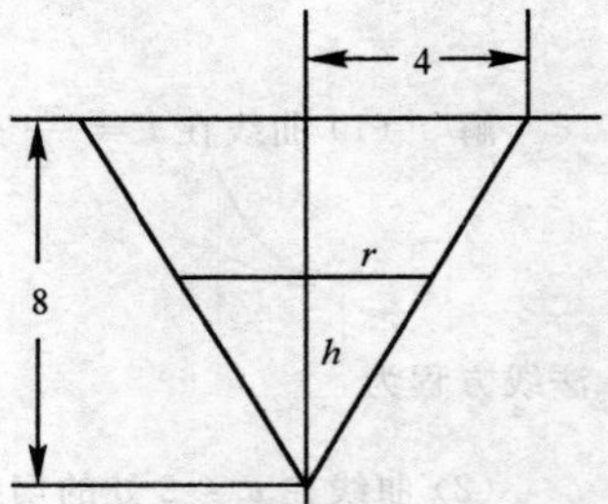

图 2.1

12. 溶液自深 18 cm，顶直径 12 cm 的正圆锥形漏斗中漏入一直径为 10 cm 的圆柱形筒中．开始时漏斗中盛满了溶液．已知当溶液在漏斗中深为 12 cm 时，其表面下降的速率为 1 cm/min. 问此时圆柱形筒中溶液表面上升的速率为多少？

解 如图 2.2 所示，设在 t 时刻漏斗中的水深为 $H=H(t)$，圆柱形筒中水深为 $h=h(t)$.

建立 h 与 H 之间的关系：

$$\frac{1}{3}\pi 6^2\cdot 18-\frac{1}{3}\pi r^2H=\pi 5^2h$$

又，$\frac{r}{6}=\frac{H}{18}$，即 $r=\frac{H}{3}$. 故

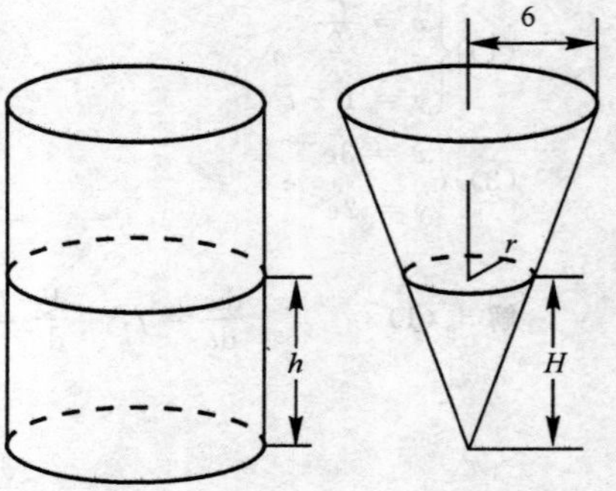

图 2.2

$$\frac{1}{3}\pi 6^2 \cdot 18 - \frac{1}{3}\pi\left(\frac{H}{3}\right)^2 H = \pi 5^2 h$$

即

$$216\pi - \frac{\pi}{27}H^3 = 25\pi h$$

上式两端分别对 t 求导，得

$$-\frac{3}{27}\pi H^2 \frac{dH}{dt} = 25\pi \frac{dh}{dt}$$

当 $H = 12$ 时，$\frac{dH}{dt} = -1$，此时

$$\frac{dh}{dt} = \frac{1}{25\pi}\left(-\frac{3}{27}\pi H^2 \frac{dH}{dt}\right)\Bigg|_{\substack{H=12\\ \frac{dH}{dt}=-1}} = \frac{16}{25} \approx 0.64\ (\text{cm/min})$$

（五）习题 2-5 解答

1. 已知 $y = x^3 - x$，计算在 $x = 2$ 处当 Δx 分别等于 1，0.1，0.01 时的 Δy 及 dy.

解　(1)

$$\Delta y\,|_{x=2,\Delta x=1} = [(2+1)^3 - (2+1)] - (2^3 - 2) = 18$$

$$dy\,|_{x=2,\Delta x=1} = y'(x)\Delta x\,|_{x=2,\Delta x=1} = (3x^2 - 1)\,|_{x=2} \times 1 = 11$$

(2)

$$\Delta y\,|_{x=2,\Delta x=0.1} = [(2+0.1)^3 - (2+0.1)] - (2^3 - 2) = 1.161$$

$$dy\,|_{x=2,\Delta x=0.1} = y'(x)\Delta x\,|_{x=2,\Delta x=0.1} = (3x^2 - 1)\,|_{x=2} \times (0.1) = 1.1$$

(3)

$$\Delta y\,|_{x=2,\Delta x=0.01} = [(2+0.01)^3 - (2+0.01)] - (2^3 - 2) = 0.110\ 601$$

$$dy\,|_{x=2,\Delta x=0.01} = y'(x)\Delta x\,|_{x=2,\Delta x=0.01} = (3x^2 - 1)\Delta x\,|_{x=2,\Delta x=0.01} = 0.11$$

2. 设函数 $y = f(x)$ 的图形如图 2.3 所示，试在图 2.3(a)，(b)，(c)，(d) 中分别标出在点 x_0 的 dy，Δy 及 $\Delta y - dy$，并说明其正负.

解　如图 2.3(a)，(b)，(c)，(d) 所示.

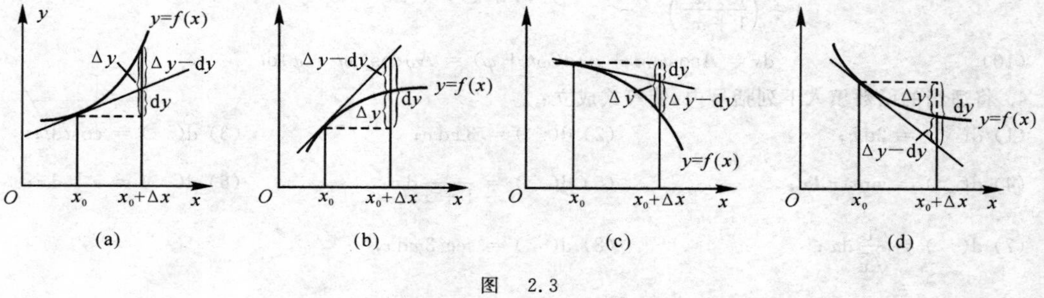

图　2.3

图(a) 中 dy 正，Δy 正，$\Delta y - dy$ 正. 图(b) 中 dy 正，Δy 正，$\Delta y - dy$ 负. 图(c) 中 dy 负，Δy 负，$\Delta y - dy$ 负. 图(d) 中 dy 负，Δy 负，$\Delta y - dy$ 正.

3. 求下列函数的微分：

(1) $y = \frac{1}{x} + 2\sqrt{x}$；　(2) $y = x\sin 2x$；　(3) $y = \frac{x}{\sqrt{x^2+1}}$；

(4) $y = \ln^2(1-x)$；　(5) $y = x^2 e^{2x}$；　(6) $y = e^{-x}\cos(3-x)$；

(7) $y = \arcsin\sqrt{1-x^2}$；　(8) $y = \tan^2(1+2x^2)$；　(9) $y = \arctan\frac{1-x^2}{1+x^2}$；

(10) $s = A\sin(\omega t + \varphi)$（$A,\omega,\varphi$ 是常数）.

解　(1) 因为

$$y' = -\frac{1}{x^2} + \frac{1}{\sqrt{x}}$$

所以 $$dy = \left(-\frac{1}{x^2} + \frac{1}{\sqrt{x}}\right)dx$$

(2) 因为 $$y' = \sin 2x + x\cos 2x \times 2 = \sin 2x + 2x\cos 2x$$

所以 $$dy = (\sin 2x + 2x\cos 2x)dx$$

(3) 因为 $$y' = (x)'(x^2+1)^{-\frac{1}{2}} + x[(x^2+1)^{-\frac{1}{2}}]' = (x^2+1)^{-\frac{1}{2}} + x\left(-\frac{1}{2}\right)(x^2+1)^{-\frac{3}{2}}2x = \frac{1}{(x^2+1)\sqrt{x^2+1}}$$

所以 $$dy = \frac{1}{(x^2+1)\sqrt{x^2+1}}dx$$

(4) $$dy = d\ln^2(1-x) = 2\ln(1-x)d\ln(1-x) = \frac{2\ln(1-x)}{1-x}d(1-x) = \frac{2\ln(1-x)}{-1+x}dx$$

(5) $$dy = d(x^2e^{2x}) = e^{2x}dx^2 + x^2de^{2x} = e^{2x}2xdx + x^2 2e^{2x}dx = 2x(1+x)e^{2x}dx$$

(6) $$dy = d(e^{-x})\cos(3-x) + e^{-x}d[\cos(3-x)] = -e^{-x}\cos(3-x)dx + e^{-x}[-\sin(3-x)d(3-x)] = -e^{-x}\cos(3-x)dx + e^{-x}\sin(3-x)dx = -e^{-x}\cos(3-x)dx + e^{-x}\sin(3-x)dx = e^{-x}[\sin(3-x) - \cos(3-x)]dx$$

(7) $$dy = \frac{1}{\sqrt{1-(\sqrt{1-x^2})^2}}d(\sqrt{1-x^2}) = \frac{1}{|x|}\frac{1}{2\sqrt{1-x^2}}d(1-x^2) = -\frac{x}{|x|\sqrt{1-x^2}}dx = \begin{cases} \dfrac{dx}{\sqrt{1-x^2}}, & -1 < x < 0 \\ \dfrac{-dx}{\sqrt{1-x^2}}, & 0 < x < 1 \end{cases}$$

(8) $$dy = 2\tan(1+2x^2)\sec^2(1+2x^2)4xdx = 8x\tan(1+2x^2)\sec^2(1+2x^2)dx$$

(9) $$dy = \frac{1}{1+\left(\dfrac{1-x^2}{1+x^2}\right)^2}\frac{(1+x^2)(-2x)-(1-x^2)2x}{(1+x^2)^2}dx = \frac{-2x}{1+x^4}dx$$

(10) $$ds = A\cos(\omega t + \varphi)d(\omega t + \varphi) = A\omega\cos(\omega t + \varphi)dt$$

4. 将适当的函数填入下列括号内，使等式成立：

(1) d(　) = $2dx$；　(2) d(　) = $3xdx$；　(3) d(　) = $\cos t dt$；

(4) d(　) = $\sin\omega x dx$；　(5) d(　) = $\frac{1}{1+x}dx$；　(6) d(　) = $e^{-2x}dx$；

(7) d(　) = $\frac{1}{\sqrt{x}}dx$；　(8) d(　) = $\sec^2 3x dx$.

解 (1) $2x + C$；　(2) $\frac{3}{2}x^2 + C$；

(3) $\sin t + C$；　(4) $-\frac{1}{\omega}\cos\omega x + C$；

(5) $\ln(1+x) + C$；　(6) $-\frac{1}{2}e^{-2x} + C$；

(7) $2\sqrt{x} + C$；　(8) $\frac{1}{3}\tan 3x + C$.

5. 如图 2.4 所示，电缆$\overset{\frown}{AOB}$的长为s，跨度为$2l$，电缆的最低点O与杆顶连线AB的距离为f，则电缆长可按公式$S = 2l\left(1 + \frac{2f^2}{3l^2}\right)$计算，当$f$变化了$\Delta f$时，电缆的长变化约为多少？

解 $$\Delta S \approx dS = 2l\left(1 + \frac{2f^2}{3l^2}\right)'\Delta f = \frac{8}{3l}f\Delta f$$

6. 设扇形的圆心角$\alpha = 60°$，半径$R = 100$ cm（见图 2.5）. 如果R不变，α减少$30'$，问扇形面积大约改变

了多少？如果 α 不变，R 增加 1 cm，问扇形面积大约改变了多少？

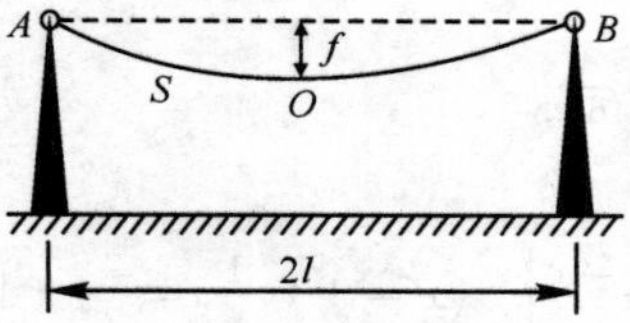

图　2.4

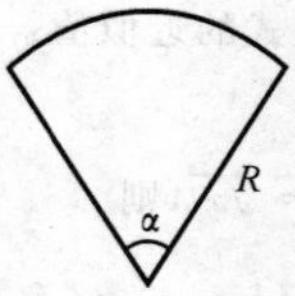

图　2.5

解　(1) 扇形面积 $S=\frac{1}{2}\alpha R^2$，则

$$\Delta S\approx \mathrm{d}S=\left(\frac{1}{2}\alpha R^2\right)'\Delta\alpha=\frac{1}{2}R^2\Delta\alpha$$

令 $\alpha=60°=\frac{\pi}{3}$，$R=100$，$\Delta\alpha=-30'=-\left(\frac{1}{2}\right)°=-\frac{\pi}{360}$，代入上式得

$$\Delta S\approx \mathrm{d}S=\frac{1}{2}\times 100^2\times\left(-\frac{\pi}{360}\right)\approx -43.63\ (\mathrm{cm}^2)$$

即面积将减少 43.63 cm^2.

(2) $\Delta S\approx \mathrm{d}S=\left(\frac{1}{2}\alpha R^2\right)'\Delta R=\alpha R\Delta R$，将 $\alpha=\frac{\pi}{3}$，$R=100$，$\Delta R=1$ 代入上式，得

$$\Delta S\approx\frac{\pi}{3}\times 100\times 1\approx 104.72\ (\mathrm{cm}^2)$$

即面积将增加 104.72 cm^2.

7. 计算下列三角函数值的近似值：

(1) cos29°；　　(2) tan136°.

解　(1) 令 $f(x)=\cos x$，则 $f'(x)=-\sin x$，故

$$\cos 29°=\cos\left(\frac{\pi}{6}-\frac{\pi}{180}\right)\approx\cos\frac{\pi}{6}+(-\sin x)\big|_{x=\frac{\pi}{6}}\times\left(-\frac{\pi}{180}\right)=\frac{\sqrt{3}}{2}+\frac{\pi}{360}\approx 0.874\ 67$$

(2)
$$\tan 136°=\tan\left(\frac{3\pi}{4}+\frac{\pi}{180}\right)\approx -0.965\ 09$$

8. 计算下列反三角函数的近似值：

(1) arcsin0.500 2；　　(2) arccos0.499 5.

解　(1)
$$\arcsin 0.500\ 2=\arcsin\left(\frac{1}{2}+0.000\ 2\right)\approx\arcsin\frac{1}{2}+(\arcsin x)'\big|_{x=\frac{1}{2}}\times(0.000\ 2)=$$
$$\frac{\pi}{6}+\frac{1}{\sqrt{1-(0.5)^2}}\times 0.000\ 2\approx 30°47''$$

(2)
$$\arccos 0.499\ 5=\arccos(0.5-0.000\ 5)\approx\arccos 0.5+(\arccos x)'\big|_{x=0.5}\times(-0.000\ 5)=$$
$$\frac{\pi}{3}+\frac{1}{\sqrt{1-(0.5)^2}}\times 0.000\ 5\approx 60°2'$$

9. 当 $|x|$ 较小时，证明下列近似公式：

(1) $\tan x\approx x$（x 是角的弧度值）；　　(2) $\ln(1+x)\approx x$；

(3) $\frac{1}{1+x}\approx 1-x$，并计算 tan45′ 和 ln1.002 的近似值．

解　(1)
$$\tan x=\tan(0+x)\approx\tan 0+(\tan x)'\big|_{x=0}x=(\sec^2 x)\big|_{x=0}x=x$$

(2)
$$\ln(1+x)\approx\ln 1+(\ln x)'\big|_{x=1}x=x$$

(3)
$$\frac{1}{1+x}\approx 1+\left(\frac{1}{x}\right)'\bigg|_{x=1}x=1-\frac{1}{x^2}\bigg|_{x=1}x=1-x$$

$$\tan 45' = \tan\left(45 \times \frac{\pi}{180 \times 60}\right) \approx 45 \times \frac{\pi}{180 \times 60} \approx 0.013\ 09, \quad \ln 1.002 \approx 0.002$$

10. 计算下列根式的近似值：

(1) $\sqrt[3]{996}$；　　　　(2) $\sqrt[6]{65}$.

解　令 $f(x) = \sqrt[n]{x}$，则

$$\sqrt[n]{1+x} = f(1+x) \approx f(1) + f'(x)\Big|_{x=1} x = f(1) + \frac{1}{n}x^{\frac{1}{n}-1}\Big|_{x=1} x = 1 + \frac{1}{n}x, \quad |x| < 1$$

即当 $|x|$ 较小时，有近似公式 $\sqrt[n]{1+x} \approx 1 + \frac{1}{n}x$.

(1)
$$\sqrt[3]{996} = \sqrt[3]{1\,000 - 4} = \sqrt[3]{1\,000 \times \left(1 - \frac{4}{1\,000}\right)} = 10\sqrt[3]{1 - \frac{4}{1\,000}} \approx$$
$$10 \times \left(1 - \frac{1}{3} \times \frac{4}{1\,000}\right) \approx 9.986\ 7$$

(2) $$\sqrt[6]{65} = \sqrt[6]{64+1} = \sqrt[6]{64 \times \left(1 + \frac{1}{64}\right)} = 2\sqrt[6]{1 + \frac{1}{64}} \approx 2 \times \left(1 + \frac{1}{6} \times \frac{1}{64}\right) \approx 2.005\ 2$$

*11. 计算球体体积时，要求精确度在 2% 以内．问这时测量直径 D 的相对误差不能超过多少？

解　球的体积 $V = \frac{1}{6}\pi D^3$，$\mathrm{d}V = \frac{1}{2}\pi D^2 \Delta D$，因为计算球体体积时，要求精度在 2% 以内，所以其相对误差不超过 2%，即要求

$$\frac{\Delta V}{V} \approx \left|\frac{\mathrm{d}V}{V}\right| = \left|\frac{\frac{1}{2}\pi D^2 \Delta D}{\frac{1}{6}\pi D^3}\right| \leqslant 2\%$$

由此推出，$\left|\frac{\Delta D}{D}\right| \leqslant \frac{2}{3}\%$，也就是说测量直径的相对误差不能超过 $\frac{2}{3}\%$.

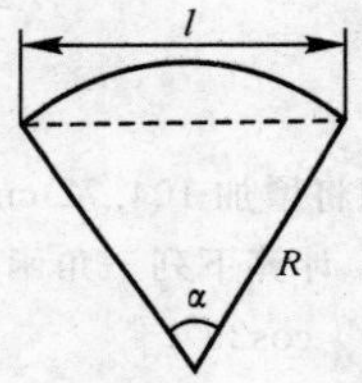

图　2.6

*12. 某厂生产如图 2.6 所示的扇形板，半径 $R = 200$ mm，要求中心角 α 为 55°. 产品检验时，一般用测量弦长 l 的办法来间接测量中心角 α. 如果测量弦长 l 时的误差 $\delta_l = 0.1$ mm，问由此而引起的中心角测量误差 δ_α 是多少？

解　因为 $\frac{l}{2} = R\sin\frac{\alpha}{2}$，所以

$$\alpha = 2\arcsin\frac{l}{2R} = 2\arcsin\frac{l}{400}$$

当 $\alpha = 55°$ 时，有

$$l = 2R\sin\frac{\alpha}{2} = 400\sin 27.5° \approx 184.7$$

$$\delta_\alpha \approx |\alpha_l'|\,\delta_l = \left|2 \times \frac{1}{\sqrt{1 - \left(\frac{l}{400}\right)^2}} \times \frac{1}{400}\right| \delta_l$$

当 $l = 184.7$，$\delta_l = 0.1$ 时，有

$$\delta_\alpha = 2\frac{1}{\sqrt{1 - \left(\frac{184.7}{400}\right)^2}} \times \frac{1}{400} \times 0.1 \approx 0.000\ 56 \text{ rad}$$

故引起中心角的误差为 $1'55''$.

（六）总习题二解答

1. 在"充分""必要"和"充分必要"三者中选择一个正确的填入下列空格内：

(1) $f(x)$ 在点 x_0 可导是 $f(x)$ 在点 x_0 连续的________条件．$f(x)$ 在点 x_0 连续是 $f(x)$ 在点 x_0 可导的

________条件.

(2) $f(x)$ 在点 x_0 的左导数 $f'_-(x_0)$ 及右导数 $f'_+(x_0)$ 都存在且相等是 $f(x)$ 在点 x_0 可导的________条件.

(3) $f(x)$ 在点 x_0 可导是 $f(x)$ 在点 x_0 可微的________条件.

答 (1) 充分;必要; (2) 充分必要; (3) 充分必要.

2. 设 $f(x)=x(x+1)(x+2)\cdots(x+n)(n\geqslant 2)$,则 $f'(0)=$ ________.

解
$$f'(0)=\lim_{x\to 0}\frac{f(x)-f(0)}{x-0}=\lim_{x\to 0}[(x+1)(x+2)\cdots(x+n)]=n!.$$

3. 选择下述题中给出的四个结论中一个正确的结论:

设 $f(x)$ 在 $x=a$ 的某个邻域内有定义,则 $f(x)$ 在 $x=a$ 处可导的一个充分条件是(　　).

A. $\lim\limits_{h\to+\infty}h\left[f\left(a+\frac{1}{h}\right)-f(a)\right]$ 存在　　B. $\lim\limits_{h\to 0}\frac{f(a+2h)-f(a-h)}{2h}$ 存在

C. $\lim\limits_{h\to 0}\frac{f(a+h)-f(a-h)}{2h}$ 存在　　D. $\lim\limits_{h\to 0}\frac{f(a)-f(a-h)}{h}$ 存在

答 选 D.

4. 设有一根细棒,取棒的一端作为原点,棒上任意点的坐标为 x,于是分布在区间 $[0,x]$ 上细棒的质量 m 是 x 的函数 $m=m(x)$. 应怎样确定细棒在点 x_0 处的线密度(对于均匀细棒来说,单位长度细棒的质量叫做细棒的线密度)?

解 在区间 $[x_0,x_0+\Delta x]$ 上的质量为
$$\Delta m=m(x_0+\Delta x)-m(x_0)$$
平均密度为
$$\bar{\rho}=\frac{\Delta m}{\Delta x}=\frac{m(x_0+\Delta x)-m(x_0)}{\Delta x}$$
因此,在点 x_0 处的线密度为
$$\rho=\lim_{\Delta x\to 0}\frac{\Delta m}{\Delta x}=\lim_{\Delta x\to 0}\frac{\ln(x_0+\Delta x)-m(x_0)}{\Delta x}=\left.\frac{\mathrm{d}m}{\mathrm{d}x}\right|_{x=x_0}$$

5. 根据导数的定义,求 $f(x)=\frac{1}{x}$ 的导数.

解
$$f'(x)=\lim_{\Delta x\to 0}\frac{f(x+\Delta x)-f(x)}{\Delta x}=\lim_{\Delta x\to 0}\frac{\frac{1}{x+\Delta x}-\frac{1}{x}}{\Delta x}=\lim_{\Delta x\to 0}\frac{\frac{-\Delta x}{(x+\Delta x)x}}{\Delta x}=-\frac{1}{x^2}$$

6. 求下列函数 $f(x)$ 的 $f'_-(0)$ 及 $f'_+(0)$,又 $f'(0)$ 是否存在?

(1) $f(x)=\begin{cases}\sin x, & x<0\\ \ln(1+x), & x\geqslant 0\end{cases}$;　　(2) $f(x)=\begin{cases}\frac{x}{1+\mathrm{e}^{\frac{1}{x}}}, & x\neq 0\\ 0, & x=0\end{cases}$.

解 (1)
$$f'_-(0)=\lim_{\Delta x\to 0^-}\frac{f(0+\Delta x)-f(0)}{\Delta x}=\lim_{\Delta x\to 0^-}\frac{\sin\Delta x}{\Delta x}=1$$
$$f'_+(0)=\lim_{\Delta x\to 0^+}\frac{f(0+\Delta x)-f(0)}{\Delta x}=\lim_{\Delta x\to 0^+}\frac{\ln(1+\Delta x)}{\Delta x}=1$$
由于 $f'_-(0)=f'_+(0)$,因此 $f'(0)$ 存在,且 $f'(0)=1$.

(2)
$$f'_-(0)=\lim_{\Delta x\to 0^-}\frac{f(0+\Delta x)-f(0)}{\Delta x}=\lim_{\Delta x\to 0^-}\frac{\frac{\Delta x}{1+\mathrm{e}^{\frac{1}{\Delta x}}}}{\Delta x}=1$$
$$f'_+(0)=\lim_{\Delta x\to 0^+}\frac{f(0+\Delta x)-f(0)}{\Delta x}=\lim_{\Delta x\to 0^+}\frac{\frac{\Delta x}{1+\mathrm{e}^{\frac{1}{\Delta x}}}}{\Delta x}=0$$
由于 $f'_-(0)\neq f'_+(0)$,因此 $f'(0)$ 不存在.

7. 讨论函数
$$f(x)=\begin{cases}x\sin\dfrac{1}{x}, & x\neq 0\\ 0, & x=0\end{cases}$$
在 $x=0$ 处的连续性与可导性．

解　因为 $\lim\limits_{x\to 0}f(x)=\lim\limits_{x\to 0}x\sin\dfrac{1}{x}=0=f(0)$，所以 $f(x)$ 在点 $x=0$ 处连续．

又因为 $\lim\limits_{\Delta x\to 0}\dfrac{f(0+\Delta x)-f(0)}{\Delta x}=\lim\limits_{\Delta x\to 0}\dfrac{\Delta x\sin\dfrac{1}{\Delta x}}{\Delta x}=\lim\limits_{\Delta x\to 0}\sin\dfrac{1}{\Delta x}$ 不存在，所以 $f(x)$ 在点 $x=0$ 处不可导．

8. 求下列函数的导数：

(1) $y=\arcsin(\sin x)$；　(2) $y=\arctan\dfrac{1+x}{1-x}$；

(3) $y=\ln\tan\dfrac{x}{2}-\cos x\ln\tan x$；　(4) $y=\ln(e^x+\sqrt{1+e^{2x}})$；

(5) $y=x^{\frac{1}{x}}(x>0)$.

解　(1)
$$y'=\frac{1}{\sqrt{1-\sin^2x}}(\sin x)'=\frac{\cos x}{\sqrt{1-\sin^2x}}=\frac{\cos x}{|\cos x|}$$

(2)
$$y'=\frac{1}{1+\left(\dfrac{1+x}{1-x}\right)^2}\left(\frac{1+x}{1-x}\right)'=\frac{(1-x)^2}{2(1+x^2)}\,\frac{2}{(1-x)^2}=\frac{1}{1+x^2}$$

(3)
$$y'=\frac{1}{\tan\dfrac{x}{2}}\sec^2\frac{x}{2}\times\frac{1}{2}+\sin x\ln\tan x-\frac{\cos x}{\tan x}\sec^2x=\sin x\ln\tan x$$

(4)
$$y'=\frac{1}{e^x+\sqrt{1+e^{2x}}}\left(e^x+\frac{2e^{2x}}{2\sqrt{1+e^{2x}}}\right)=\frac{e^x}{\sqrt{1+e^{2x}}}$$

(5)
$$y'=(e^{\frac{1}{x}\ln x})'=(e^{\frac{1}{x}\ln x})\left(\frac{\ln x}{x}\right)'=\sqrt[x]{x}\ \frac{1-\ln x}{x^2}$$

9. 求下列函数的二阶导数：

(1) $y=\cos^2x\ln x$；　(2) $y=\dfrac{x}{\sqrt{1-x^2}}$.

解　(1)
$$y'=-2\sin x\cos x\ln x+\frac{\cos^2x}{x}=-\sin 2x\ln x+\frac{\cos^2x}{x}$$
$$y''=-2\cos 2x\ln x-\frac{\sin 2x}{x}-\frac{\cos^2x}{x^2}-\frac{2\cos x\sin x}{x}=-2\cos 2x\ln x-\frac{2\sin 2x}{x}-\frac{\cos^2x}{x^2}$$

(2)
$$y'=[x(1-x^2)^{-\frac{1}{2}}]'=(1-x^2)^{-\frac{1}{2}}+x\left[-\frac{1}{2}(1-x^2)^{-\frac{3}{2}}(-2x)\right]=(1-x^2)^{-\frac{3}{2}}$$
$$y''=[(1-x^2)^{-\frac{3}{2}}]'=-\frac{3}{2}(1-x^2)^{-\frac{5}{2}}(-2x)=\frac{3x}{(1-x^2)^{\frac{5}{2}}}$$

*10. 求下列函数的 n 阶导数：

(1) $y=\sqrt[m]{1+x}$；　(2) $y=-\dfrac{1-x}{1+x}$.

解　(1)
$$y'=\frac{1}{m}(1+x)^{\frac{1}{m}-1}$$
$$y''=\frac{1}{m}\left(\frac{1}{m}-1\right)(1+x)^{\frac{1}{m}-2}$$
……
$$y^{(n)}=\frac{1}{m}\left(\frac{1}{m}-1\right)\cdots\left(\frac{1}{m}-n+1\right)(1+x)^{\frac{1}{m}-n}$$

(2) 由于 $y=-\dfrac{x-1}{x+1}=-1+2(x+1)^{-1}$，故

$$y^{(n)}=[-1+2(x+1)^{-1}]^{(n)}=2[(x+1)^{-1}]^{n}=2(-1)^{n}n!\ (x+1)^{-(n+1)}=2n!\ \frac{(-1)^{n}}{(x+1)^{n+1}}$$

11. 设函数 $y=y(x)$ 由方程 $e^{y}+xy=e$ 所确定，求 $y''(0)$.

解　方程 $e^{y}+xy=e$ 两边对 x 求导得

$$e^{y}y'+y+xy'=0 \quad ①$$

式 ① 两边再次对 x 求导得

$$e^{y}y'^{2}+e^{y}y''+2y'+xy''=0 \quad ②$$

由方程 $e^{y}+xy=e$ 知，当 $x=0$ 时，$y=1$，因而将 $x=0,y=1$ 代入式 ①，② 得

$$ey'(0)+1=0 \quad ③$$

$$e[y'(0)]^{2}+ey''(0)+2y'(0)=0 \quad ④$$

由式 ③ 得

$$y'(0)=-e^{-1}$$

由式 ④ 得

$$y''(0)=-e^{-1}2y'(0)+e[y'(0)]^{2}=-e^{-1}[2(-e^{-1})+e\cdot e^{-2}]=\frac{1}{e^{2}}$$

12. 求下列由参数方程所确定的函数的一阶导数 $\dfrac{dy}{dx}$ 及二阶导数 $\dfrac{d^{2}y}{dx^{2}}$.

(1) $\begin{cases}x=a\cos^{3}\theta\\ y=a\sin^{3}\theta\end{cases}$；　　(2) $\begin{cases}x=\ln\sqrt{1+t^{2}}\\ y=\arctan t\end{cases}$.

解　(1)

$$\frac{dy}{dx}=\frac{(a\sin^{3}\theta)'}{(a\cos^{3}\theta)'}=\frac{3a\sin^{2}\theta\cos\theta}{-3a\cos^{2}\theta\sin\theta}=-\tan\theta$$

$$\frac{d^{2}y}{dx^{2}}=\frac{d}{dx}\left(\frac{dy}{dx}\right)=\frac{(-\tan\theta)'}{(a\cos^{3}\theta)'}=\frac{-\sec^{2}\theta}{-3a\cos^{2}\theta\sin\theta}=\frac{1}{3a}\sec^{4}\theta\csc\theta$$

(2)

$$\frac{dy}{dx}=\frac{(\arctan t)'}{(\ln\sqrt{1+t^{2}})'}=\frac{\dfrac{1}{1+t^{2}}}{\dfrac{t}{1+t^{2}}}=\frac{1}{t}$$

$$\frac{d^{2}y}{dx^{2}}=\frac{d}{dx}\left(\frac{dy}{dx}\right)=\frac{\left(\dfrac{1}{t}\right)'}{(\ln\sqrt{1+t^{2}})'}=\frac{-\dfrac{1}{t^{2}}}{\dfrac{t}{1+t^{2}}}=-\frac{1+t^{2}}{t^{3}}$$

13. 求曲线 $\begin{cases}x=2e^{t}\\ y=e^{-t}\end{cases}$ 在点 $t=0$ 处的切线方程及法线方程.

解

$$\left.\frac{dy}{dx}\right|_{t=0}=\left.\frac{(e^{-t})'}{(2e^{t})'}\right|_{t=0}=-\frac{1}{2}$$

由于当 $t=0$ 时，$x=2,y=1$，故所求的切线方程为

$$y-1=-\frac{1}{2}(x-2),\quad 即\quad x+2y-4=0$$

法线方程为

$$y-1=2(x-2),\quad 即\quad 2x-y-3=0$$

14. 已知 $f(x)$ 是周期为 5 的连续函数，它在 $x=0$ 的某个邻域内满足关系式

$$f(1+\sin x)-3f(1-\sin x)=8x+o(x)$$

且 $f(x)$ 在 $x=1$ 处可导，求曲线 $y=f(x)$ 在点 $(6,f(6))$ 处的切线方程.

解　由 $f(x)$ 连续，令关系式两端 $x\to0$，取极限得

$$f(1)-3f(1)=0,\quad f(1)=0$$

又

$$\lim_{x\to0}\frac{f(1+\sin x)-3f(1-\sin x)}{x}=8$$

而

$$\lim_{x\to0}\frac{f(1+\sin x)-3f(1-\sin x)}{x}=\lim_{x\to0}\frac{f(1+\sin x)-3f(1-\sin x)}{\sin x}\cdot\lim_{x\to0}\frac{\sin x}{x}$$

$$\xlongequal{令 t=\sin x}\lim_{t\to 0}\frac{f(1+t)-3f(1-t)}{t}=\lim_{t\to 0}\frac{f(1+t)-f(1)}{t}+3\lim_{t\to 0}\frac{f(1-t)-f(1)}{-t}=4f'(1)$$

故 $f'(1)=2$.

由于 $f(x+5)=f(x)$，于是 $$f(6)=f(1)=0$$

$$f'(6)=\lim_{x\to 0}\frac{f(6+x)-f(6)}{x}=\lim_{x\to 0}\frac{f(1+x)-f(1)}{x}=f'(1)=2$$

因此，曲线 $y=f(x)$ 在点$(6,f(6))$即$(6,0)$处的切线方程为

$$y-0=2(x-6)$$

即 $$2x-y-12=0$$

15. 当正在高度 H 飞行的飞机开始向机场跑道下降时，如图 2.7 所示，从飞机到机场的水平地面距离为 L. 假设飞机下降的路径为三次函数 $y=ax^3+bx^2+cx+d$ 的图形，其中 $y|_{x=-L}=H$，$y|_{x=0}=0$. 试确定飞机的降落路径.

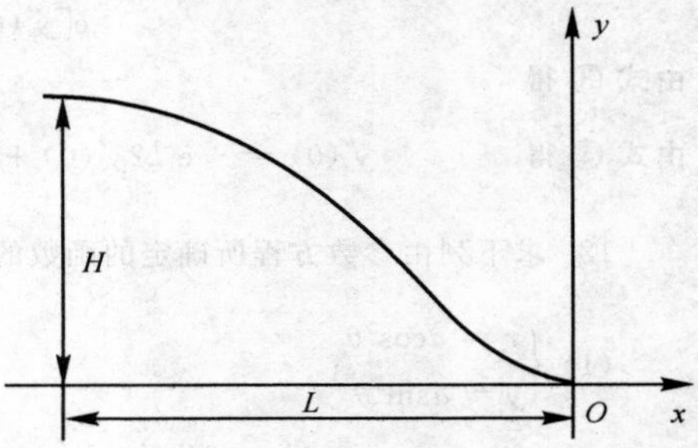

图 2.7

解 设立坐标系如图 2.7 所示. 根据题意，可知

$$y|_{x=0}=0,\Rightarrow d=0$$

$$y|_{x=-L}=H,\Rightarrow -aL^3+bL^2-cL=H$$

为使飞机平稳降落，尚需满足

$$y'|_{x=0}=0,\Rightarrow c=0$$

$$y'|_{x=-L}=0,\Rightarrow 3aL^2-2bL=0$$

解得 $a=\dfrac{2H}{L^3}$，$b=\dfrac{3H}{L^2}$，故飞机的降落路径为

$$y=H\left[2\left(\frac{x}{L}\right)^3+3\left(\frac{x}{L}\right)^2\right]$$

16. 甲船以 6 km/h 的速率向东行驶，乙船以 8 km/h 的速率向南行驶. 在中午十二点整，乙船位于甲船之北 16 km 处. 问下午一点整两船相离的速率为多少?

解 设从中午十二点开始，经过 t (h)，两船之间的距离为 s，则

$$s^2=(16-8t)^2+(6t)^2 \qquad ①$$

两边对 t 求导得 $$2s\frac{\mathrm{d}s}{\mathrm{d}t}=-16(16-8t)+72t \qquad ②$$

由式 ① 知，当 $t=1$ 时，$s=10$，故由式 ② 知

$$\left.\frac{\mathrm{d}s}{\mathrm{d}t}\right|_{t=1}=\frac{-128+72}{20}=-2.8\ (\mathrm{km/h})$$

即下午一点整两船相离的速率为 -2.8 km/h.

17. 利用函数的微分代替函数的增量求 $\sqrt[3]{1.02}$ 的近似值.

解 作函数 $y=\sqrt[3]{x}$，则 $\Delta y\approx y'(x_0)\Delta x$，故

$$y(x_0+\Delta x)\approx y(x_0)+y'(x_0)\Delta x$$

因此 $$\sqrt[3]{1.02}\approx\sqrt[3]{1}+\left.\left(\frac{1}{3}x^{-\frac{2}{3}}\right)\right|_{x=1}\times(0.02)=1.007$$

18. 已知单摆的振动周期 $T=2\pi\sqrt{\dfrac{l}{g}}$，其中 $g=980\ \mathrm{cm/s^2}$，l 为摆长(单位为 cm). 设原摆长为 20 cm，为使周期 T 增大 0.05 s，摆长约需加长多少?

解 由于 $\Delta T\approx \mathrm{d}T=\dfrac{\pi}{\sqrt{gT}}\Delta L$，则

$$\Delta L\approx\frac{\sqrt{gL}}{\pi}\Delta T=\sqrt{980\times 20}\,\pi\times 0.05\approx 2.23\ (\mathrm{cm})$$

故摆长约需加长 2.23 (cm).

五、模拟检测题

(一) 基础知识模拟检测题

1. 填空题

(1) 若 $f(t)=\lim\limits_{x\to\infty}t\left(1+\frac{1}{x}\right)^{2tx}$，则 $f'(x)=$ ________.

(2) 已知 $f'(3)=2$，则 $\lim\limits_{h\to 0}\frac{f(3-h)-f(3)}{2h}=$ ________.

(3) 设 $\begin{cases}x=1+t^2\\ y=\cos t\end{cases}$，则 $\frac{\mathrm{d}^2y}{\mathrm{d}x^2}=$ ________.

(4) 设 $y=\ln(1+3^{-x})$，则 $\mathrm{d}y=$ ________.

2. 选择题

(1) 设 $f(x)$ 在点 $x=a$ 处可导，则 $\lim\limits_{x\to 0}\frac{f(a+x)-f(a-x)}{x}$ 等于(　　).

A. $f'(a)$　　B. $2f'(a)$　　C. 0　　D. $f'(2a)$

(2) 若函数 $y=f(x)$ 有 $f'(x_0)=\frac{1}{2}$，则当 $\Delta x\to 0$ 时，该函数在点 $x=x_0$ 处的微分是(　　).

A. 与 Δx 等价的无穷小　　B. 与 Δx 同阶的无穷小

C. 与 Δx 低阶的无穷小　　D. 与 Δx 高阶的无穷小

(3) 设 $f(x)$ 是连续函数，且 $F(x)=\int_x^{e^{-x}}f(t)\mathrm{d}t$，则 $F'(x)=$(　　).

A. $-e^{-x}f(e^{-x})-f(x)$　　B. $-e^{-x}f(e^{-x})+f(x)$

C. $e^{-x}f(e^{-x})-f(x)$　　D. $e^{-x}f(e^{-x})+f(x)$

(4) 设 $f(x)=\begin{cases}\frac{2}{3}x^3, & x\leqslant 1\\ x^2, & x>1\end{cases}$，则 $f(x)$ 在 $x=1$ 处的(　　).

A. 左右导数都存在　　B. 左导数存在，但右导数不存在

C. 左导数不存在，但右导数存在　　D. 左、右导数都不存在

(5) 设 $f(x)=3x^3+x^2|x|$，则使 $f^{(n)}(0)$ 存在的最高阶数 n 为(　　).

A. 0　　B. 1　　C. 2　　D. 3

3. 计算题

(1) 求函数 $y=\frac{1}{x^2-3x+2}$ 的 n 阶导数.

(2) 求由方程 $y^3=x^2+xy+y^2$ 确定的隐函数 $y(x)$ 的导数 $y'(x)$.

(3) 设 $f(x)$ 二阶可导，求 $y=f(\cos x)$ 的二阶导数.

(4) 设 $f(x)=\begin{cases}x^2-1, & x>2\\ ax+b, & x\leqslant 2\end{cases}$，其中 a,b 为常数，$f'(2)$ 存在，求 a,b 及 $f'(2)$.

(5) 试确定 a 的值，使两曲线 $y=ax^2$ 与 $y=\ln x$ 相切.

(二) 考研模拟训练题

1. 填空题

(1) 设函数 $y=f(x)$ 由方程 $xy+2\ln x=y^4$ 所确定，则曲线 $y=f(x)$ 在点(1,1)处的切线方程是 ________.

(2) 设 $f(x)=\begin{cases}x^{\lambda}\cos\dfrac{1}{x}, & x\neq 0\\ 0, & x=0\end{cases}$,其导函数在点 $x=0$ 处连续,则 λ 的取值范围是________.

(3) 已知曲线 $y=x^3-3a^2x+b$ 与 x 轴相切,则 b^2 可以通过 a 表示为________.

(4) 已知函数 $y=y(x)$ 由方程 $e^y+6xy+x^2-1=0$ 确定,则 $\dfrac{dy}{dx}=$ ________.

(5) 设 $f(t)=\lim\limits_{x\to\infty}t\left(\dfrac{x+t}{x-t}\right)^x$,则 $f'(t)=$ ________.

2. 选择题

(1) 设函数 $f(u)$ 可导,$y=f(x^2)$,当自变量 x 在 $x=-1$ 处取得增量 $\Delta x=-0.1$ 时,相应的函数增量 Δy 的线性主部为 0.1,则 $f'(1)=$(　　).

A. -1　　B. 0.1　　C. 1　　D. 0.5

(2) 设 $f(0)=0$,则 $f(x)$ 在点 $x=0$ 处可导的充分必要条件为(　　).

A. $\lim\limits_{h\to 0}\dfrac{1}{h^2}f(1-\cos h)$ 存在　　B. $\lim\limits_{h\to 0}\dfrac{1}{h}f(1-e^h)$ 存在

C. $\lim\limits_{h\to 0}\dfrac{1}{h^2}f(h-\sin h)$ 存在　　D. $\lim\limits_{h\to 0}\dfrac{1}{h}[f(2h)-f(h)]$

(3) 函数 $f(x)=(x^2-x-2)\,|x^3-x|$ 不可导点的个数是(　　).

A. 3　　B. 2　　C. 1　　D. 0

(4) 设 $f(x)$ 可导,$F(x)=f(x)(1+|\sin x|)$,则 $f(0)=0$ 是 $F(x)$ 在点 $x=0$ 处可导的(　　).

A. 充分必要条件　　B. 充分但非必要条件

C. 必要但非充分条件　　D. 既非充分又非必要条件

(5) 设 $f(x)=\begin{cases}\dfrac{1-\cos x}{\sqrt{x}}, & x>0\\ x^2g(x), & x\leqslant 0\end{cases}$,其中 $g(x)$ 是有界函数,则 $f(x)$ 在 $x=0$ 处(　　).

A. 极限不存在　　B. 极限存在,但不连续

C. 连续,但不可导　　D. 可导

3. 计算题

(1) 设函数 $y=y(x)$ 由方程 $y-xe^y=1$ 所确定,求 $\left.\dfrac{d^2y}{dx^2}\right|_{x=0}$ 的值.

(2) 求曲线 $y=\arctan x$ 在横坐标为 1 的点处的切线方程和法线方程.

(3) 设函数 $f(x)$ 在点 $x=0$ 处连续,试求函数 $F(x)=xf(x)$ 在点 $x=0$ 处的微分.

(4) 设 $f(x)=\begin{cases}2e^x+a, & x<0\\ x^2+bx+1, & x\geqslant 0\end{cases}$,问 a,b 为何值时 $f(x)$ 在点 $x=0$ 处可导?

六、模拟检测题答案与提示

(一) 基础知识模拟检测题答案与提示

1. 填空题

(1) $e^{2t}(1+2t)$　　(2) -1　　(3) $\dfrac{\sin t-t\cos t}{4t^3}$　　(4) $-\dfrac{3^{-x}\ln 3}{1+3^{-x}}dx$

2. 选择题

(1) B　(2) B　(3) A　(4) B　(5) C

3. 计算题

(1) $y^{(n)}=(-1)^n n!\left[\frac{1}{(x-2)^{n+1}}-\frac{1}{(x-1)^{n+1}}\right]$

(2) $y'=\frac{2x+y}{3y^2-x-2y}$

(3) $y''(x)=f''(\cos x)\sin^2 x-f'(\cos x)\cos x$

(4) $a=4,\ b=-5,\ f'(2)=4$

(5) $a=\frac{1}{2\mathrm{e}}$

(二) 考研模拟训练题答案与提示

1. 填空题

(1) $x-y=0$.　(2) $\lambda>2$.　(3) $4a^6$.　(4) $-\frac{2x+6y}{6x+\mathrm{e}^y}$　(5) $(1+2t)\mathrm{e}^{2t}$.

2. 选择题

(1) D.　(2) B.　(3) B.　(4) A.　(5) D.

3. 计算题

(1) 方程两边对 x 求导得

$$y'-\mathrm{e}^y-x\mathrm{e}^y y'=0$$

两边再对 x 求导得

$$y''-\mathrm{e}^y y'-\mathrm{e}^y y'-x\mathrm{e}^y y'^2-x\mathrm{e}^y y''=0$$

因为 $x=0$ 时，$y=1$，则

$$y'|_{x=0}=\mathrm{e},\quad y''|_{x=0}=2\mathrm{e}^2$$

(2) 切线方程为

$$y-\frac{\pi}{4}=\frac{1}{2}(x-1)$$

法线方程为

$$y-\frac{\pi}{4}=-2(x-1)$$

(3) $F'(0)=\lim\limits_{x\to 0}\frac{F(x)-F(0)}{x-0}=\lim\limits_{x\to 0}\frac{xf(x)}{x}=\lim\limits_{x\to 0}f(x)=f(0)$，$\mathrm{d}F|_{x=0}=f(0)\mathrm{d}x$.

(4) 由 $f(x)$ 在 $x=0$ 连续得

$$\lim_{x\to 0^-}f(x)=\lim_{x\to 0^+}f(x)=f(0)$$

即 $a+2=1$，得 $a=-1$.

由 $f(x)$ 在 $x=0$ 可导得

$$f_-'(0)=f_+'(0)$$

$$f_-'(0)=\lim_{x\to 0^-}\frac{(2\mathrm{e}^x+a)-1}{x}=\lim_{x\to 0^+}\frac{2(\mathrm{e}^x-1)}{x}=2$$

$$f_+'(0)=\lim_{x\to 0^+}\frac{(x^2+bx+1)}{x}=b$$

故 $b=2$.

第 3 章　中值定理与导数的应用

一、本章小结

(一)本章小结

1. 中值定理

罗尔定理:若函数 $f(x)$ 在$[a,b]$连续,在(a,b)可导,且 $f(a)=f(b)$,则存在 $\xi\in(a,b)$,使

$$f'(\xi)=0$$

拉格朗日中值定理:若函数 $f(x)$ 在$[a,b]$连续,在(a,b)可导,则存在 $\xi\in(a,b)$,使

$$f(b)-f(a)=f'(\xi)(b-a)$$

柯西中值定理:若函数 $f(x)$ 及 $F(x)$ 在$[a,b]$连续,在(a,b)可导,且 $F'(x)$ 在(a,b)的每一点均不为零,则存在 $\xi\in(a,b)$,使

$$\frac{f(b)-f(a)}{F(b)-F(a)}=\frac{f'(\xi)}{F'(\xi)}$$

罗尔定理、拉格朗日中值定理和柯西中值定理有相同的几何背景,在处处有切线存在的连续曲线弧段$\overset{\frown}{AB}$上,至少有一点,其切线平行于弦 AB. 这三个中值定理中,应用最广泛的是拉格朗日中值定理,它具有如下几种形式:

(1) $\dfrac{f(b)-f(a)}{b-a}=f'(\xi)$, ξ 在 a 与 b 之间;

(2) $f(b)-f(a)=f'(\xi)(b-a)$, ξ 在 a 与 b 之间;

(3) $f(x+\Delta x)=f(x)+f'(\xi)\Delta x$, ξ 在 x 与 $x+\Delta x$ 间;或 $f(x+\Delta x)=f(x)+f'(x+\theta\Delta x)\Delta x$, $0<\theta<1$.

不难看出,拉格朗日中值定理是罗尔定理的推广,柯西中值定理是拉格朗日中值定理的推广. 这三个定理将函数在区间端点处的函数值与区间中某一点的导数联系起来,它们统称为微分学中值定理. 尽管它们只表明了 ξ 的存在性,而没有给出 ξ 在区间的具体位置,但仍然具有重要的理论意义和应用价值. 以它们为桥梁,才可以用导数来研究函数的各种性态.

2. 洛必达法则

设函数 $f(x)$, $g(x)$ 满足:

(1) $\lim\limits_{x\to x_0}f(x)=0$, $\lim\limits_{x\to x_0}g(x)=0$ (或 $\lim\limits_{x\to x_0}f(x)=\infty$, $\lim\limits_{x\to x_0}g(x)=\infty$);

(2) 在 x_0 的某去心邻域内, $f'(x)$, $g'(x)$ 存在,且 $g'(x)\neq 0$;

(3) $\lim\limits_{x\to x_0}\dfrac{f'(x)}{g'(x)}$ 存在(或为 ∞).

则
$$\lim_{x\to x_0}\frac{f(x)}{g(x)}=\lim_{x\to x_0}\frac{f'(x)}{g'(x)}$$

当 $x\to\infty$ 时,对于$\dfrac{0}{0}$型或$\dfrac{\infty}{\infty}$型未定式,有类似于上面的结论: $\lim\limits_{x\to\infty}\dfrac{f(x)}{g(x)}=\lim\limits_{x\to\infty}\dfrac{f'(x)}{g'(x)}$.

洛必达法则专门用来处理$\dfrac{0}{0}$型或$\dfrac{\infty}{\infty}$型未定式的定值问题,其他形式的未定式应通过恒等变形化成$\dfrac{0}{0}$型或$\dfrac{\infty}{\infty}$型未定式.

对于幂指函数的极限,利用取对数的方法作恒等变形,是非常重要的方法,应该掌握. 例如,求

$\lim f(x)^{g(x)}$（其中 $f(x)>0$），令 $y=f(x)^{g(x)}$，取对数得

$$\ln y=g(x)\ln f(x)$$

从而

$$\lim\ln y=\lim g(x)\ln f(x)$$

这样可将 1^{∞}，∞^{0}，0^{0} 型未定式化成 $0\cdot\infty$ 未定式，而 $0\cdot\infty$ 未定式很容易化成 $\frac{0}{0}$ 型或 $\frac{\infty}{\infty}$ 型未定式．

3. 泰勒公式

泰勒中值定理：设 $f(x)$ 在含有 x_0 的某个开区间 (a,b) 有直到 $n+1$ 阶导数，则当 $x\in(a,b)$ 时，有

$$f(x)=f(x_0)+f'(x_0)(x-x_0)+\frac{f''(x_0)}{2!}(x-x_0)^2+\cdots+\frac{f^{(n)}(x_0)}{n!}(x-x_0)^n+R_n(x)$$

此式叫泰勒公式，其中 $R_n(x)=\dfrac{f^{(n+1)}(\xi)}{(n+1)!}(x-x_0)^{n+1}$，$\xi$ 在 x_0 与 x 之间．

注　(1) 罗尔定理、拉格朗日中值定理、柯西中值定理及泰勒中值定理之间有下列关系：

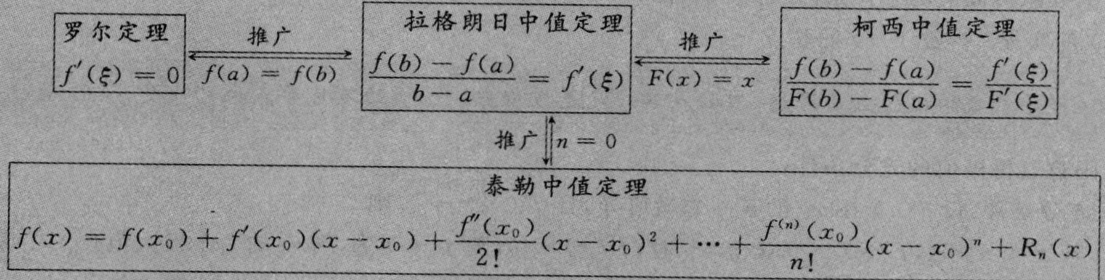

(2) 在泰勒公式中，若 $x_0=0$，则得麦克劳林公式：

$$f(x)=f(0)+f'(0)x+\frac{f''(0)}{2!}x^2+\cdots+\frac{f^{(n)}(0)}{n!}x^n+R_n(x)$$

(3) 余项 $R_n(x)$ 有以下几种形式：

① $R_n(x)=o[(x-x_0)^n]$ 叫做皮亚诺型余项；

② $R_n(x)=\dfrac{f^{(n+1)}(\xi)}{(n+1)!}(x-x_0)^{n+1}$（$\xi$ 在 x_0 与 x 间）$=\dfrac{f^{(n+1)}(x_0+\theta(x-x_0))}{(n+1)!}(x-x_0)^{n+1}$，　$0<\theta<1$ 叫做拉格朗日型余项．

(4) 几个常用函数的带拉格朗日型余项的麦克劳林公式：

① $e^x=1+x+\dfrac{1}{2!}x^2+\cdots+\dfrac{1}{n!}x^n+\dfrac{e^{\theta x}}{(n+1)!}$，　$0<\theta<1$

② $\sin x=x-\dfrac{1}{3!}x^3+\dfrac{1}{5!}x^5-\cdots+(-1)^n\dfrac{x^{2n+1}}{(2n+1)!}+\dfrac{\sin\left(\theta x+\frac{2n+3}{2}\pi\right)}{(2n+3)!}x^{2n+3}$，　$0<\theta<1$

③ $\cos x=1-\dfrac{1}{2!}x^2+\dfrac{1}{4!}x^4-\cdots+(-1)^n\dfrac{x^{2n}}{(2n)!}+\dfrac{\cos\left(\theta x+\frac{2n+2}{2}\pi\right)}{(2n+2)!}x^{2n+2}$，　$0<\theta<1$

④ $\ln(1+x)=x-\dfrac{1}{2}x^2+\dfrac{1}{3}x^3-\cdots+(-1)^{n-1}\dfrac{1}{n}x^n+\dfrac{(-1)^n}{(n+1)(1+\theta x)^{n+1}}x^{n+1}$，　$0<\theta<1$

⑤ $(1+x)^m=1+mx+\dfrac{m(m-1)}{2!}x^2+\cdots+\dfrac{m(m-1)(m-2)\cdots(m-n+1)}{n!}x^n+$

$$\frac{m(m-1)(m-2)\cdots(m-n)}{(n+1)!}(1+\theta x)^{m-n-1}x^{n+1},\quad m>0,\ 0<\theta<1$$

4. 函数单调性的判定法

(1) 函数单调性的判定法：设 $y=f(x)$ 在 $[a,b]$ 连续，在 (a,b) 可导，则

(ⅰ) 若 $x\in(a,b)$ 时，$f'(x)>0$，则 $y=f(x)$ 在 $[a,b]$ 单增；

(ⅱ) 若 $x\in(a,b)$ 时，$f'(x)<0$，则 $y=f(x)$ 在 $[a,b]$ 单减.

注 ① 在上述条件中，若仅有有限个点使 $f'(x)=0$，则结论仍然成立.

② 上述结论对于任何区间都成立.

(2) 函数单调区间的确定方法：设 $y=f(x)$ 在定义区间 I 连续，且至多有有限个不可导点和驻点．用 $f(x)$ 的不可导点和驻点划分 $f(x)$ 的定义区间 I 为若干部分区间，判定各部分区间内 $f'(x)$ 的符号，就可确定出 $f(x)$ 的单调区间．

5. 函数极值及其求法

(1) 极值的概念：设 $f(x)$ 在 (a,b) 有定义，$x_0\in(a,b)$，若存在 x_0 的一个去心邻域 $U(\hat{x}_0,\delta)\subset(a,b)$，使当 $x\in U(\hat{x}_0,\delta)$ 时，有 $f(x)<f(x_0)$（或 $f(x)>f(x_0)$），则称 $f(x_0)$ 是 $f(x)$ 的一个极大值（或极小值），称 x_0 为 $f(x)$ 的一个极大值点（或极小值点），极大值与极小值统称为极值，极大值点与极小值点统称为极值点．

(2) 函数取得极值的必要条件：若 $f(x)$ 在 x_0 可导，且在 x_0 取得极值，则 $f'(x_0)=0$. 使 $f'(x)=0$ 的点（即 $f'(x)$ 的实根）叫做 $f(x)$ 的驻点．

注 可导函数的极值点是驻点，但驻点不一定是极值点；$f(x)$ 的不可导点也可能是 $f(x)$ 的极值点．

(3) 函数取得极值的充分条件：

第一充分条件：设 $f(x)$ 在 x_0 的某一邻域可导，且 $f'(x_0)=0$，则

(ⅰ) 若 $x<x_0$ 时，$f'(x)>0$；$x>x_0$ 时，$f'(x)<0$，则 $f(x_0)$ 为 $f(x)$ 的一个极大值；

(ⅱ) 若 $x<x_0$ 时，$f'(x)<0$；$x>x_0$ 时，$f'(x)>0$，则 $f(x_0)$ 为 $f(x)$ 的一个极小值．

第二充分条件：设 $f(x)$ 在 x_0 具有二阶导数，且 $f'(x_0)=0$，$f''(x_0)\neq 0$，则

(ⅰ) 当 $f''(x_0)<0$ 时，$f(x_0)$ 为 $f(x)$ 的一个极大值；

(ⅱ) 当 $f''(x_0)>0$ 时，$f(x_0)$ 为 $f(x)$ 的一个极小值．

6. 函数的最值及其求法

(1) 若 $f(x)$ 在 $[a,b]$ 连续，则 $f(x)$ 的最值点肯定在不可导点、驻点和区间端点这三类点中．只要求出这些点的函数值，然后比较大小即可．

(2) 若 x_0 为 $f(x)$ 在区间 I 的唯一极值点，则当 $f(x_0)$ 为 $f(x)$ 的极大值时，$f(x_0)$ 也为 $f(x)$ 在区间 I 的最大值；当 $f(x_0)$ 为 $f(x)$ 的极小值时，$f(x_0)$ 也为 $f(x)$ 在区间 I 的最小值．

(3) 实际问题中，往往根据问题的性质就可以断定可导函数 $f(x)$ 确有最大值或最小值，而且一定在区间 I 的内部取得．此时，若 x_0 为 $f(x)$ 在区间 I 的唯一驻点，则不必讨论 $f(x_0)$ 是否为极值，就可以断定 $f(x_0)$ 是极大值或极小值．

7. 曲线的凹凸性与拐点

(1) 曲线的凹凸性概念：设 $f(x)$ 在 $[a,b]$ 连续，若任给 $x_1,x_2\in(a,b)$，恒有

$$f\left(\frac{x_1+x_2}{2}\right)<\frac{1}{2}[f(x_1)+f(x_2)]$$

则称 $y=f(x)$ 在 $[a,b]$ 的图形是凹的；若任给 $x_1,\ x_2\in(a,b)$，恒有

$$f\left(\frac{x_1+x_2}{2}\right)>\frac{1}{2}[f(x_1)+f(x_2)]$$

则称 $y=f(x)$ 在 $[a,b]$ 的图形是凸的．

曲线的凹弧与凸弧的分界点叫做曲线的拐点．

(2) 曲线凹凸的判定定理：设 $f(x)$ 在 $[a,b]$ 连续，在 (a,b) 二阶可导，则

(ⅰ) 若 $x\in(a,b)$ 时，$f''(x)>0$，则 $y=f(x)$ 的图形在 $[a,b]$ 是凹的；

(ⅱ) 若 $x\in(a,b)$ 时，$f''(x)<0$，则 $y=f(x)$ 的图形在 $[a,b]$ 是凸的．

8. 曲线的渐近线

(1) 水平渐近线：若 $\lim\limits_{x\to\infty} f(x)=C$（或 $\lim\limits_{x\to+\infty} f(x)=C$，或 $\lim\limits_{x\to-\infty} f(x)=C$），则 $y=C$ 为曲线 $y=f(x)$ 的一条水平渐近线．

(2) 垂直渐近线：若 $\lim\limits_{x\to x_0} f(x)=\infty$，则 $x=x_0$ 是曲线 $y=f(x)$ 的一条垂直渐近线．

(3) 斜渐近线：若 $\lim\limits_{x\to\infty}\dfrac{f(x)}{x}=a$，且 $\lim\limits_{x\to\infty}[f(x)-ax]=b$ 也存在（或 $\lim\limits_{x\to+\infty}[f(x)-ax]=b$ 存在，或 $\lim\limits_{x\to-\infty}[f(x)-ax]=b$ 存在），则直线 $y=ax+b$ 为曲线 $y=f(x)$ 的一条斜渐近线．

9. 函数作图的步骤

(1) 确定函数的定义域、间断点、奇偶性及周期性等．

(2) 求出 $f'(x)=0$ 的点及 $f'(x)$ 不存在的点；求出 $f''(x)=0$ 的点及 $f''(x)$ 不存在的点．

(3) 用(2)中求出的点划分 $f(x)$ 的定义域，通过列表分析 $f'(x)$ 与 $f''(x)$ 的正负号，确定 $f(x)$ 的增减区间、极点值、凹凸区间、拐点．

(4) 确定 $y=f(x)$ 的水平渐近线、垂直渐近线和斜渐近线．

(5) 作图（可补充一些特殊点，如曲线与坐标轴的交点等）．

10. 弧微分与曲率

(1) 弧微分公式：设平面曲线 L 是光滑曲线，则 $\mathrm{d}s=\sqrt{(\mathrm{d}x)^2+(\mathrm{d}y)^2}$．

若 L：$y=f(x)$，则 $\mathrm{d}s=\sqrt{1+(f'(x))^2}\,\mathrm{d}x$；

若 L：$x=x(t)$，$y=y(t)$，则 $\mathrm{d}s=\sqrt{(x'(t))^2+(y'(t))^2}\,\mathrm{d}t$．

(2) 平均曲率：$\overline{K}=\left|\dfrac{\Delta\alpha}{\Delta s}\right|$ 叫做弧段 $\overset{\frown}{MM'}$ 的平均曲率，如图 3.1 所示．

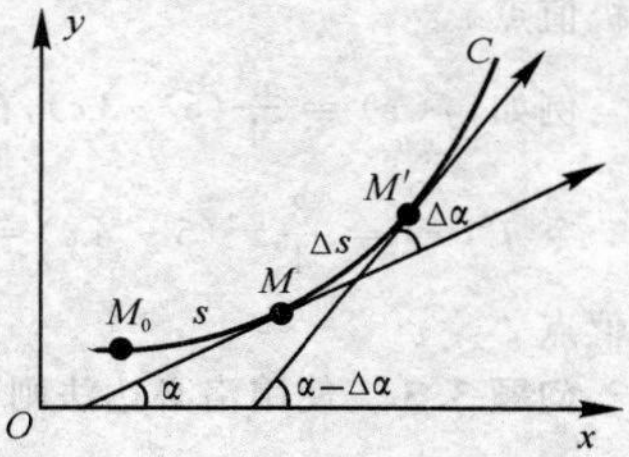

图 3.1

(3) 曲率：$K=\lim\limits_{\Delta s\to 0}\left|\dfrac{\Delta\alpha}{\Delta s}\right|=\left|\dfrac{\mathrm{d}\alpha}{\mathrm{d}s}\right|$ 叫做曲线 C 在点 M 处的曲率．

(4) 曲线 $y=f(x)$ 在点 (x,y) 处的曲率计算公式为

$$K=\frac{|y''|}{(1+y'^2)^{\frac{3}{2}}}$$

（二）基本要求

(1) 深刻理解罗尔定理、拉格朗日中值定理、柯西中值定理和泰勒中值定理，会利用微分中值定理做一些证明题．

(2) 熟练掌握洛必达法则．

(3) 掌握函数单调性的判定法．

(4) 理解函数极值的概念，并掌握其求法．

(5) 理解函数最值的概念，并掌握其求法．能解决较简单的最值应用问题．

(6) 理解曲线凹凸性和拐点的概念，会判断曲线的凹凸性，会求拐点．

(7) 能描绘函数的图形（包括渐近线）．

(8) 知道弧微分概念，并会求弧微分．

(9) 了解曲率、曲率半径的概念．

（三）重点与难点

重点：微分中值定理的应用；洛必达法则；函数最值及其求法．

难点：微分中值定理的应用；泰勒公式．

二、释疑解难

问题3.1 罗尔定理中"函数 $f(x)$ 在闭区间 $[a,b]$ 连续，在开区间 (a,b) 可导"这两个条件，是否可以合并成"函数 $f(x)$ 在闭区间 $[a,b]$ 可导"这一个条件，这样不是更简便吗？

答 $f(x)$"在 $[a,b]$ 可导"不仅包含了 $f(x)$"在 $[a,b]$ 连续，在 (a,b) 可导"，而且包含了 $f'_+(a)$ 与 $f'_-(b)$ 都存在．这样，条件增强了，必然引起罗尔定理适用范围的缩小．例如，$f(x)=\sqrt{1-x^2}$ 满足"在 $[-1,1]$ 连续，在 $(-1,1)$ 可导"，$f(-1)=f(1)=0$，于是，存在 $\xi\in(-1,1)$，使得

$$f'(\xi)=-\frac{x}{\sqrt{1-x^2}}\bigg|_{x=\xi}=-\frac{\xi}{\sqrt{1-\xi^2}}=0$$

可以看出，$\xi=0\in(-1,1)$．但是，$f(x)=\sqrt{1-x^2}$ 在 $x=\pm1$ 不可导，不满足"在 $[-1,1]$ 可导"．

在进行数学研究时，应力求将命题的条件减弱，以扩大其适应范围．

问题3.2 罗尔定理的结论为存在 $\xi\in(a,b)$，使 $f'(\xi)=0$，那么，ξ 是否一定是 $f(x)$ 的极值点？

答 如图3.2所示，罗尔定理结论中的 ξ，在 (a,b) 可以有多个，其中有的 ξ 可以是 $f(x)$ 的极值点，有的 ξ 可以不是 $f(x)$ 的极值点．

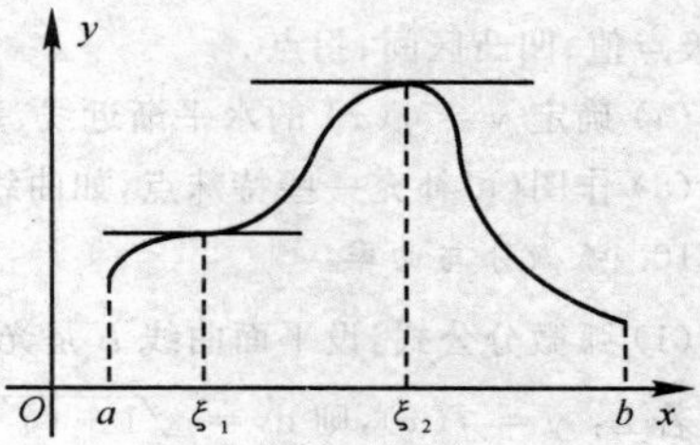

图 3.2

例如，$f(x)=\frac{x^3}{4}(5-3x)$，在 $[-1,2]$ 满足罗尔定理的条件．令 $f'(x)=\frac{3}{4}x^2(5-4x)=0$，得 $\xi_1=0$，$\xi_2=\frac{5}{4}$．$\xi_1=0$ 不是 $f(x)$ 的极值点，$\xi_2=\frac{5}{4}$ 是 $f(x)$ 的极大值点．

问题3.3 使用洛必达法则可很快求得

$$\lim_{x\to0}\frac{\sin x}{x}=\lim_{x\to0}\frac{\cos x}{1}=1$$

$$\lim_{x\to\infty}\left(1+\frac{1}{x}\right)^x=e^{\lim\limits_{x\to\infty}\frac{\ln\left(1+\frac{1}{x}\right)}{\frac{1}{x}}}=e^{\lim\limits_{x\to\infty}\frac{x}{1+x}}=e$$

如果以此替代两个重要极限的证明，可以吗？

答 不可以．由于在使用洛必达法则时，所用的导数公式 $(\sin x)'=\cos x$，$(\ln x)'=\frac{1}{x}$ 都是在这两个重要极限的基础上建立起来的，如果要用洛必达法则证明这两个重要极限，就犯了逻辑上循环论证的错误．

问题3.4 任何 $\frac{0}{0}$ 或 $\frac{\infty}{\infty}$ 型未定式都可用洛必达法则求极限吗？

答 不一定．由于使用洛必达法则必须满足三个条件，而 $\frac{0}{0}$ 或 $\frac{\infty}{\infty}$ 型不定式未必都满足三个条件．例如，$\lim\limits_{x\to0}\frac{x^2\sin\frac{1}{x}}{\sin x}$ 是 $\frac{0}{0}$ 型未定式，但是 $\lim\limits_{x\to0}\frac{\left(x^2\sin\frac{1}{x}\right)'}{(\sin x)'}=\lim\limits_{x\to0}\frac{2x\sin\frac{1}{x}-\cos\frac{1}{x}}{\cos x}$ 不存在，不满足洛必达法则的第三个条件，所以不能用洛必达法则．

正确方法为 $$\lim_{x\to0}\frac{x^2\sin\frac{1}{x}}{\sin x}\xlongequal{\sin x\sim x}\lim_{x\to0}\frac{x^2\sin\frac{1}{x}}{x}=\lim_{x\to0}x\sin\frac{1}{x}=0$$

另外，使用洛必达法则时，可能会出现循环情形，从而无法求出极限．例如

$$\lim_{x\to+\infty}\frac{\sqrt{1+x^2}}{x}=\lim_{x\to+\infty}\frac{\frac{1}{2}\frac{2x}{\sqrt{1+x^2}}}{1}=\lim_{x\to+\infty}\frac{x}{\sqrt{1+x^2}}=\lim_{x\to+\infty}\frac{1}{\frac{1}{2}\frac{2x}{\sqrt{1+x^2}}}=\lim_{x\to+\infty}\frac{\sqrt{1+x^2}}{x}$$

正确方法为
$$\lim_{x\to+\infty}\frac{\sqrt{1+x^2}}{x}=\lim_{x\to+\infty}\sqrt{\frac{1}{x^2}+1}=1$$

应该强调的是，一般做题时不可能在验证满足洛必达法则的条件 ③ 之后再进行，若满足洛必达法则的条件 ①，② 便可使用洛必达法则．此时，若求出极限或极限为 ∞，则可得出结论；若求不出极限或极限不存在，则对此问题洛必达法则失效，应换其他方法．

问题 3.5 数列极限可以直接用洛必达法则求吗？

答 不可以．因为数列没有导数，所以不能直接用洛必达法则求数列的极限．但对于 $\frac{0}{0}$ 和 $\frac{\infty}{\infty}$ 型的数列极限可以间接地用洛必达法则来求．

例如，求 $\lim\limits_{n\to\infty}\frac{\ln n}{n}$. 因为 $\lim\limits_{x\to+\infty}\frac{\ln x}{x}=\lim\limits_{x\to+\infty}\frac{1}{x}=0$，所以根据数列极限与函数极限的关系可得 $\lim\limits_{n\to\infty}\frac{\ln n}{n}=0$.

为了运算方便，可以将数列极限 $\lim\limits_{n\to\infty}f(n)$ 作为函数极限 $\lim\limits_{x\to+\infty}f(x)$ 的特殊情形来求．因为计算函数极限 $\lim\limits_{x\to+\infty}f(x)$ 的方法较多(如等价无穷小代换，洛必达法则等)，所以，这样处理可带来计算上极大的方便．

问题 3.6 若函数 $f(x)$ 在区间 (a,b) 内有 $f'(x)\geqslant 0$(或 $f'(x)\leqslant 0$)，其中使等号成立的只有有限个孤立点 x_k，即 $f'(x_k)=0$. 问这时能判定 $f(x)$ 在 (a,b) 是单调递增(或减)吗？

答 能断定 $f(x)$ 在 (a,b) 是单调递增(或减). 证明如下：

设 $x^*<x^{**}$ 为 (a,b) 中任意两点，则在 $[x^*,x^{**}]$ 只有有限个点 $x_1,x_2,\cdots,x_n$ 使 $f'(x_k)=0$，其余点处均为 $f'(x)>0$，从而在 $[x^*,x_1]$，$[x_1,x_2]$，$\cdots$，$[x_n,x^{**}]$ 上 $f(x)$ 均单调递增，故
$$f(x^*)<f(x_1)<f(x_2)<\cdots<f(x_n)<f(x^{**})$$
可见，对于 (a,b) 中任意两点 $x^*<x^{**}$，必有 $f(x^*)<f(x^{**})$，因此 $f(x)$ 在 (a,b) 单调递增．

当 $f'(x)\leqslant 0$ 时的情形可同理证明．

问题 3.7 如果 $f'(x_0)=0$，$f(x)$ 是否一定在点 x_0 取得极值？反之，如果 $f(x)$ 在 x_0 取得极值，是否一定有 $f'(x_0)=0$？

答 在 $f'(x_0)=0$ 的点 x_0 处，$f(x)$ 不一定取得极值．例如，$f(x)=x^3$，$f'(0)=3x^2\big|_{x=0}=0$，但 $f(0)=0$ 不是 $f(x)$ 的极值．

反之，若 $f(x)$ 在点 x_0 取得极值，也不一定有 $f'(x_0)=0$. 例如，$f(x)=|x-x_0|$ 在 $x=x_0$ 取得极小值，但 $f'(x_0)$ 不存在，更谈不上有 $f'(x_0)=0$ 了．

又如 $f(x)=\begin{cases}1, & x\neq 0\\ 2, & x=0\end{cases}$，该函数 $f(x)$ 在 $x=0$ 取得极大值，但 $f'(x)$ 不存在．一般地，极值点未必是驻点；只有可导函数的极值点才是驻点．

问题 3.8 函数 $f(x)$ 在 $[a,b]$ 的最大值点(或最小值点)，一定是 $f(x)$ 的极值点吗？

答 不一定．例如，$f(x)=x,x\in[0,1]$，$f(x)$ 在 $x=1$ 取得最大值，但 $x=1$ 不是内点，故不是极值点；又如，$f(x)=\begin{cases}x, & 0\leqslant x<1\\ 1, & 1\leqslant x\leqslant 2\end{cases}$，显然 $x=1$ 为最大值点，但在 $x=1$ 的任何邻域内，$f(1)=1$ 不是局部最大，故 $x=1$ 不是极大值点．

根据以上分析，可得出下面的结论：

(1) 当最大(小)值点 x_0 在区间端点时，x_0 一定不是极值点．因为极值点必须存在 x_0 的 δ 邻域，而此时只有邻域的左半部或右半部．

(2) 当最大(小)值点 x_0 在区间内部时，x_0 不一定是极值点．如图 3.3 所示，x_0 是最大值点，但不是极大值点；x_1 是极小值点，但不是最小值点．

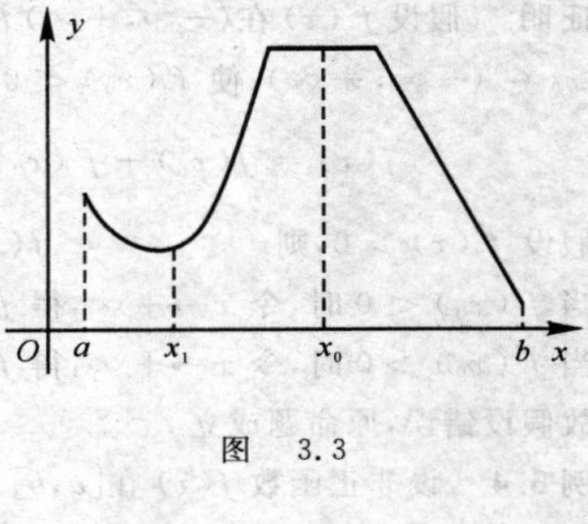

图 3.3

三、典型例题分析

例 3.1 设 $a_0+\frac{1}{2}a_1+\frac{1}{3}a_2+\cdots+\frac{1}{n+1}a_n=0$，试证在 $(0,1)$ 存在 ξ 满足

$$a_0+a_1\xi+a_2\xi^2+\cdots+a_n\xi^n=0$$

分析 欲证存在 $x\in(0,1)$，使 $a_0+a_1x+a_2x^2+\cdots+a_nx^n=0$，即

$$\left(a_0x+\frac{1}{2}a_1x^2+\frac{1}{3}a_2x^3+\cdots+\frac{1}{n+1}a_nx^{n+1}\right)'=0$$

构造辅助函数 $F(x)=a_0x+\frac{1}{2}a_1x^2+\frac{1}{3}a_2x^3+\cdots+\frac{1}{n+1}a_nx^{n+1}$，验证 $F(x)$ 在 $[0,1]$ 是否满足罗尔定理的条件．

证明 令 $F(x)=a_0x+\frac{1}{2}a_1x^2+\frac{1}{3}a_2x^3+\cdots+\frac{1}{n+1}a_nx^{n+1}$，显然 $F(x)$ 在 $[0,1]$ 连续，在 $(0,1)$ 可导，且

$$F(0)=0,\quad F(1)=a_0+\frac{1}{2}a_1+\frac{1}{3}a_2+\cdots+\frac{1}{n+1}a_n=0$$

由罗尔定理知，存在 $\xi\in(0,1)$，使 $F'(\xi)=0$，即

$$a_0+a_1\xi+a_2\xi^2+\cdots+a_n\xi^n=0$$

例 3.2 设函数 $f(x)$ 在 $[0,1]$ 具有三阶导数，且 $f(0)=f(1)=0$，记 $F(x)=x^3f(x)$，证明：存在 $\xi\in(0,1)$，使 $F'''(\xi)=0$.

证法一 由题意可知，$F(x)$，$F'(x)$，$F''(x)$ 在 $[0,1]$ 连续，在 $(0,1)$ 可导．因为 $F(0)=F(1)=0$，所以由罗尔定理知，存在 $\xi_1\in(0,1)$，使 $F'(\xi_1)=0$.

因为 $F'(0)=[3x^2f(x)+x^3f'(x)]|_{x=0}=0$，$F'(\xi_1)=0$，所以由罗尔定理知，存在 $\xi_2\in(0,\xi_1)\subset(0,1)$，使 $F''(\xi_2)=0$.

因为 $F''(0)=[6xf(x)+6x^2f'(x)+x^3f''(x)]|_{x=0}=0$，$F''(\xi_2)=0$，所以由罗尔定理知，存在 $\xi\in(0,\xi_2)\subset(0,\xi_1)\subset(0,1)$，使 $F'''(\xi)=0$.

证法二 由于 $F(x)=x^3f(x)$，则

$$F'(x)=3x^2f(x)+x^3f'(x)$$
$$F''(x)=6xf(x)+6x^2f'(x)+x^3f''(x)$$

且 $F(0)=F'(0)=F''(0)=0$. 由 $F(x)$ 的二阶麦克劳林公式得

$$F(x)=F(0)+F'(0)x+\frac{1}{2!}F''(0)x^2+\frac{1}{3!}F'''(\xi)x^3=\frac{1}{6}F'''(\xi)x^3,\quad 0<\xi<x$$

令 $x=1$，由 $F(1)=f(1)=0$，得 $F'''(\xi)=0$.

例 3.3 设函数 $f(x)$ 在 $(-\infty,+\infty)$ 有界，且具有二阶连续导数，证明：存在 $\xi\in(-\infty,+\infty)$，使 $f''(\xi)=0$.

分析 可用反证法，假设 $f''(x)$ 在 $(-\infty,+\infty)$ 没有零点，推出矛盾．

证明 假设 $f''(x)$ 在 $(-\infty,+\infty)$ 没有零点，即 $f''(x)$ 保持同号．不妨设 $f''(x)>0$，即 $f'(x)$ 单调增加．任取 $x_0\in(-\infty,+\infty)$，使 $f'(x_0)<0$ 或 $f'(x_0)>0$. 在点 x_0 处将函数 $f(x)$ 展开成一阶泰勒公式，即

$$f(x)=f(x_0)+f'(x_0)(x-x_0)+\frac{1}{2}f''(\xi)(x-x_0)^2,\quad \xi\text{ 在 }x_0\text{ 与 }x\text{ 之间}$$

假设 $f''(x)>0$，则 $\qquad f(x)>f(x_0)+f'(x_0)(x-x_0)$

当 $f'(x_0)<0$ 时，令 $x\to+\infty$，得 $f(x)\to-\infty$，与有界性矛盾．

当 $f'(x_0)>0$ 时，令 $x\to+\infty$，得 $f(x)\to+\infty$，与有界性矛盾．

故假设错误，原命题成立．

例 3.4 设非正函数 $f(x)$ 在 $[a,b]$ 二阶可导，$f''(x)\leqslant 0$，且 $f(x)$ 在 $[a,b]$ 的任何子区间内不恒等于零.

试证明:若方程 $f(x)=0$ 在开区间 (a,b) 有实根,则该实根必唯一.

分析 对于唯一性问题一般用反证法.

证明 假设结论不成立,则存在 $x_1,x_2\in(a,b)$(不妨设 $x_1<x_2$),使 $f(x_1)=f(x_2)=0$. 由罗尔定理知,存在 $x_0\in(x_1,x_2)$,使 $f'(x_0)=0$.

因为 $f(x)$ 在 (x_1,x_0) 非正且不恒等于零,所以存在 $c\in(x_1,x_0)$,使 $f(c)<0$. 由拉格朗日中值定理知,存在 $\xi\in(x_1,c)$,使

$$f'(\xi)=\frac{f(c)-f(x_1)}{c-x_1}=\frac{f(c)}{c-x_1}<0=f'(x_0)$$

即 $\xi<x_0$ 且 $f'(\xi)<f'(x_0)$,与 $f''(x)\leqslant 0$ 矛盾. 故假设错误,原命题成立.

例 3.5 设 $f(x)$ 在 $[a,b]$ 连续,在 (a,b) 可导,$f(a)=f(b)$,证明:存在 $\xi\in(a,b)$,使 $f(\xi)+\xi f'(\xi)=f(a)$.

证法一 用罗尔定理证.

分析 由结论:存在 $\xi\in(a,b)$,使 $f(\xi)+\xi f'(\xi)=f(a)$,即

$$[f(x)+xf'(x)-f(a)]|_{x=\xi}=0$$
$$[xf(x)-f(a)x]'|_{x=\xi}=0$$

从而,构造辅助函数 $F(x)=xf(x)-f(a)x=[f(x)-f(a)]x$.

证明 令 $F(x)=[f(x)-f(a)]x$,显然,$F(x)$ 在 $[a,b]$ 连续,在 (a,b) 可导,且 $F(a)=F(b)=0$,由罗尔定理知,存在 $\xi\in(a,b)$,使 $F'(\xi)=0$. 即 $[f(x)+xf'(x)-f(a)]|_{x=\xi}=0$,从而

$$f(\xi)+\xi f'(\xi)=f(a)$$

证法二 用拉格朗日中值定理证.

分析 欲证 $f(\xi)+\xi f'(\xi)=f(a)$,即

$$\frac{bf(b)-af(a)}{b-a}=f(\xi)+\xi f'(\xi)=[xf(x)]'|_{x=\xi}$$

从而,构造辅助函数 $F(x)=xf(x)$,对 $F(x)$ 在 $[a,b]$ 应用拉格朗日中值定理.

证明 令 $F(x)=xf(x)$,显然,$F(x)$ 在 $[a,b]$ 连续,在 (a,b) 可导. 由拉格朗日中值定理知,存在 $\xi\in(a,b)$,使 $F(b)-F(a)=F'(\xi)(b-a)$,即

$$bf(a)-af(a)=[f(\xi)+\xi f'(\xi)](b-a)$$

因为 $f(a)=f(b)$,所以 $f(\xi)+\xi f'(\xi)=f(a)$.

证法三 用柯西中值定理证.

分析 欲证 $f(a)=f(\xi)+\xi f'(\xi)$,只要证 $\dfrac{bf(b)-af(a)}{b-a}=\dfrac{f(\xi)+\xi f'(\xi)}{1}$. 注意到,左分子式是 $\varphi(x)=xf(x)$ 在 $[a,b]$ 的增量,分母是 $\psi(x)=x$ 在 $[a,b]$ 的增量,并由右式可知,应对函数 $\varphi(x)=xf(x)$ 和 $\psi(x)=x$ 在 $[a,b]$ 应用柯西中值定理.

证明 因为 $\varphi(x)=xf(x)$ 和 $\psi(x)=x$ 在 $[a,b]$ 连续,在 (a,b) 可导,且 $\psi'(x)=1\neq 0$,所以由柯西中值定理知,存在 $\xi\in(a,b)$,使 $\dfrac{\varphi(b)-\varphi(a)}{\psi(b)-\psi(a)}=\dfrac{\varphi'(\xi)}{\psi'(\xi)}$,即

$$\frac{bf(b)-af(a)}{b-a}=f(\xi)+\xi f'(\xi)$$

因为 $f(a)=f(b)$,所以 $f(\xi)+\xi f'(\xi)=f(a)$.

例 3.6 设函数 $f(x)$ 和 $g(x)$ 在 $[a,b]$ 连续,在 (a,b) 有二阶导数,且 $g''(x)\neq 0$,$f(a)=f(b)=g(a)=g(b)=0$,试证:

(1) 在 (a,b),$g(x)\neq 0$;　　(2) 存在 $\xi\in(a,b)$,使 $\dfrac{f(\xi)}{g(\xi)}=\dfrac{f''(\xi)}{g''(\xi)}$.

分析 第(1)问,用反证法;第(2)问,构造辅助函数,用罗尔定理.

证明 (1) 用反证法. 若存在 $c\in(a,b)$,使 $g(c)=0$. 因为 $g(a)=g(c)=g(b)$,所以由罗尔定理知,

存在 $\xi_1 \in (a,c)$，$\xi_2 \in (c,b)$，使 $g'(\xi_1) = g'(\xi_2) = 0$. 由罗尔定理知，存在 $\eta \in (\xi_1,\xi_2) \subset (a,b)$，使 $g''(\eta) = 0$，与 $g''(x) \neq 0$ 矛盾.

(2) 令 $H(x) = f(x)g'(x) - f'(x)g(x)$，则 $H(x)$ 在 $[a,b]$ 可导，且 $H(a) = H(b) = 0$，由罗尔定理知，存在 $\xi \in (a,b)$，使 $H'(\xi) = 0$，即

$$f(\xi)g''(\xi) - f''(\xi)g(\xi) = 0$$

整理得
$$\frac{f(\xi)}{g(\xi)} = \frac{f''(\xi)}{g''(\xi)}$$

例 3.7 设 $f(x)$ 在 $[a,b]$ 连续，在 (a,b) 可导，$f(a) = f(b) = 0$，$f'(a)f'(b) > 0$，试证：$f'(x) = 0$ 在 (a,b) 至少有两个根.

分析 不妨设 $f'(a) > 0$，$f'(b) > 0$，因为 $f(a) = f(b) = 0$，所以，存在 x_1，使 $f(x_1) > 0$，存在 x_2，使 $f(x_2) < 0$，且 $a < x_1 < x_2 < b$. 这样可用零点定理和罗尔定理.

证明 因为 $f_+'(a) = \lim\limits_{x\to a^+} \dfrac{f(x)-f(a)}{x-a} = \lim\limits_{x\to a^+} \dfrac{f(x)}{x-a} > 0$，所以，存在 $x_1 \in (a,b)$，使 $f(x_1) > 0$. 又因为 $f_-'(b) = \lim\limits_{x\to b^-} \dfrac{f(x)-f(b)}{x-b} = \lim\limits_{x\to b^-} \dfrac{f(x)}{x-b} > 0$，所以，存在 $x_2 \in (a,b)$，$x_1 < x_2$，使 $f(x_2) < 0$.

$f(x)$ 在 $[x_1,x_2]$ 连续，且 $f(x_1)f(x_2) < 0$，则由零点定理知，存在 $c \in (x_1,x_2) \subset (a,b)$，使 $f(c) = 0$，即

$$f(a) = f(c) = f(b) = 0, \quad a < c < b$$

由罗尔定理知，存在 $\xi_1 \in (a,c)$，使 $f'(\xi_1) = 0$；存在 $\xi_2 \in (c,b)$，使 $f'(\xi_2) = 0$.

例 3.8 设 $f(x)$ 在 $[0,1]$ 连续，在 $(0,1)$ 可导，且 $f(0) = f(1) = 0$，$f\left(\dfrac{1}{2}\right) = 1$. 证明：在 $(0,1)$ 存在 ξ，使 $f'(\xi) = 1$.

分析 由结论：存在 $\xi \in (0,1)$，使 $f'(\xi) = 1 \Leftrightarrow [f(x)-x]'|_{x=\xi} = 0$，可构造辅助函数 $F(x) = f(x) - x$，但是，$F(x)$ 在 $[0,1]$ 并不满足罗尔定理的条件. 注意到

$$F(0) = 0, \quad F\left(\frac{1}{2}\right) = 1 - \frac{1}{2} = \frac{1}{2}, \quad F(1) = -1$$

$F(x)$ 在 $\left[\dfrac{1}{2},1\right]$ 两端点变号，由零点定理可知，存在 $\eta \in \left(\dfrac{1}{2},1\right)$，使 $F(\eta) = 0$. 不难想到，在 $[0,\eta]$ 上对 $F(x)$ 应用罗尔定理，则命题可证.

证明 令 $F(x) = f(x) - x$，则 $F(x)$ 在 $[0,1]$ 连续，在 $(0,1)$ 可导. 因为

$$F(0) = 0, \quad F\left(\frac{1}{2}\right) = 1 - \frac{1}{2} = \frac{1}{2}, \quad F(1) = -1$$

所以，由零点定理可知，存在 $\eta \in \left[\dfrac{1}{2},1\right]$，使 $F(\eta) = 0$；在 $[0,\eta]$ 上，对 $F(x)$ 应用罗尔定理可知，存在 $\xi \in (0,\eta) \subset (0,1)$，使 $F'(\xi) = 0$，即 $f'(\xi) = 1$.

例 3.9 已知函数 $f(x)$ 在 $[0,1]$ 连续，在 $(0,1)$ 可导，且 $f(0) = 0$，$f(1) = 1$. 证明：

(1) 存在 $\xi \in (0,1)$，使得 $f(\xi) = 1 - \xi$；

(2) 存在两个不同的点 η，$\zeta \in (0,1)$，使得 $f'(\eta)f'(\zeta) = 1$.

分析 对于(1) 可利用零点定理证明；对于(2) 可利用拉格朗日中值定理证明.

证明 (1) 令 $F(x) = f(x) + x - 1$，$x \in [0,1]$，因为 $F(x)$ 在 $[0,1]$ 连续，且 $F(0) = -1 < 0$，$F(1) = 1 > 0$，所以由零点定理知，存在 $\xi \in (0,1)$，使得 $F(\xi) = 0$，即 $f(\xi) = 1 - \xi$.

(2) 由拉格朗日中值定理知，存在 $\eta \in (0,\xi)$，使得

$$f'(\eta) = \frac{f(\xi) - f(0)}{\xi - 0} = \frac{1-\xi}{\xi}$$

存在 $\zeta \in (\xi,1)$，使得

$$f'(\zeta) = \frac{f(1) - f(\xi)}{1-\xi} = \frac{1-(1-\xi)}{1-\xi} = \frac{\xi}{1-\xi}$$

于是　$$f'(\eta)f'(\zeta)=1$$

例 3.10　设 $y=f(x)$ 在 $(-1,1)$ 有二阶连续导数，且 $f''(x)\neq 0$，试证明：

(1) 对于 $(-1,1)$ 内任一 $x\neq 0$，存在唯一的 $\theta(x)\in(0,1)$，使 $f(x)=f(0)+xf'(\theta(x)x)$ 成立；

(2) $\lim\limits_{x\to 0}\theta(x)=\dfrac{1}{2}$.

分析　对于(1) 用拉格朗日中值定理证明；对于(2) 有多种证法，将分别介绍．

证明　(1) 先证存在性．任给 $x\in(-1,1)$，由拉格朗日中值定理得

$$f(x)=f(0)+xf'(\theta(x)x),\quad 0<\theta(x)<1$$

再证唯一性．若存在 $\theta_1(x)$ 和 $\theta_2(x)$ 使

$$f(x)=f(0)+xf'(\theta_1(x)x),\quad 0<\theta_1(x)<1$$
$$f(x)=f(0)+xf'(\theta_2(x)x),\quad 0<\theta_2(x)<1$$

则　$$f'(\theta_1(x)x)=f'(\theta_2(x)x)$$

由罗尔定理知，存在 η，使 $f''(\eta)=0$，与 $f''(x)\neq 0$ 矛盾．

(2) 方法一　$$f''(0)=\lim_{x\to 0}\frac{f'(\theta(x)x)-f'(0)}{\theta(x)x}=\lim_{x\to 0}\frac{f(x)-f(0)-f'(0)x}{\theta(x)x^2}=$$
$$\lim_{x\to 0}\frac{1}{\theta(x)}\cdot\lim_{x\to 0}\frac{f(x)-f(0)-f'(0)x}{x^2}=$$
$$\lim_{x\to 0}\frac{1}{\theta(x)}\cdot\lim_{x\to 0}\frac{f'(x)-f'(0)}{2x}=\frac{1}{2}\lim_{x\to 0}\frac{1}{\theta(x)}\lim_{x\to 0}\frac{f'(x)-f'(0)}{x}=$$
$$\frac{1}{2}\lim_{x\to 0}\frac{1}{\theta(x)}\cdot f''(0)$$

则　$$\lim_{x\to 0}\theta(x)=\frac{1}{2}$$

方法二　因为　$$f(x)=f(0)+xf'(\theta(x)x)$$

由麦克劳林展开式得　$$f(x)=f(0)+f'(0)x+\frac{1}{2}f''(\xi)x^2$$

以上两式相减得　$$\frac{1}{2}f''(\xi)=\frac{f'(\theta(x)x)-f'(0)}{x},\quad \xi\text{ 在 }0\text{ 与 }x\text{ 之间}$$

又因　$$\frac{1}{2}f''(0)=\frac{1}{2}\lim_{x\to 0}f''(\xi)=\lim_{x\to 0}\frac{f'(\theta(x)x)-f'(0)}{x}=$$
$$\lim_{x\to 0}\theta(x)\cdot\lim_{x\to 0}\frac{f'(\theta(x)x)-f'(0)}{\theta(x)x}=\lim_{x\to 0}\theta(x)\cdot f''(0)$$

所以　$$\lim_{x\to 0}\theta(x)=\frac{1}{2}$$

例 3.11　设 $f(x)$ 在 $[0,1]$ 连续，在 $(0,1)$ 可导，且 $f(0)=f(1)=0$，$f\left(\dfrac{1}{2}\right)=1$，试证：

(1) 存在 $\eta\in\left(\dfrac{1}{2},1\right)$，使 $f(\eta)=\eta$；

(2) 任给 $\lambda\in\mathbf{R}$，存在 $\xi\in(0,\eta)$，使 $f'(\xi)-\lambda[f(\xi)-\xi]=1$.

分析　(1) 可用零点定理证明．

(2)　$f'(\xi)-\lambda[f(\xi)-\xi]=1\Leftrightarrow\{f'(x)-1-\lambda[f(x)-x]\}\big|_{x=\xi}=0\Leftrightarrow\{\mathrm{e}^{-\lambda x}[f(x)-x]\}'\big|_{x=\xi}=0$

取辅助函数 $H(x)=\mathrm{e}^{-\lambda x}[f(x)-x]$，用罗尔定理可证．

证明　(1) 令 $\varphi(x)=f(x)-x$，则 $\varphi(x)$ 在 $[0,1]$ 连续，且 $\varphi(1)=-1<0$，$\varphi\left(\dfrac{1}{2}\right)=\dfrac{1}{2}$，由零点定理知，存在 $\eta\in\left(\dfrac{1}{2},1\right)$，使 $\varphi(\eta)=0$，即 $f(\eta)=\eta$.

(2) 令 $H(x)=\mathrm{e}^{-\lambda x}[f(x)-x]$，则 $H(x)$ 在 $[0,\eta]$ 连续，在 $(0,\eta)$ 可导，且 $H(0)=H(\eta)=0$. 由罗尔定

理知，存在 $\xi\in(0,\eta)$，使 $H'(\xi)=0$，即

$$e^{-\lambda x}\{f'(\xi)-1-\lambda[f(\xi)-\xi]\}=0$$
$$f'(\xi)-\lambda[f(\xi)-\xi]=1$$

例 3.12 设 $f(x)$ 在 $[a,+\infty)$ 可导，且 $\lim\limits_{x\to+\infty}f'(x)$ 存在，证明：$\lim\limits_{x\to+\infty}\dfrac{f(x)}{x^2}=0$.

证明 因为 $\lim\limits_{x\to+\infty}f'(x)$ 存在，所以，存在 $A>0(A>a)$，使 $f'(x)$ 在 $[A,+\infty)$ 有界，则存在 $M>0$，当 $x\geqslant A$ 时，$|f'(x)|\leqslant M$. 于是，对任意的 $x>A$，由拉格朗日中值定理知，存在 $\xi\in(A,x)$，使

$$f(x)-f(A)=f'(\xi)(x-A)$$
$$f(x)=f(A)+f'(\xi)(x-A)$$

从而

$$0\leqslant\left|\frac{f(x)}{x^2}\right|\leqslant\left|\frac{f(A)}{x^2}\right|+\left|\frac{f'(\xi)}{x}\right|\cdot\left|\frac{x-A}{x}\right|\leqslant\frac{|f(A)|}{x^2}+\frac{M}{x}$$

由夹逼准则知

$$\lim_{x\to+\infty}\frac{f(x)}{x^2}=0$$

例 3.13 设 $f(x)$ 在点 x_0 的某一邻域连续，除 x_0 外可导，且 $\lim\limits_{x\to x_0}f'(x)=A$，证明：$f(x)$ 在 x_0 可导，且 $f'(x_0)=\lim\limits_{x\to x_0}f'(x)=A$.

证明 设 x 为上述邻域内任一点，且 $x\neq x_0$，由拉格朗日中值定理知，存在 ξ 在 x_0 与 x 之间，使 $\dfrac{f(x)-f(x_0)}{x-x_0}=f'(\xi)$，从而

$$f'(x_0)=\lim_{x\to x_0}\frac{f(x)-f(x_0)}{x-x_0}=\lim_{\xi\to x_0}f'(\xi)=A$$

注 (1) 在满足本例的条件下，$f(x)$ 在 x_0 的导数(或左、右导数)等于导函数 $f'(x)$ 在 x_0 的极限(或左、右极限). 这为我们提供了求某些分段函数在分段点导数的方法.

例如，$f(x)=\begin{cases}\sin x, & x<0\\ x, & x\geqslant 0\end{cases}$，当 $x<0$ 时，$f'(x)=\cos x$；当 $x>0$ 时，$f'(x)=1$. 因为 $f'_-(0)=\lim\limits_{x\to 0^-}\cos x=1$，$f'_+(0)=1$，所以，$f(x)$ 在 x_0 可导，且 $f'(0)=1$.

(2) 当 $\lim\limits_{x\to x_0}f'(x)$ 不存在时，$f'(x_0)$ 可能存在.

例 3.14 求下列极限：

(1) $\lim\limits_{x\to 0}\dfrac{\sin x-x\cos x}{\sin^3 x}$；　(2) $\lim\limits_{x\to 0}\dfrac{e^{\sin x}\ln\cos x}{1-\cos x}$；

(3) $\lim\limits_{x\to 0}\left(\dfrac{1}{\sin x}-\dfrac{1}{x+x^2}\right)$；　(4) $\lim\limits_{x\to\infty}\left[x-x^2\ln\left(1+\dfrac{1}{x}\right)\right]$.

解 (1) 原式 $=\lim\limits_{x\to 0}\dfrac{\sin x-x\cos x}{x^3}$ （$x\to 0$ 时，$\sin^3 x\sim x^3$）$\xlongequal{\text{洛必达法则}}$

$$\lim_{x\to 0}\frac{\cos x-\cos x+x\sin x}{3x^2}=\lim_{x\to 0}\frac{\sin x}{3x}=\frac{1}{3}$$

注 求极限时适时地利用等价无穷小代换，可以大大地简化运算.

(2) 原式 $=\lim\limits_{x\to 0}e^{\sin x}\lim\limits_{x\to 0}\dfrac{\ln\cos x}{1-\cos x}$ （提出因子 $e^{\sin x}$）$=$

$$\lim_{x\to 0}\frac{\ln\cos x}{\frac{1}{2}x^2}\quad\left(x\to 0\text{ 时},1-\cos x\sim\frac{1}{2}x^2\right)\xlongequal{\text{洛必达法则}}\lim_{x\to 0}\frac{\frac{-\sin x}{\cos x}}{x}=-1$$

(3) 这是 $\infty-\infty$ 型未定式，应选通分，再用等价无穷小代换及洛必达法则．

$$\text{原式}=\lim_{x\to 0}\frac{x+x^2-\sin x}{(x+x^2)\sin x}=$$

$$\lim_{x\to 0}\frac{x^2+(x-\sin x)}{x^2}\ (x\to 0\text{时},(x+x^2)\sin x\sim x^2)=$$

$$\lim_{x\to 0}\left(1+\frac{x-\sin x}{x^2}\right)=1+\lim_{x\to 0}\frac{x-\sin x}{x^2}\xlongequal{\text{洛必达法则}}1+\lim_{x\to 0}\frac{1-\cos x}{2x}=1$$

(4) 这也是 $\infty-\infty$ 型未定式，令 $t=\dfrac{1}{x}$，应先通分后再用洛必达法则．

$$\text{原式}=\lim_{t\to 0}\left[\frac{1}{t}-\frac{1}{t^2}\ln(1+t)\right]=\lim_{t\to 0}\frac{t-\ln(1+t)}{t^2}\xlongequal{\text{洛必达法则}}$$

$$\lim_{t\to 0}\frac{1-\frac{1}{1+t}}{2t}=\lim_{t\to 0}\frac{1}{2(1+t)}=\frac{1}{2}$$

例 3.15　求下列极限：

(1) $\lim\limits_{x\to 0^+}\left(\dfrac{1}{x}\right)^{\tan x}$；　(2) $\lim\limits_{x\to 0^+}(\arcsin x)^{\arctan x}$；　(3) $\lim\limits_{n\to\infty}n^2\left(\arctan\dfrac{1}{n}-\arctan\dfrac{1}{n+1}\right)$．

解　(1) 令 $f(x)=\left(\dfrac{1}{x}\right)^{\tan x}$，则 $\ln f(x)=\tan x\ln\dfrac{1}{x}=-\tan x\ln x$，因为

$$\lim_{x\to 0^+}\ln f(x)=-\lim_{x\to 0^+}\tan x\ln x=-\lim_{x\to 0^+}\frac{\ln x}{\cot x}=\lim_{x\to 0^+}\frac{\frac{1}{x}}{\csc^2 x}=\lim_{x\to 0^+}\frac{\sin^2 x}{x}=0$$

所以
$$\lim_{x\to 0^+}\left(\frac{1}{x}\right)^{\tan x}=e^0=1$$

(2) 令 $f(x)=(\arcsin x)^{\arctan x}$，则 $\ln f(x)=\arctan x\ln\arcsin x$，因为

$$\lim_{x\to 0^+}\ln f(x)=\lim_{x\to 0^+}\arctan x\ln\arcsin x=\lim_{x\to 0^+}\frac{\ln\arcsin x}{\frac{1}{\arctan x}}=$$

$$\lim_{x\to 0^+}\frac{\frac{1}{\sqrt{1-x^2}\arcsin x}}{\frac{1}{-(1+x^2)(\arctan x)^2}}=\lim_{x\to 0^+}\frac{-(1+x^2)(\arctan x)^2}{\sqrt{1-x^2}\arcsin x}=$$

$$-\lim_{x\to 0^+}\frac{1+x^2}{\sqrt{1-x^2}}\lim_{x\to 0^+}\frac{(\arctan x)^2}{\arcsin x}=-\lim_{x\to 0^+}\frac{(\arctan x)^2}{\arcsin x}=-\lim_{x\to 0^+}\frac{x^2}{x}=0$$

所以
$$\lim_{x\to 0^+}(\arcsin x)^{\arctan x}=e^0=1$$

(3) 因为
$$\lim_{x\to+\infty}x^2\left(\arctan\frac{1}{x}-\arctan\frac{1}{x+1}\right)=\lim_{x\to+\infty}\frac{\arctan\frac{1}{x}-\arctan\frac{1}{x+1}}{\frac{1}{x^2}}=\lim_{x\to+\infty}\frac{\frac{-\frac{1}{x^2}}{1+\frac{1}{x^2}}-\frac{\frac{-1}{(x+1)^2}}{1+\frac{1}{(1+x)^2}}}{-\frac{2}{x^3}}=$$

$$\lim_{x\to+\infty}\frac{x^3(2x+1)}{2(x^2+1)[(x+1)^2+1]}=1$$

所以
$$\lim_{n\to\infty}n^2\left(\arctan\frac{1}{n}-\arctan\frac{1}{n+1}\right)=1$$

小结　使用洛必达法则求极限时应注意以下几点：

(1) 只有对 $\dfrac{0}{0}$ 型或 $\dfrac{\infty}{\infty}$ 型未定式才能直接使用洛必达法则．对于 $\infty-\infty$ 型和 $0\cdot\infty$ 型应先化成 $\dfrac{0}{0}$ 型或 $\dfrac{\infty}{\infty}$ 型未定式才能使用洛必达法则；对于 0^0 型、∞^0 型和 1^∞ 型应先取对数，然后化为 $\dfrac{0}{0}$ 型或 $\dfrac{\infty}{\infty}$ 型，才能使用洛必

达法则．

(2) 每次使用洛必达法则前，都要验证是否满足洛必达法则的条件，只要满足洛必达法则的条件，就可以连续使用洛必达法则．

(3) 使用洛必达法则时，应及时化简．通过代数、三角恒等变形约去公因子，将极限不为零的因子分离出来，利用等价无穷小代换、变量代换等．

(4) 洛必达法则的条件是充分的，不是必要的．因此，当 $\lim\dfrac{f'(x)}{g'(x)}$ 不存在(不含 ∞ 的情形)时，并不能肯定 $\lim\dfrac{f(x)}{g(x)}$ 也不存在，此时，要用其他方法求极限 $\lim\dfrac{f(x)}{g(x)}$.

(5) 洛必达法则用于求连续变量的未定式的极限，对于数列的未定式，要转化成函数的情形才可用洛必达法则．

(6) 洛必达法则是求未定式极限的一种有效方法，若能与其他求极限的方法结合起来使用，则可以简化运算．

例 3.16 利用泰勒公式求下列极限：

(1) $\lim\limits_{x\to0}\dfrac{\cos x-e^{-\frac{x^2}{2}}}{x^2\ln(1+x)\arctan x}$； (2) $\lim\limits_{x\to0}\dfrac{x(e^x+1)-2(e^x-1)}{2(1-\cos x)\sin x}$.

分析 利用泰勒公式和麦克劳林公式求极限时，公式中要带皮亚诺型余项，函数在泰勒公式中取几项，要根据具体问题来定．

解 (1) $\cos x=1-\dfrac{x^2}{2!}+\dfrac{x^4}{4!}+o_1(x^5)$； $e^{-\frac{x^2}{2}}=1-\dfrac{x^2}{2}+\dfrac{1}{2!}\cdot\dfrac{x^4}{4}+o_2(x^4)$

$x\to0$ 时，$\ln(1+x)\sim x$；$\arctan x\sim x$. 故

$$原式=\lim_{x\to0}\frac{\left[1-\dfrac{x^2}{2!}+\dfrac{x^4}{4!}+o_1(x^5)\right]-\left[1-\dfrac{x^2}{2}+\dfrac{1}{2!}\cdot\dfrac{x^4}{4}+o_2(x^4)\right]}{x^4}=$$

$$\lim_{x\to0}\left[-\frac{1}{12}+\frac{o_1(x^5)}{x^4}-\frac{o_2(x^4)}{x^4}\right]=-\frac{1}{12}$$

(2)
$$原式=\lim_{x\to0}\frac{x\left[1+x+\dfrac{x^2}{2!}+o_1(x^2)+1\right]-2\left[1+x+\dfrac{x^2}{2!}+\dfrac{x^3}{3!}+o_3(x^3)-1\right]}{x^3}=$$

$$\lim_{x\to0}\frac{\dfrac{1}{6}x^3+o(x^3)}{x^3}=\frac{1}{6}$$

例3.17 设函数 $f(x)$ 在 $x=0$ 的邻域内具有一阶连续导数，且 $f(0)\neq0$，$f'(0)\neq0$，若 $af(h)+bf(2h)-f(0)$ 在 $h\to0$ 时是比 h 高阶的无穷小，试确定 a,b 的值．

分析 应用高阶无穷小的定义和洛必达法则求极限；或用麦克劳林展开式和无穷小的阶讨论 h 的各次幂的系数．

解法一 因为 $af(h)+bf(2h)-f(0)$ 在 $h\to0$ 时是比 h 高阶的无穷小，所以

$$\lim_{h\to0}\frac{af(h)+bf(2h)-f(0)}{h}=0$$

由此推得

$$\lim_{h\to0}[af(h)+bf(2h)-f(0)]=(a+b-1)f(0)=0$$

于是

$$a+b=1 \quad ①$$

因为 $f(x)$ 在 $x=0$ 的邻域内具有一阶连续导数，所以应用洛必达法则得

$$0=\lim_{h\to0}\frac{af(h)+bf(2h)-f(0)}{h}=\lim_{h\to0}\frac{af'(h)+2bf'(2h)}{1}=(a+2b)f'(0)$$

于是得

$$a+2b=0 \quad ②$$

联立式 ①，② 得

$$a=2,\quad b=-1$$

解法二　应用麦克劳林展开式得

$$f(h)=f(0)+f'(0)h+o(h)$$

$$f(2h)=f(0)+f'(0)2h+o(h)$$

于是 $$af(h)+bf(2h)-f(0)=(a+b-1)f(0)+(a+2b)f'(0)h+o(h)$$

因为 $af(h)+bf(2h)-f(0)$ 在 $h\to 0$ 时是比 h 高阶的无穷小，所以 $a+b-1=0$，$a+2b=0$. 解得 $a=2$，$b=-1$.

例 3.18　设 $f(x)$ 在点 $x_0=0$ 的某邻域有二阶导数，且 $\lim\limits_{x\to 0}\dfrac{f(x)-x}{x^2}=2$，求 $f(0)$，$f'(0)$，$f''(0)$.

分析　求出 $f(x)$ 在 $x_0=0$ 处的带有皮亚诺型余项的二阶泰勒展开式，然后，根据泰勒展开式的唯一性，求出 $f(0)$，$f'(0)$ 和 $f''(0)$.

解　因为 $\lim\limits_{x\to 0}\dfrac{f(x)-x}{x^2}=2$，所以 $\dfrac{f(x)-x}{x^2}=2+\alpha(x)$，其中，$\lim\limits_{x\to 0}\alpha(x)=0$. 从而

$$f(x)=x+2x^2+\alpha(x)x^2=x+2x^2+o(x^2)$$

又因 $$f(x)=f(0)+f'(0)x+\frac{f''(0)}{2!}x^2+o(x^2)$$

所以 $f(0)=0$，$f'(0)=1$，$f''(0)=4$.

例 3.19　求 a,b,c 的值，使 $x\to 0$ 时，$e^{2x}=ax^2+bx+c+o(x^2)$.

解法一　由题设知，当 $x\to 0$ 时，$e^{2x}-ax^2-bx-c$ 是无穷小、是 x 的高阶无穷小、是 x^2 的高阶无穷小，从而

$$\lim_{x\to 0}(e^{2x}-ax^2-bx-c)=0 \quad ①$$

$$\lim_{x\to 0}\frac{e^{2x}-ax^2-bx-c}{x}=0 \quad ②$$

$$\lim_{x\to 0}\frac{e^{2x}-ax^2-bx-c}{x^2}=0 \quad ③$$

由式 ①，②，③ 得 $a=2$，$b=2$，$c=1$.

解法二　$f(x)=e^{2x}$ 在 $x_0=0$ 的带有皮亚诺型余项的二阶泰勒展开式为

$$e^{2x}=1+2x+2x^2+o(x^2)$$

与 $$e^{2x}=ax^2+bx+c+o(x^2)$$

比较得 $a=2$，$b=2$，$c=1$.

例 3.20　设 $\lim\limits_{x\to 0}\dfrac{f(x)}{x}=1$，且 $f''(x)>0$. 证明：$f(x)\geqslant x$.

证　因为 $\lim\limits_{x\to 0}\dfrac{f(x)}{x}=1$，所以

$$f(0)=0,\quad f'(0)=\lim_{x\to 0}\frac{f(x)-f(0)}{x-0}=\lim_{x\to 0}\frac{f(x)}{x}=1$$

从而 $$f(x)=f(0)+f'(0)x+\frac{1}{2}f''(\xi)x^2=x+\frac{1}{2}f''(\xi)x^2,\quad \xi\text{ 在 }0\text{ 与 }x\text{ 之间}$$

又因 $f''(x)>0$，所以 $f(x)>x$.

例 3.21　设函数 $f(x)$ 在 $[-1,1]$ 具有三阶连续导数，且 $f(-1)=0$，$f(1)=1$，$f'(0)=0$. 试证：存在 $\xi\in(a,b)$，使 $f'''(\xi)=3$.

证明　由麦克劳林公式得

$$f(x)=f(0)+f'(0)x+\frac{f''(0)}{2!}x^2+\frac{f'''(\eta)}{3!}x^3,\quad \eta\in(0,x),\ x\in[-1,1]$$

分别令 $x=-1$ 和 $x=1$，得

$$f(0)+\frac{f''(0)}{2}-\frac{f'''(\eta_1)}{6}=f(-1)=0,\quad -1<\eta_1<0$$

$$f(0)+\frac{f''(0)}{2}+\frac{f'''(\eta_2)}{6}=f(1)=1,\quad 0<\eta_2<1$$

两式相减得
$$f'''(\eta_1)+f'''(\eta_2)=6$$

因为 $f'''(x)$ 在 $[-1,1]$ 连续，所以 $f'''(x)$ 在 $[\eta_1,\eta_2]$ 有最大值 M 和最小值 m，使

$$m\leqslant\frac{f'''(\eta_1)+f'''(\eta_2)}{2}\leqslant M$$

由连续函数的介值定理知，存在 $\xi\in[\eta_1,\eta_2]\subset(-1,1)$，使

$$f'''(\xi)=\frac{f'''(\eta_1)+f'''(\eta_2)}{2}=3$$

例 3.22 设 $e<a<b<e^2$，证明：$\ln^2 b-\ln^2 a>\frac{4(b-a)}{e^2}$.

证法一 利用函数的单调性证明.

分析 $\ln^2 b-\ln^2 a>\frac{4(b-a)}{e^2}\Leftrightarrow\ln^2 a-\frac{4a}{e^2}<\ln^2 b-\frac{4b}{e^2}$，问题转化为证明函数 $f(x)=\ln^2 x-\frac{4x}{e^2}$ 在 (e,e^2) 单增.

证明 令 $f(x)=\ln^2 x-\frac{4x}{e^2}$，则

$$f'(x)=2\frac{\ln x}{x}-\frac{4}{e^2},\quad f''(x)=2\frac{1-\ln x}{x^2}$$

因为 $x>e$ 时，$f''(x)<0$，所以 $f'(x)$ 单减，从而当 $x\in(e,e^2)$ 时，有

$$f'(x)>f'(e^2)=\frac{4}{e^2}-\frac{4}{e^2}=0$$

当 $x\in(e,e^2)$ 时，$f(x)$ 单增，因此当 $e<a<b<e^2$ 时，$f(a)<f(b)$，即

$$\ln^2 b-\ln^2 a>\frac{4(b-a)}{e^2}$$

证法二 利用拉格朗日中值定理证明.

分析 先利用拉格朗日中值定理得到 $f'(\xi)$，然后求 $f'(\xi)$ 在 (e,e^2) 的最小值.

证明 由拉格朗日中值定理知，存在 $\xi\in(a,b)$，使得

$$\ln^2 b-\ln^2 a=\frac{2\ln\xi}{\xi}(b-a),\quad \xi\in(a,b)$$

记 $\varphi(x)=\frac{\ln x}{x}$，因为 $x>e$ 时，$\varphi'(x)=\frac{1-\ln x}{x^2}<0$，所以 $x>e$ 时，$\varphi(x)=\frac{\ln x}{x}$ 单减. 从而 $x\in(e,e^2)$ 时，$\varphi(x)>\varphi(e^2)$. 于是

$$\varphi(\xi)=\frac{\ln\xi}{\xi}>\varphi(e^2)=\frac{2}{e^2}$$

从而
$$\ln^2 b-\ln^2 a>\frac{4(b-a)}{e^2}$$

例 3.23 证明：当 $x>0$ 时，$(x^2-1)\ln x\geqslant(x-1)^2$.

分析 构造辅助函数，利用导数判定单调性，利用单调性推导不等式.

证明 令
$$\varphi(x)=\ln x-\frac{x-1}{x+1}$$

则
$$\varphi'(x)=\frac{1}{x}-\frac{2}{(x+1)^2}=\frac{x^2+1}{x(x+1)^2}>0,\quad x>0$$

从而，$\varphi(x)$ 单调递增，且 $\varphi(1)=0$.

当 $0<x<1$ 时，$\varphi(x)<0$；当 $1<x<+\infty$ 时，$\varphi(x)>0$；于是，当 $x>0$ 时，

$$(x^2-1)\varphi(x)=(x^2-1)\ln x-(x-1)^2\geqslant 0$$

即
$$(x^2-1)\ln x\geqslant (x-1)^2$$

例 3.24　确定下列函数的单调区间：

(1) $f(x)=\dfrac{1}{|1-e^x|}$；　　(2) $f(x)=(x^2-7)\sqrt[3]{x}$.

解　(1) $f(x)=\begin{cases}\dfrac{1}{1-e^x}, & x<0\\ -\dfrac{1}{1-e^x}, & x>0\end{cases}$，定义域为$(-\infty,0)\cup(0,+\infty)$.

$f'(x)=\begin{cases}\dfrac{e^x}{(1-e^x)^2}, & x<0\\ -\dfrac{e^x}{(1-e^x)^2}, & x>0\end{cases}$，则 $f(x)$ 在$(-\infty,0)$单增，在$(0,+\infty)$单减．

(2) $f'(x)=2x\sqrt[3]{x}+\dfrac{x^2-7}{3\sqrt[3]{x^2}}=\dfrac{7(x^2-1)}{3\sqrt[3]{x^2}}$．令 $f'(x)=0$ 得驻点 $x_1=-1,x_2=1$；当 $x=0$ 时，$f'(x)$ 不存在．列表如下：

x	$(-\infty,-1)$	-1	$(-1,0)$	0	$(0,1)$	1	$(1,+\infty)$
$f'(x)$	$+$	0	$-$	不存在	$-$	0	$+$
$f(x)$	↗		↘		↘		↗

由表可以看出，$f(x)$ 的单增区间为$(-\infty,-1)$，$(1,+\infty)$；单减区间为$(-1,1)$.

小结　求单调区间的方法步骤：

(1) 确定 $f(x)$ 的定义域；

(2) 求出 $f(x)$ 的驻点，不可导点和 $f(x)$ 的间断点；

(3) 上述点按由小到大顺序把 $f(x)$ 的定义域分成 n 个区间，确定 $f'(x)$ 在各个区间的符号，由此确定出 $f(x)$ 的单调区间．

例 3.25　试证：当 $x>0$ 时，$x>\ln(1+x)>x-\dfrac{1}{2}x^2$.

证明　令 $f(x)=x-\ln(1+x)$，因为　$f'(x)=1-\dfrac{1}{1+x}>0,\quad x>0$

所以 $f(x)$ 在$[0,+\infty)$单调增加．则当 $x>0$ 时，$f(x)>f(0)=0$，即　$x>\ln(1+x)$

下面证明，$x>0$ 时，$\ln(1+x)>x-\dfrac{1}{2}x^2$．令　$g(x)=\ln(1+x)-x+\dfrac{1}{2}x^2$

因为
$$g'(x)=\frac{1}{1+x}-1+x=\frac{x^2}{1+x}>0,\quad x>0$$

所以 $g(x)$ 在$[0,+\infty)$单调增加．则当 $x>0$ 时，$g(x)>g(0)=0$，即

$$\ln(1+x)>x-\frac{1}{2}x^2$$

综上所述，当 $x>0$ 时，$x>\ln(1+x)>x-\dfrac{1}{2}x^2$.

注　利用函数的单调性证明不等式是常用的方法，读者应熟练掌握这种论证方法．用单调性证明不等式 $f(x)>g(x)$ 的方法步骤：

① 构造函数 $F(x)=f(x)-g(x)$；

② 考查 $F(x)$ 在区间 I 的连续性；

③ 求 $F'(x)$，由 $F'(x)$ 的符号判断 $F(x)$ 在相应区间的单调性；

④ 求出 $F(x)$ 在区间端点的函数值，根据单调性即得所证．

例 3.26 证明不等式：$e^{2x} < \dfrac{1+x}{1-x}$，$0 < x < 1$.

分析 要证 $0 < x < 1$ 时，$e^{2x} < \dfrac{1+x}{1-x}$，只要证明 $0 < x < 1$ 时，$1+x > e^{2x}(1-x)$，即 $0 < x < 1$ 时，$e^{2x}(1-x) - x - 1 < 0$.

证明 令 $f(x) = (1-x)e^{2x} - x - 1$，则

$$f'(x) = -e^{2x} + 2(1-x)e^{2x} - 1 = (1-2x)e^{2x} - 1$$

$$f''(x) = -4xe^{2x}$$

因为 $0 < x < 1$ 时，$f''(x) < 0$，所以 $f'(x)$ 在 $[0,1)$ 单减. 从而，$0 < x < 1$ 时，$f'(x) < f'(0) = 0$；

因为 $0 < x < 1$ 时，$f'(x) < 0$，所以 $f(x)$ 在 $[0,1)$ 单减. 从而，$0 < x < 1$ 时，$f(x) < f(0) = 0$. 即

$$(1-x)e^{2x} - x - 1 < 0, \quad 0 < x < 1$$

整理得

$$e^{2x} < \frac{1+x}{1-x}, \quad 0 < x < 1$$

例 3.27 设 $f(x)$ 在 $[a,+\infty)$ 连续，$f(a) = 0$，$f''(x) > 0$. 证明：$g(x) = \dfrac{f(x)}{x-a}$ 在 $(a,+\infty)$ 单调增加.

证明 $g'(x) = \dfrac{f'(x)(x-a) - f(x)}{(x-a)^2}$，下面只要证明在 $(a,+\infty)$ 内，$f'(x)(x-a) - f(x) > 0$ 即可.

设 $F(x) = f'(x)(x-a) - f(x)$，则 $\quad F'(x) = (x-a)f''(x)$

因为 $x \in (a,+\infty)$ 时，$x - a > 0$，$f''(x) > 0$，所以 $F'(x) > 0$，$F(x)$ 在 $[a,+\infty)$ 单调增加. 又因为 $F(a) = 0$，所以 $x \in (a,+\infty)$ 时，$F(x) > F(a) = 0$. 从而，在 $(a,+\infty)$ 内，$g'(x) > 0$，即 $g(x) = \dfrac{f(x)}{x-a}$ 在 $(a,+\infty)$ 单调增加.

例 3.28 求函数 $f(x) = (5-x)x^{\frac{2}{3}}$ 的极值.

解 $f(x) = (5-x)x^{\frac{2}{3}}$ 在 $(-\infty,+\infty)$ 连续.

$$f'(x) = -x^{\frac{2}{3}} + \frac{2}{3}x^{-\frac{1}{3}}(5-x) = \frac{-5(x-2)}{3x^{\frac{1}{3}}}$$

$f(x)$ 的不可导点为 $x_1 = 0$，驻点为 $x_2 = 2$. 列表如下：

x	$(-\infty,0)$	0	$(0,2)$	2	$(2,+\infty)$
$f'(x)$	$-$	不存在	$+$	0	$-$
$f(x)$	↘	极小值点	↗	极大值点	↘

故极小值为 $f(0) = 0$，极大值为 $f(2) = 3\sqrt[3]{4}$.

小结 可导函数求极值法则一：

(1) 求函数的导数；

(2) 求出导数的零点（即 $f(x)$ 的驻点）和不可导点（注：此两类点叫做函数的临界点）；

(3) 确定导数在临界点左、右的符号，从而求出函数的极值.

例 3.29 求 $y = \sqrt[3]{x^3 - 3x^2 + 1}$ 的极值.

分析 若直接对所给函数求极值，显然麻烦. 注意到所给函数是由 $y = \sqrt[3]{u}$ 和 $u = x^3 - 3x^2 + 1$ 复合而成的. 因为 $y = \sqrt[3]{u}$ 在 $(-\infty,+\infty)$ 是 u 的单调增函数，所以，若 $u(x_0)$ 是 u 的极大（小）值，则 $\sqrt[3]{u(x_0)}$ 就是 y 的极大（小）值.

解 记 $u(x) = x^3 - 3x^2 + 1$，$x \in (-\infty,+\infty)$，则

$$u'(x) = 3x^2 - 6x = 3x(x-2)$$

驻点为 $x_1 = 0$，$x_2 = 2$. 列表如下：

x	$(-\infty,0)$	0	$(0,2)$	2	$(2,+\infty)$
$u'(x)$	$+$	0	$-$	0	$+$
$u(x)$	↗	极大值点	↘	极小值点	↗

$u(x)$ 的极大值 $u(0)=1$，极小值 $u(2)=-3$；则，$y(x)$ 的极大值 $y(0)=1$，极小值 $y(2)=-\sqrt[3]{3}$.

小结 当函数二阶可导时，可以借助于各驻点处的二阶导数值的正负来确定函数是否取得极值．可导函数求极值法则二：

(1) 求出一阶与二阶导数 $f'(x)$，$f''(x)$；

(2) 求出驻点 x_0；

(3) 考查 $f''(x_0)$ 的正负．当 $f''(x_0)<0$ 时，$f(x_0)$ 为极大值；当 $f''(x_0)>0$ 时，$f(x_0)$ 为极小值．

例 3.30 求函数 $f(x)=\sin x+\cos x$ 的极值．

解 由于 $f(x)$ 为以 2π 为周期的周期函数，因此只考虑 $x\in[0,2\pi]$ 的情形．

(1) $f'(x)=\cos x-\sin x$，$f''(x)=-\sin x-\cos x$.

(2) 由 $f'(x)=0$ 得，驻点 $x_1=\dfrac{\pi}{4}$，$x_2=\dfrac{5}{4}\pi$.

(3) $f''\left(\dfrac{\pi}{4}\right)=-\sin\dfrac{\pi}{4}-\cos\dfrac{\pi}{4}<0$，$f(x)$ 在 $x_1=\dfrac{\pi}{4}$ 处取得极大值 $f\left(\dfrac{\pi}{4}\right)=\sqrt{2}$.

$f''\left(\dfrac{5}{4}\pi\right)=-\sin\dfrac{5}{4}\pi-\cos\dfrac{5}{4}\pi>0$，$f(x)$ 在 $x_2=\dfrac{5}{4}\pi$ 处取得极小值 $f\left(\dfrac{5}{4}\pi\right)=-\sqrt{2}$.

注 在法则二中，若 $f''(x_0)=0$，那么 $f(x)$ 在 x_0 是否取得极值不能确定．例如，$f(x)=x^4$，虽然 $f'(0)=f''(0)=0$，但 $f(x)$ 在 $x=0$ 取得极小值 $f(0)=0$；而 $g(x)=x^3$，虽然也有 $f'(0)=f''(0)=0$，但却在 $x=0$ 不取得极值．在这种情形下，仍可使用法则一．

例 3.31 求 $f(x)=x^3-3x+3$ 在 $\left[-3,\dfrac{3}{2}\right]$ 的最值．

解 $f'(x)=3x^2-3=3(x^2-1)$，由 $f'(x)=0$ 得驻点 $x_1=-1$，$x_2=1$. 比较 $f(x)$ 在驻点和端点处的函数值：

$$f(-1)=5,\quad f(1)=1,\quad f(-3)=-15,\quad f\left(\frac{3}{2}\right)=\frac{15}{8}$$

于是最大值是 $f(-1)=5$，最小值是 $f(-3)=-15$.

小结 求闭区间 $[a,b]$ 上连续函数 $f(x)$ 的最值的方法：

(1) 求出 $f(x)$ 在 $[a,b]$ 的所有驻点和不可导点；

(2) 求出上述所有驻点、不可导点和区间端点的函数值；

(3) 对上述函数值进行比较，其中最大的就是最大值，最小的就是最小值．

注 ① 若 $y=f(x)$ 在 $[a,b]$ 单调增，则 $f(a)$ 为最小值，$f(b)$ 为最大值．若 $y=f(x)$ 在 $[a,b]$ 单调减，则 $f(a)$ 为最大值，$f(b)$ 为最小值．

② 若函数在区间内部只有一个极大值而没有极小值，那么这唯一的极大值就是函数在整个区间的最大值，从而，不必再考虑端点的函数值了．同理，若函数在区间内部只有一个极小值而没有极大值，那么这唯一的极小值就是函数在整个区间的最小值．很多求最大值或最小值的实际问题，往往属于这种情形，因此，解这类最大值或最小值问题，只要求出极大值或极小值就可以了．

例 3.32 求函数 $f(x)=\arcsin\dfrac{2x}{1+x^2}+2\arctan x$ 在 $(-\infty,+\infty)$ 的最大值和最小值．

解 $$f'(x)=\frac{2(1-x^2)}{|1-x^2|}\cdot\frac{1}{1+x^2}+\frac{2}{1+x^2}=\begin{cases}\dfrac{4}{1+x^2}, & |x|<1\\ 0, & |x|>1\end{cases}$$

当 $x<-1$ 时，$f'(x)=0$，$f(x)$ 为常值函数；

当 $-1<x<1$ 时，$f'(x)>0$，$f(x)$ 单调增加；

当 $x>1$ 时，$f'(x)=0$，$f(x)$ 为常值函数．

因为 $f(x)$ 在 $(-\infty,+\infty)$ 连续，所以，$f(-1)=-\pi$ 为最小值，$f(1)=\pi$ 为最大值．

例 3.33 今欲制一容积等于 $V(\mathrm{m}^3)$ 的无盖圆柱形桶，底用铜制，侧壁用铁制（见图 3.4）．已知每平方米的铜价是铁价的 5 倍，问应怎样做，可使费用最省？

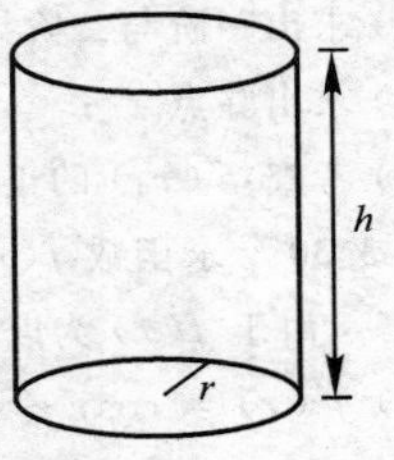

图 3.4

解 设桶高为 h，底面半径为 r．由题设

$$\pi r^2 h=V$$

设每平方米铁价为 k 元，C 为所需费用，于是

$$C=5k\pi r^2+2\pi rhk=k\pi(5r^2+2rh)$$

因为 $h=\dfrac{V}{\pi r^2}$，所以

$$C=k\pi\left(5r^2+\frac{2V}{\pi r}\right),\quad r>0$$

$$\frac{\mathrm{d}C}{\mathrm{d}r}=k\pi\left(10r-\frac{2V}{\pi r^2}\right);\qquad \frac{\mathrm{d}^2C}{\mathrm{d}r^2}=k\pi\left(10+\frac{4V}{\pi r^3}\right)$$

令 $\dfrac{\mathrm{d}C}{\mathrm{d}r}=0$，得唯一驻点 $r_0=\sqrt[3]{\dfrac{V}{5\pi}}$．当 $r_0=\sqrt[3]{\dfrac{V}{5\pi}}$ 时，$\dfrac{\mathrm{d}^2C}{\mathrm{d}r^2}>0$，此时 C 有极小值，也就是最小值．注意到 $r=\sqrt[3]{\dfrac{V}{5\pi}}$ 时，$h=\dfrac{V}{\pi r^2}=5r$．因此要费用最省，桶高与底面半径之比应为 5∶1．

小结 应用题求最值的方法：

(1) 建立函数关系式：首先画出草图搞清题意，明确要求哪一个量的最值；确定自变量和因变量，一般把要求最值的量作为因变量，自变量要选择适当，以方便计算；最后，根据几何、物理、力学等知识建立自变量与因变量之间的函数关系式，并由实际问题确定函数的定义域．

(2) 求上述函数的最值．若该函数在其定义域内只有一个驻点，而由实际问题性质又能确定最值一定在该区间内部取得时，该驻点处的函数值就是所要求的最值．

例 3.34 在 y 轴上给定一点 $(0,b)$，求此点到抛物线 $4y=x^2$ 的最短距离．

解 如图 3.5 所示，目标函数

$$d^2=f(y)=x^2+(y-b)^2=4y+(y-b)^2,\quad 0\leqslant y<+\infty$$

$$f'(y)=4+2(y-b)=2(y+2-b)$$

(1) 当 $b\leqslant 2$ 时，$f'(y)\geqslant 0$，$f(y)$ 单增，$f(0)$ 为 $f(y)$ 的最小值，即 $d^2_{最小}=b^2$，故 $d=|b|$．

(2) 当 $b>2$ 时，$f'(y)=2(y+2-b)$，$y=b-2$ 为 $f(y)$ 的唯一驻点．因为 $f''(y)=2>0$，所以 $f(b-2)$ 为极小值，此极小值也是最小值 $f(b-2)=4(b-2)+4=4(b-1)$，此时，$d=2\sqrt{b-1}$．

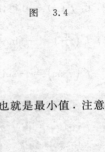

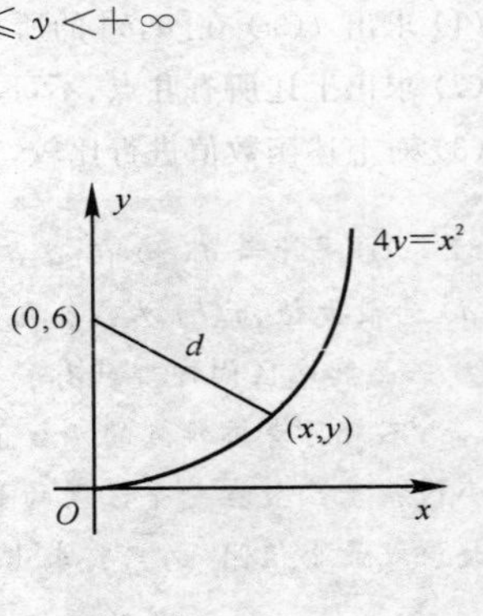

图 3.5

小结 (1) 此题只讨论了抛物线在第一象限部分，由对称性，第二象限部分可类似讨论，其结果相同．

(2) 目标函数也可以用 x 作为自变量．

例 3.35 求函数 $y=|xe^{-x}|$ 的连续区间、可导区间、单调区间、凹凸区间、极值点、拐点和渐近线．

解

$$y=|xe^{-x}|=\begin{cases}-xe^{-x}, & x<0\\ xe^{-x}, & x\geqslant 0\end{cases}$$

因为 $\lim\limits_{x\to-0}y=\lim\limits_{x\to+0}y=0$，所以函数在 $x=0$ 连续，函数的连续区间为 $(-\infty,+\infty)$.

$$y'=\begin{cases}e^{-x}(x-1), & x<0\\ e^{-x}(1-x), & x>0\end{cases}$$

$$y'_-(0)=\lim_{x\to-0}\frac{f(x)-f(0)}{x-0}=\lim_{x\to-0}\frac{-xe^{-x}}{x}=-1$$

$$y'_+(0)=\lim_{x\to+0}\frac{f(x)-f(0)}{x-0}=\lim_{x\to+0}\frac{xe^{-x}}{x}=1$$

函数在 $x=0$ 处不可导，可导区间为 $(-\infty,0)\cup(0,+\infty)$.

$$y''=\begin{cases}e^{-x}(2-x), & x<0\\ e^{-x}(x-2), & x>0\end{cases}$$

令 $y'=0$，得驻点 $x=1$；令 $y''=0$，得 $x=2$. 列表如下：

x	$(-\infty,0)$	0	$(0,1)$	1	$(1,2)$	2	$(2,+\infty)$
y'	$-$	不存在	$+$	0	$-$	$-$	$-$
y''	$+$	不存在	$-$	$-$	$-$	0	$+$
y 图形		拐点		极大		拐点	

从表中可以看出，单调增区间为 $(0,1)$，单调减区间为 $(-\infty,0)\cup(1,+\infty)$；凸区间为 $(0,2)$，凹区间为 $(-\infty,0)\cup(2,+\infty)$；极小值点为 $x=0$，极大值点为 $x=1$；拐点为 $(0,0)$，$(2,2e^{-2})$. 因为 $\lim\limits_{x\to+\infty}y=\lim\limits_{x\to+\infty}xe^{-x}=0$，所以，$y=0$ 为水平渐近线.

小结　(1) 二阶导数为零的点，二阶导数不存在的点都有可能是曲线的拐点.

(2) 若 $x\in I$(区间) 时，$f''(x)\geqslant 0$(仅在个别点等于零)，则曲线 $y=f(x)$ 在区间 I 是凹的；若 $x\in I$(区间) 时，$f''(x)\leqslant 0$(仅在个别点等于零)，则曲线 $y=f(x)$ 在区间 I 是凸的.

(3) 极值点、最值点、驻点、不可导点都是自变量轴上的点；拐点是曲线上的点.

例 3.36　求曲线 $\begin{cases}x=t^2\\ y=3t+t^3\end{cases}$ 的拐点.

解

$$dx=2tdt,\qquad dy=3(1+t^2)dt$$

$$\frac{dy}{dx}=\frac{3}{2}\,\frac{1+t^2}{t}$$

$$\frac{d^2y}{dx^2}=\frac{d}{dx}\left(\frac{dy}{dx}\right)=\frac{d}{dt}\left(\frac{dy}{dx}\right)\cdot\frac{dt}{dx}=\frac{3}{2}\,\frac{d}{dt}\left(\frac{1+t^2}{t}\right)\cdot\frac{1}{2t}=\frac{3(t^2-1)}{4t^3}$$

令 $\dfrac{d^2y}{dx^2}=0$，得 $t_1=-1$，$t_2=1$.

当 $t<-1$ 时，$\dfrac{d^2y}{dx^2}<0$；当 $-1<t<0$ 时，$\dfrac{d^2y}{dx^2}>0$. 因此 $(1,-4)$ 是曲线的拐点.

当 $0<t<1$ 时，$\dfrac{d^2y}{dx^2}<0$；当 $t>1$ 时，$\dfrac{d^2y}{dx^2}>0$. 因此 $(1,4)$ 也是曲线的拐点.

> 注　点 $(0,0)$ 不是曲线的拐点. 因为由 $\begin{cases}x=t^2\\ y=3t+t^3\end{cases}$ 所确定的曲线 $y=f(x)$ 的定义域为 $[0,+\infty)$，$t=0$ 对应于曲线上的点 $(0,0)$，而曲线上任一点都有 $x\geqslant 0$，所以，$(0,0)$ 只是曲线的一个端点，而不是曲线的拐点.

例 3.37　作函数 $y=\dfrac{1}{2}x^2e^{-x}$ 的图.

解 定义域为$(-\infty,+\infty)$，求导得

$$y'=x\mathrm{e}^{-x}\left(1-\frac{1}{2}x\right),\quad 驻点\ x_1=0,\ x_2=2$$

$$y''=\frac{1}{2}\mathrm{e}^{-x}(x-2+\sqrt{2})(x-2-\sqrt{2})$$

令 $y''=0$，得 $x_3=2-\sqrt{2}$，$x_4=2+\sqrt{2}$. 列表如下：

x	$(-\infty,0)$	0	$(0,2-\sqrt{2})$	$2-\sqrt{2}$	$(2-\sqrt{2},2)$	2	$(2,2+\sqrt{2})$	$2+\sqrt{2}$	$(2+\sqrt{2},+\infty)$
y'	$-$	0	$+$	$+$	$+$	0	$-$	$-$	$-$
y''	$+$	$+$	$+$	0	$-$	$-$	$-$	0	$+$
y	↘	极小值点	↗	拐点	↗	极大值点	↘	拐点	↘

因为

$$\lim_{x\to+\infty}y=\lim_{x\to+\infty}\frac{1}{2}x^2\mathrm{e}^{-x}=\lim_{x\to+\infty}\frac{x^2}{2\mathrm{e}^x}=\lim_{x\to+\infty}\frac{x}{\mathrm{e}^x}=\lim_{x\to+\infty}\frac{1}{\mathrm{e}^x}=0$$

所以，$y=0$ 是曲线 $y=\frac{1}{2}x^2\mathrm{e}^{-x}$ 的水平渐近线. 如图 3.6 所示.

小结 函数作图的一般步骤：

(1) 确定函数的定义域、奇偶性、周期性；

(2) 求 $f'(x)$，求出驻点及一阶不可导点；

(3) 求 $f''(x)$，求出使二阶导数为零的点和二阶不可导点；

(4) 将上述点按大小顺序排列，把函数定义域划分成几个部分区间，列表；

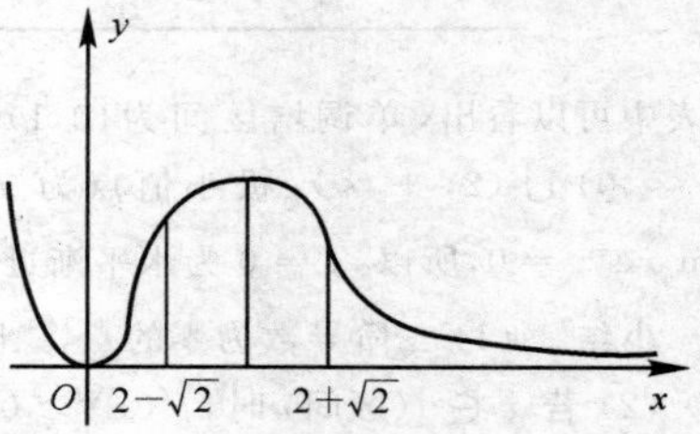

图 3.6

(5) 求函数的渐近线. 若 $\lim\limits_{x\to\infty}f(x)=a$，则 $y=a$ 为水平渐近线；若 $\lim\limits_{x\to x_0}f(x)=\infty$，则 $x=x_0$ 为垂直渐近线；若 $\lim\limits_{x\to\infty}\frac{f(x)}{x}=k$，$\lim\limits_{x\to\infty}[f(x)-kx]=b$ 都存在，则 $y=kx+b$ 为斜渐近线.

(6) 确定曲线经过的一些特殊点：与坐标轴的交点、拐点等；根据函数的性态及渐近线，作出函数的图.

例 3.38 设曲线 $\begin{cases}x=a(t-\sin t)\\y=a(1-\cos t)\end{cases}$，$t\in(0,2\pi)$. 求此曲线的最小曲率.

解 $\mathrm{d}x=a(1-\cos t)\mathrm{d}t,\quad \mathrm{d}y=a\sin t\mathrm{d}t$

$$\mathrm{d}s=\sqrt{(\mathrm{d}x)^2+(\mathrm{d}y)^2}=a\sqrt{(1-\cos t)^2+\sin^2 t}\,\mathrm{d}t=\sqrt{2}a\sqrt{1-\cos t}\,\mathrm{d}t$$

$$\tan\alpha=\frac{\mathrm{d}y}{\mathrm{d}x}=\frac{\sin t}{1-\cos t}$$

$$\mathrm{d}\alpha=\mathrm{d}\arctan\frac{\sin t}{1-\cos t}=\frac{1}{1+\left(\frac{\sin t}{1-\cos t}\right)^2}\cdot\frac{\cos t(1-\cos t)-\sin^2 t}{(1-\cos t)^2}\mathrm{d}t=$$

$$\frac{\cos t-1}{(1-\cos t)^2+\sin^2 t}\mathrm{d}t=-\frac{1}{2}\mathrm{d}t$$

$$k=\left|\frac{\mathrm{d}\alpha}{\mathrm{d}s}\right|=\frac{1}{2\sqrt{2}a\sqrt{1-\cos t}}=\frac{1}{4a\left|\sin\frac{t}{2}\right|}$$

当 $t=\pi$ 时，曲率 k 最小，最小曲率 $k=\frac{1}{4a}$.

四、课后习题精解

(一) 习题 3-1 解答

1. 验证罗尔定理对函数 $y=\ln\sin x$ 在区间 $\left[\frac{\pi}{6},\frac{5\pi}{6}\right]$ 的正确性.

解 $y=\ln\sin x$ 在 $\left[\frac{\pi}{6},\frac{5\pi}{6}\right]$ 连续,在 $\left(\frac{\pi}{6},\frac{5\pi}{6}\right)$ 可导,且 $y\left(\frac{\pi}{6}\right)=y\left(\frac{5\pi}{6}\right)=-\ln2$,由 $y'(x)=\cot x=0$ 得,$x=\frac{\pi}{2}\in\left(\frac{\pi}{6},\frac{5\pi}{6}\right)$,因此存在 $\xi=\frac{\pi}{2}\in\left(\frac{\pi}{6},\frac{5\pi}{6}\right)$,使 $y'(\xi)=0$.

2. 验证拉格朗日中值定理对函数 $y=4x^3-5x^2+x-2$ 在区间 $[0,1]$ 上的正确性.

解 $y=4x^3-5x^2+x-2$ 在 $[0,1]$ 连续,在 $(0,1)$ 可导,令

$$y'(\xi)=\frac{y(1)-y(0)}{1-0}=0$$

即 $12\xi^2-10\xi+1=0$,取 $\xi=\frac{5\pm\sqrt{13}}{12}\in(0,1)$.

3. 对函数 $f(x)=\sin x$ 及 $F(x)=x+\cos x$ 在区间 $\left[0,\frac{\pi}{2}\right]$ 验证柯西中值定理的正确性.

解 $f(x)=\sin x$ 和 $F(x)=x+\cos x$ 在 $\left[0,\frac{\pi}{2}\right]$ 连续,在 $\left(0,\frac{\pi}{2}\right)$ 可导,且 $F'(x)=1-\sin x$ 在 $\left(0,\frac{\pi}{2}\right)$ 不为零. 令

$$\frac{f\left(\frac{\pi}{2}\right)-f(0)}{F\left(\frac{\pi}{2}\right)-F(0)}=\frac{f'(\xi)}{F'(\xi)}$$

即

$$\frac{\cos\xi}{1-\sin\xi}=\frac{\sin\frac{\pi}{2}-\sin0}{\frac{\pi}{2}-1}=\frac{2}{\pi-2}$$

通过解三角方程 $\frac{\cos x}{1-\sin x}=\frac{2}{\pi-2}$,即可求出 ξ.

4. 试证明:对函数 $y=px^2+qx+r$ 应用拉格朗日中值定理时所求得的点 ξ 总是位于区间的正中间.

证明 设 $y=px^2+qx+r$, $x\in[a,b]$,由拉格朗日中值定理知,存在 $\xi\in(a,b)$,使 $y(b)-y(a)=y'(\xi)b-a$,即 $(pb^2+qb+r)-(pa^2+qa+r)=(2p\xi+q)(b-a)$,可得 $\xi=\frac{a+b}{2}$.

5. 不用求出函数 $f(x)=(x-1)(x-2)(x-3)(x-4)$ 的导数,说明方程 $f'(x)=0$ 有几个实根,并指出它们所在的区间.

解 因为 $f(x)$ 在 $[1,2]$ 连续,在 $(1,2)$ 可导,且 $f(1)=f(2)$,所以由罗尔定理知,存在 $\xi_1\in(1,2)$,使 $f'(\xi_1)=0$;同理存在 $\xi_2\in(2,3)$,使 $f'(\xi_2)=0$;存在 $\xi_3\in(3,4)$,使 $f'(\xi_3)=0$. ξ_1,ξ_2,ξ_3 是方程 $f'(x)=0$ 的全部根.

6. 证明:恒等式 $\arcsin x+\arccos x=\frac{\pi}{2}$, $-1\leqslant x\leqslant1$.

证明 令 $f(x)=\arcsin x+\arccos x$, $x\in[-1,1]$. 因为

$$f'(x)=\frac{1}{\sqrt{1-x^2}}+\left(\frac{-1}{\sqrt{1-x^2}}\right)\equiv0$$

所以 $f(x)=c$, $x\in[-1,1]$.

又因为 $f(0)=\frac{\pi}{2}$,所以 $c=\frac{\pi}{2}$,从而当 $x\in(-1,1)$ 时,$\arcsin x+\arccos x=\frac{\pi}{2}$;由于 $f(-1)=f(1)=$

$\frac{\pi}{2}$,故上述结论成立.

7. 若方程 $a_0x^n+a_1x^{n-1}+\cdots+a_{n-1}x=0$ 有一个正根 $x=x_0$,证明方程 $a_0nx^{n-1}+a_1(n-1)x^{n-2}+\cdots+a_{n-1}=0$ 必有一个小于 x_0 的正根.

证明 令 $f(x)=a_0x^n+a_1x^{n-1}+a_2x^{n-2}+\cdots+a_{n-1}x$, $x\in[0,x_0]$,则 $f(0)=f(x_0)=0$,由罗尔定理知,存在 $\xi\in(0,x_0)$,使 $f'(\xi)=0$. 则 ξ 就是 $a_0nx^{n-1}+a_1(n-1)x^{n-2}+\cdots+a_{n-1}=0$ 的一个小于 x_0 的正根.

8. 若函数 $f(x)$ 在 (a,b) 内具有二阶导数,且 $f(x_1)=f(x_2)=f(x_3)$,其中 $a<x_1<x_2<x_3<b$,证明:在 (x_1,x_3) 内至少有一点 ξ,使得 $f''(\xi)=0$.

证明 因为 $f(x)$ 在 $[x_1,x_2]$ 连续,在 (x_1,x_2) 可导,且 $f(x_1)=f(x_2)$,所以由罗尔定理知,存在 $\xi_1\in(x_1,x_2)$,使 $f'(\xi_1)=0$;同理存在 $\xi_2\in(x_2,x_3)$,使 $f'(\xi_2)=0$;又因为函数 $h(x)=f'(x)$ 在 $[\xi_1,\xi_2]$ 连续,在 (ξ_1,ξ_2) 可导,且 $h(\xi_1)=f'(\xi_1)=f'(\xi_2)=h(\xi_2)=0$,所以由罗尔定理知,存在 $\xi\in(\xi_1,\xi_2)$,使 $h'(\xi)=0$,即 $f''(\xi)=0$.

9. 设 $a>b>0$, $n>1$,证明:$nb^{n-1}(a-b)<a^n-b^n<na^{n-1}(a-b)$.

证明 令 $f(x)=x^n$, $x\in(b,a)$. 则 $f(x)$ 在 $[b,a]$ 连续,在 (b,a) 可导. 由拉格朗日中值定理知,存在 $\xi\in(b,a)$,使

$$f(a)-f(b)=f'(\xi)(a-b),\quad \xi\in(b,a)$$

即

$$a^n-b^n=n\xi^{n-1}(a-b),\quad \xi\in(b,a)$$

因为 $nb^{n-1}(a-b)<n\xi^{n-1}(a-b)<na^{n-1}(a-b)$,所以

$$nb^{n-1}(a-b)<a^n-b^n<na^{n-1}(a-b)$$

10. 设 $a>b>0$,证明:$\frac{a-b}{a}<\ln\frac{a}{b}<\frac{a-b}{b}$.

证明 令 $f(x)=\ln x$, $x\in[b,a]$. 由拉格朗日中值定理知,存在 $\xi\in(b,a)$,使

$$f(a)-f(b)=f'(\xi)(a-b),\quad \xi\in(b,a)$$

即

$$\ln a-\ln b=\frac{1}{\xi}(a-b)$$

因为 $\frac{1}{a}<\frac{1}{\xi}<\frac{1}{b}$,所以 $\frac{1}{a}(a-b)<\ln a-\ln b<\frac{1}{b}(a-b)$,即 $\frac{a-b}{a}<\ln\frac{a}{b}<\frac{a-b}{b}$

11. 证明下列不等式:

(1) $|\arctan a-\arctan b|\leqslant|a-b|$;　　(2) 当 $x>1$ 时,$e^x>ex$.

证明 (1) 令 $f(x)=\arctan x$, $x\in[a,b]$,则 $f(x)$ 在 $[a,b]$ 连续,在 (a,b) 可导. 由拉格朗日中值定理知,存在 $\xi\in(a,b)$,使 $f(b)-f(a)=f'(\xi)(b-a)$,即

$$\arctan b-\arctan a=\frac{1}{1+\xi^2}(b-a),\quad \xi\in(a,b)$$

故

$$|\arctan b-\arctan a|=\frac{1}{1+\xi^2}|b-a|\leqslant|b-a|$$

(2) 令 $f(t)=e^t-et$, $t\in(1,x)$,显然 $f(t)$ 在 $[1,x]$ 连续,在 $(1,x)$ 可导. 由拉格朗日中值定理知,存在 $\xi\in(1,x)$,使 $f(x)-f(1)=f'(\xi)(x-1)$,即

$$(e^x-ex)-(e-e\cdot 1)=(e^\xi-e)\cdot(x-1)$$

整理得 $(e^x-ex)=(e^\xi-e)(x-1)$,因为 $\xi>1$, $e^\xi-e>0$,所以 $e^x>ex$.

12. 证明:方程 $x^5+x-1=0$ 只有一个正根.

证明 令 $f(x)=x^5+x-1$,因为 $f(0)=-1<0$, $f(1)=1>0$,所以由介值定理知,存在 $\xi\in(0,1)$,使 $f(\xi)=0$,即 ξ 为 $x^5+x-1=0$ 的一个正根.

若存在 $\xi_1,\xi_2>0$,使 $f(\xi_1)=0$, $f(\xi_2)=0$,则由罗尔定理知,存在 $\eta\in(\xi_1,\xi_2)$,使 $f'(\eta)=0$,但是

$f'(x)=5x^4+1>0$,矛盾.

13. 设 $f(x)$, $g(x)$ 在 $[a,b]$ 上连续,在 (a,b) 内可导,证明:在 (a,b) 内有一点 ξ,使

$$\begin{vmatrix} f(a) & f(b) \\ g(a) & g(b) \end{vmatrix} = (b-a)\begin{vmatrix} f(a) & f'(\xi) \\ g(a) & g'(\xi) \end{vmatrix}$$

证明 令 $\varphi(x)=\begin{vmatrix} f(a) & f(x) \\ g(a) & g(x) \end{vmatrix}$, $x\in[a,b]$. 显然 $\varphi(x)$ 在 $[a,b]$ 连续,在 (a,b) 可导,由拉格朗日中值定理知,存在 $\xi\in(a,b)$,使 $\varphi(b)-\varphi(a)=\varphi'(\xi)(b-a)$,即

$$\begin{vmatrix} f(a) & f(b) \\ g(a) & g(b) \end{vmatrix} - \begin{vmatrix} f(a) & f(a) \\ g(a) & g(a) \end{vmatrix} = \left[\begin{vmatrix} (f(a))' & f(\xi) \\ (g(a))' & g(\xi) \end{vmatrix} + \begin{vmatrix} f(a) & f'(\xi) \\ g(a) & g'(\xi) \end{vmatrix}\right](b-a) = \begin{vmatrix} f(a) & f'(\xi) \\ g(a) & g'(\xi) \end{vmatrix}(b-a)$$

即
$$\begin{vmatrix} f(a) & f(b) \\ g(a) & g(b) \end{vmatrix} = (b-a)\begin{vmatrix} f(a) & f'(\xi) \\ g(a) & g'(\xi) \end{vmatrix}, \quad \xi\in(a,b)$$

14. 证明:若函数 $f(x)$ 在 $(-\infty,+\infty)$ 内满足关系式 $f'(x)=f(x)$,且 $f(0)=1$,则 $f(x)=e^x$.

证明 令 $\varphi(x)=e^{-x}f(x)$, $x\in(-\infty,+\infty)$. 因为 $\varphi'(x)=-e^{-x}f(x)+e^{-x}f'(x)\equiv 0$,所以 $\varphi(x)=e^{-x}f(x)\equiv C$;即 $f(x)=Ce^x$,又因 $f(0)=1$,所以 $C=1$,从而,$f(x)=e^x$.

*15. 设函数 $y=f(x)$ 在 $x=0$ 的某邻域内具有 n 阶导数,且 $f(0)=f'(0)=\cdots=f^{(n-1)}(0)=0$,试用柯西中值定理证明:

$$\frac{f(x)}{x^n}=\frac{f^{(n)}(\theta x)}{n!}, \quad 0<\theta<1$$

证明 由柯西中值定理得

$$\frac{f(x)}{x^n}=\frac{f(x)-f(0)}{x^n-0^n}=\frac{f'(\xi_1)}{n\xi_1^{n-1}}= \quad (\xi_1 \text{ 在 } 0 \text{ 与 } x \text{ 之间})$$

$$\frac{f'(\xi_1)-f'(0)}{n\xi_1^{n-1}-n\cdot 0^{n-1}}=\frac{f''(\xi_2)}{n(n-1)\xi_2^{n-2}}= \quad (\xi_2 \text{ 在 } 0 \text{ 与 } \xi_1 \text{ 之间})$$

$$\frac{f''(\xi_2)-f''(0)}{n(n-1)\xi_2^{n-2}-n(n-1)0^{n-2}}=\frac{f'''(\xi_3)}{n(n-1)(n-2)\xi_3^{n-3}}= \quad (\xi_3 \text{ 在 } 0 \text{ 与 } \xi_2 \text{ 之间})$$

……

$$\frac{f^{(n-1)}(\xi_{n-1})}{n(n-1)\cdots 2\xi_{n-1}}= \quad (\xi_{n-1} \text{ 在 } 0 \text{ 与 } \xi_{n-2} \text{ 之间})$$

$$\frac{f^{(n-1)}(\xi_{n-1})-f^{(n-1)}(0)}{n(n-1)\cdots 2\xi_{n-1}-n(n-1)\cdots 2\cdot 0}=\frac{f^{(n)}(\xi_n)}{n!}= \quad (\xi_n \text{ 在 } 0 \text{ 与 } \xi_{n-1} \text{ 之间})$$

$$\frac{f^{(n)}(\theta x)}{n!} \quad (0<\theta<1)$$

(二) 习题 3-2 解答

1. 用洛必达法则求下列极限:

(1) $\lim\limits_{x\to 0}\dfrac{\ln(1+x)}{x}$;　(2) $\lim\limits_{x\to 0}\dfrac{e^x-e^{-x}}{\sin x}$;　(3) $\lim\limits_{x\to a}\dfrac{\sin x-\sin a}{x-a}$;

(4) $\lim\limits_{x\to \pi}\dfrac{\sin 3x}{\tan 5x}$;　(5) $\lim\limits_{x\to \frac{\pi}{2}}\dfrac{\ln\sin x}{(\pi-2x)^2}$;　(6) $\lim\limits_{x\to a}\dfrac{x^m-a^m}{x^n-a^n}$, $(a\neq 0)$;

(7) $\lim\limits_{x\to 0^+}\dfrac{\ln\tan 7x}{\ln\tan 2x}$;　(8) $\lim\limits_{x\to \frac{\pi}{2}}\dfrac{\tan x}{\tan 3x}$;　(9) $\lim\limits_{x\to +\infty}\dfrac{\ln\left(1+\frac{1}{x}\right)}{\operatorname{arccot} x}$;

(10) $\lim\limits_{x\to 0}\dfrac{\ln(1+x^2)}{\sec x-\cos x}$;　(11) $\lim\limits_{x\to 0}x\cot 2x$;　(12) $\lim\limits_{x\to 0}x^2e^{\frac{1}{x^2}}$;

(13) $\lim\limits_{x\to 1}\left(\dfrac{2}{x^2-1}-\dfrac{1}{x-1}\right)$;　(14) $\lim\limits_{x\to \infty}\left(1+\dfrac{a}{x}\right)^x$;　(15) $\lim\limits_{x\to 0^+}x^{\sin x}$;

(16) $\lim\limits_{x\to 0^+}\left(\frac{1}{x}\right)^{\tan x}$.

解 (1)
$$原式=\lim_{x\to 0}\frac{\frac{1}{1+x}}{1}=1$$

(2)
$$原式=\lim_{x\to 0}\frac{e^x+e^{-x}}{\cos x}=2$$

(3)
$$原式=\lim_{x\to a}\frac{\cos x}{1}=\cos a$$

(4)
$$原式=\lim_{x\to \pi}\frac{3\cos 3x}{5\sec^2 5x}=-\frac{3}{5}$$

(5)
$$原式=\lim_{x\to \frac{\pi}{2}}\frac{\cot x}{-4(\pi-2x)}=-\frac{1}{4}\lim_{x\to \frac{\pi}{2}}\frac{-\csc^2 x}{-2}=-\frac{1}{8}$$

(6)
$$原式=\lim_{x\to a}\frac{mx^{m-1}}{nx^{n-1}}=\lim_{x\to a}\frac{m}{n}x^{m-n}=\frac{m}{n}a^{m-n}$$

(7)
$$原式=\lim_{x\to 0^+}\frac{\frac{1}{\tan 7x}\cdot\sec^2 7x\cdot 7}{\frac{1}{\tan 2x}\cdot\sec^2 2x\cdot 2}=\frac{7}{2}\lim_{x\to 0^+}\frac{\tan 2x}{\tan 7x}=\frac{7}{2}\lim_{x\to 0^+}\frac{2x}{7x}=1$$

(8)
$$原式=\lim_{x\to \frac{\pi}{2}}\frac{\frac{1}{\cos^2 x}}{3\frac{1}{\cos^2 3x}}=\lim_{x\to \frac{\pi}{2}}\frac{1}{3}\frac{\cos^2 3x}{\cos^2 x}=\frac{1}{3}\lim_{x\to \frac{\pi}{2}}\frac{2\cos 3x(-\sin 3x)3}{2\cos x(-\sin x)}=$$
$$-\lim_{x\to \frac{\pi}{2}}\frac{\cos 3x}{\cos x}=-\lim_{x\to \frac{\pi}{2}}\frac{-3\sin 3x}{-\sin x}=3$$

(9)
$$原式=\lim_{x\to +\infty}\frac{\frac{x}{1+x}\cdot\left(-\frac{1}{x^2}\right)}{-\frac{1}{1+x^2}}=\lim_{x\to +\infty}\frac{1+x^2}{x+x^2}=\lim_{x\to +\infty}\frac{2x}{1+2x}=1$$

(10) $原式=\lim\limits_{x\to 0}\frac{\cos x\cdot\ln(1+x^2)}{1-\cos^2 x}=\lim\limits_{x\to 0}\frac{\ln(1+x^2)}{\sin^2 x}=\lim\limits_{x\to 0}\frac{2x}{(1+x^2)2\sin x\cos x}=\lim\limits_{x\to 0}\frac{1}{1+x^2}\cdot\frac{x}{\sin x}=1$

(11)
$$原式=\lim_{x\to 0}\frac{x}{\tan 2x}=\lim_{x\to 0}\frac{1}{\frac{2}{\cos^2 2x}}=\frac{1}{2}$$

(12)
$$原式=\lim_{x\to 0}\frac{e^{x^{-2}}}{x^{-2}}=\lim_{t\to +\infty}\frac{e^t}{t}=\lim_{t\to +\infty}\frac{e^t}{1}=+\infty$$

(13)
$$原式=\lim_{x\to 1}\frac{-x+1}{x^2-1}=\lim_{x\to 1}\frac{-1}{2x}=-\frac{1}{2}$$

(14) 令 $y=\left(1+\frac{a}{x}\right)^x$,则 $\ln y=x\ln\left(1+\frac{a}{x}\right)$. 因为
$$\lim_{x\to\infty}\ln y=\lim_{x\to\infty}\frac{\ln\left(1+\frac{a}{x}\right)}{\frac{1}{x}}=\lim_{t\to 0}\frac{\ln(1+at)}{t}=\lim_{t\to 0}\frac{a}{1+at}=a$$

所以
$$\lim_{x\to\infty}\left(1+\frac{a}{x}\right)^x=e^a$$

(15) 令 $y=x^{\sin x}$,则 $\ln y=\sin x\ln x$. 因为
$$\lim_{x\to 0^+}\ln y=\lim_{x\to 0^+}\sin x\cdot\ln x=\lim_{x\to 0^+}\frac{\ln x}{\csc x}=\lim_{x\to 0^+}\frac{\frac{1}{x}}{-\csc x\cdot\cot x}=-\lim_{x\to 0^+}\frac{\sin^2 x}{x\cos x}=$$
$$\lim_{x\to 0}\sin x\cdot\frac{\sin x}{x}\cdot\frac{1}{\cos x}=0$$

所以
$$\lim_{x\to0^+}x^{\sin x}=\lim_{x\to0^+}y=e^0=1$$

(16) 令 $y=\left(\dfrac{1}{x}\right)^{\tan x}$，则 $\ln y=-\tan x\ln x$. 因为

$$\lim_{x\to0^+}\ln y=-\lim_{x\to0^+}\tan x\ln x=-\lim_{x\to0^+}\frac{\ln x}{\cot x}=\lim_{x\to0^+}\frac{\sin^2 x}{x}=\lim_{x\to0^+}2\sin x\cos x=0$$

所以
$$\lim_{x\to0^+}\left(\frac{1}{x}\right)^{\tan x}=\lim_{x\to0^+}y=e^0=1$$

2. 验证极限 $\lim\limits_{x\to\infty}\dfrac{x+\sin x}{x}$ 存在，但不能用洛必达法则得出.

解
$$\lim_{x\to\infty}\frac{x+\sin x}{x}=\lim_{x\to\infty}\left(1+\frac{\sin x}{x}\right)=1+\lim_{x\to\infty}\frac{\sin x}{x}=1$$

因为 $\lim\limits_{x\to\infty}\dfrac{(x+\sin x)'}{(x)'}=\lim\limits_{x\to\infty}\dfrac{1+\cos x}{1}=\lim\limits_{x\to\infty}(1+\cos x)$ 不存在，不满足罗必达法则的第三个条件，所以不能用洛必达法则.

3. 验证极限 $\lim\limits_{x\to0}\dfrac{x^2\sin\dfrac{1}{x}}{\sin x}$ 存在，但不能用洛必达法则得出.

解
$$\lim_{x\to0}\frac{x^2\sin\frac{1}{x}}{\sin x}=\lim_{x\to0}\frac{x}{\sin x}\cdot\lim_{x\to0}\left(x\sin\frac{1}{x}\right)=1\times0=0$$

因为 $\lim\limits_{x\to0}\dfrac{\left(x^2\sin\dfrac{1}{x}\right)'}{(\sin x)'}=\lim\limits_{x\to0}\dfrac{2x\sin\dfrac{1}{x}-\cos\dfrac{1}{x}}{\cos x}$ 不存在，所以不能用洛必达法则.

*4. 讨论函数 $f(x)=\begin{cases}\left[\dfrac{(1+x)^{\frac{1}{x}}}{e}\right]^{\frac{1}{x}}, & x>0\\ e^{-\frac{1}{2}}, & x\leqslant0\end{cases}$ 在点 $x=0$ 处的连续性.

解　因为
$$\lim_{x\to0^-}f(x)=\lim_{x\to0}e^{-\frac{1}{2}}=e^{-\frac{1}{2}}$$

$$\lim_{x\to0^+}\ln f(x)=\lim_{x\to0^+}\frac{\ln(1+x)-x}{x^2}=-\frac{1}{2}\lim_{x\to0^+}\frac{1}{1+x}=-\frac{1}{2},\quad \lim_{x\to0^+}f(x)=e^{-\frac{1}{2}}$$

所以 $\lim\limits_{x\to0}f(x)=f(0)=e^{-\frac{1}{2}}$. 故 $f(x)$ 在 $x=0$ 处连续.

(三) 习题 3-3 解答

1. 按 $(x-4)$ 的幂展开多项式 $f(x)=x^4-5x^3+x^2-3x+4$.

解
$$f(4)=-56,\quad f'(4)=21,\quad f''(4)=74$$
$$f'''(4)=66,\quad f^{(4)}(4)=24,\quad f^{(5)}(x)=0$$

$f(x)=x^4-5x^3+x^2-3x+4=$

$$f(4)+f'(4)(x-4)+\frac{f''(4)}{2!}(x-4)^2+\frac{f'''(4)}{3!}(x-4)^3+\frac{f^{(4)}(4)}{4!}(x-4)^4+\frac{f^{(5)}(\xi)}{5!}(x-4)^5=$$
$$-56+21(x-4)+37(x-4)^2+11(x-4)^3+(x-4)^4$$

2. 应用麦克劳林公式，按 x 的幂展开函数 $f(x)=(x^2-3x+1)^3$.

解
$$f(0)=1,\quad f'(0)=-9,\quad f''(0)=60,\quad f'''(0)=-270$$
$$f^{(4)}(0)=720,\quad f^{(5)}(0)=-1\,080,\quad f^{(6)}(0)=720$$

当 $n\geqslant7$ 时，$f^{(n)}(0)=0$，则
$$f(x)=1-9x+30x^2-45x^3+30x^4-9x^5+x^6$$

3. 求函数 $f(x)=\sqrt{x}$ 按 $(x-4)$ 的幂展开的带有拉格朗日型余项的 3 阶泰勒公式.

解 $f(x)=\sqrt{x}=f(4)+f'(4)(x-4)+\dfrac{f''(4)}{2!}(x-4)^2+\dfrac{f'''(4)}{3!}(x-4)^3+\dfrac{f^{(4)}(\xi)}{4!}(x-4)^4=$

$$2+\frac{1}{4}(x-4)-\frac{1}{64}(x-4)^2+\frac{1}{512}(x-4)^3-\frac{15}{4!\cdot 16\xi^{\frac{7}{2}}}(x-4)^4\quad(\xi\text{在 4 与 }x\text{ 之间})$$

4. 求函数 $f(x)=\ln x$ 按 $(x-2)$ 的幂展开的带有皮亚诺型余项的 n 阶泰勒公式.

解 $f(x)=\ln x,\quad f'(x)=\dfrac{1}{x},\quad f^{(n)}(x)=\left(\dfrac{1}{x}\right)^{(n-1)}=(-1)^{n-1}\dfrac{(n-1)!}{x^n}$

$f(2)=\ln 2,\quad f'(2)=\dfrac{1}{2},\quad f^{(n)}(2)=(-1)^{n-1}\dfrac{(n-1)!}{2^n},\quad n\geqslant 2$

$$f(x)=\ln x=\ln 2+\frac{1}{2}(x-2)-\frac{1}{2^3}(x-2)^2+\frac{1}{3\cdot 2^3}(x-2)^3+\cdots+\frac{(-1)^{n-1}}{n\cdot 2^n}(x-2)^n+o[(x-2)^n]$$

5. 求函数 $f(x)=\dfrac{1}{x}$ 按 $(x+1)$ 的幂展开的带有拉格朗日型余项的 n 阶泰勒公式.

解 $f(x)=\dfrac{1}{x}=x^{-1},\quad f'(x)=-x^{-2}$

$f''(x)=(-1)(-2)x^{-3},\quad\cdots,\quad f^{(n)}(x)=(-1)^n n!\ x^{-(n+1)}$

$f(-1)=-1,\quad f'(-1)=-1,\quad f''(-1)=-2!$

$f'''(-1)=-3!,\quad\cdots,\quad f^{(n)}(-1)=-n!$

$R_n(x)=\dfrac{f^{(n+1)}(\xi)}{(n+1)!}(x+1)^{n+1}=\dfrac{(-1)^{n+1}(n+1)!\ \xi^{-(n+2)}}{(n+1)!}(x+1)^{n+1}=$

$(-1)^{n+1}\xi^{-(n+2)}(x+1)^{n+1}\quad(\xi\text{在}-1\text{与 }x\text{ 之间})$

故 $f(x)=\dfrac{1}{x}=f(-1)+f'(-1)(x+1)+\dfrac{f''(-1)}{2!}(x+1)^2+\cdots+\dfrac{f^{(n)}(-1)}{n!}(x+1)^n+R_n(x)=$

$$-[1+(1+x)+(1+x)^2+\cdots+(1+x)^n]+(-1)^{n+1}\xi^{-(n+2)}(1+x)^{n+1}$$

6. 求函数 $f(x)=\tan x$ 的带有拉格朗日型余项的 3 阶麦克劳林公式.

解 因为

$$f(x)=\tan x,\quad f'(x)=\sec^2 x$$
$$f''(x)=2\sec^2 x\tan x$$
$$f'''(x)=2\sec^2 x(2\tan^2 x+\sec^2 x)$$
$$f^{(4)}(x)=16\sec^4 x\tan x+8\sec^2 x\tan^3 x$$

所以 $f(0)=0$, $f'(0)=1$, $f''(0)=0$, $f'''(0)=2$. 故

$$f(x)=\tan x=f(0)+f'(0)x+\frac{f''(0)}{2!}x^2+\frac{f'''(0)}{3!}x^3+\frac{f^{(4)}(\xi)}{4!}x^4=$$

$$x+\frac{1}{3}x^3+\frac{2\sin\xi+\sin^3\xi}{3\cos^5\xi}x^4\quad(\xi\text{在 0 与 }x\text{ 之间})$$

7. 求函数 $f(x)=xe^x$ 的带有皮亚诺型余项的 n 阶麦克劳林公式.

解 $f(x)=xe^x,\quad f^{(n)}(x)=e^x(n+x),\quad n=1,2,3,\cdots$

$$f(x)=xe^x=f(0)+f'(0)x+\frac{f''(0)}{2!}x^2+\cdots+\frac{f^{(n)}(0)}{n!}x^n+o(x^n)=$$

$$0+1\cdot x+\frac{1}{2!}\cdot 2\cdot x^2+\cdots+\frac{1}{n!}\cdot n\cdot x^n+o(x^n)=$$

$$x+x^2+\frac{1}{2!}x^3+\cdots+\frac{1}{(n-1)!}x^n+o(x^n)$$

8. 验证当 $0<x\leqslant\dfrac{1}{2}$ 时,按公式 $e^x\approx 1+x+\dfrac{x^2}{2}+\dfrac{x^3}{6}$ 计算 e^x 的近似值时,所产生的误差小于 0.01,并

求$\sqrt{e}$ 的近似值,使误差小于 0.01.

解
$$f(x)=e^x=1+x+\frac{1}{2!}x^2+\frac{1}{3!}x^3+\frac{e^\xi}{4!}x^4$$

误差 $R=\frac{e^\xi}{4!}x^4$,因为 $0<x\leqslant\frac{1}{2}$,所以 $0<\xi<\frac{1}{2}$. 从而误差

$$R=\frac{e^\xi}{4!}x^4\leqslant\frac{3^{\frac{1}{2}}}{4!}\times\left(\frac{1}{2}\right)^4\approx0.004\ 5<0.01$$

故
$$\sqrt{e}=e^{\frac{1}{2}}\approx1+\frac{1}{2}+\frac{1}{2}\times\left(\frac{1}{2}\right)^2+\frac{1}{6}\times\left(\frac{1}{2}\right)^3\approx1.645$$

9. 应用 3 阶泰勒公式求下列各数的近似值,并估计误差:

(1) $\sqrt[3]{30}$;　　　　(2) $\sin18°$.

解　(1) $f(x)=f(x_0)+f'(x_0)(x-x_0)+\frac{f''(x_0)}{2!}(x-x_0)^2+\frac{f'''(x_0)}{3!}(x-x_0)^3+\frac{f^{(4)}(\xi)}{4!}(x-x_0)^4$

令 $f(x)=x^{\frac{1}{3}}$, $x_0=27$, $x-x_0=3$,则

$$\sqrt[3]{30}\approx(27)^{\frac{1}{3}}+\frac{1}{3}(27)^{-\frac{2}{3}}\times3-\frac{\frac{2}{9}(27)^{-\frac{5}{3}}}{2!}\times3^2+\frac{\frac{10}{27}(27)^{-\frac{8}{3}}}{3!}\times3^3=$$
$$3\left(1+\frac{1}{3^3}-\frac{1}{3^6}+\frac{5}{3^{10}}\right)\approx3+0.111\ 11-0.004\ 12+0.000\ 25\approx3.107\ 24$$

误差

$$|R|=\left|\frac{f^{(4)}(\xi)}{4!}(x-x_0)^4\right|=\left|\frac{\frac{80}{81}\xi^{-\frac{11}{3}}}{4!}\times3^4\right|_{\xi\in(27,30)}<\frac{\frac{80}{81}\times27^{-\frac{11}{3}}}{4!}\times3^4=\frac{80}{4!\times3^{11}}=1.88\times10^5$$

(2) $f(x)=f(x_0)+f'(x_0)(x-x_0)+\frac{f''(x_0)}{2!}(x-x_0)^2+\frac{f'''(x_0)}{3!}(x-x_0)^3+\frac{f^{(4)}(\xi)}{4!}(x-x_0)^4$

令 $f(x)=\sin x$, $x_0=0$, $x-x_0=18°=\frac{\pi}{10}$,则

$$\sin18°=\sin\frac{\pi}{10}\approx f(0)+f'(0)\frac{\pi}{10}+\frac{f''(0)}{2!}\left(\frac{\pi}{10}\right)^2+\frac{f'''(0)}{3!}\left(\frac{\pi}{10}\right)^3=\frac{\pi}{10}-\frac{1}{3!}\left(\frac{\pi}{10}\right)^3\approx0.309\ 0$$

$$|R|=\left|\frac{\sin\xi}{4!}x^4\right|_{\xi\in\left(0,\frac{\pi}{10}\right)}\leqslant\frac{\sin\frac{\pi}{10}}{4!}\left(\frac{\pi}{10}\right)^4=2.03\times10^{-4}$$

*10. 利用泰勒公式求下列极限:

(1) $\lim\limits_{x\to+\infty}(\sqrt[3]{x^3+3x^2}-\sqrt[4]{x^4-2x^3})$;　　(2) $\lim\limits_{x\to0}\frac{\cos x-e^{-\frac{x^2}{2}}}{x^2[x+\ln(1-x)]}$;

(3) $\lim\limits_{x\to0}\frac{1+\frac{1}{2}x^2-\sqrt{1+x^2}}{(\cos x-e^{x^2})\sin x^2}$.

解　(1) $\lim\limits_{x\to+\infty}(\sqrt[3]{x^3+3x^2}-\sqrt[4]{x^4-2x^3})=\lim\limits_{t\to0^+}\frac{\sqrt[3]{1+3t}-\sqrt[4]{1-2t}}{t}$

因为 $\sqrt[3]{1+3t}-\sqrt[4]{1-2t}=\frac{3}{2}t+o(t)$,所以

$$\lim_{x\to+\infty}(\sqrt[3]{x^3+3x^2}-\sqrt[4]{x^4-2x^3})=\lim_{t\to0^+}\frac{\sqrt[3]{1+3t}-\sqrt[4]{1-2t}}{t}=\lim_{t\to0^+}\frac{\frac{3}{2}t+o(t)}{t}=\frac{3}{2}$$

(2) $\cos x-e^{-\frac{x^2}{2}}=-\frac{1}{12}x^4+o(x^4)$,　$x+\ln(1-x)=-\frac{1}{2}x^2+o(x^4)$

$$\lim_{x\to 0}\frac{\cos x-\mathrm{e}^{-\frac{x^2}{2}}}{x^2[x+\ln(1-x)]}=\lim_{x\to 0}\frac{-\frac{1}{12}x^4+o(x^4)}{x^2\left(-\frac{1}{2}x^2+o(x^2)\right)}=\frac{1}{6}$$

(3) $\sqrt{1+x^2}=1+\frac{1}{2}x^2-\frac{3}{4!}x^4+o(x^4)$，$1+\frac{1}{2}x^2-\sqrt{1+x^2}=\frac{3}{4!}x^4+o(x^4)$

$\cos x-\mathrm{e}^{x^2}=-\frac{3}{2}x^2+o(x^2)$

$$\lim_{x\to 0}\frac{1+\frac{1}{2}x^2-\sqrt{1+x^2}}{(\cos x-\mathrm{e}^{x^2})\sin x^2}=\lim_{x\to 0}\frac{\frac{3}{4!}x^4+o(x^4)}{\left(-\frac{3}{2}x^2+o(x^2)\right)x^2}=-\frac{1}{12}$$

（四）习题 3-4 解答

1. 判定函数 $f(x)=\arctan x-x$ 的单调性．

解 因为 $f'(x)=\frac{1}{1+x^2}-1=\frac{-x^2}{1+x^2}\leqslant 0$，$x\in(-\infty,+\infty)$，所以 $f(x)$ 在 $(-\infty,+\infty)$ 单调递减．

2. 判定函数 $f(x)=x+\cos x\ (0\leqslant x\leqslant 2\pi)$ 的单调性．

解 因为 $f'(x)=1-\sin x\geqslant 0$，$x\in[0,2\pi]$，所以 $f(x)$ 在 $[0,2\pi]$ 单调递增．

3. 确定下列函数的单调区间：

(1) $y=2x^3-6x^2-18x-7$； (2) $y=2x+\frac{8}{x}\quad(x>0)$；

(3) $y=\frac{10}{4x^3-9x^2+6x}$； (4) $y=\ln(x+\sqrt{1+x^2})$；

(5) $y=(x-1)(x+1)^3$； (6) $y=\sqrt[3]{(2x-a)(a-x)^2}\quad(a>0)$；

(7) $y=x^n\mathrm{e}^{-x}\quad(n>0,\ x\geqslant 0)$； (8) $y=x+|\sin 2x|$．

解 (1) $y'=6x^2-12x-18=6(x-3)(x+1)$，驻点 $x_1=-1$，$x_2=3$．列表如下：

x	$(-\infty,-1)$	-1	$(-1,3)$	3	$(3,+\infty)$
y'	+		−		+
y	↗		↘		↗

(2) $y'=2-\frac{8}{x^2}=\frac{2(x-2)(x+2)}{x^2}$，驻点 $x_1=2$，$x_2=-2$（舍去）．当 $x>2$ 时，$y'>0$，函数在 $[2,+\infty]$ 单调递增；当 $0<x<2$ 时，$y'<0$，函数在 $(0,2)$ 单调递减．

(3) $y'=\frac{-60(2x-1)(x-1)}{(4x^3-9x^2-6x)^2}=\frac{-120\left(x-\frac{1}{2}\right)(x-1)}{(4x^3-9x^2-6x)^2}$，驻点 $x_1=\frac{1}{2}$，$x_2=1$，在 $x_3=0$ 处无定义．列表如下：

x	$(-\infty,0)$	0	$\left(0,\frac{1}{2}\right)$	$\frac{1}{2}$	$\left(\frac{1}{2},1\right)$	1	$(1,+\infty)$
y'	−		−		+		−
y	↘		↘		↗		↘

(4) 因为 $y'=\frac{1}{x+\sqrt{1+x^2}}\left(1+\frac{x}{\sqrt{1+x^2}}\right)=\frac{1}{\sqrt{1+x^2}}>0$，所以函数在 $(-\infty,+\infty)$ 单调递增．

(5)
$$y'=(x+1)^3+3(x-1)(x+1)^2=2(2x-1)(x+1)^2$$

当 $x>\dfrac{1}{2}$ 时，$y'>0$，函数在 $\left[\dfrac{1}{2},+\infty\right]$ 单调递增；当 $x<\dfrac{1}{2}$ 时，$y'<0$，函数在 $\left(-\infty,\dfrac{1}{2}\right]$ 单调递减．

(6) $y'=\dfrac{-6\left(x-\dfrac{2a}{3}\right)}{3\sqrt[3]{(2x-a)^2(a-x)}}$，驻点为 $x_1=\dfrac{2a}{3}$，不可导点为 $x_2=\dfrac{a}{2}$，$x_3=a$. 列表如下：

x	$\left(-\infty,\dfrac{a}{2}\right)$	$\dfrac{a}{2}$	$\left(\dfrac{a}{2},\dfrac{2a}{3}\right)$	$\dfrac{2a}{3}$	$\left(\dfrac{2a}{3},a\right)$	a	$(a,+\infty)$
y'	+		+		−		+
y	↗		↗		↘		↗

(7) $y'=e^{-x}x^{n-1}(n-x)$，$(n>0,\ x\geqslant 0)$，驻点 $x_0=n$. 列表如下：

x	0	$(0,n)$	n	$(n,+\infty)$
y'		+		−
y		↗		↘

(8) 当 $x\in\left[n\pi,n\pi+\dfrac{\pi}{2}\right]$，$(n=0,\pm1,\pm2,\pm3,\cdots)$ 时，有

$$y=x+\sin 2x,\quad y'=1+2\cos 2x$$

因为函数为以 π 为周期的周期函数，所以由函数在 $\left[0,\dfrac{\pi}{2}\right]$ 的单调性推知，函数在整个定义域的单调性.

列表如下：

x	0	$\left(0,\dfrac{\pi}{3}\right)$	$\dfrac{\pi}{3}$	$\left(\dfrac{\pi}{3},\dfrac{\pi}{2}\right)$	$\dfrac{\pi}{2}$
y'		+		−	
y		↗		↘	

从而，$x\in\left[n\pi,n\pi+\dfrac{\pi}{3}\right]$ 时，y 单增；$x\in\left[n\pi+\dfrac{\pi}{3},n\pi+\dfrac{\pi}{2}\right]$ 时，y 单减．当 $x\in\left[n\pi+\dfrac{\pi}{2},(n+1)\pi\right]$ $(n=0,\pm1,\pm2,\pm3,\cdots)$ 时，有

$$y=x-\sin 2x,\quad y'=1-2\cos 2x$$

与前类似的讨论可知，$x\in\left[\dfrac{(2n+1)\pi}{2},\dfrac{(2n+1)\pi}{2}+\dfrac{\pi}{3}\right]$ 时，y 单增；

$x\in\left[\dfrac{(2n+1)\pi}{2}+\dfrac{\pi}{3},(n+1)\pi\right]$ 时，y 单减.

4. 设函数 $f(x)$ 在定义域内可导，$y=f(x)$ 的图形如图 3.7 所示，则导函数 $f'(x)$ 的图形为图 3.8 中所示的四个图形中的哪一个？

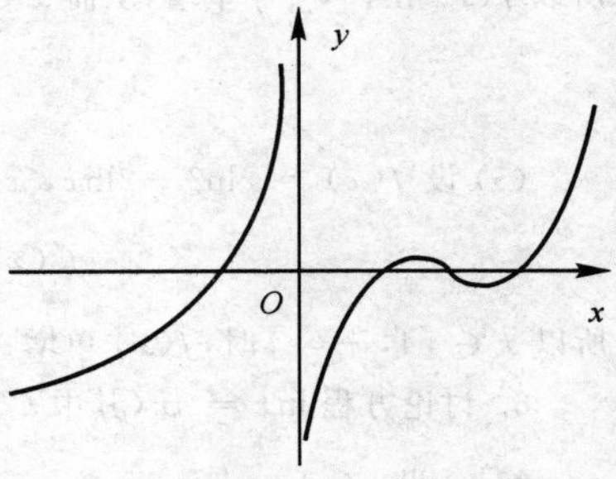

图　3.7

解　由所给图形知，当 $x<0$ 时，$y=f(x)$ 单调增加，从而 $f'(x)\geqslant 0$，故排除 A,C；当 $x>0$ 时，随着 x 增大，$y=f(x)$ 先单调增加，然后单调减少，再单调增加，因此随着 x 增大，先有 $f'(x)\geqslant 0$，然后 $f'(x)\leqslant 0$，继而又有 $f'(x)\geqslant 0$，故应选 D.

5. 证明下列不等式：

(1) 当 $x>0$ 时，$1+\dfrac{x}{2}>\sqrt{1+x}$；　　(2) 当 $x>0$ 时，$1+x\ln(x+\sqrt{1+x^2})>\sqrt{1+x^2}$；

(3) 当 $0<x<\dfrac{\pi}{2}$ 时，$\tan x+\sin x>2x$；　　(4) 当 $0<x<\dfrac{\pi}{2}$ 时，$\tan x>x+\dfrac{1}{3}x^3$；

(5) 当 $x>4$ 时,$2^x>x^2$.

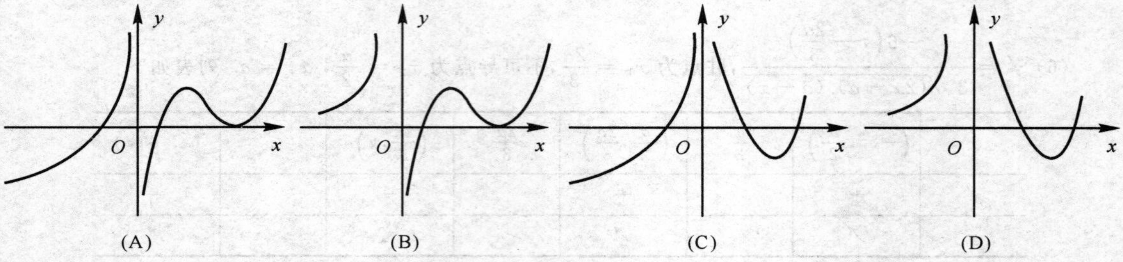

图 3.8

证明 (1) 令 $f(x)=1+\frac{x}{2}-\sqrt{1+x}$, $x\geqslant 0$,因为 $f'(x)=\frac{1}{2}-\frac{1}{2\sqrt{1+x}}>0$, $x\in(0,+\infty)$,所以 $x\geqslant 0$ 时,$f(x)$ 单增.从而 $x>0$ 时,$f(x)>f(0)=0$,则 $1+\frac{x}{2}-\sqrt{1+x}>0$,整理得

$$1+\frac{x}{2}>\sqrt{1+x}$$

(2) 令 $f(x)=1+x\ln(x+\sqrt{1+x^2})-\sqrt{1+x^2}$, $x\geqslant 0$,因为 $f'(x)=\ln(x+\sqrt{1+x^2})>0$, $x>0$,所以 $f(x)$ 当 $x\geqslant 0$ 时单增.从而 $x>0$ 时,$f(x)>f(0)=0$,则

$$1+x\ln(x+\sqrt{1+x^2})-\sqrt{1+x^2}>0$$

整理得

$$1+x\ln(x+\sqrt{1+x^2})>\sqrt{1+x^2}$$

(3) 令 $f(x)=\sin x+\tan x-2x$,则 $f(0)=0$, $f'(x)=\cos x+\sec^2 x-2$, $f'(0)=0$;因为 $f''(x)=-\sin x+2\sec^2 x\tan x=\sin x(2\sec^3 x-1)>0$, $x\in\left(0,\frac{\pi}{2}\right)$,所以 $f'(x)$ 在 $\left[0,\frac{\pi}{2}\right)$ 单增,即 $f'(x)>f'(0)=0$, $x\in\left(0,\frac{\pi}{2}\right)$.从而 $f(x)$ 在 $\left[0,\frac{\pi}{2}\right)$ 单增,即 $x\in\left(0,\frac{\pi}{2}\right)$ 时,$f(x)>f(0)=0$,整理得

$$\tan x+\sin x>2x$$

(4) 设 $f(x)=\tan x-x-\frac{1}{3}x^3$, $x\in\left(0,\frac{\pi}{2}\right)$,因为

$$f'(x)=\sec^2 x-1-x^2=\tan^2 x-x^2=(\tan x-x)(\tan x+x)>0$$

所以 $f(x)$ 在 $\left(0,\frac{\pi}{2}\right)$ 单增,从而 $x\in\left(0,\frac{\pi}{2}\right)$ 时,$f(x)>f(0)=0$. 即

$$\tan x>x+\frac{1}{3}x^3,\quad 0<x<\frac{\pi}{2}$$

(5) 设 $f(x)=x\ln 2-2\ln x$, $x\in[4,+\infty]$. 因为

$$f'(x)=\ln 2-\frac{2}{x}=\frac{\ln 4}{2}-\frac{2}{x}>\frac{\ln e}{2}-\frac{2}{4}=0$$

所以 $x\in[4,+\infty]$ 时,$f(x)$ 单增;所以 $x>4$ 时,$f(x)>f(4)=0$,即 $2^x>x^2$.

6. 讨论方程 $\ln x=ax$(其中 $a>0$)有几个实根?

解 设 $f(x)=\ln x-ax$, $x\in(0,+\infty)$, $f'(x)=\frac{1}{x}-a$,唯一驻点为 $x_0=\frac{1}{a}$. 因为 $f''(x)=-\frac{1}{x^2}<0$,所以 $x_0=\frac{1}{a}$ 为函数的最大值点.

当 $f\left(\frac{1}{a}\right)=0$ 时,原方程只有一个根.即 $a=\frac{1}{e}$ 时,原方程有唯一根;

当 $f\left(\frac{1}{a}\right)>0$ 时,因为 $\lim\limits_{x\to 0^+}f(x)=-\infty$, $\lim\limits_{x\to+\infty}f(x)=-\infty$,由介值定理及函数的单调性知,原方程有两

个根．即 $0 < a < \frac{1}{e}$ 时，原方程有两个根；

当 $f\left(\frac{1}{a}\right) < 0$ 时，原方程没有实根，即 $a > \frac{1}{e}$ 时，原方程无实根．

7．单调函数的导函数是否也为单调函数？研究下面这个例子：

$$f(x) = x + \sin x$$

解 单调函数的导函数不一定为单调函数．例如，$f(x) = x + \sin x$，$x \in (-\infty, +\infty)$ 为单调增加，但是，$f'(x) = 1 + \cos x$ 不是单调函数．

8．判定下面曲线的凹凸性：

(1) $y = 4x - x^2$； (2) $y = \operatorname{sh}x$；

(3) $y = x + \dfrac{1}{x + \frac{1}{x}}\ (x > 0)$； (4) $y = x\arctan x$.

解 (1) 因为 $y' = 4 - 2x$，$y'' = -2 < 0$，所以曲线在 $(-\infty, +\infty)$ 是凸的．

(2)
$$y = \operatorname{sh}x = \frac{1}{2}(e^x - e^{-x})$$

$$y' = \frac{1}{2}(e^x + e^{-x}),\quad y'' = \frac{1}{2}(e^x - e^{-x}) = \frac{1}{2e^x}(e^{2x} - 1)$$

在区间 $(-\infty, 0]$，$y'' \leqslant 0$，曲线是凸的；在区间 $[0, +\infty)$，$y'' \geqslant 0$，曲线是凹的．

(3) $y' = 1 - \frac{1}{x^2}$，$y'' = \frac{2}{x^3}$，在区间 $(0, +\infty)$，$y'' > 0$，曲线是凹的．

(4)
$$y' = \arctan x + \frac{x}{1 + x^2}$$

因为 $y'' = \dfrac{1}{1 + x^2} + \dfrac{1 - x^2}{(1 + x^2)^2} = \dfrac{2}{(1 + x^2)^2} > 0$，所以曲线在 $(-\infty, +\infty)$ 是凹的．

9．求下列函数图形的拐点及凹或凸的区间：

(1) $y = x^3 - 5x^2 + 3x + 5$； (2) $y = xe^{-x}$；

(3) $y = (x + 1)^4 + e^x$； (4) $y = \ln(x^2 + 1)$；

(5) $y = e^{\arctan x}$； (6) $y = x^4(12\ln x - 7)$.

解 (1) $y' = 3x^2 - 10x + 3$，$y'' = 6x - 10$． 令 $y'' = 0$，得 $x = \frac{5}{3}$.

因为 $x < \frac{5}{3}$ 时，$y'' < 0$；$x > \frac{5}{3}$ 时，$y'' > 0$，所以曲线在 $\left(-\infty, \frac{5}{3}\right]$ 内是凸的，在 $\left[\frac{5}{3}, +\infty\right)$ 内是凹的，拐点为 $\left(\frac{5}{3}, \frac{20}{27}\right)$．

(2) $y' = e^{-x} - xe^{-x}$，$y'' = -e^{-x} - e^{-x} + xe^{-x} = e^{-x}(x - 2)$． 令 $y'' = 0$，得 $x = 2$.

因为 $x < 2$ 时，$y'' < 0$；$x > 2$ 时，$y'' > 0$，所以曲线在 $(-\infty, 2)$ 内是凸的，在 $[2, +\infty)$ 内是凹的，拐点为 $(2, 2e^{-2})$.

(3)
$$y' = 4(x + 1)^3 + e^x,\quad y'' = 12(x + 1)^2 + e^x$$

因为 $y'' > 0$，所以曲线 $y = (x + 1)^4 + e^x$ 在 $(-\infty, +\infty)$ 内是凹的，无拐点．

(4)
$$y' = \frac{2x}{x^2 + 1},\quad y'' = \frac{2(x^2 + 1) - 2x \cdot 2x}{(x^2 + 1)^2} = \frac{-2(x - 1)(x + 1)}{(x^2 + 1)^2}$$

令 $y'' = 0$，得 $x_1 = -1$，$x_2 = 1$. 列表如下：

x	$(-\infty, -1)$	-1	$(-1, 1)$	1	$(1, +\infty)$
y''	$-$	0	$+$	0	$-$
y	$\cap$	ln2	$\cup$	ln2	$\cap$

于是曲线在$(-\infty,-1]$和$[1,+\infty)$内是凸的，在$[-1,1]$内是凹的．拐点为$(-1,\ln2)$和$(1,\ln2)$．

(5) $y'=e^{\arctan x}\dfrac{1}{1+x^2}$，　$y''=\dfrac{e^{\arctan x}}{(1+x^2)^2}(1-2x)$．令 $y''=0$ 得，$x=\dfrac{1}{2}$．

因为 $x<\dfrac{1}{2}$ 时，$y''>0$；$x>\dfrac{1}{2}$ 时，$y''<0$，所以曲线 $y=e^{\arctan x}$ 在$\left(-\infty,\dfrac{1}{2}\right]$内是凹的，在$\left[\dfrac{1}{2},\infty\right)$内是凹的，拐点是$\left(\dfrac{1}{2},e^{\arctan\frac{1}{2}}\right)$．

(6) $y'=4x^3(12\ln x-7)+12x^3$，　$y''=144x^2\ln x$．令 $y''=0$，得 $x=1$．

因为 $0<x<1$ 时，$y''<0$；$x>1$ 时，$y''>0$，所以曲线在$(0,1]$内是凸的，在$[1,+\infty)$内是凹的，拐点为$(1,-7)$．

10．利用函数图形的凹凸性，证明下列不等式：

(1) $\dfrac{1}{2}(x^n+y^n)>\left(\dfrac{x+y}{2}\right)^n$　$(x>0,y>0,x\neq y,n>1)$；

(2) $\dfrac{e^x+e^y}{2}>e^{\frac{x+y}{2}}$　$(x\neq y)$；　　(3) $x\ln x+y\ln y>(x+y)\ln\dfrac{x+y}{2}$　$(x>0,y>0,x\neq y)$．

证明　(1) 设 $f(t)=t^n$，则 $f'(t)=nt^{n-1}$，$f''(t)=n(n-1)t^{n-2}$．由于当 $n>1$，$t\in(0,+\infty)$ 时，$f''(t)>0$，因此 $f(t)$ 是凹的．

任给 $x,y\in(0,+\infty)(x\neq y)$，有

$$f\left(\frac{x+y}{2}\right)<\frac{f(x)+f(y)}{2}$$

即
$$\frac{1}{2}(x^n+y^n)>\left(\frac{x+y}{2}\right)^n$$

(2) 设 $f(t)=e^t$，则 $f'(t)=f''(t)=e^t>0$，从而 $f(t)$ 是凹的．

任给 $x,y\in(0,+\infty)(x\neq y)$，有

$$f\left(\frac{x+y}{2}\right)<\frac{f(x)+f(y)}{2}$$

即
$$\frac{e^x+e^y}{2}>e^{\frac{x+y}{2}}\quad(x\neq y)$$

(3) 设 $f(t)=t\ln t$，则 $f'(t)=\ln t+1$，$f''(t)=\dfrac{1}{t}$．当 $t\in(0,+\infty)$ 时，$f''(t)>0$，故 $f(t)$ 是凹的．

任给 $x,y\in(0,+\infty)(x\neq y)$，有

$$f\left(\frac{x+y}{2}\right)<\frac{f(x)+f(y)}{2}$$

即
$$x\ln x+y\ln y>(x+y)\ln\frac{x+y}{2}\quad(x>0,y>0,x\neq y)$$

*11．试证明：曲线 $y=\dfrac{x-1}{x^2+1}$ 有三个拐点位于同一直线上．

证明
$$y'=\frac{-x^2+2x+1}{(x^2+1)^2}$$

$$y''=\frac{2x^3-6x^2-6x+2}{(x^2+1)^3}=\frac{2(x+1)[x-(2-\sqrt{3})][x-(2+\sqrt{3})]}{(x^2+1)^3}$$

令 $y''=0$，得 $x_1=-1$，$x_2=2-\sqrt{3}$，$x_3=2+\sqrt{3}$．列表如下：

x	$(-\infty,1)$	-1	$(-1,2-\sqrt{3})$	$2-\sqrt{3}$	$(2-\sqrt{3},2+\sqrt{3})$	$2+\sqrt{3}$	$(2+\sqrt{3},+\infty)$
y'	$-$	0	$+$	0	$-$	0	$+$
y	$\cap$	-1	$\cup$	$\dfrac{1-\sqrt{3}}{4(2-\sqrt{3})}$	$\cap$	$\dfrac{1+\sqrt{3}}{4(2+\sqrt{3})}$	$\cup$

可见拐点为$(-1,-1)$，$\left(2-\sqrt{3},\dfrac{1-\sqrt{3}}{4(2-\sqrt{3})}\right)$，$\left(2+\sqrt{3},\dfrac{1+\sqrt{3}}{4(2+\sqrt{3})}\right)$. 因为

$$\frac{\frac{1-\sqrt{3}}{4(2-\sqrt{3})}-(-1)}{2-\sqrt{3}-(-1)}=\frac{1}{4},\quad \frac{\frac{1+\sqrt{3}}{4(2+\sqrt{3})}-(-1)}{2+\sqrt{3}-(-1)}=\frac{1}{4}$$

所以这三个拐点在一条直线上.

12. 问a,b为何值时，点$(1,3)$为曲线$y=ax^3+bx^2$的拐点？

解 $y'=3ax^2+2bx$，$y''=6ax+2b$

要使$(1,3)$成为曲线$y=ax^3+bx^2$的拐点，必须$y(1)=3$且$y''(1)=0$，即$a+b=3$且$6a+2b=0$，解此方程组得$a=-\dfrac{3}{2}$，$b=\dfrac{9}{2}$.

13. 试确定曲线$y=ax^3+bx^2+cx+d$中的a,b,c,d，使得$x=-2$处曲线有水平切线，$(1,-10)$为拐点，且点$(-2,44)$在曲线上.

解 $y'=3ax^2+2bx+c$，$y''=6ax+2b$

依条件有
$$\begin{cases}y(-2)=44\\y(1)=-10\\y'(-2)=0\\y''(1)=0\end{cases}，\quad 即\begin{cases}-8a+4b-2c+d=44\\a+b+c+d=-10\\12a-4b+c=0\\6a+2b=0\end{cases}$$

解之得$a=1$，$b=-3$，$c=-24$，$d=16$.

14. 试求$y=k(x^2-3)^2$中k的值，使曲线在拐点处的法线通过原点.

解
$$y'=kx^3-12kx,\quad y''=12k(x-1)(x+1)$$

令$y''=0$，得$x_1=-1$，$x_2=1$.

因为在$x_1=-1$的两侧y''是异号的，且当$x=-1$时$y=4k$，所以$(-1,4k)$是拐点. 又因为$y'(-1)=8k$，所以过拐点$(-1,4k)$的法线方程为

$$y-4k=-\frac{1}{8k}(x+1)$$

要使法线过原点，点$(0,0)$应满足法线方程，即

$$-4k=-\frac{1}{8k},\quad k=\pm\frac{\sqrt{2}}{8}$$

同理，因为在$x_1=1$的两侧y''是异号的，又因当$x=1$时$y=4k$，所以点$(1,4k)$也是拐点.

因为$y'(1)=-8k$，所以过拐点$(-1,4k)$的法线方程为

$$y-4k=\frac{1}{8k}(x-1)$$

要使法线过原点，点$(0,0)$应满足法线方程，即

$$-4k=-\frac{1}{8k},\quad k=\pm\frac{\sqrt{2}}{8}$$

因此当$k=\pm\dfrac{\sqrt{2}}{8}$时，该曲线的拐点处的法线通过原点.

*15. 设$y=f(x)$在$x=x_0$的某邻域内具有三阶连续导数，如果$f''(x_0)=0$，而$f'''(x_0)\neq 0$，试问$(x_0,f(x_0))$是否为拐点？为什么？

解 不妨设$f'''(x_0)>0$. 由$f'''(x)$的连续性知，存在x_0的某一邻域$(x_0-\delta,x_0+\delta)$，在此邻域内有$f'''(x)>0$. 由拉格朗日中值定理，有$f''(x)-f''(x_0)=f'''(\xi)(x-x_0)$，$\xi$介于$x_0$与$x$之间即

$$f''(x)=f'''(\xi)(x-x_0)$$

因为$x_0-\delta<x<x_0$时，$f''(x)<0$；$x_0<x<x_0+\delta$时，$f''(x)>0$，所以$(x_0,f(x_0))$是拐点.

(五) 习题 3 - 5 解答

1. 求下列函数的极值：

(1) $y = 2x^3 - 6x^2 - 18x + 7$； (2) $y = x - \ln(1+x)$； (3) $y = -x^4 + 2x^2$；

(4) $y = x + \sqrt{1-x}$； (5) $y = \dfrac{1+3x}{\sqrt{4+5x^2}}$； (6) $y = \dfrac{3x^2+4x+4}{x^2+x+1}$；

(7) $y = e^x \cos x$； (8) $y = x^{\frac{1}{x}}$； (9) $y = 3 - 2(x+1)^{\frac{1}{3}}$；

(10) $y = x + \tan x$.

解 (1) 定义域为$(-\infty, +\infty)$.

$$y' = 6x^2 - 12x - 18 = 6(x^2 - 2x - 3) = 6(x-3)(x+1)$$

令 $y' = 0$，驻点为 $x_1 = -1$，$x_2 = 3$. 列表如下：

x	$(-\infty, -1)$	-1	$(-1, 3)$	3	$(3, +\infty)$
y'	$+$	0	$-$	0	$+$
y	$\nearrow$	17	$\searrow$	-47	$\nearrow$

可见函数在 $x = -1$ 处取得极大值 17，在 $x = 3$ 处取得极小值 -47.

(2) 定义域为$(-1, +\infty)$.

$$y' = 1 - \frac{1}{1+x} = \frac{x}{1+x}$$

令 $y' = 0$，驻点为 $x = 0$.

因为 $-1 < x < 0$ 时，$y' < 0$；$x > 0$ 时，$y' > 0$，所以函数在 $x = 0$ 处有极小值，极小值为 $y(0) = 0$.

(3) 定义域为$(-\infty, +\infty)$.

$$y' = -4x^3 + 4x = -4x(x^2 - 1), \quad y'' = -12x^2 + 4$$

令 $y' = 0$，得 $x_1 = 0$，$x_2 = -1$，$x_3 = 1$.

因为 $y''(0) = 4 > 0$，$y''(-1) = -8 < 0$，$y''(1) = -8 < 0$，所以 $y(0) = 0$ 是函数的极小值，$y(-1) = 1$ 和 $y(1) = 1$ 是函数的极大值.

(4) 定义域为$(-\infty, 1]$.

$$y' = 1 - \frac{1}{2\sqrt{1-x}} = \frac{2\sqrt{1-x} - 1}{2\sqrt{1-x}} = \frac{3-4x}{2\sqrt{1-x}(2\sqrt{1-x}+1)}$$

令 $y' = 0$，得驻点 $x = \dfrac{3}{4}$.

因为 $x < \dfrac{3}{4}$ 时，$y' > 0$；$\dfrac{3}{4} < x < 1$ 时，$y' < 0$，所以 $y(1) = \dfrac{5}{4}$ 为函数的极大值.

(5) 定义域为$(-\infty, +\infty)$.

$$y' = \frac{-5\left(x - \frac{12}{5}\right)}{\sqrt{(4+5x^2)^3}}$$

令 $y' = 0$，驻点为 $x = \dfrac{12}{5}$.

因为 $x < \dfrac{12}{5}$ 时，$y' > 0$；$x > \dfrac{12}{5}$ 时，$y' < 0$，所以函数在 $x = \dfrac{12}{5}$ 取得极大值，极大值为 $y\left(\dfrac{12}{5}\right) = \dfrac{\sqrt{205}}{10}$.

(6) 定义域为$(-\infty, +\infty)$.

$$y' = \frac{-x(x+2)}{(x^2+x+1)^2}$$

令 $y'=0$，驻点为 $x_1=0$，$x_2=-2$. 列表如下：

x	$(-\infty,-2)$	-2	$(-2,0)$	0	$(0,+\infty)$
y'	$-$	0	$+$	0	$-$
y	↘	$\frac{8}{3}$	↗	4	↘

可见函数在 $x=-2$ 处取得极小值 $\frac{8}{3}$，在 $x=0$ 处取得极大值 4.

(7) 定义域为 $(-\infty,+\infty)$.

$$y'=e^x(\cos x-\sin x),\quad y''=-e^x\sin x$$

令 $y'=0$，得驻点 $x=\frac{\pi}{4}+2k\pi$，$x=\frac{5\pi}{4}+2k\pi$，$k=0,\pm1,\pm2,\cdots$.

因为 $y''\left(\frac{\pi}{4}+2k\pi\right)<0$，所以 $y\left(\frac{\pi}{4}+2k\pi\right)=-\frac{\sqrt{2}}{2}e^{\frac{\pi}{4}+2k\pi}$ 是函数的极大值．又因 $y''\left(\frac{5\pi}{4}+2k\pi\right)>0$，所以 $y\left(\frac{5\pi}{4}+2k\pi\right)=\frac{\sqrt{2}}{2}e^{\frac{5\pi}{4}+2k\pi}$ 是函数的极小值．

(8) 定义域为 $(0,+\infty)$.

$$y'=x^{\frac{1}{x}}\cdot\frac{1}{x^2}(1-\ln x)$$

令 $y'=0$，得驻点 $x=e$.

因为 $x<e$ 时，$y'>0$；$x>e$ 时，$y'<0$，所以 $y(e)=e^{\frac{1}{e}}$ 为函数的极大值．

(9) 定义域为 $(-\infty,+\infty)$.

$$y'=-\frac{2}{3}\frac{1}{(x+1)^{\frac{2}{3}}}$$

因为 $y'<0$，所以函数在 $(-\infty,+\infty)$ 内是单调递减的，无极值．

(10) 定义域为 $x\neq k\pi+\frac{\pi}{2}$，$k=0,\pm1,\pm2,\cdots$.

因为 $y'=1+\sec^2x>0$，所以函数 $f(x)$ 无极值．

2. 试证明：如果函数 $y=ax^3+bx^2+cx+d$ 满足条件 $b^2-3ac<0$，则这函数没有极值．

证明　$y'=3ax^2+2bx+c$，由 $b^2-3ac<0$，知 $a\neq0$. 于是

$$y'=3ax^2+2bx+c=3a\left(x^2+\frac{2b}{3a}x+\frac{c}{3a}\right)=3a\left(x^2+\frac{b}{3a}\right)^2+\frac{3ac-b^2}{3a}$$

因为 $3ac-b^2>0$，所以 $a>0$ 时，$y'>0$；$a<0$ 时，$y'<0$. 因此 $y=ax^3+bx^2+cx+d$ 是单调函数，没有极值．

3. 试问 a 为何值时，函数 $f(x)=a\sin x+\frac{1}{3}\sin3x$ 在 $x=\frac{\pi}{3}$ 处取极值？它是极大值还是极小值？并求此极值．

解
$$f'(x)=a\cos x+\cos3x,\quad f''(x)=-a\sin x-3\sin x$$

要使函数 $f(x)$ 在 $x=\frac{\pi}{3}$ 处取得极值，必有 $f'\left(\frac{\pi}{3}\right)=0$，即 $a\cdot\frac{1}{2}=1$，从而 $a=2$.

当 $a=2$ 时，$f''\left(\frac{\pi}{3}\right)=-\sqrt{3}<0$. 因此，当 $a=2$ 时，函数 $f(x)$ 在 $x=\frac{\pi}{3}$ 处取得极值，而且取得极大值，极大值为 $f\left(\frac{\sqrt{3}}{2}\right)=\sqrt{3}$.

4. 求下列函数的最大值、最小值：

(1) $y=2x^3-3x^2,-1\leqslant x\leqslant 4$；(2) $y=x^4-8x^2+2,-1\leqslant x\leqslant 3$；

(3) $y=x+\sqrt{1-x},-5\leqslant x\leqslant 1$.

解 (1) $y'=6x^2-6x=6x(x-1)$，令 $y'=0$，得 $x_1=0,\ x_2=1$，则

$$y(-1)=-5,\quad y(0)=0,\quad y(1)=-1,\quad y(4)=80$$

经比较得，函数的最小值为 $y(-1)=-5$，最大值为 $y(4)=80$.

(2) $y'=4x^3-16x=4x(x^2-4)$，令 $y'=0$，得 $x_1=0,\ x_2=-2$（舍去），则

$$y(-1)=-5,\quad y(0)=2,\quad y(2)=-14,\quad y(3)=11$$

经比较得，函数的最小值为 $y(2)=-14$，最大值为 $y(3)=11$.

(3) $y'=1-\dfrac{1}{2\sqrt{1-x}}$，令 $y'=0$，得 $x=\dfrac{3}{4}$，则

$$y(-5)=-5+\sqrt{6},\quad y\left(\frac{3}{4}\right)=\frac{5}{4},\quad y(1)=1$$

经比较得，函数的最小值为 $y(-5)=-5+\sqrt{6}$，最大值为 $y\left(\dfrac{3}{4}\right)=\dfrac{5}{4}$.

5. 问函数 $y=2x^3-6x^2-18x-7\ (1\leqslant x\leqslant 4)$ 在何处取得最大值？并求它的最大值.

解 $y'=6x^2-12x-18=6(x-3)(x+1)$

$f(x)$ 在 $1\leqslant x\leqslant 4$ 内的驻点为 $x=3$，则

$$f(1)=-29,\quad f(3)=-61,\quad f(4)=-47$$

比较得，函数 $f(x)$ 在 $x=1$ 处取得最大值，最大值为 $f(1)=-29$.

6. 问函数 $y=x^2-\dfrac{54}{x}\ (x<0)$ 在何处取得最小值？

解 $y'=2x+\dfrac{54}{x^2}$，在 $(-\infty,0)$ 的驻点为 $x=-3$. 因为

$$y''=2-\frac{108}{x^3},\quad y''(-3)=2+\frac{108}{27}>0$$

所以函数在 $x=-3$ 处取得极小值. 又因为驻点只有一个，所以这个极小值也就是最小值，即函数在 $x=-3$ 处取得最小值，最小值为 $y(3)=27$.

7. 问函数 $y=\dfrac{x}{x^2+1}\ (x\geqslant 0)$ 在何处取得最大值？

解 $y'=\dfrac{1-x^2}{(x^2+1)^2}$，函数在 $(0,+\infty)$ 内的驻点为 $x=1$.

因为 $0<x<1$ 时，$y'>0$；$x>1$ 时 $y'<0$，所以函数在 $x=1$ 处取得极大值. 又因为函数在 $(0,+\infty)$ 内只有一个驻点，所以此极大值也是函数的最大值，即函数在 $x=1$ 处取得最大值，最大值为 $f(1)=\dfrac{1}{2}$.

8. 某车间靠墙壁要盖一间长方形小屋，现有存砖只够砌 20 m 长的墙壁，问应围成怎样的长方形才能使这间小屋的面积最大？

解 设宽为 x，长为 y，则 $2x+y=20$，$y=20-2x$，于是面积为

$$S=xy=x(20-2x)=20x-2x^2$$

$$S'=20-4x=4(10-x),\quad S''=-4$$

令 $S'=0$，得唯一驻点 $x=10$.

因为 $S''(10)-4<0$，所以 $x=10$ 为极大值点，从而也是最大值点. 当宽为 5 m、长为 10 m 时，这间小屋面积最大.

9. 要造一圆柱形油罐，体积为 V，问底半径 r 和高 h 等于多少时才能使表面积最小？这时底直径与高的比是多少？

解 由 $V=\pi r^2h$，得 $h=\dfrac{V}{\pi r^2}$. 于是油罐表面积为

$$S = 2\pi r^2 + 2\pi rh = 2\pi r^2 + \frac{2V}{r},\quad 0 < x < +\infty$$

由 $S' = 4\pi r - \frac{2V}{r^2} = 0$ 得，驻点 $r = \sqrt[3]{\frac{V}{2\pi}}$. 因为 $S'' = 4\pi + \frac{4V}{r^3} > 0$，所以 S 在驻点 $r = \sqrt[3]{\frac{V}{2\pi}}$ 处取得极小值，也是最小值．

当 $r = \sqrt[3]{\frac{V}{2\pi}}$ 时，相应的高为 $h = \frac{V}{\pi r^2} = 2r$. 底直径与高的比为 $2r : h = 1 : 1$.

10. 某地区防空洞的截面拟建成矩形加半圆(见图 3.9). 截面的面积为 5 m^2. 问底宽 x 为多少时才能使截面的周长最小，从而使建造时所用的材料最省？

解　设防空洞的截面周长为 S，则

$$S = x + 2y + \frac{\pi x}{2} \qquad ①$$

$$xy + \frac{1}{2}\pi\left(\frac{x}{2}\right)^2 = 5 \qquad ②$$

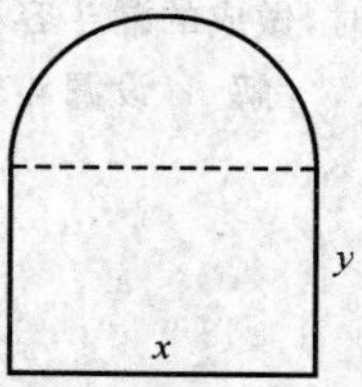

图　3.9

由式 ② 解得 $y = \frac{5}{\pi} - \frac{\pi x}{8}$，代入式 ① 得

$$S = x + \frac{\pi x}{4} + \frac{10}{x},\quad x \in \left(0, \sqrt{\frac{40}{\pi}}\right)$$

$$S' = 1 + \frac{\pi}{4} - \frac{10}{x^2} = \frac{\left(1+\frac{\pi}{4}\right)\left[x^2 - \frac{40}{4+\pi}\right]}{x^2} = \frac{\left(1+\frac{\pi}{4}\right)\left(x + \sqrt{\frac{40}{4+\pi}}\right)\left(x - \sqrt{\frac{40}{4+\pi}}\right)}{x^2}$$

故 $x_0 = \sqrt{\frac{40}{4+\pi}}$ 为 $\left(0, \sqrt{\frac{40}{\pi}}\right)$ 内的唯一驻点．

因为当 $0 < x < \sqrt{\frac{40}{4+\pi}}$ 时，$S' < 0$；当 $\sqrt{\frac{40}{4+\pi}} < x < \sqrt{\frac{40}{\pi}}$ 时，$S' > 0$. 所以 $x = \sqrt{\frac{40}{4+\pi}}$ 为极小值点，它也就是最小值点，即底宽为 $\sqrt{\frac{40}{4+\pi}}$ m 时，截面的周长最小．

11. 设的质量为 5 kg 的物体，置于水平面上，受力 F 的作用而开始移动(见图 3.10). 设摩擦因数 $\mu = 0.25$，问力 F 与水平线的交角 α 为多少时，才可使力 F 的大小为最小．

解　$F\cos\alpha = (P - F\sin\alpha)\mu$，则

$$F = \frac{\mu P}{\cos\alpha + \mu\sin\alpha},\quad \alpha \in \left[0, \frac{\pi}{2}\right)$$

令 $y = \cos\alpha + \mu\sin\alpha$，$\alpha \in \left[0, \frac{\pi}{2}\right)$，则 y 的最大值点就是 F 的最小值点．

$y' = -\sin\alpha + \mu\cos\alpha$，令 $y' = 0$ 得驻点 $\alpha = \arctan\mu$，作为实际问题，驻点就是极值点．则 $\alpha = \arctan\mu$ 为函数 y 的极大值点．故当 $\alpha = \arctan(0.25) = 14°2'$ 时，力 F 最小．

12. 有一杠杆，支点在它的一端，在距支点 0.1 m 处挂一质量为 49 kg 的物体．加力于杠杆的另一端使杠杆保持水平(见图 3.11). 如果杠杆的线密度为 5 kg/m，求最省力的杆长？

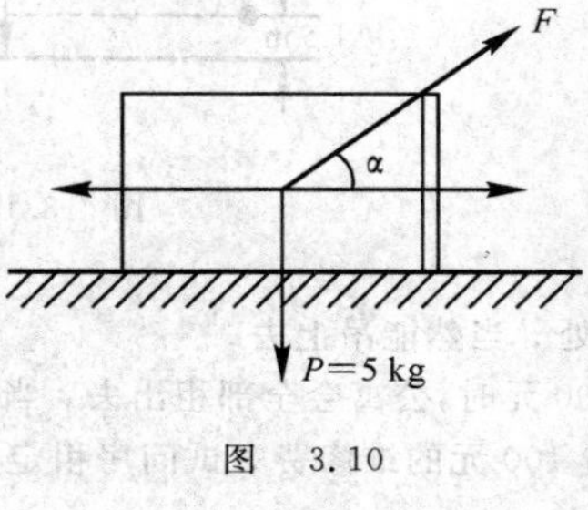

图　3.10

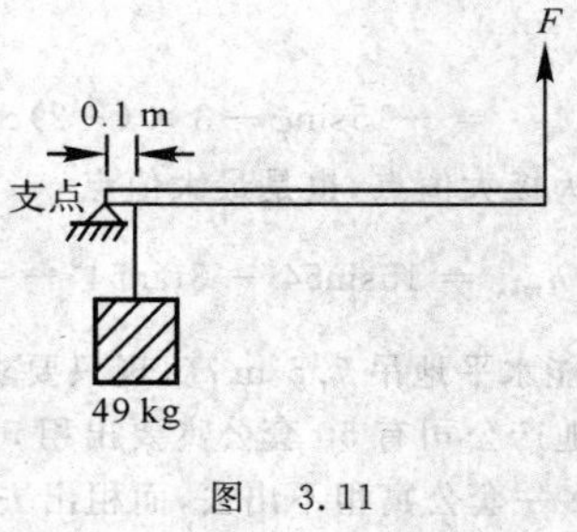

图　3.11

解 设杆长为 x，则杆重为 $5x$，由力矩平衡公式知

$$x\,|F| = 49\times 0.1 + 5x\,\frac{x}{2}$$

得
$$|F| = \frac{4.9}{x} + \frac{5}{2}x,\quad |F|' = -\frac{4.9}{x^2} + \frac{5}{2}$$

令 $|F|'=0$ 解出唯一驻点，$x_0 = 1.4$. 由于 $|F|''\Big|_{x_0=1.4} = \dfrac{2\times 4.9}{1.4^3} > 0$，故 x_0 为极小值点，也是最小值点，即杆长为 1.4 m 最省力．

13. 从一块半径为 R 的圆铁片上挖去一个扇形做成一个漏斗(见图 3.12)．问留下扇形的中心角 φ 取多大时，做成的漏斗容积最大？

解 设漏斗容积为 V，高为 h，顶面圆半径为 r，则

$$V = \frac{1}{3}\pi r^2 h \qquad ①$$

$$2\pi r = R\varphi \qquad ②$$

$$h = \sqrt{R^2 - r^2} \qquad ③$$

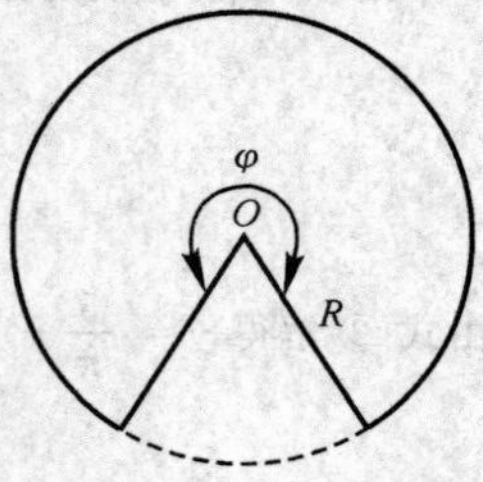

图 3.12

由式 ② 得 $r = \dfrac{R\varphi}{2\pi}$，代入式 ③ 得

$$h = \sqrt{R^2 - \left(\frac{R\varphi}{2\pi}\right)^2} = \frac{R}{2\pi}\sqrt{4\pi^2 - \varphi^2}$$

代入式 ①，得函数

$$V = \frac{R^3}{24\pi^2}\sqrt{4\pi^2\varphi^4 - \varphi^6},\quad \varphi\in(0,2\pi)$$

令 $y = 4\pi^2\varphi^4 - \varphi^6$，$\varphi\in(0,2\pi)$，$y$ 与 V 具有相同的最大值点，即

$$y' = 16\pi^2\varphi^3 - 6\varphi^5 = -6\varphi^3\left(\varphi^2 - \frac{16}{6}\pi^2\right) = -6\varphi^3\left(\varphi - \sqrt{\frac{8}{3}}\pi\right)\left(\varphi + \sqrt{\frac{8}{3}}\pi\right)$$

故函数 y 有唯一驻点 $\varphi_0 = \sqrt{\dfrac{8}{3}}\pi$，因为当 $0<\varphi<\sqrt{\dfrac{8}{3}}\pi$ 时，$y'<0$；当 $\varphi > \sqrt{\dfrac{8}{3}}\pi$ 时，$y'>0$. 所以 $\varphi_0 = \sqrt{\dfrac{8}{3}}\pi$ 为函数的极大值点，它也是 y,V 的最大值点，即当扇形中心角取为 $\sqrt{\dfrac{8}{3}}\pi$ rad 时，做成的漏斗容积最大．14. 某吊车的车身高为 1.5 m，吊臂长 15 m. 现在要把一个宽6 m、高 2 m 的屋架，水平地吊到 6 m 高的柱子上去(见图 3.13)，问能否吊得上去？

解 设吊臂对地面的倾角为 φ 时，屋架能够吊到的最大高度为 h. 在 Rt$\triangle EDG$ 中，建立如下关系式：

$$15\sin\varphi = (h - 1.5) + 2 + 3\tan\varphi$$

则
$$h = 15\sin\varphi - 3\tan\varphi - \frac{1}{2},\quad h' = 15\cos\varphi - \frac{3}{\cos^2\varphi}$$

令 $h'=0$，得 $\cos\varphi = \sqrt[3]{\dfrac{1}{5}}$，则唯一驻点 $\varphi = \arccos\sqrt[3]{\dfrac{1}{5}} \approx 54°$

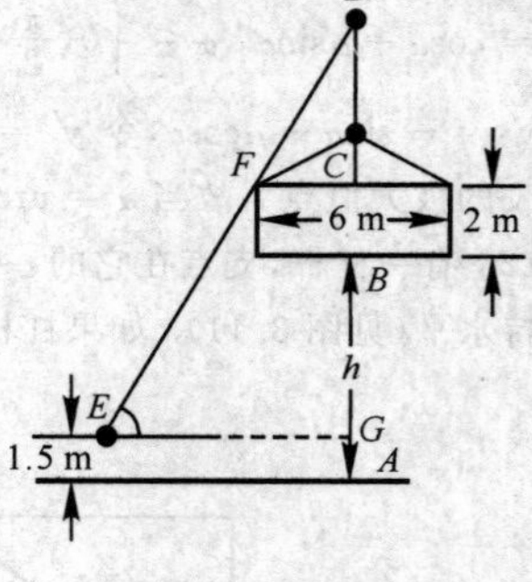

图 3.13

因为

$$h''\big|_{\varphi=54°} = -15\sin\varphi - 3\times(-2)\cos^{-3}\varphi(-\sin\varphi) < 0$$

所以 $\varphi = 54°$ 为极大值点，也是最大值点．

$$h_{\max} = 15\sin 54° - 3\tan 54° - \frac{1}{2} \approx 7.5\ (\text{m})$$

则此屋架最高能水平地吊 7.5 m 高，现只要求水平地吊到 6 m 处．当然能吊上去．

15. 一房地产公司有 50 套公寓要出租．当月租金定为 1 000 元时，公寓会全部租出去．当月租金每增加 50 元时，就会多一套公寓租不出去，而租出去的公寓每月需花费 100 元的维修费．试问房租定为多少可获得

最大收入？

解　房租定为 x 元，纯收入为 R 元．

当 $x \leqslant 1\,000$ 时，$R = 50x - 50 \times 100 = 50x - 5\,000$，且当 $x = 1\,000$ 时，最大纯收 45 000 元；当 $x > 1\,000$ 时，有

$$R = \left[50 - \frac{1}{50}(x - 1\,000)\right]x - 100\left[50 - \frac{1}{50}(x - 1\,000)\right] = -\frac{1}{50}x^2 + 72x - 7\,000$$

由 $R' = -\frac{1}{25}x + 72 = 0$ 得，$(1\,000, +\infty)$ 内唯一驻点为 $x = 1\,800$.

因为 $R'' = -\frac{1}{25} < 0$，所以 1 800 为极大值点，同时也是最大值点，最大值为 $R = 57\,800$(元)．因此，房租定为1 800 元可获最大收入．

16. 已知制作一个背包的成本为 40 元，如果每一个背包的售出价为 x 元，售出的背包数由

$$n = \frac{a}{x - 40} + b(80 - x)$$

给出，其中 a, b 为正常数．问什么样的售出价格能带来最大利润？

解　设利润函数为 $p(x)$，则

$$p(x) = (x - 40)n = a + b(x - 40)(80 - x)$$

$$p'(x) = b(120 - 2x)$$

令 $p'(x) = 0$，得 $x = 60$(元)．

由 $p''(x) = -2b < 0$ 知 $x = 60$ 为极大值点，又驻点唯一，这极大值点就是最大值点，即售出价格定在 60 元时能带来最大利润．

(六) 习题 3-6 解答

描绘下列函数的图形：

(1) $y = \frac{1}{5}(x^4 - 6x^2 + 8x + 7)$；　　(2) $y = \frac{x}{1 + x^2}$；　　(3) $y = e^{-(x-1)^2}$；

(4) $y = x^2 + \frac{1}{x}$；　　(5) $y = \frac{\cos x}{\cos 2x}$.

解　(1)① 定义域为$(-\infty, +\infty)$.

② $y' = \frac{1}{5}(4x^3 - 12x + 8) = \frac{4}{5}(x + 2)(x - 1)^2$，　$y'' = \frac{4}{5}(3x^2 - 3) = \frac{12}{5}(x + 1)(x - 1)$

令 $y' = 0$，得 $x = -2$，$x = 1$；令 $y'' = 0$，得 $x = -1$，$x = 1$.

③ 列表如下：

x	$(-\infty, -2)$	-2	$(-2, -1)$	-1	$(-1, 1)$	1	$(1, +\infty)$
y'	$-$	0	$+$	$+$	$+$	0	$+$
y''	$+$	$+$	$+$	0	$-$		$+$
$y = f(x)$	↘	$-\frac{17}{5}$	↗	$-\frac{6}{5}$	↗		↗

④ 如图 3.14 所示．

(2)① 定义域为$(-\infty, +\infty)$.

② 函数为奇函数，图形关于原点对称．

③ $$y' = \frac{-(x - 1)(x + 1)}{(1 + x^2)^2},\quad y'' = \frac{2x(x - \sqrt{3})(x + \sqrt{3})}{(1 + x^2)^3}$$

当 $x \geqslant 0$ 时，令 $y' = 0$，得 $x = 1$；令 $y'' = 0$，得 $x = 0$，$x = \sqrt{3}$.

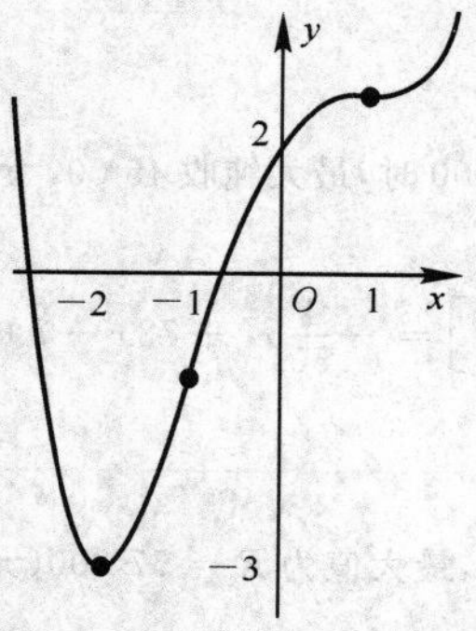

图 3.14

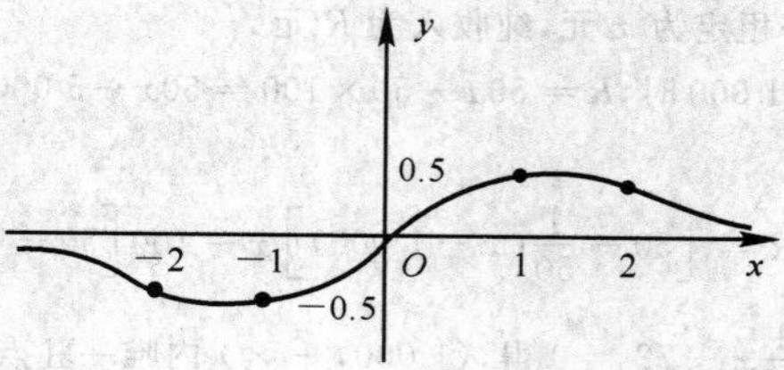

图 3.15

④ 列表如下：

x	0	$(0,1)$	1	$(1,\sqrt{3})$	$\sqrt{3}$	$(\sqrt{3},+\infty)$
y'	+	+	0	−	−	−
y''	0	−	−	−	0	+
$y=f(x)$	0	↗	$\frac{1}{2}$	↘	$\frac{\sqrt{3}}{4}$	↘

⑤ 有水平渐近线 $y=0$.

⑥ 如图 3.15 所示.

(3)① 定义域为$(-\infty,+\infty)$.

② $$y'=-2(x-1)e^{-(x-1)^2},\quad y''=4e^{-(x-1)^2}\left[x-\left(1+\frac{\sqrt{2}}{2}\right)\right]\left[x-\left(1-\frac{\sqrt{2}}{2}\right)\right]$$

令 $y'=0$,得 $x=1$;令 $y''=0$,得 $x=1+\frac{\sqrt{2}}{2}$, $x=1-\frac{\sqrt{2}}{2}$.

③ 列表如下：

x	$\left(-\infty,1-\frac{\sqrt{2}}{2}\right)$	$1-\frac{\sqrt{2}}{2}$	$\left(1-\frac{\sqrt{2}}{2},1\right)$	1	$\left(1,1+\frac{\sqrt{2}}{2}\right)$	$1+\frac{\sqrt{2}}{2}$	$\left(1+\frac{\sqrt{2}}{2},+\infty\right)$
y'	+	+	+	0	−	−	−
y''	+	0	−	−	−	0	+
$y=f(x)$	↗	$e^{-\frac{1}{2}}$	↗	1	↘	$e^{-\frac{1}{2}}$	↘

④ 有水平渐近线 $y=0$.

⑤ 如图 3.16 所示.

(4)① 定义域为$(-\infty,0)\cup(0,+\infty)$.

② $y'=2x-\frac{1}{x^2}=\frac{2x^3-1}{x^2}$, $y''=2+\frac{2}{x^3}=\frac{2(x^3+1)}{x^3}$

令 $y'=0$,得 $x=\frac{1}{\sqrt[3]{2}}$;令 $y''=0$,得 $x=-1$.

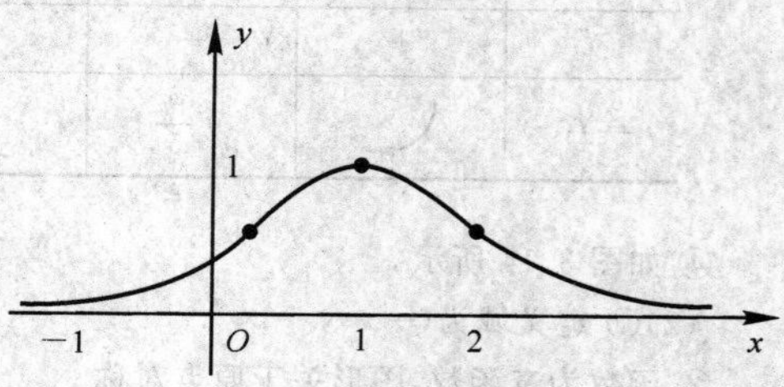

图 3.16

③ 列表如下：

x	$(-\infty,-1)$	-1	$(-1,0)$	0	$\left(0,\frac{1}{\sqrt[3]{2}}\right)$	$\frac{1}{\sqrt[3]{2}}$	$\left(\frac{1}{\sqrt[3]{2}},+\infty\right)$
y'	$-$	$-$	$-$	无	$-$	0	$+$
y''	$+$	0	$-$	无	$+$	$+$	$+$
$y=f(x)$	↘	0	↘	无	↘	$\frac{3}{2}\sqrt[3]{2}$	↗

④ 有铅直渐近线 $x=0$.

⑤ 如图 3.17 所示.

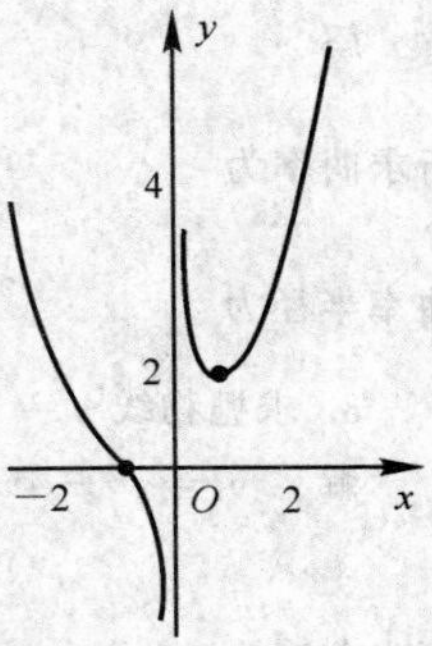

图 3.17

(5)① 定义域为 $x\neq\frac{n\pi}{2}+\frac{\pi}{4}$ $(n=0,\pm1,\pm2,\cdots)$.

② 函数是偶函数,周期为 2π. 可先作$[0,\pi]$上的图形,再根据奇偶性作出$[-\pi,0)$内的图形,最后根据周期性作出$[-\pi,\pi]$以外的图形.

③ $y'=\frac{\sin x(3-2\sin^2 x)}{\cos^2 2x}$, $y''=\frac{\cos x(3+12\sin^2 x-4\sin^4 x)}{\cos^3 2x}$

在$[0,\pi]$上,令 $y'=0$,得 $x=0$, $x=\pi$;令 $y''=0$,得 $x=\frac{\pi}{2}$.

④ 列表如下:

x	0	$\left(0,\frac{\pi}{4}\right)$	$\left(\frac{\pi}{4},\frac{\pi}{2}\right)$	$\frac{\pi}{2}$	$\left(\frac{\pi}{2},\frac{3\pi}{4}\right)$	$\left(\frac{3\pi}{4},\pi\right)$	π
y'	0	$+$	$+$	$+$	$+$	$+$	
y''	$+$	$+$	$-$	0	$+$	$-$	
$y=f(x)$	1	↗	↗	0	↗	↗	

⑤ 有铅直渐近线 $x=\frac{\pi}{4}$ 及 $x=\frac{3\pi}{4}$.

⑥ 如图 3.18 所示.

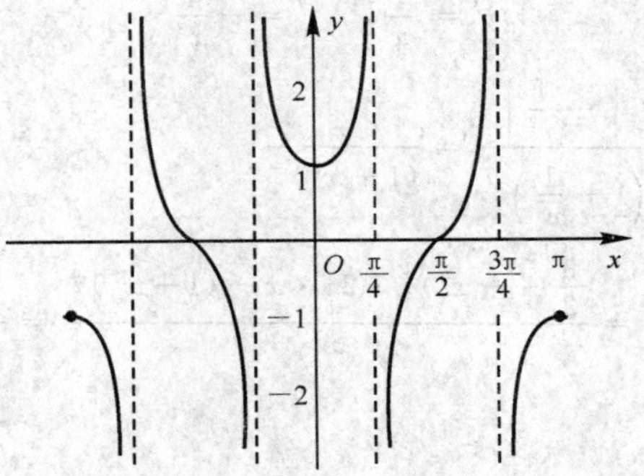

图 3.18

(七) 习题 3-7 解答

1. 求椭圆 $4x^2+y^2=4$ 在点$(0,2)$处的曲率.

解 两边对 x 求导数得

$$8x+2yy'=0,\quad y'=-\frac{4x}{y},\quad y''=-\frac{4y-4xy'}{y^2}$$

$$y'|_{(0,2)}=0,\quad y''|_{(0,2)}=-2$$

所求曲率为

$$K=\frac{|y''|}{(1+y'^2)^{\frac{3}{2}}}=\frac{|-2|}{(1+0^2)^{\frac{3}{2}}}=2$$

2. 求曲线 $y=\ln\sec x$ 在点 (x,y) 处的曲率及曲率半径.

解

$$y'=\frac{1}{\sec x}\sec x\tan x=\tan x,\quad y''=\sec^2 x$$

所求曲率为

$$K=\frac{|y''|}{(1+y'^2)^{\frac{3}{2}}}=\frac{|\sec^2 x|}{(1+\tan^2 x)^{\frac{3}{2}}}=|\cos x|$$

曲率半径为

$$\rho=\frac{1}{K}=\frac{1}{|\cos x|}=|\sec x|$$

3. 求抛物线 $y=x^2-4x+3$ 在其顶点处的曲率及曲率半径.

解 $y=x^2-4x+3=(x-2)^2-1$,顶点为 $(2,-1)$. 于是 $y'=2x-4$, $y''=2$.

$$y'|_{x=2}=0,\quad y''|_{x=2}=2$$

所求曲率为

$$K=\frac{|y''|}{(1+y'^2)^{\frac{3}{2}}}=\frac{|2|}{(1+0^2)^{\frac{3}{2}}}=2$$

曲率半径为

$$\rho=\frac{1}{K}=\frac{1}{2}$$

4. 求曲线 $x=a\cos^3 t$, $y=a\sin^3 t$ 在 $t=t_0$ 处的曲率.

解

$$y'=\frac{(a\sin^3 t)'}{(a\cos^3 x)'}=-\tan t,\quad y''=\frac{(-\tan x)'}{(a\cos^3 x)'}=\frac{1}{3a\sin t\cos^4 t}$$

所求曲率为

$$K=\frac{|y''|}{(1+y'^2)^{\frac{3}{2}}}=\frac{\left|\dfrac{1}{3a\sin t\cos^4 t}\right|}{(1+\tan^2 t)^{\frac{3}{2}}}=\left|\frac{1}{3a\sin t\cos^3 t}\right|=\frac{2}{3|a\sin 2t|}$$

$$K|_{t=t_0}=\frac{2}{3|a\sin 2t_0|}$$

5. 对数曲线 $y=\ln x$ 上哪一点处的曲率半径最小? 求出该点处的曲率半径.

解

$$y'=\frac{1}{x},\quad y''=-\frac{1}{x^2}$$

$$K=\frac{|y''|}{(1+y'^2)^{\frac{3}{2}}}=\frac{\left|-\dfrac{1}{x^2}\right|}{\left(1+\dfrac{1}{x^2}\right)^{\frac{3}{2}}}=\frac{x}{(1+x^2)^{\frac{3}{2}}}$$

$$\rho=\frac{(1+x^2)^{\frac{3}{2}}}{x},\quad \rho'=\frac{\dfrac{3}{2}(1+x^2)^{\frac{1}{2}}\cdot 2x\cdot x-(1+x^2)^{\frac{3}{2}}}{x^2}=\frac{\sqrt{1-x^2}(2x^2-1)}{x^2}$$

令 $\rho'=0$,得 $x=\dfrac{\sqrt{2}}{2}$.

因为 $0<x<\dfrac{\sqrt{2}}{2}$ 时, $\rho'<0$; $x>\dfrac{\sqrt{2}}{2}$ 时, $\rho'>0$,所以 $x=\dfrac{\sqrt{2}}{2}$ 是极小值点,同时也是最小值点. 当 $x=\dfrac{\sqrt{2}}{2}$ 时, $y=\ln\dfrac{\sqrt{2}}{2}$. 因此在曲线上点 $\left(\dfrac{\sqrt{2}}{2},\ln\dfrac{\sqrt{2}}{2}\right)$ 处曲率半径最小,最小曲率半径为 $\rho=\dfrac{3\sqrt{3}}{2}$.

6. 证明:曲线 $y=a\operatorname{ch}\dfrac{x}{a}$ 在点 (x,y) 处的曲率半径为 $\dfrac{y^2}{a}$.

证明　$y' = \text{sh}\,\dfrac{x}{a}$，$y'' = \dfrac{1}{a}\text{ch}\,\dfrac{x}{a}$

曲线在点(x,y)处的曲率半径为

$$\rho = \frac{(1+y'^2)^{\frac{3}{2}}}{|y''|} = \frac{\left(1+\text{sh}^2\,\dfrac{x}{a}\right)^{\frac{3}{2}}}{\left|\dfrac{1}{a}\text{ch}\,\dfrac{x}{a}\right|} = \frac{\left(\text{ch}^2\,\dfrac{x}{a}\right)^{\frac{3}{2}}}{\left|\dfrac{1}{a}\text{ch}\,\dfrac{x}{a}\right|} = a\text{ch}^2\,\frac{x}{a} = \frac{y^2}{a}$$

7. 一飞机沿抛物线路径 $y = \dfrac{x^2}{10\ 000}$（y 轴铅直向上，单位为 m）俯冲飞行，在坐标原点 O 处飞机的速度为 $v = 200$ m/s，飞行员体重 $G = 70$ kg. 求飞机俯冲至最低点（即原点 O 处）时座椅对飞行员的反力.

解　$y' = \dfrac{2x}{10\ 000} = \dfrac{x}{5\ 000}$，$y'' = \dfrac{1}{5\ 000}$；$y'|_{x=0} = 0$，$y''|_{x=0} = \dfrac{1}{5\ 000}$

$$\rho|_{x=0} = \frac{(1+y'^2)^{\frac{3}{2}}}{|y''|} = \frac{(1+0^2)^{\frac{3}{2}}}{\dfrac{1}{5\ 000}} = 5\ 000$$

向心力为

$$F = \frac{mV^2}{\rho} = \frac{70\times 200^2}{5\ 000} = 560\ (\text{N})$$

飞行员离心力及它本身的重量对座椅的压力为

$$70\times 9.8 + 560 = 1\ 246\ (\text{N})$$

故座椅对飞行员的反力为 1 246 N.

8. 汽车连同载重共 5 t，在抛物线拱桥上行驶，速度为 21.6 m/s，桥的跨度为 10 m，拱的高度为 0.25 m. 求汽车越过桥顶时对桥的压力.

解　取直角坐标系如图 3.19 所示. 设抛物线拱桥方程为 $y = ax^2$，由于抛物线过点(5,0.25)，代入方程得

$$a = \frac{0.25}{25} = 0.01$$

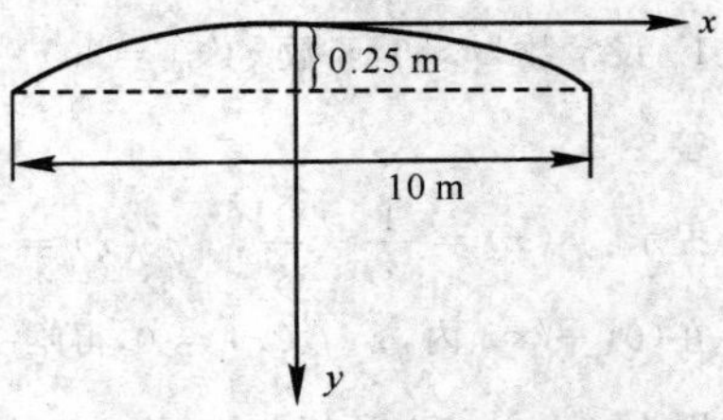

图　3.19

于是，抛物线方程为 $y = 0.01x^2$.

$$y' = 0.02x,\quad y'' = 0.02$$

$$\rho|_{x=0} = \frac{(1+y'^2)^{\frac{3}{2}}}{|y''|} = \frac{(1+0^2)^{\frac{3}{2}}}{0.02} = 50$$

向心力为

$$F = \frac{mV^2}{\rho} = \frac{5\times 10^3\left(\dfrac{21.6\times 10^3}{3\ 600}\right)^2}{50} = 3\ 600\ \text{N}$$

因为汽车重为 5 t，所以汽车越过桥顶时对桥的压力为

$$5\times 10^3\times 9.8 - 3\ 600 = 45\ 400\ \text{N}$$

*9. 求曲线 $y = \ln x$ 在与 x 轴交点处的曲率圆方程.

解　由$\begin{cases} y = \ln x \\ y = 0 \end{cases}$解出交点坐标为(1,0)，且 $y' = \dfrac{1}{x}$，$y'' = -\dfrac{1}{x^2}$，则

$$y'\Big|_{x=1} = 1,\quad y''\Big|_{x=1} = -1$$

故曲率中心为

$$\begin{cases} \alpha = 1 - \dfrac{1\times(1+1^2)}{(-1)} = 3 \\ \beta = 0 + \dfrac{1+1^2}{(-1)} = -2 \end{cases}$$

曲率半径

$$\rho = \left|\frac{(1+1^2)^{\frac{3}{2}}}{(-1)}\right| = \sqrt{8}$$

曲率圆方程为 $$(\xi-3)^2+(\eta+2)^2=8$$

*10. 求曲线 $y=\tan x$ 在点 $\left(\frac{\pi}{4},1\right)$ 处的曲率圆方程.

解 $y'=\sec^2 x$, $y''=2\sec^2 x\tan x$, $y'|_{x=\frac{\pi}{4}}=2$, $y''|_{x=\frac{\pi}{4}}=4$

$$\rho\bigg|_{(\frac{\pi}{4},1)}=\frac{(1+y'^2)^{\frac{3}{2}}}{|y''|}=\frac{5^{\frac{3}{2}}}{4},\ \rho^2=\frac{125}{46}$$

曲率中心 $$\alpha=\frac{\pi}{4}-\frac{2(1+4)}{4}=\frac{\pi-10}{4},\quad \beta=1+\frac{1+4}{4}=\frac{9}{4}$$

曲率圆方程为

$$\left(\xi-\frac{\pi-10}{4}\right)^2+\left(\eta-\frac{9}{4}\right)^2=\frac{125}{16}$$

*11. 求抛物线 $y^2=2px$ 的渐屈线方程.

解 $y^2=2px$, $2yy'=2p$, $y'=\frac{p}{y}$, $y''=-\frac{p}{y^2}y'=-\frac{p^2}{y^3}$

渐屈线方程为
$$\begin{cases}\alpha=x-\dfrac{y'(1+y'^2)}{y''}=x-\dfrac{\left(\dfrac{p}{y}\right)\cdot\left(1+\left(\dfrac{p}{y}\right)^2\right)}{-\dfrac{p^2}{y^3}}=\dfrac{3y^2}{2p}+p\\ \beta=y+\dfrac{1+y'^2}{y''}=-\dfrac{y^3}{p^2}\end{cases}$$

消去参数得渐屈线方程为 $27p\beta^2=8(\alpha-p)^2$,令 $\alpha=x$, $\beta=y$,即

$$27py^2=8(x-p)^2$$

(八) 总习题三解答

1. 设常数 $k>0$,函数 $f(x)=\ln x-\frac{x}{e}+k$ 在 $(0,+\infty)$ 内零点的个数为________.

答 2.

提示:$f'(x)=\frac{1}{x}-\frac{1}{e}$, $f''(x)=-\frac{1}{x^2}$

在 $(0,+\infty)$ 内,令 $f'(x)=0$,得唯一驻点 $x=e$.

因为 $f''(x)<0$,所以曲线 $f(x)=\ln x-\frac{x}{e}+k$ 在 $(0,+\infty)$ 内是凸的,驻点 $x=e$ 一定是最大值点,最大值为 $f(e)=k>0$. 又因为 $\lim\limits_{x\to+0}f(x)=-\infty$, $\lim\limits_{x\to+\infty}f(x)=-\infty$,所以曲线经过 x 轴两次,即零点的个数为 2.

2. 选择以下两题中给出的四个结论中一个正确的结论:

(1) 设在 $[0,1]$ 上 $f''(x)>0$,则 $f'(0)$, $f'(1)$, $f(1)-f(0)$ 或 $f(0)-f(1)$ 几个数的大小顺序为(　　).

(A) $f'(1)>f'(0)>f(1)-f(0)$　　(B) $f'(1)>f(1)-f(0)>f'(0)$

(C) $f(1)-f(0)>f'(1)>f'(0)$　　(D) $f'(1)>f(0)-f(1)>f'(0)$

(2) 设 $f'(x_0)=f''(x_0)=0$, $f'''(x_0)>0$,则(　　).

(A) $f'(x_0)$ 是 $f'(x)$ 的极大值　　(B) $f'(x_0)$ 是 $f(x)$ 的极大值

(C) $f(x_0)$ 是 $f(x)$ 的极小值　　(D) $(x_0,f(x_0))$ 是曲线 $y=f(x)$ 的拐点

解 (1) 由拉格朗日中值定理知 $f(1)-f(0)=f'(\xi)$,其中 $\xi\in(0,1)$. 由于 $f''(x)>0$, $f'(x)$ 单调增加,故 $f'(0)<f'(\xi)<f'(1)$. 即

$$f'(0)<f(1)-f(0)<f'(1)$$

因此应填 B.

(2) 解法一　取 $f(x)=x^3$, $f'(x)=3x^2$, $f''(x)=6x$, $f'''(x)=6>0$, $x_0=0$,符合题意,但明显排除

(A)、(B)、(C). 因此应填(D).

解法二　由已知条件及 $f'''(x_0)=\lim\limits_{x\to x_0}\dfrac{f''(x)-f''(x_0)}{x-x_0}=\lim\limits_{x\to x_0}\dfrac{f''(x)}{x-x_0}>0$ 知,在 x_0 某邻域内,当 $x<x_0$ 时,$f''(x)<0$;当 $x>x_0$ 时,$f''(x)>0$,所以 $(x_0,f(x_0))$ 是曲线 $y=f(x)$ 的拐点.

由此可知,在 x_0 的某去心邻域内有 $f'(x)>f'(x_0)=0$,所以 $f(x)$ 在 x_0 的某邻域内是单调增加的,从而 $f(x_0)$ 不是 $f(x)$ 的极值。再由已知条件及极值的第二充分判别法知,$f'(x_0)$ 是 $f'(x)$ 的极小值.综上所述,本题只能选(D).

3. 列举一个函数 $f(x)$ 满足:$f(x)$ 在 $[a,b]$ 上连续,在 (a,b) 内除某一点外处处可导,但在 (a,b) 内不存在点 ξ,使 $f(b)-f(a)=f'(\xi)(b-a)$.

解　取 $f(x)=|x|$, $x\in[-1,1]$. 易知 $f(x)$ 在 $[-1,1]$ 上连续,且当 $x>0$ 时,$f'(x)=1$;当 $x<0$ 时,$f'(x)=-1$;$f'(0)$ 不存在,即 $f(x)$ 在 $[-1,1]$ 上除 $x=0$ 外处处可导.

因为 $f(1)-f(-1)=0$,所以要使 $f(1)-f(-1)=f'(\xi)(1-(-1))$ 成立,即 $f'(\xi)=0$,是不可能的.因此,在 $(-1,1)$ 内不存在点 ξ,使 $f(1)-f(-1)=f'(\xi)(1-(-1))$.

4. 设 $\lim\limits_{x\to\infty}f'(x)=k$,求 $\lim\limits_{x\to\infty}[f(x+a)-f(x)]$.

解　根据拉格朗日中值定理,$f(x+a)-f(x)=f'(\xi)\cdot a$(其中 ξ 介于 $x+a$ 与 x 之间),因此

$$\lim_{x\to\infty}[f(x+a)-f(x)]=\lim_{x\to\infty}f'(\xi)\cdot a=a\lim_{\xi\to\infty}f'(\xi)=ak$$

5. 证明:多项式 $f(x)=x^3-3x+a$ 在 $[0,1]$ 上不可能有两个零点.

证明

$$f'(x)=3x^2-3=3(x^2-1)$$

因为 $x\in(0,1)$ 时,$f'(x)<0$,所以 $f(x)$ 在 $[0,1]$ 上单调递减.因此,$f(x)$ 在 $[0,1]$ 上至多有一个零点.

6. 设 $a_0+\dfrac{a_1}{2}+\cdots+\dfrac{a_n}{n+1}=0$,证明:多项式 $f(x)=a_0+a_1x+\cdots+a_nx^n$ 在 $(0,1)$ 内至少有一个零点.

证明　设 $F(x)=a_0x+\dfrac{a_1}{2}x^2+\cdots+\dfrac{a_n}{n+1}x^{n+1}$,则 $F(x)$ 在 $[0,1]$ 上连续,在 $(0,1)$ 内可导,且 $F(0)=F(1)=0$. 由罗尔定理知,在 $(0,1)$ 内至少有一点 ξ,使 $F(\xi)=0$. 而 $F'(x)=f(x)$,所以 $f(x)$ 在 $(0,1)$ 内至少有一个零点.

7. 设 $f(x)$ 在 $[0,a]$ 上连续,在 $(0,a)$ 内可导,且 $f(a)=0$,证明:存在一点 $\xi\in(0,a)$,使 $f(\xi)+\xi f'(\xi)=0$.

证明　设 $F(x)=xf(x)$,则 $F(x)$ 在 $[0,a]$ 上连续,在 $(0,a)$ 内可导,且 $F(0)=F(a)=0$. 由罗尔定理,在 $(0,a)$ 内至少有一个点 ξ,使 $F'(\xi)=0$,而 $F(x)=f(x)+xf'(x)$,故 $f(\xi)+\xi f'(\xi)=0$.

*8. 设 $0<a<b$,函数 $f(x)$ 在 $[a,b]$ 上连续,在 (a,b) 内可导,试利用柯西中值定理,证明:存在一点 $\xi\in(a,b)$,使 $f(a)-f(b)=\xi f'(\xi)\ln\dfrac{b}{a}$.

证明　由柯西中值定理得

$$\frac{f(b)-f(a)}{\ln b-\ln a}=\frac{f'(\xi)}{\frac{1}{\xi}},\quad \xi\in(a,b)$$

即

$$f(a)-f(b)=\xi f'(\xi)\ln\frac{b}{a},\quad \xi\in(a,b)$$

9. 设 $f(x)$, $g(x)$ 都是可导函数,且 $|f'(x)|<g'(x)$. 证明:当 $x>a$ 时,$|f(x)-f(a)|<g(x)-g(a)$.

证明　由条件 $|f'(x)|<g'(x)$ 知,$\left|\dfrac{f'(\xi)}{g'(\xi)}\right|<1$,且有 $g'(x)>0$,从而,$g(x)$ 单调增加,当 $x>a$ 时,$g(x)>g(a)$.

因为 $f(x)$, $g(x)$ 都是可导函数,所以 $f(x)$, $g(x)$ 在 $[a,x]$ 上连续,在 (a,x) 内可导,根据柯西中值定理,存在一点 $\xi\in(a,x)$,使

$$\frac{f(x)-f(a)}{g(x)-g(a)}=\frac{f'(\xi)}{g'(\xi)}$$

因此
$$\frac{|f(x)-f(a)|}{g(x)-g(a)}=\left|\frac{f'(\xi)}{g'(\xi)}\right|<1$$

即
$$|f(x)-f(a)|<g(x)-g(a)$$

10. 求下列极限：

(1) $\lim\limits_{x\to 1}\dfrac{x-x^x}{1-x+\ln x}$； (2) $\lim\limits_{x\to 0}\left[\dfrac{1}{\ln(1+x)}-\dfrac{1}{x}\right]$； (3) $\lim\limits_{x\to +\infty}\left(\dfrac{2}{\pi}\arctan x\right)^x$；

(4) $\lim\limits_{x\to\infty}\left[\left(a_1^{\frac{1}{x}}+a_2^{\frac{1}{x}}+\cdots+a_n^{\frac{1}{x}}\right)\Big/ n\right]^{nx}$ （其中 $a_1,a_2,\cdots,a_n>0$）.

解 (1)
$$\text{原式}=\lim_{x\to 1}\frac{1-x^x\ln x-x\cdot x^{x-1}}{-1+\dfrac{1}{x}}=\lim_{x\to 1}x\cdot\lim_{x\to 1}\frac{-1+x^x\ln x+x^x}{x-1}=$$

$$\lim_{x\to 1}\frac{x^{x-1}+(x^x\ln x+x^x)\ln x+x^x+x^x\ln x}{1}=2$$

(2)
$$\text{原式}=\lim_{x\to 0}\frac{x-\ln(1+x)}{x\ln(x+1)}=\lim_{x\to 0}\frac{1-\dfrac{1}{1+x}}{\ln(x+1)+\dfrac{x}{x+1}}=$$

$$\lim_{x\to 0}\frac{x}{(x+1)\ln(x+1)+x}=\lim_{x\to 0}\frac{1}{\ln(x+1)+1+1}=\frac{1}{2}$$

(3) 令 $y=\left(\dfrac{2}{\pi}\arctan x\right)^x$，$\ln y=x\left(\ln\dfrac{2}{\pi}+\ln\arctan x\right)$，因为

$$\lim_{x\to\infty}\ln y=\lim_{x\to\infty}\frac{\ln\dfrac{2}{\pi}+\ln\arctan x}{\dfrac{1}{x}}=\lim_{x\to\infty}\frac{\dfrac{1}{\arctan x}\cdot\dfrac{1}{1+x^2}}{-\dfrac{1}{x^2}}=-\frac{2}{\pi}$$

所以 $\lim\limits_{x\to\infty}y=e^{-\frac{2}{\pi}}$，即 $\lim\limits_{x\to\infty}\left(\dfrac{2}{\pi}\arctan x\right)^x=e^{-\frac{2}{\pi}}$.

(4) 令 $y=\left[\left(a_1^{\frac{1}{x}}+a_2^{\frac{1}{x}}+\cdots+a_n^{\frac{1}{x}}\right)\Big/ n\right]^{nx}$，则

$$\ln y=nx\left[\ln\left(a_1^{\frac{1}{x}}+a_2^{\frac{1}{x}}+\cdots+a_n^{\frac{1}{x}}\right)-\ln n\right]$$

因为
$$\lim_{x\to\infty}\ln y=\lim_{x\to\infty}\frac{n\left[\ln\left(a_1^{\frac{1}{x}}+a_2^{\frac{1}{x}}+\cdots+a_n^{\frac{1}{x}}\right)-\ln n\right]}{\dfrac{1}{x}}=$$

$$\lim_{x\to\infty}\frac{n\cdot\dfrac{1}{\left(a_1^{\frac{1}{x}}+a_2^{\frac{1}{x}}+\cdots+a_n^{\frac{1}{x}}\right)}\left(a_1^{\frac{1}{x}}\ln a_1+a_2^{\frac{1}{x}}\ln a_2+\cdots+a_n^{\frac{1}{x}}\ln a_n\right)\left(\dfrac{1}{x}\right)'}{\left(\dfrac{1}{x}\right)'}=$$

$$\ln a_1+\ln a_2+\cdots+\ln a_n=\ln(a_1,a_2,\cdots,a_n)$$

所以 $\lim\limits_{x\to\infty}y=a_1a_2\cdots a_n$. 即

$$\lim_{x\to\infty}\left[\left(a_1^{\frac{1}{x}}+a_2^{\frac{1}{x}}+\cdots+a_n^{\frac{1}{x}}\right)\Big/ n\right]^{nx}=a_1a_2\cdots a_n$$

11. 证明下列不等式：

(1) 当 $0<x_1<x_2<\dfrac{\pi}{2}$ 时，$\dfrac{\tan x_2}{\tan x_1}>\dfrac{x_2}{x_1}$；

(2) 当 $x>0$ 时，$\ln(1+x)>\dfrac{\arctan x}{1+x}$；

(3) 当 $e < a < b < e^2$ 时，$\ln^2 b - \ln^2 a > \dfrac{4}{e^2}(b-a)$.

证明 (1) 令 $f(x) = \dfrac{\tan x}{x}$，$x \in \left(0, \dfrac{\pi}{2}\right)$，因为

$$f'(x) = \frac{x\sec^2 x - \tan x}{x^2} > \frac{x - \tan x}{x^2} > 0$$

所以在 $\left(0, \dfrac{\pi}{2}\right)$ 内，$f(x)$ 为增函数．从而，当 $0 < x_1 < x_2 < \dfrac{\pi}{2}$ 时，有

$$\frac{\tan x_2}{x_2} > \frac{\tan x_1}{x_1}, \quad \text{即} \quad \frac{\tan x_2}{\tan x_1} > \frac{x_2}{x_1}$$

(2) 令 $f(x) = (1+x)\ln(1+x) - \arctan x$，$x \in [0, +\infty)$，因为

$$f'(x) = \ln(1+x) + 1 - \frac{1}{1+x^2} = \ln(1+x) + \frac{x^2}{1+x^2} > 0, \quad x \in (0, +\infty)$$

所以当 $x \geqslant 0$ 时，$f'(x)$ 单调增加．又 $f(0) = 0$，故 $x > 0$ 时，$f(x) > 0$. 即

$$(1+x)\ln(1+x) - \arctan x > 0$$

$$\ln(1+x) > \frac{\arctan x}{1+x}, \quad x \in (0, +\infty)$$

(3) 设 $f(x) = \ln^2 x (e < a < x < b < e^2)$.

$f(x)$ 在 $[a,b]$ 上连续，在 (a,b) 内可导，由拉格朗日中值定理知，至少存在一点 $\xi \in (a,b)$，使

$$\ln^2 b - \ln^2 a = \frac{2\ln\xi}{\xi}(b-a)$$

设 $\varphi(t) = \dfrac{\ln t}{t}$，则 $\qquad \varphi'(t) = \dfrac{1-\ln t}{t^2}$

当 $t > e$ 时，$\varphi'(t) < 0$，所以 $\varphi(t)$ 在 $[e, +\infty]$ 上单调减少，而 $e < a < \xi < b < e^2$，从而 $\varphi(\xi) > \varphi(e^2)$，即

$$\frac{\ln\xi}{\xi} > \frac{\ln e^2}{e^2} = \frac{2}{e^2}$$

因此 $\qquad \ln^2 b - \ln^2 a > \dfrac{4}{e^2}(b-a)$

12. 设 $a > 1$，$f(x) = a^x - ax$ 在 $(-\infty, +\infty)$ 内的驻点为 $x(a)$. 问 a 为何值时，$x(a)$ 最小？并求出最小值.

解 $f'(x) = a^x \ln a - a = 0$，得唯一驻点

$$x(a) = 1 - \frac{\ln\ln a}{\ln a}$$

考查函数 $x(a) = 1 - \dfrac{\ln\ln a}{\ln a}$ 在 $a > 1$ 时的最小值．令

$$x'(a) = -\frac{\dfrac{1}{a} - \dfrac{1}{a}\ln\ln a}{(\ln a)^2} = -\frac{1 - \ln\ln a}{a(\ln a)^2} = 0$$

得唯一驻点，$a = e^e$，当 $a > e^e$ 时，$x'(a) > 0$；当 $a < e^e$ 时，$x'(a) < 0$，因此

$$x(e^e) = 1 - \frac{1}{e}$$

为极小值，也是最小值．

13. 求椭圆 $x^2 - xy + y^2 = 3$ 上纵坐标最大和最小的点．

解 $\qquad 2x - y - xy' + 2yy' = 0, \quad y' = \dfrac{2x-y}{x-2y}$

当 $x = \dfrac{1}{2}y$ 时，$y' = 0$. 将 $x = \dfrac{1}{2}y$ 代入椭圆方程，得 $\dfrac{1}{4}y^2 - \dfrac{1}{2}y^2 + y^2 = 3$，解得 $y = \pm 2$. 于是得驻点 $x = -1$，$x = 1$. 因为椭圆上纵坐标最大和最小的点一定存在，且在驻点处取得．又因当 $x = -1$ 时，$y =$

-2;当 $x=1$ 时,$y=2$. 所以纵坐标最大和最小的点分别为(1,2) 和(-1,-2).

14. 求数列$(\sqrt[n]{n})$ 的最大项.

解 令 $f(x)=\sqrt[x]{x}=x^{\frac{1}{x}}(x>0)$,则 $\ln f(x)=\dfrac{1}{x}\ln x$

求导得

$$\frac{1}{f(x)}\cdot f'(x)=\frac{1}{x^2}-\frac{1}{x^2}\ln x=\frac{1}{x^2}(1-\ln x)$$

$$f'(x)=x^{\frac{1}{x}-2}(1-\ln x)$$

令 $f'(x)=0$,得唯一驻点 $x=\mathrm{e}$. 因为当 $0<x<\mathrm{e}$ 时,$f'(x)>0$;当 $x>\mathrm{e}$ 时,$f'(x)<0$. 所以唯一驻点 $x=\mathrm{e}$ 为最大值点. 因此所求最大项为 $\max\{\sqrt{2},\sqrt[3]{3}\}=\sqrt[3]{3}$.

15. 曲线弧 $y=\sin x$, $0<x<\pi$ 上哪一点处的曲率半径最小?求出此点处的曲率半径.

解 $y'=\cos x$, $y''=-\sin x$

$$\rho=\frac{(1+y'^2)^{\frac{3}{2}}}{|y''|}=\frac{(1+\cos^2x)^{\frac{3}{2}}}{\sin x},\quad 0<x<\pi$$

$$\rho'=\frac{\frac{3}{2}(1+\cos^2x)^{\frac{1}{2}}(-2\cos x\sin x)\cdot\sin x-(1+\cos^2x)^{\frac{3}{2}}\cos x}{\sin^2x}=$$

$$\frac{-(1+\cos^2x)^{\frac{1}{2}}\cos x(3\sin^2x+\cos^2x+1)}{\sin^2x}$$

在$(0,\pi)$ 内,令 $\rho'=0$,得驻点 $x=\dfrac{\pi}{2}$. 因为 $0<x<\dfrac{\pi}{2}$ 时,$\rho'<0$;$\dfrac{\pi}{2}<x<\pi$ 时,$\rho'>0$,所以 $x=\dfrac{\pi}{2}$ 是 ρ 的极小值点,同时也是 ρ 的最小值点,最小值为

$$\rho=\frac{\left(1+\cos^2\frac{\pi}{2}\right)^{\frac{3}{2}}}{\sin\frac{\pi}{2}}=1$$

16. 证明:方程 $x^3-5x-2=0$ 只有一个正根,并求此根的近似值,精确到 10^{-3}.

证明 设 $f(x)=x^3-5x-2$,则

$$f'(x)=3x^2-5,\quad f''(x)=6x$$

因为当 $x>0$ 时,$f''(x)>0$,所以在$(0,+\infty)$ 内曲线是凹的. 又因 $f(0)=-2$, $\lim\limits_{x\to+\infty}(x^3-x-2)=+\infty$,所以在$(0,+\infty)$ 内方程 $x^3-5x-2=0$ 只能有一个根(求根的近似值略).

*17. 设 $f''(x_0)$ 存在,证明$\lim\limits_{h\to0}\dfrac{f(x_0+h)+f(x_0-h)-2f(x_0)}{h^2}=f''(x_0)$.

证明 $\lim\limits_{h\to0}\dfrac{f(x_0+h)+f(x_0-h)-2f(x_0)}{h^2}=\lim\limits_{h\to0}\dfrac{f'(x_0+h)-f'(x_0-h)}{2h}=$

$$\frac{1}{2}\lim_{h\to0}\frac{f'(x_0+h)-f'(x_0-h)}{h}=\frac{1}{2}\lim_{h\to0}\frac{[f'(x_0+h)-f'(x_0)]+[f(x_0)-f'(x_0-h)]}{h}=$$

$$\frac{1}{2}\lim_{h\to0}\left[\frac{f'(x_0+h)-f'(x_0)}{h}+\frac{f(x_0)-f'(x_0-h)}{h}\right]=\frac{1}{2}[f''(x_0)+f''(x_0)]=f''(x_0)$$

*18. 设 $f^{(n)}(x_0)$ 存在,且 $f(x_0)=f'(x_0)=\cdots=f^{(n)}(x_0)=0$,证明:$f(x)=o[(x-x_0)^n](x\to x_0)$.

证明 $\lim\limits_{x\to x_0}\dfrac{f(x)}{(x-x_0)^n}=\lim\limits_{x\to x_0}\dfrac{f'(x)}{n(x-x_0)^{n-1}}=\lim\limits_{x\to x_0}\dfrac{f''(x)}{n(n-1)(x-x_0)^{n-2}}=\cdots=\lim\limits_{x\to x_0}\dfrac{f^{(n-1)}(x)}{n!\,(x-x_0)}=$

$$\frac{1}{n!}\lim_{x\to x_0}\frac{f^{(n-1)}(x)-f^{(n-1)}(x_0)}{x-x_0}=\frac{1}{n!}f^{(n)}(x_0)=0$$

则

$$f(x)=o[(x-x_0)^n]\quad(x\to x_0)$$

19. 设 $f(x)$ 在(a,b) 内二阶可导,且 $f''(x)\geqslant0$. 证明:对于(a,b) 内任意两点 x_1,x_2 及 $0\leqslant t\leqslant1$,有 $f[(1-t)x_1+tx_2]\leqslant(1-t)f(x_1)+tf(x_2)$.

证明 设$(1-t)x_1+tx_2=x_0$,则在点$x=x_0$的一阶泰勒公式为

$$f(x)=f(x_0)+f'(x_0)(x-x_0)+\frac{f''(\xi)}{2!}(x-x_0)^2 \quad (\text{其中}\ \xi\ \text{介于}\ x\ \text{与}\ x_0\ \text{之间})$$

因为$f''(x)\geqslant 0$,所以$f(x)\geqslant f(x_0)+f'(x_0)(x-x_0)$. 因此

$$f(x_1)\geqslant f(x_0)+f'(x_0)(x_1-x_0),\quad f(x_2)\geqslant f(x_0)+f'(x_0)(x_2-x_0)$$

于是

$$\begin{aligned}(1-t)f(x_1)+tf(x_2)&\geqslant(1-t)[f(x_0)+f'(x_0)(x_1-x_0)]+t[f(x_0)+f'(x_0)(x_2-x_0)]=\\&(1-t)f(x_0)+tf(x_0)+f'(x_0)[(1-t)x_1+tx_2]-f'(x_0)[(1-t)x_0+tx_0]=\\&f(x_0)+f'(x_0)x_0-f'(x_0)x_0=f(x_0)\end{aligned}$$

即

$$f(x_0)\leqslant(1-t)f(x_1)+tf(x_2)$$

故

$$f[(1-t)x_1+tx_2]\leqslant(1-t)f(x_1)+tf(x_2),\quad 0\leqslant t\leqslant 1$$

20. 试确定常数a和b,使$f(x)=x-(a+b\cos x)\sin x$为当$x\to 0$时关于x的5阶无穷小.

解 $f(x)$是有任意阶导数的,它的5阶麦克劳林公式为

$$\begin{aligned}f(x)&=f(0)+f'(0)x+\frac{f''(0)}{2!}x^2+\frac{f'''(0)}{3!}x^3+\frac{f^{(4)}(0)}{4!}x^4+\frac{f^{(5)}(0)}{5!}x^5+o(x^5)=\\&(1-a-b)x+\frac{a+4b}{3!}x^3+\frac{-a-16b}{5!}x^5+o(x^5)\end{aligned}$$

要使$f(x)=x-(a+b\cos x)\sin x$为当$x\to 0$时关于x的5阶无穷小,只要使极限

$$\lim_{x\to 0}\frac{f(x)}{x^5}=\lim_{x\to 0}\left[\frac{1-a-b}{x^4}+\frac{a+4b}{3!\ x^2}+\frac{-a-16b}{5!}+\frac{o(x^5)}{x^5}\right]=A\neq 0$$

存在,为此令$\begin{cases}1-a-b=0\\a+4b=0\end{cases}$,解之得$a=\dfrac{4}{3}$, $b=-\dfrac{1}{3}$.

因为当$a=\dfrac{4}{3}$, $b=-\dfrac{1}{3}$时,$\displaystyle\lim_{x\to 0}\frac{f(x)}{x^5}=\frac{-a-16b}{5!}=\frac{1}{30}\neq 0$,所以当$a=\dfrac{4}{3}$, $b=-\dfrac{1}{3}$时,$f(x)=x-(a+b\cos x)\sin x$为当$x\to 0$时关于5阶无穷小.

五、模拟检测题

(一) 基础知识模拟检测题

1. 填空题

(1) $\displaystyle\lim_{x\to 0}\left(\frac{1}{x^2}-\frac{1}{x\tan x}\right)=$________.

(2) 设$\displaystyle\lim_{x\to\infty}\left(\frac{x+2a}{x-a}\right)^x=8$,则$a=$________.

(3) 已知$f(x)=\begin{cases}(\cos x)^{x^{-2}}, & x\neq 0\\a, & x=0\end{cases}$在$x=0$处连续,则$a=$________.

(4) 设$f(x)$的导数在点$x=a$连续,又$\displaystyle\lim_{x\to a}\frac{f'(x)}{x-a}=-1$,则$x=a$是$f(x)$的________值点.

(5) 曲线$y=\dfrac{\sin x}{x(2x-1)}$的水平渐近线为________,垂直渐近线为________.

2. 选择题

(1) 设$x\in[0,1]$,$f''(x)>0$,则$f'(0)$,$f'(1)$,$f(1)-f(0)$,$f(0)-f(1)$的大小顺序为( ).

A. $f'(1)>f'(0)>f(1)-f(0)$ B. $f'(1)>f(1)-f(0)>f'(0)$

C. $f(1)-f(0)>f'(1)>f'(0)$ D. $f'(1)>f(0)-f(1)>f'(0)$

(2) 设$f(x)$在$[a,b]$连续,在(a,b)可导,a,b是方程$f(x)=0$的两根,则$f'(x)=0$在(a,b)( ).

A. 只有一个实根　　B. 至少一个实根

C. 没有实根　　D. 至少两个实根

(3) 已知 $x \to 0$ 时，$\sqrt{1+\tan x}-\sqrt{1+\sin x}$ 与 x^n 是同阶无穷小，则 n 等于(　　).

A. 1　　B. 2　　C. 3　　D. 4

(4) 曲线 $y=\dfrac{1+e^{-x^2}}{1-e^{-x^2}}$(　　).

A. 没有渐近线　　B. 只有水平渐近线

C. 只有铅直渐近线　　D. 既有水平渐近线，又有铅直渐近线

(5) 若 $\lim\limits_{x\to0}\dfrac{\sin 6x+xf(x)}{x^3}=0$，则 $\lim\limits_{x\to0}\dfrac{6+f(x)}{x^2}$ 为(　　).

A. 0　　B. 6　　C. 36　　D. ∞

3. 计算题

(1) 设 $f(x)=x^2-2x$，$g(x)=\cos\ln\dfrac{1}{x}$，求 $\lim\limits_{x\to1}\dfrac{f'(x)}{g'(x)}$.

(2) 设 $f(x)=\begin{cases}\dfrac{g(x)}{x}, & x\neq0\\ 0, & x=0\end{cases}$，且 $g(0)=g'(0)=0$，$g''(0)=2$，求 $f'(0)$.

(3) 已知 $f(x)$ 在 $(-\infty,+\infty)$ 可导，且 $\lim\limits_{x\to\infty}f'(x)=e$，$\lim\limits_{x\to\infty}\left(\dfrac{x+c}{x-c}\right)^x=\lim\limits_{x\to\infty}[f(x)-f(x-1)]$，求 c 的值.

(4) 已知点(1,3)为曲线 $y=ax^3+bx^2$ 的拐点，① 求常数 a,b；② 对于确定了 a,b 之后的曲线 $y=ax^3+bx^2$，求它的极值及其极值点的曲率.

4. 证明题

(1) 设 $x\in(0,1)$，证明：$\dfrac{1}{\ln2}-1<\dfrac{1}{\ln(1+x)}-\dfrac{1}{x}<\dfrac{1}{2}$.

(2) 设函数 $f(x)$ 在 $(-\infty,+\infty)$ 二阶可导，且 $f''(x)>0$，证明：曲线 $y=e^{f(x)}$ 在 $(-\infty,+\infty)$ 是凹的.

(3) 证明方程 $x\ln x+\dfrac{1}{e}=0$ 只有一个实根.

(4) 设函数 $f(x)$，$g(x)$ 在 $[a,b]$ 二阶可导，且 $g''(x)\neq0$，$f(a)=f(b)=g(a)=g(b)=0$. 证明存在 $\xi\in(a,b)$，使 $\dfrac{f(\xi)}{g(\xi)}=\dfrac{f''(\xi)}{g''(\xi)}$.

5. 应用题

某种商品的单价为 p，售出的商品数量 Q 可表示成 $Q=\dfrac{a}{p+b}-c$，其中 a,b,c 为正数，且 $a>bc$. (1) 问 p 在何范围变化时，销售额增加？在何范围变化时，销售额减少？(2) 要使销售额最大，商品单价 p 应取何值？最大销售额是多少？

(二) 考研模拟训练题

1. 填空题

(1) 曲线 $y=\dfrac{x^2}{2x+1}$ 的渐近线方程为________.

(2) 曲线 $y=\ln x$ 上与直线 $x+y=1$ 垂直的切线方程为________.

(3) $\lim\limits_{x\to0}(\cos x)^{\frac{1}{\ln(1+x^2)}}=$________.

(4) $\lim\limits_{x\to0}\dfrac{3\sin x+x^2\cos\dfrac{1}{x}}{(1+\cos x)\ln(1+x)}=$________.

(5) 设 $f(x)=xe^x$，则 $f^{(n)}(x)$ 在点 $x=$ ________ 取得极小值 ________.

2. 选择题

(1) 设函数 $f(x)=\lim\limits_{n\to\infty}\sqrt[n]{1+|x|^{3n}}$，则 $f(x)$ 在 $(-\infty,+\infty)$ (　　).

A. 处处可导　　B. 恰有一个不可导点

C. 恰有两个不可导点　　D. 至少有三个不可导点

(2) 设函数 $f(x)$ 连续，且 $f'(0)>0$，则存在 $\delta>0$，使(　　).

A. $f(x)$ 在 $(0,\delta)$ 单调增加　　B. $f(x)$ 在 $(-\delta,0)$ 单调减少

C. 任给 $x\in(0,\delta)$，有 $f(x)>f(0)$　　D. 任给 $x\in(-\delta,0)$，有 $f(x)>f(0)$

(3) 设 $\{a_n\},\{b_n\},\{c_n\}$ 均为非负数列，且 $\lim\limits_{n\to\infty}a_n=0$，$\lim\limits_{n\to\infty}b_n=1$，$\lim\limits_{n\to\infty}c_n=\infty$，则(　　).

A. $a_n<b_n$ 对任意 n 成立　　B. $b_n<c_n$ 对任意 n 成立

C. $\lim\limits_{n\to\infty}a_nc_n$ 不存在　　D. $\lim\limits_{n\to\infty}b_nc_n$ 不存在

(4) 设 $f(x)$ 有二阶连续导数，且 $f'(0)=0$，$\lim\limits_{x\to0}\dfrac{f''(x)}{|x|}=1$，则(　　).

A. $f(0)$ 是 $f(x)$ 的极大值

B. $f(0)$ 是 $f(x)$ 的极小值

C. $(0,f(0))$ 是曲线 $y=f(x)$ 的拐点

D. $f(0)$ 不是 $f(x)$ 的极值，$(0,f(0))$ 也不是曲线 $y=f(x)$ 的拐点

(5) 设 $\lim\limits_{x\to0}\dfrac{a\tan x+b(1-\cos x)}{c\ln(1-2x)+d(1-e^{-x^2})}=2$，其中 $a^2+c^2\neq0$，则必有(　　).

A. $b=4d$　　B. $b=-4d$　　C. $a=4c$　　D. $a=-4c$

3. 计算题

(1) 设 $f(x)=\lim\limits_{t\to x}\left(\dfrac{\sin t}{\sin x}\right)^{\frac{x}{\sin t-\sin x}}$，求 $f(x)$ 的间断点并指出其类型.

(2) 求函数 $f(x)=\dfrac{1-x}{1+x}$ 在点 $x=0$ 处带拉格朗日型余项的 n 阶泰勒展开式.

(3) 已知函数 $y=x^3+lx^2+mx+n$ 在 $x=-2$ 取得极值，并且它的图形与直线 $y=-3x+3$ 在点 $(1,0)$ 处相切，试求 l,m,n 的值.

(4) 就 k 的不同取值情况，讨论方程 $x-\dfrac{\pi}{2}\sin x=k$ 在区间 $\left(0,\dfrac{\pi}{2}\right)$ 内根的个数，并证明你的结论.

4. 证明题

(1) 试证：$x>0$ 时，$(x^2-1)\ln x\geqslant(x-1)^2$.

(2) 设 $f(x)$ 在 $[a,b]$ 连续，在 (a,b) 可导，且 $f'(x)\neq0$，试证：存在 $\xi,\eta\in(a,b)$，使 $\dfrac{f'(\xi)}{f'(\eta)}=\dfrac{e^b-e^a}{b-a}e^{-\eta}$.

(3) 证明：当 $x\geqslant1$ 时，$\arctan x-\dfrac{1}{2}\arccos\dfrac{2x}{1+x^2}=\dfrac{\pi}{4}$.

六、模拟检测题答案与提示

(一) 基础知识模拟检测题答案与提示

1. 填空题

(1) $\dfrac{1}{3}$.　提示：$\lim\limits_{x\to0}\left(\dfrac{1}{x^2}-\dfrac{1}{x\tan x}\right)=\lim\limits_{x\to0}\dfrac{\tan x-x}{x^2\tan x}=\lim\limits_{x\to0}\dfrac{\tan x-x}{x^3}=\dfrac{1}{3}$.

(2) ln2.　提示：原式 $=\lim\limits_{x\to\infty}\left(1+\dfrac{3a}{x-a}\right)^{\frac{x-a}{3a}\cdot\frac{3ax}{x-a}}=e^{3a}=8$，$a=\ln2$.

(3) $e^{-\frac{1}{2}}$. 提示：$a=\lim\limits_{x\to 0}(\cos x)^{x^{-2}}=e^{-\frac{1}{2}}$.

(4) 极大

(5) $y=0$; $x=\dfrac{1}{2}$.

2. 选择题

(1) B. 提示：因为 $f''(x)>0$，所以 $f'(x)$ 单增，从而 $f'(0)<f(1)-f(0)=f'(\xi)<f'(1)$.

(2) B. 提示：利用罗尔定理.

(3) C. 提示：$\sqrt{1+\tan x}-\sqrt{1+\sin x}=\dfrac{\tan x-\sin x}{\sqrt{1+\tan x}+\sqrt{1+\sin x}}=\dfrac{\tan x(1-\cos x)}{\sqrt{1+\tan x}+\sqrt{1+\sin x}}\sim\dfrac{x^3}{4}$.

(4) D.

(5) C. 提示：因为 $\lim\limits_{x\to 0}\left[\dfrac{\sin 6x+xf(x)}{x^3}-\dfrac{6+f(x)}{x^2}\right]=\lim\limits_{x\to 0}\dfrac{\sin 6x-6x}{x^3}=-36$，所以

$$\lim_{x\to 0}\frac{6+f(x)}{x^2}=\lim_{x\to 0}\left[\frac{\sin 6x+xf(x)}{x^3}+36\right]=36$$

3. 计算题

(1) -2. 提示：用洛必达法则.

(2) 1. 提示：$f'(0)=\lim\limits_{x\to 0}\dfrac{f(x)-f(0)}{x-0}=\lim\limits_{x\to 0}\dfrac{\frac{g(x)}{x}-0}{x}=\lim\limits_{x\to 0}\dfrac{g(x)}{x^2}=$

$$\lim_{x\to 0}\frac{g'(x)}{2x}=\frac{1}{2}\lim_{x\to 0}\frac{g'(x)-g'(0)}{x-0}=\frac{1}{2}g''(0)=1$$

(3)
$$\lim_{x\to\infty}\left(\frac{x+c}{x-c}\right)^x=\lim_{x\to\infty}\frac{\left(1+\frac{c}{x}\right)^x}{\left(1-\frac{c}{x}\right)^x}=\frac{e^c}{e^{-c}}=e^{2c}$$

由拉格朗日中值定理知

$$f(x)-f(x-1)=f'(\xi),\quad \xi\text{ 在 }x-1\text{ 与 }x\text{ 之间}$$

从而 $\lim\limits_{x\to\infty}[f(x)-f(x-1)]=\lim\limits_{\xi\to\infty}f'(\xi)=\lim\limits_{x\to\infty}f'(x)=e$，于是 $e^{2c}=e$，$c=\dfrac{1}{2}$.

(4) ① $a=-\dfrac{3}{2}$，$b=\dfrac{9}{2}$；② 极小值 $y|_{x=0}=0$，极大值 $y|_{x=2}=6$，曲率 $k=9$.

4. 证明题

(1) 提示：令 $g(x)=\dfrac{1}{\ln(1+x)}-\dfrac{1}{x}$，$x\in(0,1)$. 因为

$$g'(x)=\frac{(1+x)\ln^2(1+x)-x^2}{x^2(1+x)\ln^2(1+x)}<0$$

所以 $g(x)=\dfrac{1}{\ln(1+x)}-\dfrac{1}{x}$，$x\in(0,1)$ 单减. 从而，$x\in(0,1)$ 时，$g(x)>g(1)=\dfrac{1}{\ln 2}-1$，即

$$\frac{1}{\ln(1+x)}-\frac{1}{x}>\frac{1}{\ln 2}-1$$

又因为

$$\lim_{x\to 0^+}g(x)=\lim_{x\to 0^+}\frac{x-\ln(1+x)}{x\ln(1+x)}=\lim_{x\to 0^+}\frac{x-\ln(1+x)}{x^2}=\frac{1}{2}$$

所以，$x\in(0,1)$ 时，$g(x)=\dfrac{1}{\ln(1+x)}-\dfrac{1}{x}<\dfrac{1}{2}$.

(2) 提示：$y'=f'(x)e^{f(x)}$，$y''=f''(x)e^{f(x)}+[f'(x)]^2e^{f(x)}>0$.

(3) 提示：$f(x)=x\ln x+\dfrac{1}{e}$，$x=\dfrac{1}{e}$ 是极小值点，$f(x)>f\left(\dfrac{1}{e}\right)$.

(4) 提示：辅助函数 $F(x)=f(x)g'(x)-f'(x)g(x)$，利用罗尔定理．

5．应用题

(1) 商品的销售额有 $R=pQ=p\left(\frac{a}{p+b}-c\right)$，当 $0<p<\sqrt{\frac{b}{c}}(\sqrt{a}-\sqrt{bc})$ 时，$R'>0$；当 $p>\sqrt{\frac{b}{c}}(\sqrt{a}-\sqrt{bc})$ 时，$R'<0$．

(2) 当 $p=\sqrt{\frac{b}{c}}(\sqrt{a}-\sqrt{bc})$ 时，R 取最大值，最大销售额 $R_{\max}=(\sqrt{a}-\sqrt{bc})^2$．

(二) 考研模拟训练题答案与提示

1．填空题

(1) $y=\frac{1}{2}x-\frac{1}{4}$ 及 $x=-\frac{1}{2}$．　提示：设渐近线方程为 $y=kx+b$，则

$$k=\lim_{x\to\pm\infty}\frac{y}{x}=\lim_{x\to\pm\infty}\frac{x^2}{x(2x+1)}=\frac{1}{2}$$

$$b=\lim_{x\to\pm\infty}\left(y-\frac{1}{2}x\right)=\lim_{x\to\pm\infty}\left(\frac{x^2}{2x+1}-\frac{1}{2}x\right)=-\frac{1}{4}$$

(2) $y=x-1$．　提示：先求切线斜率，再求切点坐标．

(3) $e^{-\frac{1}{2}}$．　提示：$\lim\limits_{x\to 0}(\cos x)^{\frac{1}{\ln(1+x^2)}}=\lim\limits_{x\to 0}(1+\cos x-1)^{\frac{1}{\cos x-1}\cdot\frac{\cos x-1}{\ln(1+x^2)}}=\exp\left[\lim\limits_{x\to 0}\frac{-\frac{1}{2}x^2}{x^2}\right]=e^{-\frac{1}{2}}$

(4) $\frac{3}{2}$．　提示：$\lim\limits_{x\to 0}\frac{3\sin x+x^2\cos\frac{1}{x}}{(1+\cos x)\ln(1+x)}=\lim\limits_{x\to 0}\frac{3\sin x}{(1+\cos x)\ln(1+x)}+\lim\limits_{x\to 0}\frac{x^2\cos\frac{1}{x}}{(1+\cos x)\ln(1+x)}=\frac{3}{2}$

(5) $-(n+1)$；$e^{\frac{1}{n+1}}$．

2．选择题

(1) C．　提示：$f(x)=\begin{cases}\lim\limits_{n\to\infty}\sqrt[n]{1+|x|^{3n}}=1, & |x|<1\\ \lim\limits_{n\to\infty}|x|^3\sqrt[n]{\frac{1}{|x|^{3n}}+1}=|x|^3, & |x|>1\\ \lim\limits_{n\to\infty}\sqrt[n]{1+|x|^{3n}}=2^0=1, & |x|=1\end{cases}$

在 $x=1$ 处，因为 $f_-'(1)=0$，$f_+'(1)=\lim\limits_{x\to 1^+}\frac{x^3-1}{x-1}=3$，所以 $x=1$ 为不可导点；

在 $x=-1$ 处，因为 $f_-'(-1)=\lim\limits_{x\to -1^-}\frac{-(x^3+1)}{x+1}=-3$，$f_+'(-1)=0$，所以 $x=-1$ 也为不可导点．

(2) C．　提示：因为 $f'(0)=\lim\limits_{x\to 0}\frac{f(x)-f(0)}{x-0}>0$，所以存在 $\delta>0$，当 $0<|x-0|<\delta$ 时，$\frac{f(x)-f(0)}{x-0}>0$，从而，$x\in(0,\delta)$ 时，$f(x)>f(0)$；$x\in(-\delta,0)$ 时，$f(x)<f(0)$．

(3) D．　提示：利用数列极限运算法则．

(4) B．　提示：因为 $\lim\limits_{x\to 0}\frac{f''(x)}{|x|}=1$，所以 $x\to 0$ 时，$f''(x)=|x|+o(x)$．从而，存在 $x=0$ 的邻域 U，当 $x\in U$ 时，$f''(x)\geqslant 0$，所以，$(0,f(0))$ 不是拐点，且 $f'(x)$ 单增；又因为 $f'(0)=0$，所以 $f'(x)$ 在 $x=0$ 两侧改变符号，故 $f(0)$ 是 $f(x)$ 的极小值．

(5) D．　提示：$2=\lim\limits_{x\to 0}\frac{a\tan x+b(1-\cos x)}{c\ln(1-2x)+d(1-e^{-x^2})}=\frac{a\lim\limits_{x\to 0}\frac{\tan x}{x}+b\lim\limits_{x\to 0}\frac{1-\cos x}{x}}{c\lim\limits_{x\to 0}\frac{\ln(1-2x)}{x}+d\lim\limits_{x\to 0}\frac{1-e^{-x^2}}{x}}=$

$\frac{a}{-2c}$，故 $a=-4c$.

3. 计算题

(1) 提示：令 $y=\left(\frac{\sin t}{\sin x}\right)^{\frac{x}{\sin t-\sin x}}$，则

$$\ln y=\frac{x}{\sin t-\sin x}\ln\frac{\sin t}{\sin x}$$

$$\lim_{t\to x}\ln y=\lim_{t\to x}\frac{x}{\sin t-\sin x}\ln\frac{\sin t}{\sin x}=\frac{x}{\sin x},\quad f(x)=e^{\frac{x}{\sin x}}$$

$f(x)$ 的间断点为 $x=k\pi\ (k=0,\pm1,\pm2,\cdots)$.

因为 $\lim\limits_{x\to 0}f(x)=\lim\limits_{x\to 0}e^{\frac{x}{\sin x}}=e$，所以 $x=0$ 为 $f(x)$ 的第一类间断点中的可去间断点；又因为 $\lim\limits_{x\to k\pi}f(x)=\lim\limits_{x\to k\pi}e^{\frac{x}{\sin x}}=+\infty\ (k=\pm1,\pm2,\cdots)$，所以 $x=k\pi\ (k=0,\pm1,\pm2,\cdots)$ 为 $f(x)$ 的第二类间断点中的无穷间断点.

(2) 提示：$f(x)=\frac{2}{1+x}-1$，$f'(x)=\frac{-2}{(1+x)^2}$，…，$f^{(n)}(x)=\frac{2(-1)^n n!}{(1+x)^{n+1}}$. 从而 $f(0)=1$，$f^{(k)}(0)=2(-1)^k k!\ (k=1,2,3,\cdots)$，故 $f(x)=\frac{1-x}{1+x}$ 在点 $x=0$ 处带拉格朗日余项的 n 阶泰勒展开式为

$$f(x)=1-2x+2x^2-\cdots+2(-1)^n x^n+\frac{2x^{n+1}}{(1+\theta x)^{n+1}},\quad 0<\theta<1$$

(3) $l=1$，$m=-8$，$n=6$.

(4) 提示：令 $f(x)=x-\frac{\pi}{2}\sin x$，$x\in\left[0,\frac{\pi}{2}\right]$，则 $f'(x)=1-\frac{\pi}{2}\cos x$，$f(x)$ 在 $\left(0,\frac{\pi}{2}\right)$ 有唯一驻点 $x_0=\arccos\frac{2}{\pi}$. 当 $x\in(0,x_0)$ 时，$f'(x)<0$；$x\in\left(x_0,\frac{\pi}{2}\right)$ 时，$f'(x)>0$；故 $x_0=\arccos\frac{2}{\pi}$ 是 $f(x)$ 在 $\left(0,\frac{\pi}{2}\right)$ 内的唯一最小值点，最小值为 $f(x_0)=x_0-\frac{\pi}{2}\sin x_0$. 因为 $f(0)=0=f\left(\frac{\pi}{2}\right)$，所以 $f(x)$ 在 $\left(0,\frac{\pi}{2}\right)$ 的取值范围为 $[f(x_0),0]$. 从而，当 $k\notin[f(x_0),0]$ 时，原方程在 $\left(0,\frac{\pi}{2}\right)$ 没有根；当 $k=f(x_0)$ 时，原方程在 $\left(0,\frac{\pi}{2}\right)$ 有唯一根 $f(x_0)$；当 $k\in(f(x_0),0]$ 时，原方程在 $(0,x_0)$ 和 $\left(x_0,\frac{\pi}{2}\right)$ 各有一根，即原方程在 $\left(0,\frac{\pi}{2}\right)$ 有两个不同的根.

4. 证明题

(1) 提示：令 $f(x)=(x^2-1)\ln x-(x-1)^2$，则 $f(1)=0$.

$$f'(x)=2x\ln x-x+2-\frac{1}{x},\quad f'(1)=0$$

$$f''(x)=2\ln x+1+\frac{1}{x^2},\quad f''(1)=2>0$$

$$f'''(x)=\frac{2(x^2-1)}{x^3}$$

因为 $0<x<1$ 时，$f'''(x)<0$；$1<x<+\infty$ 时，$f'''(x)>0$. 所以 $x>0$ 时，$f''(x)>f''(1)=2>0$. 从而曲线 $y=f(x)$，$x\in(0,+\infty)$ 是凹的.

又因为 $f'(1)=0$，$f''(1)=2>0$，且曲线 $y=f(x)$，$x\in(0,+\infty)$ 是凹的，所以 $f(1)$ 是 $y=f(x)$，$x\in(0,+\infty)$ 的最小值. 从而 $f(x)\geqslant f(1)=0$，即

$$(x^2-1)\ln x\geqslant(x-1)^2,\quad x\in(0,+\infty)$$

(2) 提示：由柯西中值定理知，存在 $\eta\in(a,b)$，使

$$\frac{f(b)-f(a)}{e^b-e^a}=\frac{f'(\eta)}{e^\eta}$$

即
$$\frac{f(b)-f(a)}{b-a}=\frac{e^b-e^a}{b-a}\frac{f'(\eta)}{e^\eta}$$

又由拉格朗日中值定理知，存在 $\xi\in(a,b)$，使

$$\frac{f(b)-f(a)}{b-a}=f'(\xi)$$

从而
$$\frac{e^b-e^a}{b-a}\frac{f'(\eta)}{e^\eta}=f'(\xi)$$

即
$$\frac{f'(\xi)}{f'(\eta)}=\frac{e^b-e^a}{b-a}e^{-\eta}$$

(3) 提示：若 $f'(x)\equiv 0$，则 $f(x)=C$.

第4章 不定积分

一、本章小结

（一）本章小结

1. 原函数概念及存在定理

定义：在区间 I 上，若 $F'(x)=f(x)$ 或 $\mathrm{d}F'(x)=f(x)\mathrm{d}x$，则称 $F(x)$ 是 $f(x)$ 在 I 上的原函数．

存在定理：若 $f(x)$ 在 I 上连续，则必有原函数．

2. 不定积分概念

定义：在区间 I 上，若 $F'(x)=f(x)$ 或 $\mathrm{d}F'(x)=f(x)\mathrm{d}x$，则称 $F(x)+C$（C 为任意常数）为 $f(x)$ 在 I 上的不定积分，记为 $\int f(x)\mathrm{d}x=F(x)+C.$

3. 不定积分的基本性质

(1) $\left[\int f(x)\mathrm{d}x\right]'=f(x)$

(2) $\int F'(x)\mathrm{d}x=F(x)+C$

(3) $\int kf(x)\mathrm{d}x=k\int f(x)\mathrm{d}x$ （k 为常数，且 $k\neq 0$）

(4) $\int[f(x)+g(x)]\mathrm{d}x=\int f(x)\mathrm{d}x+\int g(x)\mathrm{d}x$

4. 基本积分法

(1) 直接积分法：利用基本积分表及积分的基本性质直接计算不定积分．

(2) 第一类换元法：设 $F'(u)=f(u)$，则

$$\int f[\varphi(x)]\varphi'(x)\mathrm{d}x=\int f[\varphi(x)]\mathrm{d}\varphi(x)\xlongequal{u=\varphi(x)}\int f(u)\mathrm{d}u=F(u)+C\xlongequal{u=\varphi(x)}F(\varphi(x))+C$$

式中，关键是在求 $\int g(x)\mathrm{d}x$ 时把被积函数 $g(x)$ 拆成 $f[\varphi(x)]\varphi'(x)$ 的形式，这是凑微分的过程，其中 $f[\varphi(x)]$ 的原函数要容易求，这种积分法通常又称为凑微分法．

(3) 第二类换元法：设 $x=\psi(t)$ 单调、可导、有反函数 $\psi^{-1}(x)$，且 $\psi'(t)\neq 0$，则

$$\int f(x)\mathrm{d}x\xlongequal{x=\psi(t)}\int f(\psi(t))\mathrm{d}\psi(t)=\left[\int f(\psi(t))\psi'(t)\mathrm{d}t\right]_{t=\psi^{-1}(x)}$$

式中，关键是做一个适当的变量代换 $x=\psi(t)$，使 $f(x)=g[\psi(t)]\psi'(t)$ 的原函数容易求出，最常用的变量代换是三角代换和倒代换．

(4) 分部积分法：设 $u=u(x)$，$v=v(x)$ 具有连续导数，则

$$\int uv'\mathrm{d}x=uv-\int u'v\mathrm{d}x \quad 或 \quad \int u\mathrm{d}v=uv-\int v\mathrm{d}u$$

式中，关键是要选择适当的 u,v，使得 $\int v\mathrm{d}u$ 要比 $\int u\mathrm{d}v$ 容易积出．

(5) 有理函数的积分：可以化为整式和有如下四种类型的积分：

(1) $\int\frac{A}{x-a}\mathrm{d}x$；　　(2) $\int\frac{A}{(x-a)^n}\mathrm{d}x$；

(3) $\int \frac{dx}{(x^2+px+q)^n}$； (4) $\int \frac{x+a}{(x^2+px+q)^n}dx$.

这四种积分总可以用凑微分法、换元法或分部积分法积出，也就是说有理函数积分，从理论上总可以“积”出来，但计算量往往很大，因此，最好先分析被积函数的特点，灵活选择解法．

(6) 简单无理函数的积分：将被积函数中出现的 $\sqrt[n]{ax+b}$ 或 $\sqrt[n]{\frac{a_1x+b_1}{a_2x+b_2}}$ 作整体代换，设其为 t，化无理函数为有理函数．这一方法可推广到其他函数上去，积分法的一条有效经验是，若被积函数中含有不太好处理的子函数，可设其为 t，作变量代换试一试．

(7) 三角函数有理式的积分：一般对被积函数作三角代换，即 $u=\tan\frac{x}{2}$，$\sin x=\frac{2u}{1+u^2}$，$\cos x=\frac{1-u^2}{1+u^2}$，$dx=\frac{2}{1+u^2}du$，将原不定积分化为 u 的有理函数的积分，但有时对被积函数用三角公式转化，凑微分法或其他形式的变量代换，可能会更简单些．

5. 基本积分公式(略)

(二) 基本要求

(1) 理解原函数的概念，理解不定积分的概念与性质．

(2) 熟悉并掌握不定积分的基本积分公式．

(3) 熟练掌握不定积分的换元积分法和分部积分法．

(4) 会求有理函数，简单无理函数及三角函数有理式的不定积分．

(三) 重点与难点

重点：原函数和不定积分的概念；不定积分的基本性质；基本积分公式；两类换元积分法和分部积分法；有理函数的不定积分．

难点：两类换元积分法；分部积分法；待定系数法．

二、释疑解难

问题 4.1 一切初等函数在其定义域内都有原函数吗？

答 不对．因为初等函数的定义域可能是离散的点集．例如初等函数 $f(x)=\sqrt{\sin x-1}$ 的定义域 $D=\left\{x\,\middle|\,x=2k\pi+\frac{\pi}{2},\ k\text{ 为整数}\right\}$ 是离散的点集，在此定义域内，函数 $f(x)=\sqrt{\sin x-1}$ 就无原函数．但“初等函数在其定义区间内一定存在原函数”这种说法是正确的．因为初等函数在其定义区间上是连续的，而连续函数在其定义区间上都有原函数．

问题 4.2 微分运算与不定积分运算是互逆的，这种说法对吗？

答 对．由不定积分的定义可知：若 $\int f(x)dx$ 是 $f(x)$ 的原函数，则 $d\left[\int f(x)dx\right]=f(x)dx$，又若 $F(x)$ 是 $F'(x)$ 的原函数，则 $\int dF(x)=F(x)+C$，记号 $\int$ 与 d 连在一起时，或者抵消，或者抵消后相差一个常数，因此在可相差常数的前提下，微分运算与不定积分运算互为逆运算．

问题 4.3 在某个区间内不连续的函数在这个区间内一定无原函数，这种说法对吗？

答 不对．例如函数 $f(x)=\begin{cases}2x\cos\frac{1}{x}+\sin\frac{1}{x}, & x\neq 0\\ 0, & x=0\end{cases}$ 在区间 $(-\infty,\infty)$ 内不连续 ($x=0$ 为其间断

点),但在这个区间内 $F(x)=\begin{cases}x^2\cos\dfrac{1}{x}, & x\neq 0\\ 0, & x=0\end{cases}$ 的导数 $F'(x)=f(x)$. 也就是说,$F(x)$ 是 $f(x)$ 的一个原函数,因此某区间上连续的函数一定有原函数,但不连续的函数也有可能存在原函数.

问题 4.4 任一偶函数的原函数均为奇函数;任一奇函数的原函数为偶函数. 这两种说法对吗?

答 前一说法不对,后一说法正确. 例如 $f(x)=1$, $x\in(-\infty,+\infty)$ 是偶函数,但它的一个原函数 $F(x)=x+1$ 并不是奇函数.

设 $f(x)$ 为任一奇函数,即有 $f(-x)=-f(x)$,并设其原函数为 $F(x)=\int f(x)\mathrm{d}x$,因为 $F(-x)=\int f(-x)\mathrm{d}(-x)=\int f(x)\mathrm{d}x=F(x)$,所以 $F(x)$ 为偶函数,即任一奇函数的原函数都为偶函数.

问题 4.5 若 $f(x)\leqslant g(x)$,则有 $\int f(x)\mathrm{d}x\leqslant\int g(x)\mathrm{d}x$ 对吗?

答 不对. 被积函数求不定积分后,得到的是带有任意常数项的原函数,因此两个不定积分不能比较大小.

问题 4.6 已知 $\int f(x)\mathrm{d}x=F(x)+C$,问 $\int f[g(x)]\mathrm{d}x=F[g(x)]+C$ 成立吗?

答 不一定成立. 由第一类换元法有 $\int f[g(x)]g'(x)\mathrm{d}x=F[g(x)]+C$,要想 $\int f[g(x)]\mathrm{d}x=F[g(x)]+C$ 成立,只有 $g'(x)\mathrm{d}x=\mathrm{d}x$ 才行,即只有 $g(x)=x+a$(a 为任意常数),否则就不成立.

问题 4.7 已知 $f'(\sin^2 x)=\cos 2x+\tan^2 x$,则

$$f(x)=\int f'(\sin^2 x)\mathrm{d}x=\int(\cos 2x+\tan^2 x)\mathrm{d}x=\frac{1}{2}\sin 2x+\tan x-x+C$$

这样解法对吗?

答 不对. 这里要注意,$f(x)\neq\int f'(\sin^2 x)\mathrm{d}x$,正确的解法如下:

解法一 不使用变量代换的方法,用直接积分法.

$$f(\sin^2 x)=\int f'(\sin^2 x)\mathrm{d}(\sin^2 x)=\int(\cos 2x+\tan^2 x)\mathrm{d}(\sin^2 x)=$$

$$\frac{3}{4}-\ln|1-\sin^2 x|-\sin^4 x+C'\quad(C'\text{ 为常数})$$

故得
$$f(x)=-\ln|1-x|-x^2+C$$

解法二 用变量代换法.

令 $\sin^2 x=t$,首先将 $\cos 2x+\tan^2 x$ 用 t 表示. 过程如下:

$$\cos 2x+\tan^2 x=1-2\sin^2 x+\frac{\sin^2 x}{1-\sin^2 x}=1-2t+\frac{t}{1-t}$$

由题设可得,$f'(t)=1-2t+\dfrac{t}{1-t}=-2t+\dfrac{1}{1-t}$,两边积分得

$$f(t)=\int\left(-2t+\frac{1}{1-t}\right)\mathrm{d}t=-t^2-\ln|1-t|+C$$

故所求函数为
$$f(x)=-x^2-\ln|1-x|+C$$

对于解此题,直接积分法易出错,而且不如变量代换法简单,因此解这类题型时最好用变量代换法,但也要根据具体情况而定.

问题 4.8 $\int x^\alpha\mathrm{d}x=\dfrac{1}{\alpha+1}x^{\alpha+1}+C$ 对吗?

答 不对. 由于当 $\alpha=-1$ 时上式不成立,因此要分情况解:

$$\int x^\alpha\mathrm{d}x=\begin{cases}\dfrac{1}{\alpha+1}x^{\alpha+1}+C, & \alpha\neq -1\\ \ln|x|+C, & \alpha=-1\end{cases}$$

问题 4.9　计算$\int R(x,\sqrt{x^2-a^2})\mathrm{d}x$，令 $x=a\sec t(a>0)$ 作变量替换时要注意什么？

答　x 的变化范围是 $|x|\geqslant a$，为了使 $x=a\sec t$ 存在反函数，必须限制 t 的变化范围，即 $t\in\left[0,\frac{\pi}{2}\right)\cup\left(\frac{\pi}{2},\pi\right]$，因为 $\sqrt{x^2-a^2}=\sqrt{a^2(\sec^2t-1)}=a|\tan t|$，所以当 $x\geqslant a$ 时，$t\in\left[0,\frac{\pi}{2}\right]$，$\sqrt{x^2-a^2}=a\tan t$；当 $x\leqslant -a$ 时，$t\in\left(\frac{\pi}{2},\pi\right]$，$\sqrt{x^2-a^2}=-a\tan t$；再分别代入进行计算．

一般经过变量替换之后，若被积函数出现 $\sqrt{[\varphi(t)]^2}=|\varphi(t)|$，一定要注意讨论它们的符号，否则会出现错误或漏解．

三、典型例题分析

例 4.1　(1) 设 $f(x)$ 是连续函数，$F(x)$ 是 $f(x)$ 的一个原函数，则下列结论中正确的是(　　)．

A. 当 $f(x)$ 是奇函数时，$F(x)$ 必是偶函数　　B. 当 $f(x)$ 是偶函数时，$F(x)$ 必是偶函数

C. 当 $f(x)$ 是周期函数时，$F(x)$ 必是周期函数　　D. 当 $f(x)$ 是单调增函数时，$F(x)$ 必是单调增函数

分析　方法一　用排除法．选项 B,C,D 分别举反例如下：

取 $f(x)=\cos x$，$F(x)=\sin x+1$，知 B 项不正确．

取 $f(x)=\cos x+4$，$F(x)=\sin x+4x$，知 C 项不正确．

取 $f(x)=x$，$F(x)=\frac{1}{2}x^2$，知 D 项不正确，则只有 A 项正确．

方法二　由题意知，$F(x)+C=\int f(x)\mathrm{d}x$，则 $F(-x)+C=\int f(-x)\mathrm{d}(-x)=-\int[-f(x)]\mathrm{d}x=\int f(x)\mathrm{d}x$，即有 $F(-x)+C=F(x)+C$，则 $F(-x)=F(x)$，故 A 项正确．

答　选 A.

例 4.2　若$\int f(x)\mathrm{e}^{-\frac{1}{x}}\mathrm{d}x=-\mathrm{e}^{-\frac{1}{x}}+C$，则 $f(x)$ 等于(　　)．

A. $\frac{1}{x}$　　B. $\frac{1}{x^2}$　　C. $-\frac{1}{x}$　　D. $-\frac{1}{x^2}$

分析　对$\int f(x)\mathrm{e}^{-\frac{1}{x}}\mathrm{d}x=-\mathrm{e}^{-\frac{1}{x}}+C$ 两边求导得 $f(x)\mathrm{e}^{-\frac{1}{x}}=-\mathrm{e}^{-\frac{1}{x}}\cdot\frac{1}{x^2}$，则 $f(x)=-\frac{1}{x^2}$．

答　选 D.

例 4.3　$\int|x|\mathrm{d}x=$(　　)．

A. $\frac{1}{2}x^2+C$　　B. $x|x|+C$

C. $\begin{cases}\frac{1}{2}x^2+C_1, & x\geqslant 0\\ -\frac{1}{2}x^2+C_2, & x\leqslant 0\end{cases}$　　D. $\frac{1}{2}x|x|+C$

分析　$\int|x|\mathrm{d}x=\begin{cases}\int x\mathrm{d}x, & x\geqslant 0\\ \int(-x)\mathrm{d}x, & x\leqslant 0\end{cases}=\begin{cases}\frac{1}{2}x^2+C_1, & x\geqslant 0\\ -\frac{1}{2}x^2+C_2, & x\leqslant 0\end{cases}=\begin{cases}\frac{1}{2}x|x|+C_1, & x\geqslant 0\\ \frac{1}{2}x|x|+C_2, & x\leqslant 0\end{cases}$，且当 $x=0$ 时，有 $0+C_1=0+C_2$，即 $C_1=C_2$，故在整个定义域内，$\int|x|\mathrm{d}x=\frac{1}{2}x|x|+C$.

答　选 D.

例 4.4 $\int(f(x)+f'(x))\mathrm{e}^x\mathrm{d}x=$ ________.

分析 方法一 先分析被积函数，由于$(f(x)\mathrm{e}^x)'=(f(x)+f'(x))\mathrm{e}^x$，因此可直接积分得答案.

方法二 将和的积分式拆成两个积分的和的形式，再对$\int f'(x)\mathrm{e}^x\mathrm{d}x$用分部积分法.

$$\int(f(x)+f'(x))\mathrm{e}^x\mathrm{d}x=\int f(x)\mathrm{e}^x\mathrm{d}x+\int f'(x)\mathrm{e}^x\mathrm{d}x=\int f(x)\mathrm{e}^x\mathrm{d}x+\int \mathrm{e}^x\mathrm{d}f(x)=$$
$$\int f(x)\mathrm{e}^x\mathrm{d}x+\mathrm{e}^x f(x)-\int f(x)\mathrm{e}^x\mathrm{d}x=\mathrm{e}^x f(x)+C$$

答 $f(x)\mathrm{e}^x+C.$

例 4.5 已知 $F(x)$ 是 $f(x)$ 的一个原函数，且 $f(x)=\dfrac{xF(x)}{1+x^2}$，则 $f(x)=$ ________.

分析 由 $f(x)=\dfrac{xF(x)}{1+x^2}$ 得 $\dfrac{F'(x)}{F(x)}=\dfrac{x}{1+x^2}$，两边积分得 $\ln F(x)=\dfrac{1}{2}\ln(1+x^2)+C_1$，即有 $F(x)=C\sqrt{1+x^2}\,(C=\mathrm{e}^{C_1})$，两边求导得 $f(x)=F'(x)=\dfrac{Cx}{\sqrt{1+x^2}}$.

答 $\dfrac{Cx}{\sqrt{1+x^2}}$.

例 4.6 已知 $f'(\mathrm{e}^x)=x\mathrm{e}^{-x}$，且 $f(1)=0$，则 $f(x)=$ ________.

分析 令 $\mathrm{e}^x=t$，则 $x=\ln t$，代入 $f'(\mathrm{e}^x)=x\mathrm{e}^{-x}$ 得 $f'(t)=\dfrac{\ln t}{t}$，$f(t)=\int\dfrac{\ln t}{t}\mathrm{d}t=\dfrac{1}{2}(\ln t)^2+C$. 由 $f(1)=0$ 知，$C=0$，故 $f(x)=\dfrac{1}{2}(\ln x)^2$.

答 $\dfrac{1}{2}(\ln x)^2$.

例 4.7 利用直接积分法求下列不定积分：

(1) $\int\dfrac{1+x^2}{x\sqrt{1+x^4}}\mathrm{d}x$； (2) $\int\cos^4\dfrac{x}{2}\mathrm{d}x$； (3) $\int\dfrac{x^3}{(x-1)^{100}}\mathrm{d}x$.

解 (1) 解法一 将分式拆成两个分式的和，分别进行积分，即

$$\int\frac{1+x^2}{x\sqrt{1+x^4}}\mathrm{d}x=\int\frac{x}{\sqrt{1+x^4}}\mathrm{d}x+\int\frac{\mathrm{d}x}{x\sqrt{1+x^4}}=\frac{1}{2}\int\frac{\mathrm{d}x^2}{\sqrt{1+(x^2)^2}}+\int\frac{\mathrm{d}x}{x^3\sqrt{1+\frac{1}{x^4}}}=$$
$$\frac{1}{2}\ln(x^2+\sqrt{1+x^4})-\frac{1}{2}\int\frac{\mathrm{d}\left(\frac{1}{x^2}\right)}{\sqrt{1+\left(\frac{1}{x^2}\right)^2}}=$$
$$\frac{1}{2}\ln(x^2+\sqrt{1+x^4})-\frac{1}{2}\ln\left(\frac{1}{x^2}+\sqrt{1+\frac{1}{x^4}}\right)+C$$

解法二 先从根号中提出一个 x，再对分子分母同时除以 x^2，然后积分，即

$$\int\frac{1+x^2}{x\sqrt{1+x^4}}\mathrm{d}x=\int\frac{1+x^2}{x^2\sqrt{\frac{1}{x^2}+x^2}}\mathrm{d}x=\int\frac{\frac{1}{x^2}+1}{\sqrt{\frac{1}{x^2}+x^2}}\mathrm{d}x=\int\frac{\mathrm{d}\left(x-\frac{1}{x}\right)}{\sqrt{\left(x-\frac{1}{x}\right)^2+2}}\mathrm{d}x=$$
$$\ln\left[x-\frac{1}{x}+\sqrt{\left(x-\frac{1}{x}\right)^2+2}\right]+C$$

(2) 利用三角恒等变换进行降幂，即

$$\int\cos^4\frac{x}{2}\mathrm{d}x=\int\left(\frac{1+\cos x}{2}\right)^2\mathrm{d}x=\frac{1}{4}\int(1+2\cos x+\cos^2 x)\mathrm{d}x=$$

$$\frac{1}{4}\int\left(1+2\cos x+\frac{1+\cos 2x}{2}\right)\mathrm{d}x=\frac{1}{4}\int\left(\frac{3}{2}+2\cos x+\frac{\cos 2x}{2}\right)\mathrm{d}x=$$

$$\frac{3}{8}x+\frac{1}{2}\sin x+\frac{1}{16}\sin 2x+C$$

(3) 先将分子拆项，$x^3=[(x-1)+1]^3=(x-1)^3+3(x-1)^2+3(x-1)+1$，故

$$\int\frac{x^3}{(x-1)^{100}}\mathrm{d}x=\int\left[\frac{1}{(x-1)^{97}}+\frac{3}{(x-1)^{98}}+\frac{3}{(x-1)^{99}}+\frac{1}{(x-1)^{100}}\right]\mathrm{d}x=$$

$$-\frac{1}{96(x-1)^{96}}-\frac{3}{97(x-1)^{97}}-\frac{3}{98(x-1)^{98}}-\frac{1}{99(x-1)^{99}}+C$$

小结　用直接积分法求不定积分的关键是通过代数或三角的恒等变形，把所给的不定积分化为基本积分公式中的积分．

例 4.8　利用第一类换元法求下列不定积分：

(1) $\int\frac{\mathrm{d}x}{2\mathrm{e}^{-x}+\mathrm{e}^{x}+2}$；　(2) $\int\frac{1+\sin x}{1+\cos x}\mathrm{d}x$；　(3) $\int x^x(1+\ln x)\mathrm{d}x$；

(4) $\int\frac{\mathrm{d}x}{x^4(1+x^2)}$；　(5) $\int\frac{2^x3^x}{9^x-4^x}\mathrm{d}x$.

解　(1) 将被积函数的分子与分母同乘以 e^x，将分母配方成含 (e^x+1) 的多项式形式，并使 e^x 与 $\mathrm{d}x$ 结合凑成 $\mathrm{d}(\mathrm{e}^x+1)$ 的形式，再利用直接积分法．

$$\int\frac{\mathrm{d}x}{2\mathrm{e}^{-x}+\mathrm{e}^{x}+2}=\int\frac{\mathrm{e}^x}{\mathrm{e}^{2x}+2\mathrm{e}^x+2}\mathrm{d}x=\int\frac{\mathrm{d}(\mathrm{e}^x+1)}{(\mathrm{e}^x+1)^2+1}=\arctan(\mathrm{e}^x+1)+C$$

注　也可令 $\mathrm{e}^x=t$，$\mathrm{d}x=\frac{1}{t}\mathrm{d}t$，将被积函数转化成关于积分变量 t 的真分式，然后利用直接积分法．

(2) 解法一

$$\int\frac{1+\sin x}{1+\cos x}\mathrm{d}x=\int\frac{1}{1+\cos x}\mathrm{d}x+\int\frac{\sin x}{1+\cos x}\mathrm{d}x=\int\sec^2\frac{x}{2}\mathrm{d}\left(\frac{x}{2}\right)-\int\frac{\mathrm{d}(1+\cos x)}{1+\cos x}=$$

$$\tan\frac{x}{2}-\ln|1+\cos x|+C$$

解法二

$$\int\frac{1+\sin x}{1+\cos x}\mathrm{d}x=\int\frac{(1+\sin x)(1-\cos x)}{\sin^2 x}\mathrm{d}x=\int\left[\frac{1}{\sin^2 x}+\frac{1}{\sin x}-\frac{\cos x}{\sin^2 x}-\frac{\cos x}{\sin x}\right]\mathrm{d}x=$$

$$-\cot x+\ln|\csc x-\cot x|+\frac{1}{\sin x}-\ln|\sin x|+C$$

注　用不同的方法求不定积分时，其结果在形式上不一定相同，原因是原函数不唯一，一般情况下，它们还不易互化，为验证结果是否正确，可将结果求导，如果得到被积函数，则所得结果正确．

(3) 将 x^x 转换成指数函数形式 $\mathrm{e}^{x\ln x}$，再将 $(1+\ln x)$ 与 $\mathrm{d}x$ 结合凑成 $\mathrm{d}(x\ln x)$ 形式，然后直接积分.

$$\int x^x(1+\ln x)\mathrm{d}x=\int\mathrm{e}^{x\ln x}(1+\ln x)\mathrm{d}x=\int\mathrm{e}^{x\ln x}\mathrm{d}(x\ln x)=\mathrm{e}^{x\ln x}+C$$

注　当被积函数中含有幂指函数 x^x 时，一般将其转换成指数函数形式，再积分．

(4) 此积分的困难在于分母中含有因子 x^4，使用倒代换，令 $x=\frac{1}{t}$，$\mathrm{d}x=-\frac{1}{t^2}\mathrm{d}t$，将 x^4 由分母转化到分子.

$$\int\frac{\mathrm{d}x}{x^4(1+x^2)}=-\int\frac{t^4}{1+\frac{1}{t^2}}\frac{1}{t^2}\mathrm{d}t=-\int\frac{t^4}{t^2+1}\mathrm{d}t=-\int\left[t^2-1+\frac{1}{t^2+1}\right]\mathrm{d}t=$$

$$-\frac{1}{3}t^3+t-\arctan t+C=-\frac{1}{3x^3}+\frac{1}{x}-\arctan\frac{1}{x}+C$$

(5) $\displaystyle\int\frac{2^x3^x}{9^x-4^x}\mathrm{d}x=\int\frac{\left(\frac{3}{2}\right)^x}{\left(\frac{3}{2}\right)^{2x}-1}\mathrm{d}x=\ln\frac{2}{3}\int\frac{\mathrm{d}\left(\frac{3}{2}\right)^x}{\left[\left(\frac{3}{2}\right)^x\right]^2-1}=$

$$\frac{\ln2-\ln3}{2}\int\left[\frac{1}{\left(\frac{3}{2}\right)^x-1}-\frac{1}{\left(\frac{3}{2}\right)^x+1}\right]\mathrm{d}\left(\frac{3}{2}\right)^x=$$

$$\frac{\ln2-\ln3}{2}\left[\ln\left|\left(\frac{3}{2}\right)^x-1\right|-\ln\left|\left(\frac{3}{2}\right)^x+1\right|\right]=\frac{\ln2-\ln3}{2}\ln\left|\frac{3^x-2^x}{3^x+2^x}\right|+C$$

小结 第一换元法，也叫凑微分法，其关键在于如何适当地选择变量代换 $u=\varphi(x)$. 其基本思路：先观察、分析被积函数的特点，选择被积函数中的一部分作为某函数的导数凑到微分 $\mathrm{d}x$ 中去，化为与基本积分表中公式相似的形式，然后再进行变量代换，求出不定积分．运算熟练后不必再设中间变量 $u=\varphi(x)$. 凑微分法方法比较灵活，没有一般途径可循，因此要掌握换元法，不但要多熟悉一些典型例子，而且还要多做练习，掌握常见的凑微分形式及“凑”的一些技巧．常见的凑微分类型如下：

(1) $$\int x^{u-1}f(ax^u+b)\mathrm{d}x=\frac{1}{ua}\int f(ax^u+b)\mathrm{d}(ax^u+b)\ (u\neq0)$$

特别地

$$\int f(ax+b)\mathrm{d}x=\frac{1}{a}\int f(ax+b)\mathrm{d}(ax+b)$$

$$\int f(ax^2+b)x\mathrm{d}x=\frac{1}{2a}\int f(ax^2+b)\mathrm{d}(ax^2+b)$$

$$\int f(ax^2+bx+c)(2ax+b)\mathrm{d}x=\int f(ax^2+bx+c)\mathrm{d}(ax^2+bx+c)$$

$$\int f(\sqrt{x})\frac{1}{\sqrt{x}}\mathrm{d}x=2\int f(\sqrt{x})\mathrm{d}\sqrt{x}$$

$$\int f\left(\frac{1}{x}\right)\frac{1}{x^2}\mathrm{d}x=-\int f\left(\frac{1}{x}\right)\mathrm{d}\left(\frac{1}{x}\right)$$

(2) $$\int f(a\mathrm{e}^x+b)\mathrm{e}^x\mathrm{d}x=\frac{1}{a}\int f(a\mathrm{e}^x+b)\mathrm{d}(a\mathrm{e}^x+b)$$

(3) $$\int f(a\ln x+b)\frac{1}{x}\mathrm{d}x=\frac{1}{a}\int f(a\ln x+b)\mathrm{d}(a\ln x+b)$$

(4) $$\int f(a^x+b)a^x\mathrm{d}x=\frac{1}{\ln a}\int f(a^x+b)\mathrm{d}(a^x+b)$$

(5) $$\int\frac{f'(x)}{f(x)}\mathrm{d}x=\int\frac{1}{f(x)}\mathrm{d}f(x)=\ln|f(x)|+C$$

(6) $$\int f[\ln\varphi(x)]\frac{\varphi'(x)}{\varphi(x)}\mathrm{d}x=\int f[\ln\varphi(x)]\mathrm{d}\ln\varphi(x)$$

(7) $$\int f(a\sin x)\cos x\mathrm{d}x=\frac{1}{a}\int f(a\sin x)\mathrm{d}(a\sin x)$$

(8) $$\int f(\cos ax)\sin ax\mathrm{d}x=-\frac{1}{a}\int f(\cos ax)\mathrm{d}\cos ax$$

(9) $$\int f(a\tan x+b)\sec^2x\mathrm{d}x=\frac{1}{a}\int f(a\tan x+b)\mathrm{d}(a\tan x+b)$$

(10) $$\int f(a\cot x+b)\csc^2x\mathrm{d}x=-\frac{1}{a}\int f(a\cot x+b)\mathrm{d}(a\cot x+b)$$

(11) $$\int f\left(\arcsin\frac{x}{a}\right)\frac{1}{\sqrt{a^2-x^2}}\mathrm{d}x=\int f\left(\arcsin\frac{x}{a}\right)\mathrm{d}\left(\arcsin\frac{x}{a}\right)$$

(12) $$\int f\left(\arctan\frac{x}{a}\right)\frac{1}{a^2+x^2}\mathrm{d}x=\frac{1}{a}\int f\left(\arctan\frac{x}{a}\right)\mathrm{d}\left(\arctan\frac{x}{a}\right)$$

(13) $$\int f(\sec x)\sec x\tan x\mathrm{d}x=\int f(\sec x)\mathrm{d}\sec x$$

(14) $$\int f(\csc x)\csc x\cot x\mathrm{d}x=-\int f(\csc x)\mathrm{d}\csc x$$

例 4.9 利用第二类换元法求下列不定积分:

(1) $\int\frac{\sqrt{x^2-a^2}\,\mathrm{d}x}{x}(a>0)$; (2) $\int\frac{\mathrm{d}x}{\sqrt{(x^2-2x+4)^3}}$;

(3) $\int\frac{\sqrt{x}}{\sqrt[3]{x^2}-\sqrt[4]{x}}\mathrm{d}x$; (4) $\int\frac{x\arctan x}{\sqrt{1+x^2}}\mathrm{d}x$.

解 (1) 令 $x=a\sec t$(当 $x>a$ 时取 $t\in\left(0,\frac{\pi}{2}\right)$,当 $x<-a$ 时取 $t\in\left(\pi,\frac{3\pi}{2}\right)$),则

$$\int\frac{\sqrt{x^2-a^2}\,\mathrm{d}x}{x}=\int\frac{a\tan t}{a\sec t}a\sec t\tan t\mathrm{d}t=a\int\tan^2t\mathrm{d}t=a\int(\sec^2t-1)\mathrm{d}t=a(\tan^2t-t)+C=$$

$$a\left(\frac{\sqrt{x^2-a^2}}{a}-\arccos\frac{a}{x}\right)+C=\sqrt{x^2-a^2}-a\arccos\frac{a}{x}+C$$

注 使用第二类换元积分法,最后都要回代.如果使用三角代换,回代时最好画三角形(见图 4.1),方法简单、不易出错.

(2) 先配方,$x^2-2x+4=(x-1)^2+3$,再三角代换,令 $x-1=\sqrt{3}\tan t$,则 $\mathrm{d}x=\sqrt{3}\sec^2t\mathrm{d}t$,于是

$$\int\frac{\mathrm{d}x}{\sqrt{(x^2-2x+4)^3}}=\int\frac{\sqrt{3}\sec^2t\mathrm{d}t}{3\sqrt{3}\sec^3t}=\frac{1}{3}\int\cos t\mathrm{d}t=\frac{1}{3}\sin t+C=\frac{x-1}{3\sqrt{x^2-2x+4}}+C$$

注 积分式中含有 $\sqrt{ax^2+bx+c}$ 时,一般先将 ax^2+bx+c 配方,再用三角代换(见图 4.2).

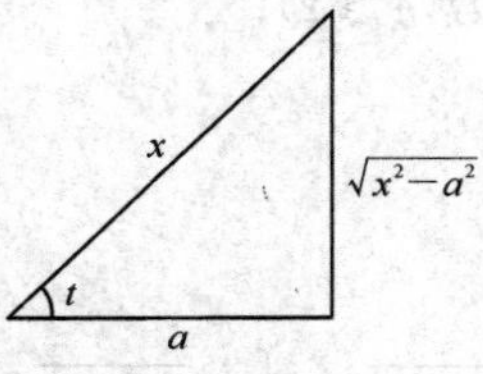

图 4.1

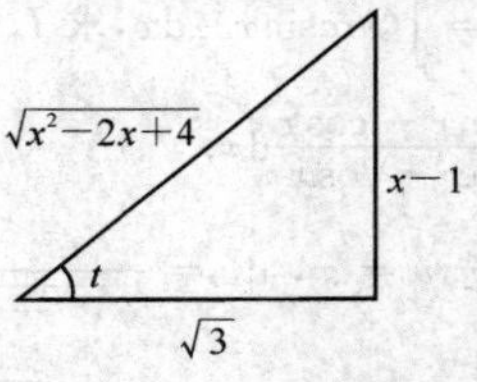

图 4.2

(3) 先将被积函数中的根号全部化掉,令 $t=\sqrt[12]{x}$,则 $\sqrt{x}=t^6$,$\sqrt[4]{x}=t^3$,$\sqrt[3]{x^2}=t^8$,$\mathrm{d}x=12t^{11}\mathrm{d}t$,于是

$$\int\frac{\sqrt{x}}{\sqrt[3]{x^2}-\sqrt[4]{x}}\mathrm{d}x=12\int\frac{t^{14}}{t^5-1}\mathrm{d}t=12\int\frac{t^{10}}{t^5-1}t^4\mathrm{d}t=\frac{12}{5}\int\left[t^5+1+\frac{1}{t^5-1}\right]\mathrm{d}t^5=$$

$$\frac{12}{10}t^{10}+\frac{12}{5}t^5+\frac{12}{5}\ln|t^5-1|+C=\frac{6}{5}x^{\frac{5}{6}}+\frac{12}{5}x^{\frac{5}{12}}+\frac{12}{5}\ln|x^{\frac{5}{12}}-1|+C$$

(4) 被积函数中既有反三角函数又有根号,因此可先将根号转换成不含根号的形式,令 $t=\arctan x$,$t\in\left(-\frac{\pi}{2},\frac{\pi}{2}\right)$,则 $x=\tan t$,$\mathrm{d}x=\sec^2t\mathrm{d}t$,于是

$$\int\frac{x\arctan x}{\sqrt{1+x^2}}\mathrm{d}x=\int\frac{t\tan t}{\sec t}\sec^2t\mathrm{d}t=\int t\sec t\tan t\mathrm{d}t=\int t\mathrm{d}(\sec t)=t\sec t-\ln|\sec t+\tan t|+C=$$

$$\sqrt{1+x^2}\arctan x-\ln|\sqrt{1+x^2}+x|+C$$

小结 第二类换元法多用于消去根号,使被积函数化为有理式或直接化为积分公式.其基本思路:根据

被积函数的特点，选择合适的代换 $x=\psi(t)$，把关于 x 的函数的积分转化为关于 t 的函数的积分 $\int f[\varphi(t)]\varphi'(t)\mathrm{d}t$，使其易于计算．积分所得结果需要回代成 x 的函数．选用不同的代换，可能会得到不同的结果，但两者之间至多相差一个常数．

第二类换元法常用的代换如下：

(1) $\int R(x,\sqrt{a^2-x^2})\mathrm{d}x$，令 $x=a\sin t$ 或 $x=a\cos t$；

(2) $\int R(x,\sqrt{x^2-a^2})\mathrm{d}x$，令 $x=a\sec t$ 或 $x=a\csc t$ 或 $x=a\mathrm{sh}t$ 或 $x=a\mathrm{ch}t$；

(3) $\int R(x,\sqrt{x^2+a^2})\mathrm{d}x$，令 $x=a\tan t$ 或 $x=a\cot t$ 或 $x=a\mathrm{sh}t$ 或 $x=a\mathrm{ch}t$；

(4) $\int R(x,\sqrt{px^2+qx+r})\mathrm{d}x$，用配方法与代换化为前三种情况；

(5) $\int \left(x,\sqrt[n_1]{\dfrac{ax+b}{cx+d}},\sqrt[n_2]{\dfrac{ax+b}{cx+d}},\cdots,\sqrt[n_k]{\dfrac{ax+b}{cx+d}}\right)\mathrm{d}x$，令 $t=\sqrt[n]{\dfrac{ax+b}{cx+d}}$，其中 n 为正整数 $n_1,n_2,\cdots,n_k$ 的最小公倍数；

(6) 被积函数为 x 的有理式或无理式时，可用倒代换 $x+a=\dfrac{1}{t}$，将分母中所含的因子 $x+a$ 或 $x+a$ 的幂消掉．

例 4.10 利用分部积分法求下列不定积分：

(1) $\int \dfrac{xe^x}{\sqrt{e^x-1}}\mathrm{d}x$； (2) $\int \dfrac{x\cos^4\dfrac{x}{2}}{\sin^3 x}\mathrm{d}x$； (3) $\int \dfrac{xe^{\arctan x}}{(1+x^2)^2}\mathrm{d}x$；

(4) $\int \dfrac{\arctan e^x}{e^{2x}}\mathrm{d}x$； (5) $\int e^{2x}(\tan x+1)^2\mathrm{d}x$； (6) $\int e^x\dfrac{1+\sin x}{1+\cos x}\mathrm{d}x$；

(7) $\int \dfrac{xe^x}{(x+1)^2}\mathrm{d}x$； (8) $\int \dfrac{x\mathrm{d}x}{\sqrt{1+x^2+\sqrt{(1+x^2)^3}}}$；

(9) 设 $I_n=\int(\arcsin x)^n\mathrm{d}x$，求 I_n 关于下标的逆推公式(n 为自然数，$n\geqslant 2$)；

(10) $\int \dfrac{2\sin x-\cos x}{\sin x+\cos x}\mathrm{d}x$.

解 (1) 选 $u=x$，$\mathrm{d}v=\dfrac{e^x}{\sqrt{e^x-1}}\mathrm{d}x=2\mathrm{d}\sqrt{e^x-1}$，于是

$$\int \frac{xe^x}{\sqrt{e^x-1}}\mathrm{d}x=2x\sqrt{e^x-1}-2\int\sqrt{e^x-1}\mathrm{d}x=2x\sqrt{e^x-1}-4\int\sqrt{1-e^{-x}}\,\mathrm{d}e^{\frac{x}{2}}=$$

$$2x\sqrt{e^x-1}-4\sqrt{e^x-1}+2\int\frac{e^{-\frac{x}{2}}}{\sqrt{1-e^{-x}}}\mathrm{d}x=$$

$$2(x-2)\sqrt{e^x-1}+4\arcsin e^{-\frac{x}{2}}+C$$

(2) 先三角变换，再分部积分，即

$$\int\frac{x\cos^4\frac{x}{2}}{\sin^3 x}\mathrm{d}x=\int\frac{x\cos^4\frac{x}{2}}{8\sin^3\frac{x}{2}\cos^3\frac{x}{2}}\mathrm{d}x=\frac{1}{2}\int\frac{x}{2}\cot\frac{x}{2}\csc^2\frac{x}{2}\mathrm{d}\left(\frac{x}{2}\right)\xlongequal{\text{令}\frac{x}{2}=t}\frac{1}{2}\int t\cot t\csc^2 t\mathrm{d}t$$

而
$$\int t\cot t\csc^2 t\mathrm{d}t=-\int t\csc t\mathrm{d}(\csc t)=-t\csc^2 t+\int\csc t(\csc t-t\csc t\cot t)\mathrm{d}t=$$

$$-t\csc^2 t+\int\csc^2 t\mathrm{d}t-\int t\cot t\csc^2 t\mathrm{d}t$$

于是
$$\int t\cot t\csc^2 t\mathrm{d}t=-\frac{1}{2}t\csc^2 t-\frac{1}{2}\cot t+C$$

故
$$\int \frac{x\cos^4 \frac{x}{2}}{\sin^3 x}dx = -\frac{x}{8}\csc^2 \frac{x}{2} - \frac{1}{4}\cot \frac{x}{2} + C$$

注　此题中通过两次积分又出现了自身，这种题一般称为“循环题”，这种类型的还有$\int e^x \sin x dx$，$\int \sec^3 x dx$等，是一种重要的分部积分法题型．在做这类题时应当注意：在反复使用分部积分的过程中，不要对调两个函数的地位，否则不仅不会产生循环现象反而会恢复原状，毫无所得．

(3) 选 $u = \frac{x}{1+x^2}$，$dv = \frac{e^{\arctan x}}{1+x^2}dx = de^{\arctan x}$，则

$$\int \frac{xe^{\arctan x}}{(1+x^2)^2}dx = \frac{xe^{\arctan x}}{1+x^2} - \int \frac{1+x^2-2x^2}{(1+x^2)^2}e^{\arctan x}dx =$$
$$\frac{xe^{\arctan x}}{1+x^2} + \int \frac{e^{\arctan x}}{1+x^2}dx - 2\int \frac{e^{\arctan x}}{(1+x^2)^2}dx =$$
$$\frac{xe^{\arctan x}}{1+x^2} + e^{\arctan x} - \frac{2e^{\arctan x}}{1+x^2} - 4\int \frac{xe^{\arctan x}}{(1+x^2)^2}dx = \frac{e^{\arctan x}}{5(1+x^2)}(x^2+x-1)+C$$

(4) 解法一

$$\int \frac{\arctan e^x}{e^{2x}}dx = -\frac{1}{2}\int \arctan e^x de^{-2x} = -\frac{1}{2}\left[e^{-2x}\arctan e^x - \int \frac{de^x}{e^{2x}(1+e^{2x})}\right] =$$
$$-\frac{1}{2}\left[e^{-2x}\arctan e^x - \int \frac{de^x}{e^{2x}} + \int \frac{de^x}{1+e^{2x}}\right] =$$
$$-\frac{1}{2}[e^{-2x}\arctan e^x + e^{-x} + \arctan e^x] + C$$

解法二　令 $e^x = t$，则

$$\int \frac{\arctan e^x}{e^{2x}}dx = \int \frac{\arctan t}{t^3}dt = -\frac{1}{2}\int \arctan t d\frac{1}{t^2} = -\frac{1}{2}\left[\frac{1}{t^2}\arctan t + \frac{1}{t} + \arctan t\right] + C =$$
$$-\frac{1}{2}[e^{-2x}\arctan e^x + e^{-x} + \arctan e^x] + C$$

(5) 先去掉平方，再进行分部积分，即

$$\int e^{2x}(\tan x+1)^2 dx = \int e^{2x}(\tan^2 x + 2\tan x + 1)dx = \int e^{2x}d\tan x + 2\int e^{2x}\tan x dx =$$
$$e^{2x}\tan x - 2\int e^{2x}\tan x dx + 2\int e^{2x}\tan x dx = e^{2x}\tan x + C$$

(6) $\int e^x \frac{1+\sin x}{1+\cos x}dx = \int e^x \frac{(1+\sin x)(1-\cos x)}{\sin^2 x}dx =$

$$\int \frac{e^x}{\sin^2 x}dx + \int \frac{e^x}{\sin x}dx - \int e^x \cot x dx - \int e^x \frac{\cos x}{\sin^2 x}dx =$$
$$-\int e^x d\cot x + \int \frac{e^x}{\sin x}dx - \int e^x \cot x dx + \int e^x d\left(\frac{1}{\sin x}\right) = -e^x \cot x + \frac{e^x}{\sin x} + C$$

(7) $\int \frac{xe^x}{(x+1)^2}dx = \int \frac{(x+1-1)e^x}{(x+1)^2}dx = \int \frac{e^x}{x+1}dx - \int \frac{e^x}{(x+1)^2}dx =$

$$\int \frac{e^x}{x+1}dx + \int e^x d\left(\frac{1}{x+1}\right) = \int \frac{e^x}{x+1}dx + \frac{e^x}{x+1} - \int \frac{e^x}{x+1}dx = \frac{e^x}{x+1} + C$$

(8) 令 $1+x^2 = u^2$，则 $xdx = udu$，即

$$\int \frac{xdx}{\sqrt{1+x^2+\sqrt{(1+x^2)^3}}} = \int \frac{udu}{\sqrt{u^2+u^3}} = \int \frac{du}{\sqrt{1+u}} = 2\sqrt{1+u} + C = 2\sqrt{1+\sqrt{1+x^2}} + C$$

(9) $I_n = \int (\arcsin x)^n dx = x(\arcsin x)^n - n\int (\arcsin x)^{n-1}\frac{x}{\sqrt{1-x^2}}dx =$

$$x(\arcsin x)^n+n\int(\arcsin x)^{n-1}\mathrm{d}\sqrt{1-x^2}=$$

$$x(\arcsin x)^n+n\sqrt{1-x^2}(\arcsin x)^{n-1}-n(n-1)\int(\arcsin x)^{n-2}\mathrm{d}x=$$

$$x(\arcsin x)^n+n\sqrt{1-x^2}(\arcsin x)^{n-1}-n(n-1)I_{n-2}$$

(10) $\int\frac{2\sin x-\cos x}{\sin x+\cos x}\mathrm{d}x=\int\frac{2\sin x+2\cos x-3\cos x}{\sin x+\cos x}\mathrm{d}x=2x-3\int\frac{\cos x}{\sin x+\cos x}\mathrm{d}x$

而 $\int\frac{\cos x}{\sin x+\cos x}\mathrm{d}x=\int\frac{\cos x-\sin x+\sin x}{\sin x+\cos x}\mathrm{d}x=\int\frac{\mathrm{d}(\sin x+\cos x)}{\sin x+\cos x}+\int\frac{\sin x}{\sin x+\cos x}\mathrm{d}x=$

$$\ln|\sin x+\cos x|+\int\frac{\sin x+\cos x-\cos x}{\sin x+\cos x}\mathrm{d}x=$$

$$\ln|\sin x+\cos x|+x-\int\frac{\cos x}{\sin x+\cos x}\mathrm{d}x$$

则 $$\int\frac{\cos x}{\sin x+\cos x}\mathrm{d}x=\frac{1}{2}\ln|\sin x+\cos x|+\frac{1}{2}x+C$$

故 $$\int\frac{2\sin x-\cos x}{\sin x+\cos x}\mathrm{d}x=\frac{1}{2}x-\frac{3}{2}\ln|\sin x+\cos x|+C$$

小结 分部积分法基本公式为$\int u\mathrm{d}v=uv-\int v\mathrm{d}u$（或$\int uv'\mathrm{d}x=uv-\int vu'\mathrm{d}x$），其中$u=u(x)$，$v=v(x)$具有连续的导数．当被积函数为两类不同函数的乘积时，一般用分部积分法，主要是将较难的积分$\int uv'\mathrm{d}x$转化为较容易的积分$\int vu'\mathrm{d}x$，其难点在于u和$\mathrm{d}v$的合理选取，选取的原则：① $\int vu'\mathrm{d}x$比$\int uv'\mathrm{d}x$容易计算；② 由$\mathrm{d}v$容易求得v．分部积分法的作用主要有三种情况：① 逐步化简积分式；② 产生循环现象从而求出积分（如(2)小题）；③ 建立递推公式．

应用分部积分法的常见积分类型如下（其中$p(x)$为多项式）：

(1) $\int p(x)\mathrm{e}^{ax}\mathrm{d}x\ (a\neq0)$，令$u=p(x)$，$\mathrm{d}v=\mathrm{e}^{ax}\mathrm{d}x$；

(2) $\int p(x)\sin ax\mathrm{d}x\ (a\neq0)$，令$u=p(x)$，$\mathrm{d}v=\sin ax\mathrm{d}x$；

(3) $\int p(x)\cos ax\mathrm{d}x\ (a\neq0)$，令$u=p(x)$，$\mathrm{d}v=\cos ax\mathrm{d}x$；

(4) $\int p(x)\arcsin x\mathrm{d}x$，令$u=\arcsin x$，$\mathrm{d}v=p(x)\mathrm{d}x$；

(5) $\int p(x)\arctan x\mathrm{d}x$，令$u=\arctan x$，$\mathrm{d}v=p(x)\mathrm{d}x$；

(6) $\int p(x)\ln(ax+b)\mathrm{d}x$，令$u=\ln(ax+b)$，$\mathrm{d}v=p(x)\mathrm{d}x$；

(7) $\int\mathrm{e}^{ax}\cos bx\mathrm{d}x\ (a\neq0)$，令$u=\mathrm{e}^{ax}$，$\mathrm{d}v=\cos bx\mathrm{d}x$；

(8) $\int\mathrm{e}^{ax}\sin bx\mathrm{d}x\ (a\neq0)$，令$u=\mathrm{e}^{ax}$，$\mathrm{d}v=\sin bx\mathrm{d}x$；

(9) $\int\sin^n x\mathrm{d}x$，n为正整数，令$u=\sin^{n-1}x$，$\mathrm{d}v=\sin x\mathrm{d}x$；

(10) $\int\cos^n x\mathrm{d}x$，n为正整数，令$u=\cos^{n-1}x$，$\mathrm{d}v=\cos x\mathrm{d}x$.

例 4.11 求下列有理函数的不定积分：

(1) $\int\frac{\mathrm{d}x}{x^4(x^2+1)}$；　(2) $\int\frac{x\mathrm{d}x}{(x^2+4)(x^2+9)}$；　(3) $\int\frac{x^4}{x^2+x-2}\mathrm{d}x$；

(4) $\int\frac{\mathrm{d}x}{\sin2x+2\sin x}$；　(5) $\int\cos x\cos3x\cos5x\mathrm{d}x$.

解 (1) 解法一 令 $\dfrac{1}{x^4(x^2+1)}=\dfrac{A}{x}+\dfrac{B}{x^2}+\dfrac{C}{x^3}+\dfrac{D}{x^4}+\dfrac{Ex+F}{x^2+1}$

用待定系数法可求得，$A=C=E=0$，$B=-1$，$D=F=1$，于是

$$\int\frac{\mathrm{d}x}{x^4(x^2+1)}=\int\left(\frac{-1}{x^2}+\frac{1}{x^4}+\frac{1}{x^2+1}\right)\mathrm{d}x=\frac{1}{x}-\frac{1}{3x^3}+\arctan x+C$$

解法二 令 $x=\dfrac{1}{t}$，则 $\mathrm{d}x=-\dfrac{1}{t^2}\mathrm{d}t$，于是

$$\int\frac{\mathrm{d}x}{x^4(x^2+1)}=-\int\frac{t^4}{1+t^2}\mathrm{d}t=-\int\left(t^2-1+\frac{1}{1+t^2}\right)\mathrm{d}t=$$

$$-\frac{t^3}{3}+t-\arctan t+C=\frac{1}{x}-\frac{1}{3x^3}-\arctan\frac{1}{x}+C$$

解法三 令 $x=\tan t$，则 $\mathrm{d}x=\sec^2t\mathrm{d}t$，于是

$$\int\frac{\mathrm{d}x}{x^4(x^2+1)}=\int\frac{\mathrm{d}t}{\tan^4t}=\int\cot^2t(\csc^2t-1)\mathrm{d}t=-\int\cot^2t\mathrm{d}\cot t-\int(\csc^2t-1)\mathrm{d}t=$$

$$-\frac{1}{3}\cot^3t+\cot t+t+C=\frac{1}{x}-\frac{1}{3x^3}+\arctan x+C$$

(2) 被积函数可以用待定系数法进行分解，但这里用已学知识将分式进行分解，计算过程更简便.

$$\int\frac{x\mathrm{d}x}{(x^2+4)(x^2+9)}=\frac{1}{2}\int\frac{\mathrm{d}x^2}{(x^2+4)(x^2+9)}=\frac{1}{10}\int\frac{(x^2+9)-(x^2+4)}{(x^2+4)(x^2+9)}\mathrm{d}x^2=$$

$$\frac{1}{10}\int\left(\frac{1}{(x^2+4)}-\frac{1}{(x^2+9)}\right)\mathrm{d}x^2=\frac{1}{10}\ln\frac{x^2+4}{x^2+9}+C$$

(3) 先作多项式除法，得 $\dfrac{x^4}{x^2+x-2}=x^2-x+3+\dfrac{-5x+6}{x^2+x-2}$，又因 $x^2+x-2=(x-1)(x+2)$，所以

可以分项得 $\dfrac{x^4}{x^2+x-2}=x^2-x+3+\dfrac{\frac{1}{3}}{x-1}+\dfrac{-\frac{16}{3}}{x+2}$，于是

$$\int\frac{x^4}{x^2+x-2}\mathrm{d}x=\int\left[x^2-x+3+\frac{\frac{1}{3}}{x-1}+\frac{-\frac{16}{3}}{x+2}\right]\mathrm{d}x=$$

$$\frac{1}{3}x^3-\frac{1}{2}x^2+3x+\frac{1}{3}\ln|x-1|-\frac{16}{3}\ln|x+2|+C$$

注 这种分项积分法是求有理分式不定积分的一般方法，从理论上说总是有效的，但对于幂次较高的分式，计算量较大. 有些形式特殊的积分，可适当进行变形、配微分等后再进行积分.

(4) 可以用万能代换，但较繁，故可通过三角变形寻找更为简单的方法.

解法一 $\displaystyle\int\frac{\mathrm{d}x}{\sin2x+2\sin x}=\int\frac{\mathrm{d}x}{2\sin x(\cos x+1)}=\frac{1}{2}\int\frac{\sin x\mathrm{d}x}{(1-\cos^2x)(1+\cos x)}\xlongequal{\cos x=u}$

$$\frac{1}{2}\int\frac{-\mathrm{d}u}{(1-u^2)(1+u)}=-\frac{1}{4}\int\frac{(1-u)+(1+u)}{(1-u^2)(1+u)}\mathrm{d}u=$$

$$-\frac{1}{4}\int\frac{\mathrm{d}u}{(1+u)^2}-\frac{1}{4}\int\frac{\mathrm{d}u}{1-u^2}=\frac{1}{4(1+u)}+\frac{1}{8}\ln\left|\frac{1-u}{1+u}\right|+C=$$

$$\frac{1}{4(1+\cos x)}+\frac{1}{8}\ln\left|\frac{1-\cos x}{1+\cos x}\right|+C$$

解法二 由半角公式可得

$$\int\frac{\mathrm{d}x}{\sin2x+2\sin x}=\frac{1}{8}\int\frac{\mathrm{d}x}{\sin\frac{x}{2}\cos^2\frac{x}{2}}=\frac{1}{4}\int\frac{\mathrm{d}\tan\frac{x}{2}}{\tan\frac{x}{2}\cos^2\frac{x}{2}}=$$

$$\frac{1}{4}\int\frac{\tan^2\frac{x}{2}+1}{\tan\frac{x}{2}}\mathrm{d}\tan\frac{x}{2}=\frac{1}{8}\tan^2\frac{x}{2}+\frac{1}{4}\ln\left|\tan\frac{x}{2}\right|+C$$

(5) $\int\cos x\cos 3x\cos 5x\,\mathrm{d}x=\frac{1}{2}\int\cos 3x(\cos 6x+\cos 4x)\mathrm{d}x=$

$$\frac{1}{4}\int(\cos 9x+\cos 3x+\cos 7x+\cos x)\mathrm{d}x=$$

$$\frac{1}{4}\left(\frac{1}{9}\sin 9x+\frac{1}{3}\sin 3x+\frac{1}{7}\sin 7x+\sin x\right)+C$$

小结 对于有理分式的积分通常用待定系数法，将有理分式分解成部分分式之和，然后逐项积分．虽然有理函数一定可积，但用这种方法有时计算起来相当复杂，因此不一定死套待定系数法，应尽可能利用代数知识来简化，将其分成部分分式的计算(如(2)小题)．由此对有理分式的积分应强调四点：① 会作多项式除法；② 会作真分式的分项；③ 掌握分母为二次三项式的有理分式积分；④ 善于使用特殊方法(如配微分法等)作积分，从而简化计算．

对于三角函数有理式的积分$\int R(\sin x,\cos x)\mathrm{d}x$，总能通过万能代换$u=\tan\frac{x}{2}$化为有理式的积分．但对于某些特殊情形，用万能代换反而比较麻烦，更多的是利用被积函数的特点和三角恒等变换，选取适当的变量代换，快速计算出结果．例如：

(1) 若被积函数$R(\sin x,\cos x)$满足$R(-\sin x,-\cos x)=R(\sin x,\cos x)$时，令$u=\tan x$；若$R(-\sin x,\cos x)=-R(\sin x,\cos x)$时，令$u=\cos x$；若$R(\sin x,-\cos x)=-R(\sin x,\cos x)$时，令$u=\sin x$.

(2) 对于$\int\sin mx\sin nx\,\mathrm{d}x$，$\int\sin mx\cos nx\,\mathrm{d}x$，$\int\cos mx\cos nx\,\mathrm{d}x(m,n>0)$，当$m\neq n$时，可利用积化和差公式计算；当$m=n$时，可利用倍角公式计算．

(3) 对于$\int\sin^m x\cos^n x\,\mathrm{d}x(m,n=0,1,2,\cdots)$，$m,n$中至少有一个是奇数．当$m$为奇数时，令$u=\cos x$；当$n$是奇数时，令$u=\sin x$(当$m$是奇数，$n$不是整数，或当$n$是奇数，$m$不是整数时，上述代换仍适合；当$m,n$都是偶数时，可利用倍角公式降次化为易积分的形式，或作代换$u=\tan x$．又如，求$\int\frac{\cos x}{1+\sin x}\mathrm{d}x$时，将$\int\frac{\cos x}{1+\sin x}\mathrm{d}x$写成$\int\frac{\mathrm{d}(1+\sin x)}{1+\sin x}$就立即求出结果为$\ln(1+\sin x)+C$，若用万能代换反而麻烦了．

例 4.12 求下列无理函数的不定积分：

(1) $\int\frac{\mathrm{d}x}{\sqrt[3]{(x+1)^2(x-1)^4}}$； (2) $\int\frac{x\mathrm{e}^x}{\sqrt{\mathrm{e}^x-1}}\mathrm{d}x$； (3) $\int\frac{1}{1+\sqrt{x}+\sqrt{x+1}}\mathrm{d}x$.

解 (1)
$$\int\frac{\mathrm{d}x}{\sqrt[3]{(x+1)^2(x-1)^4}}=\int\frac{1}{x^2-1}\sqrt[3]{\frac{x+1}{x-1}}\mathrm{d}x$$

令$t=\sqrt[3]{\frac{x+1}{x-1}}$，则$x=\frac{t^3+1}{t^3-1}$，$\mathrm{d}x=\frac{-6t^2}{(t^3-1)^2}\mathrm{d}t$，于是

$$\int\frac{1}{x^2-1}\sqrt[3]{\frac{x+1}{x-1}}\mathrm{d}x=\int\frac{(t^3-1)^2}{4t^3}t\left[\frac{-6t^2}{(t^3-1)^2}\right]\mathrm{d}t=-\frac{3}{2}\int\mathrm{d}t=-\frac{3}{2}t+C=-\frac{3}{2}\sqrt[3]{\frac{x+1}{x-1}}+C$$

(2) 令$u=\sqrt{\mathrm{e}^x-1}$，则$x=\ln(u^2+1)$，$\mathrm{d}x=\frac{2u}{u^2+1}\mathrm{d}u$，于是

$$\int\frac{x\mathrm{e}^x}{\sqrt{\mathrm{e}^x-1}}\mathrm{d}x=\int\frac{(u^2+1)\ln(u^2+1)}{u}\frac{2u}{u^2+1}\mathrm{d}u=2\int\ln(u^2+1)\mathrm{d}u=$$

$$2u\ln(u^2+1)-4\int\frac{u^2}{u^2+1}\mathrm{d}u=2u\ln(u^2+1)-4u+4\arctan u+C=$$

$$2x\sqrt{\mathrm{e}^x-1}-4\sqrt{\mathrm{e}^x-1}+4\arctan\sqrt{\mathrm{e}^x-1}+C$$

(3) 先进行分母有理化，再进行代换，即

$$\int \frac{1}{1+\sqrt{x}+\sqrt{x+1}}\mathrm{d}x = \int \frac{1+\sqrt{x}-\sqrt{x+1}}{(1+\sqrt{x}+\sqrt{x+1})(1+\sqrt{x}-\sqrt{x+1})}\mathrm{d}x =$$

$$\int \frac{1+\sqrt{x}-\sqrt{x+1}}{2\sqrt{x}}\mathrm{d}x = \sqrt{x}+\frac{1}{2}x-\frac{1}{2}\int \sqrt{\frac{x+1}{x}}\mathrm{d}x$$

$$\int \sqrt{\frac{x+1}{x}}\mathrm{d}x = \int \frac{x+1}{\sqrt{x^2+x}}\mathrm{d}x = \int \frac{x+1}{\sqrt{\left(x+\frac{1}{2}\right)^2-\left(\frac{1}{2}\right)^2}}\mathrm{d}x \xlongequal{\text{令 } x+\frac{1}{2}=\frac{1}{2}\sec t}$$

$$\int \frac{\frac{1}{2}\sec t+\frac{1}{2}}{\frac{1}{2}\tan t}\frac{1}{2}\sec t\tan t\mathrm{d}t = \frac{1}{2}\int(\sec^2 t+\sec t)\mathrm{d}t =$$

$$\frac{1}{2}(\tan t+\ln|\sec t+\tan t|)+C_1 =$$

$$\frac{1}{2}(2\sqrt{x^2+x}+\ln|2x+1+2\sqrt{x^2+x}|)+C_1$$

$$\text{原积分} = \sqrt{x}+\frac{1}{2}x-\frac{1}{2}\sqrt{x^2+x}-\frac{1}{4}\ln|2x+1+2\sqrt{x^2+x}|+C \quad (C=-C_1)$$

小结 简单无理函数的积分，一般是通过变量替换将根式去掉，化为有理函数的积分．常见的变换除了前面讲的三角代换外还有：

(1) $\int R\left(x,\sqrt[n_1]{\frac{ax+b}{cx+d}},\sqrt[n_2]{\frac{ax+b}{cx+d}},\cdots,\sqrt[n_k]{\frac{ax+b}{cx+d}}\right)\mathrm{d}x$，令 $t^N=\frac{ax+b}{cx+d}$，N 为 $n_1,n_2,\cdots,n_k$ 的最小公倍数；

(2) $\int R(\sqrt{a-x},\sqrt{b-x})\mathrm{d}x$，令 $\sqrt{a-x}=\sqrt{b-a}\tan t$；

(3) $\int R(\sqrt{x-a},\sqrt{b-a})\mathrm{d}x$，令 $\sqrt{x-a}=\sqrt{b-a}\sin t$；

(4) $\int R(\sqrt{x-a},\sqrt{x-b})\mathrm{d}x$，令 $\sqrt{x-a}=\sqrt{b-a}\sec t$.

注 解题时应先将无理函数的分子或分母有理化．

例 4.13 求下列不定积分：

(1) $\int|x-1|\mathrm{d}x$；　　(2) 设 $f'(\ln x)=\begin{cases}1, & 0<x\leqslant 1\\ x, & 1<x<\infty\end{cases}$，$f(0)=0$，求 $f(x)$.

解 (1) 被积函数中有绝对值，要先对其定义域进行分段，去掉绝对值，然后考虑积分．设 $f(x)=|x-1|$，则 $f(x)=\begin{cases}x-1, & x\geqslant 1\\ 1-x, & x<1\end{cases}$，于是

$$\int f(x)\mathrm{d}x = \int|x-1|\mathrm{d}x = \begin{cases}\int(x-1)\mathrm{d}x, & x\geqslant 1\\ \int(1-x)\mathrm{d}x, & x<1\end{cases} = \begin{cases}\frac{1}{2}x^2-x+C_1, & x\geqslant 1\\ x-\frac{1}{2}x^2+C_2, & x<1\end{cases}$$

而原函数肯定可导，则在整个定义域内必连续，故

$$\lim_{x\to 1^+}\left(\frac{1}{2}x^2-x+C_1\right)=\lim_{x\to 1^-}\left(x-\frac{1}{2}x^2+C_2\right)$$

得 $-\frac{1}{2}+C_1=\frac{1}{2}+C_2$，即 $C_1=1+C_2$，记 $C_2=C$，则得

$$\int|x-1|\mathrm{d}x = \begin{cases}\frac{1}{2}x^2-x+1+C, & x\geqslant 1\\ x-\frac{1}{2}x^2+C, & x<1\end{cases}$$

(2) 设 $\ln x = u$,则 $x = e^u$,且 $f'(u) = \begin{cases} 1, & -\infty < u \leqslant 0 \\ e^u, & 0 < u < +\infty \end{cases}$,即

$$f'(x) = \begin{cases} 1, & -\infty < x \leqslant 0 \\ e^x, & 0 < x < +\infty \end{cases}$$

于是
$$f(x) = \begin{cases} \int dx, & -\infty < x \leqslant 0 \\ \int e^x dx, & 0 < x < +\infty \end{cases} = \begin{cases} x + C_1, & -\infty < x \leqslant 0 \\ e^x + C_2, & 0 < x < +\infty \end{cases}$$

因为 $f(x)$ 在 $x = 0$ 处连续,所以

$$\lim_{x \to 0^+} (x + C_1) = \lim_{x \to 0^-} (e^x + C_2)$$

得 $C_1 = 1 + C_2$,又因为 $f(0) = 0$,所以 $C_1 = 0, C_2 = -1$,从而

$$f(x) = \begin{cases} x, & -\infty < x \leqslant 0 \\ e^x - 1, & 0 < x < +\infty \end{cases}$$

注　(1)与(2)两小题都可归结为求分段函数的原函数.对于分段函数的不定积分,应先分段积分,各段出现的任意常数要用不同符号表示.但分段函数是一个函数的不定积分,只能有一个任意常数,这要利用原函数的连续性求出各任意常数之间的关系,最后只保留一个任意常数.

例 4.14　证明下列不定积分:

(1) 设 $y = f(x)$ 与 $x = \varphi(y)$ 互为反函数,且 $\varphi'(y) > 0$,证明:$\int \sqrt{f'(x)}\,dx = \int \sqrt{\varphi'(x)}\,dx$;

(2) 设 $I_n = \int x^\alpha \ln^n x\,dx$(其中 n 为自然数,α 为实数且 $\alpha > 0$),证明:$I_n = \frac{1}{\alpha+1} x^{\alpha+1} \ln^n x - \frac{n}{\alpha+1} I_{n-1}$.

证明　(1) 因为 $y = f(x)$ 与 $x = \varphi(y)$ 互为反函数,且 $\varphi'(y) > 0$,则 $x = \varphi(y)$ 单调、可导,所以 $f'(x)$ 存在,且 $f'(x) = \frac{1}{\varphi'(y)}$,于是

$$\int \sqrt{f'(x)}\,dx \xlongequal{\text{令} x = \varphi(y)} \int \sqrt{\frac{1}{\varphi'(x)}}\,d\varphi(x) = \int \sqrt{\varphi'(x)}\,dx$$

(2) $I_n = \frac{1}{\alpha+1} \int \ln^n x\,dx^{\alpha+1} = \frac{1}{\alpha+1} \left[x^{\alpha+1} \ln^n x - n \int x^\alpha \ln^{n-1} x\,dx \right] = \frac{1}{\alpha+1} x^{\alpha+1} \ln^n x - \frac{n}{\alpha+1} I_{n-1}$

四、课后习题精解

(一) 习题 4-1 解答

1. 利用导数验证下列等式:

(1) $\int \frac{1}{\sqrt{x^2+1}}\,dx = \ln(x + \sqrt{x^2+1}) + C$;

(2) $\int \frac{1}{x^2 \sqrt{x^2-1}}\,dx = \frac{\sqrt{x^2-1}}{x} + C$;

(3) $\int \frac{2x}{(x^2+1)(x+1)^2}\,dx = \arctan x + \frac{1}{x+1} + C$;

(4) $\int \sec x\,dx = \ln|\tan x + \sec x| + C$;

(5) $\int x \cos x\,dx = x \sin x + \cos x + C$;

(6) $\int e^x \sin x\,dx = \frac{1}{2} e^x (\sin x - \cos x) + C$.

解 (1) $\frac{\mathrm{d}}{\mathrm{d}x}[\ln(x+\sqrt{x^2+1})+C]=\frac{1}{x+\sqrt{x^2+1}}\cdot\left(1+\frac{x}{\sqrt{x^2+1}}\right)=\frac{1}{\sqrt{x^2+1}}$

(2) $\frac{\mathrm{d}}{\mathrm{d}x}\left(\frac{\sqrt{x^2-1}}{x}+C\right)=\frac{\frac{x}{\sqrt{x^2-1}}\cdot x-\sqrt{x^2-1}}{x^2}=\frac{1}{x^2\sqrt{x^2-1}}$

(3) $\frac{\mathrm{d}}{\mathrm{d}x}\left(\arctan x+\frac{1}{x+1}+C\right)=\frac{1}{x^2+1}-\frac{1}{(x+1)^2}=\frac{2x}{(x^2+1)(x+1)^2}$

(4) $\frac{\mathrm{d}}{\mathrm{d}x}(\ln|\tan x+\sec x|+C)=\frac{1}{\tan x+\sec x}\cdot(\sec^2 x+\sec x\tan x)=\sec x$

(5) $\frac{\mathrm{d}}{\mathrm{d}x}(x\sin x+\cos x+C)=\sin x+x\cos x-\sin x=x\cos x$

(6) $\frac{\mathrm{d}}{\mathrm{d}x}\left[\frac{1}{2}\mathrm{e}^x(\sin x-\cos x)+C\right]=\frac{1}{2}\mathrm{e}^x(\sin x-\cos x)+\frac{1}{2}\mathrm{e}^x(\cos x+\sin x)=\mathrm{e}^x\sin x$

2. 求下列不定积分：

(1) $\int\frac{\mathrm{d}x}{x^2}$； (2) $\int x\sqrt{x}\,\mathrm{d}x$； (3) $\int\frac{\mathrm{d}x}{\sqrt{x}}$；

(4) $\int x^2\sqrt[3]{x}\,\mathrm{d}x$； (5) $\int\frac{\mathrm{d}x}{x^2\sqrt{x}}$； (6) $\int\sqrt[m]{x^n}\,\mathrm{d}x$；

(7) $\int 5x^3\,\mathrm{d}x$； (8) $\int(x^2-3x+2)\mathrm{d}z$； (9) $\int\frac{\mathrm{d}h}{\sqrt{2gh}}$（$g$ 是常数）；

(10) $\int(x^2+1)^2\mathrm{d}x$； (11) $\int(\sqrt{x}+1)(\sqrt{x^3}-1)\mathrm{d}x$； (12) $\int\frac{(1-x)^2\mathrm{d}x}{\sqrt{x}}$；

(13) $\int\left(2\mathrm{e}^x+\frac{3}{x}\right)\mathrm{d}x$； (14) $\int\left(\frac{3}{1+x^2}-\frac{2}{\sqrt{1-x^2}}\right)\mathrm{d}x$； (15) $\int\mathrm{e}^x\left(1-\frac{\mathrm{e}^{-x}}{\sqrt{x}}\right)\mathrm{d}x$；

(16) $\int 3^x\mathrm{e}^x\,\mathrm{d}x$； (17) $\int\frac{2\times 3^x-5\times 2^x}{3^x}\mathrm{d}x$； (18) $\int\sec x(\sec x-\tan x)\mathrm{d}x$；

(19) $\int\cos^2\frac{x}{2}\mathrm{d}x$； (20) $\int\frac{\mathrm{d}x}{1+\cos 2x}$； (21) $\int\frac{\cos 2x}{\cos x-\sin x}\mathrm{d}x$；

(22) $\int\frac{\cos 2x}{\cos^2 x\sin^2 x}\mathrm{d}x$； (23) $\int\cot^2 x\,\mathrm{d}x$； (24) $\int\cos\theta(\tan\theta+\sec\theta)\mathrm{d}\theta$；

(25) $\int\frac{x^2}{x^2+1}\mathrm{d}x$； (26) $\int\frac{3x^4+2x^2}{x^2+1}\mathrm{d}x$.

解 (1) 原式 $=-\int\mathrm{d}\left(\frac{1}{x}\right)=-\frac{1}{x}+C.$

(2) 原式 $=\int x^{\frac{3}{2}}\mathrm{d}x=\frac{1}{\frac{3}{2}+1}x^{\frac{3}{2}+1}+C=\frac{2}{5}x^{\frac{5}{2}}+C.$

(3) 原式 $=2\int\frac{\mathrm{d}x}{2\sqrt{x}}=2\sqrt{x}+C.$

(4) 原式 $=\int x^{\frac{7}{3}}\mathrm{d}x=\frac{1}{\frac{7}{3}+1}x^{\frac{7}{3}+1}+C=\frac{3}{10}x^{\frac{10}{3}}+C.$

(5) 原式 $=\int x^{-\frac{5}{2}}\mathrm{d}x=\frac{1}{-\frac{5}{2}+1}x^{-\frac{5}{2}+1}+C=-\frac{2}{3}x^{-\frac{3}{2}}+C.$

(6) 原式 $=\int x^{\frac{n}{m}}\mathrm{d}x=\frac{1}{\frac{n}{m}+1}x^{\frac{n}{m}+1}+C=\frac{m}{n+m}x^{\frac{n+m}{m}}+C.$

(7) 原式 $= 5\int x^3 \mathrm{d}x = \dfrac{5}{4}x^4 + C.$

(8) 原式 $= \dfrac{1}{3}x^3 - \dfrac{3}{2}x^2 + 2x + C.$

(9) 原式 $= \dfrac{2}{\sqrt{2g}}\int \dfrac{\mathrm{d}h}{2\sqrt{h}} = \sqrt{\dfrac{2h}{g}} + C.$

(10) 原式 $= \int (x^4 + 2x^2 + 1)\mathrm{d}x = \dfrac{1}{5}x^5 + \dfrac{2}{3}x^3 + x + C.$

(11) 原式 $= \int (x^2 + \sqrt{x^3} - \sqrt{x} - 1)\mathrm{d}x = \dfrac{1}{3}x^3 + \dfrac{2}{5}x^{\frac{5}{2}} - \dfrac{2}{3}x^{\frac{3}{2}} - x + C.$

(12) 原式 $= \int \dfrac{x^2 - 2x + 1}{\sqrt{x}}\mathrm{d}x = \dfrac{2}{5}x^{\frac{5}{2}} - \dfrac{4}{3}x^{\frac{3}{2}} + 2x^{\frac{1}{2}} + C.$

(13) 原式 $= 2\int \mathrm{e}^x \mathrm{d}x + 3\int \dfrac{1}{x}\mathrm{d}x = 2\mathrm{e}^x + 3\ln|x| + C.$

(14) 原式 $= 3\int \dfrac{1}{1+x^2}\mathrm{d}x - 2\int \dfrac{1}{\sqrt{1-x^2}}\mathrm{d}x = 3\arctan x + 2\arccos x + C.$

(15) 原式 $= \int \mathrm{e}^x \mathrm{d}x - \int \dfrac{1}{\sqrt{x}}\mathrm{d}x = \mathrm{e}^x - 2\sqrt{x} + C.$

(16) 原式 $= \int (3\mathrm{e})^x \mathrm{d}x = \dfrac{(3\mathrm{e})^x}{\ln(3\mathrm{e})} + C = \dfrac{3^x \mathrm{e}^x}{1 + \ln 3} + C.$

(17) 原式 $= 2\int \mathrm{d}x - 5\int \left(\dfrac{2}{3}\right)^x \mathrm{d}x = 2x - 5\dfrac{\left(\dfrac{2}{3}\right)^x}{\ln\left(\dfrac{2}{3}\right)} + C = 2x - \dfrac{5}{\ln 2 - \ln 3}\left(\dfrac{2}{3}\right)^x + C.$

(18) 原式 $= \int \sec^2 x \mathrm{d}x - \int \sec x \tan x \mathrm{d}x = \tan x - \sec x + C.$

(19) 原式 $= \int \dfrac{1 + \cos x}{2}\mathrm{d}x = \dfrac{1}{2}\int \mathrm{d}x + \dfrac{1}{2}\int \cos x \mathrm{d}x = \dfrac{1}{2}x + \dfrac{1}{2}\sin x + C.$

(20) 原式 $= \int \dfrac{\mathrm{d}x}{2\cos^2 x} = \dfrac{1}{2}\int \sec^2 x \mathrm{d}x = \dfrac{1}{2}\tan x + C.$

(21) 原式 $= \int \dfrac{\cos^2 x - \sin^2 x}{\cos x - \sin x}\mathrm{d}x = \int (\cos x + \sin x)\mathrm{d}x = \sin x - \cos x + C.$

(22) 原式 $= \int \dfrac{\cos^2 x - \sin^2 x}{\cos^2 x \sin^2 x}\mathrm{d}x = \int \dfrac{1}{\sin^2 x}\mathrm{d}x - \int \dfrac{1}{\cos^2 x}\mathrm{d}x = \int \csc^2 x \mathrm{d}x - \int \sec^2 x \mathrm{d}x = -\cot x - \tan x + C.$

(23) 原式 $= \int \csc^2 x \mathrm{d}x - \int \mathrm{d}x = -\cot x - x + C.$

(24) 原式 $= \int \sin\theta \mathrm{d}\theta + \int \mathrm{d}\theta = -\cos\theta + \theta + C.$

(25) 原式 $= \int \mathrm{d}x - \int \dfrac{1}{x^2+1}\mathrm{d}x = x - \arctan x + C.$

(26) 原式 $= \int 3x^2 \mathrm{d}x - \int \mathrm{d}x + \int \dfrac{1}{x^2+1}\mathrm{d}x = x^3 - x + \arctan x + C.$

3. 含有未知函数的导数的方程称为微分方程，例如方程 $\dfrac{\mathrm{d}y}{\mathrm{d}x} = f(x)$，其中 $\dfrac{\mathrm{d}y}{\mathrm{d}x}$ 为未知函数的导数，$f(x)$ 为已知函数．如果函数 $y = \varphi(x)$ 代入微分方程，使微分方程成为恒等式，那么函数 $y = \varphi(x)$ 就称为这个微分方程的解．求下列微分方程满足所给条件的解：

(1) $\dfrac{\mathrm{d}y}{\mathrm{d}x} = (x-2)^2, y|_{x=2} = 0$；　　(2) $\dfrac{\mathrm{d}^2 x}{\mathrm{d}t^2} = \dfrac{2}{t^3}, \dfrac{\mathrm{d}x}{\mathrm{d}t}\Big|_{t=1} = 1, x|_{t=1} = 1.$

解 (1)

$$y = \int (x-2)^2 \mathrm{d}x = \frac{1}{3}(x-2)^3 + C$$

由 $y|_{x=2}=0$,得 $C=0$,于是所求的解为 $y=\frac{1}{3}(x-2)^3$

(2) $\frac{\mathrm{d}x}{\mathrm{d}t}=\int\frac{2}{t^3}\mathrm{d}t=-\frac{1}{t^2}+C_1$,由 $\left.\frac{\mathrm{d}x}{\mathrm{d}t}\right|_{t=1}=1$,得 $C_1=2$,故

$$\frac{\mathrm{d}x}{\mathrm{d}t}=-\frac{1}{t^2}+2$$

$$x=\int(-\frac{1}{t^2}+2)\mathrm{d}t=\frac{1}{t}+2t+C_2$$

由 $x|_{t=1}=1$,得 $C_2=-2$,于是所求的解为 $x=\frac{1}{t}+2t-2$.

4. 汽车以 20 m/s 的速度行驶,刹车后匀减速行驶了 50 m 停住,求刹车加速度.可执行下列步骤:

(1) 求微分方程 $\frac{\mathrm{d}^2s}{\mathrm{d}t^2}=-k$ 满足条件 $\left.\frac{\mathrm{d}s}{\mathrm{d}t}\right|_{t=0}=20$ 及 $s|_{t=0}=0$ 的解;

(2) 求使 $\frac{\mathrm{d}s}{\mathrm{d}t}=0$ 的 t 值; (3) 求使 $s=50$ 的 k 值.

解 (1) $\frac{\mathrm{d}s}{\mathrm{d}t}=\int-k\mathrm{d}t=-kt+C_1$,由 $\left.\frac{\mathrm{d}s}{\mathrm{d}t}\right|_{t=0}=20$,得 $C_1=20$,故

$$\frac{\mathrm{d}s}{\mathrm{d}t}=-kt+20$$

$$s=\int(-kt+20)\mathrm{d}t=-\frac{1}{2}kt^2+20t+C_2$$

由 $s|_{t=0}=0$,得 $C_2=0$,于是所求的解为

$$s=-\frac{1}{2}kt^2+20t$$

(2) 令 $\frac{\mathrm{d}s}{\mathrm{d}t}=0$,解得 $t=\frac{20}{k}$.

(3) 根据题意,当 $t=\frac{20}{k}$ 时,$s=50$,即 $-\frac{1}{2}k\left(\frac{20}{k}\right)^2+\frac{400}{k}=50$.解得 $k=4$,即得刹车加速度为 $-4\ \mathrm{m/s^2}$.

5. 一曲线通过点$(\mathrm{e}^x,3)$,且在任一点处的切线的斜率等于该点横坐标的倒数,求该曲线的方程.

解 设该曲线方程为 $y=f(x)$,则 $y'=f'(x)=\frac{1}{x}$,故

$$y=\int\frac{1}{x}\mathrm{d}x=\ln x+C$$

而点$(\mathrm{e}^x,3)$在该曲线上,则 $3=f(\mathrm{e}^2)=\ln\mathrm{e}^2+C$,得 $C=1$,故该曲线方程为

$$y=\ln x+1$$

6. 一物体由静止开始运动,经 t (s)后的速度是 $3t^2$(m/s),试求:

(1) 在 3 s 后物体离开出发点的距离是多少?

(2) 物体走完 360 m 需要多少时间?

解 设物体沿 x 轴正向从原点由静止开始运动,设位移函数为 $s=s(t)$,则由题意有 $s'(t)=3t^2$,于是 $s(t)=\int3t^2\mathrm{d}t=t^3+C$,因为物体从原点开始运动,所以有 $s(0)=0$,即 $0=0+C$,得 $C=0$,于是位移函数为 $s(t)=t^3$.

(1) 3 s 后物体离开出发点的距离为 $s(3)=3^3=27$ (m)

(2) 物体走完 360 m 需要的时间为 $t=\sqrt[3]{360}\approx7.11$ (s)

7. 证明函数 $\arcsin(2x-1)$,$\arccos(1-2x)$ 和 $2\arctan\sqrt{\frac{x}{1-x}}$ 都是 $\frac{1}{\sqrt{x-x^2}}$ 的原函数.

证明 $[\arcsin(2x-1)]'=\frac{1}{\sqrt{1-(2x-1)^2}}\cdot2=\frac{1}{\sqrt{x-x^2}}$

$$[\arccos(1-2x)]' = -\frac{1}{\sqrt{1-(1-2x)^2}}\cdot(-2) = \frac{1}{\sqrt{x-x^2}}$$

$$\left[2\arctan\sqrt{\frac{x}{1-x}}\right]' = 2\frac{1}{1+\frac{x}{1-x}}\cdot\frac{1}{2}\sqrt{\frac{1-x}{x}}\cdot\frac{1}{(1-x)^2} = \frac{1}{\sqrt{x-x^2}}$$

（二）习题 4－2 解答

1. 在下列各式等号右端的空白处填入适当的系数，使等式成立（例如：$dx=\frac{1}{4}d(4x+7)$）.

(1) $dx =$ ______ $d(ax)$；　(2) $dx =$ ______ $d(7x-4)$；

(3) $x dx =$ ______ $d(x^2)$；　(4) $x dx =$ ______ $d(5x^2)$；

(5) $x dx =$ ______ $d(1-x^2)$；　(6) $x^3 dx =$ ______ $d(3x^4-2)$；

(7) $e^{2x} dx =$ ______ $d(e^{2x})$；　(8) $e^{-\frac{x}{2}} dx =$ ______ $d(1+e^{-\frac{x}{2}})$；

(9) $\sin\frac{3}{2}x dx =$ ______ $d\left(\cos\frac{3}{2}x\right)$；　(10) $\frac{dx}{x} =$ ______ $d(5\ln|x|)$；

(11) $\frac{dx}{x} =$ ______ $d(3-5\ln|x|)$；　(12) $\frac{dx}{1+9x^2} =$ ______ $d(\arctan 3x)$；

(13) $\frac{dx}{\sqrt{1-x^2}} =$ ______ $d(1-\arcsin x)$；　(14) $\frac{x dx}{\sqrt{1-x^2}} =$ ______ $d(\sqrt{1-x^2})$.

解 (1) $\frac{1}{a}$.　(2) $\frac{1}{7}$.　(3) $\frac{1}{2}$.　(4) $\frac{1}{10}$.　(5) $-\frac{1}{2}$.　(6) $\frac{1}{12}$.　(7) $\frac{1}{2}$.

(8) -2.　(9) $-\frac{2}{3}$.　(10) $\frac{1}{5}$.　(11) $-\frac{1}{5}$.　(12) $\frac{1}{3}$.　(13) -1.　(14) -1.

2. 求下列不定积分（其中 a, b, ω, φ 均为常数）：

(1) $\int e^{5t} dt$；　(2) $\int (3-2x)^3 dx$；　(3) $\int \frac{dx}{1-2x}$；

(4) $\int \frac{dx}{\sqrt[3]{2-3x}}$；　(5) $\int (\sin ax - e^{\frac{x}{b}}) dx$；　(6) $\int \frac{\sin\sqrt{t}}{\sqrt{t}} dt$；

(7) $\int x e^{-x^2} dx$；　(8) $\int x\cos(x^2) dx$；　(9) $\int \frac{x}{\sqrt{2-3x^2}} dx$；

(10) $\int \frac{3x^3}{1-x^4} dx$；　(11) $\int \frac{x+1}{x^2+2x+5} dx$；　(12) $\int \cos^2(\omega t+\varphi)\sin(\omega t+\varphi) dt$；

(13) $\int \frac{\sin x}{\cos^3 x} dx$；　(14) $\int \frac{\sin x+\cos x}{\sqrt[3]{\sin x-\cos x}} dx$；　(15) $\int \tan^{10} x\cdot\sec^2 x dx$；

(16) $\int \frac{dx}{x\ln x\ln\ln x}$；　(17) $\int \frac{dx}{(\arcsin x)^2\sqrt{1-x^2}}$；　(18) $\int \frac{10^{2\arccos x}}{\sqrt{1-x^2}} dx$；

(19) $\int \tan\sqrt{1+x^2}\cdot\frac{x dx}{\sqrt{1+x^2}}$；　(20) $\int \frac{\arctan\sqrt{x}}{\sqrt{x}(1+x)} dx$；　(21) $\int \frac{1+\ln x}{(x\ln x)^2} dx$；

(22) $\int \frac{dx}{\sin x\cos x}$；　(23) $\int \frac{\ln\tan x}{\cos x\sin x} dx$；　(24) $\int \cos^3 x dx$；

(25) $\int \cos^2(\omega t+\varphi) dt$；　(26) $\int \sin 2x\cos 3x dx$；　(27) $\int \cos x\cos\frac{x}{2} dx$；

(28) $\int \sin 5x\sin 7x dx$；　(29) $\int \tan^3 x\sec x dx$；　(30) $\int \frac{dx}{e^x+e^{-x}}$；

(31) $\int \frac{1-x}{\sqrt{9-4x^2}} dx$；　(32) $\int \frac{x^3}{9+x^2} dx$；　(33) $\int \frac{dx}{2x^2-1}$；

(34) $\int \frac{dx}{(x+1)(x-2)}$； (35) $\int \frac{x}{x^2-x-2}dx$； (36) $\int \frac{x^2 dx}{\sqrt{a^2-x^2}}(a>0)$；

(37) $\int \frac{dx}{x\sqrt{x^2-1}}$； (38) $\int \frac{dx}{\sqrt{(x^2+1)^3}}$； (39) $\int \frac{\sqrt{x^2-9}}{x}dx$；

(40) $\int \frac{dx}{1+\sqrt{2x}}$； (41) $\int \frac{dx}{1+\sqrt{1-x^2}}$； (42) $\int \frac{dx}{x+\sqrt{1-x^2}}$；

(43) $\int \frac{x-1}{x^2+2x+3}dx$； (44) $\int \frac{x^3+1}{(x^2+1)^2}dx$.

解 (1) 原式 $=\frac{1}{5}\int e^{5t}d(5t)=\frac{1}{5}e^{5t}+C.$

(2) 原式 $=-\frac{1}{2}\int(3-2x)^3d(3-2x)=-\frac{1}{8}(3-2x)^4+C.$

(3) 原式 $=-\frac{1}{2}\int\frac{d(1-2x)}{1-2x}=-\frac{1}{2}\ln|1-2x|+C.$

(4) 原式 $=-\frac{1}{3}\int\frac{d(2-3x)}{\sqrt[3]{2-3x}}=-\frac{1}{2}(2-3x)^{\frac{2}{3}}+C.$

(5) 原式 $=\frac{1}{a}\int\sin ax\,d(ax)-b\int e^{\frac{x}{b}}d\left(\frac{x}{b}\right)=-\frac{1}{a}\cos ax-be^{\frac{x}{b}}+C.$

(6) 原式 $=2\int\sin\sqrt{t}\,d\sqrt{t}=-2\cos\sqrt{t}+C.$

(7) 原式 $=-\frac{1}{2}\int e^{-x^2}d(-x^2)=-\frac{1}{2}e^{-x^2}+C.$

(8) 原式 $=\frac{1}{2}\int\cos(x^2)d(x^2)=\frac{1}{2}\sin(x^2)+C.$

(9) 原式 $=-\frac{1}{6}\int(2-3x^2)^{-\frac{1}{2}}d(2-3x^2)=-\frac{1}{6}\cdot 2(2-3x^2)^{\frac{1}{2}}+C=-\frac{\sqrt{2-3x^2}}{3}+C.$

(10) 原式 $=-\frac{3}{4}\int\frac{1}{1-x^4}d(1-x^4)=-\frac{3}{4}\ln|1-x^4|+C.$

(11) 原式 $=\frac{1}{2}\int\frac{d(x^2+2x+5)}{x^2+2x+5}=\frac{1}{2}\ln(x^2+2x+5)+C.$

(12) 原式 $=-\frac{1}{\omega}\int\cos^2(\omega t+\varphi)d[\cos(\omega t+\varphi)]=-\frac{1}{3\omega}\cos^3(\omega t+\varphi)+C.$

(13) 原式 $=-\int\frac{1}{\cos^3 x}d(\cos x)=\frac{1}{2\cos^2 x}+C.$

(14) 原式 $=\int\frac{d(\sin x-\cos x)}{\sqrt[3]{\sin x-\cos x}}=\frac{3}{2}(\sin x-\cos x)^{\frac{2}{3}}+C.$

(15) 原式 $=\int\tan^{10}x\,d(\tan x)=\frac{1}{11}\tan^{11}x+C.$

(16) 原式 $=\int\frac{d(\ln x)}{\ln x\ln\ln x}=\int\frac{d(\ln\ln x)}{\ln\ln x}=\ln|\ln\ln x|+C.$

(17) 原式 $=\int\frac{d(\arcsin x)}{(\arcsin x)^2}=-\frac{1}{\arcsin x}+C.$

(18) 原式 $=\int-10^{2\arccos x}d(\arccos x)=-\frac{10^{2\arccos x}}{2\ln 10}+C.$

(19) 原式 $=\frac{1}{2}\int\tan\sqrt{1+x^2}\cdot\frac{d(1+x^2)}{\sqrt{1+x^2}}=\int\tan\sqrt{1+x^2}\,d(\sqrt{1+x^2})=-\ln|\cos\sqrt{1+x^2}|+C.$

(20) 原式 $=\int\frac{2\arctan\sqrt{x}}{1+x}d\sqrt{x}=\int 2\arctan\sqrt{x}\,d(\arctan\sqrt{x})=(\arctan\sqrt{x})^2+C.$

(21) 原式 $=\int\frac{\mathrm{d}(x\ln x)}{(x\ln x)^2}=-\frac{1}{x\ln x}+C.$

(22) 原式 $=\int\cos 2x\mathrm{d}(2x)=\ln|\csc 2x-\cot 2x|+C=\ln|\tan x|+C.$

(23) 原式 $=\int\frac{\ln\tan x}{\tan x}\mathrm{d}(\tan x)=\int\ln\tan x\mathrm{d}(\ln\tan x)=\frac{(\ln\tan x)^2}{2}+C.$

(24) 原式 $=\int(1-\sin^2x)\mathrm{d}(\sin x)=\sin x-\frac{1}{3}\sin^3x+C.$

(25) 原式 $=\int\frac{\cos 2(\omega t+\varphi)+1}{2}\mathrm{d}t=\frac{\sin 2(\omega t+\varphi)}{4\omega}+\frac{t}{2}+C.$

(26) 原式 $=\int\frac{1}{2}(\sin 5x-\sin x)\mathrm{d}x=-\frac{1}{10}\cos 5x+\frac{1}{2}\cos x+C.$

(27) 原式 $=\int\frac{1}{2}\left(\cos\frac{3}{2}x+\cos\frac{1}{2}x\right)\mathrm{d}x=\frac{1}{3}\sin\frac{3}{2}x+\sin\frac{1}{2}x+C.$

(28) 原式 $=\int-\frac{1}{2}(\cos 12x-\cos 2x)\mathrm{d}x=-\frac{1}{24}\sin 12x+\frac{1}{4}\sin 2x+C.$

(29) 原式 $=\int(\sec^2x-1)\mathrm{d}(\sec x)=\frac{1}{3}\sec^3x-\sec x+C.$

(30) 原式 $=\int\frac{\mathrm{e}^x\mathrm{d}x}{\mathrm{e}^{2x}+1}=\int\frac{\mathrm{d}(\mathrm{e}^x)}{\mathrm{e}^{2x}+1}=\arctan(\mathrm{e}^x)+C.$

(31) 原式 $=\int\frac{1}{\sqrt{3^2-(2x)^2}}\mathrm{d}x+\frac{1}{8}\int\frac{\mathrm{d}(9-4x^2)}{\sqrt{9-4x^2}}=\frac{1}{2}\arcsin\frac{2x}{3}+\frac{1}{4}\sqrt{9-4x^2}+C.$

(32) 原式 $=\frac{1}{2}\int\frac{x^2}{9+x^2}\mathrm{d}x^2=\frac{1}{2}\int\frac{x^2+9-9}{9+x^2}\mathrm{d}x^2=\frac{1}{2}\int\mathrm{d}x^2-\frac{9}{2}\int\frac{1}{9+x^2}\mathrm{d}(9+x^2)=$

$\frac{x^2}{2}-\frac{9}{2}\ln(9+x^2)+C$

(33) 原式 $=\frac{1}{2}\int\frac{\mathrm{d}x}{x^2-\left(\frac{1}{\sqrt{2}}\right)^2}=\frac{1}{2\sqrt{2}}\int\left(\frac{1}{x-\frac{1}{\sqrt{2}}}-\frac{1}{x+\frac{1}{\sqrt{2}}}\right)\mathrm{d}x=$

$\frac{1}{2\sqrt{2}}\int\frac{\mathrm{d}\left(x-\frac{1}{\sqrt{2}}\right)}{x-\frac{1}{\sqrt{2}}}-\int\left(\frac{\mathrm{d}\left(x+\frac{1}{\sqrt{2}}\right)}{x+\frac{1}{\sqrt{2}}}\right)=\frac{1}{2\sqrt{2}}\ln\left|\frac{x-\frac{1}{\sqrt{2}}}{x+\frac{1}{\sqrt{2}}}\right|+C=\frac{1}{2\sqrt{2}}\ln\left|\frac{\sqrt{2}x-1}{\sqrt{2}x+1}\right|+C$

(34) 原式 $=\frac{1}{3}\int\left(\frac{1}{x-2}-\frac{1}{x+1}\right)\mathrm{d}x=\frac{1}{3}\int\frac{\mathrm{d}(x-2)}{x-2}-\int\frac{\mathrm{d}(x+1)}{x+1}=\frac{1}{3}\ln\left|\frac{x-2}{x+1}\right|+C$

(35) 原式 $=\int\frac{x}{(x-2)(x+1)}\mathrm{d}x=\int\frac{1}{3}\left(\frac{2}{x-2}+\frac{1}{x+1}\right)\mathrm{d}x=\frac{2}{3}\ln|x-2|+\frac{1}{3}\ln|x+1|+C$

(36) 原式 $\xlongequal[-\frac{\pi}{2}<t<\frac{\pi}{2}]{x=a\sin t}\int\frac{a^2\sin^2t}{a\cos t}a\cos t\mathrm{d}t=a^2\int\sin^2t\mathrm{d}t=a^2\int\frac{1-\cos 2t}{2}\mathrm{d}t=$

$\frac{a^2}{2}\left(t-\frac{1}{2}\sin 2t\right)+C=\frac{a^2}{2}\arcsin\frac{x}{a}-\frac{x}{2}\sqrt{a^2-x^2}+C$

(37) 当 $x>1$ 时，有

原式 $=\int\frac{\mathrm{d}x}{x^2\sqrt{1-\left(\frac{1}{x}\right)^2}}=-\int\frac{\mathrm{d}\left(\frac{1}{x}\right)}{\sqrt{1-\left(\frac{1}{x}\right)^2}}=-\arccos\left(\frac{1}{x}\right)+C$

当 $x<-1$ 时，令 $u=-x$，则

原式 $=\int\frac{-\mathrm{d}u}{-u\sqrt{u^2-1}}=\int\frac{\mathrm{d}u}{u\sqrt{u^2-1}}=-\arccos\left(\frac{1}{u}\right)+C=-\arccos\left(-\frac{1}{x}\right)+C$

故 $$\int \frac{dx}{x\sqrt{x^2-1}} = -\arccos\frac{1}{|x|} + C$$

(38) 原式 $\xlongequal[-\frac{\pi}{2}<t<\frac{\pi}{2}]{x=\tan t} \int \frac{\sec^2 t dt}{\sqrt{(\tan^2 t+1)^3}} = \int \frac{\sec^2 t}{\sec^3 t}dt = \int \frac{1}{\sec t}dt = \sin t + C = \frac{x}{\sqrt{x^2+1}} + C.$

总之,原式 $= \sqrt{x^2-9} - 3\arccos\frac{3}{|x|} + C.$

(39) $x > 3$ 时,设 $x = 3\sec t, (0 < t < \frac{\pi}{2})$

$$原式 = \int \frac{9\sec t\tan^2 t dt}{3\sec t} = 3\int \tan^2 t dt = 3\left[\int \sec^2 t dt - \int dt\right] = 3\tan t - 3t + C =$$

$$\sqrt{x^2-9} - 3\arccos\frac{3}{x} + C$$

$x < -3$ 时,令 $x = -u$,则 $u > 3$,由上面结果得

$$原式 = \sqrt{x^2-9} - 3\arccos\frac{3}{-x} + C$$

(40) $$原式 \xlongequal{t=\sqrt{2x}} \int \frac{tdt}{1+t} = \int \frac{t+1-1}{1+t}dt = \int dt - \int \frac{1}{1+t}dt =$$

$$t - \ln|1+t| + C = \sqrt{2x} - \ln(1+\sqrt{2x}) + C$$

(41) 原式 $\xlongequal[-\frac{\pi}{2}<t<\frac{\pi}{2}]{x=\sin t} \int \frac{\cos t dt}{1+\cos t} = \int \frac{\cos t+1-1}{1+\cos t}dt = \int dt - \int \frac{1}{1+\cos t}dt =$

$$t - \int \frac{1}{2\cos^2\left(\frac{t}{2}\right)}dt = t - \tan\left(\frac{t}{2}\right) + C = \arcsin x - \frac{1-\sqrt{1-x^2}}{x} + C$$

(42) 原式 $\xlongequal[-\frac{\pi}{2}<t<\frac{\pi}{2}]{x=\sin t} \int \frac{\cos t dt}{\sin t+\cos t} = \frac{1}{2}\int \frac{\cos t+\sin t+\cos t-\sin t}{\sin t+\cos t}dt =$

$$\frac{1}{2}\left(\int dt + \int \frac{\cos t-\sin t}{\sin t+\cos t}dt\right) = \frac{1}{2}(t+\ln|\sin t+\cos t|) + C =$$

$$\frac{1}{2}(\arcsin x + \ln|\sqrt{1-x^2}+x|) + C$$

(43) $$原式 = \int \frac{x+1-2}{(x+1)^2+2}dx = \frac{1}{2}\int \frac{d[(x+1)^2+2]}{(x+1)^2+2} - \sqrt{2}\int \frac{d\left(\frac{x+1}{\sqrt{2}}\right)}{\left(\frac{x+1}{\sqrt{2}}\right)^2+1} =$$

$$\frac{1}{2}\ln(x^2+2x+3) - \sqrt{2}\arctan\frac{x+1}{\sqrt{2}} + C$$

(44) 设 $x = \tan t(-\frac{\pi}{2} < t < \frac{\pi}{2})$,则 $x^2+1 = \sec^2 t, dx = \sec^2 t dt$,于是

$$原式 = \int \frac{\tan^3 t+1}{\sec^2 t}dt = \int \frac{\cos^2 t-1}{\cos t}d(\cos t) + \int \frac{1+\cos 2t}{2}dt =$$

$$\frac{1}{2}\cos^2 t - \ln\cos t + \frac{t}{2} + \frac{1}{4}\sin 2t + C = \frac{1}{2}\cos^2 t - \ln\cos t + \frac{t}{2} + \frac{1}{2}\sin t\cos t + C$$

按 $\tan t = x$ 作辅助三角形(见图 4.1),便有

$$\cos t = \frac{1}{\sqrt{1+x^2}}, \quad \sin t = \frac{x}{\sqrt{1+x^2}}$$

于是

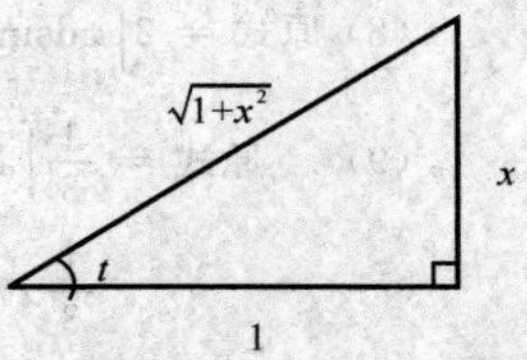

图 4.1

$$原式 = \frac{1+x}{2(1+x^2)} + \frac{1}{2}\ln(1+x^2) + \frac{1}{2}\arctan x + C$$

(三) 习题 4-3 解答

求下列不定积分：

(1) $\int x\sin x\mathrm{d}x$； (2) $\int \ln x\mathrm{d}x$； (3) $\int \arcsin x\mathrm{d}x$；

(4) $\int x\mathrm{e}^{-x}\mathrm{d}x$； (5) $\int x^2\ln x\mathrm{d}x$； (6) $\int \mathrm{e}^{-x}\cos x\mathrm{d}x$；

(7) $\int \mathrm{e}^{-2x}\sin\frac{x}{2}\mathrm{d}x$； (8) $\int x\cos\frac{x}{2}\mathrm{d}x$； (9) $\int x^2\arctan x\mathrm{d}x$；

(10) $\int x\tan^2 x\mathrm{d}x$； (11) $\int x^2\cos x\mathrm{d}x$； (12) $\int t\mathrm{e}^{-2t}\mathrm{d}t$；

(13) $\int \ln^2 x\mathrm{d}x$； (14) $\int x\sin x\cos x\mathrm{d}x$； (15) $\int x^2\cos^2\frac{x}{2}\mathrm{d}x$；

(16) $\int x\ln(x-1)\mathrm{d}x$； (17) $\int (x^2-1)\sin 2x\mathrm{d}x$； (18) $\int \frac{\ln^3 x}{x^2}\mathrm{d}x$；

(19) $\int \mathrm{e}^{\sqrt[3]{x}}\mathrm{d}x$； (20) $\int \cos\ln x\mathrm{d}x$； (21) $\int (\arcsin x)^2\mathrm{d}x$；

(22) $\int \mathrm{e}^x\sin^2 x\mathrm{d}x$； (23) $\int x\ln^2 x\mathrm{d}x$； (24) $\int \mathrm{e}^{\sqrt{3x+9}}\mathrm{d}x$.

解 (1) 原式 $= -\int x\mathrm{d}\cos x = -x\cos x + \int \cos x\mathrm{d}x = -x\cos x + \sin x + C.$

(2) 原式 $= x\ln x - \int x\frac{1}{x}\mathrm{d}x = x\ln x - x + C = x(\ln x - 1) + C.$

(3) 原式 $= x\arcsin x - \int x\frac{1}{\sqrt{1-x^2}}\mathrm{d}x = x\arcsin x + \int \frac{1}{2\sqrt{1-x^2}}\mathrm{d}(1-x^2) = x\arcsin x + \sqrt{1-x^2} + C.$

(4) 原式 $= -\int x\mathrm{d}\mathrm{e}^{-x} = -x\mathrm{e}^{-x} + \int \mathrm{e}^{-x}\mathrm{d}x = -\mathrm{e}^{-x}(x+1) + C.$

(5) 原式 $= \frac{1}{3}\int \ln x\mathrm{d}x^3 = \frac{1}{3}\left(x^3\ln x - \int x^3\frac{1}{x}\mathrm{d}x\right) = \frac{1}{3}\left(x^3\ln x - \int x^2\mathrm{d}x\right) = \frac{1}{3}x^3\left(\ln x - \frac{1}{3}\right) + C.$

(6)
$$原式 = \int \mathrm{e}^{-x}\mathrm{d}\sin x = \mathrm{e}^{-x}\sin x + \int \mathrm{e}^{-x}\sin x\mathrm{d}x = \mathrm{e}^{-x}\sin x - \int \mathrm{e}^{-x}\mathrm{d}\cos x =$$
$$\mathrm{e}^{-x}\sin x - \mathrm{e}^{-x}\cos x - \int \cos x\mathrm{e}^{-x}\mathrm{d}x$$

故
$$\int \mathrm{e}^{-x}\cos x\mathrm{d}x = \frac{1}{2}\mathrm{e}^{-x}(\sin x - \cos x) + C$$

(7)
$$原式 = -2\int \mathrm{e}^{-2x}\mathrm{d}\cos\frac{x}{2} = -2\mathrm{e}^{-2x}\cos\frac{x}{2} - 4\int \mathrm{e}^{-2x}\cos\frac{x}{2}\mathrm{d}x =$$
$$-2\mathrm{e}^{-2x}\cos\frac{x}{2} - 8\int \mathrm{e}^{-2x}\mathrm{d}\sin\frac{x}{2} = -2\mathrm{e}^{-2x}\cos\frac{x}{2} - 8\mathrm{e}^{-2x}\sin\frac{x}{2} - 16\int \sin\frac{x}{2}\mathrm{e}^{-2x}\mathrm{d}x$$

故
$$\int \mathrm{e}^{-2x}\sin\frac{x}{2}\mathrm{d}x = -\frac{2}{17}\mathrm{e}^{-2x}\left(\cos\frac{x}{2} + 4\sin\frac{x}{2}\right) + C$$

(8) 原式 $= 2\int x\mathrm{d}\sin\frac{x}{2} = 2\left(x\sin\frac{x}{2} - \int \sin\frac{x}{2}\mathrm{d}x\right) = 2\left(x\sin\frac{x}{2} + 2\cos\frac{x}{2}\right) + C.$

(9)
$$原式 = \frac{1}{3}\int \arctan x\mathrm{d}x^3 = \frac{1}{3}\left(x^3\arctan x - \int x^3\frac{1}{1+x^2}\mathrm{d}x\right) =$$
$$\frac{1}{3}x^3\arctan x - \frac{1}{3}\int\left(x - \frac{x}{1+x^2}\right)\mathrm{d}x = \frac{1}{3}x^3\arctan x - \frac{1}{3}\left(\frac{1}{2}x^2 - \frac{1}{2}\int\frac{\mathrm{d}(1+x^2)}{1+x^2}\right) =$$

$\frac{1}{3}x^3\arctan x-\frac{1}{6}x^2+\frac{1}{6}\ln(1+x^2)+C$

(10) 原式 $=\int x(\sec^2x-1)\mathrm{d}x=\int x\sec^2x\mathrm{d}x-\int x\mathrm{d}x=\int x\mathrm{d}\tan x-\frac{1}{2}x^2=$

$x\tan x+\ln|\cos x|-\frac{1}{2}x^2+C$

(11) 原式 $=\int x^2\mathrm{d}\sin x=x^2\sin x-2\int x\sin x\mathrm{d}x=x^2\sin x+2\int x\mathrm{d}\cos x=$

$x^2\sin x+2\left(x\cos x-\int\cos x\mathrm{d}x\right)=x^2\sin x+2x\cos x-2\sin x+C$

(12) 原式 $=-\frac{1}{2}\int t\mathrm{d}e^{-2t}=-\frac{1}{2}\left(te^{-2t}-\int e^{-2t}\mathrm{d}t\right)=-\frac{1}{2}\left(te^{-2t}+\frac{1}{2}e^{-2t}\right)+C=-\frac{1}{2}e^{-2t}\left(t+\frac{1}{2}\right)+C.$

(13) 原式 $=x\ln^2x-\int x\frac{1}{x}2\ln x\mathrm{d}x=x\ln^2x-2\int\ln x\mathrm{d}x=x\ln^2x-2\left(x\ln x-\int x\frac{1}{x}\mathrm{d}x\right)=$

$x\ln^2x-2(x\ln x-x)+C=x\ln^2x-2x(\ln x-1)+C$

(14) 原式 $=\frac{1}{2}\int x\sin 2x\mathrm{d}x=-\frac{1}{4}\int x\mathrm{d}\cos 2x=-\frac{1}{4}\left(x\cos 2x-\int\cos 2x\mathrm{d}x\right)=$

$-\frac{1}{4}\left(x\cos 2x-\frac{1}{2}\sin 2x\right)+C=-\frac{1}{4}x\cos 2x+\frac{1}{8}\sin 2x+C$

(15) 原式 $=\int x^2\frac{1+\cos x}{2}\mathrm{d}x=\frac{1}{2}\left(\int x^2\mathrm{d}x+\int x^2\cos x\mathrm{d}x\right)=$

$\frac{1}{2}\left(\frac{1}{3}x^3+x^2\sin x+2x\cos x-2\sin x\right)+C=\frac{1}{6}x^3+\frac{1}{2}x^2\sin x+x\cos x-\sin x+C$

(16) 原式 $=\frac{1}{2}\int\ln(x-1)\mathrm{d}x^2=\frac{1}{2}\left[x^2\ln(x-1)-\int x^2\frac{1}{x-1}\mathrm{d}x\right]=$

$\frac{1}{2}x^2\ln(x-1)-\frac{1}{2}\int\left(x+1+\frac{1}{x-1}\right)\mathrm{d}x=\frac{1}{2}(x^2-1)\ln(x-1)-\frac{1}{4}x^2-\frac{1}{2}x+C$

(17) 原式 $=-\frac{1}{2}\int(x^2-1)\mathrm{d}\cos 2x=-\frac{1}{2}(x^2-1)\cos 2x+\frac{1}{2}\int 2x\cos 2x\mathrm{d}x=$

$-\frac{1}{2}(x^2-1)\cos 2x+\frac{1}{2}\int x\mathrm{d}\sin 2x=-\frac{1}{2}(x^2-1)\cos 2x+\frac{1}{2}x\sin 2x-\frac{1}{2}\int\sin 2x\mathrm{d}x=$

$-\frac{1}{2}(x^2-1)\cos 2x+\frac{1}{2}x\sin 2x+\frac{1}{4}\cos 2x+C=\frac{1}{2}\left(\frac{3}{2}-x^2\right)\cos 2x+\frac{1}{2}x\sin 2x+C$

(18) 原式 $\xlongequal{令\ t=\ln x}\int\frac{t^3}{e^{2t}}e^t\mathrm{d}t=\int t^3e^{-t}\mathrm{d}t=-\int t^3\mathrm{d}e^{-t}=-t^3e^{-t}+3\int t^2e^{-t}\mathrm{d}t=$

$-t^3e^{-t}-3\int t^2\mathrm{d}e^{-t}=-t^3e^{-t}-3\left(t^2e^{-t}-2\int te^{-t}\mathrm{d}t\right)=$

$-t^3e^{-t}-3t^2e^{-t}-6\int t\mathrm{d}e^{-t}=-t^3e^{-t}-3t^2e^{-t}-6\left(te^{-t}-\int e^{-t}\mathrm{d}t\right)=$

$-t^3e^{-t}-3t^2e^{-t}-6te^{-t}-6e^{-t}+C=-\frac{1}{x}[(\ln x)^3+3(\ln x)^2+6\ln x+6]+C$

(19) 原式 $\xlongequal{令\ t=\sqrt[3]{x}}\int e^t3t^2\mathrm{d}t=3\int t^2\mathrm{d}e^t=3t^2e^t-3\int 2te^t\mathrm{d}t=3t^2e^t-6\int t\mathrm{d}e^t=$

$3t^2e^t-6te^t+6\int e^t\mathrm{d}t=3t^2e^t-6te^t+6e^t+C=$

$3e^{\sqrt[3]{x}}(\sqrt[3]{x^2}-2\sqrt[3]{x}+2)+C$

(20) 原式 $=x\cos\ln x+\int x\frac{1}{x}\sin\ln x\mathrm{d}x=x\cos\ln x+\int\sin\ln x\mathrm{d}x=$

$x\cos\ln x+x\sin\ln x-\int x\frac{1}{x}\cos\ln x\mathrm{d}x=x\cos\ln x+x\sin\ln x-\int\cos\ln x\mathrm{d}x$

故
$$\int \cos\ln x\,dx = \frac{1}{2}x(\cos\ln x + \sin\ln x) + C$$

(21) 原式 $= x(\arcsin x)^2 - \int x2\arcsin x \frac{1}{\sqrt{1-x^2}}dx =$

$$x(\arcsin x)^2 + \int \arcsin x \frac{d(1-x^2)}{\sqrt{1-x^2}} = x(\arcsin x)^2 + 2\int \arcsin x\, d\sqrt{1-x^2} =$$

$$x(\arcsin x)^2 + 2\sqrt{1-x^2}\arcsin x - 2\int \sqrt{1-x^2}\frac{1}{\sqrt{1-x^2}}dx =$$

$$x(\arcsin x)^2 + 2\sqrt{1-x^2}\arcsin x - 2x + C$$

(22) 原式 $= \int \sin^2 x\, de^x = e^x\sin^2 x - \int e^x 2\sin x\cos x\,dx = e^x\sin^2 x - \int \sin 2x\, de^x =$

$$e^x\sin^2 x - e^x\sin 2x + 2\int e^x\cos 2x\,dx =$$

$$e^x\sin^2 x - e^x\sin 2x + 2\left(\frac{2}{5}e^x\sin 2x + \frac{1}{5}e^x\cos 2x\right) + C =$$

$$e^x\sin^2 x - \frac{1}{5}e^x\sin 2x + \frac{2}{5}e^x\cos 2x + C$$

(23) 原式 $= \int \ln^2 x\, d\left(\frac{x^2}{2}\right) = \frac{x^2}{2}\ln^2 x - \int x\ln x\,dx = \frac{x^2}{2}\ln^2 x - \int \ln x\, d\left(\frac{x^2}{2}\right) =$

$$\frac{x^2}{2}\ln^2 x - \frac{x^2}{2}\ln x + \int \frac{x}{2}dx = \frac{x^2}{4}(2\ln^2 x - 2\ln x + 1) + C$$

(24) 设 $\sqrt{3x+9} = u$,即 $x = \frac{1}{3}(u^2-9)$,$dx = \frac{2}{3}u\,du$,则

原式 $= \int \frac{2}{3}ue^u du = \int \frac{2}{3}u\,d(e^u) = \frac{2}{3}ue^u - \int \frac{2}{3}e^u du = \frac{2}{3}ue^u - \frac{2}{3}e^u + C = \frac{2}{3}e^{\sqrt{3x+9}}(\sqrt{3x+9}-1) + C$

(四) 习题 4-4 解答

求下列不定积分:

(1) $\int \frac{x^3}{x+3}dx$;
(2) $\int \frac{2x+3}{x^2+3x-10}dx$;
(3) $\int \frac{x+1}{x^2-2x+5}dx$;

(4) $\int \frac{dx}{x(x^2+1)}$;
(5) $\int \frac{3}{x^3+1}dx$;
(6) $\int \frac{x^2+1}{(x+1)^2(x-1)}dx$;

(7) $\int \frac{x\,dx}{(x+1)(x+2)(x+3)}$;
(8) $\int \frac{x^5+x^4-8}{x^3-x}dx$;
(9) $\int \frac{dx}{(x^2+1)(x^2+x)}$;

(10) $\int \frac{1}{x^4-1}dx$;
(11) $\int \frac{dx}{(x^2+1)(x^2+x+1)}$;
(12) $\int \frac{(x+1)^2}{(x^2+1)^2}dx$;

(13) $\int \frac{-x^2-2}{(x^2+x+1)^2}dx$;
(14) $\int \frac{dx}{3+\sin^2 x}$;
(15) $\int \frac{dx}{3+\cos x}$;

(16) $\int \frac{dx}{2+\sin x}$;
(17) $\int \frac{dx}{1+\sin x+\cos x}$;
(18) $\int \frac{dx}{2\sin x-\cos x+5}$;

(19) $\int \frac{dx}{1+\sqrt[3]{x+1}}$;
(20) $\int \frac{(\sqrt{x})^3-1}{\sqrt{x}+1}dx$;
(21) $\int \frac{\sqrt{x+1}-1}{\sqrt{x+1}+1}dx$;

(22) $\int \frac{dx}{\sqrt{x}+\sqrt[4]{x}}$;
(23) $\int \sqrt{\frac{1-x}{1+x}}\frac{dx}{x}$;
(24) $\int \frac{dx}{\sqrt[3]{(x+1)^2(x-1)^4}}$.

解 (1) 原式 $= \int\left(x^2 - 3x + 9 - \frac{27}{x+3}\right)dx = \frac{1}{3}x^3 - \frac{3}{2}x^2 + 9x - 27\ln|x+3| + C$

(2) 原式 $= \int \frac{1}{x^2+3x-10}d(x^2+3x-10) = \ln|x^2+3x-10| + C$

(3) 原式 $=\int\frac{x-1}{(x-1)^2+4}dx+\frac{1}{2}\int\frac{1}{\left(\frac{x-1}{2}\right)^2+1}dx=\frac{1}{2}\ln(x^2-2x+5)+\arctan\frac{x-1}{2}+C$

(4) 原式 $=\int\left(\frac{1}{x}-\frac{x}{x^2+1}\right)dx=\ln|x|-\frac{1}{2}\int\frac{d(x^2+1)}{x^2+1}=\ln|x|-\frac{1}{2}\ln(x^2+1)+C$

(5) 原式 $=\int\left(\frac{1}{x+1}-\frac{x-2}{x^2-x+1}\right)dx=\ln|x+1|-\frac{1}{2}\int\frac{2x-1-3}{x^2-x+1}dx=$

$$\ln|x+1|-\frac{1}{2}\int\frac{d(x^2-x+1)}{x^2-x+1}+\frac{3}{2}\int\frac{d\left(x-\frac{1}{2}\right)}{\left(x-\frac{1}{2}\right)^2+\frac{3}{4}}=$$

$$\ln\frac{|x+1|}{\sqrt{x^2-x+1}}+\sqrt{3}\arctan\frac{2x-1}{\sqrt{3}}+C$$

(6) 原式 $=\int\left[\frac{-1}{(x+1)^2}+\frac{\frac{1}{2}}{x+1}+\frac{\frac{1}{2}}{x-1}\right]dx=\frac{1}{x+1}+\frac{1}{2}\ln|x^2-1|+C$

(7) 原式 $=\int\left(\frac{2}{x+2}-\frac{\frac{1}{2}}{x+1}-\frac{\frac{3}{2}}{x+3}\right)dx=-\frac{1}{2}\ln|x+1|+2\ln|x+2|-\frac{3}{2}\ln|x+3|+C$

(8) 原式 $=\int\left(x^2+x+1+\frac{8}{x}-\frac{3}{x-1}-\frac{4}{x+1}\right)dx=$

$$\frac{x^3}{3}+\frac{x^2}{2}+x+8\ln|x|-3\ln|x-1|-4\ln|x+1|+C$$

(9) 原式 $=\int\left[-\frac{1}{2}\left(\frac{x}{x^2+1}+\frac{1}{x^2+1}\right)+\frac{1}{x}+\frac{-\frac{1}{2}}{x+1}\right]dx=$

$$-\frac{1}{4}\ln(x^2+1)-\frac{1}{2}\arctan x+\ln|x|-\frac{1}{2}\ln|x+1|+C=$$

$$\frac{1}{4}\ln\frac{x^4}{(x+1)^2(x^2+1)}-\frac{1}{2}\arctan x+C$$

(10) 原式 $=\int\frac{1}{(x-1)(x+1)(x^2+1)}dx=\frac{1}{4}\int\frac{1}{x-1}dx-\frac{1}{4}\int\frac{1}{x+1}dx-\frac{1}{2}\int\frac{1}{x^2+1}dx=$

$$\frac{1}{4}\ln\left|\frac{x-1}{x+1}\right|-\frac{1}{2}\arctan x+C$$

(11) 原式 $=\int\left(\frac{-x}{x^2+1}+\frac{x+1}{x^2+x+1}\right)dx=-\frac{1}{2}\ln(x^2+1)+\frac{1}{2}\int\left(\frac{2x+1}{x^2+x+1}+\frac{1}{x^2+x+1}\right)dx=$

$$-\frac{1}{2}\ln(x^2+1)+\frac{1}{2}\ln(x^2+x+1)+\frac{\sqrt{3}}{3}\arctan\frac{2x+1}{\sqrt{3}}+C$$

(12) 原式 $=\int\frac{x^2+1}{(x^2+1)^2}dx+\int\frac{2xdx}{(x^2+1)^2}=\arctan x-\frac{1}{x^2+1}+C$

(13) 原式 $=\int\left[\frac{1}{2}\left(\frac{2x+1}{(x^2+x+1)^2}-\frac{3}{(x^2+x+1)^2}\right)-\frac{1}{x^2+x+1}\right]dx=$

$$\frac{1}{2}\int\frac{d(x^2+x+1)}{(x^2+x+1)^2}-\frac{3}{2}\int\frac{d\left(x+\frac{1}{2}\right)}{\left[\left(x+\frac{1}{2}\right)^2+\left(\frac{\sqrt{3}}{2}\right)^2\right]^2}-\int\frac{d\left(x+\frac{1}{2}\right)}{\left(x+\frac{1}{2}\right)^2+\left(\frac{\sqrt{3}}{2}\right)^2}=$$

$$-\frac{1}{2}\frac{1}{x^2+x+1}-\left[\frac{2x+1}{2(x^2+x+1)}+\frac{2}{\sqrt{3}}\arctan\frac{2x+1}{\sqrt{3}}\right]-\frac{2}{\sqrt{3}}\arctan\frac{2x+1}{\sqrt{3}}+C=$$

$$-\frac{x+1}{x^2+x+1}-\frac{4}{\sqrt{3}}\arctan\frac{2x+1}{\sqrt{3}}+C$$

(14) $$原式=\int\frac{dx}{3\cos^2x+4\sin^2x}=\int\frac{\sec^2x dx}{3+4\tan^2x}=\int\frac{d\tan x}{3+4\tan^2x}=$$

$$\frac{1}{4}\int\frac{d\tan x}{\left(\frac{\sqrt{3}}{2}\right)^2+\tan^2x}=\frac{\sqrt{3}}{6}\arctan\frac{2\tan x}{\sqrt{3}}+C$$

(15) $$原式=\int\frac{dx}{3+2\cos^2\frac{x}{2}-1}=\frac{1}{2}\int\frac{dx}{1+\cos^2\frac{x}{2}}=\int\frac{d\left(\frac{x}{2}\right)}{\cos^2\frac{x}{2}\left(1+\sec^2\frac{x}{2}\right)}=$$

$$\int\frac{d\left(\tan\frac{x}{2}\right)}{2+\tan^2\frac{x}{2}}=\frac{1}{\sqrt{2}}\arctan\frac{\tan\frac{x}{2}}{\sqrt{2}}+C$$

(16) $$原式\xlongequal{令 t=\tan\frac{x}{2}}\int\frac{1}{2+\frac{2t}{1+t^2}}\frac{2dt}{1+t^2}=\int\frac{dt}{t^2+t+1}=\int\frac{dt}{\left(t+\frac{1}{2}\right)^2+\frac{3}{4}}=$$

$$\frac{2}{\sqrt{3}}\arctan\frac{2t+1}{\sqrt{3}}+C=\frac{2}{\sqrt{3}}\arctan\frac{2\tan\left(\frac{x}{2}\right)+1}{\sqrt{3}}+C$$

(17) $$原式\xlongequal{令 t=\tan\frac{x}{2}}\int\frac{1}{1+\frac{2t}{1+t^2}+\frac{1-t^2}{1+t^2}}\frac{2}{1+t^2}dt=\int\frac{1}{t+1}dt=$$

$$\ln|t+1|+C=\ln\left|\tan\frac{x}{2}+1\right|+C$$

(18) $$原式=\int\frac{dx}{4\sin\frac{x}{2}\cos\frac{x}{2}-1+2\sin^2\frac{x}{2}+5}=$$

$$\int\frac{dx}{2\cos^2\frac{x}{2}\left(2\tan\frac{x}{2}+2\sec^2\frac{x}{2}+\tan^2\frac{x}{2}\right)}=\int\frac{d\left(\tan\frac{x}{2}\right)}{2\tan\frac{x}{2}+2+3\tan^2\frac{x}{2}}=$$

$$\frac{1}{3}\int\frac{d\left(\tan\frac{x}{2}+\frac{1}{3}\right)}{\left(\tan\frac{x}{2}+\frac{1}{3}\right)^2+\frac{5}{9}}=\frac{1}{\sqrt{5}}\arctan\frac{3\tan\frac{x}{2}+1}{\sqrt{5}}+C$$

(19) $$原式\xlongequal{令 t=\sqrt[3]{x+1}}\int\frac{3t^2}{1+t}dt=3\int\frac{t^2-1+1}{1+t}dt=3\int\left(t-1+\frac{1}{1+t}\right)dt=$$

$$3\left(\frac{1}{2}t^2-t+\ln|t+1|\right)+C=$$

$$3\left(\frac{1}{2}\sqrt[3]{(x+1)^2}-\sqrt[3]{x+1}+\ln|\sqrt[3]{x+1}+1|\right)+C$$

(20) $$原式=\int[(\sqrt{x})^2-\sqrt{x}+1]dx=\frac{1}{2}x^2-\frac{2}{3}x^{\frac{3}{2}}+x+C$$

(21) $$原式\xlongequal{令 t=\sqrt{x+1}}\int\frac{t-1}{t+1}2tdt=2\int\left(t-2+\frac{2}{t+1}\right)dt=$$

$$t^2-4t+4\ln|t+1|+C'=x-4\sqrt{x+1}+4\ln|\sqrt{x+1}+1|+C$$

(22) $$原式\xlongequal{令 t=\sqrt[4]{x}}\int\frac{4t^3dt}{t^2+t}=4\int\left(t-1+\frac{1}{t+1}\right)dt=$$

$$2t^2-4t+4\ln|t+1|+C=2(\sqrt{x}-2\sqrt[4]{x}+2\ln|\sqrt[4]{x}+1|)+C$$

(23) 原式 $\xlongequal{令 t=\sqrt{\frac{1-x}{1+x}}}\int t\dfrac{1+t^2}{1-t^2}\dfrac{-4t}{(1+t^2)^2}\mathrm{d}t=-2\int\left(\dfrac{1}{1-t^2}-\dfrac{1}{1+t^2}\right)\mathrm{d}t=$

$$\ln\left|\frac{t-1}{t+1}\right|+2\arctan t+C=\ln\left|\frac{\sqrt{1-x}-\sqrt{1+x}}{\sqrt{1-x}+\sqrt{1+x}}\right|+2\arctan\sqrt{\frac{1-x}{1+x}}+C$$

(24) 原式 $\xlongequal{令 t=\frac{1}{x-1}}\int\dfrac{1}{\dfrac{1}{t}\sqrt[3]{\left(2+\dfrac{1}{t}\right)^2\dfrac{1}{t}}}\left(-\dfrac{\mathrm{d}t}{t^2}\right)=-\int(2t+1)^{-\frac{2}{3}}\mathrm{d}t=$

$$-\frac{3}{2}(2t+1)^{\frac{1}{3}}+C=-\frac{3}{2}\sqrt[3]{\frac{x+1}{x-1}}+C$$

(五) 习题4-5解答

利用积分表计算下列不定积分：

(1) $\displaystyle\int\frac{\mathrm{d}x}{\sqrt{4x^2-9}}$； (2) $\displaystyle\int\frac{\mathrm{d}x}{x^2+2x+5}$； (3) $\displaystyle\int\frac{\mathrm{d}x}{\sqrt{5-4x+x^2}}$；

(4) $\displaystyle\int\sqrt{2x^2+9}\,\mathrm{d}x$； (5) $\displaystyle\int\sqrt{3x^2-2}\,\mathrm{d}x$； (6) $\displaystyle\int\mathrm{e}^{2x}\cos x\mathrm{d}x$；

(7) $\displaystyle\int x\arcsin\frac{x}{2}\mathrm{d}x$； (8) $\displaystyle\int\frac{\mathrm{d}x}{(x^2+9)^2}$； (9) $\displaystyle\int\frac{\mathrm{d}x}{\sin^3x}$；

(10) $\displaystyle\int\mathrm{e}^{-2x}\sin3x\mathrm{d}x$； (11) $\displaystyle\int\sin3x\sin5x\mathrm{d}x$； (12) $\displaystyle\int\ln^3x\mathrm{d}x$；

(13) $\displaystyle\int\frac{\mathrm{d}x}{x^2(1-x)}$； (14) $\displaystyle\int\frac{\sqrt{x-1}}{x}\mathrm{d}x$； (15) $\displaystyle\int\frac{\mathrm{d}x}{(1+x^2)^2}$；

(16) $\displaystyle\int\frac{\mathrm{d}x}{x\sqrt{x^2-1}}$； (17) $\displaystyle\int\frac{x}{(2+3x)^2}\mathrm{d}x$； (18) $\displaystyle\int\cos^6x\mathrm{d}x$；

(19) $\displaystyle\int x^2\sqrt{x^2-2}\,\mathrm{d}x$； (20) $\displaystyle\int\frac{\mathrm{d}x}{2+5\cos x}$； (21) $\displaystyle\int\frac{\mathrm{d}x}{x^2\sqrt{2x-1}}$；

(22) $\displaystyle\int\sqrt{\frac{1-x}{1+x}}\mathrm{d}x$； (23) $\displaystyle\int\frac{x+5}{x^2-2x-1}\mathrm{d}x$； (24) $\displaystyle\int\frac{x\mathrm{d}x}{\sqrt{1+x-x^2}}$；

(25) $\displaystyle\int\frac{x^4}{25+4x^2}\mathrm{d}x$.

解 (1) 原式 $=\dfrac{1}{2}\displaystyle\int\frac{\mathrm{d}(2x)}{\sqrt{(2x)^2-3^2}}=\frac{1}{2}\ln|2x+\sqrt{4x^2-9}|+C.$

(2) 原式 $=\displaystyle\int\frac{\mathrm{d}(x+1)}{(x+1)^2+2^2}=\frac{1}{2}\arctan\frac{x+1}{2}+C.$

(3) 原式 $=\displaystyle\int\frac{\mathrm{d}(x-2)}{\sqrt{1+(x-2)^2}}=\ln|x-2+\sqrt{5-4x+x^2}|+C.$

(4) 原式 $=\sqrt{2}\displaystyle\int\sqrt{x^2+\frac{9}{2}}\mathrm{d}x=\sqrt{2}\left[\frac{x}{2}\sqrt{x^2+\frac{9}{2}}+\frac{9}{4}\ln|\sqrt{2}x+\sqrt{2x^2+9}|\right]+C.$

(5) 原式 $=\sqrt{3}\displaystyle\int\sqrt{x^2-\frac{2}{3}}\mathrm{d}x=\sqrt{3}\left[\frac{x}{2}\sqrt{x^2-\frac{2}{3}}-\frac{1}{3}\ln|\sqrt{3}x+\sqrt{3x^2-2}|\right]+C.$

(6) 原式 $=\dfrac{1}{5}\mathrm{e}^{2x}(\sin x+2\cos x)+C.$

(7) 原式 $=\left(\dfrac{x^2}{2}-1\right)\arcsin\dfrac{x}{2}+\dfrac{x}{4}\sqrt{4-x^2}+C.$

(8) 原式 $=\displaystyle\int\frac{\mathrm{d}x}{(x^2+3^2)^2}=\frac{x}{18(x^2+9)}+\frac{1}{54}\arctan\frac{x}{3}+C.$

(9) 原式 $= -\frac{1}{2}\frac{\cos x}{\sin^2 x} + \frac{1}{2}\int\frac{dx}{\sin x} = -\frac{1}{2}\frac{\cos x}{\sin^2 x} + \frac{1}{2}\ln\left|\tan\frac{x}{2}\right| + C.$

(10) 原式 $= -\frac{1}{13}e^{-2x}(2\sin 3x + 3\cos 3x) + C.$

(11) 原式 $= -\frac{1}{16}\sin 8x + \frac{1}{4}\sin 2x + C.$

(12) 原式 $= x\ln^3 x - 3\int\ln^2 x dx = x\ln^3 x - 3\left(x\ln^2 x - 2\int\ln x dx\right) = x\ln^3 x - 3x\ln^2 x + 6x\ln x - 6x + C.$

(13) 原式 $= \int\left(\frac{1}{x} + \frac{1}{x^2} + \frac{1}{1-x}\right)dx = \ln\left|\frac{x}{1-x}\right| - \frac{1}{x} + C.$

(14) 原式 $= 2\sqrt{x-1} - 2\arctan\sqrt{x-1} + C.$

(15) 原式 $= \frac{x}{2(1+x^2)} + \frac{1}{2}\int\frac{dx}{1+x^2} = \frac{x}{2(1+x^2)} + \frac{1}{2}\arctan x + C.$

(16) 原式 $= \arccos\frac{1}{|x|} + C.$

(17) 原式 $= \frac{1}{9}\left(\ln|2+3x| + \frac{2}{2+3x}\right) + C.$

(18) 原式 $= \frac{1}{6}\cos^5 x\sin x + \frac{5}{6}\int\cos^4 x dx = \frac{\cos^5 x\sin x}{6} + \frac{5\cos^3 x\sin x}{24} + \frac{15}{24}\left(\frac{x}{2} + \frac{\sin 2x}{4}\right) + C.$

(19) 原式 $= \frac{1}{4}x(x^2-1)\sqrt{x^2-2} - \frac{1}{2}\ln|x + \sqrt{x^2-2}| + C.$

(20) 原式 $= \frac{1}{\sqrt{21}}\ln\left|\frac{\sqrt{3}\tan\frac{x}{2} + \sqrt{7}}{\sqrt{3}\tan\frac{x}{2} - \sqrt{7}}\right| + C.$

(21) 原式 $= \frac{\sqrt{2x-1}}{x} + 2\arctan\sqrt{2x-1} + C.$

(22) 原式 $= \arcsin x + \sqrt{1-x^2} + C.$

(23) 原式 $= \frac{1}{2}\ln|x^2 - 2x - 1| + \frac{3}{\sqrt{2}}\ln\left|\frac{x - (\sqrt{2}+1)}{x + (\sqrt{2}-1)}\right| + C.$

(24) 原式 $= -\sqrt{1+x-x^2} + \frac{1}{2}\arcsin\frac{2x-1}{\sqrt{5}} + C.$

(25) 原式 $= \frac{1}{12}x^3 - \frac{25}{16}x + \frac{125}{32}\arctan\frac{2x}{5} + C.$

(六) 总习题四解答

求下列不定积分(其中 a,b 为常数):

(1) $\int\frac{dx}{e^x - e^{-x}}$;　(2) $\int\frac{x}{(1-x)^3}dx$;　(3) $\int\frac{x^2}{a^6 - x^6}dx\ (a>0)$;

(4) $\int\frac{1+\cos x}{x+\sin x}dx$;　(5) $\int\frac{\ln\ln x}{x}dx$;　(6) $\int\frac{\sin x\cos x}{1+\sin^4 x}dx$;

(7) $\int\tan^4 x dx$;　(8) $\int\sin x\sin 2x\sin 3x dx$;　(9) $\int\frac{1}{x(x^6+4)}dx$;

(10) $\int\sqrt{\frac{a+x}{a-x}}dx\ (a>0)$;　(11) $\int\frac{dx}{\sqrt{x(1+x)}}$;　(12) $\int x\cos^2 x dx$;

(13) $\int e^{ax}\cos bx dx$;　(14) $\int\frac{dx}{\sqrt{1+e^x}}$;　(15) $\int\frac{dx}{x^2\sqrt{x^2-1}}$;

(16) $\int \frac{dx}{(a^2-x^2)^{\frac{5}{2}}}$； (17) $\int \frac{dx}{x^4\sqrt{1+x^2}}$； (18) $\int \sqrt{x}\sin\sqrt{x}\,dx$；

(19) $\int \ln(1+x^2)dx$； (20) $\int \frac{\sin^2 x}{\cos^3 x}dx$； (21) $\int \arctan\sqrt{x}\,dx$；

(22) $\int \frac{\sqrt{1+\cos x}}{\sin x}dx$； (23) $\int \frac{x^3}{(1+x^8)^2}dx$； (24) $\int \frac{x^{11}}{x^8+3x^4+2}dx$；

(25) $\int \frac{dx}{16-x^4}$； (26) $\int \frac{\sin x}{1+\sin x}dx$； (27) $\int \frac{x+\sin x}{1+\cos x}dx$；

(28) $\int e^{\sin x}\frac{x\cos^3 x-\sin x}{\cos^2 x}dx$； (29) $\int \frac{\sqrt[3]{x}}{x(\sqrt{x}+\sqrt[3]{x})}dx$； (30) $\int \frac{dx}{(1+e^x)^2}$；

(31) $\int \frac{e^{3x}+e^x}{e^{4x}-e^{2x}+1}dx$； (32) $\int \frac{xe^x dx}{(1+e^x)^2}$； (33) $\int \ln^2(x+\sqrt{1+x^2})dx$；

(34) $\int \frac{\ln x}{(1+x^2)^{\frac{3}{2}}}dx$； (35) $\int \sqrt{1-x^2}\arcsin x\,dx$； (36) $\int \frac{x^3\arccos x}{\sqrt{1-x^2}}dx$；

(37) $\int \frac{\cot x}{1+\sin x}dx$； (38) $\int \frac{dx}{\sin^3 x\cos x}$； (39) $\int \frac{dx}{(2+\cos x)\sin x}$；

(40) $\int \frac{\sin x\cos x}{\sin x+\cos x}dx$.

解 (1) 原式 $=\int \frac{e^x dx}{e^{2x}-1}=\frac{1}{2}\int\left(\frac{1}{e^x-1}-\frac{1}{e^x+1}\right)de^x=\frac{1}{2}\ln\left|\frac{e^x-1}{e^x+1}\right|+C$

(2) 原式 $=\int \frac{(x-1)+1}{(1-x)^3}dx=-\int \frac{d(1-x)}{(1-x)^3}+\int \frac{d(1-x)}{(1-x)^2}=\frac{1}{2(1-x)^2}-\frac{1}{1-x}+C$

(3) 原式 $=\frac{1}{3}\int \frac{dx^3}{a^6-x^6}=\frac{1}{3}\frac{1}{2a^3}\int\left(\frac{1}{a^3-x^3}+\frac{1}{a^3+x^3}\right)dx^3=\frac{1}{6a^3}\ln\left|\frac{a^3+x^3}{a^3-x^3}\right|+C$

(4) 原式 $=\int \frac{d(x+\sin x)}{x+\sin x}=\ln|x+\sin x|+C$

(5) 原式 $=\int \ln\ln x\,d\ln x=\ln x[\ln\ln x-1]+C$

(6) 原式 $=\frac{1}{2}\int \frac{1}{1+\sin^4 x}d\sin^2 x=\frac{1}{2}\arctan(\sin^2 x)+C$

(7) 原式 $=\int(\sec^2 x-1)\tan^2 x dx=\int \sec^2 x\tan^2 x dx-\int \tan^2 x dx=$

$\frac{1}{3}\tan^3 x-\int(\sec^2 x-1)dx=\frac{1}{3}\tan^3 x-\tan x+x+C$

(8) 原式 $=-\frac{1}{2}\int \sin x[\cos 5x-\cos x]dx=-\frac{1}{4}\int(\sin 6x-\sin 4x-\sin 2x)dx=$

$\frac{1}{24}\cos 6x-\frac{1}{16}\cos 4x-\frac{1}{8}\cos 2x+C$

(9) 原式 $=\int \frac{1}{x^7\left(1+\frac{4}{x^6}\right)}dx=-\frac{1}{24}\int \frac{1}{1+\frac{4}{x^6}}d\left(1+\frac{4}{x^6}\right)=-\frac{1}{24}\ln\left(1+\frac{4}{x^6}\right)+C$

(10) 原式 $=\int \frac{a+x}{\sqrt{a^2-x^2}}dx=\int \frac{a}{\sqrt{a^2-x^2}}dx+\int \frac{x}{\sqrt{a^2-x^2}}dx=a\arcsin\frac{x}{a}-\sqrt{a^2-x^2}+C$

(11) 原式 $=2\int \frac{d\sqrt{x}}{\sqrt{1+(\sqrt{x})^2}}=2\ln|\sqrt{x}+\sqrt{x+1}|+C$

(12) 原式 $=\frac{1}{2}\int x(\cos 2x+1)dx=\frac{1}{2}\int x\cos 2x dx+\frac{1}{2}\int x dx=\frac{1}{4}x\sin 2x+\frac{1}{8}\cos 2x+\frac{1}{4}x^2+C$

(13) 原式 $=\frac{1}{b}\int e^{ax}d\sin bx=\frac{1}{b}\left[e^{ax}\sin bx-a\int e^{ax}\sin bx\,dx\right]=\frac{1}{b}e^{ax}\sin bx+\frac{a}{b^2}\int e^{ax}d\cos bx=$

$$\frac{1}{b}e^{ax}\sin bx+\frac{a}{b^2}\left[e^{ax}\cos bx-a\int e^{ax}\cos bx\,dx\right]=$$

$$\frac{1}{b}e^{ax}\sin bx+\frac{a}{b^2}e^{ax}\cos bx-\frac{a^2}{b^2}\int e^{ax}\cos bx\,dx$$

$$\text{原式}=\frac{1}{a^2+b^2}e^{ax}(b\sin bx+a\cos bx)+C$$

(14) 原式 $\xlongequal{\text{令}t=\sqrt{1+e^x}}\int\frac{2t\mathrm{d}t}{t(t^2-1)}=\int\left(\frac{1}{t-1}-\frac{1}{t+1}\right)\mathrm{d}t=\ln\left|\frac{t-1}{t+1}\right|+C=$

$$\ln\left(\frac{\sqrt{1+e^x}-1}{\sqrt{1+e^x}+1}\right)+C$$

(15) 原式 $\xlongequal{\text{令}x=\sec t}\int\frac{\sec t\tan t\mathrm{d}t}{\sec^2 t\sqrt{\sec^2 t-1}}=\int\cos t\mathrm{d}t=\sin t+C=\frac{\sqrt{x^2-1}}{x}+C$

(16) 原式 $\xlongequal{\text{令}x=a\sin t}\int\frac{a\cos t\mathrm{d}t}{(a^2-a^2\sin^2 t)^{\frac{5}{2}}}=\frac{1}{a^4}\int\frac{\mathrm{d}t}{\cos^4 t}=\frac{1}{a^4}\int\sec^2 t\mathrm{d}\tan t=$

$$\frac{1}{a^4}\int(1+\tan^2 t)\mathrm{d}\tan t=\frac{1}{a^4}\left(\tan t+\frac{1}{3}\tan^3 t\right)+C=$$

$$\frac{1}{a^4}\left(\frac{x^3}{3\sqrt{(a^2-x^2)^3}}+\frac{x}{\sqrt{a^2-x^2}}\right)+C$$

(17) 原式 $\xlongequal{\text{令}x=\tan t}\int\frac{\sec^2 t\mathrm{d}t}{\tan^4 t\sqrt{1+\tan^2 t}}=\int\frac{\sec^2 t\mathrm{d}t}{\tan^4 t\sec t}=\int\frac{\cos^2 t\mathrm{d}\sin t}{\sin^4 t}=$

$$\int\frac{\mathrm{d}\sin t}{\sin^4 t}-\int\frac{\mathrm{d}\sin t}{\sin^2 t}=-\frac{1}{3}\frac{1}{\sin^3 t}+\frac{1}{\sin t}+C=\frac{\sqrt{1+x^2}}{x}-\frac{\sqrt{(1+x^2)^3}}{3x^3}+C$$

(18) 原式 $\xlongequal{\text{令}t=\sqrt{x}}\int 2t^2\sin t\mathrm{d}t=-2\int t^2\mathrm{d}\cos t=-2t^2\cos t+4\int t\cos t\mathrm{d}t=$

$$-2t^2\cos t+4\int t\mathrm{d}\sin t=-2t^2\cos t+4\left(t\sin t-\int\sin t\mathrm{d}t\right)=$$

$$-2t^2\cos t+4t\sin t+4\cos t+C=(4-2x)\cos\sqrt{x}+4\sqrt{x}\sin\sqrt{x}+C$$

(19) 原式 $=x\ln(1+x^2)-\int x\frac{2x}{1+x^2}\mathrm{d}x=x\ln(1+x^2)-2\int\left(1-\frac{1}{1+x^2}\right)\mathrm{d}x=$

$x\ln(1+x^2)-2(x-\arctan x)+C$

(20) 原式 $=\int\frac{1-\cos^2 x}{\cos^3 x}\mathrm{d}x=\int\sec^3 x\mathrm{d}x-\int\sec x\mathrm{d}x$

因为 $\int\sec^3 x\mathrm{d}x=\int\sec x\mathrm{d}\tan x=\sec x\tan x-\int\tan^2 x\sec x\mathrm{d}x=\sec x\tan x-\int\sec^3 x\mathrm{d}x+\int\sec x\mathrm{d}x$

所以
$$\int\sec^3 x\mathrm{d}x=\frac{1}{2}\left(\sec x\tan x+\int\sec x\mathrm{d}x\right)$$

故
$$\int\frac{\sin^2 x}{\cos^3 x}\mathrm{d}x=\frac{1}{2}(\sec x\tan x-\ln|\sec x+\tan x|)+C$$

(21) 原式 $\xlongequal{\text{令}t=\sqrt{x}}\int\arctan t\mathrm{d}t^2=t^2\arctan t-\int\frac{t^2}{1+t^2}\mathrm{d}t=t^2\arctan t-\int\frac{1+t^2-1}{1+t^2}\mathrm{d}t=$

$$t^2\arctan t-t+\arctan t=(x+1)\arctan\sqrt{x}-\sqrt{x}+C$$

(22) 原式 $=\int\frac{\sqrt{2}\cos\frac{x}{2}}{2\sin\frac{x}{2}\cos\frac{x}{2}}\mathrm{d}x=\sqrt{2}\int\csc\frac{x}{2}\mathrm{d}\frac{x}{2}=\sqrt{2}\ln\left|\csc\frac{x}{2}-\cot\frac{x}{2}\right|+C$

(23) 原式 $=\frac{1}{4}\int\frac{1}{(1+x^8)^2}\mathrm{d}x^4\xlongequal{\text{令}x^4=\tan t}\frac{1}{4}\int\frac{\sec^2 t}{\sec^4 t}\mathrm{d}t=\frac{1}{4}\int\cos^2 t\mathrm{d}t=$

$\frac{1}{8}t+\frac{1}{16}\sin 2t+C=\frac{1}{8}\arctan(x^4)+\frac{x^4}{8(1+x^8)}+C$

(24) 原式 $=\frac{1}{4}\int\frac{x^8}{(x^4+2)(x^4+1)}dx^4=\frac{1}{4}\int\left[\frac{2x^4}{x^4+2}-\frac{x^4}{x^4+1}\right]dx^4=$

$\frac{1}{2}\int\left(1-\frac{2}{x^4+2}\right)dx^4-\frac{1}{4}\int\left(1-\frac{1}{x^4+1}\right)dx^4=$

$\frac{1}{4}x^4-\ln(x^4+2)+\frac{1}{4}\ln(x^4+1)+C$

(25) 原式 $=\frac{1}{8}\int\left[\frac{1}{4}\left(\frac{1}{2-x}+\frac{1}{2+x}\right)+\frac{1}{4+x^2}\right]dx=\frac{1}{32}\ln\left|\frac{2+x}{2-x}\right|+\frac{1}{16}\arctan\frac{x}{2}+C$

(26) 原式 $=\int\left(1-\frac{1}{1+\sin x}\right)dx=x-\int\frac{1}{\left(\cos\frac{x}{2}+\sin\frac{x}{2}\right)^2}dx=$

$x-\int\frac{\sec^2\frac{x}{2}}{\left(1+\tan\frac{x}{2}\right)^2}dx=x-\int\frac{2d\left(1+\tan\frac{x}{2}\right)}{\left(1+\tan\frac{x}{2}\right)^2}=x+\frac{2}{1+\tan\frac{x}{2}}+C$

(27) 原式 $=\int\frac{x}{1+\cos x}dx+\int\frac{\sin x}{1+\cos x}dx=\int xd\left(\tan\frac{x}{2}\right)-\int\frac{1}{1+\cos x}d(1+\cos x)=$

$x\tan\frac{x}{2}+2\ln\left|\cos\frac{x}{2}\right|-\ln|1+\cos x|+C=x\tan\frac{x}{2}+C$

(28) 原式 $=\int e^{\sin x}x\cos x dx-\int e^{\sin x}\frac{\sin x}{\cos^2 x}dx=$

$\int e^{\sin x}x d\sin x-\int e^{\sin x}\tan x\sec x dx=\int x de^{\sin x}-\int e^{\sin x}d\sec x=$

$e^{\sin x}x-\int e^{\sin x}dx-e^{\sin x}\sec x+\int\sec x e^{\sin x}\cos x dx=e^{\sin x}(x-\sec x)+C$

(29) 原式 $\xlongequal{令 t=\sqrt[6]{x}}\int\frac{t^2}{t^6(t^3+t^2)}6t^5dt=6\int\frac{1}{t(t+1)}dt=$

$6\int\left(\frac{1}{t}-\frac{1}{t+1}\right)dt=6\ln\left(\frac{t}{t+1}\right)+C=6\ln\left(\frac{\sqrt[6]{x}}{\sqrt[6]{x}+1}\right)+C$

(30) 原式 $\xlongequal{令 t=e^x}\int\frac{dt}{t(1+t^2)}=\int\left[\frac{1}{t}-\frac{1}{1+t}-\frac{1}{(1+t)^2}\right]dt=$

$\ln\left(\frac{t}{1+t}\right)+\frac{1}{1+t}+C=\ln\left(\frac{e^x}{1+e^x}\right)+\frac{1}{1+e^x}+C$

(31) 原式 $=\int\frac{e^x+e^{-x}}{e^{2x}-1+e^{-2x}}dx=\int\frac{1}{(e^x-e^{-x})^2+1}d(e^x-e^{-x})=\arctan(e^x-e^{-x})+C$

(32) 原式 $=-\int xd\left(\frac{1}{1+e^x}\right)=-x\frac{1}{1+e^x}+\int\frac{1}{1+e^x}dx=-x\frac{1}{1+e^x}+\int\frac{1}{e^x(1+e^x)}de^x=$

$-x\frac{1}{1+e^x}+\int\left(\frac{1}{e^x}-\frac{1}{1+e^x}\right)de^x=\frac{xe^x}{1+e^x}-\ln(1+e^x)+C$

(33) 原式 $=x\ln^2(x+\sqrt{1+x^2})-\int x2\ln(x+\sqrt{1+x^2})\frac{dx}{\sqrt{1+x^2}}=$

$x\ln^2(x+\sqrt{1+x^2})-2\int\ln(x+\sqrt{1+x^2})d\sqrt{1+x^2}=$

$x\ln^2(x+\sqrt{1+x^2})-2\sqrt{1+x^2}\ln(x+\sqrt{1+x^2})+2\int\sqrt{1+x^2}\frac{dx}{\sqrt{1+x^2}}=$

$x\ln^2(x+\sqrt{1+x^2})-2\sqrt{1+x^2}\ln(x+\sqrt{1+x^2})+2x+C$

(34) 原式 $=\int \ln x \mathrm{d}\dfrac{x}{\sqrt{1+x^2}}=\dfrac{x}{\sqrt{1+x^2}}\ln x-\int \dfrac{x}{\sqrt{1+x^2}}\dfrac{1}{x}\mathrm{d}x=$

$\dfrac{x\ln x}{\sqrt{1+x^2}}-\int \dfrac{1}{\sqrt{1+x^2}}\mathrm{d}x=\dfrac{x\ln x}{\sqrt{1+x^2}}-\ln(x+\sqrt{1+x^2})+C$

(35) 原式 $\xlongequal{令\ t=\arcsin x}\int t\cos^2 t\mathrm{d}t=\dfrac{1}{2}\int t(\cos 2t+1)\mathrm{d}t=$

$\dfrac{1}{2}\int t\mathrm{d}t+\dfrac{1}{2}\int t\cos 2t\mathrm{d}t=\dfrac{1}{4}t^2+\dfrac{1}{2}t\sin t\cos t+\dfrac{1}{8}\cos 2t+C=$

$\dfrac{1}{4}(\arcsin x)^2+\dfrac{1}{2}x\sqrt{1-x^2}\arcsin x-\dfrac{1}{4}x^2+C$

(36) 原式 $=\int x^2\arccos x\mathrm{d}\sqrt{1-x^2}=$

$\sqrt{1-x^2}\,x^2\arccos x-\int \sqrt{1-x^2}\left(2x\arccos x-\dfrac{x^2}{\sqrt{1-x^2}}\right)\mathrm{d}x=$

$\sqrt{1-x^2}\,x^2\arccos x+\dfrac{1}{3}x^3-\dfrac{2}{3}\int \arccos x\mathrm{d}(1-x^2)^{\frac{3}{2}}=$

$-\dfrac{x^2+2}{3}\sqrt{1-x^2}\arccos x-\dfrac{1}{9}x^3-\dfrac{2}{3}x+C$

(37) 原式 $=\int \dfrac{1}{\sin x(1+\sin x)}\mathrm{d}\sin x=\int\left(\dfrac{1}{\sin x}-\dfrac{1}{1+\sin x}\right)\mathrm{d}\sin x=\ln\left|\dfrac{\sin x}{1+\sin x}\right|+C$

(38) 原式 $=\int \dfrac{\sin^2 x+\cos^2 x}{\sin^3 x\cos x}\mathrm{d}x=\int\left(\dfrac{1}{\sin x\cos x}+\dfrac{\cos x}{\sin^3 x}\right)\mathrm{d}x=$

$\int \csc 2x\mathrm{d}(2x)+\int \dfrac{\mathrm{d}\sin x}{\sin^3 x}=\ln|\csc 2x-\cot 2x|-\dfrac{1}{2}\csc^2 x+C=$

$\ln|\tan x|-\dfrac{1}{2}\csc^2 x+C$

(39) 原式 $=\int \dfrac{\sin x\mathrm{d}x}{(2+\cos x)\sin^2 x}=-\int \dfrac{\mathrm{d}\cos x}{(2+\cos x)(1-\cos^2 x)}=$

$-\int\left(\dfrac{1}{2}\dfrac{1}{1+\cos x}-\dfrac{1}{3}\dfrac{1}{2+\cos x}+\dfrac{1}{6}\dfrac{1}{1-\cos x}\right)\mathrm{d}\cos x=$

$\dfrac{1}{6}\ln\left|\dfrac{(2+\cos x)^2(1-\cos x)}{(1+\cos x)^3}\right|+C$

(40) 原式 $=\dfrac{1}{2}\int \dfrac{2\sin x\cos x+1-1}{\sin x+\cos x}\mathrm{d}x=\dfrac{1}{2}\int \dfrac{(\sin x+\cos x)^2}{\sin x+\cos x}\mathrm{d}x-\dfrac{1}{2}\int \dfrac{\mathrm{d}x}{\sin x+\cos x}=$

$\dfrac{1}{2}(\sin x-\cos x)-\dfrac{1}{2\sqrt{2}}\int \dfrac{\mathrm{d}\left(x+\frac{\pi}{4}\right)}{\sin\left(x+\frac{\pi}{4}\right)}=$

$\dfrac{1}{2}(\sin x-\cos x)-\dfrac{1}{2\sqrt{2}}\ln\left|\csc\left(x+\dfrac{\pi}{4}\right)-\cot\left(x+\dfrac{\pi}{4}\right)\right|+C$

五、模拟检测题

(一) 基础知识模拟检测题

1. 填空题

(1) 若 $\int f(x)\mathrm{d}x=F(x)+C$，则 $\int \mathrm{e}^{-x}f(\mathrm{e}^{-x})\mathrm{d}x=$ ______；

(2) 已知 $F(x)$ 是 $f(x)$ 的一个原函数，那么 $\int f(ax+b)\mathrm{d}x=$ ______；

(3) $\int \frac{x}{\sin^2(x^2+1)}\mathrm{d}x =$ ________;

(4) $\int \frac{\sin x\cos x}{1+\cos^2 x}\mathrm{d}x =$ ________;

(5) $\int \frac{\ln(\sin x)}{\sin^2 x}\mathrm{d}x =$ ________.

2. 选择题

(1) 若 $\ln|x|$ 是函数 $f(x)$ 的一个原函数，则下列函数中为 $f(x)$ 原函数的是(　　).

A. $\ln|cx|\ (c\neq 0)$　　B. $\ln|x+c|$

C. $(\ln|x|)^2$　　D. $2\ln|x|$

(2) 若 $F'(x)=\frac{1}{\sqrt{1-x^2}}$，$F(1)=\frac{3}{2}\pi$，则 $F(x)$ 为(　　).

A. $\arcsin x$　　B. $\arcsin x+\frac{\pi}{2}$

C. $\arccos x+\pi$　　D. $\arcsin x+\pi$

(3) $\int \mathrm{e}^{-|x|}\mathrm{d}x =$ (　　).

A. $\mathrm{e}^{-|x|}+C$　　B. $\begin{cases}-\mathrm{e}^{-x}+C, & x\geqslant 0\\ \mathrm{e}^{x}+C, & x<0\end{cases}$

C. $\begin{cases}-\mathrm{e}^{-x}+C, & x\geqslant 0\\ \mathrm{e}^{x}+C-2, & x<0\end{cases}$　　D. $\begin{cases}\mathrm{e}^{x}+C, & x\geqslant 0\\ -\mathrm{e}^{-x}+C, & x<0\end{cases}$

(4) 设 $F(x)$ 是 $f(x)$ 的一个原函数，则 $\int xf(1-x^2)\mathrm{d}x =$ (　　).

A. $F(1-x^2)+C$　　B. $-F(1-x^2)+C$

C. $-\frac{1}{2}F(1-x^2)+C$　　D. $F(x)+C$

(5) $\int \frac{\ln\left(1+\frac{1}{x}\right)}{x(x+1)}\mathrm{d}x =$ (　　).

A. $-\frac{1}{2}\ln^2\left(1+\frac{1}{x}\right)+C$　　B. $\left(1+\frac{1}{x}\right)\ln\left(1+\frac{1}{x}\right)+C$

C. $\ln\ln\left(1+\frac{1}{x}\right)+C$　　D. $x\ln\left(1+\frac{1}{x}\right)+C$

3. 计算题

(1) $\int \frac{3x^4+3x^2+1}{x^2+1}\mathrm{d}x$；　(2) $\int \frac{\cos\sqrt{t}}{\sqrt{t}}\mathrm{d}t$；　(3) $\int \frac{1}{(2x^2+1)\sqrt{x^2+1}}\mathrm{d}x$；

(4) $\int \mathrm{e}^x\sin^2 x\,\mathrm{d}x$；　(5) $\int \frac{1}{3+\sin^2 x}\mathrm{d}x$；　(6) $\int \frac{1}{1+x^2}\arctan\frac{1+x}{1-x}\mathrm{d}x$；

(7) $\int \frac{\cos x+\sin x+1}{(1+\cos x)^2}\cdot\frac{1+\sin x}{1+\cos x}\mathrm{d}x$.

4. 证明题

设 $I_n=\int x^{\alpha}\ln^n x\,\mathrm{d}x$（其中，$n$ 为自然数，α 为实数，且 $\alpha>0$），证明：

$$I_n=\frac{1}{\alpha+1}x^{\alpha+1}\ln^n x-\frac{n}{\alpha+1}I_{n-1}$$

5. 综合题

(1) 设 $f'(\mathrm{e}^x)=a\sin x+b\cos x$，($a,b$ 为不同时为零的常数)，求 $f(x)$.

(2) 设 $f(x)=\begin{cases}x+1, & x\leqslant 1\\ 2x, & x>1\end{cases}$,求$\int f(x)\mathrm{d}x$.

(3) 设当 $x\neq 0$ 时,$f'(x)$ 连续,求$\int \dfrac{xf'(x)-(1+x)f(x)}{x^2\mathrm{e}^x}\mathrm{d}x$.

(二) 考研模拟训练题

1. 填空题

(1) 函数 $f(x)=(x+|x|)^2$ 的一个原函数 $F(x)=$ ________;

(2) $\int\left(1-\dfrac{1}{x}\right)\sqrt{x\sqrt{x}}\,\mathrm{d}x=$ ________;

(3) $\int\sqrt{\dfrac{a+x}{a-x}}\,\mathrm{d}x=$ ________;

(4) $\int\ln\sqrt{\dfrac{1-x}{1+x}}\,\mathrm{d}x=$ ________;

(5) $\int\dfrac{\mathrm{d}x}{\sin x\cos^2 x}=$ ________.

2. 选择题

(1) $\int\dfrac{1+\ln x}{2+x^2(\ln x)^2}\mathrm{d}x=($　　$)$.

A. $\dfrac{1}{\sqrt{2}}\arctan\dfrac{x\ln x}{\sqrt{2}}+C$　　B. $\dfrac{1}{2}\arctan\dfrac{x\ln x}{\sqrt{2}}+C$

C. $\arctan\dfrac{x\ln x}{\sqrt{2}}+C$　　D. $\dfrac{1}{\sqrt{2}}\arctan x\ln x+C$

(2) 设 $F(x)$ 是函数 $f(x)=\max(x,x^2)$ 的一个原函数,则 $F(x)$(　　).

A. 可能在 $x=0$ 和 $x=1$ 两点间断　　B. 只可能在 $x=1$ 点处间断

C. 导函数可能在 $x=1$ 点处间断　　D. 导函数必处处连续

(3) 已知$\int f(x)\mathrm{d}x=(x^2-1)\mathrm{e}^{-x}+C$,则 $f(x)=($　　$)$.

A. $(-x^2+2x+1)\mathrm{e}^{-x}$　　B. $(x^2+2x-1)\mathrm{e}^{-x}$

C. $(x^2-2x+1)\mathrm{e}^{-x}$　　D. $(-x^2+2x+1)\mathrm{e}^{x}$

(4) $\dfrac{\cos 2x}{1+\sin x\cos x}$ 的一个原函数是(　　).

A. $\ln(2+\sin 2x)$　　B. $\ln(1+\sin 2x)$

C. $\ln|x+\sin 2x|$　　D. $\ln(2-\sin 2x)$

(5) 设不定积分 $I_1=\int\dfrac{1+x}{x(1+x\mathrm{e}^x)}\mathrm{d}x$,$I_2=\int\dfrac{\mathrm{d}u}{u(1+u)}\mathrm{d}u$,则有(　　).

A. $I_1=I_2+x$　　B. $I_1=I_2-x$

C. $I_1=-I_2$　　D. $I_1=I_2$

3. 计算题

(1) $\int\dfrac{\arctan\sqrt{x}}{\sqrt{x}(1+x)}\mathrm{d}x$;　　(2) $\int\dfrac{\sqrt{x(1+x)}}{\sqrt{x}+\sqrt{1+x}}\mathrm{d}x$;　　(3) $\int\mathrm{e}^{2x}(\tan x+1)^2\mathrm{d}x$;

(4) $\int\dfrac{\ln\tan x}{\cos x\sin x}\mathrm{d}x$;　　(5) $\int\dfrac{x^9-8}{x^{10}+8x}\mathrm{d}x$;　　(6) $\int\dfrac{\sin 2x}{\sin^6 x+\cos^6 x}\mathrm{d}x$.

4. 证明题

(1) 证明：$f(x)=\begin{cases}0, & x\neq 0\\ 1, & x=0\end{cases}$没有原函数．

(2) 设 $f(x)$ 连续可导，导数不为零．并且 $f(x)$ 存在反函数 $f^{-1}(x)$，又设 $F(x)$ 是 $f(x)$ 的一个原函数，求证：$\int f^{-1}(x)\mathrm{d}x = xf^{-1}(x) - F[f^{-1}(x)] + C$.

5. 综合题

(1) 设 $f(x)=\begin{cases}x\ln(1+x^2)-3, & x\geqslant 0\\ (x^2+2x-3)\mathrm{e}^{-x}, & x<0\end{cases}$，求$\int f(x)\mathrm{d}x$.

(2)① 已知$\dfrac{\sin x}{x}$是 $f(x)$ 的一个原函数，求$\int x^3 f'(x)\mathrm{d}x$；② 已知 $f'(\sin^2 x)=\cos 2x+\tan^2 x$，当 $0<x<1$ 时，求 $f(x)$.

六、模拟检测题答案与提示

(一) 基础知识模拟检测题答案与提示

1. 填空题

(1) $-F(\mathrm{e}^{-x})+C$.

(2) $\dfrac{1}{a}F(ax+b)+C$.

(3) $-\dfrac{1}{2}\cot(x^2+1)+C$.

(4) $-\dfrac{1}{2}\ln(1+\cos^2 x)+C$.

(5) $-\cot x\ln(\sin x)-\cot x-x+C$ （用分部积分法）.

提示：
$$\int\frac{\ln(\sin x)}{\sin^2 x}\mathrm{d}x=-\int\ln(\sin x)\mathrm{d}(\cot x)=-\cot x\ln(\sin x)+\int\cot^2 x\mathrm{d}x=$$
$$-\cot x\ln(\sin x)-\cot x-x+C$$

2. 选择题

(1) A. 提示：$\ln|cx|=\ln|c|+\ln|x|\xlongequal{\text{令 } c'=\ln|c|}\ln|x|+c'$ 是 $f(x)$ 的一个原函数．

(2) D.

(3) C. 提示：因为 $\mathrm{e}^{-|x|}=\begin{cases}\mathrm{e}^{-x}, & x\geqslant 0\\ \mathrm{e}^{x}, & x<0\end{cases}$，所以 $F(x)=\int\mathrm{e}^{-|x|}\mathrm{d}x=\begin{cases}-\mathrm{e}^{-x}+C_1, & x\geqslant 0\\ \mathrm{e}^{x}+C_2, & x<0\end{cases}$，又因 $F(x)$ 连续，所以由连续性可得 $C_2=C_1-2$，令 $C=C_1$，则有 $F(x)=\begin{cases}-\mathrm{e}^{-x}+C, & x\geqslant 0\\ \mathrm{e}^{x}+C-2, & x<0\end{cases}$.

(4) C.

(5) A. 提示：
$$\int\frac{\ln\left(1+\frac{1}{x}\right)}{x(x+1)}\mathrm{d}x=-\int\frac{\ln\left(1+\frac{1}{x}\right)}{1+\frac{1}{x}}\mathrm{d}\left(\frac{1}{x}\right)=-\int\ln\left(1+\frac{1}{x}\right)\mathrm{d}\left[\ln\left(1+\frac{1}{x}\right)\right]=$$
$$-\frac{1}{2}\ln^2\left(1+\frac{1}{x}\right)+C$$

3. 计算题

(1) $x^3+\arctan x+C$.

(2) $2\sin\sqrt{t}+C$.

(3) 令 $x=\tan u$，原式 $=\arctan\sin u+C=\arctan\dfrac{x}{\sqrt{1+x^2}}+C$.

(4) 原式 $=\int e^x \frac{1-\cos 2x}{2}dx=\frac{1}{2}e^x-\frac{1}{2}\int e^x\cos 2x dx=$ ①

$\frac{1}{2}e^x-\frac{1}{4}\int e^x d\sin 2x=\frac{1}{2}e^x-\frac{1}{4}\left(e^x\sin 2x-\int e^x\sin 2x dx\right)=$

$\frac{1}{2}e^x-\frac{1}{4}e^x\sin 2x-\frac{1}{8}\int e^x d\cos 2x=$

$\frac{1}{2}e^x-\frac{1}{4}e^x\sin 2x-\frac{1}{8}e^x\cos 2x+\frac{1}{8}\int e^x\cos 2x dx$ ②

由式 ①,② 解出

$$\int e^x\cos 2x dx=\frac{2}{5}e^x\left(\sin 2x+\frac{1}{2}\cos 2x\right)+C$$

则由式 ① 得

$$原式=\frac{1}{2}e^x-\frac{1}{2}\times\frac{2}{5}e^x\left(\sin 2x+\frac{1}{2}\cos 2x\right)+C=e^x\left(\frac{1}{2}-\frac{1}{10}\cos 2x-\frac{1}{5}\sin 2x\right)+C$$

(5) 令 $u=\tan x$,原式 $=\frac{1}{2\sqrt{3}}\arctan\frac{2\tan x}{\sqrt{3}}+C.$

(6) 原式 $=\int\arctan\frac{1+x}{1-x}d\arctan x=\int\arctan\frac{1+x}{1-x}d\arctan\frac{1+x}{1-x}=\frac{1}{2}\left(\arctan\frac{1+x}{1-x}\right)^2+C$

$\left(d\arctan x=d\arctan\frac{1+x}{1-x}\right)$

(7) 原式 $=\int\frac{1+\sin x}{1+\cos x}d\frac{1+\sin x}{1+\cos x}=\frac{1}{2}\left(\frac{1+\sin x}{1+\cos x}\right)^2+C.$

4. 证明题

$$I_n=\frac{1}{\alpha+1}\int\ln^n x dx^{\alpha+1}=\frac{1}{\alpha+1}\left[x^{\alpha+1}\ln^n x-n\int x^{\alpha}\ln^{n-1}x dx\right]=\frac{1}{\alpha+1}x^{\alpha+1}\ln^n x-\frac{n}{\alpha+1}I_{n-1}$$

5. 综合题

(1) 令 $t=e^x$, $x=\ln t$, $f'(t)=a\sin(\ln t)+b\cos(\ln t)$,则

$$f(x)=\int[a\sin(\ln x)+b\cos(\ln x)]dx=\frac{x}{2}[(a+b)\sin(\ln x)+(b-a)\cos(\ln x)]+C$$

(2) 先分别在$(-\infty,1)$ 和$(1,+\infty)$ 内求原函数,得

$$F(x)=\begin{cases}\frac{x^2}{2}+x+C_1, & x<1\\ x^2+C_2, & x>1\end{cases}$$

$F(x)$ 在 $x=1$ 处有定义且连续,于是得 $C_2=\frac{1}{2}+C_1$,令 $C_1=C$,则 $C_2=C+\frac{1}{2}$,故

$$\int f(x)dx=\begin{cases}\frac{x^2}{2}+x+C, & x\leqslant 1\\ x^2+C+\frac{1}{2}, & x>1\end{cases}$$

(3) 原式 $=\int\frac{xf'(x)-f(x)}{x^2e^x}dx-\int\frac{f(x)}{xe^x}dx=\int e^{-x}d\frac{f(x)}{x}-\int\frac{f(x)}{xe^x}dx=$

$e^{-x}\frac{f(x)}{x}+\int\frac{f(x)}{xe^x}dx-\int\frac{f(x)}{xe^x}dx=\frac{f(x)}{xe^x}+C$

(二) 考研模拟训练题答案与提示

1. 填空题

(1) $\frac{2}{3}x^2(x+|x|)$. 提示:$\int(x+|x|)^2dx=\int(x^2+2x|x|+x^2)dx=\frac{2}{3}x^3+\frac{2}{3}x^2|x|+C$

(2) $\frac{4}{7}x^{\frac{7}{4}}-\frac{4}{3}x^{\frac{3}{4}}+C.$　　(3) $-\sqrt{a^2-x^2}+a\arcsin\frac{x}{a}+C.$

(4) $x\ln\sqrt{\frac{1-x}{1+x}}-\frac{1}{4}\ln(1-x^2)+C.$　　(5) $\frac{1}{2}\tan^2x+\ln|\tan x|+C.$

提示：$\int\frac{dx}{\sin x\cos^2x}=\int\frac{\sec^4x}{\tan x}dx=\int\frac{\tan^2x+1}{\tan x}d\tan x=\frac{1}{2}\tan^2x+\ln|\tan x|+C$

2. 选择题

(1) A　提示：$\int\frac{1+\ln x}{2+(x\ln x)^2}dx=\int\frac{d(x\ln x)}{2+(x\ln x)^2}=\frac{1}{\sqrt{2}}\arctan\frac{x\ln x}{\sqrt{2}}+C$

(2) D

(3) A　提示：$f(x)=F'(x)=(-x^2+2x-1)e^{-x}$

(4) A　提示：$\int\frac{\cos2x}{1+\sin x\cos x}dx=\int\frac{d(\sin2x)}{2+\sin2x}=\ln(2+\sin2x)+C$

(5) D　提示：令 $e^x=t$，则 $x=\ln t$，$dx=\frac{1}{t}dt$，即

$$I_1=\int\frac{1+x}{x(1+xe^x)}dx=\int\frac{1+\ln t}{t\ln t(1+t\ln t)}dt=\int\frac{d(t\ln t)}{t\ln t(1+t\ln t)}\xlongequal{令u=t\ln t}\int\frac{du}{u(1+u)}$$

3. 计算题

(1)
$$原式=2\int\frac{\arctan\sqrt{x}}{1+(\sqrt{x})^2}d\sqrt{x}=(\arctan\sqrt{x})^2+C$$

(2)
$$原式=-\int(x+1-1)\sqrt{1+x}\,dx+\int(1+x)\sqrt{x}\,dx=$$
$$-\frac{2}{5}(1+x)^{\frac{5}{2}}+\frac{2}{3}(1+x)^{\frac{3}{2}}+\frac{2}{3}x^{\frac{3}{x}}+\frac{2}{5}x^{\frac{5}{2}}+C$$

(3) $原式=\int e^{2x}d\tan x+2\int e^{2x}\tan x\,dx=e^{2x}\tan x-2\int e^{2x}\tan x\,dx+2\int e^{2x}\tan x\,dx=e^{2x}\tan x+C$

(4)
$$原式=\int\frac{\ln\tan x}{\cos^2x\frac{\sin x}{\cos x}}dx=\int\frac{\ln\tan x}{\tan x}d\tan x=\int\ln\tan x\,d\ln\tan x=\frac{1}{2}(\ln\tan x)^2+C$$

(5)
$$原式=\int\frac{x^9-8}{x(x^9+8)}dx=\frac{1}{9}\int\frac{x^9-8}{x^9(x^9+8)}dx^9=\frac{1}{9}\int\frac{2x^9-(x^9+8)}{x^9(x^9+8)}dx^9=$$
$$\frac{2}{9}\ln(x^9+8)-\ln|x|+C$$

(6)
$$原式=\int\frac{2\sin x\cos x}{\sin^6x+\cos^6x}dx=\int\frac{2\tan x}{(1+\tan^6x)\cos^4x}dx=$$
$$\int\frac{2\tan x(1+\tan^2x)}{1+\tan^6x}d\tan x\xlongequal{令\tan x=u}\int\frac{2u}{1-u^2+u^4}du=$$
$$\frac{2}{\sqrt{3}}\arctan\frac{2\left(u^2-\frac{1}{2}\right)}{\sqrt{3}}+C=\frac{2}{\sqrt{3}}\arctan\frac{2\left(\tan^2x-\frac{1}{2}\right)}{\sqrt{3}}+C$$

4. 证明题

(1) 用反证法．若不然，设 $F(x)$ 是 $f(x)$ 的原函数，则 $F'(x)=f(x)$．任取 $x\neq0$，由拉格朗日中值定理，必存在介于 0 和 x 之间的点 ξ，使

$$\frac{F(x)-F(0)}{x-0}=F'(\xi)$$

于是
$$\lim_{x\to0}F'(\xi)=\lim_{\xi\to0}F'(\xi)=\lim_{\xi\to0}f(\xi)=\lim_{x\to0}\frac{F(x)-F(0)}{x-0}=F'(0)=f(0)$$

即 $\lim\limits_{x\to0}f(x)=f(0)$，从而 $f(x)$ 在 $x=0$ 处连续．事实上，$f(x)$ 在 $x=0$ 处不连续，这样得出矛盾，故 $f(x)$ 没

有原函数．

(2) $\int f^{-1}(x)\mathrm{d}x = xf^{-1}(x) - \int x\mathrm{d}(f^{-1}(x)) \xlongequal{令 t=f^{-1}(x)}$

$$xf^{-1}(x) - \int f(t)\mathrm{d}t = xf^{-1}(x) - F(t) + C = xf^{-1}(x) - F[f^{-1}(x)] + C$$

5．综合题

(1) $$\int f(x)\mathrm{d}x = \begin{cases} \int [x\ln(1+x^2)-3]\mathrm{d}x \\ \int (x^2+2x-3)\mathrm{e}^{-x}\mathrm{d}x \end{cases} = \begin{cases} \dfrac{1}{2}x\ln(1+x^2) - \dfrac{1}{2}[x^2-\ln(1+x^2)] - 3x + C, & x \geqslant 0 \\ -(x^2+4x+1)\mathrm{e}^{-x} + C_1, & x < 0 \end{cases}$$

考虑连续性，$C = -1 + C_1$，$C_1 = 1 + C$，故

$$\int f(x)\mathrm{d}x = \begin{cases} \dfrac{1}{2}x\ln(1+x^2) - \dfrac{1}{2}[x^2-\ln(1+x^2)] - 3x + C, & x \geqslant 0 \\ -(x^2+4x+1)\mathrm{e}^{-x} + 1 + C, & x < 0 \end{cases}$$

(2)① $\int x^3 f'(x)\mathrm{d}x = \int x^3 \mathrm{d}f(x) = x^3 f(x) - 3\int x^2 f(x)\mathrm{d}x = x^3\left(\dfrac{\sin x}{x}\right)' - 3\int x^2\left(\dfrac{\sin x}{x}\right)'\mathrm{d}x =$

$$x^3\,\frac{x\cos x - \sin x}{x^2} - 3\int x^2\,\frac{x\cos x - \sin x}{x^2}\mathrm{d}x =$$

$$x^2\cos x - x\sin x - 3\int x\cos x\mathrm{d}x - 3\int \sin x\mathrm{d}x = x^2\cos x - 4x\sin x - 6\cos x + C$$

② 因为 $f'(\sin^2 x) = \cos 2x + \tan^2 x = 1 - 2\sin^2 x + \dfrac{1}{1-\sin^2 x} - 1 = \dfrac{1}{1-\sin^2 x} - 2\sin^2 x$

所以
$$f'(x) = \frac{1}{1-x} - 2x,\quad 0 < x < 1$$

从而
$$f(x) = -\ln|1-x| - x^2 + C,\quad 0 < x < 1$$

第5章　定积分

一、本章小结

(一) 本章小结

1. 定积分概念

(1) 定义：设 $f(x)$ 在 $[a,b]$ 上有界，若对区间 $[a,b]$ 的任意分划 $a=x_0<x_1<\cdots<x_n=b$ 及任意的 $\xi_i\in[x_{i-1},x_i](i=1,2,\cdots,n)$，极限 $\lim\limits_{\lambda\to 0}\sum\limits_{i=1}^{n}f(\xi_i)\Delta x_i$ 存在($\lambda=\max\limits_{1\leqslant i\leqslant n}\{\Delta x_i=x_i-x_{i-1}\}$)，则称该极限为 $f(x)$ 在 $[a,b]$ 的定积分，记作 $\int_a^b f(x)\mathrm{d}x$，即

$$\int_a^b f(x)\mathrm{d}x=I=\lim_{\lambda\to 0}\sum_{i=1}^{n}f(\xi_i)\Delta x_i$$

此时，称 $f(x)$ 在 $[a,b]$ 可积．

注　① 在定义中把 $\lambda\to 0$ 换成 $n\to\infty$ 是不行的，因为定义中要求每个 $\Delta x_i\to 0$；$\lambda\to 0$ 可使 $\Delta x_i\to 0$，当然有 $n\to\infty$；但 $n\to\infty$ 时不一定能保证 $\Delta x_i\to 0$．例如，可以将区间 $[a,b]$ 二等分为 $\left[a,\frac{a+b}{2}\right]$ 和 $\left[\frac{a+b}{2},b\right]$，然后再将 $\left[\frac{a+b}{2},b\right]$ 继续 $n-1$ 等分，如此可以使 $n\to\infty$，但此时 $\lambda\not\to 0$．

② 虽然定义中和式与区间的分划及 $\xi_i(\xi_i\in[x_{i-1},x_i])$ 的取法有关，但定积分的值(即和式极限)与区间的分划及 $\xi_i(\xi_i\in[x_{i-1},x_i])$ 的取法无关．因此某种特殊的积分和的极限存在并不能断定函数可积．反之，若函数 $f(x)$ 在 $[a,b]$ 上可积，即 $\lim\limits_{\lambda\to 0}\sum\limits_{i=1}^{n}f(\xi_i)\Delta x_i$ 存在，则可用某种特殊的积分和的极限来求定积分的值．

③ 定积分是个确定的值，与被积函数 $f(x)$ 及积分区间 $[a,b]$ 有关，而与积分变量的记号无关，即 $\int_a^b f(x)\mathrm{d}x=\int_a^b f(t)\mathrm{d}t=\int_a^b f(u)\mathrm{d}u$.

(2) 定积分 $\int_a^b f(x)\mathrm{d}x$ 的几何意义：曲线 $y=f(x)$ 与直线 $x=a$，$x=b$ 及 $y=0$ 所围曲边梯形面积的代数和(x 轴上方为正，x 轴下方为负)．

(3) 可积性条件：

① 若 $f(x)$ 在 $[a,b]$ 连续，则 $f(x)$ 在 $[a,b]$ 可积．

② 若 $f(x)$ 在 $[a,b]$ 有界且只有有限个间断点，则 $f(x)$ 在 $[a,b]$ 可积．

2. 定积分的性质

(1) $\int_a^b[f(x)\pm g(x)]\mathrm{d}x=\int_a^b f(x)\mathrm{d}x\pm\int_a^b g(x)\mathrm{d}x$ (有限多个函数也适用)；

(2) $\int_a^b kf(x)\mathrm{d}x=k\int_a^b f(x)\mathrm{d}x$ (k 为常数)；

(3) $\int_a^b f(x)\mathrm{d}x=-\int_b^a f(x)\mathrm{d}x$；

(4) $\int_a^b f(x)\mathrm{d}x=\int_a^c f(x)\mathrm{d}x+\int_c^b f(x)\mathrm{d}x$；

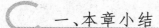

(5) $\int_a^b \mathrm{d}x = b - a$;

(6) 若在$[a,b]$上 $f(x) \geqslant 0$,则$\int_a^b f(x)\mathrm{d}x \geqslant 0\ (a < b)$;

(7) 若在$[a,b]$上 $f(x) \leqslant g(x)$,则$\int_a^b f(x)\mathrm{d}x \leqslant \int_a^b g(x)\mathrm{d}x\ (a < b)$;

(8) $\left|\int_a^b f(x)\mathrm{d}x\right| \leqslant \int_a^b |f(x)|\mathrm{d}x\ (a < b)$;

(9) 若在$[a,b]$上 $m \leqslant f(x) \leqslant M$,则 $m(b-a) \leqslant \int_a^b f(x)\mathrm{d}x \leqslant M(b-a)\ (a < b)$;

(10) 定积分中值定理:若 $f(x)$ 在$[a,b]$上连续,则存在 $\xi \in [a,b]$,使$\int_a^b f(x)\mathrm{d}x = f(\xi)(b-a)$.

注　定积分中值定理中改为$(a < \xi < b)$也是成立的.

3. 微积分基本公式

(1) 变上限的定积分:若 $f(x)$ 在$[a,b]$连续,则函数 $\varphi(x) = \int_a^x f(t)\mathrm{d}t$ 称为变上限的定积分,且 $\varphi'(x) = \frac{\mathrm{d}}{\mathrm{d}x}\int_a^x f(t)\mathrm{d}t = f(x)$, $a \leqslant x \leqslant b$.

注　① 此时 $\varphi(x) = \int_a^x f(t)\mathrm{d}t$ 为 $f(x)$ 在$[a,b]$的一个原函数.

② 搞清$\int_a^x f(t)\mathrm{d}t$ 中的 x 和 t 所表示的意义,$x(x \in [a,b])$表示积分上限变量;$t(t \in [a,x])$表示积分变量.

一般地,若 $f(x)$ 连续,$\varphi(x)$,$\psi(x)$ 可导,且 $F(x) = \int_{\varphi(x)}^{\psi(x)} f(t)\mathrm{d}t$,则 $F'(x) = f(\psi(x))\psi'(x) - f(\varphi(x))\varphi'(x)$.

(2) 微积分基本公式(牛顿-莱布尼兹公式):若 $f(x)$ 在$[a,b]$连续,$F(x)$ 为 $f(x)$ 的一个原函数,则

$$\int_a^b f(x)\mathrm{d}x = F(x)\big|_a^b = F(b) - F(a)$$

4. 定积分的换元法

设 $f(x)$ 在$[a,b]$连续,若 $x = \varphi(t)$ 满足条件:① $\varphi(t)$ 在$[\alpha,\beta]$(或$[\beta,\alpha]$)上有连续导数,且其值域不超出$[a,b]$;② $\varphi(\alpha) = a$, $\varphi(\beta) = b$,则

$$\int_a^b f(x)\mathrm{d}x = \int_\alpha^\beta f[\varphi(t)]\varphi'(t)\mathrm{d}t$$

5. 定积分的分部积分法

设 $u(x)$, $v(x)$ 在$[a,b]$上连续可导,则

$$\int_a^b u(x)\mathrm{d}v(x) = u(x)v(x)\big|_a^b - \int_a^b v(x)\mathrm{d}u(x)$$

或

$$\int_a^b u(x)v'(x)\mathrm{d}x = u(x)v(x)\big|_a^b - \int_a^b v(x)u'(x)\mathrm{d}x$$

6. 几个常用积分公式

(1) 若 $f(x)$ 为$[-a,a]$上连续的奇函数,则

$$\int_{-a}^a f(x)\mathrm{d}x = 0$$

(2) 若 $f(x)$ 为$[-a,a]$上连续的偶函数,则

$$\int_{-a}^a f(x)\mathrm{d}x = 2\int_0^a f(x)\mathrm{d}x$$

(3) 若 $f(x)$ 是以 T 为周期的连续函数,则

$$\int_a^{a+T} f(x)\mathrm{d}x = \int_0^T f(x)\mathrm{d}x$$

(4) 若 $f(x)$ 在$[0,1]$连续,则

$$\int_0^{\frac{\pi}{2}} f(\sin x)\mathrm{d}x = \int_0^{\frac{\pi}{2}} f(\cos x)\mathrm{d}x$$

$$\int_0^{\pi} x f(\sin x)\mathrm{d}x = \frac{\pi}{2}\int_0^{\pi} f(\sin x)\mathrm{d}x$$

$$\int_0^{\pi} f(\sin x)\mathrm{d}x = 2\int_0^{\frac{\pi}{2}} f(\sin x)\mathrm{d}x$$

(5) $\int_0^{\frac{\pi}{2}} \sin^n x\,\mathrm{d}x = \int_0^{\frac{\pi}{2}} \cos^n x\,\mathrm{d}x = \begin{cases} \dfrac{n-1}{n}\cdot\dfrac{n-3}{n-2}\cdots\dfrac{3}{4}\cdot\dfrac{1}{2}\cdot\dfrac{\pi}{2}, & n\text{为偶数} \\ \dfrac{n-1}{n}\cdot\dfrac{n-3}{n-2}\cdots\dfrac{4}{5}\cdot\dfrac{2}{3}\cdot 1, & n\text{为奇数} \end{cases}$

7. 广义积分

(1) $f(x)$ 在$[a,+\infty)$上连续,则

$$\int_a^{+\infty} f(x)\mathrm{d}x = \lim_{b\to+\infty}\int_a^b f(x)\mathrm{d}x \quad (a<b)$$

(2) $f(x)$ 在$(-\infty,b]$上连续,则

$$\int_{-\infty}^{b} f(x)\mathrm{d}x = \lim_{a\to-\infty}\int_a^b f(x)\mathrm{d}x \quad (a<b)$$

(3) $\int_{-\infty}^{+\infty} f(x)\mathrm{d}x = \int_{-\infty}^{c} f(x)\mathrm{d}x + \int_{c}^{+\infty} f(x)\mathrm{d}x = \lim_{a\to-\infty}\int_a^c f(x)\mathrm{d}x + \lim_{b\to+\infty}\int_c^b f(x)\mathrm{d}x$

(4) $f(x)$ 在$(a,b]$上连续,在点 a 的右邻域内无界,则

$$\int_a^b f(x)\mathrm{d}x = \lim_{\varepsilon\to0^+}\int_{a+\varepsilon}^b f(x)\mathrm{d}x$$

(5) $f(x)$ 在$[a,b)$上连续,在点 b 的左邻域内无界,则

$$\int_a^b f(x)\mathrm{d}x = \lim_{\varepsilon\to0^+}\int_a^{b-\varepsilon} f(x)\mathrm{d}x$$

(6) $f(x)$ 在$[a,c)$及$(c,b]$上连续,在点 c 的邻域内无界,则

$$\int_a^b f(x)\mathrm{d}x = \lim_{\varepsilon\to0^+}\int_a^{c-\varepsilon} f(x)\mathrm{d}x + \lim_{\eta\to0^+}\int_{c+\eta}^b f(x)\mathrm{d}x \quad (\varepsilon\text{和}\eta\text{是相互独立的})$$

(二) 基本要求

(1) 理解定积分的定义,熟悉定积分的有关性质.

(2) 理解牛顿-莱布尼兹公式的意义,能熟练地应用此公式计算定积分.

(3) 掌握变上限函数的极限、导数、极值等问题的求法.

(4) 熟练掌握定积分的换元积分法与分部积分法.

(5) 知道两类广义积分的计算.

(三) 重点与难点

重点:定积分作为变上限函数及求导定理,牛顿-莱布尼兹公式,定积分的换元积分法与分部积分法.

难点:定积分的概念,定积分的中值定理.

二、释疑解难

问题 5.1 定积分与不定积分有什么区别?有什么联系?

答 函数 $f(x)$ 的定积分$\int_a^b f(x)\mathrm{d}x = \lim_{\substack{\max\limits_{1\leqslant i\leqslant n}\Delta x_i\to0}}\sum_{i=1}^n f(\xi_i)\Delta x_i$,它是积分和式的极限,结果为一个确定的

值；函数 $f(x)$ 的不定积分 $\int f(x)\mathrm{d}x$ 是 $f(x)$ 的原函数的一般表达式，即 $\int f(x)\mathrm{d}x$ 结果为 $f(x)$ 的任一个原函数. 虽然它们两个名字都有“积分”两字，但是它们是截然不同的两个概念.

其联系可用牛顿-莱布尼兹公式表示，即 $\int_a^b f(x)\mathrm{d}x = F(x)\big|_a^b = F(b)-F(a)$（其中 $F(x)$ 为 $f(x)$ 的不定积分中某一个确定的函数）. 由此可知，对于 $f(x)$ 在 $[a,b]$ 上定积分的计算时，可以求出 $f(x)$ 的一个原函数 $F(x)$，然后再用 $F(b)-F(a)$ 求得 $\int_a^b f(x)\mathrm{d}x$ 的值.

问题 5.2 为什么“积分区间 $[a,b]$ 有限”是 $\int_a^b f(x)\mathrm{d}x$ 存在的必要条件？

答 若把 $[a,b]$ 换成无穷区间，按定积分定义把区间分割为 n 份后，必有一个小区间 Δx_i 为无穷，从而使极限条件 $\lambda = \max\limits_{1\leqslant i\leqslant n}\Delta x_i \to 0$ 不可能成立，故 $\int_a^b f(x)\mathrm{d}x$ 不存在.

问题 5.3 可积函数一定有界，有界函数一定可积吗？

答 有界函数不一定可积. 例如考虑函数 $f(x)=\begin{cases}1, & x\text{ 是有理数}\\ 0, & x\text{ 是无理数}\end{cases}$，显然在 $[0,1]$ 上 $|f(x)|\leqslant 1$，$f(x)$ 是有界的. 考虑 $[0,1]$ 的任意分法 $0=x_0<x_1<x_2<\cdots<x_n=1$，在每个小区间 $[x_{i-1},x_i]$ 上取有理点 ξ_i 时（任何两点之间都有有理点），于是 $f(\xi_i)=1$，$S_1=\sum\limits_{i=1}^n f(\xi_i)\Delta x_i=\sum\limits_{i=1}^n 1\times\Delta x_i=1$；在每个小区间 $[x_{i-1},x_i]$ 上取无理点 ξ_i' 时（任何两点之间都有无理点），则 $f(\xi_i')=0$，$S_2=\sum\limits_{i=1}^n f(\xi_i')\Delta x_i=\sum\limits_{i=1}^n 0\times\Delta x_i=0$.

可见，和式 $\sum\limits_{i=1}^n f(\xi_i)\Delta x_i$ 没有极限，故 $f(x)$ 在 $[0,1]$ 上不可积.

由此问题可看出，函数 $f(x)$ 在区间 $[a,b]$ 上有界是 $f(x)$ 在区间 $[a,b]$ 上可积的必要条件，而不是充分条件.

问题 5.4 下面的两个命题是否正确？

命题 A：若 $f(x)$ 在 $[a,b]$ 上有原函数，则 $f(x)$ 在 $[a,b]$ 上可积.

命题 B：若 $f(x)$ 在 $[a,b]$ 上可积，则 $f(x)$ 在 $[a,b]$ 上一定有原函数.

答 这两个命题都是错误的.

例如，$F(x)=\begin{cases}x^2\sin\dfrac{1}{x}, & x\neq 0\\ 0, & x=0\end{cases}$ 在 $[-1,1]$ 上处处可导，且

$$F'(x)=f(x)=\begin{cases}2x\sin\dfrac{1}{x^2}-\dfrac{2}{x}\cos\dfrac{1}{x^2}, & x\neq 0\\ 0, & x=0\end{cases}$$

这说明 $f(x)$ 在 $[-1,1]$ 上有原函数 $F(x)$. 但 $f(x)$ 在 $[-1,1]$ 上不可积（因 $f(x)$ 在 $[-1,1]$ 上无界）.

再例如，$\mathrm{sgn}x=\begin{cases}1, & x>0\\ 0, & x=0\\ -1, & x>0\end{cases}$，由于函数 $\mathrm{sgn}x$ 在 $[-1,1]$ 上除 $x=0$ 为第一类间断点外，是处处连续的，故存在 $\int_{-1}^1 \mathrm{sgn}x\mathrm{d}x$. 但是 $\mathrm{sgn}x$ 在 $[-1,1]$ 上无原函数（因为 $x=0$ 为第一类间断点）.

此题说明了 $f(x)$ 在 $[a,b]$ 上积分是否存在与 $f(x)$ 在 $[a,b]$ 上是否有原函数没有必然的联系.

问题 5.5 下面两个命题是否正确？

命题 A：连续的奇函数的原函数都是偶函数.

命题 B：连续的偶函数的原函数都是奇函数.

答 命题 A 正确，命题 B 不正确.

(1) 设 $f(x)$ 是连续的奇函数，则其原函数的一般表示式为

$$F(x)=\int_0^x f(t)\mathrm{d}t+C$$

因为 $$F(-x)=\int_0^{-x} f(t)\mathrm{d}t+C \xlongequal{t=-u} \int_0^x -f(-u)\mathrm{d}u+C=\int_0^x f(u)\mathrm{d}u+C=F(x)$$

所以 $f(x)$ 的原函数是偶函数．

(2) 设 $f(x)$ 是连续的偶函数，则其原函数的一般表示式为

$$F(x)=\int_0^x f(t)\mathrm{d}t+C$$

因为 $$F(-x)=\int_0^{-x} f(t)\mathrm{d}t+C \xlongequal{t=-u} -\int_0^x f(u)\mathrm{d}u+C$$

所以要使 $F(-x)=-F(x)$，必须 $C=0$. 即在 $f(x)$ 的原函数中仅有一个原函数 $F(x)=\int_0^x f(t)\mathrm{d}t$ 是奇函数.

问题 5.6 由 $\left(\arctan\dfrac{1+x}{1-x}\right)'=\dfrac{1}{1+x^2}$ 得 $\int_0^{\sqrt{3}}\dfrac{\mathrm{d}x}{1+x^2}=\arctan\dfrac{1+x}{1-x}\Big|_0^{\sqrt{3}}=-\dfrac{2}{3}\pi$，问这样计算的结果对吗？

答 此题中被积函数是连续的正函数，且积分下限小于上限，故它的积分值必大于零，所以结果是错的．错在哪里？追其根源还是对原函数的概念没有搞清楚．

下面对错误进行剖析：

由于函数 $\arctan\dfrac{1+x}{1-x}$ 在 $x=1$ 处不可导，因此，它只能是 $\dfrac{1}{1+x^2}$ 分别在 $(-\infty,1)$ 和 $(1,+\infty)$ 内的原函数，而不是包含 $x=1$ 在内的区间 $[0,\sqrt{3}]$ 上的原函数，因此不能像题中的那样在 $[0,\sqrt{3}]$ 上用牛顿-莱布尼兹公式计算定积分的值，那么怎样来改正呢？

求出 $\dfrac{1}{1+x^2}$ 在 $(-\infty,+\infty)$ 内原函数 $F(x)$，这样自然可以在 $[0,\sqrt{3}]$ 运用牛顿-莱布尼兹公式，为此设

$$F(x)=\begin{cases}\arctan\dfrac{1+x}{1-x}+C_1, & x>1\\ C, & x=1\\ \arctan\dfrac{1+x}{1-x}+C_2, & x<1\end{cases}$$

现在确定常数 C_1，C_2 和 C 的关系，使 $F(x)$ 在 $x=1$ 处连续．因为 $\lim\limits_{x\to1+0}F(x)=C_1-\dfrac{\pi}{2}$，$\lim\limits_{x\to1-0}F(x)=C_2+\dfrac{\pi}{2}$，所以应有关系 $C_1-\dfrac{\pi}{2}=C_2+\dfrac{\pi}{2}=C$. 如果取 $C=\dfrac{\pi}{2}$，那么 $C_1=\pi$，$C_2=0$，从而

$$F(x)=\begin{cases}\arctan\dfrac{1+x}{1-x}+\pi, & x>1\\ \dfrac{\pi}{2}, & x=1\\ \arctan\dfrac{1+x}{1-x}, & x<1\end{cases}$$

故 $$\int_0^{\sqrt{3}}\frac{\mathrm{d}x}{1+x^2}=F(x)\Big|_0^{\sqrt{3}}=\left(\arctan\frac{1+\sqrt{3}}{1-\sqrt{3}}+\pi\right)-\arctan1=\frac{\pi}{3}$$

而本题最简便的解法为

$$\int_0^{\sqrt{3}}\frac{\mathrm{d}x}{1+x^2}=\arctan x\Big|_0^{\sqrt{3}}=\frac{\pi}{3}$$

介绍上面两种改正的方法主要是说明只要找到连续函数的任何一个原函数，牛顿-莱布尼兹公式都是可用的．

问题 5.7 定积分的换元法与不定积分的换元法有何共同点与差别？

答 共同点是明显的，一般说来，它们都是建立在找被积函数的原函数基础之上的积分方法，但更重要的是它们之间差别和各自的特点．

(1) 不定积分的换元法的主要目的是通过换元，求出被积函数的原函数的一般表达式．有第一类换元法和第二类换元法两种．第一类换元法也称"凑微分法"，它的特点是逐步将被积函数的原函数凑出来，而不必明显地将原积分换成新变量的积分后，再求原函数；第二类换元法的特点是必须把原积分换成新变量的积分，然后求出新变量的原函数，再在结果中将新变量换回到原来的变量，即令 $x=\varphi(t)$，则有

$$\int f(x)\mathrm{d}x=\left\{\int f[\varphi(t)]\varphi'(t)\mathrm{d}t\right\}_{t=\varphi^{-1}(x)}=[F(t)]_{t=\varphi^{-1}(x)}+C$$

其中，$t=\varphi^{-1}(x)$ 是 $x=\varphi(t)$ 的反函数，故第二类换元法必须要求换元函数的反函数存在，这是与第一类换元法的差别．

(2) 定积分的换元法的目的在于求出积分值，这是它与不定积分的换元法不同之处．它在换元的同时，要相应地变换积分的上、下限，将原积分变换成一个积分值相等的新积分，因此积分经过变换后，不必再去关心原被积函数的原函数是什么，也没有必要再去关心变换函数是否存在反函数等问题．这是定积分换元法与不定积分换元法的最大区别．此外，还有其他一些差别．比如，通过换元积分法知，如果 $f(x)$ 是在 $[-l,l]$ 上连续的奇函数，那么 $\int_{-l}^{l}f(x)\mathrm{d}x=0$，无需寻找 $f(x)$ 的原函数，就能断定其积分值为零．这一知识点是很重要的，对定积分还可以构思一些更巧妙的换元技巧．例如计算 $I=\int_0^{\frac{\pi}{2}}\frac{\cos x\mathrm{d}x}{\sin x+\cos x}$，可令 $x=\frac{\pi}{2}-t$，得 $I=\int_0^{\frac{\pi}{2}}\frac{\sin t\mathrm{d}t}{\cos t+\sin t}=\int_0^{\frac{\pi}{2}}\frac{\cos x\mathrm{d}x}{\sin x+\cos x}$，则 $2I=\int_0^{\frac{\pi}{2}}\frac{\cos x\mathrm{d}x}{\sin x+\cos x}+\int_0^{\frac{\pi}{2}}\frac{\sin x\mathrm{d}x}{\sin x+\cos x}=\int_0^{\frac{\pi}{2}}1\mathrm{d}x=\frac{\pi}{2}$，故 $I=\frac{\pi}{4}$.

由此可见，定积分的换元法往往能使我们得到一些计算定积分的特殊技巧，这是学习定积分时应当注意的．

问题 5.8 在积分中值定理中要求被积函数是连续的，能不能变为要求被积函数只是可积的？

答 不能．

例如 $f(x)=\begin{cases}3, & 0\leqslant x\leqslant 1\\ 0, & 1<x\leqslant 2\end{cases}$ 在 $x=1$ 处不连续（$x=1$ 是第一类间断点），则等式

$$\int_0^2 f(x)\mathrm{d}x=f(\xi)(2-0),\quad 0\leqslant\xi\leqslant 2$$

不成立．事实上 $\qquad \int_0^2 f(x)\mathrm{d}x=\int_0^1 3\mathrm{d}x+\int_1^2 1\mathrm{d}x=4$

当 $0\leqslant\xi\leqslant 1$ 时 $\qquad f(\xi)=3,\quad f(\xi)(2-0)=6$

当 $1<\xi\leqslant 2$ 时 $\qquad f(\xi)=1,\quad f(\xi)(2-0)=2$

可见 $\qquad \int_0^2 f(x)\mathrm{d}x\neq f(\xi)(2-0),\quad 0\leqslant\xi\leqslant 2$

此例说明了将被积函数连续性条件减弱为被积函数可积时，积分中值定理的结论不一定成立．

问题 5.9 在定积分 $\int_0^3 x\sqrt[3]{1-x^2}\mathrm{d}x$ 中可以令 $x=\sin t$ 吗？

答 不行．由于积分区间是 $0\leqslant x\leqslant 3$，因此不能作置换 $x=\sin t$. 因 $\sin t$ 的值不能在 1 与 3 之间，正确解法如下：令 $1-x^2=t$，则 $x\mathrm{d}x=-\frac{\mathrm{d}t}{2}$，所以

$$\int_0^3 x\sqrt[3]{1-x^2}\mathrm{d}x=\frac{1}{2}\int_{-8}^{1}t^{\frac{1}{3}}\mathrm{d}t=\frac{3}{8}t^{\frac{4}{3}}\Big|_{-8}^{1}=-\frac{45}{8}$$

问题 5.10 下面的计算对吗？

(1) $\left(\int_0^x f(x+t)\mathrm{d}t\right)'=f(2x)$；

(2) $\int_0^{\frac{\pi}{2}}\sin^4 2x\mathrm{d}x=\frac{1}{2}\int_0^{\frac{\pi}{2}}\sin^4 2x\mathrm{d}(2x)=\frac{1}{2}\cdot\frac{3}{4}\cdot\frac{1}{2}\cdot\frac{\pi}{2}$；

(3) $\int_{-\infty}^{+\infty}\frac{x\mathrm{d}x}{\sqrt{1+x^2}}\xlongequal{\text{奇}}0$.

答 (1)是错误的．因为原变上限积分中的被积函数中也含有 x，故不能直接使用变上限积分求导公式，应先用换元积分法使被积函数中不含 x 再求导．正确做法为

$$\left(\int_0^x f(x+t)\mathrm{d}t\right)'\xlongequal{\text{令} u=x+t}\left(\int_x^{2x}f(u)\mathrm{d}u\right)'=2f(2x)-f(x)$$

(2)是错误的．由于换元积分后，关于新的变元 $2x$ 的积分限已经不是0到 $\frac{\pi}{2}$ 了．正确做法为

$$\int_0^{\frac{\pi}{2}}\sin^4 2x\mathrm{d}x=\frac{1}{2}\int_0^{\pi}\sin^4 u\mathrm{d}u=\int_0^{\frac{\pi}{2}}\sin^4 u\mathrm{d}u=\frac{3}{4}\times\frac{1}{2}\times\frac{\pi}{2}=\frac{3\pi}{16}$$

(3)是错误的．由于反常积分不是定积分，因此不能全盘套用定积分的某些性质与结果的．正确做法为

$$\int_{-\infty}^{+\infty}\frac{x\mathrm{d}x}{\sqrt{1+x^2}}=\int_{-\infty}^{0}\frac{x\mathrm{d}x}{\sqrt{1+x^2}}+\int_0^{+\infty}\frac{x\mathrm{d}x}{\sqrt{1+x^2}}$$

因为 $\lim\limits_{b\to+\infty}\int_0^b\frac{x\mathrm{d}x}{\sqrt{1+x^2}}=\lim\limits_{b\to+\infty}[\sqrt{1+b^2}-1]$ 不存在，所以 $\int_0^{+\infty}\frac{x\mathrm{d}x}{\sqrt{1+x^2}}$ 发散，故 $\int_{-\infty}^{+\infty}\frac{x\mathrm{d}x}{\sqrt{1+x^2}}$ 发散．

三、典型例题分析

例 5.1 用定积分的几何意义求定积分 $\int_a^b\sqrt{(x-a)(x-b)}\mathrm{d}x\ (a<b)$.

分析 本题被积函数直接看不出是什么规则曲线，故要变形．由本题特点，根式里先配方．

解 因为 $\sqrt{(x-a)(b-x)}=\sqrt{\left(\frac{b-a}{2}\right)^2-\left(x-\frac{a+b}{2}\right)^2}$，所以由几何意义积分值恰是以 $\left(\frac{a+b}{2},0\right)$ 为圆心，$\frac{b-a}{2}$ 为半径的上半圆域的面积值，即

$$\int_a^b\sqrt{(x-a)(b-x)}\mathrm{d}x=\int_a^b\sqrt{\left(\frac{b-a}{2}\right)^2-\left(x-\frac{a+b}{2}\right)^2}\mathrm{d}x=\frac{\pi}{2}\left(\frac{b-a}{2}\right)^2=\frac{\pi(b-a)^2}{8}$$

注 用定积分的几何意义求定积分的方法，一般适用于被积函数与积分区间所围成的区域是矩形、三角形、梯形或圆的部分等规则图形，或用于对称图形，此时可用易算的面积值来计算定积分．但规则图形毕竟很少，所以通常也不用此方法来计算定积分．

例 5.2 证明：$\ln(1+n)<1+\frac{1}{2}+\frac{1}{3}+\cdots+\frac{1}{n}<1+\ln n$.

证明 令 $f(x)=\frac{1}{x}$，当 $x>0$ 时，$f(x)=\frac{1}{x}$ 为严格单调递减的，于是

$$\int_1^{n+1}f(x)\mathrm{d}x=\int_1^2 f(x)\mathrm{d}x+\int_2^3 f(x)\mathrm{d}x+\cdots+\int_n^{n+1}f(x)\mathrm{d}x<$$

$$\int_1^2 f(1)\mathrm{d}x+\int_2^3 f(2)\mathrm{d}x+\cdots+\int_n^{n+1}f(n)\mathrm{d}x=$$

$$f(1)+f(2)+f(3)+\cdots+f(n)=1+\frac{1}{2}+\frac{1}{3}+\cdots+\frac{1}{n}$$

即

$$\ln(1+n)<1+\frac{1}{2}+\frac{1}{3}+\cdots+\frac{1}{n}$$

又

$$1+\int_1^n f(x)\mathrm{d}x=1+\int_1^2 f(x)\mathrm{d}x+\int_2^3 f(x)\mathrm{d}x+\cdots+\int_{n-1}^n f(x)\mathrm{d}x>$$

$$1+\int_1^2 f(2)\mathrm{d}x+\int_2^3 f(3)\mathrm{d}x+\cdots+\int_{n-1}^n f(n)\mathrm{d}x=$$

$$1+f(2)+f(3)+\cdots+f(n)=1+\frac{1}{2}+\frac{1}{3}+\cdots+\frac{1}{n}$$

故
$$1+\frac{1}{2}+\frac{1}{3}+\cdots+\frac{1}{n}<1+\ln n$$

例 5.3 $\int_{-1}^{1}(x+\sqrt{1-x^2})^2\mathrm{d}x=$ ________.

分析 注意到积分区间为关于原点对称的，故对奇函数在其上的积分为 0.

解 原式 $=\int_{-1}^{1}(x^2+2x\sqrt{1-x^2}+1-x^2)\mathrm{d}x=\int_{-1}^{1}1\mathrm{d}x=2$

例 5.4 求极限 $\lim\limits_{n\to\infty}\sum\limits_{k=1}^{n}\sqrt{\frac{(n+k)(n+k+1)}{n^4}}$.

分析 本题是利用定积分来求和式的极限，关键是将通项 $\sqrt{\frac{(n+k)(n+k+1)}{n^4}}$ 表示成 $\frac{1}{n}f\left(\frac{k}{n}\right)$ 的形式，若难于直接表示时，可考虑用夹逼准则来处理.

解 因为
$$\sqrt{\frac{(n+k)(n+k+1)}{n^4}}=\frac{1}{n}\sqrt{\left(1+\frac{k}{n}\right)\left(1+\frac{k+1}{n}\right)}$$

所以
$$\frac{1}{n}\left(1+\frac{k}{n}\right)<\sqrt{\left(1+\frac{k}{n}\right)\left(1+\frac{k+1}{n}\right)}<\frac{1}{n}\left(1+\frac{k+1}{n}\right)$$

于是
$$\sum_{k=1}^{n}\frac{1}{n}\left(1+\frac{k}{n}\right)<\sum_{k=1}^{n}\sqrt{\left(1+\frac{k}{n}\right)\left(1+\frac{k+1}{n}\right)}<\sum_{k=1}^{n}\frac{1}{n}\left(1+\frac{k}{n}\right)+\frac{1}{n}$$

因为
$$\lim_{n\to\infty}\left[\sum_{k=1}^{n}\frac{1}{n}\left(1+\frac{k}{n}\right)+\frac{1}{n}\right]=\lim_{n\to\infty}\left[\sum_{k=1}^{n}\frac{1}{n}\left(1+\frac{k}{n}\right)\right]=\int_0^1(1+x)\mathrm{d}x=\frac{3}{2}$$

所以
$$\lim_{n\to\infty}\sum_{k=1}^{n}\sqrt{\frac{(n+k)(n+k+1)}{n^4}}=\frac{3}{2}$$

例 5.5 设 $f(x)=x+2\int_0^1 f(t)\mathrm{d}t$，则 $f(x)=$ ________.

解 注意到 $\int_0^1 f(t)\mathrm{d}t$ 是一个数，对原等式两边从 0 到 1 积分，得
$$\int_0^1 f(x)\mathrm{d}x=\int_0^1 x\mathrm{d}x+2\int_0^1 f(t)\mathrm{d}t\cdot(1-0)=\frac{1}{2}+2\int_0^1 f(t)\mathrm{d}t$$

从而 $\int_0^1 f(t)\mathrm{d}t=\int_0^1 f(x)\mathrm{d}x=-\frac{1}{2}$，代入原式得 $f(x)=x-1$.

例 5.6 $\int_1^{+\infty}\frac{\ln x}{x^2}\mathrm{d}x=$ ________.

解 原式 $=-\lim\limits_{\eta\to+\infty}\int_1^{\eta}\ln x\mathrm{d}\left(\frac{1}{x}\right)=-\lim\limits_{\eta\to+\infty}\left(\frac{\ln x}{x}\Big|_1^{\eta}+\int_1^{\eta}\frac{1}{x^2}\mathrm{d}x\right)=-\lim\limits_{\eta\to+\infty}\left(0-\frac{1}{x}\Big|_1^{\eta}\right)=1$

例 5.7 $\frac{\mathrm{d}}{\mathrm{d}x}\int_0^x\sin(x-t)^2\mathrm{d}t=$ ________.

解 因为是对 x 求导，而积分号下被积函数中又含有变量 x，这种求导在教材中是没有的，所以只能设法通过变量替换将积分号下被积函数中的 x 化去，使得被积函数不再出现 x，即有
$$\int_0^x\sin(x-t)^2\mathrm{d}t\xlongequal{x-t=u}-\int_x^0\sin u^2\mathrm{d}u=\int_0^x\sin u^2\mathrm{d}u$$
$$\frac{\mathrm{d}}{\mathrm{d}x}\int_0^x\sin(x-t)^2\mathrm{d}t=\frac{\mathrm{d}}{\mathrm{d}x}\int_0^x\sin u^2\mathrm{d}u=\sin x^2$$

例 5.8 设 $f(x)$ 是连续函数，记 $I=t\int_0^{\frac{s}{t}}f(tx)\mathrm{d}x$，其中 $t>0$，$s>0$，则 I 的值(　　).

A. 依赖于 s,t　　B. 依赖于 s,t,x　　C. 依赖于 t,x　　D. 依赖于 s，不依赖于 t

分析 被积函数含有参数 t，可作变量代换，使得被积函数不含变量 t，即

$$I = t\int_0^{\frac{s}{t}} f(tx)\mathrm{d}x \xlongequal{tx=u} t\int_0^s f(u)\frac{\mathrm{d}u}{t} = \int_0^s f(u)\mathrm{d}u$$

由此可见，I 仅依赖于 s，不依赖于 t.

答 选 D.

例 5.9 若 $f(x)$ 的导函数是 $\sin x$，则 $f(x)$ 有一个原函数为（ ）.

A. $1+\sin x$ B. $1-\sin x$ C. $1+\cos x$ D. $1-\cos x$

分析 设 $f(x)$ 的原函数为 $F(x)$，那么 $F'(X)=f(x)$，$F''(x)=f'(x)=\sin x$. 注意到 $(1-\sin x)''=(-\cos x)'=\sin x$.

答 选 B.

例 5.10 设 $F(x)=\int_x^{x+2\pi} e^{\sin t}\sin t\mathrm{d}t$，则 $F(x)$（ ）.

A. 为正常数 B. 为负常数 C. 恒为零 D. 不为常数

分析
$$F(x)=\int_x^{x+2\pi} e^{\sin t}\sin t\mathrm{d}t=\int_0^{2\pi} e^{\sin t}\sin t\mathrm{d}t=\int_0^{\pi} e^{\sin t}\sin t\mathrm{d}t+\int_{\pi}^{2\pi} e^{\sin t}\sin t\mathrm{d}t$$

因为
$$\int_{\pi}^{2\pi} e^{\sin t}\sin t\mathrm{d}t \xlongequal{t=\pi+u} \int_0^{\pi} e^{\sin(\pi+u)}\sin(\pi+u)\mathrm{d}u=\int_0^{\pi}-e^{-\sin u}\sin u\mathrm{d}u$$

所以
$$F(x)=\int_0^{2\pi} e^{\sin t}\sin t\mathrm{d}t=\int_0^{\pi}(e^{\sin t}-e^{-\sin t})\sin t\mathrm{d}t>0$$

答 选 A.

例 5.11 已知 $f(x)=\int_0^1 |t(t-x)|\mathrm{d}t\ (x\geqslant 0)$，求 $\int_0^2 f(x)\mathrm{d}x$ 的值.

解 当 $0\leqslant x\leqslant 1$ 时，有

$$f(x)=\int_0^x t(x-t)\mathrm{d}t+\int_x^1 t(t-x)\mathrm{d}t=\left(\frac{x}{2}t^2-\frac{t^3}{3}\right)\Big|_0^x+\left(\frac{t^3}{3}-\frac{x}{2}t^2\right)\Big|_x^1=\frac{1}{3}x^3-\frac{1}{2}x+\frac{1}{3}$$

当 $x>1$ 时，有

$$f(x)=\int_0^1 t(x-t)\mathrm{d}t=\left(\frac{x}{2}t^2-\frac{t^3}{3}\right)\Big|_0^1=\frac{1}{2}x-\frac{1}{3}$$

故
$$\int_0^2 f(x)\mathrm{d}x=\int_0^1\left(\frac{1}{3}x^3-\frac{1}{2}x+\frac{1}{3}\right)\mathrm{d}x+\int_1^2\left(\frac{1}{2}x-\frac{1}{3}\right)\mathrm{d}x=\frac{7}{12}$$

例 5.12 用换元法求下列定积分：

(1) $\int_0^2 \frac{\sqrt{4-x}}{\sqrt{4-x}+\sqrt{x+2}}\mathrm{d}x$； (2) $\int_0^{\frac{1}{\sqrt{3}}}\frac{\mathrm{d}x}{(1-5x^2)\sqrt{1+x^2}}$； (3) $\int_0^1\sqrt{2x-x^2}\mathrm{d}x$.

解 (1) 因为

$$I=\int_0^2\frac{\sqrt{4-x}}{\sqrt{4-x}+\sqrt{x+2}}\mathrm{d}x \xlongequal{4-x=u+2}$$

$$\int_2^0\frac{\sqrt{u+2}}{\sqrt{u+2}+\sqrt{4-u}}(-\mathrm{d}u)=\int_0^2\frac{\sqrt{x+2}}{\sqrt{4-x}+\sqrt{x+2}}\mathrm{d}x$$

所以 $2I=\int_0^2\frac{\sqrt{4-x}+\sqrt{x+2}}{\sqrt{4-x}+\sqrt{x+2}}\mathrm{d}x=2$，故 $I=1$.

(2) 原式 $\xlongequal{令 x=\tan t}\int_0^{\frac{\pi}{6}}\frac{\cos t}{1+4\sin^2 t}\mathrm{d}t=\frac{1}{2}\int_0^{\frac{\pi}{6}}\frac{\mathrm{d}(2\sin t)}{1+(2\sin t)^2}=\frac{1}{2}\arctan(2\sin t)\Big|_0^{\frac{\pi}{6}}=\frac{\pi}{8}$

(3) 原式 $=\int_0^1\sqrt{1-(1-x)^2}\mathrm{d}x \xlongequal{1-x=\sin t}\int_{\frac{\pi}{2}}^0\cos t\cdot(-\cos t)\mathrm{d}t=\int_0^{\frac{\pi}{2}}\cos^2 t\mathrm{d}t=\frac{\pi}{4}$

例 5.13 用分部积分法求下列定积分：

(1) $\int_0^3\arcsin\sqrt{\frac{x}{1+x}}\mathrm{d}x$； (2) $\int_0^1\frac{\ln(1+x)}{(2-x)^2}\mathrm{d}x$； (3) $I_n=\int_0^1 x^m(\ln x)^n\mathrm{d}x\ (n,m=0,1,2,\cdots)$.

解 (1) 原式 $= x\arcsin\sqrt{\dfrac{x}{1+x}}\Big|_0^3 - \dfrac{1}{2}\int_0^3 \dfrac{x\mathrm{d}x}{\sqrt{x}(1+x)} = 3\arcsin\dfrac{\sqrt{3}}{2} - \int_0^3 \dfrac{1+(\sqrt{x})^2-1}{1+(\sqrt{x})^2}\mathrm{d}(\sqrt{x}) =$

$$\pi - \sqrt{x}\Big|_0^3 + \arctan\sqrt{x}\Big|_0^3 = \frac{4}{3}\pi - \sqrt{3}$$

(2) 原式 $= \int_0^1 \ln(1+x)\mathrm{d}\left(\dfrac{1}{2-x}\right) = \dfrac{\ln(1+x)}{2-x}\Big|_0^1 - \int_0^1 \dfrac{1}{2-x}\cdot\dfrac{\mathrm{d}x}{1+x} =$

$$\ln 2 + \frac{1}{3}\int_0^1\left(\frac{1}{2-x} - \frac{1}{1+x}\right)\mathrm{d}x = \ln 2 + \frac{1}{3}\left[\ln|x-2| - \ln(1+x)\right]\Big|_0^1 =$$

$$\ln 2 + \frac{1}{3}(-\ln 2 - \ln 2) = \frac{1}{3}\ln 2$$

(3) 因为 $I_n = \dfrac{1}{m+1}\int_0^1 (\ln x)^n \mathrm{d}(x^{m+1}) = \dfrac{1}{m+1}\left[x^{m+1}(\ln x)^n\right]\Big|_0^1 - \dfrac{n}{m+1}\int_0^1 x^m(\ln x)^{n-1}\mathrm{d}x = -\dfrac{n}{m+1}I_{n-1}$

又因

$$I_0 = \int_0^1 x^m \mathrm{d}x = \frac{1}{m+1}$$

所以 $I_n = -\dfrac{n}{m+1}I_{n-1} = (-1)^2\dfrac{n}{m+1}\cdot\dfrac{n-1}{m+1}I_{n-2} = \cdots = (-1)^n\dfrac{n!}{(m+1)^n}I_0 = (-1)^n\dfrac{n!}{(m+1)^{n+1}}$

例 5.14 下列反常积分是否收敛？若收敛，求其值．

(1) $\int_0^{+\infty} x\mathrm{e}^{-x^2}\mathrm{d}x$； (2) $\int_0^1 \dfrac{\arcsin x}{\sqrt{1-x^2}}\mathrm{d}x$； (3) $\int_{-1}^1 \ln|x|\mathrm{d}x$.

解 (1) 因为 $\lim\limits_{\eta\to+\infty}\int_0^\eta x\mathrm{e}^{-x^2}\mathrm{d}x = \lim\limits_{\eta\to+\infty}\int_0^\eta \dfrac{1}{2}\mathrm{e}^{-x^2}\mathrm{d}(x^2) = \lim\limits_{\eta\to+\infty}\left[-\dfrac{1}{2}\mathrm{e}^{-x^2}\right]_0^\eta = \dfrac{1}{2}$

所以 $\int_0^{+\infty} x\mathrm{e}^{-x^2}\mathrm{d}x$ 收敛，且 $\int_0^{+\infty} x\mathrm{e}^{-x^2}\mathrm{d}x = \dfrac{1}{2}$.

(2) $x=1$ 是瑕点，因为

$$\lim_{\varepsilon\to0^+}\int_0^{1-\varepsilon}\arcsin x\,\mathrm{d}(\arcsin x) = \lim_{\varepsilon\to0^+}\left[\frac{1}{2}(\arcsin x)^2\right]_0^{1-\varepsilon} = \lim_{\varepsilon\to0^+}\frac{1}{2}[\arcsin(1-\varepsilon)]^2 = \frac{\pi^2}{8}$$

所以 $\int_0^1 \dfrac{\arcsin x}{\sqrt{1-x^2}}\mathrm{d}x$ 收敛，且 $\int_0^1 \dfrac{\arcsin x}{\sqrt{1-x^2}}\mathrm{d}x = \dfrac{\pi^2}{8}$.

(3) $x=0$ 是瑕点，因为

$$\lim_{\varepsilon\to0^+}\int_\varepsilon^1 \ln x\,\mathrm{d}x + \lim_{\eta\to0^+}\int_{-1}^{-\eta}\ln(-x)\mathrm{d}x = \lim_{\varepsilon\to0^+}[x\ln x - x]_\varepsilon^1 + \lim_{\eta\to0^+}[x\ln(-x) - x]_{-1}^{-\eta} = -2$$

所以 $\int_{-1}^1 \ln|x|\mathrm{d}x$ 收敛，且 $\int_{-1}^1 \ln|x|\mathrm{d}x = -2$.

例 5.15 确定常数 a,b,c 的值，使

$$\lim_{x\to0}\frac{ax-\sin x}{\int_b^x \frac{\ln(1+t^3)}{t}\mathrm{d}t} = c \quad (c\neq0)$$

解 因为当 $x\to0$ 时，分子 $ax-\sin x\to0$，且 $c\neq0$，所以 $\lim\limits_{x\to0}\int_b^x \dfrac{\ln(1+t^3)}{t}\mathrm{d}t = 0$，从而 $b=0$.

$$\lim_{x\to0}\frac{ax-\sin x}{\int_b^x \frac{\ln(1+t^3)}{t}\mathrm{d}t} \xlongequal{\text{洛必达法则}} \lim_{x\to0}\frac{a-\cos x}{\frac{\ln(1+x^3)}{x}} = \frac{a-\cos x}{x^2} = c$$

又因为上式分母趋于 0，所以分子也趋于 0，从而 $a=1$，代入可得 $c=\dfrac{1}{2}$.

例 5.16 设 $f(x)$ 在 $[0,1]$ 上连续且单调减少，求证：当 $0<\alpha<\beta<1$ 时，$\alpha\int_0^\beta f(x)\mathrm{d}x < \beta\int_0^\alpha f(x)\mathrm{d}x$.

分析 结论可变形为 $\dfrac{1}{\beta}\int_0^\beta f(x)\mathrm{d}x < \dfrac{1}{\alpha}\int_0^\alpha f(x)\mathrm{d}x$，只需证 $\dfrac{1}{x}\int_0^x f(t)\mathrm{d}t$ 在 $(0,1)$ 单调减少即可；也可用积分中值定理来证明．

证法一 令 $F(x)=\frac{1}{x}\int_0^x f(t)\mathrm{d}t,\ 0<x<1$,因为

$$F'(x)=\frac{xf(x)-\int_0^x f(t)\mathrm{d}t}{x^2}=\frac{\int_0^x [f(x)-f(t)]\mathrm{d}t}{x^2}<0$$

所以 $F(x)$ 在(0,1)为单调减少,故当 $0<\alpha<\beta<1$ 时,有 $\frac{1}{\beta}\int_0^\beta f(x)\mathrm{d}x<\frac{1}{\alpha}\int_0^\alpha f(x)\mathrm{d}x$,即

$$\alpha\int_0^\beta f(x)\mathrm{d}x<\beta\int_0^\alpha f(x)\mathrm{d}x$$

证法二

$$\alpha\int_0^\beta f(x)\mathrm{d}x=\alpha\int_0^\alpha f(x)\mathrm{d}x+\alpha\int_\alpha^\beta f(x)\mathrm{d}x$$

$$\beta\int_0^\alpha f(x)\mathrm{d}x=\alpha\int_0^\alpha f(x)\mathrm{d}x+(\beta-\alpha)\int_0^\alpha f(x)\mathrm{d}x$$

由积分中值定理得

$$\alpha\int_\alpha^\beta f(x)\mathrm{d}x=\alpha(\beta-\alpha)f(\xi_1),\quad \xi_1\in(\alpha,\beta)$$

$$(\beta-\alpha)\int_0^\alpha f(x)\mathrm{d}x=\alpha(\beta-\alpha)f(\xi_2),\quad \xi_2\in(0,\alpha)$$

因为 $\xi_1>\xi_2$,$f(x)$ 连续且单调减少,且 $0<\alpha<\beta<1$,所以

$$\alpha\int_\alpha^\beta f(x)\mathrm{d}x=\alpha(\beta-\alpha)f(\xi_1)<\alpha(\beta-\alpha)f(\xi_2)=(\beta-\alpha)\int_0^\alpha f(x)\mathrm{d}x$$

故

$$\alpha\int_0^\beta f(x)\mathrm{d}x<\beta\int_0^\alpha f(x)\mathrm{d}x$$

例 5.17 设 $f(x)$ 在 $(-\infty,+\infty)$ 上有连续的导数,求极限 $\lim\limits_{a\to0^+}\frac{1}{4a^2}\int_{-a}^a[f(t+a)-f(t-a)]\mathrm{d}t$.

分析 可通过换元法,使积分号内不含 a,然后用洛必达法则求极限.

解 因为

$$\int_{-a}^a f(t+a)\mathrm{d}t\xlongequal{t+a=u}\int_0^{2a}f(u)\mathrm{d}u$$

$$\int_{-a}^a f(t-a)\mathrm{d}t\xlongequal{t-a=v}\int_{-2a}^0 f(v)\mathrm{d}v$$

所以

$$原式=\lim_{a\to0^+}\frac{\int_0^{2a}f(u)\mathrm{d}u-\int_{-2a}^0 f(v)\mathrm{d}v}{4a^2}=\lim_{a\to0^+}\frac{2f(2a)-2f(-2a)}{8a}=$$

$$\lim_{a\to0^+}\frac{4f'(2a)+4f'(-2a)}{8}=f'(0)$$

例 5.18 设函数 $f(x)$ 在 $(-\infty,+\infty)$ 内满足 $f(x)=f(x-\pi)+\sin x$,且 $f(x)=x,\ x\in[0,\pi]$,计算 $\int_\pi^{3\pi}f(x)\mathrm{d}x$.

分析 此题为换元积分问题.

解 $\int_\pi^{3\pi}f(x)\mathrm{d}x=\int_\pi^{3\pi}f(x-\pi)\mathrm{d}x+\int_\pi^{3\pi}\sin x\mathrm{d}x=\int_\pi^{3\pi}f(x-\pi)\mathrm{d}x+0\xlongequal{t=x-\pi}$

$$\int_0^{2\pi}f(t)\mathrm{d}t=\int_0^\pi f(t)\mathrm{d}t+\int_\pi^{2\pi}f(t)\mathrm{d}t=\int_0^\pi t\mathrm{d}t+\int_\pi^{2\pi}f(t-\pi)\mathrm{d}t+\int_\pi^{2\pi}\sin t\mathrm{d}t=$$

$$\int_0^\pi t\mathrm{d}t+\int_0^\pi f(u)\mathrm{d}u-2=\pi^2-2$$

例 5.19 设函数 $f(x)$ 在 $(-\infty,+\infty)$ 内连续,且 $F(x)=\int_0^x(x-2t)f(t)\mathrm{d}t$,试证:

(1) 若 $f(x)$ 为偶函数,则 $F(x)$ 也是偶函数;

(2) 若 $f(x)$ 单调不增,则 $F(x)$ 单调不减.

证明 (1) 因为 $F(-x)=\int_0^{-x}(-x-2t)f(t)\mathrm{d}t\xlongequal{t=-u}\int_0^x(x-2u)f(-u)\mathrm{d}u=\int_0^x(x-2u)f(u)\mathrm{d}u=$

$F(x)$，所以 $F(x)$ 是偶函数．

(2) $F(x)=\int_0^x (x-2t)f(t)\mathrm{d}t = x\int_0^x f(t)\mathrm{d}t - 2\int_0^x tf(t)\mathrm{d}t$

$$F'(x)=\int_0^x f(t)\mathrm{d}t+(x-2x)f(x)=f(\xi)x-xf(x)=x[f(\xi)-f(x)]\quad(\xi\text{ 介于 }0\text{ 与 }x\text{ 之间})$$

若 $x>0$，则 $0<\xi<x$. 由于 $f(x)$ 单调不增，可知 $f(\xi)-f(x)\geqslant 0$，从而 $F'(x)=x[f(\xi)-f(x)]\geqslant 0$，因此 $F(x)$ 在 $[0,+\infty)$ 上单调不减；

若 $x<0$，则 $x<\xi<0$. 由于 $f(x)$ 单调不增，可知 $f(\xi)-f(x)\leqslant 0$，从而 $F'(x)=x[f(\xi)-f(x)]\geqslant 0$，因此 $F(x)$ 在 $(-\infty,0]$ 上单调不减．

综合上述，$F(x)$ 在 $(-\infty,+\infty)$ 内单调不减．

例 5.20 设 $f(x)$ 在 $[-a,a]$ 上连续 $(a>0)$，且 $f(x)>0$，又设 $g(x)=\int_{-a}^a |x-t| f(t)\mathrm{d}t$，证明：曲线 $y=g(x)$ 在 $[-a,a]$ 上是凹的．

证明 $g(x)=\int_{-a}^x (x-t)f(t)\mathrm{d}t+\int_x^a (t-x)f(t)\mathrm{d}t=$

$$x\int_{-a}^x f(t)\mathrm{d}t-\int_{-a}^x tf(t)\mathrm{d}t+\int_x^a tf(t)\mathrm{d}t-x\int_x^a f(t)\mathrm{d}t$$

$$g'(x)=\int_{-a}^x f(t)\mathrm{d}t+xf(x)-xf(x)-xf(x)-\int_x^a f(t)\mathrm{d}t+xf(x)=\int_{-a}^x f(t)\mathrm{d}t-\int_x^a f(t)\mathrm{d}t$$

故 $g''(x)=f(x)+f(x)=2f(x)>0$，即曲线 $y=g(x)$ 在 $[-a,a]$ 上是凹的．

例 5.21 设 $f'(x)$ 在 $[0,a]$ 上连续，且 $f(0)=0$，证明 $\left|\int_0^a f(x)\mathrm{d}x\right|\leqslant\frac{Ma^2}{2}$，其中 $M=\max\limits_{0\leqslant x\leqslant a}|f'(x)|$.

分析 在 $[0,a]$ 上任取一点 x，由微分中值定理可找出 $f(x)$ 与 $f'(x)$ 的关系，再由积分的性质和已知条件即可得证．

证明 任取 $x\in[0,a]$，由微分中值定理有

$$f(x)-f(0)=f'(\xi)x,\quad \xi\in(0,x)\subset(0,a)$$

因为 $f(0)=0$，所以

$$f(x)=f'(\xi)x,\quad \xi\in(0,a)$$

故
$$\left|\int_0^a f(x)\mathrm{d}x\right|=\left|\int_0^a f'(\xi)x\mathrm{d}x\right|\leqslant\int_0^a|f'(\xi)|x\mathrm{d}x\leqslant M\int_0^a x\mathrm{d}x=\frac{M}{2}a^2$$

例 5.22 设 $f(x)=\int_0^x\frac{\sin t}{\pi-t}\mathrm{d}t$，计算 $\int_0^\pi f(x)\mathrm{d}x$.

分析 被积函数 $f(x)$ 为变限积分，$f(x)$ 的原函数不易计算，但 $f(x)$ 的导函数很容易得到，可用分部积分法．

解 $\int_0^\pi f(x)\mathrm{d}x=xf(x)\Big|_0^\pi-\int_0^\pi xf'(x)\mathrm{d}x=\pi\int_0^\pi\frac{\sin t}{\pi-t}\mathrm{d}t-\int_0^\pi x\frac{\sin x}{\pi-x}\mathrm{d}x=\int_0^\pi\sin x\mathrm{d}x=2$

例 5.23 设 $f(x)$ 在区间 $[0,+\infty)$ 上单调减少且非负的连续函数，且

$$a_n=\sum_{k=1}^n f(k)-\int_1^n f(x)\mathrm{d}x,\quad n=1,2,\cdots$$

证明：数列 $\{a_n\}$ 收敛．

证明 由题设可得

$$f(k+1)\leqslant\int_k^{k+1}f(x)\mathrm{d}x\leqslant f(k),\quad k=1,2,\cdots$$

因此 $a_n=\sum\limits_{k=1}^n f(k)-\int_1^n f(x)\mathrm{d}x=\sum\limits_{k=1}^n f(k)-\sum\limits_{k=1}^{n-1}\int_k^{k+1}f(x)\mathrm{d}x=\sum\limits_{k=1}^{n-1}\left[f(k)-\int_k^{k+1}f(x)\mathrm{d}x\right]+f(n)\geqslant 0$

即数列 $\{a_n\}$ 有下界，又因为

$$a_{n+1}-a_n=f(n+1)-\int_n^{n+1}f(x)\mathrm{d}x\leqslant 0$$

即数列$\{a_n\}$单调下降，所以由单调有界原理知，数列$\{a_n\}$收敛．

例 5.24 设 $S(x)=\int_0^x |\cos t|\,\mathrm{d}t$，

(1) 当 n 为正整数，且 $n\pi\leqslant x<(n+1)\pi$ 时，证明 $2n\leqslant S(x)<2(n+1)$；

(2) 求 $\lim\limits_{x\to+\infty}\dfrac{S(x)}{x}$．

解 (1) 因为 $|\cos x|\geqslant 0$，且 $n\pi\leqslant x<(n+1)\pi$，所以

$$\int_0^{n\pi}|\cos x|\,\mathrm{d}x\leqslant S(x)<\int_0^{(n+1)\pi}|\cos x|\,\mathrm{d}x$$

又因为 $|\cos x|$ 是以 π 为周期的周期函数，在每个周期上积分值相等，所以

$$\int_0^{n\pi}|\cos x|\,\mathrm{d}x=n\int_0^{\pi}|\cos x|\,\mathrm{d}x=2n$$

同理
$$\int_0^{(n+1)\pi}|\cos x|\,\mathrm{d}x=2(n+1)$$

因此当 $n\pi\leqslant x<(n+1)\pi$ 时，有 $2n\leqslant S(x)<2(n+1)$．

(2) 由(1)知，当 $n\pi\leqslant x<(n+1)\pi$ 时，有

$$\frac{2n}{(n+1)\pi}<\frac{S(x)}{x}<\frac{2(n+1)}{n\pi}$$

由夹逼准则得
$$\lim_{x\to+\infty}\frac{S(x)}{x}=\frac{2}{\pi}$$

例 5.25 设函数 $f(x)$ 在$[0,\pi]$上连续，且$\int_0^{\pi}f(x)\mathrm{d}x=0$，$\int_0^{\pi}f(x)\cos x\mathrm{d}x=0$. 试证：在$(0,\pi)$内至少存在两个不同的点 ξ_1,ξ_2，使 $f(\xi_1)=f(\xi_2)=0$.

证法一 令 $F(x)=\int_0^x f(t)\mathrm{d}t$，$x\in[0,\pi]$，则有 $F(0)=F(\pi)=0$，因为

$$0=\int_0^{\pi}f(x)\cos x\mathrm{d}x=\int_0^{\pi}\cos x\mathrm{d}F(x)=F(x)\cos x\Big|_0^{\pi}-\int_0^{\pi}F(x)\mathrm{d}\cos x=\int_0^{\pi}F(x)\sin x\mathrm{d}x$$

所以存在 $\xi\in(0,\pi)$，使得 $F(\xi)\sin\xi=0$，又因为 $\sin\xi\neq 0$，所以 $F(\xi)=0$，$\xi\in(0,\pi)$. 于是 $F(x)$ 在$[0,\pi]$上有三个不同的零点：$0,\xi,\pi$，由罗尔定理知，存在 $\xi_1\in(0,\xi)\subset(0,\pi)$，$\xi_2\in(\xi,\pi)\subset(0,\pi)$，使 $F'(\xi_1)=0=F'(\xi_2)$，即 $f(\xi_1)=f(\xi_2)=0$.

证法二 由$\int_0^{\pi}f(x)\mathrm{d}x=0$ 知，存在 $\xi\in(0,\pi)$，使得 $f(\xi)=0$.

如果 $f(x)=0$ 在$(0,\pi)$内仅此一个实根 $x=\xi$，则由$\int_0^{\pi}f(x)\mathrm{d}x=0$ 可得，$f(x)$ 在$(0,\xi)$与(ξ,π)内异号，不妨设 $x\in(0,\xi)$ 时，$f(x)>0$，$x\in(\xi,\pi)$ 时，$f(x)<0$，由$\int_0^{\pi}f(x)\mathrm{d}x=0$，$\int_0^{\pi}f(x)\cos x\mathrm{d}x=0$ 及 $\cos x$ 在$[0,\pi]$上的单调递减性，可知

$$0=\int_0^{\pi}f(x)(\cos x-\cos\xi)\mathrm{d}x=\int_0^{\xi}f(x)(\cos x-\cos\xi)\mathrm{d}x+\int_{\xi}^{\pi}f(x)(\cos x-\cos\xi)\mathrm{d}x>0$$

同已知矛盾，由此可见，$f(x)=0$ 在$(0,\pi)$至少有两个不同的实根．

例 5.26 设 $f(x)$ 在$[a,b]$上具有二阶连续导数，又 $f(a)=f'(a)=0$，求证：

$$\int_a^b f(x)\mathrm{d}x=\frac{1}{2}\int_a^b f''(x)(x-b)^2\mathrm{d}x$$

证明 $\frac{1}{2}\int_a^b f''(x)(x-b)^2\mathrm{d}x=\frac{1}{2}f'(x)(x-b)^2\Big|_a^b-\int_a^b f'(x)(x-b)\mathrm{d}x=$

$$0-\int_a^b(x-b)\mathrm{d}f(x)=-(x-b)f(x)\Big|_a^b+\int_a^b f(x)\mathrm{d}x=\int_a^b f(x)\mathrm{d}x$$

例 5.27 证明：$\int_0^{\sin^2 x}\arcsin\sqrt{t}\,dt+\int_0^{\cos^2 x}\arccos\sqrt{t}\,dt=\frac{\pi}{4}$，$0<x<\frac{\pi}{2}$.

证法一 设
$$F(x)=\int_0^{\sin^2 x}\arcsin\sqrt{t}\,dt+\int_0^{\cos^2 x}\arccos\sqrt{t}\,dt,\quad 0<x<\frac{\pi}{2}$$
因为
$$F'(x)=x\cdot 2\sin x\cdot\cos x+x\cdot 2\cos x\cdot(-\sin x)=0$$
所以 $F(x)=C$，又知 $F\left(\frac{\pi}{4}\right)=\int_0^{\frac{1}{2}}\frac{\pi}{2}dt=\frac{\pi}{4}$，故 $F(x)=\frac{\pi}{4}$，即
$$\int_0^{\sin^2 x}\arcsin\sqrt{t}\,dt+\int_0^{\cos^2 x}\arccos\sqrt{t}\,dt=\frac{\pi}{4}$$

证法二 对两项积分分别做变换 $t=\sin^2 u$ 与 $t=\cos^2 v$，得
$$\int_0^{\sin^2 x}\arcsin\sqrt{t}\,dt+\int_0^{\cos^2 x}\arccos\sqrt{t}\,dt=\int_0^x u\,d\sin^2 u+\int_{\frac{\pi}{2}}^x v\,d\cos^2 v=$$
$$u\sin^2 u\Big|_0^x-\int_0^x\sin^2 u\,du+v\cos^2 v\Big|_{\frac{\pi}{2}}^x-\int_{\frac{\pi}{2}}^x\cos^2 v\,dv=$$
$$x-\int_0^x\sin^2 t\,dt-\int_0^x\cos^2 t\,dt+\int_0^{\frac{\pi}{2}}\cos^2 t\,dt=\int_0^{\frac{\pi}{2}}\frac{1+\cos 2t}{2}dt=\frac{\pi}{4}$$

例 5.28 设 $f(x)$ 二阶可导，且 $f''(x)\geqslant 0$，$\varphi(t)$ 在 $[0,a]$ 上连续，$a>0$. 求证：
$$\frac{1}{a}\int_0^a f[\varphi(t)]dt\geqslant f\left[\frac{1}{a}\int_0^a\varphi(t)dt\right]$$

分析 由题设知，$\varphi(t)$ 在 $[0,a]$ 上连续，因此 $\int_0^a\varphi(t)dt$ 是个常数，又 $f''(x)\geqslant 0$，故可由泰勒公式得到不等式关系.

证明 令 $x_0=\frac{1}{a}\int_0^a\varphi(t)dt$，则 $f(x)$ 在 x_0 的一阶泰勒公式为
$$f(x)=f(x_0)+f'(x_0)(x-x_0)+\frac{f''(\xi)}{2!}(x-x_0)^2\quad(\xi\text{ 在 }x_0\text{ 与 }x\text{ 之间})$$
因为 $f''(x)\geqslant 0$，所以 $f(x)\geqslant f(x_0)+f'(x_0)(x-x_0)$，于是令 $x=\varphi(t)$，得
$$f[\varphi(t)]\geqslant f(x_0)+f'(x_0)[\varphi(t)-x_0]$$
两边积分得
$$\int_0^a f[\varphi(t)]dt\geqslant\int_0^a f(x_0)dt+f'(x_0)\int_0^a[\varphi(t)-x_0]dt=af(x_0)+f'(x_0)\left[\int_0^a\varphi(t)dt-ax_0\right]=$$
$$af(x_0)+0=af\left[\frac{1}{a}\int_0^a\varphi(t)dt\right]$$
故
$$\frac{1}{a}\int_0^a f[\varphi(t)]dt\geqslant f\left[\frac{1}{a}\int_0^a\varphi(t)dt\right]$$

例 5.29 设函数 $f(x)$ 在 $[a,b]$ 上连续且单调增加．试证：
$$2\int_a^b xf(x)dx\geqslant(a+b)\int_a^b f(x)dx$$

证明 令
$$F(x)=2\int_a^x tf(t)dt-(a+x)\int_a^x f(t)dt,\quad x\in[a,b]$$
因为
$$F'(x)=2xf(x)-\int_a^x f(t)dt-(a+x)f(x)=(x-a)f(x)-\int_a^x f(t)dt=$$
$$\int_a^x f(x)dt-\int_a^x f(t)dt=\int_a^x[f(x)-f(t)]dt\geqslant 0$$
所以 $F(x)$ 也是单调增加的，又因为 $F(a)=0$，所以 $F(b)\geqslant F(a)=0$，即
$$2\int_a^b xf(x)dx\geqslant(a+b)\int_a^b f(x)dx$$

例 5.30 设 $f(x)$ 在 $[0,1]$ 上连续，$f(0)=0$，$\int_0^1 f(x)dx=0$，试证：存在 $\xi\in(0,1)$，使

$$\int_0^{\xi} f(x)\mathrm{d}x = \xi f(\xi)$$

证明 令
$$F(x)=\begin{cases}\dfrac{\int_0^x f(t)\mathrm{d}t}{x}, & 0<x\leqslant 1\\ 0, & x=0\end{cases}$$

可以验证：$F(x)$ 在 $[0,1]$ 上连续，在 $(0,1)$ 内可导，且

$$F(0)=0,\quad F(1)=\int_0^1 f(x)\mathrm{d}x=0$$

由罗尔定理知，存在 $\xi\in(0,1)$，使 $F'(\xi)=0$，即

$$\int_0^{\xi} f(x)\mathrm{d}x=\xi f(\xi)$$

例 5.31 设 $f(x)$ 在 $[0,1]$ 上连续可导，试证：

$$|f(x)|\leqslant \int_0^1(|f(t)|+|f'(t)|)\mathrm{d}t,\quad x\in[0,1]$$

证明 因为 $f(x)$ 在 $[0,1]$ 上连续，所以 $|f(x)|$ 也在 $[0,1]$ 上连续．由积分中值定理知

$$\int_0^1 |f(t)|\mathrm{d}t=|f(\xi)|,\quad \xi\in[0,1]$$

又因为 $f(x)-f(\xi)=\int_{\xi}^x f'(t)\mathrm{d}t$，即

$$f(x)=f(\xi)+\int_{\xi}^x f'(t)\mathrm{d}t$$

所以 $$|f(x)|\leqslant|f(\xi)|+\left|\int_{\xi}^x f'(t)\mathrm{d}t\right|\leqslant|f(\xi)|+\left|\int_{\xi}^x |f'(t)|\mathrm{d}t\right|\leqslant|f(\xi)|+\int_0^1|f'(t)|\mathrm{d}t=$$
$$\int_0^1|f(t)|\mathrm{d}t+\int_0^1|f'(t)|\mathrm{d}t=\int_0^1(|f(t)|+|f'(t)|)\mathrm{d}t$$

例 5.32 设 $f(x)$ 在 $[2,4]$ 上连续可导，且 $f(2)=f(4)=0$，试证：

$$\max_{2\leqslant x\leqslant 4}|f'(x)|\geqslant\left|\int_2^4 f(x)\mathrm{d}x\right|$$

分析 $f(x)$ 与 $f'(x)$ 之间可用 $f(x)-f(2)=\int_2^x f'(x)\mathrm{d}x$ 联系起来，再通过不等式放缩可得证．

证法一 记 $M=\max\limits_{2\leqslant x\leqslant 4}|f'(x)|$，则

$$\left|\int_2^4 f(x)\mathrm{d}x\right|=\left|\int_2^4 f(x)\mathrm{d}(x-3)\right|=$$
$$\left|(x-3)f(x)\Big|_2^4-\int_2^4 f'(x)(x-3)\mathrm{d}x\right|\leqslant M\int_2^4|x-3|\mathrm{d}x=M$$

证法二
$$f(x)-f(2)=f'(\xi_1)(x-2),\quad 2<\xi_1<x$$
$$f(4)-f(x)=f'(\xi_2)(4-x),\quad x<\xi_2<4$$
$$|f(x)|\leqslant M(x-2),\quad |f(x)|\leqslant M(4-x)$$
$$\left|\int_2^4 f(x)\mathrm{d}x\right|\leqslant\int_2^4|f(x)|\mathrm{d}x\leqslant\int_2^3 M(x-2)\mathrm{d}x+\int_3^4 M(4-x)\mathrm{d}x=M$$

例 5.33 试证：

$$\int_0^{\frac{\pi}{2}}\frac{\sin(2n+1)x}{\sin x}\mathrm{d}x=\frac{\pi}{2}\quad(n\geqslant 0,\ n\in\mathbf{Z})$$

证明 虽然 $\dfrac{\sin(2n+1)x}{\sin x}$ 在 $x=0$ 无定义，但 $\lim\limits_{x\to 0}\dfrac{\sin(2n+1)x}{\sin x}$ 存在，因此 $x=0$ 可视为可去间断点，该积分视为常义积分．

记 $I_n=\int_0^{\frac{\pi}{2}}\dfrac{\sin(2n+1)x}{\sin x}\mathrm{d}x$，$n\geqslant 0$，则 $I_0=\dfrac{\pi}{2}$，因为 $n\geqslant 1$ 时，有

$$I_n - I_{n-1} = \int_0^{\frac{\pi}{2}} \frac{\sin(2n+1)x - \sin(2n-1)x}{\sin x}\mathrm{d}x = \int_0^{\frac{\pi}{2}} 2\cos 2nx\,\mathrm{d}x = 0$$

所以
$$I_n = I_{n-1} = \cdots = I_0 = \frac{\pi}{2}$$

四、课后习题精解

(一) 习题 5-1 解答

*1. 利用定积分定义计算由抛物线 $y = x^2 + 1$,两直线 $x = a$, $x = b\ (b > a)$ 及横轴所围成的图形的面积.

解 由定积分的定义,所求面积为

$$S = \int_a^b (x^2+1)\mathrm{d}x = \lim_{\lambda\to 0}\sum_{i=1}^n (\xi_i^2+1)\Delta x_i = \qquad (\lambda = \max\{\Delta x_1, \Delta x_2, \cdots, \Delta x_n\})$$

$$\lim_{n\to\infty}\sum_{i=1}^n \left[\left(a + \frac{b-a}{n}i\right)^2 + 1\right]\frac{b-a}{n} = \qquad (\text{其中 } \xi_i = a + \frac{b-a}{n}i,\ \Delta x_i = \frac{b-a}{n})$$

$$(b-a)\lim_{n\to\infty}\frac{1}{n}\sum_{i=1}^n\left[\left(a+\frac{b-a}{n}i\right)^2+1\right] =$$

$$(b-a)\lim_{n\to\infty}\frac{1}{n}\left[na^2 + 2a\frac{b-a}{n}\sum_{i=1}^n i + \frac{(b-a)^2}{n^2}\sum_{i=1}^n i^2 + n\right] =$$

$$(b-a)\lim_{n\to\infty}\frac{1}{n}\left[n(a^2+1) + \frac{2a(b-a)}{n}\cdot\frac{n(n+1)}{2} + \frac{(b-a)^2}{n^2}\cdot\frac{1}{6}n(n+1)(2n+1)\right] =$$

$$(b-a)\lim_{n\to\infty}\left[a^2+1+a(b-a)\left(1+\frac{1}{n}\right)+\frac{(b-a)^2}{6}\left(1+\frac{1}{n}\right)\left(2+\frac{1}{n}\right)\right] =$$

$$(b-a)\left[a^2+1+ab-a^2+\frac{(b-a)^2}{3}\right] = \frac{b^3-a^3}{3}+b-a$$

*2. 利用定积分定义计算下列积分:

(1) $\int_a^b x\,\mathrm{d}x\ (a<b)$;　　　(2) $\int_0^1 \mathrm{e}^x\,\mathrm{d}x$.

解 (1)

$$\text{原式} = \lim_{\lambda\to\infty}\sum_{i=1}^n \xi_i\Delta x_i =$$

$$\lim_{n\to 0}\sum_{i=1}^n\left(a+\frac{b-a}{n}i\right)\cdot\frac{b-a}{n} = \qquad (\text{其中 } \xi_i = a+\frac{b-a}{n}i,\ \Delta x_i = \frac{b-a}{n})$$

$$(b-a)\lim_{n\to\infty}\frac{1}{n}\sum_{i=1}^n\left(na+\frac{b-a}{n}\cdot\frac{n(n+1)}{2}\right) =$$

$$(b-a)\lim_{n\to\infty}\left[a+\frac{b-a}{2}\left(1+\frac{1}{n}\right)\right] = (b-a)\cdot\frac{b+a}{2} = \frac{1}{2}(b-a)^2$$

(2)

$$\text{原式} = \lim_{\lambda\to 0}\sum_{i=1}^n \mathrm{e}^{\xi_i}\Delta x_i = \lim_{n\to\infty}\sum_{i=1}^n \mathrm{e}^{\frac{i}{n}}\cdot\frac{1}{n} = \qquad (\xi_i = \frac{i}{n},\ \Delta x_i = \frac{1}{n})$$

$$\lim_{n\to\infty}\frac{1}{n}\cdot\frac{\mathrm{e}^{\frac{1}{n}}[1-(\mathrm{e}^{\frac{1}{n}})^n]}{1-\mathrm{e}^{\frac{1}{n}}} = \lim_{n\to\infty}\frac{\mathrm{e}^{\frac{1}{n}}(1-\mathrm{e})}{n(1-\mathrm{e}^{\frac{1}{n}})} = \mathrm{e}-1$$

$$(\text{因为}\lim_{n\to\infty}n(1-\mathrm{e}^{\frac{1}{n}}) = \lim_{n\to\infty}\frac{1-\mathrm{e}^{\frac{1}{n}}}{\frac{1}{n}} = \lim_{x\to+\infty}\frac{1-\mathrm{e}^{\frac{1}{x}}}{\frac{1}{x}} = \lim_{x\to+\infty}\frac{\frac{1}{x^2}\mathrm{e}^{\frac{1}{x}}}{-\frac{1}{x^2}} = -1)$$

3. 利用定积分的几何意义证明下列等式:

(1) $\int_0^1 2x\mathrm{d}x = 1$；　　(2) $\int_0^1 \sqrt{1-x^2}\,\mathrm{d}x = \frac{\pi}{4}$；

(3) $\int_{-\pi}^{\pi} \sin x\mathrm{d}x = 0$；　　(4) $\int_{-\frac{\pi}{2}}^{\frac{\pi}{2}} \cos x\mathrm{d}x = 2\int_0^{\frac{\pi}{2}} \cos x\mathrm{d}x$.

解　(1) $\int_0^1 2x\mathrm{d}x = 1$ 表示直线 $y = 2x$，横轴及直线 $x = 1$ 所围成的面积(见图 5.1).

(2) $\int_0^1 \sqrt{1-x^2}\,\mathrm{d}x = \frac{\pi}{4}$ 表示曲线 $y = \sqrt{1-x^2}$，x 轴及 y 轴所围面积(见图 5.2).

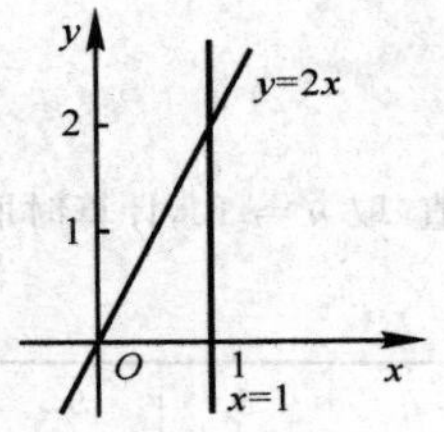

图　5.1

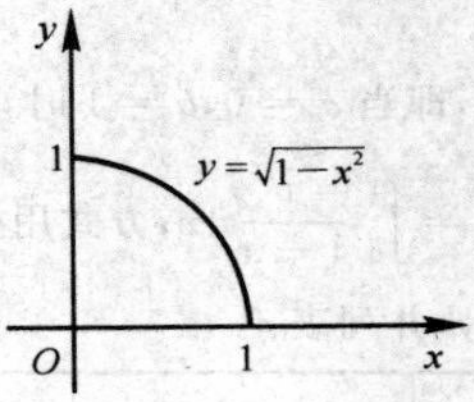

图　5.2

(3) $\int_{-\pi}^{\pi} \sin x\mathrm{d}x = 0$ 表示 $\sin x$ 奇函数，与 x 轴在$[-\pi,\pi]$的所夹面积代数和为零(见图 5.3).

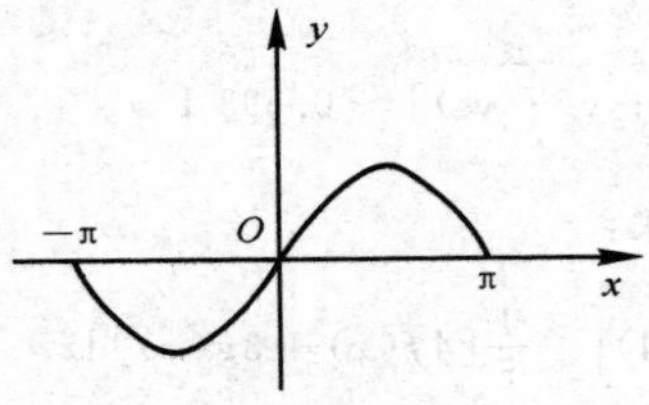

图　5.3

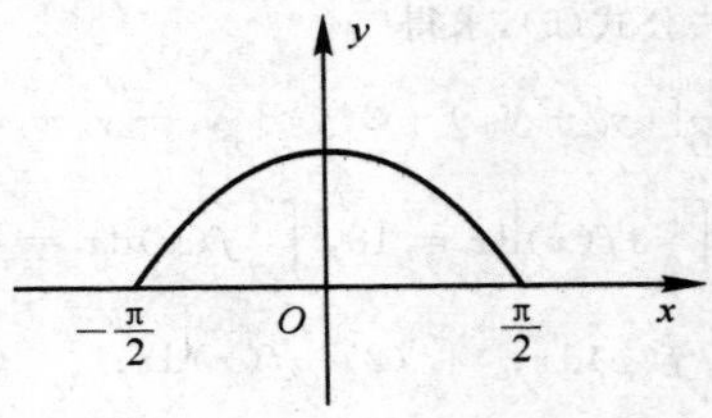

图　5.4

(4) $\int_{-\frac{\pi}{2}}^{\frac{\pi}{2}} \cos x\mathrm{d}x = 2\int_0^{\frac{\pi}{2}} \cos x\mathrm{d}x$ 表示曲线 $y = \cos x$ 与 x 轴在 $\left[-\frac{\pi}{2},\frac{\pi}{2}\right]$ 内围成的面积(见图 5.4).

4. 利用定积分的几何意义求下列积分：

(1) $\int_0^t x\mathrm{d}x\,(t > 0)$；　(2) $\int_{-2}^{4} (\frac{x}{2} + 3)\mathrm{d}x$；　(3) $\int_{-1}^{2} |x|\,\mathrm{d}x$；　(4) $\int_{-3}^{3} \sqrt{9-x^2}\,\mathrm{d}x$.

解　(1) 根据定积分的几何意义，$\int_0^t x\mathrm{d}x$ 表示的是由直线 $y = x$，$x = t$ 以及 x 轴所围成的直角三角形面积，该直角三角形的两条直角边的长均为 t，因此面积为$\frac{t^2}{2}$，故有$\int_0^t x\mathrm{d}x = \frac{t^2}{2}$.

(2) 根据定积分的几何意义，$\int_{-2}^{4} (\frac{x}{2} + 3)\mathrm{d}x$ 表示的是由直线 $y = \frac{x}{2} + 3$，$x = -2$，$x = 4$ 以及 x 轴所围成的梯形的面积，该梯形的两底长分别为$\frac{-2}{2} + 3 = 2$ 和$\frac{4}{2} + 3 = 5$，梯形的高为$4-(-2) = 6$，因此面积为 21. 故有$\int_{-2}^{4} (\frac{x}{2} + 3)\mathrm{d}x = 21$.

(3) 根据定积分的几何意义，$\int_{-1}^{2} |x|\,\mathrm{d}x$ 表示的是由直线 $y = |x|$，$x = -1$，$x = 2$ 以及 x 轴所围成的图形的面积. 该图形由两个等腰直角三角形组成，分别由直线 $y = -x$，$x = -1$ 和 x 轴所围成，其直角边长为 1，面积为$\frac{1}{2}$；由直线 $y = x$，$x = 2$ 和 x 轴所围成，其直角边长为 2，面积为 2. 因此$\int_{-1}^{2} |x|\,\mathrm{d}x = \frac{5}{2}$.

(4) 根据定积分的几何意义，$\int_{-3}^{3}\sqrt{9-x^2}\,dx$ 表示的是由上半圆周 $y=\sqrt{9-x^2}$ 以及 x 轴所围成的半圆的面积，因此有 $\int_{-3}^{3}\sqrt{9-x^2}\,dx=\frac{9}{2}\pi$.

5. 设 $a<b$，问 a,b 取什么值时，积分 $\int_a^b(x-x^2)dx$ 取得最大值？

解 根据定积分几何意，$\int_a^b(x-x^2)dx$ 表示的是由 $y=x-x^2$，$x=a$，$x=b$，以及 x 轴所围成的图形在 x 轴上方部分的面积减去 x 轴下方部分面积．因此如果下方部分面积为 0，上方部分面积为最大时，$\int_a^b(x-x^2)dx$ 的值最大，即当 $a=0$，$b=1$ 时，积分 $\int_a^b(x-x^2)dx$ 取得最大值．

6. 已知 $\ln 2=\int_0^1\frac{1}{1+x}dx$，方式用抛物线公式(6) 求出 ln2 的近似值(取 $n=10$，计算时取 4 位小数).

解 计算 y_i 并列表：

i	0	1	2	3	4	5	6	7	8	9	10
x_i	0.000 0	0.100 0	0.200 0	0.300 0	0.400 0	0.500 0	0.600 0	0.700 0	0.800 0	0.900 0	1.000 0
y_i	1.000 0	0.909 1	0.833 3	0.769 2	0.714 3	0.666 7	0.625 0	0.588 2	0.555 6	0.526 3	0.500 0

按抛物线法公式(6)，求得

$$s=\frac{1}{30}[(y_0+y_{10})+2(y_2+y_4+y_6+y_8)+4(y_1+y_3+y_5+y_7+y_9)]\approx 0.693\,1$$

7. 设 $\int_{-1}^{1}3f(x)dx=18$，$\int_{-1}^{3}f(x)dx=4$，$\int_{-1}^{3}g(x)dx=3$. 求：

(1) $\int_{-1}^{1}f(x)dx$； (2) $\int_{1}^{3}f(x)dx$； (3) $\int_{3}^{-1}g(x)dx$； (4) $\int_{-1}^{3}\frac{1}{5}[4f(x)+3g(x)]dx$.

解 (1) $\int_{-1}^{1}f(x)dx=\frac{1}{3}\int_{-1}^{1}3f(x)dx=6$

(2) $\int_{1}^{3}f(x)dx=\int_{-1}^{3}f(x)dx-\int_{-1}^{1}f(x)dx=-2$

(3) $\int_{3}^{-1}g(x)dx=-\int_{-1}^{3}g(x)dx=-3$

(4) $\int_{-1}^{3}\frac{1}{5}[4f(x)+3g(x)]dx=\frac{4}{5}\int_{-1}^{3}f(x)dx+\frac{3}{5}\int_{-1}^{3}g(x)dx=5$

8. 水利工程中要计算拦水闸门所受的水压力．已知闸门上水的压强 p(单位面积上的压力大小) 与水深 h 存在函数关系，且有 $p=9.8h\ \mathrm{kN/m^2}$. 若闸门高 $H=3$ m，宽 $L=2$ m，求水面与闸门顶相齐时闸门所受的水压力 P.

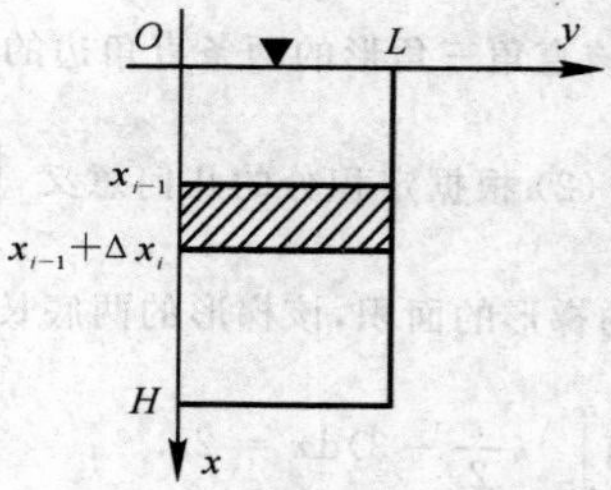

图 5.5

解 如图 5.5 所示，x 轴垂直于水面向下，y 轴在水面，闸门底部在水面下面 3 m 处，将 OH 分成 n 个小区间，在第 i 个小区间 Δx_i 上，考试闸门相应部分所受的水压力 ΔP_i，即 $\Delta P_i=9.8x_iL\Delta x_i$，故整个闸门所受的水压力为

$$P=\int_0^H 9.8Lx\,dx=\lim_{\lambda\to 0}\sum_{i=1}^{n}9.8x_iL\Delta x_i=$$

$$9.8L\lim_{n\to\infty}\sum_{i=1}^{n}\left(\frac{H}{n}i\cdot\frac{H}{n}\right)=9.8LH^2\lim_{n\to\infty}\frac{1}{n^2}(1+2+\cdots+n)=$$

$$4.9LH^2\lim_{n\to\infty}\left(1+\frac{1}{n}\right)=4.9LH^2$$

将 $L=2$ m，$H=3$ m 代入，得 $P=88.2$ kN.

9. 证明定积分性质：

(1) $\int_a^b kf(x)\mathrm{d}x = k\int_a^b f(x)\mathrm{d}x$ (k 是常数)； (2) $\int_a^b 1\cdot\mathrm{d}x = b-a$.

证明 (1) $\int_a^b kf(x)\mathrm{d}x = \lim\limits_{\lambda\to 0}\sum\limits_{i=1}^n kf(\xi_i)\Delta x_i = k\lim\limits_{\lambda\to\infty}\sum\limits_{i=1}^n f(\xi_i)\Delta x_i = k\int_a^b f(x)\mathrm{d}x$

(其中 $\lambda=\max\{\Delta x_i,\Delta x_2,\cdots,\Delta x_n\}$)

(2) $\int_a^b 1\cdot\mathrm{d}x = \lim\limits_{\lambda\to\infty}\sum\limits_{i=1}^n f(\xi_i)\Delta x_i = \lim\limits_{\lambda\to 0}\sum\limits_{i=1}^n \Delta x_i = b-a$

10. 估计下列各积分的值：

(1) $\int_1^4 (x^2+1)\mathrm{d}x$； (2) $\int_{\frac{\pi}{4}}^{\frac{5\pi}{4}}(1+\sin^2 x)\mathrm{d}x$； (3) $\int_{\frac{1}{\sqrt{3}}}^{\sqrt{3}} x\mathrm{arcran}x\mathrm{d}x$； (4) $\int_2^0 \mathrm{e}^{x^2-x}\mathrm{d}x$.

解 (1) 在 $[1,4]$ 上，$2\leqslant x^2+1\leqslant 17$，两边积分得

$$2(4-1)\leqslant\int_1^4(x^2+1)\mathrm{d}x\leqslant 17(4-1)$$

即

$$6\leqslant\int_1^4(x^2+1)\mathrm{d}x\leqslant 51$$

(2) 在 $\left[\frac{\pi}{4},\frac{5\pi}{4}\right]$ 上，$1\leqslant 1+\sin^2 x\leqslant 2$，两边积分得

$$\frac{5\pi}{4}-\frac{\pi}{4}\leqslant\int_{\frac{\pi}{4}}^{\frac{5\pi}{4}}(1+\sin^2 x)\mathrm{d}x\leqslant 2\left(\frac{5\pi}{4}-\frac{\pi}{4}\right)$$

即

$$\pi\leqslant\int_{\frac{\pi}{4}}^{\frac{5\pi}{4}}(1+\sin^2 x)\mathrm{d}x\leqslant 2\pi$$

(3) 设 $f(x)=x\arctan x$，则 $f'(x)=\arctan x+\frac{x}{1+x^2}$，因 $f'(x)$ 在 $\left[\frac{1}{\sqrt{3}},\sqrt{3}\right]$ 上值为正，故 $f(x)$ 在该区间上单调递增，则最小值 $m=f\left(\frac{1}{\sqrt{3}}\right)=\frac{\pi}{6\sqrt{3}}$，最大值 $M=f(\sqrt{3})=\frac{\pi}{\sqrt{3}}$，所以

$$\frac{\pi}{6\sqrt{3}}\left(\sqrt{3}-\frac{1}{\sqrt{3}}\right)\leqslant\int_{\frac{1}{\sqrt{3}}}^{\sqrt{3}}x\arctan x\mathrm{d}x\leqslant\frac{\pi}{\sqrt{3}}\left(\sqrt{3}-\frac{1}{\sqrt{3}}\right)$$

即

$$\frac{\pi}{9}\leqslant\int_{\frac{1}{\sqrt{3}}}^{\sqrt{3}}x\arctan x\mathrm{d}x\leqslant\frac{2\pi}{3}$$

(4) 由于

$$\int_2^0\mathrm{e}^{x^2-x}\mathrm{d}x=-\int_0^2\mathrm{e}^{x^2-x}\mathrm{d}x$$

记 $f(x)=\mathrm{e}^{x^2-x}$，则

$$f'(x)=(2x-1)\mathrm{e}^{x^2-x}$$

当 $0\leqslant x<\frac{1}{2}$ 时，$f'(x)<0$；当 $\frac{1}{2}<x\leqslant 2$ 时，$f'(x)>0$. 因此 $[0,2]$ 区间上 $f(x)$ 的最小值为 $m=f\left(\frac{1}{2}\right)=\mathrm{e}^{-\frac{1}{4}}$，最大值为 $M=f(2)=\mathrm{e}^2$，故

$$\mathrm{e}^{-\frac{1}{4}}(2-0)\leqslant\int_0^2\mathrm{e}^{x^2-x}\mathrm{d}x\leqslant\mathrm{e}^2(2-0)$$

$$-2\mathrm{e}^2\leqslant\int_2^0\mathrm{e}^{x^2-x}\mathrm{d}x\leqslant -2\mathrm{e}^{-\frac{1}{4}}$$

11. 设 $f(x)$ 在 $[0,1]$ 上连续，证明 $\int_0^1 f^2(x)\mathrm{d}x\geqslant\left(\int_0^1 f(x)\mathrm{d}x\right)^2$.

证明 记 $a=\int_0^1 f(x)\mathrm{d}x$，则由定积分性质 5，得

$$\int_0^1[f(x)-a]^2\mathrm{d}x\geqslant 0$$

即

$$\int_0^1[f(x)-a]^2\mathrm{d}x=\int_0^1 f^2(x)\mathrm{d}x-2a\int_0^1 f(x)\mathrm{d}x+a^2=\int_0^1 f^2(x)\mathrm{d}x-\left[\int_0^1 f(x)\mathrm{d}x\right]^2\geqslant 0$$

由此结论成立．

12. 设 $f(x)$ 及 $g(x)$ 在$[a,b]$上连续，证明：

(1) 若在$[a,b]$上，$f(x)\geqslant 0$，且$\int_a^b f(x)\mathrm{d}x=0$，则在$[a,b]$上 $f(x)\equiv 0$；

(2) 若在$[a,b]$上，$f(x)\geqslant 0$，且 $f(x)\not\equiv 0$，则$\int_a^b f(x)\mathrm{d}x>0$；

(3) 若在$[a,b]$上，$f(x)\leqslant g(x)$，且$\int_a^b f(x)\mathrm{d}x=\int_a^b g(x)\mathrm{d}x$，则在$[a,b]$上 $f(x)\equiv g(x)$．

证明　(1) 在$[a,b]$上，已知 $f(x)\geqslant 0$，且要证 $f(x)\equiv 0$，只需证 $f(x)>0$ 不成立．用反证法．

设 $\exists\xi\in[a,b]$，使 $f(\xi)>0$，因为 $f(x)$ 在$[a,b]$上连续，所以由连续函数局部保号性定理知，必含有 ξ 在某区间$[c_1,c_2]\subset[a,b]$，使得在$[c_1,c_2]$上 $f(x)>0$，从而$\int_{c_1}^{c_2}f(x)\mathrm{d}x>0$. 因为

$$\int_a^b f(x)\mathrm{d}x=\int_a^{c_1}f(x)\mathrm{d}x+\int_{c_1}^{c_2}f(x)\mathrm{d}x+\int_{c_2}^b f(x)\mathrm{d}x\geqslant\int_{c_1}^{c_2}f(x)\mathrm{d}x>0$$

这与$\int_a^b f(x)\mathrm{d}x=0$ 矛盾，所以 $f(\xi)>0$ 不成立，得证．

(2) 因为在$[a,b]$上，$f(x)\geqslant 0$，所以

$$\int_a^b f(x)\mathrm{d}x\geqslant 0\quad 即\quad\int_a^b f(x)\mathrm{d}x>0\quad 或\quad\int_a^b f(x)\mathrm{d}x=0$$

假设$\int_a^b f(x)\mathrm{d}x=0$，则由(1)证明知 $f(x)\equiv 0$，但这与条件 $f(x)\not\equiv 0$ 矛盾，故

$$\int_a^b f(x)\mathrm{d}x>0$$

(3) 令 $F(x)=g(x)-f(x)$，则在$[a,b]$上 $F(x)\geqslant 0$，且$\int_a^b F(x)\mathrm{d}x=0$. 由(1)证明知，在$[a,b]$上，$F(x)\equiv 0$ 即 $f(x)\equiv g(x)$．

13. 根据定积分的性质及第12题的结论，说明下列积分哪一个的值较大：

(1) $\int_0^1 x^2\mathrm{d}x$ 还是$\int_0^1 x^3\mathrm{d}x$？　　(2) $\int_1^2 x^2\mathrm{d}x$ 还是$\int_1^2 x^3\mathrm{d}x$？

(3) $\int_1^2 \ln x\mathrm{d}x$ 还是$\int_1^2(\ln x)^2\mathrm{d}x$？　　(4) $\int_0^1 x\mathrm{d}x$ 还是$\int_0^1\ln(1+x)\mathrm{d}x$？

(5) $\int_0^1 \mathrm{e}^x\mathrm{d}x$ 还是$\int_0^1(1+x)\mathrm{d}x$？

解　(1) 由于在$[0,1]$上 $x^2\geqslant x^3$，由定积分的性质得$\int_0^1 x^2\mathrm{d}x\geqslant\int_0^1 x^3\mathrm{d}x$. 且在$(0,1)$内 $x^2>x^3$，故

$$\int_0^1 x^2\mathrm{d}x>\int_0^1 x^3\mathrm{d}x$$

(2) 由于在$[1,2]$上 $x^2\leqslant x^3$，且在$(1,2)$内 $x^2<x^3$，故

$$\int_1^2 x^2\mathrm{d}x<\int_1^2 x^3\mathrm{d}x$$

(3) 在$[1,2]$上 $0\leqslant\ln x<1$，故 $\ln x\geqslant(\ln x)^2$，于是$\int_1^2\ln x\mathrm{d}x\geqslant\int_1^2(\ln x)^2\mathrm{d}x$. 又因为在$(1,2)$内，$\ln x>(\ln x)^2$，所以

$$\int_1^2\ln x\mathrm{d}x>\int_1^2(\ln x)^2\mathrm{d}x$$

(4) 因为当 $x>0$ 时，不等式 $x>\ln(x+1)$ 成立，所以

$$\int_0^1 x\mathrm{d}x>\int_0^1\ln(1+x)\mathrm{d}x$$

(5) 因为当 $x>0$ 时，不等式 $e^x>(x+1)$ 成立，所以

$$\int_0^1 e^x dx > \int_0^1 (1+x) dx$$

(二) 习题 5-2 解答

1. 试求函数 $y=\int_0^x \sin t dt$ 当 $x=0$ 及 $x=\frac{\pi}{4}$ 时的导数.

解 $y'=\sin x$， $y'(0)=\sin 0=0$， $y'\left(\frac{\pi}{4}\right)=\sin\frac{\pi}{4}=\frac{\sqrt{2}}{2}$

2. 求由参数表达式 $x=\int_0^t \sin u du$，$y=\int_0^t \cos u du$ 所确定的函数对 x 的导数 $\frac{dy}{dx}$.

解 $x_t'=\sin t$， $y_t'=\cos t$， $\frac{dy}{dx}=\frac{y_t'}{x_t'}=\frac{\cos t}{\sin t}=\cot t$

3. 求由 $\int_0^y e^t dt+\int_0^x \cos t dt=0$ 所决定的隐函数对 x 的导数 $\frac{dy}{dx}$.

解 方程两边对 x 求导得

$$e^y\frac{dy}{dx}+\cos x=0，\quad \frac{dy}{dx}=-\frac{\cos x}{e^y}$$

4. 当 x 为何值时，函数 $I(x)=\int_0^x te^{-t^2}dt$ 有极值？

解 $I'(x)=xe^{-x^2}$，令 $I'(x)=0$，得 $x=0$. 当 $x>0$ 时，$I'(x)>0$；当 $x<0$ 时，$I'(x)<0$，所以当 $x=0$ 时，函数 $I(x)$ 取极值.

5. 计算下列导数：

(1) $\frac{d}{dx}\int_0^{x^2}\sqrt{1+t^2}dt$； (2) $\frac{d}{dx}\int_{x^2}^{x^3}\frac{dt}{\sqrt{1+t^4}}$； (3) $\frac{d}{dx}\int_{\sin x}^{\cos x}\cos(\pi t^2)dt$.

解 (1)
$$\frac{d}{dx}\int_0^{x^2}\sqrt{1+t^2}dt=\sqrt{1+(x^2)^2}\cdot(x^2)'=2x\sqrt{1+x^4}$$

(2)
$$\frac{d}{dx}\int_{x^2}^{x^3}\frac{dt}{\sqrt{1+t^4}}=\frac{3x^2}{\sqrt{1+x^{12}}}-\frac{2x}{\sqrt{1+x^8}}$$

(3)
$$\frac{d}{dx}\int_{\sin x}^{\cos x}\cos(\pi t^2)dt=\cos[\pi(\cos x)^2](\cos x)'-\cos[\pi(\sin x)^2](\sin x)'=$$
$$-\sin x\cos(\pi\cos^2 x)-\cos x\cos(\pi\sin^2 x)=(\sin x-\cos x)\cos(\pi\sin^2 x)$$

6. 计算下列定积分：

(1) $\int_0^a (3x^2-x+1)dx$； (2) $\int_1^2\left(x^2+\frac{1}{x^4}\right)dx$； (3) $\int_4^9\sqrt{x}(1+\sqrt{x})dx$；

(4) $\int_{\frac{1}{\sqrt{3}}}^{\sqrt{3}}\frac{dx}{1+x^2}$； (5) $\int_{-\frac{1}{2}}^{\frac{1}{2}}\frac{dx}{\sqrt{1-x^2}}$； (6) $\int_0^{\sqrt{3}a}\frac{dx}{a^2+x^2}$；

(7) $\int_0^1\frac{dx}{\sqrt{4-x^2}}$； (8) $\int_{-1}^0\frac{3x^4+3x^2+1}{x^2+1}dx$； (9) $\int_{-e-1}^{-2}\frac{dx}{1+x}$；

(10) $\int_0^{\frac{\pi}{4}}\tan^2\theta d\theta$； (11) $\int_0^{2\pi}|\sin x|dx$； (12) $\int_0^2 f(x)dx$，其中 $f(x)=\begin{cases}x+1, & x\leqslant 1\\ \frac{1}{2}x^2, & x>1\end{cases}$.

解 (1) 原式 $=\left(x^3-\frac{x^2}{2}+x\right)\Big|_0^a=a\left(a^2-\frac{a}{2}+1\right)$.

(2) 原式 $=\left(\frac{1}{3}x^3-\frac{1}{3}x^{-3}\right)\Big|_1^2=2\frac{5}{8}$.

(3) 原式 $=\int_4^9(\sqrt{x}+x)\mathrm{d}x=\left(\frac{2}{3}x^{\frac{3}{2}}+\frac{1}{2}x^2\right)\Big|_4^9=45\frac{1}{6}$.

(4) 原式 $=\arctan x\Big|_{\frac{1}{\sqrt{3}}}^{\sqrt{3}}=\frac{\pi}{3}-\frac{\pi}{6}=\frac{\pi}{6}$.

(5) 原式 $=\arcsin x\Big|_{-\frac{1}{2}}^{\frac{1}{2}}=\frac{\pi}{6}-\left(-\frac{\pi}{6}\right)=\frac{\pi}{3}$.

(6) 原式 $=\frac{1}{a}\arctan\frac{x}{a}\Big|_0^{\sqrt{3}a}=\frac{\pi}{3a}$.

(7) 原式 $=\arcsin\frac{x}{2}\Big|_0^1=\frac{\pi}{6}$.

(8) 原式 $=(x^3+\arctan x)\Big|_{-1}^0=1+\frac{\pi}{4}$.

(9) 原式 $=(\ln|1+x|)\Big|_{-e-1}^{-2}=-1$.

(10) 原式 $=\int_0^{\frac{\pi}{4}}(\sec^2\theta-1)\mathrm{d}\theta=(\tan\theta-\theta)\Big|_0^{\frac{\pi}{4}}=1-\frac{\pi}{4}$.

(11) 原式 $=\int_0^{\pi}\sin x\mathrm{d}x+\int_{\pi}^{2\pi}(-\sin x)\mathrm{d}x=(-\cos x)\Big|_0^{\pi}+\cos x\Big|_{\pi}^{2\pi}=4$.

(12) 原式 $=\int_0^1(x+1)\mathrm{d}x+\int_1^2\frac{1}{2}x^2\mathrm{d}x=\left(\frac{1}{2}x^2+x\right)\Big|_0^1+\frac{1}{6}x^3\Big|_1^2=\frac{8}{3}$.

7. 设 k 为正整数,试证下列定积分:

(1) $\int_{-\pi}^{\pi}\cos kx\,\mathrm{d}x=0$; (2) $\int_{-\pi}^{\pi}\sin kx\,\mathrm{d}x=0$;

(3) $\int_{-\pi}^{\pi}\cos^2 kx\,\mathrm{d}x=\pi$; (4) $\int_{-\pi}^{\pi}\sin^2 kx\,\mathrm{d}x=\pi$.

证明 (1) 原式 $=\frac{1}{k}\sin kx\Big|_{-\pi}^{\pi}=\frac{1}{k}[\sin k\pi-\sin(-k\pi)]=0$

(2) 原式 $=-\frac{1}{k}\cos kx\Big|_{-\pi}^{\pi}=0$

(3) 原式 $=\int_{-\pi}^{\pi}\frac{1+\cos 2kx}{2}\mathrm{d}x=\left[\frac{1}{2}x+\frac{1}{4k}\sin 2kx\right]\Big|_{-\pi}^{\pi}=\pi$

(4) 原式 $=\int_{-\pi}^{\pi}\frac{1-\cos 2kx}{2}\mathrm{d}x=\left[\frac{1}{2}x-\frac{1}{4k}\sin 2kx\right]\Big|_{-\pi}^{\pi}=\pi$

8. 设 k 及 l 为正整数,且 $k\neq l$,证明:

(1) $\int_{-\pi}^{\pi}\cos kx\sin lx\,\mathrm{d}x=0$; (2) $\int_{-\pi}^{\pi}\cos kx\cos lx\,\mathrm{d}x=0$; (3) $\int_{-\pi}^{\pi}\sin kx\sin lx\,\mathrm{d}x=0$.

证明 (1) $\int_{-\pi}^{\pi}\cos kx\sin lx\,\mathrm{d}x=\int_{-\pi}^{\pi}\frac{1}{2}[\sin(l+k)x+\sin(l-k)x]\mathrm{d}x=0$

(2) $\int_{-\pi}^{\pi}\cos kx\cos lx\,\mathrm{d}x=\int_{-\pi}^{\pi}\frac{1}{2}[\cos(k+l)x+\cos(k-l)x]\mathrm{d}x=0$

(3) $\int_{-\pi}^{\pi}\sin kx\sin lx\,\mathrm{d}x=\int_{-\pi}^{\pi}\frac{1}{2}[\cos(k-l)x-\cos(k+l)x]\mathrm{d}x=0$

9. 求下列极限:

(1) $\lim\limits_{x\to 0}\frac{\int_0^x\cos t^2\mathrm{d}t}{x}$; (2) $\lim\limits_{x\to 0}\frac{\left(\int_0^x e^{t^2}\mathrm{d}t\right)^2}{\int_0^x te^{2t^2}\mathrm{d}t}$.

解 (1) 原式 $=\lim\limits_{x\to 0}\frac{\cos x^2}{1}=1$.

(2) 原式 $=\lim\limits_{x\to 0}\dfrac{2e^{x^2}\int_0^x e^{t^2}dt}{xe^{2x^2}}=\lim\limits_{x\to 0}\dfrac{2\int_0^x e^{t^2}dt}{xe^{x^2}}=\lim\limits_{x\to 0}\dfrac{2e^{x^2}}{e^{x^2}+xe^{x^2}\cdot 2x}=2.$

10. 设 $f(x)=\begin{cases}x^2, & x\in[0,1)\\ x, & x\in[1,2]\end{cases}$,求 $\Phi(x)=\int_0^x f(t)dt$ 在$[0,2]$上的表达式,并讨论 $\Phi(x)$ 在$(0,2)$内的连续性.

解 当 $x\in[0,1)$ 时
$$\Phi(x)=\int_0^x f(t)dt=\int_0^x t^2dt=\frac{1}{3}x^3$$

当 $x\in[1,2]$ 时
$$\Phi(x)=\int_0^x f(t)dt=\int_0^1 t^2dt+\int_1^x tdt=\frac{x^2}{2}-\frac{1}{6}$$

故
$$\Phi(x)=\begin{cases}\dfrac{x^3}{3}, & x\in[0,1)\\ \dfrac{x^2}{2}-\dfrac{1}{6}, & x\in[1,2]\end{cases}$$

因为
$$\lim_{x\to 1^-}\Phi(x)=\lim_{x\to 1^-}\frac{x^3}{3}=\frac{1}{3},\quad \lim_{x\to 1^+}\Phi(x)=\lim_{x\to 1^+}\left(\frac{x^2}{2}-\frac{1}{6}\right)=\frac{1}{3}$$

所以 $\Phi(x)$ 在$(0,2)$内是连续的.

11. 设 $f(x)=\begin{cases}\dfrac{1}{2}\sin x, & 0\leqslant x\leqslant\pi\\ 0, & x<0\text{ 或 }x>\pi\end{cases}$,求 $\Phi(x)=\int_0^x f(t)dt$ 在$(-\infty,+\infty)$内的表达式.

解 当 $x<0$ 时
$$\Phi(x)=\int_0^x f(t)dt=0$$

当 $0\leqslant x\leqslant\pi$ 时
$$\Phi(x)=\int_0^x f(t)dt=\int_0^x\frac{1}{2}\sin tdt=\frac{1}{2}(1-\cos x)$$

当 $x>\pi$ 时
$$\Phi(x)=\int_0^x f(t)dt=\int_0^\pi f(t)dt+\int_\pi^x f(t)dt=\int_0^\pi\frac{1}{2}\sin tdt+\int_\pi^x 0dt=\frac{1}{2}(-\cos t)\Big|_0^\pi=1$$

故
$$\Phi(x)=\begin{cases}0, & x<0\\ \dfrac{1}{2}(1-\cos x), & 0\leqslant x\leqslant\pi\\ 1, & x>\pi\end{cases}$$

12. 设 $f(x)$ 在$[a,b]$上连续,在(a,b)内可导且 $f'(x)\leqslant 0$, $F(x)=\dfrac{1}{x-a}\int_a^x f(t)dt$. 证明:在$(a,b)$内有 $F'(x)\leqslant 0$.

证明 由条件知,$f(x)$ 在$[a,b]$上单调递减,由 $F(x)=\dfrac{1}{x-a}\int_a^x f(t)dt$ 得
$$F'(x)=\left(\frac{1}{x-a}\right)'\cdot\int_a^x f(t)dt+\frac{1}{x-a}\left[\int_a^x f(t)dt\right]'=$$
$$-\frac{1}{(x-a)^2}\int_a^x f(t)dt+\frac{f(x)}{x-a}=\frac{f(x)}{x-a}-\frac{1}{(x-a)^2}[(x-a)\cdot f(\xi)]=$$
$$\frac{f(x)}{x-a}-\frac{f(\xi)}{x-a}=\frac{1}{x-a}[f(x)-f(\xi)],\quad a\leqslant\xi\leqslant x$$

且 $x\neq a$,由 $a<x\leqslant b$ 得 $x-a>0$,从而 $\dfrac{1}{x-a}>0$. 又因为 $f(x)$ 在$[a,b]$上单调递减,并且 $\xi\leqslant x$,所以有 $f(\xi)\geqslant f(x)$,即 $f(x)-f(\xi)\leqslant 0$,故
$$F'(x)=\frac{1}{x-a}[f(x)-f(\xi)]\leqslant 0$$

13. 设 $F(x)=\int_0^x\dfrac{\sin t}{t}dt$,求 $F'(0)$.

解 $$F'(0)=\lim_{x\to 0}\frac{F(x)-F(0)}{x}=\lim_{x\to 0}\frac{\int_0^x \frac{\sin t}{t}\mathrm{d}t}{x}=\lim_{x\to 0}\frac{\frac{\sin x}{x}}{1}=1$$

14. 设 $f(x)$ 在 $[0,+\infty)$ 内连续，且 $\lim\limits_{x\to+\infty} f(x)=1$. 证明函数

$$y=\mathrm{e}^{-x}\int_0^x \mathrm{e}^t f(t)\mathrm{d}t$$

满足微分方程 $\frac{\mathrm{d}y}{\mathrm{d}x}+y=f(x)$，并求 $\lim\limits_{x\to+\infty} y(x)$.

证明 $$\frac{\mathrm{d}y}{\mathrm{d}x}=-\mathrm{e}^{-x}\int_0^x \mathrm{e}^t f(t)\mathrm{d}t+\mathrm{e}^{-x}\mathrm{e}^x f(x)=-y+f(x)$$

因此 $y(x)$ 满足微分方程 $\frac{\mathrm{d}y}{\mathrm{d}x}+y=f(x)$.

由条件 $\lim\limits_{x\to+\infty} f(x)=1$，从而存在 $X_0>0$，当 $x>X_0$ 时，有

$$f(x)>\frac{1}{2}$$

因此 $$\int_0^x \mathrm{e}^t f(t)\mathrm{d}t=\int_0^{X_0}\mathrm{e}^t f(t)\mathrm{d}t+\int_{X_0}^x \mathrm{e}^t f(t)\mathrm{d}t\geqslant\int_0^{X_0}\mathrm{e}^t f(t)\mathrm{d}t+\int_{X_0}^x \frac{1}{2}\mathrm{e}^{X_0}\mathrm{d}t=$$

$$\int_0^{X_0}\mathrm{e}^t f(t)\mathrm{d}t+\frac{1}{2}\mathrm{e}^{X_0}(x-X_0)$$

故，当 $x\to+\infty$ 时，$\int_0^x \mathrm{e}^t f(t)\mathrm{d}t\to+\infty$，从而利用洛必达法则，有

$$\lim_{x\to+\infty} y(x)=\lim_{x\to+\infty}\frac{\int_0^x \mathrm{e}^t f(t)\mathrm{d}t}{\mathrm{e}^x}=\lim_{x\to+\infty}\frac{\mathrm{e}^x f(x)}{\mathrm{e}^x}=1$$

(三) 习题 5-3 解答

1. 计算下列定积分：

(1) $\int_{\frac{\pi}{3}}^{\pi}\sin\left(x+\frac{\pi}{3}\right)\mathrm{d}x$；　(2) $\int_{-2}^{1}\frac{\mathrm{d}x}{(11+5x)^3}$；　(3) $\int_0^{\frac{\pi}{2}}\sin\varphi\cos^3\varphi\mathrm{d}\varphi$；

(4) $\int_0^{\pi}(1-\sin^3\theta)\mathrm{d}\theta$；　(5) $\int_{\frac{\pi}{6}}^{\frac{\pi}{2}}\cos^2 u\mathrm{d}u$；　(6) $\int_0^{\sqrt{2}}\sqrt{2-x^2}\mathrm{d}x$；

(7) $\int_{-\sqrt{2}}^{\sqrt{2}}\sqrt{8-2y^2}\mathrm{d}y$；　(8) $\int_{\frac{1}{\sqrt{2}}}^{1}\frac{\sqrt{1-x^2}}{x^2}\mathrm{d}x$；　(9) $\int_0^a x^2\sqrt{a^2-x^2}\mathrm{d}x\ (a>0)$；

(10) $\int_1^{\sqrt{3}}\frac{\mathrm{d}x}{x^2\sqrt{1+x^2}}$；　(11) $\int_{-1}^{1}\frac{x\mathrm{d}x}{\sqrt{5-4x}}$；　(12) $\int_1^4\frac{\mathrm{d}x}{1+\sqrt{x}}$；

(13) $\int_{\frac{3}{4}}^{1}\frac{\mathrm{d}x}{\sqrt{1-x}-1}$；　(14) $\int_0^{\sqrt{2}a}\frac{x\mathrm{d}x}{\sqrt{3a^2-x^2}}\ (a>0)$；　(15) $\int_0^1 t\mathrm{e}^{-\frac{t^2}{2}}\mathrm{d}t$；

(16) $\int_1^{\mathrm{e}^2}\frac{\mathrm{d}x}{x\sqrt{1+\ln x}}$；　(17) $\int_{-2}^{0}\frac{(x+2)\mathrm{d}x}{x^2+2x+2}$；　(18) $\int_0^2\frac{x\mathrm{d}x}{(x^2-2x+2)^2}$；

(19) $\int_{-\pi}^{\pi}x^4\sin x\mathrm{d}x$；　(20) $\int_{-\frac{\pi}{2}}^{\frac{\pi}{2}}4\cos^4\theta\mathrm{d}\theta$；　(21) $\int_{-\frac{1}{2}}^{\frac{1}{2}}\frac{(\arcsin x)^2}{\sqrt{1-x^2}}\mathrm{d}x$；

(22) $\int_{-5}^{5}\frac{x^3\sin^2 x}{x^4+2x^2+1}\mathrm{d}x$；　(23) $\int_{-\frac{\pi}{2}}^{\frac{\pi}{2}}\cos x\cos 2x\mathrm{d}x$；　(24) $\int_{-\frac{\pi}{2}}^{\frac{\pi}{2}}\sqrt{\cos x-\cos^3 x}\mathrm{d}x$；

(25) $\int_0^{\pi}\sqrt{1+\cos 2x}\mathrm{d}x$；　(26) $\int_0^{2\pi}|\sin(x+1)|\mathrm{d}x$.

解 (1) $$原式=-\cos\left(x+\frac{\pi}{3}\right)\mathrm{d}x\Big|_{\frac{\pi}{3}}^{\pi}=0$$

(2) 原式 $= \frac{1}{5}\int_{-2}^{1}(11+5x)^{-3}\mathrm{d}(11+5x) = \frac{1}{5}\cdot\frac{1}{-2}\cdot(11+5x)^{-2}\Big|_{-2}^{1} = \frac{51}{512}$

(3) 原式 $= -\int_0^{\frac{\pi}{2}}\cos^3\varphi\mathrm{d}\cos\varphi = -\frac{1}{4}\cos^4\varphi\Big|_0^{\frac{\pi}{2}} = \frac{1}{4}$

(4) 原式 $= \int_0^{\pi}\mathrm{d}\theta + \int_0^{\pi}\sin^2\theta\mathrm{d}\cos\theta = \theta\Big|_0^{\pi} + \int_0^{\pi}(1-\cos^2\theta)\mathrm{d}\cos\theta = \pi + \left(\cos\theta - \frac{1}{3}\cos^3\theta\right)\Big|_0^{\pi} = \pi - \frac{4}{3}$

(5) 原式 $= \int_{\frac{\pi}{6}}^{\frac{\pi}{2}}\frac{1+\cos 2u}{2}\mathrm{d}u = \left(\frac{1}{2}u + \frac{1}{4}\sin 2u\right)\Big|_{\frac{\pi}{6}}^{\frac{\pi}{2}} = \frac{\pi}{6} - \frac{\sqrt{3}}{8}$

(6) 令 $x=\sqrt{2}\sin t$，$\mathrm{d}x = \sqrt{2}\cos t\mathrm{d}t$ 代入得

$$原式 = \int_0^{\frac{\pi}{2}}2\cos^2 t\mathrm{d}t = \int_0^{\frac{\pi}{2}}(1+\cos 2t)\mathrm{d}t = \left(t+\frac{1}{2}\sin 2t\right)\Big|_0^{\frac{\pi}{2}} = \frac{\pi}{2}$$

(7) 令 $y = 2\sin t$，$\mathrm{d}y = 2\cos t\mathrm{d}t$ 代入得

$$原式 = \int_{-\frac{\pi}{4}}^{\frac{\pi}{4}}2\sqrt{8}\cos^2 t\mathrm{d}t = 4\sqrt{8}\int_0^{\frac{\pi}{4}}\cos^2 t\mathrm{d}t = 2\sqrt{8}\int_0^{\frac{\pi}{4}}(1+\cos 2t)\mathrm{d}t =$$

$$2\sqrt{8}\left(t+\frac{1}{2}\sin 2t\right)\Big|_0^{\frac{\pi}{4}} = \sqrt{2}(\pi+2)$$

(8) 原式 $\xlongequal{令 x=\sin t}\int_{\frac{\pi}{4}}^{\frac{\pi}{2}}\frac{|\cos t|}{\sin^2 t}\cos t\mathrm{d}t = \int_{\frac{\pi}{4}}^{\frac{\pi}{2}}\frac{1-\sin^2 t}{\sin^2 t}\mathrm{d}t = (-\cot t - t)\Big|_{\frac{\pi}{4}}^{\frac{\pi}{2}} = 1-\frac{\pi}{4}$

(9) 原式 $\xlongequal{令 x=a\sin t}\int_0^{\frac{\pi}{2}}a^2\sin^2 t\cdot|a\cos t|\cdot a\cos t\mathrm{d}t = \frac{a^4}{4}\int_0^{\frac{\pi}{2}}\sin^2 2t\mathrm{d}t =$

$$\frac{a^4}{4}\int_0^{\frac{\pi}{2}}\frac{1-\cos 4t}{2}\mathrm{d}t = \frac{a^4}{8}\cdot\left(t-\frac{1}{4}\sin 4t\right)\Big|_0^{\frac{\pi}{2}} = \frac{\pi a^4}{16}$$

(10) 令 $x=\tan\theta$，则 $\mathrm{d}x = \sec^2\theta\mathrm{d}\theta$，于是

$$原式 = \int_{\frac{\pi}{4}}^{\frac{\pi}{3}}\frac{\sec^2\theta\mathrm{d}\theta}{\tan^2\theta\sec\theta} = \int_{\frac{\pi}{4}}^{\frac{\pi}{3}}\frac{\cos\theta\mathrm{d}\theta}{\sin^2\theta} = \int_{\frac{\pi}{4}}^{\frac{\pi}{3}}\frac{\mathrm{d}\sin\theta}{\sin^2\theta} = -\frac{1}{\sin\theta}\Big|_{\frac{\pi}{4}}^{\frac{\pi}{3}} = \sqrt{2}-\frac{2\sqrt{3}}{3}$$

(11) 令 $\sqrt{5-4x}=u$，则 $x=\frac{5}{4}-\frac{u^2}{4}$，$\mathrm{d}x = -\frac{1}{2}u\mathrm{d}u$，于是

$$原式 = \int_3^1\frac{\frac{1}{4}(5-u^2)\left(-\frac{1}{2}u\mathrm{d}u\right)}{u} = \frac{1}{8}\int_1^3(5-u^2)\mathrm{d}u = \frac{1}{6}$$

(12) 原式 $\xlongequal{令 x=t^2}\int_1^2\frac{2t\mathrm{d}t}{t+1} = 2\left[\int_1^2\mathrm{d}t - \int_1^2\frac{\mathrm{d}t}{1+t}\right] = 2+2\ln\frac{2}{3}$

(13) 令 $\sqrt{1-x}=u$，则 $x=1-u^2$，$\mathrm{d}x=-2u\mathrm{d}u$. 于是

$$原式 = \int_{\frac{1}{2}}^0\frac{-2u\mathrm{d}u}{u-1} = 2\int_0^{\frac{1}{2}}\frac{u-1+1}{u-1}\mathrm{d}u = 2[u+\ln|u-1|]\Big|_0^{\frac{1}{2}} = 1-2\ln 2$$

(14) 原式 $= -\frac{1}{2}\int_0^{\sqrt{2}a}\frac{\mathrm{d}(3a^2-x^2)}{\sqrt{3a^2-x^2}} = -\sqrt{3a^2-x^2}\Big|_0^{\sqrt{2}a} = (\sqrt{3}-1)a$

(15) 原式 $= -\int_0^1 e^{-\frac{t^2}{2}}\mathrm{d}\left(-\frac{t^2}{2}\right) = -e^{-\frac{t^2}{2}}\Big|_0^1 = 1-e^{-\frac{1}{2}}$

(16) 原式 $= \int_1^{e^2}\frac{\mathrm{d}(1+\ln x)}{\sqrt{1+\ln x}} = 2\sqrt{1+\ln x}\Big|_1^{e^2} = 2\sqrt{3}-2$

(17) 原式 $= \int_{-2}^0\frac{(x+1)+1}{(x+1)^2+1}\mathrm{d}x = \left[\frac{1}{2}\ln(x^2+2x+2)+\arctan(x+1)\right]_{-2}^0 = \frac{\pi}{2}$

(18) 令 $x=1+\tan u$，则 $\mathrm{d}x=\sec^2 u\mathrm{d}u$，因此

$$原式 = \int_0^2 \frac{x\mathrm{d}x}{[(x-1)^2+1]^2} = \int_{-\frac{\pi}{4}}^{\frac{\pi}{4}} \frac{(1+\tan u)\mathrm{d}u}{\sec^2 u} =$$

$$2\int_0^{\frac{\pi}{4}} \cos^2 u\mathrm{d}u = \int_0^{\frac{\pi}{4}} (1+\cos 2u)\mathrm{d}u = \frac{\pi}{4} + \frac{1}{2}$$

(19) 由于被积函数为奇函数,因此$\int_{-\pi}^{\pi} x^4 \sin x\mathrm{d}x = 0$.

(20) 由于被积函数为偶函数,因此

$$原式 = 2\int_0^{\frac{\pi}{2}} 4\cos^4\theta\mathrm{d}\theta = 8 \cdot \frac{3}{4} \cdot \frac{\pi}{4} = \frac{3}{2}\pi$$

(21) 由于被积函数为偶函数,因此有

$$原式 = 2\int_0^{\frac{1}{2}} \frac{(\arcsin x)^2}{\sqrt{1-x^2}}\mathrm{d}x = 2\int_0^{\frac{1}{2}} (\arcsin x)^2 \mathrm{d}(\arcsin x) = \frac{2}{3}[(\arcsin x)^3]_0^{\frac{1}{2}} = \frac{\pi^3}{324}$$

(22) 由于被积函数为奇函数,因此

$$原式 = 0$$

(23) $$原式 = \frac{1}{2}\int_{-\frac{\pi}{2}}^{\frac{\pi}{2}} (\cos 3x + \cos x)\mathrm{d}x = \frac{1}{2}\left[\frac{1}{3}\sin 3x + \sin x\right]\Big|_{-\frac{\pi}{2}}^{\frac{\pi}{2}} = \frac{2}{3}$$

(24) $$原式 = 2\int_0^{\frac{\pi}{2}} \sqrt{\cos x(1-\cos^2 x)}\mathrm{d}x = 2\int_0^{\frac{\pi}{2}} \sqrt{\cos x}\sin x\mathrm{d}x = -2\int_0^{\frac{\pi}{2}} (\cos x)^{\frac{1}{2}}\mathrm{d}\cos x =$$

$$-2 \cdot \frac{2}{3}(\cos x)^{\frac{3}{2}}\Big|_0^{\frac{\pi}{2}} = \frac{4}{3}$$

(25) $$原式 = \int_0^{\pi} \sqrt{2}\sin x\mathrm{d}x = \sqrt{2}[-\cos x]_0^{\pi} = 2\sqrt{2}$$

(26) 原式$\xlongequal{x=u-1}\int_1^{2\pi+1} |\sin u| \mathrm{d}u$,由于$|\sin x|$是以$\pi$为周期的周期函数,因此

$$上式 = 2\int_0^{\pi} |\sin u| \mathrm{d}u = 4$$

2. 设$f(x)$在$[a,b]$上连续,证明:$\int_a^b f(x)\mathrm{d}x = \int_a^b f(a+b-x)\mathrm{d}x$.

证明 令$a+b-x=t$,则$x=a+b-t$, $\mathrm{d}x = -\mathrm{d}t$,于是

$$\int_a^b f(a+b-x)\mathrm{d}x = \int_b^a f(t)(-\mathrm{d}t) = \int_a^b f(t)\mathrm{d}t = \int_a^b f(x)\mathrm{d}x$$

3. 证明:$\int_x^1 \frac{\mathrm{d}t}{1+t^2} = \int_1^{\frac{1}{x}} \frac{\mathrm{d}t}{1+t^2}\ (x>0)$.

证明 令$t=\frac{1}{u}$,则$\mathrm{d}t = -\frac{1}{u^2}\mathrm{d}u$,当$t=x$时,$u=\frac{1}{x}$;当$t=1$时,$u=1$. 于是

$$\int_x^1 \frac{\mathrm{d}t}{1+t^2} = \int_{\frac{1}{x}}^1 \frac{-\frac{1}{u^2}\mathrm{d}u}{1+\frac{1}{u^2}} = \int_1^{\frac{1}{x}} \frac{\mathrm{d}u}{1+u^2} = \int_1^{\frac{1}{x}} \frac{\mathrm{d}t}{1+t^2}$$

4. 证明:$\int_0^1 x^m(1-x)^n\mathrm{d}x = \int_0^1 x^n(1-x)^m\mathrm{d}x\,(m,n\in\mathbf{N})$.

证明 令$1-x=t$,则$\mathrm{d}x=-\mathrm{d}t$,当$x=0$时,$t=1$;当$x=1$时,$t=0$. 于是

$$\int_0^1 x^m(1-x)^n\mathrm{d}x = \int_1^0 (1-t)^m t^n(-\mathrm{d}t) = \int_0^1 t^n(1-t)^m\mathrm{d}t = \int_0^1 x^n(1-x)^m\mathrm{d}x$$

5. 设$f(x)$在$[0,1]$上连续,$n\in\mathbf{Z}$,证明:

$$\int_{\frac{n}{2}\pi}^{\frac{n+1}{2}\pi} f(|\sin x|)\mathrm{d}x = \int_{\frac{n}{2}\pi}^{\frac{n+1}{2}\pi} f(|\cos x|)\mathrm{d}x = \int_0^{\frac{\pi}{2}} f(\sin x)\mathrm{d}x$$

证明 令 $x=u+\frac{n}{2}\pi$，则 $dx=du$，因此

$$\int_{\frac{n}{2}\pi}^{\frac{n+1}{2}\pi} f(|\sin x|)dx=\int_0^{\frac{\pi}{2}} f(|\sin(u+\frac{n}{2}\pi)|)du=\begin{cases}\int_0^{\frac{\pi}{2}} f(\sin u)du, n \text{ 为偶数}\\ \int_0^{\frac{\pi}{2}} f(\cos u)du, n \text{ 为奇数}\end{cases}$$

$$\int_{\frac{n}{2}\pi}^{\frac{n+1}{2}\pi} f(|\cos x|)dx=\int_0^{\frac{\pi}{2}} f(|\cos(u+\frac{n}{2}\pi)|)du=\begin{cases}\int_0^{\frac{\pi}{2}} f(\cos u)du, n \text{ 为偶数}\\ \int_0^{\frac{\pi}{2}} f(\sin u)du, n \text{ 为奇数}\end{cases}$$

由于 $\int_0^{\frac{\pi}{2}} f(\sin x)dx=\int_0^{\frac{\pi}{2}} f(\cos x)dx$，因此结论成立．

6. 若 $f(t)$ 是连续函数且为奇函数，证明 $\int_0^x f(t)dt$ 是偶函数；若 $f(t)$ 是连续函数且为偶函数，证明 $\int_0^x f(t)dt$ 是奇函数．

证明 令 $F(x)=\int_0^x f(t)dt$，则

$$F(-x)=\int_0^{-x} f(t)dt \xlongequal{\text{令 } t=-u} \int_0^x f(-u)(-du)=-\int_0^x f(-u)du$$

若 $f(t)$ 为奇函数，则 $f(-u)=-f(u)$，因而

$$F(-x)=-\int_0^x -f(u)du=\int_0^x f(u)du=F(x)$$

故 $\int_0^x f(t)dt$ 的偶函数．

类似地，若 $f(t)$ 为偶函数，则 $f(-u)=f(u)$，因而

$$F(-x)=-\int_0^x f(u)du=-F(x)$$

故 $\int_0^x f(t)dt$ 是奇函数．

7. 计算下列定积分：

(1) $\int_0^1 xe^{-x}dx$；

(2) $\int_1^e x\ln x dx$；

(3) $\int_0^{\frac{2\pi}{\omega}} t\sin\omega t dt$（$\omega$ 为常数）；

(4) $\int_{\frac{\pi}{4}}^{\frac{\pi}{3}} \frac{x}{\sin^2 x}dx$；

(5) $\int_1^4 \frac{\ln x}{\sqrt{x}}dx$；

(6) $\int_0^1 x\arctan x dx$；

(7) $\int_0^{\frac{\pi}{2}} e^{2x}\cos x dx$；

(8) $\int_1^2 x\log_2 x dx$；

(9) $\int_0^{\pi} (x\sin x)^2 dx$；

(10) $\int_1^e \sin(\ln x)dx$；

(11) $\int_{\frac{1}{e}}^{e} |\ln x| dx$；

(12) $\int_0^1 (1-x^2)^{\frac{m}{2}}dx$（$m$ 为自然数）；

(13) $J_m=\int_0^{\pi} x\sin^m x dx$（$m$ 为自然数）．

解 (1) 原式 $=-\int_0^1 x de^{-x}=-\left[xe^{-x}\Big|_0^1-\int_0^1 e^{-x}dt\right]=-\left[e^{-1}+e^{-x}\Big|_0^1\right]=1-\frac{2}{e}$

(2) 原式 $=\frac{1}{2}\int_1^e \ln x dx^2=\frac{1}{2}\left[x^2\ln x\Big|_1^e-\int_1^e x dx\right]=\frac{1}{2}\left[e^2-\frac{1}{2}x^2\Big|_1^e\right]=\frac{1}{4}(e^2+1)$

(3) $$\text{原式} = -\frac{1}{\omega}\int_0^{\frac{2\pi}{\omega}} t\mathrm{d}(\cos\omega t) = -\frac{1}{\omega}\left[t\cos\omega t\Big|_0^{\frac{2\pi}{\omega}} - \int_0^{\frac{2\pi}{\omega}}\cos\omega t\,\mathrm{d}t\right] = -\frac{2\pi}{\omega^2}$$

(4) $$\text{原式} = -\int_{\frac{\pi}{4}}^{\frac{\pi}{3}} x\mathrm{d}(\cot x) = -(x\cot x)\Big|_{\frac{\pi}{4}}^{\frac{\pi}{3}} + \int_{\frac{\pi}{4}}^{\frac{\pi}{3}}\cot x\,\mathrm{d}x = \left(\frac{1}{4}-\frac{\sqrt{3}}{9}\right)\pi + \ln\sin x\Big|_{\frac{\pi}{4}}^{\frac{\pi}{3}} = \left(\frac{1}{4}-\frac{\sqrt{3}}{9}\right)\pi + \frac{1}{2}\ln\frac{3}{2}$$

(5) $$\text{原式} = 2\int_1^4 \ln x\,\mathrm{d}\sqrt{x} = 2\left[(\sqrt{x}\ln x)\Big|_1^4 - \int_1^4\sqrt{x}\,\mathrm{d}\ln x\right] = 2\left[2\ln 4 - \int_1^4\frac{1}{\sqrt{x}}\mathrm{d}x\right] = 8\ln 2 - 4\sqrt{x}\Big|_1^4 = 8\ln 2 - 4$$

(6) $$\text{原式} = \frac{1}{2}\int_0^1 \arctan x\,\mathrm{d}x^2 = \frac{1}{2}\left[x^2\arctan x\Big|_0^1 - \int_0^1\frac{x^2}{1+x^2}\mathrm{d}x\right] = \frac{\pi}{8} - \frac{1}{2}\int_0^1\mathrm{d}x + \frac{1}{2}\int_0^1\frac{\mathrm{d}x}{1+x^2} = \frac{\pi}{4} - \frac{1}{2}$$

(7) $$\text{原式} = \int_0^{\frac{\pi}{2}} \mathrm{e}^{2x}\mathrm{d}\sin x = \mathrm{e}^{2x}\sin x\Big|_0^{\frac{\pi}{2}} - \int_0^{\frac{\pi}{2}}\sin x\cdot 2\mathrm{e}^{2x}\mathrm{d}x = \mathrm{e}^{\pi} + 2\int_0^{\frac{\pi}{2}}\mathrm{e}^{2x}\mathrm{d}\cos x =$$
$$\mathrm{e}^{\pi} + 2\mathrm{e}^{2x}\cos x\Big|_0^{\frac{\pi}{2}} - 2\int_0^{\frac{\pi}{2}}\cos x\cdot 2\mathrm{e}^{2x}\mathrm{d}x = \mathrm{e}^{\pi} - 2 - 4\int_0^{\frac{\pi}{2}}\mathrm{e}^{2x}\cos x\,\mathrm{d}x$$

故 $5\int_0^{\frac{\pi}{2}}\mathrm{e}^{2x}\cos x\,\mathrm{d}x = \mathrm{e}^{\pi} - 2$，即 $\int_0^{\frac{\pi}{2}}\mathrm{e}^{2x}\cos x\,\mathrm{d}x = \frac{1}{5}(\mathrm{e}^{\pi} - 2)$

(8) $$\text{原式} = \frac{1}{\ln 2}\int_1^2 x\ln x\,\mathrm{d}x = \frac{1}{2\ln 2}\int_1^2\ln x\,\mathrm{d}(x^2) = \frac{1}{2\ln 2}\left[x^2\ln x\Big|_1^2 - \int_1^2 x\,\mathrm{d}x\right] = 2 - \frac{3}{4\ln 2}$$

(9) $$\text{原式} = \frac{1}{2}\int_0^{\pi} x^2\mathrm{d}x + \frac{1}{2}\int_0^{\pi} x^2\cos 2x\,\mathrm{d}x = \frac{\pi^3}{6} - \frac{1}{4}\left[x^2\sin 2x\Big|_0^{\pi} - \int_0^{\pi}\sin 2x\cdot 2x\,\mathrm{d}x\right] =$$
$$\frac{\pi^3}{6} - \frac{1}{4}\int_0^{\pi} x\,\mathrm{d}\cos 2x = \frac{\pi^3}{6} - \frac{1}{4}\left[x\cos 2x\Big|_0^{\pi} - \int_0^{\pi}\cos 2x\,\mathrm{d}x\right] = \frac{\pi^3}{6} - \frac{\pi}{4}$$

(10) $$\text{原式} = x\sin(\ln x)\Big|_1^{\mathrm{e}} - \int_1^{\mathrm{e}} x\cos(\ln x)\cdot\frac{1}{x}\mathrm{d}x = \mathrm{e}\sin 1 - \int_1^{\mathrm{e}}\cos(\ln x)\,\mathrm{d}x =$$
$$\mathrm{e}\sin 1 - \left[x\cos(\ln x)\Big|_1^{\mathrm{e}} + \int_1^{\mathrm{e}} x\sin(\ln x)\cdot\frac{1}{x}\mathrm{d}x\right] = \mathrm{e}\sin 1 - \mathrm{e}\cos 1 + 1 - \int_1^{\mathrm{e}}\sin(\ln x)\,\mathrm{d}x$$

故 $2\int_1^{\mathrm{e}}\sin(\ln x)\,\mathrm{d}x = \mathrm{e}\sin 1 - \mathrm{e}\cos 1 + 1$，即

$$\int_1^{\mathrm{e}}\sin(\ln x)\,\mathrm{d}x = \frac{1}{2}(\mathrm{e}\sin 1 - \mathrm{e}\cos 1 + 1)$$

(11) $$\text{原式} = \int_{\frac{1}{\mathrm{e}}}^1 -\ln x\,\mathrm{d}x + \int_1^{\mathrm{e}}\ln x\,\mathrm{d}x = -(x\ln x - x)\Big|_{\frac{1}{\mathrm{e}}}^1 + (x\ln x - x)\Big|_1^{\mathrm{e}} = 2 - \frac{2}{\mathrm{e}}$$

(12) $$\text{原式} \xlongequal{\text{令 } x = \sin t} \int_0^{\frac{\pi}{2}}(\cos^2 t)^{\frac{m}{2}}\cos t\,\mathrm{d}t = \int_0^{\frac{\pi}{2}}\cos^{m+1}t\,\mathrm{d}t = \begin{cases}\dfrac{1\cdot 3\cdot 5\cdots m}{2\cdot 4\cdot 6\cdots(m+1)}\cdot\dfrac{\pi}{2}, & m\text{ 为奇数}\\[2ex] \dfrac{2\cdot 4\cdot 6\cdots m}{1\cdot 3\cdot 5\cdots(m+1)}, & m\text{ 为偶数}\end{cases}$$

(13) $$J_m = \int_0^{\pi} x\sin^m x\,\mathrm{d}x \xlongequal{\text{令 } x = \pi - t} \int_{\pi}^0(\pi - t)\sin^m(\pi - t)(-\mathrm{d}t) = \int_0^{\pi}(\pi - t)\sin^m(\pi - t)(\mathrm{d}t) =$$
$$\pi\int_0^{\pi}\sin^m t\,\mathrm{d}t - \int_0^{\pi} t\sin^m t\,\mathrm{d}t = \pi\int_0^{\pi}\sin^m x\,\mathrm{d}x - \int_0^{\pi} x\sin^m x\,\mathrm{d}x$$

因此

$$J_m = \frac{\pi}{2}\int_0^{\pi}\sin^m x\,\mathrm{d}x = \frac{\pi}{2}\cdot 2\int_0^{\frac{\pi}{2}}\sin mx\,\mathrm{d}x = \begin{cases}\dfrac{m-1}{m}\cdot\dfrac{m-3}{m-2}\cdots\dfrac{4}{5}\cdot\dfrac{2}{3}\cdot 1\cdot\pi, & m\text{ 为大于 1 的奇数}\\[2ex] \dfrac{m-1}{m}\cdot\dfrac{m-3}{m-2}\cdots\dfrac{3}{4}\cdot\dfrac{1}{2}\cdot\dfrac{\pi^2}{2}, & m\text{ 为正偶数}\end{cases}$$

(四) 习题 5-4 解答

1. 判定下列各反常积分的收敛性，如果收敛，计算反常积分的值：

(1) $\int_1^{+\infty}\frac{dx}{x^4}$；　(2) $\int_1^{+\infty}\frac{dx}{\sqrt{x}}$；　(3) $\int_0^{+\infty}e^{-ax}dx\ (a>0)$；

(4) $\int_0^{+\infty}\frac{dx}{(1+x)(1+x^2)}$；　(5) $\int_0^{+\infty}e^{-pt}\sin\omega t\,dt\ (p>0,\ \omega>0)$；　(6) $\int_{-\infty}^{+\infty}\frac{dx}{x^2+2x+2}$；

(7) $\int_0^1\frac{x\,dx}{\sqrt{1-x^2}}$；　(8) $\int_0^2\frac{dx}{(1-x)^2}$；　(9) $\int_1^2\frac{x\,dx}{\sqrt{x-1}}$；

(10) $\int_1^{e}\frac{dx}{x\sqrt{1-(\ln x)^2}}$.

解 (1)
$$\int_1^{+\infty}\frac{dx}{x^4}=-\frac{1}{3}x^{-3}\Big|_1^{+\infty}=\frac{1}{3}$$

(2) $\int_1^{+\infty}\frac{dx}{\sqrt{x}}=2\sqrt{x}\Big|_1^{+\infty}=+\infty$，故原积分是发散的．

(3)
$$\int_0^{+\infty}e^{-ax}dx=-\frac{1}{a}e^{-ax}\Big|_0^{+\infty}=\frac{1}{a}$$

(4) $\frac{1}{(1+x)(1+x^2)}=\frac{1}{2(1+x)}-\frac{x}{2(1+x^2)}+\frac{1}{2(1+x^2)}$，故
$$\int_0^{+\infty}\frac{dx}{(1+x)(1+x^2)}=\left[\frac{1}{2}\ln(1+x)-\frac{1}{4}\ln(1+x^2)+\frac{1}{2}\arctan x\right]_0^{+\infty}=$$
$$\left[\frac{1}{4}\ln\frac{(1+x)^2}{1+x^2}+\frac{1}{2}\arctan x\right]_0^{+\infty}=\frac{\pi}{4}$$

(5) $\int_0^{+\infty}e^{-pt}\sin\omega t\,dt=-\frac{1}{\omega}\int_0^{+\infty}e^{-pt}d(\cos\omega t)=-\frac{1}{\omega}e^{-pt}\cos\omega t\Big|_0^{+\infty}+\frac{1}{\omega}\int_0^{+\infty}pe^{-pt}\cos\omega t\,dt=$
$$\frac{1}{\omega}-\frac{p}{\omega^2}\int_0^{+\infty}e^{-pt}d\sin\omega t=\frac{1}{\omega}-\frac{p}{\omega^2}e^{-pt}\sin\omega t\Big|_0^{+\infty}+\frac{p}{\omega^2}\int_0^{+\infty}-pe^{-pt}\sin\omega t\,dt$$

故
$$\int_0^{+\infty}e^{-pt}\sin\omega t\,dt=\frac{\omega}{\omega^2+p^2}$$

(6) $\int_{-\infty}^{+\infty}\frac{dx}{x^2+2x+2}=\int_{-\infty}^{+\infty}\frac{d(x+1)}{(x+1)^2+1}=\arctan(x+1)\Big|_{-\infty}^{+\infty}=\pi$

(7) $\int_0^1\frac{x\,dx}{\sqrt{1-x^2}}=\lim\limits_{\varepsilon\to0^+}\int_0^{1-\varepsilon}\left(-\frac{1}{2}\right)\frac{d(1-x^2)}{\sqrt{1-x^2}}=-\lim\limits_{\varepsilon\to0^+}\sqrt{1-x^2}\Big|_0^{1-\varepsilon}=1$ （$x=1$ 为瑕点）

(8) $\int_0^2\frac{dx}{(1-x)^2}=\int_0^1\frac{dx}{(1-x)^2}+\int_1^2\frac{dx}{(1-x)^2}$ （$x=1$ 为瑕点）

因为$\int_0^1\frac{dx}{(1-x)^2}=\lim\limits_{\varepsilon\to0^+}\frac{1}{1-x}\Big|_0^{1-\varepsilon}=+\infty$，所以$\int_0^2\frac{dx}{(1-x^2)^2}$是发散的．

(9) $\int_1^2\frac{x\,dx}{\sqrt{x-1}}=\lim\limits_{\varepsilon\to0^+}\int_{1+\varepsilon}^2\frac{(x-1)+1}{\sqrt{x-1}}dx=\lim\limits_{\varepsilon\to0^+}\int_{1+\varepsilon}^2\left[\sqrt{x-1}+\frac{1}{\sqrt{x-1}}\right]d(x-1)=$
$$\lim_{\varepsilon\to0^+}\left[\frac{2}{3}(x-1)^{\frac{3}{2}}+2\sqrt{x-1}\right]\Big|_{1+\varepsilon}^2=\frac{8}{3}\quad（x=1\text{ 为瑕点}）$$

(10) $\int_1^{e}\frac{dx}{x\sqrt{1-(\ln x)^2}}=\lim\limits_{\varepsilon\to0^+}\int_1^{e-\varepsilon}\frac{d\ln x}{\sqrt{1-(\ln x)^2}}=\lim\limits_{\varepsilon\to0^+}\arcsin(\ln x)\Big|_1^{e-\varepsilon}=\frac{\pi}{2}$

2. 当k为何值时，反常积分$\int_2^{+\infty}\frac{dx}{x(\ln x)^k}$收敛？当$k$为何值时，这反常积分发散？又当$k$为何值时，这反常积分取得最小值？

解 当 $k=1$ 时
$$\int_2^{+\infty}\frac{\mathrm{d}x}{x\ln x}=\int_2^{+\infty}\frac{\mathrm{d}\ln x}{\ln x}=\ln(\ln x)\Big|_2^{+\infty}=+\infty$$

当 $k\neq 1$ 时
$$\int_2^{+\infty}\frac{\mathrm{d}x}{x(\ln x)^k}=\int_2^{+\infty}\frac{\mathrm{d}\ln x}{(\ln x)^k}=\left[\frac{(\ln x)^{1-k}}{1-k}\right]_2^{+\infty}=\begin{cases}+\infty, & k<1\\ \dfrac{(\ln 2)^{1-k}}{k-1}, & k>1\end{cases}$$

因此,当 $k>1$ 时,这反常积分收敛,其值为 $\dfrac{(\ln 2)^{1-k}}{k-1}$;当 $k\leqslant 1$ 时,这反常积分发散.

设 $f(k)=\dfrac{(\ln 2)^{1-k}}{k-1}\ (k>1)$,则
$$f'(k)=\frac{-(k-1)(\ln 2)^{1-k}\ln\ln 2-(\ln 2)^{1-k}}{(k-1)^2}=\frac{(\ln 2)^{1-k}[(1-k)\ln\ln 2-1]}{(k-1)^2}$$

令 $f'(k)=0$,得 $f(k)$ 的唯一驻点为 $k_0=1-\dfrac{1}{\ln\ln 2}$,且当 $1<k<k_0$ 时,$f'(k)<0$;当 $k>k_0$ 时,$f'(k)>0$,故当 $k=k_0=1-\dfrac{1}{\ln\ln 2}$ 时,该反常积分取得最小值.

3. 利用递推公式计算反常积分 $I_n=\int_0^{+\infty}x^n\mathrm{e}^{-x}\mathrm{d}x\ (n\in\mathbf{N})$.

解
$$I_n=\int_0^{+\infty}x^n\mathrm{e}^{-x}\mathrm{d}x=\int_0^{+\infty}x^n\mathrm{d}(-\mathrm{e}^{-x})=-x^n\mathrm{e}^{-x}\Big|_0^{+\infty}+\int_0^{+\infty}\mathrm{e}^{-x}\mathrm{d}(x^n)=$$
$$0+n\int_0^{+\infty}x^{n-1}\mathrm{e}^{-x}\mathrm{d}x=nI_{n-1}=n(n-1)I_{n-2}=\cdots=n!\ I_0$$

又 $I_0=\int_0^{+\infty}\mathrm{e}^{-x}\mathrm{d}x=1$,故
$$I_n=\int_0^{+\infty}x^n\mathrm{e}^{-x}\mathrm{d}x=n!$$

*(五) 习题 5-5 解答

1. 判定下列反常积分的收敛性:

(1) $\int_0^{+\infty}\dfrac{x^2}{x^4+x^2+1}\mathrm{d}x$; (2) $\int_1^{+\infty}\dfrac{\mathrm{d}x}{x\sqrt[3]{x^2+1}}$; (3) $\int_1^{+\infty}\sin\dfrac{1}{x^2}\mathrm{d}x$;

(4) $\int_0^{+\infty}\dfrac{\mathrm{d}x}{1+x|\sin x|}$; (5) $\int_1^{+\infty}\dfrac{x\arctan x}{1+x^3}\mathrm{d}x$; (6) $\int_1^2\dfrac{\mathrm{d}x}{(\ln x)^3}$;

(7) $\int_0^1\dfrac{x^4}{\sqrt{1-x^4}}\mathrm{d}x$; (8) $\int_1^2\dfrac{\mathrm{d}x}{\sqrt[3]{x^2-3x+2}}$.

解 (1) 因为 $f(x)=\dfrac{x^2}{x^4+x^2+1}\geqslant 0$,且 $\lim\limits_{x\to+\infty}x^2f(x)=1$, $p=2>1$,所以原积分收敛.

(2) 因为 $\dfrac{1}{x\sqrt[3]{x^2+1}}<\dfrac{1}{x^{\frac{5}{3}}}$,且 $p=\dfrac{5}{3}>1$,所以原积分收敛.

(3) 因为 $0\leqslant\sin\dfrac{1}{x^2}<\dfrac{1}{x^2}$,且 $\int_1^{+\infty}\dfrac{1}{x^2}\mathrm{d}x$ 收敛,所以原积分收敛.

(4) 因为 $\dfrac{1}{1+x|\sin x|}\geqslant\dfrac{1}{1+x}$,而 $\int_0^{+\infty}\dfrac{1}{1+x}\mathrm{d}x$ 发散,所以原积分发散.

(5) 因为 $\lim\limits_{x\to+\infty}x^2\cdot\dfrac{x\arctan x}{1+x^3}=\dfrac{\pi}{2}$, $p=2>1$,所以原积分收敛.

(6) 因为 $\lim\limits_{x\to 1^+}(x-1)^3\dfrac{1}{(\ln x)^3}=1>0$,且 $q=3>1$,所以原积分发散.

(7) 因为 $\dfrac{x^4}{\sqrt{1-x^4}}\geqslant 0$,且 $\lim\limits_{x\to 1^-}\sqrt{1-x}\cdot\dfrac{x^4}{\sqrt{1-x^4}}=\dfrac{1}{2}$,则 $q=\dfrac{1}{2}<1$,所以原积分收敛.

(8) $f(x)=\dfrac{1}{\sqrt[3]{x^2-3x+2}}=\dfrac{1}{(x-1)^{\frac{1}{3}}(x-2)^{\frac{1}{3}}}<0$, $x\in(1,2)$,即积分的瑕点为 $x=1$, $x=2$.

当 $x=1$ 处，因为 $\lim\limits_{x\to1^+}(x-1)^{\frac{1}{3}}f(x)=\lim\limits_{x\to1^+}\dfrac{1}{(x-2)^{\frac{1}{3}}}=-1$，所以$\int_1^{x_0}f(x)\mathrm{d}x\ (x_0\in(1,2))$ 收敛．

当 $x=2$ 处，因为 $\lim\limits_{x\to2^-}(x-2)^{\frac{1}{3}}f(x)=\lim\limits_{x\to2^-}\dfrac{1}{(x-1)^{\frac{1}{3}}}=1$，所以$\int_{x_0}^2 f(x)\mathrm{d}x$ 收敛，故原积分收敛．

2. 设反常积分$\int_1^{+\infty}f^2(x)\mathrm{d}x$ 收敛．证明：积分$\int_1^{+\infty}\dfrac{f(x)}{x}\mathrm{d}x$ 绝对收敛．

证明 由柯西-施瓦茨不等式$\left(\int_a^b f(x)g(x)\mathrm{d}x\right)^2\leqslant\int_a^b f^2(x)\mathrm{d}x\cdot\int_a^b g^2(x)\mathrm{d}x$ 知，对任意的 $A>1$ 均有

$$\left[\int_1^A\left|\frac{f(x)}{x}\right|\mathrm{d}x\right]^2\leqslant\int_1^A f^2(x)\mathrm{d}x\int_1^A\frac{1}{x^2}\mathrm{d}x$$

因为$\int_1^{+\infty}f^2(x)\mathrm{d}x$ 与$\int_1^{+\infty}\dfrac{1}{x^2}\mathrm{d}x$ 都收敛，所以

$$\int_1^A\left|\frac{f(x)}{x}\right|\mathrm{d}x\leqslant M\qquad(M\text{是有界常数})$$

又因$\int_1^A\left|\dfrac{f(x)}{x}\right|\mathrm{d}x$ 是 A 的单调增函数，从而 $\lim\limits_{A\to+\infty}\int_1^A\left|\dfrac{f(x)}{x}\right|\mathrm{d}x$ 存在，即$\int_1^{+\infty}\left|\dfrac{f(x)}{x}\right|\mathrm{d}x$ 收敛，所以也就是证明了$\int_1^{+\infty}\dfrac{f(x)}{x}\mathrm{d}x$ 绝对收敛．

3. 用 Γ 函数表示下列积分，并指出这些积分的收敛范围：

(1) $\int_0^{+\infty}\mathrm{e}^{-x^n}\mathrm{d}x\,(n>0)$； (2) $\int_0^1\left(\ln\dfrac{1}{x}\right)^p\mathrm{d}x$； (3) $\int_0^{+\infty}x^m\mathrm{e}^{-x^n}\mathrm{d}x\ (n\neq0)$.

解 (1) $\int_0^{+\infty}\mathrm{e}^{-x^n}\mathrm{d}x\xlongequal{t=x^n}\dfrac{1}{n}\int_0^{+\infty}\mathrm{e}^{-t}\cdot t^{\frac{1}{n}-1}\mathrm{d}t=\dfrac{1}{n}\Gamma\left(\dfrac{1}{n}\right)$

当 $n>0$ 时，原积分收敛．

(2) $\int_0^1\left(\ln\dfrac{1}{x}\right)^p\mathrm{d}x\xlongequal{t=\ln\frac{1}{x}}-\int_{+\infty}^0 t^p\mathrm{e}^{-t}\mathrm{d}t=\int_0^{+\infty}t^p\mathrm{e}^{-t}\mathrm{d}t=\Gamma(p+1)$

当 $p>-1$ 时，原积分收敛．

(3)① 设 $n>0$，则

$$\int_0^{+\infty}x^m\mathrm{e}^{-x^n}\mathrm{d}x\xlongequal{t=x^n}\frac{1}{n}\int_0^{+\infty}t^{\frac{m+1}{n}-1}\mathrm{e}^{-t}\mathrm{d}t=\frac{1}{n}\Gamma\left(\frac{m+1}{n}\right)$$

当$\dfrac{m+1}{n}>0$，即 $m>-1$ 时，原积分收敛．

② 设 $n<0$，则

$$\int_0^{+\infty}x^m\mathrm{e}^{-x^n}\mathrm{d}x\xlongequal{t=x^n}\frac{1}{n}\int_{+\infty}^0 t^{\frac{m+1}{n}-1}\mathrm{e}^{-t}\mathrm{d}t=-\frac{1}{n}\int_0^{+\infty}t^{\frac{m+1}{n}-1}\mathrm{e}^{-t}\mathrm{d}t=-\frac{1}{n}\Gamma\left(\frac{m+1}{n}\right)$$

当$\dfrac{m+1}{n}>0$，即 $m<-1$ 时，原积分收敛．

4. 证明 $\Gamma\left(\dfrac{2k+1}{2}\right)=\dfrac{1\cdot3\cdot5\cdot\cdots\cdot(2k-1)\sqrt{\pi}}{2^k}$，其中 k 为自然数．

证明 已知 $\Gamma\left(\dfrac{1}{2}\right)=\sqrt{\pi}$，当 $k=1$ 时，$\Gamma\left(\dfrac{2+1}{2}\right)=\Gamma\left(\dfrac{1}{2}+1\right)=\dfrac{1}{2}\Gamma\left(\dfrac{1}{2}\right)=\dfrac{1}{2}\sqrt{\pi}$ 等式成立；

假设 $k=n-1\ (n\geqslant2)$ 时等式成立，即

$$\Gamma\left(\frac{2(n-1)+1}{2}\right)=\frac{1\cdot3\cdot5\cdot\cdots\cdot(2n-3)\sqrt{\pi}}{2^{n-1}}$$

则 $k=n$ 时，有

$$\Gamma\left(\frac{2n+1}{2}\right)=\Gamma\left(\frac{2(n-1)+1}{2}+1\right)=\frac{2n-1}{2}\Gamma\left(\frac{2(n-1)+1}{2}\right)=$$

$$\frac{2n-1}{2}\frac{1\cdot3\cdot5\cdot\cdots\cdot(2n-3)\sqrt{\pi}}{2^{n-1}}=\frac{1\cdot3\cdot5\cdot\cdots\cdot(2n-1)\sqrt{\pi}}{2^n}$$

由归纳法得知，等式成立．

5. 证明以下各式(其中 n 为自然数)：

(1) $2\cdot4\cdot6\cdot\cdots\cdot2n=2^n\Gamma(n+1)$；　(2) $1\cdot3\cdot5\cdot\cdots\cdot(2n-1)=\dfrac{\Gamma(2n)}{2^{n-1}\Gamma(n)}$；

(3) $\sqrt{\pi}\,\Gamma(2n)=2^{2n-1}\Gamma(n)\Gamma\left(n+\dfrac{1}{2}\right)$（勒让德(Legendre) 倍量公式）．

解　(1) 因为 $\Gamma(n+1)=n!$，所以

$$2^n\Gamma(n+1)=2^n\cdot n!=2\cdot4\cdot6\cdot\cdots\cdot2n$$

(2) $\dfrac{\Gamma(2n)}{2^{n-1}\Gamma(n)}=\dfrac{(2n-1)!}{2^{n-1}(n-1)!}=\dfrac{(2n-2)!!\,(2n-1)!!}{(2n-2)!!}=(2n-1)!!=1\cdot3\cdot5\cdot\cdots\cdot(2n-1)$

(3) 由于

$$\Gamma\left(n+\frac{1}{2}\right)=\Gamma\left(\frac{2n+1}{2}\right)=\frac{1\cdot3\cdot5\cdot\cdots\cdot(2n-1)\sqrt{\pi}}{2^n}$$

因此

$$\frac{2^n\Gamma\left(n+\frac{1}{2}\right)}{\sqrt{\pi}}=1\cdot3\cdot5\cdot\cdots\cdot(2n-1)$$

另一方面，由本题(2) 可知

$$\frac{\Gamma(2n)}{2^{n-1}\Gamma(n)}=1\cdot3\cdot5\cdot\cdots\cdot(2n-1)$$

故有

$$\frac{\Gamma(2n)}{2^{n-1}\Gamma(n)}=\frac{2^n\Gamma\left(n+\frac{1}{2}\right)}{\sqrt{\pi}}$$

(六) 总习题五解答

1. 填空题

(1) 函数 $f(x)$ 在 $[a,b]$ 上有界是 $f(x)$ 是 $[a,b]$ 上可积的________条件，而 $f(x)$ 在 $[a,b]$ 上连续是 $f(x)$ 在 $[a,b]$ 上可积的________条件；

(2) 对 $[a,+\infty)$ 上非负、连续的函数 $f(x)$，它的变上限积分 $\int_a^x f(t)\mathrm{d}t$ 在 $[a,+\infty)$ 上有界是反常积分 $\int_a^{+\infty}f(x)\mathrm{d}x$ 收敛的________条件；

*(3) 绝对收敛的反常积分 $\int_a^{+\infty}f(x)\mathrm{d}x$ 一定________；

(4) 函数 $f(x)$ 在 $[a,b]$ 上有定义且 $|f(x)|$ 在 $[a,b]$ 上可积，此时积分 $\int_a^b f(x)\mathrm{d}x$ ________存在．

答　(1) 必要；充分．　(2) 充分必要．　(3) 收敛．　(4) 不一定．

2. 回答下列问题：

(1) 设函数 $f(x)$ 及 $g(x)$ 在区间 $[a,b]$ 上连续，且 $f(x)\geqslant g(x)$，那么 $\int_a^b[f(x)-g(x)]\mathrm{d}x$ 在几何上表示什么？

(2) 设函数 $f(x)$ 在区间 $[a,b]$ 上连续，且 $f(x)\geqslant0$，那么 $\int_a^b\pi f^2(x)\mathrm{d}x$ 在几何上表示什么？

(3) 如果在时刻 t 以 $\varphi(t)$ 的流量(单位时间内流过的流体的体积或质量) 向一水池注水，那么 $\int_{t_1}^{t_2}\varphi(t)\mathrm{d}t$ 表示什么？

(4) 如果某国人口增长的速率为 $u(t)$，那么 $\int_{T_1}^{T_2}u(t)\mathrm{d}t$ 表示什么？

(5) 如果一公司经营某种产品的边际利润函数为 $P'(x)$，那么 $\int_{1\,000}^{2\,000} P'(x)\mathrm{d}x$ 表示什么？

解 (1) $\int_a^b [f(x)-g(x)]\mathrm{d}x$ 为由曲线 $y=f(x)$，$y=g(x)$ 及直线 $x=a$，$x=b$ 所围成的图形的面积．

(2) $\int_a^b \pi f^2(x)\mathrm{d}x$ 表示 xOy 面上，由曲线 $y=f(x)$，$x=a$，$x=b$ 以及 x 轴所围成的图形绕 x 轴旋转一周而得到的旋转体的体积．

(3) $\int_{t_1}^{t_2} \varphi(t)\mathrm{d}t$ 表示在时间段 $[t_1,t_2]$ 内向水池注入的水的总量．

(4) $\int_{T_1}^{T_2} u(t)\mathrm{d}t$ 表示该国在 $[T_1,T_2]$ 时间段内增加的人口总量．

(5) $\int_{1\,000}^{2\,000} P'(x)\mathrm{d}x$ 表示从经营第 1 000 个产品起一直到第 2 000 个产品的利润总量．

3. 利用定积分的定义计算下列极限：

(1) $\lim\limits_{n\to\infty}\dfrac{1}{n}\sum\limits_{i=1}^{n}\sqrt{1+\dfrac{i}{n}}$；　　(2) $\lim\limits_{n\to\infty}\dfrac{1^p+2^p+\cdots+n^p}{n^{p+1}}$ $(p>0)$．

解 (1) $\Delta x_i=\dfrac{1}{n}$，$f(x)=\sqrt{1+x}$，$\xi_i=\dfrac{i}{n}$，$a=0$，$b=1$，于是

$$\lim_{n\to\infty}\frac{1}{n}\sum_{i=1}^{n}\sqrt{1+\frac{i}{n}}=\int_0^1\sqrt{1+x}\,\mathrm{d}x=\frac{2}{3}\sqrt{(1+x)^3}\bigg|_0^1=\frac{2}{3}(2\sqrt{2}-1)$$

(2) $\lim\limits_{n\to\infty}\dfrac{1^p+2^p+\cdots+n^p}{n^{p+1}}=\lim\limits_{n\to\infty}\left[\left(\dfrac{1}{n}\right)^p+\left(\dfrac{2}{n}\right)^p+\cdots+\left(\dfrac{n}{n}\right)^p\right]\cdot\dfrac{1}{n}=\int_0^1 x^p\mathrm{d}x=\dfrac{1}{p+1}$

4. 求下列极限：

(1) $\lim\limits_{x\to a}\dfrac{x}{x-a}\int_a^x f(t)\mathrm{d}t$，其中 $f(x)$ 连续；　　(2) $\lim\limits_{x\to+\infty}\dfrac{\int_0^x(\arctan t)^2\mathrm{d}t}{\sqrt{x^2+1}}$．

解 (1) 因为 $f(x)$ 连续，故由积分中值公式有 $\int_a^x f(t)\mathrm{d}t=f(\xi)(x-a)$，其中 ξ 介于 x 与 a 之间，因此 $\lim\limits_{x\to a}\dfrac{x}{x-a}\int_a^x f(x)\mathrm{d}t=\lim\limits_{\substack{x\to a\\(\xi\to a)}}xf(\xi)=af(a)$；

(2) 利用洛必达法则有

$$\lim_{x\to+\infty}\frac{\int_0^x(\arctan t)^2\mathrm{d}t}{\sqrt{x^2+1}}=\lim_{x\to+\infty}\frac{(\arctan x)^2}{\dfrac{x}{\sqrt{x^2+1}}}=\frac{\pi^2}{4}$$

5. 下列计算是否正确，试说明理由：

(1) $\int_{-1}^{1}\dfrac{\mathrm{d}x}{1+x^2}=-\int_{-1}^{1}\dfrac{\mathrm{d}\left(\dfrac{1}{x}\right)}{1+\left(\dfrac{1}{x}\right)^2}=\left[-\arctan\dfrac{1}{x}\right]\bigg|_{-1}^{1}=-\dfrac{\pi}{2}$；

(2) 因为 $\int_{-1}^{1}\dfrac{\mathrm{d}x}{x^2+x+1}\xlongequal{x=\frac{1}{t}}-\int_{-1}^{1}\dfrac{\mathrm{d}t}{t^2+t+1}$，所以 $\int_{-1}^{1}\dfrac{\mathrm{d}x}{x^2+x+1}=0$；

(3) $\int_{-\infty}^{+\infty}\dfrac{x}{1+x^2}\mathrm{d}x=\lim\limits_{A\to+\infty}\int_{-A}^{A}\dfrac{x}{1+x^2}\mathrm{d}x=0$．

解 (1) 计算不正确．因为 $\dfrac{1}{x}$ 在 $x=0$ 处无定义，所以 $\dfrac{1}{x}$ 在 $[-1,1]$ 上不连续，不能用牛顿-莱布尼兹公式．

(2) 计算不正确．因为 $\dfrac{1}{t}$ 在 $t=0$ 处无定义，所以 $x=\dfrac{1}{t}$ 在 $[-1,1]$ 上不能用．

(3) 计算不正确．因为$\int_{-\infty}^{+\infty}\frac{x}{1+x^2}dx=\lim\limits_{A\to-\infty}\int_A^0\frac{x}{1+x^2}dx+\lim\limits_{B\to+\infty}\int_0^B\frac{x}{1+x^2}dx$ 是发散的．

6. 设 $x>0$，证明$\int_0^x\frac{1}{1+t^2}dt+\int_0^{\frac{1}{x}}\frac{1}{1+t^2}dt=\frac{\pi}{2}$.

证明 记 $f(x)=\int_0^x\frac{1}{1+t^2}dt+\int_0^{\frac{1}{x}}\frac{1}{1+t^2}dt$，则当 $x>0$ 时，有

$$f'(x)=\frac{1}{1+x^2}+\frac{1}{1+\frac{1}{x^2}}\left(-\frac{1}{x^2}\right)=0$$

由拉格朗日中值定理的推论，得

$$f(x)\equiv C\quad(x>0)$$

而 $f(1)=\int_0^1\frac{1}{1+t^2}dt+\int_0^1\frac{1}{1+t^2}dt=\frac{\pi}{2}$，故 $C=\frac{\pi}{2}$，从而结论成立．

7. 设 $p>0$，证明：

$$\frac{p}{p+1}<\int_0^1\frac{dx}{1+x^p}<1$$

证明 因为 $p>0$，当 $x\in(0,1)$ 时，$1>\frac{1}{1+x^p}=\frac{1+x^p-x^p}{1+x^p}>1-x^p$，所以

$$\int_0^1(1-x^p)dx<\int_0^1\frac{dx}{1+x^p}<\int_0^1 1dx$$

即
$$\frac{p}{p+1}<\int_0^1\frac{dx}{1+x^p}<1$$

8. 设 $f(x)$，$g(x)$ 在区间$[a,b]$上均连续，证明：

(1) $\left(\int_a^b f(x)g(x)dx\right)^2\leqslant\int_a^b f^2(x)dx\cdot\int_a^b g^2(x)dx$ （柯西-施瓦茨不等式）

(2) $\left(\int_a^b[f(x)+g(x)]^2dx\right)^{\frac{1}{2}}\leqslant\left(\int_a^b f^2(x)dx\right)^{\frac{1}{2}}+\left(\int_a^b g(x)^2dx\right)^{\frac{1}{2}}$ （闵可夫斯基不等式）

证明 (1) 设任意实数 λ，因为$[f(x)+\lambda g(x)]^2\geqslant 0$，所以

$$\lambda^2\int_a^b g^2(x)dx+2\lambda\int_a^b f(x)g(x)dx+\int_a^b f^2(x)dx=\int_a^b[f(x)+\lambda g(x)]^2dx\geqslant 0$$

这是关于实数 λ 的一元二次式的不等式，故有判别式

$$\Delta=4\left(\int_a^b f(x)g(x)dx\right)^2-4\int_a^b f^2(x)dx\cdot\int_a^b g^2(x)dx\leqslant 0$$

移项即得
$$\left(\int_a^b f(x)g(x)dx\right)^2\leqslant\int_a^b f^2(x)dx\cdot\int_a^b g^2(x)dx$$

(2) 因为
$$\begin{aligned}\int_a^b[f(x)+g(x)]^2dx&=\int_a^b f^2(x)dx+\int_a^b g^2(x)dx+2\int_a^b f(x)g(x)dx\leqslant\\&\int_a^b f^2(x)dx+\int_a^b g^2(x)dx+2\left[\int_a^b f^2(x)dx\cdot\int_a^b g^2(x)dx\right]^{\frac{1}{2}}=\\&\left[\left(\int_a^b f^2(x)dx\right)^{\frac{1}{2}}+\left(\int_a^b g(x)^2dx\right)^{\frac{1}{2}}\right]^2\end{aligned}$$

所以
$$\left(\int_a^b[f(x)+g(x)]^2dx\right)^{\frac{1}{2}}\leqslant\left(\int_a^b f^2(x)dx\right)^{\frac{1}{2}}+\left(\int_a^b g(x)^2dx\right)^{\frac{1}{2}}$$

9. 设 $f(x)$ 在区间$[a,b]$上连续，且 $f(x)>0$. 证明：

$$\int_a^b f(x)dx\cdot\int_a^b\frac{dx}{f(x)}\geqslant(b-a)^2$$

证明 将 $f(x)$ 换成$\sqrt{f(x)}$，$g(x)$ 换成$\frac{1}{\sqrt{f(x)}}$，则有

$$\int_a^b(\sqrt{f(x)})^2\mathrm{d}x\cdot\int_a^b\left(\frac{1}{\sqrt{f(x)}}\right)^2\mathrm{d}x\geqslant\left[\int_a^b\sqrt{f(x)}\,\frac{1}{\sqrt{f(x)}}\mathrm{d}x\right]^2$$

即
$$\int_a^b f(x)\mathrm{d}x\cdot\int_a^b\frac{\mathrm{d}x}{f(x)}\geqslant(b-a)^2$$

10. 计算下列积分：

(1) $\int_0^{\frac{\pi}{2}}\frac{x+\sin x}{1+\cos x}\mathrm{d}x$；

(2) $\int_0^{\frac{\pi}{4}}\ln(1+\tan x)\mathrm{d}x$；

(3) $\int_0^a\frac{\mathrm{d}x}{x+\sqrt{a^2-x^2}}$；

(4) $\int_0^{\frac{\pi}{2}}\sqrt{1-\sin 2x}\,\mathrm{d}x$；

(5) $\int_0^{\frac{\pi}{2}}\frac{\mathrm{d}x}{1+\cos^2 x}$；

(6) $\int_0^{\pi}x\sqrt{\cos^2 x-\cos^4 x}\,\mathrm{d}x$；

(7) $\int_0^{\pi}x^2\mid\cos x\mid\mathrm{d}x$；

(8) $\int_0^{+\infty}\frac{\mathrm{d}x}{\mathrm{e}^{x+1}+\mathrm{e}^{3-x}}$；

(9) $\int_{\frac{1}{2}}^{\frac{3}{2}}\frac{\mathrm{d}x}{\sqrt{\mid x^2-x\mid}}$；

(10) $\int_0^x\max\{t^3,t^2,1\}\mathrm{d}t$.

解 (1) 原式 $=\int_0^{\frac{\pi}{2}}\frac{x}{1+\cos x}\mathrm{d}x+\int_0^{\frac{\pi}{2}}\frac{\sin x}{1+\cos x}\mathrm{d}x=\int_0^{\frac{\pi}{2}}\frac{x}{2\cos^2\frac{x}{2}}\mathrm{d}x-\int_0^{\frac{\pi}{2}}\frac{\mathrm{d}(1+\cos x)}{1+\cos x}=$

$$\int_0^{\frac{\pi}{2}}x\mathrm{d}\left(\tan\frac{x}{2}\right)-\ln(1+\cos x)\Big|_0^{\frac{\pi}{2}}=x\tan\frac{x}{2}\Big|_0^{\frac{\pi}{2}}-\int_0^{\frac{\pi}{2}}\tan\frac{x}{2}\mathrm{d}x+\ln 2=$$

$$\frac{\pi}{2}+2\ln\cos\frac{x}{2}\Big|_0^{\frac{\pi}{2}}+\ln 2=\frac{\pi}{2}$$

(2) 因为 $\int_0^{\frac{\pi}{4}}\ln(1+\tan x)\mathrm{d}x=\int_0^{\frac{\pi}{4}}\ln\left[\frac{\sqrt{2}\sin\left(\frac{\pi}{4}+x\right)}{\cos x}\right]\mathrm{d}x=$

$$\int_0^{\frac{\pi}{4}}\ln\sqrt{2}\,\mathrm{d}x+\int_0^{\frac{\pi}{4}}\ln\sin\left(\frac{\pi}{4}+x\right)\mathrm{d}x-\int_0^{\frac{\pi}{4}}\ln\cos x\mathrm{d}x$$

令 $u=\frac{\pi}{4}-x$,则

$$\int_0^{\frac{\pi}{4}}\ln\sin\left(\frac{\pi}{4}+x\right)\mathrm{d}x=-\int_{\frac{\pi}{4}}^0\ln\sin\left(\frac{\pi}{4}+\frac{\pi}{4}-u\right)\mathrm{d}u=-\int_{\frac{\pi}{4}}^0\ln\cos u\mathrm{d}u=\int_0^{\frac{\pi}{4}}\ln\cos x\mathrm{d}x$$

所以
$$\int_0^{\frac{\pi}{4}}\ln(1+\tan x)\mathrm{d}x=\ln\sqrt{2}\times\frac{\pi}{4}=\frac{\pi}{8}\ln 2$$

(3) 因为 $\int_0^a\frac{\mathrm{d}x}{x+\sqrt{a^2-x^2}}\xlongequal{x=a\sin t}\int_0^{\frac{\pi}{2}}\frac{\cos t\mathrm{d}t}{\sin t+\cos t}\xlongequal{t=\frac{\pi}{2}-u}\int_0^{\frac{\pi}{2}}\frac{\sin u\mathrm{d}u}{\sin u+\cos u}$

所以
$$\int_0^a\frac{\mathrm{d}x}{x+\sqrt{a^2-x^2}}=\frac{1}{2}\left(\int_0^{\frac{\pi}{2}}\frac{\sin t+\cos t}{\sin t+\cos t}\mathrm{d}t\right)=\frac{\pi}{4}$$

(4) 原式 $=\int_0^{\frac{\pi}{2}}\mid\cos x-\sin x\mid\mathrm{d}x=\int_0^{\frac{\pi}{4}}(\cos x-\sin x)\mathrm{d}x+\int_{\frac{\pi}{4}}^{\frac{\pi}{2}}(\sin x-\cos x)\mathrm{d}x=2(\sqrt{2}-1)$

(5) 原式 $=\int_0^{\frac{\pi}{2}}\frac{\mathrm{d}x}{\cos^2 x(1+\sec^2 x)}=\int_0^{\frac{\pi}{2}}\frac{\mathrm{d}\tan x}{2+\tan^2 x}=\frac{1}{\sqrt{2}}\arctan\frac{\tan x}{\sqrt{2}}\Big|_0^{\frac{\pi}{2}}=\frac{\sqrt{2}\pi}{4}$

(6) $\int_0^{\pi}x\sqrt{\cos^2 x-\cos^4 x}\,\mathrm{d}x=\int_0^{\pi}x\mid\cos x\mid\sin x\mathrm{d}x=\frac{\pi}{2}\int_0^{\pi}\mid\cos x\mid\sin x\mathrm{d}x=$

$$\frac{\pi}{2}\left[\int_0^{\frac{\pi}{2}}\cos x\sin x\mathrm{d}x-\int_{\frac{\pi}{2}}^{\pi}\cos x\sin x\mathrm{d}x\right]=$$

$$\frac{\pi}{2}\left[\frac{1}{2}\sin^2 x\right]_0^{\frac{\pi}{2}}-\frac{\pi}{2}\left[\frac{1}{2}\sin^2 x\right]_{\frac{\pi}{2}}^{\pi}=\frac{\pi}{2}$$

(7) $\int_0^{\pi} x^2 \mid \cos x \mid \mathrm{d}x = \int_0^{\frac{\pi}{2}} x^2 \cos x \mathrm{d}x - \int_{\frac{\pi}{2}}^{\pi} x^2 \cos x \mathrm{d}x = [x^2 \sin x + 2x\cos x - 2\sin x]_0^{\frac{\pi}{2}} -$

$$[x^2 \sin x + 2x\cos x - 2\sin x]_{\frac{\pi}{2}}^{\pi} = \frac{\pi^2}{2} + 2\pi - 4$$

(8) $\int_0^{+\infty} \frac{\mathrm{d}x}{\mathrm{e}^{x+1} + \mathrm{e}^{3-x}} = \frac{1}{\mathrm{e}^2}\int_0^{+\infty} \frac{\mathrm{d}(\mathrm{e}^{x-1})}{\mathrm{e}^{2x-2}+1} = \frac{1}{\mathrm{e}^2}[\arctan(\mathrm{e}^{x-1})]_0^{+\infty} =$

$$\frac{1}{\mathrm{e}^2}\left(\frac{\pi}{2} - \arctan\frac{1}{\mathrm{e}}\right)$$

(9) $\int_{\frac{1}{2}}^{1} \frac{\mathrm{d}x}{\sqrt{\mid x^2 - x \mid}} = \int_{\frac{1}{2}}^{1} \frac{\mathrm{d}x}{\sqrt{x - x^2}} = \int_{\frac{1}{2}}^{1} \frac{\mathrm{d}(2x-1)}{\sqrt{1-(2x-1)^2}} = [\arctan(2x-1)]_{\frac{1}{2}}^{1} = \frac{\pi}{2}$

$\int_1^{\frac{3}{2}} \frac{\mathrm{d}x}{\sqrt{\mid x^2 - x \mid}} = \int_1^{\frac{3}{2}} \frac{\mathrm{d}x}{\sqrt{x^2 - x}} = \int_1^{\frac{3}{2}} \frac{\mathrm{d}(2x-1)}{\sqrt{(2x-1)^2 - 1}} = [\ln(2x-1+\sqrt{(2x-1)^2-1})]_1^{\frac{3}{2}} = \ln(2+\sqrt{3})$

因此

$$\int_{\frac{1}{2}}^{\frac{3}{2}} \frac{\mathrm{d}x}{\sqrt{\mid x^2 - x \mid}} = \int_{\frac{1}{2}}^{1} \frac{\mathrm{d}x}{\sqrt{\mid x^2 - x \mid}} + \int_1^{\frac{3}{2}} \frac{\mathrm{d}x}{\sqrt{\mid x^2 - x \mid}} = \frac{\pi}{2} + \ln(2+\sqrt{3})$$

(10) 当 $x < -1$ 时,则

$$\int_0^x \max\{t^3, t^2, 1\}\mathrm{d}t = \int_{-1}^{x} \mathrm{d}t + \int_{-1}^{x} t^2 \mathrm{d}t = \frac{1}{3}x^3 - \frac{2}{3}$$

当 $-1 \leqslant x \leqslant 1$ 时,则

$$\int_0^x \max\{t^3, t^2, 1\}\mathrm{d}t = \int_0^x \mathrm{d}t = x$$

当 $x > 1$ 时,则

$$\int_0^x \max\{t^3, t^2, 1\}\mathrm{d}t = \int_0^1 \mathrm{d}t + \int_1^x t^3 \mathrm{d}t = \frac{1}{4}x^4 + \frac{3}{4}$$

因此

$$\int_0^x \max\{t^3, t^2, 1\}\mathrm{d}t = \begin{cases} \frac{1}{3}x^3 - \frac{2}{3}, & x < -1 \\ x, & -1 \leqslant x \leqslant 1 \\ \frac{1}{4}x^4 + \frac{3}{4}, & x > 1 \end{cases}$$

11. 设 $f(x)$ 为连续函数,证明:

$$\int_0^x f(t)(x-t)\mathrm{d}t = \int_0^x \left(\int_0^t f(u)\mathrm{d}u\right)\mathrm{d}t$$

证明 $\int_0^x \left(\int_0^t f(u)\mathrm{d}u\right)\mathrm{d}t = \left[t\int_0^t f(u)\mathrm{d}u\right]\Big|_0^x - \int_0^x uf(u)\mathrm{d}u = x\int_0^x f(u)\mathrm{d}u - \int_0^x tf(t)\mathrm{d}t =$

$$x\int_0^x f(t)\mathrm{d}t - \int_0^x tf(t)\mathrm{d}t = \int_0^x (x-t)f(t)\mathrm{d}t$$

12. 设 $f(x)$ 在区间 $[a,b]$ 上连续,且 $f(x) > 0$, $F(x) = \int_a^x f(t)\mathrm{d}t + \int_b^x \frac{\mathrm{d}t}{f(t)}$. 证明:

(1) $F'(x) \geqslant 2$; (2) 方程在区间 (a,b) 内有且仅有一个根.

证明 (1) 因为 $f(x) > 0$,所以

$$F'(x) = f(x) + \frac{1}{f(x)} \geqslant 2\sqrt{f(x)\cdot\frac{1}{f(x)}} = 2$$

(2) 因为 $f(x)$ 在区间 $[a,b]$ 上连续,所以 $F(x)$ 在区间 $[a,b]$ 上也连续,且由已知有

$$F(a) = 0 + \int_b^a \frac{\mathrm{d}t}{f(t)} < 0, \quad F(b) = \int_a^b f(t)\mathrm{d}t > 0$$

由零点定理知,$F(x) = 0$ 在 (a,b) 内至少有一个实根,又由(1)知,$F(x)$ 在 $[a,b]$ 上单调增加,因此 $F(x) = 0$

在(a,b)内至多有一个实根．综合这两点可得，方程$F(x)=0$在(a,b)内有且只有一个实根．

13. 设 $f(x)=\begin{cases}\dfrac{1}{1+x}, & x\geqslant 0\\ \dfrac{1}{1+e^x}, & x<0\end{cases}$，求$\int_0^2 f(x-1)dx$.

解　$\int_0^2 f(x-1)dx=\int_0^1\frac{1}{1+e^{x-1}}dx+\int_1^2\frac{1}{1+(x-1)}dx=\int_0^1\frac{e^{-x}dx}{e^{-x}+e^{-1}}+\ln x\Big|_1^2=$

$$-\ln(e^{-x}+e^{-1})\Big|_0^1+\ln 2=\ln(1+e)$$

14. 设$f(x)$在区间$[a,b]$上连续，$g(x)$在区间$[a,b]$上连续且不变号．证明：至少存在一点$\xi\in[a,b]$，使下式成立

$$\int_a^b f(x)g(x)dx=f(\xi)\int_a^b g(x)dx\text{（积分第一中值定理）}$$

证明　若$g(x)\equiv 0$，则结果明显成立；若$g(x)\not\equiv 0$，若$g(x)$不变号，设$g(x)>0$（$g(x)<0$类似可证），因为$f(x)$在区间$[a,b]$上连续，所以$f(x)$有最大值M和最小值m，即

$$m\leqslant f(x)\leqslant M,\quad mg(x)\leqslant f(x)g(x)\leqslant Mg(x)$$

$$m\int_a^b g(x)dx\leqslant\int_a^b f(x)g(x)dx\leqslant M\int_a^b g(x)dx$$

即
$$m\leqslant\frac{\int_a^b f(x)g(x)dx}{\int_a^b g(x)dx}\leqslant M$$

因为$f(x)$在区间$[a,b]$上连续，所以至少存在$\xi\in[a,b]$，使

$$\frac{\int_a^b f(x)g(x)dx}{\int_a^b g(x)dx}=f(\xi)$$

即
$$\int_a^b f(x)g(x)dx=f(\xi)\int_a^b g(x)dx$$

*15. 证明：
$$\int_0^{+\infty}x^n e^{-x^2}dx=\frac{n-1}{2}\int_0^{+\infty}x^{n-2}e^{-x^2}dx\quad(n>1)$$

并用它证明：
$$\int_0^{+\infty}x^{2n+1}e^{-x^2}dx=\frac{1}{2}\Gamma(n+1)\quad(n\in\mathbf{N})$$

证明　(1) $\int_0^{+\infty}x^n e^{-x^2}dx=-\frac{1}{2}\int_0^{+\infty}x^{n-1}d(e^{-x^2})=-\frac{1}{2}\left[x^{n-1}e^{-x^2}\Big|_0^{+\infty}-\int_0^{+\infty}e^{-x^2}d(x^{n-1})\right]=$

$$\frac{n-1}{2}\int_0^{+\infty}x^{n-2}e^{-x^2}dx\quad(n>1)$$

(2) 令$x^2=t$，$dt=2xdx$，则

$$\int_0^{+\infty}x^{2n+1}e^{-x^2}dx=\frac{1}{2}\int_0^{+\infty}t^n e^{-t}dt=\frac{1}{2}\Gamma(n+1)$$

*16. 判定下列反常积分的收敛性：

(1) $\int_0^{+\infty}\frac{\sin x}{\sqrt{x^3}}dx$；　　(2) $\int_2^{+\infty}\frac{dx}{x\sqrt[3]{x^2-3x+2}}$；

(3) $\int_2^{+\infty}\frac{\cos x}{\ln x}dx$；　　(4) $\int_0^{+\infty}\frac{dx}{\sqrt[3]{x^2(x-1)(x-2)}}$.

解　(1) $\int_0^{+\infty}\frac{\sin x}{\sqrt{x^3}}dx=\int_0^1\frac{\sin x}{\sqrt{x^3}}dx+\int_1^{+\infty}\frac{\sin x}{\sqrt{x^3}}dx$

因为$\lim\limits_{x\to 0}\frac{\sqrt{x}\sin x}{\sqrt{x^3}}=\lim\limits_{x\to 0}\frac{\sin x}{x}=1$，所以积分$\int_0^1\frac{\sin x}{\sqrt{x^3}}dx$收敛；又因$\left|\frac{\sin x}{\sqrt{x^3}}\right|\leqslant\frac{1}{\sqrt{x^3}}$，且$\int_1^{+\infty}\frac{1}{\sqrt{x^3}}dx$收敛，所

以积分$\int_1^{+\infty}\frac{\sin x}{\sqrt{x^3}}dx$收敛；于是$\int_0^{+\infty}\frac{\sin x}{\sqrt{x^3}}dx$收敛．

(2) 因为
$$\lim_{x\to+\infty}x^{\frac{5}{3}}\cdot\frac{1}{x\sqrt[3]{x^2-3x+2}}=\lim_{x\to+\infty}\frac{1}{\sqrt[3]{1-\frac{3}{x}+\frac{2}{x^2}}}=1$$
$$\lim_{x\to2^+}(x-2)^{\frac{1}{3}}\cdot\frac{1}{x\sqrt[3]{x^2-3x+2}}=\lim_{x\to2^+}\frac{1}{x\sqrt[3]{x-1}}=\frac{1}{2}$$

所以反常积分$\int_2^{+\infty}\frac{dx}{x\sqrt[3]{x^2-3x+2}}$收敛．

(3) $\int_2^{+\infty}\frac{\cos x}{\ln x}dx=\int_2^{+\infty}\frac{d\sin x}{\ln x}=\sin x\cdot\frac{1}{\ln x}\Big|_2^{+\infty}+\int_2^{+\infty}\sin x\cdot\frac{1}{x\ln^2x}dx=\int_2^{+\infty}\frac{\sin x}{x\ln^2x}dx$

因为$\left|\frac{\sin x}{x\ln^2x}\right|\leqslant\frac{1}{x\ln^2x}$，$\int_2^{+\infty}\frac{dx}{x\ln^2x}=\frac{1}{\ln2}$，所以$\int_2^{+\infty}\left|\frac{\sin x}{x\ln^2x}\right|dx$收敛，故$\int_2^{+\infty}\frac{\cos x}{\ln x}dx$收敛．

(4) 因为$x=0,1,2$是瑕点，且
$$\lim_{x\to+\infty}x^{\frac{4}{3}}\cdot\frac{1}{\sqrt[3]{x^2(x-1)(x-2)}}=1$$
$$\lim_{x\to0}x^{\frac{2}{3}}\cdot\frac{1}{\sqrt[3]{x^2(x-1)(x-2)}}=\frac{1}{\sqrt[3]{2}},\quad\lim_{x\to1}(x-1)^{\frac{1}{3}}\cdot\frac{1}{\sqrt[3]{x^2(x-1)(x-2)}}=-1$$
$$\lim_{x\to2}(x-2)^{\frac{1}{3}}\cdot\frac{1}{\sqrt[3]{x^2(x-1)(x-2)}}=\frac{1}{\sqrt[3]{4}}$$

所以$\int_0^{+\infty}\frac{dx}{\sqrt[3]{x^2(x-1)(x-2)}}$收敛．

*17. 计算下列反常积分：

(1) $\int_0^{\frac{\pi}{2}}\ln\sin x dx$；　　(2) $\int_0^{+\infty}\frac{dx}{(1+x^2)(1+x^\alpha)}$ $(\alpha\geqslant0)$．

解 (1) $\int_0^{\frac{\pi}{2}}\ln\sin x dx\xlongequal{x=2t}2\int_0^{\frac{\pi}{4}}\ln\sin2t dt=\frac{\pi}{2}\ln2+2\int_0^{\frac{\pi}{4}}\ln\sin t dt+2\int_0^{\frac{\pi}{4}}\ln\cos t dt$

$$\int_0^{\frac{\pi}{4}}\ln\cos t dt\xlongequal{t=\frac{\pi}{2}-u}\int_{\frac{\pi}{4}}^{\frac{\pi}{2}}\ln\sin u du$$
$$\int_0^{\frac{\pi}{2}}\ln\sin x dx=\frac{\pi}{2}\ln2+2\int_0^{\frac{\pi}{4}}\ln\sin x dx+2\int_{\frac{\pi}{4}}^{\frac{\pi}{2}}\ln\sin x dx=\frac{\pi}{2}\ln2+2\int_0^{\frac{\pi}{2}}\ln\sin x dx$$

故得
$$\int_0^{\frac{\pi}{2}}\ln\sin x dx=-\frac{\pi}{2}\ln2$$

(2) $\int_0^{+\infty}\frac{dx}{(1+x^2)(1+x^\alpha)}\xlongequal{x=\frac{1}{t}}-\int_{+\infty}^0\frac{t^\alpha dt}{(1+t^2)(1+t^\alpha)}=\int_0^{+\infty}\frac{dt}{1+t^2}-\int_0^{+\infty}\frac{dt}{(1+t^2)(1+t^\alpha)}$

故
$$\int_0^{+\infty}\frac{dx}{(1+x^2)(1+x^\alpha)}=\frac{1}{2}\int_0^{+\infty}\frac{dx}{1+x^2}=\frac{1}{2}\arctan x\Big|_0^{+\infty}=\frac{\pi}{4}$$

五、模拟检测题

(一) 基础知识模拟检测题

1. 求极限$\lim_{n\to\infty}\left(\sqrt{\frac{1}{n^2}+\frac{1}{n^3}}+\sqrt{\frac{1}{n^2}+\frac{2}{n^3}}+\cdots+\sqrt{\frac{1}{n^2}+\frac{n}{n^3}}\right)$．

2. 计算下列各积分的值：

(1) $\int_{-2}^{2}\max(x^2,|x|)\mathrm{d}x$；　(2) $\int_0^1\frac{\arcsin x}{\sqrt{1-x^2}}\mathrm{d}x$；　(3) $\int_0^{\frac{\pi}{4}}\tan^3\theta\mathrm{d}\theta$；

(4) $\int_0^{\frac{a}{2}}\frac{\mathrm{d}x}{(a^2-x^2)^{\frac{3}{2}}}$ $(a>0)$；　(5) $\int_0^{\frac{\pi}{2}}\frac{\sin x}{1+\sin x}\mathrm{d}x$；　(6) $\int_0^1\sqrt{\frac{x}{1-x}}\mathrm{d}x$.

3. 求下列极限：

(1) $\lim\limits_{n\to\infty}\int_n^{n+a}\frac{\sin x}{x}\mathrm{d}x$；　(2) $\lim\limits_{x\to 0}\frac{x-\int_0^x e^{-t^2}\mathrm{d}t}{\sin x(1-\cos x)}$.

4. 求函数 $F(x)=\int_0^{x^2}(2-t)e^{-t}\mathrm{d}t$ 的最值.

5. 设 $f(x)$ 在 $[0,1]$ 上连续，且 $f(x)=\sqrt{x}-2x\int_0^1 f(x)\mathrm{d}x$，求 $f(x)$，$f'(x)$.

6. 设 $\int_0^y e^{t^2}\mathrm{d}t+\int_{x^2}^1\cos\sqrt{t}\,\mathrm{d}t=0$，求 $\frac{\mathrm{d}y}{\mathrm{d}x}$.

7. $f(x)$ 是连续函数，且 $a>0$，证明：$\int_0^a x^3 f(x^2)\mathrm{d}x=\frac{1}{2}\int_0^{a^2}xf(x)\mathrm{d}x$.

(二) 考研模拟训练题

1. 填空题

(1) 若函数 $f(x)=\frac{1}{1+x^2}+\sqrt{1-x^2}$，则 $\int_0^1 f(x)\mathrm{d}x=$ ______.

(2) $\int_1^{+\infty}\frac{\mathrm{d}x}{x\sqrt{x^2-1}}=$ ______.

(3) 已知 $f(x)=x\int_0^1\cos(xt)\mathrm{d}t+\int_0^x\sin(t-x)\mathrm{d}t$，则 $f'(x)=$ ______.

2. 选择题

(1) 设 $f(x)$ 连续，则 $\frac{\mathrm{d}}{\mathrm{d}x}\int_0^x tf(x^2-t^2)\mathrm{d}t=$ (　).

A. $xf(x^2)$　B. $-xf(x^2)$　C. $2xf(x^2)$　D. $-2xf(x^2)$

(2) 设 $I_1=\int_0^{\frac{\pi}{4}}\frac{\tan x}{x}\mathrm{d}x$，$I_2=\int_0^{\frac{\pi}{4}}\frac{x}{\tan x}\mathrm{d}x$，则(　).

A. $I_1>I_2>1$　B. $1>I_2>I_1$　C. $I_2>I_1>1$　D. $1>I_1>I_2$

(3) 设 $f(x)$ 在 $(-\infty,+\infty)$ 上有连续的一阶导数，$f(0)=0$，$f'(x)\neq 0$，记 $F(x)=\int_0^x(x^2-t^2)f(t)\mathrm{d}t$，且当 $x\to 0$ 时，$F'(x)$ 与 x^k 为同阶无穷小，则 k 等于(　).

A. 1　B. 2　C. 3　D. 4

(4) $\lim\limits_{n\to\infty}\ln\sqrt[n]{\left(1+\frac{1}{n}\right)^2\left(1+\frac{2}{n}\right)^2\cdots\left(1+\frac{n}{n}\right)^2}=$ (　).

A. $\int_1^2\ln^2 x\mathrm{d}x$　B. $2\int_1^2\ln x\mathrm{d}x$　C. $2\int_1^2\ln(1+x)\mathrm{d}x$　D. $\int_1^2\ln^2(1+x)\mathrm{d}x$

(5) 把 $x\to 0^+$ 时无穷小量 $\alpha=\int_0^x\cos t^2\mathrm{d}t$，$\beta=\int_0^{x^2}\tan\sqrt{t}\,\mathrm{d}t$，$\gamma=\int_0^{\sqrt{x}}\sin t^3\mathrm{d}t$ 排列起来，使排在后面的是前一个的高阶无穷小，则正确的排列次序是(　).

A. α,β,γ　B. α,γ,β　C. β,α,γ　D. β,γ,α

3. 求 $\lim\limits_{n\to\infty}\left[\frac{\sin\frac{\pi}{n}}{n+1}+\frac{\sin\frac{2\pi}{n}}{n+\frac{1}{2}}+\cdots+\frac{\sin\pi}{n+\frac{1}{n}}\right]$.

4. 计算下列积分：

(1) $\int_0^{\frac{\pi}{2}}\frac{\mathrm{d}x}{1+(\cot x)^{2005}}$；　(2) $\int_0^{\frac{\pi}{4}}\frac{x}{1+\cos 2x}\mathrm{d}x$；　(3) $\int_0^{+\infty}\frac{x}{(1+x)^3}\mathrm{d}x$；　(4) $\int_{\frac{1}{2}}^{\frac{3}{2}}\frac{\mathrm{d}x}{\sqrt{|x-x^2|}}$.

5. 求正常数 a,b，使 $\lim\limits_{x\to 0}\frac{1}{bx-\sin x}\int_0^x\frac{t^2\mathrm{d}t}{\sqrt{a+t^2}}=1$.

6. 设 $f(x)$，$g(x)$ 在 $[a,b]$ 上连续，试证：存在 $\xi\in(a,b)$，使

$$f(\xi)\int_\xi^b f(x)\mathrm{d}x=g(\xi)\int_a^\xi f(x)\mathrm{d}x$$

7. 设 $f(x)$ 单调增加且有连续的导数，且 $f(0)=0$，$f(a)=b$，$g(x)$ 是 $f(x)$ 的反函数，试证：

$$\int_0^a f(x)\mathrm{d}x+\int_0^b g(x)\mathrm{d}x=ab$$

8. 设 $f(x)$ 在 $[0,1]$ 上具有连续导数，且 $f(0)=0$，$f(1)=1$，试证：

$$\int_0^1|f'(x)-f(x)|\mathrm{d}x\geqslant\frac{1}{\mathrm{e}}$$

六、模拟检测题答案与提示

(一) 基础知识模拟检测题答案与提示

1. $\frac{2}{3}(2\sqrt{2}-1)$.　提示：由定义知，原式 $=\int_0^1\sqrt{1+x}\,\mathrm{d}x$.

2. (1) $\frac{17}{3}$.　(2) $\frac{\pi^2}{8}$.　(3) $\frac{1}{2}(1-\ln 2)$.　(4) $\frac{\sqrt{3}}{3a^2}$.　提示：令 $x=a\sin t$.

(5) $\frac{\pi}{2}-1$.　提示：对 $\int_0^{\frac{\pi}{2}}\frac{1}{1+\sin x}\mathrm{d}x$ 用万能代换．　(6) $\frac{\pi}{2}$　提示：令 $x=a\sin^2 t$.

3. (1) 0.　提示：先用积分中值定理后再取极限．

(2) $\frac{2}{3}$　提示：先将分母代换成 $\frac{1}{2}x^3$ 后用洛必达法则．

4. 最小值为 $F(0)=0$，最大值为 $F(\pm\sqrt{2})=1+\mathrm{e}^{-2}$.

5. $f(x)=\sqrt{x}-\frac{2}{3}x$，$f'(x)=\frac{1}{2\sqrt{x}}-\frac{2}{3}$.

6. $2x\cos x\mathrm{e}^{-y^2}$.

7. 提示：令 $t=x^2$ 即可证得．

(二) 考研模拟训练题答案与提示

1. 填空题

(1) $\frac{\pi}{4-\pi}$.　提示：两边在 $[0,1]$ 积分后整理可得．

(2) $\frac{\pi}{2}$.　提示：令 $x=\sec t$.

(3) $\cos x-\sin x$.　提示：分别令 $u=xt$，$v=t-x$，则 $f(x)=\int_0^x\cos u\mathrm{d}u+\int_{-x}^0\sin v\mathrm{d}v$，于是

$$f'(x)=\cos x-\sin x$$

2. 选择题

(1) A.　(2) D.　(3) C.　(4) B.　(5) B.

3. $\frac{2}{\pi}$　提示：用夹逼准则，再化为定积分 $\int_0^1\sin\pi x\mathrm{d}x$ 计算可得．

4. (1) $\frac{\pi}{4}$ 提示：令 $x = \frac{\pi}{2} - t$ 变换后，整理可得 $2I = \frac{\pi}{2}$.

(2) $\frac{\pi}{8} - \frac{1}{4}\ln 2$ 提示：原式 $= \int_0^{\frac{\pi}{4}} x\cos^2 dx = \int_0^{\frac{\pi}{4}} x d\tan x$，再用分部积分法可得.

(3) $\frac{1}{2}$.

(4) $\frac{\pi}{2} + \ln(2+\sqrt{3})$.

5. $a = 4, b = 1$.

6. 提示：令 $F(x) = \int_a^x f(t)dt \int_x^b g(t)dt$，则对 $F(x)$ 用罗尔定理可得结论.

7. 提示：对 $\int_0^b g(x)dx$ 作变换 $x = g(t)$，然后分部积分后再整理可得证.

8. $\int_0^1 |f'(x) - f(x)| dx = \int_0^1 e^x |[e^{-x}f(x)]'| dx \geqslant \int_0^1 |[e^{-x}f(x)]'| dx \geqslant \int_0^1 [e^{-x}f(x)]' dx = \frac{1}{e}$.

第 6 章　定积分的应用

一、本章小结

(一)本章小结

1. 定积分元素法

如果一个实际问题所求的量 U 具有以下性质：

(1) 量 U 与自变量的一个变化区间 $[a,b]$ 有关．

(2) 量 U 在区间 $[a,b]$ 上具有可加性，即若将区间 $[a,b]$ 分成若干个子区间，则所求量 U 是对应于各子区间上部分量 ΔU_k 的和，即 $U=\sum_{k=1}^{n}\Delta U_k$.

(3) 可求出 U 在每一个子区间上部分量 ΔU_k 的近似值 $\Delta U_k\approx f(\xi_k)\Delta x_k$，$x_{k-1}\leqslant\xi_k\leqslant x_k$. 为了简便，省去下标，记为 $\Delta U\approx f(x)\mathrm{d}x$，称 $f(x)\mathrm{d}x$ 为积分元素或微元，记作 $\mathrm{d}U$，即 $\mathrm{d}U=f(x)\mathrm{d}x$，而 $\Delta U\approx\mathrm{d}U$，即当 $\Delta x\to 0$ 时，$f(x)\mathrm{d}x$ 是 ΔU 的主要部分．于是 U 就是这些微元在区间 $[a,b]$ 上的无限累积，即从 a 到 b 的定积分 $U=\int_a^b f(x)\mathrm{d}x$. 这种处理方法称为元素法(或微元法).

2. 平面图形的面积计算

(1) 直角坐标系：

① 设平面图形(见图 6.1) 由连续曲线 $y=f_1(x)$ 与 $y=f_2(x)$ 及直线 $x=a$，$x=b$ 所围成，并且在 $[a,b]$ 上 $f_1(x)\geqslant f_2(x)$，那么此图形的面积为

$$S=\int_a^b[f_1(x)-f_2(x)]\mathrm{d}x$$

② 设平面图形(见图 6.2) 由连续曲线 $x=g_1(y)$ 与 $x=g_2(y)$ 及直线 $y=c$，$y=d$ 所围成，并且在 $[c,d]$ 上 $g_1(y)\geqslant g_2(y)$，那么此图形的面积为

$$S=\int_c^d[g_1(y)-g_2(y)]\mathrm{d}y$$

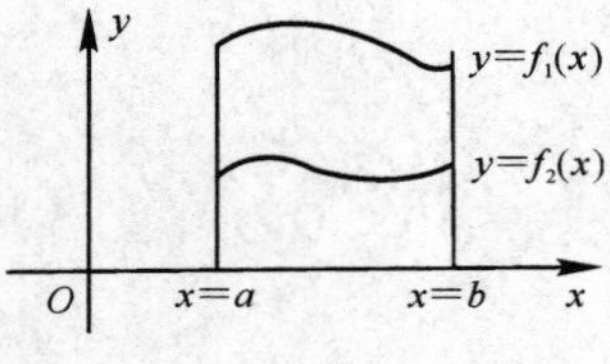

图　6.1

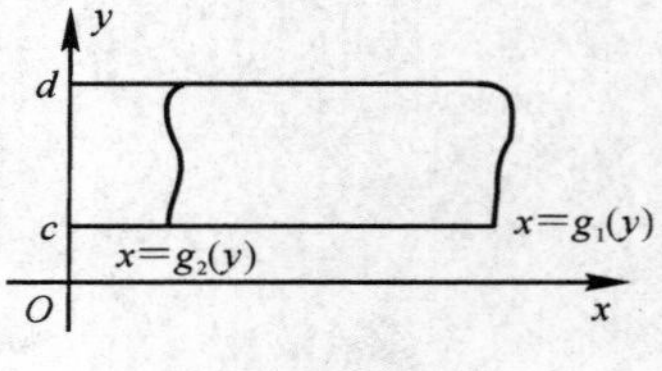

图　6.2

(2) 极坐标系：设平面曲线是由极坐标方程给出：$r=r(\theta)$，$\alpha\leqslant 0\leqslant\beta$，其中 $r=r(\theta)$ 在 $[\alpha,\beta]$ 上连续，这曲线弧 $r=r(\theta)$ 与射线 $\theta=\alpha$，$\theta=\beta$ 所围图形(见图 6.3) 的面积

$$S=\frac{1}{2}\int_\alpha^\beta r^2(\theta)\mathrm{d}\theta$$

3. 曲线的弧长

(1) 直角坐标系：设 $y=f(x)$ 为光滑曲线(即 $f(x)$ 一阶导数连续)，则曲线在对应 $[a,b]$ 段上弧长为

$$s=\int_a^b \sqrt{1+[f'(x)]^2}\,\mathrm{d}x$$

(2) 极坐标系：设 $r=r(\theta)$ 为光滑曲线，则曲线弧长为

$$s=\int_\alpha^\beta \sqrt{r^2(\theta)+[r'(\theta)]^2}\,\mathrm{d}\theta$$

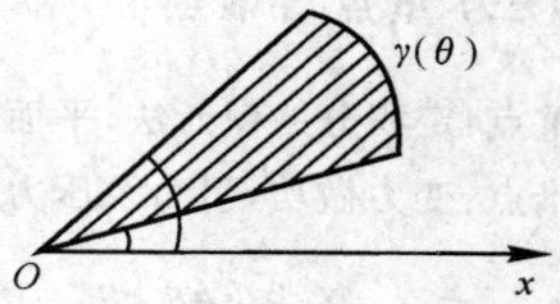

图 6.3

(3) 参数方程：若光滑曲线掺数方程为 $\begin{cases}x=x(t)\\y=y(t)\end{cases}(a\leqslant t\leqslant b)$，则曲线弧长为

$$s=\int_a^b \sqrt{[x'(t)]^2+[y'(t)]^2}\,\mathrm{d}t$$

4. 体积

(1) 旋转体的体积：

① 设连续曲线 L：$y=f(x)$，$(f(x)\geqslant 0,\ a\leqslant x\leqslant b)$ 与直线 $x=a$，$x=b$ 及 x 轴围成平面图形，该平面图形绕 x 轴旋转所得旋转体其体积为 $V=\pi\int_a^b f^2(x)\mathrm{d}x$

② 设连续曲线 L：$x=\varphi(y)$，$(\varphi(y)\geqslant 0,\ c\leqslant y\leqslant d)$ 与直线 $y=c$，$y=d$ 及 y 轴围成平面图形，该平面图形绕 y 轴旋转所得旋转体体积为 $V=\pi\int_c^d \varphi^2(y)\mathrm{d}y$

(2) 平行截面面积为已知的立体体积：立体位于 $x=a$，$x=b(a<b)$ 之间，任意一个过 $x\in[a,b]$ 垂直于 x 轴的平面与物体相交的截面面积为 $S(x)$，则物体体积为 $V=\int_a^b S(x)\mathrm{d}x$

5. 旋转曲面的面积

(1) 直角坐标下的计算公式：设曲线 $y=f(x)$ 在闭区间 $[a,b]$ 上连续，绕 x 轴旋转所得的旋转曲面面积元素可表示为 $\mathrm{d}S=2\pi y\sqrt{1+y'^2}\,\mathrm{d}x$；旋转曲面的面积为 $S=\int_a^b 2\pi y\sqrt{1+y'^2}\,\mathrm{d}x$

(2) 参数方程下的计算公式： $S=2\pi\int_\alpha^\beta |y(t)|\sqrt{[x'(t)]^2+[y'(t)]^2}\,\mathrm{d}t$

(3) 极坐标系下的计算公式： $S=2\pi\int_\alpha^\beta r(\theta)|\sin(\theta)|\sqrt{[r'(\theta)]^2+[r(\theta)]^2}\,\mathrm{d}\theta$

6. 变力沿直线做功，引力，压力

(1) 变力 $F(x)$ 将物体沿 x 轴从 $x=a$ 移动到 $x=b$ 所做的功为 $W=\int_a^b F(x)\mathrm{d}x$.

(2) 液体压力：设由曲线 $y=f(x)$，$y=g(x)(f(x)\geqslant g(x))$ 及直线 $x=a$，$x=b(a<b)$(x 轴向下) 所围成平板铅直浸入液体中，液面与 y 轴对齐，则平板一侧所受的压力为 $P=\gamma\int_a^b x[f(x)-g(x)]\mathrm{d}x$，其中 γ 表示液体的密度.

(3) 引力：主要利用引力公式或微元法，注意力是一个矢量，一般要涉及力的合成与分解，需要计算分力和合力，要利用矢量的加减法.

(二) 基本要求

(1) 掌握定积分的元素法.
(2) 会求平面图形的面积.
(3) 会求旋转体的体积.
(4) 会求平行截面面积为已知的立体体积.
(5) 会求平面曲线的弧长.
(6) 会用元素法求变力沿直线做功，以及压力、引力和平均值.

(三) 重点与难点

重点:定积分的微元法,平面图形的面积,空间立体的体积,变力做功,引力及压力.

难点:变力做功,引力及压力.

二、释疑解难

问题 6.1 微元法的实质是什么?

答 微元法的实质是"以不变代变"或"以直代曲",近似求出整体量在局部内的各部分,然后相加再取极限,从而求得整体量.这就是用定积分解决实际问题思想"分割 — 近似代替 — 作和 — 求极限".

问题 6.2 用定积分解决实际问题应具备的条件是什么?

答 用定积分解决实际问题时,对所求的量 S,要具有以下几个特点:

(1) S 是与一个变量 x 的变化区间 $[a,b]$ 有关的量.

(2) S 对于区间 $[a,b]$ 具有可加性,就是说,如果把区间 $[a,b]$ 分成许多部分区间 Δx_i,则 S 相应地分成许多部分量 ΔS_i,而 S 等于所有部分量 ΔS_i 之和.

(3) 对于每个分量可以找到近似表达式 $\Delta S \approx f(\xi_i)\Delta x_i$,就可以考虑用定积分来表达这个量.

问题 6.3 微元法的一般步骤是什么?

答 微元法的一般步骤如下:

(1) 根据问题的具体情况,选取一个变量例如 x 为积分变量,并确定它的变化区间 $[a,b]$.

(2) 设把区间 $[a,b]$ 分成 n 个小区间,取其中任一小区间并记为 $[x,x+\mathrm{d}x]$,求出相应于小区间的部分量 ΔU 的近似值.如果 ΔU 能近似地表示为 $[a,b]$ 上的一个连续函数在 x 处的值 $f(x)$ 与 $\mathrm{d}x$ 的乘积,就把 $f(x)\mathrm{d}x$ 称为量 U 的元素,且记作 $\mathrm{d}U$,即 $\mathrm{d}U = f(x)\mathrm{d}x$.

(3) 以所求量 U 的元素 $f(x)\mathrm{d}x$ 为被积表达式,在区间 $[a,b]$ 上作定积分,得 $U = \int_a^b f(x)\mathrm{d}x$,即为所求量 U 的积分表达式,这个方法通常叫做元素法.

问题 6.4 曲线 $y = \sin x\ (0 \leqslant x \leqslant 2\pi)$ 与 x 轴所围图形面积为 $S = \int_0^{2\pi} \sin x \mathrm{d}x = 0$,对吗?

答 错.它表示曲线 $y = \sin x\ (0 \leqslant x \leqslant 2\pi)$ 与 x 轴所围成面积的代数和,而曲线 $y = \sin x\ (0 \leqslant x \leqslant 2\pi)$ 与 x 轴所围图形的面积为 $S = \int_0^{2\pi} |\sin x| \mathrm{d}x = 2\int_0^{\pi} \sin x \mathrm{d}x = 4$.

问题 6.5 函数 $f(x)$, $g(x)$ 在区间 $[a,b]$ 上连续,且 $f(x) \geqslant g(x)$,则由曲线 $y = f(x)$, $y = g(x)$ 及直线 $x = a$, $x = b$ 所围成图形绕 x 轴旋转的体积是 $V = \int_a^b \pi[f(x) - g(x)]^2 \mathrm{d}x$ 还是 $V = \pi\int_a^b [f^2(x) - g^2(x)]\mathrm{d}x$?

答 是 $V = \pi\int_a^b [f^2(x) - g^2(x)]\mathrm{d}x$,它是大旋转体的体积减去小旋转体的体积之差.

问题 6.6 函数 $f(x)$ 在对称区间 $[-a,a]$ 求面积时应注意什么?

答 当 $f(x)$ 是 $[-a,a]$ 的奇函数时,定积分 $\int_{-a}^a f(x)\mathrm{d}x = 0$,但 $f(x)$ 与 $x = -a$, $x = a$, $y = 0$ 所围成的面积为 $S = \int_{-a}^a |f(x)| \mathrm{d}x = 2\int_0^a f(x)\mathrm{d}x$.

当 $f(x)$ 是 $[-a,a]$ 的偶函数时,定积分 $\int_{-a}^a f(x)\mathrm{d}x = 2\int_0^a f(x)\mathrm{d}x$, $f(x)$ 与 $x = -a$, $x = a$, $y = 0$ 所围成的面积为 $S = \int_{-a}^a |f(x)| \mathrm{d}x = 2\int_0^a f(x)\mathrm{d}x$.

问题 6.7 设曲边梯形由 $y = 0$, $y = x^2$, $x = 1$ 与 $x = 2$ 围成,计算该曲边梯形的面积一般在直角坐标系中进行，请问该面积是否可利用极坐标系进行？由于曲线 $y=x^2$ 的极坐标方程为 $\rho=\dfrac{\sin\theta}{\cos^2\theta}$（$\theta\in\left[\dfrac{\pi}{4},\arctan 2\right]$），于是有人利用算式求出该面积为 $\int_{\frac{\pi}{4}}^{\arctan 2}\dfrac{1}{2}\left(\dfrac{\sin\theta}{\cos^2\theta}\right)^2\mathrm{d}\theta=\int_{\frac{\pi}{4}}^{\arctan 2}\dfrac{1}{2}\tan^2\theta\mathrm{d}\tan\theta=\dfrac{7}{6}$.
请回答是否正确？

答 曲边梯形的面积可利用极坐标系计算，但是上列算式是错误的．事实上这里所算得的面积是由曲线 $\rho=\dfrac{\sin\theta}{\cos^2\theta}$，$\theta=\dfrac{\pi}{4}$ 及 $\theta=\arctan 2$ 所围成的曲边梯形的面积 S_1．在直角坐标系中，该图形由曲线 $y=0$，$y=x^2$，$x=1$ 与 $x=2$ 围成为 S_2.

问题 6.8 在处理定积分物理应用问题时应注意什么？

答 处理定积分物理应用的前提是应具备几类物理问题的基本知识．比如，质心问题是与静力矩概念相关的结论，做功问题应抓住力学基本原理，尤其是牛顿力学第三定律；压力问题是与巴斯定律相联系的概念，而动能或动量问题的处理，需依据能量公式与能量守恒原理．对所有这些问题的分析，基本点还是累加性，最终要列出微元关系．

问题 6.9 旋转体的体积与侧面积的计算中应注意什么问题？

答 (1) 计算旋转体的体积，应注意在两种方法（圆台法、柱壳法）中选择适当方法简化计算，并且要注意对旋转轴的具体要求，有时旋转轴不一定是坐标轴．

(2) 在处理旋转体侧面积时，不要将微元关系错写为 $\mathrm{d}S=f(x)\mathrm{d}x$ 而应为 $\mathrm{d}S=f(x)\mathrm{d}l$，其中 $\mathrm{d}l$ 是曲线的弧微分．

三、典型例题分析

例 6.1 过坐标原点作曲线 $y=\ln x$ 的切线，该切线与曲线 $y=\ln x$ 及 x 轴围成平面图形 D．试求：
(1) D 的面积 S； (2) D 绕直线 $x=\mathrm{e}$ 旋转一周所得旋转体的体积 V.

分析 求平面曲线所围成图形的面积，先画草图，如图 6.4 所示，求出曲线与过原点切线的切点的坐标．

解 (1) 设切点的横坐标为 x_0，则曲线 $y=\ln x$ 在点 $(x_0,\ln x_0)$ 处的切线方程为

$$y=\ln x_0+\frac{1}{x_0}(x-x_0)$$

由题设条件知，该切线过坐标原点知 $\ln x_0-1=0$，从而 $x_0=\mathrm{e}$，故该切线的方程为 $y=\dfrac{1}{\mathrm{e}}x$. 于是平面图形 D 的面积为 $S=\int_0^1(\mathrm{e}^y-\mathrm{e}y)\mathrm{d}y=\dfrac{1}{2}\mathrm{e}-1$

(2) 切线 $y=\dfrac{1}{\mathrm{e}}x$ 与 x 轴及直线 $x=\mathrm{e}$ 所围成的三角形绕直线 $x=\mathrm{e}$ 旋转所得的圆锥体体积为 $V_1=\dfrac{1}{3}\pi\mathrm{e}^2$；曲线 $y=\ln x$ 与 x 轴及直线 $x=\mathrm{e}$ 所围成的图形绕直线 $x=\mathrm{e}$ 旋转所得的旋转体体积为 $V_2=\int_0^1\pi(\mathrm{e}-\mathrm{e}^y)^2\mathrm{d}y$，因此所求旋转体的体积为

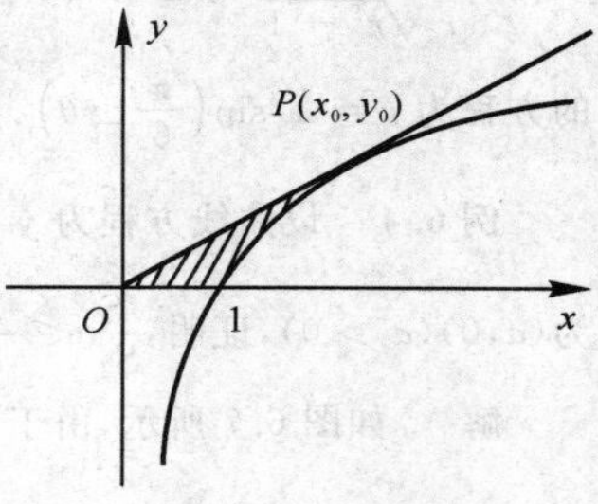

图 6.4

$$V=V_1-V_2=\frac{1}{3}\pi\mathrm{e}^2-\int_0^1\pi(\mathrm{e}-\mathrm{e}^y)^2\mathrm{d}y=\frac{\pi}{6}(5\mathrm{e}^2-12\mathrm{e}+3)$$

例 6.2 从抛物线 $y=x^2-1$ 上一点 P 引抛物线 $y=x^2$ 的两条切线，证明：两条切线与抛物线 $y=x^2$ 所围成的平面图形的面积与点 P 的位置无关．

解 如图 6.5 所示，设 $P(x_0,y_0)$ 为抛物线 $y=x^2-1$ 上一点，过 $P(x_0,y_0)$ 引抛物线 $y=x^2$ 的两条切线 PQ_1，PQ_2，切点为 $Q_1(x_1,y_1)$，$Q_2(x_2,y_2)$，由于 $K_{PQ_i}=2x_i(i=1,2)$，因此两条切线 PQ_1，PQ_2 的切线方程为 $y-y_0=2x_i(x-x_0)$，又因 $Q_1(x_1,y_1)$，$Q_2(x_2,y_2)$ 在抛物线 $y=x^2$ 上，$P(x_0,y_0)$ 在抛物线 $y=x^2-1$ 上，从而

$$y_i = x_i^2,\quad y_0 = x_0^2 - 1,\quad x_i^2 - (x_0^2 - 1) = 2x_i(x_i - x_0)$$

由上式得，$(x_i - x_0)^2 = 1$，从而 $x_i - x_0 = \pm 1$，$x_1 = x_0 + 1$，$x_2 = x_0 - 1$，所以切线方程为

$$y = 2(x_0 - 1)x - (x_0 - 1)^2,\quad 即\quad y = 2(x_0 + 1)x - (x_0 + 1)^2$$

两条切线 PQ_1，PQ_2 与抛物线 $y = x^2$ 围成图形的面积为

$$S = \int_{x_2}^{x_0} [x^2 - 2(x_0 - 1)x + (x_0 - 1)^2]\mathrm{d}x + \int_{x_0}^{x_1} [x^2 - 2(x_0 + 1)x + (x_0 + 1)^2]\mathrm{d}x =$$

$$\int_{x_0-1}^{x_0} [x^2 - 2(x_0 - 1)x + (x_0 - 1)^2]\mathrm{d}x + \int_{x_0}^{x_0+1} [x^2 - 2(x_0 + 1)x + (x_0 + 1)^2]\mathrm{d}x =$$

$$\int_{-1}^{0} [u + 1]^2 \mathrm{d}u + \int_0^1 [u - 1]^2 \mathrm{d}u = \frac{2}{3}$$

故面积与点 P 的位置无关．

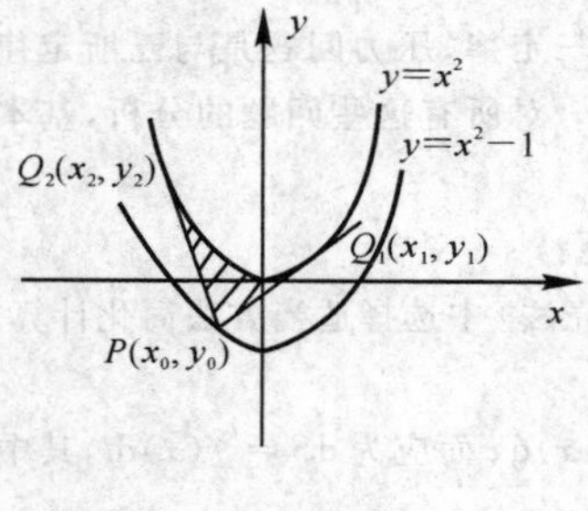

图 6.5

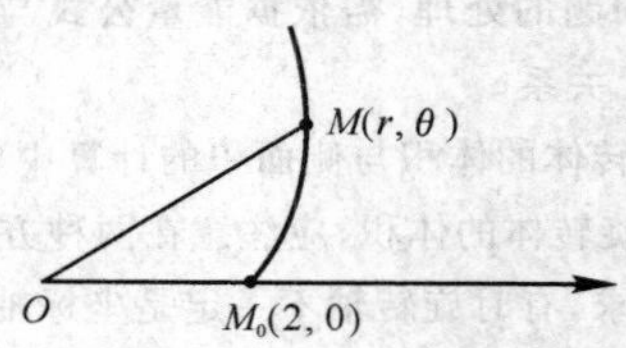

图 6.6

例 6.3 设曲线 L 的极坐标为 $r = r(\theta)$，$M(r,\theta)$ 为 L 上的一点，$M_0(2,0)$ 为 L 上的一定点，若极径 OM_0，OM 与曲线 L 所围成的曲边扇形面积等于 L 上 M_0，M 两点间弧长的一半，求曲线的方程．

分析 此题涉及极坐标系下曲线求长及曲面面积问题．

解 如图 6.6 所示，由题设条件 $\frac{1}{2}\int_0^\theta r^2(\theta)\mathrm{d}\theta = \frac{1}{2}\int_0^\theta \sqrt{r^2(\theta) + [r'(\theta)]^2}\,\mathrm{d}\theta$，两边对 θ 求导得

$$r^2(\theta) = \sqrt{r^2(\theta) + [r'(\theta)]^2}$$

$$r'(\theta) = \pm r(\theta)\sqrt{r^2(\theta) - 1}$$

从而有 $\frac{\mathrm{d}r}{r\sqrt{r^2 - 1}} = \pm\mathrm{d}\theta$，两边积分得 $-\arcsin\frac{1}{r} + C = \pm\theta$，由题设条件 $r(0) = 2$，得 $C = \frac{\pi}{6}$，故所求曲线 L 的方程为 $r = 1/\sin\left(\frac{\pi}{6} \pm \theta\right)$．

例 6.4 设曲线方程为 $y = x^2 + \frac{1}{2}$，梯形 $OABC$ 的面积为 S，曲边梯形 $OABC$ 的面积为 S_1，点 A 的坐标为 $(a,0)(a > 0)$，证明：$\frac{S}{S_1} < \frac{3}{2}$．

解 如图 6.7 所示，由于

$$S_1 = \int_0^a \left(x^2 + \frac{1}{2}\right)\mathrm{d}x = \frac{a^3}{3} + \frac{a}{2},\quad S = \frac{a^2 + \frac{1}{2} + \frac{1}{2}}{2}a = \frac{(a^2 + 1)a}{2}$$

则

$$\frac{S}{S_1} = \frac{(a^2 + 1)a}{2}\Big/\left[\frac{a^3}{3} + \frac{a}{2}\right] = \frac{3}{2}\,\frac{a^2 + 1}{a^2 + \frac{3}{2}} < \frac{3}{2}$$

注 计算平面图形面积时应注意：

(1) 充分利用平面图形的对称性．

(2) 根据图形的边界曲线情况，选择适当的坐标系．一般地，曲边梯形宜采用直角坐标，曲边扇形宜采用极坐标．

(3) 注意积分变量的选取，以便简化计算．

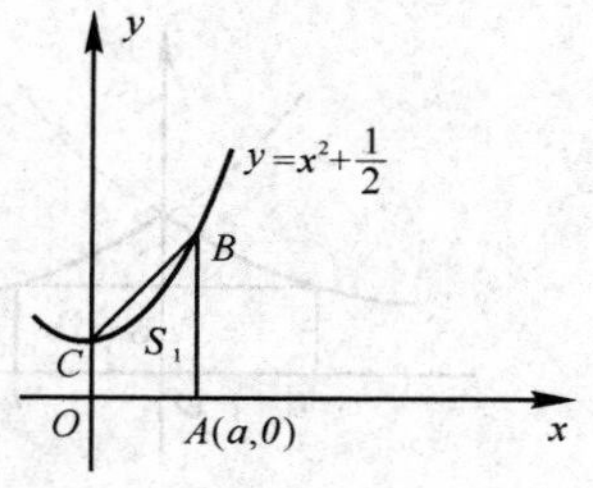

图　6.7

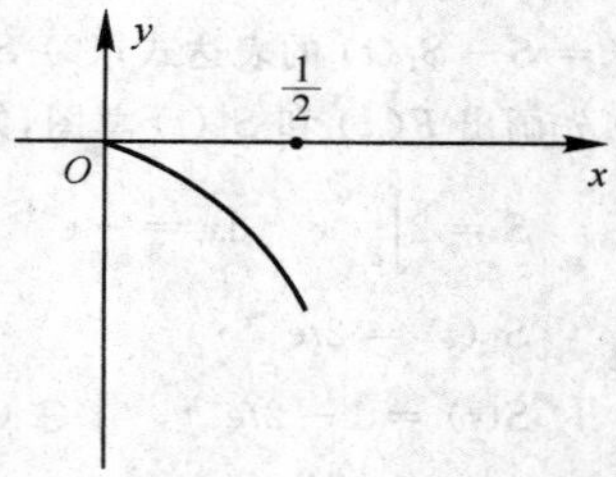

图　6.8

例 6.5　计算曲线 $y=\ln(1-x^2)$ 上相应于 $0\leqslant x\leqslant\frac{1}{2}$ 的一段弧的长度.

解　如图 6.8 所示,由于 $ds=\sqrt{1+y'^2}\,dx=\sqrt{1+\left(\frac{-2x}{1-x^2}\right)^2}\,dx=\frac{1+x^2}{1-x^2}dx$,则

$$S=\int_0^{\frac{1}{2}}ds=\int_0^{\frac{1}{2}}\frac{2-(1-x^2)}{1-x^2}dx=\int_0^{\frac{1}{2}}\left(\frac{1}{1-x}+\frac{1}{1+x}-1\right)dx=\left(\ln\frac{1+x}{1-x}-x\right)\Big|_0^{\frac{1}{2}}=\ln3-\frac{1}{2}$$

例 6.6　设平面图形 A 由 $x^2+y^2\leqslant 2x$ 与 $y\geqslant x$ 所确定,求图形 A 绕直线 $x=2$ 旋转一周所得旋转体的体积.

解　如图 6.9 所示,绕 $x=2$ 旋转应取 y 为积分变量,$y\in[0,1]$,A 的左、右边界两曲线的方程分别为 $x_1=1-\sqrt{1-y^2}$ 与 $x_2=y$,于是所求旋转体的体积为

$$V=\int_0^1\pi[(2-x_1)^2-(2-x_2)^2]dy=\int_0^1 2\pi[\sqrt{1-y^2}-(1-y)^2]dy=$$

$$2\pi\left[\frac{y}{2}\sqrt{1-y^2}+\frac{1}{2}\arcsin y+\frac{1}{3}(1-y)^3\right]\Big|_0^1=2\pi\left(\frac{\pi}{4}-\frac{1}{3}\right)=\frac{\pi^2}{2}-\frac{2\pi}{3}$$

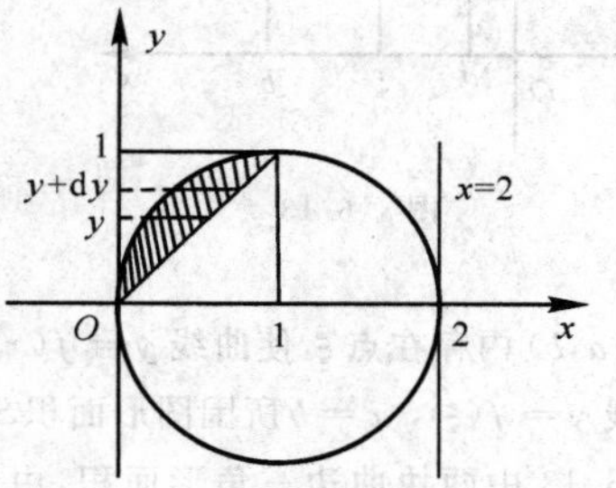

图　6.9

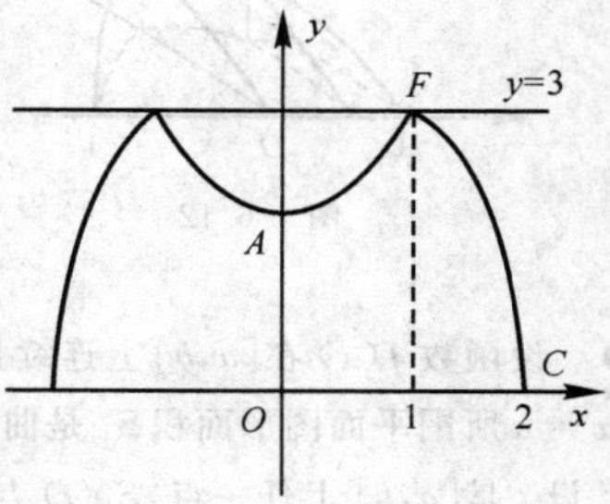

图　6.10

例 6.7　求曲线 $y=3-|x^2-1|$ 与 x 轴围成的封闭图形绕 $y=3$ 旋转所得旋转体的体积.

解　如图 6.10 所示,$\overset{\frown}{AB}$ 与 $\overset{\frown}{BC}$ 的方程分别为 $y_1=x^2+2$ 与 $y_2=4-x^2$,相应的两个旋转体体积元素分别为

$$dV_1=\pi 3^2-[3-(x^2+2)]^2dx,\quad dV_2=\pi 3^2-[3-(4-x^2)]^2dx$$

再由对称性,得所求旋转体体积为

$$V=2(V_1+V_2)=2\pi\int_0^1 3^2-[3-(x^2+2)]^2dx+2\pi\int_1^2 3^2-[3-(4-x^2)]^2dx=$$

$$2\pi\int_0^2(8+2x^2-x^4)dx=\frac{448}{15}\pi$$

例 6.8　设 $F(x)=\begin{cases}e^{2x}, & x\leqslant 0\\ e^{-2x}, & x>0\end{cases}$,用 S 表示夹在 x 轴与曲线 $y=F(x)$ 之间的面积,对任何 $t>0$,$S_1(t)$

表示矩形 $-t\leqslant x\leqslant t,\ 0\leqslant y\leqslant F(t)$ 的面积，试求：

(1) $S(t)=S-S_1(t)$ 的表达式；(2) $S(t)$ 的最小值．

解　(1) 先画出 $F(x)$ 和 $S_1(t)$ 草图，如图 6.11 所示，由于

$$S=2\int_0^{+\infty}e^{-2x}dx=-e^{-2x}\Big|_0^{+\infty}=1$$

$$S_1(t)=2te^{-2t}$$

因此　　$S(t)=1-2te^{-2t},\quad t\in(0,+\infty)$

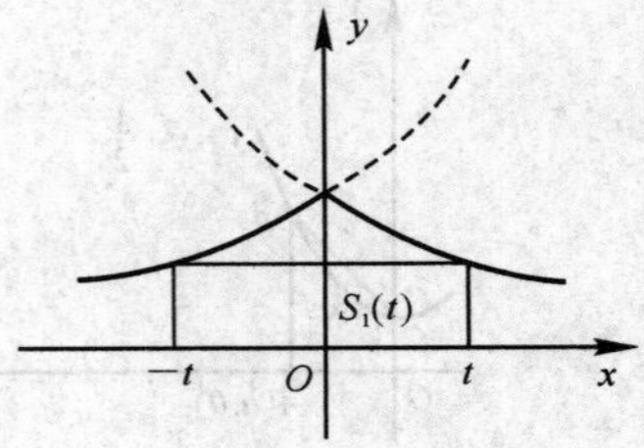

图　6.11

(2) 由于 $S'(t)=-2(1-2t)e^{-2t}$，故 $S'(t)$ 有唯一驻点为 $t=\dfrac{1}{2}$，$S''(t)=8(1-t)e^{-2t}$，$S''\left(\dfrac{1}{2}\right)=\dfrac{4}{e}>0$，所以 $S\left(\dfrac{1}{2}\right)=1-\dfrac{1}{e}$ 为极小值，它也是最小值．

例 6.9　设有一正椭圆柱体，其底面的长、短轴分别为 $2a,2b$，用过此柱体底面得短轴且与底面成 α 角的平面截此柱体，得一楔形体，求此楔形体的体积 V．

解　如图 6.12 所示，底面椭圆方程为 $\dfrac{x^2}{a^2}+\dfrac{y^2}{b^2}=1$，截面 Rt△ 的两条直角边长分别为 $x=a\sqrt{1-\dfrac{y^2}{b^2}}$ 与 $h=a\sqrt{1-\dfrac{y^2}{b^2}}\tan\alpha$，于是截面面积 $S(y)=\dfrac{a^2}{2}\left(1-\dfrac{y^2}{b^2}\right)\tan\alpha$，楔形体体积为

$$V=\int_{-b}^{b}S(y)dy=a^2\int_0^b\left(1-\frac{y^2}{b^2}\right)\tan\alpha dy=a^2\tan\alpha\left(y-\frac{y^3}{3b^2}\right)\Big|_0^b=\frac{2}{3}a^2b\tan\alpha$$

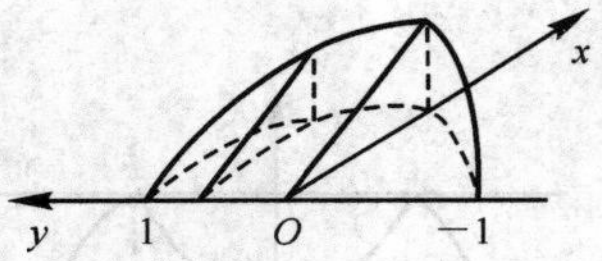

图　6.12

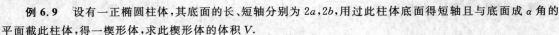

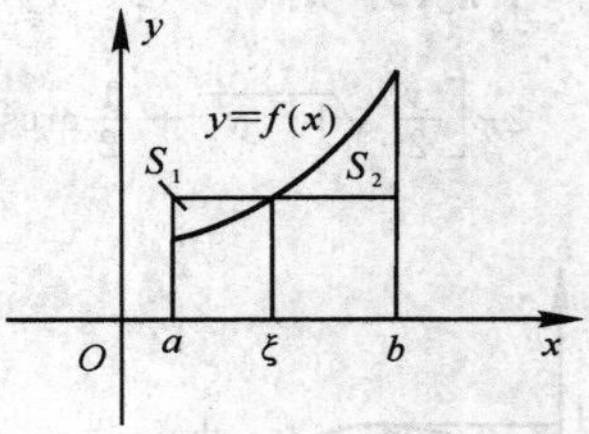

图　6.13

例 6.10　设函数 $f(x)$ 在 $[a,b]$ 上连续且单调增加，证明：在 (a,b) 内存在点 ξ，使曲线 $y=f(x)$ 与两直线 $y=f(\xi)$，$x=a$ 所围平面图形面积 S_1 是曲线 $y=f(x)$ 与两直线 $y=f(\xi)$，$x=b$ 所围图形面积 S_2 的三倍．

分析　设 t 是 $[a,b]$ 上任一点，$S_1(t)$ 与 $S_2(t)$ 分别表示图 6.13 中两块曲边三角形面积，由于 $S_1(t)-3S_2(t)$ 是 $[a,b]$ 的连续函数，只要证明该函数在 (a,b) 内有零点即可．

解　构造函数 $F(t)=\int_a^t[f(t)-f(x)]dx-3\int_t^b[f(x)-f(t)]dt$，由于 $f(t)$ 在 $[a,b]$ 上连续，因此 $F(t)$ 在 $[a,b]$ 上连续，又 $F(a)=-3\int_a^b[f(x)-f(a)]dx<0$，$F(b)=\int_a^b[f(b)-f(x)]dx>0$，由连续函数介值定理知存在 $\xi\in(a,b)$，使 $F(\xi)=0$，故 $F(\xi)=\int_a^{\xi}[f(\xi)-f(x)]dx-3\int_{\xi}^b[f(x)-f(\xi)]dx=0$. 即 $S_1=3S_2$.

例 6.11　设曲线 $y=\sqrt{x-1}$，过原点作其切线，求由此曲线、切线及 x 轴围成的平面图形绕 x 轴旋转一周所得旋转体的表面积．

解　如图 6.14 所示，先求切线方程，再求表面积．设切点为 $(x_0,\sqrt{x_0-1})$，因为斜率 $k=\dfrac{1}{2\sqrt{x_0-1}}$，所以切线方程为 $y-\sqrt{x_0-1}=\dfrac{1}{2\sqrt{x_0-1}}(x-x_0)$. 由于切线过原点，以 $(0,0)$ 代入，得 $-2(x_0-1)=-x_0$，

故 $x_0=2$，$y_0=1$，于是切线方程为 $y-1=\frac{1}{2}(x-2)$，即 $y=\frac{1}{2}x$. 切线在$[0,2]$内得一段绕 x 轴旋转一周所得圆锥的表面积为

$$S_1=\int_0^2 2\pi y\sqrt{1+y'^2}\,dx=2\pi\int_0^2\frac{1}{2}x\sqrt{\frac{5}{4}}\,dx=\sqrt{5}\pi$$

由线段 $y=\sqrt{x-1}$ $(1\leqslant x\leqslant 2)$ 绕 x 轴旋转一周所得旋转面的面积为

$$S_2=\int_1^2 2\pi\sqrt{x-1}\sqrt{1+\left(\frac{1}{2\sqrt{x-1}}\right)^2}\,dx=\pi\int_1^2\sqrt{4x-3}\,dx=\frac{\pi}{4}\cdot\frac{2}{3}(4x-3)^{\frac{3}{2}}\Big|_1^2=\frac{\pi}{6}(5\sqrt{5}-1)$$

所求面积

$$S=S_1+S_2=\frac{\pi}{6}(11\sqrt{5}-1)$$

例 6.12 设 $y=\sin x$，$0\leqslant x\leqslant\frac{\pi}{2}$，问 t 取何值时，图 6.15 中阴影部分的面积 S_1 与 S_2 之和 S 最小？最大？

解

$$S(t)=S_1+S_2=\int_0^t(\sin t-\sin x)\,dx+\int_t^{\frac{\pi}{2}}(\sin x-\sin t)\,dt=$$

$$t\sin t+\cos t-1+\cos t-\sin t\left(\frac{\pi}{2}-t\right)=2t\sin t+2\cos t-1-\frac{\pi}{2}\sin t$$

$$S'(t)=2\sin t+2\cos t-2\sin t-\frac{\pi}{2}\cos t=\left(2t-\frac{\pi}{2}\right)\cos t$$

令 $S'(t)=0$，得 $t_1=\frac{\pi}{4}$，$t_2=\frac{\pi}{2}$ $(0\leqslant t\leqslant\frac{\pi}{2})$，计算 $S\left(\frac{\pi}{4}\right)=\sqrt{2}-1$，$S\left(\frac{\pi}{2}\right)=\frac{\pi}{2}-1$，又因 $S(0)=1$，所以当 $t=\frac{\pi}{4}$ 时，S 最小，当 $t=0$ 时，S 最大.

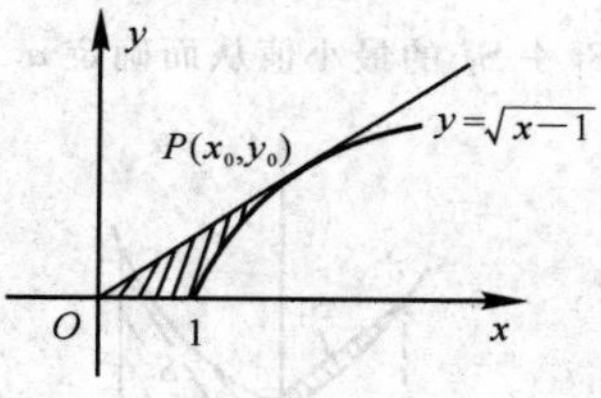

图 6.14

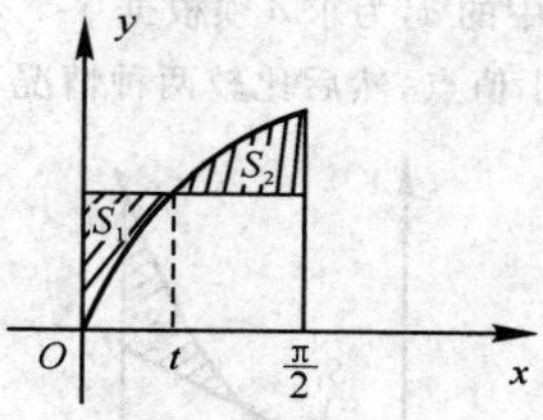

图 6.15

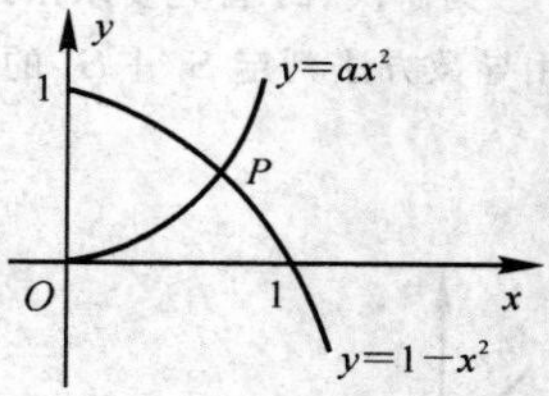

图 6.16

例 6.13 假设曲线 L_1：$y=1-x^2(0\leqslant x\leqslant 1)$ 与 x 轴和 y 轴所围成区域被曲线 L_2：$y=ax^2$ 分为面积相等的两部分，其中 a 是大于零常数，试确定 a 的值.

解 如图 6.16 所示，先求两曲线交点 P 的坐标，解联立方程组，得 $P\left(\frac{1}{\sqrt{1+a}},\frac{a}{1+a}\right)$，从而

$$S_1=\int_0^{\frac{1}{\sqrt{1+a}}}[(1-x^2)-ax^2]\,dx=\left[x-\frac{1}{3}(1+a)x^3\right]_0^{\frac{1}{\sqrt{1+a}}}=\frac{2}{3\sqrt{1+a}}$$

又由 $S_1=S_2$，得 $2S_1=S_1+S_2$，而

$$S_1+S_2=\int_0^1(1-x^2)\,dx=1-\frac{1}{3}=\frac{2}{3}$$

解方程$\frac{4}{3\sqrt{1+a}}=\frac{2}{3}$，得 $a=\frac{2}{3}$，即 L_2 的方程为 $y=\frac{2}{3}x^2$.

例 6.14 设曲线方程为 $y=e^{-x}(x\geqslant 0)$.

(1) 把曲线 $y=e^{-x}$，两坐标轴和直线 $x=\xi(\xi>0)$ 所围成的平面图形绕 x 轴旋转一周，得一旋转体，求此旋转体体积 $V(\xi)$，并求满足 $V(a)=\frac{1}{2}\lim\limits_{\xi\to+\infty}V(\xi)$ 的 a.

(2) 在此曲线上找一点，使过该点的切线与两个坐标轴所夹平面图形的面积最大．并求出该面积．

解 (1) 如图 6.17 所示，则有

$$V(\xi)=\pi\int_0^{\xi}y^2\,\mathrm{d}x=\pi\int_0^{\xi}\mathrm{e}^{-2x}\,\mathrm{d}x=-\frac{\pi}{2}\mathrm{e}^{-2x}\Big|_0^{\xi}=\frac{\pi}{2}(1-\mathrm{e}^{-2\xi})$$

因为

$$V(a)=\frac{\pi}{2}(1-\mathrm{e}^{-2a})=\frac{1}{2}\lim_{\xi\to+\infty}\frac{\pi}{2}(1-\mathrm{e}^{-2\xi})=\frac{\pi}{4}$$

所以

$$a=\frac{1}{2}\ln 2$$

(2) 设切点坐标为 (x_0,e^{-x_0})，则切线方程为 $y-\mathrm{e}^{-x_0}=-\mathrm{e}^{-x_0}(x-x_0)$，分别取 $x=0$ 与 $y=0$，得切线在 y 轴与 x 轴上的截距分别为 $y_1=(x_0+1)\mathrm{e}^{-x_0}$，$x_1=x_0+1$，于是切线与两条坐标轴所围成的面积为

$$S=\frac{1}{2}(x_0+1)^2\mathrm{e}^{-x_0}$$

$$S_{x_0}{}'=(x_0+1)\mathrm{e}^{-x_0}-\frac{1}{2}(x_0+1)^2\mathrm{e}^{-x_0}=\frac{1}{2}(x_0+1)(1-x_0)\mathrm{e}^{-x_0}$$

令 $S'=0$，由于 $x_0\geqslant 0$ 得 $x_0=1$（唯一驻点）．又因在 x_0 充分小的邻域内，当 $x_0<1$ 时，$S'>0$；当 $x_0>1$ 时，$S'=0$. 所以 $x_0=1$ 是 S 的极大值点，也是最大值点，所求曲线上的点为 $(1,\mathrm{e}^{-1})$．最大面积为

$$S_{\max}=\frac{(1+1)^2}{2}\mathrm{e}^{-1}=\frac{2}{\mathrm{e}}$$

例 6.15 设直线 $y=ax$ 与抛物线 $y=x^2$ 所围成图形的面积为 S_1，它们与直线 $x=1$ 所围成图形的面积为 S_2，并且 $a<1$.

(1) 试确定 a 的值，使 S_1+S_2 达到最小，并求出最小值；

(2) 求该最小值所对应的平面图形绕 x 轴旋转一周所得旋转体的体积．

分析 为解决(2)首先要求出(1)中的 a，为求 a 须根据 $0<a<1$ 和 $a\leqslant 0$ 两种情况分别求出对应的 S_1 和 S_2，利用导数方法判定 S_1+S_2 的极小值点，然后比较两种情况下 S_1+S_2 的最小值从而确定 a.

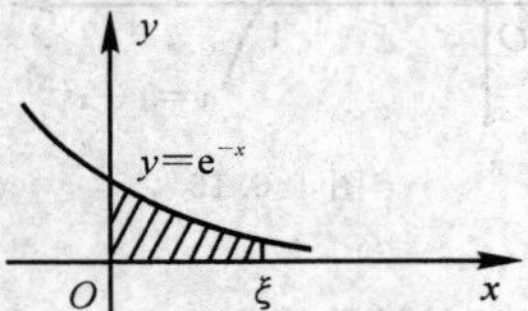

图 6.17

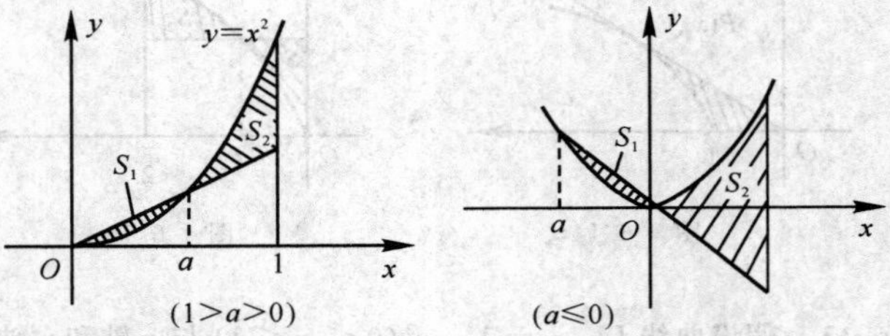

(1>a>0)

(a)

(a≤0)

(b)

图 6.18

解 (1) 由题设知，直线 $y=ax$ 与 $y=x^2$ 相交于点 $(0,0)$ 和点 (a,a^2)，如图 6.18(a) 所示．

当 $0<a<1$ 时，两面积之和为

$$S=S_1+S_2=\int_0^a(ax-x^2)\,\mathrm{d}x+\int_a^1(x^2-ax)\,\mathrm{d}x=$$

$$\left(\frac{a}{2}x^2-\frac{1}{3}x^3\right)\Big|_0^a+\left(\frac{1}{3}x^3-\frac{a}{2}x^2\right)\Big|_a^1=\frac{1}{3}a^3-\frac{a}{2}+\frac{1}{3}$$

令 $S'=a^2-\frac{1}{2}=0$ 得 $a=\frac{1}{\sqrt{2}}$，$a=-\frac{1}{\sqrt{2}}$ 舍去，又因 $S''=2a$，$S''\left(\frac{1}{\sqrt{2}}\right)=\sqrt{2}>0$，所以当 $a=\frac{\sqrt{2}}{2}$ 时，S 取极小值亦是最小值，即

$$S_{\min}=S\left(\frac{1}{\sqrt{2}}\right)=\frac{1}{6\sqrt{2}}-\frac{1}{2\sqrt{2}}+\frac{1}{3}=\frac{1}{3}\left(1-\frac{\sqrt{2}}{2}\right)$$

当 $a \leqslant 0$ 时，如图 6.18(b) 所示，两面积之和

$$S = S_1 + S_2 = \int_a^0 (ax - x^2)\,dx + \int_0^1 (x^2 - ax)\,dx =$$

$$\left(\frac{a}{2}x^2 - \frac{1}{3}x^3\right)\Big|_a^0 + \left(\frac{1}{3}x^3 - \frac{a}{2}x^2\right)\Big|_0^1 = -\frac{1}{6}a^3 - \frac{a}{2} + \frac{1}{3}$$

$$S' = -\frac{1}{2}a^2 - \frac{1}{2} = -\frac{1}{2}(a^2 + 1) < 0$$

$S(a)$ 单调减少，故当 $a = 0$ 时，$S(0)$ 为最小值，且 $S(0) = \frac{1}{3}$（这时 $S_1(0) = 0$，$S_2(0) = \frac{1}{3}$）．比较得 $S\left(\frac{1}{\sqrt{2}}\right) = \frac{2-\sqrt{2}}{6} < \frac{2}{6} = \frac{1}{3} = S(0)$，所以当 $a = \frac{\sqrt{2}}{2}$ 时，$S\left(\frac{\sqrt{2}}{2}\right)$ 最小，即 $S_{\min} = \frac{1}{3}\left(1 - \frac{\sqrt{2}}{2}\right)$．

(2) 旋转体的体积为

$$V_x = \pi\int_0^{\frac{\sqrt{2}}{2}} \left(\frac{x^2}{2} - x^4\right) dx + \pi\int_{\frac{\sqrt{2}}{2}}^1 \left(x^4 - \frac{x^2}{2}\right) dx =$$

$$\pi\left[\left(\frac{1}{6}x^3 - \frac{1}{5}x^5\right)\Big|_0^{\frac{1}{\sqrt{2}}} + \left(\frac{1}{5}x^5 - \frac{1}{6}x^3\right)\Big|_{\frac{1}{\sqrt{2}}}^1\right] = \frac{\sqrt{2}+1}{30}\pi$$

例 6.16　曲线 $f(x) = \frac{x^2}{2}$ 与 $g(x) = \sqrt{x - \frac{3}{4}}$ 相切于点 P，试求：

(1) 切点 P 的坐标 $P(x_0, y_0)$；

(2) 曲线 $g(x) = \sqrt{x - \frac{3}{4}}$ 与 x 轴的交点为 A，求曲边形 OPA 的面积 S_{OPA}；

(3) 曲边形 OPA 绕 x 轴、y 轴旋转而成的旋转体的体积 V_x 与 V_y；

(4) 曲边形 OPA 绕 x 轴旋转而成的旋转体的侧面积．

解　(1) 如图 6.19 所示，由 $\sqrt{x - \frac{3}{4}} = \frac{x^2}{2}$ 得，$x_0 = 1$，$y_0 = \frac{1}{2}$．

(2) $S_{OPA} = \int_0^1 \frac{x^2}{2}dx - \int_{\frac{3}{4}}^1 \sqrt{x - \frac{3}{4}}\,dx = \frac{1}{12}$.

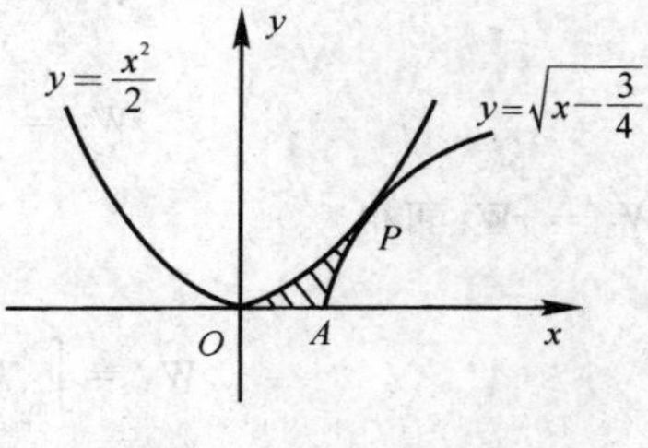

图　6.19

(3) 旋转体的体积为

$$V_x = \pi\int_0^1 \left[\frac{x^2}{2}\right]^2 dx - \pi\int_{\frac{3}{4}}^1 \left[x - \frac{3}{4}\right] dx = \frac{3\pi}{160}$$

$$V_y = \pi\int_0^{\frac{1}{2}} \left[\left(y^2 + \frac{3}{4}\right)^2 - 2y\right] dy = \frac{\pi}{10}$$

(4)
$$S_{侧面积} = \int_0^1 2\pi f(x)\sqrt{1+x^2}\,dx + \int_{\frac{3}{4}}^1 2\pi g(x)\sqrt{\frac{2x-2}{x-\frac{3}{4}}}\,dx =$$

$$\int_0^1 \pi x^2\sqrt{1+x^2}\,dx + \int_{\frac{3}{4}}^1 2\sqrt{2}\pi\sqrt{x-2}\,dx = \pi\left[\frac{7}{24} - \frac{1}{5} - \frac{1}{8}\ln(1+\sqrt{2})\right]$$

注　计算旋转体体积时应注意：

(1) 画出平面图形，对旋转体要有一个直观想象．

(2) 明确平面图形围绕哪个轴或直线旋转，正确写出所用的公式，如果没有现成的公式可利用坐标平移、坐标旋转将其转化成标准形式，或直接利用元素法写出其积分表达式．

(3) 选取适当的积分变量，尽可能简化其计算过程．

例 6.17　如图 6.20 所示，x 轴上有一线密度为常数 μ，长度为 l 的细杆，有一质量为 M 的质点到杆右端的

距离为 a,已知引力系数为 k,则质点和细杆之间引力的大小为(　　).

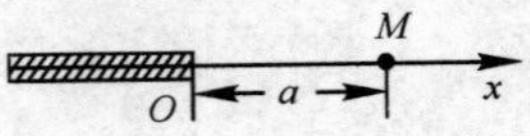

图　6.20

A. $\int_{-l}^{0}\frac{km\mu\mathrm{d}x}{(a-x)^2}$　　B. $\int_{0}^{l}\frac{km\mu\mathrm{d}x}{(a-x)^2}$

C. $\int_{-\frac{l}{2}}^{0}\frac{km\mu\mathrm{d}x}{(a+x)^2}$　　D. $\int_{0}^{\frac{l}{2}}\frac{km\mu\mathrm{d}x}{(a+x)^2}$

分析　在$[-l,0]$上任选 x 和 $x+\mathrm{d}x$,则 m 到 x 的距离为 $a-x$,$\mathrm{d}x$ 部分的质量为 $\mu\mathrm{d}x$,由引力公式,微分引力为 $\mathrm{d}F=\frac{km\mu\mathrm{d}x}{(a-x)^2}$,$F=\int_{-l}^{0}\frac{km\mu\mathrm{d}x}{(a-x)^2}$,所以选 A 项.

答　选 A.

例 6.18　函数 $y=\frac{x^2}{\sqrt{1-x^2}}$ 在区间 $\left[\frac{1}{2},\frac{\sqrt{3}}{2}\right]$ 上的平均值为(　　).

解　由平均值公式,得

$$I=\frac{1}{\frac{\sqrt{3}}{2}-\frac{1}{2}}\int_{\frac{1}{2}}^{\frac{\sqrt{3}}{2}}\frac{x^2}{\sqrt{1-x^2}}\mathrm{d}x=(\sqrt{3}+1)\int_{\frac{\pi}{6}}^{\frac{\pi}{3}}\sin^2 t\mathrm{d}t\ (\text{令 } x=\sin t)=\frac{\sqrt{3}+1}{12}\pi$$

例 6.19　某建筑工地打地基时,需用汽锤将桩打入土层.汽锤每次击打,都将克服土层对桩的阻力而做功.设土层对桩的阻力大小与桩被打进地下的深度成正比,比例系数为 $k(k>0)$,汽锤第一次将桩打进地下 a (m).根据设计方案,要求汽锤每次击打桩时所做的功与前一次击打时所做的功之比为常数 $r(0<r<1)$.问

(1) 汽锤击打桩三次后,可将桩打进地下多深?

(2) 若击打次数不限,汽锤至多能将桩打进地下多深?

解　(1) 设第 n 次击打后,桩被打进地下 x_n,第 n 次击打时,汽锤所做的功为 $W_n(n=1,2,\cdots)$,由题设知,当桩被打进地下深度为 x 时,土层对桩的阻力大小为 kx,故

$$W_1=\int_0^{x_1}kx\mathrm{d}x=\frac{k}{2}x_1^2=\frac{k}{2}a^2$$

$$W_2=\int_{x_1}^{x_2}kx\mathrm{d}x=\frac{k}{2}(x_2^2-x_1^2)=\frac{k}{2}(x_2^2-a^2)$$

$$W_2=\int_{x_1}^{x_2}kx\mathrm{d}x=\frac{k}{2}(x_2^2-x_1^2)=\frac{k}{2}(x_2^2-a^2)$$

由 $W_2=rW_1$ 可得

$$x_2^2-a^2=ra^2,\quad x_2^2=(1+r)a^2$$

$$W_3=\int_{x_2}^{x_3}kx\mathrm{d}x=\frac{k}{2}(x_2^2-x_2^2)=\frac{k}{2}[x_3^2-(1+r)a^2]$$

由 $W_3=rW_2=r^2W_1$ 可得

$$x_3^2-(1+r)a^2=r^2a^2,\quad x_3=a\sqrt{1+r+r^2}$$

即汽锤击打 3 次后,可将桩打进地下 $a\sqrt{1+r+r^2}$ (m).

(2) 由归纳法,设 $x_n=\sqrt{1+r+\cdots+r^{n-1}}$,则

$$W_{n+1}=\int_{x_n}^{x_{n+1}}kx\mathrm{d}x=\frac{k}{2}(x_{n+1}^2-x_n^2)=\frac{k}{2}[x_{n+1}^2-(1+r+\cdots+r^{n-1})a^2]$$

由于 $W_{n+1}=rW_n=r^2W_{n-1}=\cdots=r^nW_1$,故得

$$x_{n+1}^2-(1+r+\cdots+r^{n-1})a^2=r^na^2,\quad x_{n+1}=a\sqrt{1+r+\cdots+r^n}=a\sqrt{\frac{1-r^{n+1}}{1-r}}$$

于是 $\lim\limits_{n\to\infty}x_{n+1}=a\sqrt{\frac{1}{1-r}}$,故若不限击打次数,汽锤至多能将桩打进地下 $a\sqrt{\frac{1}{1-r}}$ m.

例 6.20　某闸门的形状与大小如图 6.21 所示,其中直线 l 为对称轴,闸门的上部为矩形 $ABCD$,下部由二次抛物线与线段 AB 所围成.当水面与闸门的上端相平时,欲使闸门矩形部分承受的水压力与闸门下部承

受的水压力之比为 5 : 4，闸门的矩形部分高 h 应为多少 m？

解　建立坐标系如图 6.21 所示，则抛物线的方程为 $y=x^2$，闸门矩形部分承受的水压力为

$$P_1=2\int_1^{h+1}\rho g(h+1-y)\mathrm{d}y=2\rho g\left[(h+1)y-\frac{y^2}{2}\right]_1^{h+1}=\rho g h^2$$

其中 ρ 为水的密度，g 为重力加速度．闸门下部承受的水压力为

$$P_2=2\int_0^1\rho g(h+1-y)\sqrt{y}\,\mathrm{d}y=2\rho g\left[\frac{2}{3}(h+1)y^{\frac{3}{2}}-\frac{2}{5}y^{\frac{5}{2}}\right]_0^1=4\rho g\left(\frac{1}{3}h+\frac{2}{15}\right)$$

由题意知 $\dfrac{P_1}{P_2}=\dfrac{5}{4}$，即 $\dfrac{h^2}{4\left(\frac{1}{3}h+\frac{2}{15}\right)}=\dfrac{5}{4}$，解之得 $h=2$，$h=-\dfrac{1}{3}$（舍去），故 $h=2$．即闸门矩形部分的高应为 2 m．

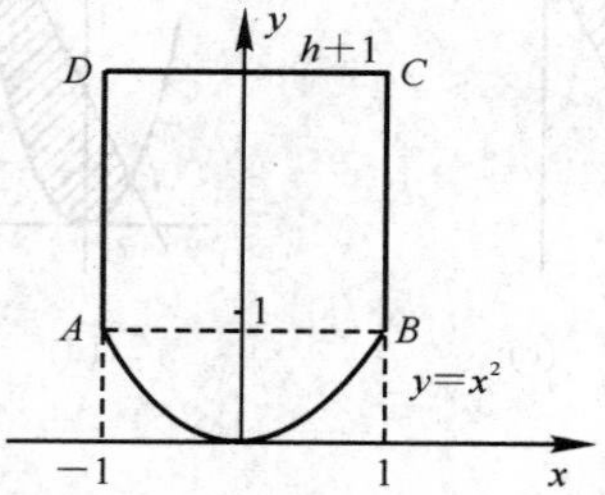

图　6.21

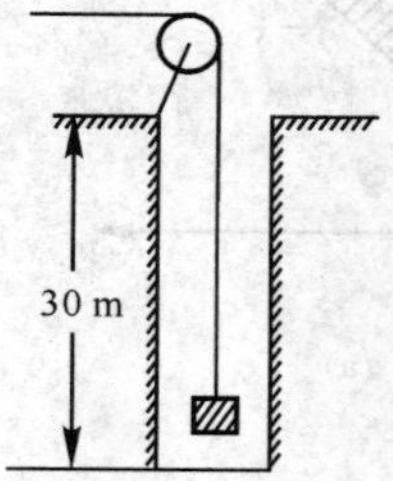

图　6.22

例 6.21　为清除井底的污泥，用缆绳将抓斗放入井底，抓起污泥后提出井口，已知井深 30 m，抓斗自重 400 N，缆绳每米重 50 N，抓斗抓起的污泥重 2 000 N，提升速度为 3 m/s，在提升过程中，污泥以 20 N/s 的速度从抓斗缝隙中漏掉．现将抓起污泥的抓斗提升到井口，问克服重力需做多少 J 的功？

解　如图 6.22 所示，所求功 $W=W_1+W_2+W_3$，其中 W_1 是克服抓斗自重做的功；W_2 是克服缆绳自重做的功；W_3 是提出污泥做的功．因为

$$W_1=400\times 30=12\ 000,\quad W_2=\int_0^{30}50(30-x)\mathrm{d}x=22\ 500,\quad W_3=\int_0^{10}3(2\ 000-2t)\mathrm{d}t=57\ 000$$

其中，将污泥从井底提升至井口所需时间为 $\dfrac{30}{3}=10$ s，所以 $W=\sum\limits_{i=1}^{3}W_i=91\ 500$ J．

例 6.22　设某商品从时刻 0 到时刻 t 的销售量为 $x(t)=kt$，$t\in[0,T]$ $(k>0)$．欲在 T 时将数量为 s 的该商品销售完，试求：

(1) t 时的商品剩余量，并确定 k 的值；　(2) 在时间段 $[0,T]$ 上的平均剩余量．

解　(1) 在 t 时刻商品的剩余量为 $y(t)=s-x(t)=s-kt$，$t\in[0,T]$．由 $s-kt=0$ 得 $k=\dfrac{s}{T}$，$y(t)=s-\dfrac{s}{T}t$，$t\in[0,T]$．

(2) 依题意，$y(t)$ 在 $[0,T]$ 的上平均值为 $\bar{y}=\dfrac{1}{T}\int_0^T y(t)\mathrm{d}t=\dfrac{1}{T}\int_0^T\left(s-\dfrac{s}{T}t\right)\mathrm{d}t=\dfrac{s}{2}$，因此在时间段 $[0,T]$ 上的平均剩余量为 $s/2$．

> 注　在求某些物理量时应注意：
> (1) 一般采取元素法易于理解，利用公式计算易于出现错误．
> (2) 建立适当的坐标系非常关键，注意从做过的题目中总结经验．

四、课后习题精解

（一）习题 6－2 解答

1. 求图 6.23 中各画斜线部分的面积：

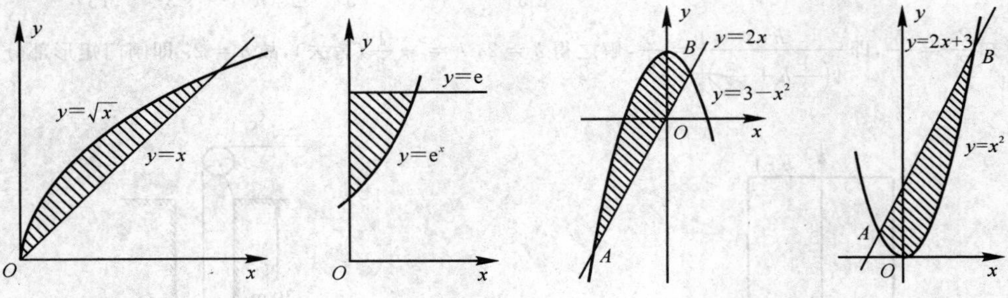

(a)　(b)　(c)　(d)

图　6.23

解　(a) 由方程组 $\begin{cases} y = x \\ y = \sqrt{x} \end{cases}$ 得，直线与抛物线交点为(0,0)，(1,1)，故所求面积为

$$S = \int_0^1 (\sqrt{x} - x)\mathrm{d}x = \left(\frac{2}{3}x^{\frac{3}{2}} - \frac{1}{2}x^2\right)\Big|_0^1 = \frac{1}{6}$$

(b) 曲线 $y = \mathrm{e}^x$ 与直线 $y = \mathrm{e}$ 交于点(1,e)，故所求面积为

$$S = \int_0^1 (\mathrm{e} - \mathrm{e}^x)\mathrm{d}x = \mathrm{e} - \mathrm{e}^x \Big|_0^1 = 1$$

(c) 直线 $y = 2x$ 与抛物线 $y = 3 - x^2$ 交点坐标为 $A(-3,-6)$，$B(1,2)$，故所求面积为

$$S = \int_{-3}^1 [(3 - x^2) - 2x]\mathrm{d}x = \frac{32}{3}$$

(d) 直线 $y = 2x + 3$ 与抛物线 $y = x^2$ 交点为 $A(-1,1)$，$B(3,9)$，故所求面积为

$$S = \int_{-1}^3 (2x + 3 - x^2)\mathrm{d}x = \left(x^2 + 3x - \frac{1}{3}x^3\right)\Big|_{-1}^3 = \frac{32}{3}$$

2. 求由下列各组曲线所围成的图形的面积：

(1) $y = \frac{1}{2}x^2$ 与 $x^2 + y^2 = 8$（两部分都要计算）；　(2) $y = \frac{1}{x}$ 与 $y = x$ 及 $x = 2$；

(3) $y = \mathrm{e}^x$，$y = \mathrm{e}^{-x}$ 与直线 $x = 1$；　(4) $y = \ln x$，y 轴与直线 $y = \ln a$，$y = \ln b$ $(b > a > 0)$.

解　(1) 如图 6.24(a) 所示，解方程组

$$\begin{cases} y = \dfrac{x^2}{2} \\ x^2 + y^2 = 8 \end{cases}$$

得交点坐标 $A(2,2)$，$B(-2,2)$，利用对称性得

$$S_1 = 2\int_0^2 \left(\sqrt{8 - x^2} - \frac{1}{2}x^2\right)\mathrm{d}x = 2\int_0^{-2} \sqrt{8 - x^2}\,\mathrm{d}x - \frac{1}{3}x^3 \Big|_0^2 \xlongequal{\text{令 } x = 2\sqrt{2}\sin t}$$

$$2\int_0^{\frac{\pi}{4}} (2\sqrt{2}\cos t)^2 \mathrm{d}t - \frac{8}{3} = 16\int_0^{\frac{\pi}{4}} \frac{1 + \cos 2t}{2}\mathrm{d}t - \frac{8}{3} = 8 \times \frac{\pi}{4} + 4\sin 2t \Big|_0^{\frac{\pi}{4}} - \frac{8}{3} = 2\pi + \frac{4}{3}$$

$$S_2 = \pi(2\sqrt{2})^2 - S_1 = 8\pi - \left(2\pi + \frac{4}{3}\right) = 6\pi - \frac{4}{3}$$

(2) 如图 6.24(b) 所示，则

$$S=\int_1^2\left(x-\frac{1}{x}\right)\mathrm{d}x=\left(\frac{1}{2}x^2-\ln x\right)\Big|_1^2=\frac{3}{2}-\ln 2$$

(3) 如图 6.24(c) 所示，则

$$S=\int_0^1(\mathrm{e}^x-\mathrm{e}^{-x})\mathrm{d}x=(\mathrm{e}^x+\mathrm{e}^{-x})\Big|_0^1=\mathrm{e}+\frac{1}{\mathrm{e}}-2$$

(4) 如图 6.24(d) 所示，则　$S=\int_{\ln a}^{\ln b}\mathrm{e}^y\mathrm{d}y=\mathrm{e}^y\Big|_{\ln a}^{\ln b}=b-a$

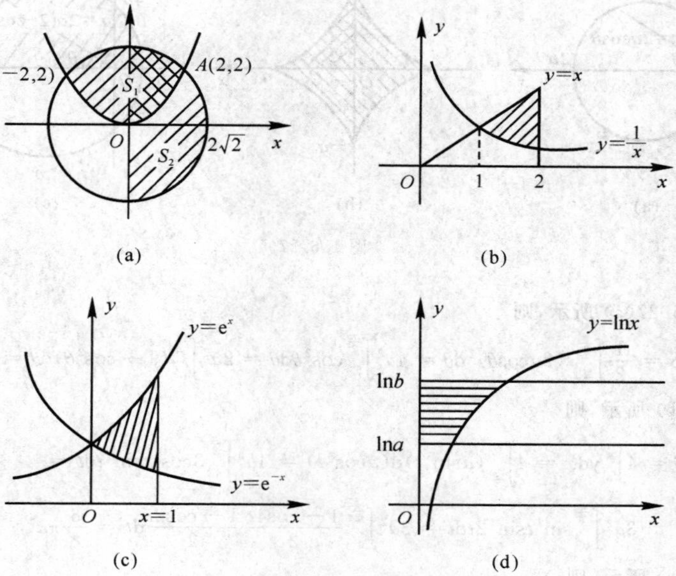

图　6.24

3. 求抛物线 $y=-x^2+4x-3$ 与其在点 $(0,-3)$ 和 $(3,0)$ 处切线所围成的图形的面积.

解　如图 6.25 所示，求得抛物线上点 $A(0,-3)$ 处的切线方程为 $y=4x-3$；点 $B(3,0)$ 处的切线方程为 $y=-2x+6$，两处切线的交点为 $C\left(\frac{3}{2},3\right)$，故所求面积为

$$S=\int_0^{\frac{3}{2}}[(4x-3)-(-x^2+4x-3)]\mathrm{d}x+\int_{\frac{3}{2}}^3((2x-6)-(-x^2+4x-3))\mathrm{d}x=\frac{9}{4}$$

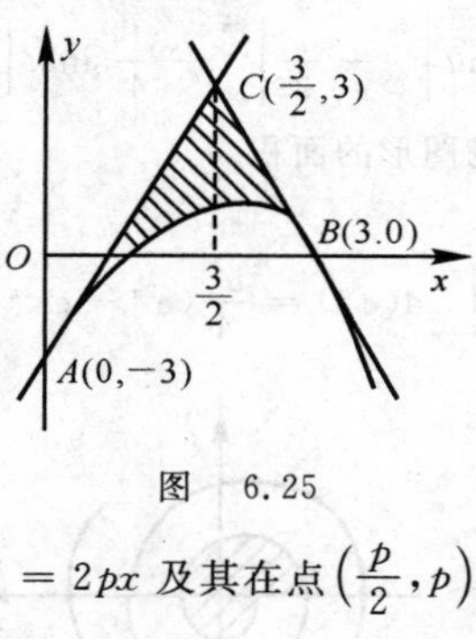

图　6.25

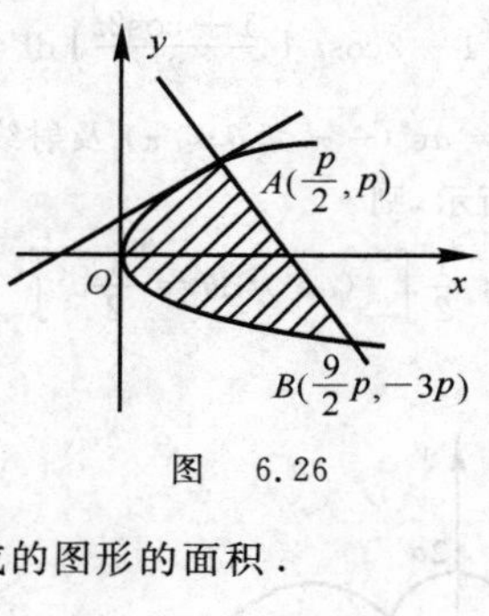

图　6.26

4. 求抛物线 $y^2=2px$ 及其在点 $\left(\frac{p}{2},p\right)$ 处法线所围成的图形的面积.

解　如图 6.26 所示，求得点 $A\left(\frac{p}{2},p\right)$ 处的法线方程 $y-p=-\left(x-\frac{p}{2}\right)$，即 $x=\frac{3p}{2}-y$. 法线与抛物线的另一个交点的坐标为 $B\left(\frac{9}{2}p,-3p\right)$，故法线与抛物线所围成的图形面积为

$$S=\int_{-3p}^{p}\left(\frac{3p}{2}-y-\frac{y^2}{2p}\right)\mathrm{d}y=\left(\frac{3p}{2}y-\frac{1}{2}y^2-\frac{1}{6p}y^3\right)\Big|_{-3p}^{p}=\frac{16}{3}p^2$$

5. 求下列各曲线所围成的图形的面积：

(1) $\rho=2a\cos\theta$；　　(2) $x=a\cos^3 t$，$y=a\sin^3 t$；　　(3) $\rho=2a(2+\cos\theta)$.

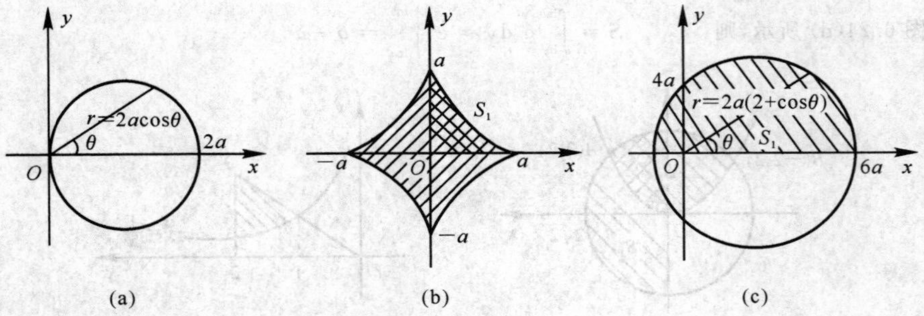

图 6.27

解 (1) 如图 6.27(a) 所示，则

$$S=\frac{1}{2}\int_{-\frac{\pi}{2}}^{\frac{\pi}{2}}(2a\cos\theta)^2\mathrm{d}\theta=4a^2\int_0^{\frac{\pi}{2}}\cos^2\theta\mathrm{d}\theta=2a^2\int_0^{\frac{\pi}{2}}(1+\cos^2\theta)\mathrm{d}\theta=\pi a^2$$

(2) 如图 6.27(b) 所示，则

$$S=4\int_0^a y\mathrm{d}x=4\int_{\frac{\pi}{2}}^{0}(a\sin^3 t)\mathrm{d}(a\cos^3 t)=4a^2\int_0^{\frac{\pi}{2}}3\cos^2 t\sin^4 t\mathrm{d}t=$$

$$3a^2\int_0^{\frac{\pi}{2}}\sin^2 t\sin^2 2t\mathrm{d}t=3a^2\int_0^{\frac{\pi}{2}}\frac{1-\cos 4t}{2}\,\frac{1-\cos 2t}{2}\mathrm{d}t=\frac{3}{8}\pi a^2$$

(3) 如图 6.27(c) 所示，则

$$S=2\times\frac{1}{2}\int_0^{\pi}(2a(2+\cos\theta))^2\mathrm{d}\theta=\int_0^{\pi}4a^2(4+4\cos\theta+\cos^2\theta)\mathrm{d}\theta=$$

$$4a^2\left[4\pi+4\sin\Big|_0^{\pi}+\int_0^{\pi}\frac{1+\cos\theta 2}{2}\mathrm{d}\theta\right]=18\pi a^2$$

6. 求由摆线 $x=a(t-\sin t)$，$y=a(1-\cos t)$ 的一拱 $(0\leqslant t\leqslant 2\pi)$ 与横轴所围成的图形的面积.

解 如图 6.28 所示，则

$$S=\int_0^{2\pi a}y\mathrm{d}x\xlongequal{\text{换元}}\int_0^{2\pi}a(1-\cos t)a(1-\cos t)\mathrm{d}t=a^2\int_0^{2\pi}(1-\cos t)^2\mathrm{d}t=$$

$$a^2\int_0^{2\pi}\left(1-2\cos t+\frac{1+\cos 2t}{2}\right)\mathrm{d}t=a^2\left(2\pi-2\sin t\Big|_0^{2\pi}+\frac{t}{2}\Big|_0^{2\pi}+\frac{1}{4}\sin 2t\Big|_0^{2\pi}\right)=3\pi a^2$$

7. 求对数螺线 $\rho=ae^{\theta}(-\pi\leqslant\theta\leqslant\pi)$ 及射线 $\theta=\pi$ 围成的图形的面积.

解 如图 6.29 所示，则

$$S=\frac{1}{2}\int_{-\pi}^{\pi}(ae^{\theta})^2\mathrm{d}\theta=\frac{1}{2}a^2\int_{-\pi}^{\pi}e^{2\theta}\mathrm{d}\theta=\frac{1}{4}a^2\int_{-\pi}^{\pi}\mathrm{d}(e^{2\theta})=\frac{a^2}{4}(e^{2\pi}-e^{-2\pi})$$

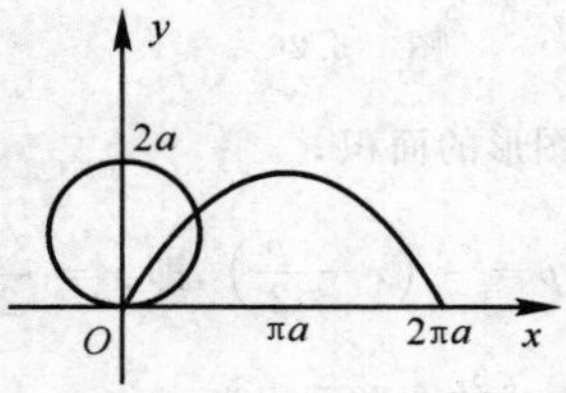

图 6.28

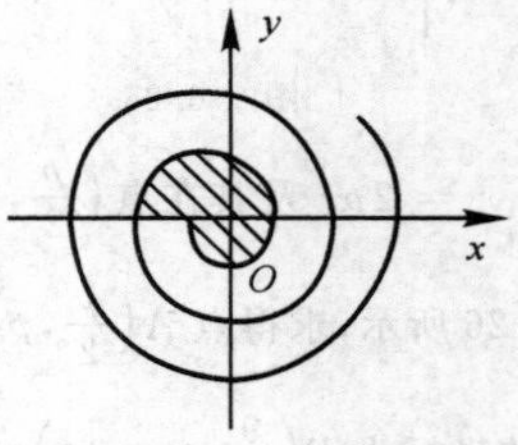

图 6.29

8. 求下列各曲线所围成图形的公共部分的面积：

(1) $\rho = 3\cos\theta$ 及 $\rho = 1 + \cos\theta$； (2) $\rho = \sqrt{2}\sin\theta$ 及 $\rho^2 = \cos 2\theta$.

解 (1) 如图 6.30(a) 所示，由于图像关于 x 轴对称，因此 $S = 2(S_1 + S_2)$，解方程组 $\begin{cases} r = 3\cos\theta \\ r = 1 + \cos\theta \end{cases}$ 得点 A 极坐标为 $\left(\frac{3}{2}, \frac{\pi}{3}\right)$，所以

$$S = 2\left[\frac{1}{2}\int_0^{\frac{\pi}{3}} (1+\cos\theta)^2 \mathrm{d}\theta + \frac{1}{2}\int_{\frac{\pi}{3}}^{\frac{\pi}{2}} (3\cos\theta)^2 \mathrm{d}\theta\right] = \int_0^{\frac{\pi}{3}} \left(1 + 2\cos\theta + \frac{1+\cos 2\theta}{2}\right) \mathrm{d}\theta + 9\int_{\frac{\pi}{3}}^{\frac{\pi}{2}} \frac{1+\cos 2\theta}{2} \mathrm{d}\theta =$$

$$\frac{\pi}{3} + 2\sin\theta\Big|_0^{\frac{\pi}{3}} + \frac{\pi}{6} + \frac{1}{4}\sin^2\theta\Big|_0^{\frac{\pi}{3}} + 9\left(\frac{1}{2}\times\frac{\pi}{2} + \frac{1}{4}\sin 2\theta\Big|_{\frac{\pi}{3}}^{\frac{\pi}{2}}\right) = \frac{5}{4}\pi$$

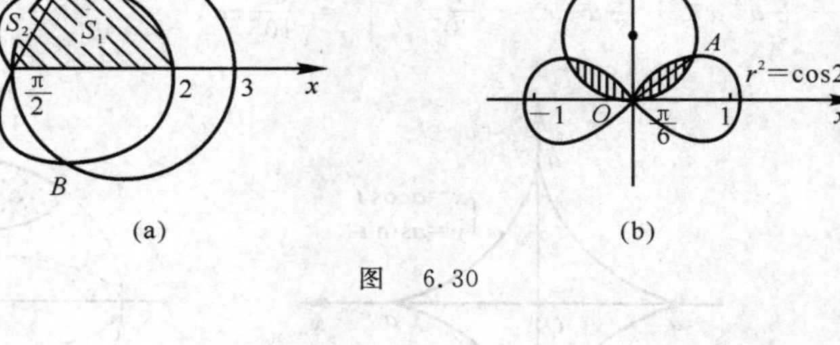

图 6.30

(2) 如图 6.30(b) 所示，解方程组 $\begin{cases} r = \sqrt{2}\sin\theta \\ r^2 = \cos 2\theta \end{cases}$ 得，两曲线在第一象限内交点 A 的极坐标为 $\left(\frac{\sqrt{2}}{2}, \frac{\pi}{6}\right)$，由对称性知，所求面积为

$$S = 2\left(\frac{1}{2}\int_0^{\frac{\pi}{6}} (\sqrt{2}\sin\theta)^2 \mathrm{d}\theta + \frac{1}{2}\int_{\frac{\pi}{6}}^{\frac{\pi}{4}} \cos 2\theta \mathrm{d}\theta\right) = 2\left(\frac{1}{2}\theta - \frac{1}{4}\sin 2\theta\right)\Big|_0^{\frac{\pi}{6}} + \frac{1}{2}\sin 2\theta\Big|_{\frac{\pi}{6}}^{\frac{\pi}{4}} = \frac{\pi}{6} + \frac{1-\sqrt{3}}{2}$$

9. 求位于曲线 $y = \mathrm{e}^x$ 下方，该曲线过原点的切线的左方以及 x 轴上方之间的图形的面积.

解 如图 6.31 所示，设直线 $y = kx$ 与曲线 $y = \mathrm{e}^x$ 相切于 $A(x_0, y_0)$，则由

$$\begin{cases} y_0 = kx_0 \\ y_0 = \mathrm{e}^{x_0} \\ y'(x_0) = \mathrm{e}^{x_0} = k \end{cases}$$

求得 $x_0 = 1$，$y_0 = \mathrm{e}$，$k = \mathrm{e}$. 故所求面积为

$$S = \int_{-\infty}^0 \mathrm{e}^x \mathrm{d}x + \int_0^1 (\mathrm{e}^x - \mathrm{e}x)\mathrm{d}x = \mathrm{e}^x\Big|_{-\infty}^0 + \mathrm{e}^x\Big|_0^1 - \frac{\mathrm{e}}{2}x^2\Big|_0^1 = \frac{\mathrm{e}}{2}$$

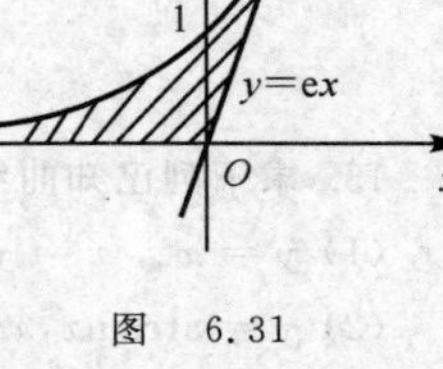

图 6.31

10. 求由抛物线 $y^2 = 4ax$ 与过焦点的弦所围成的图形面积的最小值.

解 如图 6.32 所示，抛物线的焦点为 $(a, 0)$，设过焦点的直线为 $y = k(x - a)$，则该直线与抛物线的交点的纵坐标为 $y_1 = \frac{2a - 2a\sqrt{1+k^2}}{k}$，$y_2 = \frac{2a + 2a\sqrt{1+k^2}}{k}$，面积为

$$A = \int_{y_1}^{y_2} \left(a + \frac{y}{k} - \frac{y^2}{4a}\right) \mathrm{d}y = a(y_2 - y_1) + \frac{y_2^2 - y_1^2}{2k} - \frac{y_2^3 - y_1^3}{12a} =$$

$$\frac{8a^2(1+k^2)^{3/2}}{3k^3} = \frac{8a^2}{3}\left(1 + \frac{1}{k^2}\right)^{3/2}$$

故面积是 k 的单调减函数，因此其最小值在 $k \to \infty$，即弦为 $x = a$ 时取到，最小值为 $\frac{8}{3}a^2$.

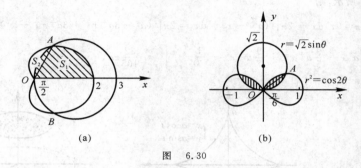

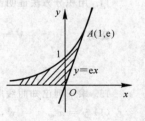

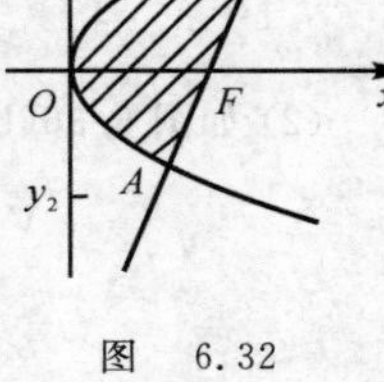

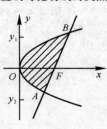

图 6.32

11. 把抛物线 $y^2=4ax$ 及直线 $x=x_0(x_0>0)$ 所围成的图形绕 x 轴旋转,计算所得旋转体的体积.

解 $$V=\int_0^{x_0}\pi f^2(x)\mathrm{d}x=\int_0^{x_0}\pi(\sqrt{4ax})^2\mathrm{d}x=\int_0^{x_0}4\pi ax\,\mathrm{d}x=2\pi ax_0^2$$

12. 由 $y=x^3$, $x=2$, $y=0$ 所围成的图形,分别绕 x 轴及 y 轴旋转,计算所得两个旋转体的体积.

解 如图 6.33 所示,绕 x 轴及 y 轴旋转所得旋转体的体积分别为

$$V_x=\pi\int_0^2(x^3)^2\mathrm{d}x=\frac{1}{7}\pi x^7\Big|_0^2=\frac{128}{7}\pi$$

$$V_y=\pi(2)^2\times 8-\pi\int_0^8(y^{\frac{1}{3}})^2\mathrm{d}y=32\pi-\frac{3\pi}{5}y^{\frac{5}{3}}\Big|_0^8=\frac{64}{5}\pi$$

13. 把星形线 $x^{\frac{2}{3}}+y^{\frac{2}{3}}=a^{\frac{2}{3}}$ 所围成的图形绕 x 轴旋转,计算所得旋转体的体积.

解 如图 6.34 所示,则

$$V=2\int_0^a\pi y^2(x)\mathrm{d}x=2\pi\int_0^a(a^{\frac{2}{3}}-x^{\frac{2}{3}})^3\mathrm{d}x=2\pi\int_0^a(a^2-3a^{\frac{4}{3}}x^{\frac{2}{3}}+3a^{\frac{2}{3}}x^{\frac{4}{3}}-x^2)\mathrm{d}x=$$

$$2\pi\left(a^2x-\frac{9}{5}a^{\frac{4}{3}}x^{\frac{5}{3}}+\frac{9}{7}a^{\frac{2}{3}}x^{\frac{7}{3}}-\frac{1}{3}x^3\right)\Big|_0^a=\frac{32}{105}\pi a^3$$

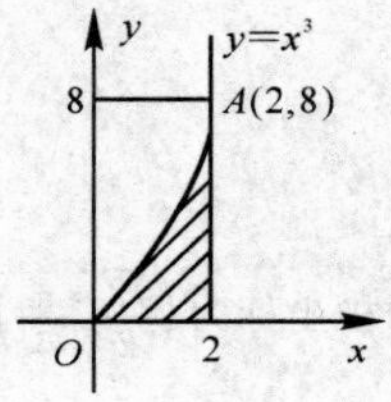

图 6.33

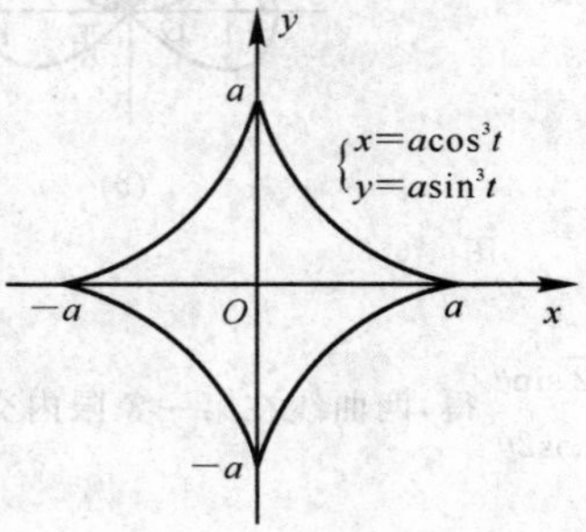

图 6.34

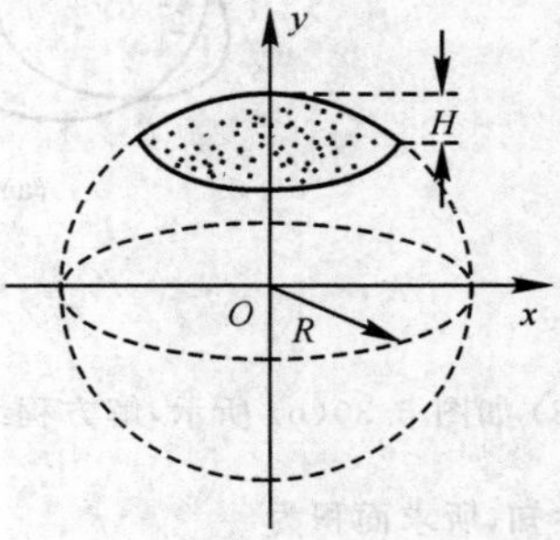

图 6.35

14. 用积分方法证明:图 6.35 中球缺的体积为 $V=\pi H^2\left(R-\frac{H}{3}\right)$.

证明 $$V=\int_{R-H}^R\pi x^2(y)\mathrm{d}y=\pi\int_{R-H}^R(R^2-y^2)\mathrm{d}y=\pi R^2y\Big|_{R-H}^R-\pi\frac{y^3}{3}\Big|_{R-H}^R=$$

$$\pi R^2[R-(R-H)]-\frac{\pi}{3}[R^3-(R-H)^3]=\pi R^2\left(R-\frac{H}{3}\right)$$

15. 求下列已知曲线所围成的图形,按指定的轴旋转所产生的旋转体的体积:

(1) $y=x^2$, $x=y^2$,绕 y 轴;

(2) $y=\arcsin x$, $x=1$, $y=0$,绕 x 轴;

(3) $x^2+(y-5)^2=16$,绕 x 轴;

(4) 摆线 $x=a(t-\sin t)$, $y=a(1-\cos t)$ 的一拱,$y=0$,绕直线 $y=2a$.

解 (1) 如图 6.36(a) 所示,则

$$V=\pi\int_0^1 y\mathrm{d}y-\pi\int_0^1(y^2)^2\mathrm{d}y=\pi\left(\frac{1}{2}y^2-\frac{1}{5}y^5\right)\Big|_0^1=\frac{3}{10}\pi$$

(2) 如图 6.36(b) 所示,则

$$V=\int_0^1\pi(\arcsin x)^2\mathrm{d}x=[\pi x(\arcsin x)^2]_0^1-2\pi\int_0^1\frac{x}{\sqrt{1-x^2}}\arcsin x\mathrm{d}x=$$

$$\frac{\pi^3}{4}-2\pi\left\{[-\sqrt{1-x^2}\arcsin x]_0^1+\int_0^1\mathrm{d}x\right\}=\frac{\pi^3}{4}-2\pi$$

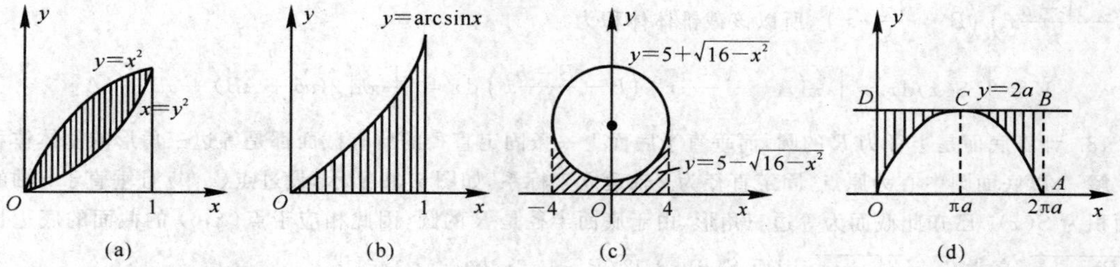

图　6.36

(3) 绕 x 轴旋转所得旋转体是一个环，如图 6.36(c) 所示，则

$$V_x=\pi\int_{-4}^{4}(5+\sqrt{16-x^2})^2\mathrm{d}x-\pi\int_{-4}^{4}(5-\sqrt{16-x^2})^2\mathrm{d}x=$$

$$20\pi\int_{-4}^{4}\sqrt{16-x^2}\,\mathrm{d}x=40\pi\int_{0}^{4}\sqrt{16-x^2}\,\mathrm{d}x=160\pi^2$$

注　此处用了 $\int_0^4\sqrt{16-x^2}\,\mathrm{d}x$ 是半径为 4 的圆的面积的四分之一，即 $\int_0^4\sqrt{16-x^2}\,\mathrm{d}x=4\pi$.

(4) 如图 6.36(d) 所示，摆线一拱及 $y=0$ 所围成的图形绕直线 $y=2a$ 旋转所得的体积为 $V=V_1-V_2$，其中，V_1 为矩形 $OABD$ 绕 $y=2a$ 旋转所得旋转体的体积，而 V_2 是曲边形 $OCABD$ 绕 $y=2a$ 旋转所得旋转体的体积，故

$$V=\pi(2a)^2 2\pi a-\int_0^{2\pi a}(2a-y)^2\mathrm{d}y=8\pi^2a^3-\pi\int_0^{2\pi}[a(1+\cos t)]^2\mathrm{d}[a(t-\sin t)]=$$

$$8\pi^2a^3-\pi a^3\int_0^{2\pi}(1+\cos t)\sin^2 t\mathrm{d}t=8\pi^2a^3-\pi^2a^3=7\pi^2a^3$$

16. 求圆盘 $x^2+y^2\leqslant a^2$ 绕 $x=-b(b>a>0)$ 旋转所围成旋转体的体积.

解　如图 6.37 所示，所得旋转体的体积为

$$V=\pi\left[\int_{-a}^{a}(b+\sqrt{a^2-y^2})^2\mathrm{d}y-\int_{-a}^{a}(b-\sqrt{a^2-y^2})^2\mathrm{d}y\right]=$$

$$8\pi b\int_0^a\sqrt{a^2-y^2}\,\mathrm{d}y=8\pi b\times\frac{1}{4}\pi a^2=2\pi^2a^2b$$

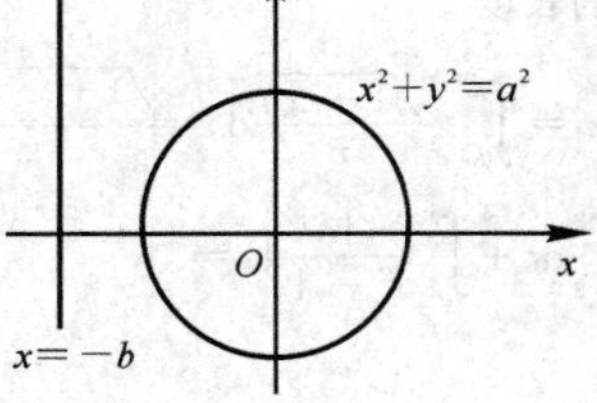

图　6.37

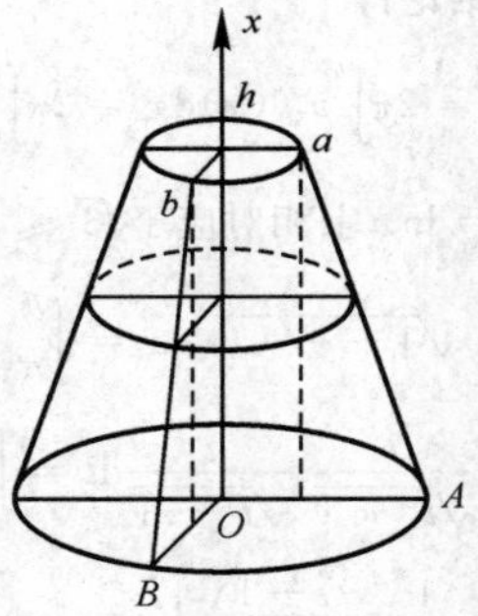

图　6.38

17. 设有一截锥体，其高为 h，上、下底均为椭圆，椭圆的轴长分别为 $2a$，$2b$ 和 $2A$，$2B$，求这截锥体的体积.

解　如图 6.38 所示，在 x 轴上过点 $(x,0)$ 处作垂直于 x 轴的截面，该截面 $S(x)$ 为一椭圆，用三角形相似原理，求得 $S(x)$ 的长半轴为 $A-\frac{A-a}{h}x$，短半轴为 $B-\frac{B-b}{h}x$，因为截面面积为 $S(x)=$

$\pi\left(A-\frac{A-a}{h}x\right)\left(B-\frac{B-b}{h}x\right)$，所以该截锥体体积为

$$V=\int_0^h S(x)\mathrm{d}x=\int_0^h \pi\left(A-\frac{A-a}{h}x\right)\left(B-\frac{B-b}{h}x\right)\mathrm{d}x=\frac{1}{6}\pi h[2(ab+AB)+aB+bA]$$

18. 计算底面是半径为 R 的圆，而垂直于底面上一条固定直径的所有截面都是等边三角形的立体体积.

解 以底面圆中心为原点，固定直径为 x 轴建立坐标系，如图 6.39 所示，设过点 $(x,0)$ 且垂直于 x 轴的截面面积为 $S(x)$. 已知此截面为等边三角形，由于底面半径是 R 的圆，因此相应于点 $(x,0)$ 的截面的底边长为 $2\sqrt{R^2-x^2}$，高为 $\sqrt{3}\sqrt{R^2-x^2}$，因而 $S(x)=\sqrt{3}(R^2-x^2)$，故

$$V=\int_a^b \sqrt{3}(R^2-x^2)\mathrm{d}x=2\sqrt{3}\left(R^2x\Big|_0^R-\frac{1}{3}x^3\Big|_0^R\right)=\frac{4\sqrt{3}}{3}R^3$$

19. 证明：由平面图形 $0\leqslant a\leqslant x\leqslant b$，$0\leqslant y\leqslant f(x)$ 绕 y 轴旋转所成的旋转体的体积为

$$V=\int_a^b 2\pi x f(x)\mathrm{d}x=2\pi\int_a^b xf(x)\mathrm{d}x$$

证明 如图 6.40 所示，在 x 轴上点 $(x,0)$ 处取一底边长为 $\mathrm{d}x$ 的小曲边梯形 $ABCD$，则它绕 y 轴旋转所得的旋转体的体积为 $\mathrm{d}V=2\pi xf(x)\mathrm{d}x$，于是平面图形绕 y 轴旋转所得的旋转体积为

$$V=\int_a^b 2\pi x f(x)\mathrm{d}x=2\pi\int_a^b xf(x)\mathrm{d}x$$

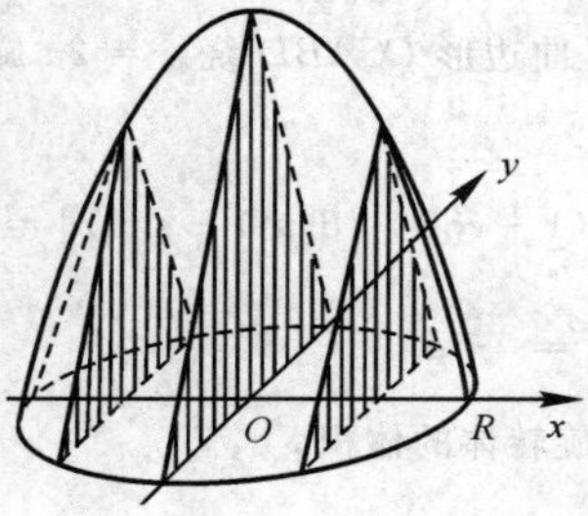

图 6.39

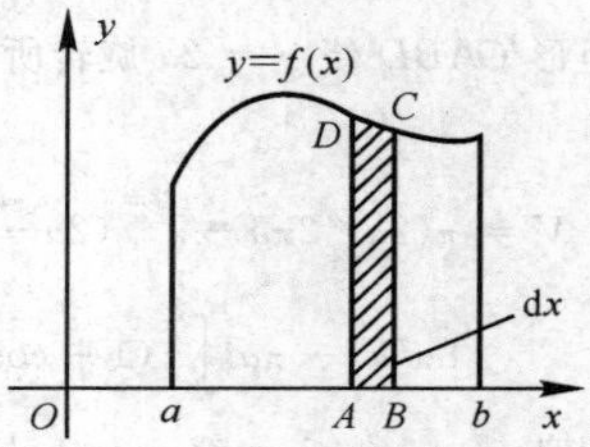

图 6.40

20. 利用题 19 的结论，计算曲线 $y=\sin x\ (0\leqslant x\leqslant \pi)$ 和 x 轴所围成的图形绕 y 轴旋转所得旋转体的体积.

解 由题 19 的结论得

$$V=2\pi\int_a^b xf(x)\mathrm{d}x=2\pi\int_0^\pi \sin x\mathrm{d}x=-2\pi\left[x\cos x\Big|_0^\pi+\sin x\Big|_0^\pi\right]=2\pi^2$$

21. 计算曲线 $y=\ln x$ 上相对应于 $\sqrt{3}\leqslant x\leqslant\sqrt{8}$ 的一段弧的长度.

解 $l=\int_{\sqrt{3}}^{\sqrt{8}}\sqrt{1+y'^2(x)}\,\mathrm{d}x=\int_{\sqrt{3}}^{\sqrt{8}}\sqrt{1+[(\ln x)']^2}\,\mathrm{d}x=\int_{\sqrt{3}}^{\sqrt{8}}\frac{\sqrt{1+x^2}}{x}\mathrm{d}x\overset{\sqrt{1+x^2}=t}{=\!=\!=}$

$\int_2^3\frac{t}{\sqrt{t^2-1}}\frac{t}{\sqrt{t^2-1}}\mathrm{d}t=\int_2^3\frac{t^2-1+1}{t^2-1}\mathrm{d}t=\int_2^3\mathrm{d}t+\int_2^3\frac{1}{t^2-1}\mathrm{d}t=$

$1+\frac{1}{2}\ln\left(\frac{t-1}{t+1}\right)\Big|_2^3=1+\frac{1}{2}\ln\frac{3}{2}$

22. 计算曲线 $y=\frac{\sqrt{x}}{3}(3-x)$ 上相应于 $1\leqslant x\leqslant 3$ 的一段弧的长度.

解 因为 $y'=\frac{1}{2\sqrt{x}}-\frac{1}{2}\sqrt{x}$，故 $\sqrt{1+y'}=\frac{1}{2}\left(\sqrt{x}+\frac{1}{\sqrt{x}}\right)$，则所求弧长为

$$s=\frac{1}{2}\int_1^3\left(\sqrt{x}+\frac{1}{\sqrt{x}}\right)\mathrm{d}x=\frac{1}{2}\left(\frac{2}{3}x^{\frac{3}{2}}+2\sqrt{x}\right)\Big|_1^3=2\sqrt{3}-\frac{4}{3}$$

23. 计算半立方抛物线 $y^2=\frac{2}{3}(x-1)^3$ 被抛物线 $y^2=\frac{x}{3}$ 截得的一段弧的长度.

解 如图6.41所示,半立方抛物线被抛物线 $y^2=\frac{x}{3}$ 截得的部分 $\widehat{ACB}=2\widehat{AB}$,而 $\widehat{AC}$ 的方程为 $y=\sqrt{\frac{2}{3}}(x-1)^{\frac{3}{2}}$,从而 $y'=\sqrt{\frac{3}{2}}(x-1)^{\frac{1}{2}}$,故

$$\widehat{ACB}=2\int_1^2\sqrt{1+y'^2}\,\mathrm{d}x=2\int_1^2\sqrt{1+\frac{3}{2}(x-1)}\,\mathrm{d}x=$$

$$\frac{2}{3\sqrt{2}}\int_1^2\sqrt{3x-1}\,\mathrm{d}(3x-1)=\frac{8}{9}\left[\left(\frac{5}{2}\right)^{\frac{3}{2}}-1\right]$$

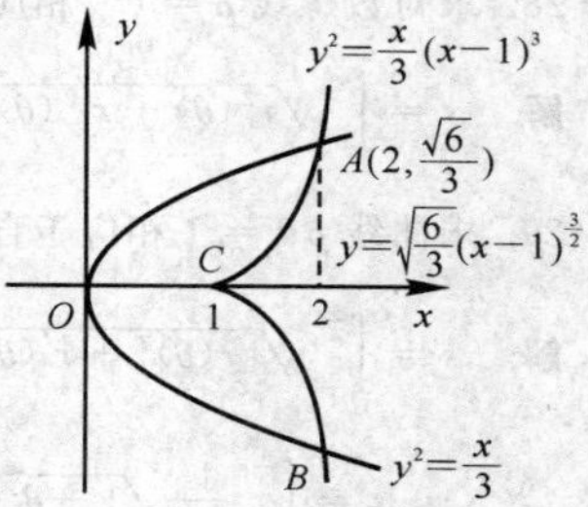

图 6.41

24. 计算抛物线 $y^2=2px$ 从顶点到这曲线上一点 $M(x,y)$ 的弧长.

解 $\widehat{OM}$ 的弧长 $s=\int_0^y\sqrt{1+x'^2}\,\mathrm{d}y=\int_0^y\sqrt{1+\left(\frac{y}{p}\right)^2}\,\mathrm{d}y=\int_0^y\sqrt{1+\frac{y^2}{p^2}}\,\mathrm{d}y=\frac{1}{p}\int_0^y\sqrt{p^2+y^2}\,\mathrm{d}y$,而

$$\int_0^y\sqrt{p^2+y^2}\,\mathrm{d}y=y\sqrt{p^2+y^2}\Big|_0^y-\int_0^y\frac{y^2}{\sqrt{p^2+y^2}}\mathrm{d}y=$$

$$y\sqrt{p^2+y^2}-\left(\int_0^y\sqrt{p^2+y^2}\,\mathrm{d}y-p^2\int_0^y\frac{\mathrm{d}y}{\sqrt{p^2+y^2}}\right)=$$

$$y\sqrt{p^2+y^2}-\int_0^y\sqrt{p^2+y^2}\,\mathrm{d}y+p^2\ln(y+\sqrt{p^2+y^2})-p^2\ln p$$

所以 $$\int_0^y\sqrt{p^2+y^2}\,\mathrm{d}y=\frac{1}{2}[y\sqrt{p^2+y^2}+p^2\ln(y+\sqrt{p^2+y^2})-p^2\ln p]$$

故弧长 $$s=\frac{1}{2p}[y\sqrt{y^2+p^2}+p^2\ln(y+\sqrt{p^2+y^2})-p^2\ln p]$$

25. 计算星形线 $x=a\cos^3t$, $y=a\sin^3t$ 的全长.

解 用参数方程的弧长公式,得

$$s=\int_\alpha^\beta\sqrt{\varphi'^2(t)+\psi'^2(t)}\,\mathrm{d}t=4\int_0^{\frac{\pi}{2}}\sqrt{[3a\cos^2t(-\sin t)]^2+(3a\sin^2t\cos t)^2}\,\mathrm{d}t=\quad(\alpha\leqslant t\leqslant\beta)$$

$$4\int_0^{\frac{\pi}{2}}\sqrt{9a^2\sin^2t\cos^2t(\cos^2t+\sin^2t)}\,\mathrm{d}t=12a\int_0^{\frac{\pi}{2}}\sin t\cos t\mathrm{d}t=12a\,\frac{1}{2}\sin^2t\Big|_0^{\frac{\pi}{2}}=6a$$

26. 将绕在圆(半径为 a)上的细线放开拉直,使细线与圆周始终相切,细线端点画出的轨迹叫做圆的渐伸线,它的方程为 $x=a(\cos t+t\sin t)$, $y=a(\sin t-t\cos t)$. 计算这曲线上相应于 t 从0变到 π 的一段弧的长度.

解 $s=\int_0^\pi\sqrt{[x'(t)]^2+[y'(t)]^2}\,\mathrm{d}t=\int_0^\pi\sqrt{(at\cos t)^2+(at\sin t)^2}\,\mathrm{d}t=a\int_0^\pi t\mathrm{d}t=\frac{a}{2}\pi^2$

27. 在摆线 $x=a(t-\sin t)$, $y=a(1-\cos t)$ 上求分摆线第一拱成 1∶3 的点的坐标.

解 设 t 从0变化到 t_0 时摆线第一拱上对应的弧长为 $s(t_0)$,则

$$s(t_0)=\int_0^{t_0}\sqrt{[x'(t)]^2+[y'(t)]^2}\,\mathrm{d}t$$

因为 $[x'(t)]^2+[y'(t)]^2=[a(1-\cos t)]^2+(a\sin t)^2=4a^2\sin^2\frac{t}{2}$,所以

$$s(t_0)=\int_0^{t_0}2a\sin\frac{t}{2}\mathrm{d}t=-4a\cos\frac{t}{2}\Big|_0^{t_0}=4a\left(1-\cos\frac{t_0}{2}\right)$$

当 $t_0=2\pi$ 时,第一拱弧长 $s(2\pi)=8a$. 令分摆线第一拱为 1∶3 的点对应的参数为 t,由于第一拱全长为 $8a$,故第一部分应为 $2a$,即 $4a\left(1-\cos\frac{t_0}{2}\right)=2a$,解之得 $t_0=\frac{2}{3}\pi$,因而分点的横坐标 $x=a\left(\frac{2}{3}\pi-\sin\frac{2}{3}\pi\right)=$

$\left(\frac{2}{3}\pi-\frac{\sqrt{3}}{2}\right)a$，纵坐标 $y=a\left(1-\cos\frac{2}{3}\pi\right)=\frac{3}{2}a$，故所求分点的坐标为 $\left[\left(\frac{2}{3}\pi-\frac{\sqrt{3}}{3}\right)a,\frac{3}{2}a\right]$.

28. 求对数螺线 $\rho=e^{a\theta}$ 相应于自 $\theta=0$ 到 $\theta=\varphi$ 的一段弧长.

解 $s=\int_0^{\varphi}\sqrt{r^2(\theta)+r'^2(\theta)}\,d\theta=\int_0^{\varphi}\sqrt{(e^{a\theta})^2+(ae^{a\theta})^2}\,d\theta=\int_0^{\varphi}\sqrt{1+a^2}\,e^{a\theta}d\theta=\frac{\sqrt{1+a^2}}{a}(e^{a\varphi}-1)$

29. 求曲线 $\rho\theta=1$ 相应于自 $\theta=\frac{3}{4}$ 至 $\theta=\frac{4}{3}$ 的一段弧长.

解 $s=\int_{\frac{3}{4}}^{\frac{4}{3}}\sqrt{[r(\theta)^2+r'(\theta)]^2}\,d\theta$，而 $r=\frac{1}{\theta}$，$r'(\theta)=-\frac{1}{\theta^2}$，故

$$s=\int_{\frac{3}{4}}^{\frac{4}{3}}\frac{1}{\theta^2}\sqrt{1+\theta^2}\,d\theta=-\int_{\frac{3}{4}}^{\frac{4}{3}}\sqrt{1+\theta^2}\,d\frac{1}{\theta}=-\left(\frac{1}{\theta}\sqrt{1+\theta^2}\Big|_{\frac{3}{4}}^{\frac{4}{3}}-\int_{\frac{3}{4}}^{\frac{4}{3}}\frac{d\theta}{\sqrt{1+\theta^2}}\right)=$$

$$-\left(-\frac{5}{12}-\ln(\theta+\sqrt{1+\theta^2})\Big|_{\frac{3}{4}}^{\frac{4}{3}}\right)=\frac{5}{12}+\ln\frac{3}{2}$$

30. 求心形线 $\rho=a(1+\cos\theta)$ 的全长.

解 由极坐标弧长公式及心形线关于极轴的对称性知 $s=2\int_0^{\pi}\sqrt{r^2(\theta)+[r'(\theta)]^2}\,d\theta$，而

$$r^2(\theta)+[r'(\theta)]^2=a^2(1+\cos\theta)^2+(-a\sin\theta)^2=a^2(2+2\cos\theta)=2a^2\cos^2\frac{\theta}{2}=4a^2\cos^2\frac{\theta}{2}$$

故 $$s=2\times 2a\int_0^{\pi}\cos\frac{\theta}{2}d\theta=8a\int_0^{\pi}\cos\frac{\theta}{2}d\frac{\theta}{2}=8a\sin\frac{\theta}{2}\Big|_0^{\pi}=8a$$

(二) 习题 6-3 解答

1. 由实验知道，弹簧在拉伸过程中，需要的力 F（单位：N）与拉伸量 s（单位：cm）成正比，即 $F=ks$（k 是比例常数），如果把弹簧由原长拉伸 6 cm，计算所做的功.

解 将弹簧一端固定于点 A，另一端（被拉端）以自由长度时的点 O 为坐标原点，建立坐标系. 功元素 $dW=Fds=ksds$，所求功为

$$W=\int_0^6 ksds=\frac{1}{2}ks^2\Big|_0^6=18\ \text{kN}\cdot\text{cm}=0.18\ \text{kN}\cdot\text{m}=0.18\ \text{kJ}$$

2. 直径为 20 cm，高为 80 cm 的圆筒内充满压强为 10 N/cm² 的蒸汽，设温度保持不变，要使蒸汽体积缩小一半，问需要做多少功？

解 由玻-马定律知，$pV=k=10\times(\pi10^2\times 80)=80\,000\pi$，设高度减少 x cm 时压强为 $p(x)$ N/cm²，则 $p(x)[(\pi10^2)(80-x)]=80\,000\pi$，$p(x)=\frac{800}{80-x}$，功元素 $dW=(\pi10^2)p(x)dx$，因此

$$W=\int_0^{40}(\pi10^2)\frac{800}{80-x}dx=80\,000\pi\int_0^{40}\frac{dx}{80-x}=8\,000\pi[-\ln(80-x)]\Big|_0^{40}=800\pi(\ln 2)\ (\text{J})$$

3. (1) 证明：把质量为 m 的物体从地球表面升高到 h 处所做的功是

$$W=\frac{mgRh}{R+h}$$

其中 g 是地面上的重力加速度，R 是地球的半径.

(2) 一颗人造地球卫星的质量为 173 kg，在高于地面 630 km 处进入轨道，问把这颗卫星从地面送到 630 km 的高空处，克服地球引力要做多少功？已知 $g=9.8\ \text{m/s}^2$，地球半径 $R=6\,370$ km.

解 (1) 证明：取地球中心为坐标原点，质量为 m 的物体升高时的功元素为 $dW=\frac{GMm}{x^2}dx$，故升到 h 处所做的功为

$$W=\int_R^{R+h}\frac{GMm}{x^2}dx=GMm\left(-\frac{1}{x}\right)\Big|_h^{R+h}=G\frac{mMh}{R(R+h)}$$

(2) 由(1) 的结论知

$$W = G\frac{Mmh}{R(R+h)} = 6.67\times10^{-11}\times\frac{173\times5.98\times10^{24}\times630\times10^{3}}{6\,370\times10^{3}\times(6\,370+630)\times10^{3}} = 9.75\times10^{5}\ \mathrm{kJ}$$

4. 一物体按规律 $x = ct^3$ 做直线运动，介质的阻力与速度的平方成正比．计算物体由 $x=0$ 移至 $x=a$ 时，克服介质阻力所做的功．

解　因为 $x=ct^3$，所以速度 $v = x'(t) = 3ct^2$，阻力 $f = -kv^2 = -9kc^2t^4 (k>0)$，而 $t = \left(\frac{x}{c}\right)^{\frac{1}{3}}$，故

$$f(x) = -9kc^2\left(\frac{x}{c}\right)^{\frac{4}{3}} = -9kc^{\frac{2}{3}}x^{\frac{4}{3}}$$

功元素 $\mathrm{d}W = -f(x)\mathrm{d}x$，从而所做功为

$$W = \int_0^a -f(x)\mathrm{d}x = \int_0^a 9kc^{\frac{2}{3}}x^{\frac{4}{3}}\mathrm{d}x = 9kc^{\frac{3}{2}}\int_0^a x^{\frac{4}{3}}\mathrm{d}x = \frac{27}{7}kc^{\frac{3}{2}}x^{\frac{7}{3}}\Big|_0^a = \frac{27}{7}kc^{\frac{2}{3}}a^{\frac{7}{3}}$$

5. 用铁锤将一铁钉击入木板，设木板对铁钉的阻力与铁钉击入木板的深度成正比，在击第一次时，将铁钉击入木板 1 cm. 如果铁锤每次打击铁钉所做的功相等，问铁锤击第二次时，铁钉又击入多少？

解　设铁锤击第二次时铁钉又击入 h (cm)，因木板对铁钉的阻力 f 与铁钉击入木板的深度 x (cm) 成正比，即 $f = kx$，功元素 $\mathrm{d}W = f\mathrm{d}x = kx\mathrm{d}x$.

击第一次做功
$$W_1 = \int_0^1 kx\mathrm{d}x = \frac{1}{2}kx^2\Big|_0^1 = \frac{1}{2}k$$

击第二次做功
$$W_2 = \int_1^{1+h} kx\mathrm{d}x = \frac{1}{2}k[(1+h)^2-1] = \frac{1}{2}k(h^2+2h)$$

因为 $W_1 = W_2$，所以 $\frac{1}{2}k = \frac{1}{2}k(h^2+2h)$，即 $h^2+2h-1=0$. 解之得 $h=\sqrt{2}-1$ cm($-1-\sqrt{2}$ 舍去).

6. 设一锥形蓄水池，深 15 m，口径 20 m，盛满水，今以唧筒将水吸尽，问要做多少功？

解　建立坐标系如图 6.42 所示，过 AB 两点的直线方程为 $y = 10-\frac{2}{3}x$，功元素为

$$\mathrm{d}W = x\pi\rho g y^2(x)\mathrm{d}x = \pi x\rho g\left(10-\frac{2}{3}x\right)^2\mathrm{d}x$$

故做功为
$$W = \int_0^{15}\pi\rho g x\left(10-\frac{3}{2}x\right)^2\mathrm{d}x = \pi\rho g\int_0^{15}\left(100x-\frac{40}{3}x^2+\frac{4}{9}x^3\right)\mathrm{d}x =$$
$$\pi\rho g\left(50x^2-\frac{40}{9}x^3+\frac{1}{9}x^4\right)\Big|_0^{15} = 57\,697.5$$

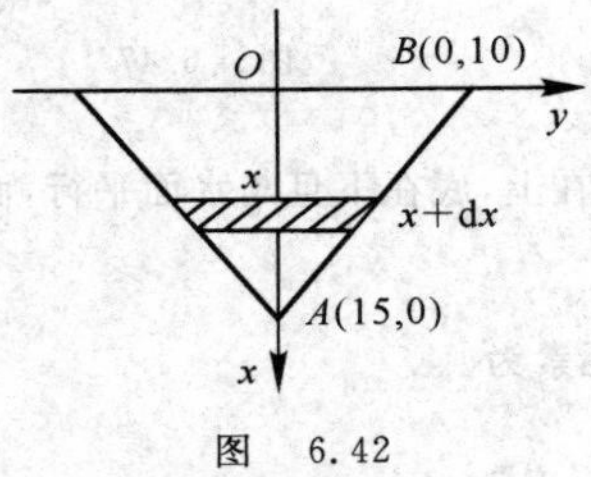

图　6.42

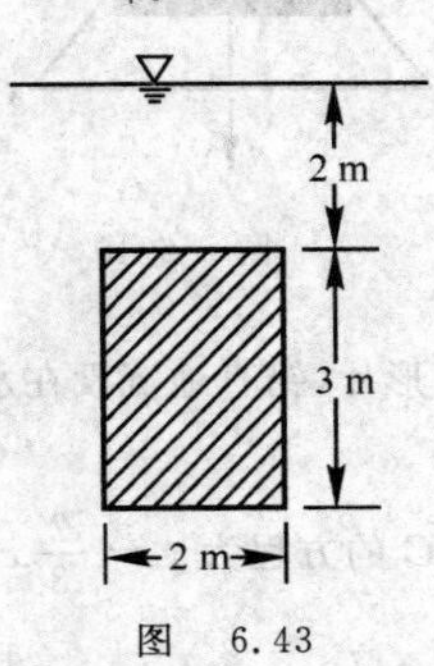

图　6.43

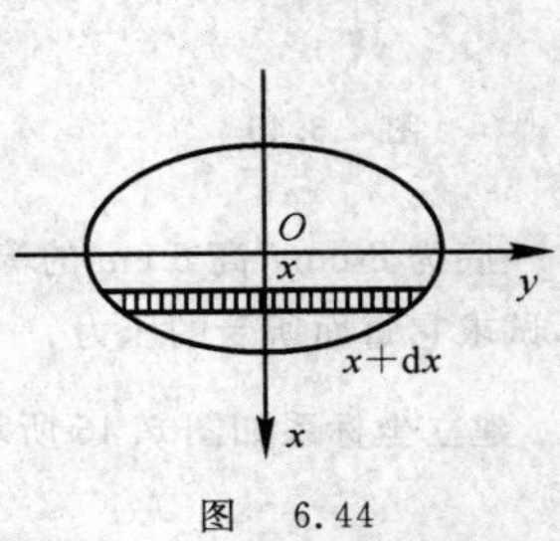

图　6.44

7. 有一闸门，它的形状的尺寸如图 6.43 所示，水面超过门顶 2 m. 求闸门上所受的水压力．

解　取水面为坐标原点，水压力元素为 $\mathrm{d}P = 2gx\mathrm{d}x$，其中 g 为重力加速度，故闸门单侧所受的水压力为

$$P = \int_2^5 2gx\mathrm{d}x = gx^2\Big|_2^5 = 205.8$$

8. 洒水车上的水箱是一个横放的椭圆柱体，尺寸如图 6.44 所示，当水箱装满水时，计算水箱的一个端面

所受的压力.

解 以水箱的一个侧面的中心为原点建立坐标系如图 6.44 所示，则椭圆方程为$\dfrac{x^2}{\left(\frac{3}{4}\right)^2}+\dfrac{y^2}{1}=1$,压力元素 $\mathrm{d}P=g\left(\frac{3}{4}+x\right)\times 1\times 2y(x)\mathrm{d}x$,因为 $y(x)=\frac{4}{3}\sqrt{\left(\frac{3}{4}\right)^2-x^2}$,所以

$$\mathrm{d}P=\frac{8}{3}g\left(\frac{3}{4}+x\right)\sqrt{\left(\frac{3}{4}\right)^2-x^2}\,\mathrm{d}x$$

因此 $$P=\int_{-\frac{3}{4}}^{\frac{3}{4}}\frac{8}{c}g\left(\frac{3}{4}+x\right)\sqrt{\left(\frac{3}{4}\right)^2-x^2}\,\mathrm{d}x=$$

$$\frac{8}{3}\times\frac{3}{4}\times g\int_{-\frac{3}{4}}^{\frac{3}{4}}\sqrt{\left(\frac{3}{4}\right)^2-x^2}\,\mathrm{d}x+\frac{8}{3}\int_{-\frac{3}{4}}^{\frac{3}{4}}x\sqrt{\left(\frac{3}{4}\right)^2-x^2}\,\mathrm{d}x\overset{\text{奇函数性质}}{=\!=\!=}$$

$$2\times 2g\int_0^{\frac{3}{4}}\sqrt{\left(\frac{3}{4}\right)^2-x^2}\,\mathrm{d}x+0\overset{x=\frac{3}{4}\sin t}{=\!=\!=}$$

$$4g\int_0^{\frac{\pi}{2}}\left(\frac{3}{4}\cos t\right)^2\mathrm{d}t=\frac{9}{4}g\int_0^{\pi}\frac{1+\cos 2t}{2}\mathrm{d}t=\frac{9}{16}\pi g\approx 17.3\ (\mathrm{kN})$$

9. 有一等腰梯形闸门，它的两条底边长为 10 m 和 6 m，高为 20 m. 较长的底边与水面相齐. 计算闸门的一侧所受的水压力.

解 建立坐标系如图 6.45 所示，直线 AB 的方程为 $y=-\frac{x}{10}+5$,压力元素为

$$\mathrm{d}P=1\times g\times x\times 2y(x)\mathrm{d}x=2gx\left(-10\,\frac{x}{10}+5\right)\mathrm{d}x$$

压力为 $$P=\int_0^{20}2gx\left(-\frac{x}{10}+5\right)\mathrm{d}x=\left(5x^2-\frac{1}{15}x^3\right)g\Big|_0^{20}=1\ 466.67g=14\ 373\ (\mathrm{kN})$$

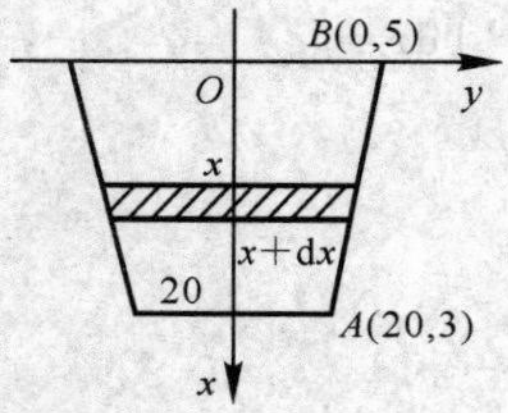

图 6.45

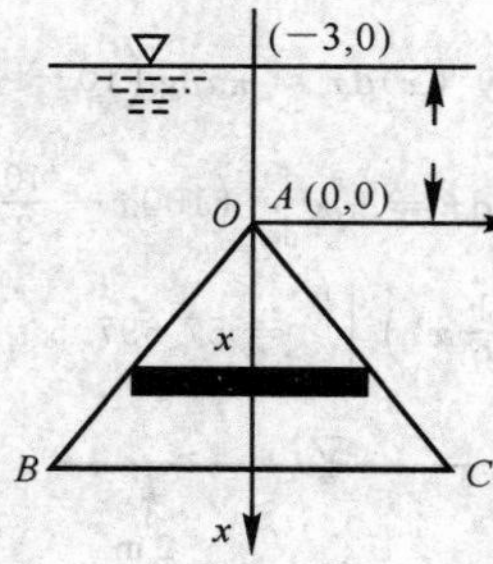

图 6.46

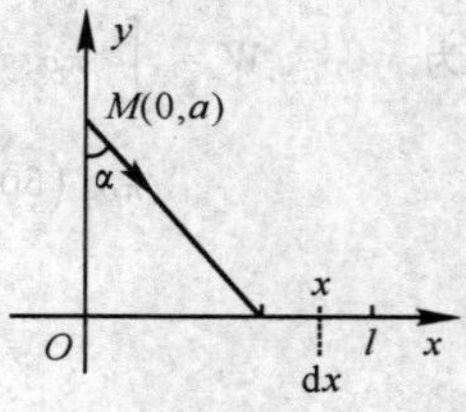

图 6.47

10. 一底为 8 cm，高 6 cm 的等腰三角形片，铅直地沉没在水中，顶在上，底在下且与水面平行，而顶离水面 3 cm，试求它每面所受的压力.

解 建立坐标系如图 6.46 所示，腰 AC 的方程为 $y=\frac{2}{3}x$,压力元素为

$$\mathrm{d}P=g(x+3)\left(2+\frac{2}{3x}\right)\mathrm{d}x=\frac{4}{3}gx(x+3)\mathrm{d}x$$

故压力为 $$P=\int_0^6\frac{4}{3}gx(x+3)\mathrm{d}x=\frac{g}{3}\left(\frac{4}{3}x^3+6x^2\right)\Big|_0^6=1.65\ (\mathrm{N})$$

11. 设有一长度为 l，线密度为 μ 的均匀细直棒，在与棒的一端垂直距离为 a 单位处有质量为 m 的质点 M，试求这细棒对质点 M 的引力.

解 以细棒一端为原点，细棒为 x 轴建立坐标系如图 6.47 所示，区间$[x,x+\mathrm{d}x]$对质点 M 的引力大小

$dF = G\dfrac{m\rho dx}{a^2+x^2}$ 在 x 轴，y 轴上的分量分别为

$$dF_x = dF\sin a = G\frac{m\mu dx}{a^2+x^2}\frac{x}{\sqrt{a^2+x^2}} = G\frac{m\mu x}{(a^2+x^2)^{\frac{3}{2}}}dx$$

$$dF_y = -dF\cos a = -G\frac{m\mu a}{(a^2+x^2)^{\frac{3}{2}}}dx$$

故 $$F_x = \int_0^l G\frac{m\mu x}{(a^2+x^2)^{\frac{3}{2}}}dx = Gm\mu\left(\frac{1}{a}-\frac{1}{\sqrt{a^2+l^2}}\right)$$

$$F_y = -\int_0^l G\frac{m\mu a}{(a^2+x^2)^{\frac{3}{2}}}dx = -\frac{Gm\mu l}{a\sqrt{a^2+l^2}}$$

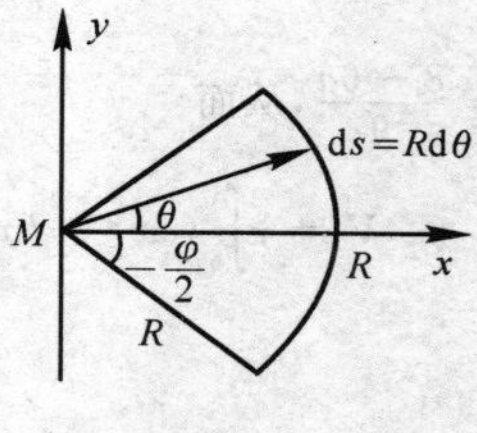

图　6.48

12. 设有一半径为 R，中心角为 φ 的圆弧形细棒，其线密度为常数 μ. 圆心处有一质量为 m 的质点 M，试求这细棒对质点 M 的引力.

解　建立坐标系如图 6.48 所示，圆弧形细棒上一小段 ds 对质点 M 的引力为

$$dF = \frac{Gm\mu ds}{R^2} = \frac{Gm\mu}{R^2}(Rd\theta) = \frac{Gm\mu}{R}d\theta$$

$$dF_x = -dF\cos\theta = -\frac{Gm\mu}{R}\cos\theta d\theta$$

故 $$F_x = -\int_{-\frac{\varphi}{2}}^{\frac{\varphi}{2}}\frac{Gm\mu}{R}\cos\theta d\theta = -2\int_0^{\frac{\varphi}{2}}\frac{Gm\mu}{R}\cos\theta d\theta = -\frac{2Gm\mu}{R}\sin\frac{\varphi}{2}$$

由对称性 $F_y = 0$，得引力的大小为 $\dfrac{2Gm\mu}{R}\sin\dfrac{\varphi}{2}$，方向自点 M 起指向圆弧中点.

(三) 总习题六解答

1. 一金属棒长 3 cm，离棒左端 x (m) 处的线密度为 $\rho(x) = \dfrac{1}{\sqrt{x+1}}$. 问 x 为何值时，$[0,x]$ 一段的质量为全棒质量的一半？

解　设 $x = x_0$ 时，$[0,x_0]$ 一段的质量为全棒质量的一半，则由题意知，$\int_0^{x_0}\dfrac{1}{\sqrt{1+t}}dt = \dfrac{1}{2}\int_0^3\dfrac{1}{\sqrt{1+t}}dt$，即 $2\sqrt{1+t}\Big|_0^{x_0} = \sqrt{1+t}\Big|_0^3 2(\sqrt{1+x_0}-1) = 1$，即 $x_0 = \dfrac{5}{4}m$.

2. 求由曲线 $\rho = a\sin\theta$，$\rho = a(\cos\theta+\sin\theta)(a>0)$ 所围成图形公共部分的面积.

解　如图 6.49 所示，$r = a\sin\theta$ 与 $r = a(\cos\theta+\sin\theta)$ 交于 $\left(a,\dfrac{\pi}{2}\right)$ 和原点，而 $r = a\sin\theta$ 是以 $\theta = \dfrac{\pi}{2}$ 为直径 $(0\leqslant r\leqslant a)$ 的圆，故所求面积为

$$S = \frac{1}{2}\pi\left(\frac{a}{2}\right)^2 + \frac{1}{2}\int_{\frac{\pi}{2}}^{\frac{3\pi}{4}}a^2(\cos\theta+\sin\theta)^2 d\theta =$$

$$\frac{\pi a^2}{8} + \frac{a^2}{2}\int_{\frac{\pi}{2}}^{\frac{3\pi}{4}}(1+\sin2\theta)d\theta =$$

$$\frac{\pi a^2}{8} + \frac{a^2}{2}\left(\theta - \frac{1}{2}\cos2\theta\right)\Bigg|_{\frac{\pi}{2}}^{\frac{3\pi}{4}} = \frac{\pi-1}{4}a^2$$

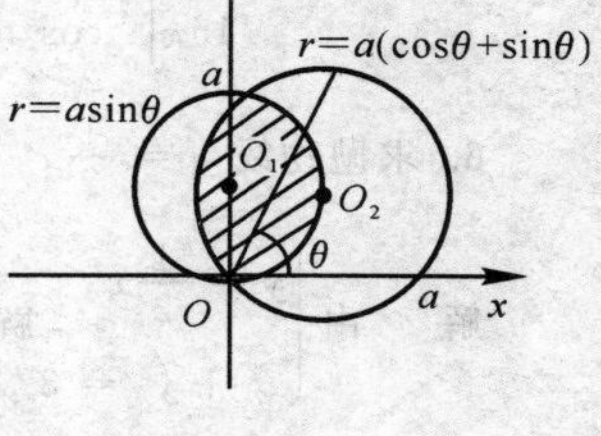

图　6.49

3. 设抛物线 $y = ax^2+bx+c$ 通过点 $(0,0)$，且当 $x\in[0,1]$ 时 $y\geqslant 0$. 试确定 a,b,c 的值，使得抛物线 $y = ax^2+bx+c$ 与直线 $x = 1$，$y = 0$ 所围成图形的面积为 $\dfrac{4}{9}$，且使该图形绕 x 轴旋转而成的旋转体的体积最小.

解　由抛物线 $y = ax^2+bx+c$ 通过点 $(0,0)$ 得 $c = 0$，所以 $y = ax^2+bx$，由此抛物线与直线 $x = 1$，$y = 0$ 所围图形的面积为 $S = \int_0^1(ax^2+bx)dx$，该图形绕 x 轴旋转而成的旋转体的体积为 $V = \pi\int_0^1(ax^2 +$

$bx)^2\mathrm{d}x$,因此

$$\int_0^1 (ax^2+bx)\mathrm{d}x = \left(\frac{a}{3}x^3+\frac{b}{2}x^2\right)\Bigg|_0^1 = \frac{a}{3}+\frac{b}{2}=\frac{4}{9}$$

即 $b=\dfrac{8-6a}{9}$,从而

$$V=\pi\int_0^1 (ax^2+bx)^2\mathrm{d}x = \pi\left(\frac{a^2}{5}+\frac{ab}{2}+\frac{b^2}{3}\right)=\pi\left[\frac{a^2}{5}+\frac{a}{2}\left(\frac{8-6a}{9}\right)+\frac{1}{3}\left(\frac{8-6a}{9}\right)^2\right]$$

$$\frac{\mathrm{d}V}{\mathrm{d}a}=\pi\left[\frac{2a}{5}+\frac{1}{18}(8-12a)+\frac{12}{3}\,\frac{6a-8}{81}\right]$$

令 $\dfrac{\mathrm{d}V}{\mathrm{d}a}=0$,得 $a=-\dfrac{5}{3}$,从而 $b=2$,故所求抛物线方程为 $y=-\dfrac{5}{3}x^2+2x$.

4. 求由曲线 $y=x^{\frac{3}{2}}$ 与直线 $x=4$,x 轴所围图形绕 y 轴旋转而成的旋转体的体积.

解 曲线 $y=x^{\frac{3}{2}}$ 与直线 $x=4$,x 轴围成的区域如图 6.50 所示,该区域绕 y 轴旋转所得体积为

$$V=\pi\int_0^8 4^2\mathrm{d}y-\pi\int_0^8 x^2(y)\mathrm{d}y=\pi\int_0^8 16\mathrm{d}y-\int_0^8 y^{\frac{4}{3}}\mathrm{d}y=128\pi-\frac{3}{7}\pi y^{\frac{7}{3}}\Bigg|_0^8=\frac{512}{7}\pi$$

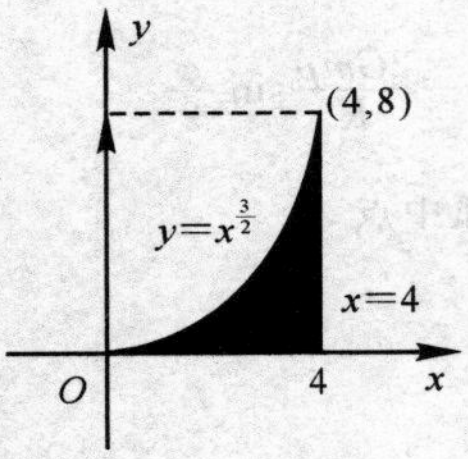

图 6.50

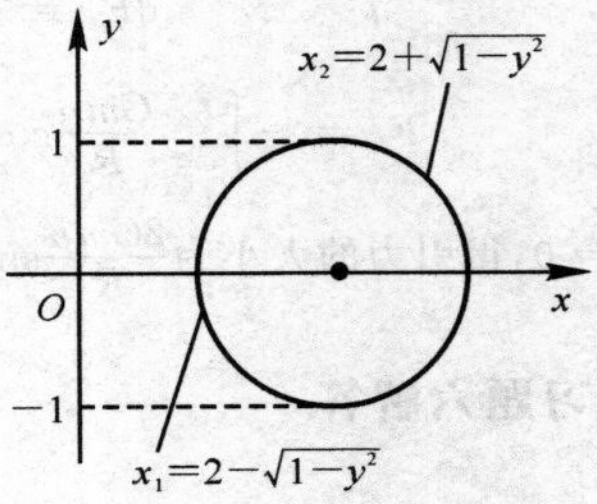

图 6.51

5. 求圆盘 $(x-2)^2+y^2\leqslant 1$ 绕 y 轴旋转而成的旋转体的体积.

解 如图 6.51 所示,圆盘绕 y 轴旋转所得旋转体的体积为

$$V=\pi\int_{-1}^1 x_2^2(y)\mathrm{d}y-\pi\int_{-1}^1 x_1^2(y)\mathrm{d}y=\pi\int_{-1}^1\left[(2+\sqrt{1-y^2})^2-(2-\sqrt{1-y^2})^2\right]\mathrm{d}y=$$

$$8\pi\int_{-1}^1\sqrt{1-y^2}\,\mathrm{d}y=16\pi\int_0^1\sqrt{1-y^2}\,\mathrm{d}y\xrightarrow{y=\sin t}$$

$$16\pi\int_0^{\frac{\pi}{2}}\cos^2 t\mathrm{d}t=8\pi\int_0^{\frac{\pi}{2}}(1+\cos 2t)\mathrm{d}t=8\pi\left(\frac{\pi}{2}+0\right)=4\pi^2$$

6. 求抛物线 $y=\dfrac{1}{2}x^2$ 被圆 $x^2+y^2=3$ 所截下的有限部分的弧长.

解 由 $\begin{cases} y=\dfrac{1}{2}x^2 \\ x^2+y^2=3 \end{cases}$ 解得抛物线与圆的两个交点为 $(-\sqrt{2},1)$ 和 $(\sqrt{2},1)$,由对称性,所求弧长为

$$s=2\int_0^{\sqrt{2}}\sqrt{1+[y'(x)]^2}\,\mathrm{d}x=2\int_0^{\sqrt{2}}\sqrt{1+x^2}\,\mathrm{d}x=$$

$$2\left[\frac{x}{2}\sqrt{1+x^2}+\frac{1}{2}\ln(x+\sqrt{1+x^2})\right]\Bigg|_0^{\sqrt{2}}=\sqrt{6}+\ln(\sqrt{2}+\sqrt{3})$$

7. 半径为 r 的球沉入水中,球的上部与水面相切,球的密度与水相同,现将球从水中取出,需做多少功?

解 建立坐标系如图 6.52 所示,当球顶距离水平面为 y 时,球的重力与浮力的差正好是露出水面的球缺部分的重量,而此时球缺的体积为 $V=\dfrac{\pi}{3}y^2(3R-y)$,故重力与浮力差为

$$f = V \cdot 1 \cdot g = \frac{\pi}{3} g y^2 (3R - y)$$

牵引力 F 的大小为

$$F = f = \frac{\pi}{3} g y^2 (3R - y)$$

功元素 $\mathrm{d}W = F(y)\mathrm{d}y$，因而将球从水中完全取出所做的功为

$$W = \int_0^{2r} F(y)\mathrm{d}y = \frac{\pi}{3} g \int_0^{2r} y^2 (3R - y)\mathrm{d}y = \frac{4}{3}\pi r^4 g$$

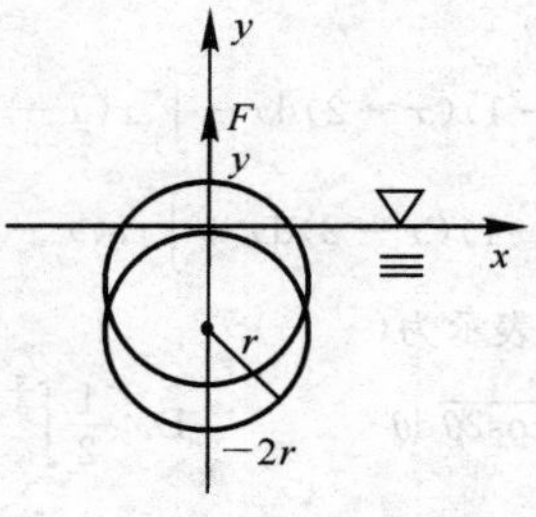

图　6.52

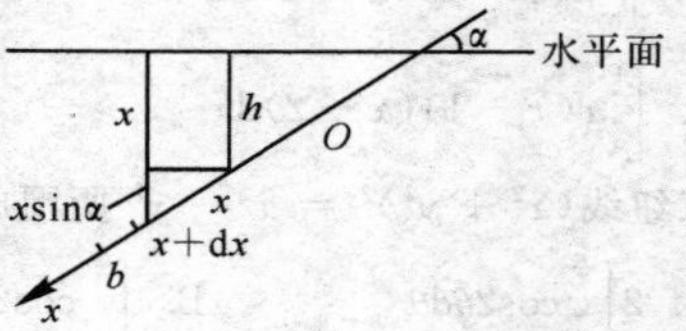

图　6.53

8. 边长为 a 和 b 的矩形薄板，与液面成 α 角斜沉于液面内，长边平行于液面而位于深 h 处，设 $a > b$，液体的密度为 ρ，试求薄板每面所受的压力．

解　建立坐标系如图 6.53 所示，$[x, x + \mathrm{d}x]$ 对应的细板所受压强 $p(x) = \rho g(h + x\sin\alpha)$，则 $[x, x + \mathrm{d}x]$ 对应细板单侧所受压力为

$$\mathrm{d}F = p(x) a\mathrm{d}x = \rho g(h + x\sin\alpha) a\mathrm{d}x$$

故单侧总压力

$$F = \int_0^b \rho g(h + x\sin\alpha) a\mathrm{d}x = \frac{1}{2} ab\rho g(2h + b\sin\alpha)$$

其中 g 为重力加速度．

9. 设星形线 $x = a\cos^3 t$，$y = a\sin^3 t$ 上每一点处的线密度的大小等于该点到原点距离的立方，在原点 O 处有一单位质点，求星形线在第一象限的弧对这个质点的引力．

解　取 (x, y) 处的弧微分 $\mathrm{d}s$ 为质点，则其重量为 $(x^2 + y^2)^{\frac{3}{2}}\mathrm{d}s$，则所受的引力 F 在 x 轴，y 轴上的投影 F_x，F_y 分别为

$$F_x = \int_0^{\frac{\pi}{2}} g \frac{1(x^2 + y^2)^{\frac{3}{2}}}{(x^2 + y^2)} \frac{x}{\sqrt{x^2 + y^2}}\mathrm{d}s = ga\int_0^{\frac{\pi}{2}} \cos^3 t\sqrt{[(a\cos^3 t)']^2 + [(a\sin^3 t)']^2}\,\mathrm{d}t =$$

$$3ga^2\int_0^{\frac{\pi}{2}} \cos^4 t\sin t\mathrm{d}t = -3ga^2\int_0^{\frac{\pi}{2}} \cos^4 t\mathrm{d}\cos t = -\frac{3}{5} ga^2 \cos^5 t\Big|_0^{\frac{\pi}{2}} = \frac{3}{5} ga^2$$

$$F_y = \int_0^{\frac{\pi}{2}} g \frac{1(x^2 + y^2)^{\frac{3}{2}}}{(x^2 + y^2)} \frac{y}{\sqrt{x^2 + y^2}}\mathrm{d}s = ga\int_0^{\frac{\pi}{2}} \sin^3 t\sqrt{[(a\cos^3 t)']^2 + [(a\sin^3 t)']^2}\,\mathrm{d}t =$$

$$3ga^2\int_0^{\frac{\pi}{2}} \sin^4 t\cos t\mathrm{d}t = 3ga^2\int_0^{\frac{\pi}{2}} \sin^4 t\mathrm{d}\sin t = 3ga^2 \frac{1}{5}\sin^5 t\Big|_0^{\frac{\pi}{2}} = \frac{3}{5} ga^2$$

因此，$F = \left\{\frac{3}{5} ga^2, \frac{3}{5} ga^2\right\}$．

五、模拟检测题

(一) 基础知识模拟检测题

1. 填空题

(1) 设 $a > 0$，且曲线 $y = x - x^2$ 与直线 $y = ax$ 所围平面图形的面积为 $\frac{9}{4}$，则 $a =$ ______．

(2) 曲线 $y=\left(\frac{x}{2}\right)^{\frac{2}{3}}$ 介于 $0\leqslant x\leqslant 2$ 之间的弧长 $s=$ ________.

(3) 心形线 $r=a(1+\sin\theta)(a>0)$ 的全长 $s=$ ________.

(4) 曲线 $x=\int_0^t \sqrt{u^2+u}\,e^{-\frac{1}{2}u^2-u}du$，$y=\int_0^t \sqrt{u+1}\,e^{-\frac{1}{2}u^2-u}du$ 对应于 $|t|\leqslant 1$ 上的一段弧长 $s=$ ________.

(5) 曲线 $y=x^2$ 与 $y=x^3+x^2-x$ 所围区域绕 y 轴旋转一周所形成的旋转体的体积 $V=$ ________.

2. 选择题

(1) 曲线 $y=x(x-1)(x-2)$ 与 x 轴所围部分的面积为(　　).

A. $\int_0^2 x(x-1)(x-2)dx$　　B. $\int_0^1 x(x-1)(x-2)dx-\int_1^2 x(x-1)(x-2)dx$

C. $\int_0^1 x(x-1)(x-2)dx$　　D. $\int_0^1 x(x-1)(x-2)dx+\int_1^2 x(x-1)(x-2)dx$

(2) 双纽线 $(x^2+y^2)^2=x^2-y^2$ 所围成的区域面积可用定积分表示为(　　).

A. $2\int_0^{\frac{\pi}{4}}\cos 2\theta d\theta$　　B. $\int_0^{\frac{\pi}{4}}\cos 2\theta d\theta$　　C. $2\int_0^{\frac{\pi}{4}}\sqrt{\cos 2\theta}\,d\theta$　　D. $\frac{1}{2}\int_0^{\frac{\pi}{4}}(\cos 2\theta)^2 d\theta$

(3) 由心形线 $r=1+\cos\theta\left(0\leqslant\theta\leqslant\frac{\pi}{2}\right)$ 与射线 $\theta=\frac{\pi}{2}$ 及极轴围成的平面图形绕极轴旋转所生成的旋转体体积用定积分表示，正确的是(　　).

A. $\int_0^{\frac{\pi}{2}}\pi(1+\cos\theta)^2\sin^2\theta d[(1+\cos\theta)\cos\theta]$　　B. $\int_{\frac{\pi}{2}}^0\pi(1+\cos\theta)^2\sin^2\theta d[(1+\cos\theta)\cos\theta]$

C. $\int_0^{\frac{\pi}{2}}\pi(1+\cos\theta)^2 d\theta$　　D. $\int_{\frac{\pi}{2}}^0\pi(1+\cos\theta)^2 d\theta$

(4) 设函数 $f(x)$ 在闭区间 $[a,b]$ 上连续，则曲线 $y=f(x)$ 与直线 $x=a$ 和 $x=b$ 所围成的平面图形的面积等于(　　).

A. $\int_a^b f(x)dx$　　B. $\left|\int_a^b f(x)dx\right|$　　C. $-\int_a^b f(x)dx$　　D. $\int_a^b |f(x)|dx$

(5) x 轴上长为 a，线密度为常数 u 的均匀细直杆，对其右侧距右端点 a 处质量为 m 的质点引力 F 大小为(　　).

A. $\int_0^{-a}\frac{kmu}{(a+x)^2}dx$　　B. $\int_0^a\frac{kmu}{(a+x)^2}dx$　　C. $\int_{-a}^0\frac{kmu}{(a+x)^2}dx$　　D. $\int_a^0\frac{kmu}{(a+x)^2}dx$

3. 计算题

(1) 设曲线 L_1：$y=1-x^2(0\leqslant x\leqslant 1)$，$x$ 轴和 y 轴所围区域被曲线 L_2：$y=ax^2$ 分成面积相等的两部分，其中 a 是大于零的常数，试求 a 的值.

(2) 求区域 $r\leqslant\sqrt{2}\cos\theta$ 及 $r^2\leqslant\sqrt{3}\sin 2\theta$ 公共部分的面积.

(3) 设抛物线 $y=ax^2+bx+c$ 经过坐标原点，当 $0\leqslant x\leqslant 1$ 时，$y\geqslant 0$，且该抛物线与 x 轴及直线 $x=1$ 所围成的面积为 $\frac{1}{3}$，试确定 a,b,c 的值，使此图形绕 x 轴旋转一周而成的立体体积最小.

(4) 把抛物线 $y=x^2$ 及 $y=4x^2$ 绕 y 轴旋转一周而成一旋转抛物面容器，高为 H，夹层内盛满水，水高为 $\frac{H}{2}$，问把水全部抽出，至少需做多少功?

(5) 把曲线 $y=\frac{\sqrt{x}}{1+x^2}$ 绕 x 轴旋转得以旋转体，将点 $x=0$ 与 $x=\xi$ 之间的体积记为 $V(\xi)$，求 a 等于何值时，能使 $V(a)=\frac{1}{2}\lim\limits_{\xi\to\infty}V(\xi)$.

(二) 考研模拟训练题

1. 选择题

(1) 曲线 $y=\sqrt{2x-x^2}$ 与直线 $y=\frac{1}{\sqrt{3}}x$ 所围平面图形面积等于(　　).

A. $2\int_{\frac{\pi}{6}}^{\frac{\pi}{2}}\cos\theta d\theta$　　B. $2\int_{0}^{\frac{\pi}{2}}\sin\theta d\theta$　　C. $2\int_{\frac{\pi}{6}}^{\frac{\pi}{2}}\cos^2\theta d\theta$　　D. $2\int_{0}^{\frac{\pi}{6}}\cos^2\theta d\theta$

(2) 设 $f(x)$, $g(x)$ 在 $[a,b]$ 上连续,且 $f(x)<g(x)<m$,则由曲线 $y=f(x)$, $y=g(x)$ 及直线 $x=a$, $x=b$ 所围成的平面图形绕直线 $y=m$ 旋转一周而成的旋转体体积为(　　).

A. $\int_a^b\pi[2m-f(x)+g(x)]\cdot[f(x)-g(x)]dx$

B. $\int_a^b\pi[m-f(x)-g(x)]\cdot[f(x)-g(x)]dx$

C. $\int_a^b\pi[m-f(x)+g(x)]\cdot[f(x)-g(x)]dx$

D. $\int_a^b\pi[2m-f(x)-g(x)]\cdot[f(x)-g(x)]dx$

(3) 曲线 $y=\sin^{\frac{3}{2}}x(0\leqslant x\leqslant\pi)$ 与 x 轴围成的平面图形绕 x 轴旋转,所生成的旋转体体积是(　　).

A. $\frac{4}{3}$　　B. $\frac{4}{3}\pi$　　C. $\frac{4}{3}\pi^2$　　D. $\frac{2}{3}\pi$

(4) 极限 $\lim\limits_{n\to+\infty}\ln\sqrt[n]{\left(1+\frac{1}{n}\right)^2\left(1+\frac{2}{n}\right)^2\left(1+\frac{1}{n}\right)^2\cdots\left(1+\frac{1}{n}\right)^2}$ 等于(　　).

A. $2\int_0^1\ln x dx$　　B. $\int_0^1\ln^2 x dx$　　C. $2\int_1^2\ln(1+x)dx$　　D. $\int_1^2\ln^2(1+x)dx$

(5) 由 $y=\ln x$, $y=\ln a$, $y=\ln b$ $(0<a<b)$ 及 y 轴所围成平面图形的面积是(　　).

A. $\int_{\ln a}^{\ln b}\ln x dx$　　B. $\int_{e^a}^{e^b}e^x dx$　　C. $\int_{\ln a}^{\ln b}e^y dy$　　D. $\int_{e^a}^{e^b}\ln x dx$

2. 设 $f(x)$ 在 $[a,b]$ 上可导,$f(a)>0$, $f'(x)>0$,记 $F(t)$ 为 $a\leqslant x\leqslant t$, $f(x)\leqslant y\leqslant f(t)$ 所围成平面图形的面积,$G(t)$ 为 $t\leqslant x\leqslant b$, $f(x)\leqslant y\leqslant f(x)$ 所围成平面图形的面积. 证明对任意常数 $k>0$ 存在唯一的 $x_0\in(a,b)$,使得 $F(x_0)=kG(x_0)$.

3. 设 $y=f(x)$ 在 $[0,+\infty]$ 上连续非负,且为单调增加的函数,$f(0)=0$,区域 $D=\{(x,y)\mid 0\leqslant x\leqslant t, 0\leqslant y\leqslant f(x)\}$ 绕 $x=t$ 轴旋转一周生成的旋转体体积记为 $v(t)$,证明 $v(t)$ 二阶可导,并求 $v''(t)$.

4. 设函数 $S(x)=\int_0^x|\cos t|dt$, n 为正整数,则

(1) 若 $n\pi\leqslant x\leqslant(n+1)\pi$,证明:$2n\leqslant s(x)\leqslant 2(n+1)$;

(2) 求 $\lim\limits_{n\to+\infty}\frac{S(x)}{x}$.

5. 有一供实验用的长方体箱子,浸没在深 H 的水池中,箱子底是边长为 a 的正方形,高 $h<H$,密度 $\mu>1$(水的密度为1). 今欲将此箱提出水面,先在池底沿一侧面的法向平移 l 的位置,这时设水的阻力与此侧面上受的压力成正比,再竖直提出水面,求所做的功(箱与池底摩擦力不计)(H,a,h,l 的单位是 m;密度单位 kg/m^3).

六、模拟检测题答案与提示

(一) 基础知识模拟检测题答案与提示

1. 填空题

(1) $a=1+\frac{3}{\sqrt[3]{2}}$.　(2) $\frac{2}{27}(10\sqrt{10}-1)$.　(3) $8a$.　(4) $e^{\frac{1}{2}}-e^{-\frac{3}{2}}$.　(5) $\frac{8\pi}{15}$.

2. 选择题　(1) B.　(2) A.　(3) B.　(4) D.　(5) B.

3. 计算题

(1) $a=3$. 提示：L_1,L_2 交点坐标为 $\left(\frac{1}{\sqrt{1+a}},\frac{a}{\sqrt{1+a}}\right)$，由 $S_1=S_2$，得 $\frac{2}{3\sqrt{1+a}}=\frac{1}{3}$.

(2) $S=\int_0^{\frac{\pi}{6}}\frac{1}{2}\sqrt{3}\sin 2\theta\mathrm{d}\theta+\int_{\frac{\pi}{6}}^{\frac{\pi}{2}}\frac{1}{2}2\cos^2\theta\mathrm{d}\theta=\frac{\pi}{6}$.

(3) $a=-\frac{5}{4}$，$b=\frac{3}{2}$，$c=0$ 提示：由题设条件，曲线过原点，故 $c=0$，由于 $\int_0^1(ax^2+bx)\mathrm{d}x=\frac{a}{3}+\frac{b}{2}=\frac{1}{3}$，得 $b=\frac{2}{3}(1-a)$，旋转体的体积可表示为

$$V=\pi\int_0^1(ax^2+bx)^2\mathrm{d}x=\pi\left[\frac{a^2}{5}+\frac{ab}{2}+\frac{b^2}{3}\right]=\pi\left[\frac{a^2}{5}+\frac{1}{3}a(a-1)+\frac{4}{27}(1-a)^2\right]$$

令 $\frac{\mathrm{d}V}{\mathrm{d}a}=0$，得 $a=-\frac{5}{4}$，于是 $b=-\frac{3}{2}$，又因 $V''\left(-\frac{5}{4}\right)>0$，所以当 $a=-\frac{5}{4}$，$b=\frac{3}{2}$，$c=0$ 时，体积最小.

(4)
$$\mathrm{d}V=\pi[x_2^2(y)-x_1^2(y)]\mathrm{d}y=\pi\left[y-\frac{y}{4}\right]$$

$$\mathrm{d}W=(H-y)\rho g\,\mathrm{d}V=\pi(H-y)\rho g\left[y-\frac{y}{4}\right]\mathrm{d}y$$

故
$$W=\int_0^{\frac{H}{2}}\pi\rho g(H-y)\frac{3y}{4}\mathrm{d}y=\frac{\pi\rho g}{16}H^3$$

(5) $a=1$.

（二）考研模拟训练题答案与提示

1. 选择题 (1) D. (2) D. (3) B. (4) B. (5)C.

2. $G(t)=\int_t^b f(x)\mathrm{d}x-f(t)(b-t)$， $G(b)=0$， $\varphi(x)=F(x)-kG(x)$.

由连续函数的零点定理及增减性推得结论.

3. $v(t)=\int_0^t 2\pi(t-x)f(x)\mathrm{d}x=t\int_0^t 2\pi f(x)\mathrm{d}x-\int_0^t 2\pi xf(x)\mathrm{d}x$.

$v'(t)=\int_0^t 2\pi f(x)+2\pi tf(t)$.

$v''(t)=2\pi f(t)$.

4.
$$S(n\pi)=\int_0^{n\pi}|\cos t|\,\mathrm{d}t=n\int_0^{\pi}|\cos t|\,\mathrm{d}t=2n$$

$$\frac{2n}{(n+1)\pi}<\frac{S(x)}{x}<\frac{2(n+1)}{n\pi}$$

从而推得
$$\frac{S(x)}{x}\xrightarrow{n\to\infty}\frac{2}{\pi}$$

5. 箱子在水中平移所做的功为 $W_1=\frac{agk}{2}(2H-h)hl$

将箱子的上底面提至与水面平齐时做功为 $W_2=(\mu-1)a^2hg(H-h)$

最后将下底面提至与水面平齐时做功为 $W_3=\mu a^2h^2g-\frac{1}{2}a^2gh^2$

总功为 $W=W_1+W_2+W_3$

第7章 常微分方程

一、本章小结

1. 常微分方程的基本概念

(1) 微分方程:联系着自变量 x,未知函数 y 及其导数 $y',y'',\cdots,y^{(n)}$ 的关系式 $F(x,y,y',y'',\cdots,y^{(n)})=0$ 称为常微分方程,简称微分方程,其中未知函数的导数的最高阶数称为微分方程的阶.

(2) 微分方程的解:若函数 $y=\varphi(x)$ 代入微分方程后使方程成为恒等式,称函数 $\varphi(x)$ 为微分方程的解.寻求微分方程解的过程称为解微分方程.

(3) 微分方程的通解:若 n 阶微分方程的解

$$y=\varphi(x,c_1,c_2,\cdots,c_n)$$

含有 n 个独立的任意常数 $c_1,c_2,\cdots,c_n$,则称该解为微分方程的通解.

(4) 初始条件:若对于 n 阶微分方程,当自变量 x 取某一确定值 x_0 时,未知函数 y 及其直到 $(n-1)$ 阶导数,取给定的值:$y\Big|_{x=x_0}=y_0,y'\Big|_{x=x_0}=y_0',\cdots,y^{(n-1)}\Big|_{x=x_0}=y_0^{(n-1)}$,其中 $y_0,y_0',\cdots,y_0^{(n-1)}$ 都是确定的已知常数,这些条件称为初始条件.

初始条件是用来确定通解中的任意常数.

(5) 微分方程的特解:满足初始条件的解称为特解.

2. 一阶微分方程

(1) 变量可分离的方程:$g(y)\mathrm{d}y=f(x)\mathrm{d}x$,可用两边分别对 y 和 x 积分的方法求其通解.

(2) 齐次方程:$\dfrac{\mathrm{d}y}{\mathrm{d}x}=f\left(\dfrac{y}{x}\right)$,作变换 $u=\dfrac{y}{x}$,可将齐次方程化成可分离变量的方程.

* 可化为齐次方程的方程: $\dfrac{\mathrm{d}y}{\mathrm{d}x}=f\left(\dfrac{a_1x+b_1y+c_1}{a_2x+b_2y+c_2}\right)$

若 $c_1=c_2=0$ 时,方程为 $\dfrac{\mathrm{d}y}{\mathrm{d}x}=f\left(\dfrac{a_1+b_1\dfrac{y}{x}}{a_2+b_2\dfrac{y}{x}}\right)$,是齐次方程.

若 $c_1\neq 0$ 或 $c_2\neq 0$ 时,则 $\dfrac{a_2}{a_1}=\dfrac{b_2}{b_1}=\lambda$,作变换 $a_1x+b_1y=z$,则原方程化为 $\dfrac{1}{b_1}\left(\dfrac{\mathrm{d}z}{\mathrm{d}x}-a_1\right)=f\left(\dfrac{z+c_1}{\lambda z+c_2}\right)$,是可分离变量方程.

当 $\dfrac{a_2}{a_1}\neq\dfrac{b_2}{b_1}$ 时,则方程组 $\begin{cases}a_1x+b_1y+c_1=0\\a_2x+b_2y+c_2=0\end{cases}$ 有唯一解 $x=h,y=k$.作变换 $x=X+h,y=Y+k$,原方程化为 $\dfrac{\mathrm{d}Y}{\mathrm{d}X}=f\left(\dfrac{a_1X+b_1Y}{a_2X+b_2Y}\right)$,是齐次方程.

(3) 一阶线性微分方程:$\dfrac{\mathrm{d}y}{\mathrm{d}x}+P(x)y=Q(x)$ 的通解为

$$y=\mathrm{e}^{-\int P(x)\mathrm{d}x}\left[\int Q(x)\mathrm{e}^{\int P(x)\mathrm{d}x}\mathrm{d}x+C\right]$$

(4) 伯努利(Bernouli) 方程: $\dfrac{\mathrm{d}y}{\mathrm{d}x}+P(x)y=Q(x)y^n,\quad n\neq 0,1$

用变量代换 $z=y^{1-n}$,可化为 z 的一阶线性微分方程

$$\frac{dz}{dx}+(1-n)P(x)z=(1-n)Q(x)$$

3. 可降阶的高阶微分方程及其解法

(1) $y^{(n)}=f(x)$ 型的方程．将方程两边对 x 逐次积分即得其含有 n 个任意常数的通解．

(2) $y''=f(x,y')$ 型的方程．令 $y'=p$，则 $y''=\frac{dp}{dx}$，代入原方程可得 $\frac{dp}{dx}=f(x,p)$，这是一个关于 x 和 p 的一阶微分方程．

(3) $y''=f(y,y')$ 型的方程．令 $y'=p$，则 $y''=\frac{dp}{dy}\cdot\frac{dy}{dx}=p\frac{dp}{dx}$，代入原方程可得 $p\frac{dp}{dy}=f(y,p)$，这是一个关于 y 和 p 的一阶微分方程．

4. 线性微分方程解的结构

n 阶线性微分方程的一般表达形式为

$$y^{(n)}+P_1(x)y^{(n-1)}+P_2(x)y^{(n-2)}+\cdots+P_{n-1}(x)y'+P_n(x)y=f(x)$$

其中 $n\geqslant 2$，$P_1(x)$，$P_2(x)$，…，$P_n(x)$，$f(x)$ 为已知函数．

当 $f(x)\equiv 0$ 时，称其为 n 阶线性齐次微分方程；当 $f(x)\neq 0$ 时，称其为 n 阶线性非齐次微分方程．

下面以二阶线性微分方程为例：

(1) 二阶线性齐次微分方程

$$y''+P(x)y'+Q(x)y=0 \tag{7.1}$$

① 它的两个解 $y_1(x)$，$y_2(x)$ 的线性组合 $y=C_1y_1(x)+C_2y_2(x)$ 仍是它的解；

② 它的两个线性无关的解 $y_1(x)$，$y_2(x)$ 的线性组合 $y=C_1y_1(x)+C_2y_2(x)$ 是它的通解．

(3) 二阶线性非齐次微分方程

$$y''+P(x)y'+Q(x)y=f(x) \tag{7.2}$$

① 设 $y^*(x)$ 是方程(7.2)的一个特解，$y=C_1y_1(x)+C_2y_2(x)$ 是方程(7.1)的通解，则 $y=C_1y_1(x)+C_2y_2(x)+y^*(x)$ 是方程(7.2)的通解；

② 设 $y_1^*(x)$，$y_2^*(x)$ 分别为 $y''+P(x)y'+Q(x)y=f_1(x)$ 与 $y''+P(x)y'+Q(x)y=f_2(x)$ 的解，则 $y_1^*(x)+y_2^*(x)$ 为方程 $y''+P(x)y'+Q(x)y=f_1(x)+f_2(x)$ 的解．

5. 二阶线性常系数齐次微分方程的解法

设
$$y''+py'+qy=0 \tag{7.3}$$

特征方程为
$$r^2+pr+q=0 \tag{7.4}$$

(1) 若 r_1，r_2 为方程(7.4)的不等两实根，则方程(7.3)的通解为

$$y=C_1e^{r_1x}+C_2e^{r_2x}$$

(2) 若 $r_1=r_2=r$ 为方程(7.4)的相等两实根，则方程(7.3)的通解为

$$y=(C_1+C_2x)e^{rx}$$

(3) 若 $r_{1,2}=\alpha\pm i\beta$ 为方程(7.4)的一对共轭复根，则方程(7.3)的通解为

$$y=e^{\alpha x}(C_1\cos\beta x+C_2\sin\beta x)$$

推广：n 阶线性常系数齐次微分方程的解法．

设
$$y^{(n)}+p_1y^{(n-1)}+p_2y^{(n-2)}+\cdots+p_{n-1}y'+p_ny=0 \tag{7.5}$$

特征方程为

$$r^n+p_1r^{n-1}+p_2r^{n-2}+\cdots+p_{n-1}r+p_n=0 \tag{7.6}$$

(1) 若 r_1 是方程(7.6)的单根，则

$$y=Ce^{r_1x}$$

(2) 若 $r_{1,2}=\alpha\pm i\beta$ 是方程(7.6)的单根，则

$$y=e^{\alpha x}(C_1\cos\beta x+C_2\sin\beta x)$$

(3) 若 r_1 是方程(7.6)的 k 重实根，则

$$y=(C_1+C_2x+\cdots+C_kx^{k-1})e^{r_1x}$$

(4) 若 $r_{1,2}=\alpha\pm i\beta$ 是方程(7.6)的 k 重复根,则

$$y=e^{\alpha x}[(C_1+C_2x+\cdots+C_kx^{k-1})\cos\beta x+(D_1+D_2x+\cdots+D_kx^{k-1})\sin\beta x]$$

6. 二阶线性常系数非齐次微分方程的解法

设
$$y''+py'+qy=f(x) \tag{7.7}$$
齐次方程
$$y''+py'+qy=0 \tag{7.8}$$
特征方程为
$$r^2+pr+q=0 \tag{7.9}$$
若 $Y(x)$ 为方程(7.8)的通解,$y^*(x)$ 是方程(7.7)的特解,则方程(7.7)的通解为

$$y=Y(x)+y^*(x)$$

求方程(7.7)的特解,分两种情形:

(1) 若 $f(x)=e^{\lambda x}P_m(x)$,其中 $P_m(x)$ 为 m 次多项式,则可令

$$y^*(x)=x^ke^{\lambda x}Q_m(x)$$

此处 $Q_m(x)$ 为系数待定的 m 次多项式;则

$$k=\begin{cases}0, & \text{当}\lambda\text{不是特征方程的根时}\\1, & \text{当}\lambda\text{是特征方程的单根时}\\2, & \text{当}\lambda\text{是特征方程的重根时}\end{cases}$$

将 $y^*,y^{*\prime}y^{*\prime\prime}$ 代入方程(7.7)中,用比较系数法即可定出 $Q_m(x)$ 的系数.

(2) 若 $f(x)=e^{\alpha x}[P_l^{(1)}(x)\cos\beta x+P_n^{(2)}(x)\sin\beta x]$,其中 $P_l^{(1)}(x),P_n^{(2)}(x)$ 分别为 l 次和 n 次多项式,则可令

$$y^*(x)=x^ke^{\alpha x}[Q_m^{(1)}(x)\cos\beta x+Q_m^{(2)}(x)\sin\beta x]$$

此处 $m=\max\{l,n\},\quad k=\begin{cases}0, & \text{当}\alpha\pm i\beta\text{不是特征方程的根时}\\1, & \text{当}\alpha\pm i\beta\text{是特征方程的单根时}\end{cases}$

将 $y^*,y^{*\prime},y^{*\prime\prime}$ 代入方程(7.7)中,用比较系数法即可定出 $Q_m^{(1)}(x),Q_m^{(2)}(x)$ 的系数.

(二) 基本要求

(1) 了解微分方程及其解、通解、初始条件和特解的概念.

(2) 能识别并会求解下列一阶微分方程:可分离变量的微分方程、齐次方程、一阶线性微分方程及伯努利方程.

(3) 会用简单的变量代换解某些微分方程.

(4) 掌握几种特殊的高阶方程的降阶法.

(5) 掌握高阶线性微分方程解的结构.

(6) 熟练掌握二阶线性常系数齐次微分方程的解法,并知道高阶常系数齐次线性微分方程的解法.

(7) 熟练掌握非齐次项为 $p_n(x),p_n(x)e^{\lambda x},p_n(x)e^{\alpha x}\cos\beta x,p_n(x)e^{\alpha x}\sin\beta x$ 的二阶常系数非齐次线性微分方程的解法.

(三) 重点与难点

重点:可分离变量方程、一阶线性微分方程、可降阶的高阶方程、二阶常系数线性方程.

难点:可降阶的高阶方程.

二、释疑解难

问题 7.1 是否所有的微分方程都存在通解?

答 并非所有的微分方程都存在通解,例如方程 $y'^2+1=0$ 和 $|y'|+|y|+4=0$ 都不存在实函数解,

而方程 $y'^2+y^2=0$，只有解 $y=0$. 我们知道，如果微分方程的解中含有任意常数的个数与它的阶数相同，那么这个解称为通解. 以上三个方程，有的没有实函数解；有的有解，但解中不含任意常数. 所以上述三个方程都不存在通解.

问题 7.2 微分方程的通解是否包含它所有的解？

答 微分方程的通解不一定包含所有的解. 例如方程 $y'^2-4y=0$，有通解 $y=(x+C)^2$，但它不能包含方程的解 $y=0$.

可以证明，未知函数的最高阶导数的系数为 1 的线性微分方程，它的通解能包含所有的解. 以二阶线性微分方程

$$y''+P(x)y'+Q(x)y=R(x) \qquad ①$$

为例来加以证明. 先讨论齐次方程

$$y''+P(x)y'+Q(x)y=0 \qquad ②$$

设 y_1 与 y_2 为方程 ② 的两个线性无关的解，那么它的通解为

$$y=C_1y_1+C_2y_2 \qquad ③$$

要证明通解 ③ 包含方程 ② 的所有解，只要证明方程 ② 的任何一个解 y_3 都能表示成 ③ 的形式.

因为 y_1 与 y_2 是方程 ② 的解，所以

$$y_1''+P(x)y_1'+Q(x)y_1=0 \qquad ④$$

$$y_2''+P(x)y_2'+Q(x)y_2=0 \qquad ⑤$$

式 ⑤ $\times y_1-$ 式 ④ $\times y_2$，得

$$(y_1y_2''-y_2y_1'')+P(x)(y_1y_2'-y_2y_1')=0$$

令 $w=y_1y_2'-y_2y_1'$，那么上式成为 $\dfrac{dw}{dx}+P(x)w=0$

解之得 $w=k_{12}e^{-\int P(x)dx}$ ⑥

其中，k_{12} 为任意常数.

按式 ⑥，对 (y_1,y_3) 与 (y_2,y_3) 两组解来说，有

$$\begin{cases} y_1y_3''-y_3y_1''=k_{13}e^{-\int P(x)dx} \\ y_2y_3''-y_3y_2''=k_{23}e^{-\int P(x)dx} \end{cases} \qquad ⑦$$

这里 k_{13} 与 k_{23} 为任意常数.

把式 ⑦ 看做是 y_3 与 y_3' 的联立方程组，如果

$$w=y_1y_2'-y_2y_1'\neq 0$$

则由克莱姆法则得

$$y_3=\frac{\begin{vmatrix} y_1 & k_{13}e^{-\int P(x)dx} \\ y_2 & k_{23}e^{-\int P(x)dx} \end{vmatrix}}{\begin{vmatrix} y_1 & -y_1' \\ y_2 & -y_2' \end{vmatrix}}=\frac{k_{23}y_1e^{-\int P(x)dx}-k_{13}y_2e^{-\int P(x)dx}}{-k_{12}e^{-\int P(x)dx}}=-\frac{k_{23}}{k_{12}}y_1+\frac{k_{13}}{k_{12}}y_2$$

或 $y_3=Ay_1+By_2$

所以在 $w\neq 0$ 的条件下，证明了方程 ② 的任何一个解 y_3 包含在它的通解之中，不过尚须说明 $w\neq 0$.

由于 y_1 与 y_2 是线性无关的，即只有当 C_1 与 C_2 全为零时，才有

$$C_1y_1+C_2y_2=0 \qquad ⑧$$

求导得 $C_1y_1'+C_2y_2'=0$ ⑨

把式 ⑧ 与式 ⑨ 看作是 C_1 与 C_2 的联立方程组，因为方程组只有零解，故

$$w=y_1y_2'-y_2y_1'\neq 0$$

再看非齐次方程 ①，它的通解为 $y=Y+y^*$ ⑩

其中,Y 为式 ② 的通解,y^* 为式 ① 的特解.

设 y^{**} 为式 ① 的任意一个解,那么 $y^{**}-y^*$ 为式 ② 的一个解,根据以上所证,它包含在 Y 中.所以式 ① 的通解 ⑩ 包含了它的任意一个解.也就是说,二阶线性微分方程 ① 的通解能包含它所有的解.

问题 7.3 求微分方程的通解时,怎样写好任意常数?

答 由问题 7.2 知,有的微分方程的通解不能包含它所有的解,有的则能包含它所有的解.因此,在求微分方程的通解时,要注意写好任意常数.例如解一阶线性微分方程 $y'-2xy=2x$ 时,根据公式

$$y=\mathrm{e}^{-\int P(x)\mathrm{d}x}\left[\int Q(x)\mathrm{e}^{\int P(x)\mathrm{d}x}\mathrm{d}x+C\right] \tag{①}$$

得方程的通解为

$$y=C\mathrm{e}^{x^2}-1 \tag{②}$$

由于方程也是可分离变量的方程,分离变量得

$$\frac{\mathrm{d}y}{1+y}=2x\mathrm{d}x$$

两边积分

$$\ln(1+y)=x^2+C_1 \tag{③}$$

(注意,这里对数的真数未加绝对值符号)从而有

$$y=\mathrm{e}^{C_1}\mathrm{e}^{x^2}-1 \tag{④}$$

比较式 ② 和式 ④,它们的差别在于 $\mathrm{e}^{C_1}>0$,而 C 为任意常数.因此式 ④ 只表达了线性微分方程 ① 的一部分解,式 ② 中当 $C\leqslant 0$ 时的那一部分解,式 ④ 未能表达出来.那么,为什么会产生这种情形呢?原因在于积分时,对数的真数未加绝对值符号.事实上,式 ③ 应为

$$\ln|1+y|=x^2+C_1$$

从而

$$|1+y|=\mathrm{e}^{x^2+C_1} \quad 或 \quad y=\pm\mathrm{e}^{C_1}\mathrm{e}^{x^2}-1$$

令 $C=\pm\mathrm{e}^{C_1}$,这样才能得出式 ① 的通解为 $y=C\mathrm{e}^{x^2}-1,\ C\neq 0$

经验证 $y=0$ 是原方程的解,故原方程的通解为 $y=C\mathrm{e}^{x^2}-1$

其中 C 为任意常数.由此可见,在解微分方程的过程中,如果积分出来的对数的真数不加绝对值符号或把任意常数写成 $\ln C$,那么就有产生各种问题的危险,因为真数不加绝对值符号,它的变化就要受到了限制.所以,如果真数可正可负时,必须要注意加绝对值符号,这样,任意常数才能写得正确.

问题 7.4 分离变量方程 $f(x)\mathrm{d}x=g(y)\mathrm{d}y$ 的求解是通过对方程两边积分得到

$$\int f(x)\mathrm{d}x=\int g(y)\mathrm{d}y+C$$

有人认为是错的,因为左边是对 x 积分,右边是对 y 积分.对此应如何解释?

答 可以这样解释:假定方程的解是存在的,设 $y=\varphi(x)$ 是它的任何一个解,把它代入方程,便有

$$f(x)\mathrm{d}x=g[\varphi(x)]\varphi'(x)\mathrm{d}x$$

两边对 x 积分,得

$$\int f(x)\mathrm{d}x=\int g[\varphi(x)]\varphi'(x)\mathrm{d}x+C$$

根据不定积分的换元法,就成为

$$\int f(x)\mathrm{d}x=\int g(y)\mathrm{d}y+C$$

也可以这样解释:把方程写成

$$g(y)\frac{\mathrm{d}y}{\mathrm{d}x}=f(x)$$

设 $G'(y)=g(y)$,上式又可改写成

$$\frac{\mathrm{d}}{\mathrm{d}x}G(y(x))=f(x)$$

从而

$$G(y(x))=\int f(x)\mathrm{d}x+C_1$$

又由 $G'(y)=g(y)$,有

$$G(y)=\int g(y)\mathrm{d}y+C_2$$

所以

$$\int f(x)\mathrm{d}x=\int g(y)\mathrm{d}y+C$$

问题 7.5 在解代数方程的过程中，往往要将方程进行变形，若疏忽就会丢根，用分离变量法求解微分方程时也要进行变形，问是否也会发生丢根的情形？

答 有可能丢根. 例如

$$F(x)G(y)\mathrm{d}x + f(x)g(y)\mathrm{d}y = 0 \quad ①$$

是可以分离变量的方程，分离变量得

$$\frac{F(x)}{f(x)}\mathrm{d}x + \frac{g(y)}{G(y)}\mathrm{d}y = 0 \quad ②$$

这里自然假定 $f(x) \neq 0, G(y) \neq 0$，把式 ② 积分得通解 $\int \frac{F(x)}{f(x)}\mathrm{d}x + \int \frac{g(y)}{G(y)}\mathrm{d}y = C$ ③

这个解只是在 $f(x) \neq 0, G(y) \neq 0$ 时是有效的. 但从原方程 ① 容易看出，如果有使 $f(x) = 0$ 的实常数 x_0 存在或使 $G(y) = 0$ 的实常数 y_0 存在，那么 $x = x_0$ 或 $y = y_0$ 也是方程 ① 的解. 这些是在分离变量过程中丢失的解，有的是方程 ① 的特解，也就是说，它能从通解 ③ 中给任意常数 C 以特殊的值而得到，即都包含在通解中；有的虽是方程 ① 的解，却不能从通解 ③ 中给任意常数 C 以特殊值而得到，即不能包含在通解中.

从本课程的基本要求来说，只要求出通解就可以了. 但为了做到心中有数，在解可分离变量的方程时，注意检查一下是否有丢解的情形发生，将是有益的.

例如，微分方程

$$(x-4)y^4\mathrm{d}x - x^3(y^2-3)\mathrm{d}y = 0$$

是可以分离变量的. 假定 $x \neq 0, y \neq 0$，用 x^3y^4 除原方程的各项，将方程分离变量得

$$\frac{x-4}{x^3}\mathrm{d}x - \frac{y^2-3}{y^4}\mathrm{d}y = 0$$

积分，得通解

$$-\frac{1}{x} + \frac{2}{x^2} + \frac{1}{y} - \frac{1}{y^3} = C$$

容易看出，$x = 0$ 与 $y = 0$ 都是原方程的解，但不包含在通解中，它们都是在分离变量的过程中丢失的.

问题 7.6 给出 n 阶线性微分方程的几个解，问能否写出这个微分方程及其通解？

答 不一定能写出微分方程及其通解. 这是因为：

(1) 没有明确微分方程是“齐次”还是“非齐次”.

(2) 没有明确微分方程的几个解是“线性无关”还是“线性相关”.

如果把问题改成“给出 n 阶线性齐次微分方程的 n 个线性无关的特解，问能否写出这个方程及其通解”，那么回答是肯定的.

设 $y_1, y_2, \cdots, y_n$ 是给出的 n 个线性无关的特解，根据线性微分方程解的结构，立即可以写出微分方程的通解为

$$y = C_1y_1 + C_2y_2 + \cdots + C_ny_n \quad ①$$

其中 $C_1, C_2, \cdots, C_n$ 为任意常数.

为了求出微分方程，将式 ① 依次求导 n 次，得

$$\left.\begin{aligned} y' &= C_1y_1' + C_2y_2' + \cdots + C_ny_n' \\ y'' &= C_1y_1'' + C_2y_2'' + \cdots + C_ny_n'' \\ &\cdots\cdots \\ y^{(n)} &= C_1y_1^{(n)} + C_2y_2^{(n)} + \cdots + C_ny_n^{(n)} \end{aligned}\right\} \quad ②$$

关系式 ① 和 ② 构成一组 $n+1$ 个方程，它们含有 n 个任意常数 $C_1, C_2, \cdots, C_n$. 从这组方程可以消去所有的任意常数，也就是从其中 n 个方程中求出任意常数 $C_1, C_2, \cdots, C_n$ 对 $x, y, y', y'', \cdots, y^{(n)}$ 的表达式，再将这些表达式代入第 $n+1$ 个方程，这样就可得到所求的 n 个已给线性无关的特解所满足的微分方程.

问题 7.7 已知二阶线性齐次微分方程

$$y'' + P(x)y' + Q(x)y = 0$$

的一个非零解 y_1，问能否求出它的通解？

答 能求出方程的通解，可以用类似于常数变易法求另一个解 y_2. 设 $y_2 = C(x)y_1$，则

$$y_2' = C'(x)y_1 + C(x)y_1', \quad y_2'' = C''(x)y_1 + 2C'(x)y_1' + C(x)y_1''$$

代入方程得 $$C''(x)y_1 + (2y_1' + P(x)y_1)C'(x) = 0$$

该方程是可降价的高阶方程，可求出方程的一个解为

$$C(x) = \int \frac{1}{y_1^2} e^{-\int P(x)dx} dx$$

故 $$y_2 = y_1 \int \frac{1}{y_1^2} e^{-\int P(x)dx} dx$$

由此得方程的通解为 $$y = C_1 y_1 + C_2 y_1 \int \frac{1}{y_1^2} e^{-\int P(x)dx} dx$$

三、典型例题分析

例 7.1 设函数 $y = f(x)$ 是微分方程 $y'' - 2y' + 4y = 0$ 的一个解，且 $f(x_0) > 0, f'(x_0) = 0$，则 $f(x)$ 在点 x_0 处（ ）.

A. 取得极大值　　B. 取得极小值

C. 某个邻域内单调增加　　D. 某个邻域内单调减少

分析 由题设 $f'(x_0) = 0$ 知，点 x_0 是函数 $y = f(x)$ 的一个驻点；且由微分方程解的定义知 $y = f(x)$ 在点 x_0 处满足 $f''(x_0) = -4f(x_0) < 0$. 因此，函数 $y = f(x)$ 在点 x_0 处有极大值.

答案 A.

例 7.2 微分方程 $y dx + (x^2 - 4x) dy = 0$ 的通解是________.

分析 设 $y(4x - x^2) \neq 0$，将方程分离变量后可化为

$$\frac{dx}{4x - x^2} = \frac{dy}{y}$$

两边积分得 $$\int \frac{dx}{4x - x^2} = \int \frac{dx}{y}$$

即 $$\ln|y| = \frac{1}{4}\ln\left|\frac{x}{x-4}\right| + C_1$$

其中 C_1 是任意常数. 设 $C = \pm e^{4C_1}$，上式可改写成 $y^4(x-4) = Cx$，这就是方程的通解，经验证 $y = 0$ 是方程的解.

答案 $y^4(x-4) = Cx$，其中 C 为任意常数.

例 7.3 求微分方程 $xy\frac{dy}{dx} = x^2 + y^2$ 满足条件 $y|_{x=e} = 2e$ 的特解.

解 方程可化为

$$\frac{dy}{dx} = \frac{x^2 + y^2}{xy} = \frac{x}{y} + \frac{y}{x}$$

这是一个齐次方程，引入变量变换 $y = ux$，方程化为 $u\frac{du}{dx} = \frac{1}{x}$

分离变量并积分得 $\int u du = \int \frac{dx}{x} + C$，其中 C 为任意常数. 可得 $u^2 = 2\ln|x| + 2C$. 用 $\frac{y}{x}$ 代替 u 得原方程的通解

$$y^2 = 2Cx^2 + 2x^2\ln|x|$$

利用初始条件 $y|_{x=e} = 2e$ 来确定常数，将它代入通解可解得 $C = 1$，于是得到

$$y^2 = 2x^2(1 + \ln|x|)$$

由它可解出微分方程满足初始条件 $y|_{x=e}=2e$ 的特解是

$$y=x\sqrt{2(1+\ln x)},\quad x\geqslant e^{-1}$$

注　由 $y^2=2x^2(1+\ln|x|)$ 可得到上述解外，还可得到另外三个连续可微函数：

$$y=-x\sqrt{2(1+\ln x)},\quad x\geqslant e^{-1}$$

$$y=-x\sqrt{2(1+\ln|x|)},\quad x\leqslant e^{-1}$$

$$y=x\sqrt{2(1+\ln|x|)},\quad x\leqslant e^{-1}$$

它们依次分别是满足初始条件 $y|_{x=e}=-2e$；$y|_{x=-e}=2e$；$y|_{x=-e}=-2e$ 的特解. 在求微分方程满足初始条件的特解时，应当注意选准所要的那个特解.

例 7.4　求具有性质 $x(t+s)=\dfrac{x(t)+x(s)}{1-x(t)x(s)}$ 的函数 $x(t)$，已知 $x'(0)$ 存在.

解　取 $t=s=0$，得 $x(0)(1-x^2(0))=2x(0)$，可得 $x(0)=0$. 又因为 $x(t)$ 在 $t=0$ 可导，从而在 $t=0$ 连续. 因此有

$$\lim_{s\to 0}x(s)=x(0)=0$$

$$\lim_{s\to 0}\frac{x(t+s)-x(t)}{s}=\lim_{s\to 0}\frac{1}{s}\left[\frac{x(t)+x(s)}{1-x(t)x(s)}-x(t)\right]=\lim_{s\to 0}\frac{x(s)[1+x^2(t)]}{s[1-x(t)x(s)]}=$$

$$\lim_{s\to 0}\frac{x(s)-x(0)}{s}\cdot\frac{1+x^2(t)}{1-x(t)x(s)}=x'(0)(1+x^2(t))$$

这说明 $x'(t)=x'(0)(1+x^2(t))$，即

$$\frac{dx}{dt}=x'(0)(1+x^2),\quad \frac{dx}{1+x^2}=x'(0)dt$$

$$\arctan x=x'(0)t+C$$

由 $x(0)=0$，得 $C=0$，于是 $x=\tan(x'(0)t)$.

例 7.5　设 $\varphi(x)$ 是 $(-\infty,+\infty)$ 上的连续函数，$\varphi'(0)$ 存在，且 $\varphi(x+y)=\varphi(x)\varphi(y)$. 求 $\varphi(x)$.

解　取 $x=y=0$，得 $\varphi(0)=\varphi^2(0)$，$\varphi(0)(1-\varphi(0))=0$. 若 $\varphi(0)=0$，则

$$\varphi(x)=\varphi(x+0)=\varphi(x)\varphi(0)=0$$

若 $\varphi(0)=1$，则

$$\lim_{\Delta x\to 0}\frac{\varphi(x+\Delta x)-\varphi(x)}{\Delta x}=\lim_{\Delta x\to 0}\frac{\varphi(x)(\varphi(\Delta x)-1)}{\Delta x}=\lim_{\Delta x\to 0}\varphi(x)\frac{\varphi(\Delta x)-\varphi(0)}{\Delta x}=\varphi'(0)\varphi(x)$$

即 $\varphi'(x)=\varphi'(0)\varphi(x)$，$\varphi(x)$ 为初值问题 $\begin{cases}\dfrac{dy}{dx}-\varphi'(0)y=0\\ y(0)=1\end{cases}$ 的解，求得 $\varphi(x)=e^{\varphi'(0)x}$.

例 7.6　设 $F(x)=f(x)g(x)$，其中函数 $f(x)$，$g(x)$ 在 $(-\infty,+\infty)$ 内满足以下条件：$f'(x)=g(x)$，$g'(x)=f(x)$ 且 $f(0)=0$，$f(x)+g(x)=2e^x$. 试求：

(1) $F(x)$ 所满足的一阶微分方程；(2) $F(x)$ 的表达式.

解　(1) 由 $F'(x)=f'(x)g(x)+f(x)g'(x)=g^2(x)+f^2(x)=[f(x)+g(x)]^2-2f(x)g(x)=(2e^x)^2-2F(x)$ 知 $F(x)$ 所满足的一阶微分方程为

$$F'(x)+2F(x)=4e^{2x}$$

(2) 用 e^{2x} 同乘方程两边，可得 $(e^{2x}F(x))'=4e^{4x}$，积分得 $e^{2x}F(x)=e^{4x}+C$，于是方程的通解是

$$F(x)=e^{2x}+Ce^{-2x}$$

将 $F(0)=f(0)g(0)=0$ 代入上式，可确定常数 $C=-1$. 故所求函数的表达式为

$$F(x)=e^{2x}-e^{-2x}$$

例 7.7　设 $\int_0^{3x}f\left(\frac{t}{3}\right)dt+e^{2x}=f(x)$，求 $f(x)$.

解　在积分中作换元 $s=\frac{t}{3}$，可得　$f(x)=3\int_0^x f(s)\mathrm{d}s+\mathrm{e}^{2x}$

在上式中令 $x=0$，得 $f(0)=1$；将上式两端对 x 求导数，得

$$f'(x)=3f(x)+2\mathrm{e}^{2x}$$

由此知，函数 $f(x)$ 是一阶线性方程 $y'-3y=2\mathrm{e}^{2x}$ 满足初始条件 $y|_{x=0}=1$ 的特解．用 e^{-3x} 同乘方程两边，得

$$(y\mathrm{e}^{-3x})'=2\mathrm{e}^{-x}$$

积分得　$y\mathrm{e}^{-3x}=C-2\mathrm{e}^{-x}$

其中，C 为任意常数，由此可得方程的通解　$y=C\mathrm{e}^{3x}-2\mathrm{e}^{2x}$

利用初始条件 $y|_{x=0}=1$ 可确定常数 C，得 $C=3$．于是，所求的函数为

$$f(x)=3\mathrm{e}^{3x}-2\mathrm{e}^{2x}$$

注　在方程 $\int_0^{3x} f(\frac{t}{3})\mathrm{d}t+\mathrm{e}^{2x}=f(x)$ 中，未知函数 $f(x)$ 出现在积分号内，这样的方程称为积分方程．在积分方程中，当 x 适当取值，可以得出未知函数满足的初始条件；利用变上限定积分的导数公式，还可以得到未知函数满足的微分方程．从而可以把求未知函数的问题化为求微分方程满足初始条件的特解的问题．

例 7.8　设 $f(x)$ 在 $[0,+\infty)$ 上连续且

$$f(t)=\mathrm{e}^{4\pi t^2}+\iint\limits_{x^2+y^2\leqslant 4t^2} f(\frac{1}{2}\sqrt{x^2+y^2})\mathrm{d}x\mathrm{d}y$$

求 $f(t)$．

解　作极坐标变换 $\begin{cases}x=r\cos\theta\\y=r\sin\theta\end{cases}$，圆域 $x^2+y^2\leqslant 4t^2$ 可表示为 $0\leqslant\theta\leqslant 2\pi, 0\leqslant r\leqslant 2t$，面积元素 $\mathrm{d}x\mathrm{d}y=r\mathrm{d}r\mathrm{d}\theta$，$f(\frac{1}{2}\sqrt{x^2+y^2})=f(\frac{r}{2})$，从而

$$\iint\limits_{x^2+y^2\leqslant 4t^2} f(\frac{1}{2}\sqrt{x^2+y^2})\mathrm{d}x\mathrm{d}y=\int_0^{2\pi}\mathrm{d}\theta\int_0^{2t} f(\frac{r}{2})r\mathrm{d}r=2\pi\int_0^{2t} f(\frac{r}{2})r\mathrm{d}r$$

再作换元 $s=\frac{r}{2}$，有

$$\int_0^{2t} f(\frac{r}{2})r\mathrm{d}r=4\int_0^t f(s)s\mathrm{d}s$$

由此可知 $f(t)$ 满足积分关系式　$f(t)=8\pi\int_0^t sf(s)\mathrm{d}s+\mathrm{e}^{4\pi t^2}$

在上式中令 $t=0$，得 $f(0)=1$；将上式两端对 t 求导数得

$$f'(t)=8\pi tf(t)+8\pi t\mathrm{e}^{4\pi t^2}$$

这表明函数 $f(t)$ 是一阶线性方程　$\frac{\mathrm{d}y}{\mathrm{d}t}-8\pi ty=8\pi t\mathrm{e}^{4\pi t^2}$

满足初始条件 $y|_{t=0}=1$ 的特解．求解可得　$f(t)=(1+4\pi t^2)\mathrm{e}^{4\pi t^2}$

例 7.9　设有微分方程 $y'-2y=\varphi(x)$，其中 $\varphi(x)=\begin{cases}2, x<1\\0, x>1\end{cases}$．试求在 $(-\infty,+\infty)$ 内的连续函数 $y=y(x)$，使之在 $(-\infty,1)$ 和 $(1,+\infty)$ 内都满足所给方程，且满足条件 $y(0)=0$．

解　当 $x<1$ 时，有 $y'-2y=\varphi(x)=2$，其通解为　$y=C_1\mathrm{e}^{2x}-1,\quad x<1$

利用初始条件 $y(0)=0$ 可确定常数 $C_1=1$，于是　$y=\mathrm{e}^{2x}-1,\quad x<1$

由于所求函数 $y=\mathrm{e}^{2x}-1$ 在 $x=1$ 连续，且 $y(1)=\mathrm{e}^2-1$．这可作为 $y'-2y=\phi(x)$ 在 $x>1$ 求解时的初始条件，即在 $x>1$，应解初值问题

$$\begin{cases}y'-2y=0,\quad x>1\\y(1)=\mathrm{e}^2-1\end{cases}$$

方程的通解为 $y=C_2e^{2x}$，令 $y(1)=e^2-1$，可得 $C_2=1-e^{-2}$. 于是所求特解为

$$y=(1-e^{-2})e^{2x},\quad x>1$$

综上所述，可得

$$y(x)=\begin{cases}e^{2x}-1, & x\leqslant 1\\(1-e^{-2})e^{2x}, & x>1\end{cases}$$

是符合题中全部要求的解.

注　本题的解法适合于右端函数是分段函数的同类微分方程的求解.

例 7.10　求微分方程 $x^2y'+xy=y^2$ 满足初始条件 $y|_{x=1}=1$ 的解.

解　该方程为伯努利方程

$$\frac{dy}{dx}+\frac{1}{x}y=\frac{1}{x^2}y^2$$

作变量代换 $z=\dfrac{1}{y}$，原方程化为 $\dfrac{dz}{dx}-\dfrac{1}{x}z=-\dfrac{1}{x^2}$

可解得 $z=\dfrac{1+2Cx^2}{2x}$

由此可得原方程的通解为 $y=\dfrac{2x}{1+2Cx^2}$

利用初始条件 $y|_{x=1}=1$ 可确定常数 $C=\dfrac{1}{2}$，从而所求的特解为 $y=\dfrac{2x}{1+x^2}$

例 7.11　设 $y=e^x$ 是微分方程 $xy'+p(x)y=x$ 的一个解，求此微分方程满足条件 $y(\ln 2)=0$ 的特解.

解　将 $y=e^x$ 代入方程得 $xe^x+p(x)e^x=x$

解出 $p(x)=xe^{-x}-x$. 原方程为 $xy'+(xe^{-x}-x)y=x$

其对应的齐次方程为 $xy'+(xe^{-x}-x)y=0$，即 $y'+(e^{-x}-1)y=0$. 通解为 $y=Ce^{x+e^{-x}}$. 所以原方程通解为

$$y=e^x+Ce^{x+e^{-x}}$$

满足 $y(\ln 2)=0$ 的特解为 $y=e^x-e^{x+e^{-x}-\frac{1}{2}}$

例 7.12　求微分方程 $y''+5y'+6y=2e^{-x}$ 的通解.

解　特征方程为

$$r^2+5r+6=0$$

特征根为 $r_1=-3, r_2=-2$. 齐次方程通解为 $y=C_1e^{-3x}+C_2e^{-2x}$

设所求特解为 $y^*=Ae^{-x}$

其中 A 的特定系数. 代入方程，得 $A(1-5+6)e^{-x}=2e^{-x}$

可确定 $A=1$. 方程的一个特解是 $y^*=e^{-x}$. 于是，所求方程的通解是

$$y=C_1e^{-3x}+C_2e^{-2x}+e^{-x}$$

例 7.13　设 $u(x)$ 在 $(-\infty,+\infty)$ 内连续，且满足 $u(x)=\int_0^x tu(x-t)dt$. 求证 $u(x)\equiv 0$.

证明　$u(x)=\int_0^x t\cdot u(x-t)dt \xlongequal{令 s=x-t} \int_x^0 (x-s)u(s)ds=\int_0^x(x-s)u(s)ds=$

$$x\int_0^x u(s)ds-\int_0^x s\cdot u(s)ds$$

令 $x=0$，得 $u(0)=0$，两边求导，得

$$u'(x)=\int_0^x u(s)ds+xu(x)-xu(x)=\int_0^x u(s)ds$$

令 $x=0$，得 $u'(0)=0$. 两边再求导，得 $u''(x)=u(x)$

这说明 $u(x)$ 是初值问题 $y''=y, y(0)=0, y'(0)=0$ 的解. $y''=y$ 的通解为

$$y = C_1 e^x + C_2 e^{-x}$$

由 $y(0)=0, y'(0)=0$，求得 $C_1 = C_2 = 0$. 故 $u(x) \equiv 0$.

例 7.14 一粒子弹以速度 $v_0 = 200$ m/s 打进一块厚度为 10 cm 的木板，然后穿过木板且以速度 $v_1 = 80$ m/s 离开木板，该木板对于子弹的阻力和运动速度平方成正比，问子弹穿过木板的运动持续了多长时间（设子弹的质量 $m=1$）?

解 由牛顿第二定律得

$$\frac{dv}{dt} = -kv^2, \quad 且 \quad v|_{t=0} = v_0 = 200 \text{ m/s}$$

分离变量，并积分得 $\frac{1}{v} = kt + C$，由初始条件，得 $C = \frac{1}{200}$，所以

$$v = \frac{200}{200kt+1}$$

设子弹穿木板所需时间为 T，则

$$0.1 = \int_0^T \frac{200}{200kt+1} dt = \frac{1}{k}\ln(200kt+1)\Big|_0^T = \frac{1}{k}\ln(200kT+1)$$

又当 $t = T$ 时，$v = v_1 = 800$ m/s，所以 $\frac{200}{200kT+1} = 80$，从而 $kT = \frac{3}{400}$，于是

$$0.1 = \frac{400T}{3}\ln(\frac{3}{2}+1)$$

所以子弹穿过木板的运动持续了

$$T = \frac{0.3}{400\ln 2.5} \approx 8.2 \times 10^{-4} \text{ s}$$

例 7.15 解下列微分方程：

(1) $xy'' + y' = e^x$； (2) $y'' + \frac{1}{1-y}(y')^2 = 0$.

分析 方程 $xy''+y'=e^x$ 中不显含 y 属于 $y''=f(x,y')$ 型；方程 $y''+\frac{1}{1-y}(y')^2=0$ 中不显含 x 属于 $y''=f(y,y')$ 型.

解 (1) 令 $y'=p(x)$，$y''=\frac{dp}{dx}$，代入原方程有 $x\frac{dp}{dx}+p=e^x$，即

$$\frac{dp}{dx} + \frac{1}{x}p = \frac{1}{x}e^x$$

其通解为

$$p = e^{-\int \frac{1}{x}dx}\left(\int \frac{1}{x}e^x e^{\int \frac{1}{x}dx}dx + C_1\right) = \frac{1}{x}(e^x + C_1)$$

即

$$p = y' = \frac{1}{x}(e^x + C_1)$$

积分得

$$y = \int\left(\frac{C_1}{x} + \frac{e^x}{x}\right)dx = C_1\ln x + \int \frac{e^x}{x}dx + C_2$$

(2) 令 $y'=p(y)$，$y''=\frac{dp}{dx}=\frac{dp}{dy}\cdot\frac{dy}{dx}=p\frac{dp}{dy}$，代入原方程得

$$p\frac{dp}{dy} + \frac{1}{1-y}p^2 = 0$$

可得

$$p = 0 \quad 或 \quad \frac{dp}{dy} + \frac{1}{1-y}p = 0$$

即

$$p = C_1(y-1)$$

$$\frac{dy}{dx} = C_1(y-1)$$

积分得

$$y = 1 + C_2 e^{C_1 x}$$

例 7.16 求微分方程 $yy''+y'^2=0$ 满足初始条件 $y|_{x=0}=1, y'|_{x=0}=\frac{1}{2}$ 的特解.

解 令 $y'=p$,则

$$y''=\frac{dy'}{dx}=\frac{dp}{dx}=\frac{dp}{dy}\cdot\frac{dy}{dx}=p\frac{dp}{dy}$$

原方程可化为

$$yp\frac{dp}{dy}+p^2=0$$

于是

$$p=0 \quad 或 \quad y\frac{dp}{dy}+p=0$$

因为 $p=0$ 不满足初始条件 $y'|_{x=0}=\frac{1}{2}$,所以 $y\frac{dp}{dy}+p=0$,即 $\frac{1}{y}dy+\frac{1}{p}dp=0$,积分得 $py=C$.

再由初始条件 $y|_{x=0}=1, y'_{x=0}=\frac{1}{2}$ 得 $C=\frac{1}{2}$,即 $y\frac{dy}{dx}=\frac{1}{2}$,分离变量得 $ydy=\frac{1}{2}dx$. 积分得 $y^2=x+C_2$. 再由初始条件 $y|_{x=0}=1$,得 $C_2=1$. 故所求特解为

$$y^2=x+1 \quad 或 \quad y=\sqrt{x+1}$$

例 7.17 求微分方程 $xy''+3y'=0$ 的通解.

解 令 $p=y'$,则原方程化为 $p'+\frac{3}{x}p=0$,其通解为 $p=Cx^{-3}$,即 $\frac{dy}{dx}=Cx^{-3}$. 积分得

$$y=\int Cx^{-3}dx=C_1-\frac{C}{2}x^{-2}=C_1+\frac{C_2}{x^2}(C_2=-\frac{C}{2})$$

例 7.18 求微分方程 $y''+y'=x^2$ 的通解.

解法一 特征方程 $r^2+r=0$,特征根为 $r_1=0, r_2=-1$,齐次方程的通解为

$$y=C_1+C_2e^{-x}$$

设非齐次方程的特解为

$$y^*=x(ax^2+bx+c)$$

代入原方程得 $a=\frac{1}{3}, b=-1, c=2$. 故 $y^*=\frac{1}{3}x^3-x^2+2x$,所求通解为

$$y=C_1+C_2e^{-x}+\frac{1}{3}x^3-x^2+2x$$

解法二 令 $p=y'$,则 $p'=y''$,代入方程得

$$p'+p=x^2$$

所以

$$p=e^{-\int dx}(\int x^2e^{\int dx}dx+C_0)=e^{-x}(x^2e^x-2xe^x+2e^x+C_0)$$

$$y=\int(x^2+2x+2+C_0e^{-x})dx=\frac{1}{3}x^3-x^2+2x+C_1+C_2e^{-x}$$

解法三 原方程可以写成

$$(y'+y)'=x^2$$

两边积分,得

$$y'+y=\frac{1}{3}x^3+C_0$$

解此一阶线性微分方程,即得通解为

$$y=\int(x^2+2x+2+C_0e^{-x})dx=\frac{1}{3}x^3-x^2+2x+C_2e^{-x}+C_1$$

例 7.19 设二阶常系数线性微分方程

$$y''+\alpha y'+\beta y=\gamma e^x$$

的一个特解为 $y=e^{2x}+(1+x)e^x$,试确定常数 α,β,γ,并求该方程的通解.

解法一 由题设特解知,原方程的特征根为 1 和 2,所以特征方程为 $(r-1)(r-2)=0$,即

$$r^2-3r+2=0$$

于是 $\alpha=-3, \beta=2$,为了确定 γ,将 $y_1=xe^x$ 代入方程,得

$$(x+2)e^x-3(x+1)e^x+2xe^x=-e^x$$

解得 $\gamma=-1$，从而原方程的通解为

$$y=C_1e^x+C_2e^{2x}+xe^x$$

解法二 将 $y=e^{2x}+(1+x)e^x$ 代入原方程，得

$$(4+2\alpha+\beta)e^{2x}+(3+2\alpha+\beta)e^x+(1+\alpha+\beta)xe^x=\gamma e^x$$

比较同类项系数得

$$\begin{cases}4+2\alpha+\beta=0\\3+2\alpha+\beta=\gamma\\1+\alpha+\beta=0\end{cases}$$

解此方程组，得 $\alpha=-3,\beta=2,\gamma=-1$，即原方程为 $\quad y''-3y'+2y=-e^x$

它对应的特征方程的根为 $r_1=1,r_2=2$，故齐次方程的通解为 $\quad y=C_1e^x+C_2e^{2x}$

原方程的通解为

$$y=C_1e^x+C_2e^{2x}+[e^{2x}+(1+x)e^x]$$

即

$$y=C_3e^x+C_4e^{2x}+xe^x$$

例 7.20 已知 $y_1=xe^x+e^{2x},y_2=xe^x+e^{-x},y_3=xe^x+e^{2x}-e^{-x}$ 是某二阶线性非齐次微分方程的三个解，求此微分方程.

解法一 由线性微分方程解的结构定理知，e^{2x} 与 e^{-x} 是相应齐次方程两个线性无关的解. xe^x 是非齐次方程的一个特解，故可设此方程为 $\quad y''-y'-2y=f(x)$

将 $y=xe^x$ 代入上式，得 $f(x)=e^x-2xe^x$. 因此所求方程为 $\quad y''-y'-2y=e^x-2xe^x$

解法二 根据二阶线性非齐次微分方程解的结构知，$y_1-y_3=e^{-x}$ 是齐次方程的解，而 $y_2-y_3=2e^{-x}-e^{2x}$ 为齐次方程的解，且 y_1-y_3,y_2-y_3 线性无关. y_3 是非齐次方程的一个特解，故所求方程的通解为

$$y=xe^x+e^{2x}-e^x+C_1e^{-x}+C_2(2e^{-x}-e^{2x})$$

由于

$$y'=e^x+xe^x+(2C_2+2)e^{2x}+(-C_1-2c_2+1)e^{-x}$$

$$y''=2e^x+xe^x+(4C_2+2)e^{2x}+(C_1+2c_2-1)e^{-x}$$

消去 C_1,C_2，所求的方程为 $\quad y''-y'-2y=e^x-2xe^x$

例 7.21 求方程 $y''+4y'+4y=\cos2x$ 的一个特解.

分析 $f(x)=\cos2x$ 属于 $e^{\lambda x}[P_l(x)\cos\omega x+P_n(x)\sin\omega x]$ 型，其中 $\lambda=0,\omega=2,P_l(x)=1,P_n(x)=0$，$\max\{l,n\}=0$

解 特征方程 $r^2+4r+4=0$，即 $(r+2)^2=0$，特征根为 $r_1=r_2=-2$.

设特解为 $y^*=a\cos2x+b\sin2x$，代入原方程，得

$$-4a\cos2x-4b\sin2x+4(-2a\sin2x+2b\cos2x)+4(a\cos2x+b\sin2x)=\cos2x$$

即

$$-8a\sin2x+8b\cos2x=\cos2x$$

比较系数得 $a=0,b=\dfrac{1}{8}$. 于是原方程的一个特解是

$$y^*=\frac{1}{8}\sin2x$$

注 本题不能设特解是 $y^*=a\cos2x$，否则会出现错误.

例 7.22 求方程 $y''-4y'+5y=2e^{2x}\sin x$ 的通解.

分析 $f(x)=2e^{2x}\sin x$ 属于 $e^{\lambda x}[P_l(x)\cos\omega x+P_n(x)\sin\omega x]$ 型，这里 $\lambda=2,\omega=1,P_l(x)=0,P_n(x)=2,\max\{l,n\}=0$.

解 特征方程为 $r^2-4r+5=0$，特征根为 $r_{1,2}=2\pm i$，齐次方程通解为

$$y=e^{2x}(C_1\cos x+C_2\sin x)$$

设原方程的一个特解为 $\quad y^*=xe^{2x}[a\cos x+b\sin x]$

代入原方程并比较系数，得 $a=-1,b=0$. 即 $\quad y^*=-xe^{2x}\cos x$

故原方程的通解为 $$y = e^{2x}(C_1\cos x + C_2\sin x) - xe^{2x}\cos x$$

例 7.23 求微分方程 $y'' + a^2 y = \sin x$ 的通解，其中常数 $a > 0$.

解法一 特征方程 $x^2 + a^2 = 0$，特征根为 $r_1 = ai, r_2 = -ai$，齐次方程的通解为 $y = C_1\cos ax + C_2\sin ax$

(1) 当 $a \neq 1$ 时，设原方程的特解为 $y^* = A\sin x + B\cos x$

代入原方程得 $$A(a^2-1)\sin x + B(a^2-1)\cos x = \sin x$$

比较系数得 $A = \dfrac{1}{a^2-1}, B = 0$，所以 $$y^* = \frac{1}{a^2-1}\sin x$$

(2) 当 $a = 1$ 时，设原方程的特解为 $y^* = x(A\sin x + B\cos x)$

代入原方程得 $$2A\cos x - 2B\sin x = \sin x$$

比较系数得 $A = 0, B = -\dfrac{1}{2}$，所以 $$y^* = -\frac{1}{2}x\cos x$$

综上所述，所求通解为
$$y = \begin{cases} C_1\cos ax + C_2\sin ax + \dfrac{1}{a^2-1}\sin x, & a \neq 1 \\ C_1\cos x + C_2\sin x - \dfrac{1}{2}x\cos x, & a = 1 \end{cases}$$

解法二 对应齐次方程的通解为 $y = C_1\cos ax + C_2\sin ax$

令 $$y'' + a^2 y = e^{ix} \quad ①$$

(1) 当 $a \neq 1$ 时，特征根 $\pm ai \neq i$，设式 ① 的特解为 $\bar{y}^* = Ae^{ix}$

代入式 ① 得 $$-Ae^{ix} + a^2Ae^{ix} = e^{ix}$$

解之得 $A = \dfrac{1}{a^2-1}$，故式 ① 的特解为 $$\bar{y}^* \frac{1}{a^2-1}e^{ix} = \frac{1}{a^2-1}(\cos x + i\sin x)$$

所以原方程的特解为 $$y^* = \frac{1}{a^2-1}\sin x$$

(2) 当 $a = 1$ 时，设式 ① 的特解为 $\bar{y}^* = Axe^{ix}$，则代入式 ① 得，$2Aie^{ix} = e^{ix}$. 解之得 $A = \dfrac{1}{2i} = -\dfrac{i}{2}$，故式 ① 的特解为 $$\bar{y}^* = -\frac{i}{2}xe^{ix} = \frac{1}{2}x(\sin x - i\cos x)$$

所以原方程的特解为 $$y^* = -\frac{1}{2}x\cos x$$

综上所述，所求通解为
$$y = \begin{cases} C_1\cos ax + C_2\sin ax + \dfrac{1}{a^2-1}\sin x, & a \neq 1 \\ C_1\cos x + C_2\sin x - \dfrac{1}{2}x\cos x, & a = 1 \end{cases}$$

例 7.24 求方程 $y'' + 3y' + 2y = e^{-x} + \sin x$ 的通解.

分析 这里 $f(x) = e^{-x} + \sin x$，e^{-x} 属于 $P_m(x)e^{\lambda x}$ 型，$\sin x$ 属于 $e^{\lambda x}[P_l(x)\cos\omega x + P_n(x)\sin\omega x]$ 型，可以先分别求出 $y'' + 3y' + 2y = e^{-x}$ 的一个特解 y_1^* 和 $y'' + 3y' + 2y = \sin x$ 的一个特解 y_2^*，再由线性非齐次方程解的性质知 $y^* = y_1^* + y_2^*$ 是原方程的一个特解.

解 特征方程为 $r^2 + 3r + 2 = 0$，特征根为 $r_1 = -2, r_2 = -1$. 故齐次方程通解为
$$y = C_1e^{-2x} + C_2e^{-x}$$

设原方程的一个特解为
$$y^* = y_1^* + y_2^* = xae^{-x} + (b_1\cos x + b_2\sin x)$$

则
$$(y^*)' = a(1-x)e^{-x} + (b_1\sin x + b_2\cos x)$$
$$(y^*)'' = a(x-2)e^{-x} - (b_1\cos x + b_2\sin x)$$

代入原方程两端比较系数，得
$$\begin{cases} a = 1 \\ b_2 - 3b_1 = 1 \\ b_1 + 3b_2 = 0 \end{cases}$$

解之得 $a_1=1, b_1=-\frac{3}{10}, b_2=\frac{1}{10}$. 所以 $y^*=xe^{-x}-\frac{3}{10}\cos x+\frac{1}{10}\sin x$

故原方程的通解为 $y=C_1e^{-2x}+C_2e^{-x}+xe^{-x}-\frac{3}{10}\cos x+\frac{1}{10}\sin x$

例 7.25 设函数 $\varphi(x)$ 连续，且满足 $\varphi(x)=e^x+\int_0^x t\varphi(t)dt-x\int_0^x\varphi(t)dt$

求 $\varphi(x)$.

解 对原式两边求导得

$$\varphi'(x)=e^x-\int_0^x\varphi(t)dt$$

$$\varphi''(x)=e^x-\varphi(x)$$

从而

$$\varphi''(x)+\varphi(x)=e^x \quad ①$$

由题设可知，$\varphi(0)=1, \varphi'(0)=1$. 式 ① 对应的齐次方程的特征方程为 $r^2+1=0$，特征根 $r_{1,2}=\pm i$. 对应的齐次方程的通解为

$$\varphi(x)=C_1\cos x+C_2\sin x$$

不难看出，$y^*=\frac{1}{2}e^x$ 为式 ① 的一个特解，因而式 ① 的通解为

$$\varphi(x)=C_1\cos x+C_2\sin x+\frac{1}{2}e^x$$

又 $\varphi'=-C_1\sin x+C_2\cos x+\frac{1}{2}e^x$，由初始条件 $\varphi(0)=1, \varphi'(0)=1$ 得 $1=C_1+\frac{1}{2}, 1=C_2+\frac{1}{2}$，从而 $C_1=C_2=\frac{1}{2}$，故

$$\varphi(x)=\frac{1}{2}(\cos x+\sin x+e^x)$$

例 7.26 求解欧拉方程 $x^2\frac{d^2y}{dx^2}+3x\frac{dy}{dx}+5y=0$.

解 令 $x=e^t$，则

$$\frac{dy}{dx}=\frac{dy}{dt}\cdot\frac{dt}{dx}=\frac{1}{x}\frac{dy}{dt} \quad 或 \quad x\frac{dy}{dx}=\frac{dy}{dt}$$

$$\frac{d^2y}{dx^2}=\frac{d}{dx}\left(\frac{1}{x}\frac{dy}{dt}\right)=-\frac{1}{x^2}\frac{dy}{dt}+\frac{1}{x}\frac{d}{dt}\left(\frac{dy}{dt}\right)\cdot\frac{dt}{dx}=-\frac{1}{x^2}\frac{dy}{dx}+\frac{1}{x^2}\frac{d^2y}{dt^2}$$

或

$$x^2\frac{d^2y}{dx^2}=\frac{d^2y}{dt^2}-\frac{dy}{dt}$$

代入原方程有

$$\frac{d^2y}{dt^2}+2\frac{dy}{dt}+5y=0$$

特征方程为 $r^2+2r+5=0$. 特征根为 $r_{1,2}=-1\pm 2i$. 所以通解为 $y=e^{-t}(C_1\cos 2t+C_2\sin 2t)$

将 $t=\ln x$ 代入，即得原方程通解为

$$y=\frac{1}{x}[C_1\cos(2\ln x)+C_2\sin(2\ln x)]$$

例 7.27 某种飞机在机场降落时，为了减少滑行距离，在触地的瞬间，飞机尾部张开减速伞，以增大阻力，使飞机迅速减速并停下. 现有一质量为 9 000 kg 的飞机，着陆时的水平速度为 700 km/h. 经测试，减速伞打开后，飞机所受的总阻力与飞机的速度成正比（比例系数为 $k=6.0\times10^6$），问从着陆点算起，飞机滑行的最长距离是多少？

解法一 由题设，飞机的质量 $m=9\ 000$ kg，着陆时的水平速度 $v_0=700$ km/h. 从飞机接触跑道开始记时，设 t 时刻飞机的滑行距离为 $x(t)$，速度为 $v(t)$.

根据牛顿第二定律，得 $m\frac{dv}{dx}=-kv$，又 $\frac{dv}{dt}=\frac{dv}{dx}\frac{dx}{dt}=v\frac{dv}{dx}$，由以上两式得 $dx=-\frac{m}{k}dv$，积分得 $x(t)=-\frac{m}{k}v+C$，由于 $v(0)=v_0, x(0)=0$，所以得 $C=\frac{m}{k}v_0$，从而

$$x(t)=\frac{m}{k}(v_0-v(t))$$

因为当 $v(t)\to 0$ 时，$x(t)\to\frac{mv_0}{k}=\frac{9\ 000\times 700}{6.0\times 10^6}=1.05$ km. 所以，飞机滑行的最长距离为 1.05 km.

解法二 根据牛顿第二定律，得 $m\frac{\mathrm{d}v}{\mathrm{d}t}=-kv$，所以 $\frac{\mathrm{d}v}{v}=-\frac{k}{m}\mathrm{d}t$，两端积分得通解 $v=C\mathrm{e}^{-\frac{k}{m}t}$，所以 $\frac{\mathrm{d}v}{v}=-\frac{k}{m}\mathrm{d}t$，两端积分得通解 $v=C\mathrm{e}^{-\frac{k}{m}t}$，代入初始条件 $v(0)=v_0$ 解得 $C=v_0$，故 $v=v_0\mathrm{e}^{-\frac{k}{m}t}$. 飞机滑行的最长距离为

$$x=\int_0^{+\infty}v(t)\mathrm{d}t=-\frac{mv_0}{k}\mathrm{e}^{-\frac{k}{m}t}\Big|_0^{+\infty}=\frac{mv_0}{k}=10.5\ (\mathrm{km})$$

或由 $\frac{\mathrm{d}x}{\mathrm{d}t}=v_0\mathrm{e}^{-\frac{k}{m}t}$，知 $$x(t)=\int_0^t v_0\mathrm{e}^{-\frac{k}{m}t}\mathrm{d}t=-\frac{mv_0}{k}(\mathrm{e}^{-\frac{k}{m}t}-1)$$

故最长距离为当 $t\to+\infty$ 时，$x(t)\to\frac{kv_0}{m}=1.05\ (\mathrm{km})$.

解法三 根据牛顿第二定律，得

$$m\frac{\mathrm{d}^2x}{\mathrm{d}t^2}=-k\frac{\mathrm{d}x}{\mathrm{d}t},\quad \frac{\mathrm{d}^2x}{\mathrm{d}t^2}+\frac{k}{m}\frac{\mathrm{d}x}{\mathrm{d}t}=0$$

其特征方程为 $r^2+\frac{k}{m}r=0$，解之得 $r_1=0, r_2=-\frac{k}{m}t$，故 $\qquad x=C_1+C_2\mathrm{e}^{-\frac{k}{m}t}$

由 $x\Big|_{t=0}=0, v\Big|_{t=0}=\frac{\mathrm{d}x}{\mathrm{d}t}\Big|_{t=0}=-\frac{kC_2}{m}\mathrm{e}^{-\frac{k}{m}t}\Big|_{t=0}=v_0$ 得

$$C_1=-C_2=\frac{mv_0}{k},\quad x(t)=\frac{mv_0}{k}(1-\mathrm{e}^{-\frac{k}{m}t})$$

于是当 $t\to+\infty$ 时，$x(t)\to\frac{mv_0}{k}=1.05\ (\mathrm{km})$，所以，飞机滑行的最长距离为 1.05 km.

注 本题求飞机滑行的最长距离，可理解为 $t\to\infty$ 或 $v(t)\to 0$ 的极限值，这种条件应引起注意.

例 7.28 设一容器内有 100 L 溶液，其中含有 5 kg 的净盐，若每分钟向容器内以匀速注入 3 L 净水，同时以每分钟 2 L 的速度放出浓度均匀的溶液，问过程开始后 1 h，溶液中还有多少净盐？

解 设经过 t min 容器内有盐水 $(100+t)$L，含盐量为 x kg，则盐水的含盐浓度是 $\frac{x}{t+100}$ kg/L. 于是容器中盐量 x 的减少速度是

$$\frac{\mathrm{d}x}{\mathrm{d}t}=-\frac{2x}{t+100}\Rightarrow\frac{\mathrm{d}x}{x}=-\frac{2\mathrm{d}t}{t+100}$$

通解为
$$x=\frac{C}{(t+100)^2}$$

因为 $x(0)=5$，所以 $C=5\times 10^4$，特解为 $x=\frac{5\times 10^4}{(t+100)^2}$. 当 $t=60$ 时，$x=\frac{5\times 10^4}{(60+100)^2}=\frac{125}{64}\approx 1.953$. 故过程开始 1 h，溶液中还有 1.953 kg 的净盐.

四、课后习题精解

(一) 习题 7-1 解答

1. 试说出下列各微分方程的阶数：

(1) $x(y')^2-2yy'+x=0$；

(2) $x^2y''-xy'+y=0$；

(3) $xy'''+2y''+x^2y=0$；

(4) $(7x-6y)\mathrm{d}x+(x+y)\mathrm{d}y=0$；

(5) $L\frac{d^2Q}{dt^2}+R\frac{dQ}{dt}+\frac{Q}{C}=0$；　　(6) $\frac{d\rho}{d\theta}+\rho=\sin^2\theta$.

解 (1) 一阶 (2) 二阶 (3) 三阶 (4) 一阶 (5) 二阶 (6) 一阶

2. 指出下列各题中的函数是否为所给微分方程的解：

(1) $xy'=2y, y=5x^2$；　　(2) $y''+y=0, y=3\sin x-4\cos x$；

(3) $y''-2y'+y=0, y=x^2e^x$；　　(4) $y''-(\lambda_1+\lambda_2)y'+\lambda_1\lambda_2 y=0, y=C_1e^{\lambda_1 x}+C_2e^{\lambda_2 x}$.

解 (1) 因为 $y'=10x$，所以 $xy'=x\cdot 10x=2(5x^2)$，即 $y=5x^2$ 是方程的解.

(2) 因为 $y'=3\cos x+4\sin x, y''=-3\sin x+4\cos x$，所以

$$y''+y=(-3\sin x+4\cos x)+(3\sin x-4\cos x)=0$$

即 $y=3\sin x-4\cos x$ 是所给方程的解.

(3) 因为 $y'=e^x(2x+x^2), y''=e^x(2+4x+x^2)$，所以

$$y''-2y'+y=e^x(2+4x+x^2)-2e^x(2x+x^2)x^2e^x=2e^x\neq 0$$

故 $y=x^2e^x$ 不是方程的解.

(4) 因为 $y'=C_1\lambda_1e^{\lambda_1 x}+C_2\lambda_2e^{\lambda_2 x}, y''=C_1\lambda_1^2e^{\lambda_1 x}+C_2\lambda_2^2e^{\lambda_2 x}$，所以

$$y''-(\lambda_1+\lambda_2)y'+\lambda_1\lambda_2 y=C_1\lambda_1^2e^{\lambda_1 x}+C_2\lambda_2^2e^{\lambda_2 x}-(\lambda_1+\lambda_2)(C_1\lambda_e{}^{\lambda_1 x}+C_2\lambda_2e^{\lambda_2 x})+\lambda_1\lambda_2(C_2e^{\lambda_1 x}+C_2e^{\lambda_2 x})=0$$

即 $y=C_1e^{\lambda_1 x}+C_2e^{\lambda_2 x}$ 是所给方程的解.

3. 在下列各题中，验证所给二元方程所确定的函数为所给微分方程的解：

(1) $(x-2y)y'=2x-y, x^2-xy+y^2=C$；

(2) $(xy-x)y''+xy'^2+yy'-2y'=0, y=\ln(xy)$.

解 (1) $x^2-xy+y^2=C$ 两边同时对 x 求导，得 $2x-y-xy'+2yy'=0$，整理得 $(x-2y)y'=2x-y$，即由 $x^2-xy+y^2=C$ 所确定的函数是所给微分方程的解.

(2) 在方程 $y=\ln(xy)$ 两端对 x 求导，得 $y'=\frac{y+xy'}{xy}$

即 $(xy-x)y'-y=0$

再在上式两端对 x 求导，得 $(y+xy'-1)y'+(xy-x)y''-y'=0$

即 $(xy-x)y''+xy'^2+yy'-2y'=0$

故所给二元方程所确定的函数是所给微分方程的解.

4. 在下列各题中，确定函数关系式中所含的参数，使函数满足所给的初始条件.

(1) $x^2-y^2=C, y|_{x=0}=5$；　　(2) $y=(C_1+C_2x)e^{2x}, y|_{x=0}=0, y'|_{x=0}=1$；

(3) $y=C_1\sin(x-C_2), y|_{x=\pi}=1, y'|_{x=\pi}=0$.

解 (1) 由于 $y|_{x=0}=5$，故 $C=-25$，因此 $y^2-x^2=25$.

(2) $y'=C_2e^{2x}+2(C_1+C_2x)e^{2x}$，由 $y|_{x=0}=0, y'|_{x=0}=1$ 得 $C_1=0, C_2=1$. 故 $y=xe^{2x}$.

(3) $y'=C_1\cos(x-C_2)$，由 $y|_{x=\pi}=1, y'|_{x=\pi}=0$ 得 $C_1=\pm 1$，当 $C_1=1, C_2=2k\pi+\frac{\pi}{2}$，故 $y=\sin(x-2k\pi-\frac{\pi}{2})$，即 $y=-\cos x$，当 $C_1=-1$ 时得同样结果.

5. 写出由下列条件确定的曲线所满足的微分方程：

(1) 曲线在点 (x,y) 处的切线的斜率等于该点横坐标的平方；

(2) 曲线上点 $P(x,y)$ 处的法线与 x 轴的交点为 Q，且线段 PQ 被 y 轴平分.

解 (1) 设曲线为 $y=y(x)$，则曲线上点 (x,y) 处的切线斜率为 y'，由条件知 $y'=x^2$，这便是所求微分方程.

(2) 设曲线为 $y=y(x)$，则曲线上点 $P(x,y)$ 处的法线斜率为 $\frac{-1}{y'}$，由条件知 PQ 中点的横坐标为 0，所以

Q 的坐标为$(-x,0)$，从而有$\dfrac{y-0}{x+x}=-\dfrac{1}{y'}$，即 $yy'+2x=0$.

6. 用微分方程表示一物理命题：某种气体的气压 P 对于温度 T 的变化率与气压成正比，与温度的平方成反比.

解 $\dfrac{\mathrm{d}P}{\mathrm{d}T}=k\dfrac{P}{T^2}$，$k$ 为比例系数.

(二) 习题 7－2 解答

1. 求下列微分方程的通解：

(1)$xy'-y\ln y=0$； (2)$3x^2+5x-5y'=0$；

(3) $\sqrt{1-x^2}\,y'=\sqrt{1-y^2}$； (4)$y'-xy'=a(y^2+y')$；

(5)$\sec^2x\tan y\mathrm{d}x+\sec^2y\tan x\mathrm{d}y=0$； (6) $\dfrac{\mathrm{d}y}{\mathrm{d}x}=10^{x+y}$；

(7)$(\mathrm{e}^{x+y}-\mathrm{e}^x)\mathrm{d}x+(\mathrm{e}^{x+y}+\mathrm{e}^y)\mathrm{d}y=0$； (8)$\cos x\sin y\mathrm{d}x+\sin x\cos y\mathrm{d}y=0$；

(9)$(y+1)^2\dfrac{\mathrm{d}y}{\mathrm{d}x}+x^3=0$； (10)$y\mathrm{d}x+(x^2-4x)\mathrm{d}y=0$.

解 (1) 原方程变形为 $x\dfrac{\mathrm{d}y}{\mathrm{d}x}-y\ln y=0$，分离变量得$\dfrac{\mathrm{d}y}{y\ln y}=\dfrac{\mathrm{d}x}{x}$，两边积分得$\displaystyle\int\dfrac{\mathrm{d}y}{y\ln y}=\int\dfrac{\mathrm{d}x}{x}$，即 $\ln(\ln y)=\ln x+\ln C=\ln Cx$，亦即 $y=\mathrm{e}^{Cx}$，故通解为 $y=\mathrm{e}^{Cx}$.

(2) 原方程变形为 $5\dfrac{\mathrm{d}y}{\mathrm{d}x}=3x^2+5x$，分离变量得 $5\mathrm{d}y=(3x^2+5x)\mathrm{d}x$，两边积分得

$$\int 5\mathrm{d}y=\int(3x^2+5x)\mathrm{d}x$$

即

$$5y=x^3+\frac{5}{2}x^2+C_1$$

故通解为

$$y=\frac{1}{5}x^3+\frac{1}{2}x^2+C\quad\left(C=\frac{C_1}{5}\right)$$

(3) 原方程变形为$\dfrac{\mathrm{d}y}{\sqrt{1-y^2}}=\dfrac{\mathrm{d}x}{\sqrt{1-x^2}}$，两边积分得$\displaystyle\int\dfrac{\mathrm{d}y}{\sqrt{1-y^2}}=\int\dfrac{\mathrm{d}x}{\sqrt{1-x^2}}$. 故通解为 $\arcsin y=\arcsin x+C$，即 $y=\sin(\arcsin x+C)$.

(4) 原方程变形为$(1-x-a)\dfrac{\mathrm{d}y}{\mathrm{d}x}=ay^2$，分离变量并两边积分得$\displaystyle\int\dfrac{\mathrm{d}y}{ay^2}=\int\dfrac{\mathrm{d}x}{1-a-x}$. 即

$$-\frac{1}{ay}=-\ln|1-a-x|-C_1$$

故通解为 $y=\dfrac{1}{C+a\ln|1-a-x|}$，这里 $C=aC_1$ 为任意常数.

(5) 分离变量并积分得$\displaystyle\int\dfrac{\sec^2y}{\tan y}\mathrm{d}y=-\int\dfrac{\sec^2x}{\tan x}\mathrm{d}x$，亦即 $\displaystyle\int\dfrac{\mathrm{d}(\tan y)}{\tan y}=-\int\dfrac{\mathrm{d}(\tan x)}{\tan x}$

从而 $\ln(\tan y)=-\ln(\tan x)+\ln C$，$\ln(\tan y\tan x)=\ln C$，故通解为 $\tan x\tan y=C$.

(6) 分离变量得 $10^{-y}\mathrm{d}y=10^x\mathrm{d}x$，两边积分得$\displaystyle\int 10^{-y}\mathrm{d}y=\int 10^x\mathrm{d}x$，从而$-\dfrac{10^{-y}}{\ln 10}=\dfrac{10^x}{\ln 10}+\dfrac{C_1}{\ln 10}$，亦即

$$10^{-y}=-10^x+C$$

故通解为 $y=-\log(-10^x+C)$，其中 C 为任意常数.

(7) 原方程变为 $\mathrm{e}^y(\mathrm{e}^x+1)\mathrm{d}y=\mathrm{e}^x(1-\mathrm{e}^y)\mathrm{d}x$，分离变量并积分得$\displaystyle\int\dfrac{\mathrm{e}^y\mathrm{d}y}{1-\mathrm{e}^y}=\int\dfrac{\mathrm{e}^x\mathrm{d}x}{1+\mathrm{e}^x}$，从而$-\ln(\mathrm{e}^y-1)=\ln(\mathrm{e}^x+1)-\ln C$，即 $\ln(\mathrm{e}^x+1)+\ln(\mathrm{e}^y-1)=\ln C$，故通解为

$$(\mathrm{e}^x+1)(\mathrm{e}^y-1)=C$$

(8) 分离变量得 $\frac{\cos y}{\sin y}dy = -\frac{\cos x}{\sin x}dx$，积分得 $\int\frac{\cos y}{\sin y}dy = \int -\frac{\cos x}{\sin x}dx$，从而 $\ln(\sin y) = -\ln(\sin x) + \ln C$，即 $\ln(\sin x\sin y) = \ln C$，故通解为 $\sin x\sin y = C$，其中 C 为任意常数.

(9) 分离变量得 $(y+1)^2dy = -x^3dx$，两边积分得 $\int(y+1)^2dy = -\int x^3dx$，从而 $\frac{1}{3}(y+1)^3 = -\frac{1}{4}x^4 + C_1$，故通解为

$$4(y+1)^3 + 3x^4 = C \quad (C = 12C_1)$$

(10) 分离变量得 $\frac{dx}{4x-x^2} = \frac{dy}{y}$，积分得 $\int(\frac{1}{x}+\frac{1}{4-x})dx = 4\ln y$，从而 $\ln x - \ln(4-x) + \ln C = \ln(y^4)$，即 $y^4(4-x) = Cx$ 为原方程的通解.

2. 求下列微分方程满足所给初始条件的特解：

(1) $y' = e^{2x-y}, y|_{x=0} = 0$；　　(2) $\cos x\sin y dy = \cos y\sin x dx, y|_{x=0} = \frac{\pi}{4}$；

(3) $y'\sin x = y\ln y, y|_{x=\frac{\pi}{2}} = e$；　　(4) $\cos y dx + (1+e^{-x})\sin y dy = 0, y|_{x=0} = \frac{\pi}{4}$；

(5) $xdy + 2ydx = 0, y|_{x=2} = 1$.

解 (1) 分离变量得 $e^y dy = e^{2x}dx$，两边积分 $\int e^y dy = \int e^{2x}dx$，从而 $e^y = \frac{1}{2}e^{2x} + C$，即 $y = \ln(\frac{1}{2}e^{2x} + C)$，由 $y|_{x=0} = 0$，得 $\ln(C+\frac{1}{2}) = 0$，所以 $C = \frac{1}{2}$，即 $y = \ln(\frac{1}{2}e^{2x} + C)$，因此满足初始条件的特解为 $y = \ln(\frac{e^{2x}+1}{2})$.

(2) 分离变量得 $\tan y dy = \tan x dx$，两边积分得 $\int\tan y dy = \int\tan x dx$，从而 $-\ln(\cos y) = -\ln(\cos x) - \ln C$，即 $\cos y = C\cos x$，因为 $y|_{x=0} = \frac{\pi}{4}$，得 $\cos\frac{\pi}{4} = C\cos 0 = C$，即 $C = \frac{1}{\sqrt{2}}$，因此 $\sqrt{2}\cos y = \cos x$ 为所求的特解.

(3) 分离变量并积分得 $\int\frac{dy}{y\ln y} = \int\frac{dy}{\sin x}$，从而 $\ln(\ln y) = \ln(\tan\frac{x}{2}) + \ln C = \ln(C\tan\frac{x}{2})$

即 $\ln y = C\tan\frac{x}{2}$，$y = e^{C\tan\frac{x}{2}}$，由于 $y|_{x=\frac{\pi}{2}}$，由于 $y|_{x=\frac{\pi}{2}} = e$，故可得 $C = 1$，因此 $y = e^{\tan\frac{x}{2}}$ 为所求的特解.

(4) 分离变量并积分得 $-\int\frac{\sin y}{\cos y}dy = \int\frac{e^x}{1+e^x}dx$，即 $\int\frac{d\cos y}{\cos y} = \int\frac{d(1+e^x)}{1+e^x}$，从而 $\ln|\cos y| = \ln(e^x+1) + \ln|C|$，即 $\cos y = C(e^x+1)$ 为原方程的通解. 由初始条件知 $C = \frac{\sqrt{2}}{4}$，从而原方程的特解为

$$\cos y = \frac{\sqrt{2}}{4}(e^x+1)$$

(5) 分离变量并积分得 $\int\frac{dy}{2y} = \int -\frac{dx}{x}$，从而 $\frac{1}{2}\ln y = -\ln x + \frac{1}{2}\ln C$，即 $y = Cx^{-2}$，由初始条件知，$C = 4$，从而特解为 $y = \frac{4}{x^2}$.

3. 有一盛满了水的圆锥形漏斗，高为 10 cm，顶角为 60°，漏斗下面有面积为 0.5 cm² 的孔，求水面高度变化的规律及流完所需的时间.

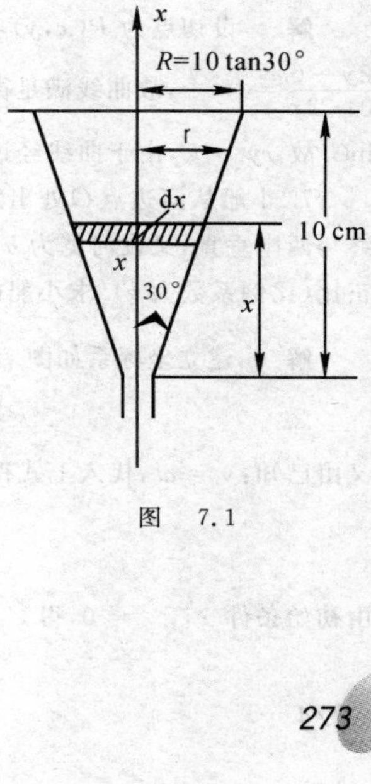

图 7.1

解 建立坐标系如图 7.1 所示，设 t 时刻已流出的水的体积为 V，则由流体力学有

$$\frac{dV}{dt} = 0.62 \times 0.5 \times \sqrt{(2\times 980)x}$$

即

$$dV = 0.62 \times 0.5 \times \sqrt{(2\times 980)x}\,dt$$

又因为 $r = x\tan 30^\circ = \dfrac{x}{\sqrt{3}}$，故 $V = -\pi r^2 \mathrm{d}x = -\dfrac{\pi}{3}x^2\mathrm{d}x$，从而

$$0.62 \times 0.5 \times \sqrt{(2\times 980)x}\,\mathrm{d}t = -\frac{\pi}{3}x^2\mathrm{d}x$$

即

$$\mathrm{d}t = \frac{\pi}{3\times 0.62\times 0.5\sqrt{2\times 980}}x^{\frac{3}{2}}\mathrm{d}x$$

因此 $t = \dfrac{-2\pi}{3\times 0.62\times 0.5\sqrt{2\times 980}}x^{\frac{5}{2}} + C$，又因为 $t = 0$ 时，$x = 10$，所以 $C = \dfrac{\pi}{3\times 5\times 0.62\times 0.5\sqrt{2\times 980}}10^{\frac{5}{2}}$，故水从小孔流出的规律为

$$t = \frac{2\pi}{3\times 5\times 0.62\times 0.5\sqrt{2\times 980}}(10^{\frac{5}{2}} - x^{\frac{5}{2}}) = -0.030\,3x^{\frac{5}{2}} + 9.645$$

令 $x = 0$ 时，则水流完所需的时间约为 10 s.

4. 质量为 1 g 的质点受外力作用作直线运动，这外力和时间成正比，和质点运动的速度成反比. 在 $t = 10$ s 时，速度等于 50 cm/s，外力为 4 g·cm/s^2，问从运动开始经过了 1 min 后的速度是多少？

解　已知 $F = k\dfrac{t}{v}$，并且当 $t = 10$ s 时，$v = 50$ cm/s，$F = 4$ g·cm/s^2，故 $4 = k\dfrac{10}{50}$，从而 $k = 20$，因此 $F = 20\dfrac{t}{v}$，又由牛顿定理，$F = ma$，即 $1\cdot\dfrac{\mathrm{d}v}{\mathrm{d}t} = 20\dfrac{t}{v}$，故 $v\mathrm{d}v = 20t\mathrm{d}t$，解之得 $\dfrac{1}{2}v^2 = 10t^2 + C$，即 $v = \sqrt{20t^2 + 2C}$，由初始条件有 $\dfrac{1}{2}\times 50^2 = 10\times 10^2 + C$，可得 $C = 250$. 因此 $v = \sqrt{20t^2 + 500}$ 为所求特解。当 $t = 60$ s 时，$v = \sqrt{20\times 60^2 + 500} = 269.3$ (cm/s).

5. 镭的衰变有如下的规律，镭的衰变速度与它的现存量 R 成正比. 由经验材料得知，镭经过 1 600 年后，只余原始量 R_0 的一半，试求镭的量 R 与时间 t 的函数关系.

解　由题设知，$\dfrac{\mathrm{d}R}{\mathrm{d}t} = -\lambda R$，即 $\dfrac{\mathrm{d}R}{R} = -\lambda\mathrm{d}t$，积分得 $\ln R = -\lambda t + C_1$，从而 $R = C\mathrm{e}^{-\lambda t}(C = \mathrm{e}^{C_1})$，因为 $t = 0$，$R = R_0$，故 $R_0 = C\mathrm{e}^0 = C$，即 $R = R_0\mathrm{e}^{-\lambda t}$，又由于 $t = 1\,600$，$R = \dfrac{R_0}{2}$，故 $\dfrac{R_0}{2} = R_0\mathrm{e}^{-1\,600\lambda}$，从而得 $\lambda = \dfrac{\ln 2}{1\,600}$，因此

$$R = R_0\mathrm{e}^{-\frac{\ln 2}{1\,600}t} = R_0\mathrm{e}^{-0.000\,433t}$$

6. 一曲线通过点(2,3)，它的两坐标轴间的任一切线段均被切点所平分，求这曲线方程.

解　设切点为 $P(x,y)$，则切线在 x 轴，y 轴的截距分别为 $2x, 2y$，切线斜率为 $\dfrac{2y-0}{0-2x} = -\dfrac{y}{x}$，故曲线满足微分方程 $\dfrac{\mathrm{d}y}{\mathrm{d}x} = -\dfrac{y}{x}$. 从而 $\displaystyle\int\frac{\mathrm{d}y}{y} = \int -\frac{\mathrm{d}x}{x}$，即 $\ln x + \ln y = \ln C$. 故 $xy = C$，由于曲线经过点(2,3)，因此，$C = 6$，故曲线方程为 $xy = 6$.

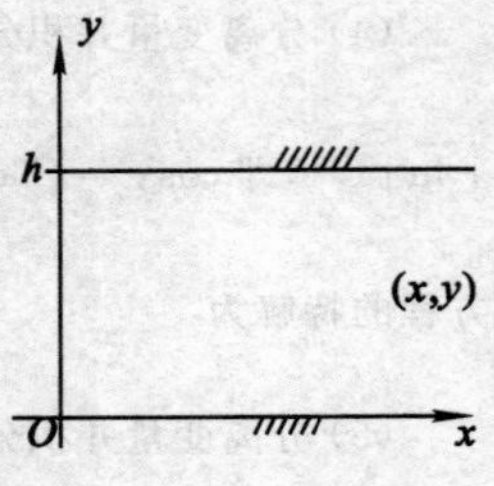

图　7.2

7. 小船从河边点 O 处出发驶向对岸(两岸为平行直线). 设船速为 a，船行方向始终与两岸垂直，又设河宽为 h，河中任一点处的水流速度与该点到两岸距离的乘积成正比(比例系数为 k). 求小船的航行路线.

解　建立坐标系如图 7.2 所示，设 t 时刻船的位置 (x,y)，此时水速为 $v = \dfrac{\mathrm{d}x}{\mathrm{d}t} = ky(h-y)$，故

$$\mathrm{d}x = ky(h-y)\mathrm{d}t$$

又由已知：$y = at$，代入上式得 $\mathrm{d}x = kat(h-at)\mathrm{d}t$，积分得

$$x = \frac{1}{2}kaht^2 - \frac{1}{3}ka^2t^3 + C$$

由初始条件 $x|_{t=0} = 0$，得 $C = 0$，故 $x = \dfrac{1}{2}kaht^2 - \dfrac{1}{3}ka^2t^3$，因此船运动路线的函数方程为

$$\begin{cases} x = \frac{1}{2}kaht^2 - \frac{1}{3}ka^2t^3 \\ y = at \end{cases}$$

一般方程为
$$x = \frac{k}{a}(\frac{h}{2}y^2 - \frac{1}{3}y^3)$$

(三) 习题 7-3 解答

1. 求下列齐次方程的通解：

(1) $xy' - y - \sqrt{y^2 - x^2} = 0$；　　(2) $x\frac{dy}{dx} = y\ln\frac{y}{x}$；

(3) $(x^2 + y^2)dx - xydy = 0$；　　(4) $(x^3 + y^3)dx - 3xy^2dy = 0$；

(5) $(2x\sin\frac{y}{x} + 3y\cos\frac{y}{x})dx - 3x\cos\frac{y}{x}dy = 0$　　(6) $(1 + 2e^{\frac{x}{y}})dx + 2e^{\frac{x}{y}}(1 - \frac{x}{y})dy = 0$.

解 (1) 原方程变为
$$\frac{dy}{dx} = \frac{y}{x} + \sqrt{(\frac{y}{x})^2 - 1}$$

令 $u = \frac{y}{x}$，则原方程化为 $u + x\frac{du}{dx} = u + \sqrt{u^2 - 1}$，即 $\frac{du}{(u^2-1)^{\frac{1}{2}}} = \frac{dx}{x}$. 积分得 $\ln(u + \sqrt{u^2 - 1}) = \ln x + \ln C$，

即 $u + \sqrt{u^2 - 1} = Cx$，代入 $u = \frac{y}{x}$ 得 $\frac{y}{x} + \sqrt{(y/x)^2 - 1} = Cx$，即 $y + \sqrt{y^2 - x^2} = Cx^2$ 为所求的通解.

(2) 原方程变为
$$\frac{dy}{dx} = \frac{y}{x}\ln\frac{y}{x}$$

令 $u = \frac{y}{x}$，则原方程变为 $u + x\frac{du}{dx} = u\ln u$，即
$$\frac{du}{u(\ln u - 1)} = \frac{dx}{x}$$

两边积分得 $\ln(\ln u - 1) = \ln x + \ln C$，即 $u = e^{Cx+1}$，将 $u = \frac{y}{x}$ 代入得原方程的通解为 $y = xe^{Cx+1}$.

(3) 原方程变为
$$\frac{dy}{dx} = \frac{x^2 + y^2}{xy} = \frac{1 + (\frac{y}{x})^2}{\frac{y}{x}}$$

令 $u = \frac{y}{x}$，则方程化为 $u + x\frac{du}{dx} = \frac{1 + u^2}{u}$，即 $udu = \frac{dx}{x}$，积分得 $\frac{1}{2}u^2 = \ln x + \frac{1}{2}\ln C$，于是 $\frac{y^2}{x^2} = 2\ln x + \ln C$，

即 $y^2 = x^2\ln(Cx^2)$ 为所求通解.

(4) 原方程化为 $\frac{dy}{dx} = \frac{x^3 + y^3}{3xy^2} = \frac{1 + (\frac{y}{x})^3}{3(\frac{y}{x})^2}$，令 $u = \frac{y}{x}$，则方程变为 $u + x\frac{du}{dx} = \frac{1 + u^3}{3u^2}$. 即 $\frac{3u^2}{1 - 2u^3}du = \frac{1}{x}dx$，两边积分得 $-\frac{1}{2}\ln(1 - 2u^3) = \ln x + \ln C$，即 $2u^3 = 1 - \frac{C}{x^2}$. 将 $u = \frac{y}{x}$ 代入上式，得原方程的通解为 $x^3 - 2y^3 = Cx$.

(5) 原方程可写成 $\frac{2}{3}\tan\frac{y}{x} + \frac{y}{x} - \frac{dy}{dx} = 0$. 令 $u = \frac{y}{x}$，即 $y = xu$，有 $\frac{dy}{dx} = u + x\frac{du}{dx}$，则原方程成为 $\frac{2}{3}\tan u + u - \left(u + x\frac{du}{dx}\right) = 0$. 分离变量，得 $\frac{3}{2}\frac{du}{\tan u} = \frac{dx}{x}$. 积分得
$$\frac{3}{2}\ln|\sin u| = \ln|x| + \ln C_1$$

即
$$\sin^3 u = \pm C_1 x^2$$

将 $u=\frac{y}{x}$ 代入上式,得通解 $\sin^3\frac{y}{x}=Cx^2$.

(6) 原方程变为
$$\frac{\mathrm{d}x}{\mathrm{d}y}=\frac{(\frac{x}{y}-1)2\mathrm{e}^{\frac{x}{y}}}{1+2\mathrm{e}^{\frac{x}{y}}}$$
令 $u=\frac{x}{y}$,则原方程化为 $u+y\frac{\mathrm{d}u}{\mathrm{d}y}=\frac{2(u-1)\mathrm{e}^u}{1+2\mathrm{e}^u}$,即 $y\frac{\mathrm{d}u}{\mathrm{d}y}=-\frac{u+2\mathrm{e}^u}{1+2\mathrm{e}^u}$,分离变量得 $\frac{(1+2\mathrm{e}^u)\mathrm{d}u}{u+2\mathrm{e}^u}+\frac{\mathrm{d}y}{y}=0$,积分得 $\ln(u+2\mathrm{e}^u)+\ln y=\ln C$,即 $y(u+2\mathrm{e}^u)=C$. 把 $u=\frac{x}{y}$ 代入得,原方程的通解为 $x+2y\mathrm{e}^{\frac{x}{y}}=C$.

2. 求下列齐次方程满足所给初始条件的特解:

(1) $(y^2-3x^2)\mathrm{d}y+2xy\mathrm{d}x=0,y|_{x=0}=1$;　　(2) $y'=\frac{x}{y}+\frac{y}{x},y|_{x=1}=2$;

(3) $(x^2+2xy-y^2)\mathrm{d}x+(y^2+2xy-x^2)\mathrm{d}y=0,y|_{x=1}=1$.

解　(1) 原方程化为
$$\frac{\mathrm{d}y}{\mathrm{d}x}=-\frac{2y/x}{(y/x)^2-3}$$
令 $u=\frac{y}{x}$,则方程变为 $u+x\frac{\mathrm{d}u}{\mathrm{d}x}=-\frac{2u}{u^2-3}$,即 $\frac{u^2-3}{u-u^3}\mathrm{d}u=\frac{\mathrm{d}x}{x}$,由待定系数法易知
$$\frac{u^2-3}{u-u^3}=-\frac{3}{u}+\frac{1}{u+1}+\frac{1}{u-1}$$
因此方程两边积分得
$$-3\ln|u|+\ln|u+1|+\ln|u-1|=\ln|x|+\ln|C|$$
即 $\ln|\frac{u^2-1}{u^3}|=\ln|Cx|$,故 $u^2-1=Cu^3x$,把 $u=\frac{y}{x}$ 代入上式,得通解为 $y^2-x^2=Cy^3$. 由初始条件 $y(0)=1$,得 $C=1$,故特解为 $y^2-x^2=y^3$.

(2) 令 $u=\frac{y}{x}$,则原方程变为 $u+x\frac{\mathrm{d}u}{\mathrm{d}x}=\frac{1}{u}+u$,即 $u\mathrm{d}u=\frac{\mathrm{d}x}{x}$,两边积分得 $\frac{1}{2}u^2=\ln x+C$,将 $u=\frac{y}{x}$ 代入上式,得通解为
$$y^2=2x^2(\ln x+C)$$
由 $y|_{x=1}=2$,得 $C=2$,故所求特解为
$$y^2=2x^2(\ln x+2)$$

(3) 原方程化为
$$\frac{\mathrm{d}y}{\mathrm{d}x}=\frac{(y/x)^2-2(y/x)-1}{(y/x)^2+2(y/x)-1}$$
令 $u=\frac{y}{x}$,得
$$u+x\frac{\mathrm{d}u}{\mathrm{d}x}=\frac{u^2-2u-1}{u^2+2u-1}$$
即 $\frac{\mathrm{d}x}{x}=-\frac{u^2+2u-1}{u^3+u^2+u+1}\mathrm{d}u$. 亦即 $\frac{\mathrm{d}x}{x}=(\frac{1}{u+1}-\frac{2u}{u^2-1})\mathrm{d}u$,积分得
$$\ln|x|+\ln|C|=\ln|\frac{u+1}{u^2+1}|$$
即
$$(u+1)=Cx(u^2+1)$$
把 $u=\frac{y}{x}$ 代入得原方程的通解为
$$x+y=C(x^2+y^2)$$
由初始条件 $y|_{x=1}=1$,得 $C=1$,因而特解为 $x+y=x^2+y^2$.

3. 设有连接点 $O(0,0)$ 和 $A(1,1)$ 的一段向上凸的曲线弧 $\overset{\frown}{OA}$,对于 $\overset{\frown}{OA}$ 上任一点 $P(x,y)$,曲线弧 $\overset{\frown}{OP}$ 与直线段 $\overline{OP}$ 所围图形的面积为 x^2,求曲线弧 $\overset{\frown}{OA}$ 的方程.

解　设曲线弧 $\overset{\frown}{OA}$ 的方程 $y=f(x)$,由题意得
$$\int_0^x f(x)\mathrm{d}x-\frac{1}{2}xf(x)=x^2$$

两边求导得 $f(x)-\frac{1}{2}f(x)-\frac{1}{2}f'(x)x=2x$，即 $y'=\frac{y}{x}-4$. 令 $u=\frac{y}{x}$，则 $x\frac{du}{dx}=-4$，即 $du=-4\frac{dx}{x}$，积分得

$$u=-4\ln x+C$$

把 $u=\frac{y}{x}$ 代入，得通解为 $y=-4x\ln x+Cx$. 由于 $A(1,1)$ 在曲线上，即 $y(1)=1$，因而 $C=1$，从而 $\overset{\frown}{OA}$ 的方程为

$$y=x(1-4\ln x)$$

*4. 化下列方程为齐次方程，并求出通解：

(1) $(2x-5y+3)dx-(2x+4y-6)dy=0$；　(2) $(x-y-1)dx+(4y+x-1)dy=0$.

解　(1) 解方程组 $\begin{cases}2x-5y+3=0\\2x+4y-6=0\end{cases}$ 得 $x=1, y=1$. 故令 $x=X+1, y=Y+1$，则原方程化为

$$(2X+5Y)dY-(2X+4Y)dY=0$$

进一步将此方程化为
$$\frac{dY}{dX}=\frac{2-5\frac{Y}{X}}{2+4\frac{Y}{X}}$$

令 $u=\frac{Y}{X}$，则以上方程变为 $X\frac{du}{dX}=\frac{2-5u}{2+4u}-u$，即
$$-\frac{4u+2}{4u^2+7u-2}du=\frac{dX}{X}$$

积分得
$$\ln|X|=-\frac{1}{2}\ln|4u^2+7u-2|+\frac{1}{6}\ln\left|\frac{4u-1}{u+1}\right|+\frac{1}{6}\ln|C_1|$$

故
$$6\ln|X|+3\ln|4u^2+7u-2|-\ln\left|\frac{4u-1}{u+2}\right|=\ln|C_1|$$

即
$$X^6(4u^2+7u-2)^3\frac{u+2}{4u-1}=C_1$$

亦即
$$X^6(4u-1)^2(u+2)^4=C_1$$

代入 $X=x-1, Y=y-1$，得
$$(x-1)^6\left[4\frac{y-1}{x-1}-1\right]^2\left[\frac{y-1}{x-1}+2\right]^4=C_1$$

即通解为
$$(4y-x-3)(y+2x-3)^2=C\quad(C=\sqrt{C_1})$$

(2) 原方程可写成 $\frac{dy}{dx}=\frac{-(x-1)+y}{(x+1)+4y}$，令 $\begin{cases}x-1=X\\y=Y\end{cases}$，则原方程变为 $\frac{dY}{dX}=\frac{-X+Y}{X+4Y}$，亦即

$$\frac{dY}{dX}=\frac{-1+\frac{Y}{X}}{1+4\frac{Y}{X}}$$

再令 $u=\frac{Y}{X}$，则方程变为 $u+X\frac{du}{dx}=\frac{-1+u}{1+4u}$，即 $\frac{4u+1}{4u^2+1}du=-\frac{dX}{X}$，积分得 $\int\frac{4u+1}{4u^2+1}du=-\int\frac{dX}{X}$，

即
$$\int\frac{4u}{4u^2+1}du+\int\frac{1}{1+4u^2}du=-\int\frac{dX}{X}$$

从而
$$\frac{1}{2}\ln(4u^2+1)+\frac{1}{2}\arctan(2u)=-\ln|X|+C_1$$

$$\ln[x^2(4u^2+1)]+\arctan(2u)=C,\quad 其中 C=2C_1$$

将 $X=x-1, u=\frac{Y}{X}=\frac{y}{x-1}$ 代入上式，得原方程的通解为

$$\ln[4y^2+(x-1)^2]+\arctan\frac{2y}{x-1}=C$$

(四) 习题 7-4 解答

1. 求下列微分方程的通解：

(1) $\frac{dy}{dx}+y=e^{-x}$；　　(2) $xy'+y=x^2+3x+2$；

(3) $y'+y\cos x=e^{-\sin x}$；　　(4) $y'+y\tan x=\sin 2x$；

(5) $(x^2-1)y'+2xy-\cos x=0$；　　(6) $\frac{d\rho}{d\theta}+3\rho=2$；

(7) $\frac{dy}{dx}+2xy=4x$；　　(8) $y\ln y dx+(x-\ln y)dy=0$；

(9) $(x-2)\frac{dy}{dx}=y+2(x-2)^3$；　　(10) $(y^2-6x)\frac{dy}{dx}+2y=0$.

解　(1) $y=e^{-\int dx}(\int e^{-x}\cdot e^{\int dx}dx+C)=e^{-x}(x+C)$

(2) 原方程变为

$$y'+\frac{1}{x}y=x+\frac{2}{x}+3$$

$$y=e^{-\int\frac{1}{x}dx}[\int(x+\frac{2}{x}+3)e^{\int\frac{1}{x}dx}dx+C]=\frac{1}{3}x^2+\frac{3}{2}x+2+\frac{C}{x}$$

(3)

$$y=e^{-\int\cos x dx}(\int e^{-\sin x}\cdot e^{\int\cos x dx}dx+C)=e^{-\sin x}(\int e^{-\sin x}\cdot e^{\sin x}dx+C)=e^{-\sin x}(x+C)$$

(4)

$$y=e^{-\int\tan x dx}(\int\sin 2x\cdot e^{\int\tan x dx}dx+C)=e^{\ln\cos x}(\int\sin 2x\cdot e^{-\ln\cos x}dx+C)=$$

$$\cos x(\int\frac{2\sin x\cos x}{\cos x}dx+C)=C\cos x-2\cos^2 x$$

(5) 原方程变形为

$$y'+\frac{2x}{x^2-1}y=\frac{\cos x}{x^2-1}$$

故

$$y=e^{-\int\frac{2x}{x^2-1}dx}(\int\frac{\cos x}{x^2-1}e^{\int\frac{2x}{x^2-1}dx}dx+C)=\frac{1}{x^2-1}(\int\cos x dx+C)=\frac{\sin x+C}{x^2-1}$$

(6) $\rho=e^{-\int 3d\theta}(\int 2e^{\int 3d\theta}d\theta+C)=e^{-3\theta}(\int 2e^{2\theta}d\theta+C)=\frac{2}{3}+Ce^{-3\theta}$

(7) $y=e^{-\int 2x dx}(\int 4xe^{\int 2x dx}dx+C)=e^{-x^2}(\int 4xe^{x^2}dx+C)=2+Ce^{-x^2}$

(8) 原方程变形为

$$\frac{dx}{dy}+\frac{x}{y\ln y}=\frac{1}{y}$$

$$x=e^{-\int\frac{dy}{y\ln y}}(\int\frac{1}{y}e^{\int\frac{dy}{y\ln y}}dy+C_1)=\frac{1}{\ln y}(\frac{1}{2}\ln^2 y+C_1)$$

即原方程的通解为

$$2x\ln y=\ln^2 y+C\quad(C=2C_1)$$

(9) 原方程变形为

$$\frac{dy}{dx}-\frac{1}{x-2}y=2(x-2)^2$$

$$y=e^{-\int\frac{-1}{x-2}dx}[\int 2(x-2)^2e^{\int\frac{-1}{x-2}dx}dx+C]=(x-2)[\int 2(x-2)dx+C]=$$

$$(x-2)[(x-2)^2+C]=(x-2)^3+C(x-2)$$

(10) 原方程变形为

$$\frac{dx}{dy}-\frac{3}{y}x=-\frac{1}{2}y$$

$$x=e^{\int\frac{3}{y}dy}(\int-\frac{y}{2}e^{-\int\frac{3}{y}dy}dy+C)=y^3(-\int\frac{y}{2}\cdot\frac{1}{y^3}dy+C)=\frac{1}{2}y^2+Cy^3$$

2. 求下列微分方程满足所给初始条件的特解：

(1) $\frac{dy}{dx}-y\tan x=\sec x, y|_{x=0}=0$；　　(2) $\frac{dy}{dx}+\frac{y}{x}=\frac{\sin x}{x}, y|_{x=\pi}=1$；

(3) $\frac{dy}{dx}+y\cot x=5e^{\cos x}, y|_{x=\frac{\pi}{2}}=-4$；　　(4) $\frac{dy}{dx}+3y=8, y|_{x=0}=2$；

(5) $\frac{dy}{dx}+\frac{2-3x^2}{x^3}y=1, y|_{x=0}=0$.

解　(1)　$$y=\mathrm{e}^{\int\tan x\mathrm{d}x}\left(\int\sec x\cdot\mathrm{e}^{-\int\tan x\mathrm{d}x}\mathrm{d}x+C\right)=\mathrm{e}^{-\ln\cos x}\left(\int\sec x\cdot\cos x\mathrm{d}x+C\right)=\frac{1}{\cos x}(x+C)$$

由 $y|_{x=0}=0$ 得 $C=0$，因此特解为 $$y=\frac{x}{\cos x}$$

(2) $$y=\mathrm{e}^{-\int\frac{1}{x}\mathrm{d}x}\left(\int\frac{\sin x}{x}\mathrm{e}^{\int\frac{1}{x}\mathrm{d}x}\mathrm{d}x+C\right)=\frac{1}{x}\left(\int\sin x\mathrm{d}x+C\right)=\frac{1}{x}(-\cos x+C)$$

由 $y|_{x=\pi}=1$ 得 $C=\pi-1$，故所求特解为 $$y=\frac{1}{x}(\pi-1-\cos x)$$

(3) $$y=\mathrm{e}^{-\int\cot x\mathrm{d}x}\left(5\int\mathrm{e}^{\cos x}\cdot\mathrm{e}^{\int\cot x\mathrm{d}x}\mathrm{d}x+C\right)=\mathrm{e}^{-\ln\sin x}\left(5\int\mathrm{e}^{\cos x}\cdot\mathrm{e}^{\ln\sin x}\mathrm{d}x+C\right)=\frac{1}{\sin x}(-5\mathrm{e}^{\cos x}+C)$$

由 $y|_{x=\frac{\pi}{2}}=-4$ 得 $C=1$，故 $y=\frac{1}{\sin x}(-5\mathrm{e}^{\cos x}+1)$，即特解为 $$y\sin x+5\mathrm{e}^{\cos x}=1$$

(4) $$y=\mathrm{e}^{-\int3\mathrm{d}x}\left(\int8\mathrm{e}^{\int3\mathrm{d}x}\mathrm{d}x+C\right)=\mathrm{e}^{-3x}\left(\int8\mathrm{e}^{3x}\mathrm{d}x+C\right)=\mathrm{e}^{-3x}\left(\int8\mathrm{e}^{3x}\mathrm{d}x+C\right)=$$
$$\mathrm{e}^{-3x}\left(\frac{8}{3}\mathrm{e}^{3x}+C\right)=\frac{8}{3}+C\mathrm{e}^{-3x}$$

由 $y|_{x=0}=2$ 得 $C=-\frac{2}{3}$，故所求特解为 $$y=\frac{2}{3}(4-\mathrm{e}^{-3x})$$

(5) $$y=\mathrm{e}^{\int-\frac{2-3x^2}{x^3}\mathrm{d}x}\left(\int\mathrm{e}^{\int\frac{2-3x^2}{x^3}\mathrm{d}x}\mathrm{d}x+C\right)=x^3\mathrm{e}^{1/x^2}\left[\frac{1}{2}\int\mathrm{e}^{-1/x^2}\mathrm{d}\left(-\frac{1}{x^2}\right)+C\right]=x^3\mathrm{e}^{1/x^2}\left(\frac{1}{2}\mathrm{e}^{-1/x^2}+C\right)$$

由 $y|_{x=1}=0$ 得 $C=-\frac{1}{2}\mathrm{e}^{-1}$，故特解为 $$y=\frac{1}{2}x^3\mathrm{e}^{1/x^2}(\mathrm{e}^{-1/x^2}-\mathrm{e}^{-1})$$

3. 求一曲线的方程，这曲线通过原点，并且它在点 (x,y) 处的切线斜率等于 $2x+y$.

解　由题意知 $y'=2x+y$，并且 $y|_{x=0}=0$，得通解为
$$y=\mathrm{e}^{\int\mathrm{d}x}\left(\int2x\mathrm{e}^{-\int\mathrm{d}x}\mathrm{d}x+C\right)=\mathrm{e}^x\left(2\int x\mathrm{e}^{-x}\mathrm{d}x+C\right)=\mathrm{e}^x\left[-2\int x\mathrm{d}(\mathrm{e}^{-x})+C\right]=\mathrm{e}^x(-2x\mathrm{e}^{-x}-2\mathrm{e}^{-x}+C)$$

再由初始条件 $y|_{x=0}=0$，得 $C=2$，因此所求的特解为
$$y=\mathrm{e}^x(-2x\mathrm{e}^{-x}-2\mathrm{e}^{-x}+2)=2(\mathrm{e}^x-x-1)$$

4. 设有一质量为 m 的质点作直线运动. 从速度等于零的时刻起，有一个与运动方向一致、大小与时间成正比(比例系数为 k_1)的力作用于它，此外还受一与速度成正比(比例系数为 k_2)的阻力作用. 求质点运动的速度与时间的函数关系.

解　由牛顿定律 $F=ma$，$m\frac{\mathrm{d}v}{\mathrm{d}t}=k_1t-k_2v$，即 $\frac{\mathrm{d}v}{\mathrm{d}t}+\frac{k_2}{m}v=\frac{k_1}{m}t$，所以
$$v=\mathrm{e}^{-\int\frac{k_2}{m}\mathrm{d}t}\left(\int\frac{k_1}{m}t\mathrm{e}^{\int\frac{k_2}{m}\mathrm{d}t}\mathrm{d}t+C\right)=\mathrm{e}^{-\frac{k_2}{m}t}\left[\frac{k_1}{m}\int t\mathrm{e}^{\frac{k_2}{m}t}\mathrm{d}t+C\right]=\mathrm{e}^{-\frac{k_2}{m}t}\left(\frac{k_1}{m}\frac{m}{k_2}\int t\mathrm{d}(\mathrm{e}^{\frac{k_2}{m}t})+C\right)=$$
$$\mathrm{e}^{-\frac{k_2}{m}t}\left(\frac{k_1}{k_2}t\mathrm{e}^{\frac{k_2}{m}t}-\frac{k_1m}{k_2^2}\mathrm{e}^{\frac{k_2}{m}t}+C\right)$$

由题意知，当 $t=0$ 时，$v=0$ 得 $C=\frac{k_1m}{k_2^2}$，故
$$v=\mathrm{e}^{-\frac{k_2}{m}t}+\left(\frac{k_1}{k_2}t\mathrm{e}^{\frac{k_2t}{m}}-\frac{k_1m}{k_2^2}\mathrm{e}^{\frac{k_2}{m}t}+\frac{k_1m}{k_2^2}\right)$$

即 $$v=\frac{k_1}{k_2}t-\frac{k_1m}{k_2^2}(1-\mathrm{e}^{-\frac{k_2}{m}t})$$

5. 设有一个由电阻 $R=10\ \Omega$、电感 $L=2$ H 和电源电压 $E=20\sin5t$ V 串联组成的电路. 开关 K 合上后，电路中有电流通过. 求电流 i 与时间 t 的函数关系.

解　由回路电压定律知 $20\sin5t-2\frac{\mathrm{d}i}{\mathrm{d}t}-10i=0$，即 $\frac{\mathrm{d}i}{\mathrm{d}t}+5i=10\sin5t$. 故
$$i=\mathrm{e}^{-\int5\mathrm{d}t}\left(\int10\sin(5t)\mathrm{e}^{\int5\mathrm{d}t}\mathrm{d}t+C\right)=\mathrm{e}^{-5t}\left[2\int\sin(5t)\mathrm{e}^{5t}\mathrm{d}(5t)+C\right]=$$

$$e^{-5t}\left[2\frac{e^{5t}(\sin(5t)-\cos(5t))}{2}+C\right]=\sin(5t)-\cos(5t)+Ce^{-5t}$$

因为 $t=0$ 时，$i=0$，所以 $C=1$，故

$$i=\sin(5t)-\cos(5t)+e^{-5t}$$

6. 验证形如 $yf(xy)\mathrm{d}x+xg(xy)\mathrm{d}y=0$ 的微分方程，可经变量代换 $v=xy$ 代为可分离变量的方程，并求其通解．

解 由 $v=xy$，即 $y=\dfrac{v}{x}$，得 $\qquad \mathrm{d}y=\dfrac{x\mathrm{d}v-v\mathrm{d}x}{x^2}$

又原方程改写成 $\qquad xyf(xy)\mathrm{d}x+x^2g(xy)\mathrm{d}y=0$

并将 $v=xy$，$\mathrm{d}y=\dfrac{x\mathrm{d}v-v\mathrm{d}x}{x^2}$ 代入上式，有 $\qquad vf(v)\mathrm{d}x+g(v)(x\mathrm{d}v-v\mathrm{d}x)=0$

可分离变量，得

$$\frac{g(v)\mathrm{d}v}{v[f(v)-g(v)]}+\frac{\mathrm{d}x}{x}=0$$

程分得

$$\int\frac{g(v)\mathrm{d}v}{v[f(v)-g(v)]}+\ln x=C$$

代入 $v=xy$ 后，便是原方程的通解．

7. 用适当的变量代换将下列方程化为可分离变量的方程，然后求出通解：

(1) $\dfrac{\mathrm{d}y}{\mathrm{d}x}=(x+y)^2$； (2) $\dfrac{\mathrm{d}y}{\mathrm{d}x}=\dfrac{1}{x-y}+1$；

(3) $xy'+y=y(\ln x+\ln y)$； (4) $y'=y^2+2(\sin x-1)y+\sin^2x-2\sin x-\cos x+1$；

(5) $y(xy+1)\mathrm{d}x+x(1+xy+x^2y^2)\mathrm{d}y=0$.

解 (1) 令 $u=x+y$，则 $\dfrac{\mathrm{d}u}{\mathrm{d}x}=1+\dfrac{\mathrm{d}y}{\mathrm{d}x}$，且原方程变为 $\dfrac{\mathrm{d}u}{\mathrm{d}x}=u^2+1$，分离变量，得 $\dfrac{\mathrm{d}u}{1+u^2}=\mathrm{d}x$. 积分得

$$\arctan u=x+C$$

即

$$u=\tan(x+C)$$

代入 $u=x+y$，得原方程的通解 $y=-x+\tan(x+C)$.

(2) 令 $u=x-y$，则 $\dfrac{\mathrm{d}u}{\mathrm{d}x}=1-\dfrac{\mathrm{d}y}{\mathrm{d}x}$，且原方程变为 $\dfrac{\mathrm{d}u}{\mathrm{d}x}=-\dfrac{1}{u}$，即 $u\mathrm{d}u+\mathrm{d}x=0$. 积分得

$$\frac{u^2}{2}+x=C_1$$

代入 $u=x-y$，得原方程的通解 $(x-y)^2+2x=C(C=2C_1)$.

(3) 令 $u=xy$，则 $u'=y+xy'$，且原方程变为 $u'=\dfrac{u}{x}\ln u$，即 $\dfrac{\mathrm{d}u}{u\ln u}=\dfrac{\mathrm{d}x}{x}$. 积分得

$$\ln|\ln u|=\ln x+\ln C_1 \quad 即 \quad u=e^{Cx}$$

代入 $u=xy$，得原方程的通解 $xy=e^{Cx}$，即 $y=\dfrac{e^{Cx}}{x}$.

(4) 将原方程写成 $y'=(y+\sin x-1)^2-\cos x$，令 $u=y+\sin x-1$，则 $u'=y'+\cos x$，且原方程变为 $u'=u^2$，即 $\dfrac{\mathrm{d}u}{u^2}=\mathrm{d}x$.

积分得

$$-\frac{1}{u}=x+C$$

即

$$u=-\frac{1}{x+C}$$

代入 $u=y+\sin x-1$，得原方程的通解

$$y=1-\sin x-\frac{1}{x+C}$$

(5) 原方程改写成 $xy(xy+1)+x^2(1+xy+x^2y^2)\frac{dy}{dx}=0$. 令 $u=xy$，即 $y=\frac{u}{x}$，则 $\frac{dy}{dx}=\frac{x\frac{du}{dx}-u}{x^2}$，且原方程变为

$$u(u+1)+(1+u+u^2)\left(x\frac{du}{dx}-u\right)=0$$

整理并分离变量，得 $\frac{1+u+u^2}{u^3}du=\frac{dx}{x}$.

积分得

$$-\frac{1}{2u^2}-\frac{1}{u}+\ln|u|=\ln|x|+C_1$$

代入 $u=xy$，并整理，得原方程的通解为

$$2x^2y^2\ln|y|-2xy-1=Cx^2y^2(C=2C_1)$$

*8. 求下列伯努利方程的通解：

(1) $\frac{dy}{dx}+y=y^2(\cos x-\sin x)$；　　(2) $\frac{dy}{dx}-3xy=xy^2$；

(3) $\frac{dy}{dx}+\frac{1}{3}y=\frac{1}{3}(1-2x)y^4$；　　(4) $\frac{dy}{dx}-y=xy^5$；

(5) $xdy-[y+xy^3(1+\ln x)]dx=0$.

解　(1) 令 $z=y^{1-2}=\frac{1}{y}$，则原方程变为

$$-\frac{1}{z^2}\frac{dz}{dx}+\frac{1}{z}=\frac{1}{z^2}(\cos x-\sin x)\Rightarrow\frac{dz}{dx}-z=\sin x-\cos x$$

故

$$z=e^{\int dx}\left[\int(\sin x-\cos x)e^{-\int dx}dx+C\right]=e^x\left[\int e^{-x}\sin x dx-\int e^{-x}\cos x dx+C\right]=$$

$$e^x\left[\frac{e^{-x}}{2}(-\sin x-\cos x)-\frac{e^{-x}}{2}(\sin x-\cos x)+C\right]=Ce^x-\sin x$$

即

$$\frac{1}{y}=Ce^x-\sin x$$

(2) 令 $z=y^{1-2}=\frac{1}{y}$，则原方程变为

$$-\frac{1}{z^2}\frac{dz}{dx}-3x\frac{1}{z}=\frac{x}{z^2}\Rightarrow\frac{dz}{dx}+3xz=-x$$

$$z=e^{-\int 3xdx}\left(\int -xe^{\int 3xdx}dx+C_1\right)=e^{-\frac{3}{2}x^2}\left(-\frac{1}{3}e^{\frac{3}{2}x^2}+C_1\right)$$

将 $z=\frac{1}{y}$ 代入上式并整理得，原方程的通解为

$$\left(1+\frac{3}{y}\right)e^{\frac{3}{2}x^2}=C\quad(C=3C_1)$$

(3) 令 $z=y^{1-4}=y^{-3}$，则原方程变为

$$-\frac{1}{3}z^{-\frac{4}{3}}\frac{dz}{dx}+\frac{1}{3}z^{-\frac{1}{3}}=\frac{1}{3}(1-2x)z^{-\frac{4}{3}}\Rightarrow\frac{dz}{dx}=z+2x-1$$

故

$$z=e^{\int dx}\left[\int(2x-1)e^{-\int dx}dx+C\right]=-2x-1+Ce^x$$

把 $z=y^{-3}$ 代入原方程得通解为　$\frac{1}{y^3}=Ce^x-2x-1$

(4) 令 $z=y^{1-5}=y^{-4}$，则原方程变为 $-\frac{1}{4}z^{-\frac{5}{4}}\frac{dz}{dx}-z^{-\frac{1}{4}}=xz^{-\frac{5}{4}}$，即

$$\frac{dz}{dx}+4z=-4x$$

故 $z=e^{-\int 4dx}(\int -4xe^{\int 4dx}dx+C)=e^{-4x}(\int -4xe^{4x}dx+C)=e^{-4x}(-xe^{4x}+\int e^{4x}dx+C)=$

$$e^{-4x}(-xe^{4x}+\frac{1}{4}e^{4x}+C)=-x+\frac{1}{4}+Ce^{-4x}$$

代入 $z=y^{-4}$，得原方程的通解为 $\frac{1}{y^4}=-x+\frac{1}{4}+Ce^{-4x}$

(5) 原方程变为 $\frac{dy}{dx}=\frac{y+xy^3(1+\ln x)}{x}$

进一步整理得 $\frac{dy}{dx}-\frac{1}{x}y=(1+\ln x)y^3$

令 $z=y^{1-3}=y^{-2}$，则原方程变为

$$-\frac{1}{2}z^{-\frac{3}{2}}\frac{dz}{dx}-\frac{1}{x}z^{-\frac{1}{2}}=(1+\ln x)z^{-\frac{3}{2}}\Rightarrow\frac{dz}{dx}+\frac{2}{x}z=-2(1+\ln x)$$

故 $z=e^{-\int\frac{2}{x}dx}[-2\int(1+\ln x)e^{\int\frac{2}{x}dx}dx+C]=x^{-2}[-2\int(1+\ln x)x^2dx+C]=$

$$x^{-2}(-2\int x^2dx-2\int x^2\ln xdx+C)=x^{-2}(-\frac{2}{3}x^3-\frac{2}{3}\int\ln xdx^3+C)=$$

$$x^{-2}[-\frac{2}{3}x^3-\frac{2}{3}(x^3\ln x-\int\frac{x^3}{x}dx)+C]=\frac{C}{x^2}-\frac{2}{3}x\ln x-\frac{4}{9}x$$

把 $z=y^{-2}$ 代入上式得，原方程的通解为

$$\frac{1}{y^2}=\frac{C}{x^2}-\frac{2}{3}x\ln x-\frac{4}{9}x\Rightarrow\frac{x^2}{y^2}=C-\frac{2}{3}x^3(\ln x+\frac{2}{3})$$

（五）习题 7-5 解答

1. 求下列各微分方程的通解：

(1) $y''=x+\sin x$；　(2) $y'''=xe^x$；　(3) $y''=\frac{1}{1+x^2}$；

(4) $y''=1+y'^2$；　(5) $y''=y'+x$；　(6) $xy''+y'=0$；

(7) $yy''+2y'^2=0$；　(8) $y^3y''-1=0$；　(9) $y''=\frac{1}{\sqrt{y}}$；

(10) $y''=(y')^3+y'$.

解 (1)

$$y'=\int(x+\sin x)dx=\frac{x^2}{2}-\cos x+C_1$$

$$y=\int(\frac{x^2}{x}-\cos x+C_1)dx=\frac{x^3}{6}-\sin x+C_1x+C_2$$

(2)

$$y''=\int xe^xdx=xe^x-e^x+2C_1$$

$$y'=\int(xe^x-e^x+2C_1)dx=xe^x-2e^x+2C_1x+C_2$$

$$y=\int(xe^x-2e^x+2C_1x+C_2)dx=xe^x-3e^x+C_1x^2+C_2x+C_3$$

(3)

$$y'=\int\frac{1}{1+x^2}dx=\arctan x+C_1$$

$$y=\int(\arctan x+C_1)dx=x\arctan x-\int\frac{x}{1+x^2}dx+C_1x=x\arctan x-\ln\sqrt{1+x^2}+C_1x+C_2$$

(4) 令 $p=y'$，则 $y''=p'$，原方程化为 $p'=1+p^2$，从而 $\int\frac{dp}{1+p^2}=\int dx$，故 $\arctan p=x+C_1$，即 $p=\tan(x+C_1)$，而 $y'=p$，因为 $y'=\tan(x+C_1)$，所以

$$y = \int \tan(x + C_1)\mathrm{d}x = -\ln|\cos(x + C_1)| + C_2$$

(5) 令 $p = y'$，则 $y'' = p'$，原方程化为 $p' = p + x$，$p' - p = x$. 从而

$$p = \mathrm{e}^{\int \mathrm{d}x}\left(\int x\mathrm{e}^{-\int \mathrm{d}x}\mathrm{d}x + C_1\right) = \mathrm{e}^x\left(\int x\mathrm{e}^{-x}\mathrm{d}x + C_1\right) = C_1\mathrm{e}^x - x - 1$$

又由 $p = y'$ 得 $y' = C_1\mathrm{e}^x - x - 1$，因此

$$y = \int (C_1\mathrm{e}^x - x - 1)\mathrm{d}x = C_1\mathrm{e}^x - \frac{x^2}{2} - x + C_2$$

(6) 令 $y' = p$，则 $y'' = p'$，原方程化为 $xp' + p = 0$，即 $\frac{\mathrm{d}p}{p} = -\frac{\mathrm{d}x}{x}$，因而 $\int \frac{\mathrm{d}p}{p} = \int -\frac{\mathrm{d}x}{x}$，即 $\ln p = -\ln x + \ln C_1$，所以 $p = \frac{C_1}{x}$，于是，$y' = \frac{C_1}{x}$，从而

$$y = \int \frac{C_1}{x}\mathrm{d}x = C_1\ln|x| + C_2$$

(7) 令 $y' = p$，则 $y'' = p' = \frac{\mathrm{d}p}{\mathrm{d}y}\cdot\frac{\mathrm{d}y}{\mathrm{d}x} = \frac{\mathrm{d}p}{\mathrm{d}x}p$，且原方程化为 $yp\frac{\mathrm{d}p}{\mathrm{d}y} + 2p^2 = 0$.

分离变量，得

$$\frac{\mathrm{d}p}{p} = -2\frac{\mathrm{d}y}{y}$$

积分得

$$\ln|p| = \ln\frac{1}{y^2} + \ln C_0$$

即

$$y' = p = \frac{C_0}{y^2}$$

分离变量，得

$$y^2\mathrm{d}y = C_0\mathrm{d}x$$

积分得

$$y^3 = 3C_0x + C_2$$

即通解为

$$y^3 = C_1x + C_2$$

(8) 令 $p = y'$，则

$$y'' = \frac{\mathrm{d}p}{\mathrm{d}y}\frac{\mathrm{d}y}{\mathrm{d}x} = p\frac{\mathrm{d}p}{\mathrm{d}y}$$

原方程化为 $y^3p\frac{\mathrm{d}p}{\mathrm{d}y} - 1 = 0$，即 $p\mathrm{d}p = y^{-3}\mathrm{d}y$，积分得 $\frac{p^2}{2} = -\frac{1}{2}y^{-2} + \frac{C_1}{2}$

即 $p^2 = -y^{-2} + C_1$，故 $y' = \pm\sqrt{C_1 - y^{-2}}$，即 $\frac{\mathrm{d}y}{\pm\sqrt{C_1 - y^{-2}}} = \mathrm{d}x$，因而 $\pm 2\sqrt{C_1y^2 - 1} = 2C_1x + 2C_2$，即原方程的通解为

$$C_1y^2 - 1 = (C_1x + C_2)^2$$

(9) 令 $p = y'$，则

$$y'' = \frac{\mathrm{d}p}{\mathrm{d}y}\frac{\mathrm{d}y}{\mathrm{d}x} = p\frac{\mathrm{d}p}{\mathrm{d}y}$$

原方程化为 $p\frac{\mathrm{d}p}{\mathrm{d}y} = \frac{1}{\sqrt{y}}$，即 $p\mathrm{d}p = \frac{\mathrm{d}y}{\sqrt{y}}$，积分得 $\frac{p^2}{2} = 2\sqrt{y} + 2C_1$，即 $p^2 = 4\sqrt{y} + 4C_1$，从而 $\frac{\mathrm{d}y}{\mathrm{d}x} = \pm 2\sqrt{\sqrt{y} + C_1}$，

即 $\frac{\pm\mathrm{d}y}{\sqrt{y + C_1}} = \mathrm{d}x$，积分得 $x = \pm\left[\frac{2}{3}(\sqrt{y} + C_1)^{\frac{3}{2}} - 2C_1\sqrt{\sqrt{y} + C_1}\right] + C_2$ 即为所求的通解.

(10) 令 $p = y'$，即

$$y'' = \frac{\mathrm{d}p}{\mathrm{d}y}\frac{\mathrm{d}y}{\mathrm{d}x} = p\frac{\mathrm{d}p}{\mathrm{d}y}$$

原方程化为 $p\frac{\mathrm{d}p}{\mathrm{d}y} = p^3 + p$，即 $p\left[\frac{\mathrm{d}p}{\mathrm{d}y} - (1 + p^2)\right] = 0$，若 $p \equiv 0$，得 $y \equiv C$，这是原方程的一个解(非通解)，若 $p \not\equiv 0$，由 $\frac{\mathrm{d}p}{\mathrm{d}y} - (1 + p^2) = 0$ 得 $\arctan p = y - C_1$，即 $p = \tan(y - C_1)$. 故 $\frac{\mathrm{d}y}{\mathrm{d}x} = \tan(y - C_1)$，从而

$$x + C_2' = \int \frac{\mathrm{d}y}{\tan(y - C_1)} = \ln\sin(y - C_1)$$

故

$$y - C_1 = \arcsin(\mathrm{e}^{x + C_2'}) = \arcsin(C_2\mathrm{e}^x) \quad (C_2 = \mathrm{e}^{C_2'})$$

因此 $y=\arcsin(C_2e^x)+C_1$ 为原方程的通解(显然 $y=C$ 包含在此通解中).

2. 求下列各微分方程满足所给初始条件的特解:

(1) $y^3y''+1=0, y|_{x=1}=1, y'|_{x=1}=0$; (2) $y''-ay'^2=0, y|_{x=0}=0, y'|_{x=0}=-1$;

(3) $y'''=e^{ax}, y|_{x=1}=y'|_{x=1}=y''|_{x=1}=0$; (4) $y''=e^{2y}, y|_{x=0}=y'|_{x=0}=0$;

(5) $y''=3\sqrt{y}, y|_{x=0}=1, y'|_{x=0}=2$; (6) $y''+(y')^2=1, y|_{x=0}=0, y'|_{x=0}=0$.

解 (1) 令 $y'=p(y)$,则 $y''=\frac{dp}{dy}$,原方程变为 $y^3p\frac{dp}{dy}=-1$,从而 $pdp=-y^{-3}dy$,积分得

$$p^2=\frac{1}{y^2}+C_1 \quad 即 \quad y'^2=\frac{1}{y^2}+C_1$$

因为 $x=1$ 时,$y=1, y'=0$,故 $C_1=-1$,因而 $y'^2=\frac{1}{y^2}-1$,由此得 $y'=\pm\frac{1}{y}\sqrt{1-y^2}$,即 $\pm\frac{y}{\sqrt{1-y^2}}dy=dx$,积分得

$$\mp\frac{1}{2}\int\frac{d(1-y^2)}{\sqrt{1-y^2}}=x+C_2$$

从而 $\mp\sqrt{1-y^2}=x+C_2$,由 $x=1$ 时 $y=1$,得 $C_2=-1$,因此所求特解为

$$\mp\frac{1}{2}\int\frac{d(1-y^2)}{\sqrt{1-y^2}}=x-1$$

即 $y=\sqrt{2x-x^2}$(舍去 $y=-\sqrt{2x-x^2}$,因 $y(1)=1$).

(2) 令 $p=y'$,则 $y''=\frac{dp}{dx}$,原方程变为 $\frac{dp}{dx}-ap^2=0$,即 $\frac{dp}{p^2}=adx$,积分得

$$-\frac{1}{p}=ax+C_1$$

因为 $p|_{x=0}=y'|_{x=0}=-1$,所以 $C_1=1$,从而 $-\frac{1}{y'}=ax+1$,即 $dy=-\frac{dx}{ax+1}$,故

$$y=-\frac{1}{a}\ln|ax+1|+C_2$$

又因为 $y|_{x=0}=0$,故 $C_2=0$,因此所求特解为

$$y=-\frac{1}{a}\ln|ax+1| \quad (a\neq 0)$$

(3) $y''=\int e^{ax}dx=\frac{1}{a}e^{ax}+C_1(a\neq 0)$,由 $y''|_{x=1}=0$ 得 $C_1=-\frac{1}{a}e^a$,从而 $y''=\frac{1}{a}e^{ax}-\frac{1}{a}e^a$,因此

$$y'=\int(\frac{1}{a}e^{ax}-\frac{1}{a}e^a)dx=\frac{1}{a^2}e^{ax}-\frac{1}{a}e^ax+C_2$$

又由 $y|_{x=1}=0$,得 $C_2=\frac{1}{a}e^a-\frac{1}{a^2}e^a$,故

$$y'=\frac{1}{a^2}e^{ax}-\frac{1}{a}e^ax+\frac{1}{a}e^a-\frac{1}{a^2}e^a$$

因而
$$y=\frac{1}{a^3}e^{ax}-\frac{1}{2a}e^ax^2+\frac{1}{a}e^ax-\frac{1}{a^2}e^ax+C_3$$

再次由 $y|_{x=1}=0$,得
$$C_3=\frac{1}{a^2}e^a-\frac{1}{a}e^a+\frac{1}{2a}e^a-\frac{1}{a^3}e^a$$

因此所求的特解为
$$y=\frac{1}{a^3}e^{ax}-\frac{e^a}{2a}x^2+\frac{e^a}{a^2}(a-1)x+\frac{e^a}{2a^3}(2a-a^2-2)$$

(4) 令 $y'=p(y)$,则 $y''=p\frac{dp}{dy}$,原方程化为 $p\frac{dp}{dy}=e^{2y}$,则 $pdp=e^{2y}dy$,积分得

$$\frac{1}{2}p^2=\frac{1}{2}e^{2y}+C_1 \quad 即 \quad \frac{1}{2}y'^2=\frac{1}{2}e^{2y}+C_1$$

由 $y|_{x=0}=y'|_{x=0}=0$ 得 $C_1=-\frac{1}{2}$. 因而 $y'^2=e^{2y}-1$，从而 $y'=\pm\sqrt{e^{2y}-1}$，即 $\frac{dy}{\sqrt{e^{2y}-1}}=\pm dx$，变形为 $\frac{e^{-y}dy}{\sqrt{1-e^{-2y}}}=\pm dx$，积分得 $-\arcsin e^{-y}=\pm x+C_2$.

由 $y|_{x=0}=0$ 得 $C_2=\frac{-\pi}{2}$，因而 $e^{-y}=\sin(\mp x+\frac{\pi}{2})=\cos x$，故所求特解为

$$y=-\ln\cos x$$

(5) 令 $y'=p(y)$，则 $y''=p\frac{dp}{dy}$，原方程变为 $p\frac{dp}{dy}=3y^{\frac{1}{2}}$，即 $pdp=3\sqrt{y}dy$，积分得

$$\frac{1}{2}p^2=2y^{\frac{3}{2}}+C_1$$

由 $y|_{x=0}=1,P|_{x=0}=y'|_{x=0}=2$ 得 $C_1=0$，故 $y'=p=\pm2y^{\frac{3}{4}}$，又由 $y''=3\sqrt{y}>0$，可知 $y'=2y^{\frac{3}{4}}$，即 $\frac{dy}{y^{\frac{3}{4}}}=2dx$，积分得 $4y^{\frac{1}{4}}=2x+C_2$，由 $y|_{x=0}=1$ 得 $C_2=4$，故 $y^{\frac{1}{4}}=\frac{1}{2}x+1$，即原方程的特解为

$$y=(\frac{1}{2}x+1)^4$$

(6) 令 $y'=p(y)$，则 $y''=p\frac{dp}{dy}$，原方程变为 $p\frac{dp}{dy}+p^2=1$，即 $\frac{pdp}{1-p^2}=dy$，积分得 $\frac{1}{2}\ln(p^2-1)=-y+C_1$，整理得

$$p^2-1=C_1e^{-2y}$$

由 $y|_{x=0}=0,p|_{x=0}=y'|_{x=0}=0$ 得 $C_1=-1$，因而 $p^2=1-e^{-y}$，即 $p=\pm\sqrt{1-e^{-2y}}$，故 $\frac{dy}{\sqrt{1-e^{-2y}}}=\pm dx$，积分得

$$\pm x+C_2=\ln(e^y+\sqrt{e^{2y}-1})$$

由 $y|_{x=0}=0$，得 $C_2=0$，因而 $\pm x=\ln(e^y+\sqrt{e^{2y}-1})$，得 $e^{\pm x}=e^y+\sqrt{e^{2y}-1}$，由此得 $e^y=\frac{e^{\pm x}+e^{\mp x}}{2}=\text{sh}x$，即原方程的特解为

$$y=\ln\text{ch}x$$

3. 试求 $y''=x$ 的经过点 $M(0,1)$，且在此点与直线 $y=\frac{x}{2}+1$ 相切的积分曲线.

解　由已知，$y|_{x=0}=1,y'|_{x=0}=\frac{1}{2}$，又由 $y''=x$ 积分得 $y'=\frac{x^2}{2}+C_1$，由 $y'|_{x=0}=\frac{1}{2}$，得 $C_1=\frac{1}{2}$，即 $y'=\frac{1}{2}x^2+\frac{1}{2}$，再次积分得 $y=\frac{1}{6}x^3+\frac{1}{2}x+C_2$.

又因为 $y|_{x=0}=1$，得 $C_2=1$，因此 $y=\frac{1}{6}x^3+\frac{1}{2}x+1$ 为所求积分曲线.

4. 设有一质量为 m 的物体，在空中由静止开始下落，如果空气阻力为 $R=Cv$(其中 C 为常数，v 为物体运动的速度)，试求物体下落的距离 s 与时间 t 的函数关系.

解　根据牛顿第二定律，有关系式

$$m\frac{d^2s}{dt^2}=mg-c\frac{ds}{dt}$$

并依据题设条件，得初值问题　$\frac{d^2s}{dt^2}=g-\frac{c}{m}\frac{ds}{dt},s\Big|_{t=0}=0,\frac{ds}{dt}\Big|_{t=0}=0$

令 $\frac{ds}{dt}=v$，方程成为 $\frac{dv}{dt}=g-\frac{c}{m}v$，分离变量后积分　$\int\frac{dv}{g-\frac{c}{m}v}=\int dt$

得　$$\ln(g-\frac{c}{m}v)=-\frac{c}{m}t+C_1$$

代入初始条件 $v\Big|_{t=0}=0$，得 $C_1=\ln g$，于是有
$$v=\frac{\mathrm{d}s}{\mathrm{d}t}=\frac{mg}{c}(1-\mathrm{e}^{-\frac{c}{m}t})$$
积分得
$$s=\frac{mg}{c}\left(t+\frac{m}{c}\mathrm{e}^{-\frac{c}{m}t}\right)+C_2$$
代入初始条件 $s\Big|_{t=0}=0$，得 $C_2=-\frac{m^2g}{c^2}$.

故所求特解(即下落的距离与时间的关系)为
$$s=\frac{mg}{c}\left(t+\frac{m}{c}\mathrm{e}^{-\frac{c}{m}t}-\frac{m}{c}\right)=\frac{mg}{c}t+\frac{m^2g}{c^2}(\mathrm{e}^{-\frac{c}{m}t}-1)$$

(六) 习题 7-6 解答

1. 下面函数组在其定义区间内哪些是线性无关的？

(1) x,x^2；　(2) $x,2x$；　(3) $\mathrm{e}^{2x},3\mathrm{e}^{2x}$；

(4) $\mathrm{e}^{-x},\mathrm{e}^{x}$；　(5) $\cos2x,\sin2x$；　(6) $\mathrm{e}^{x^2},x\mathrm{e}^{x^2}$；

(7) $\sin2x,\cos x\sin x$；　(8) $\mathrm{e}^x\cos2x,\mathrm{e}^x\sin2x$；　(9) $\ln x,x\ln x$；

(10) $\mathrm{e}^{ax},\mathrm{e}^{bx}(a\neq b)$.

分析　由线性相关的定义易知，y_1 与 y_2 线性相关的充要条件为 $\frac{y_1}{y_2}$ 或 $\frac{y_2}{y_1}$ 恒为常数. 而函数(1)，(4)，(5)，(6)，(8)，(9)，(10) 中的任意两个函数之比均不为常数，所以这七组函数均线性无关.

答　(1)，(4)，(5)，(6)，(8)，(9)，(10)

2. 验证 $y_1=\cos\omega x$ 即 $y_2=\sin\omega x$ 都是方程 $y''+\omega^2y=0$ 的解，并写出该方程的通解.

解
$$y_1'=-\omega\sin\omega x,\quad y_1''=-\omega^2\cos\omega x$$
故
$$y_1''+\omega^2y_1=-\omega^2\cos\omega x+\omega^2\cos\omega x=0$$
即 y_1 是 $y''+\omega^2y=0$ 的解. 同理可证 y_2 也是 $y''+\omega^2y=0$ 的解. 又 $\frac{y_1}{y_2}=\cot\omega x$ 不是常数，所以 y_1 与 y_2 线性无关，因而方程的通解为
$$y=C_1\cos\omega x+C_2\sin\omega x$$

3. 验证 $y_1=\mathrm{e}^{x^2}$ 即 $y_2=x\mathrm{e}^{x^2}$ 都是方程 $y''-4xy'+(4x^2-2)y=0$ 的解，并写出该方程的通解.

解　因为 $y_1'=2x\mathrm{e}^{x^2}$，$y_1''=(2+4x^2)\mathrm{e}^{x^2}$，$y_2'=(1+2x^2)\mathrm{e}^{x^2}$，$y_2''=(6x+4x^3)\mathrm{e}^{x^2}$，所以
$$y_1''-4xy_1'+(4x^2-2)y_1=(2+4x^2)\mathrm{e}^{x^2}-4x\cdot2x\mathrm{e}^{x^2}+(4x^2-2)\mathrm{e}^{x^2}=0$$
即
$$y_2''-4xy_2'+(4x^2-2)y_2=(6x+4x^3)\mathrm{e}^{x^2}-4x(1+2x^2)\mathrm{e}^{x^2}+(4x^2-2)x\mathrm{e}^{x^2}=0$$
则 $y_1=\mathrm{e}^{x^2}$ 和 $y_2=x\mathrm{e}^{x^2}$ 都是已知方程的解.

又由于 $\frac{y_2}{y_1}=x$ 不是常数，所以 y_1 和 y_2 线性无关，因此所给方程的通解为 $y=C_1\mathrm{e}^{x^2}+C_2x\mathrm{e}^{x^2}$，即
$$y=(C_1+C_2x)\mathrm{e}^{x^2}$$

4. 验证：

(1) $y=C_1\mathrm{e}^x+C_2\mathrm{e}^{2x}+\frac{1}{12}\mathrm{e}^{5x}$($C_1,C_2$ 是任意常数) 是方程 $y''-3y'+2y=\mathrm{e}^{5x}$ 的通解；

(2) $y=C_1\cos3x+C_2\sin3x+\frac{1}{32}(4x\cos x+\sin x)$($C_1,C_2$ 是任意常数) 是方程 $y''+9y=x\cos x$ 的通解；

(3) $y=C_1x^2+C_2x^2\ln x$(C_1,C_2 是任意常数) 是方程 $x^2y''-3xy'+4y=0$ 的通解；

(4) $y=C_1x^5+\frac{C_2}{x}-\frac{x^2}{9}\ln x$($C_1,C_2$ 是任意常数) 是方程 $x^2y''-3xy'-5y=x^2\ln x$ 的通解；

(5) $y=\frac{1}{x}(C_1\mathrm{e}^x+C_2\mathrm{e}^{-x})+\frac{\mathrm{e}^x}{2}$($C_1,C_2$ 是任意常数) 是方程 $xy''+2y'-xy=\mathrm{e}^x$ 的通解；

(6) $y=C_1e^x+C_2e^{-x}+C_3\cos x+C_4\sin x-x^2$ (C_1,C_2,C_3,C_4 是任意常数) 是方程 $y^{(4)}-y=x^2$ 的通解.

解 (1) 令 $y_1=e^x,y_2=e^{2x},y^*=\frac{1}{12}e^{5x}$,由于 $y_1''-3y_1'+2y_1=e^x-3e^x+2e^x=0$,且

$$y_2''-3y_2'+2y_2=4e^{2x}-3(2e^{2x})+2e^{2x}=0$$

所以 y_1 和 y_2 均是齐次方程 $y''-3y'+2y=0$ 的解.

由于$\frac{y_1}{y_2}=e^{-x}$ 不是常数,即 y_1 与 y_2 线性无关,因而$Y=C_1e^x+C_2e^{2x}$ 是齐次方程 $y''-3y'+2y=0$ 的通解. 又由于

$$y^{*''}-3y^{*'}+2y^*=\frac{25}{12}e^{5x}-3\ \frac{5}{12}e^{5x}+2\ \frac{1}{12}e^{5x}=e^{5x}$$

所以 y^* 是所给方程的特解. 因此 $y=C_1e^x+C_2e^{2x}+\frac{1}{12}e^{5x}$ 是方程 $y''-3y'+2y=e^{5x}$ 的通解.

(2) 令 $y_1=\cos 3x,y_2=\sin 3x,y^*=\frac{1}{32}(4x\cos x+\sin x)$,由于 $y_1''+9y_1=-9\cos 3x+9\cos 3x=0$,且

$$y_2''+9y_2=-9\sin 3x+9\sin 3x=0$$

即 y_1 和 y_2 均是齐次方程 $y_1''+9y_1=0$ 的解,且$\frac{y_1}{y_2}=\cot 3x$ 不是常数,故 y_1 和 y_2 是齐次方程 $y''+9y=0$ 的两个线性无关的解. 又因为

$$y^{*'}=\frac{1}{32}(5\cos x-4x\sin x),\quad y^{*''}=\frac{1}{32}(-9\sin x-4x\cos x)$$

$$y^{*''}+9y^*=\frac{1}{32}(-9\sin x-4x\cos x)+\frac{9}{32}(4x\cos x+\sin x)=x\cos x$$

所以 Y^* 是非齐次方程 $y''+9y=x\cos x$ 的一个特解. 因而 $y=C_1\cos 3x+C_2\sin 3x+\frac{1}{32}(4x\cos x+\sin x)$ 是所给方程的通解.

(3) 令 $y_1=x^2,y_2=x^2\ln x$,则

$$x^2y_1''-3xy_1'+4y_1=2x^2-6x^2+4x^2=0$$

$$x^2y_2''-3xy_2'+4y_2=x^2(2\ln x+3)-3x(2x\ln x+x)+4x^2\ln x=0$$

且$\frac{y_2}{y_1}=\ln x$ 不是常数,因而 $y_1=x^2,y_2=x^2\ln x$ 为方程$x^2y''-3xy'+4y=0$ 的两个线性无关的解,因此 $y=C_1x^2+C_2x^2\ln x$ 为原方程的通解.

(4) 令 $y_1=x^5,y_2=\frac{1}{x},y^*=-\frac{x^2}{9}\ln x$,因为

$$x^2y_1''-3xy_1'-5y_1=x^2(20x^3)-3x(5x^4)-5x^5=0$$

且

$$x^2y_2''-3xy_2'-5y_2=x^2(\frac{2}{x^3})-3x(-\frac{1}{x^2})-5(\frac{1}{x})=0$$

$\frac{y_1}{y_2}=x^6$ 不是常数,所以 $y_1=x^5$ 和 $y_2=\frac{1}{x}$ 是齐次方程 $x^2y''-3xy'-5y=0$ 的两个线性无关解,从而 $Y=C_1x^5+C_2\frac{1}{x}$ 是齐次方程 $x^2y''-3xy'-5y=0$ 的通解. 又由于

$$x^2y^{*''}-3xy^{*'}-5y^*=x^2(-\frac{2}{9}\ln x-\frac{1}{3})-3x(-\frac{2x}{9}\ln x-\frac{x}{9})-5(-\frac{x^2}{9}\ln x)=x^2\ln x$$

所以 y^* 是非齐次方程 $x^2y''-3xy'-5y=x^2\ln x$ 的一个特解. 因此 $y=C_1x^5+C_2\frac{1}{x}-\frac{x^2}{9}\ln x$ 是 $x^2y''-3xy'-5y=x^2\ln x$ 的通解.

(5) 设 $y_1=\frac{e^x}{x},y_2=\frac{e^{-x}}{x},y^*=\frac{e^x}{2}$,则

$$y_1'=\frac{xe^x-e^x}{x^2},\quad y_1''=\frac{x^3e^x-2x(xe^x-e^x)}{x^4}$$

$$y_2' = \frac{-xe^{-x} - e^{-x}}{x^2}, \quad y_2'' = \frac{x^3 e^{-x} + 2x(xe^{-x} + e^x)}{x^4}$$

代入方程易验证 y_1, y_2 均为方程 $xy'' + 2y' - xy = 0$ 的解，因为 $\frac{y_1}{y_2} = e^{2x}$ 不是常数，故 $Y = \frac{1}{x}(C_1 e^x + C_2 e^{-x})$ 是方程 $xy'' - 2y' - xy = 0$ 的通解. 又因为 $y^{*\prime} = \frac{e^x}{2}, y^{*\prime\prime} = \frac{e^x}{2}$，所以

$$xy^{*\prime\prime} + 2y^{*\prime} - xy^* = x\frac{e^x}{2} + 2\frac{e^x}{2} - x\frac{e^x}{2} = e^x$$

即 y^* 是 $xy'' + 2y' - xy = 0$ 的一个特解. 因此 $y = \frac{1}{x}(C_1 e^x + C_2 e^{-x}) + \frac{e^x}{2}$ 是方程的通解.

(6) 令 $y_1 = e^x, y_2 = e^{-x}, y_3 = \cos x, y_4 = \sin x$，易见

$$y_i^{(4)} = y_i, \quad i = 1,2,3,4$$

故 $y_i (i = 1,2,3,4)$ 是原方程对应的齐次方程 $y^{(4)} - y = 0$ 的解.

下面说明 $y_i (i = 1,2,3,4)$ 在它们的定义域 $\mathbf{R}$ 中是线性无关的. 令

$$k_1 e^x + k_2 e^{-x} + k_3 \cos x + k_4 \sin x \equiv 0$$

分别取 $x = 0, \frac{\pi}{2}, -\frac{\pi}{2}, \pi$，则有

$$\begin{cases} k_1 + k_2 + k_3 + 0 = 0 \\ e^{\frac{\pi}{2}} k_1 + e^{-\frac{\pi}{2}} k_2 + 0 + k_4 = 0 \\ e^{-\frac{\pi}{2}} k_1 + e^{\frac{\pi}{2}} k_2 + 0 - k_4 = 0 \\ e^{\pi} k_1 + e^{-\pi} k_2 - k_3 + 0 = 0 \end{cases}$$

根据线性代数的知识，经计算，上述齐次线性方程组的系数行列式

$$\begin{vmatrix} 1 & 1 & 1 & 0 \\ e^{\frac{\pi}{2}} & e^{-\frac{\pi}{2}} & 0 & 1 \\ e^{-\frac{\pi}{2}} & e^{\frac{\pi}{2}} & 0 & -1 \\ e^{\pi} & e^{-\pi} & -1 & 0 \end{vmatrix} \neq 0$$

故齐次线性方程组仅有零解 $k_1 = 0, k_2 = 0, k_3 = 0, k_4 = 0$.
这说明 y_1, y_2, y_3, y_4 是线性无关的.

又令 $y^* = -x^2$，则 $y^{*(4)} = 0$，且 $y^{*(4)} - y^* = 0 - (-x^2) = x^2$，故 y^* 是原方程的一个特解. 所以

$$y = C_1 y_1 + C_2 y_2 + C_3 y_3 + C_4 y_4 + y^* = C_1 e^x + C_2 e^{-x} + C_3 \cos x + C_4 \sin x + x^2$$

是原方程的通解.

*5. 已知 $y_1(x) = e^x$ 是齐次线性方程 $(2x-1)y'' - (2x+1)y' + 2y = 0$ 的一个解，求此方程的通解.

解 设 $y_2(x) = y_1 u = e^x u$ 是方程的解，则 $y'_2 = e^x(u + u')$，$y''_2 = e^x(u + 2u' + u'')$，代入方程并整理，得

$$e^x[(2x-1)u'' + (2x-3)u'] = 0$$

即
$$(2x-1)u'' + (2x-3)u' = 0$$

令 $u' = p$，则 $u'' = p'$，且上式成为
$$(2x-1)p' + (2x-3)p = 0$$

分离变量后积分
$$\int \frac{dp}{p} = -\int \frac{2x-3}{2x-1} dx$$

得
$$\ln|p| = -x + \ln|2x-1| + \ln C$$

取 $C = 1$，即
$$p = (2x-1)e^{-x}$$

再积分得
$$u = \int (2x-1)e^{-x} dx = -[(2x-1)e^{-x} + 2e^{-x} + C_0]$$

取 $C_0=0$，即 $$u=-(2x+1)e^{-x}$$

故 $$y_2=e^x u=-(2x+1)$$

y_2 与 y_1 线性无关，故原方程的通解为 $$y=C_1(2x+1)+C_2e^x$$

（七）习题7-7解答

1. 求下列微分方程的通解：

(1) $y''+y'-2y=0$；　(2) $y''-4y'=0$；

(3) $y''+y=0$；　(4) $y''+6y'+13y=0$；

(5) $4\dfrac{d^2x}{dt^2}-20\dfrac{dx}{dt}+25x=0$；　(6) $y''-4y'+5y=0$；

(7) $y^{(4)}-y=0$；　(8) $y^{(4)}+2y''+y=0$；

(9) $y^{(4)}-2y'''+y''=0$；　(10) $y^{(4)}+5y''-36y=0$.

解　(1) 微分方程的特征方程为 $r^2+r-2=0$，特征根为 $r_1=1,r_2=-2$，故微分方程的通解为

$$y=C_1e^x+C_2e^{-2x}$$

(2) 微分方程的特征方程为 $r^2-4r=0$，特征根为 $r_1=0,r_2=4$，故微分方程的通解为

$$y=C_1+C_2e^{4x}$$

(3) 微分方程的特征方程为 $r^2+1=0$，特征根为 $r_1=i,r_2=-i$，故微分方程的通解为

$$y=C_1\cos x+C_2\sin x$$

(4) 微分方程的特征方程为 $r^2+6r+13=0$，特征根为 $r_1=-3-2i,r_2=-3+2i$，故微分方程的通解为

$$y=e^{-3x}(C_1\cos 2x+C_2\sin 2x)$$

(5) 微分方程的特征方程为 $4r^2-20r+25=0$，特征根为 $r_1=r_2=\dfrac{5}{2}$，故微分方程的通解为

$$x=C_1e^{\frac{5}{2}t}+C_2te^{\frac{5}{2}t}$$

(6) 微分方程的特征方程为 $r^2-4r+5=0$，特征根为 $r_1=2-i,r_2=2+i$，故微分方程的通解为

$$y=e^{2x}(C_1\cos x+C_2\sin x)$$

(7) 微分方程的特征方程为 $r^4-1=0$，特征根为 $r_1=1,r_2=-1,r_3=-i,r_4=i$. 故微分方程的通解为

$$y=C_1e^x+C_2e^{-x}+C_3\cos x+C_4\sin x$$

(8) 微分方程的特征方程为 $r^4+r^2+1=0$，特征根为 $r_1=r_2=-i,r_3=r_4=i$. 故微分方程的通解为

$$y=(C_1+C_2x)\cos x+(C_3+C_4x)\sin x$$

(9) 微分方程的特征方程为 $r^4-2r^3+r^2=0$，特征根为 $r_1=r_2=0,r_3=r_4=1$，故微分方程的通解为

$$y=C_1+C_2x+C_3e^x+C_4xe^x$$

(10) 微分方程的特征方程为 $r^4+5r^2-36=0$，特征根为 $r_1=2,r_2=-2,r_3=3i,r_4=-3i$，故微分方程的通解为

$$y=C_1e^{2x}+C_2e^{-2x}+C_3\cos 3x+C_4\sin 3x$$

2. 求下列微分方程满足所给初始条件的特解：

(1) $y''-4y'+3y=0,y|_{x=0}=6,y'|_{x=0}=10$；　(2) $4y''+4y'+y=0,y|_{x=0}=2,y'|_{x=0}=0$；

(3) $y''-3y'-4y=0,y|_{x=0}=0,y'|_{x=0}=-5$；　(4) $y''+4y'+29y=0,y|_{x=0}=0,y'|_{x=0}=15$；

(5) $y''+25y=0,y|_{x=0}=2,y'|_{x=0}=5$；　(6) $y''-4y'+13y=0,y|_{x=0}=0,y'|_{x=0}=3$.

解　(1) 微分方程的特征方程为 $r^2-4r+3=0$，特征根为 $r_1=1,r_2=3$，故微分方程的通解为

$$y=C_1e^x+C_2e^{3x}$$

由 $y|_{x=0}=6,y'|_{x=0}=10$，得 $C_1=4,C_2=2$，因此所求的特解为

$$y = 4e^{x} + 2e^{3x}$$

(2) 微分方程 的特征方程为 $4r^2 + 4r + 1 = 0$，特征根为 $r_1 = r_2 = -\dfrac{1}{2}$，故微分方程的通解为

$$y = e^{-\frac{1}{2}x}(C_1 + C_2 x)$$

由 $y\big|_{x=0} = 2, y'\big|_{x=0} = 0$，得 $C_1 = 2, C_2 = 1$，因此所求特解为

$$y = e^{-\frac{1}{2}x}(2 + x)$$

(3) 微分方程的特征方程为 $r^2 - 3r - 4 = 0$，特征根为 $r_1 = -1, r_2 = 4$，故微分方程的通解为

$$y = C_1 e^{-x} + C_2 e^{4x}$$

由 $y\big|_{x=0} = 0, y'\big|_{x=0} = -5$，得 $C_1 = 1, C_2 = -1$，因此所求特解为

$$y = e^{-x} - e^{4x}$$

(4) 微分方程的特征方程为 $r^2 + 4r + 29 = 0$，特征根为 $r_{1,2} = -2 \pm 5i$，故微分方程的通解为

$$y = e^{-2x}(C_1 \cos 5x + C_2 \sin 5x)$$

由 $y\big|_{x=0} = 0, y'\big|_{x=0} = 15$ 得 $C_1 = 0, C_2 = 3$，因此所求特解为

$$y = 3e^{-2x}\sin 5x$$

(5) 微分方程的特征方程为 $r^2 + 25 = 0$，特征根为 $r_{1,2} = \pm 5i$，故微分方程的通解为

$$y = C_1 \cos 5x + C_2 \sin 5x$$

由 $y\big|_{x=0} = 2, y'\big|_{x=0} = 5$ 得 $C_1 = 2, C_2 = 1$. 因此所求特解为

$$y = 2\cos 5x + \sin 5x$$

(6) 微分方程的特征方程为 $r^2 - 4r + 13 = 0$，特征根为 $r_{1,2} = 2 \pm 3i$，故微分方程的通解为

$$y = e^{2x}(C_1 \cos 3x + C_2 \sin 3x)$$

由 $y\big|_{x=0} = 0, y'\big|_{x=0} = 3$ 得 $C_1 = 0, C_2 = 1$，因此所求特解为

$$y = e^{2x}\sin 3x$$

3. 一个单位质量的质点在数轴上运动，开始时质点在原点 O 处且速度为 v_0，在运动过程中，它受到一个力的作用，这个力的大小与质点的距离成正比(比例系数 $k_1 > 0$)而方向与初速一致. 又介质的阻力与速度成正比(比例系数 $k_2 > 0$)，求反映这质点的运动规律的函数.

解 设数轴为 x 轴，v_0 方向为正轴方向. 由题意得微分方程为 $x'' = k_1 x - k_2 x'$，即 $x'' + k_2 x' - k_1 x = 0$，其初始条件为 $x\big|_{t=0} = 0, x'\big|_{t=0} = v_0$. 微分方程的特征方程为 $r^2 + k_2 r - k_1 = 0$，其特征根为

$$r_1 = \frac{-k_2 + \sqrt{k_2^2 + 4k_1}}{2}, \quad r_2 = \frac{-k_2 - \sqrt{k_2^2 + 4k_1}}{2}$$

故微分方程的通解为 $$x = C_1 e^{\frac{-k_2 + \sqrt{k_2^2 + 4k_1}}{2}t} + C_2 e^{\frac{-k_2 - \sqrt{k_2^2 + 4k_1}}{2}t}$$

由 $x\big|_{t=0} = 0, x'\big|_{t=0} = v_0$，得 $C_1 = \dfrac{v_0}{\sqrt{k_2^2 + 4k_1}}, C_2 = -\dfrac{v_0}{\sqrt{k_2^2 + 4k_1}}$. 因此质点的运动规律为

$$x = \frac{v_0}{\sqrt{k_2^2 + 4k_1}}\left(e^{\frac{-k_2 + \sqrt{k_2^2 + 4k_1}}{2}t} - e^{\frac{-k_2 - \sqrt{k_2^2 + 4k_1}}{2}t}\right)$$

4. 在图 7.3 所示的电路中先将开关 K 拨向 A，达到稳定状态后再将开关 K 拨向 B，求电压 $u_C(t)$ 及电流 $i(t)$. 已知 $E = 20$ V, $C = 0.5 \times 10^{-6}$ F, $L = 0.1$ H, $R = 2\,000\ \Omega$.

解 由回路电压定律得 $E - L\dfrac{di}{dt} - \dfrac{Q}{C} - Ri = 0$，由于 $Q = Cu_C$，故 $i = \dfrac{dQ}{dt} = Cu_C'$, $\dfrac{di}{dt} = Cu_C''$，所以 $-LCu_C'' - u_C - RCu_C' = 0$，即

$$u_C'' + \frac{R}{L}u_C' + \frac{1}{LC}u_C = 0$$

已知 $\dfrac{R}{L} = \dfrac{2\,000}{0.1} = 2 \times 10^4$, $\dfrac{1}{LC} = \dfrac{1}{0.1 \times 0.6 \times 10^{-6}} = \dfrac{1}{5} \times 10^8$，故

$$u_C'' + 2\times10^4 u_C' + \frac{1}{5}\times10^8 u_C = 0$$

微分方程的特征方程为 $r^2 + 2\times10^4 r + \frac{1}{5}\times10^8 = 0$，特征根为 $r_1 = -1.9\times10^4, r_2 = -10^3$，故微分方程的通解为

$$u_c = C_1 e^{-1.9\times10^4 t} + C_2 e^{10^3 t}$$

由初始条件 $t=0$ 时，$u_C = 20, u_C' = 0$，可得 $C_1 = -\frac{10}{9}, C_2 = \frac{190}{9}$.

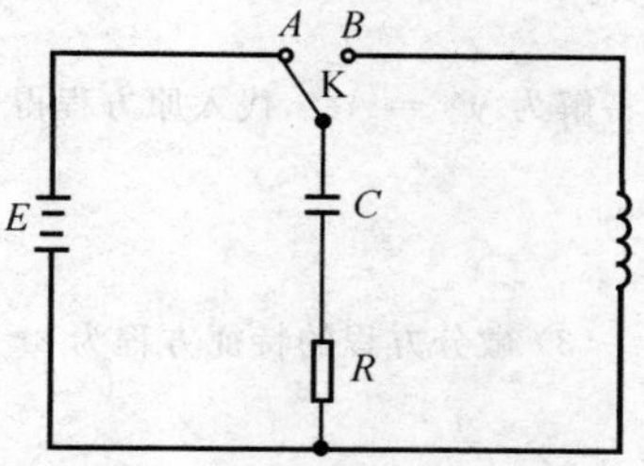

图 7.3

所求电压为 $\quad u_C(t) = \frac{10}{9}(19e^{10^3 t} - e^{-1.9\times10^4 t})$ V

所求电流为 $\quad i(t) = \frac{19}{18}\times10^{-2}(e^{-1.9\times10^4 t} - e^{-10^3 t})$ (A)

5. 设圆柱形浮筒，直径为 0.5 m，竖直放在水中，当稍向下压后突然放手，浮筒在水中上下振动的周期为 2 s，求浮筒的质量.

解　设 ρ 为水的密度，S 为浮筒的横截面面积，D 为浮筒的直径，且设压下的位移为 x，如图 7.4 所示，则 $f = -\rho g S x$. 又 $f = ma = m\frac{d^2x}{dt^2}$，因而 $-\rho g S x = m\frac{d^2x}{dt^2}$，即 $\quad \frac{d^2x}{dt^2} + \frac{\rho g S}{m}x = 0$

微分方程的特征方程为 $r^2 + \frac{\rho g S}{m} = 0$，特征根为 $r_{1,2} = \pm\sqrt{\frac{\rho g S}{m}}\mathrm{i}$，故微分方程的通解为

$$x = C_1\cos\sqrt{\frac{\rho g S}{m}}t + C_2\sin\sqrt{\frac{\rho g S}{m}}t \Rightarrow = A\sin\left(\sqrt{\frac{\rho g S}{m}}t + \varphi\right)$$

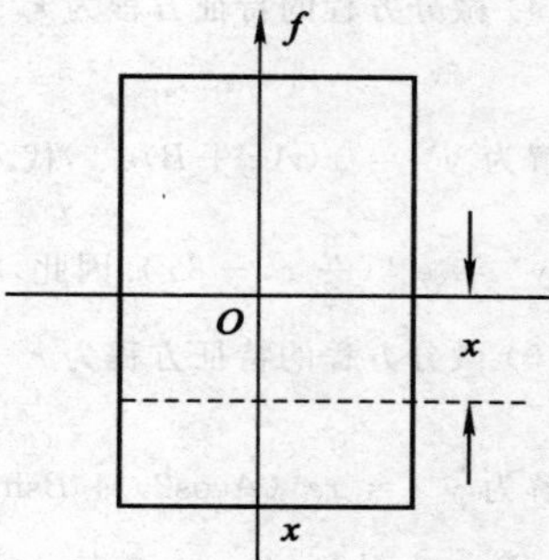

图 7.4

由此得浮筒的振动频率为 $\quad \omega = \sqrt{\frac{\rho g S}{m}}$

因为周期为 $T=2$，故 $\frac{2\pi}{\omega} = 2\pi\sqrt{\frac{\rho g S}{m}} = 2, m = \frac{\rho g S}{\pi^2}$. 由 $\rho = 1\,000$ kg/m³，$g = 9.8$ m/s²，$D = 0.5$ m，$S = \frac{\pi D^2}{4}$ 代入，得

$$m = \frac{\rho g D^2}{4\pi} = \frac{1\,000\times9.8\times0.5^2}{4\pi} = 195$$

(八) 习题 7-8 解答

1. 求下列各微分方程的通解：

(1) $2y'' + y' - y = 2e^x$；　(2) $y'' + a^2 y = e^x$；

(3) $2y'' + 5y' = 5x^2 - 2x - 1$；　(4) $y'' + 3y' + 2y = 3xe^{-x}$；

(5) $y'' - 2y' + 5y = e^x\sin2x$；　(6) $y'' - 6y' + 9y = (x+1)e^{3x}$；

(7) $y'' + 5y' + 4y = 3 - 2x$；　(8) $y'' + 4y = x\cos x$；

(9) $y'' + y = e^x + \cos x$；　(10) $y'' - y = \sin^2 x$.

解　(1) 微分方程的特征方程为 $2r^2 + r - 1 = 0$，特征根为 $r_1 = \frac{1}{2}, r_2 = -1$. 齐次方程的通解为

$$Y = C_1 e^{\frac{1}{2}x} + C_2 e^{-x}$$

设特解为 $y^* = Ae^x$，代入原方程得 $2Ae^x + Ae^x - Ae^x = 2e^x$，解得 $A = 1$，从而 $y^* = e^x$. 因此，原方程的通解为

$$y = C_1 e^{\frac{1}{2}x} + C_2 e^{-x} + e^x$$

(2) 微分方程的特征方程为 $r^2 + a^2 = 0$，特征根为 $r = \pm a\mathrm{i}$. 齐次方程的通解为

$$Y = C_1\cos ax + C_2\sin ax$$

设特解为 $y^* = Ae^x$，代入原方程得 $Ae^x + a^2Ae^x = e^x$，解得 $A = \frac{1}{1+a^2}$，从而 $y^* = \frac{e^x}{1+a^2}$. 因此，原方程的通解为

$$y = C_1\cos ax + C_2\sin ax + \frac{e^x}{1+a^2}$$

(3) 微分方程的特征方程为 $2r^2 + 5r = 0$，特征根为 $r_1 = 0, r_2 = -\frac{5}{2}$. 齐次方程的通解为

$$Y = C_1 + C_2e^{-\frac{5}{2}x}$$

设特解为 $y^* = x(Ax^2 + Bx + C)$，代入原方程并整理得

$$15Ax^2 + (12A + 10B)x + (4B + 5C) = 5x^2 - 2x - 1$$

比较系数得 $A = \frac{1}{3}, B = -\frac{3}{5}, C = \frac{7}{25}$，从而 $y^* = \frac{1}{3}x^3 - \frac{3}{5}x^2 + \frac{7}{25}x$

因此，原方程的通解为 $y = C_1 + C_2e^{-\frac{5}{2}x} + \frac{1}{3}x^3 - \frac{3}{5}x^2 + \frac{7}{25}x$

(4) 微分方程的特征方程为 $r^2 + 3r + 2 = 0$，特征根为 $r_1 = -1, r_2 = -2$，齐次方程的通解为

$$Y = C_1e^{-x} + C_2e^{-2x}$$

设特解为 $y^* = x(Ax + B)e^{-x}$，代入原方程并整理得 $2Ax + (2A + B) = 3x$，比较系数得 $A = \frac{3}{2}, B = -3$，从而 $y^* = e^{-x}(\frac{3}{2}x^2 - 3x)$. 因此，原方程的通解为 $y = C_1e^{-x} + C_2e^{-2x} + e^{-x}(\frac{3}{2}x^2 - 3x)$

(5) 微分方程的特征方程为 $r^2 - 2r + 5 = 0$，特征根为 $r_{1,2} = 1 \pm 2i$，齐次方程的通解为

$$Y = e^x(C_1\cos 2x + C_2\sin 2x)$$

设特解为 $y^* = xe^x(A\cos 2x + B\sin 2x)$，代入原方程得 $e^x[4B\cos 2x - 4A\sin 2x] = e^x\sin 2x$，比较系数得 $A = -\frac{1}{4}, B = 0$，从而 $y^* = -\frac{1}{4}xe^x\cos 2x$. 因此，原方程的通解为

$$y = e^x(C_1\cos 2x + C_2\sin 2x) - \frac{1}{4}xe^x\cos 2x$$

(6) 微分方程的特征方程为 $r^2 - 6r + 9 = 0$，特征方程为 $r_1 = r_2 = 3$，齐次方程的通解为

$$Y = e^{3x}(C_1 + C_2x)$$

设特解为 $y^* = x^2e^{3x}(Ax + B)$，代入原方程得 $e^{3x}(6Ax + 2B) = e^{3x}(x+1)$，比较系数得 $A = \frac{1}{6}, B = \frac{1}{2}$，从而 $y^* = e^{3x}(\frac{1}{6}x^3 + \frac{1}{2}x^2)$. 因此，原方程的通解为

$$y = e^{3x}(C_1 + C_2x) + e^{3x}(\frac{1}{6}x^3 + \frac{1}{2}x^2)$$

(7) 微分方程的特征方程为 $r^2 + 5r + 4 = 0$，特征根为 $r_1 = -1, r_2 = -4$，齐次方程的通解为

$$Y = C_1e^{-x} + C_2e^{-4x}$$

设特解为 $y^* = Ax + B$，代入原方程得 $4Ax + (5A + 4B) = -2x + 3$，比较系数得 $A = -\frac{1}{2}, B = \frac{11}{8}$，从而 $y^* = -\frac{1}{2}x + \frac{11}{8}$. 因此，原方程的通解为

$$y = C_1e^{-x} + C_2e^{-4x} - \frac{1}{2}x + \frac{11}{8}$$

(8) 微分方程的特征方程为 $r^2 + 4 = 0$，特征根为 $r = \pm 2i$，齐次方程的通解为

$$Y = C_1\cos 2x + C_2\sin 2x$$

设特解 $y^* = (Ax + B)\cos x + (Cx + D)\sin x$，代入原方程得 $(3Ax + 3B + 2C)\cos x + (3Cx - 2A + 3D)\sin x = x\cos x$，比较系数得 $A = \frac{1}{3}, B = 0, C = 0, D = \frac{2}{9}$，从而 $y^* = \frac{1}{3}x\cos x + \frac{2}{9}\sin x$. 因此，原方程的通解为

$$y = C_1\cos 2x + C_2\sin x + \frac{1}{3}x\cos x + \frac{2}{9}\sin x$$

(9) 微分方程的特征方程为 $r^2+1=0$，特征根为 $r=\pm i$，齐次方程的通解为

$$Y = C_1\cos x + C_2\sin x$$

因为 $f(x)=f_1(x)+f_2(x)$，其中 $f_1(x)=e^x$，$f_2(x)=\cos x$，而方程 $y''+y=e^x$ 具有 Ae^x 形式的特解；方程 $y''+y=\cos x$ 具有 $x(B\cos x+C\sin x)$ 形式的特解，故原方程的特解设为

$$y^* = Ae^x + x(B\cos x + C\sin x)$$

代入原方程得 $2Ae^x+2C\cos x-2B\sin x=e^x+\cos x$，比较系数得 $A=\frac{1}{2}$，$B=0$，$C=\frac{1}{2}$，从而 $y^*=\frac{1}{2}e^x+\frac{x}{2}\sin x$. 因此，原方程的通解为

$$y = C_1\cos x + C_2\sin x + \frac{1}{2}e^x + \frac{x}{2}\sin x$$

(10) 微分方程的特征方程为 $r^2-1=0$，特征根为 $r_1=-1$，$r_2=1$，齐次方程的通解为

$$Y = C_1e^{-x} + C_2e^x$$

因为 $f(x)=\sin^2 x=\frac{1}{2}-\frac{1}{2}\cos 2x$，而方程 $y''-y=\frac{1}{2}$ 的特解为常数 A，而方程 $y''-y=-\frac{1}{2}\cos 2x$ 具有 $B\cos 2x+C\sin 2x$ 形式的特解，故原方程的特解设为

$$y^* = A + B\cos 2x + C\sin 2x$$

代入原方程得 $-A-5B\cos 2x-5C\sin 2x=\frac{1}{2}-\frac{1}{2}\cos 2x$，比较系数得 $A=-\frac{1}{2}$，$B=\frac{1}{10}$，$C=0$，从而 $y^*=-\frac{1}{2}+\frac{1}{10}\cos 2x$. 因此，原方程的通解为

$$y = C_1e^{-x} + C_2e^x + \frac{1}{10}\cos 2x - \frac{1}{2}$$

2. 求下列各微分方程满足已给初始条件的特解：

(1) $y''+y+\sin 2x=0$，$y|_{x=\pi}=1$，$y'|_{x=\pi}=1$；

(2) $y''-3y'+2y=5$，$y|_{x=0}=1$，$y'|_{x=0}=2$；

(3) $y''-10y'+9y=e^{2x}$，$y|_{x=0}=\frac{6}{7}$，$y'|_{x=0}=\frac{33}{7}$；

(4) $y''-y=4xe^x$，$y|_{x=0}=0$，$y'|_{x=0}=1$；

(5) $y''-4y'=5$，$y|_{x=0}=1$，$y'|_{x=0}=0$.

解　(1) 微分方程的特征方程为 $r^2+1=0$，特征根为 $r=\pm i$，齐次方程的通解为

$$Y = C_1\cos x + C_2\sin x$$

因为 $f(x)=-\sin 2x$，$\lambda+i\omega=2i$ 不是特征方程的根，故原方程的特解可设为

$$y^* = A\cos 2x + B\sin 2x$$

代入原方程得 $-3A\cos 2x-3B\sin 2x=-\sin 2x$，解得 $A=0$，$B=\frac{1}{3}$，从而 $y^*=\frac{1}{3}\sin 2x$. 因此，原方程的通解为

$$y = C_1\cos x + C_2\sin x + \frac{1}{3}\sin 2x$$

由 $y|_{x=\pi}=1$，$y'|_{x=\pi}=1$ 得 $C_1=-1$，$C_2=-\frac{1}{3}$，故满足初始条件的特解为

$$y = -\cos x - \frac{1}{3}\sin x + \frac{1}{3}\sin 2x$$

(2) 微分方程的特征方程为 $r^2-3r+2=0$，特征根为 $r_1=1$，$r_2=2$. 齐次方程的通解为

$$Y = C_1 e^x + C_2 e^{2x}$$

容易看出 $y^* = \frac{5}{2}$ 为非齐次方程的一个特解，故原方程的通解为

$$y = C_1 e^x + C_2 e^{2x} + \frac{5}{2}$$

由 $y|_{x=0} = 1, y'|_{x=0} = 2$ 得 $C_1 = -5, C_2 = \frac{7}{2}$. 因此满足初始条件的特解为

$$y = -5e^x + \frac{7}{2}e^{2x} + \frac{5}{2}$$

(3) 微分方程的特征方程为 $r^2 - 10r + 9 = 0$，特征根为 $r_1 = 1, r_2 = 9$，齐次方程的通解为

$$Y = C_1 e^x + C_2 e^{9x}$$

因为 $f(x) = e^{2x}, \lambda = 2$ 不是特征方程的根，故原方程的特解设为 $y^* = Ae^{2x}$，代入原方程得 $(4A - 20A + 9A)e^{2x} = e^{2x}$，解得 $A = -\frac{1}{7}$，从而 $y^* = -\frac{1}{7}e^{2x}$. 因此，原方程的通解为

$$y = C_1 e^x + C_2 e^{9x} - \frac{1}{7}e^{2x}$$

由 $y|_{x=0} = \frac{6}{7}, y'|_{x=0} = \frac{33}{7}$ 得 $C_1 = C_2 = \frac{1}{2}$. 因此满足初始条件的特解为

$$y = \frac{1}{2}e^x + \frac{1}{2}e^{9x} - \frac{1}{7}e^{2x}$$

(4) 微分方程的特征方程为 $r^2 - 1 = 0$，特征根为 $r_1 = -1, r_2 = 1$，齐次方程的通解为

$$Y = C_1 e^{-x} + C_2 e^x$$

因为 $f(x) = 4xe^x, \lambda = 1$ 是特征方程的单根，故原方程的特解设为

$$y^* = xe^x(Ax + B)$$

代入原方程得 $(4Ax + 2A + 2B)e^x = 4xe^x$. 比较系数得 $A = 1, B = -1$，从而 $y^* = xe^x(x-1)$. 因此，原方程的通解为

$$y = C_1 e^{-x} + C_2 e^x + xe^x(x-1)$$

由 $y|_{x=0} = 0, y'|_{x=0} = 1$ 得 $C_1 = -1, C_2 = 1$. 因此满足初始条件的特解为

$$y = e^x - e^{-x} + xe^x(x-1)$$

(5) 微分方程的特征方程为 $r^2 - 4r = 0$，特征根为 $r_1 = 0, r_2 = 4$，齐次方程的通解为

$$Y = C_1 + C_2 e^{4x}$$

因为 $f(x) = 5, \lambda = 0$ 是特征方程的单根，故原方程的特解设为 $y^* = Ax$，代入原方程得 $-4A = 5, A = -\frac{5}{4}$.
从而 $y^* = -\frac{5}{4}x$. 因为，原方程的通解为 $y = C_1 + C_2 e^{4x} - \frac{5}{4}x$

由 $y|_{x=0} = 1, y'|_{x=0} = 0$ 得 $C_1 = \frac{11}{16}, C_2 = \frac{5}{16}$. 因此满足初始条件的特解为

$$y = \frac{11}{16} + \frac{5}{16}e^{4x} - \frac{5}{4}x$$

3. 大炮以仰角 α，初速 v_0 发射炮弹，若不计空气阻力，求弹道曲线.

解 取炮口为原点，炮弹前进的水平方向为 x 轴，铅直向上为 y 轴，弹道运动的微分方程为

$$\begin{cases} \frac{d^2 y}{dt^2} = -g \\ \frac{d^2 x}{dt^2} = 0 \end{cases}$$

且满足初始条件

$$\begin{cases} y|_{t=0} = 0, y'|_{t=0} = v_0 \sin\alpha \\ x|_{t=0} = 0, x'|_{t=0} = v_0 \cos\alpha \end{cases}$$

即满足方程和初始条件的解(弹道曲线)为

$$\begin{cases} x = v_0 t\cos\alpha \\ y = v_0 t\sin\alpha - \dfrac{1}{2}gt^2 \end{cases}$$

4. 在 R,L,C 含源串联电路中，电动势为 E 的电源对电容器 C 充电. 已知 $E = 20$ V, $C = 0.2\ \mu$F, $L = 0.1$ H, $R = 1\,000\ \Omega$，试求合上开关 K 后的电流 $i(t)$ 及电压 $u_C(t)$.

解 由回路定律可知 $LCu_C'' + RCu_C' + u_C = E$，即

$$u_C'' + \frac{R}{L}u_C' + \frac{1}{LC}u_C = \frac{E}{LC}$$

且当 $t = 0$ 时，$u_C = 0, u_C' = 0$. 把 $R = 1\,000\ \Omega, L = 0.1$ H, $C = 0.2\ \mu$F. 代入方程可得微分方程

$$u_C'' + 10^4 u_C' + 5\times 10^7 u_C = 10^9$$

微分方程的特征方程为 $r^2 + 10^4 r + 5\times 10^7 = 0$，特征根为 $r_{1,2} = -5\times 10^3 \pm 5\times 10^3 \mathrm{i}$，因此齐次方程的通解为

$$u_C = \mathrm{e}^{-5\times 10^3 t}[C_1\cos(5\times 10^3)t + C_2\sin(5\times 10^3)t]$$

由观察法易知 $y^* = 20$ 为非齐次方程的一个特解，因此非齐次方程的通解为

$$u_C = \mathrm{e}^{-5\times 10^3 t}[C_1\cos(5\times 10^3)t + C_2\sin(5\times 10^3)t] + 20$$

由 $t = 0$ 时，$u_C = 0, u_C' = 0$，得 $C_1 = -20, C_2 = -20$. 因此

$$u_C = 20 - 20\mathrm{e}^{-5\times 10^3 t}[\cos(5\times 10^3)t + \sin(5\times 10^3)t]\ (\mathrm{V})$$

$$i(t) = C u_C' = 0.2\times 10^{-6} u_C' = 4\times 10^{-2}\mathrm{e}^{-5\times 10^3 t}\sin(5\times 10^3 t)\ (\mathrm{A})$$

5. 一链条悬挂在一钉子上，起动时一端离开钉子 8 m，另一端离开钉子 12 m，分别在以下两种情况下求链条滑下来所需要的时间:

(1) 若不计钉子对链条所产生的摩擦力；(2) 若摩擦力为 1 m 长的链条的重量.

解 (1) 设在时刻 t s 时，链条上较长的一段垂下 x m，且设链条的长度为 ρ，则向下拉链条下滑的作用力为

$$F = x\rho g - (20 - x)\rho g = 2\rho g(x - 10)$$

由牛顿第二定律，有 $20\rho x'' = 2\rho g(x - 10)$，即 $x'' - \dfrac{g}{10}x = -9$. 微分方程的特征方程为 $r^2 - \dfrac{9}{10} = 0$，特征根为 $r_1 = -\sqrt{\dfrac{g}{10}}, r_2 = \sqrt{\dfrac{g}{10}}$. 齐次方程的通解为 $x = C_1\mathrm{e}^{-\sqrt{\frac{g}{10}}t} + C_2\mathrm{e}^{\sqrt{\frac{g}{10}}t}$.

由观察法易知 $x^* = 10$ 为非齐次方程的一个特解，故通解为 $x = C_1\mathrm{e}^{-\sqrt{\frac{g}{10}}t} + C_2\mathrm{e}^{\sqrt{\frac{g}{10}}t} + 10$.

由 $x(0) = 12$ 及 $x'(0) = 0$ 得 $C_1 = C_2 = 1$. 因此特解为 $x = \mathrm{e}^{-\sqrt{\frac{g}{10}}t} + \mathrm{e}^{\sqrt{\frac{g}{10}}t} + 10$.

当 $x = 20$，即链条完全滑下来时有 $\mathrm{e}^{-\sqrt{\frac{g}{10}}t} + \mathrm{e}^{\sqrt{\frac{g}{10}}t} = 10$，链条滑下来所需的时间为

$$t = \sqrt{\frac{g}{10}}\ln(5 + 2\sqrt{6})\,\mathrm{s}$$

(2) 此时向下拉链条的作用力变为

$$F = x\rho g - (20 - x)\rho g - 1\rho g = 2\rho g x - 21\rho g$$

由牛顿第二定律，有 $20\rho x'' = 2\rho g x - 21\rho g$，即 $x'' - \dfrac{g}{10}x = -1.05\,g$. 微分方程的通解为

$$x = C_1\mathrm{e}^{\sqrt{\frac{g}{10}}t} + C_2\mathrm{e}^{\sqrt{\frac{g}{10}}t} + 10.5$$

由 $x(0) = 12$ 及 $x'(0) = 0$ 得 $C_1 = C_2 = \dfrac{3}{4}$，因此特解为 $x = \dfrac{3}{4}(\mathrm{e}^{-\sqrt{\frac{g}{10}}t} + \mathrm{e}^{\sqrt{\frac{g}{10}}t}) + 10.5$.

当 $x = 20$ 时，即链条完全滑下来时有 $\dfrac{3}{4}(\mathrm{e}^{-\sqrt{\frac{g}{10}}t} + \mathrm{e}^{\sqrt{\frac{g}{10}}t}) = 9.5$.

则所需时间

$$t = \sqrt{\frac{10}{g}}\ln\left(\frac{19}{3} + \frac{4\sqrt{22}}{3}\right)(\mathrm{s})$$

6. 设函数 $\varphi(x)$ 连续，且满足 $\varphi(x)=e^x+\int_0^x t\varphi(t)dt-x\int_0^x\varphi(t)dt$，求 $\varphi(x)$.

解 等式两边对 x 求导得 $\varphi'(x)=e^x-\int_0^x\varphi(t)dt$，再求导得微分方程 $\varphi''(x)=e^x-\varphi(x)$，即

$$\varphi''(x)+\varphi(x)=e^x$$

微分方程的特征方程为 $r^2+1=0$，特征根为 $r_{1,2}=\pm i$，故对应的齐次方程的通解为

$$\varphi(x)=C_1\cos x+C_2\sin x$$

易知 $\varphi^*=\frac{1}{2}e^x$ 是非齐次方程的一个特解，故非齐次方程的通解为

$$\varphi(x)=C_1\cos x+C_2\sin x+\frac{1}{2}e^x$$

由所给等式知 $\varphi(0)=1,\varphi'(0)=1$，由此得 $C_1=C_2=\frac{1}{2}$. 因此

$$\varphi(x)=\frac{1}{2}(\cos x+\sin x+e^x)$$

*(九) 习题 7-9 解答

求下列欧拉方程的通解：

(1) $x^2y''+xy'-y=0$； (2) $y''-\frac{y'}{x}+\frac{y}{x^2}=\frac{2}{x}$；

(3) $x^3y'''+3x^2y''-2xy'+2y=0$； (4) $x^2y''-2xy'+2y=\ln^2x-2\ln x$；

(5) $x^2y''+xy'-4y=x^3$.

解 (1) 特征方程为 $K(K-1)+K-1=0$，特征根为 $K_1=1,K_2=-1$. 所以该方程的通解为

$$y(x)=C_1x+\frac{C_1}{x}$$

(2) 令 $x=e^t$，原方程可化为 $D^2y-2Dy+y=2e^t$. 解此方程得

$$y(t)=(C_1+C_2t)e^t+t^2e^t$$

把 $t=\ln|x|$ 代入得 $$y(x)=(C_1+C_2\ln|x|)x+x\ln^2|x|$$

(3) 此欧拉方程的特征方程为 $K(K-1)(K-2)+3K(K-1)-2K+2=0$，特征根为 $K_{1,2}=1$，$K_3=-2$. 所以该方程的通解为

$$y(x)=(C_1+C_2\ln|x|)x+\frac{C_3}{x^2}$$

(4) 令 $x=e^t$，原方程化为 $D^2y-3Dy+2y=t^2-2t$. 解此方程得

$$y(t)=C_1e^t+C_2e^{2t}+\frac{1}{2}(t^2+t+\frac{1}{2})$$

把 $t=\ln|x|$ 代入得 $$y(x)=C_1x+C_2x^2+\frac{1}{2}(\ln^2x+\ln|x|+\frac{1}{2})$$

(5) 令 $x=e^t$，原方程化为 $D^2y-4y=e^{3t}$. 解此方程得

$$g(t)=C_1e^{2t}+C_2e^{-2t}+e^{3t}/5$$

把 $t=\ln|x|$ 代入得 $$y(x)=C_1x^2+C_2/x^2+\frac{1}{5}x^3$$

*(十) 习题 7-10 解答

1. 求下列微分方程的通解.

(1) $\begin{cases}\frac{dy}{dx}=z\\ \frac{dz}{dx}=y\end{cases}$； (2) $\begin{cases}\frac{d^2x}{dt^2}=y\\ \frac{d^2y}{dt^2}=x\end{cases}$；

(3) $\begin{cases}\dfrac{dx}{dt}+\dfrac{dy}{dt}=-x+y+3\\ \dfrac{dx}{dt}-\dfrac{dy}{dt}=x+y-3\end{cases}$；　(4) $\begin{cases}\dfrac{dx}{dt}+5x+y=e^x\\ \dfrac{dy}{dt}-x-3y=e^{2t}\end{cases}$.

解　(1) 对第一个方程两边求导，代入第二个方程得 $\dfrac{d^2y}{dx^2}=\dfrac{dz}{dx}$，所以 $\dfrac{d^2y}{dx^2}=y$. 解特征方程 $r^2-1=0$ 得 $r_{1,2}=\pm 1$. 故方程组的通解为

$$\begin{cases}y=C_1e^x+C_2e^{-x}\\ z=C_1e^x-C_2e^{-x}\end{cases}$$

(2) 记 $D=\dfrac{d}{dt}$，则 $D^2x=y$，$D^2y=x$，由此得 $D^4x=D^2y$，所以 $D^4x-x=0$. 特征方程 $r^4-1=0$，特征根 $r_{1,2}=\pm 1$，$r_{3,4}=\pm i$. 所以

$$\begin{cases}x=C_1e^t+C_2e^{-t}+C_3\cos t+C_4\sin t\\ y=C_1e^t+C_2e^{-t}-C_3\cos t-C_4\sin t\end{cases}$$

(3) 由原方程组得

$$\begin{cases}\dfrac{dx}{dt}=y & ①\\ \dfrac{dy}{dt}=-x+3 & ②\end{cases}$$

式①求导，并将式②代入得

$$\frac{d^2x}{dt^2}+x=3$$

特征方程为 $r^2+1=0$，特征根为 $r=\pm i$. 易得特解 $x^*=3$. 故方程组的通解为

$$\begin{cases}x=C_1\cos t+C_2\sin t+3\\ y=-C_1\sin t+C_2\cos t\end{cases}$$

(4) 记 $D=\dfrac{d}{dt}$，则原方程组为

$$\begin{cases}(D+5)x+y=e^t\\ -x+(D-3)y=e^{2t}\end{cases}$$

求得

$$(D^2+2D-14)x=-2e^t-e^{2t}$$

特征方程为 $r^2-2r-14=0$，特征根 $r_{1,2}=-1\pm\sqrt{15}$. 齐次方程的通解为

$$X=e^{-t}(C_1e^{\sqrt{15}t}+C_2e^{-\sqrt{15}t})$$

设方程 $(D^2+2D-14)x=-2e^t$ 有特解 $x_1^*=Ae^{2t}$，代入求得 $A=\dfrac{2}{11}$. 所以 $x_1^*=\dfrac{2}{11}$.

设方程 $(D^2+2D-14)x=-e^{2t}$ 有特解 $x_2^*=Be^{2t}$，代入求得 $B=\dfrac{1}{6}$. 从而 $x_2^*=\dfrac{1}{6}e^{2t}$.

所以

$$x=(C_1e^{\sqrt{15}t}+C_2e^{-\sqrt{15}t})e^{-t}+\frac{2}{11}e^t+\frac{1}{6}e^{2t}$$

代入原方程组的第一个方程可得

$$y=(-4-\sqrt{15})C_1e^{(-1+\sqrt{15})t}-(-4-\sqrt{15})C_2e^{(-1-\sqrt{15})t}-\frac{1}{11}e^t-\frac{7}{6}e^{2t}$$

故原方程组的通解为

$$\begin{cases}x=(C_1e^{\sqrt{15}t}+C_2e^{-\sqrt{15}t})e^{-t}+\dfrac{2}{11}e^t+\dfrac{1}{6}e^{2t}\\ y=(-4-\sqrt{15})C_1e^{(-1+\sqrt{15})t}-(4-\sqrt{15})C_2e^{(-1-\sqrt{15})t}-\dfrac{1}{11}e^t-\dfrac{7}{6}e^{2t}\end{cases}$$

2. 求下列微分方程组满足所给初始条件的特解：

(1) $\begin{cases}\dfrac{dx}{dt}=y, x|_{t=0}=0\\ \dfrac{dy}{dt}=-x, y|_{t=0}=1\end{cases}$； (2) $\begin{cases}\dfrac{d^2x}{dt^2}+2\dfrac{dy}{dt}-x=0, x|_{t=0}=1\\ \dfrac{dx}{dt}+y=0, y|_{t=0}=0\end{cases}$；

(3) $\begin{cases}\dfrac{dx}{dt}+3x-y=0, x|_{t=0}=1\\ \dfrac{dy}{dt}-8x+y=0, y|_{t=0}=4\end{cases}$； (4) $\begin{cases}2\dfrac{dx}{dt}-4x+\dfrac{dy}{dt}-y=e^t, x|_{t=0}=\dfrac{3}{2}\\ \dfrac{dx}{dt}+3x+y=0, y|_{t=0}=0\end{cases}$.

解 (1) 记 $D=\dfrac{d}{dt}$，原方程组为 $\begin{cases}Dx=y,\\ Dy=-x\end{cases}$，所以

$$D^2x=Dy=-x,\quad D^2x+x=0$$

可解得 $x=C_1\cos t+C_2\sin t,\quad y=Dx=-C_1\sin t+C_2\cos t$

将初始条件代入得 $C_1=0, C_2=1$. 故所求特解为

$$\begin{cases}x=\sin t\\ y=\cos t\end{cases}$$

(2) 消去 y 得 $D^2x-2D^2x-x=0$，$(D^2+1)x=0$. 特征方程为 $r^2+1=0$，特征根 $r=\pm i$. 故所求通解为

$$\begin{cases}x=C_1\cos t+C_2\sin t\\ y=C_1\sin t-C_2\sin t\end{cases}$$

以初始条件代入得 $C_1=1, C_2=0$，于是所求特解为

$$\begin{cases}x=\cos t\\ y=\sin t\end{cases}$$

(3) 记 $D=\dfrac{d}{dt}$，原方程组为

$$\begin{cases}(D+3)x-y=0\\ -8x+(D+1)y=0\end{cases}$$

消去 y 得 $(D^2+4D-5)x=0$

特征方程 $r^2+4r-5=0$，特征根 $r_1=1, r_2=-5$. 所以 $x(t)=C_1e^t+C_2e^{-5t}$，可求得 $y=4C_1e^t-2C_2e^{-5t}$.
将初始条件代入得 $C_1=1, C_2=0$. 所求特解为

$$\begin{cases}x=e^t\\ y=4e^t\end{cases}$$

(4) 消去 y 得 $x''+x=-e^t$，特征方程为 $r^2+1=0$，特征根为 $r=\pm i$. 易得方程的一个特解为 $x^*=-\dfrac{e^t}{2}$，所以

$$x=C_1\cos t+C_2\sin t-\frac{e^t}{2}$$

可求得 $y=(C_1-3C_2)\sin t-(3C_1+C_2)\cos t+2e^t$

将初始条件代入得 $C_1=2, C_2=-4$. 故所求特解为

$$\begin{cases}x=2\cos t-4\sin t-\dfrac{e^t}{2}\\ y=-2\cos t+14\sin t+2e^t\end{cases}$$

(十一) 总习题七解答

1. 填空题

(1) $xy'''+2x^2y'^2+x^3y=x^4+1$ 是__________阶微分方程.

(2) 一阶线性微分方程 $y'+p(x)y=Q(x)$ 的通解为__________.

(3) 与积分方程 $y=\int_{x0}^{x} f(x,y)\mathrm{d}x$ 等价的微分方程初值问题是________.

(4) 已知 $y=1, y=x, y=x^2$ 是某二阶非齐次线性微分方程的三个解，则该方程的通解为________.

答案　(1)3　　(2) $y=\mathrm{e}^{-\int P(x)\mathrm{d}x}\left(\int Q(x)\mathrm{e}^{\int P(x)\mathrm{d}x}\mathrm{d}x+C\right)$

(3) $y'=f(x,y), y|_{x=x_0}=0$　　(4) $y=C_1(x-1)+C_2(x^2-1)+1$

2. 求以下各式所表示的函数为通解的微分方程：

(1) $(x+C)^2+y^2=1$（其中 C 为任意常数）；(2) $y=C_1\mathrm{e}^x+C_2\mathrm{e}^{2x}$（其中 C_1, C_2 为任意常数）.

解　(1) 由 $(x+C)^2+y^2=1$ 得

$$x+C=\pm\sqrt{1-y^2}$$

两边对 x 求导得 $1=\pm\dfrac{yy'}{\sqrt{1-y^2}}$，从而 $1-y^2=y^2y'^2$ 即所求微分方程为

$$y^2(1+y'^2)=1$$

(2) 两边对 x 求导得　　$y'=C_1\mathrm{e}^x+2C_2\mathrm{e}^{2x}=y+C_2\mathrm{e}^{2x}$

即　　$y'=y+C_2\mathrm{e}^{2x}$　　①

再求导得　　$y''=y'+2C_2\mathrm{e}^{2x}$　　②

联立式①，② 消去 C_2 得 $y''-2y'=y'-2y$，即所求微分方程为

$$y''-3y'+2y=0$$

3. 求下列微分方程的通解：

(1) $xy'+y=2\sqrt{xy}$；　　(2) $xy'\ln x+y=ax(\ln x+1)$；

(3) $\dfrac{\mathrm{d}y}{\mathrm{d}x}=\dfrac{y}{2(\ln y-x)}$；　　*(4) $\dfrac{\mathrm{d}y}{\mathrm{d}x}+xy-x^3y^3=0$；

(5) $y''+y'^2+1=0$；　　(6) $yy''-y'^2-1=0$；

(7) $y''+2y'+5y=\sin 2x$；　　(8) $y'''+y''-2y'=x(\mathrm{e}^x+4)$；

*(9) $(y^4-3x^2)\mathrm{d}y+xy\mathrm{d}x=0$；　　(10) $y'+x=\sqrt{x^2+y}$.

解　(1) 将方程变形为 $\dfrac{y'}{2\sqrt{y}}+\dfrac{1}{2x}\sqrt{y}=\dfrac{1}{\sqrt{x}}$，即 $(\sqrt{y})'+\dfrac{1}{2x}\sqrt{y}=\dfrac{1}{\sqrt{x}}$. 其通解为

$$\sqrt{y}=\mathrm{e}^{-\int\frac{1}{2x}\mathrm{d}x}\left(\int\frac{1}{\sqrt{x}}\mathrm{e}^{\int\frac{1}{2x}\mathrm{d}x}\mathrm{d}x+C\right)=\frac{1}{\sqrt{x}}(x+C)$$

即原方程的通解为　　$y=\dfrac{(x+C)^2}{x}$

(2) 将方程变形为 $y'+\dfrac{1}{x\ln x}y=a\left(1+\dfrac{1}{\ln x}\right)$，其通解为

$$y=\mathrm{e}^{-\int\frac{1}{x\ln x}\mathrm{d}x}\left[\int a\left(1+\frac{1}{\ln x}\right)\mathrm{e}^{\int\frac{1}{x\ln x}\mathrm{d}x}\mathrm{d}x+C\right]=\frac{1}{\ln x}(ax\ln x+C)$$

即原方程的通解为　　$y=ax+\dfrac{C}{\ln x}$

(3) 将方程变形为 $\dfrac{\mathrm{d}x}{\mathrm{d}y}+\dfrac{2}{y}x=\dfrac{2\ln y}{y}$，其通解为

$$x=\mathrm{e}^{-\int\frac{2}{y}\mathrm{d}y}\left(\int\frac{2\ln y}{y}\mathrm{e}^{\int\frac{2}{y}\mathrm{d}y}\mathrm{d}y+C\right)=\frac{1}{y^2}\left(y^2\ln y-\frac{1}{2}y^2+C\right)$$

即原方程的通解为　　$x=\ln y-\dfrac{1}{2}+\dfrac{C}{y^2}$

*(4) 将方程变形为 $\dfrac{1}{y^3}\dfrac{\mathrm{d}y}{\mathrm{d}x}+xy^{-2}=x^3$，即 $\dfrac{\mathrm{d}(y^{-2})}{\mathrm{d}x}-2xy^{-2}=-2x^3$，其通解为

$$y^{-2}=e^{\int 2x\mathrm{d}x}\left[\int(-2x^3)e^{-\int 2x\mathrm{d}x}\mathrm{d}x+C\right]=e^{x^2}(x^2e^{-x^2}+e^{-x^2}+C)$$

即原方程的通解为 $$y^{-2}=Ce^{x^2}+x^2+1$$

(5) 令 $y'=p$，则 $y''=p'$，且方程成为 $$p'+p^2+1=0$$

分离变量并积分 $$\int\frac{\mathrm{d}p}{1+p2}=-\int\mathrm{d}x$$

得 $$\arctan p=-x+C_1$$

即 $$y'=p=\tan(-x+C_1)$$

于是得通解 $$y=\int-\tan(x-C_1)\mathrm{d}x=\ln|\cos(x-C_1)|+C_2$$

或写成 $$y=\ln|\cos(x+C_1)|+C_2$$

(6) 令 $y'=p$，则 $y''=p\dfrac{\mathrm{d}p}{\mathrm{d}y}$，原方程化为 $yp\dfrac{\mathrm{d}p}{\mathrm{d}y}-p^2-1=0$，或 $\dfrac{\mathrm{d}(p^2)}{\mathrm{d}y}-\dfrac{2}{y}p^2=\dfrac{2}{y}$. 其通解为

$$p^2=e^{\int\frac{2}{y}\mathrm{d}y}\left(\int\frac{2}{y}e^{-\int\frac{2}{y}\mathrm{d}y}\mathrm{d}y+C\right)=y^2(-y^{-2}+C)=Cy^2-1$$

于是 $y'=\pm\sqrt{Cy^2-1}$，即 $\dfrac{\mathrm{d}y}{\sqrt{(C_1y)^2-1}}=\pm\mathrm{d}x(C=C_1^2)$，积分得

$$\ln(C_1y+\sqrt{(C_1y)^2-1})=\pm x+C_2$$

化简得原方程的通解为 $$y=\frac{1}{C_1}\mathrm{sh}(\pm x+C_2)$$

(7) 齐次方程 $y''+2y'+5y=0$ 的特征方程为 $r^2+2r+5=0$，特征根为 $r_{1,2}=-1\pm2\mathrm{i}$. 设非齐次方程的特解为

$$y^*=A\cos2x+B\sin2x$$

代入 $(A+2B)\cos2x+(B-4A)\sin2x=\sin2x$，比较系数得 $A=-\dfrac{4}{17}$，$B=\dfrac{1}{17}$，$y^*=-\dfrac{4}{17}\cos2x+\dfrac{1}{17}\sin2x$. 因此原方程的通解为 $$y=e^{-x}(C_1\cos2x+C_2\sin2x)-\frac{4}{17}\cos2x+\frac{1}{17}\sin2x$$

(8) 齐次方程 $y'''+y''-2y'=0$ 的特征方程为 $r^3+r^2-2r=0$，特征根为 $r_1=0$，$r_2=1$，$r_3=-2$. 齐次方程的通解为

$$y=C_1+C_2e^x+C_3e^{-2x}$$

原方程中 $f(x)=f_1(x)+f_2(x)$，其中，$f_1(x)=xe^x$，$f_2(x)=4x$. 对于方程 $y'''+y''-2y'=xe^x$，设特解为

$$y_1^*=x(Ax+B)e^x$$

代入 $y'''+y''-2y'=xe^x$ 得，$(6Ax+8A+3B)e^x=xe^x$，比较系数得 $A=\dfrac{1}{6}$，$B=-\dfrac{4}{9}$，故

$$y_1^*=x\left(\frac{1}{6}x-\frac{4}{9}\right)e^x$$

对于方程 $y'''+y''-2y'=4x$，设特解为

$$y_2^*=x(Cx+D)$$

代入 $y'''+y''-2y'=4x$ 得，$-4Cx+2C-2D=4x$，比较系数得 $C=-1$，$D=-1$，故

$$y_2^*=x(-x-1)$$

因此原方程的通解为 $$y=C_1+C_2e^x+C_3e^{-2x}+\left(\frac{1}{6}x^2-\frac{4}{9}x\right)e^x-x^2-x$$

*(9) 将原方程变形为 $x\dfrac{\mathrm{d}x}{\mathrm{d}y}-\dfrac{3}{y}x^2=-y^3$，或 $\dfrac{\mathrm{d}(x^2)}{\mathrm{d}y}-\dfrac{6}{y}x^2=-2y^3$. 其通解为

$$x^2=e^{\int\frac{6}{y}\mathrm{d}y}\left[\int(-2y^3)e^{-\int\frac{6}{y}\mathrm{d}y}\mathrm{d}y+C\right]=y^6(y^{-2}+C)$$

即原方程的通解为 $$x^2=y^4+Cy^6$$

(10) 令 $u=\sqrt{x^2+y}$，则 $y=u^2-x^2$，$\frac{dy}{dx}=2u\frac{du}{dx}-2x$. 故原方程化为 $2u\frac{du}{dx}-x=u$，即

$$\frac{du}{dx}=\frac{1}{2}\left(\frac{x}{u}\right)+\frac{1}{2}$$

令 $\frac{u}{x}=z$，则 $u=xz$，$\frac{du}{dx}=z+x\frac{dz}{dx}$，即 $x\frac{dz}{dx}=-\frac{1}{2}(2z-\frac{1}{2}-1)$，分离变量得 $\frac{zdz}{2z^2-z-1}=-\frac{1}{2}\frac{dx}{x}$，积分得 $\frac{1}{6}\ln(2z^3-3z^2+1)=-\frac{1}{2}\ln x+C_1$，即

$$2z^3-3z^2+1=Cx^{-3}\quad (C=e^{6C_1})$$

将 $z=\frac{u}{x}$ 代入上式得 $\quad 2u^3-3xu^2+x^3=C$

再代入 $u=\sqrt{x^2+y}$，得原方程的通解 $\quad 2\sqrt{(x^2+y)^3}-2x^3-3xy=C$

4. 求下列微分方程满足所给初始条件的特解：

*(1) $y^3dx+2(x^2-xy^2)dy=0$，$x=1$ 时 $y=1$；　(2) $y''-ay'^2=0$，$x=0$ 时 $y=0$，$y'=-1$；

(3) $2y''-\sin 2y=0$，$x=0$ 时，$y=\frac{\pi}{2}$，$y'=1$；　(4) $y''+2y'+y=\cos x$，$x=0$ 时，$y=0$，$y'=\frac{3}{2}$.

解 *(1) 原方程变为 $\frac{dx}{dy}-\frac{2}{y}x=-\frac{2}{y^3}x^2$，令 $z=x^{-1}$，则 $x=\frac{1}{z}$，$\frac{dx}{dy}=-\frac{1}{z^2}\frac{dz}{dy}$，从而原方程化为 $-\frac{1}{z^2}\frac{dz}{dy}-\frac{2}{y}\frac{1}{z}=-\frac{2}{y^3}\frac{1}{z^2}$，即 $\frac{dz}{dy}+\frac{2}{y}z=\frac{z}{y^3}$，其通解为

$$z=e^{-\int\frac{2}{y}dy}\left(\int\frac{2}{y^3}e^{\int\frac{2}{y}dy}dy+C\right)=\frac{1}{y^2}\left(\int\frac{2}{y}dy+C\right)=\frac{1}{y^2}(2\ln y+C)$$

将 $z=x^{-1}$ 代入上式，得原方程的通解为

$$\frac{1}{x}=\frac{1}{y^2}(2\ln y+C)\quad 即\quad y^2=x(2\ln y+C)$$

将初始条件代入得 $C=1$，所得特解为 $y^2=x(1+2\ln y)$.

(2) 令 $y'=p(x)$，则原方程为 $\frac{dp}{dx}-ap^2=0$，分离变量得 $\frac{dp}{p^2}=adx$，两边积分得 $-\frac{1}{p}=ax+C_1$. 即 $p=-\frac{1}{ax+C_1}$，代入 $p=y'$ 得 $y'=-\frac{1}{ax+C_1}$. 将初始条件 $x=0$ 时，$y'=-1$ 代入上式，得 $C_1=1$. 因而 $y'=-\frac{1}{ax+1}$，即 $dy=-\frac{dx}{ax+1}$，两边积分得 $y=-\frac{1}{a}\ln(ax+1)+C_2$.

由初始条件 $x=0$ 时，$y=0$ 得 $C_2=0$. 因此满足初始条件的特解为 $y=-\frac{1}{a}\ln(ax+1)$.

(3) 令 $y'=p(y)$，则 $y''=p\frac{dp}{dy}$，故原方程变为

$$2p\frac{dp}{dy}-\sin 2y=0$$

分离变量得 $2pdp=\sin 2ydy$，两边积分得 $p^2=-\frac{1}{2}\cos 2y+C_1$. 代入 $p=y'$ 得 $y'^2=-\frac{1}{2}\cos 2y+C_1$. 代入初始条件 $y'(0)=1$ 得 $C_1=\frac{1}{2}$. 因而 $y'^2=\frac{1}{2}-\frac{1}{2}\cos 2y=\sin^2 y$. 即 $y'=\sin y$，分离变量得 $\frac{dy}{\sin y}=dx$，两边积分得 $\int\frac{dy}{\sin y}=\int dx$，即 $\frac{1}{2}\ln\frac{1-\cos y}{1+\cos y}=x+C_2$.

将初始条件 $y(0)=\frac{\pi}{2}$ 代入上式，得 $C_2=0$. 因而所求特解为 $x=\frac{1}{2}\ln\frac{1-\cos y}{1+\cos y}$.

(4) 特征方程为 $r^2+r+1=0$，特征根为 $r_1=r_2=-1$. 齐次方程的通解为

$$y=(C_1+C_2x)e^{-x}$$

设特解为 $y^* = A\cos x + B\sin x$，代入原方程得

$$(-A\cos x - B\sin x) + 2(-A\sin x + B\sin x)(A\cos x + B\sin x) = \cos x$$

即 $-2A\sin x + 2B\cos x = \cos x$，比较系数得 $A = 0, B = \frac{1}{2}$，所以 $y^* = \frac{1}{2}\sin x$. 从而原方程的通解为

$$y = (C_1 + C_2 x)e^{-x} + \frac{1}{2}\sin x$$

将初始条件代入可得 $C_1 = 0, C_2 = 1$，因此满足初始条件的特解为

$$y = xe^{-x} + \frac{1}{2}\sin x$$

5. 已知某曲线经过点(1,1)，它的切线在纵轴上的截矩等于切点的横坐标，求它的方程.

解　设点(x,y)为曲线上任一点，则曲线在该点的切线方程为

$$Y - y = y'(X - x)$$

其在纵轴上的截矩为 $y - xy'$，因此由已知有 $y - xy' = x$，即 $y' - \frac{y}{x} = -1$，其通解为

$$y = e^{-\int -\frac{1}{x}dx}\left(\int -e^{\int -\frac{1}{x}dx}dx + C\right) = x\left(\int -\frac{1}{x}dx + C\right) = x(C - \ln x)$$

由于曲线过(1,1)，所以 $C = 1$，因而所求曲线方程为

$$y = x(1 - \ln x)$$

6. 已知某车间的容积为 30 m × 30 m × 6 m，其中的空气含 0.12% 的 CO_2(以容积计算). 现以含 CO_2 0.04% 的新鲜空气输入，问每分钟应输入多少，才能在 30 min 后使车间空气中 CO_2 的含量不超过 0.06%？(假定输入的新鲜空气与原有空气很快混合均匀后，以相同的流量排出.)

解　设每分钟应输入的空气为 $a\,\mathrm{m}^3$，t 时刻车间中 CO_2 的浓度为 $x(t)$，则车间中 CO_2 的含量(以体积计算)在 t 时刻经过 $\mathrm{d}t$ min 的改变量为

$$30 \times 30 \times 6\,\mathrm{d}x = 0.000\,4a\,\mathrm{d}t - ax\,\mathrm{d}t$$

分离变量得
$$\frac{1}{x - 0.000\,4}\mathrm{d}x = -\frac{a}{5\,400}\mathrm{d}t$$

由于 $x > 0.000\,4$，故两边积分得
$$\ln(x - 0.000\,4) = -\frac{a}{5\,400}t + \ln C$$

即
$$x = 0.000\,4 + Ce^{-\frac{a}{5\,400}t}$$

由于开始时车间中的空气含 0.12% 的 CO_2，即 $t = 0$ 时，$x = 0.001\,2$，代入上式得 $C = 0.000\,8$. 因此 $x = 0.000\,4 + 0.000\,8e^{-\frac{a}{5\,400}t}$，得 $a = -\frac{5\,400}{t}\ln\frac{x - 0.000\,4}{0.000\,8}$.

由于要求 30 min 后车间 CO_2 的含量不超过 0.06%，即当 $t = 30$ 时，$x \leqslant 0.000\,6$，将 $t = 30, x = 0.000\,6$ 代入上式得 $a = 180\ln 4 \approx 250$. 因为 $x' = -\frac{0.000\,8}{5\,400}e^{\frac{a}{5\,400}t} < 0$，所以 x 是 a 的减函数，故当 $a \geqslant 250$ 时可保证 $x \leqslant 0.000\,6$，因此每分钟输入新鲜空气的量不得小于 250 m^3.

7. 设可导函数 $\varphi(x)$ 满足 $\varphi(x)\cos x + 2\int_0^x \varphi(x)\sin t\,\mathrm{d}t = x + 1$，求 $\varphi(x)$.

解　方程 $\varphi(x)\cos x\varphi(x) + 2\int_0^x \varphi(x)\sin t\,\mathrm{d}t = x + 1$ 两边对 x 求导得

$$\varphi'(x)\cos x - \varphi(x)\sin x + 2\varphi(x)\sin x = 1$$

即 $\varphi'(x)\cos x + \varphi(x)\sin x = 1$，记 $y = \varphi(x)$，则上式变为 $y'\cos x + y\sin x = 1$，则 $y' + y\tan x = \sec x$. 其通解为

$$y = e^{-\int \tan x\,\mathrm{d}x}\left(\int \sec x e^{\int \tan x\,\mathrm{d}x}\mathrm{d}x + C\right) = \cos x\left(\int \sec^2 x\,\mathrm{d}x + C\right) = \cos x(\tan x + C) = \sin x + C\cos x$$

在 $\varphi(x)\cos x + 2\int_0^x \varphi(t)\sin t\,\mathrm{d}t = x + 1$ 中令 $x = 0$，得 $\varphi(0) = 1$，因而 $x = 0$ 时，$y = 1$，即 $\sin 0 + C\cos 0 = 1$，从而 $C = 1$，因此
$$\varphi(x) = \sin x + \cos x$$

8. 设光滑曲线 $y=\varphi(x)$ 过原点，且当 $x>0$ 时 $\varphi(x)>0$，对应于$[0,x]$一段曲线的弧长为 e^x-1，求 $\varphi(x)$.

解　根据题设条件得

$$\int_0^x \sqrt{1+y'^2}\,dx = e^x-1,\text{且}\left.\right|_{x=0}=0$$

在积分方程两端对 x 求导，得

$$\sqrt{1+y'^2}=e^x \Rightarrow y'=\pm\sqrt{e^{2x}-1}$$

取 $y'=\sqrt{e^{2x}-1}$，积分得 $\quad y=\sqrt{e^{2x}-1}-\arctan\sqrt{e^{2x}-1}+C$

由初始条件 $y\Big|_{x=0}=0$ 知 $C=0$，故 $\quad y=\sqrt{e^{2x}-1}-\arctan\sqrt{e^{2x}-1}$

9. 设 $y_1(x),y_2(x)$ 是二阶齐次线性方程 $y''+p(x)y'+q(x)y=0$ 的两个解，令

$$W(x)=\begin{vmatrix} y_1(x) & y_2(x) \\ y_1'(x) & y_2'(x) \end{vmatrix}=y_1(x)y_2'(x)-y_1'(x)y_2(x)$$

证明：(1)$W(x)$ 满足方程 $W'+p(x)W=0$；(2)$W(x)=W(x_0)e^{-\int_{x_0}^x p(t)dt}$

证明　(1)$y_1(x),y_2(x)$ 都是方程 $y''-p(x)y'+q(x)y=0$ 的解，所以

$$y_1''+p(x)y_1'+q(x)y_1=0,\quad y_2''+p(x)y_2'+q(x)y_2=0$$

从而 $\quad W'+p(x)W=(y_1'y_2'+y_1y_2''-y_1'y_2-y_1'y_2')+p(x)(y_1y_2'-y_1'y_2)=$

$$y_1[y_2''+p(x)y_2']-y_2[y_1''+p(x)y_1']=y_1[-q(x)y_2]-y_2[-q(x)y_1]=0$$

即 $W(x)$ 满足方程 $W'+p(x)W=0$

(2) 在(1)中已经证明 $W(x)$ 满足 $W'+p(x)W=0$，分离变量得

$$\frac{dW}{W}=-p(x)dx$$

将上式两边在$[x_0,x]$上积分，得 $\quad \ln W(x)-\ln W(x_0)=-\int_{x_0}^x p(t)dt$

即 $\quad W(x)=W(x_0)e^{-\int_{x_0}^x p(t)dt}$

*10. 求欧拉方程的通解：

$$x^2y''+3xy'+y=0$$

解　令 $x=e^t$，即 $t=\ln x$，则原方程变为 $D(D-1)y+3Dy+y=0$，即 $D^2y+2Dy+y=0$，亦即 $y_t''+2y_t'=0$. 该方程的特征方程为 $r^2+2r+1=0$，特征根为 $r_1=r_2=-1$. 于是方程的通解为 $y=(C_1+C_2t)e^{-t}$

将 $t=\ln x$ 代入，即得原方程的通解为 $\quad y=\dfrac{C_1+C_2\ln x}{x}$

*11. 求常系数线性微分方程组的通解：

$$\begin{cases}\dfrac{dx}{dt}+2\dfrac{dy}{dt}+y=0\\[2mm] 3\dfrac{dx}{dt}+2x+4\dfrac{dy}{dt}+3y=t\end{cases}$$

解　记 $D=\dfrac{d}{dt}$，方程组可表示为

$$\begin{cases}Dx+(2D+1)y=0 & ①\\ (3D+2)x+(4D+3)y=t & ②\end{cases}$$

则有

$$\begin{vmatrix} D & 2D+1 \\ 3D+2 & 4D+3 \end{vmatrix}x=\begin{vmatrix} 0 & 2D+1 \\ t & 4D+3 \end{vmatrix}$$

即

$$(2D^2+4D+2)x=-t-2 \qquad ③$$

方程 ③ 对应齐次方程的特征方程为 $2r^2+4r+2=0$，有根 $r_{1,2}=-1$. 因 $f(t)=-t-2$，故令 $x^*=At+B$ 是 ③ 的特解，代入 ③ 中，即得 $A=\frac{1}{2}$，$B=0$. 故方程 ③ 有通解

$$x=(C_1+C_2t)e^{-t}+\frac{1}{2}t$$

又由 ② $-2\times$ ① 可得 $$y=-(D+1)x+t=-(C_1+C_2+C_2t)e^{-t}-\frac{1}{2}$$

故方程组的通解为

$$\begin{cases} x=(C_1+C_2t)e^{-t}+\frac{1}{2}t \\ y=-(C_1+C_2+C_2t)e^{-t}-\frac{1}{2} \end{cases}$$

五、模拟检测题

(一) 基础知识模拟检测题

1. 填空题

(1) 微分方程 $y\mathrm{d}x+(x^2-4x)\mathrm{d}y=0$ 的通解为________.

(2) 微分方程 $y'+y\tan x=\cos x$ 的通解为________.

(3) 微分方程 $y''+y=-2x$ 的通解为________.

(4) 微分方程 $y''-2y'+2y=e^x$ 的通解为________.

(5) 微分方程 $y''+2y'+5y=0$ 的通解为________.

2. 选择题

(1) 微分方程 $y''-y=e^x+1$ 的一个特解应具有形式(式中 a,b 为常数)(　　).

A. ae^x+b　　B. axe^x+b　　C. ae^x+bx　　D. axe^x+bx

(2) 设线性无关的函数 y_1,y_2,y_3 都是二阶非齐次线性方程 $y''+p(x)y'+q(x)y=f(x)$ 的解，C_1,C_2 是任意常数，则该非齐次方程的通解是(　　).

A. $C_1y_1+C_2y_2+y_3$　　B. $C_1y_1+C_2y_2-(C_1+C_2)y_3$

C. $C_1y_1+C_2y_2-(1-C_1-C_2)y_3$　　D. $C_1y_1+C_2y_2+(1-C_1-C_2)y_3$

(3) 若用代换 $y=z^m$ 可将微分方程 $y'=ax^\alpha+by^\beta$ 化为一阶齐次方程，则 α 和 β 应满足的条件是(　　).

A. $\frac{1}{\beta}-\frac{1}{\alpha}=1$　　B. $\frac{1}{\beta}+\frac{1}{\alpha}=1$　　C. $\frac{1}{\alpha}-\frac{1}{\beta}=1$　　D. $\frac{1}{\beta}+\frac{1}{\alpha}=-1$

(4) 已知 $r_1=0,r_2=4$ 是方程 $y''+py'+qy=0$ (p,q 是常数) 的特征方程的两个根，则该方程是(　　).

A. $y''+4y'=0$　　B. $y''-4y'=0$　　C. $y''+4y=0$　　D. $y''-4y=0$

(5) 设 $p>0$，方程 $y''+py'+qy=0$ 所有的解当 $x\to+\infty$ 时，都趋于零，则(　　).

A. $q>0$　　B. $q\geqslant 0$　　C. $q<0$　　D. $q\leqslant 0$

3. 计算题

(1) 求 $y''=y'+x$ 的通解.

(2) 已知 $y''+y=x$ 的一个解为 $y_1=x$，$y''+y=e^x$ 的一个解为 $y_2=\frac{1}{2}e^x$，求方程 $y''+y=x+e^x$ 的通解.

(3) 求方程 $y^{(4)}-4y=0$ 的通解.

(4) 已知曲线 $y=y(x)$ 上点 $M(0,4)$ 处的切线垂直于直线 $x-2xy+5=0$，且 $y(x)$ 满足微分方程 $y''+2y'+y=0$，求此曲线的方程 $y=y(x)$.

(5) 设可导函数 $\varphi(x)$ 满足 $\varphi(x)\cos x+2\int_0^x\varphi(t)\sin t\mathrm{d}t=x+1$，求 $\varphi(x)$.

(二) 考研模拟训练题

1. 填空题

(1) 微分方程 $xy' + 2y = x\ln x$ 符合 $y(1) = -1/9$ 的特解为__________.

(2) 欧拉方程 $x^2 \dfrac{d^2y}{dx^2} + 4x\dfrac{dy}{dx} + 2y = 0, (x > 0)$ 的通解为__________.

(3) 微分方程 $(y + x^3)dx - 2xdy = 0$ 满足 $y\big|_{x=1} = \dfrac{6}{5}$ 的特解为__________.

(4) 微分方程 $y'' + 4y' + 3y = e^{-x}$ 的通解是__________.

(5) 微分方程 $y'' - 4y = e^{2x}$ 的通解是__________.

2. 选择题

(1) 微分方程 $y'' + y = x^2 + 1 + \sin x$ 的特解形式可设为(　　).

A. $y^* = ax^2 + bx + c + x(A\sin x + B\cos x)$　　B. $y^* = x(ax^2 + bx + c + A\sin x + B\cos x)$

C. $y^* = ax^2 + bx + c + A\sin x$　　D. $y^* = ax^2 + bx + c + xA\cos x$.

(2) 已知 $y_1 = 10, y_2 = 10 + x^3, y_3 = 10 + x^3 + e^{2x}$ 是方程 $y'' + a_1(x)y' + a_2(x)y = a_3(x)$ 的三个特解，则该方程的通解可以表示为(　　).

A. $C_1x^3 + C_2e^{2x} + 10$　　B. $C_1x^3 + C_2xe^{2x} + 10$　　C. $C_1x^3 + C_2e^{2x}$　　D. 10

(3) 已知 $y = \dfrac{x}{\ln x}$ 是微分方程 $y' = \dfrac{y}{x} + \varphi\left(\dfrac{x}{y}\right)$ 的解，则 $\varphi\left(\dfrac{x}{y}\right)$ 的表达式为(　　).

A. $-\dfrac{y^2}{x^2}$　　B. $\dfrac{y^2}{x^2}$　　C. $-\dfrac{x^2}{y^2}$　　D. $\dfrac{x^2}{y^2}$

(4) 设 $y = f(x)$ 是微分方程 $y'' - y' - e^{\sin x} = 0$ 的解，且 $f'(x_0) = 0$，则 $f(x)$ 在(　　).

A. x_0 的某个邻域内单调增加　　B. x_0 的某个邻域内单调减少

C. x_0 处取得极小值　　D. x_0 处取得极大值

3. 计算题

(1) 求微分方程 $(2x - 3xy^2 - y^3)y' + y^3 = 0$ 的解.

(2) 求微分方程 $x^2y' + xy = y^2$ 满足初始条件 $y(1) = 1$ 的特解.

(3) 求微分方程 $y''' + 6y'' + (9 + a^2)y' = 1$ 的通解，其中常数 $a > 0$.

(4) 设 $f(x) = \sin x - \int_0^x (x - t)f(t)dt$，其中 f 为连续函数，求 $f(x)$.

六、模拟检测题答案与提示

(一) 基础知识模拟检测题答案与提示

1. 填空题

(1) $(x - 4)y^4 = Cx$.　　(2) $y = (x + C)\cos x$.

(3) $y = -2x + C_1\cos x + C_2\sin x$.　　(4) $y = e^x(C_1\cos x + C_2\sin x + 1)$.

(5) $y = e^{-x}(C_1\cos 2x + C_2\sin 2x)$.

2. 选择题

(1) B.　(2) D.　(3) A.　(4) B.　(5) A.

3. 计算题

(1) $y = C_1e^x - \dfrac{x^2}{2} - x + C_2$.

(2) $y = C_1\cos x + C_2\sin x + \dfrac{1}{2}e^x + x$.

(3) $y = C_1\cos\sqrt{2}x + C_2\sin\sqrt{2}x + C_3e^{\sqrt{2}x} + C_4e^{-\sqrt{2}x}$.

(4) $y(0) = 4$, $y'(0) = -2$, $y = 2(2+x)e^{-x}$.

(5) $\varphi(x) = \sin x + \cos x$.

(二) 考研模拟训练题答案与提示

1. 填空题

(1) $1/3x \cdot \ln x - 1/9x$. (2) $y = \dfrac{C_1}{x} + \dfrac{C_2}{x^2}$. (3) $y = \dfrac{1}{5}x^3 + \sqrt{x}$.

(4) $C_1e^{-t} + C_2e^{-3t} + \dfrac{1}{2}xe^{-t}$. (5) $y = C_1e^{-2x} + (C_2 + \dfrac{1}{4}x)e^{2x}$ (C_1, C_2 为任意常数).

2. 选择题

(1)A. (2)A. (3)A. (4)C.

3. 计算题

(1) 把 y 看作自变量，x 看作未知函数，方程可以化为一阶线性微分方程，即

$$\frac{dx}{dy} = -\frac{2x - 3xy^2 - y^3}{y^3} \Rightarrow \frac{dx}{dy} + \frac{2-3y^2}{y^3}x = 1$$

解之得 $x = \dfrac{1}{2}y^3 + Cy^3e^{\frac{1}{y^2}}$，其中 C 为任意常数；另外 $y=0$ 也是方程的解.

(2) $y' = \dfrac{y^2 - xy}{x^2}$，令 $y = xu$，有 $\quad xu' = u^2 - 2u$

分离变量得
$$\frac{du}{u^2 - 2u} = \frac{1}{x}dx$$

积分得
$$\frac{1}{2}[\ln(u-2) - \ln u] = \ln x + C_1, \quad \frac{u-2}{u} = Cx^2$$

即
$$\frac{y-2x}{y} = Cx^2$$

由 $y(1) = 1$，得 $C = -1$，即得所求的特解为 $y = \dfrac{2x}{1+x^2}$.

(3) 特征方程为 $r^3 + 6r^2 + (9+a^2)r = 0$，特征根为 $r_1 = 0, r_{2,3} = -3 \pm ai$，齐次方程的通解为

$$y = C_1 + e^{-3x}(C_2\cos ax + C_3\sin ax)$$

设原方程的特解为 $y^* = Ax$，代入原方程得 $A = \dfrac{1}{9+a^2}$，原方程的通解为

$$y = C_1 + e^{-3x}(C_2\cos ax + C_3\sin ax) + \frac{x}{9+a^2}$$

(4) 方程 $f(x) = \sin x - x\int_0^x f(t)dt + \int_0^x tf(t)dt$ 两边对 x 求导，得

$$f'(x) = \cos x - \int_0^x f(x)dx$$

两边再对 x 求导，得 $\quad f''(x) = -\sin x - f(x) \Rightarrow f''(x) + f(x) = -\sin x$

易知有 $f(0) = 0, f'(0) = 1$，这是二阶常系数非齐次方程的初值问题，齐次方程的通解为

$$y = C_1\cos x + C_2\sin x$$

设非齐次方程的特解为 $y^* = x(a\sin x + b\cos x)$，用待定系数法求得 $a = 0, b = \dfrac{1}{2}$. 于是

$$y^* = \frac{x}{2}\cos x$$

因此，非齐次方程的通解为
$$y = C_1\sin x + C_2\cos x + \frac{x}{2}\cos x$$

由初始条件定出 $C_1 = \dfrac{1}{2}, C_2 = 0$，从而
$$f(x) = \frac{1}{2}\sin x + \frac{x}{2}\cos x$$

第 8 章　空间解析几何与向量代数

一、本章小结

(一)本章小结

1. 空间直角坐标系、向量及其运算

(1) 向量的基本概念:

向量:既有大小又有方向的量. 常表示为$\overrightarrow{M_1M_2}$, $\vec{a}$, $\boldsymbol{a}$.

向量的模:向量的大小. 常表示为$|\overrightarrow{M_1M_2}|$, $|\vec{a}|$, $|\boldsymbol{a}|$.

向量的坐标表示:$\boldsymbol{a}=x\boldsymbol{i}+y\boldsymbol{j}+z\boldsymbol{k}=\{a_x,a_y,a_z\}$.

向量的夹角:向量$\boldsymbol{a}$与$\boldsymbol{b}$的正向夹角. 记为$(\boldsymbol{a}\hat{,}\boldsymbol{b})$, $0\leqslant(\boldsymbol{a}\hat{,}\boldsymbol{b})\leqslant\pi$.

两个向量$\boldsymbol{a}=\{a_x,a_y,a_z\}$与$\boldsymbol{b}=\{b_x,b_y,b_z\}$夹角的余弦为

$$\cos\theta=\frac{\boldsymbol{a}\cdot\boldsymbol{b}}{|\boldsymbol{a}|\cdot|\boldsymbol{b}|}=\frac{a_xb_x+a_yb_y+a_zb_z}{\sqrt{a_x^2+a_y^2+a_z^2}\ \sqrt{b_x^2+b_y^2+b_z^2}}$$

向量的方向角:向量与三坐标轴的夹角.

向量$\boldsymbol{a}=\{a_x,a_y,a_z\}$的方向余弦:$\cos\alpha=\dfrac{a_x}{|\boldsymbol{a}|}$, $\cos\beta=\dfrac{a_y}{|\boldsymbol{a}|}$, $\cos\gamma=\dfrac{a_z}{|\boldsymbol{a}|}$

向量的投影:向量$\boldsymbol{a}=\{a_x,a_y,a_z\}$在向量$\boldsymbol{b}=\{b_x,b_y,b_z\}$方向的投影为

$$\mathrm{Prj}_{\boldsymbol{b}}\boldsymbol{a}=|\boldsymbol{a}|\cos\theta\begin{cases}>0, & 0\leqslant\theta<\dfrac{\pi}{2}\\ =0, & \theta=\dfrac{\pi}{2}\\ <0, & \dfrac{\pi}{2}<\theta\leqslant\pi\end{cases}$$

$$\mathrm{Prj}_{\boldsymbol{b}}\boldsymbol{a}=\frac{\boldsymbol{a}\cdot\boldsymbol{b}}{|\boldsymbol{b}|}=\frac{a_xb_x+a_yb_y+a_zb_z}{\sqrt{b_x^2+b_y^2+b_z^2}}$$

$$\mathrm{Prj}_{\boldsymbol{a}}\boldsymbol{b}=\frac{\boldsymbol{a}\cdot\boldsymbol{b}}{|\boldsymbol{a}|}=\frac{a_xb_x+a_yb_y+a_zb_z}{\sqrt{a_x^2+a_y^2+a_z^2}}$$

投影向量: $(\mathrm{Prj}_{\boldsymbol{b}}\boldsymbol{a})\boldsymbol{b}^0$

(2) 向量的运算:设$\boldsymbol{a}=\{a_x,a_y,a_z\}$, $\boldsymbol{b}=\{b_x,b_y,b_z\}$, $\boldsymbol{c}=\{c_x,c_y,c_z\}$, λ为实数,则

① 向量的加、减法:$\boldsymbol{a}\pm\boldsymbol{b}=\{a_x\pm b_x,a_y\pm b_y,a_z\pm b_z\}$

② 加、减法的性质:

ⅰ 交换律:$\boldsymbol{a}+\boldsymbol{b}=\boldsymbol{b}+\boldsymbol{a}$

ⅱ 结合律:$(\boldsymbol{a}+\boldsymbol{b})+\boldsymbol{c}=\boldsymbol{a}+(\boldsymbol{b}+\boldsymbol{c})$

③ 向量的数乘:$\lambda\boldsymbol{a}=\{\lambda a_x,\lambda a_y,\lambda a_z\}$

④ 数乘的性质:

ⅰ 结合律:$\lambda(\mu\boldsymbol{a})=\mu(\lambda\boldsymbol{a})=(\lambda\mu)\boldsymbol{a}$

ⅱ 分配律：$(\lambda+\mu)\boldsymbol{a}=\lambda\boldsymbol{a}+\mu\boldsymbol{a}$； $\lambda(\boldsymbol{a}+\boldsymbol{b})=\lambda\boldsymbol{a}+\lambda\boldsymbol{b}$

⑤ 向量的数量积：$\boldsymbol{a}\cdot\boldsymbol{b}=|\boldsymbol{a}|\cdot|\boldsymbol{b}|\cos\theta$； $\boldsymbol{a}\cdot\boldsymbol{b}=a_xb_x+a_yb_y+a_zb_z$

⑥ 数量积的性质：

ⅰ $\boldsymbol{a}\cdot\boldsymbol{a}=|\boldsymbol{a}|^2$

ⅱ 交换律：$\boldsymbol{a}\cdot\boldsymbol{b}=\boldsymbol{b}\cdot\boldsymbol{a}$

ⅲ 分配律：$(\boldsymbol{a}+\boldsymbol{b})\cdot\boldsymbol{c}=\boldsymbol{a}\cdot\boldsymbol{c}+\boldsymbol{b}\cdot\boldsymbol{c}$

ⅳ 结合律：$(\lambda\boldsymbol{a})\cdot\boldsymbol{b}=\boldsymbol{a}\cdot(\lambda\boldsymbol{b})=\lambda(\boldsymbol{a}\cdot\boldsymbol{b})$

⑦ 向量的向量积：由以下方式给出：

ⅰ 模为 $|\boldsymbol{a}\times\boldsymbol{b}|=|\boldsymbol{a}|\cdot|\boldsymbol{b}|\cdot\sin\theta$

ⅱ 方向从 $\boldsymbol{a}$ 到 $\boldsymbol{b}$ 按右手系确定，即

$$\boldsymbol{a}\times\boldsymbol{b}=(a_yb_z-a_zb_y)\boldsymbol{i}+(a_zb_x-a_xb_z)\boldsymbol{j}+(a_xb_y-a_yb_x)\boldsymbol{k}$$

$$\boldsymbol{a}\times\boldsymbol{b}=\begin{vmatrix}\boldsymbol{i}&\boldsymbol{j}&\boldsymbol{k}\\a_x&a_y&a_z\\b_x&b_y&b_z\end{vmatrix}=\begin{vmatrix}a_y&a_z\\b_y&b_z\end{vmatrix}\boldsymbol{i}-\begin{vmatrix}a_x&a_z\\b_x&b_z\end{vmatrix}\boldsymbol{j}+\begin{vmatrix}a_x&a_y\\b_x&b_y\end{vmatrix}\boldsymbol{k}$$

⑧ 向量积的性质：

ⅰ $\boldsymbol{a}\times\boldsymbol{b}=-\boldsymbol{b}\times\boldsymbol{a}$

ⅱ 分配律：$\boldsymbol{a}\times(\boldsymbol{b}+\boldsymbol{c})=\boldsymbol{a}\times\boldsymbol{b}+\boldsymbol{a}\times\boldsymbol{c}$

ⅲ 结合律：$(\lambda\boldsymbol{a})\times\boldsymbol{b}=\boldsymbol{a}\times(\lambda\boldsymbol{b})=\lambda(\boldsymbol{a}\times\boldsymbol{b})$

⑨ 向量的混合积：$[\boldsymbol{a}\ \ \boldsymbol{b}\ \ \boldsymbol{c}]=(\boldsymbol{a}\times\boldsymbol{b})\cdot\boldsymbol{c}=\begin{vmatrix}a_x&a_y&a_z\\b_x&b_y&b_z\\c_x&c_y&c_z\end{vmatrix}$

注 (1) 对涉及求向量的数量积问题，常用以下两种方法：① 当已知向量的模与它们的夹角时，直接利用公式 $\boldsymbol{a}\cdot\boldsymbol{b}=|\boldsymbol{a}||\boldsymbol{b}|\cos(\widehat{\boldsymbol{a},\boldsymbol{b}})$ 进行计算；② 当无法利用公式，而又给出了几个向量之和为零向量时，常利用它们自身做数量积，得到一个简单的方程，从而求解所要求的数量积.

(2) 两个向量数量积的结果是实数，向量积的结果是向量.

2. 直线、平面

(1) 直线方程：方向向量 $\boldsymbol{s}=\{m,n,p\}$，$M_0(x_0,y_0,z_0)$ 为直线上一点.

对称式：$\dfrac{x-x_0}{m}=\dfrac{y-y_0}{n}=\dfrac{z-z_0}{p}$

参数式：$\begin{cases}x=x_0+mt\\y=y_0+nt\\z=z_0+pt\end{cases}$

两点式：$\dfrac{x-x_1}{x_2-x_1}=\dfrac{y-y_1}{y_2-y_1}=\dfrac{z-z_1}{z_2-z_1}$

一般式：$\begin{cases}A_1x+B_1y+C_1z+D_1=0\\A_2x+B_2y+C_2z+D_2=0\end{cases}$

(2) 平面方程：法向量 $\boldsymbol{n}=\{A,B,C\}$，$M_0(x_0,y_0,z_0)$ 为平面上一点.

一般式：$Ax+By+Cz+D=0$

点法式：$\boldsymbol{n}\cdot\overrightarrow{M_0M}=0$； $A(x-x_0)+B(y-y_0)+C(z-z_0)=0$

截距式：$\dfrac{x}{a}+\dfrac{y}{b}+\dfrac{z}{c}=1$

三点式：$\begin{vmatrix} x-x_1 & y-y_1 & z-z_1 \\ x-x_2 & y-y_2 & z-z_2 \\ x-x_3 & y-y_3 & z-z_3 \end{vmatrix}=0$

(3) 直线、平面间的相互关系：

① 直线与直线：直线 L_1, L_2 的方向向量分别为 $\boldsymbol{s}_1=\{m_1,n_1,p_1\}$，$\boldsymbol{s}_2=\{m_2,n_2,p_2\}$，直线 L_1 与 L_2 的夹角为方向向量 $\boldsymbol{s}_1,\boldsymbol{s}_2$ 的夹角．

直线 L_1，L_2 平行或重合 $\Leftrightarrow \dfrac{m_1}{m_2}=\dfrac{n_1}{n_2}=\dfrac{p_1}{p_2}$；

直线 L_1，L_2 共面 $\Leftrightarrow \overrightarrow{M_1M_2}\cdot(\boldsymbol{s}_1\times\boldsymbol{s}_2)=0 \Leftrightarrow \begin{vmatrix} x_1-x_2 & y_1-y_2 & z_1-z_2 \\ m_1 & n_1 & p_1 \\ m_2 & n_2 & p_2 \end{vmatrix}=0$，其中 $M_1\in L_1$，$M_2\in L_2$．

② 平面与平面：设有平面 π_1，π_2 的法向量分别为 $\boldsymbol{n}_1=\{A_1,B_1,C_1\}$，$\boldsymbol{n}_2=\{A_2,B_2,C_2\}$，平面 π_1 与 π_2 的夹角为法向量 $\boldsymbol{n}_1$ 与 $\boldsymbol{n}_2$ 的夹角．

平面 π_1 与 π_2 平行 $\Leftrightarrow \dfrac{A_1}{A_2}=\dfrac{B_1}{B_2}=\dfrac{C_1}{C_2}\neq\dfrac{D_1}{D_2}$；

平面 π_1 与 π_2 重合 $\Leftrightarrow \dfrac{A_1}{A_2}=\dfrac{B_1}{B_2}=\dfrac{C_1}{C_2}=\dfrac{D_1}{D_2}$；

平面 π_1 与 π_2 垂直 $\Leftrightarrow A_1A_2+B_1B_2+C_1C_2=0$.

③ 直线与平面

设有直线 L：$\dfrac{x-x_0}{m}=\dfrac{y-y_0}{n}=\dfrac{z-z_0}{p}$ 和平面 π：$Ax+By+Cz+D=0$，则直线 L 与平面 π 的夹角为直线的方向向量 $\boldsymbol{s}$ 与平面的法向量 $\boldsymbol{n}$ 的夹角(锐角).

直线 L 和平面 π 平行 $\Leftrightarrow Am+Bn+Cp=0$；

直线 L 和平面 π 垂直 $\Leftrightarrow \dfrac{A}{m}=\dfrac{B}{n}=\dfrac{C}{p}$.

(4) 点到平面与直线的距离：

① 设平面 π：$Ax+By+Cz+D=0$，则 $M(x,y,z)$ 到平面 π 的距离为

$$d=\frac{|Ax+By+Cz+D|}{\sqrt{A^2+B^2+C^2}}$$

② 设直线 L 过点 M_0，方向向量为 $\boldsymbol{s}=\{m,n,p\}$，则点 $M(x,y,z)$ 到 L 的距离为

$$d=\frac{|\overrightarrow{M_0M}\times\boldsymbol{s}|}{|\boldsymbol{s}|}$$

注　(1) 求直线的方程，对称式是最基本的方法，其关键是求直线的一个方向向量；利用一般式求直线方程的一般情形是：已知包含所求直线 L 的一个平面，只需再求出包含 L 的另一个平面，将两个平面方程联立即可得直线 L 的一般式方程．

(2) 求平面的方程，点法式是最基本的方法．当涉及的是与距离有关的几何问题时常用轨迹法；如果平面所通过的直线用一般式表达时，用平面束法较简单；当平面平行于坐标面(轴)时，常利用平面的一般形式．

(3) 求点 M_0 到直线 L 的距离的步骤：① 作过点 M_0 且垂直于直线 L 的平面 π；② 求 π 与 L 的交点 M_1；③ 所求距离 $d=|M_0M_1|$.

3. 二次曲面

(1) 常见二次曲面：

① 椭球面：$\dfrac{x^2}{a^2}+\dfrac{y^2}{b^2}+\dfrac{z^2}{c^2}=1\quad(a,b,c>0)$

特别地，当 $a=b=c=R$ 时为球面 $x^2+y^2+z^2=R^2$.

② 双曲面：

单叶双曲面：
$$\frac{x^2}{a^2}+\frac{y^2}{b^2}-\frac{z^2}{c^2}=1\quad (a,b,c>0)$$

双叶双曲面：
$$\frac{x^2}{a^2}+\frac{y^2}{b^2}-\frac{z^2}{c^2}=-1\quad (a,b,c>0)$$

③ 抛物面：

椭圆抛物面：
$$\frac{x^2}{p^2}+\frac{y^2}{q^2}=z\quad (p,q>0)$$

双曲抛物面(马鞍面)：
$$\frac{x^2}{p^2}-\frac{y^2}{q^2}=z\quad (p,q>0)$$

④ 椭圆锥面：
$$\frac{x^2}{a^2}+\frac{y^2}{b^2}-\frac{z^2}{c^2}=0\quad (a,b,c>0)$$

特别地，当 $a=b$ 时为圆锥面 $\frac{x^2+y^2}{a^2}=\frac{z^2}{c^2}$.

⑤ 二次柱面：

椭圆柱面：
$$\frac{x^2}{a^2}+\frac{y^2}{b^2}=1\quad (a,b>0)$$

双曲柱面：
$$\frac{x^2}{a^2}-\frac{y^2}{b^2}=1\quad (a,b>0)$$

抛物柱面：
$$x^2+2py=0$$

(2) 曲面方程：

一般方程：
$$F(x,y,z)=0$$

参数方程：$\begin{cases}x=x(u,v)\\ y=y(u,v)\\ z=z(u,v)\end{cases}$ $(u,v\in D)$，其中 D 某平面区域．

(3) 曲线方程：

一般方程：
$$\begin{cases}F(x,y,z)=0\\ G(x,y,z)=0\end{cases}$$

参数方程：
$$\begin{cases}x=x(t)\\ y=y(t)\\ z=z(t)\end{cases}$$

注　空间曲线 $\begin{cases}x=x(t)\\ y=y(t)\\ z=z(t)\end{cases}$ 绕某一个坐标轴(例如 z 轴)旋转，其旋转面方程的求法中有两个不变：一是方程中 z 本身不变，二是曲面上任一点到 z 轴的距离不变．依据此两点即可求得旋转面方程．

(二) 基本要求

(1) 理解向量的概念，会求向量的模、方向余弦，能把非零向量单位化；熟悉单位向量、方向余弦及向量的坐标表达式．

(2) 熟练掌握向量的线性运算法则，向量加法的三角形和平行四边形法则，熟练掌握向量数量积、向量积的运算法则及向量坐标表示时的运算法则．掌握两向量夹角的求法及向量平行、垂直的充要条件，理解向量共面的充要条件，了解向量积和混合积的几何意义．

(3) 熟练掌握平面方程的几种形式：点法式、一般式、截距式、三点式，并能根据已知条件求出平面方程；熟练掌握空间直线方程的几种形式：点向式、一般式、两点式、参数式，并能根据已知条件求出直线方程，掌握平面与平面、平面与直线、直线与直线的关系，并能求出它们的夹角，会求点到平面、点到直线的距离及异面直线间的距离，会用直线的平面束方程解有关题目．

(4) 掌握曲面的一般方程(隐函数形式与显函数形式)，能用向量、几何等工具建立曲面方程，熟练掌握建立球面方程、柱面方程及旋转曲面方程的方法．会求曲面在坐标面上的投影，能描绘几种常用的曲面方程的图形(二次曲面)；掌握空间曲线的一般方程及参数方程，会求空间曲线在坐标面上的投影．

(三) 重点与难点

重点：向量运算、平面方程与直线方程及其求法；常见的几种二次曲面的方程及其图形．

难点：球面方程、柱面方程、锥面方程及旋转曲面方程；立体在坐标平面上的投影区域．

二、释疑解难

问题 8.1　与非零向量 $\boldsymbol{a}$ 平行的单位向量 $\boldsymbol{a}^0$ 唯一吗？

答　不唯一，因为 $\boldsymbol{a}^0=\pm\dfrac{\boldsymbol{a}}{|\boldsymbol{a}|}$.

问题 8.2　$(\boldsymbol{a}\times\boldsymbol{b})\cdot(\boldsymbol{a}\times\boldsymbol{b})+(\boldsymbol{a}\cdot\boldsymbol{b})(\boldsymbol{a}\cdot\boldsymbol{b})=(\boldsymbol{a}\cdot\boldsymbol{a})(\boldsymbol{b}\cdot\boldsymbol{b})$，对吗？

答　对．首先每项都是有意义的，因为

$$(\boldsymbol{a}\times\boldsymbol{b})\cdot(\boldsymbol{a}\times\boldsymbol{b})=|\boldsymbol{a}\times\boldsymbol{b}|^2=|\boldsymbol{a}|^2|\boldsymbol{b}|^2\sin^2(\widehat{\boldsymbol{a},\boldsymbol{b}})$$

$$(\boldsymbol{a}\cdot\boldsymbol{b})(\boldsymbol{a}\cdot\boldsymbol{b})=(|\boldsymbol{a}|\cdot|\boldsymbol{b}|\cos(\widehat{\boldsymbol{a},\boldsymbol{b}}))^2=|\boldsymbol{a}|^2|\boldsymbol{b}|^2\cos^2(\widehat{\boldsymbol{a},\boldsymbol{b}})$$

所以

$$(\boldsymbol{a}\times\boldsymbol{b})\cdot(\boldsymbol{a}\times\boldsymbol{b})+(\boldsymbol{a}\cdot\boldsymbol{b})(\boldsymbol{a}\cdot\boldsymbol{b})=|\boldsymbol{a}|^2|\boldsymbol{b}|^2=(\boldsymbol{a}\cdot\boldsymbol{a})(\boldsymbol{b}\cdot\boldsymbol{b})$$

问题 8.3　怎样确定一个向量？

答　确定向量通常有两种方法．一是依据向量具有大小和方向的特性，分别求出它的大小(模) $|\boldsymbol{a}|$ 和方向 $\boldsymbol{a}^0$(或求出方向余弦或方向角)，即可确定 $\boldsymbol{a}=|\boldsymbol{a}|\boldsymbol{a}^0$；二是分别求出向量 $\boldsymbol{a}$ 的三个坐标 a_x,a_y,a_z，即可写出 $\boldsymbol{a}=\{a_x,a_y,a_z\}$.

问题 8.4　向量的数量积有什么作用？

答　向量的各种运算中，除线性运算外，最重要的就是数量积的运算，由定义 $\boldsymbol{a}\cdot\boldsymbol{b}=|\boldsymbol{a}||\boldsymbol{b}|\cos(\widehat{\boldsymbol{a},\boldsymbol{b}})$ 可知，数量积与向量的长度和夹角都有关．因此反过来可以利用数量积确定向量的长度及两向量的夹角．在物理、力学方面的应用也很广泛．

例如，物体在力 $\boldsymbol{F}$ 的作用下自点 A 沿直线移动到点 B，力 $\boldsymbol{F}$ 做的功为 $W=\boldsymbol{F}\cdot\overrightarrow{AB}$. 流速为 $\boldsymbol{v}$ 的流体流过面积为 A 的截面的流量(单位时间内通过截面的流体的体积)为 $\Phi=\boldsymbol{v}\cdot\boldsymbol{n}A$，其中 $\boldsymbol{n}$ 为截面的单位法向量．

由于在直角坐标系中，数量积的计算公式 $(a_x,a_y,a_z)\cdot(b_x,b_y,b_z)=a_xb_x+a_yb_y+a_zb_z$ 也比较简单，这就更增加了数量积在应用上的方便．

问题 8.5　如何用向量来解几何题？

答　解题时应注意两个知识点的应用，一是熟练运用向量的线性运算，如 $\overrightarrow{AP}=\lambda\overrightarrow{BP}$ 表示 A,B,P 三点共线，又如取点 M，有 $\overrightarrow{AB}=\overrightarrow{AM}+\overrightarrow{MB}=\overrightarrow{MB}-\overrightarrow{MA}$，解题时可先作图，然后从图形中分析有关有向线段之间的相互关系，再运用向量运算达到解题的目的；二是熟练运用数量积及向量积的两条性质，即设 $\boldsymbol{a}=\{a_x,a_y,a_z\}\neq 0$，$\boldsymbol{b}=\{b_x,b_y,b_z\}\neq 0$，则

$\boldsymbol{a}\perp\boldsymbol{b}$ 的充要条件是 $\boldsymbol{a}\cdot\boldsymbol{b}=0$，用坐标表示为　$a_xb_x+a_yb_y+a_zb_z=0$

$\boldsymbol{a}\parallel\boldsymbol{b}$ 的充要条件是 $\boldsymbol{a}\times\boldsymbol{b}=0$，用坐标表示为　$\dfrac{a_x}{b_x}=\dfrac{a_y}{b_y}=\dfrac{a_z}{b_z}$

问题 8.6　直线 L_1：$\dfrac{x-x_1}{m_1}=\dfrac{y-y_1}{n_1}=\dfrac{z-z_1}{p_1}$ 与 L_2：$\dfrac{x-x_2}{m_2}=\dfrac{y-y_2}{n_2}=\dfrac{z-z_2}{p_2}$ 相交的充要条件是什么？

答 $\begin{vmatrix} x_2-x_1 & y_2-y_1 & z_2-z_1 \\ m_1 & n_1 & p_1 \\ m_2 & n_2 & p_2 \end{vmatrix}=0$，即 L_1 与 L_2 共面，且 $\frac{m_1}{m_2}=\frac{n_1}{n_2}=\frac{p_1}{p_2}$ 不成立．

问题 8.7 在求通过直线 $L:\begin{cases}x-2y-z+3=0\\x+y-z-1=0\end{cases}$ 且与平面 $\pi: x-2y-z=0$ 垂直的平面方程时，如下解法出现的矛盾现象原因何在？

设所求的平面为平面束 $(x-2y-z+3)+\lambda(x+y-z-1)=0$ 中的一个平面，即 $(1+\lambda)x+(\lambda-2)y-(1+\lambda)z+(3-\lambda)=0$，由于所求平面与 π 垂直，因此有 $(1+\lambda)-2(\lambda-2)+(1+\lambda)=0$，推得 $6=0$，矛盾．

答 所设平面束方程并没有包含过直线 L 的所有平面，因为无论怎样选取 λ，也不会得到 $x+y-z-1=0$ 这个平面，而这个平面恰恰是所要求的平面．正确做法如下：

设通过 L 的平面束方程为 $\lambda(x-2y-z+3)+\mu(x+y-z-1)=0$，整理得 $(\lambda+\mu)x+(\mu-2\lambda)y-(\lambda+\mu)z+(3\lambda-\mu)=0$，由于所求平面与 π 垂直，应有 $(\lambda+\mu)-2(\mu-2\lambda)+(\lambda+\mu)=0$，解得 $\lambda=0$，则所求平面为 $x+y-z-1=0$.

问题 8.8 怎样求旋转曲面方程？怎样识别旋转曲面方程？怎样由旋转曲面方程求旋转曲线方程？

答 求旋转曲面方程：设已知某坐标平面上旋转线方程（二元或一元方程），在这个方程中，保持旋转轴坐标不变，另一坐标代之以其余两坐标平方和的正负根号，该方程即变为旋转曲面的方程．

识别旋转曲面方程并求旋转曲线方程：当一个三元方程（包括二元方程）中有两个坐标全是以"平方和"形式出现的，则该曲面方程为旋转曲面方程；另一坐标即为旋转轴的坐标，在"平方和"中，令其中一个坐标为零，即得旋转曲线方程．

三、典型例题分析

例 8.1 设 $(\boldsymbol{a}\times\boldsymbol{b})\cdot\boldsymbol{c}=2$，则 $[(\boldsymbol{a}+\boldsymbol{b})\times(\boldsymbol{b}+\boldsymbol{c})]\cdot(\boldsymbol{c}+\boldsymbol{a})=$ ________.

分析 本题为基础题型，考查向量的数量积、向量积以及混合积的相关概念．

$$[(\boldsymbol{a}+\boldsymbol{b})\times(\boldsymbol{b}+\boldsymbol{c})]\cdot(\boldsymbol{c}+\boldsymbol{a})=(\boldsymbol{a}\times\boldsymbol{b}+\boldsymbol{a}\times\boldsymbol{c}+\boldsymbol{b}\times\boldsymbol{c})\cdot(\boldsymbol{c}+\boldsymbol{a})=$$
$$(\boldsymbol{a}\times\boldsymbol{b})\cdot\boldsymbol{c}+(\boldsymbol{b}\times\boldsymbol{c})\cdot\boldsymbol{a}=2\times2=4$$

答案 4.

例 8.2 已知 $\boldsymbol{a}$ 和 $\boldsymbol{b}$ 均为非零向量，且 $|\boldsymbol{b}|=1$，$(\widehat{\boldsymbol{a},\boldsymbol{b}})=\frac{\pi}{4}$，求 $\lim\limits_{x\to0}\frac{|\boldsymbol{a}+x\boldsymbol{b}|-|\boldsymbol{a}|}{x}$.

解 因为 $\boldsymbol{a}\cdot\boldsymbol{b}=\frac{\sqrt{2}}{2}|\boldsymbol{a}|$，所以

$$|\boldsymbol{a}+x\boldsymbol{b}|=\sqrt{(\boldsymbol{a}+x\boldsymbol{b})\cdot(\boldsymbol{a}+x\boldsymbol{b})}=\sqrt{|\boldsymbol{a}|^2+2x\boldsymbol{a}\cdot\boldsymbol{b}+x^2|\boldsymbol{b}|^2}=\sqrt{|\boldsymbol{a}|^2+\sqrt{2}x|\boldsymbol{a}|+x^2}$$

$$\lim_{x\to0}\frac{|\boldsymbol{a}+x\boldsymbol{b}|-|\boldsymbol{a}|}{x}=\lim_{x\to0}\frac{\sqrt{|\boldsymbol{a}|^2+\sqrt{2}x|\boldsymbol{a}|+x^2}-|\boldsymbol{a}|}{x}=\lim_{x\to0}\frac{\sqrt{2}|\boldsymbol{a}|+x}{\sqrt{|\boldsymbol{a}|^2+\sqrt{2}x|\boldsymbol{a}|+x^2}+|\boldsymbol{a}|}=\frac{\sqrt{2}}{2}$$

例 8.3 已知 $\boldsymbol{a},\boldsymbol{b}$ 满足 $\boldsymbol{a}+\boldsymbol{b}=0$，$|\boldsymbol{a}|=2$，$|\boldsymbol{b}|=2$，求 $\boldsymbol{a}\cdot\boldsymbol{b}$.

分析 因为不知道 $\boldsymbol{a},\boldsymbol{b}$ 的夹角，所以不能按照定义去求，但利用条件 $\boldsymbol{a}+\boldsymbol{b}=0$，将 $(\boldsymbol{a}+\boldsymbol{b})\cdot(\boldsymbol{a}+\boldsymbol{b})$ 相乘即可．

解 $|\boldsymbol{a}+\boldsymbol{b}|^2=(\boldsymbol{a}+\boldsymbol{b})\cdot(\boldsymbol{a}+\boldsymbol{b})=|\boldsymbol{a}|^2+|\boldsymbol{b}|^2+2\boldsymbol{a}\cdot\boldsymbol{b}=8+2\boldsymbol{a}\cdot\boldsymbol{b}$，因为 $\boldsymbol{a}+\boldsymbol{b}=0$，所以 $|\boldsymbol{a}+\boldsymbol{b}|^2=0$，则 $\boldsymbol{a}\cdot\boldsymbol{b}=-4$.

例 8.4 设 $\boldsymbol{a}=\{1,1,0\}$，$\boldsymbol{b}=\{2,0,2\}$，向量 $\boldsymbol{V}$ 与 $\boldsymbol{a},\boldsymbol{b}$ 共面，且 $\mathrm{Prj}_{\boldsymbol{a}}\boldsymbol{V}=\mathrm{Prj}_{\boldsymbol{b}}\boldsymbol{V}=3$，求 $\boldsymbol{V}$.

解法一 设 $\boldsymbol{V}=\{x,y,z\}$，由 $\boldsymbol{V},\boldsymbol{a},\boldsymbol{b}$ 三向量共面得

$$\begin{vmatrix} x & y & z \\ 1 & 1 & 0 \\ 2 & 0 & 2 \end{vmatrix} = 2, \quad 即 \quad x - y - z = 0$$

由 $\mathrm{Prj}_{a}\boldsymbol{V} = 3$ 得 $\boldsymbol{a}^0 \cdot \boldsymbol{V} = 3$,即
$$x + y = 3\sqrt{2}$$
由 $\mathrm{Prj}_{b}\boldsymbol{V} = 3$ 得 $\boldsymbol{b}^0 \cdot \boldsymbol{V} = 3$,即
$$x + z = 3\sqrt{2}$$
联立求解得 $x = 2\sqrt{2}$, $y = z = \sqrt{2}$,于是 $\boldsymbol{V} = \sqrt{2}(2,1,1)$.

解法二 因为$\boldsymbol{V}$与$\boldsymbol{a}$,$\boldsymbol{b}$共面,所以可设$\boldsymbol{V} = \lambda\boldsymbol{a} + \mu\boldsymbol{b}$. 由 $\boldsymbol{a}^0 \cdot \boldsymbol{V} = 3$ 得 $\lambda\boldsymbol{a}\cdot\boldsymbol{a}^0 + \mu\boldsymbol{b}\cdot\boldsymbol{a}^0 = 3$,又 $\boldsymbol{a}^0 = \frac{1}{\sqrt{2}}(1,1,0)$,于是
$$\lambda + \mu = \frac{3}{\sqrt{2}}$$
同理,由 $\boldsymbol{b}^0 \cdot \boldsymbol{V} = 3$ 得
$$\lambda + 4\mu = 3\sqrt{2}$$
联立求解得 $\lambda = \sqrt{2}$, $\mu = \frac{1}{\sqrt{2}}$,于是 $\boldsymbol{V} = \lambda\boldsymbol{a} + \mu\boldsymbol{b} = \sqrt{2}(2,1,1)$.

解法三 由$\boldsymbol{V}$在$\boldsymbol{a}$,$\boldsymbol{b}$上的投影相等且为正知,$\boldsymbol{V}$与$\boldsymbol{a}$,$\boldsymbol{b}$的夹角相等且为锐角,又由$\boldsymbol{V}$与$\boldsymbol{a}$,$\boldsymbol{b}$共面知,$\boldsymbol{V}$的方向与 $\boldsymbol{a}^0 + \boldsymbol{b}^0$ 的方向相同,于是可设 $\boldsymbol{V} = \lambda(\boldsymbol{a}^0 + \boldsymbol{b}^0)$,由 $\boldsymbol{a}^0 + \boldsymbol{b}^0 = \frac{1}{\sqrt{2}}(2,1,1)$ 得 $\boldsymbol{V} = \frac{\lambda}{\sqrt{2}}(2,1,1)$;又 $\mathrm{Prj}_{a}\boldsymbol{V} = \boldsymbol{a}^0 \cdot \boldsymbol{V} = \frac{1}{\sqrt{2}} \cdot \frac{\lambda}{\sqrt{2}} \cdot 3 = \frac{3}{2}\lambda = 3$,即 $\lambda = 2$,于是 $\boldsymbol{V} = \sqrt{2}(2,1,1)$.

解法四 由解法三知,$\boldsymbol{V}$与 $\boldsymbol{a}^0 + \boldsymbol{b}^0$ 同向,即有 $\boldsymbol{V}^0 = (\boldsymbol{a}^0 + \boldsymbol{b}^0)^0 = \frac{1}{\sqrt{6}}(2,1,1)$

又由 $\boldsymbol{a}^0 \cdot \boldsymbol{V} = |\boldsymbol{V}|\boldsymbol{V}^0 \cdot \boldsymbol{a}^0 = \frac{\sqrt{3}}{2}|\boldsymbol{V}| = 3$ 得 $|\boldsymbol{V}| = 2\sqrt{3}$,于是 $\boldsymbol{V} = |\boldsymbol{V}|\boldsymbol{V}^0 = \sqrt{2}(2,1,1)$

例 8.5 设一直线过点 $P_0(1,0,5)$,并与平面 π: $3x - y + 2z = 15$ 平行,与直线 L: $\frac{x-1}{4} = \frac{y-2}{2} = \frac{z}{1}$ 相交,试求此直线方程.

解法一 利用直线的两点式方程.

设所求直线与直线 L 的交点为 $M_0(x_0,y_0,z_0)$. 因为点 M_0 在直线 L 上,所以 L: $\frac{x_0-1}{4} = \frac{y_0-2}{2} = \frac{z_0}{1}$,将其化为参数方程
$$\begin{cases} x_0 = 1 + 4t \\ y_0 = 2 + 2t \\ z_0 = t \end{cases}$$

因为所求直线过点 P_0, M_0,所以直线的方向向量为 $\overrightarrow{P_0M_0} = (x_0 - 1, y_0, z_0 - 5)$. 又因为所求直线与平面 π 平行,所以 $\overrightarrow{P_0M_0} \perp \boldsymbol{n}$, $\boldsymbol{n} = \{3,-1,2\}$,即 $\overrightarrow{P_0M_0} \cdot \boldsymbol{n} = 3(x_0 - 1) - y_0 + 2(z_0 - 5) = 0$,解得 $t = 2$,则 $M_0 = (5,4,1)$.

由两点式得所求直线方程为
$$\frac{x-1}{5-1} = \frac{y-0}{4-0} = \frac{z-5}{1-5}, \quad 即 \quad x - 1 = y = 5 - z$$

解法二 利用直线的一般方程.

设过点 $P_0(1,0,5)$ 且与平面 π: $3x - y + 2z = 15$ 平行的平面为 π_1,过点 $P_0(1,0,5)$ 与直线 L: $\frac{x-1}{4} = \frac{y-2}{2} = \frac{z}{1}$ 的平面为 π_2,则所求直线为两平面的交线.

过点 P_0 以 $\boldsymbol{n} = \{3,-1,2\}$ 为法向量的平面 π_1 方程为

$$3x-y+2z-13=0$$

直线 L 上一点 $M_0(1,2,0)$ 与点 P_0 构成向量 $\overrightarrow{P_0M_0}=(0,2,-5)$，又因为直线 L 的方向向量 $\boldsymbol{s}=\{4,2,1\}$，所以平面 π_2 的法向量为 $\boldsymbol{n}_2=\overrightarrow{P_0M_0}\times\boldsymbol{s}=\{12,-20,-8\}$，则平面的方程为

$$3x-5y-2z+7=0$$

所求直线方程为

$$\begin{cases}3x-y+2z-13=0\\3x-5y-2z+7=0\end{cases}$$

例 8.6 设矩阵 $\begin{bmatrix}a_1 & b_1 & c_1\\a_2 & b_2 & c_2\\a_3 & b_3 & c_3\end{bmatrix}$ 满秩，则直线 $\dfrac{x-a_3}{a_1-a_2}=\dfrac{y-b_3}{b_1-b_2}=\dfrac{z-c_3}{c_1-c_2}$ 与直线 $\dfrac{x-a_1}{a_2-a_3}=\dfrac{y-b_1}{b_2-b_3}=\dfrac{z-c_1}{c_2-c_3}$ 为(　　).

A. 相交于一点　　B. 重合　　C. 平行但不重合　　D. 异面

分析 由直线方程知，点 $M_1(a_3,b_3,c_3)$ 与 $M_2(a_1,b_1,c_1)$ 分别在第一、第二条直线上，且两条直线的方向向量分别为 $\boldsymbol{n}_1=(a_1-a_2,b_1-b_2,c_1-c_2)$ 与 $\boldsymbol{n}_2=(a_2-a_3,b_2-b_3,c_2-c_3)$. 因为

$$\begin{vmatrix}a_1-a_3 & b_1-b_3 & c_1-c_3\\a_1-a_2 & b_1-b_2 & c_1-c_2\\a_2-a_3 & b_2-b_3 & c_2-c_3\end{vmatrix}=\begin{vmatrix}a_1-a_3 & b_1-b_3 & c_1-c_3\\a_1-a_3 & b_1-b_3 & c_1-c_3\\a_2-a_3 & b_2-b_3 & c_2-c_3\end{vmatrix}=0$$

所以 $\overrightarrow{M_1M_2}$，$\boldsymbol{n}_1$，$\boldsymbol{n}_2$ 共面．又因为

$$\begin{vmatrix}a_1 & b_1 & c_1\\a_2 & b_2 & c_2\\a_3 & b_3 & c_3\end{vmatrix}=\begin{vmatrix}a_1-a_2 & b_1-b_2 & c_1-c_2\\a_2-a_3 & b_2-b_3 & c_2-c_3\\a_3 & b_3 & c_3\end{vmatrix}\neq 0$$

所以 $\boldsymbol{n}_1$ 不平行于 $\boldsymbol{n}_2$，即两直线相交．

答案 A.

例 8.7 求过点 $P(1,2,1)$，$Q(-2,3,-1)$，$R(1,0,4)$ 的平面 π 的方程．

解法一 利用平面的点法式方程，往往是优先考虑的方法之一．现在可取 P,Q,R 中任一点作为所需的定点，为求出 π 之法向量，可考虑利用 $\overrightarrow{PQ}\times\overrightarrow{QR}$，则

$$\boldsymbol{n}=\overrightarrow{PQ}\times\overrightarrow{QR}=\begin{vmatrix}\boldsymbol{i} & \boldsymbol{j} & \boldsymbol{k}\\-3 & 1 & -2\\3 & -3 & 5\end{vmatrix}=-\boldsymbol{i}+9\boldsymbol{j}+6\boldsymbol{k}$$

从而所求平面方程为

$$-(x-1)+9(y-2)+6(z-1)=0$$

即 π 为

$$-x+9y+6z-23=0$$

解法二 利用平面的一般方程．设平面方程为

$$Ax+By+Cz+D=0$$

将 P,Q,R 三点的坐标分别代入，可得关于未知数 A,B,C,D 的方程组

$$\begin{cases}A+2B+C+D=0\\-2A+3B-C+D=0\\A+4C+D=0\end{cases}$$

解之得，$\dfrac{B}{A}=-9$，$\dfrac{C}{A}=-6$，$\dfrac{D}{A}=23$，代回一般式方程，得平面 π 的方程为

$$-x+9y+6z-23=0$$

解法三 解决与平面有关的问题，也常用向量方法去考虑．对此问题，若将所求平面看作是动点 $M(x,y,z)$ 与 P,Q,R 保持共平面的运动轨迹，即 $\overrightarrow{PM},\overrightarrow{PR},\overrightarrow{PQ}$ 共平面．则由 $[\boldsymbol{a}\ \ \boldsymbol{b}\ \ \boldsymbol{c}]=0$ 可得

$$\begin{vmatrix} x-1 & y-2 & z-1 \\ -3 & 1 & -2 \\ 0 & -2 & 3 \end{vmatrix}=0$$

将行列式按第一行展开，得

$$-(x-1)+9(y-2)+6(z-1)=0, \quad 即 \quad -x+9y+6z-23=0$$

例 8.8 设一平面经过原点及点$(6,-3,2)$且与平面$4x-y+2z=8$垂直，则此平面方程为________.

分析 已知平面上两点及所求平面与已知平面的关系，可利用平面的一般方程求解．

设所求平面方程为$Ax+By+Cz=0$，将点$(6,-3,2)$代入得$6A-3B+2C=0$，又所求平面与平面$4x-y+2z=8$垂直，则$4A-B+2C=0$，联立解得，$B=A$，$C=-\frac{3}{2}A$，代入所设方程得

$$2x+2y-3z=0$$

答案 $2x+2y-3z=0$.

例 8.9 已知两条直线的方程是L_1：$\frac{x-1}{1}=\frac{y-2}{0}=\frac{z-3}{-1}$，$L_2$：$\frac{x+2}{2}=\frac{y-1}{1}=\frac{z}{1}$，则过$L_1$且平行于$L_2$的平面方程是________.

分析 利用向量方法去考虑，因为平面过L_1，所以任取L_1上一点作为平面上一点，则可得出平面的方程.

两直线的方向向量分别为$\boldsymbol{s}_1=\{1,0,-1\}$，$\boldsymbol{s}_2=\{2,1,1\}$，$M_0(1,2,3)$为直线$L_1$上的一个点，过$M_0$与$L_1$，$L_2$平行的平面方程是

$$\begin{vmatrix} x-1 & y-2 & z-3 \\ 1 & 0 & -1 \\ 2 & 1 & 1 \end{vmatrix}=0$$

即$x-3y+z+2=0$就是通过L_1与L_2平行的平面方程．

答案 $x-3y+z+2=0$.

例 8.10 在一切过直线$\begin{cases} x+y+z+1=0 \\ 2x+y+z=0 \end{cases}$的平面中找出一个平面，使原点到该平面距离最远．

解 设过直线的平面束方程π为

$$x+y+z+1+\lambda(2x+y+z)=0$$

即$(1+2\lambda)x+(1+\lambda)y+(1+\lambda)z+1=0$，其中$\lambda$为参数．若$\lambda=0$，则$\pi$为平面$x+y+z+1=0$，若$\lambda=\infty$，则$\pi$为平面

$$2x+y+z=0$$

要使其距原点最远，只要使$d^2=\frac{1}{(1+2\lambda)^2+(1+\lambda)^2+(1+\lambda)^2}$最大，即使得$f(\lambda)=(1+2\lambda)^2+2(1+\lambda)^2=6\left(\lambda+\frac{2}{3}\right)^2+\frac{1}{3}$取最小，于是$\lambda=-\frac{2}{3}$，代入方程$\pi$中知，所求平面方程为

$$x-y-z-3=0$$

例 8.11 过点$A(1,2,-3)$作直线L，使它平行于平面π_1：$x-y=1$，且与另一平面π_2：$2x-y-2z=1$夹角φ为$\frac{\pi}{4}$（见图 8.1）.

分析 可利用直线的点向式方程，因为直线上一点已经知道，所以关键是求出直线的方向向量．

解 设直线L的方向向量为$\boldsymbol{l}=\{l_1,l_2,l_3\}$，由$L\parallel\pi_1$即$\boldsymbol{l}\perp\boldsymbol{n}_1$可知，$l_1-l_2=0$. 又由$L$与$\pi_2$夹角为$\varphi$，则有

$$\sin\varphi=|\cos\theta|=\left|\frac{\boldsymbol{n}_2\cdot\boldsymbol{l}}{|\boldsymbol{n}_2||\boldsymbol{l}|}\right|$$

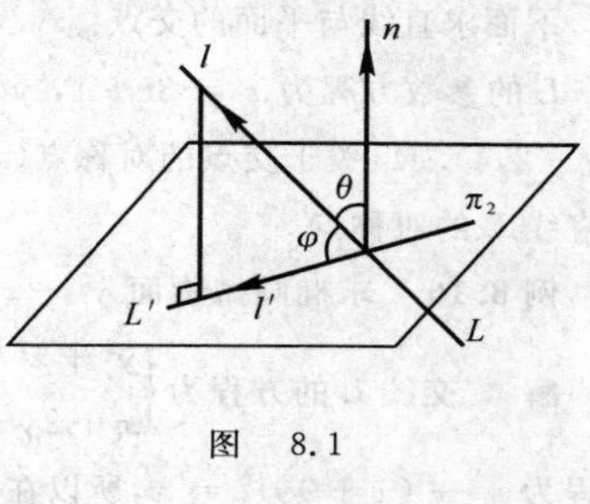

图 8.1

可得
$$\frac{\sqrt{2}}{2}=\frac{|2l_1-l_2-2l_3|}{3\sqrt{l_1^2+l_2^2+l_3^2}}$$
以 $l_2=l_1$ 代入上式，可得 $l_3=-4l_1$，于是 $\boldsymbol{l}=(1,1,-4)$，故所求直线方程为
$$\frac{x-1}{1}=\frac{y-2}{1}=\frac{z+3}{-4}$$

例 8.12 设直线 $L:\begin{cases}x+y+b=0\\x+ay-z-3=0\end{cases}$ 在平面 π 上，而平面 π 与曲面 $z=x^2+y^2$ 相切于点 $(1,-2,5)$，求 a,b 之值.

分析 本题可先求出平面 π 的方程，然后利用直线与平面的关系，求出 a,b 之值.

解 在点 $(1,-2,5)$ 处曲面的法向量 $\boldsymbol{n}=\{2,-4,-1\}$，于是切平面方程为 $2(x-1)-4(y+2)-(z-5)=0$，即
$$2x-4y-z-5=0 \qquad ①$$
由直线方程 $\begin{cases}x+y+b=0\\x+ay-z-3=0\end{cases}$ 得 $\begin{cases}y=-x-b\\z=x-3+a(-x-b)\end{cases}$，代入方程 ① 得，$2x+4x+4b-x+3+ax+ab-5=0$，解得 $a=-5$，$b=-2$.

例 8.13 设有直线 $L:\begin{cases}x+3y+2z+1=0\\2x-y-10z+3=0\end{cases}$ 及平面 π：$4x-2y+z-2=0$，则直线 L(　　).

A. 平行于 π　　B. 在 π 上　　C. 垂直于 π　　D. 与 π 斜交

分析 因为 $\begin{vmatrix}\boldsymbol{i}&\boldsymbol{j}&\boldsymbol{k}\\1&3&2\\2&-1&-10\end{vmatrix}=-28\boldsymbol{i}+14\boldsymbol{j}-7\boldsymbol{k}=-7(4\boldsymbol{i}-2\boldsymbol{j}+\boldsymbol{k})$，所以，直线 L 的方向向量为 $(4,-2,1)$，即直线与平面垂直.

答案 C.

例 8.14 在曲线 $x=t$，$y=-t^2$，$z=t^3$ 的所有切线中，与平面 $x+2y+z=4$ 平行的切线(　　).

A. 只有 1 条　　B. 只有 2 条　　C. 至少 3 条　　D. 不存在

分析 先求出已知曲线的所有切线的方向向量，再利用直线与平面的关系来判断.

已知曲线的切线的方向向量为 $(1,-2t,3t^2)$，因其与平面平行，所以 $1-4t+3t^2=0$，解得 $t=\frac{1}{3}$，$t=1$. 将其代入曲线方程，解得 (x,y,z) 不满足平面方程.

答案 B.

例 8.15 求 $M_1(2,2,2)$ 关于直线 $L:\frac{x-1}{3}=\frac{y+4}{2}=\frac{z-3}{1}$ 的对称点的坐标.

分析 要求关于直线的对称点，首先求出过已知点垂直于已知直线的平面方程，然后求出已知直线与平面的交点，则已知点关于交点的对称点即为所求.

解 过 M_1 作平面 π 垂直 L，即作平面 π 过 M_1，以 $(3,2,1)$ 为法向量，它的方程是
$$3(x-2)+2(y-2)+1(z-2)=0$$
下面求直线与平面的交点：

L 的参数方程为 $x=3t+1$，$y=2t-4$，$z=t+3$，代入平面 π 的方程得 $t=1$，于是 L 与 π 的交点为 $(4,-2,4)$. M_1 关于交点的对称点 $(x,y,z)=(2\times4-2,2\times(-2)-2,2\times4-2)=(6,-6,6)$ 即是 M_1 关于直线 L 的对称点.

例 8.16 求椭圆抛物面 $y^2+z^2=x$ 与平面 $x+2y-z=0$ 的交线在三个坐标面上的投影曲线方程.

解 交线 L 的方程为 $\begin{cases}y^2+z^2=x\\x+2y-z=0\end{cases}$，通过对两个方程消去变量 z 得，向坐标面 $z=0$ 投影的投影柱面方程为 $y^2+(x+2y)^2=x$，所以在 xOy 面上的投影方程为

$$\begin{cases} y^2+(x+2y)^2=x \\ z=0 \end{cases}$$

同理可得，向坐标面 $y=0$ 投影的投影柱面方程为 $\frac{1}{4}(z-x)^2+z^2=x$，所以在 xOz 面上的投影方程为

$$\begin{cases} \frac{1}{4}(z-x)^2+z^2=x \\ y=0 \end{cases}$$

向坐标面 $x=0$ 投影的投影柱面方程为 $y^2+z^2=z-2y$，所以在 yOz 面上的投影方程为

$$\begin{cases} y^2+z^2=z-2y \\ x=0 \end{cases}$$

例 8.17 如图 8.2 所示，旋转抛物面 $z=x^2+y^2$ 被平面 $z=1$ 所截下的部分记作 Σ，求曲面 Σ 对 xOy，xOz 面的投影区域．

解 曲面 Σ 对 xOy 面为单层投影曲面，其边界曲线为 $\begin{cases} z=x^2+y^2 \\ z=1 \end{cases}$，它在 xOy 面上的投影曲线为 $\begin{cases} x^2+y^2=1 \\ z=0 \end{cases}$，所以在 Σ 在 xOy 面上的投影为曲线 $\begin{cases} x^2+y^2=1 \\ z=0 \end{cases}$ 所围成的区域．

Σ 在 xOz 面上的投影则不是单层投影．此时边界曲线在 xOz 面上的投影为直线段 $y=0$，$z=1(-1\leqslant x\leqslant 1)$，显然不能围成 Σ 在 xOz 面上的投影区域．

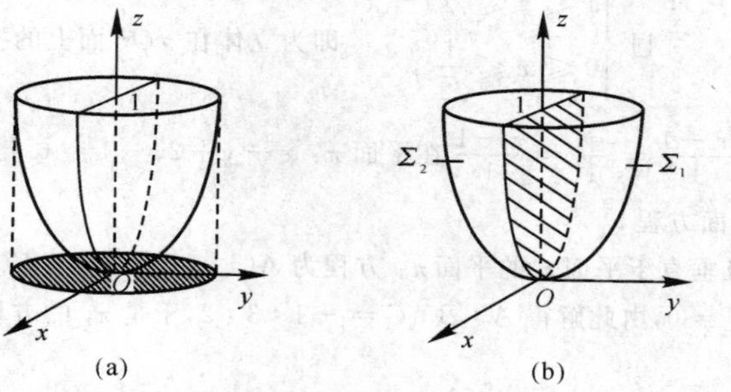

图 8.2

为求 Σ 在 xOz 面上的投影区域，须将 Σ 分解为对 xOz 面的单层投影曲面，这种分解相当于从方程中解出 y，得两个对 xOz 面的单层投影曲面

$$\Sigma_1:\begin{cases} y=\sqrt{z-x^2} \\ 0\leqslant z\leqslant 1 \end{cases} \qquad \Sigma_2:\begin{cases} y=-\sqrt{z-x^2} \\ 0\leqslant z\leqslant 1 \end{cases}$$

由对称性知 Σ_1 和 Σ_2 在 xOz 面上的投影区域相同，故任何一个单层曲面的投影区域都是 Σ 的投影区域，这就是在 xOz 面上由直线 $z=1$ 与曲线 $z=x^2$ 所围成的区域．

注 曲面在某坐标面上的投影，一般来讲一定就是曲面的边界曲线在该坐标面上的投影曲线所围成的区域，只有当曲面在该坐标面上的投影为单层投影时才成立．

例 8.18 如图 8.3 所示，求曲面 $z=\sqrt{x^2+y^2}$ 与 $z=\sqrt{1-x^2}$ 所围成的立体在 xOy 面及 xOz 面的投影．

分析 要求立体向某坐标面投影时，把立体看作由某些(对该坐标面)单层投影曲面以及母线垂直该坐标面的柱面所围成．只要求出这些单层投影曲面的边界曲线(即这些曲面的交线)在该坐标面上的投影曲线，即可得出立体的投影区域．当然，如果能先画出立体图形，则更有利于求投影区域．

解 对 xOy 面投影：如图 8.3(a) 所示，显然，曲面 $z=\sqrt{x^2+y^2}$ 与 $z=\sqrt{1-x^2}$ 对 xOy 面均为单层

投影曲面，其交线$\begin{cases}z=\sqrt{x^2+y^2}\\z=\sqrt{1-x^2}\end{cases}$在 xOy 面上的投影曲线为$\begin{cases}2x^2+y^2=1\\z=0\end{cases}$，故立体在 xOy 面上的投影区域为 $2x^2+y^2\leqslant 1$.

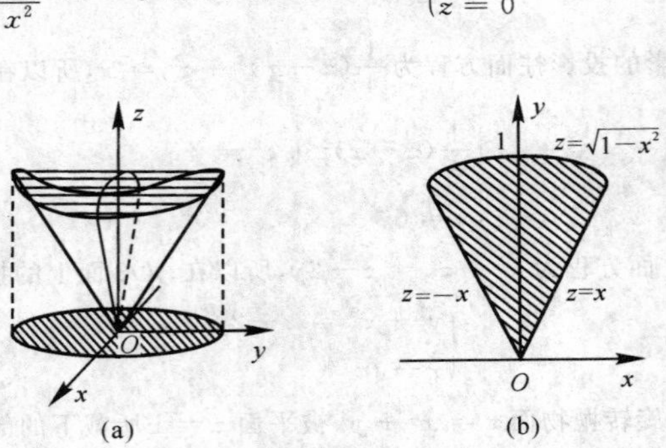

图 8.3

对 xOz 面投影：对 xOz 面而言，立体由母线垂直于 xOz 面的柱面 $z=\sqrt{1-x^2}$ 与两个单层投影曲面 $y=\pm\sqrt{z^2-x^2}\,(z\geqslant 0)$ 围成，两个单层投影曲面的交线为$\begin{cases}z^2-x^2=0\\y=0\end{cases}(z\geqslant 0)$，即 xOz 面上的两条直线 $z=x$ 与 $z=-x\,(z\geqslant 0)$. 而柱面与两单层投影曲面的交线在 xOz 面上的投影曲线为$\begin{cases}z=\sqrt{1-x^2}\\y=0\end{cases}$，故投影曲线所围区域$\begin{cases}-x\leqslant z\leqslant\sqrt{1-x^2}\\-\frac{1}{\sqrt{2}}\leqslant x\leqslant 0\end{cases}\cup\begin{cases}x\leqslant z\leqslant\sqrt{1-x^2}\\0\leqslant x\leqslant\frac{1}{\sqrt{2}}\end{cases}$即为立体在 xOz 面上的投影区域.

例 8.19 求直线 L：$\frac{x-1}{1}=\frac{y}{1}=\frac{z-1}{1}$ 在平面 π：$x-y+2z-1=0$ 上的投影直线 L_0 的方程，并求 L_0 绕 y 轴旋转一周所成曲面方程.

解法一 设经过 L 且垂直于平面 π 的平面 π_1 方程为 $A(x-1)+By+C(z-1)=0$，则由条件可知 $A-B+2C=0$，$A+B-C=0$，由此解得 $A:B:C=-1:3:2$，于是 π_1 的方程为 $x-3y-2z+1=0$，从而 L_0 的方程为

$$\begin{cases}x-y+2z-1=0\\x-3y-2z+1=0\end{cases},\quad\text{即}\quad\begin{cases}x=2y\\z=-\frac{1}{2}(y-1)\end{cases}$$

于是 L_0 绕 y 轴旋转一周所成的曲面方程为 $x^2+z^2=4y^2+\frac{1}{4}(y-1)^2$，即

$$4x^2-17y^2+4z^2+2y-1=0$$

解法二 可利用平面束方程求解.

由于直线 L 的方程可写为$\begin{cases}x-y-1=0\\y+z-1=0\end{cases}$，因此过 L 的平面束方程可设为 $x-y-1+\lambda(y+z-1)=0$，即 $x+(\lambda-1)y+\lambda z-(1+\lambda)=0$，它与平面 π 垂直，则 $1-(\lambda-1)+2\lambda=0$，解得 $\lambda=-2$，于是经过 L 且垂直于平面 π 的平面方程为 $x-3y-2z+1=0$，从而 L_0 的方程为$\begin{cases}x-y+2z-1=0\\x-3y-2z+1=0\end{cases}$. 下同解法一.

例 8.20 已知点 A 与 B 的直角坐标分别为 $(1,0,0)$ 与 $(0,1,1)$，线段 AB 绕 z 轴旋转一周所成的旋转曲面为 S，求由 S 及两平面 $z=0$，$z=1$ 所围成的立体体积.

解 直线 AB 的方程为 $\frac{x-1}{-1}=\frac{y}{1}=\frac{z}{1}$，即$\begin{cases}x=1-z\\y=z\end{cases}$. 绕 z 轴所得旋转曲面为 $x^2+y^2-z^2+2z-1=0$. 在 z 轴上截距为 z 的水平面截此旋转体所得截面为一个圆，其半径为 $r=\sqrt{x^2+y^2}=$

$\sqrt{(1-z)^2+z^2}=\sqrt{1-2z+2z^2}$，于是

$$V=\int_0^1 \pi r^2 \mathrm{d}z=\int_0^1 \pi(1-2z+2z^2)\mathrm{d}z=\frac{2}{3}\pi$$

四、课后习题精解

（一）习题 8-1 解答

1. 设 $\boldsymbol{u}=\boldsymbol{a}-\boldsymbol{b}+2\boldsymbol{c}$，$\boldsymbol{v}=-\boldsymbol{a}+3\boldsymbol{b}-\boldsymbol{c}$．试用 $\boldsymbol{a},\boldsymbol{b},\boldsymbol{c}$ 表示 $2\boldsymbol{u}-3\boldsymbol{v}$．

解　$2\boldsymbol{u}-3\boldsymbol{v}=2(\boldsymbol{a}-\boldsymbol{b}+2\boldsymbol{c})-3(-\boldsymbol{a}+3\boldsymbol{b}-\boldsymbol{c})=5\boldsymbol{a}-11\boldsymbol{b}+7\boldsymbol{c}$

2. 如果平面上一个四边形的对角线互相平分，试用向量证明它是平行四边形．

证明　如图 8.4 所示，设四边形 $ABCD$ 中 AC 交 BD 于点 O，且 $\overrightarrow{AO}=\overrightarrow{OC}$，$\overrightarrow{DO}=\overrightarrow{OB}$，因为 $\overrightarrow{AB}=\overrightarrow{AO}+\overrightarrow{OB}$，$\overrightarrow{DC}=\overrightarrow{DO}+\overrightarrow{OC}$，所以 $\overrightarrow{AB}=\overrightarrow{DC}$（同理，$\overrightarrow{AD}=\overrightarrow{BC}$）．故四边形 $ABCD$ 是平行四边形．

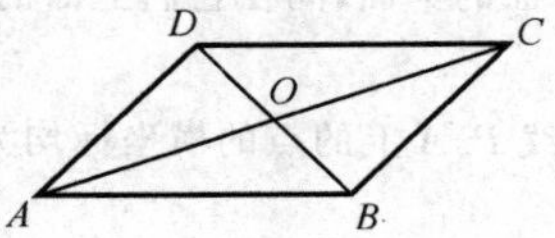

图　8.4

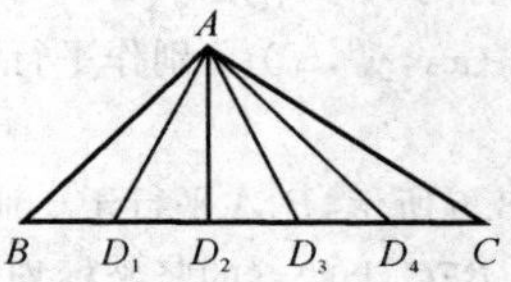

图　8.5

3. 把 $\triangle ABC$ 的 BC 边五等分，设分点依次为 D_1,D_2,D_3,D_4，再把各分点与点 A 连接．试以 $\overrightarrow{AB}=\boldsymbol{c}$，$\overrightarrow{BC}=\boldsymbol{a}$ 表示向量 $\overrightarrow{D_1A}$，$\overrightarrow{D_2A}$，$\overrightarrow{D_3A}$ 和 $\overrightarrow{D_4A}$．

解　如图 8.5 所示，$\overrightarrow{AB}=\boldsymbol{c}$，$\overrightarrow{BC}=\boldsymbol{a}$．

$$\overrightarrow{D_1A}=\overrightarrow{D_1B}+\overrightarrow{BA}=-\frac{1}{5}\overrightarrow{BC}-\overrightarrow{AB}=-\frac{1}{5}\boldsymbol{a}-\boldsymbol{c}$$

$$\overrightarrow{D_2A}=\overrightarrow{D_2B}+\overrightarrow{BA}=-\frac{2}{5}\overrightarrow{BC}-\overrightarrow{AB}=-\frac{2}{5}\boldsymbol{a}-\boldsymbol{c}$$

$$\overrightarrow{D_3A}=\overrightarrow{D_3B}+\overrightarrow{BA}=-\frac{3}{5}\overrightarrow{BC}-\overrightarrow{AB}=-\frac{3}{5}\boldsymbol{a}-\boldsymbol{c}$$

$$\overrightarrow{D_4A}=\overrightarrow{D_4B}+\overrightarrow{BA}=-\frac{4}{5}\overrightarrow{BC}-\overrightarrow{AB}=-\frac{4}{5}\boldsymbol{a}-\boldsymbol{c}$$

4. 已知两点 $M_1(0,1,2)$ 和 $M_2(1,-1,0)$．试用坐标表示式表示向量 $\overrightarrow{M_1M_2}$ 及 $-2\overrightarrow{M_1M_2}$．

解　$\overrightarrow{M_1M_2}=(1-0,-1-1,0-2)=(1,-2,-2)$

$-2\overrightarrow{M_1M_2}=-2(1,-2,-2)=(-2,4,4)$

5. 求平行于向量 $\boldsymbol{a}=(6,7,-6)$ 的单位向量．

解　$|\boldsymbol{a}|=\sqrt{6^2+7^2+(-6)^2}=11$，平行于向量 $\boldsymbol{a}$ 的单位向量为

$$\frac{\boldsymbol{a}}{11}=\frac{1}{11}(6,7,-6)=\left(\frac{6}{11},\frac{7}{11},\frac{-6}{11}\right)$$

或者

$$-\frac{\boldsymbol{a}}{11}=-\frac{1}{11}(6,7,-6)=\left(-\frac{6}{11},-\frac{7}{11},\frac{6}{11}\right)$$

6. 在空间直角坐标系中，指出下列各点在哪个卦限？

$$A(1,-2,3);\quad B(2,3,-4);\quad C(2,-3,-4);\quad D(-2,-3,1)$$

解　A 点在第 4 卦限，B 点在第 5 卦限，C 点在第 8 卦限，D 点在第 3 卦限．

7. 在坐标面上和在坐标轴上的点的坐标各有什么特征？指出下列各点的位置：

$$A(3,4,0);\quad B(0,4,3);\quad C(3,0,0);\quad D(0,-1,0)$$

解 设点 M 的坐标为 (x,y,z)，若点 M 在 yOz 面上，则 $x=0$；若点 M 在 zOx 面上，则 $y=0$；若点 M 在 xOy 面上，则 $z=0$. 若点 M 在 x 轴上，则 $y=z=0$；若点 M 在 y 轴上，则 $z=x=0$；若点 M 在 z 轴上，则 $x=y=0$.

点 A 在 xOy 面上，点 B 在 yOz 面上，点 C 在 x 轴上，点 D 在 y 轴上.

8. 求点 (a,b,c) 关于(1) 各坐标面；(2) 各坐标轴；(3) 坐标原点的对称点的坐标.

解 (1) (a,b,c) 关于 xOy 面的对称点为 $(a,b,-c)$；(a,b,c) 关于 yOz 面的对称点为 $(-a,b,c)$；(a,b,c) 关于 xOz 面的对称点为 $(a,-b,c)$.

(2) (a,b,c) 关于 x 轴的对称点为 $(a,-b,-c)$；(a,b,c) 关于 y 轴的对称点为 $(-a,b,-c)$；(a,b,c) 关于 z 轴的对称点为 $(-a,-b,c)$.

(3) (a,b,c) 关于原点的对称点为 $(-a,-b,-c)$.

9. 自点 $P_0(x_0,y_0,z_0)$ 分别作各坐标面和各坐标轴的垂线，写出各垂足的坐标.

解 如图 8.6 所示，$P_0A\perp xOy$ 面，$P_0B\perp yOz$ 面，$P_0C\perp zOx$ 面，$P_0D\perp x$ 轴，$P_0E\perp y$ 轴，$P_0F\perp z$ 轴. 各垂足的坐标为 $A(x_0,y_0,0)$，$B(0,y_0,z_0)$，$C(x_0,0,z_0)$，$D(x_0,0,0)$，$E(0,y_0,0)$，$F(0,0,z_0)$.

10. 过点 $P_0(x_0,y_0,z_0)$ 分别作平行于 z 轴的直线和平行于 xOy 面的平面，问在它们上面的点的坐标各有什么特点？

解 如图 8.6 所示，P_0A 平行于 z 轴，P_0BFC 平行于 xOy 面，直线 P_0A 上的点的横坐标均为 x_0，纵坐标均为 y_0；平面 P_0BFC 上的点的竖坐标均为 z_0.

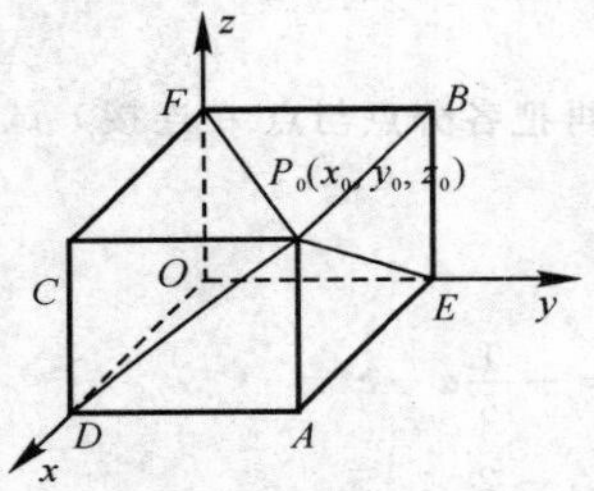

图 8.6

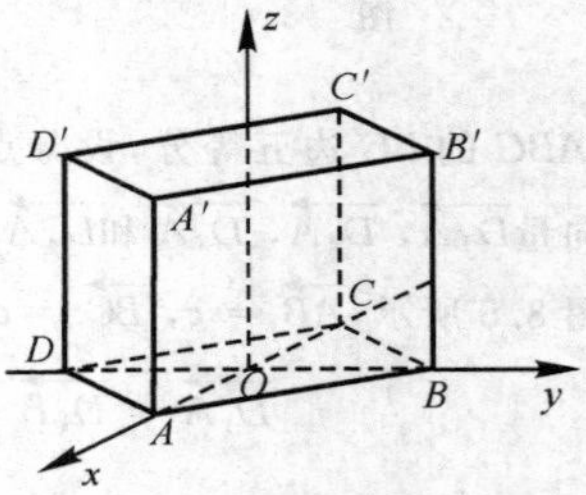

图 8.7

11. 一边长为 a 的立方体放置在 xOy 面上，其底面的中心在坐标原点，底面的顶点在 x 轴和 y 轴上，求它各顶点的坐标.

解 如图 8.7 所示，所求各顶点坐标为 $A\left(\frac{\sqrt{2}}{2}a,0,0\right)$，$B\left(0,\frac{\sqrt{2}}{2}a,0\right)$，$C\left(-\frac{\sqrt{2}}{2}a,0,0\right)$，$D\left(0,-\frac{\sqrt{2}}{2}a,0\right)$，$A'\left(\frac{\sqrt{2}}{2}a,0,a\right)$，$B'\left(0,\frac{\sqrt{2}}{2}a,a\right)$，$C'\left(-\frac{\sqrt{2}}{2}a,0,a\right)$，$D'\left(0,-\frac{\sqrt{2}}{2}a,a\right)$.

12. 求点 $M(4,-3,5)$ 到各坐标轴的距离.

解 点 M 到 x 轴的距离为
$$d_x=\sqrt{(-3)^2+5^2}=\sqrt{34}$$
点 M 到 y 轴的距离为
$$d_y=\sqrt{4^2+5^2}=\sqrt{41}$$
点 M 到 z 轴的距离为
$$d_z=\sqrt{4^2+(-3)^2}=5$$

13. 在 yOz 面上，求与三点 $A(3,1,2)$，$B(4,-2,-2)$ 和 $C(0,5,1)$ 等距离的点.

解 设 $P(x,y,z)$ 是 yOz 面上的点，故 $x=0$，即 $P(0,y,z)$. 则
$$|\overrightarrow{PA}|^2=(3-0)^2+(1-y)^2+(2-z)^2$$
$$|\overrightarrow{PB}|^2=(4-0)^2+(-2-y)^2+(-2-z)^2$$
$$|\overrightarrow{PC}|^2=(0-0)^2+(5-y)^2+(1-z)^2$$
因为 $|\overrightarrow{PA}|=|\overrightarrow{PB}|=|\overrightarrow{PC}|$，所以

$$\begin{cases}9+(1-y)^2+(2-z)^2=16+(-2-y)^2+(-2-z)^2\\9+(1-y)^2+(2-z)^2=(5-y)^2+(1-z)^2\end{cases}$$

解得 $\begin{cases}y=1\\z=-2\end{cases}$，故所求点的坐标为 $(0,1,-2)$.

14. 试证明以三点 $A(4,1,9)$，$B(10,-1,6)$，$C(2,4,3)$ 为顶点的三角形是等腰直角三角形.

解　如图 8.8 所示，则有

$$\overrightarrow{AB}=(10-4,-1-1,6-9)=(6,-2,-3)$$

$$\overrightarrow{AC}=(2-4,4-1,3-9)=(-2,3,-6)$$

$$\overrightarrow{BC}=(2-10,4-(-1),3-6)=(-8,5,-3)$$

$$|\overrightarrow{AB}|^2=6^2+(-2)^2+(-3)^2=49$$

$$|\overrightarrow{AC}|^2=(-2)^2+3^2+(-6)^2=49$$

$$|\overrightarrow{BC}|^2=(-8)^2+5^2+(-3)^2=98$$

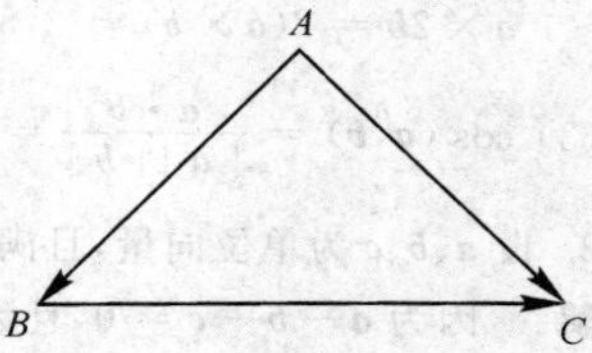

图　8.8

因为 $|\overrightarrow{AB}|=|\overrightarrow{AC}|$，且 $|\overrightarrow{AB}|^2+|\overrightarrow{AC}|^2=|\overrightarrow{BC}|^2$，所以 $\triangle ABC$ 是等腰直角三角形.

15. 设已知两点 $M_1(4,\sqrt{2},1)$ 和 $M_2(3,0,2)$，计算向量 $\overrightarrow{M_1M_2}$ 的模、方向余弦和方向角.

解

$$\overrightarrow{M_1M_2}=(3-4,0-\sqrt{2},2-1)=(-1,-\sqrt{2},1)$$

$$|\overrightarrow{M_1M_2}|=\sqrt{(-1)^2+(-\sqrt{2})^2+1^2}=2$$

$$\cos\alpha=-\frac{1}{2},\quad \cos\beta=-\frac{\sqrt{2}}{2},\quad \cos\gamma=\frac{1}{2}$$

$$\alpha=\frac{2\pi}{3},\quad \beta=\frac{3\pi}{4},\quad \gamma=\frac{\pi}{3}$$

16. 设向量的方向余弦分别满足：(1) $\cos\alpha=0$；(2) $\cos\beta=1$；(3) $\cos\alpha=\cos\beta=0$，问这些向量与坐标轴或坐标面的关系如何？

解　(1) 因为 $\cos\alpha=0$，所以向量与 x 轴垂直、与 yOz 面平行.

(2) 因为 $\cos\beta=1$，所以向量与 y 轴平行且同向、与 zOx 面垂直.

(3) 因为 $\cos\alpha=\cos\beta=0$，所以向量既与 x 轴垂直、又与 y 轴垂直，即向量与 xOy 面垂直，也与 z 轴平行.

17. 设向量 $\boldsymbol{r}$ 的模是 4，它与轴 u 的夹角是 $\frac{\pi}{3}$，求 $\boldsymbol{r}$ 在轴 u 上的投影.

解　$\mathrm{Prj}_u\boldsymbol{r}=|\boldsymbol{r}|\cos(\widehat{\boldsymbol{u},\boldsymbol{r}})=4\cos\frac{\pi}{3}=2$

18. 一向量的终点为 $B(2,-1,7)$，它在 x 轴、y 轴和 z 轴上的投影依次为 4，-4 和 7. 求这向量的起点 A 的坐标.

解　设 A 的坐标为 (x,y,z)，则 $\overrightarrow{AB}=(2-x,-1-y,7-z)$，因为它在 x 轴、y 轴和 z 轴上的投影依次为 4，-4 和 7，所以

$$2-x=4,\quad -1-y=-4,\quad 7-z=7$$

解得 $x=-2$，$y=3$，$z=0$，即 A 的坐标为 $(-2,3,0)$.

19. 设 $\boldsymbol{m}=3\boldsymbol{i}+5\boldsymbol{j}+8\boldsymbol{k}$，$\boldsymbol{n}=2\boldsymbol{i}-4\boldsymbol{j}-7\boldsymbol{k}$ 和 $\boldsymbol{p}=5\boldsymbol{i}+\boldsymbol{j}-4\boldsymbol{k}$. 求向量 $\boldsymbol{a}=4\boldsymbol{m}+3\boldsymbol{n}-\boldsymbol{p}$ 在 x 轴上的投影及在 y 轴上的分向量.

解　$\boldsymbol{a}=4(3\boldsymbol{i}+5\boldsymbol{j}+8\boldsymbol{k})+3(2\boldsymbol{i}-4\boldsymbol{j}-7\boldsymbol{k})-(5\boldsymbol{i}+\boldsymbol{j}-4\boldsymbol{k})=13\boldsymbol{i}+7\boldsymbol{j}+15\boldsymbol{k}$

$\boldsymbol{a}$ 在 x 轴上的投影为 13，在 y 轴上的分向量为 $7\boldsymbol{j}$.

(二) 习题 8-2 解答

1. 设 $\boldsymbol{a}=3\boldsymbol{i}-\boldsymbol{j}-2\boldsymbol{k}$，$\boldsymbol{b}=\boldsymbol{i}+2\boldsymbol{j}-\boldsymbol{k}$，求：(1) $\boldsymbol{a}\cdot\boldsymbol{b}$ 及 $\boldsymbol{a}\times\boldsymbol{b}$；(2) $(-2\boldsymbol{a})\cdot3\boldsymbol{b}$ 及 $\boldsymbol{a}\times2\boldsymbol{b}$；(3) $\boldsymbol{a},\boldsymbol{b}$ 的夹角

的余弦.

解 (1) $\boldsymbol{a}\cdot\boldsymbol{b}=3\times1+(-1)\times2+(-2)\times(-1)=3$

$$\boldsymbol{a}\times\boldsymbol{b}=\begin{vmatrix}\boldsymbol{i}&\boldsymbol{j}&\boldsymbol{k}\\3&-1&-2\\1&2&-1\end{vmatrix}=5\boldsymbol{i}+\boldsymbol{j}+7\boldsymbol{k}$$

(2) $(-2\boldsymbol{a})\cdot3\boldsymbol{b}=-6(\boldsymbol{a}\cdot\boldsymbol{b})=-6\times3=-18$

$$\boldsymbol{a}\times2\boldsymbol{b}=2(\boldsymbol{a}\times\boldsymbol{b})=2(5\boldsymbol{i}+\boldsymbol{j}+7\boldsymbol{k})=10\boldsymbol{i}+2\boldsymbol{j}+14\boldsymbol{k}$$

(3) $\cos(\widehat{\boldsymbol{a},\boldsymbol{b}})=\dfrac{\boldsymbol{a}\cdot\boldsymbol{b}}{|\boldsymbol{a}||\boldsymbol{b}|}=\dfrac{3}{\sqrt{3^2+(-1)^2+(-2)^2}\sqrt{1^2+2^2+(-1)^2}}=\dfrac{3\sqrt{21}}{42}$

2. 设 $\boldsymbol{a}$、$\boldsymbol{b}$、$\boldsymbol{c}$ 为单位向量,且满足 $\boldsymbol{a}+\boldsymbol{b}+\boldsymbol{c}=0$,求 $\boldsymbol{a}\cdot\boldsymbol{b}+\boldsymbol{b}\cdot\boldsymbol{c}+\boldsymbol{c}\cdot\boldsymbol{a}$.

解 因为 $\boldsymbol{a}+\boldsymbol{b}+\boldsymbol{c}=0$,且数量积满足交换律,所以

$$(\boldsymbol{a}+\boldsymbol{b}+\boldsymbol{c})\cdot(\boldsymbol{a}+\boldsymbol{b}+\boldsymbol{c})=|\boldsymbol{a}|^2+|\boldsymbol{b}|^2+|\boldsymbol{c}|^2+2\boldsymbol{a}\cdot\boldsymbol{b}+2\boldsymbol{b}\cdot\boldsymbol{c}+2\boldsymbol{a}\cdot\boldsymbol{c}=0$$

又因为 $\boldsymbol{a}$,$\boldsymbol{b}$,$\boldsymbol{c}$ 为单位向量,所以

$$\boldsymbol{a}\cdot\boldsymbol{b}+\boldsymbol{b}\cdot\boldsymbol{c}+\boldsymbol{a}\cdot\boldsymbol{c}=-\frac{1}{2}(a^2+b^2+c^2)=-\frac{3}{2}$$

3. 已知 $M_1(1,-1,2)$,$M_2(3,3,1)$ 和 $M_3(3,1,3)$. 求与 $\overrightarrow{M_1M_2}$,$\overrightarrow{M_2M_3}$ 同时垂直的单位向量.

解 $\overrightarrow{M_1M_2}=(3-1,3-(-1),1-2)=(2,4,-1)$,$\overrightarrow{M_2M_3}=(3-3,1-3,3-1)=(0,-2,2)$,又因 $\overrightarrow{M_1M_2}\times\overrightarrow{M_2M_3}\perp\overrightarrow{M_1M_2}$,且 $\overrightarrow{M_1M_2}\times\overrightarrow{M_2M_3}\perp\overrightarrow{M_2M_3}$,所以

$$\overrightarrow{M_1M_2}\times\overrightarrow{M_2M_3}=\begin{vmatrix}\boldsymbol{i}&\boldsymbol{j}&\boldsymbol{k}\\2&4&-1\\0&-2&2\end{vmatrix}=6\boldsymbol{i}-4\boldsymbol{j}-4\boldsymbol{k}$$

$$|\overrightarrow{M_1M_2}\times\overrightarrow{M_2M_3}|=\sqrt{6^2+4^2+(-4)^2}=2\sqrt{17}$$

单位向量为 $\dfrac{3\sqrt{17}}{17}\boldsymbol{i}-\dfrac{2\sqrt{17}}{17}\boldsymbol{j}-\dfrac{2\sqrt{17}}{17}\boldsymbol{k}$ 或 $-\dfrac{3\sqrt{17}}{17}\boldsymbol{i}+\dfrac{2\sqrt{17}}{17}\boldsymbol{j}+\dfrac{2\sqrt{17}}{17}\boldsymbol{k}$

4. 设质量为100 kg的物体从点 $M_1(3,1,8)$ 沿直线移动到点 $M_2(1,4,2)$,计算重力所做的功(长度单位为m,重力方向为 z 轴负方向).

解 由于 $\overrightarrow{M_1M_2}=(1-3,4-1,2-8)=(-2,3,-6)$,且 $\boldsymbol{F}=(0,0,-980)$,于是

$$W=\boldsymbol{F}\cdot\overrightarrow{M_1M_2}=0\times(-2)+0\times3+(-980)\times(-6)=5\,880\text{ J}$$

5. 如图8.9所示,在杠杆上支点 O 的一侧与点 O 的距离为 x_1 的点 P_1 处,有一与 $\overrightarrow{OP_1}$ 成角 θ_1 的力 F_1 作用着;在支点 O 的另一侧与点 O 的距离为 x_2 的点 P_2 处,有一与 $\overrightarrow{OP_2}$ 成角 θ_2 的力 F_2 作用着. 问 θ_1,θ_2,x_1,x_2,$|F_1|$,$|F_2|$ 符合怎样的条件才能使杠杆保持平衡?

解 由题意知 $x_1|\boldsymbol{F}_1|\sin\theta_1-x_2|\boldsymbol{F}_2|\sin\theta_2=0$

即 $x_1|\boldsymbol{F}_1|\sin\theta_1=x_2|\boldsymbol{F}_2|\sin\theta_2$

6. 求向量 $\boldsymbol{a}=\{4,-3,4\}$ 在向量 $\boldsymbol{b}=\{2,2,1\}$ 上的投影.

解 $\text{Prj}_{\boldsymbol{b}}\boldsymbol{a}=\dfrac{\boldsymbol{a}\cdot\boldsymbol{b}}{|\boldsymbol{b}|}=2$

7. 设 $\boldsymbol{a}=\{3,5,-2\}$,$\boldsymbol{b}=\{2,1,4\}$,问 λ 与 μ 有怎样的关系,能使得 $\lambda\boldsymbol{a}+\mu\boldsymbol{b}$ 与 z 轴垂直?

解 $\lambda\boldsymbol{a}+\mu\boldsymbol{b}=\lambda(3,5,-2)+\mu(2,1,4)=(3\lambda+2\mu,5\lambda+\mu,-2\lambda+4\mu)$

因为 $(\lambda\boldsymbol{a}+\mu\boldsymbol{b})\perp z$ 轴 $\Leftrightarrow(\lambda\boldsymbol{a}+\mu\boldsymbol{b})\cdot(0,0,1)=0$,所以 $-2\lambda+4\mu=0$,即

$$\lambda=2\mu$$

8. 试用向量证明直径所对的圆周角是直角.

证明 如图8.10所示,AB 是圆 O 的直径,C 是圆周上任一点(不与 A,B 重合),要证 $\angle ACB=90°$,只需证 $\overrightarrow{AC}\cdot\overrightarrow{CB}=0$ 即可. 因为

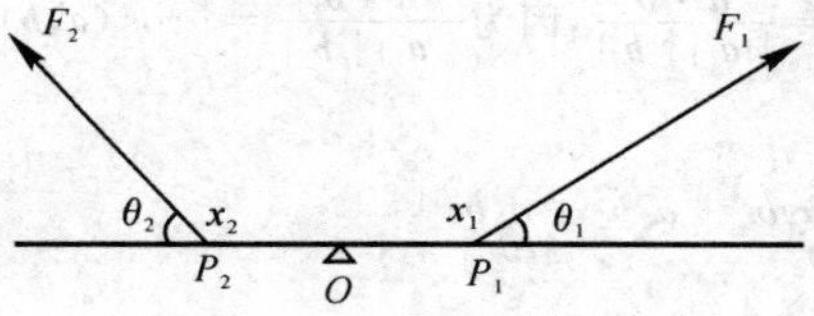

图 8.9

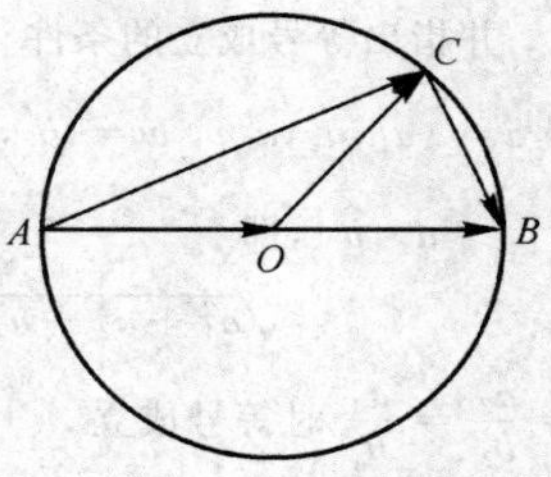

图 8.10

$$\overrightarrow{AC}\cdot\overrightarrow{CB}=(\overrightarrow{AO}+\overrightarrow{OC})\cdot(\overrightarrow{CO}+\overrightarrow{OB})=(\overrightarrow{AO}+\overrightarrow{OC})\cdot(\overrightarrow{OB}-\overrightarrow{OC})=$$
$$(\overrightarrow{AO}+\overrightarrow{OC})\cdot(\overrightarrow{AO}-\overrightarrow{OC})=|\overrightarrow{AO}|^2-|\overrightarrow{OC}|^2=0$$

所以$\overrightarrow{AC}\perp\overrightarrow{CB}$,即$\angle ACB=90°$.

9. 已知向量$\boldsymbol{a}=2\boldsymbol{i}-3\boldsymbol{j}+\boldsymbol{k}$, $\boldsymbol{b}=\boldsymbol{i}-\boldsymbol{j}+3\boldsymbol{k}$和$\boldsymbol{c}=\boldsymbol{i}-2\boldsymbol{j}$,计算:(1) $(\boldsymbol{a}\cdot\boldsymbol{b})\boldsymbol{c}-(\boldsymbol{a}\cdot\boldsymbol{c})\boldsymbol{b}$; (2) $(\boldsymbol{a}+\boldsymbol{b})\times(\boldsymbol{b}+\boldsymbol{c})$; (3) $(\boldsymbol{a}\times\boldsymbol{b})\cdot\boldsymbol{c}$.

解　(1) $(\boldsymbol{a}\cdot\boldsymbol{b})\boldsymbol{c}-(\boldsymbol{a}\cdot\boldsymbol{c})\boldsymbol{b}=[2\times1+(-3)\times(-1)+1\times3](\boldsymbol{i}-2\boldsymbol{j})-$

$$[2\times1+(-3)\times(-2)+1\times0](\boldsymbol{i}-\boldsymbol{j}+3\boldsymbol{k})=$$
$$(8\boldsymbol{i}-16\boldsymbol{j})-(8\boldsymbol{i}-8\boldsymbol{j}+24\boldsymbol{k})=-8\boldsymbol{j}-24\boldsymbol{k}$$

(2) $\boldsymbol{a}+\boldsymbol{b}=(2\boldsymbol{i}-3\boldsymbol{j}+\boldsymbol{k})+(\boldsymbol{i}-\boldsymbol{j}+3\boldsymbol{k})=3\boldsymbol{i}-4\boldsymbol{j}+4\boldsymbol{k}$

$\boldsymbol{b}+\boldsymbol{c}=(\boldsymbol{i}-\boldsymbol{j}+3\boldsymbol{k})+(\boldsymbol{i}-2\boldsymbol{j})=2\boldsymbol{i}-3\boldsymbol{j}+3\boldsymbol{k}$

$$(\boldsymbol{a}+\boldsymbol{b})\times(\boldsymbol{b}+\boldsymbol{c})=\begin{vmatrix}\boldsymbol{i}&\boldsymbol{j}&\boldsymbol{k}\\3&-4&4\\2&-3&3\end{vmatrix}=-\boldsymbol{j}-\boldsymbol{k}$$

(3) $(\boldsymbol{a}\times\boldsymbol{b})\cdot\boldsymbol{c}=\begin{vmatrix}2&-3&1\\1&-1&3\\1&-2&0\end{vmatrix}=2$

10. 已知$\overrightarrow{OA}=\boldsymbol{i}+3\boldsymbol{k}$, $\overrightarrow{OB}=\boldsymbol{j}+3\boldsymbol{k}$,求$\triangle OAB$的面积.

解　根据向量积的定义,可知三角形的面积为

$$S_{\triangle OAB}=\frac{1}{2}|\overrightarrow{OA}\times\overrightarrow{OB}|$$

由于
$$\overrightarrow{OA}\times\overrightarrow{OB}=\begin{vmatrix}\boldsymbol{i}&\boldsymbol{j}&\boldsymbol{k}\\1&0&3\\0&1&3\end{vmatrix}=-3\boldsymbol{i}-3\boldsymbol{j}+\boldsymbol{k}$$

即
$$S_{\triangle OAB}=\frac{1}{2}|\overrightarrow{OA}\times\overrightarrow{OB}|=\frac{1}{2}\sqrt{(-3)^2+(-3)^2+1^2}=\frac{\sqrt{19}}{2}$$

11. 已知$\boldsymbol{a}=\{a_x,a_y,a_z\}$, $\boldsymbol{b}=\{b_x,b_y,b_z\}$, $\boldsymbol{c}=\{c_x,c_y,c_z\}$,

试利用行列式的性质证明

$$(\boldsymbol{a}\times\boldsymbol{b})\cdot\boldsymbol{c}=(\boldsymbol{b}\times\boldsymbol{c})\cdot\boldsymbol{a}=(\boldsymbol{c}\times\boldsymbol{a})\cdot\boldsymbol{b}$$

证明　$(\boldsymbol{a}\times\boldsymbol{b})\cdot\boldsymbol{c}=\begin{vmatrix}a_x&a_y&a_z\\b_x&b_y&b_z\\c_x&c_y&c_z\end{vmatrix}=-\begin{vmatrix}b_x&b_y&b_z\\a_x&a_y&a_z\\c_x&c_y&c_z\end{vmatrix}=\begin{vmatrix}b_x&b_y&b_z\\c_x&c_y&c_z\\a_x&a_y&a_z\end{vmatrix}=(\boldsymbol{b}\times\boldsymbol{c})\cdot\boldsymbol{a}$

同理可证
$$(\boldsymbol{b}\times\boldsymbol{c})\cdot\boldsymbol{a}=(\boldsymbol{c}\times\boldsymbol{a})\cdot\boldsymbol{b}$$

即
$$(\boldsymbol{a}\times\boldsymbol{b})\cdot\boldsymbol{c}=(\boldsymbol{b}\times\boldsymbol{c})\cdot\boldsymbol{a}=(\boldsymbol{c}\times\boldsymbol{a})\cdot\boldsymbol{b}$$

12. 试用向量证明不等式:$\sqrt{a_1^2+a_2^2+a_3^2}\ \sqrt{b_1^2+b_2^2+b_3^2}\geqslant|a_1b_1+a_2b_2+a_3b_3|$,其中$a_1,a_2,a_3,b_1,b_2,$

b_3 为任意实数．并指出等号成立的条件．

证明 设 $\boldsymbol{a}=\{a_1,a_2,a_3\}$，$\boldsymbol{b}=\{b_1,b_2,b_3\}$，则 $\cos(\boldsymbol{a}\hat{,}\boldsymbol{b})=\dfrac{\boldsymbol{a}\cdot\boldsymbol{b}}{|\boldsymbol{a}||\boldsymbol{b}|}$，因为 $\dfrac{|\boldsymbol{a}\cdot\boldsymbol{b}|}{|\boldsymbol{a}||\boldsymbol{b}|}=|\cos(\boldsymbol{a}\hat{,}\boldsymbol{b})|\leqslant 1$，所以 $|\boldsymbol{a}|\cdot|\boldsymbol{b}|\geqslant|\boldsymbol{a}\cdot\boldsymbol{b}|$，即

$$\sqrt{a_1^2+a_2^2+a_3^2}\sqrt{b_1^2+b_2^2+b_3^2}\geqslant|a_1b_1+a_2b_2+a_3b_3|$$

当且仅当 $\dfrac{a_1}{b_1}=\dfrac{a_2}{b_2}=\dfrac{a_3}{b_3}$ 时等号成立．

（三）习题 8－3 解答

1．一动点与两定点(2,3,1)和(4,5,6)等距离，求这动点的轨迹方程．

解 设动点 $M(x,y,z)$，则

$$(x-2)^2+(y-3)^2+(z-1)^2=(x-4)^2+(y-5)^2+(z-6)^2$$

即
$$4x+4y+10z-63=0$$

2．建立以点(1,3,−2)为球心，且通过坐标原点的球面方程．

解 球的半径 $R=\sqrt{1^2+3^2+(-2)^2}=\sqrt{14}$

球面方程为
$$(x-1)^2+(y-3)^2+(z+2)^2=14$$

即
$$x^2+y^2+z^2-2x-6y+4z=0$$

3．方程 $x^2+y^2+z^2-2x+4y+2z=0$ 表示什么曲面？

解 因为原方程可变形为

$$(x-1)^2+(y+2)^2+(z+1)^2=6$$

所以，此方程表示以(1,−2,1)为球心，$\sqrt{6}$ 为半径的球面．

4．求与坐标原点 O 及点(2,3,4)的距离之比为 1∶2 的点的全体所组成的曲面的方程，它表示怎样的曲面？

解 设曲面上点为 $M(x,y,z)$，则

$$\frac{\sqrt{x^2+y^2+z^2}}{\sqrt{(x-2)^2+(y-3)^2+(z-4)^2}}=\frac{1}{2}$$

化简得
$$\left(x+\frac{2}{3}\right)^2+(y+1)^2+\left(z+\frac{4}{3}\right)^2=\left(\frac{2}{3}\sqrt{29}\right)^2$$

它表示以 $\left(-\dfrac{2}{3},-1,-\dfrac{4}{3}\right)$ 为球心，$\dfrac{2}{3}\sqrt{29}$ 为半径的球面．

5．将 xOz 坐标面上的抛物线 $z^2=5x$ 绕 x 轴旋转一周，求所生成的旋转曲面的方程．

解 $y^2+z^2=5x$

6．将 xOz 坐标面上的圆 $x^2+z^2=9$ 绕 z 轴旋转一周，求所生成的旋转曲面的方程．

解 $x^2+y^2+z^2=9$

7．将 xOy 坐标面上的双曲线 $4x^2-9y^2=36$ 分别绕 x 轴及 y 轴旋转一周，求所生成的旋转曲面的方程

解 绕 x 轴：
$$4x^2-9y^2-9z^2=36$$

绕 y 轴：
$$4x^2+4z^2-9y^2=36$$

8．画出下列各方程所表示的曲面：

(1) $\left(x-\dfrac{a}{2}\right)^2+y^2=\left(\dfrac{a}{2}\right)^2$；　　(2) $-\dfrac{x^2}{4}+\dfrac{y^2}{9}=1$；

(3) $\dfrac{x^2}{9}+\dfrac{z^2}{4}=1$；　　(4) $y^2-z=0$；　　(5) $z=2-x^2$．

解 (1) 如图 8.11(a) 所示．(2) 如图 8.11(b) 所示．(3) 如图 8.11(c) 所示．

(4) 如图 8.11(d) 所示． (5) 如图 8.11(e) 所示．

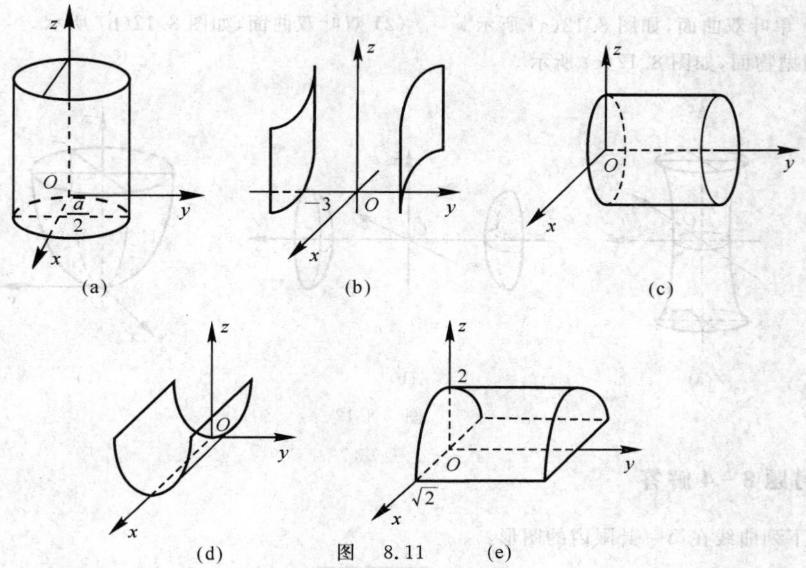

图 8.11

9. 指出下列方程在平面解析几何和在空间解析几何中分别表示什么图形？

(1) $x=2$； (2) $y=x+1$；

(3) $x^2+y^2=4$； (4) $x^2-y^2=1$.

解 (1) 在平面解析几何中，表示平行于 y 轴的一条直线；在空间解析几何中，表示平行于 yOz 面的平面

(2) 在平面解析几何中，表示斜率为1且在 y 轴的截距也为1的直线；在空间解析几何中，表示平行于 z 轴的平面．

(3) 在平面解析几何中，表示圆心在原点，半径为2的圆；在空间解析几何中，表示轴为 z 轴，半径为2的圆柱面．

(4) 在平面解析几何中，表示双曲线；在空间解析几何中，表示母线平行于 z 轴的双曲柱面．

10. 说明下列旋转曲面是怎样形成的？

(1) $\frac{x^2}{4}+\frac{y^2}{9}+\frac{z^2}{9}=1$； (2) $x^2-\frac{y^2}{4}+z^2=1$；

(3) $x^2-y^2-z^2=1$； (4) $(z-a)^2=x^2+y^2$.

解 (1) xOy 面上的椭圆 $\frac{x^2}{4}+\frac{y^2}{9}=1$ 绕 x 轴旋转一周所得，或 xOz 面上的椭圆 $\frac{x^2}{4}+\frac{z^2}{9}=1$ 绕 x 轴旋转一周所得．

(2) xOy 面上的双曲线 $x^2-\frac{y^2}{4}=1$ 绕 y 轴旋转一周所得，或 yOz 面上的双曲线 $-\frac{y^2}{4}+z^2=1$ 绕 y 轴旋转一周所得．

(3) xOy 面上的双曲线 $x^2-y^2=1$ 绕 x 轴旋转一周所得，或 xOz 面上的双曲线 $x^2-z^2=1$ 绕 x 轴旋转一周所得．

(4) xOz 面上关于 z 轴对称的一对相交直线 $(z-a)^2=x^2$，即 $z=x+a$ 和 $z=-x+a$ 中之一绕 z 轴旋转一周所得，或 yOz 面上关于 z 轴对称的一对相交直线 $(z-a)^2=y^2$，即 $z=y+a$ 和 $z=-y+a$ 中之一绕 z 轴旋转一周所得．

11. 画出下列方程所表示的曲面：

(1) $4x^2+y^2-z^2=4$；　(2) $x^2-y^2-4z^2=4$；　(3) $\frac{z}{3}=\frac{x^2}{4}+\frac{y^2}{9}$.

解　(1) 单叶双曲面，如图 8.12(a) 所示．　(2) 双叶双曲面，如图 8.12(b) 所示．

(3) 椭圆抛物面，如图 8.12(c) 所示．

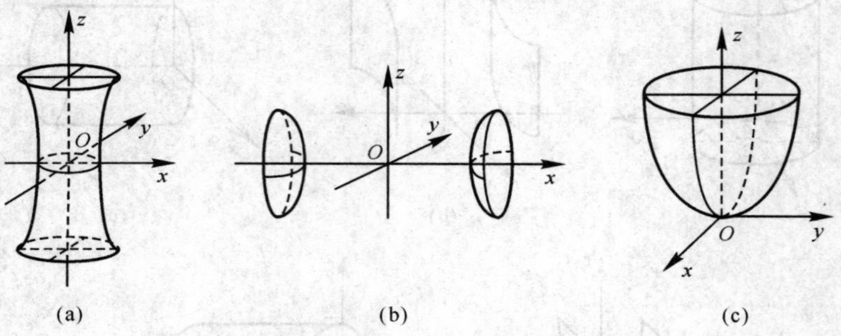

图　8.12

(四) 习题 8-4 解答

1. 画出下列曲线在第一卦限内的图形：

(1) $\begin{cases}x=1\\y=2\end{cases}$；　(2) $\begin{cases}z=\sqrt{4-x^2-y^2}\\x-y=0\end{cases}$；　(3) $\begin{cases}x^2+y^2=a^2\\x^2+z^2=a^2\end{cases}$.

解　(1) 如图 8.13(a) 所示．　(2) 如图 8.13(b) 所示．　(3) 如图 8.13(c) 所示．

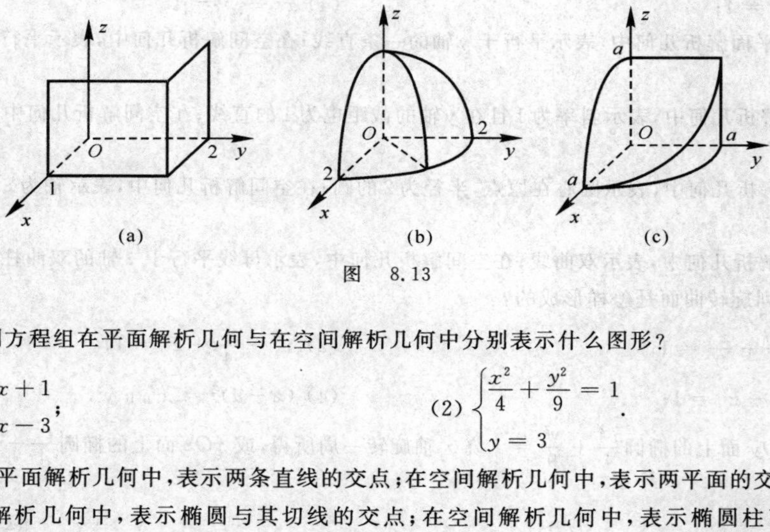

图　8.13

2. 指出下列方程组在平面解析几何与在空间解析几何中分别表示什么图形？

(1) $\begin{cases}y=5x+1\\y=2x-3\end{cases}$；　(2) $\begin{cases}\frac{x^2}{4}+\frac{y^2}{9}=1\\y=3\end{cases}$.

解　(1) 在平面解析几何中，表示两条直线的交点；在空间解析几何中，表示两平面的交线．

(2) 在平面解析几何中，表示椭圆与其切线的交点；在空间解析几何中，表示椭圆柱面与其切平面的交线．

3. 分别求母线平行于 x 轴和 y 轴而且通过曲线 $\begin{cases}2x^2+y^2+z^2=16\\x^2+z^2-y^2=0\end{cases}$ 的柱面方程．

解　母线平行于 x 轴，消去 x 即可，则所求柱面方程为

$$3y^2-z^2=16$$

母线平行于 y 轴，消去 y 即可，则所求柱面方程为

$$3x^2+2z^2=16$$

4. 求球面 $x^2+y^2+z^2=9$ 与平面 $x+z=1$ 的交线在 xOy 面上的投影的方程．

解　消去 z 可得投影柱面方程 $2x^2+y^2-2x=8$,将它与 $z=0$ 联立求解,即投影方程为

$$\begin{cases}2x^2+y^2-2x=8\\ z=0\end{cases}$$

5. 将下列曲线的一般方程化为参数方程:

(1) $\begin{cases}x^2+y^2+z^2=9\\ y=x\end{cases}$;　　(2) $\begin{cases}(x-1)^2+y^2+(z+1)^2=4\\ z=0\end{cases}$.

解　(1) 将第二个方程代入第一个方程,得 $2x^2+z^2=9$,令 $x=\dfrac{3}{\sqrt{2}}\cos t$, $z=3\sin t$,则所求参数方程为

$$\begin{cases}x=\dfrac{3}{\sqrt{2}}\cos t\\ y=\dfrac{3}{\sqrt{2}}\cos t\\ z=3\sin t\end{cases}\quad(0\leqslant t\leqslant 2\pi)$$

(2) 将第二个方程代入第一个方程,得 $(x-1)^2+y^2=3$,令 $x=1+\sqrt{3}\cos t$, $y=\sqrt{3}\sin t$,则所求参数方程为

$$\begin{cases}x=1+\sqrt{3}\cos t\\ y=\sqrt{3}\sin t\\ z=0\end{cases}\quad(0\leqslant t\leqslant 2\pi)$$

6. 求螺旋线 $\begin{cases}x=a\cos\theta\\ y=a\sin\theta\\ z=b\theta\end{cases}$ 在三个坐标面上的投影曲线的直角坐标方程.

解　在 xOy 面上:由前两个方程得 $x^2+y^2=a^2$,则投影曲线方程为 $\begin{cases}x^2+y^2=a^2\\ z=0\end{cases}$

在 yOz 面上:由后两个方程得 $y=a\sin\dfrac{z}{b}$,则投影曲线方程为 $\begin{cases}y=a\sin\dfrac{z}{b}\\ x=0\end{cases}$

在 zOx 面上:将第三个方程代入第一个方程得 $x=a\cos\dfrac{z}{b}$,则投影曲线方程为

$$\begin{cases}x=a\cos\dfrac{z}{b}\\ y=0\end{cases}$$

7. 求上半球 $0\leqslant z\leqslant\sqrt{a^2-x^2-y^2}$ 与圆柱体 $x^2+y^2\leqslant ax\,(a>0)$ 的公共部分在 xOy 面和 xOz 面上的投影.

解　在 xOy 面上:消去 z 得 $\left(x-\dfrac{a}{2}\right)^2+y^2\leqslant\left(\dfrac{a}{2}\right)^2$,即投影区域为以 $\left(\dfrac{a}{2},0\right)$ 为圆心,$\dfrac{a}{2}$ 为半径的圆盘.

在 xOz 面上:消去 y 得 $z=\sqrt{a^2-ax}\,(0\leqslant x\leqslant a)$,投影区域边界方程为

$$\begin{cases}z=\sqrt{a^2-ax}\\ z=0\\ x=0\end{cases}$$

即投影区域为 $0\leqslant z\leqslant\sqrt{a^2-ax}\,(0\leqslant x\leqslant a)$.

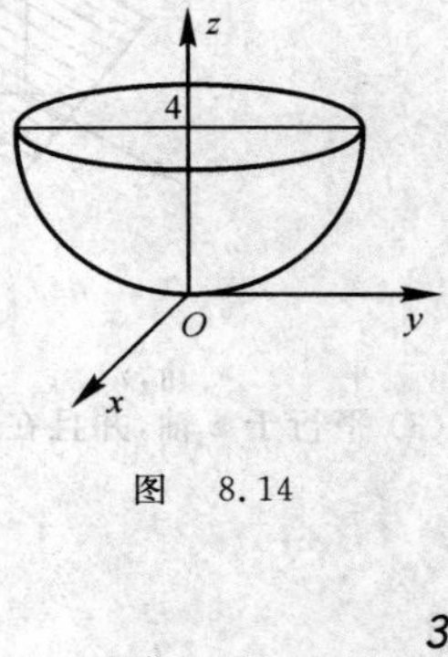

图　8.14

8. 求旋转抛物面 $z=x^2+y^2\,(0\leqslant z\leqslant 4)$ 在三坐标面上的投影.

解　如图 8.14 所示.

在 xOy 面上:抛物面 $z=x^2+y^2$ 与平面 $z=4$ 的交线 $x^2+y^2=4$ 在

平面 xOy 上的投影所围成的区域为 $x^2+y^2\leqslant 4$.

在 yOz 面上：$\begin{cases}z=x^2+y^2\\z=4\end{cases}$ 中不能消去 x，故求 $z=x^2+y^2$ 与 $x=0$ 的交线，得 $z=y^2$，它与 $z=4$ 所围部分为 $y^2\leqslant z\leqslant 4$.

在 zOx 面上：同理可得，抛物面 $z=x^2+y^2(0\leqslant z\leqslant 4)$ 在 zOx 面上的投影为 $x^2\leqslant z\leqslant 4$.

(五) 习题 8-5 解答

1. 求过点 $(3,0,-1)$ 且与平面 $3x-7y+5z-12=0$ 平行的平面方程.

解 所求平面的法向量为 $\boldsymbol{n}=\{3,-7,5\}$，平面方程为 $3(x-3)-7(y-0)+5(z+1)=0$，即

$$3x-7y+5z-4=0$$

2. 求过点 $M_0(2,9,-6)$ 且与连接坐标原点及点 M_0 的线段 OM_0 垂直的平面方程.

解 所求平面的法向量为 $\overrightarrow{OM_0}=(2,9,-6)$，平面方程为 $2(x-2)+9(y-9)-6(z+6)=0$，即

$$2x+9y-6z-121=0$$

3. 求过 $(1,1,-1)$，$(-2,-2,2)$ 和 $(1,-1,2)$ 三点的平面方程.

解 设 $A(1,1,-1)$，$B(-2,-2,2)$，$C(1,-1,2)$，则 $\overrightarrow{AB}=(-3,-3,3)$，$\overrightarrow{AC}=(0,-2,3)$，所求平面的法向量为

$$\boldsymbol{n}=\overrightarrow{AB}\times\overrightarrow{AC}=\begin{vmatrix}\boldsymbol{i}&\boldsymbol{j}&\boldsymbol{k}\\-3&-3&3\\0&-2&3\end{vmatrix}=(-3,9,6)$$

平面方程为 $-3(x-1)+9(y-1)+6(z+1)=0$，即

$$x-3y-2z=0$$

4. 指出下列各平面的特殊位置，并画出各平面：

(1) $x=0$；　(2) $3y-1=0$；　(3) $2x-3y-6=0$；　(4) $x-\sqrt{3}y=0$；

(5) $y+z=1$；　(6) $x-2z=0$；　(7) $6x+5y-z=0$.

解 (1) yOz 平面：图形略.

(2) 垂直于 y 轴的平面，垂足为 $\left(0,\dfrac{1}{3},0\right)$，如图 8.15(a) 所示.

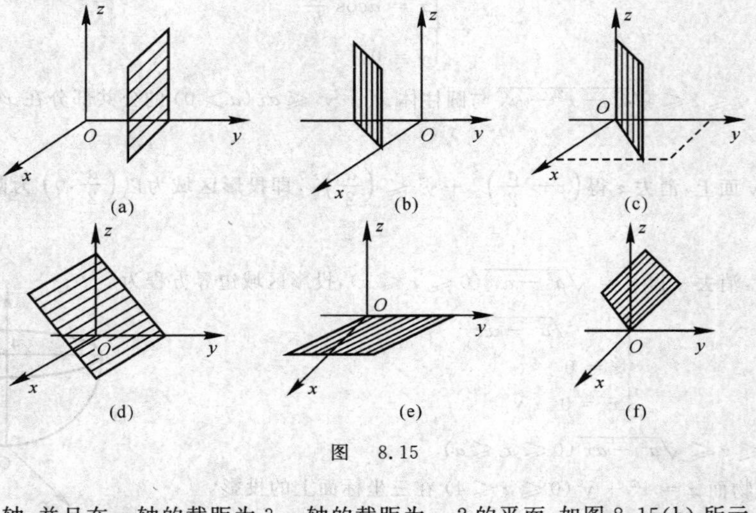

图 8.15

(3) 平行于 z 轴，并且在 x 轴的截距为 3，y 轴的截距为 -2 的平面，如图 8.15(b) 所示.

(4) 通过 z 轴,并且在 xOy 面上投影的斜率为$\frac{\sqrt{3}}{3}$ 的平面,如图 8.15(c) 所示.

(5) 平行于 x 轴并且在 y,z 轴上截距均为 1 的平面,如图 8.15(d) 所示.

(6) 通过 y 轴的平面,如图 8.15(e) 所示.

(7) 通过原点的平面,如图 8.15(f) 所示.

5. 求平面 $2x-2y+z+5=0$ 与各坐标面的夹角的余弦.

解　平面的法向量为 $\boldsymbol{n}=\{2,-2,1\}$.

与 yOz 面夹角的余弦

$$\cos\alpha=\frac{\boldsymbol{n}\cdot\boldsymbol{i}}{|\boldsymbol{n}|\cdot|\boldsymbol{i}|}=\frac{(2,-2,1)\cdot(1,0,0)}{\sqrt{2^2+(-2)^2+1^2}\cdot\sqrt{1^2+0^2+0^2}}=\frac{2}{3}$$

与 xOz 面夹角的余弦

$$\cos\beta=\frac{\boldsymbol{n}\cdot\boldsymbol{j}}{|\boldsymbol{n}|\cdot|\boldsymbol{j}|}=\frac{(2,-2,1)\cdot(0,1,0)}{\sqrt{2^2+(-2)^2+1^2}\cdot\sqrt{0^2+1^2+0^2}}=-\frac{2}{3}$$

与 xOy 面夹角的余弦

$$\cos\gamma=\frac{\boldsymbol{n}\cdot\boldsymbol{k}}{|\boldsymbol{n}|\cdot|\boldsymbol{k}|}=\frac{(2,-2,1)\cdot(0,0,1)}{\sqrt{2^2+(-2)^2+1^2}\cdot\sqrt{0^2+0^2+1^2}}=\frac{1}{3}$$

6. 一平面过点$(1,0,-1)$且平行于向量 $\boldsymbol{a}=\{2,1,1\}$ 和 $\boldsymbol{b}=\{1,-1,0\}$,试求这平面方程.

解　所求平面法向量为

$$\boldsymbol{n}=\boldsymbol{a}\times\boldsymbol{b}=\begin{vmatrix}\boldsymbol{i}&\boldsymbol{j}&\boldsymbol{k}\\2&1&1\\1&-1&0\end{vmatrix}=(1,1,-3)$$

平面方程为 $1\cdot(x-1)+1\cdot(y-0)-3\cdot(z+1)=0$,即

$$x+y-3z-4=0$$

7. 求三平面 $x+3y+z=1$, $2x-y-z=0$, $-x+2y+2z=3$ 的交点.

解　设交点坐标为(a,b,c),则$\begin{cases}a+3b+c=1\\2a-b-c=0\\-a+2b+2c=3\end{cases}$,解得$\begin{cases}a=1\\b=-1\\c=3\end{cases}$,即交点坐标为$(1,-1,3)$.

8. 分别按下列条件求平面方程:

(1) 平行于 xOz 面且经过点$(2,-5,3)$;　(2) 通过 z 轴和点$(-3,1,-2)$;

(3) 平行于 x 轴且经过两点$(4,0,-2)$和$(5,1,7)$.

解　(1) $\boldsymbol{n}=\{0,1,0\}$,平面方程为 $y+5=0$.

(2) 设平面方程为 $Ax+By=0$,则 $-3A+B=0$,即 $B=3A$,故平面方程为 $x+3y=0$.

(3) 设平面方程为 $By+Cz+D=0$,则$\begin{cases}-2C+D=0\\B+7C+D=0\end{cases}$,解得$\begin{cases}B=-9C\\D=2C\end{cases}$,故平面方程为

$$9y-z-2=0$$

9. 求点$(1,2,1)$到平面 $x+2y+2z-10=0$ 的距离.

解　直接利用公式得　$d=\frac{|1\cdot1+2\cdot2+2\cdot1-10|}{\sqrt{1^2+2^2+2^2}}=1$

(六) 习题 8-6 解答

1. 求过点$(4,-1,3)$且平行于直线$\frac{x-3}{2}=\frac{y}{1}=\frac{z-1}{5}$的直线方程.

解　所求直线的方向向量为$(2,1,5)$,由点向式得直线方程为

$$\frac{x-4}{2}=y+1=\frac{z-3}{5}$$

2. 求过两点 $M_1(3,-2,1)$ 和 $M_2(-1,0,2)$ 的直线方程．

解 所求直线的方向向量为 $(-4,2,1)$，则直线方程为

$$\frac{x-2}{-4}=\frac{y+2}{2}=z-1$$

3. 用对称式方程及参数方程表示直线 $\begin{cases}x-y+z=1\\2x+y+z=4\end{cases}$．

解 因为所求直线的方向向量与交成该直线的两平面的法向量均垂直，所以该直线的方向向量为

$$\boldsymbol{s}=\boldsymbol{n}_1\times\boldsymbol{n}_2=\begin{vmatrix}\boldsymbol{i}&\boldsymbol{j}&\boldsymbol{k}\\1&-1&1\\2&1&1\end{vmatrix}=(-2,1,3)$$

在直线上取一点 $A(3,0,-2)$，则直线的对称式方程为

$$\frac{x-3}{-2}=y=\frac{z+2}{3}$$

参数方程为 $\begin{cases}x=3-2t\\y=t\\z=-2+3t\end{cases}$

4. 求过点 $(2,0,-3)$ 且与直线 $\begin{cases}x-2y+4z-7=0\\3x+5y-2z+1=0\end{cases}$ 垂直的平面方程．

解 所求平面的法向量即为直线的方向向量

$$\boldsymbol{n}=\begin{vmatrix}\boldsymbol{i}&\boldsymbol{j}&\boldsymbol{k}\\1&-2&4\\3&5&-2\end{vmatrix}=(-16,14,11)$$

平面方程为 $-16(x-2)+14(y-0)+11(z+3)=0$，即

$$16x-14y-11z-65=0$$

5. 求直线 $\begin{cases}5x-3y+3z-9=0\\3x-2y+z-1=0\end{cases}$ 与直线 $\begin{cases}2x+2y-z+23=0\\3x+8y+z-18=0\end{cases}$ 的夹角的余弦．

解 两直线的方向向量分别为

$$\boldsymbol{s}_1=\begin{vmatrix}\boldsymbol{i}&\boldsymbol{j}&\boldsymbol{k}\\5&-3&3\\3&-2&1\end{vmatrix}=(3,4,-1),\quad \boldsymbol{s}_2=\begin{vmatrix}\boldsymbol{i}&\boldsymbol{j}&\boldsymbol{k}\\2&2&-1\\3&8&1\end{vmatrix}=(10,-5,10)$$

两直线夹角余弦为

$$\cos(\boldsymbol{s}_1\hat{,}\boldsymbol{s}_2)=\frac{\boldsymbol{s}_1\cdot\boldsymbol{s}_2}{|\boldsymbol{s}_1|\cdot|\boldsymbol{s}_2|}=0$$

6. 证明直线 $\begin{cases}z+2y-z=7\\-2x+y+z=7\end{cases}$ 与直线 $\begin{cases}3x+6y-3z=8\\2x-y-z=0\end{cases}$ 平行．

解 两直线的方向向量分别为

$$\boldsymbol{s}_1=\begin{vmatrix}\boldsymbol{i}&\boldsymbol{j}&\boldsymbol{k}\\1&2&-1\\-2&1&1\end{vmatrix}=(3,1,5),\quad \boldsymbol{s}_2=\begin{vmatrix}\boldsymbol{i}&\boldsymbol{j}&\boldsymbol{k}\\3&6&-3\\2&-1&-1\end{vmatrix}=(-9,-3,-15)$$

因为 $\boldsymbol{s}_2=-3\boldsymbol{s}_2$，所以两直线平行．

7. 求过点 $(0,2,4)$ 且与两平面 $x+2z=1$ 和 $y-3z=2$ 平行的直线方程．

解 所求直线的方向向量为

$$s=\begin{vmatrix} i & j & k \\ 1 & 0 & 2 \\ 0 & 1 & -3 \end{vmatrix}=(-2,3,1)$$

直线方程为
$$\frac{x}{-2}=\frac{y-2}{3}=\frac{z-4}{1}$$

8. 求过点(3,1,−2)且通过直线$\frac{x-4}{5}=\frac{y+3}{2}=\frac{z}{1}$的平面方程.

解　直线方程可变形为$\begin{cases}2x-5y-23=0\\y-2z+3=0\end{cases}$,则过此直线的平面束方程为

$$(2x-5y-23)+\lambda(y-2z+3)=0,\quad 即\quad 2x-(5+\lambda)y-2\lambda z+3\lambda-23=0$$

将点(3,1,−2)代入,得$\lambda=\frac{11}{4}$,所求平面方程为

$$8x-9y-22z-59=0$$

9. 求直线$\begin{cases}x+y+3z=0\\x-y-z=0\end{cases}$与平面$x-y-z+1=0$的夹角.

解　因为直线的方向向量为

$$s=n_1\times n_2=\begin{vmatrix} i & j & k \\ 1 & 1 & 3 \\ 1 & -1 & -1 \end{vmatrix}=(2,4,-2)$$

平面法向量$n=\{1,-1,-1\}$,所以$s\cdot n=(2,4,-2)\cdot(1,-1,-1)=0$,故$s\perp n$,即直线与平面夹角为0.

10. 试确定下列各组中的直线和平面间的关系:

(1) $\frac{x+3}{-2}=\frac{y+4}{-7}=\frac{z}{3}$和$4x-2y-2z=3$;

(2) $\frac{x}{3}=\frac{y}{-2}=\frac{z}{7}$和$3x-2y+7z=8$;

(3) $\frac{x-2}{3}=\frac{y+2}{1}=\frac{z-3}{-4}$和$x+y+z=3$.

解　(1) 直线的方向向量$s=\{-2,-7,3\}$,平面的法向量$n=\{4,-2,-2\}$.因为$\cos(\widehat{s,n})=0$,所以$s\perp n$,又因为直线上点(−3,4,0)代入平面方程,方程不成立,因此直线不在平面上.直线与平面平行.

(2) 直线的方向向量$s=\{3,-2,7\}$,平面的法向量$n=\{3,-2,7\}$,因为$s=n$,所以直线与平面垂直.

(3) 直线的方向向量$s=\{3,1,-4\}$,平面的法向量$n=\{1,1,1\}$,因为$s\cdot n=3+1-4=0$,所以$s\perp n$,又因为直线上点(2,−2,3)代入平面方程成立,所以此直线在平面上.

11. 求过点(1,2,1)且与两直线:$\begin{cases}x+2y-z+1=0\\x-y+z-1=0\end{cases}$和$\begin{cases}2x-y+z=0\\x-y+z=0\end{cases}$平行的平面的方程.

解　两直线的方向向量分别为

$$s_1=\begin{vmatrix} i & j & k \\ 1 & 2 & -1 \\ 1 & -1 & 1 \end{vmatrix}=(1,-2,-3),\quad s_2=\begin{vmatrix} i & j & k \\ 2 & -1 & 1 \\ 1 & -1 & 1 \end{vmatrix}=(0,-1,-1)$$

取法向量
$$n=s_1\times s_2=\begin{vmatrix} i & j & k \\ 1 & -2 & -3 \\ 0 & -1 & -1 \end{vmatrix}=(-1,1,-1)$$

过点(1,2,1)并以n为法向量的平面方程为$-1\cdot(x-1)+1\cdot(y-2)-1\cdot(z-1)=0$,即

$$x-y+z=0$$

12. 求点(−1,2,0)在平面$x+2y-z+1=0$上的投影.

解 过点 $A(-1,2,0)$ 作平面的垂线，则垂线的方向向量为平面的法向量 $\boldsymbol{n}=\{1,2,-1\}$，垂线方程为 $\frac{x+1}{1}=\frac{y-2}{2}=\frac{z}{-1}$，它可化为参数方程 $x=-1+t,\ y=2+2t,\ z=-t$，代入平面方程得 $(-1+t)+2(2+2t)-(-t)+1=0$，解得 $t=-\frac{2}{3}$，垂足坐标为 $\left(-\frac{5}{3},\frac{2}{3},\frac{2}{3}\right)$，这就是所求投影．

13. 求点 $P(3,-1,2)$ 到直线 $\begin{cases}x+y-z+1=0\\2x-y+z-4=0\end{cases}$ 的距离．

解 设直线的方向向量为 $\boldsymbol{s}$，则

$$\boldsymbol{s}=\begin{vmatrix}\boldsymbol{i} & \boldsymbol{j} & \boldsymbol{k}\\1 & 1 & -1\\2 & -1 & 1\end{vmatrix}=(0,-3,-3)$$

在直线上取点 $(1,-2,0)$，将直线的方程化为

$$\frac{x-1}{0}=\frac{y+2}{-3}=\frac{z}{-3}$$

其参数方程为
$$\begin{cases}x=1\\y=-2-3t\\z=-3t\end{cases}\qquad ①$$

过点 $P(3,-1,2)$ 以 $\boldsymbol{s}$ 为法向量的平面方程为 $-3(y+1)-3(z-2)=0$，即

$$y+z-1=0\qquad ②$$

将式 ① 代入式 ② 得 $(-2-3t)+(-3t)-1=0$，即 $t=-\frac{1}{2}$，则点 P 向已知直线所作垂线的垂足坐标为 $\left(1,-\frac{1}{2},\frac{3}{2}\right)$，点 P 到已知直线的距离为

$$d=\sqrt{(3-1)^2+\left(-1+\frac{1}{2}\right)^2+\left(2-\frac{3}{2}\right)^2}=\frac{3\sqrt{2}}{2}$$

14. 设 M_0 是直线 L 外一点，M 是直线 L 上任意一点，且直线的方向向量为 $\boldsymbol{s}$，试证：点 M_0 到直线 L 的距离为

$$d=\frac{|\overrightarrow{M_0M}\times\boldsymbol{s}|}{|\boldsymbol{s}|}$$

证明 如图 8.16 所示，设点 M_0 到直线 L 的距离为 d，$\boldsymbol{s}$ 为 L 的方向向量，平行四边形 $MSNM_0$ 的面积 $A=d\cdot|\overrightarrow{MS}|$，由向量积的几何意义有

$$A=|\overrightarrow{MS}\times\overrightarrow{M_0M}|$$

即
$$d\cdot|\overrightarrow{MS}|=|\overrightarrow{MS}\times\overrightarrow{M_0M}|$$

于是
$$d=\frac{|\overrightarrow{M_0M}\times\boldsymbol{s}|}{|\boldsymbol{s}|}$$

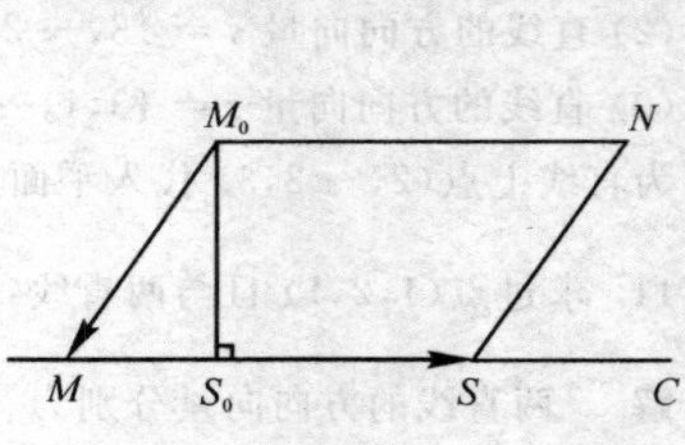

图 8.16

15. 求直线 $\begin{cases}2x-4y+z=0\\3x-y-2z-9=0\end{cases}$ 在平面 $4x-y+z=1$ 上的投影直线的方程．

解 设过直线 $\begin{cases}2x-4y+z=0\\3x-y-2z-9=0\end{cases}$ 的平面束方程为 $(2x-4y+z)+\lambda(3x-y-2z-9)=0$，即 $(2+3\lambda)x+(-4-\lambda)y+(1-2\lambda)z-9\lambda=0$，要求该平面与平面 $4x-y+z=1$ 垂直，即它们的法向量互相垂直，$(4,-1,1)\cdot(2+3\lambda,-4-\lambda,1-2\lambda)=0$，即 $4(2+3\lambda)+(-1)(-4-\lambda)+(1-2\lambda)=0$，由此得 $\lambda=-\frac{13}{11}$，代入平面束方程得投影平面方程为 $17x+31y-37z-117=0$，投影直线的方程为

$$\begin{cases}17x+31y-37z-117=0\\4x-y+z-1=0\end{cases}$$

16. 画出下列各曲线所围成的立体的图形：

(1) $x=0$，$y=0$，$z=0$，$x=2$，$y=1$，$3x+4y+2z-12=0$；

(2) $x=0$，$z=0$，$x=1$，$y=2$，$z=\dfrac{y}{4}$；

(3) $z=0$，$z=3$，$x-y=0$，$x-\sqrt{3}y=0$，$x^2+y^2=1$（在第一卦限内）；

(4) $x=0$，$y=0$，$z=0$，$x^2+y^2=R^2$，$y^2+z^2=R^2$（在第一卦限内）.

解　(1) 如图 8.17(a) 所示．　(2) 如图 8.17(b) 所示．

(3) 如图 8.17(c) 所示．　(4) 如图 8.17(d) 所示．

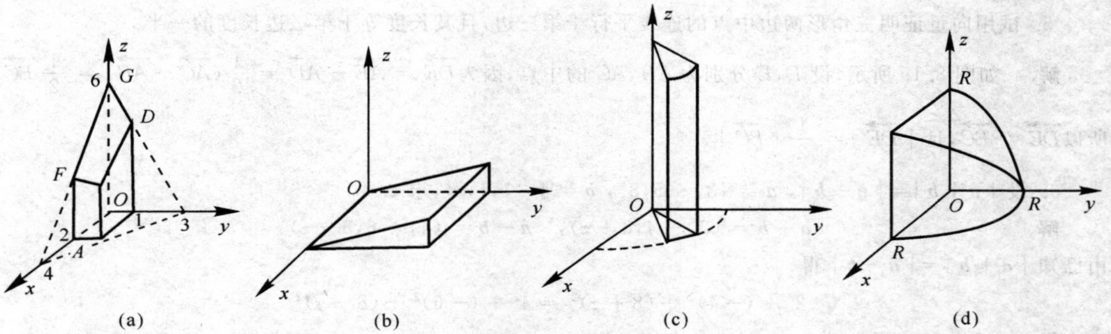

图　8.17

（七）总习题八解答

1. 填空题

(1) 设在坐标系$[O;\boldsymbol{i},\boldsymbol{j},\boldsymbol{k}]$中点 A 和点 M 的坐标依次为(x_0,y_0,z_0)和(x,y,z)，则在$[A;\boldsymbol{i},\boldsymbol{j},\boldsymbol{k}]$坐标系中，点 M 的坐标为______，向量$\overrightarrow{OM}$的坐标为______．

(2) 设数 λ_1、λ_2、λ_3 不全为 0，使 $\lambda_1\boldsymbol{a}+\lambda_2\boldsymbol{b}+\lambda_3\boldsymbol{c}=0$，则 $\boldsymbol{a},\boldsymbol{b},\boldsymbol{c}$ 三向量是______的．

(3) 设 $\boldsymbol{a}=(2,1,2)$，$\boldsymbol{b}=(4,-1,10)$，$\boldsymbol{c}=\boldsymbol{b}-\lambda\boldsymbol{a}$，若 $\boldsymbol{a}\perp\boldsymbol{c}$，则 $\lambda=$______．

(4) 设 $|\boldsymbol{a}|=3$，$|\boldsymbol{b}|=4$，$|\boldsymbol{c}|=5$，且满足 $\boldsymbol{a}+\boldsymbol{b}+\boldsymbol{c}=0$，则 $|\boldsymbol{a}\times\boldsymbol{b}+\boldsymbol{b}\times\boldsymbol{c}+\boldsymbol{c}\times\boldsymbol{a}|=$______．

解　(1) $M(x-x_0,y-y_0,z-z_0)$，$\overrightarrow{OM}=(x,y,z)$.

(2) 共面．　(3) 3.　(4) 36.

2. 在 y 轴上求与点 $A(1,-3,7)$ 和点 $B(5,7,-5)$ 等距离的点．

解　设所求的点为 $M(0,y,0)$，则 $1^2+(y+3)^2+7^2=5^2+(y-7)^2+(-5)^2$，即$(y+3)^2=(y-7)^2$，解之得 $y=2$，因此所求点为 $M(0,2,0)$.

3. 已知 $\triangle ABC$ 的顶点为 $A(3,2,-1)$，$B(5,-4,7)$ 和 $C(-1,1,2)$，求从顶点 C 所引中线的长度．

解　设 AB 的中点为 D，则 D 的坐标为$\left(\dfrac{3+5}{2},\dfrac{2+(-4)}{2},\dfrac{-1+7}{2}\right)$，即$(4,-1,3)$，因此中线的长为

$$|\overrightarrow{CD}|=\sqrt{(4+1)^2+(-1-1)^2+(3-2)^2}=\sqrt{30}$$

4. 设 $\triangle ABC$ 的三边$\overrightarrow{BC}=\boldsymbol{a}$，$\overrightarrow{CA}=\boldsymbol{b}$，$\overrightarrow{AB}=\boldsymbol{c}$，三边中点依次为 D,E,F. 试用向量 $\boldsymbol{a},\boldsymbol{b},\boldsymbol{c}$ 表示$\overrightarrow{AD}$，$\overrightarrow{BE}$，$\overrightarrow{CF}$，并证明$\overrightarrow{AD}+\overrightarrow{BE}+\overrightarrow{CF}=\boldsymbol{0}$.

解 如图 8.18 所示，因为

$$\overrightarrow{AD}=\overrightarrow{AB}+\overrightarrow{BD}=\boldsymbol{c}+\frac{1}{2}\boldsymbol{a},\quad \overrightarrow{BE}=\overrightarrow{BC}+\overrightarrow{CE}=\boldsymbol{a}+\frac{1}{2}\boldsymbol{b},\quad \overrightarrow{CF}=\overrightarrow{CA}+\overrightarrow{AF}=\boldsymbol{b}+\frac{1}{2}\boldsymbol{c}$$

所以
$$\overrightarrow{AD}+\overrightarrow{BE}+\overrightarrow{CF}=\frac{3}{2}(\boldsymbol{a}+\boldsymbol{b}+\boldsymbol{c})=\boldsymbol{0}$$

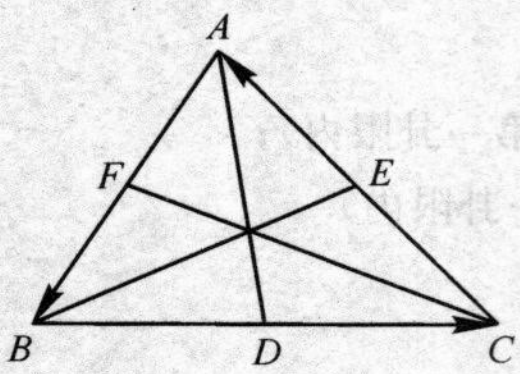

图 8.18

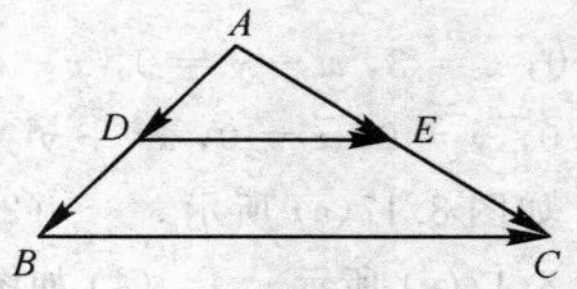

图 8.19

5. 试用向量证明三角形两边中点的连线平行于第三边，且其长度等于第三边长度的一半．

解 如图 8.19 所示，设 D,E 分别为 AB,AC 的中点，因为$\overrightarrow{DE}=\overrightarrow{AE}-\overrightarrow{AD}=\frac{1}{2}(\overrightarrow{AC}-\overrightarrow{AB})=\frac{1}{2}\overrightarrow{BC}$，所以$\overrightarrow{DE}\,//\,\overrightarrow{BC}$，且 $|\overrightarrow{DE}|=\frac{1}{2}|\overrightarrow{BC}|$．

6. 设 $|\boldsymbol{a}+\boldsymbol{b}|=|\boldsymbol{a}-\boldsymbol{b}|$，$\boldsymbol{a}=\{3,-5,8\}$，$\boldsymbol{b}=\{-1,1,z\}$，求 z.

解
$$\boldsymbol{a}+\boldsymbol{b}=(2,-4,8+z),\quad \boldsymbol{a}-\boldsymbol{b}=(4,-6,8-z)$$

由已知 $|\boldsymbol{a}+\boldsymbol{b}|=|\boldsymbol{a}-\boldsymbol{b}|$ 得

$$2^2+(-4)^2+(8+z)^2=4^2+(-6)^2+(8-z)^2$$

解之得 $z=1$.

7. 设 $|\boldsymbol{a}|=\sqrt{3}$，$\boldsymbol{b}=1$，$(\widehat{\boldsymbol{a},\boldsymbol{b}})=\frac{\pi}{6}$，求向量 $\boldsymbol{a}+\boldsymbol{b}$ 与 $\boldsymbol{a}-\boldsymbol{b}$ 的夹角．

解 设 $\boldsymbol{a}+\boldsymbol{b}$ 与 $\boldsymbol{a}-\boldsymbol{b}$ 的夹角为 θ，则

$$\cos\theta=\frac{(\boldsymbol{a}+\boldsymbol{b})\cdot(\boldsymbol{a}-\boldsymbol{b})}{|\boldsymbol{a}+\boldsymbol{b}|\cdot|\boldsymbol{a}-\boldsymbol{b}|}=\frac{|\boldsymbol{a}|^2-|\boldsymbol{b}|^2}{|\boldsymbol{a}+\boldsymbol{b}|\cdot|\boldsymbol{a}-\boldsymbol{b}|}$$

因为 $|\boldsymbol{a}\pm\boldsymbol{b}|^2=(\boldsymbol{a}\pm\boldsymbol{b})\cdot(\boldsymbol{a}\pm\boldsymbol{b})=|\boldsymbol{a}|^2\pm 2\boldsymbol{a}\cdot\boldsymbol{b}+|\boldsymbol{b}|^2=|\boldsymbol{a}|^2\pm 2\boldsymbol{a}\cdot\boldsymbol{b}\cos(\widehat{\boldsymbol{a},\boldsymbol{b}})+|\boldsymbol{b}|^2$

所以 $|\boldsymbol{a}\pm\boldsymbol{b}|^2=3\pm 2\sqrt{3}\times 1\times\cos\frac{\pi}{6}+1=4\pm 3$，$|\boldsymbol{a}+\boldsymbol{b}|^2=7$，$|\boldsymbol{a}-\boldsymbol{b}|^2=1$

即
$$|\boldsymbol{a}+\boldsymbol{b}|=\sqrt{7},\quad |\boldsymbol{a}-\boldsymbol{b}|=1$$

从而
$$\cos\theta=\frac{(\sqrt{3})^2-1}{\sqrt{7}\times 1}=\frac{2}{\sqrt{7}},\quad \theta=\arccos\frac{2}{\sqrt{7}}$$

8. 设 $\boldsymbol{a}+3\boldsymbol{b}\perp 7\boldsymbol{a}-5\boldsymbol{b}$，$\boldsymbol{a}-4\boldsymbol{b}\perp 7\boldsymbol{a}-2\boldsymbol{b}$，求$(\widehat{\boldsymbol{a},\boldsymbol{b}})$.

解 由已知得$(\boldsymbol{a}+3\boldsymbol{b})\cdot(7\boldsymbol{a}-5\boldsymbol{b})=0$，$(\boldsymbol{a}-4\boldsymbol{b})\cdot(7\boldsymbol{a}-2\boldsymbol{b})=0$，展开整理得

$$7|\boldsymbol{a}|^2+16\boldsymbol{a}\cdot\boldsymbol{b}-15|\boldsymbol{b}|^2=0 \qquad ①$$

$$7|\boldsymbol{a}|^2-30\boldsymbol{a}\cdot\boldsymbol{b}+8|\boldsymbol{b}|^2=0 \qquad ②$$

①×15＋②×8 得 $|\boldsymbol{a}|^2-|\boldsymbol{b}|^2=0$，从而 $|\boldsymbol{a}|=|\boldsymbol{b}|$，代入式 ① 得 $16|\boldsymbol{a}|^2\cos(\widehat{\boldsymbol{a},\boldsymbol{b}})-8|\boldsymbol{a}|^2=0$，即 $\cos(\widehat{\boldsymbol{a},\boldsymbol{b}})=\frac{1}{2}$，$(\widehat{\boldsymbol{a},\boldsymbol{b}})=\frac{\pi}{3}$.

9. 设 $\boldsymbol{a}=(2,-1,-2)$，$\boldsymbol{b}=(1,1,z)$，问 z 为何值时$(\widehat{\boldsymbol{a},\boldsymbol{b}})$ 最小？并求出此最小值．

解 因为 $\cos(\widehat{\boldsymbol{a},\boldsymbol{b}})=\frac{\boldsymbol{a}\cdot\boldsymbol{b}}{|\boldsymbol{a}|\cdot|\boldsymbol{b}|}=\frac{1-2z}{3\sqrt{2+z^2}}$，而当 $0<(\widehat{\boldsymbol{a},\boldsymbol{b}})<\pi$ 时，$\cos(\widehat{\boldsymbol{a},\boldsymbol{b}})$ 为减函数，所以$(\widehat{\boldsymbol{a},\boldsymbol{b}})$

的最小值点也就是 $\cos(\widehat{\boldsymbol{a},\boldsymbol{b}})$ 的最大值点．由 $\dfrac{\mathrm{d}}{\mathrm{d}z}\left(\dfrac{1-2z}{3\sqrt{2+z^2}}\right)=\dfrac{1}{3}\times\dfrac{-4-z}{(2+z^2)^{\frac{3}{2}}}=0$ 得，唯一驻点 $z=-4$，易知这是 $\cos(\widehat{\boldsymbol{a},\boldsymbol{b}})$ 的最大值点，最大值为 $\cos(\widehat{\boldsymbol{a},\boldsymbol{b}})=\dfrac{\sqrt{2}}{2}$，因此，当 $z=-4$ 时，$(\widehat{\boldsymbol{a},\boldsymbol{b}})$ 最小，最小值为 $\dfrac{\pi}{4}$.

10. 设 $|\boldsymbol{a}|=4$，$|\boldsymbol{b}|=3$，$(\widehat{\boldsymbol{a},\boldsymbol{b}})=\dfrac{\pi}{6}$，求以 $\boldsymbol{a}+2\boldsymbol{b}$ 和 $\boldsymbol{a}-3\boldsymbol{b}$ 为边的平行四边形的面积．

解　所求四边形面积为

$$S=|(\boldsymbol{a}+2\boldsymbol{b})\times(\boldsymbol{a}-3\boldsymbol{b})|=5|\boldsymbol{a}\times\boldsymbol{b}|=5|\boldsymbol{a}||\boldsymbol{b}|\sin\frac{\pi}{6}=60\times\frac{1}{2}=30$$

11. 设 $\boldsymbol{a}=\{2,-3,1\}$，$\boldsymbol{b}=\{1,-2,3\}$，$\boldsymbol{c}=\{2,1,2\}$，向量 $\boldsymbol{r}$ 满足 $\boldsymbol{r}\perp\boldsymbol{a}$，$\boldsymbol{r}\perp\boldsymbol{b}$，$\mathrm{Prj}_{\boldsymbol{c}}\boldsymbol{r}=14$，求 $\boldsymbol{r}$.

解　因为 $\boldsymbol{r}\perp\boldsymbol{a}$，$\boldsymbol{r}\perp\boldsymbol{b}$，故

$$\boldsymbol{r}=k\boldsymbol{a}\times\boldsymbol{b}=k\begin{vmatrix}\boldsymbol{i}&\boldsymbol{j}&\boldsymbol{k}\\2&-3&1\\1&-2&3\end{vmatrix}=-k(7\boldsymbol{i}+5\boldsymbol{j}+\boldsymbol{k})$$

又
$$\mathrm{Prj}_{\boldsymbol{c}}\boldsymbol{r}=\frac{\boldsymbol{c}\cdot\boldsymbol{r}}{|\boldsymbol{c}|}=-\frac{1}{3}\cdot k(2\times7+1\times5+2\times1)=-7k$$

所以 $-7k=14$，$k=-2$，$\boldsymbol{r}=14\boldsymbol{i}+10\boldsymbol{j}+2\boldsymbol{k}$.

12. 设 $\boldsymbol{a}=\{-1,3,2\}$，$\boldsymbol{b}=\{2,-3,-4\}$，$\boldsymbol{c}=\{-3,12,6\}$，证明向量 $\boldsymbol{a},\boldsymbol{b},\boldsymbol{c}$ 共面，并用 $\boldsymbol{a}$ 和 $\boldsymbol{b}$ 表示 $\boldsymbol{c}$.

证明　因为 $(\boldsymbol{a}\times\boldsymbol{b})\cdot\boldsymbol{c}=\begin{vmatrix}-1&3&2\\2&-3&-4\\-3&12&6\end{vmatrix}=0$，所以 $\boldsymbol{a},\boldsymbol{b},\boldsymbol{c}$ 三个向量共面，设 $\boldsymbol{c}=\lambda\boldsymbol{a}+\mu\boldsymbol{b}$，则

$$(-3,12,6)=(-\lambda,3\lambda,2\lambda)+(2\mu,-3\mu,-4\mu)$$

即
$$\begin{cases}-\lambda+2\mu=-3\\3\lambda-3\mu=12\\2\lambda-4\mu=6\end{cases}$$

解之得 $\lambda=5$，$\mu=1$，因此 $\boldsymbol{c}=5\boldsymbol{a}+\boldsymbol{b}$.

13. 已知动点 $M(x,y,z)$ 到 xOy 平面的距离与点 M 到点 $(1,-1,2)$ 的距离相等，求点 M 的轨迹方程．

解　由已知得
$$|z|=\sqrt{(x-1)^2+(y+1)^2+(z-2)^2}$$
点 M 的轨迹方程为
$$(x-1)^2+(y+1)^2=4(z-1)$$

14. 指出下列旋转曲面的一条母线和旋转轴：

(1) $z=2(x^2+y^2)$；　　(2) $\dfrac{x^2}{36}+\dfrac{y^2}{9}+\dfrac{z^2}{36}=1$；

(3) $z^2=3(x^2+y^2)$；　　(4) $x^2-\dfrac{y^2}{4}-\dfrac{z^2}{4}=1$.

解　(1) 母线为 $\begin{cases}y=0\\z=2x^2\end{cases}$，旋转轴为 z 轴．　(2) 母线为 $\begin{cases}z=0\\\dfrac{x^2}{36}+\dfrac{y^2}{9}=1\end{cases}$，旋转轴为 y 轴．

(3) 母线为 $\begin{cases}y=0\\z=\sqrt{3}x\end{cases}$，旋转轴为 z 轴．　(4) 母线为 $\begin{cases}z=0\\x^2-\dfrac{y^2}{4}=1\end{cases}$，旋转轴为 x 轴．

15. 求通过点 $A(3,0,0)$ 和 $B(0,0,1)$ 且与 xOy 面成 $\dfrac{\pi}{3}$ 角的平面的方程．

解　设所求平面的法向量为 $\boldsymbol{n}=\{n_1,n_2,n_3\}$，令 $\boldsymbol{k}=\{0,0,1\}$，由题意知，$\boldsymbol{n}\perp\overrightarrow{AB}$ 且 $(\widehat{\boldsymbol{n},\boldsymbol{k}})=\dfrac{\pi}{3}$，从而 $\boldsymbol{n}\cdot\overrightarrow{AB}=0$，$\dfrac{\boldsymbol{n}\cdot\boldsymbol{k}}{|\boldsymbol{n}|\cdot|\boldsymbol{k}|}=\cos\dfrac{\pi}{3}$，因为 $\overrightarrow{AB}=(-3,0,1)$，所以

$$\begin{cases}-3n_1+n_3=0\\ \dfrac{n_3}{\sqrt{n_1^2+n_2^2+n_3^2}}=\dfrac{1}{2}\end{cases}$$

解之得 $n_3=3n_1$，$n_2=\pm\sqrt{26}n_1$，$\boldsymbol{n}=n_1\cdot(1,\pm\sqrt{26},3)$，所求平面方程为

$$(x-3)\pm\sqrt{26}y+3z=0$$

16. 设一平面垂直于平面 $z=0$，并通过点 $(1,-1,1)$ 到直线 $\begin{cases}y-z+1=0\\x=0\end{cases}$ 的垂线，求此平面的方程．

解　直线 L：$\begin{cases}y-z+1=0\\x=0\end{cases}$ 的对称式方程为

$$\frac{x-0}{0}=\frac{y-0}{1}=\frac{z-1}{1}$$

设点 $A(1,-1,1)$ 到直线 L 的垂足为 $B(0,k,k+1)$，则 $\overrightarrow{AB}=(-1,k+1,k)$ 垂直于 L 的方向向量 $\boldsymbol{s}=\{0,1,1\}$，从而 $\overrightarrow{AB}\cdot\boldsymbol{s}=0$，即 $-1\times0+(k+1)\times1+k\times1=0$，$k=-\frac{1}{2}$，垂足 B 的坐标为 $B\left(0,-\frac{1}{2},\frac{1}{2}\right)$，$\overrightarrow{AB}=\left(-1,\frac{1}{2},-\frac{1}{2}\right)$，因为所求平面 π 垂直于平面 $z=0$，所以 $\boldsymbol{k}\parallel\pi$，其中 $\boldsymbol{k}$ 为平面 $z=0$ 的法向量，又因为 π 过 $\overrightarrow{AB}$，所以 $\overrightarrow{AB}\parallel\pi$，取 π 的法向量为

$$\boldsymbol{n}=\overrightarrow{AB}\times\boldsymbol{k}=\begin{vmatrix}\boldsymbol{i}&\boldsymbol{j}&\boldsymbol{k}\\-1&\frac{1}{2}&-\frac{1}{2}\\0&0&1\end{vmatrix}=\frac{1}{2}\boldsymbol{i}+\boldsymbol{j}$$

则 π 的方程为 $\frac{1}{2}(x-1)+1\cdot(y+1)+0\cdot(z-1)=0$，即

$$x+2y+1=0$$

17. 求过点 $(-1,0,4)$，且平行于平面 $3x-4y+z-10=0$，又与直线 $\frac{x+1}{1}=\frac{y-3}{1}=\frac{z}{2}$ 相交的直线方程．

解　设所求直线 L_1 与直线 L_2：$\frac{x+1}{1}=\frac{y-3}{1}=\frac{z}{2}$ 的交点为 $B(-1+k,3+k,2k)$，因为所求直线过 $A(-1,0,4)$ 且平行于平面 π：$3x-4y+z-10=0$，所以 $\overrightarrow{AB}\parallel\pi$，从而 $\overrightarrow{AB}$ 垂直于 π 的法向量 $\boldsymbol{n}=\{3,-4,1\}$，因此 $\overrightarrow{AB}\cdot\boldsymbol{n}=0$，又 $\overrightarrow{AB}=(k,3+k,2k-4)$，从而 $3\times k+(-4)\times(3+k)+1\times(2k-4)=0$，即 $k=16$，$\overrightarrow{AB}=(16,19,28)$ 即为 L_1 的方向向量，L_1 的方程为

$$\frac{x+1}{16}=\frac{y-0}{19}=\frac{z-4}{28}$$

18. 已知点 $A(1,0,0)$ 及点 $B(0,2,1)$，试在 z 轴上求一点 C，使 $\triangle ABC$ 的面积最小．

解　设所求点 C 的坐标为 $(0,0,z)$，则 $\overrightarrow{AC}=(1,0,-z)$，$\overrightarrow{BC}=(0,2,1-z)$．$\triangle ABC$ 的面积为

$$S=\frac{1}{2}\mid\overrightarrow{AC}\times\overrightarrow{BC}\mid=\frac{1}{2}\begin{vmatrix}\boldsymbol{i}&\boldsymbol{j}&\boldsymbol{k}\\1&0&-z\\0&1&1-z\end{vmatrix}=\frac{1}{2}\mid2z\boldsymbol{i}+(z-1)\boldsymbol{j}+2\boldsymbol{k}\mid$$

即

$$S=\frac{1}{2}\sqrt{4z^2+(z-1)^2+4},\quad\frac{\mathrm{d}S}{\mathrm{d}z}=\frac{1}{4}\frac{8z+2(z-1)}{\sqrt{4z^2+(z-1)^2+4}}$$

令 $\frac{\mathrm{d}S}{\mathrm{d}z}=0$，得唯一驻点 $z=\frac{1}{5}$，$z=\frac{1}{5}$ 为最小值点，所求点为 $\left(0,0,\frac{1}{5}\right)$．

19. 求曲线 $\begin{cases}z=2-x^2-y^2\\z=(x-1)^2+(y-1)^2\end{cases}$ 在三个坐标面上的投影曲线的方程．

解　在 xOy 面上的投影曲线的方程为

$$\begin{cases}(x-1)^2+(y-1)^2=2-x^2-y^2\\ z=0\end{cases} \quad 即 \quad \begin{cases}x^2+y^2=x+y\\ z=0\end{cases}$$

在 xOz 面上的投影曲线的方程为

$$\begin{cases}z=(x-1)^2+(\pm\sqrt{2-x^2-z}-1)^2\\ y=0\end{cases}$$

即

$$\begin{cases}2x^2+2xz+z^2-4x-3z+2=0\\ y=0\end{cases}$$

在 yOz 面上的投影曲线的方程为

$$\begin{cases}z=(y-1)^2+(\pm\sqrt{2-y^2-z}-1)^2\\ x=0\end{cases}$$

即

$$\begin{cases}2y^2+2yz+z^2-4y-3z+2=0\\ x=0\end{cases}$$

20. 求锥面 $z=\sqrt{x^2+y^2}$ 与柱面 $z^2=2x$ 所围立体在三个坐标面的投影.

解　锥面与柱面交线在 xOy 面上的投影为 $\begin{cases}2x=x^2+y^2\\ z=0\end{cases}$，即 $\begin{cases}(x-1)^2+y^2=1\\ z=0\end{cases}$，故立体在 xOy 面上的投影为

$$\begin{cases}(x-1)^2+y^2\leqslant 1\\ z=0\end{cases}$$

类似地，立体在 xOz 面上的投影为

$$\begin{cases}x\leqslant z\leqslant\sqrt{2x}\\ y=0\end{cases}$$

立体在 xOz 面上的投影为

$$\begin{cases}\left(\dfrac{z^2}{2}-1\right)^2+y^2\leqslant 1 \quad (z\geqslant 0)\\ x=0\end{cases}$$

21. 画出下列各曲面所围立体的图形：

(1) 抛物柱面 $2y^2=x$，平面 $z=0$ 及 $\dfrac{x}{4}+\dfrac{y}{2}+\dfrac{z}{2}=1$；

(2) 抛物柱面 $x^2=1-z$，平面 $y=0$，$z=0$ 及 $x+y=1$；

(3) 圆柱面 $z=\sqrt{x^2+y^2}$ 及旋转抛物面 $z=2-x^2-y^2$；

(4) 旋转抛物面 $x^2+y^2=z$，柱面 $y^2=x$，平面 $z=0$ 及 $x=1$.

解　(1) 如图 8.20(a) 所示.(2) 如图 8.20(b) 所示.(3) 如图 8.20(c) 所示.(4) 如图 8.20(d) 所示.

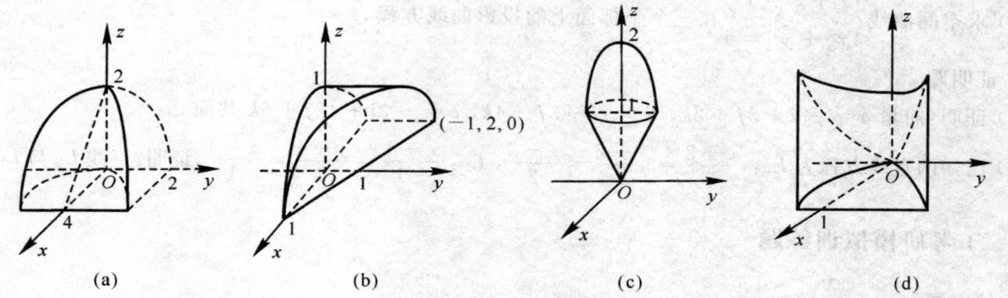

图　8.20

五、模拟检测题

(一) 基础知识模拟检测题

1. 填空题

(1) 已知 $\boldsymbol{a}=\{2,2,1\}$，$\boldsymbol{b}=\{8,-4,1\}$，则 ① $\boldsymbol{a}$ 在 $\boldsymbol{b}$ 的投影为________；② 与 $\boldsymbol{a}$ 同方向的单位向量为________；③$\boldsymbol{b}$ 的方向余弦为________.

(2) 点(1,2,3) 到直线 $\dfrac{x}{1}=\dfrac{y-4}{-3}=\dfrac{z-3}{-2}$ 的距离为________.

(3) 点 $P(3,7,5)$ 关于平面 $2x-6y+3z+42=0$ 的对称点的坐标为________.

2. 选择题

(1) 设 $\boldsymbol{a}\cdot\boldsymbol{b}=3$，$\boldsymbol{a}\times\boldsymbol{b}=\{1,1,1\}$，则向量 $\boldsymbol{a}$ 与 $\boldsymbol{b}$ 的夹角为(　　).

A. $\dfrac{\pi}{2}$　　B. $\dfrac{\pi}{3}$　　C. $\dfrac{\pi}{4}$　　D. $\dfrac{\pi}{6}$

(2) 设两直线 L_1：$\dfrac{x+1}{1}=\dfrac{y}{1}=\dfrac{z-1}{2}$，$L_2$：$\dfrac{x}{1}=\dfrac{y+1}{3}=\dfrac{z-2}{4}$，则这两条直线(　　).

A. 异面　　B. 相交　　C. 平行　　D. 重合

(3) 通过 x 轴且垂直于平面 $5x-4y-2z+3=0$ 的平面方程为(　　).

A. $z-2y=0$　　B. $y-2z=0$　　C. $x-2z=0$　　D. $z-2x=0$

(4) 平面 $2x+4y+3z-3=0$ 与平面 $x+y-2z-9=0$ 的夹角为(　　).

A. $\dfrac{\pi}{6}$　　B. $\dfrac{\pi}{4}$　　C. $\dfrac{\pi}{3}$　　D. $\dfrac{\pi}{2}$

(5) 点 $M(1,-1,0)$ 到直线 L：$\begin{cases}2y-3z-3=0\\x-y=0\end{cases}$ 的距离为(　　).

A. $\dfrac{\sqrt{340}}{11}$　　B. $\dfrac{\sqrt{341}}{11}$　　C. $\dfrac{\sqrt{342}}{11}$　　D. $\dfrac{\sqrt{343}}{11}$

3. 计算题

(1) 求点 $A(-1,2,0)$ 在平面 $x+2y-z+1=0$ 上的投影.

(2) 设平面过点(0,1,3)，且平行于直线 $\dfrac{x-1}{2}=\dfrac{y+\sqrt{2}}{-1}=\dfrac{z+1}{1}$，又垂直于已知平面 $x+y-2z+1=0$，求此平面方程.

(3) 求直线 $\dfrac{x-1}{2}=\dfrac{y+3}{3}=\dfrac{z}{1}$ 绕 z 轴旋转一周所成曲面方程.

(4) 求以点 $A(3,2,1)$ 为球心，且与平面 $x+2y-3z=18$ 相切的球面方程.

(5) 求空间曲线 $\begin{cases}x+z=1\\x^2+y^2=1\end{cases}$ 在三个坐标面上的投影曲线方程.

4. 证明题

(1) 证明：向量 $\boldsymbol{a}=-\boldsymbol{i}+3\boldsymbol{j}+2\boldsymbol{k}$，$\boldsymbol{b}=2\boldsymbol{i}-3\boldsymbol{j}-4\boldsymbol{k}$，$\boldsymbol{c}=-3\boldsymbol{i}+12\boldsymbol{j}+6\boldsymbol{k}$ 共面.

(2) 已知两直线方程为 L_1：$\dfrac{x-2}{1}=\dfrac{y+2}{1}=\dfrac{z-3}{2}$，$L_2$：$\dfrac{x-1}{-1}=\dfrac{y+1}{2}=\dfrac{z-1}{1}$，证明：直线 L_1 与 L_2 相交.

(二) 考研模拟训练题

1. 填空题

(1) 设 $2\boldsymbol{a}+5\boldsymbol{b}$ 与 $\boldsymbol{a}-\boldsymbol{b}$ 垂直，$2\boldsymbol{a}+3\boldsymbol{b}$ 与 $\boldsymbol{a}-5\boldsymbol{b}$ 垂直，则 $(\widehat{\boldsymbol{a},\boldsymbol{b}})=$________.

(2) 过点 $A(2,-3,4)$，且与 y 轴垂直相交的直线方程为________.

(3) 空间曲线 $\begin{cases} z = x^2 + y^2 \\ z = 2-(x^2+y^2) \end{cases}$ 在 xOy 面上的投影曲线的方程为________.

(4) 通过直线 $\frac{x-1}{2}=\frac{y+2}{3}=\frac{z+3}{4}$ 且平行于直线 $x=y=\frac{z}{2}$ 的平面方程为________.

2. 选择题

(1) 已知曲面 $z=4-x^2-y^2$ 上点 P 处的切平面平行于平面 $2x+2y+z-1=0$，则点 P 的坐标是(　　).

A. $(1,-1,2)$　　B. $(-1,1,2)$　　C. $(1,1,2)$　　D. $(-1,-1,2)$

(2) 设 $\boldsymbol{m}=2\boldsymbol{a}+\boldsymbol{b}$，$\boldsymbol{n}=k\boldsymbol{a}+\boldsymbol{b}$，其中 $|\boldsymbol{a}|=1$，$|\boldsymbol{b}|=2$，$\boldsymbol{a}\perp\boldsymbol{b}$，若 $\boldsymbol{m}\perp\boldsymbol{n}$，则 k 为(　　).

A. -2　　B. 2　　C. -1　　D. 1

(3) 直线 L：$\frac{x-1}{10}=\frac{y-2}{-17}=\frac{z-1}{1}$ 与平面 π：$2x+y-3z=0$ 的位置关系为(　　).

A. L 平行于 π 但不在 π 上　　B. L 垂直于 π

C. L 在 π 上　　D. L 与 π 斜交

(4) 与两直线 $\begin{cases} x=1 \\ y=-1+t \\ z=2+t \end{cases}$ 及 $\frac{x+1}{1}=\frac{y+2}{2}=\frac{z+1}{1}$ 都平行且过原点的平面方程为(　　).

A. $x+2y+z=0$　　B. $y+z=0$　　C. $x+y+z=0$　　D. $x+y+2z=0$

3. 计算题

(1) 已知直线 L 过点 $M_0(2,-1,3)$ 且与直线 L_0：$\frac{x-1}{2}=\frac{y}{-1}=\frac{z+2}{1}$ 相交，又平行于平面 $3x-2y+z+4=0$，求直线 L.

(2) 求直线 $\frac{x-1}{1}=\frac{y+2}{2}=\frac{z-1}{1}$ 在平面 $x-y+z-2=0$ 上的投影直线方程.

(3) 求直线 $\frac{x}{2}=\frac{y-2}{0}=\frac{z}{3}$ 绕 z 轴旋转一周所成曲面方程.

(4) 求旋转抛物面 $z=x^2+y^2$ 与平面 $z=1$ 所围成的立体在三个坐标面上的投影区域.

(5) 若直线 $\frac{x-1}{1}=\frac{y+1}{2}=\frac{z-1}{\lambda}$ 与 $\frac{x+1}{1}=\frac{y-1}{1}=\frac{z}{1}$ 相交，求 λ.

4. 证明题

(1) 设 $\boldsymbol{c}=(\boldsymbol{b}\times\boldsymbol{a})-\boldsymbol{b}$，证明：$\boldsymbol{a}$ 垂直于 $\boldsymbol{b}+\boldsymbol{c}$.

(2) 证明：平面 $6x+3y-2z+12=0$ 通过直线 $\frac{x+3}{-2}=\frac{y}{6}=\frac{z+3}{3}$.

六、模拟检测题答案与提示

（一）基础知识模拟检测题答案与提示

1. 填空题

(1) ①$\mathrm{Prj}_b\boldsymbol{a}=1$；②$\left\{\frac{2}{3},\frac{2}{3},\frac{1}{3}\right\}$；③$\cos\alpha=\frac{8}{9}$，$\cos\beta=-\frac{4}{9}$，$\mathrm{cor}\gamma=\frac{1}{9}$

(2) $\frac{\sqrt{6}}{2}$

(3) $\left(\frac{9}{7},\frac{85}{7},\frac{17}{7}\right)$　提示：过已知点作垂直于平面的直线交平面于一点，已知点关于交点的对称点即为所求.

2. 选择题

(1) D　　(2) A　　(3) B　　(4) D　　(5) B

3. 计算题

(1) $\left(-\frac{5}{3},\frac{2}{3},\frac{2}{3}\right)$　提示：过已知点作垂直于平面的直线，与平面的交点即为所求的点．

(2) $x+5y+3z-14=0$

(3) $x^2+y^2-13z^2+14z-10=0$

(4) $(x-3)^2+(y-2)^2+(z-1)^2=14$

(5) $z=0$ 面：$\begin{cases}x^2+y^2=1\\z=0\end{cases}$；　$y=0$ 面：$\begin{cases}x+z=1\\y=0\end{cases}$，$x\in[-1,1]$；　$x=0$ 面：$\begin{cases}(1-z)^2+y^2=1\\x=0\end{cases}$

4. 证明题

(1) 略．　(2) 提示：分两步证明直线 L_1 与 L_2 相交，先证两直线共面，再证它们不平行．

(二) 考研模拟训练题答案与提示

1. 填空题

(1) $\frac{2}{3}\pi$　(2) $\frac{x-2}{2}=\frac{y+3}{0}=\frac{z-4}{4}$　(3) $\begin{cases}x^2+y^2=1\\z=0\end{cases}$　(4) $2x-z-5=0$

2. 选择题

(1) C　　(2) A　　(3) A　　(4) C

3. 计算题

(1) $\begin{cases}4x+9y+z-2=0\\3x-2y+z-11=0\end{cases}$

(2) $\begin{cases}x-z=0\\x-y+z-2=0\end{cases}$　提示：利用平面束方程，只需求出过直线且垂直于已知平面的平面，联立求解，即可得直线方程．

(3) $\frac{x^2+y^2}{4}-\frac{z^2}{9}=1$

(4) xOy 面上：$\begin{cases}x^2+y^2\leqslant 1\\z=0\end{cases}$；　zOx 面上：$\begin{cases}y=0\\x^2\leqslant z\leqslant 1\end{cases}$；　yOz 面上：$\begin{cases}x=0\\y^2\leqslant z\leqslant 1\end{cases}$

(5) $\frac{5}{4}$

4. 证明题

(1) 略．　(2) 提示：利用过已知直线的平面束方程，使其法向量与已知平面法向量平行，确定出参数代入平面束方程即可．

第 9 章　多元函数微分法及其应用

一、本章小结

1. 多元函数的极限

(1) 二元函数的概念：设 D 是平面点集，如果对每个点 $P(x,y)\in D$，变量 z 按照一定的法则总有确定的值和它对应，则称 z 是变量 x,y（或点 P）的二元数值函数，记为 $z=f(x,y)$ 或 $z=f(P)$，D 为该函数的定义域.

(2) 多元函数的概念：设 D 是 n 维空间的点集，如果对每个点 $P(x_1,x_2,\cdots,x_n)\in D$，变量 z 按照一定的法则总有确定的值和它对应，则称 z 是变量 $x_1,x_2,\cdots,x_n$（或点 P）的 n 元数值函数，记为 $z=f(x_1,\cdots,x_n)$ 或 $z=f(P)$，D 为该函数的定义域.

(3) 二元函数的极限：设函数 $f(x,y)$ 在区域 D 内有定义，$P_0(x_0,y_0)$ 是 D 的聚点，若对任意 $\varepsilon>0$，存在 $\delta>0$，当 $0<|PP_0|=\sqrt{(x-x_0)^2+(y-y_0)^2}<\delta$ 时，总有 $|f(x,y)-A|<\varepsilon$ 成立，则称二元函数 $f(x,y)$ 在点 $P_0(x_0,y_0)$ 以 A 为极限，记为 $\lim\limits_{(x,y)\to(x_0,y_0)}f(x,y)=A$ 或 $\lim\limits_{P\to P_0}f(x,y)=A$. 二元函数的极限也称二重极限.

注　二元函数极限的存在，等价于点 $P(x,y)$ 在 $f(x,y)$ 的定义域中以任何方式趋于 $P_0(x_0,y_0)$ 时，$f(x,y)$ 的极限都是 A. 由此可知，如果 $P(x,y)$ 沿某两种特殊方式趋于 $P_0(x_0,y_0)$ 时，$f(x,y)$ 的极限不相同，则 $\lim\limits_{P\to P_0}f(x,y)$ 不存在.

(4) 二元函数极限的性质：若 $\lim\limits_{(x,y)\to(x_0,y_0)}f(x,y)=A$，$\lim\limits_{(x,y)\to(x_0,y_0)}g(x,y)=B$，则

① $\lim\limits_{(x,y)\to(x_0,y_0)}[f(x,y)\pm g(x,y)]=A\pm B$

② $\lim\limits_{(x,y)\to(x_0,y_0)}kf(x,y)=kA$

③ $\lim\limits_{(x,y)\to(x_0,y_0)}[f(x,y)\cdot g(x,y)]=AB$

④ 若 $B\neq 0$ 时，$\lim\limits_{(x,y)\to(x_0,y_0)}\dfrac{f(x,y)}{g(x,y)}=\dfrac{A}{B}$

2. 二元函数的连续性

(1) 二元函数连续的定义：设函数 $f(x,y)$ 在 $P_0(x_0,y_0)$ 的某个邻域 $U(P_0,\delta)$ 内有定义，若 $\lim\limits_{(x,y)\to(x_0,y_0)}f(x,y)=f(x_0,y_0)$，则称二元函数 $f(x,y)$ 在点 $P_0(x_0,y_0)$ 处连续.

(2) 初等函数的连续性：二元初等函数在其定义区域内是连续的.

(3) 闭区域上连续函数的性质：

① 有界性：若 $f(x,y)$ 在有界闭区域 D 上连续，则 $f(x,y)$ 在 D 上有界，即存在 $M>0$，使得对任意 $(x,y)\in D$，有 $|f(x,y)|\leqslant M$.

② 最值定理：若 $f(x,y)$ 在有界闭区域 D 上连续，则 $f(x,y)$ 在 D 上达到最大值和最小值，即存在 $P_1(x_1,y_1)$，$P_2(x_2,y_2)\in D$，使得 $f(x_1,y_1)=\max\limits_{(x,y)\in D}f(x,y)$，$f(x_2,y_2)=\min\limits_{(x,y)\in D}f(x,y)$.

③ 介值定理：若函数 $z=f(x,y)$ 在有界闭区域 D 上连续，$P_1(x_1,y_1)$，$P_2(x_2,y_2)\in D$，并且 $f(x_1,y_1)<\mu<f(x_2,y_2)$，则存在 $P_0(x_0,y_0)\in D$，使得 $f(x_0,y_0)=\mu$.

④ 一致连续性：若 $f(x,y)$ 在有界闭区域 D 上连续，则 $f(x,y)$ 在 D 上一致连续.

3. 偏导数

(1) 偏导数定义：设函数 $z = f(x,y)$ 在点 (x_0, y_0) 的某一领域内有定义，如果

$$\lim_{\Delta x \to 0} \frac{f(x_0 + \Delta x, y_0) - f(x_0, y_0)}{\Delta x}$$

存在，则称此极限为函数 $z = f(x,y)$ 在点 (x_0, y_0) 处对 x 的偏导数，记为 $\left.\frac{\partial z}{\partial x}\right|_{\substack{x=x_0\\y=y_0}}$，$\left.\frac{\partial f}{\partial x}\right|_{\substack{x=x_0\\y=y_0}}$ 或 $f_x'(x_0, y_0)$，如果函数 $z = f(x,y)$ 在区域 D 内每一点 (x,y) 处对 x 的偏导数都存在，那么这个偏导数仍然是 x,y 的函数，称为函数 $z = f(x,y)$ 对自变量 x 的偏导数，记为 $\frac{\partial z}{\partial x}$ 或 $f_x'(x,y)$. 类似地，可以定义函数 $z = f(x,y)$ 对自变量 y 的偏导数，记为 $\frac{\partial z}{\partial y}$ 或 $f_y'(x,y)$.

(2) 偏导数几何意义：二元函数 $z = f(x,y)$ 在点 (x_0, y_0) 的偏导数 $f_x'(x_0, y_0)$ 表示空间曲线

$$\Gamma: \begin{cases} z = f(x,y) \\ y = y_0 \end{cases}$$

在点 $M(x_0, y_0, f(x_0, y_0))$ 处的切线对 x 轴的斜率. 同理，$f_y'(x_0, y_0)$ 表示空间曲线在点 $M(x_0, y_0, f(x_0, y_0))$ 处的切线对 y 轴的斜率.

(3) 高阶偏导数：设函数 $z = f(x,y)$ 在区域 D 内具有偏导数

$$\frac{\partial z}{\partial x} = f_x'(x,y), \quad \frac{\partial z}{\partial y} = f_y'(x,y)$$

那么在 D 内 $f_x'(x,y)$，$f_y'(x,y)$ 都是 (x,y) 的函数. 如果这两个函数的偏导数也存在，则称它们是函数 $z = f(x,y)$ 的二阶偏导数. 按照对变量求导次序的不同有下列二阶偏导数：

$$\frac{\partial}{\partial x}\left(\frac{\partial z}{\partial x}\right) = \frac{\partial^2 z}{\partial x^2}\ f_{xx}''(x,y) = f_{11}'', \qquad \frac{\partial}{\partial y}\left(\frac{\partial z}{\partial x}\right) = \frac{\partial^2 z}{\partial x \partial y}\ f_{xy}''(x,y) = f_{12}''$$

$$\frac{\partial}{\partial y}\left(\frac{\partial z}{\partial y}\right) = \frac{\partial^2 z}{\partial y^2}\ f_{yy}''(x,y) = f_{22}'', \qquad \frac{\partial}{\partial x}\left(\frac{\partial z}{\partial y}\right) = \frac{\partial^2 z}{\partial y \partial x}\ f_{yx}''(x,y) = f_{21}''$$

其中，右边两个偏导数称为混合偏导数.

(4) 二阶混合偏导数相等的充分条件：如果函数的两个二阶混合偏导数 $\frac{\partial^2 z}{\partial x \partial y}$ 及 $\frac{\partial^2 z}{\partial y \partial x}$ 在区域 D 内连续，那么在该区域内这两个二阶混合偏导数必相等，即 $\frac{\partial^2 z}{\partial x \partial y} = \frac{\partial^2 x}{\partial y \partial x}$

(5) 全微分：如果函数 $z = f(x,y)$ 在点 (x,y) 的全增量 $\Delta z = f(x + \Delta x, y + \Delta y) - f(x,y)$ 可表示为 $\Delta z = A\Delta x + B\Delta y + o(\rho)$，其中 A,B 不依赖于 $\Delta x, \Delta y$ 且仅与 x,y 有关，$\rho = \sqrt{(\Delta x)^2 + (\Delta y)^2}$，则称函数 $z = f(x,y)$ 在点 (x,y) 可微分，而 $A\Delta x + B\Delta y$ 称为函数 $z = f(x,y)$ 在 (x,y) 的全微分，记为 $\mathrm{d}z$，即 $\mathrm{d}z = A\Delta x + B\Delta y$.

4. 方向导数与梯度

(1) 方向导数：设函数 $z = f(x,y)$ 在点 $P_0(x_0, y_0)$ 的某一邻域 $U(P_0, \delta)$ 内有定义，自点 $P(x_0, y_0)$ 引射线 l. 设 x 轴正向到射线 l 的转角为 α，y 轴正向到射线 l 的转角为 β，并设 $P'(x_0 + \Delta x, y_0 + \Delta y)$ 为 l 上的另一点，且 $P'(x_0 + \Delta x, y_0 + \Delta y) \in U(P_0, \delta)$. 考虑函数的增量 $f(x + \Delta x, y + \Delta y) - f(x_0, y_0)$ 与两点 P_0, P' 的距离 $\rho = \sqrt{(\Delta x)^2 + (\Delta y)^2}$ 的比值，当 P' 沿着 l 趋于 P_0 时，若这个比值的极限存在，则称这极限为函数 $z = f(x,y)$ 在点 $P_0(x_0, y_0)$ 沿方向 $\boldsymbol{l} = (\cos\alpha, \cos\beta)$ 的方向导数，记作 $\frac{\partial z}{\partial l}$，即

$$\frac{\partial z}{\partial l} = \lim_{\rho \to 0} \frac{f(x_0 + \Delta x, y_0 + \Delta y) - f(x_0, y_0)}{\rho} = \lim_{\rho \to 0} \frac{f(x_0 + \rho\cos\alpha, y_0 + \rho\cos\beta) - f(x_0, y_0)}{\rho}$$

(2) 梯度：设函数 $z = f(x,y)$ 在平面区域 D 内具有一阶连续偏导数，则对于每一点 $P(x,y) \in D$，都可定出一个向量 $\frac{\partial z}{\partial x}\boldsymbol{i} + \frac{\partial z}{\partial y}\boldsymbol{j}$，此向量称为函数 $z = f(x,y)$ 在点 $P(x,y)$ 的梯度，记作 $\mathbf{grad} f$，即

$$\mathbf{grad}f = \nabla f = \left\{\frac{\partial z}{\partial x},\frac{\partial z}{\partial y}\right\} = \frac{\partial z}{\partial x}\boldsymbol{i} + \frac{\partial z}{\partial y}\boldsymbol{j}$$

5. 二元函数可微、偏导数、方向导数、连续、极限之间的关系

(1) 可微 $\Rightarrow$ 连续 $\Rightarrow$ 极限存在.

(2) 可微 $\Rightarrow$ 偏导数存在,且 $\mathrm{d}z = \frac{\partial z}{\partial x}\mathrm{d}x + \frac{\partial z}{\partial y}\mathrm{d}y$.

(3) 可微 $\Rightarrow$ 方向导数存在,且$\frac{\partial z}{\partial l} = \frac{\partial z}{\partial x}\cos\alpha + \frac{\partial z}{\partial y}\cos\beta = \mathbf{grad}f \cdot \boldsymbol{l}$(其中 $\cos\alpha,\cos\beta$ 为 $\boldsymbol{l}$ 的方向余弦).

(4) 偏导数连续 $\Rightarrow$ 全微分存在.

6. 多元复合函数的求导法则

(1) 如果函数 $u = \varphi(t)$ 及 $v = \psi(t)$ 都在点 t 可导,函数 $z = f(u,v)$ 在对应点(u,v) 具有连续偏导函数,则复合函数 $z = f(\varphi(t),\psi(t))$ 在点 t 可导,且其导函数可用下列公式计算:

$$\frac{\mathrm{d}z}{\mathrm{d}t} = \frac{\partial z}{\partial u}\frac{\mathrm{d}u}{\mathrm{d}t} + \frac{\partial z}{\partial v}\frac{\mathrm{d}v}{\mathrm{d}t} \tag{9.1}$$

式(9.1)称为全导数公式.

(2) 如果 $u = u(x,y)$ 及 $v = v(x,y)$ 都在点(x,y) 具有对 x 及对 y 的偏导数,且函数 $z = f(u,v)$ 在对应点(u,v) 具有连续偏导数,则复合函数 $z = f(u(x,y),v(x,y))$ 在点(x,y) 的两个偏导数存在,可用下列公式计算:

$$\frac{\partial z}{\partial x} = \frac{\partial z}{\partial u}\frac{\partial u}{\partial x} + \frac{\partial z}{\partial v}\frac{\partial v}{\partial x} \tag{9.2}$$

$$\frac{\partial z}{\partial y} = \frac{\partial z}{\partial u}\frac{\partial u}{\partial y} + \frac{\partial z}{\partial v}\frac{\partial v}{\partial y} \tag{9.3}$$

(3) 全微分形式不变性:设函数 $z = f(u,v)$ 具有连续偏导数,则全微分

$$\mathrm{d}z = \frac{\partial z}{\partial u}\mathrm{d}u + \frac{\partial z}{\partial v}\mathrm{d}v \tag{9.4}$$

如果 $u = u(x,y)$,$v = v(x,y)$,且 $u(x,y)$,$v(x,y)$ 也具有连续偏导数,则复合函数 $z = f(u(x,y),v(x,y))$ 的全微分为

$$\mathrm{d}z = \frac{\partial z}{\partial x}\mathrm{d}x + \frac{\partial z}{\partial y}\mathrm{d}y \tag{9.5}$$

将式(9.2)和式(9.3)代入式(9.5)可整理得出式(9.4).由此可以看出,不管是自变量还是中间变量,它的全微分形式是不变的.这个性质称为全微分形式不变性.

7. 隐函数的求导法

(1) 设函数 $F(x,y)$ 在点 $P_0(x_0,y_0)$ 的某一邻域内具有连续的偏导数,且

$$F(x_0,y_0) = 0,\quad F'_y(x_0,y_0) \neq 0$$

则方程 $F(x,y) = 0$ 在点 $P_0(x_0,y_0)$ 的某一邻域内恒能唯一确定一个单值连续且具有连续导数的函数 $y = f(x)$,它满足条件 $y_0 = f(x_0)$,并有

$$\frac{\mathrm{d}y}{\mathrm{d}x} = -\frac{F'_x}{F'_y}$$

(2) 设函数 $F(x,y,z)$ 在点 $P_0(x_0,y_0,z_0)$ 的某一邻域内具有连续的一阶偏导数,且 $F(x_0,y_0,z_0) = 0$,$F'_z(x_0,y_0,z_0) \neq 0$,则方程 $F(x,y,z) = 0$ 在点 $P_0(x_0,y_0,z_0)$ 的某一邻域内恒能唯一确定一个单值连续且具有连续偏导数的函数 $z = f(x,y)$,它满足条件 $z_0 = f(x_0,y_0)$,并有

$$\frac{\partial z}{\partial x} = -\frac{F'_x}{F'_z},\qquad \frac{\partial z}{\partial y} = -\frac{F'_y}{F'_z}$$

(3) 设 $F(x,y,u,v)$,$G(x,y,u,v)$ 在点 $P_0(x_0,y_0,u_0,v_0)$ 的某一邻域内具有对各个变量的连续偏导数,又 $F(x_0,y_0,u_0,v_0) = 0$,$G(x_0,y_0,u_0,v_0) = 0$,且偏导数所组成的函数行列式(或称 Jacobi 行列式)

$$D = \frac{\partial(F,G)}{\partial(u,v)} = \begin{vmatrix} \frac{\partial F}{\partial u} & \frac{\partial F}{\partial v} \\ \frac{\partial G}{\partial u} & \frac{\partial G}{\partial v} \end{vmatrix}$$

在点 $P_0(x_0,y_0,u_0,v_0)$ 不等于零,则方程组

$$\begin{cases}F(x,y,u,v)=0\\G(x,y,u,v)=0\end{cases}$$

在点 $P_0(x_0,y_0,u_0,v_0)$ 的某一邻域内恒能唯一确定一组单值连续且具有连续偏导数的函数 $u=u(x,y)$,$v=v(x,y)$,它们满足条件 $u_0=u(x_0,y_0)$,$v_0=v(x_0,y_0)$,并有

$$\frac{\partial u}{\partial x}=-\frac{1}{D}\begin{vmatrix}\frac{\partial F}{\partial x}&\frac{\partial F}{\partial v}\\\frac{\partial G}{\partial x}&\frac{\partial G}{\partial v}\end{vmatrix},\quad \frac{\partial u}{\partial y}=-\frac{1}{D}\begin{vmatrix}\frac{\partial F}{\partial y}&\frac{\partial F}{\partial v}\\\frac{\partial G}{\partial y}&\frac{\partial G}{\partial v}\end{vmatrix},\quad \frac{\partial v}{\partial x}=-\frac{1}{D}\begin{vmatrix}\frac{\partial F}{\partial u}&\frac{\partial F}{\partial x}\\\frac{\partial G}{\partial u}&\frac{\partial G}{\partial x}\end{vmatrix},\quad \frac{\partial v}{\partial y}=-\frac{1}{D}\begin{vmatrix}\frac{\partial F}{\partial u}&\frac{\partial F}{\partial y}\\\frac{\partial G}{\partial u}&\frac{\partial G}{\partial y}\end{vmatrix}$$

9. 多元函数微分学的应用

(1) 曲线的切线与法平面:

① 参数方程形式:设空间曲线 Γ 的参数方程为 $\begin{cases}x=x(t)\\y=y(t)\\z=z(t)\end{cases}$,其中 $x(t),y(t),z(t)$ 都是 t 的可微函数,且 $M_0(x_0,y_0,z_0)\in\Gamma$,则 Γ 在 M_0 处的切向量为 $\boldsymbol{T}=\{x'(t_0),y'(t_0),z'(t_0)\}$. 切线方程为

$$\frac{x-x_0}{x'(t_0)}=\frac{y-y_0}{y'(t_0)}=\frac{z-z_0}{z'(t_0)}$$

法平面方程为
$$x'(t_0)(x-x_0)+y'(t_0)(y-y_0)+z'(t_0)(z-z_0)=0$$

② 一般方程:设空间曲线方程为 $\Gamma:\begin{cases}F(x,y,z)=0\\G(x,y,z)=0\end{cases}$

若 $M_0(x_0,y_0,z_0)\in\Gamma$,且 $\frac{\partial(F,G)}{\partial(y,z)}\big|_{M_0}\neq 0$,并且满足隐函数存在定理的条件,则 Γ 在 M_0 处的切向量为

$$\boldsymbol{T}=\{A,B,C\}=\left\{\begin{vmatrix}F'_y&F'_z\\G'_y&G'_z\end{vmatrix},\begin{vmatrix}F'_z&F'_x\\G'_z&G'_x\end{vmatrix},\begin{vmatrix}F'_x&F'_y\\G'_x&G'_y\end{vmatrix}\right\}\Bigg|_{M_0}$$

切线方程为
$$\frac{x-x_0}{A}=\frac{y-y_0}{B}=\frac{z-z_0}{C}$$

法平面方程为
$$A(x-x_0)+B(y-y_0)+C(z-z_0)=0$$

(2) 空间曲面的切平面与法线:

① 曲面方程的一般形式:设 Σ 的方程为 $F(x,y,z)=0$,其中 $M_0(x_0,y_0,z_0)\in\Sigma$,则在 M_0 处的法向量为 $\boldsymbol{n}=\{F'_x,F'_y,F'_z\}|_{M_0}$,切平面的方程为

$$F'_x(x_0,y_0,z_0)(x-x_0)+F'_y(x_0,y_0,z_0)(y-y_0)+F'_z(x_0,y_0,z_0)(z-z_0)=0$$

法线方程为
$$\frac{x-x_0}{F'_x(x_0,y_0,z_0)}=\frac{y-y_0}{F'_y(x_0,y_0,z_0)}=\frac{z-z_0}{F'_z(x_0,y_0,z_0)}$$

② 曲面方程的显函数形式:设曲面 Σ 的方程为 $z=f(x,y)$,其中 $M_0(x_0,y_0,z_0)\in\Sigma$,则在 $M_0(x_0,y_0,z_0)$ 处的法向量为
$$\boldsymbol{n}=\{f'_x(x_0,y_0),f'_y(x_0,y_0),-1\}$$

切平面方程为
$$z-z_0=f'_x(x_0,y_0)(x-x_0)+f'_y(x_0,y_0)(y-y_0)$$

法线方程为
$$\frac{x-x_0}{f'_x(x_0,y_0)}=\frac{y-y_0}{f'_y(x_0,y_0)}=\frac{z-z_0}{-1}$$

9. 多元函数的极值

(1) 二元函数极值的定义:设函数 $z=f(x,y)$ 在点 $P_0(x_0,y_0)$ 的某邻域内有定义,对于该邻域内异于 $P_0(x_0,y_0)$ 的点 $P(x,y)$,总有 $f(x,y)<f(x_0,y_0)$ 或 $f(x,y)>f(x_0,y_0)$ 成立,则称函数 $z=f(x,y)$ 在点 $P_0(x_0,y_0)$ 处有极大(或极小)值,称点 $P_0(x_0,y_0)$ 为 $z=f(x,y)$ 的极大或极小值点.

(2) 二元函数极值的必要条件:设函数 $z=f(x,y)$ 在点 $P_0(x_0,y_0)$ 处有极值,且在点 $P_0(x_0,y_0)$ 具有偏导数,则它在该点的偏导数必然为零,即 $f'_x(x_0,y_0)=0$, $f'_y(x_0,y_0)=0$

(3) 二元函数极值的充分条件:设函数 $z=f(x,y)$ 在点 $P_0(x_0,y_0)$ 的某邻域内连续,且有一阶及二阶连

续的偏导数，又 $f_x'(x_0,y_0)=0, f_y'(x_0,y_0)=0$. 令 $A=f_{xx}''(x_0,y_0), B=f_{xy}''(x_0,y_0), C=f_{yy}''(x_0,y_0)$，则

① 当 $AC-B^2>0$ 时，$f(x_0,y_0)$ 为极值. 当 $A>0$ 时，$f(x_0,y_0)$ 为极小值；当 $A<0$ 时，$f(x_0,y_0)$ 为极大值.

② 当 $AC-B^2<0$ 时，$f(x_0,y_0)$ 不是极值.

③ 当 $AC-B^2=0$ 时，是否为极值须进一步讨论.

(4) 二元函数在有界闭区域上的最值：二元函数 $z=f(x,y)$ 在有界闭区域 D 内连续可微，且有有限个驻点，则：

① 将 $z=f(x,y)$ 在 D 内所有驻点的函数值及在 D 的边界上的最大值和最小值进行比较，从而判断出 $z=f(x,y)$ 在 D 上的最值.

② 如果根据问题的性质能断定函数 $f(x,y)$ 的最值一定在 D 的内部取得，而 $f(x,y)$ 在 D 内有唯一驻点 (x_0,y_0)，则在该点处的函数值 $f(x,y)$ 必为 D 上的最值.

(5) 多元函数的条件极值：自变量受到某些条件限制函数的极值，称为条件极值.

① 化为无条件极值. 求 $z=f(x,y)$ 在条件 $\varphi(x,y)=0$ 下的极值，若可由 $\varphi(x,y)=0$ 解出 $y=\psi(x)$，代入 $z=f(x,y)$ 便化为无条件极值.

② 拉格朗日乘数法. 求 $z=f(x,y)$ 在条件 $\varphi(x,y)=0$ 下的极值，设 $f(x,y),\varphi(x,y)$ 都有连续的偏导数，且 φ_x',φ_y' 不同时为零，作辅助函数 $F(x,y,\lambda)=f(x,y)+\lambda\varphi(x,y)$，令 $F_x'=0, F_y'=0, F_\lambda'=0$，即

$$\begin{cases} f_x'(x,y)+\lambda\varphi_x'(x,y)=0 \\ f_y'(x,y)+\lambda\varphi_y'(x,y)=0 \\ \varphi(x,y)=0 \end{cases}$$

解此方程组可得出 $F(x,y,\lambda)$ 的驻点 (x_0,y_0,λ_0)，即 (x_0,y_0) 为该条件极值问题的可能的极值点.

(二) 基本要求

(1) 理解多元函数的概念，理解二元函数的几何意义.

(2) 了解二元函数的极限与连续的概念，有界闭区域上连续函数的性质.

(3) 理解多元函数偏导数概念.

(4) 理解全微分的概念，了解全微分形式的不变性，了解全微分存在的必要条件和充分条件.

(5) 掌握多元复合函数的求导方法.

(6) 理解方向导数与梯度的概念，并掌握其计算方法.

(7) 掌握多元函数一阶及二阶偏导数的求法.

(8) 理解隐函数的求导法则.

(9) 了解曲线的切线和法平面及曲面的切平面和法线的概念，会求它们的方程.

(10) 了解二元函数的泰勒公式.

(11) 理解多元函数极值和条件极值的概念，掌握多元函数极值存在的必要条件，理解二元函数极值存在的充分条件，会求二元函数的极值；会用拉格朗日乘数法求条件极值，会求简单函数的极大值和极小值，并能解决一些实际问题.

(三) 重点与难点

重点：多元函数一阶、二阶偏导数；复合函数的求导法则；方向导数与梯度；隐函数的求导法则；几何应用；多元函数极值和最值.

难点：复合函数的一阶、二阶偏导数；隐函数的一阶、二阶偏导数.

二、释疑解难

问题 9.1 当动点 $P(x,y)$ 沿任一直线无限趋于点 (x_0,y_0) 时，函数 $f(x,y)$ 的极限存在，且都等于 A，能

否说明 $\lim\limits_{(x,y)\to(x_0,y_0)} f(x,y)=A$.

答 不能确定. 参考例 9.6.

问题 9.2 如果引入坐标$\begin{cases}x=x_0+r\cos\theta\\ y=y_0+r\sin\theta\end{cases}$,且对任意的$\theta$,都有$\lim\limits_{r\to0}f(x_0+r\cos\theta,y_0+r\sin\theta)=A$,其中$A$是一个与$\theta$无关的常数,是否有 $\lim\limits_{(x,y)\to(x_0,y_0)} f(x,y)=A$?

答 不一定. 例如:

$$f(x,y)=\begin{cases}0, & x^2+y^2=0\\ \dfrac{xy^3}{x^2+y^6}, & x^2+y^2\neq0\end{cases}$$

当(x,y)沿曲线 $y^3=kx$ 趋于$(0,0)$时,有

$$\lim_{\substack{y^3=kx\\ x\to0}}\frac{xy^3}{x^2+y^6}=\lim_{x\to0}\frac{kx^2}{x^2+k^2x^2}=\frac{k}{1+k^2}$$

但若用 $x=r\cos\theta, y=r\sin\theta$,则有

$$\lim_{(x,y)\to(0,0)}\frac{xy^3}{x^2+y^3}=\lim_{r\to0}\frac{r^4\cos\theta\sin^3\theta}{r^2\cos^2\theta+r^6\sin^6\theta}=\lim_{r\to0}\frac{r^2\cos\theta\sin^3\theta}{\cos^2\theta+r^4\sin^6\theta}=0$$

问题 9.3 判定二重极限不存在,有哪些常用的方法?

答 依二重极限的定义, $\lim\limits_{(x,y)\to(x_0,y_0)} f(x,y)$存在的充分必要条件是$P(x,y)$以任何方式趋向于$P_0(x_0,y_0)$时,$f(x,y)$有相同的极限,因此,判定二重极限一定不存在,常用的方法有如下两种:

(1) 选取一种 $P\to P_0$ 的方式,记为$P\in C$,其中C为函数定义域内以P_0为聚点的一个点集,按此特殊方式,$\lim\limits_{P\to P_0}f(x,y)$不存在.

(2) 找出两种 $P\in C_1$ 与 $P\in C_2$ 的方式,使

$$\lim_{P\to P_0}f(x,y)=A_1\quad(P\in C_1),\qquad \lim_{P\to P_0}f(x,y)=A_2\quad(P\in C_2)$$

且 $A_1\neq A_2$ 则二重极限不存在.

问题 9.4 二重极限 $\lim\limits_{(x,y)\to(x_0,y_0)} f(x,y)$ 与累次极限$\lim\limits_{y\to y_0}\lim\limits_{x\to x_0}f(x,y)$是否一样?

答 不一样.

(1) 二重极限存在,但是累次极限不一定存在. 例如 $f(x,y)=x\sin\dfrac{1}{y}+y\sin\dfrac{1}{x}\ (xy\neq0)$,由于

$$\left|x\sin\frac{1}{y}+y\sin\frac{1}{x}\right|\leqslant|x|+|y|\leqslant2\sqrt{x^2+y^2}$$

故 $\lim\limits_{(x,y)\to(0,0)}f(x,y)=0$,但是$\lim\limits_{x\to0}x\sin\dfrac{1}{y}=0$,而$\lim\limits_{x\to0}y\sin\dfrac{1}{x}$不存在,于是$\lim\limits_{x\to0}(x\sin\dfrac{1}{y}+y\sin\dfrac{1}{y})$不存在,从而$\lim\limits_{y\to0}\lim\limits_{x\to0}(x\sin\dfrac{1}{y}+y\sin\dfrac{1}{x})$不存在. 同理$\lim\limits_{x\to0}\lim\limits_{y\to0}(x\sin\dfrac{1}{y}+y\sin\dfrac{1}{x})$不存在.

(2) 二重极限不存在,但是累次极限存在. 例如 $f(x,y)=\dfrac{xy}{x^2+y^2}\ (x^2+y^2\neq0)$ 的二重极限 $\lim\limits_{(x,y)\to(0,0)}f(x,y)$不存在,但是$\lim\limits_{x\to0}\lim\limits_{y\to0}f(x,y)=\lim\limits_{y\to0}\lim\limits_{x\to0}f(x,y)=0$.

(3) 若 $f(x,y)$ 在(x_0,y_0)连续,则

$$\lim_{(x,y)\to(x_0,y_0)}f(x,y)=\lim_{x\to x_0}\lim_{y\to y_0}f(x,y)=\lim_{y\to y_0}\lim_{x\to x_0}f(x,y)=f(x_0,y_0)$$

问题 9.5 求一些比较简单函数的二重极限有哪些方法?

答 由于在平面上移动点$P(x,y)$趋于定点$P_0(x_0,y_0)$的方式多样性,导致了二重极限的复杂性,相对一元函数要复杂,一般求二重极限常用的方法如下:

(1) 利用函数的连续性. 如果 $P_0(x_0,y_0)$ 是 $f(x,y)$ 的连续点,则$\lim\limits_{P\to P_0}f(x,y)=f(x_0,y_0)$.

(2) 利用极限的性质(如四则运算性质,夹逼准则).

(3) 若观察出 $f(x,y)$ 的极限是 A,利用极限的 $\varepsilon-\delta$ 定义去证明 $\lim\limits_{P\to P_0} f(P)=A$.

(4) 消去零因子的方法.

(5) 将二元问题转化为一元问题,如典型例题例 9.4(2)(6).

问题 9.6　若一元函数 $f(x_0,y)$ 在点 y_0 处连续,能否断定二元函数 $f(x,y)$ 在 $P_0(x_0,y_0)$ 连续?

答　不一定. 例如:

(1) $f(x,y)=|x|+|y|$ 在 $P_0(0,0)$ 上,由 $f(0,y)=|y|$ 知,$f(x,y)$ 在 $P_0(0,0)$ 连续.

(2) $f(x,y)=\begin{cases}\dfrac{xy}{x^2+y^2}, & x^2+y^2\neq 0\\ 0, & x^2+y^2=0\end{cases}$ 在 $P(0,0)$ 上有 $f(0,y)$,$f(x,0)$,且都连续,但 $\lim\limits_{(x,y)\to(x_0,y_0)} f(x,y)$ 不存在.

问题 9.7　计算偏导数 $f_x'(x_0,y_0)$ 时,是否可以将 $y=y_0$ 先代入,再对 x 求导数?

答　直接由偏导数的定义可得出,实际上对 x 求偏导数时,就是将变量 y 看成常数,再对 x 求导数.

问题 9.8　二阶混合偏导数 $f_{xy}''(x,y)$ 与 $f_{yx}''(x,y)$ 是否一定相等?

答　不一定. 只有两个二阶混合偏导数连续时,才有 $f_{xy}''(x,y)=f_{yx}''(x,y)$. 例如:

$$f(x,y)=\begin{cases}xy\dfrac{x^2-y^2}{x^2+y^2}, & x^2+y^2\neq 0\\ 0, & x^2+y^2=0\end{cases}$$

(1) 在点(0,0) 处有 $f_x'(0,0)=0=f_y'(0,0)$.

(2) 当 $x^2+y^2\neq 0$ 时,有

$$f_x'(x,y)=y\frac{x^2-y^2}{x^2+y^2}+\frac{4x^2y^3}{(x^2+y^2)^2},\qquad f_y'(x,y)=x\frac{x^2-y^2}{x^2+y^2}-\frac{4x^3y^2}{(x^2+y^2)^2}$$

$$f_{xy}''(x,y)=\frac{(x^2-y^2)(x^4+10x^2y^2+y^4)}{(x^2+y^2)^3},\quad f_{yx}''(x,y)=\frac{(x^2-y^2)(x^4+10x^2y^2+x^4)}{(x^2+y^2)^3}$$

可见,当 $x^2+y^2\neq 0$ 时 $f_{xy}''=f_{yx}''$. 但当 $x^2+y^2=0$ 时,有

$$f_{xy}''(0,0)=\lim_{y\to 0,}\frac{f_x'(0,y)-f_x'(0,0)}{y}=-1,\quad f_{yx}''(0,0)=\lim_{x\to 0,}\frac{f_y'(x,0)-f_y'(0,0)}{x}=1$$

所以 $f_{xy}''(0,0)\neq f_{yx}''(0,0)$.

问题 9.9　在一元函数中,若 $f(x)$ 满足条件:

(1) $f(x)$ 在 $[a,b]$ 上连续;

(2) $f(x)$ 在 (a,b) 内可导,则 $f'(x)\equiv 0$ 的充要条件是在 $[a,b]$ 上 $f(x)\equiv k$. 多元函数是否也有类似的结果?

答　若 $f(x,y)$ 在有界闭区域 D 上连续,在 D 内偏导数存在,则

(1) 在 D 内 $\dfrac{\partial z}{\partial x}\equiv 0$(或 $\dfrac{\partial z}{\partial y}\equiv 0$) 的充要条件是 $f(x,y)=\varphi(y)(f(x,y)=\varphi(x))$.

(2) 在 D 内 $\dfrac{\partial z}{\partial x}\equiv 0,\dfrac{\partial z}{\partial y}\equiv 0$ 的充要条件是 $f(x,y)=$ 常数($(x,y)\in D$).

问题 9.10　若 $f(x,y)$ 在区域 D 内任一点处可微,且在沿两个不共线的方向导数皆为零,则 $f(x,y)=$ 常数. 对吗?

答　对. 设两个不共线的方向余弦分别为 $(\cos\alpha_1,\cos\beta_1)$ 和 $(\cos\alpha_2,\cos\beta_2)$,由不共线知

$$\begin{vmatrix}\cos\alpha_1 & \cos\beta_1\\ \cos\alpha_2 & \cos\beta_2\end{vmatrix}\neq 0$$

故方程

$$\begin{cases}\dfrac{\partial f}{\partial x}\cos\alpha_1+\dfrac{\partial f}{\partial y}\cos\beta_1=0\\ \dfrac{\partial f}{\partial x}\cos\alpha_2+\dfrac{\partial f}{\partial y}\cos\beta_2=0\end{cases}$$

只有零解，由此知$\dfrac{\partial f}{\partial x}\equiv 0\equiv\dfrac{\partial f}{\partial y}$，故 $f(x,y)=$ 常数.

问题 9.11 若$f(x,y)$在区域D内任一点处有$x\dfrac{\partial f}{\partial x}+y\dfrac{\partial f}{\partial y}=0$，则$f(x,y)=$常数($(x,y)\in D$). 对吗？

答 不一定. 例如 $f(x,y)=\arctan\dfrac{y}{x}$ 满足题设条件，但 $f(x,y)\neq$ 常数.

问题 9.12 在一元函数中，若 $f(x)$ 在 x_0 可导，必有 $f(x)$ 在 x_0 连续，那么多元函数是否也有相同的结果，即偏导数存在，是否一定连续？

答 不一定.

(1) $z=f(x,y)=x^2+y^2$ 在$(0,0)$的偏导数存在，且 $f(x,y)$ 在$(0,0)$ 连续.

(2) $f(x,y)=\begin{cases}\dfrac{xy}{x^2+y^2}, & x^2+y^2\neq 0\\ 0, & x^2+y^2=0\end{cases}$ 在点$(0,0)$ 的偏导数为

$$f_x'(0,0)=\lim_{\Delta x\to 0}\frac{f(0+\Delta x,0)-f(0,0)}{\Delta x}=\lim_{\Delta x\to 0}\frac{0}{\Delta x}=0$$

$$f_y'(0,0)=\lim_{\Delta y\to 0}\frac{f(0,0+\Delta y)-f(0,0)}{\Delta y}=\lim_{\Delta y\to 0}\frac{0}{\Delta y}=0$$

但 $\lim\limits_{(x,y)\to(0,0)}f(x,y)$ 不存在，事实上，$\lim\limits_{\substack{y=kx\\x\to 0}}\dfrac{xy}{x^2+y^2}=\lim\limits_{x\to 0}\dfrac{k}{1+k^2}=\dfrac{k}{1+k^2}$，当$k$取不同值时其极限不同，所以函数 $f(x,y)$ 在点$(0,0)$ 不连续.

(3) 连续不一定偏导数存在. 例如 $z=f(x,y)=|x|+|y|$ 在点$(0,0)$ 连续，但 $f_x'(0,0)$ 及 $f_y'(0,0)$ 都不存在.

问题 9.13 对于多元函数而言，全微分存在，函数必连续. 反之是否成立？

答 不一定. 例如

$$f(x,y)=\begin{cases}\dfrac{xy}{\sqrt{x^2+y^2}}, & x^2+y^2\neq 0\\ 0, & x^2+y^2=0\end{cases}$$

由于

$$0<\left|\frac{xy}{\sqrt{x^2+y^2}}\right|\leqslant\frac{1}{\sqrt{2}}\sqrt{|xy|}$$

因此 $f(x,y)$ 在点$(0,0)$ 连续，且 $f_x'(0,0)=0$，$f_y'(0,0)=0$，但是

$$\lim_{\rho\to 0}\frac{\Delta z-[f_x'(0,0)\Delta x+f_y'(0,0)\Delta y]}{\rho}=\lim_{\substack{\Delta x\to 0\\\Delta y\to 0}}\frac{\Delta x\,\Delta y}{(\Delta x)^2+(\Delta y)^2}$$

不存在. 由微分的定义知，函数 $f(x,y)$ 在点$(0,0)$ 不可微.

问题 9.14 多元函数的可微性与偏导数之间的关系如何？

答 对于一元函数而言，可微性与可导性是等价的；但对多元函数而言：

(1) 可微 ⇒ 偏导数必存在.

(2) 偏导数连续 ⇒ 可微.

(3) 偏导数存在，不一定可微(见例 9.7).

问题 9.15 设 $f(x,y)=\begin{cases}\dfrac{x|y|}{\sqrt{x^2+y^2}}, & x^2+y^2\neq 0\\ 0, & x^2+y^2=0\end{cases}$，当 $x=t$，$y=t$ 时，求$\left.\dfrac{\mathrm{d}f}{\mathrm{d}t}\right|_{t=0}$ 有两种解法：

(1) 显然有 $f_x'(0,0)=f_y'(0,0)=0$,由复合函数的求导公式得

$$\left.\frac{\mathrm{d}z}{\mathrm{d}t}\right|_{t=0}=f_x'(0,0)\left.\frac{\mathrm{d}x}{\mathrm{d}t}\right|_{t=0}+f_y'(0,0)\left.\frac{\mathrm{d}y}{\mathrm{d}t}\right|_{t=0}=0\times1+0\times1=0$$

(2) 把 $x=t$, $y=t$ 代入原函数 $z=f(x,y)=\frac{t}{\sqrt{2}}$,从而$\left.\frac{\mathrm{d}z}{\mathrm{d}t}\right|_{t=0}=\frac{1}{\sqrt{2}}$.

上述两种解法结果不一样,为什么?

答　原因在于用了复合函数求导公式,而用此公式的前提是要求全微分存在. 事实上 $z=f(x,y)$ 在点 $(0,0)$ 的全微分不存在.

问题 9.16　一阶微分形式不变性在多元函数微分学中起什么作用?

答　多元函数的一阶微分形式不变性,给我们提供了一个求偏导数的简便方法,即不需要区分函数由多少个中间变量复合而成,变量之间的关系是如何错综复杂,都不必去辩认区分,仅分清楚自变量是什么,直到出现自变量的微分,那么自变量微分的系数连同符号在内,就是要求的对这个变量的偏导数.

问题 9.17　有人认为偏导数 $f_x'(x_0,y_0)$, $f_y'(x_0,y_0)$ 就是函数 $f(x,y)$ 在点 $M_0(x_0,y_0)$ 处沿 Ox 轴方向及 Oy 轴方向的方向导数,这种说法对吗?

答　错误. 依方向导数的定义

$$\frac{\partial f}{\partial l}=\lim_{\rho\to0}\frac{f(x_0+\Delta x,y_0)-f(x_0,y_0)}{\rho}=\lim_{|\Delta x|\to0}\frac{f(x_0+\Delta x,y_0)-f(x_0,y_0)}{|\Delta x|}$$

$$\frac{\partial z}{\partial x}=\lim_{\Delta x\to0}\frac{f(x_0+\Delta x,y_0)-f(x_0,y_0)}{\Delta x}$$

由此可见,前者是单侧极限,后者是双侧极限,并非完全一样. 若偏导数存在,则沿 Ox 轴方向及 Oy 轴方向的方向导数必存在. 但反之不一定,例如 $z=\sqrt{x^2+y^2}$ 在点 $(0,0)$ 的偏导数不存在,但在 Ox 方向的方向导数为 $\frac{\partial z}{\partial l}=1$.

问题 9.18　如果函数 $z=f(x,y)$ 在点 (x_0,y_0) 偏导数存在,但不可微分,$\boldsymbol{e}_l=(\cos\alpha,\cos\beta)$,那么方向导数的计算公式

$$\left.\frac{\partial z}{\partial l}\right|_{(x_0,y_0)}=\left.\frac{\partial z}{\partial x}\right|_{(x_0,y_0)}\cos\alpha+\left.\frac{\partial z}{\partial y}\right|_{(x_0,y_0)}\cos\beta$$

是否成立?

答　不一定.

(1) 当 $\cos\alpha\cdot\cos\beta=0$ 时,不妨设 $\cos\beta=0$,由于 $\cos^2\alpha+\cos^2\beta=1$,故 $\cos\alpha=\pm1$,此时,若 $\cos\alpha=1$,则

$$\left.\frac{\partial z}{\partial l}\right|_{(x_0,y_0)}=\lim_{t\to0^+}\frac{f(x_0+t,y_0)-f(x_0,y_0)}{t}=f_x'(x_0,y_0)=f_x'(x_0,y_0)\cos\alpha+f_y'(x_0,y_0)\cos\beta$$

若 $\cos\alpha=-1$,则

$$\left.\frac{\partial z}{\partial l}\right|_{(x_0,y_0)}=\lim_{t\to0^+}\frac{f(x_0-t,y_0)-f(x_0,y_0)}{-t}=-f_x'(x_0,y_0)=f_x'(x_0,y_0)\cos\alpha+f_y'(x_0,y_0)\cos\beta$$

此时计算公式仍然成立.

(2) 当 $\cos\alpha\cdot\cos\beta\neq0$ 时,此时计算公式不一定成立. 例如 $f(x,y)=(xy)^{\frac{1}{3}}$,则 $f_x'(0,0)=0$, $f_y'(0,0)=0$,但

$$\left.\frac{\partial z}{\partial l}\right|_{(0,0)}=\lim_{t\to0^+}\frac{f(t\cos\alpha,t\cos\beta)-f(0,0)}{t}=\lim_{t\to0^+}\frac{(t\cos\alpha\cdot t\cos\beta)^{\frac{1}{3}}}{t}=\infty$$

问题 9.19　对于多元函数而言,若 $f(P)$ 在有界闭区域内有唯一极小值点,那么该点是否为 $f(P)$ 最小值点?

答　不一定. 例如 $z=f(x,y)=3x^2+3y^2-x^3$ 在有界闭域 D: $x^2+y^2\leqslant16$ 上,令$\frac{\partial z}{\partial x}=0$, $\frac{\partial z}{\partial y}=0$,得两驻点 $M_1(0,0)$ 及 $M_2(2,0)$,并利用极值判定的充分条件知,$M(0,0)$ 是唯一的极小值点,但 $f(x,y)$ 在边界

上取得最小值 $f_{最小} = f(4,0) = -16$. 所以 $f(0,0) = 0$ 并非最小值点.

若能判定 $f(x,y)$ 在 D 内取得最值,而且在 D 内只有唯一的极值点,那么此点必是最值点. 例如 $z = f(x,y) = x^2 + y^2$ 在有界闭域 $D: x^2 + y^2 \leqslant 16$ 上,恒有 $f(x,y) \geqslant 0$. 而且在 D 内只有唯一的极值点 $(0,0)$,且 $f_{极小} = f(0,0) = 0$. 所以 $f(0,0) = 0$ 为最小值点.

问题 9.20 若 $z = f(x,y)$ 在 $M_0(x_0,y_0)$ 取得极值,那么一元函数 $\varphi(x) = f(x,y_0)$ 及 $\psi(y) = f(x_0,y)$ 是否在该点取得极值,反之是否成立?

答 是. 反之未必成立. 例如 $f(x,y) = x^2 - 3xy + y^2$ 在点 $M_0(0,0)$ 上,$\varphi(x) = f(x,0) = x^2$,$\psi(y) = y^2$,在 $x = 0$, $y = 0$ 取得极小值,但点 $(0,0)$ 不是极小值点.

三、典型例题分析

例 9.1 设 $u(x,y) = y^2\varphi(3x+2y)$,若 $u\left(x,\frac{1}{2}\right) = x^2$,求 $u(x,y)$ 的表达式.

解 由 $u\left(x,\frac{1}{2}\right) = x^2$ 得 $\varphi(3x+1) = 4x^2$,令 $3x+1 = t$,得 $x = \frac{t-1}{3}$,所以 $\varphi(t) = \frac{4}{9}(t-1)^2$,

$\varphi(3x+2y) = \frac{4}{9}(3x+2y-1)^2$,则 $\quad u(x,y) = \frac{4}{9}y^2(3x+2y-1)^2$

例 9.2 设 $f(x)$, $g(x)$ 是一元可微函数,且

$$\begin{cases} u(x,y) = f(2x+5y) + g(2x-5y) \\ u(x,0) = \sin 2x \\ u_y'(x,0) = 0 \end{cases}$$

试求 $u(x,y)$ 的表达式.

分析 此题的关键是求 f 与 g 的函数表达式,由题设条件 $u(x,0) = \sin 2x$ 及 $u_y'(x,0) = 0$ 知

$$\begin{cases} f(2x) + g(2x) = u(x,0) = \sin 2x \\ 5f'(2x+5y) - 5g'(x-5y) = u_y'(x,y) \end{cases}$$

从而导出条件

$$\begin{cases} f(2x) + g(2x) = \sin 2x & ① \\ 5f'(2x) - 5g'(2x) = 0 & ② \end{cases}$$

解 令 $2x = u$,由式 ① 及式 ② 得

$$\begin{cases} f(u) + g(u) = \sin u & ③ \\ f'(u) - g'(u) = 0 & ④ \end{cases}$$

由式 ④ 知 $f(u) = g(u) + C$,代入式 ③ 得

$$g(u) = \frac{1}{2}(\sin u - C), \qquad f(u) = \frac{1}{2}(\sin u + C)$$

其中,C 是任意常数,于是 $\quad u(x,y) = f(2x+5y) + g(2x-5y) = \sin 2x\cos 5y$

例 9.3 判断极限 $\lim\limits_{\substack{x\to 0\\ y\to 0}} \frac{xy}{x+y}$ 是否存在?

解 因为

$$\lim_{\substack{y=x^2-x\\ x\to 0}} \frac{xy}{x+y} = \lim_{\substack{y=x^2-x\\ x\to 0}} \frac{x(x^2-x)}{x^2} = -1, \qquad \lim_{\substack{y=2x^2-x\\ x\to 0}} \frac{xy}{x+y} = \lim_{x\to 0} \frac{x(2x^2-x)}{2x^2} = -\frac{1}{2}$$

所以 $\lim\limits_{\substack{x\to 0\\ y\to 0}} \frac{xy}{x+y}$ 不存在.

注 (1) 要证明极限不存在,只要取两个不同的方向趋于 $P(x_0,y_0)$ 时,$f(x,y)$ 趋于两个不同的常数即可. (2) 方向极限存在不一定有二重极限存在. 若对任意的常数 k,动点 $P(x,y)$ 沿 $y = kx$ 趋向 $P_0(x_0,y_0)$ 时极限相同,也不能判断函数 $f(x,y)$ 的极限存在.

例 9.4 求下列各极限：

(1) $\lim\limits_{\substack{x\to 1\\ y\to 0}}\dfrac{\ln(x+e^y)}{\sqrt{x^2+y^2}}$；　(2) $\lim\limits_{\substack{x\to 0\\ y\to a}}\dfrac{\sin xy}{x}$；　(3) $\lim\limits_{\substack{x\to 0\\ y\to 0}}(1+xy)^{\frac{1}{x+y}}$；

(4) $\lim\limits_{\substack{x\to 0\\ y\to 0}}\dfrac{x(y-x)}{\sqrt{x^2+y^2}}$；　(5) $\lim\limits_{\substack{x\to +\infty\\ y\to +\infty}}\left(\dfrac{xy}{x^2+y^2}\right)^x$；　(6) $\lim\limits_{\substack{x\to 0\\ y\to 0}}\dfrac{\sqrt{x^2+y^2}-\sin\sqrt{x^2+y^2}}{(x^2+y^2)^{3/2}}$.

解 (1) 当 $x\to 1, y\to 0$ 时，分子、分母都有极限，$\lim\limits_{\substack{x\to 1\\ y\to 0}}\ln(x+e^y)=\ln 2$，且 $\lim\limits_{\substack{x\to 1\\ y\to 0}}\sqrt{x^2+y^2}=1$，故可利用极限的四则运算法则，得
$$\lim_{\substack{x\to 1\\ y\to 0}}\frac{\ln(x+e^y)}{\sqrt{x^2+y^2}}=\frac{\ln 2}{1}=\ln 2$$

(2) 令 $u=xy$，则
$$\lim_{\substack{x\to 0\\ y\to a}}\frac{\sin xy}{x}=\lim_{\substack{x\to 0\\ y\to a}}\left(\frac{\sin xy}{xy}\right)y=\lim_{u\to 0}\frac{\sin u}{u}\cdot\lim_{y\to a}y=a$$

(3)
$$\lim_{\substack{x\to 0\\ y\to 0}}(1+xy)^{\frac{1}{x+y}}=\lim_{\substack{x\to 0\\ y\to 0}}\left[(1+xy)^{\frac{1}{xy}}\right]^{\frac{xy}{x+y}}$$

由于 $\lim\limits_{\substack{x\to 0\\ y\to 0}}(1+xy)^{\frac{1}{xy}}=e$，由例 9.3 知，$\lim\limits_{\substack{x\to 0\\ y\to 0}}\dfrac{xy}{x+y}$ 不存在，于是 $\lim\limits_{\substack{x\to 0\\ y\to 0}}(1+xy)^{\frac{1}{x+y}}$ 不存在.

(4) 令 $x=\rho\cos\theta, y=\rho\sin\theta$，由于 $x\to 0, y\to 0$，知 $\rho=\sqrt{x^2+y^2}\to 0$，故
$$\lim_{\substack{x\to 0\\ y\to 0}}\frac{x(y-x)}{\sqrt{x^2+y^2}}=\lim_{\rho\to 0}\frac{\rho^2(\sin\theta-\cos\theta)\cos\theta}{\rho}=\lim_{\rho\to 0}\rho(\sin\theta-\cos\theta)\cos\theta=0$$

(5) 因为 $0\leqslant\left|\dfrac{xy}{x^2+y^2}\right|\leqslant\dfrac{1}{2}$，所以 $0\leqslant\left(\dfrac{xy}{x^2+y^2}\right)^x\leqslant\left(\dfrac{1}{2}\right)^x\to 0$，由夹逼准则得
$$\lim_{\substack{x\to +\infty\\ y\to +\infty}}\left(\frac{xy}{x^2+y^2}\right)^x=0$$

(6) 令 $\rho=\sqrt{x^2+y^2}$，则
$$\lim_{\substack{x\to 0\\ y\to 0}}\frac{\sqrt{x^2+y^2}-\sin\sqrt{x^2+y^2}}{(x^2+y^2)^{3/2}}=\lim_{\rho\to 0}\frac{\rho-\sin\rho}{\rho^3}=\lim_{\rho\to 0}\frac{1-\cos\rho}{3\rho^2}=\lim_{\rho\to 0}\frac{\sin\rho}{6\rho}=\frac{1}{6}$$

例 9.5 讨论极限 $\lim\limits_{\substack{x\to 0\\ y\to 0}}\dfrac{\sqrt{xy+1}-1}{x+y}$ 的存在性.

解 因为 $\dfrac{\sqrt{xy+1}-1}{x+y}=\dfrac{xy}{x+y}\dfrac{1}{\sqrt{xy+1}+1}$，而 $\lim\limits_{\substack{x\to 0\\ y\to 0}}\dfrac{1}{\sqrt{xy+1}+1}=\dfrac{1}{2}$，所以只须考察 $\lim\limits_{\substack{x\to 0\\ y\to 0}}\dfrac{xy}{x+y}$ 是否存在即可，而由例 9.3 知，此极限不存在. 于是极限 $\lim\limits_{\substack{x\to 0\\ y\to 0}}\dfrac{\sqrt{xy+1}-1}{x+y}$ 不存在.

例 9.6 证明：二元函数 $f(x,y)=\dfrac{xy}{x^2+y}$，当点 (x,y) 沿任意直线趋于点 $(0,0)$ 时，其极限都为 0，但 $f(x,y)$ 在点 $(0,0)$ 处没有极限.

证明 对任意的常数 k，显然
$$\lim_{\substack{y=kx\\ x\to 0}}f(x,y)=\lim_{\substack{y=kx\\ x\to 0}}\frac{xy}{x^2+y}=\lim_{x\to 0}\frac{kx^2}{x^2+kx}=\lim_{x\to 0}\frac{kx}{x+k}=0$$
当沿 y 轴方向趋于点 $(0,0)$ 时，有 $\lim\limits_{\substack{x\to 0\\ y\to 0}}f(x,y)=0$，所以点 (x,y) 沿任意直线趋于点 $(0,0)$ 时，极限都为零.

但
$$\lim_{\substack{x\to 0\\ y=-x^2+x^3}}f(x,y)=\lim_{x\to 0}\frac{x(-x^2+x^3)}{x^2+(-x^2+x^3)}=-1$$
故知 $f(x,y)$ 在点 $(0,0)$ 的极限不存在.

例 9.7 试证 $z=f(x,y)=\sqrt{|xy|}$ 在点 $(0,0)$ 处连续，偏导数存在但不可微.

证明 因为 $0\leqslant\sqrt{|xy|}\leqslant\left(\dfrac{x^2+y^2}{2}\right)^{\frac{1}{2}}$，所以 $\lim\limits_{\substack{x\to 0\\ y\to 0}}f(x,y)=0=f(0,0)$，即 $f(x,y)$ 在 $(0,0)$ 点连续.

由于

$$f_x'(0,0)=\lim_{\Delta x\to 0}\frac{f(0+\Delta x,0)-f(0,0)}{\Delta x}=0,\qquad f_y'(0,0)=\lim_{\Delta y\to 0}\frac{f(0,0+\Delta y)-f(0,0)}{\Delta y}=0$$

因此 $f(x,y)$ 在点 $(0,0)$ 的偏导数存在.

由于 $\Delta z-[f_x'(0,0)\Delta x+f_y'(0,0)\Delta y]=\sqrt{|\Delta x,\Delta y|}$,当 $P(x,y)$ 沿 $y=x$ 趋于 $(0,0)$ 时,有

$$\lim_{\rho\to 0}\frac{\sqrt{|\Delta x||\Delta y|}}{\rho}=\lim_{x\to 0}\frac{|\Delta x|}{\sqrt{2}\,|\Delta x|}=\frac{1}{\sqrt{2}}$$

它不依赖于 $\rho\to 0$ 而趋于 0,从而 $\dfrac{\Delta z-f_x'(0,0)\Delta x-f_y'(0,0)\Delta y}{\rho}$ 并非是当 $\rho\to 0$ 时的高阶无穷小,因此函数在点 $(0,0)$ 处不可微.

注　证 $z=f(x,y)$ 在 $P(x_0,y_0)$ 可微的充分必要条件是

$$\lim_{\rho\to 0}\frac{\Delta z-f_x'(x_0,y_0)\Delta x-f_y'(x_0,y_0)\Delta y}{\rho}=0$$

若此式的极限存在且不为 0,或极限不存在,那么函数 $z=f(x,y)$ 在 $P(x_0,y_0)$ 必不可微,这提供了判断函数在某一点是否可微的一个判断依据.

例 9.8　试证函数

$$f(x,y)=\begin{cases}(x^2+y^2)\sin\dfrac{1}{\sqrt{x^2+y^2}}, & x^2+y^2\neq 0\\ 0, & x^2+y^2=0\end{cases}$$

在点 $(0,0)$ 全微分存在,但 $f_x'(x,y)$ $f_y'(x,y)$ 在点 $(0,0)$ 不连续.

证明

$$f_x'(0,0)=\lim_{\Delta x\to 0}\frac{f(\Delta x,0)-f(0,0)}{\Delta x}=\lim_{\Delta x\to 0}\Delta x\sin\frac{1}{\Delta x}=0$$

$$f_y'(0,0)=\lim_{\Delta y\to 0}\frac{f(0,\Delta y)-f(0,0)}{\Delta y}=\lim_{\Delta y\to 0}\Delta y\sin\frac{1}{\Delta y}=0$$

$$\lim_{\rho\to 0}\frac{\Delta z-f_x'(0,0)\Delta x-f_y'(0,0)\Delta y}{\rho}=\lim_{\substack{\Delta x\to 0\\ \Delta y\to 0}}\sqrt{\Delta x^2+\Delta y^2}\sin\frac{1}{\sqrt{\Delta x^2+\Delta y^2}}=0$$

即函数 $z=f(x,y)$ 在点 $(0,0)$ 处可微. 又因为

$$f_x'(x,y)=\begin{cases}2x\sin\dfrac{1}{\sqrt{x^2+y^2}}-\dfrac{x}{\sqrt{x^2+y^2}}\cos\dfrac{1}{\sqrt{x^2+y^2}}, & x^2+y^2\neq 0\\ 0, & x^2+y^2=0\end{cases}$$

$$f_y'(x,y)=\begin{cases}2y\sin\dfrac{1}{\sqrt{x^2+y^2}}-\dfrac{y}{\sqrt{x^2+y^2}}\cos\dfrac{1}{\sqrt{x^2+y^2}}, & x^2+y^2\neq 0\\ 0, & x^2+y^2=0\end{cases}$$

并且

$$\lim_{\substack{y=x\\ x\to 0}}f_x'(x,y)=\lim_{\Delta x\to 0}\left[2x\sin\frac{1}{\sqrt{2}\,|x|}-\frac{x}{\sqrt{2}\,|x|}\cos\frac{1}{\sqrt{2}\,|x|}\right]$$

不存在,所以 $f_x'(x,y)$ 在点 $(0,0)$ 不连续.

注　例 9.8 说明偏导数连续是全微分必存在的一个充分条件而非必要条件.

例 9.9　设三元方程 $xy-z\ln y+e^{xz}=1$,根据隐函数存在定理,存在点 $(0,1,1)$ 的一个邻域,在此邻域内该方程(　　).

A. 只能确定一个具有连续偏导数的隐函数 $z=z(x,y)$

B. 可确定两个具有连续偏导数的隐函数 $y=y(x,z)$ 和 $z=z(x,y)$

C. 可确定两个具有连续偏导数的隐函数 $x=x(y,z)$ 和 $z=z(x,y)$

分析　令 $F(x,y,z)=xy-z\ln y+e^{xz}-1$,则

$$F_x'(0,1,1)=(y+ze^{xz})_{(0,1,1)}=2\neq 0,\qquad F_y'(0,1,1)=\left(x-\frac{z}{y}\right)_{(0,1,1)}=-1\neq 1$$

由隐函数存在定理知，存在点 $(0,1,1)$ 的一个邻域，在此邻域内方程 $F(x,y,z)=0$，即方程

$$xy-z\ln y+e^{xz}=1$$

可确定两个具有连续偏导数的隐函数 $x=x(y,z)$ 和 $y=y(x,z)$.

答案　D.

例 9.10　设 $(axy^3-y^2\cos x)dx+(1+by\sin x+3x^2y^2)dy$ 为某二元函数 $u(x,y)$ 的全微分，则 a 与 b 的值是 $a=$ __________，$b=$ __________.

A. $-2,2$　　B. $-3,3$　　C. $2,-2$　　D. $3,-3$

分析　由题设条件

$$du(x,y)=\frac{\partial u}{\partial x}dx+\frac{\partial u}{\partial y}dy=(axy^3-y^2\cos x)dx+(1+by\sin x+3x^2y^2)dy$$

$$\frac{\partial u}{\partial x}=axy^3-y^2\cos x,\qquad \frac{\partial u}{\partial y}=1+by\sin x+3x^2y^2$$

于是

$$\frac{\partial^2 u}{\partial x\partial y}=3axy^2-2y\cos x,\qquad \frac{\partial^2 u}{\partial y\partial x}=by\cos x+6xy^2$$

由 $\frac{\partial^2 u}{\partial x\partial y}$ 与 $\frac{\partial^2 u}{\partial y\partial x}$ 的表达式知，它们均为连续函数，故有 $\frac{\partial^2 u}{\partial x\partial y}=\frac{\partial^2 u}{\partial y\partial x}$，即 $3axy^2-2y\cos x=by\cos x+6xy^2$，于是

$$3(a-2)xy^2-(2+b)y\cos x=0$$

答案　C.

注　本题用到混合偏导数与次序无关的结论. 如果函数 $z=f(x,y)$ 的两个混合偏导数 $f_{xy}''(x,y)$ 及 $f_{yx}''(x,y)$ 在点 (x,y) 处连续，则 $f_{xy}''(x,y)=f_{yx}''(x,y)$.

例 9.11　设 $\varphi(x)$ 为任意一个 x 可微函数，$\psi(x)$ 为任意一个 y 可微函数，若 $\frac{\partial^2 F}{\partial x\partial y}\neq\frac{\partial^2 f}{\partial x\partial y}$，则 $F(x,y)$ 是(　　).

A. $f(x,y)+\varphi(x)$　　B. $f(x,y)+\psi(x)$

C. $f(x,y)+\varphi(x)+\psi(x)$　　D. $f(x,y)+\varphi(x)\psi(x)$

分析　若 $F(x,y)=f(x,y)+\varphi(x)$，则

$$\frac{\partial F}{\partial x}=\frac{\partial f}{\partial x}+\varphi'(x)$$

$$\frac{\partial^2 F}{\partial x\partial y}=\frac{\partial^2 f}{\partial x\partial y}+\frac{\partial}{\partial y}(\varphi'(x))=\frac{\partial^2 f}{\partial x\partial y}$$

与假设矛盾，故可知 A 项不对，同理也可验证 B,C 项不对.

答案　D.

例 9.12　设 $f(x,y)=|x-y|\varphi(x,y)$，其中 $\varphi(x,y)$ 在点 $(0,0)$ 的邻域内连续，问：

(1) $\varphi(x,y)$ 应满足什么条件，才能使偏导数 $f_x'(0,0)$，$f_y'(0,0)$ 存在？

(2) 在上述条件下，$f(x,y)$ 在点 $(0,0)$ 处是否可微？

解　(1) 因为

$$\lim_{x\to 0}\frac{f(x,0)-f(0,0)}{x}=\lim_{x\to 0}\frac{|x|\varphi(x,0)}{x}$$

且 $\varphi(x,y)$ 在点 $(0,0)$ 的邻域内连续，得

$$\lim_{x\to 0^+}\frac{f(x,0)-f(0,0)}{x}=\varphi(0,0),\qquad \lim_{x\to 0^-}\frac{f(x,0)-f(0,0)}{x}=-\varphi(0,0)$$

所以要使 $f_x'(0,0)$ 存在，只须 $\varphi(0,0)=-\varphi(0,0)$，即 $\varphi(0,0)=0$. 同理可得，要使 $f_y'(0,0)$ 存在，只须

$$\varphi(0,0)=0$$

综上可知，当 $\varphi(0,0)=0$ 时，$f(x,y)$ 在点 $(0,0)$ 处偏导数 $f_x'(0,0)$ 和 $f_y'(0,0)$ 均存在.

(2) 因为

$$\frac{\Delta z-[f_x'(0,0)\Delta x+f_y'(0,0)\Delta y]}{\rho}=\frac{|\Delta x-\Delta y|}{\sqrt{(\Delta x)^2+(\Delta y)^2}}\varphi(\Delta x,\Delta y)$$

在上述条件下有 $\lim\limits_{\substack{\Delta x\to 0\\ \Delta y\to 0}}\varphi(\Delta x,\Delta y)=\varphi(0,0)=0$，且

$$\frac{|\Delta x-\Delta y|}{\sqrt{(\Delta x)^2+(\Delta y)^2}}\leqslant\frac{|\Delta x|}{\sqrt{(\Delta x)^2+(\Delta y)^2}}+\frac{|\Delta y|}{\sqrt{(\Delta x)^2+(\Delta y)^2}}\leqslant 2$$

所以

$$\lim_{\rho\to 0}\frac{\Delta z-[F_x'(0,0)\Delta x+f_y'(0,0)\Delta y]}{\rho}=0$$

即此时 $f(x,y)$ 在点 $(0,0)$ 处可微.

例 9.13 设 $f(x,y)$ 在包含原点的某开邻域 G 内可导，且 $f(0,0)=0$，求证：

$$f(x,y)=x\int_0^1 f_x'(tx,ty)\mathrm{d}t+y\int_0^1 f_y'(tx,ty)\mathrm{d}t$$

证明 由题设条件知 $f(0,0)=0$，故

$$x\int_0^1 f_x'(tx,ty)\mathrm{d}t+y\int_0^1 f_y'(tx,ty)\mathrm{d}t=\int_0^1[xf_x'(tx,ty)+yf_y'(tx,ty)]\mathrm{d}t=$$
$$\int_0^1\frac{\partial}{\partial t}[f(tx,ty)]\mathrm{d}t=[f(tx,ty)]_{t=0}^{t=1}=$$
$$f(x,y)-f(0,0)=f(x,y)$$

例 9.14 求证：可微函数 $z=f(x,y)$ 是 $ax+by(ab\neq 0)$ 的函数的充分必要条件是 $b\dfrac{\partial z}{\partial x}=a\dfrac{\partial z}{\partial y}$.

证明 先证必要性. 设 $z=g(ax+by)$，则

$$\frac{\partial z}{\partial x}=ag'(ax+by),\quad \frac{\partial z}{\partial y}=bg'(ax+by)$$

故

$$b\frac{\partial z}{\partial x}=a\frac{\partial z}{\partial y}$$

再证充分性. 考虑函数 $F(x,c)=f\left(x,-\dfrac{a}{b}x+\dfrac{c}{b}\right)$，则

$$\frac{\partial F}{\partial x}=f_x'\left(x,-\frac{a}{b}x+\frac{c}{b}\right)-\frac{a}{b}f_y'\left(x,-\frac{a}{b}x+\frac{c}{b}\right)=\frac{1}{b}[bf_x'-af_y']$$

因为 $b\dfrac{\partial z}{\partial x}=a\dfrac{\partial z}{\partial y}$，所以 $\dfrac{\partial F}{\partial x}=0$. 因此 $F(x,c)=g(c)$（即 $F(x,c)$ 相对 x 为常数，而只与 c 有关），这说明在直线 $ax+by=c$ 即 $y=-\dfrac{a}{b}x+\dfrac{c}{b}$ 上，$z=f(x,y)$ 取值为 $g(c)$，且 $g(c)$ 只与 c 有关而与 x 无关. 对任意的 x,y，令 $c_{x,y}=ax+by$，则

$$z=f(x,y)=f\left(x,-\frac{a}{b}x+\frac{c_{x,y}}{b}\right)=g(c_{x,y})=g(ax+by)$$

例 9.15 若 $xy=xf(z)+yg(z)$，$xf'(z)+yg'(z)\neq 0$，其中 $z=z(x,y)$，求证：

$$[x-g(z)]\frac{\partial z}{\partial x}=[y-f(z)]\frac{\partial z}{\partial y}$$

证明 将 $xy=xf(z)+yg(z)$ 两端分别对 x,y 求偏导得

$$y=f(z)+xf'(z)\frac{\partial z}{\partial x}+yg'(z)\frac{\partial z}{\partial x},\quad x=xf'(z)\frac{\partial z}{\partial y}+g(z)+yg'(z)\frac{\partial z}{\partial y}$$

于是得

$$\frac{\partial z}{\partial x}=\frac{y-f(z)}{xf'(z)+yg'(z)},\quad \frac{\partial z}{\partial y}=\frac{x-g(z)}{xf'(z)+yg'(z)}$$

所以

$$[x-g(z)]\frac{\partial z}{\partial x}=\frac{[x-g(z)][y-f(z)]}{xf'(z)+yg'(z)}=[y-f(z)]\frac{\partial z}{\partial y}$$

例 9.16　设 $u=f(x,y,z)$ 有连续的一阶偏导数，又函数 $y=y(x)$，$z=z(x)$ 分别由方程 $e^{xy}-xy=2$ 和 $e^x=\int_0^{x-z}\frac{\sin t}{t}dt$ 所确定，求 $\frac{du}{dx}$.

解　由 $e^{xy}-xy=2$，两边对 x 求导得 $$e^{xy}\left(y+x\frac{dy}{dx}\right)-\left(y+x\frac{dy}{dx}\right)=0$$

解得 $\frac{dy}{dx}=-\frac{y}{x}$. 又由 $e^x=\int_0^{x-z}\frac{\sin t}{t}dt$，两边对 x 求导得 $$e^x=\frac{\sin(x-z)}{(x-z)}\left(1-\frac{dz}{dx}\right)$$

即
$$\frac{dz}{dx}=1-\frac{e^x(x-z)}{\sin(x-z)}$$

所以
$$\frac{du}{dx}=\frac{\partial f}{\partial x}dx+\frac{\partial f}{\partial y}\frac{dy}{dx}+\frac{\partial f}{\partial z}\frac{dz}{dx}=\frac{\partial f}{\partial x}-\frac{\partial f}{\partial y}\frac{y}{x}+\frac{\partial f}{\partial z}\left[1-\frac{e^x(x-z)}{\sin(x-z)}\right]$$

例 9.17　设函数 $u=f(x,y,z)$ 有连续偏导数，且 $z=z(x,y)$ 由方程 $xe^x-ye^y=ze^z$ 所确定，求 du.

分析　由 $z=z(x,y)$ 知，隐函数给出的关键是求 dz.

解法一　由 $xe^x-ye^y=ze^z$，两边求全微分得
$$e^xdx+xe^xdx-e^ydy-ye^ydy=e^zdz+ze^zdz$$

故
$$dz=\frac{(1+x)e^x}{(1+z)e^z}dx-\frac{(1+y)e^y}{(1+z)e^z}dy$$

再由全微分公式得
$$du=f_x'dx+f_y'dy+f_z'dz=\left(f_x'+f_z'\frac{x+1}{z+1}e^{x-z}\right)dx+\left(f_y'-f_z'\frac{y+1}{x+1}e^{y-z}\right)dy$$

解法二　令 $F(x,y,z)=xe^x-ye^y-ze^z$，则
$$F_x'=(x+1)e^x,\qquad F_y'=-(y+1)e^y,\qquad F_z'=-(z+1)e^z$$

故
$$\frac{\partial z}{\partial x}=-\frac{F_x'}{F_z'}=\frac{x+1}{z+1}e^{x-z},\qquad \frac{\partial z}{\partial y}=-\frac{y+1}{z+1}e^{y-z}$$

而
$$\frac{\partial u}{\partial x}=f_x'+f_z'\frac{\partial z}{\partial x}=f_x'+f_z'\frac{x+1}{z+1}e^{x-z},\qquad \frac{\partial u}{\partial y}=f_y'-f_z'\frac{y+1}{z+1}e^{y-z}$$

故
$$du=\frac{\partial u}{\partial x}dx+\frac{\partial u}{\partial y}dy=\left(f_x'+f_z'\frac{x+1}{z+1}e^{x-z}\right)dx+\left(f_y'-f_z'\frac{y+1}{z+1}e^{y-z}\right)dy$$

例 9.18　设 $y=y(x)$，$z=z(x)$ 是由方程 $z=xf(x+y)$ 和 $F(x,y,z)=0$ 所确定的函数，其中 f 和 F 分别具有一阶连续的导数和偏导数，求 $\frac{dz}{dx}$.

解　由题设条件知，方程 $z=xf(x+y)$ 和 $F(x,y,z)=0$ 确定两个函数 $y=y(x)$，$z=z(x)$，则
$$\begin{cases}\frac{dz}{dx}=f+xf'(1+\frac{dy}{dx})\\ F_x'+F_y'\frac{dy}{dx}+F_z'\frac{dz}{dx}=0\end{cases}$$

求解得
$$\frac{dz}{dx}=\frac{fF_y'+xf'(F_y'-F_x')}{xf'F_z'}$$

例 9.19　设 $z=f(x,y)$ 在点(1,1)处全微分存在，且 $f(1,1)=1$，$\left.\frac{\partial f}{\partial x}\right|_{(1,1)}=2$，$\left.\frac{\partial f}{\partial y}\right|_{(1,1)}=3$，又设 $\varphi(x)=f(x,f(x,x))$，求 $\left.\frac{d}{dx}\varphi^3(x)\right|_{x=1}$.

解
$$\frac{d}{dx}\varphi^3(x)=3\varphi^2(x)\varphi'(x)$$
$$\varphi'(x)=f_1'+f_2'[f_1'+f_2']$$
$$\left.\varphi(x)\right|_{x=1}=f(1,f(1,1))=f(1,1)=1$$

$$f_1'(x,f(x,x))\Big|_{x=1} = f_x'(1,1) = 2,\quad f_2'(x,f(x,x))\Big|_{x=1} = f_y'(1,1) = 3$$

可知
$$\varphi'(x)\Big|_{x=1} = 2 + 3\times(2+3) = 17$$

从而
$$\frac{\mathrm{d}\varphi^3(x)}{\mathrm{d}x}\Big|_{x=1} = 3\times1\times17 = 51$$

例 9.20 已知 $u = f(x,y,z,t)$ 关于各变量都可导,而 t,z 由方程组

$$\begin{cases} y^2 + yz - zt^2 = 0 \\ te^z + z\sin t = 0 \end{cases}$$

所确定,求 $\dfrac{\partial u}{\partial x},\dfrac{\partial u}{\partial y}$.

分析 由于 z,t 是由方程组所确定的函数,而方程组含有变量 y,z,t,从而知 t,z 是 y 的一元函数,由此推知 u 是 x,y 的二元函数.

解 给方程组两边求全微分,得

$$\begin{cases} 2y\mathrm{d}y + z\mathrm{d}y + y\mathrm{d}z - t^2\mathrm{d}z - 2tz\mathrm{d}t = 0 & ① \\ te^z\mathrm{d}z + e^z\mathrm{d}t + \sin t\mathrm{d}z + z\cos t\mathrm{d}t = 0 & ② \end{cases}$$

由式 ①,② 解出 $\mathrm{d}z,\mathrm{d}t$,则

$$\mathrm{d}z = \frac{-(2y+z)(e^z + z\cos t)}{\Delta}\mathrm{d}y,\qquad \mathrm{d}t = \frac{(2y+z)(te^z+\sin t)}{\Delta}\mathrm{d}y \qquad ③$$

其中
$$\Delta = \begin{vmatrix} y - t^2 & -2tz \\ te^z + \sin t & e^z + z\cos t \end{vmatrix}$$

将式 ③ 代入全微分公式 $\mathrm{d}u = f_x'\mathrm{d}x + f_y'\mathrm{d}y + f_z'\mathrm{d}z + f_t\mathrm{d}t$ 有

$$\mathrm{d}u = f_x'\mathrm{d}x + \left[f_y' + (2y+z)\frac{f_z'(te^z+\sin t) - f_z'(e^z + z\cos t)}{\Delta}\right]\mathrm{d}y$$

则有
$$\frac{\partial u}{\partial x} = f_x',\quad \frac{\partial u}{\partial y} = f_y' + (2y+z)\frac{f_t'(te^z+\sin t) - f_z'(e^z+z\cos t)}{\Delta}$$

例 9.21 设二元函数 $u = u(x,z)$ 由方程 $u = f(x,y,z,t)$,$g(y,z,t) = 0$,$h(z,t) = 0$ 给出,求 $\dfrac{\partial u}{\partial x},\dfrac{\partial u}{\partial y}$. 其中 f,g,h 可微.

解 主体是 $u = f(x,y,z,t)$,而由方程 $g(y,z,t) = 0$ 和 $h(z,t) = 0$ 可知,t 和 z 为 y 的函数,其导数 $\dfrac{\mathrm{d}z}{\mathrm{d}y}$,$\dfrac{\mathrm{d}t}{\mathrm{d}y}$ 可由方程组

$$\begin{cases} g_y' + g_z'\dfrac{\mathrm{d}z}{\mathrm{d}y} + g_t'\dfrac{\mathrm{d}t}{\mathrm{d}y} = 0 \\ h_z'\dfrac{\mathrm{d}z}{\mathrm{d}y} + h_t'\dfrac{\mathrm{d}t}{\mathrm{d}y} = 0 \end{cases}$$

解出,则
$$\frac{\mathrm{d}z}{\mathrm{d}y} = \frac{-g_y'h_t'}{\Delta},\quad \frac{\mathrm{d}t}{\mathrm{d}y} = \frac{g_y'h_z'}{\Delta}$$

其中
$$\Delta = \begin{vmatrix} g_z' & g_t' \\ h_z' & h_t' \end{vmatrix}$$

于是

$$\frac{\partial u}{\partial x} = \frac{\partial f}{\partial x},\qquad \frac{\partial u}{\partial y} = \frac{\partial f}{\partial y} + \frac{\partial f}{\partial z}\frac{\mathrm{d}z}{\mathrm{d}y} + \frac{\partial f}{\partial t}\frac{\mathrm{d}t}{\mathrm{d}y}$$

将 $\dfrac{\mathrm{d}z}{\mathrm{d}y}$ 及 $\dfrac{\mathrm{d}t}{\mathrm{d}y}$ 代入,即得结果.

例 9.22　设 $u=yf\left(\frac{x}{y}\right)+xg\left(\frac{y}{x}\right)$，其中 f 与 g 有连续的二阶偏导数，求 $x\frac{\partial^2 u}{\partial x^2}+y\frac{\partial^2 u}{\partial x\partial y}$.

解　由于

$$\frac{\partial u}{\partial x}=yf'\left(\frac{x}{y}\right)\frac{1}{y}+g\left(\frac{y}{x}\right)-\frac{y}{x}g'\left(\frac{y}{x}\right)=f'\left(\frac{x}{y}\right)+g\left(\frac{y}{x}\right)-\frac{y}{x}g'\left(\frac{y}{x}\right)$$

$$\frac{\partial^2 u}{\partial x^2}=\frac{1}{y}f''\left(\frac{x}{y}\right)-\frac{y}{x^2}g'\left(\frac{y}{x}\right)+\frac{y}{x^2}g'\left(\frac{y}{x}\right)+\frac{y^2}{x^3}g''\left(\frac{y}{x}\right)=\frac{1}{y}f''\left(\frac{x}{y}\right)+\frac{y^2}{x^3}g''\left(\frac{y}{x}\right)$$

$$\frac{\partial^2 u}{\partial x\partial y}=\left(-\frac{x}{y^2}\right)f''\left(\frac{x}{y}\right)+\frac{1}{x}g'\left(\frac{y}{x}\right)-\frac{1}{x}g'\left(\frac{y}{x}\right)-\frac{y}{x^2}g''\left(\frac{y}{x}\right)=\left(-\frac{x}{y^2}\right)f''\left(\frac{x}{y}\right)-\frac{y}{x^2}g''\left(\frac{y}{x}\right)$$

于是
$$x\frac{\partial^2 u}{\partial x^2}+y\frac{\partial^2 u}{\partial x\partial y}=0$$

例 9.23　设函数 $u(x,y)$ 具有二阶连续的偏导数. 证明：$u(x,y)=f(x)g(y)$ 的充要条件是

$$u\frac{\partial^2 u}{\partial x\partial y}=\frac{\partial u}{\partial x}\frac{\partial u}{\partial y}\quad(u\neq 0)$$

证明　先证必要性. 设 $u(x,y)=f(x)g(y)$，则

$$\frac{\partial u}{\partial x}=f'(x)\,g(y),\qquad \frac{\partial u}{\partial y}=f(x)\,g'(y),\qquad \frac{\partial^2 u}{\partial x\partial y}=f'(x)\,g'(y)$$

所以

$$u\frac{\partial^2 u}{\partial x\partial y}=f(x)\,g(y)f'(x)g'(y)=f'(x)g(y)f(x)g'(y)=\frac{\partial u}{\partial x}\frac{\partial u}{\partial y}$$

再证充分性. 设 $u\frac{\partial^2 u}{\partial x\partial y}=\frac{\partial u}{\partial x}\frac{\partial u}{\partial y}$，得

$$u\frac{\partial}{\partial y}\left(\frac{\partial u}{\partial x}\right)=\frac{\partial u}{\partial x}\frac{\partial u}{\partial y}\Rightarrow\frac{u\frac{\partial}{\partial y}\left(\frac{\partial u}{\partial x}\right)-\frac{\partial u}{\partial x}\frac{\partial u}{\partial y}}{u^2}=0\Rightarrow\frac{\partial}{\partial y}\left[\frac{\frac{\partial u}{\partial x}}{u}\right]=0\Rightarrow\frac{\partial}{\partial y}\left(\frac{\partial \ln u}{\partial x}\right)=0$$

从而 $\frac{\partial \ln u}{\partial x}=\varphi(x)$. 故 $\ln u=\int\varphi(x)\mathrm{d}x+\psi(y)$，所以

$$u=\mathrm{e}^{\int\varphi(x)\mathrm{d}x+\psi(y)}=\mathrm{e}^{\int\varphi(x)\mathrm{d}x}\mathrm{e}^{\psi(y)}=f(x)\,g(y)$$

例 9.24　设 $z=z(x,y)$ 定义在全平面上.

(1) 若 $\frac{\partial z}{\partial x}\equiv 0$，试证 $z=f(y)$；(2) 若 $\frac{\partial^2 z}{\partial x\partial y}\equiv 0$，试证 $z=f(x)+g(y)$.

证明　(1) 令 $f(y)=z(0,y)$，任意固定 y_0，记 $h(x)=z(x,y_0)$，则

$$h'(x)=\frac{\partial z(x,y_0)}{\partial x}\equiv 0$$

所以 $h(x)=C$，从而　$z(x,y_0)=h(x)=h(0)=z(0,y_0)=f(y_0)$

由 y_0 的任意性知　$f(y)=z(x,y)=z$

(2) 因为 $\frac{\partial}{\partial x}\left(\frac{\partial z}{\partial y}\right)=\frac{\partial^2 z}{\partial x\partial y}\equiv 0$，由(1)知 $\frac{\partial z}{\partial y}=g_1(y)$，令 $f(x)=z(x,0)$，任意固定 x_0，记 $k(y)=z(x_0,y)$，则有

$$k'(y)=\frac{\partial z(x_0,y)}{\partial y}=g_1(y)$$

所以 $k(y)=\int_0^y g_1(t)\mathrm{d}t+k(0)$. 记 $\int_0^y g_1(t)\mathrm{d}t=g(y)$，则

$$z(x_0,y)=g(y)+z(x_0,0)=f(x_0)+g(y)$$

由 x_0 的任意性知　$z=f(x)+g(y)$

注　要证明 $z(x,y)=f(y)$，即要证对任意的 x_1,x_2,y，有 $z(x_1,y)=z(x_2,y)$. 若取 $x_1=0$，只要证明 $z(0,y)=z(x,y)$ 对任意 x,y 都成立.

例 9.25 设 $z=f(u)$，方程 $u=\varphi(u)+\int_y^x p(t)\mathrm{d}t$ 确定 u 是 x,y 的函数，其中 $f(u),\varphi(u)$ 可微，$p(t),\varphi'(u)$ 连续，且 $\varphi'(u)\neq 1$，求 $p(y)\dfrac{\partial z}{\partial x}+p(x)\dfrac{\partial z}{\partial y}$.

解 由 $z=f(u)$ 得，$\dfrac{\partial z}{\partial x}=f'(u)\dfrac{\partial u}{\partial x}$，$\dfrac{\partial z}{\partial y}=f'(u)\dfrac{\partial u}{\partial y}$. 方程 $u=\varphi(u)+\int_y^x p(t)\mathrm{d}t$ 两边分别对 x,y 求偏导数，得

$$\frac{\partial u}{\partial x}=\varphi'(u)\frac{\partial u}{\partial x}+p(x),\qquad \frac{\partial u}{\partial y}=\varphi'(u)\frac{\partial u}{\partial y}-p(y)$$

解得

$$\frac{\partial u}{\partial x}=\frac{p(x)}{1-\varphi'(u)},\qquad \frac{\partial u}{\partial y}=\frac{-p(y)}{1-\varphi'(u)}$$

于是

$$p(y)\frac{\partial z}{\partial x}+p(x)\frac{\partial z}{\partial y}=p(y)f'(u)\frac{p(x)}{1-\varphi'(u)}+p(x)f'(u)\frac{-p(y)}{1-\varphi'(u)}=0$$

例 9.26 (1) 函数 $f(u,v)$ 由关系式 $f[xg(y),y]=x+g(y)$ 确定，其中 $g(y)$ 可微，且 $g(y)\neq 0$，则 $\dfrac{\partial^2 f}{\partial u\partial v}$ = ________.

(2) 设 $f(u,v)$ 具有二阶连续偏导数，且满足 $\dfrac{\partial^2 f}{\partial u^2}+\dfrac{\partial^2 f}{\partial v^2}=1$，又 $g(x,y)=f\left[xy,\dfrac{1}{2}(x^2-y^2)\right]$，求 $\dfrac{\partial^2 g}{\partial x^2}+\dfrac{\partial^2 g}{\partial y^2}=$ ________.

分析 此题的关键是求出 $f(x,y)$ 表达式.

解 (1) 令 $xg(y)=u,y=v$，则 $x=\dfrac{u}{g(v)}$，$y=v$，且有 $f(u,v)=\dfrac{u}{g(v)}+g(v)$，于是

$$\frac{\partial f}{\partial u}=\frac{1}{g(v)},\qquad \frac{\partial^2 f}{\partial u\partial v}=-\frac{g'(v)}{g^2(v)}$$

(2) 由于 $\dfrac{\partial g}{\partial x}=y\dfrac{\partial f}{\partial u}+x\dfrac{\partial f}{\partial v}$，$\dfrac{\partial g}{\partial y}=x\dfrac{\partial f}{\partial u}-y\dfrac{\partial f}{\partial v}$，于是

$$\frac{\partial^2 g}{\partial x^2}=y^2\frac{\partial^2 f}{\partial u^2}+2xy\frac{\partial^2 f}{\partial u^2}v+x^2\frac{\partial^2 f}{\partial v^2}+\frac{\partial f}{\partial v},\qquad \frac{\partial^2 g}{\partial y^2}=x^2\frac{\partial^2 f}{\partial u^2}-2xy\frac{\partial^2 f}{\partial u^2}v+y^2\frac{\partial^2 f}{\partial v^2}-\frac{\partial f}{\partial v}$$

所以

$$\frac{\partial^2 g}{\partial x^2}+\frac{\partial^2 g}{\partial y^2}=x^2\left(\frac{\partial^2 f}{\partial u^2}+\frac{\partial^2 f}{\partial v^2}\right)+y^2\left(\frac{\partial^2 f}{\partial u^2}+\frac{\partial^2 f}{\partial v^2}\right)=x^2+y^2$$

例 9.27 设 $u=u(x,y)$ 有二阶连续偏导数，且满足方程 $\dfrac{\partial^2 u}{\partial x^2}-\dfrac{\partial^2 u}{\partial y^2}=0$ 及 $u(x,2x)=x$，$u_x(x,2x)=x^2$. 求 $u_{xy}(x,2x)$，$u_{xx}(x,2x)$.

解 将 $u(x,2x)=x$ 的两边对 x 求导，得

$$u_x(x,2x)+2u_y(x,2x)=1$$

所以

$$u_y(x,2x)=\frac{1}{2}(1-x^2)$$

将 $u_x(x,2x)=x^2$ 的两边对 x 求导，得

$$u_{xx}(x,2x)+2u_{xy}(x,2x)=2x \tag{①}$$

再对 $u_y(x,2x)=\dfrac{1}{2}(1-x^2)$ 的两边对 x 求导，得

$$u_{yx}(x,2x)+2u_{yy}(x,2x)=-x \tag{②}$$

由 $u_{xx}=u_{yy}$，结合式 ①，② 可得

$$u_{xy}(x,2x)=\frac{5}{3}x,\quad u_{xx}(x,2x)=u_{yy}(x,2x)=-\frac{4}{3}x$$

例 9.28 设变换 $\begin{cases}u=x-2y\\ v=x+ay\end{cases}$ 可以把方程 $6\dfrac{\partial^2 z}{\partial x^2}+\dfrac{\partial^2 z}{\partial x\partial y}-\dfrac{\partial^2 z}{\partial y^2}=0$ 化为 $\dfrac{\partial^2 z}{\partial u\partial v}=0$，求常数 a.

分析 将 u,v 看成中间变量，求出 $\frac{\partial^2 z}{\partial x^2},\frac{\partial^2 z}{\partial x\partial y}$ 及 $\frac{\partial^2 z}{\partial y^2}$，代入给定方程，再找出化简为 $\frac{\partial^2 z}{\partial u\partial v}=0$ 的条件.

解 由题设条件知，$\frac{\partial u}{\partial x}=1,\frac{\partial u}{\partial y}=-2,\frac{\partial v}{\partial x}=1,\frac{\partial v}{\partial y}=a$，则

$$\frac{\partial z}{\partial x}=\frac{\partial z}{\partial u}\frac{\partial u}{\partial x}+\frac{\partial z}{\partial v}\frac{\partial v}{\partial x}=\frac{\partial z}{\partial u}+\frac{\partial z}{\partial v}$$

$$\frac{\partial z}{\partial y}=\frac{\partial z}{\partial u}\frac{\partial u}{\partial y}+\frac{\partial z}{\partial v}\frac{\partial v}{\partial y}=-2\frac{\partial z}{\partial u}+a\frac{\partial z}{\partial v}$$

$$\frac{\partial^2 z}{\partial x^2}=\frac{\partial^2 z}{\partial u^2}+2\frac{\partial^2 z}{\partial u\partial v}+\frac{\partial^2 z}{\partial v^2} \quad ①$$

$$\frac{\partial^2 z}{\partial x\partial y}=-2\frac{\partial^2 z}{\partial u^2}+(a-2)\frac{\partial^2 z}{\partial u\partial v}+a\frac{\partial^2 z}{\partial v^2} \quad ②$$

$$\frac{\partial^2 z}{\partial y^2}=4\frac{\partial^2 z}{\partial u^2}-4a\frac{\partial^2 z}{\partial u\partial v}+a^2\frac{\partial^2 z}{\partial v^2} \quad ③$$

将式①,②,③代入给定方程，得 $(10+5a)\frac{\partial^2 z}{\partial u\partial v}+(6+a-a^2)\frac{\partial^2 z}{\partial u^2}=0$，因此 $6+a-a^2=0,10+5a\neq 0$，故 $a=3$.

例 9.29 函数 $z=z(x,y)$ 是由方程 $\varphi(cx-az,cy-bz)=0$ 所确定的隐函数，其中 φ 是可微函数，a,b,c 是常数，且 $a\varphi_u'+b\varphi_v'\neq 0$，指出曲面 $z=z(x,y)$ 是什么曲面？

解 对 $\varphi(cx-az,cy-bz)=0$ 两边求偏导数得

$$\begin{cases}\frac{\partial}{\partial x}(\varphi(cx-az,cy-bz))=0\\ \frac{\partial}{\partial y}(\varphi(cx-az,cy-bz))=0\end{cases}$$

整理得

$$\begin{cases}\varphi_u'\left(c-a\frac{\partial z}{\partial x}\right)-b\varphi_v'\frac{\partial z}{\partial x}=0\\ -a\varphi_u'\frac{\partial z}{\partial y}+\varphi_v'\left(c-b\frac{\partial z}{\partial y}\right)=0\end{cases}$$

解之得

$$\begin{cases}\frac{\partial z}{\partial x}=\frac{c\varphi_u'}{a\varphi_u'+b\varphi_v'}\\ \frac{\partial z}{\partial y}=\frac{c\varphi_v'}{a\varphi_u'+b\varphi_v'}\end{cases}$$

于是 $a\frac{\partial z}{\partial x}+b\frac{\partial z}{\partial y}=c$. 即 $\left(\frac{\partial z}{\partial x},\frac{\partial z}{\partial y},-1\right)\cdot(a,b,c)=\boldsymbol{n}\cdot(a,b,c)=0$. 其中 $\boldsymbol{n}$ 为 $z=z(x,y)$ 所表示的曲面上的任一点处的法向量，$\boldsymbol{n}=\left(\frac{\partial z}{\partial x},\frac{\partial z}{\partial y},-1\right)$，该法向量 $\boldsymbol{n}$ 与一个常向量 (a,b,c) 垂直，即曲面上的任一点切平面平行 (a,b,c)，故曲面是一个母线平行于 (a,b,c) 的柱面.

例 9.30 设函数 $f(u)$ 具有二阶连续导数，而 $z=f(e^x\sin y)$ 满足方程 $\frac{\partial^2 z}{\partial x^2}+\frac{\partial^2 z}{\partial y^2}=e^{2x}z$，求 $f(u)$.

解 令 $u=e^x\sin y$，则 $z=f(e^x\sin y)=f(u)$，于是

$$\frac{\partial z}{\partial x}=f'(u)e^x\sin y,\qquad \frac{\partial z}{\partial y}=f'(u)e^x\cos y$$

$$\frac{\partial^2 z}{\partial x^2}=f'(u)e^x\sin y+f''(u)e^{2x}\sin^2 y,\quad \frac{\partial^2 z}{\partial y^2}=-f'(u)e^x\sin y+f''(u)e^{2x}\cos^2 y$$

代入原方程得 $f''(u)-f(u)=0$，则

$$f(u)=C_1e^u+C_2e^{-u}\quad(\text{其中 } C_1,C_2 \text{ 为任意常数})$$

例 9.31 设 $z=f(x,y)$，且 $\frac{\partial^2 z}{\partial x\partial y}=x+y,F_x'(x,0)=x,f(0,y)=y^2$，求 $f(x,y)$.

解 因为$\frac{\partial^2 z}{\partial x \partial y} = x + y$,所以

$$\frac{\partial z}{\partial x} = \int \frac{\partial^2 z}{\partial x \partial y} \mathrm{d}y = \int (x+y) \mathrm{d}y = xy + \frac{1}{2}y^2 + \varphi(x)$$

由条件 $F_x'(x,0) = x$ 知 $\varphi(x) = x$,因而$\frac{\partial z}{\partial x} = xy + \frac{1}{2}y^2 + x$,故

$$f(x,y) = \int \frac{\partial z}{\partial x} \mathrm{d}x = \int \left(xy + \frac{1}{2}y^2 + x\right) \mathrm{d}x = \frac{1}{2}x^2 y + \frac{1}{2}y^2 x + \frac{1}{2}x^2 + \varphi(y)$$

代入条件 $f(0,y) = y^2$ 得 $\varphi(y) = y^2$,故 $\quad f(x,y) = \frac{1}{2}x^2 y + \frac{1}{2}y^2 x + \frac{1}{2}x^2 + y^2$

注 两端对 x 积分后,积分常数是与 y 有关的函数. 同理,两端对 y 积分后积分常数是与 x 有关的函数.

例 9.32 设函数 $f(x,y)$ 在点(0,0) 及其邻域连续,且

$$\lim_{\substack{x\to 0\\ y\to 0}} \frac{f(x,y) - f(0,0)}{x^2 + 1 - x\sin y - \cos^2 y} = A < 0$$

讨论函数 $f(x,y)$ 在点(0,0) 是否取极值的情况.

解 在点(0,0) 的充分小的去心邻域内,有

$$x^2 + 1 - x\sin y - \cos^2 y = x^2 - x\sin y + \sin^2 y = \left(x - \frac{1}{2}\sin y\right)^2 + \frac{3}{4}\sin^2 y > 0$$

又 $$\lim_{\substack{x\to 0\\ y\to 0}} \frac{f(x,y) - f(0,0)}{x^2 + 1 - x\sin y - \cos^2 y} = A < 0$$

故知存在 $\delta > 0$,当 $0 < x^2 + y^2 < \delta$ 时,由函数极限的保号性有

$$\frac{f(x,y) - f(0,0)}{x^2 + 1 - x\sin y - \cos^2 y} < 0$$

因而 $f(x,y) - f(0,0) < 0$,这说明 $f(x,y)$ 在点(0,0) 取极大值.

例 9.33 已知函数 $z = f(x,y)$ 的全微分 $\mathrm{d}z = 2x\mathrm{d}x - 2y\mathrm{d}y$,并且 $f(1,1) = 2$,求椭圆域 $D = \left\{(x,y) \mid x^2 + \frac{y^2}{4} \leqslant 1\right\}$ 上的最大值和最小值.

解法一 由 $\mathrm{d}z = 2x\mathrm{d}x - 2y\mathrm{d}y$ 可知,$z = f(x,y) = x^2 - y^2 + C$,再由 $f(1,1) = 2$,得 $C = 2$,故令 $\frac{\partial f}{\partial x} = 2x = 0, \frac{\partial f}{\partial y} = -2y = 0$,解得驻点(0,0). 在椭圆 $x^2 + \frac{y^2}{4} = 1$ 上,$z = x^2 - (4 - 4x^2) + 2$,即 $z = 5x^2 - 2(-1 \leqslant x \leqslant 1)$,其最大值为 $z\Big|_{x=\pm 1} = 3$,最小值为 $z\Big|_{x=0} = -2$. 再与 $f(0,0) = 2$ 比较,可知 $f(x,y)$ 在椭圆域 D 上最大值为 3,最小值为 -2.

解法二 同解法一得驻点(0,0). 用拉格朗日乘数法求此函数在椭圆 $x^2 + \frac{y^2}{4} = 1$ 上的极值. 设 $L = x^2 - y^2 + 2 + \lambda\left(x^2 + \frac{y^2}{4} - 1\right)$,令

$$\begin{cases} \frac{\partial L}{\partial x} = 2x + 2\lambda x = 0 \\ \frac{\partial L}{\partial y} = -2y + \frac{\lambda}{2}y = 0 \\ \frac{\partial L}{\partial \lambda} = x^2 + \frac{y^2}{4} - 1 = 0 \end{cases}$$

得在附加条件 $x^2 + \frac{y^2}{4} = 1$ 下可能的极值点为(0,2),(0,-2),(1,0),(-1,0). 又 $f(0,2) = -2, f(0,-2) = -2, f(1,0) = 3, f(-1,0) = 3$,再与 $f(0,0) = 2$ 比较得,$f(x,y)$ 在 D 上的最大值为 3,最小值为 -2.

例 9.34 过椭圆 $3x^2 + 2xy + 3y^2 = 1$ 上任意点作椭圆的切线,试求诸切线与坐标轴所围成的三角形面积的最小值.

解 由隐函数求导法可得，$\frac{\mathrm{d}y}{\mathrm{d}x}=-\frac{3x+y}{x+3y}$. 设$(a,b)$为椭圆上任意一点，则椭圆在点$(a,b)$处的切线方程为

$y-b=-\frac{3a+b}{a+3b}(x-a)$，或$(3a+b)(x-a)+(a+3b)(y-b)=0$，它与$x$轴，$y$轴的截距分别为

$$x_{截距}=\frac{b(a+3b)}{3a+b}+a,\qquad y_{截距}=\frac{a(3a+b)}{a+3b}+b$$

故
$$S=\left|\frac{1}{2}\left[\frac{b(a+3b)}{3a+b}+a\right]\left[\frac{a(3a+b)}{a+3b}+b\right]\right|=\frac{1}{2}\left|\frac{1}{(3a+b)(a+3b)}\right|$$

作拉格朗日函数
$$L=(3a+b)(a+3b)+\lambda(3a^2+2ab+3b^2-1) \quad ①$$

求偏导得
$$\begin{cases}L_a=6a+10b+6\lambda a+2\lambda b=0 & ②\\ L_b=10a+6b+2\lambda a+6\lambda b=0 & ③\\ 3a^2+2ab+3b^2-1=0 & ④\end{cases}$$

由式②，③得$\frac{1+\lambda}{5+\lambda}=-\frac{2b}{6a}=-\frac{2a}{6b}$，则$12a^2=12b^2$，即$a=\pm b$，代入式④得$8b^2=1$或$4b^2=1$，即$b=\pm\frac{1}{2}$或$b=\pm\frac{\sqrt{2}}{4}$，于是得$\left(\pm\frac{1}{2},\pm\frac{1}{2}\right)$，$\left(\pm\frac{\sqrt{2}}{4},\pm\frac{\sqrt{2}}{4}\right)$. 代入式①得$S=\frac{1}{8}$或$S=\frac{1}{4}$，故所求面积的最小值为$S=\frac{1}{8}$.

例 9.35 试证明不等式 $yx^y(1-x)<\mathrm{e}^{-1}\quad(0<x<1,0<y<+\infty)$

证明 记$f(x,y)=yx^y(1-x)$，由于$\lim\limits_{y\to+\infty}yx^y=0\ (0<x<1)$，易知$f(x,y)$在区域$0<x<1$，$0<y<+\infty$上有极大值，因而只须指出该极大值为$\mathrm{e}^{-1}$即可.

求驻点，即解方程

$$\begin{cases}\frac{\partial f}{\partial x}=yx^{y-1}(y-xy-x)=0\\ \frac{\partial f}{\partial y}=yx^y(1-x)(1+y\ln x)=0\end{cases}$$

可求得其解$P(x,y)$必须满足关系式 $y(1-x)=x,\quad y^y=\mathrm{e}^{-1}$

由此即得 $f(x,y)=yx^y(1-x)=\mathrm{e}^{-1}x<\mathrm{e}^{-1}\quad(0<x<1)$

例 9.36 设有一小山，取其底面为xOy，其底部所占区域为$D=\{(x,y)\mid x^2+y^2-xy\leqslant 75\}$，山高度函数为$h(x,y)=75-x^2-y^2+xy$.

(1) 设$M(x_0,y_0)\in D$，问$h(x,y)$在该点沿曲面什么方向的方向导数最大？若记此方向导数最大值为$g(x_0,y_0)$，写出$g(x_0,y_0)$的表达式.

(2) 现欲用小山作攀岩活动，要在山脚寻找一上山坡度最大的点作为攀登起点，试确定起点的位置及最大的坡度.

分析 此题是求曲面上的一点，使得方向导数在此点最大. 并求最大值问题.

解 (1) 高度函数$h(x,y)$在点$M(x_0,y_0)$处的梯度是

$$\mathbf{grad}\,h(x,y)\Big|_{(x_0,y_0)}=(y_0-2x_0,x_0-2y_0)$$

故沿方向$(y_0-2x_0)\boldsymbol{i}+(x_0-2y_0)\boldsymbol{j}$的方向导数最大，最大值为

$$g(x_0,y_0)=|\mathbf{grad}\,h(x_0,y_0)|=\sqrt{5x_0^2+5y_0^2-8x_0y_0}$$

(2) 山脚即曲面$x^2+y^2-xy=75$的边界，问题是求$g(x,y)$在上述条件下的最大值，为此设目标函数为$5x^2+5y^2-8xy$，由拉氏乘数法作

$$L(x,y;\lambda)=5x^2+5y^2-8xy+\lambda(x^2+y^2-xy-75)$$

令
$$\begin{cases}L_x=10x-8y+\lambda(2x-y)=0 & ①\\ L_y=10y-8x+\lambda(2y-x)=0 & ②\\ L_\lambda=x^2+y^2-xy-75=0 & ③\end{cases}$$

由式①,②得 $x+y=0$ 或 $\lambda=-2$.

当 $\lambda=-2$ 时,又由式①,②得 $x=y$. 由式③得 $x=y=-5\sqrt{3}$ 或 $x=y=5\sqrt{3}$.

当 $x+y=0$ 时,解得 $x=-y=5$,或 $x=-y=-5$,显然 $x=-y=-5$ 对应于最大值,得 $\sqrt{5x_0^2+5y_0^2-8x_0y_0}=15\sqrt{2}$. 从而起点可选点 $(5,-5)$ 或 $(-5,5)$.

例 9.37 记 $D=\{(x,y)\mid 0<x,y\leqslant 1\}$ 为正方形,其边界为 ∂D,考察二元函数

$$f(x,y)=ax^2+2bxy+cy^2+dx+ey$$

其中 $a,b,c>0$,若 $f(x,y)\leqslant 0,((x,y)\in\partial D)$,试证明 $f(x,y)\leqslant 0,((x,y)\in D)$.

证明 由闭区域上连续函数的性质知,$f(x,y)$ 在正方形 $\bar{D}=\{(x,y)\mid 0\leqslant x\leqslant 1,0\leqslant y\leqslant 1\}$ 上能取到最大值.

(1) 若最大值点位于 ∂D,则命题自然成立.

(2) 若最大值位于 D 内,则此点必为 $f(x,y)$ 的驻点,不妨记为 $P_0(x_0,y_0)$ 且有

$$\begin{cases}\left.\dfrac{\partial f}{\partial x}\right|_{(x_0,y_0)}=2ax_0+2by_0+d=0\\ \left.\dfrac{\partial f}{\partial y}\right|_{(x_0,y_0)}=2bx_0+2cy_0+e=0\end{cases}$$

由此得

$$\begin{cases}2ax_0^2+2bx_0y_0+dx_0+ey_0=ey_0\\ 2cy_0^2+2bx_0y_0+dx_0+ey_0=dx_0\end{cases}$$

这说明 $f(x,y)$ 在驻点 $P_0(x_0,y_0)$ 的值为 $f(x_0,y_0)=\dfrac{dx_0+ey_0}{2}$.

(3) 现证明 $d\leqslant 0,e\leqslant 0$. 由题设条件 $f(x,0)=ax^2+dx\leqslant 0,0<x<1$,从而 $d\leqslant -ax$,令 $x\to 0^+$,可得 $d\leqslant 0$. 类似地可得 $e\leqslant 0$.

例 9.38 求 $f(x,y,z)=\ln x+\ln y+3\ln z$ 在球面 $x^2+y^2+z^2=5R^2(x>0,y>0,z>0)$ 上的最大值. 并证明对任何正整数 a,b,c 有 $abc^3\leqslant 27\left(\dfrac{a+b+c}{5}\right)^5$

解 令 $F=\ln x+\ln y+3\ln z+\lambda(x^2+y^2+z^2-5R^2)$,由

$$\begin{cases}F_x'=\dfrac{1}{x}+2x\lambda=0 & ①\\ F_y'=\dfrac{1}{y}+2y\lambda=0 & ②\\ F_z'=\dfrac{3}{z}+2z\lambda=0 & ③\end{cases}$$

解出 $x=y=\sqrt{3}z$,代入 $x^2+y^2+z^2=5R^2$ 得 $x=R,y=R,z=\sqrt{3}R$,这是唯一驻点,它必是极大值点,即 $f(R,R,\sqrt{3}R)=\ln(3\sqrt{3}R^5)$,则满足 $x^2+y^2+z^2=5R^2$ 的任意正整数 x,y,z 必有

$$\ln x+\ln y+3\ln z\leqslant\ln(3\sqrt{3}R^5)$$

故 $xyz^3\leqslant 3\sqrt{3}R^5$,将 $R=\left(\dfrac{x^2+y^2+z^2}{5}\right)^{\frac{1}{2}}$ 代入得 $x^2y^2z^6\leqslant 27\left(\dfrac{x^2+y^2+z^2}{5}\right)^5$

再记 $x=\sqrt{a},y=\sqrt{b},z=\sqrt{c}$,即对任何正整数 a,b,c 有 $abc^3\leqslant 27\left(\dfrac{a+b+c}{5}\right)^5$

四、课后习题精解

(一) 习题 9-1 解答

1. 判定下列平面点集中哪些是开集、闭集、区域、有界集、无界集?并分别指出它们的导集(聚点所成的点集称为导集)和边界。

(1) $\{(x,y) \mid x\neq 0, y\neq 0\}$；　　(2) $\{(x,y) \mid 1 < x^2+y^2 \leqslant 4\}$；

(3) $\{(x,y) \mid y > x^2\}$；　　(4) $\{(x,y) \mid x^2+(y-1)^2 \geqslant 1\} \cap \{(x,y) \mid x^2+(y-2)^2 \leqslant 4\}$.

解　(1) 开集；无界集；导集：$\mathbf{R}^2$；边界：$\{(x,y) \mid x=0 \text{ 或 } y=0\}$.

(2) 既非开集，又非闭集；有界集；

导集：$\{(x,y) \mid 1 \leqslant x^2+y^2 \leqslant 4\}$；

边界：$\{(x,y) \mid 1 = x^2+y^2\} \cup \{(x,y) \mid x^2+y^2 = 4\}$.

(3) 开集；区域；无界集；导集：$\{(x,y) \mid y \geqslant x^2\}$；边界：$\{(x,y) \mid y = x^2\}$.

(4) 闭集；有界集；导集：集合本身；

边界：$\{(x,y) \mid x^2+(y-1)^2 = 1\} \cup \{(x,y) \mid x^2+(y-2)^2 = 4\}$.

2. 已知函数 $f(x,y) = x^2+y^2-xy\arctan\dfrac{x}{y}$，试求 $f(tx,ty)$.

解　$f(tx,ty) = (tx)^2+(ty)^2-(tx)(ty)\arctan\dfrac{tx}{ty} = t^2\left(x^2+y^2-xy\arctan\dfrac{x}{y}\right) = t^2 f(x,y)$

3. 试证：函数 $F(x,y) = \ln x \ln y$ 满足关系式

$$F(xy,uv) = F(x,u)+F(x,v)+F(y,u)+F(y,v)$$

证明

$$F(xy,uv) = \ln(xy)\ln(uv) = (\ln x+\ln y)(\ln u+\ln v) =$$
$$\ln x\ln u+\ln x\ln v+\ln y\ln u+\ln y\ln v =$$
$$F(x,u)+F(x,v)+F(y,u)+F(y,v)$$

4. 已知函数 $f(u,v,w) = u^w + w^{u+v}$，试求 $f(x+y,x-y,xy)$.

解　$f(x+y,x-y,xy) = (x+y)^{xy}+(xy)^{(x+y+x-y)} = (x+y)^{xy}+(xy)^{2x}$

5. 求下列函数的定义域：

(1) $z = \ln(y^2-2x+1)$；　　(2) $z = \dfrac{1}{\sqrt{x+y}}+\dfrac{1}{\sqrt{x-y}}$；

(3) $z = \sqrt{x-\sqrt{y}}$；　　(4) $z = \ln(y-x)+\dfrac{\sqrt{x}}{\sqrt{1-x^2-y^2}}$；

(5) $z = \sqrt{R^2-x^2-y^2-z^2}+\dfrac{1}{\sqrt{x^2+y^2+z^2-r^2}}$　$(R > r > 0)$；

(6) $w = \arccos\dfrac{z}{\sqrt{x^2+y^2}}$.

解　(1) 定义域为　$D = \{(x,y) \mid y^2-2x+1 > 0\}$

(2) 由 $x+y > 0, x-y > 0$ 得，$-y < x$ 且 $y < x$. 故 $z = \dfrac{1}{\sqrt{x+y}}+\dfrac{1}{\sqrt{x-y}}$ 的定义域为

$$D = \{(x,y) \mid -x < y < x\}$$

(3) 要使函数有意义必须 $\begin{cases} y \geqslant 0 \\ x-\sqrt{y} \geqslant 0 \end{cases}$，即 $\begin{cases} y \geqslant 0 \\ x \geqslant \sqrt{y} \end{cases}$. 故 $z = \sqrt{x-\sqrt{y}}$ 的定义域为

$$D = \{(x,y) \mid y \geqslant 0, \text{且 } x \geqslant \sqrt{y}\}$$

(4) 当且仅当 $\begin{cases} y-x > 0 \\ x \geqslant 0 \\ 1-x^2-y^2 > 0 \end{cases}$ 时函数有意义，故函数的定义域为

$$D = \{(x,y) \mid y > x, x \geqslant 0, x^2+y^2 < 1\}$$

(5) 当且仅当 $r^2 < x^2+y^2+z^2 \leqslant R^2$ 时函数有意义，故函数的定义域为

$$D = \{(x,y) \mid r^2 < x^2+y^2+z^2 \leqslant R^2\}$$

(6) $x^2+y^2 \neq 0$ 且 $\left|\dfrac{z}{\sqrt{x^2+y^2}}\right| \leqslant 1$ 时函数有意义，故函数的定义域为

$$D=\{(x,y)\mid z^2\leqslant x^2+y^2 \text{ 且 } x^2+y^2\neq 0\}$$

6. 求下列各极限：

(1) $\lim\limits_{\substack{x\to 0\\y\to 1}}\dfrac{1-xy}{x^2+y^2}$；(2) $\lim\limits_{\substack{x\to 1\\y\to 0}}\dfrac{\ln(x+e^y)}{\sqrt{x^2+y^2}}$；(3) $\lim\limits_{\substack{x\to 0\\y\to 0}}\dfrac{2-\sqrt{xy+4}}{xy}$

(4) $\lim\limits_{\substack{x\to 0\\y\to 0}}\dfrac{xy}{\sqrt{xy+1}-1}$；(5) $\lim\limits_{\substack{x\to 2\\y\to 0}}\dfrac{\sin(xy)}{y}$；(6) $\lim\limits_{\substack{x\to 0\\y\to 0}}\dfrac{1-\cos(x^2+y^2)}{(x^2+y^2)e^{x^2y^2}}$.

解 (1) $\lim\limits_{\substack{x\to 0\\y\to 1}}\dfrac{1-xy}{x^2+y^2}=\dfrac{1-0}{0+1}=1$

(2) 利用函数的连续性：$\lim\limits_{\substack{x\to 1\\y\to 0}}\dfrac{\ln(x+e^y)}{\sqrt{x^2+y^2}}=\dfrac{\ln(1+e^0)}{\sqrt{1^2+0^2}}=\ln 2$

(3) $\lim\limits_{\substack{x\to 0\\y\to 0}}\dfrac{2-\sqrt{xy+4}}{xy}=\lim\limits_{\substack{x\to 0\\y\to 0}}\dfrac{(2-\sqrt{xy+4})(2+\sqrt{xy+4})}{xy(2+\sqrt{xy+4})}=\lim\limits_{\substack{x\to 0\\y\to 0}}\dfrac{-1}{2+\sqrt{xy+4}}=-\dfrac{1}{4}$

(4) $\lim\limits_{\substack{x\to 0\\y\to 0}}\dfrac{xy}{\sqrt{xy+1}-1}=\lim\limits_{\substack{x\to 0\\y\to 0}}\dfrac{xy(\sqrt{xy+1}+1)}{(\sqrt{xy+1}-1)(\sqrt{xy+1}+1)}=\lim\limits_{\substack{x\to 0\\y\to 0}}(\sqrt{xy+1}+1)=2$

(5) $\lim\limits_{\substack{x\to 2\\y\to 0}}\dfrac{\sin(xy)}{y}=\lim\limits_{\substack{x\to 2\\y\to 0}}\dfrac{\sin(xy)}{xy}=2$

(6) 利用 $1-\cos(x^2+y^2)\sim\dfrac{1}{2}(x^2+y^2)^2$（当 $x\to 0,y\to 0$），因此

$$\lim_{\substack{x\to 0\\y\to 0}}\frac{1-\cos(x^2+y^2)}{(x^2+y^2)e^{x^2y^2}}=\lim_{\substack{x\to 0\\y\to 0}}\frac{\frac{1}{2}(x^2+y^2)^2}{(x^2+y^2)e^{x^2y^2}}=\lim_{\substack{x\to 0\\y\to 0}}\frac{\frac{1}{2}(x^2+y^2)}{e^{x^2y^2}}=0$$

*7. 证明下列极限不存在：

(1) $\lim\limits_{\substack{x\to 0\\y\to 0}}\dfrac{x+y}{x-y}$；(2) $\lim\limits_{\substack{x\to 0\\y\to 0}}\dfrac{x^2y^2}{x^2y^2+(x-y)^2}$.

证明 (1) 当点 (x,y) 沿直线 $y=kx\,(x\neq 1)$ 趋于点 $(0,0)$，k 取不同的值时，相应的极限：$\lim\limits_{\substack{y=kx\\x\to 0}}\dfrac{x+y}{x-y}=\lim\limits_{x\to 0}\dfrac{(1+k)x}{(1-k)x}=\dfrac{1+k}{1-k}$ 不同.

(2) 依次取 $x\to 0,y\to 0$ 这两种方式：$y=x,y=-x$ 分别求极限.

$$\lim_{\substack{x\to 0\\y=x}}\frac{x^2y^2}{x^2y^2+(x-y)^2}=\lim_{x\to 0}\frac{x^4}{x^4}=1$$

$$\lim_{\substack{x\to 0\\y=-x}}\frac{x^2y^2}{x^2y^2+(x-y)^2}=\lim_{x\to 0}\frac{x^4}{x^4+4x^2}=\lim_{x\to 0}\frac{x^2}{x^2+4}=0$$

故原极限不存在.

8. 函数 $z=\dfrac{y^2+2x}{y^2-2x}$ 在何处是间断的？

解 为使表达式有意义，须 $y^2-2x\neq 0$，又函数是初等函数，则它在定义域内连续，从而函数在且只在 $y^2-2x=0$ 处间断.

*9. 证明：$\lim\limits_{\substack{x\to 0\\y\to 0}}\dfrac{xy}{\sqrt{x^2+y^2}}=0$.

证明 由于

$$\left|\frac{xy}{\sqrt{x^2+y^2}-0}\right|\leqslant\frac{\frac{1}{2}(x^2+y^2)}{\sqrt{x^2+y^2}}=\frac{1}{2}\sqrt{x^2+y^2}$$

于是对任意的 $\varepsilon>0$，存在 $\delta=2\varepsilon>0$，当 $0<\sqrt{x^2+y^2}<\delta$ 时，有

$$\left|\frac{xy}{x^2+y^2}-0\right|<\varepsilon$$

故
$$\lim_{\substack{x\to0\\y\to0}}\frac{xy}{\sqrt{x^2+y^2}}=0$$

*10. 设 $F(x,y)=f(x)$，$f(x)$ 在 x_0 处连续，证明：对任意 $y_0\in\mathbf{R}$，$F(x,y)$ 在点 (x_0,y_0) 处连续.

证明　设 $P_0(x_0,y_0)\in\mathbf{R}^2$. 因为 $f(x)$ 在 x_0 处连续，所以对于任意 $\varepsilon>0$，存在 $\delta>0$，当 $|x-x_0|<\delta$ 时，$|f(x)-f(x_0)|<\varepsilon$. 从而当 $P(x,y)\in U(p_0,\delta)$ 时，$|x-x_0|\leqslant\rho(p,p_0)<\delta$，因而有
$$|F(x,y)-F(x_0,y_0)|=|f(x)-f(x_0)|<\varepsilon$$
即 $F(x,y)$ 在点 (x_0,y_0) 处连续.

(二) 习题 9－2 解答

1. 求下列函数的偏导数：

(1) $z=x^3y-y^3x$；　(2) $s=\dfrac{u^2+v^2}{uv}$；　(3) $z=\sqrt{\ln(xy)}$；

(4) $z=\sin(xy)+\cos^2(xy)$；　(5) $z=\ln\tan\dfrac{x}{y}$；　(6) $z=(1+xy)^y$；

(7) $u=x^{\frac{y}{z}}$；　(8) $u=\arctan(x-y)^z$.

解　(1) $\dfrac{\partial z}{\partial x}=3x^2y-y^3$，　$\dfrac{\partial z}{\partial y}=x^3-3xy^2$

(2) $s=\dfrac{u}{v}+\dfrac{v}{u}$，$\dfrac{\partial s}{\partial u}=\dfrac{1}{v}-\dfrac{v}{u^2}$，　$\dfrac{\partial s}{\partial v}=\dfrac{1}{u}-\dfrac{u}{v^2}$

(3) $\dfrac{\partial z}{\partial x}=\dfrac{\partial}{\partial x}(\sqrt{\ln x+\ln y})=\dfrac{1}{2}\cdot\dfrac{1}{\sqrt{\ln x+\ln y}}\cdot\dfrac{1}{x}=\dfrac{1}{2x\sqrt{\ln(xy)}}$

$\dfrac{\partial z}{\partial y}=\dfrac{\partial}{\partial y}(\sqrt{\ln x+\ln y})=\dfrac{1}{2}\cdot\dfrac{1}{\sqrt{\ln x+\ln y}}\cdot\dfrac{1}{y}=\dfrac{1}{2y\sqrt{\ln(xy)}}$

(4) $\dfrac{\partial z}{\partial x}=y\cos(xy)+2\cos(xy)\cdot[-\sin(xy)]\cdot y=y[\cos(xy)-\sin(2xy)]$

$\dfrac{\partial z}{\partial y}=x\cos(xy)+2\cos(xy)\cdot[-\sin(xy)]\cdot x=x[\cos(xy)-\sin(2xy)]$

(5) $\dfrac{\partial z}{\partial x}=\dfrac{1}{\tan\dfrac{x}{y}}\cdot\sec^2\dfrac{x}{y}\cdot\dfrac{1}{y}=\dfrac{2}{y}\csc\dfrac{2x}{y}$

$\dfrac{\partial z}{\partial y}=\dfrac{1}{\tan\dfrac{x}{y}}\cdot\sec^2\dfrac{x}{y}\cdot\dfrac{-x}{y^2}=-\dfrac{2x}{y^2}\csc\dfrac{2x}{y}$

(6) $\dfrac{\partial z}{\partial x}=y^2(1+xy)^{y-1}$

$\dfrac{\partial z}{\partial y}=\dfrac{\partial}{\partial y}\left[e^{y\ln(1+xy)}\right]=(1+xy)^y\left[\ln(1+xy)+\dfrac{xy}{1+xy}\right]$

(7) $\dfrac{\partial u}{\partial x}=\dfrac{y}{z}x^{\frac{y}{z}-1}$，　$\dfrac{\partial u}{\partial y}=\dfrac{1}{z}\cdot x^{\frac{y}{z}}\cdot\ln x$，　$\dfrac{\partial u}{\partial z}=-\dfrac{y}{z^2}\cdot x^{\frac{y}{z}}\cdot\ln x$

(8) $\dfrac{\partial u}{\partial x}=\dfrac{z(x-y)^{z-1}}{1+(x-y)^{2z}}$，　$\dfrac{\partial u}{\partial y}=\dfrac{-z(x-y)^{z-1}}{1+(x-y)^{2z}}$，　$\dfrac{\partial u}{\partial z}=\dfrac{(x-y)^z\ln(x-y)}{1+(x-y)^{2z}}$

2. 设 $T=2\pi\sqrt{\dfrac{l}{g}}$，求证 $l\dfrac{\partial T}{\partial l}+g\dfrac{\partial T}{\partial g}=0$.

证明　由于
$$\frac{\partial T}{\partial l}=\pi\frac{1}{\sqrt{gl}},\quad\frac{\partial T}{\partial g}=-\frac{\pi\sqrt{l}}{g\sqrt{g}}$$

因此
$$l\frac{\partial T}{\partial l}+g\frac{\partial T}{\partial g}=\pi\frac{l}{\sqrt{g}}-\pi\frac{l}{\sqrt{g}}=0$$

3. 设 $z=\mathrm{e}^{-\left(\frac{1}{x}+\frac{1}{y}\right)}$，求证 $x^2\dfrac{\partial z}{\partial x}+y^2\dfrac{\partial z}{\partial y}=2z$.

证明 将$\dfrac{\partial z}{\partial x}=\dfrac{1}{x^2}\mathrm{e}^{-\left(\frac{1}{x}+\frac{1}{y}\right)}$，$\dfrac{\partial z}{\partial y}=\dfrac{1}{y^2}\mathrm{e}^{-\left(\frac{1}{x}+\frac{1}{y}\right)}$ 代入要证的等式左端即可获证.

4. 设 $f(x,y)=x+(y-1)\arcsin\sqrt{\dfrac{x}{y}}$，求 $f_x'(x,1)$.

解 由于 $f_x'(x,y)=1+\dfrac{y-1}{\sqrt{1-\dfrac{x}{y}}}\cdot\dfrac{1}{2\sqrt{\dfrac{x}{y}}}\cdot\dfrac{1}{y}$，故 $f_x'(x,1)=1$.

5. 曲线$\begin{cases}z=\dfrac{x^2+y^2}{4}\\ y=4\end{cases}$在点(2,4,5)处的切线对于 x 轴的倾角是多少？

解 依据偏导数的几何意义，$f_x'(2,4)$ 就是曲线在点(2,4,5)处的切线对于 x 轴的斜率，$f_x'(2,4)=\dfrac{1}{2}x\Big|_{x=2}=1$，由此可求得倾角 $\alpha=\dfrac{\pi}{4}$.

6. 求下列函数的$\dfrac{\partial^2 z}{\partial x^2}$，$\dfrac{\partial^2 z}{\partial y^2}$，$\dfrac{\partial^2 z}{\partial x\partial y}$：

(1) $z=x^4+y^4-4x^2y^2$； (2) $z=\arctan\dfrac{y}{x}$； (3) $z=y^x$.

解 (1) $\dfrac{\partial z}{\partial x}=4x^3-8xy^2$，$\dfrac{\partial z}{\partial y}=4y^3-8x^2y$，$\dfrac{\partial^2 z}{\partial x^2}=12x^2-8y^2$

$$\frac{\partial^2 z}{\partial y^2}=12y^2-8x^2,\quad \frac{\partial^2 z}{\partial x\partial y}=\frac{\partial}{\partial x}(4y^3-8xy^2)=-16xy$$

(2) $\dfrac{\partial z}{\partial x}=\dfrac{1}{1+\left(\dfrac{y}{x}\right)^2}\cdot\left(-\dfrac{y}{x^2}\right)=-\dfrac{y}{x^2+y^2}$，$\dfrac{\partial z}{\partial y}=\dfrac{1}{1+\left(\dfrac{y}{x}\right)^2}\cdot\dfrac{1}{x}=\dfrac{x}{x^2+y^2}$

$$\frac{\partial^2 z}{\partial x^2}=\frac{2xy}{(x^2+y^2)^2},\quad \frac{\partial^2 z}{\partial y^2}=-\frac{2xy}{(x^2+y^2)^2},\quad \frac{\partial^2 z}{\partial x\partial y}=\frac{\partial}{\partial x}\left(\frac{x}{x^2+y^2}\right)=\frac{(y^2-x^2)}{(x^2+y^2)^2}$$

(3) $\dfrac{\partial z}{\partial x}=y^x\ln y$，$\dfrac{\partial z}{\partial y}=xy^{x-1}$，$\dfrac{\partial^2 z}{\partial x^2}=y^x\ln^2 y$，$\dfrac{\partial^2 z}{\partial y^2}=x(x-1)y^{x-2}$

$$\frac{\partial^2 z}{\partial x\partial y}=y^{x-1}(x\ln y+1)$$

7. 设 $f(x,y,z)=xy^2+yz^2+zx^2$，求 $f_{xx}''(0,0,1)$，$f_{xz}''(1,0,2)$，$f_{yz}''(0,-1,0)$ 及 $f_{zzx}'''(2,0,1)$.

解

$$f_x'=y^2+2xz,\quad f_{xx}''=2z$$
$$f_z'=2yz+x^2,\quad f_{zz}''=2y,\quad f_y'=2xy+z^2$$
$$f_{xz}''=2x,\quad f_{yz}''=2z,\quad f_{zzx}'''=0$$

从而

$$f_{xx}''(0,0,1)=2,\quad f_{xz}''(1,0,2)=2$$
$$f_{yz}''(0,-1,0)=0,\quad f_{zzx}'''(2,0,1)=0$$

8. 设 $z=x\ln(xy)$，求$\dfrac{\partial^3 z}{\partial x^2\partial y}$及$\dfrac{\partial^3 z}{\partial x\partial y^2}$.

解

$$\frac{\partial z}{\partial x}=\ln(xy)+x\cdot\frac{y}{xy}=\ln(xy)+1,\quad \frac{\partial^2 z}{\partial x^2}=\frac{y}{xy}=\frac{1}{x},\quad \frac{\partial^3 z}{\partial x^2\partial y}=0$$

$$\frac{\partial^2 z}{\partial x\partial y}=\frac{x}{xy}=\frac{1}{y},\quad \frac{\partial^3 z}{\partial x\partial y^2}=-\frac{1}{y^2}$$

9. 验证：(1) $y=\mathrm{e}^{-kn^2t}\sin nx$ 满足$\dfrac{\partial y}{\partial t}=k\dfrac{\partial^2 y}{\partial x^2}$；

(2) $r=\sqrt{x^2+y^2+z^2}$ 满足$\dfrac{\partial^2 r}{\partial x^2}+\dfrac{\partial^2 r}{\partial y^2}+\dfrac{\partial^2 r}{\partial z^2}=\dfrac{2}{r}$.

解　(1) $\frac{\partial y}{\partial t}=-kn^2\mathrm{e}^{-kn^2t}\sin nx$，　$\frac{\partial y}{\partial x}=n\mathrm{e}^{-kn^2t}\cos nx$

$$\frac{\partial^2 y}{\partial x^2}=\frac{\partial}{\partial x}(n\mathrm{e}^{-kn^2t}\cos nx)=-n^2\mathrm{e}^{-kn^2t}\sin nx$$

将$\frac{\partial y}{\partial t}$，$\frac{\partial^2 y}{\partial x^2}$的值分别代入等式两端，即获证.

(2) $\frac{\partial r}{\partial x}=\frac{x}{\sqrt{x^2+y^2+z^2}}=\frac{x}{r}$，　$\frac{\partial^2 r}{\partial x^2}=\frac{\partial}{\partial x}\left(\frac{x}{r}\right)=\frac{1}{r}-\frac{x}{r^2}\cdot\frac{x}{r}=\frac{r^2-x^2}{r^3}$

同理
$$\frac{\partial^2 r}{\partial y^2}=\frac{r^2-y^2}{r^3},\quad \frac{\partial^2 r}{\partial z^2}=\frac{r^2-z^2}{r^3}$$

将$\frac{\partial^2 r}{\partial x^2}$，$\frac{\partial^2 r}{\partial y^2}$，$\frac{\partial^2 r}{\partial z^2}$的值代入等式左端，即获证.

(三) 习题 9－3 解答

1. 求下列函数的全微分：

(1) $z=xy+\frac{x}{y}$；　(2) $z=\mathrm{e}^{\frac{y}{x}}$；　(3) $z=\frac{y}{\sqrt{x^2+y^2}}$；　(4) $u=x^{yz}$.

解

(1) $\frac{\partial z}{\partial x}=y+\frac{1}{y}$，　$\frac{\partial z}{\partial y}=x-\frac{x}{y^2}$，　$\mathrm{d}z=(y+\frac{1}{y})\mathrm{d}x+(x-\frac{x}{y^2})\mathrm{d}y$

(2) $\frac{\partial z}{\partial x}=-\frac{y}{x^2}\mathrm{e}^{\frac{y}{x}}$，　$\frac{\partial z}{\partial y}=\frac{1}{x}\mathrm{e}^{\frac{y}{x}}$，　$\mathrm{d}z=-\frac{1}{x}\mathrm{e}^{\frac{y}{x}}(\frac{y}{x}\mathrm{d}x-\mathrm{d}y)$

(3) $\frac{\partial z}{\partial x}=-\frac{xy}{(x^2+y^2)^{\frac{3}{2}}}$，　$\frac{\partial z}{\partial y}=\frac{x^2}{(x^2+y^2)^{\frac{3}{2}}}$，　$\mathrm{d}z=-\frac{x}{(x^2+y^2)^{\frac{3}{2}}}(y\mathrm{d}x-x\mathrm{d}y)$

(4) $\frac{\partial u}{\partial x}=yz\cdot x^{yz-1}$，　$\frac{\partial u}{\partial y}=zx^{yz}\ln x$，　$\frac{\partial u}{\partial z}=yx^{yz}\ln x$

$$\mathrm{d}u=\frac{\partial u}{\partial x}\mathrm{d}x+\frac{\partial u}{\partial y}\mathrm{d}y+\frac{\partial u}{\partial z}\mathrm{d}z=yz\cdot x^{yz-1}\mathrm{d}x+z\cdot x^{yz}\ln x\mathrm{d}y+y\cdot x^{yz}\ln x\mathrm{d}z$$

2. 求函数 $z=\ln(1+x^2+y^2)$ 当 $x=1,y=2$ 时的全微分.

解　由于
$$\frac{\partial z}{\partial x}=\frac{2x}{1+x^2+y^2},\quad \frac{\partial z}{\partial y}=\frac{2y}{1+x^2+y^2}$$

故
$$\mathrm{d}z\Big|_{(1,2)}=\frac{1}{3}\mathrm{d}x+\frac{2}{3}\mathrm{d}y$$

3. 求函数 $z=\frac{y}{x}$ 当 $x=2,y=1,\Delta x=0.1,\Delta y=-0.2$ 时的全增量和全微分.

解　$\Delta z=\frac{y+\Delta y}{x+\Delta x}-\frac{y}{x}$；　$\mathrm{d}z=-\frac{y}{x^2}\Delta x+\frac{1}{x}\Delta y$

将 $x,y,\Delta x,\Delta y$ 的值代入即得　$\Delta z=\frac{1-0.2}{2+0.1}-\frac{1}{2}\approx-0.119$

$$\mathrm{d}z=-\frac{1}{4}\times 0.1+\frac{1}{2}\times(-0.2)=-0.125$$

4. 求函数 $z=\mathrm{e}^{xy}$ 当 $x=1,y=1,\Delta x=0.15,\Delta y=0.1$ 时的全微分.

解　$\mathrm{d}z=\frac{\partial z}{\partial x}\mathrm{d}x+\frac{\partial z}{\partial y}\mathrm{d}y=y\mathrm{e}^{xy}\mathrm{d}x+x\mathrm{e}^{xy}\mathrm{d}y,\mathrm{d}z\Big|_{\substack{x=1,y=1\\ \Delta x=0.15,\Delta y=0.1}}=0.15\mathrm{e}+0.1\mathrm{e}=0.25\mathrm{e}$

5. 考虑二元函数 $f(x,y)$ 的下面四条性质：

(1) $f(x,y)$ 在点 (x_0,y_0) 连续.　(2) $f_x(x,y),f_y(x,y)$ 在点 (x_0,y_0) 连续.

(3) $f(x,y)$ 在点 (x_0,y_0) 可微分.　(4) $f_x(x_0,y_0),f_y(x_0,y_0)$ 存在.

若用“$P \Rightarrow Q$”表示可由性质 P 推出性质 Q,则下列四个选项中正确的是(　　).

(A)(2)⇒(3)⇒(1).　　(B)(3)⇒(2)⇒(1).

(C)(3)⇒(4)⇒(1).　　(D)(3)⇒(1)⇒(4).

解　由于二元函数偏导数存在且连续是二元函数可微分的充分条件,二元函数可微分必定可(偏)导,二元函数可微分必定连续,因此选项(A)正确.

选项(B)中(3)$\not\Rightarrow$(2),选项(C)中(4)$\not\Rightarrow$(1),选项(D)中(1)$\not\Rightarrow$(4).

*6. 计算 $\sqrt{(1.02)^3+(1.97)^3}$ 的近似值.

解　设 $z=\sqrt{x^3+y^3}$,由 $\Delta z \approx \mathrm{d}z$ 得

$$\sqrt{(x+\Delta x)^3+(y+\Delta y)^3} \approx \sqrt{x^3+y^3}+\frac{\partial z}{\partial x}\Delta x+\frac{\partial z}{\partial y}\Delta y=\sqrt{x^3+y^3}+\frac{3x^2\Delta x+3y^2\Delta y}{2\sqrt{x^3+y^3}}$$

故取 $x=1, y=2, \Delta x=0.02, \Delta y=-0.03$ 得

$$\sqrt{(1.02)^3+(1.97)^3} \approx \sqrt{1+2^3}+\frac{3\times 0.02+3\times 2^2\times(-0.03)}{2\sqrt{1+2^3}}=2.95$$

*7. 计算 $(1.97)^{1.05}$ 的近似值($\ln 2=0.693$).

解　设 $z=x^y$,则

$$(x+\Delta x)^{y+\Delta y}=x^y+\Delta z \approx x^y+\mathrm{d}z=x^y+y\cdot x^{y-1}\Delta x+x^y\Delta y\ln x$$

将 $x=2, y=1, \Delta x=-0.03, \Delta y=0.05$ 代入即得

$$(1.97)^{1.05} \approx 2-0.03+2\ln 2\times 0.05=1.97+0.0693 \approx 2.039$$

*8. 已知边长为 $x=6$ m 与 $y=8$ m 的矩形,如果 x 边增加 5 cm 而 y 边减少 10 cm,问这个矩形的对角线的近似变化怎样?

解　矩形的对角线为 $z=\sqrt{x^2+y^2}$,则

$$\Delta z \approx \mathrm{d}z=\frac{\partial z}{\partial x}\Delta x+\frac{\partial z}{\partial y}\Delta y=\frac{1}{\sqrt{x^2+y^2}}(x\Delta x+y\Delta y)$$

当 $x=6, y=8, \Delta x=0.05, \Delta y=-0.1$ 时,有

$$\Delta z \approx \frac{1}{\sqrt{6^2+8^2}}(6\times 0.05-8\times 0.1)=-0.05\ \mathrm{m}$$

这个矩形的对角线大约减少 5 cm.

*9. 设有一无盖圆柱形容器,容器的壁与底的厚度为 0.1 cm,内高为 20 cm,内半径为 4 cm. 求容器外壳体积的近似值.

解　圆柱体的体积公式为 $V=\pi r^2 h, \Delta v \approx 2\pi rh\Delta r+\pi r^2\Delta h$. $r=4, h=20$,当 $\Delta r=\Delta h=0.1$ 时,则

$$\Delta v \approx \mathrm{d}v=2\times\pi\times 4\times 20\times 0.1+\pi\times 4^2\times 0.1 \approx 55.3\ \mathrm{cm}^3$$

这个容器外壳的体积大约是 $55.3\ \mathrm{cm}^3$.

*10. 设有直角三角形,测得其两直角边的长分别为 (7 ± 0.1) cm 和 (24 ± 0.1) cm. 试求利用上述两值来计算斜边长度时的绝对误差.

解　设两直角边分别为 x 和 y,则斜边长度为 $z=\sqrt{x^2+y^2}$.

$$|\Delta z| \approx |\mathrm{d}z|=\left|\frac{\partial z}{\partial x}\Delta x+\frac{\partial z}{\partial y}\Delta y\right| \leqslant \left|\frac{\partial z}{\partial x}\right||\Delta x|+\left|\frac{\partial z}{\partial y}\right||\Delta y|=$$

$$\frac{1}{\sqrt{x^2+y^2}}(x|\Delta x|+y|\Delta y|) \leqslant \frac{1}{x^2+y^2}(x\delta_x+y\delta_y)$$

将 $x=7, y=24, |\Delta x| \leqslant 0.1, |\Delta y| \leqslant 0.1$ 代入得

$$\delta_z=\frac{1}{x^2+y^2}(x\delta_x+y\delta_y)=\frac{1}{\sqrt{7^2+24^2}}(7\times 0.1+24\times 0.1)=0.124\ (\mathrm{cm})$$

*11. 测得一块三角形土地的两边长分别为 (63 ± 0.1) m 和 (78 ± 0.1) m,这两边的夹角为 $60°\pm 1°$. 试求三

角形面积的近似值，并求其绝对误差和相对误差.

解　设三角形的两边分别为 x 和 y，两边的夹角为 z，则三角形的面积为

$$S=\frac{1}{2}xy\sin z$$

$$\mathrm{d}S=\frac{1}{2}y\sin z\mathrm{d}x+\frac{1}{2}x\sin z\mathrm{d}y+\frac{1}{2}xy\cos z\mathrm{d}z$$

$$|\Delta S|\approx|\mathrm{d}S|\leqslant\frac{1}{2}y\sin z\,|\mathrm{d}x|+\frac{1}{2}x\sin z\,|\mathrm{d}y|+\frac{1}{2}xy\cos z\,|\mathrm{d}z|$$

令 $x=63,y=78,z=\frac{\pi}{3}$，$|\mathrm{d}x|=0.1$，$|\mathrm{d}x|=0.1$，$|\mathrm{d}z|=\frac{\pi}{180}$，得绝对值的误差的近似值为

$$\delta_x\approx\frac{78}{2}\times\frac{\sqrt{3}}{2}\times0.1+\frac{63}{2}\times\frac{\sqrt{3}}{2}\times0.1+\frac{63\times78}{2}\times\frac{1}{2}\times\frac{\pi}{180}=27.55$$

此时 $S\approx\frac{1}{2}\times63\times78\times\sin\frac{\pi}{3}=2\ 127.81$，因而相对误差约为$\frac{\delta_x}{S}=1.29\%$. 所以三角形面积的近似值约为 2 127.81，绝对值误差为 27.55，相对误差约为$\frac{\delta_x}{S}=1.29\%$.

*12. 利用全微分证明：两数之和的绝对误差等于它们各自的绝对误差之和.

证明　设 $u=x+y$，则

$$|\Delta u|\approx|\mathrm{d}u|=\left|\frac{\partial u}{\partial x}\Delta x+\frac{\partial u}{\partial y}\Delta y\right|=|\Delta x+\Delta y|\leqslant|\Delta x|+|\Delta y|$$

所以两数之和的绝对误差 $|\Delta u|$ 等于它们各自的绝对误差 $|\Delta x|$ 与 $|\Delta y|$ 之和.

*13. 利用全微分证明：乘积的相对误差等于各因子的相对误差之和；商的相对误差等于被除数及除数的相对误差之和.

证明　设 $u=xy,v=\frac{x}{y}$，则

$$\Delta u\approx\mathrm{d}u=y\Delta x+x\Delta y,\quad\Delta v\approx\mathrm{d}v=\frac{y\Delta x-x\Delta y}{y^2}$$

由此可得相对误差为

$$\left|\frac{\Delta u}{u}\right|\approx\left|\frac{\mathrm{d}u}{u}\right|=\left|\frac{y\Delta x+x\Delta y}{xy}\right|=\left|\frac{\Delta x}{x}+\frac{\Delta y}{y}\right|\leqslant\frac{|\Delta x|}{|x|}+\frac{|\Delta y|}{|y|}$$

$$\left|\frac{\Delta u}{v}\right|\approx\left|\frac{\mathrm{d}u}{u}\right|=\left|\frac{\frac{y\Delta x-x\Delta y}{y^2}}{\left|\frac{x}{y}\right|}\right|=\left|\frac{\Delta x}{x}-\frac{\Delta y}{y}\right|\leqslant\frac{|\Delta x|}{|x|}+\frac{|\Delta y|}{|y|}$$

（四）习题 9-4 解答

1. 设 $z=u^2+v^2$，而 $u=x+y,v=x-y$，求$\frac{\partial z}{\partial x},\frac{\partial z}{\partial y}$.

解　$$\frac{\partial z}{\partial x}=\frac{\partial z}{\partial u}\cdot\frac{\partial u}{\partial x}+\frac{\partial z}{\partial v}\cdot\frac{\partial v}{\partial x}=2u\times1+2v\times1=2(u+v)=4x$$

$$\frac{\partial z}{\partial y}=\frac{\partial z}{\partial u}\cdot\frac{\partial u}{\partial y}+\frac{\partial z}{\partial v}\cdot\frac{\partial v}{\partial y}=2u\times1+2v\times(-1)=2(u-v)=4y$$

2. 设 $z=u^2\ln v$，而 $u=\frac{x}{y},v=3x-2y$，求$\frac{\partial z}{\partial x},\frac{\partial z}{\partial y}$.

解　$$\frac{\partial z}{\partial x}=\frac{\partial z}{\partial u}\cdot\frac{\partial u}{\partial x}+\frac{\partial z}{\partial v}\cdot\frac{\partial v}{\partial x}=2u\ln v\cdot\frac{1}{y}+3\,\frac{u^2}{v}=\frac{2x}{y^2}\ln(3x-2y)+\frac{3x^2}{(3x-2y)y^2}$$

$$\frac{\partial z}{\partial y}=\frac{\partial z}{\partial u}\cdot\frac{\partial u}{\partial y}+\frac{\partial z}{\partial v}\cdot\frac{\partial v}{\partial y}=2u\ln v\cdot\left(-\frac{x}{y^2}\right)-2\,\frac{u^2}{v}=-\frac{2x^2}{y^3}\ln(3x-2y)-\frac{2x^2}{(3x-2y)y^2}$$

3. 设 $z = e^{x-2y}$，而 $x = \sin t, y = t^3$，求 $\frac{dz}{dt}$.

解
$$\frac{dz}{dt} = \frac{\partial z}{\partial x}\cdot\frac{dx}{dt} + \frac{\partial z}{\partial y}\cdot\frac{dy}{dt} = e^{x-2y}\cos t + e^{x-2y}(-2)\times 3t^2 =$$
$$e^{x-2y}(\cos t - 6t^2) = e^{\sin t - 2t^3}(\cos t - 6t^2)$$

4. 设 $z = \arcsin(x-y)$，而 $x = 3t, y = 4t^3$，求 $\frac{dz}{dt}$.

解 $$\frac{dz}{dt} = \frac{\partial z}{\partial x}\frac{dx}{dt} + \frac{\partial z}{\partial y}\frac{dy}{dt} = \frac{1}{\sqrt{1-(x-y)^2}}\times 3 + \frac{(-1)}{\sqrt{1-(x-y)^2}}\times 12t^2 = \frac{3(1-4t^2)}{\sqrt{1-(3t-4t^3)^2}}$$

5. 设 $z = \arctan(xy)$，而 $y = e^x$，求 $\frac{dz}{dx}$.

解 $$\frac{dz}{dx} = \frac{\partial z}{\partial x} + \frac{\partial z}{\partial y}\cdot\frac{dy}{dx} = \frac{y}{1+x^2y^2} + \frac{x}{1+x^2y^2}e^x = \frac{e^x(1+x)}{1+x^2e^{2x}}$$

6. 设 $u = \frac{e^{ax}(y-z)}{a^2+1}$，而 $y = a\sin x, z = \cos x$，求 $\frac{du}{dx}$.

解 $$\frac{du}{dx} = \frac{\partial u}{\partial x} + \frac{\partial u}{\partial y}\cdot\frac{dy}{dx} + \frac{\partial u}{\partial z}\cdot\frac{dz}{dx} = \frac{ae^{ax}(y-z)}{a^2+1} + \frac{e^{ax}}{a^2+1}\cdot a\cos x - \frac{e^{ax}}{a^2+1}\cdot(-\sin x) =$$
$$\frac{e^{ax}}{a^2+1}(a^2\sin x - a\cdot\cos x + a\cdot\cos x + \sin x) = e^{ax}\sin x$$

7. 设 $z = \arctan\frac{x}{y}$，而 $x = u+v, y = u-v$，验证：$\frac{\partial z}{\partial u} + \frac{\partial z}{\partial v} = \frac{u-v}{u^2+v^2}$.

证明 利用复合函数的求导法，则
$$\frac{\partial z}{\partial u} = \frac{\partial z}{\partial x}\frac{\partial x}{\partial u} + \frac{\partial z}{\partial y}\frac{\partial y}{\partial u} = \frac{y-x}{x^2+y^2}$$
$$\frac{\partial z}{\partial v} = \frac{\partial z}{\partial x}\frac{\partial x}{\partial v} + \frac{\partial z}{\partial y}\frac{\partial y}{\partial v} = \frac{y+x}{x^2+y^2}$$
于是
$$\frac{\partial z}{\partial u} + \frac{\partial z}{\partial v} = \frac{u-v}{u^2+v^2}$$

8. 求下列函数的一阶偏导数(其中 f 具有一阶连续偏导数)：

(1) $u = f(x^2-y^2, e^{xy})$； (2) $u = f\left(\frac{x}{y}, \frac{y}{z}\right)$； (3) $u = f(x, xy, xyz)$.

解 (1) 将两个中间变量按顺序编为1，2号.
$$\frac{\partial u}{\partial x} = f_1'\cdot\frac{\partial}{\partial x}(x^2-y^2) + f_2'\cdot\frac{\partial}{\partial x}(e^{xy}) = 2xf_1' + ye^{xy}f_2'$$
$$\frac{\partial u}{\partial y} = f_1'\cdot\frac{\partial}{\partial y}(x^2-y^2) + f_2'\cdot\frac{\partial}{\partial y}(e^{xy}) = -2yf_1' + xe^{xy}f_2'$$

(2) 令 $s = \frac{x}{y}, t = \frac{y}{z}$，则 $u = f(s,t)$，即
$$\frac{\partial u}{\partial x} = \frac{\partial f}{\partial s}\cdot\frac{\partial s}{\partial x} = \frac{1}{y}f_s'$$
$$\frac{\partial u}{\partial y} = \frac{\partial f}{\partial s}\cdot\frac{\partial s}{\partial y} + \frac{\partial f}{\partial t}\cdot\frac{\partial t}{\partial y} = -\frac{x}{y^2}f_s' + \frac{1}{z}f_t'$$
$$\frac{\partial u}{\partial z} = \frac{\partial f}{\partial t}\cdot\frac{\partial t}{\partial z} = -\frac{y}{z^2}f_t'$$

(3) 将三个中间变量按顺序编为1，2，3号.
$$\frac{\partial u}{\partial x} = f_1'\cdot 1 + f_2'\cdot y + f_3'\cdot yz = f_1' + yf_2' + yzf_3'$$
$$\frac{\partial u}{\partial y} = f_2'\cdot x + f_3'\cdot xz = xf_2' + xzf_3'$$
$$\frac{\partial u}{\partial z} = f_3'\cdot xy = xyf_3'$$

9. 设 $z = xy + xF(u)$，而 $u = \frac{y}{x}$，$F(u)$ 为可导函数，证明：

$$x \cdot \frac{\partial z}{\partial x} + y \cdot \frac{\partial z}{\partial y} = z + xy$$

证明　由于

$$\frac{\partial z}{\partial x} = y + F(u) - \frac{y}{x}F'(u), \quad \frac{\partial z}{\partial y} = x + F'(u)$$

故

$$x \cdot \frac{\partial z}{\partial x} + y \cdot \frac{\partial z}{\partial y} = x\left[y + F(u) - \frac{y}{x}F'(u)\right] + y\left[x + F'(u)\right] = z + xy$$

10. 设 $z = \frac{y}{f(x^2 - y^2)}$，其中 $f(u)$ 为可导函数，验证：

$$\frac{1}{x} \cdot \frac{\partial z}{\partial x} + \frac{1}{y} \cdot \frac{\partial z}{\partial y} = \frac{z}{y^2}$$

解　$\frac{\partial z}{\partial x} = \frac{-y \cdot f' \cdot 2x}{f^2(x)} = -\frac{2xyf'}{f^2(u)}$，　$\frac{\partial z}{\partial y} = \frac{f(u) - yf' \cdot (-2y)}{f^2(u)} = \frac{1}{f(u)} + \frac{2y^2 f'}{f^2(u)}$

代入等式左端验证.

11. 设 $z = f(x^2 + y^2)$，其中 f 具有二阶导数，求 $\frac{\partial^2 z}{\partial x^2}, \frac{\partial^2 z}{\partial x \partial y}, \frac{\partial^2 z}{\partial y^2}$.

解　令 $u = x^2 + y^2$，则 $z = f(u)$，即

$$\frac{\partial z}{\partial x} = f'(u) \cdot \frac{\partial u}{\partial x} = 2xf'(u), \quad \frac{\partial z}{\partial y} = f'(u) \cdot \frac{\partial u}{\partial y} = 2yf'(u)$$

$$\frac{\partial^2 z}{\partial x^2} = \frac{\partial}{\partial x}(2xf'(u)) = 2f'(u) + 2xf''(u)\frac{\partial u}{\partial x} = 2f'(u) + 4x^2 f''(u)$$

$$\frac{\partial^2 z}{\partial x \partial y} = 2xf''(u)\frac{\partial u}{\partial y} = 4xyf''(u)$$

$$\frac{\partial^2 z}{\partial y^2} = \frac{\partial}{\partial y}(2yf'(u)) = 2f'(u) + 2yf''(u)\frac{\partial u}{\partial y} = 2f'(u) + 4y^2 f''(u)$$

*12. 求下列函数的二阶偏导数 $\frac{\partial^2 z}{\partial x^2}, \frac{\partial^2 z}{\partial x \partial y}, \frac{\partial^2 z}{\partial y^2}$（其中 f 具有二阶连续偏导数）：

(1) $z = f(xy, y)$；(2) $z = f(x, \frac{x}{y})$；

(3) $z = f(xy^2, x^2y)$；(4) $z = f(\sin x, \cos y, e^{x+y})$.

解　(1) 令 $s = xy, t = y$，则 $z = f(s,t)$，s 和 t 是中间变量.

$$\frac{\partial z}{\partial x} = \frac{\partial f}{\partial s} \cdot \frac{\partial s}{\partial x} = yf'_s, \quad \frac{\partial z}{\partial y} = \frac{\partial f}{\partial s} \cdot \frac{\partial s}{\partial y} + \frac{\partial f}{\partial t} \cdot \frac{\partial t}{\partial y} = xf'_s + f'_t$$

因为 $f(s,t)$ 是 s 和 t 的函数，所以 f'_s 和 f'_t 也是 s 和 t 的函数，从而 f'_s 和 f'_t 是以 s 和 t 为中间变量的 x 和 y 的函数.

$$\frac{\partial^2 z}{\partial x^2} = \frac{\partial}{\partial x}\left(\frac{\partial z}{\partial x}\right) = \frac{\partial}{\partial x}(yf'_s) = yf''_{ss} \cdot \frac{\partial s}{\partial x} = y^2 f''_{ss}$$

$$\frac{\partial^2 z}{\partial x \partial y} = \frac{\partial}{\partial y}\left(\frac{\partial z}{\partial x}\right) = \frac{\partial}{\partial y}(yf'_s) = f'_s + y\left(f''_{ss} \cdot \frac{\partial s}{\partial y} + f''_{st} \cdot \frac{dt}{dy}\right) = f'_s + xyf''_{ss} + yf''_{st}$$

$$\frac{\partial^2 z}{\partial y^2} = \frac{\partial}{\partial y}\left(\frac{\partial z}{\partial y}\right) = \frac{\partial}{\partial y}(xf'_s + f'_t) = x\left(f''_{ss} \cdot \frac{\partial s}{\partial y} + f''_{st} \cdot \frac{dt}{dy}\right) + f''_{ts} \cdot \frac{\partial s}{\partial y} + f''_{tt} \cdot \frac{dt}{dy} =$$

$$x^2 f''_{ss} + (x+1)f''_{st} + f''_{tt}$$

(2) 令 $s = x, t = \frac{x}{y}$，则 $z = f(s,t)$.

$$\frac{\partial z}{\partial x} = \frac{\partial f}{\partial s} \cdot \frac{\partial s}{\partial x} + \frac{\partial f}{\partial t} \cdot \frac{\partial t}{\partial x} = \frac{\partial f}{\partial s} + \frac{1}{y}\frac{\partial f}{\partial t} = f'_s + \frac{1}{y}f'_t$$

$$\frac{\partial z}{\partial y} = \frac{\partial f}{\partial t} \cdot \frac{\partial t}{\partial y} = -\frac{x}{y^2}\frac{\partial f}{\partial t} = -\frac{x}{y^2}f'_t$$

由此可得

$$\frac{\partial^2 z}{\partial x^2} = \frac{\partial}{\partial x}\left(f_s + \frac{1}{y}f_t'\right) = \left(f_{ss}'' + f_{st}''\frac{1}{y}\right) + \frac{1}{y}\left(f_{ts}'' + \frac{1}{y}f_{tt}''\right) = f_{ss}'' + \frac{2}{y}f_{st}'' + \frac{1}{y^2}f_{tt}''$$

$$\frac{\partial^2 z}{\partial x \partial y} = \frac{\partial}{\partial y}\left(f_s' + \frac{1}{y}f_t'\right) = -\frac{x}{y^2}f_{st}'' - \frac{1}{y^2}f_t' - \frac{x}{y^3}f_{tt}''$$

$$\frac{\partial^2 z}{\partial y^2} = \frac{\partial}{\partial y}\left(-\frac{x}{y^2}f_t'\right) = \frac{\partial}{\partial y}\left(-\frac{x}{y^2}\right)f_t' + \frac{x}{y^2}\frac{\partial}{\partial y}(f_t') = \frac{2x}{y^3}f_t' + \frac{x^2}{y^4}f_{tt}''$$

(3) 令 $s = xy^2, t = x^2 y$，则 $z = f(s,t)$．

$$\frac{\partial z}{\partial x} = \frac{\partial f}{\partial s}\cdot\frac{\partial s}{\partial x} + \frac{\partial f}{\partial t}\cdot\frac{\partial t}{\partial x} = y^2 f_s' + 2xy f_t', \qquad \frac{\partial z}{\partial y} = \frac{\partial f}{\partial s}\cdot\frac{\partial s}{\partial y} + \frac{\partial f}{\partial t}\cdot\frac{\partial t}{\partial y} = 2xy f_s' + x^2 f_t'$$

由此得到二阶偏导数为

$$\frac{\partial^2 z}{\partial x^2} = \frac{\partial}{\partial x}(y^2 f_s' + 2xy f_t') = y^2(f_{ss}'' y^2 + 2xy f_{st}'') + 2y f_t' + 2xy(f_{ts}'' y^2 + f_{tt}'' 2xy) =$$
$$2y f_t' + y^4 f_{ss}'' + 4xy^3 f_{st}'' + 4x^2 y^2 f_{tt}''$$

$$\frac{\partial^2 z}{\partial x \partial y} = \frac{\partial}{\partial y}(y^2 f_s' + 2xy f_t') = 2y f_s' + y^2(f_{ss}'' 2xy + f_{st}'' x^2) + 2x f_t' + 2xy(f_{ts}'' 2xy + f_{tt}'' x^2) =$$
$$2y f_s' + 2x f_t' + 2xy^3 f_{ss}'' + 2x^3 y f_{tt}'' + 5x^2 y^2 f_{st}''$$

$$\frac{\partial^2 z}{\partial y^2} = \frac{\partial}{\partial y}(2xy f_s' + x^2 f_t') = 2x f_s' + 4x^2 y^2 f_{ss}'' + 4x^3 y f_{st}'' + x^4 f_{tt}''$$

(4) 将三个中间变量 $u = \sin x, v = \cos y, w = e^{x+y}$ 依次用 $1,2,3$ 标记．

$$\frac{\partial z}{\partial x} = f_1' \cdot (\sin x)' + f_3' \cdot \frac{\partial}{\partial x}(e^{x+y}) = \cos x f_1' + e^{x+y} f_3'$$

$$\frac{\partial z}{\partial y} = f_2' \cdot (\cos y)' + f_3' \cdot \frac{\partial}{\partial y}(e^{x+y}) = -\sin y f_2' + e^{x+y} f_3'$$

其中 f_1', f_2', f_3' 仍是以 u, v, w 为中间变量，以 x 和 y 为自变量的二元函数，故

$$\frac{\partial^2 z}{\partial x^2} = -\sin x f_1' + \cos x[f_{11}'' \cdot (\sin x)' + f_{13}'' \cdot e^{x+y}] + e^{x+y} f_3' + e^{x+y}[f_{31}'' \cdot (\sin x)' + f_{33}'' \cdot e^{x+y}] =$$
$$-\sin x f_1' + e^{x+y} f_3' + \cos^2 x f_{11}'' + 2e^{x+y}\cos x f_{13}'' + e^{2(x+y)} f_{33}''$$

$$\frac{\partial^2 z}{\partial x \partial y} = \frac{\partial}{\partial y}\left(\frac{\partial z}{\partial x}\right) = \frac{\partial}{\partial y}(\cos x f_1' + e^{x+y} f_3') =$$
$$\cos x[f_{12}'' \cdot (\cos y)' + f_{13}'' \cdot e^{x+y}] + e^{x+y} f_3' + e^{x+y}[f_{32}'' \cdot (\cos y)' + f_{33}'' \cdot e^{x+y}] =$$
$$e^{x+y} f_3' - \cos x \sin y f_{12}'' + \cos x e^{x+y} f_{13}'' - \sin y e^{x+y} f_{32}'' + e^{2(x+y)} f_{33}''$$

$$\frac{\partial^2 z}{\partial y^2} = \frac{\partial}{\partial y}\left(\frac{\partial z}{\partial y}\right) = \frac{\partial}{\partial y}(-\sin y f_2' + e^{x+y} f_3') = -\cos y f_2' - \sin y[f_{22}'' \cdot (\cos y)' + f_{23}'' \cdot e^{x+y}] +$$
$$e^{x+y} f_3' + e^{x+y}[f_{32}'' \cdot (\cos y)' + f_{33}'' \cdot e^{x+y}] =$$
$$e^{x+y} f_3' - \cos y f_2' + \sin^2 y f_{22}'' - 2\sin y e^{x+y} f_{23}'' + e^{2(x+y)} f_{33}''$$

*13. 设 $u = f(x,y)$ 的所有二阶偏导数连续，而 $x = \dfrac{s - \sqrt{3}\,t}{2}, y = \dfrac{\sqrt{3}\,s + t}{2}$．证明：

$$\left(\frac{\partial u}{\partial x}\right)^2 + \left(\frac{\partial u}{\partial y}\right)^2 = \left(\frac{\partial u}{\partial s}\right)^2 + \left(\frac{\partial u}{\partial t}\right)^2, \qquad \frac{\partial^2 u}{\partial x^2} + \frac{\partial^2 u}{\partial y^2} = \frac{\partial^2 u}{\partial s^2} + \frac{\partial^2 u}{\partial t^2}$$

证明

$$\frac{\partial u}{\partial s} = \frac{\partial u}{\partial x}\cdot\frac{\partial x}{\partial s} + \frac{\partial u}{\partial y}\cdot\frac{\partial y}{\partial s} = \frac{1}{2}\frac{\partial u}{\partial x} + \frac{\sqrt{3}}{2}\frac{\partial u}{\partial y}$$

$$\frac{\partial u}{\partial t} = \frac{\partial u}{\partial x}\cdot\frac{\partial x}{\partial t} + \frac{\partial u}{\partial y}\cdot\frac{\partial y}{\partial t} = -\frac{\sqrt{3}}{2}\frac{\partial u}{\partial x} + \frac{1}{2}\frac{\partial u}{\partial y}$$

所以

$$\left(\frac{\partial u}{\partial s}\right)^2 + \left(\frac{\partial u}{\partial t}\right)^2 = \left(\frac{1}{2}\frac{\partial u}{\partial x} + \frac{\sqrt{3}}{2}\frac{\partial u}{\partial y}\right)^2 + \left(-\frac{\sqrt{3}}{2}\frac{\partial u}{\partial x} + \frac{1}{2}\frac{\partial u}{\partial y}\right)^2 = \left(\frac{\partial u}{\partial x}\right)^2 + \left(\frac{\partial u}{\partial y}\right)^2$$

$$\frac{\partial^2 u}{\partial s^2}=\frac{\partial}{\partial s}\left(\frac{1}{2}\frac{\partial u}{\partial x}+\frac{\sqrt{3}}{2}\frac{\partial u}{\partial y}\right)=\frac{1}{2}\left(\frac{1}{2}\frac{\partial^2 u}{\partial x^2}+\frac{\sqrt{3}}{2}\frac{\partial^2 u}{\partial y\partial x}\right)+\frac{\sqrt{3}}{2}\left(\frac{1}{2}\frac{\partial^2 u}{\partial y\partial x}+\frac{\sqrt{3}}{2}\frac{\partial^2 u}{\partial y^2}\right)=$$

$$\frac{1}{4}\frac{\partial^2 u}{\partial x^2}+\frac{\sqrt{3}}{2}\frac{\partial^2 u}{\partial y\partial x}+\frac{3}{4}\frac{\partial^2 u}{\partial y^2}$$

$$\frac{\partial^2 u}{\partial t^2}=\frac{\partial}{\partial t}\left(-\frac{\sqrt{3}}{2}\frac{\partial u}{\partial x}+\frac{1}{2}\frac{\partial u}{\partial y}\right)=-\frac{\sqrt{3}}{2}\left(-\frac{\sqrt{3}}{2}\frac{\partial^2 u}{\partial x^2}+\frac{1}{2}\frac{\partial^2 u}{\partial x\partial y}\right)+\frac{1}{2}\left(-\frac{\sqrt{3}}{2}\frac{\partial^2 u}{\partial x\partial y}+\frac{1}{2}\frac{\partial^2 u}{\partial y^2}\right)=$$

$$\frac{3}{4}\frac{\partial^2 u}{\partial x^2}-\frac{\sqrt{3}}{2}\frac{\partial^2 u}{\partial y\partial x}+\frac{1}{4}\frac{\partial^2 u}{\partial y^2}$$

因此

$$\frac{\partial^2 u}{\partial x^2}+\frac{\partial^2 u}{\partial y^2}=\frac{\partial^2 u}{\partial s^2}+\frac{\partial^2 u}{\partial t^2}$$

（五）习题 9-5 解答

1. 设 $\sin y+e^x-xy^2=0$，求 $\frac{dy}{dx}$.

解　设 $F(x,y)=\sin y+e^x-xy^2$，则 $F'_x=e^x-y^2$，$F'_y=\cos y-2xy$. 代入得

$$\frac{dy}{dx}=-\frac{F'_x}{F'_y}=\frac{e^x-y^2}{2xy-\cos y}\quad (F'_y\neq 0)$$

2. 设 $\ln\sqrt{x^2+y^2}=\arctan\frac{y}{x}$，求 $\frac{dy}{dx}$.

解　令 $F(x,y)=\ln\sqrt{x^2+y^2}-\arctan\frac{y}{x}=\frac{1}{2}\ln(x^2+y^2)-\arctan\frac{y}{x}$，则

$$F'_x=\frac{x}{x^2+y^2}-\frac{1}{1+\left(\frac{y}{x}\right)^2}\left(-\frac{y}{x^2}\right)=\frac{x+y}{x^2+y^2}$$

$$F'_y=\frac{y}{x^2+y^2}-\frac{1}{1+\left(\frac{y}{x}\right)^2}\left(\frac{1}{x}\right)=\frac{y-x}{x^2+y^2}$$

故

$$\frac{dy}{dx}=-\frac{F'_x}{F'_y}=\frac{x+y}{x-y}$$

3. 设 $x+2y+z-2\sqrt{xyz}=0$，求 $\frac{\partial z}{\partial x}$ 及 $\frac{\partial z}{\partial y}$.

解　设 $F(x,y,z)=x+2y+z-2\sqrt{xyz}$，则

$$F'_x=1-\frac{yz}{\sqrt{xyz}},\quad F'_y=2-\frac{xz}{\sqrt{xyz}},\quad F'_z=1-\frac{xy}{\sqrt{xyz}}$$

代入得

$$\frac{\partial z}{\partial x}=-\frac{F'_x}{F'_z}=\frac{yz-\sqrt{xyz}}{\sqrt{xyz}-xy},\quad \frac{\partial z}{\partial y}=-\frac{F'_y}{F'_z}=\frac{xz-2\sqrt{xyz}}{\sqrt{xyz}-xy}\quad (F'_z\neq 0)$$

4. 设 $\frac{x}{z}=\ln\frac{z}{y}$，求 $\frac{\partial z}{\partial x}$ 及 $\frac{\partial z}{\partial y}$.

解　方程 $\frac{x}{z}=\ln\frac{z}{y}$ 两边对 x,y 求偏导数，得

$$\begin{cases}\dfrac{z-x\dfrac{\partial z}{\partial x}}{z^2}=\dfrac{y}{z}\dfrac{\dfrac{\partial z}{\partial x}}{y}\\[2ex]\dfrac{-x\dfrac{\partial z}{\partial y}}{z^2}=\dfrac{y}{z}\dfrac{y\dfrac{\partial z}{\partial x}-z}{y^2}\end{cases}$$

整理得

$$\frac{\partial z}{\partial x}=\frac{z}{x+z},\quad \frac{\partial z}{\partial y}=\frac{z^2}{y(x+z)}$$

5. 设 $2\sin(x+2y-3z)=x+2y-3z$，证明$\dfrac{\partial z}{\partial x}+\dfrac{\partial z}{\partial y}=1$.

证明 方程 $2\sin(x+2y-3z)=x+2y-3z$ 两边对 x,y 求偏导数，得

$$\begin{cases}2\cos(x+2y-3z)\cdot\left(1-3\dfrac{\partial z}{\partial x}\right)=1-3\dfrac{\partial z}{\partial x}\\2\cos(x+2y-3z)\cdot\left(2-3\dfrac{\partial z}{\partial y}\right)=2-3\dfrac{\partial z}{\partial y}\end{cases}$$

整理得$\dfrac{\partial z}{\partial x}=\dfrac{1}{3},\dfrac{\partial z}{\partial y}=\dfrac{2}{3}$，从而

$$\frac{\partial z}{\partial x}+\frac{\partial z}{\partial y}=1$$

6. 设 $x=x(y,z),y=y(x,z),z=z(x,y)$ 都是由方程 $F(x,y,z)=0$ 所确定的具有连续偏导数的函数.

证明：

$$\frac{\partial x}{\partial y}\cdot\frac{\partial y}{\partial z}\cdot\frac{\partial z}{\partial x}=-1$$

证明

$$\frac{\partial x}{\partial z}=-\frac{F_y'}{F_x'},\quad \frac{\partial y}{\partial z}=-\frac{F_z'}{F_y'},\quad \frac{\partial z}{\partial x}=-\frac{F_x'}{F_z'}$$

代入等式左端即得结论.

7. 设 $\Phi(u,v)$ 具有连续偏导数，证明：由方程 $\Phi(cx-az,cy-bz)=0$ 所确定的函数 $z=f(x,y)$ 满足

$$a\frac{\partial z}{\partial x}+b\frac{\partial z}{\partial y}=c$$

证明 方程 $\Phi(u,v)$ 两边对 x,y 求偏导数，得

$$\begin{cases}\Phi_1'\left(c-a\dfrac{\partial z}{\partial x}\right)+\Phi_2'\left(-b\dfrac{\partial z}{\partial x}\right)=0\\\Phi_1'\left(-a\dfrac{\partial z}{\partial y}\right)+\Phi_2'\left(c-b\dfrac{\partial z}{\partial y}\right)=0\end{cases}$$

整理得

$$\frac{\partial z}{\partial x}=\frac{c\Phi_1'}{a\Phi_1'+b\Phi_2'},\quad \frac{\partial z}{\partial y}=\frac{c\Phi_2'}{a\Phi_1'+b\Phi_2'}$$

从而

$$a\frac{\partial z}{\partial x}+b\frac{\partial z}{\partial y}=a\frac{c\Phi_1'}{a\Phi_1'+b\Phi_2'}+b\frac{c\Phi_2'}{a\Phi_1'+b\Phi_2'}=c$$

*8. 设 $e^z-xyz=0$，求$\dfrac{\partial^2 z}{\partial x^2}$.

证明 视 $z=z(x,y)$，方程 $e^z-xyz=0$ 两边对 x 求偏导，得

$$\frac{\partial z}{\partial x}(e^z-xy)-yz=0 \quad ①$$

从而

$$\frac{\partial z}{\partial x}=\frac{yz}{e^z-xy} \quad ②$$

式 ① 两边再次对 x 求偏导，得

$$e^z\left(\frac{\partial z}{\partial x}\right)^2+(e^z-xy)\frac{\partial^2 z}{\partial x^2}-2y\frac{\partial z}{\partial x}=0 \quad ③$$

由式 ③ 得

$$\frac{\partial^2 z}{\partial x^2}=\frac{2y\dfrac{\partial z}{\partial x}-e^z\left(\dfrac{\partial z}{\partial x}\right)^2}{e^z-xy} \quad ④$$

将式 ② 代入式 ④ 得

$$\frac{\partial^2 z}{\partial x^2}=\frac{2y^2ze^z-2xy^3z-y^2z^2e^z}{(e^z-xy)^3}$$

*9. 设 $z^3-3xyz=a^3$，求$\dfrac{\partial^2 z}{\partial x\partial y}$.

解 视为 $z=z(x,y)$，方程 $z^3-3xyz=a^3$ 两边对 x 求偏导，得

$$3z^2\frac{\partial z}{\partial x}-\left(3yz+3xy\frac{\partial z}{\partial x}\right)=0 \quad ①$$

$$3z^2\frac{\partial z}{\partial y}-\left(3xz+3xy\frac{\partial z}{\partial y}\right)=0 \qquad ②$$

从而
$$\frac{\partial z}{\partial x}=\frac{yz}{z^2-xy},\quad \frac{\partial z}{\partial y}=\frac{xz}{z^2-xy} \qquad ③$$

式③两边再次对 y 求偏导，得

$$\frac{\partial^2 z}{\partial x\partial y}=\frac{\partial}{\partial y}\left(\frac{yz}{z^2-xy}\right)=\frac{\left(z+y\frac{\partial z}{\partial y}\right)(z^2-xy)-yz\left(2z\frac{\partial z}{\partial y}-x\right)}{(z^2-xy)^3} \qquad ④$$

由式③,④解得
$$\frac{\partial^2 z}{\partial x\partial y}=\frac{z(z^4-2xyz^2-x^2y^2)}{(z^2-xy)^3}$$

10. 求由下列方程组所确定的函数的导数或偏导数：

(1) 设 $\begin{cases}z=x^2+y^2\\x^2+2y^2+3z^2=20\end{cases}$，求 $\frac{dy}{dx},\frac{dz}{dx}$；　　(2) 设 $\begin{cases}x+y+z=0\\x^2+y^2+z^2=1\end{cases}$，求 $\frac{dx}{dz},\frac{dy}{dz}$；

(3) 设 $\begin{cases}u=f(ux,v+y)\\v=g(u-x,v^2y)\end{cases}$，其中 f,g 具有一阶连续偏导数，求 $\frac{\partial u}{\partial x},\frac{\partial v}{\partial x}$；

(4) 设 $\begin{cases}x=e^u+u\sin v\\y=e^u-u\cos v\end{cases}$，求 $\frac{\partial u}{\partial x},\frac{\partial u}{\partial y},\frac{\partial v}{\partial x},\frac{\partial v}{\partial y}$.

解 (1) 方程组确定两个一元隐函数 $y=y(x),z=z(x)$. 方程两端分别对 x 求导，得

$$\begin{cases}\frac{dz}{dx}=2x+2y\frac{dy}{dx}\\2x+4y\frac{dy}{dx}+6z\frac{dz}{dx}=0\end{cases}\Rightarrow\begin{cases}2y\frac{dy}{dx}-\frac{dz}{dx}=-2x\\2y\frac{dy}{dx}+3z\frac{dz}{dx}=-x\end{cases}$$

在条件 $D=\begin{vmatrix}2y&-1\\2y&3z\end{vmatrix}=6yz+2y\neq 0$ 下，计算

$$\frac{dy}{dx}=\frac{1}{D}\begin{vmatrix}-2x&-1\\-x&3z\end{vmatrix},\quad \frac{dz}{dx}=\frac{1}{D}\begin{vmatrix}2y&-2x\\2y&-x\end{vmatrix}$$

即
$$\begin{cases}\frac{dy}{dx}=\frac{-x(6z+1)}{2y(3z+1)}\\\frac{dz}{dy}=\frac{x}{3z+1}\end{cases}$$

(2) 视为 $x=x(z),y=y(z)$. 方程组两边对 z 求导，得

$$\begin{cases}\frac{dx}{dz}+\frac{dy}{dz}+1=0\\2x\frac{dx}{dz}+2y\frac{dy}{dz}+2z=0\end{cases}\quad 即\quad\begin{cases}\frac{dx}{dz}=\frac{y-z}{x-y}\\\frac{dx}{dz}=\frac{z-x}{x-y}\end{cases}$$

(3) 方程组确定两个二元隐函数 $u=u(x,y),v=v(x,y)$. 将方程两端分别对 x 求偏导数，得

$$\begin{cases}\frac{\partial u}{\partial x}=f_1'\cdot\left(u+x\frac{\partial u}{\partial x}\right)+f_2'\cdot\frac{\partial v}{\partial x}\\\frac{\partial v}{\partial x}=g_1'\cdot\left(\frac{\partial u}{\partial x}-1\right)+g_2'\cdot 2vy\frac{\partial v}{\partial x}\end{cases}\quad 即\quad\begin{cases}(xf_1'-1)\frac{\partial u}{\partial x}+f_2'\frac{\partial v}{\partial x}=-uf_1'\\g_1'\frac{\partial u}{\partial x}+(2vyg_2'-1)\frac{\partial v}{\partial x}=g_1'\end{cases}$$

在 $D=\begin{vmatrix}xf_1'-1&f_2'\\g_1'&2vyg_2'-1\end{vmatrix}=(xf_1'-1)(2vyg_2'-1)-f_2'g_1'\neq 0$ 的条件下，计算

$$\frac{\partial u}{\partial x}=\frac{1}{D}\begin{vmatrix}-uf_1'&f_2'\\g_1'&2vyg_2'-1\end{vmatrix},\quad \frac{\partial v}{\partial x}=\frac{1}{D}\begin{vmatrix}xf_1'-1&-uf_1'\\g_1'&g_1'\end{vmatrix}$$

(4) 视为 $u=u(x,y),v=v(x,y)$. 方程组两边微分，得

$$\begin{cases}e^u du+\sin v du+u\cos v dv=dx\\e^u du-\cos v dv+u\sin v dv=dy\end{cases}\quad 即\quad\begin{cases}(e^u+\sin v)du+u\cos v dv=dx\\(e^u-\cos v)du+u\sin v dv=dy\end{cases}$$

从中解出 $\mathrm{d}u,\mathrm{d}v$,得

$$\mathrm{d}u=\frac{\sin v}{\mathrm{e}^u(\sin v-\cos v)}\mathrm{d}x+\frac{-\cos v}{\mathrm{e}^u(\sin v-\cos v)+1}\mathrm{d}y$$

$$\mathrm{d}v=\frac{\cos v-\mathrm{e}^u}{u[\mathrm{e}^u(\sin v-\cos v)+1]}\mathrm{d}x+\frac{\sin v+\mathrm{e}^u}{u[\mathrm{e}^u(\sin v-\cos v)+1]}\mathrm{d}y$$

比较 $\mathrm{d}x,\mathrm{d}y$ 的系数,得

$$\frac{\partial u}{\partial x}=\frac{\sin v}{\mathrm{e}^u(\sin v-\cos v)+1},\qquad \frac{\partial u}{\partial y}=\frac{-\cos v}{\mathrm{e}^u(\sin v-\cos v)+1}$$

$$\frac{\partial v}{\partial x}=\frac{\cos v-\mathrm{e}^u}{u[\mathrm{e}^u(\sin v-\cos v)+1]},\qquad \frac{\partial v}{\partial y}=\frac{\sin v+\mathrm{e}^u}{u[\mathrm{e}^u(\sin v-\cos v)+1]}$$

11. 设 $y=f(x,t)$,而 $t=t(x,y)$ 是由方程 $F(x,y,t)=0$ 所确定的函数,其中 f,F 都具有一阶连续偏导数,试证明:

$$\frac{\mathrm{d}y}{\mathrm{d}x}=\frac{\frac{\partial f}{\partial x}\frac{\partial F}{\partial t}-\frac{\partial f}{\partial t}\frac{\partial F}{\partial x}}{\frac{\partial f}{\partial t}\frac{\partial F}{\partial y}+\frac{\partial F}{\partial t}}$$

证明 方程组 $\begin{cases}y=f(x,t)\\F(x,y,t)=0\end{cases}$ 确定两个一元隐函数,将方程两端分别对 x,y 求导,得

$$\begin{cases}\frac{\mathrm{d}y}{\mathrm{d}x}=\frac{\partial f}{\partial x}+\frac{\partial f}{\partial t}\frac{\mathrm{d}t}{\mathrm{d}x}\\\frac{\partial F}{\partial x}+\frac{\partial F}{\partial y}\frac{\mathrm{d}y}{\mathrm{d}x}+\frac{\partial F}{\partial t}\frac{\mathrm{d}t}{\mathrm{d}x}=0\end{cases}\Rightarrow\begin{cases}\frac{\mathrm{d}y}{\mathrm{d}x}-\frac{\partial f}{\partial t}\frac{\mathrm{d}t}{\mathrm{d}x}=\frac{\partial f}{\partial x}\\\frac{\partial F}{\partial y}\frac{\mathrm{d}y}{\mathrm{d}x}+\frac{\partial F}{\partial t}\frac{\mathrm{d}t}{\mathrm{d}x}=-\frac{\partial F}{\partial x}\end{cases}$$

在系数行列式 $D\neq0$ 条件下解方程组,得

$$\frac{\mathrm{d}y}{\mathrm{d}x}=\frac{1}{D}\begin{vmatrix}\frac{\partial f}{\partial x}&-\frac{\partial f}{\partial t}\\-\frac{\partial F}{\partial x}&\frac{\partial F}{\partial t}\end{vmatrix}$$

(六) 习题 9-6 解答

1. 设 $\boldsymbol{f}(t)=f_1(t)\boldsymbol{i}+f_2(t)\boldsymbol{j}+f_3(t)\boldsymbol{k},\boldsymbol{g}(t)=g_1(t)\boldsymbol{i}+g_2(t)\boldsymbol{j}+g_3(t)\boldsymbol{k},\lim\limits_{t\to t_0}\boldsymbol{f}(t)=\boldsymbol{u},\lim\limits_{t\to t_0}\boldsymbol{g}(t)=\boldsymbol{v}$,证明 $\lim\limits_{t\to t_0}[\boldsymbol{f}(t)\times\boldsymbol{g}(t)]=\boldsymbol{u}\times\boldsymbol{v}$.

证明 $\lim\limits_{t\to t_0}[\boldsymbol{f}(t)\times\boldsymbol{g}(t)]=\lim\limits_{t\to t_0}\begin{vmatrix}\boldsymbol{i}&\boldsymbol{j}&\boldsymbol{k}\\f_1(t)&f_2(t)&f_3(t)\\g_1(t)&g_2(t)&g_3(t)\end{vmatrix}=$

$\lim\limits_{t\to t_0}(f_2(t)g_3(t)-f_3(t)g_2(t),f_3(t)g_1(t)-$

$f_1(t)g_3(t),f_1(t)g_2(t)-f_2(t)g_1(t))=$

$\lim\limits_{t\to t_0}[f_2(t)g_3(t)-f_3(t)g_2(t)],\lim\limits_{t\to t_0}[f_3(t)g_1(t)-f_1(t)g_3(t)],$

$$\lim_{t\to t_0}[f_1(t)g_2(t)-f_2(t)g_1(t)]=\begin{vmatrix}\boldsymbol{i}&\boldsymbol{j}&\boldsymbol{k}\\\lim\limits_{t\to t_0}f_1(t)&\lim\limits_{t\to t_0}f_2(t)&\lim\limits_{t\to t_0}f_3(t)\\\lim\limits_{t\to t_0}g_1(t)&\lim\limits_{t\to t_0}g_2(t)&\lim\limits_{t\to t_0}g_3(t)\end{vmatrix}=\boldsymbol{u}\times\boldsymbol{v}$$

这个结果表示:两个向量值函数的向量积的极限等于它们各自的极限(向量)的向量积,即

$$\lim_{t\to t_0}[\boldsymbol{f}(t)\times\boldsymbol{g}(t)]=[\lim_{t\to t_0}\boldsymbol{f}(t)]\times[\lim_{t\to t_0}\boldsymbol{g}(t)]$$

2. 下列各题中,$\boldsymbol{r}=f(t)$ 是空间的质点 M 在时刻 t 的位置,求质点 M 在时刻 t_0 的速度向量和加速度向量,

以及在任意时刻 t 的速率.

(1) $\boldsymbol{r}=\boldsymbol{f}(t)=(t+1)\boldsymbol{i}+(t^2-1)\boldsymbol{j}+2t\boldsymbol{k}, t_0=1$;

(2) $\boldsymbol{r}=\boldsymbol{f}(t)=(2\cos t)\boldsymbol{i}+(3\sin t)\boldsymbol{j}+4t\boldsymbol{k}, t_0=\dfrac{\pi}{2}$;

(3) $\boldsymbol{r}=\boldsymbol{f}(t)=[2\ln(t+1)]\boldsymbol{i}+t^2\boldsymbol{j}+\dfrac{1}{2}t^2\boldsymbol{k}, t_0=1$.

解 (1) 速度向量 $\boldsymbol{v}_0=\left.\dfrac{\mathrm{d}\boldsymbol{r}}{\mathrm{d}t}\right|_{t=1}=\left.(\boldsymbol{i}+2t\boldsymbol{j}+2\boldsymbol{k})\right|_{t=1}=\boldsymbol{i}+2\boldsymbol{j}+2\boldsymbol{k}$

加速度向量 $\boldsymbol{a}_0=\left.\dfrac{\mathrm{d}^2\boldsymbol{r}}{\mathrm{d}t^2}\right|_{t=1}=2\boldsymbol{j}$

速率 $|\boldsymbol{v}(t)|=|\boldsymbol{i}+2t\boldsymbol{j}+2\boldsymbol{k}|=\sqrt{5+4t^2}$

(2) 速度向量 $\boldsymbol{v}_0=\left.\dfrac{\mathrm{d}\boldsymbol{r}}{\mathrm{d}t}\right|_{t=\frac{\pi}{2}}=[(-2\sin t)\boldsymbol{i}+(3\cos t)\boldsymbol{j}+4\boldsymbol{k}]_{t=\frac{\pi}{2}}=-2\boldsymbol{i}+4\boldsymbol{k}$

加速度向量 $\boldsymbol{a}_0=\left.\dfrac{\mathrm{d}^2\boldsymbol{r}}{\mathrm{d}t^2}\right|_{t=\frac{\pi}{2}}=[(-2\cos t)\boldsymbol{i}-(3\sin t)\boldsymbol{j}]_{t=\frac{\pi}{2}}=-3\boldsymbol{j}$

速率 $|\boldsymbol{v}(t)|=|(-2\sin t)\boldsymbol{i}+(3\cos t)\boldsymbol{j}+4\boldsymbol{k}|=\sqrt{9\cos^2 t+4\sin^2 t+16}=\sqrt{20+5\cos^2 t}$

(3) 速度向量 $\boldsymbol{v}_0=\left.\dfrac{\mathrm{d}\boldsymbol{r}}{\mathrm{d}t}\right|_{t=1}=\left.\left(\dfrac{2}{t+1}\boldsymbol{i}+2t\boldsymbol{j}+t\boldsymbol{k}\right)\right|_{t=1}=\boldsymbol{i}+2\boldsymbol{j}+\boldsymbol{k}$

加速度向量 $\boldsymbol{a}_0=\left.\dfrac{\mathrm{d}^2\boldsymbol{r}}{\mathrm{d}t^2}\right|_{t=1}=\left[-\dfrac{2}{(t+1)^2}\boldsymbol{i}+2\boldsymbol{j}+\boldsymbol{k}\right]_{t=1}=-\dfrac{1}{2}\boldsymbol{i}+2\boldsymbol{j}+\boldsymbol{k}$

速率 $|\boldsymbol{v}(t)|=\left|\dfrac{2}{t+1}\boldsymbol{i}+2t\boldsymbol{j}+t\boldsymbol{k}\right|=\sqrt{5t^2+\dfrac{4}{(t+1)^2}}$

3. 求曲线 $\boldsymbol{r}=\boldsymbol{f}(t)=(t-\sin t)\boldsymbol{i}+(1-\cos t)\boldsymbol{j}+\left(4\sin\dfrac{t}{2}\right)\boldsymbol{k}$ 在与 $t_0=\dfrac{\pi}{2}$ 相应的点处的切线及法平面方程.

解 与 $t_0=\dfrac{\pi}{2}$ 相应的点为 $\left(\dfrac{\pi}{2}-1,1,2\sqrt{2}\right)$,曲线在该点处的切向量为 $\boldsymbol{T}=\boldsymbol{f}'(t_0)=(1,1,\sqrt{2})$. 于是所求切线方程为

$$\frac{x-\left(\frac{\pi}{2}-1\right)}{1}=\frac{y-1}{1}=\frac{z-2\sqrt{2}}{\sqrt{2}}$$

法平面方程为

$$1\cdot\left(x-\frac{\pi}{2}+1\right)+1\cdot(y-1)+\sqrt{2}(z-2\sqrt{2})=0$$

即
$$x+y+\sqrt{2}z=\frac{\pi}{2}+4$$

4. 求曲线 $x=\dfrac{t}{1+t}, y=\dfrac{t+1}{t}, z=t^2$ 在对应于点 $t=1$ 处的切线及法平面方程.

解 $x_t'=\dfrac{1}{(1-t^2)}$, $y_t'=-\dfrac{1}{t^2}$, $z_t'=2t$

在 $t=1$ 所对应的点处,切向量 $\boldsymbol{T}=\left\{\dfrac{1}{4},-1,2\right\}$,故所对应的点为 $\left(\dfrac{1}{2},2,1\right)$,该点处的切线方程为

$$\frac{x-\frac{1}{2}}{\frac{1}{4}}=\frac{y-2}{-1}=\frac{z-1}{2}\Rightarrow\frac{x-\frac{1}{2}}{1}=\frac{y-2}{-4}=\frac{z-1}{8}$$

所对应的点处的法平面为
$$\frac{1}{4}\left(x-\frac{1}{2}\right)-(y-2)+2(z-1)=0$$

即
$$2x-8y+16z-1=0$$

5. 求曲线 $y^2=2mx, z^2=m-x$ 在点 (x_0,y_0,z_0) 处的切线及法平面方程.

解 设曲线方程的参数为 x，将方程 $y^2=2mx$ 和 $z^2=m-x$ 两边对 x 求导，得

$$\begin{cases}2y\dfrac{\mathrm{d}y}{\mathrm{d}x}=2m\\ 2y\dfrac{\mathrm{d}z}{\mathrm{d}x}=-1\end{cases}\Rightarrow\begin{cases}\dfrac{\mathrm{d}y}{\mathrm{d}x}=\dfrac{y}{m}\\ \dfrac{\mathrm{d}y}{\mathrm{d}x}=-\dfrac{1}{2z}\end{cases}$$

所以曲线在点 (x_0,y_0,z_0) 的切向量为 $\boldsymbol{T}=\left\{1,\dfrac{m}{y_0},-\dfrac{1}{2z_0}\right\}$，于是切线方程为

$$\frac{x-x_0}{1}=\frac{y-y_0}{\dfrac{m}{y_0}}=\frac{z-z_0}{-\dfrac{1}{2z_0}}$$

法平面方程为
$$(x-x_0)+\frac{m}{y_0}(y-y_0)-\frac{1}{2z_0}(z-z_0)=0$$

6. 求曲线 $\begin{cases}x^2+y^2+z^2-3x=0\\2x-3y+5z-4=0\end{cases}$ 在点 $(1,1,1)$ 处的切线方程及法平面方程.

解 设曲线方程的参数为 x，将方程 $x^2+y^2+z^2-3x=0$ 和 $2x-3y+5z-4=0$ 两边对 x 求导，得

$$\begin{cases}2x+2y\dfrac{\mathrm{d}y}{\mathrm{d}x}+2z\dfrac{\mathrm{d}z}{\mathrm{d}x}-3=0\\ 2-3\dfrac{\mathrm{d}y}{\mathrm{d}x}+5\dfrac{\mathrm{d}z}{\mathrm{d}x}=0\end{cases}\Rightarrow\begin{cases}\dfrac{\mathrm{d}y}{\mathrm{d}x}=\dfrac{10x-4z-15}{-10y-6z}\\ \dfrac{\mathrm{d}z}{\mathrm{d}x}=-\dfrac{6x+4y-9}{-10y-6z}\end{cases}$$

曲线在点 $(1,1,1)$ 的切向量为

$$\boldsymbol{T}=\left\{1,\frac{10x-4z-15}{-10y-6z},-\frac{6x+4y-9}{-10y-6z}\right\}\Bigg|_{(1,1,1)}=\left\{1,\frac{9}{16},-\frac{1}{16}\right\}$$

切线方程为
$$\frac{x-x_0}{16}=\frac{y-1}{9}=\frac{z-1}{-1}$$

法平面方程为
$$16x+9y-z-24=0$$

7. 求曲线 $x=t, y=t^2, z=t^3$ 上的点，使该点处切线平行于平面 $x+2y+z=4$.

解 $x_t'=1, y_t'=2t, z_t'=3t^2$，曲线的切向量为 $\boldsymbol{T}=\{1,2t,3t^2\}$，已知平面的法向量为 $\boldsymbol{n}=\{1,2,1\}$，由于切线与平面平行，所以

$$\boldsymbol{n}\cdot\boldsymbol{T}=\{1,2,1\}\cdot\{1,2t,3t^2\}=0$$

即 $1+4t+3t^2=0$，解得 $t=-1$ 和 $t=-\dfrac{1}{3}$，则所求点的坐标为 $(-1,1,-1)$ 和 $\left(-\dfrac{1}{3},\dfrac{1}{9},-\dfrac{1}{27}\right)$.

8. 求曲面 $\mathrm{e}^z-z+xy=3$ 在点 $(2,1,0)$ 处的切平面方程及法线方程.

解 令 $F(x,y,z)=\mathrm{e}^z-z+xy-3$，则法向量为 $\boldsymbol{n}=\{F_x',F_y',F_z'\}=\{y,x,\mathrm{e}^z-1\}$，点 $(2,1,0)$ 处单位法向量为

$$\boldsymbol{n}\big|_{(2,1,0)}=\{1,2,0\}$$

相应的切平面方程为
$$1(x-2)+2(y-1)+0(z-0)=0$$
即
$$x+2y-4=0$$

法线方程为
$$\begin{cases}\dfrac{x-2}{1}=\dfrac{y-1}{2}\\ z=0\end{cases}$$

9. 求曲面 $ax^2+by^2+cz^2=1$ 在点 (x_0,y_0,z_0) 处的切平面方程及法线方程.

解 令 $F(x,y,z)=ax^2+by^2+cz^2-1$，则 $\boldsymbol{n}=\{F_x',F_y',F_z'\}=\{2ax,2by,2cz\}$，那么

$$\boldsymbol{n}\bigg|_{(x_0,y_0,z_0)}=\{2ax_0,2by_0,2cz_0\}$$

点 (x_0,y_0,z_0) 处的切平面方程为

$$2ax_0(x-x_0)+2ax_0(y-y_0)+2ax_0(z-z_0)=0$$

即
$$ax_0x+by_0y+cz_0z=ax_0^2+by_0^2+cz_0^2=1$$

法线方程为
$$\frac{x-x_0}{ax_0}=\frac{y-y_0}{by_0}=\frac{z-z_0}{cz_0}$$

10. 求椭球面 $x^2+2y^2+z^2=1$ 上平行于平面 $x-y+2z=0$ 的切平面方程.

解　令 $F(x,y,z)=x^2+2y^2+z^2-1$,则

$$\boldsymbol{n}=\{F'_x,F'_y,F'_z\}=\{2x,4y,2z\}=2\{x,2y,z\}$$

已知平面的法向量为 $\boldsymbol{n}_0=\{1,-1,2\}$,由已知平面与所求的切平面平行得

$$\frac{2x}{1}=\frac{4y}{-1}=\frac{2z}{2}$$

即 $x=\frac{1}{2}z,y=-\frac{1}{4}z$,代入椭球面方程得　$\left(\frac{1}{2}z\right)^2+2\left(-\frac{1}{4}z\right)^2+(z)^2=1$

解得 $z=\pm2\sqrt{\frac{2}{11}}$,则 $x=\pm\sqrt{\frac{2}{11}}$,$y=\mp\frac{1}{2}\sqrt{\frac{2}{11}}$,故切点坐标为$\left(\pm\sqrt{\frac{2}{11}},\mp\frac{1}{2}\sqrt{\frac{2}{11}},\pm2\sqrt{\frac{2}{11}}\right)$,所求切平面方程为

$$\left(x\pm\sqrt{\frac{2}{11}}\right)-\left(y\mp\frac{1}{2}\sqrt{\frac{2}{11}}\right)+2\left(z\pm\sqrt{\frac{2}{11}}\right)=0$$

即
$$x-y+2z=\pm\sqrt{\frac{2}{11}}$$

11. 求椭球面 $3x^2+y^2+z^2=16$ 上的点 $(-1,-2,3)$ 处的切平面与 xOy 面的夹角的余弦.

解　令 $F(x,y,z)=3x^2+y^2+z^2-16$,则

$$\boldsymbol{n}=\{F'_x,F'_y,F'_z\}=\{6x,2y,2z\}=2\{x,2y,z\}$$

点(2,1,0)处的法向量为　$\boldsymbol{n}_1|_{(-1,-2,3)}=\{-6,-4,6\}$

xOy 面的法向量 $\boldsymbol{n}_2=\{0,0,1\}$,记 $\boldsymbol{n}_1$ 与 $\boldsymbol{n}_2$ 夹角为 θ,则余弦值为

$$\cos\theta=\frac{\boldsymbol{n}_1\cdot\boldsymbol{n}_2}{|\boldsymbol{n}_1||\boldsymbol{n}_2|}=\frac{3}{\sqrt{22}}$$

12. 试证:曲面 $\sqrt{x}+\sqrt{y}+\sqrt{z}=\sqrt{a}\,(a>0)$ 上任意点处的切平面在各坐标轴上的截距之和等于 a.

解　令 $F(x,y,z)=\sqrt{x}+\sqrt{y}+\sqrt{z}-\sqrt{a}$,则

$$\boldsymbol{n}=\{F'_x,F'_y,F'_z\}=\left\{\frac{1}{2\sqrt{x}},\frac{1}{2\sqrt{y}},\frac{1}{2\sqrt{z}}\right\}$$

曲面上点 $M(x_0,y_0,z_0)$ 处的法向量为

$$\boldsymbol{n}|_{(x_0,y_0,z_0)}=\left\{\frac{1}{2\sqrt{x_0}},\frac{1}{2\sqrt{y_0}},\frac{1}{2\sqrt{z_0}}\right\}$$

切平面方程为
$$\frac{1}{\sqrt{x_0}}(x-x_0)+\frac{1}{\sqrt{y_0}}(y-y_0)+\frac{1}{\sqrt{z_0}}(z-z_0)=0$$

即
$$\frac{1}{\sqrt{x_0}}x+\frac{1}{\sqrt{y_0}}y+\frac{1}{\sqrt{z_0}}z=\sqrt{x_0}+\sqrt{y_0}+\sqrt{z_0}=\sqrt{a}$$

截距式方程为
$$\frac{x}{\sqrt{ax_0}}+\frac{y}{\sqrt{ay_0}}+\frac{z}{\sqrt{az_0}}=1$$

截距之和为
$$\sqrt{ax_0}+\sqrt{ay_0}+\sqrt{az_0}=\sqrt{a}(\sqrt{x_0}+\sqrt{y_0}+\sqrt{z_0})=a$$

13. 设 $\boldsymbol{u}(t),\boldsymbol{v}(t)$ 是可导的向量值函数,证明:

(1) $\frac{\mathrm{d}}{\mathrm{d}t}[\boldsymbol{u}(t)\pm\boldsymbol{v}(t)]=\boldsymbol{u}'(t)\pm\boldsymbol{v}'(t)$;　(2) $\frac{\mathrm{d}}{\mathrm{d}t}[\boldsymbol{u}(t)\cdot\boldsymbol{v}(t)]=\boldsymbol{u}'(t)\cdot\boldsymbol{v}(t)+\boldsymbol{u}(t)\cdot\boldsymbol{v}'(t)$;

(3) $\frac{\mathrm{d}}{\mathrm{d}t}[\boldsymbol{u}(t)\times\boldsymbol{v}(t)]=\boldsymbol{u}'(t)\times\boldsymbol{v}(t)+\boldsymbol{u}(t)\times\boldsymbol{v}'(t)$.

证明 (1) $$\frac{\mathrm{d}}{\mathrm{d}t}[\boldsymbol{u}(t)\pm\boldsymbol{v}(t)]=\lim_{\Delta t\to 0}\frac{[\boldsymbol{u}(t+\Delta t)\pm\boldsymbol{v}(t+\Delta t)]-[\boldsymbol{u}(t)\pm\boldsymbol{v}(t)]}{\Delta t}=$$

$$\lim_{\Delta t\to 0}\frac{\boldsymbol{u}(t+\Delta t)-\boldsymbol{u}(t)}{\Delta t}\pm\lim_{\Delta t\to 0}\frac{\boldsymbol{v}(t+\Delta t)-\boldsymbol{v}(t)}{\Delta t}=\boldsymbol{u}'(t)\pm\boldsymbol{v}'(t)$$

其中用到了向量值函数的极限的四则运算法则.

(2) $$\frac{\mathrm{d}}{\mathrm{d}t}[\boldsymbol{u}(t)\cdot\boldsymbol{u}(t)]=\lim_{\Delta t\to 0}\frac{\boldsymbol{u}(t+\Delta t)\cdot\boldsymbol{v}(t+\Delta t)-\boldsymbol{u}(t)\cdot\boldsymbol{v}(t)}{\Delta t}=$$

$$\lim_{\Delta t\to 0}\frac{\boldsymbol{u}(t+\Delta t)\cdot\boldsymbol{v}(t+\Delta t)-\boldsymbol{u}(t)\cdot\boldsymbol{v}(t+\Delta t)}{\Delta t}+\lim_{\Delta t\to 0}\frac{\boldsymbol{u}(t)\cdot\boldsymbol{v}(t+\Delta t)-\boldsymbol{u}(t)\cdot\boldsymbol{v}(t)}{\Delta t}=$$

$$\left[\lim_{\Delta t\to 0}\frac{\boldsymbol{u}(t+\Delta t)-\boldsymbol{u}(t)}{\Delta t}\right]\cdot\left[\lim_{\Delta t\to 0}\boldsymbol{v}(t+\Delta t)\right]+\left[\lim_{\Delta t\to 0}\boldsymbol{u}(t)\right]\cdot\left[\lim_{\Delta t\to 0}\frac{\boldsymbol{v}(t+\Delta t)-\boldsymbol{v}(t)}{\Delta t}\right]=$$

$$\boldsymbol{u}'(t)\cdot\boldsymbol{v}(t)+\boldsymbol{u}(t)\cdot\boldsymbol{v}'(t)$$

其中用到了向量值函数极限的四则运算法则以及数量积与极限运算次序的交换.

(3) $$\frac{\mathrm{d}}{\mathrm{d}t}[\boldsymbol{u}(t)\times\boldsymbol{v}(t)]=\lim_{\Delta t\to 0}\frac{\boldsymbol{u}(t+\Delta t)\times\boldsymbol{v}(t+\Delta t)-\boldsymbol{u}(t)\times\boldsymbol{v}(t)}{\Delta t}=$$

$$\lim_{\Delta t\to 0}\frac{\boldsymbol{u}(t+\Delta t)\times\boldsymbol{v}(t+\Delta t)-\boldsymbol{u}(t)\times\boldsymbol{v}(t+\Delta t)+\boldsymbol{u}(t)\times\boldsymbol{v}(t+\Delta t)-\boldsymbol{u}(t)\times\boldsymbol{v}(t)}{\Delta t}=$$

$$\lim_{\Delta t\to 0}\left[\frac{\boldsymbol{u}(t+\Delta t)-\boldsymbol{u}(t)}{\Delta t}\times\boldsymbol{v}(t+\Delta t)\right]+\lim_{\Delta t\to 0}\left[\boldsymbol{u}(t)\times\frac{\boldsymbol{v}(t+\Delta t)-\boldsymbol{v}(t)}{\Delta t}\right]=$$

$$\left[\lim_{\Delta t\to 0}\frac{\boldsymbol{u}(t+\Delta t)-\boldsymbol{u}(t)}{\Delta t}\right]\times\left[\lim_{\Delta t\to 0}\boldsymbol{v}(t+\Delta t)\right]+\left[\lim_{\Delta t\to 0}\boldsymbol{u}(t)\right]\times\left[\frac{\boldsymbol{v}(t+\Delta t)-\boldsymbol{v}(t)}{\Delta t}\right]=$$

$$\boldsymbol{u}'(t)\times\boldsymbol{v}(t)+\boldsymbol{u}(t)\times\boldsymbol{v}'(t)$$

(七) 习题 9-7 解答

1. 求函数 $z=x^2+y^2$ 在点(1,2)处沿从点(1,2)到点$(2,2+\sqrt{3})$的方向的方向导数.

解 从点(1,2)到点$(2,2+\sqrt{3})$的方向的向量 $\boldsymbol{l}=\boldsymbol{AB}=\{1,\sqrt{3}\}$,故 $\boldsymbol{l}^0=\frac{\boldsymbol{AB}}{|\boldsymbol{AB}|}=\{\cos\alpha,\cos\beta\}$,又 $\frac{\partial z}{\partial x}=2x,\frac{\partial z}{\partial y}=2y$,故$\left.\frac{\partial z}{\partial x}\right|_{(1,2)}=2,\left.\frac{\partial z}{\partial y}\right|_{(1,2)}=4$,从而

$$\frac{\partial z}{\partial l}=\frac{\partial z}{\partial x}\cos\alpha+\frac{\partial z}{\partial y}\cos\beta=2\times\frac{1}{2}+4\times\frac{\sqrt{3}}{2}=1+2\sqrt{3}$$

2. 求函数 $z=\ln(x+y)$ 在抛物线 $y^2=4x$ 上点(1,2)处,沿着这抛物线在该点处且偏向 x 轴正向的切线方向的方向导数.

解 方程 $y^2=4x$ 两边对 x 求导数得 $2yy'=4$,即 $y'=\frac{2}{y}$,代入点(1,2)得 $y'(1)=1$,因此抛物线 $y^2=4x$ 上点(1,2)处的切向量为 $\boldsymbol{T}=\{1,y'(1)\}=\{1,1\}$,所以 $\boldsymbol{T}_0=\left\{\frac{1}{\sqrt{2}},\frac{1}{\sqrt{2}}\right\}=\{\cos\alpha,\cos\beta\}$,又$\frac{\partial z}{\partial x}=\frac{1}{x+y},\frac{\partial z}{\partial y}=\frac{1}{x+y}$,从而

$$\left.\frac{\partial z}{\partial T}\right|_{(1,2)}=\left.\frac{\partial z}{\partial x}\cos\alpha+\frac{\partial z}{\partial y}\cos\beta\right|_{(1,2)}=\left.\frac{\sqrt{2}}{x+y}\right|_{(1,2)}=\frac{\sqrt{2}}{3}$$

3. 求函数 $z=1-\left(\frac{x^2}{a^2}+\frac{y^2}{b^2}\right)$ 在点$\left(\frac{a}{\sqrt{2}},\frac{b}{\sqrt{2}}\right)$处沿曲线在这点的内法线方向的方向导数.

解 令 $F(x,y)=\frac{x^2}{a^2}+\frac{y^2}{b^2}-1$,即 $F_x'=\frac{2x}{a^2},F_y'=\frac{2y}{b^2}$,则点$(x,y)$处的法向量 $\boldsymbol{n}=\pm\{F_x',F_y'\}=\pm\left\{\frac{2x}{a^2},\frac{2y}{b^2}\right\}$,故$\left(\frac{a}{\sqrt{2}},\frac{b}{\sqrt{2}}\right)$处的内法向量$\left.\boldsymbol{n}\right|_{\left(\frac{a}{\sqrt{2}},\frac{b}{\sqrt{2}}\right)}=-\left\{\frac{\sqrt{2}}{a},\frac{\sqrt{2}}{b}\right\}$.从而单位内法向量为

$$n_0 = \left\{-\frac{b}{\sqrt{a^2+b^2}}, -\frac{a}{\sqrt{a^2+b^2}}\right\} = \pm\left\{\frac{2x}{a^2}, \frac{2y}{b^2}\right\}$$

又因
$$\frac{\partial z}{\partial x} = -\frac{2x}{a^2},\quad \frac{\partial z}{\partial y} = -\frac{2y}{b^2}$$

所以
$$\left.\frac{\partial z}{\partial l}\right|_{\left(\frac{a}{\sqrt{2}},\frac{b}{\sqrt{2}}\right)} = \frac{\sqrt{2}}{ab}\sqrt{a^2+b^2}$$

4. 求函数 $u = xy^2 + z^3 - xyz$ 在点(1,1,2)处沿方向角为 $\alpha = \frac{\pi}{3}, \beta = \frac{\pi}{4}, \gamma = \frac{\pi}{3}$ 的方向的方向导数.

解　方向向量为
$$l = \{\cos\alpha, \cos\beta, \cos\gamma\} = \left\{\frac{1}{2}, \frac{\sqrt{2}}{2}, \frac{1}{2}\right\}$$

$$\frac{\partial u}{\partial x} = y^2 - yz,\quad \frac{\partial u}{\partial y} = 2xy - xz,\quad \frac{\partial u}{\partial z} = 3z^2 - xy$$

故
$$\left.\frac{\partial u}{\partial l}\right|_{(1,1,2)} = \left.\left(\frac{\partial u}{\partial x}\cos\alpha\frac{\partial u}{\partial y}\cos\beta + \frac{\partial u}{\partial z}\cos\gamma\right)\right|_{(1,1,2)} =$$

$$\left[(y^2 - yz)\frac{1}{2} + (2xy - xz)\frac{\sqrt{2}}{2} + (3z^2 - xy)\frac{1}{2}\right]_{1,1,2} =$$

$$(1^2 - 2)\times\frac{1}{2} + (2-2)\times\frac{\sqrt{2}}{2} + (3\times 2^2 - 1)\times\frac{1}{2} = 5$$

5. 求函数 $u = xyz$ 在点(5,1,2)处，沿点(5,1,2)到点(9,4,14)的方向的方向导数.

解
$$l = \{9-5, 4-1, 14-2\} = \{4,3,12\}$$

$$l_0 = \frac{l}{|l|} = \left\{\frac{4}{13}, \frac{3}{13}, \frac{12}{13}\right\}$$

从而
$$\cos\alpha = \frac{4}{13},\quad \cos\beta = \frac{3}{13},\quad \cos\gamma = \frac{12}{13}$$

因为
$$\frac{\partial u}{\partial l} = \frac{\partial u}{\partial x}\cos\alpha + \frac{\partial u}{\partial y}\cos\beta + \frac{\partial u}{\partial z}\cos\gamma = \frac{4}{13}yz + \frac{3}{13}xz + \frac{12}{13}xy$$

所以
$$\left.\frac{\partial u}{\partial l}\right|_{(5,1,2)} = \frac{4}{13}\times 2 + \frac{3}{13}\times 10 + \frac{12}{13}\times 5 = \frac{98}{13}$$

6. 求函数 $u = x^2 + y^2 + z^2$ 在曲线 $x = t, y = t^2, z = t^3$ 上点(1,1,1)处，沿曲线在该点的切线正方向(对应于 t 增大的方向)的方向导数.

解　曲线 $x = t, y = t^2, z = t^3$ 上点 $P(1,1,1)$ 对应的参数为 $t_0 = 1$，点 P 的切线正向为

$$T = \left.\left\{\frac{dx}{dt}, \frac{dy}{dt}, \frac{dz}{dt}\right\}\right|_{t_0=1} = \left.\{1, 2t, 3t^2\}\right|_{t=1} = \{1,2,3\}$$

从而 $T_0 = \left\{\frac{1}{\sqrt{14}}, \frac{2}{\sqrt{14}}, \frac{3}{\sqrt{14}}\right\} = \{\cos\alpha, \cos\beta, \cos\gamma\}$，又 $\frac{\partial u}{\partial x} = 2x, \frac{\partial u}{\partial y} = 2y, \frac{\partial u}{\partial z} = 2z$，因而 $u = x^2 + y^2 + z^2$ 在点 P 处沿方向 T 的方向导数为

$$\frac{\partial u}{\partial T} = \left.\left(\frac{\partial u}{\partial x}\cos\alpha + \frac{\partial u}{\partial y}\cos\beta + \frac{\partial u}{\partial z}\cos\gamma\right)\right|_{(1,1,1)} =$$

$$\left.\left(2x\frac{1}{\sqrt{14}} + 2y\frac{2}{\sqrt{14}} + 2z\frac{3}{\sqrt{14}}\right)\right|_{(1,1,1)} = \frac{1}{\sqrt{14}}\times(2+4+6) = \frac{12}{\sqrt{14}}$$

7. 求函数 $u = x + y + z$ 在球面 $x^2 + y^2 + z^2 = 1$ 上点 (x_0, y_0, z_0) 处，沿球面在该点的外法线方向的方向导数.

解　令 $F(x,y,z) = x^2 + y^2 + z^2 - 1$，则球面 $x^2 + y^2 + z^2 = 1$ 在点 $P(x_0, y_0, z_0)$ 处的外法线向量为

$$n = \left.\{F_x', F_y', F_z'\}\right|_{(x_0,y_0,z_0)} = \{2x_0, 2y_0, 2z_0\}$$

$$n_0 = \left\{\frac{2x_0}{2\sqrt{x_0^2+y_0^2+z_0^2}}, \frac{2y_0}{2\sqrt{x_0^2+y_0^2+z_0^2}}, \frac{2z_0}{2\sqrt{x_0^2+y_0^2+z_0^2}}\right\} = \{x_0, y_0, z_0\} = \{\cos\alpha, \cos\beta, \cos\gamma\}$$

又$\frac{\partial u}{\partial x}=\frac{\partial u}{\partial y}=\frac{\partial u}{\partial z}=1$,从而

$$\frac{\partial u}{\partial n}=\left(\frac{\partial u}{\partial x}\cos\alpha+\frac{\partial u}{\partial y}\cos\beta+\frac{\partial u}{\partial z}\cos\gamma\right)\bigg|_{(x_0,y_0,z_0)}=x_0+y_0+z_0$$

8. 设 $f(x,y,z)=x^2+2y^2+3z^2+xy+3x-2y-6z$,求 $\mathbf{grad}f(0,0,0)$ 及 $\mathbf{grad}f(1,1,1)$.

解 $\frac{\partial f}{\partial x}=2x+y+3$, $\frac{\partial f}{\partial y}=4y+x-2$, $\frac{\partial f}{\partial z}=6z-6$

$$\frac{\partial f}{\partial x}\bigg|_{(0,0,0)}=3,\quad \frac{\partial f}{\partial y}\bigg|_{(0,0,0)}=-2,\quad \frac{\partial f}{\partial z}\bigg|_{(0,0,0)}=-6$$

$$\frac{\partial f}{\partial x}\bigg|_{(1,1,1)}=6,\quad \frac{\partial f}{\partial y}\bigg|_{(1,1,1)}=3,\quad \frac{\partial f}{\partial z}\bigg|_{(1,1,1)}=0$$

所以 $\mathbf{grad}f(0,0,0)=3\boldsymbol{i}-2\boldsymbol{j}-6\boldsymbol{k}$, $\mathbf{grad}f(1,1,1)=6\boldsymbol{i}+3\boldsymbol{j}$

9. 设函数 $u(x,y,z)$,$v(x,y,z)$ 的各个偏导数都存在且连续,证明:

(1) $\nabla(Cu)=C\nabla u$(其中 C 为常数);　(2) $\nabla(u\pm v)=\nabla u\pm\nabla v$;

(3) $\nabla(uv)=v\nabla u+u\nabla v$;　(4) $\nabla\left(\frac{u}{v}\right)=\frac{v\nabla u-u\nabla v}{v^2}$.

证明 (1) $$\nabla(Cu)=\left(C\frac{\partial u}{\partial x},C\frac{\partial u}{\partial y},C\frac{\partial u}{\partial z}\right)=C\left(\frac{\partial u}{\partial x},\frac{\partial u}{\partial y},\frac{\partial u}{\partial z}\right)=C\nabla u$$

(2) $$\nabla(u\pm v)=\left(\frac{\partial u}{\partial x}\pm\frac{\partial v}{\partial x},\frac{\partial u}{\partial y}\pm\frac{\partial v}{\partial y},\frac{\partial u}{\partial z}\pm\frac{\partial v}{\partial z}\right)=\left(\frac{\partial u}{\partial x},\frac{\partial u}{\partial y},\frac{\partial u}{\partial z}\right)\pm\left(\frac{\partial v}{\partial x},\frac{\partial v}{\partial y},\frac{\partial v}{\partial z}\right)=\nabla u\pm\nabla v$$

(3) $$\nabla(uv)=\left(\frac{\partial}{\partial x}(uv),\frac{\partial}{\partial y}(uv),\frac{\partial}{\partial z}(uv)\right)=\left(\frac{\partial u}{\partial x}v+u\frac{\partial v}{\partial x},\frac{\partial u}{\partial y}v+u\frac{\partial v}{\partial y},\frac{\partial u}{\partial z}v+u\frac{\partial v}{\partial z}\right)=$$

$$v\left(\frac{\partial u}{\partial x},\frac{\partial u}{\partial y},\frac{\partial u}{\partial z}\right)+u\left(\frac{\partial v}{\partial x},\frac{\partial v}{\partial y},\frac{\partial v}{\partial z}\right)=v\nabla u+u\nabla v$$

(4) $$\nabla\left(\frac{u}{v}\right)=\left(\frac{\partial}{\partial x}\left(\frac{u}{v}\right),\frac{\partial}{\partial y}\left(\frac{u}{v}\right),\frac{\partial}{\partial z}\left(\frac{u}{v}\right)\right)=\left(\frac{v\frac{\partial u}{\partial x}-u\frac{\partial v}{vx}}{v^2},\frac{v\frac{\partial u}{\partial y}-u\frac{\partial v}{\partial y}}{v^2},\frac{v\frac{\partial u}{\partial z}-u\frac{\partial v}{\partial z}}{v^2}\right)=$$

$$\frac{1}{v}\left(\frac{\partial u}{\partial x},\frac{\partial u}{\partial y},\frac{\partial u}{\partial z}\right)-\frac{u}{v^2}\left(\frac{\partial v}{\partial x},\frac{\partial v}{\partial y},\frac{\partial v}{\partial z}\right)=\frac{v\nabla u-u\nabla v}{v^2}$$

10. 求函数 $u=xy^2z$ 在点 $P_0(1,-1,2)$ 处变化最快的方向,并求沿这个方向的方向导数.

解 $$\nabla u=\frac{\partial u}{\partial x}\boldsymbol{i}+\frac{\partial u}{\partial y}\boldsymbol{j}+\frac{\partial u}{\partial z}\boldsymbol{k}=y^2z\boldsymbol{i}+2xyz\boldsymbol{j}+xy^2\boldsymbol{k}$$

$$\nabla u\bigg|_{P_0}=2\boldsymbol{i}-4\boldsymbol{j}+\boldsymbol{k}$$

由方向导数与梯度的关系可知,$u=xy^2z$ 在 P_0 处沿 $\boldsymbol{n}=\nabla u\big|_{P_0}=2\boldsymbol{i}-4\boldsymbol{j}+\boldsymbol{k}$ 的方向增加最快,其方向导数为

$$\frac{\partial u}{\partial n}\bigg|_{P_0}=|\nabla u|_{P_0}|=|2\boldsymbol{i}-4\boldsymbol{j}+\boldsymbol{k}|=\sqrt{21}$$

沿 $\boldsymbol{n}_1=-\nabla u|_{P_0}=-2\boldsymbol{i}+4\boldsymbol{j}-\boldsymbol{k}$ 方向减少最快,其方向导数为 $\frac{\partial u}{\partial n_1}\bigg|_{P_0}=-\sqrt{21}$

(八) 习题 9-8 解答

1. 已知函数 $f(x,y)$ 在点(0,0) 的某个邻域内连续,且 $\lim\limits_{(x,y)\to(0,0)}\frac{f(x,y)-xy}{(x^2+y^2)^2}=1$

则下述四个选项中正确的是(　　).

(A) 点(0,0) 不是 $f(x,y)$ 的极值点　　(B) 点(0,0) 是 $f(x,y)$ 的极大值点

(C) 点(0,0)是 $f(x,y)$ 的极小值点　　　(D) 根据所给条件无法判断(0,0)是否为 $f(x,y)$ 的极值点

解　令 $\rho=\sqrt{x^2+y^2}$，则由题意可知　　$f(x,y)=xy+\rho^4+o(\rho^4)$

当 $(x,y)\to(0,0)$ 时，$\rho\to 0$。

由于 $f(x,y)$ 在(0,0)附近的值主要由 xy 决定，而 xy 在(0,0)附近符号不定，故点(0,0)不是 $f(x,y)$ 的极值点，应选(A)。

本题也可以取两条路径 $y=x$ 和 $y=-x$ 来考虑。当 $|x|$ 充分小时

$$f(x,y)=x^2+4x^4+o(x^4)>0$$

$$f(x,-x)=-x^2+4x^4+o(x^4)<0$$

故点(0,0)不是 $f(x,y)$ 的极值点，应选(A)。

2. 求函数 $f(x,y)=4(x-y)-x^2-y^2$ 的极值。

解　解方程组

$$\begin{cases}f_x'(x,y)=4-2x=0\\ f_y'(x,y)=-4-2y=0\end{cases}$$

得驻点为(2,−2)。由于 $A=f_{xx}''(2,-2)=-2<0,B=f_{xy}''=(2,-2)=0,C=f_{yy}''(2,-2)=-2$，$AC-B^2>0$，所以在点(2,−2)处函数取得极大值，极大值为 $f(2,-2)=8$。

3. 求函数 $f(x,y)=(6x-x^2)(4y-y^2)$ 的极值。

解　(1) 求一阶偏导数：

$$\begin{cases}f_x'(x,y)=(6-2x)(4y-y^2)=0\\ f_y'(x,y)=(6x-x^2)(4-xy)=0\end{cases}$$

得 $x=3,y=0,y=4$ 和 $x=0,x=6,y=2$。于是得驻点：(0,0)，(0,4)，(6,4)，(6,0)，(3,2)。

(2) 再求二阶偏导数：

$$f_{xx}''(x,y)=-2(4y-y^2),\quad f_{xy}''(x,y)=4(3-x)(2-y),\quad f_{yy}''(x,y)=-2(6x-x^2)$$

(3) 判断驻点是否为极值点：

在点(0,0)处，$f_{xx}''=0,f_{xy}''=24,f_{yy}''=0,AC-B^2=-24^2<0$，所以 $f(0,0)$ 不是极值；

在点(0,4)处，$f_{xx}''=0,f_{xy}''=-24,f_{yy}''=0,AC-B^2=-24^2<0$，所以 $f(0,4)$ 不是极值；

在点(6,4)处，$f_{xx}''=0,f_{xy}''=24,f_{yy}''=0,AC-B^2=-24^2<0$，所以 $f(6,4)$ 不是极值；

在点(6,0)处，$f_{xx}''=0,f_{xy}''=-24,f_{yy}''=0,AC-B^2=-24^2<0$，所以 $f(6,0)$ 不是极值；

在点(3,2)处，$f_{xx}''=-8,f_{xy}''=0,f_{yy}''=-18,AC-B^2=8\times18>0$，又 $A<0$，所以函数有极大值

$$f(3,2)=36$$

4. 求函数 $f(x,y)=\mathrm{e}^{2x}(x+y^2+2y)$ 的极值。

解　解方程组

$$\begin{cases}f_x'(x,y)=\mathrm{e}^{2x}(2x+2y^2+4y+1)=0\\ f_y'(x,y)=\mathrm{e}^{2x}(2y+2)=0\end{cases}$$

得驻点 $\left(\frac{1}{2},-1\right)$。由于 $A=f_{xx}''=4\mathrm{e}^{2x}(x+y^2+2y+1),B=f_{xy}''=4\mathrm{e}^{2x}(y+1),C=f_{yy}''=2\mathrm{e}^{2x}$，在点 $\left(\frac{1}{2},-1\right)$ 处有 $AC-B^2=4\mathrm{e}^2>0$，所以函数在点 $\left(\frac{1}{2},-1\right)$ 处取得极小值，极小值为 $f\left(\frac{1}{2},-1\right)=-\frac{\mathrm{e}}{2}$。

5. 求函数 $z=xy$ 在适合附加条件 $x+y=1$ 下的极大值。

解　条件 $x+y=1$ 可表示为 $y=1-x$，代入 $z=xy$，于是问题转化为 $z=x(1-x)$ 的无条件极值。因为 $\frac{\mathrm{d}z}{\mathrm{d}x}=1-2x,\frac{\mathrm{d}^2z}{\mathrm{d}x^2}=-2$，令 $\frac{\mathrm{d}z}{\mathrm{d}x}=0$，得驻点 $x=\frac{1}{2}$。又因为 $\left.\frac{\mathrm{d}^2z}{\mathrm{d}x^2}\right|_{x=\frac{1}{2}}=-2$，所以 $x=\frac{1}{2}$ 为极大值点；极大值为

$$z=\frac{1}{2}\left(1-\frac{1}{2}\right)=\frac{1}{4}.$$

故 $z = xy$ 在条件 $x + y = 1$ 下,在点 $\left(\frac{1}{2},\frac{1}{2}\right)$ 处取得极大值,极大值为 $\frac{1}{4}$.

6. 从斜边之长为 l 的一切直角三角形中,求有最大周长的直角三角形.

解 设直角三角形的两边之长分别为 x,y,则周长 $s = x + y + l\ (0 < x < l, 0 < y < l)$. 本题是在 $x^2 + y^2 = l^2$ 下的极值问题,作函数 $F(x,y) = x + y + l + \lambda(x^2 + y^2 - l^2)$,由

$$\begin{cases} F_x'(x,y) = 1 + 2\lambda x = 0 \\ F_y'(x,y) = 1 + 2\lambda y = 0 \end{cases}$$

解得 $x = y = -\frac{1}{2\lambda}$,代入 $x^2 + y^2 = l^2$,得 $\lambda = -\frac{\sqrt{2}}{2l}$,于是 $x = y = \frac{l}{\sqrt{2}}$ 是唯一的驻点,根据问题性质可知,这种最大周长一定存在,所以斜边之长为 l 的一切直角三角形中,周长最大是等腰直角三角形.

7. 要造一个容积等于定数 k 的长方形无盖水池,应如何选择水池的尺寸,方可使它的表面积最小.

解 设水池的长为 a,宽为 b,高为 c,则水池的表面积为 $S = ab + 2ac + 2bc\ (a > 0, b > 0, c > 0)$,本题是在 $abc = k$ 下的极值问题,作函数 $F(a,b,c) = ab + 2ac + 2bc + \lambda(abc - k)$,由

$$\begin{cases} F_a'(a,b,c) = b + 2c + \lambda bc = 0 \\ F_b'(a,b,c) = a + 2c + \lambda ac = 0 \\ F_c'(a,b,c) = 2a + 2b + \lambda ac = 0 \\ abc - k = 0 \end{cases}$$

解得 $a = b = \sqrt[3]{2k}$,$c = \frac{1}{2}\sqrt[3]{2k}$,$\lambda = -\sqrt[3]{\frac{32}{k}}$,于是 $\left(\sqrt[3]{2k}, \sqrt[3]{2k}, \frac{1}{2}\sqrt[3]{2k}\right)$ 是唯一的驻点. 根据问题性质可知,S 一定有最小值,所以表面积最小的水池的长和宽为 $\sqrt[3]{2k}$,高为 $\frac{1}{2}\sqrt[3]{2k}$.

8. 在平面 xOy 上求一点,使它到 $x = 0$,$y = 0$ 及 $x + 2y - 16 = 0$ 三直线的距离平方和为最小.

解 设所求点的坐标为(x,y),则此点到 $x = 0$ 的距离为 $|y|$,到 $y = 0$ 的距离为 $|x|$,到 $x + 2y - 16 = 0$ 距离为 $\frac{|x + 2y - 16|}{\sqrt{1^2 + 2^2}}$,而距离平方和为 $z = x^2 + y^2 + \frac{1}{5}(x + 2y - 16)^2$. 由

$$\begin{cases} \frac{\partial z}{\partial x} = 2x + \frac{2}{5}(x + 2y - 16) = 0 \\ \frac{\partial z}{\partial y} = 2y + \frac{4}{5}(x + 2y - 16) = 0 \end{cases}$$

解得 $x = \frac{8}{5}$,$y = \frac{16}{5}$,则 $\left(\frac{8}{5},\frac{16}{5}\right)$ 是唯一驻点,根据问题的性质可知,到三直线的距离平方和最小的点一定存在,故 $\left(\frac{8}{5},\frac{16}{5}\right)$ 即为所求.

9. 将周长为 $2p$ 的矩形绕它的一边旋转而构成一个圆柱体,问矩形的长、宽各为多少时,才可使圆柱体的体积为最大?

解 设矩形的一边为 x,则另一边为$(p - x)$,假设矩形绕边 $p - x$ 旋转,则旋转所围成圆柱体的体积为 $V = \pi x^2(p - x)$. 由

$$\frac{\mathrm{d}V}{\mathrm{d}x} = 2\pi x(p - x) - \pi x^2 = \pi x(2p - 3x) = 0$$

求得驻点为 $x = \frac{2}{3}p$,由于驻点唯一,由题意又可知,这种圆柱体的体积一定有最大值,所以当矩形的边长为 $\frac{2p}{3}$ 和 $\frac{p}{3}$ 时,绕短边旋转所得圆柱体的体积最大.

10. 求内接于半径为 a 的球且有最大体积的长方体.

解 设球面方程为 $x^2 + y^2 + z^2 = a^2$,点(x,y,z)是它的内接长方体在第一象限内的一个顶点,则此长方体的长、宽、高分别为 $2x, 2y, 2z$. 体积为 $V = 8xyz$. 令 $F(x,y,z,\lambda) = 8xyz + \lambda(x^2 + y^2 + z^2 - a^2)$,由

$$\begin{cases} F_x'(x,y,z) = 8yz + 2\lambda x = 0 \\ F_y'(x,y,z) = 8xz + 2\lambda y = 0 \\ F_z'(x,y,z) = 8xy + 2\lambda z = 0 \end{cases}$$

解得 $x = \frac{a}{\sqrt{3}}, y = \frac{a}{\sqrt{3}}, z = \frac{a}{\sqrt{3}}$，所以 $\left(\frac{a}{\sqrt{3}}, \frac{a}{\sqrt{3}}, \frac{a}{\sqrt{3}}\right)$ 为唯一驻点. 由题意可知，这种长方体必有最大体积，所以当长方体的长、宽、高都为 $\frac{a}{\sqrt{3}}$ 时，其体积最大.

11. 抛物面 $z = x^2 + y^2$ 被平面 $x + y + z = 1$ 截成一椭圆. 求原点到这椭圆的最长与最短距离.

解 设椭圆上点的坐标为 (x,y,z)，则原点到椭圆上这一点的距离平方为 $d^2 = x^2 + y^2 + z^2$，其中 x,y,z 要同时满足 $z = x^2 + y^2$ 和 $x + y + z = 1$. 令

$$F(x,y,z,\lambda_1,\lambda_2) = x^2 + y^2 + z^2 + \lambda_1(z - x^2 - y^2) + \lambda_2(x + y + z - 1)$$

由

$$\begin{cases} F_x'(x,y,z) = 2x - 2\lambda_1 x + \lambda_2 = 0 \\ F_y'(x,y,z) = 2y - 2\lambda_1 y + \lambda_2 = 0 \\ F_z'(x,y,z) = 2z + \lambda_1 + \lambda_2 = 0 \end{cases}$$

解得 $x = \frac{-1 \pm \sqrt{3}}{2}, y = \frac{-1 \pm \sqrt{3}}{2}, z = 2 \pm \sqrt{3}$，它们是可能的两个极值点，由题意知，这种距离的最小值和最大值一定存在，所以当 $x = \frac{-1 \pm \sqrt{3}}{2}$ 时，其距离平方

$$d^2 = x^2 + y^2 + z^2 = 2\left(\frac{-1 \pm \sqrt{3}}{2}\right)^2 + (2 \pm \sqrt{3})^2 = 9 \pm 5\sqrt{3}$$

从而最长距离为 $\sqrt{9 + 5\sqrt{3}}$，最短距离为 $\sqrt{9 - 5\sqrt{3}}$.

12. 设有一圆板占有平面闭区域 $\{(x,y) \mid x^2 + y^2 \geqslant 1\}$. 该圆板被加热，以致在点 (x,y) 的温度是

$$T = x^2 + 2y^2 - x$$

求该圆板的最热点和最冷点.

解 解方程组

$$\begin{cases} \frac{\partial T}{\partial x} = 2x - 1 = 0 \\ \frac{\partial T}{\partial y} = 4y = 0 \end{cases}$$

求得驻点 $\left(\frac{1}{2}, 0\right)$. $T_1 = T\Big|_{\left(\frac{1}{2},0\right)} = -\frac{1}{4}$.

在边界 $x^2 + y^2 = 1$ 上， $T = 2 - (x^2 + x) = \frac{9}{4} - \left(x + \frac{1}{2}\right)^2$

当 $x = -\frac{1}{2}$ 时，有边界上的最大值 $T_2 = \frac{9}{4}$，$x = 1$ 时，有边界上的最小值 $T_3 = 0$.

比较 T_1, T_2 及 T_3 的值知，最热点在 $\left(-\frac{1}{2}, \pm\frac{\sqrt{3}}{2}\right)$，$T_{\max} = \frac{9}{4}$，最冷点在 $\left(\frac{1}{2}, 0\right)$，$T_{\min} = -\frac{1}{4}$.

13. 形状为椭球 $4x^2 + y^2 + 4z^2 \leqslant 16$ 的空间探测器进入地球大气层，其表面开始受热，1h 后的探测器的点 (x,y,z) 处的温度 $T = 8x^2 + 4yz - 16z + 600$，求探测器表面最热的点.

解 作拉格朗日函数 $L = 8x^2 + 4yz - 16z + 600 + \lambda(4x^2 + y^2 + 4z^2 - 16)$

令

$$\begin{cases} L_x = 16x + 8\lambda x = 0 & (1) \\ L_y = 4z + 2\lambda y = 0 & (2) \\ L_z = 4y - 16 + 8\lambda z = 0 & (3) \end{cases}$$

由(1)得 $x = 0$ 或 $\lambda = -2$.

若 $\lambda=-2$，代入(2)、(3)，得 $y=z=-\frac{4}{3}$. 再将 $y=z=-\frac{4}{3}$ 代入约束条件

$$4x^2+y^2+4z^2=16 \tag{4}$$

得 $x=\pm\frac{4}{3}$. 于是得到两个可能的极值点：$M_1\left(\frac{4}{3},-\frac{4}{3},-\frac{4}{3}\right)$，$M_2\left(-\frac{4}{3},-\frac{4}{3},-\frac{4}{3}\right)$.

若 $x=0$，由式(2)、(3)、(4) 解得 $\lambda=0,y=4,z=0$；$\lambda=\sqrt{3},y=-2,z=\sqrt{3}$；$\lambda=-\sqrt{3},y=-2,z=-\sqrt{3}$. 于是得到另外三个可能极值点：$M_3(0,4,0)$，$M_4(0,-2,\sqrt{3})$，$M_5(0,-2,-\sqrt{3})$.

比较 T 在上述五个可能极值点处的数值知：$T\Big|_{M_1}=T\Big|_{M_2}=\frac{1\,928}{3}$ 为最大，故探测器表面最热的点为 $M\left(\pm\frac{4}{3},-\frac{4}{3},-\frac{4}{3}\right)$.

*(九) 习题 9－9 解答

1. 求函数 $f(x,y)=2x^2-xy-y^2-6x-3y+5$ 在点 $(1,-2)$ 的泰勒公式.

解
$$f(1,-2)=5,\quad f_x'(1,-2)=(4x-y-6)\Big|_{(1,-2)}=0$$
$$f_y'(1,-2)=(-x-2y-3)\Big|_{(1,-2)}=0$$
$$f_{xx}''(1,-2)=4,\quad f_{xy}''(1,-2)=-1,\quad f_{yy}''(1,-2)=-2$$

又因 $f(x,y)$ 三阶及三阶以上的各阶偏导数均为 0，所以

$$f(x,y)=f[1+(x-1),-2+(y+2)]=f(1,-2)+(x-1)f_x'(1,-2)+(y+2)f_y'(1,-2)+$$
$$\frac{1}{2!}[(x-1)^2f_{xx}''(1,-2)+2(x-1)(y+2)f_{yy}''(1,-2)+(y+2)^2f_{yy}''(1,-2)]=$$
$$5+\frac{1}{2!}[4(x-1)^2-2(x-1)(y+2)-2(y+2)^2]=$$
$$5+2(x-1)^2-(x-1)(y+2)-(y+2)^2$$

2. 求函数 $f(x,y)=e^x\ln(1+y)$ 在点 $(0,0)$ 的三阶泰勒公式.

解 由于
$$f_x'(x,y)=e^x\ln(1+y),\quad f_y'(x,y)=\frac{e^x}{1+y},\quad f(0,0)=0$$
$$f_{xx}''(x,y)=e^x\ln(1+y),\quad f_{xy}''(x,y)=\frac{e^x}{1+y},\quad f_{yy}''(x,y)=-\frac{e^x}{(1+y)^2}$$
$$f_{xxx}'''(x,y)=e^x\ln(1+y),\quad f_{xxy}'''(x,y)=\frac{e^x}{1+y}$$
$$f_{xyy}'''(x,y)=-\frac{e^x}{(1+y)^2},\quad f_{yyy}'''(x,y)=\frac{2e^x}{(1+y)^3}$$

$$\left(x\frac{\partial}{\partial x}+y\frac{\partial}{\partial y}\right)f(0,0)=xf_x(0,0)+yf_y'(0,0)=y$$
$$\left(x\frac{\partial}{\partial x}+y\frac{\partial}{\partial y}\right)^2f(0,0)=x^2f_{xx}''(0,0)+2xyf_{xy}''(0,0)+y^2f_{yy}''(x,y)(0,0)=2xy-y^2$$
$$\left(x\frac{\partial}{\partial x}+y\frac{\partial}{\partial y}\right)^3f(0,0)=x^3f_{xxx}'''(0,0)+3v^2yf_{xxy}'''(0,0)+3xy^2f_{xyy}'''(0,0)+y^3f_{yyy}'''(0,0)=$$
$$3x^2y-3xy^2+2y^3$$

因此
$$f(x,y)=f(0,0)+\left(x\frac{\partial}{\partial x}+y\frac{\partial}{\partial y}\right)f(0,0)+\frac{1}{2!}\left(x\frac{\partial}{\partial x}+y\frac{\partial}{\partial y}\right)^2f(0,0)+$$
$$\frac{1}{3!}\left(x\frac{\partial}{\partial x}+y\frac{\partial}{\partial y}\right)^3f(0,0)+R_3=y+\frac{1}{2!}(2xy-y^2)+\frac{1}{3!}(3x^2y-3xy^2+2y^3)+R_3$$

3. 求函数 $f(x,y)=\sin x\sin y$ 在点 $\left(\frac{\pi}{4},\frac{\pi}{4}\right)$ 的二阶泰勒公式.

解　$f_x'(x,y)=\cos x\sin y$，　$f_y'(x,y)=\sin x\cos y$，　$f_{xx}''(x,y)=-\sin x\sin y$

$f_{xy}''(x,y)=\cos x\cos y$，　$f_{yy}''(x,y)=-\sin x\sin y$，　$f_{xxx}'''(x,y)=-\cos x\sin y$

$f_{xxy}'''(x,y)=-\sin x\cos y$，　$f_{xyy}'''(x,y)=-\cos x\sin y$，　$f_{yyy}'''(x,y)=-\sin x\cos y$

$$f(x,y)=f\left[\frac{\pi}{4}+\left(x-\frac{\pi}{4}\right),\frac{\pi}{4}+\left(y-\frac{\pi}{4}\right)\right]=$$

$$f\left(\frac{\pi}{4},\frac{\pi}{4}\right)+\left[\left(x-\frac{\pi}{4}\right)\frac{\partial}{\partial x}+\left(y-\frac{\pi}{4}\right)\frac{\partial}{\partial y}\right]f\left(\frac{\pi}{4},\frac{\pi}{4}\right)+$$

$$\frac{1}{2!}\left[\left(x-\frac{\pi}{4}\right)\frac{\partial}{\partial x}+\left(y-\frac{\pi}{4}\right)\frac{\partial}{\partial y}\right]^2 f\left(\frac{\pi}{4},\frac{\pi}{4}\right)+R_2=$$

$$\frac{1}{2}+\left[\left(x-\frac{\pi}{4}\right)\frac{1}{2}+\left(y-\frac{\pi}{4}\right)\frac{1}{2}\right]+$$

$$\frac{1}{2!}\left[\left(x-\frac{\pi}{4}\right)^2\left(-\frac{1}{2}\right)+2\left(x-\frac{\pi}{4}\right)\left(y-\frac{\pi}{4}\right)\frac{1}{2}+\left(y-\frac{\pi}{4}\right)^2\left(-\frac{1}{2}\right)\right]+R_2=$$

$$\frac{1}{2}+\frac{1}{2}\left(x-\frac{\pi}{4}\right)+\frac{1}{2}\left(y-\frac{\pi}{4}\right)-\frac{1}{4}\left[\left(x-\frac{\pi}{4}\right)^2-2\left(x-\frac{\pi}{4}\right)\left(y-\frac{\pi}{4}\right)+\left(y-\frac{\pi}{4}\right)^2\right]+R_2$$

余项

$$R_2=\frac{1}{3!}\left[\left(x-\frac{\pi}{4}\right)\frac{\partial}{\partial x}+\left(y-\frac{\pi}{4}\right)\frac{\partial}{\partial y}\right]^3 f(\xi,\eta)=$$

$$-\frac{1}{6}\left[\cos\xi\sin\eta\left(x-\frac{\pi}{4}\right)^3+3\sin\xi\cos\eta\left(x-\frac{\pi}{4}\right)^2\left(y-\frac{\pi}{4}\right)+\right.$$

$$\left.3\cos\xi\sin\eta\left(x-\frac{\pi}{4}\right)\left(y-\frac{\pi}{4}\right)^2+\sin\xi\sin\eta\left(y-\frac{\pi}{4}\right)^3\right]$$

其中，ξ 在 $\frac{\pi}{4}$ 与 x 之间，η 在 $\frac{\pi}{4}$ 与 y 之间.

4. 利用函数 $f(x,y)=x^y$ 的三阶泰勒公式，计算 $1.1^{1.02}$ 的近似值.

解　在点(1,1)处将函数 $f(x,y)=x^y$ 展开成三阶泰勒公式，因为

$f(1,1)=1, f_x'(1,1)=yx^{y-1}\Big|_{(1,1)}=1$，　$f_y'=x^y\ln x\Big|_{(1,1)}=0$

$f_{xx}''(1,1)=y(y-1)x^{y-2}\Big|_{(1,1)}=0$，　$f_{xy}''(1,1)=(x^{y-1}+yx^{y-1}\ln x)\Big|_{(1,1)}=1$

$f_{yy}''(1,1)x^y\ln^2 x\Big|_{(1,1)}=0$，　$f_{xxx}'''(1,1)y(y-1)(y-2)x^{y-3}\Big|_{(1,1)}=0$

$f_{xyy}'''(1,1)=[2x^{y-1}\ln x+yx^{y-1}\ln^2 x]\Big|_{(1,1)}=0$，　$f_{yyy}'''(1,1)=x^y\ln^3 x\Big|_{(1,1)}=0$

$f_{xxy}'''(1,1)=[(2y-1)x^{y-2}+y(y-1)x^{y-2}\ln x]\Big|_{(1,1)}=1$

所以　$f(x,y)=f[1+(x-1),1+(y-1)]=$

$$1+(x-1)+\frac{1}{2!}[2(x-1)(y-1)]+\frac{1}{3!}[3(x-1)^2(y-1)]+R_3=$$

$$1+(x-1)+(x-1)(y-1)+\frac{1}{2}(x-1)^2(y-1)+R_3$$

由此可得

$$1.1^{1.02}\approx 1+0.1+0.1\times 0.02+\frac{1}{2}\times 0.1^2\times 0.02=1.102\ 1$$

5. 求函数 $f(x,y)=e^{x+y}$ 在点(0,0)的 n 阶泰勒公式.

解　$f(0,0)=e^{0+0}=1$，　$f_x'(0,0)=e^{x+y}\Big|_{(0,0)}=1$，　$f_y'(0,0)=e^{x+y}\Big|_{(0,0)}=1$

同理，$f_{x^m y^{n-m}}^{(n)}(0,0)=e^{x+y}\Big|_{(0,0)}=1$，故

$$e^{x+y}=1+(x+y)+\frac{1}{2!}(x+y)^2+\frac{1}{3!}(x+y)^3+\cdots+\frac{1}{n!}(x+y)^n+R_n$$

其中，$R_n=\dfrac{(x+y)^{n+1}}{(n+1)!}e^{\theta(x+y)}\quad(0<\theta<1)$.

*(十) 习题 9－10 解答

1. 某种合金的含铅百分比(%)为 p，其熔解温度(℃)为 θ，由实验测得 p 与 θ 的数据如下表所示：

p/(%)	36.9	46.7	63.7	77.8	84.0	87.5
θ/℃	181	197	235	270	283	292

试用最小二乘法建立 θ 与 p 之间的经验公式 $\theta=ap+b$.

解 由最小二乘法，令

$$\begin{cases}a\sum\limits_{i=1}^{6}p_i^2+b\sum\limits_{i=1}^{6}pi=\sum\limits_{i=1}^{6}\theta_i p_i\\ a\sum\limits_{i=1}^{6}p_i+6b=\sum\limits_{i=1}^{6}\theta_i\end{cases}$$

由题中数据计算可得 $\begin{cases}\sum\limits_{i=1}^{6}p_i^2=28\ 365.28;\quad \sum\limits_{i=1}^{6}p_i=396.6\\ \sum\limits_{i=1}^{6}\theta_i p_i=101\ 176.3;\quad \sum\limits_{i=1}^{6}\theta_i=1\ 458\end{cases}$

故方程为 $\begin{cases}28\ 365.28a+396.6b=101\ 176.3\\ 396.6a+6b=145\ 8\end{cases}$

解此方程组得 $a=2.234$，$b=95.35$，则经验公式为 $\theta=2.234p+95.35$.

2. 已知一组实验数据为 $(x_1,y_1),(x_2,y_2),\cdots,(x_n,y_n)$. 现假定经验公式是 $y=ax^2+bx+c$，试按最小二乘法建立 a,b,c 应满足的三元一次方程组.

解 设 M 是每个数据的偏差的平方和，$M=\sum\limits_{i=1}^{n}[y_i-(ax_i^2+bx_i+c)]^2=M(a,b,c)$，令

$$\begin{cases}\dfrac{\partial M}{\partial a}=-2\sum\limits_{i=1}^{n}[y_i-(ax_i^2+bx_i+c)]x_i^2=0\\ \dfrac{\partial M}{\partial b}=-2\sum\limits_{i=1}^{n}[y_i-(ax_i^2+bx_i+c)]x_i=0\\ \dfrac{\partial M}{\partial c}=-2\sum\limits_{i=1}^{n}[y_i-(ax_i^2+bx_i+c)]=0\end{cases}$$

亦即 $\begin{cases}a\sum\limits_{i=1}^{n}x_i^4+b\sum\limits_{i=1}^{n}x_i^3+c\sum\limits_{i=1}^{n}x_i^2=\sum\limits_{i=1}^{n}x_i^2y_i\\ a\sum\limits_{i=1}^{n}x_i^3+b\sum\limits_{i=1}^{n}x_i^2+c\sum\limits_{i=1}^{n}x_i=\sum\limits_{i=1}^{n}x_iy_i\\ a\sum\limits_{i=1}^{n}x_i^2+b\sum\limits_{i=1}^{n}x_i+nc=\sum\limits_{i=1}^{n}y_i\end{cases}$

这就是应满足的三元一次方程组.

(十一) 总习题九解答

1. 在“充分”“必要”和“充分必要”三者中选择一个正确的填入下列空格内：

(1) $f(x,y)$ 在点 (x,y) 可微分是 $f(x,y)$ 在该点连续的________条件. $f(x,y)$ 在点 (x,y) 连续是

$f(x,y)$ 在该点可微分的__________条件.

(2) $z=f(x,y)$ 在点 (x,y) 的偏导数 $\frac{\partial z}{\partial x}$ 及 $\frac{\partial z}{\partial y}$ 存在是 $f(x,y)$ 在该点可微分的__________条件. $z=f(x,y)$ 在点 (x,y) 可微分是函数在该点的偏导数 $\frac{\partial z}{\partial x}$ 及 $\frac{\partial z}{\partial y}$ 存在的__________条件.

(3) $z=f(x,y)$ 的导数 $\frac{\partial z}{\partial x}$ 及 $\frac{\partial z}{\partial y}$ 在点 (x,y) 存在且连续是 $f(x,y)$ 在该点可微分的__________条件.

(4) 函数 $z=f(x,y)$ 的两个二阶混合偏导数 $\frac{\partial^2 z}{\partial x\partial y}$ 及 $\frac{\partial^2 z}{\partial y\partial x}$ 在区域 D 内连续是这两个二阶混合偏导数在 D 内相等的__________条件.

答案 (1) 充分,必要 (2) 必要,充分 (3) 充分 (4) 充分

2. 设函数 $f(x,y)$ 在点 $(0,0)$ 的某邻域内有定义,且 $f_x(0,0)=3$, $f_y(0,0)=-1$,则有__________.

A. $dz|_{(0,0)}=3dx-dy$

B. 曲面 $z=f(x,y)$ 在点 $(0,0,f(0,0))$ 的一个法向量为 $(3,-1,1)$

C. 曲线 $\begin{cases}z=f(x,y)\\y=0\end{cases}$ 在点 $(0,0,f(0,0))$ 的一个切向量为 $(1,0,3)$

D. 曲线 $\begin{cases}z=f(x,y)\\y=0\end{cases}$ 在点 $(0,0,f(0,0))$ 的一个切向量为 $(3,0,1)$

答案 C.

3. 求函数 $f(x,y)=\frac{\sqrt{4x-y^2}}{\ln(1-x^2-y^2)}$ 的定义域,并求 $\lim\limits_{\substack{x\to\frac{1}{2}\\y\to 0}}f(x,y)$.

解 函数的定义域为 $D=\{(x,y)\mid 0<x^2+y^2<1, y^2\leqslant 4x\}$,因为 $\left(\frac{1}{2},0\right)\in D$,故由初等函数在定义域内的连续性,有

$$\lim_{\substack{x\to\frac{1}{2}\\y\to 0}}f(x,y)=\lim_{\substack{x\to\frac{1}{2}\\y\to 0}}\frac{\sqrt{4x-y^2}}{\ln(1-x^2-y^2)}=\left.\frac{\sqrt{4x-y^2}}{\ln(1-x^2-y^2)}\right|_{\left(\frac{1}{2},0\right)}=\frac{\sqrt{2}}{\ln 3-\ln 4}$$

*4. 证明:极限 $\lim\limits_{(x,y)\to(0,0)}\frac{xy^2}{x^2+y^4}$ 不存在.

证明 由于 $\lim\limits_{\substack{y=x\\x\to 0}}\frac{xy^2}{x^2+y^4}=\lim\limits_{x\to 0}\frac{x^3}{x^2+x^4}=0$,而 $\lim\limits_{\substack{x=y^2\\y\to 0}}\frac{xy^2}{x^2+y^4}=\lim\limits_{y\to 0}\frac{y^4}{y^4+y^4}=\frac{1}{2}$,因而 $\lim\limits_{(x,y)\to(0,0)}\frac{xy^2}{x^2+y^4}$ 不存在.

5. 设 $f(x,y)=\begin{cases}\frac{x^2y}{x^2+y^2}, & x^2+y^2\neq 0\\0, & x^2+y^2=0\end{cases}$,求 $f_x'(x,y)$ 及 $f_y'(x,y)$.

解 (1) 当 $x^2+y^2\neq 0$ 时,有

$$f_x'(x,y)=\frac{\partial}{\partial x}\left(\frac{x^2y}{x^2+y^2}\right)=\frac{2xy(x^2+y^2)-x^2y\cdot 2x}{(x^2+y^2)^2}=\frac{2xy^3}{(x^2+y^2)^2}$$

$$f_y'(x,y)=\frac{\partial}{\partial y}\left(\frac{x^2y}{x^2+y^2}\right)=\frac{x^2(x^2+y^2)-x^2y\cdot 2y}{(x^2+y^2)^2}=\frac{x^2(x^2-y^2)}{(x^2+y^2)^2}$$

(2) 当 $x^2+y^2=0$ 时,有

$$f_x'(0,0)=\lim_{\Delta x\to 0}\frac{f(0+\Delta x,0)-f(0,0)}{\Delta x}=\lim_{\Delta x\to 0}\frac{0}{\Delta x}=0$$

$$f_y'(0,0)=\lim_{\Delta y\to 0}\frac{f(0,0+\Delta y)-f(0,0)}{\Delta y}=\lim_{\Delta y\to 0}\frac{0}{\Delta y}=0$$

因而

$$f_x'(0,0)=\begin{cases}\dfrac{2xy^3}{(x^2+y^2)^2}, & x^2+y^2\neq 0\\ 0, & x^2+y^2=0\end{cases};\quad f_y'(0,0)=\begin{cases}\dfrac{x^2(x^2-y^2)}{(x^2+y^2)^2}, & x^2+y^2\neq 0\\ 0, & x^2+y^2=0\end{cases}$$

6. 求下列函数的一阶和二阶偏导数：

(1) $z=\ln(x+y^2)$； (2) $z=x^y$.

解 (1) 由 $\dfrac{\partial z}{\partial x}=\dfrac{1}{x+y^2}, \dfrac{\partial z}{\partial y}=\dfrac{2y}{x+y^2}$ 得

$$\frac{\partial^2 z}{\partial x^2}=-\frac{1}{(x+y^2)^2},\quad \frac{\partial^2 z}{\partial y^2}=\frac{2(x-y^2)}{(x+y^2)^2},\quad \frac{\partial^2 z}{\partial x\partial y}=\frac{\partial}{\partial y}\left(\frac{1}{x+y^2}\right)=-\frac{2y}{(x+y^2)^2}$$

(2) 由 $\dfrac{\partial z}{\partial x}=yx^{y-1}, \dfrac{\partial z}{\partial y}=x^y\ln x$ 得

$$\frac{\partial^2 z}{\partial x^2}=y(y-1)x^{y-2},\quad \frac{\partial^2 z}{\partial y^2}=\frac{\partial}{\partial y}(x^y\ln x)=x^y(\ln x)^2$$

$$\frac{\partial^2 z}{\partial x\partial y}=\frac{\partial}{\partial y}(yx^{y-1})=x^{y-1}(1+y\ln x)$$

7. 求函数 $z=\dfrac{xy}{x^2-y^2}$ 当 $x=2, y=1, \Delta x=0.01, \Delta y=0.03$ 时的全增量和全微分.

解 因为

$$\begin{cases}\dfrac{\partial z}{\partial x}=-\dfrac{y^3+x^2y}{(x^2-y^2)^2}\\ \dfrac{\partial z}{\partial y}=\dfrac{x^3+xy^2}{(x^2-y^2)^2}\end{cases}\Rightarrow\begin{cases}\left.\dfrac{\partial z}{\partial x}\right|_{(2,1)}=-\dfrac{5}{9}\\ \left.\dfrac{\partial z}{\partial y}\right|_{(2,1)}=\dfrac{10}{9}\end{cases}$$

故
$$\mathrm{d}z\Big|_{\substack{x=2,\Delta x=0.01\\ y=1,\Delta y=0.03}}=\left.\frac{\partial z}{\partial x}\right|_{(2,1)}\Delta x+\left.\frac{\partial z}{\partial y}\right|_{(2,1)}\Delta y=0.03$$

从而
$$\Delta z=\frac{2.01\times 1.03}{2.01^2-1.03^2}-\frac{2}{3}=0.03$$

*8. 设
$$f(x,y)=\begin{cases}\dfrac{x^2y^2}{(x^2+y^2)^{3/2}}, & x^2+y^2\neq 0\\ 0, & x^2+y^2=0\end{cases}$$

证明：$f(x,y)$ 在点(0,0)处连续且偏导数存在，但不可微分.

证明 因为
$$0\leqslant\frac{x^2y^2}{(x^2+y^2)^{3/2}}\leqslant\frac{(x^2+y^2)^2}{(x^2+y^2)^{3/2}}=\sqrt{x^2+y^2}$$

且 $\lim\limits_{\substack{x\to 0\\ y\to 0}}\sqrt{x^2+y^2}=0$，所以 $\lim\limits_{\substack{x\to 0\\ y\to 0}}f(x,y)=0=f(0,0)$，即 $f(x,y)$ 在点(0,0)处连续.

$$f_x'(0,0)=\lim_{\Delta x\to 0}\frac{f(0+\Delta x,0)-f(0,0)}{\Delta x}=\lim_{\Delta x\to 0}\frac{0}{\Delta x}=0$$

$$f_y'(0,0)=\lim_{\Delta y\to 0}\frac{f(0+\Delta y,0)-f(0,0)}{\Delta y}=\lim_{\Delta y\to 0}\frac{0}{\Delta y}=0$$

故
$$\Delta z-[f_x'(0,0)\Delta x+F_y'(0,0)\Delta y]=\frac{(\Delta x)^2(\Delta y)^2}{[(\Delta x)^2+(\Delta y)^2]^{\frac{3}{2}}}$$

从而
$$\lim_{\substack{\Delta x\to 0\\ \Delta y=\Delta x}}\frac{\dfrac{(\Delta x)^2(\Delta y)^2}{[(\Delta x)^2+(\Delta y)^2]^{3/2}}}{\rho}=\lim_{\Delta x\to 0}\frac{(\Delta x)^4}{[2(\Delta x)^2]^2}=\frac{1}{4}\neq 0$$

因此 $f(x,y)$ 在点(0,0)处不可微分.

9. 设 $u=x^y$，而 $x=\varphi(t), y=\psi(t)$ 都是可微函数，求 $\dfrac{\mathrm{d}u}{\mathrm{d}t}$.

解 $$\frac{\mathrm{d}u}{\mathrm{d}t}=\frac{\partial u}{\partial x}\frac{\mathrm{d}x}{\mathrm{d}t}+\frac{\partial u}{\partial y}\frac{\mathrm{d}y}{\mathrm{d}t}=yx^{y-1}\varphi'(t)+x^y\ln x\,\psi'(t)$$

10. 设 $z = f(u,v,w)$ 具有连续偏导数，而 $u = \eta - \zeta, v = \zeta - \xi, w = \zeta - \eta$，求$\frac{\partial z}{\partial \xi},\frac{\partial z}{\partial \eta},\frac{\partial z}{\partial \zeta}$.

解 $$\frac{\partial z}{\partial \xi} = \frac{\partial z}{\partial u}\cdot\frac{\partial u}{\partial \xi} + \frac{\partial z}{\partial v}\cdot\frac{\partial z}{\partial w}\cdot\frac{\partial w}{\partial \xi} = -\frac{\partial z}{\partial v} + \frac{\partial z}{\partial w}$$

$$\frac{\partial z}{\partial \eta} = \frac{\partial z}{\partial u}\cdot\frac{\partial u}{\partial \eta} + \frac{\partial z}{\partial v}\cdot\frac{\partial v}{\partial \eta} + \frac{\partial z}{\partial w}\cdot\frac{\partial w}{\partial \eta} = \frac{\partial z}{\partial u} - \frac{\partial z}{\partial w}$$

$$\frac{\partial z}{\partial \zeta} = \frac{\partial z}{\partial u}\cdot\frac{\partial u}{\partial \zeta} + \frac{\partial z}{\partial v}\cdot\frac{\partial v}{\partial \zeta} + \frac{\partial z}{\partial w}\cdot\frac{\partial w}{\partial \zeta} = -\frac{\partial z}{\partial u} + \frac{\partial z}{\partial v}$$

11. 设 $z = f(u,x,y), u = xe^y$，其中 f 具有连续的二阶偏导数，求$\frac{\partial^2 z}{\partial x\partial y}$.

解 由于$\frac{\partial u}{\partial x} = e^y, \frac{\partial z}{\partial y} = xe^y, \frac{\partial z}{\partial x} = f_u'\frac{\partial u}{\partial x} + f_x' + f_y'\cdot 0 = f_u'e^y + f_x'$，所以

$$\frac{\partial^2 z}{\partial x\partial y} = \frac{\partial}{\partial y}(f_u'e^y + f_x') = f_u'e^y + e^y\left(f_{uu}''\frac{\partial u}{\partial y} + f_{ux}''\frac{\partial x}{\partial y} + f_{uy}''\right) + f_{xu}''\frac{\partial u}{\partial y} + f_{xx}''\frac{\partial x}{\partial y} + f_{xy}'' =$$
$$f_u'e^y + e^y(xe^y f_{uu}'' + f_{uy}'') + f_{xu}''xe^y + f_{xy}'' = xe^{2y}f_{uu}'' + e^y f_{uy}'' + xe^y f_{xu}'' + f_{xy}'' + e^y f_u'$$

12. 设 $x = e^u\cos v, y = e^u\sin v, z = uv$. 试求$\frac{\partial z}{\partial x}$ 和$\frac{\partial z}{\partial y}$.

解 因为 $x = e^u\cos v, y = e^u\sin v$，所以

$$\begin{cases} dx = e^u\cos v du - e^u\sin v dv \\ dy = e^u\sin v du - e^u\cos v dv \end{cases}$$

从而得
$$\begin{cases} du = e^{-u}\cos v dx + e^{-u}\sin v dy \\ dv = -e^{-u}\sin v dx + e^{-u}\cos v dy \end{cases}$$

由 $z = uv$ 得

$$dz = v du + u dv = ve^{-u}(\cos v dx + \sin v dy) + ue^{-u}(-\sin v dx + \cos v dy) =$$
$$(v\cos v - u\sin u)e^{-u}dx + (v\sin v + u\cos v)e^{-u}dy$$

从而
$$\frac{\partial z}{\partial x} = (v\cos v - u\sin v)e^{-u}, \quad \frac{\partial z}{\partial y} = (v\sin v + u\cos v)e^{-u}$$

13. 求螺旋线 $x = a\cos\theta, y = a\sin\theta, z = b\theta$ 在点$(a,0,0)$ 处的切线及法平面方程.

解 $\frac{dx}{d\theta} = -a\sin\theta, \frac{dy}{d\theta} = a\cos\theta, \frac{dz}{d\theta} = b$，而点$(a,0,0)$ 对应的参数为 $\theta = 0$，故

$$\left.\frac{dx}{d\theta}\right|_{\theta=0} = 0, \quad \left.\frac{dy}{d\theta}\right|_{\theta=0} = a, \quad \left.\frac{dz}{d\theta}\right|_{\theta=0} = b$$

即点$(a,0,0)$ 处的切向量为
$$\boldsymbol{T} = \left.\left\{\frac{dx}{d\theta},\frac{dy}{d\theta},\frac{dz}{d\theta}\right\}\right|_{\theta=0} = \{0,a,b\}$$

因而在点$(a,0,0)$ 处的切线为
$$\frac{x-a}{0} = \frac{y}{a} = \frac{z}{b}$$

在点$(a,0,0)$ 处的法平面为 $a(y-0) + b(z-0) = 0$，即　　$ay + bz = 0$

14. 在曲面 $z = xy$ 上求一点，使这点处的法线垂直于平面 $x + 3y + z + 9 = 0$，并写出这法线的方程.

解 设所求点为 $M(x_0,y_0,z_0)$，则曲面在该点的法向量为 $\boldsymbol{n} = \{y_0,x_0,-1\}$，平面的法向量为 $\boldsymbol{n} = \{1,3,1\}$，因 $\boldsymbol{n}$ 垂直于平面，故$\frac{x_0}{3} = \frac{y_0}{1} = \frac{-1}{1}$，因此所求的点为 $M(-3,-1,3)$. 法线方程为

$$\frac{x+3}{1} = \frac{y+1}{1} = \frac{z-3}{1}$$

15. 设 $\boldsymbol{e}_l = (\cos\theta,\sin\theta)$，求函数 $f(x,y) = x^2 - xy + y^2$ 在点$(1,1)$ 处沿方向 l 的方向导数，并分别确定角 θ，使这导数有：(1) 最大值；(2) 最小值；(3) 等于 0.

解 由题意知，l 方向的单位向量为$\{\cos\theta,\sin\theta\}$，即方向余弦为 $\cos\alpha = \cos\theta, \cos\beta = \sin\theta$，又

$$\frac{\partial f}{\partial x} = 2x - y, \quad \frac{\partial f}{\partial y} = -x + 2y$$

故
$$\left.\frac{\partial f}{\partial x}\right|_{(1,1)}=1,\quad \left.\frac{\partial f}{\partial y}\right|_{(1,1)}=1$$

从而
$$\left.\frac{\partial f}{\partial l}\right|_{(1,1)}=\left.\frac{\partial f}{\partial x}\right|_{(1,1)}\cos\theta+\left.\frac{\partial f}{\partial y}\right|_{(1,1)}\sin\theta=\cos\theta+\sin\theta=\sqrt{2}\sin\left(\theta+\frac{\pi}{4}\right)$$

(1) 当 $\theta=\frac{\pi}{4}$ 时,方向导数最大,其最大值为$\sqrt{2}$.

(2) 当 $\theta=\frac{5\pi}{4}$ 时,方向导数最小,其最小值为 $-\sqrt{2}$.

(3) 当 $\theta=\frac{3\pi}{4},\frac{7\pi}{4}$ 时,方向导数为0.

16. 求函数 $u=x^2+y^2+z^2$ 在椭球面 $\frac{x^2}{a^2}+\frac{y^2}{b^2}+\frac{z^2}{c^2}=1$ 上点 $M_0(x_0,y_0,z_0)$ 处沿外法线方向的方向导数.

解 椭球面 $\frac{x^2}{a^2}+\frac{y^2}{b^2}+\frac{z^2}{c^2}=1$ 在 $M_0(x_0,y_0,z_0)$ 处的外法线 $\boldsymbol{n}=\left\{\frac{x_0}{a^2},\frac{y_0}{b^2},\frac{z_0}{c^2}\right\}$. 记

$$|\boldsymbol{n}|=\sqrt{\frac{x_0^2}{a^4}+\frac{y_0^2}{b^4}+\frac{z_0^2}{c^4}},\qquad \boldsymbol{n}_0=\frac{1}{|\boldsymbol{n}|}\left\{\frac{x_0}{a^2},\frac{y_0}{b^2},\frac{z_0}{c^2}\right\}$$

则方向余弦为
$$\cos\alpha=\frac{1}{|\boldsymbol{n}|}\frac{x_0}{a^2},\quad \cos\beta=\frac{1}{|\boldsymbol{n}|}\frac{y_0}{b^2},\quad \cos\gamma=\frac{1}{|\boldsymbol{n}|}\frac{z_0}{c^2}$$

因此
$$\left.\frac{\partial u}{\partial n}\right|_{(x_0,y_0,z_0)}=\left.\frac{\partial u}{\partial x}\cos\alpha+\frac{\partial u}{\partial y}\cos\beta+\frac{\partial u}{\partial z}\cos\gamma\right|_{(x_0,y_0,z_0)}=$$
$$\frac{1}{|\boldsymbol{n}|}\left(2x_0\frac{x_0}{a^2}+2y_0\frac{y_0}{b^2}+2z_0\frac{z_0}{x^2}\right)=\frac{2}{|\boldsymbol{n}|}$$

17. 求平面 $\frac{x}{3}+\frac{y}{4}+\frac{z}{5}=1$ 和柱面 $x^2+y^2=1$ 的交线上与 xOy 平面距离最短的点.

解 设 $M(x,y,z)$ 为平面与柱面的交线上的一点,则 M 到 xOy 平面的距离为 $d(x,y,z)=|z|$,即 $f=d^2(x,y,z)=z^2$,则问题转化为函数 $f(x,y,z)$ 在条件 $\frac{x}{3}+\frac{y}{4}+\frac{z}{5}=1$ 和 $x^2+y^2=1$ 下的最小值问题.

作辅助函数为
$$\varphi(x,y,z,\lambda,\mu)=z^2+\lambda\left(\frac{x}{3}+\frac{y}{4}+\frac{z}{5}-1\right)+\mu(x^2+y^2-1)$$

令
$$\begin{cases}\dfrac{\partial\varphi}{\partial x}=\dfrac{\lambda}{3}+2\mu x=0\\ \dfrac{\partial\varphi}{\partial y}=\dfrac{\lambda}{4}+2\mu y=0\\ \dfrac{\partial\varphi}{\partial z}=2z+\dfrac{\lambda}{5}=0\\ \dfrac{\partial\varphi}{\partial\lambda}=\dfrac{x}{3}+\dfrac{y}{4}+\dfrac{z}{5}-1=0\\ \dfrac{\partial\varphi}{\partial\mu}=x^2+y^2-1=0\end{cases}$$

解方程组得 $x=\frac{4}{5},y=\frac{3}{5},z=\frac{35}{12},\lambda=-\frac{175}{6},\mu=\frac{875}{144}$. 由于这是实际问题,而 f 的最小值的确存在,因此 $M_0\left(\frac{4}{5},\frac{3}{5},\frac{35}{12}\right)$ 即为所求的点.

18. 在第一卦限内作椭球面 $\frac{x^2}{a^2}+\frac{y^2}{b^2}+\frac{z^2}{c^2}=1$ 的切平面,使该切平面与三坐标面所围成的四面体的体积最小. 求这切平面的切点,并求此最小体积.

解 令 $F(x,y,z)=\frac{x^2}{a^2}+\frac{y^2}{b^2}+\frac{z^2}{c^2}-1$,则 $F_x'=\frac{2x}{a^2},F_y'=\frac{2y}{b^2},F_z'=\frac{2z}{c^2}$,故椭球上点 $M(x_0,y_0,z_0)$ 处的切平面方程为
$$\frac{2x_0}{a^2}(x-x_0)+\frac{2y_0}{b^2}(y-y_0)+\frac{2z_0}{c^2}(z-z_0)=0$$

即
$$\frac{x_0x}{a^2}+\frac{y_0y}{b^2}+\frac{z_0z}{c^2}=1$$

此切平面在三个坐标轴上截距分别为 $X_0=\frac{a^2}{x_0},Y_0=\frac{b^2}{y_0},Z_0=\frac{c^2}{z_0}$，因而切平面与三坐标面所围的四面体的体积为 $V=\frac{a^2b^2c^2}{6x_0y_0z_0}$. 故问题变为在 $\frac{x^2}{a^2}+\frac{y^2}{b^2}+\frac{z^2}{c^2}=1$ 的条件下，求 $V=\frac{a^2b^2c^2}{6xyz}$ 最小值，也就是求 $f(x,y,z)=xyz$ 在此条件下的最大值，作辅助函数为

$$\varphi(x,y,z)=xyz+\lambda\left(\frac{x^2}{a^2}+\frac{y^2}{b^2}+\frac{z^2}{c^2}-1\right)$$

令
$$\begin{cases}\frac{\partial\varphi}{\partial x}=yz+\frac{2\lambda x}{a^2}=0\\ \frac{\partial\varphi}{\partial y}=xz+\frac{2\lambda y}{b^2}=0\\ \frac{\partial\varphi}{\partial z}=xy+\frac{2\lambda z}{c^2}=0\\ \frac{\partial\varphi}{\partial\lambda}=\frac{x^2}{a^2}+\frac{y^2}{b^2}+\frac{z^2}{c^2}-1=0\end{cases}$$

解方程组得 $x=\frac{a}{\sqrt{3}},y=\frac{b}{\sqrt{3}},z=\frac{c}{\sqrt{3}},\lambda=-\frac{abc}{2\sqrt{3}}$. 故所得切点为 $\left(\frac{a}{\sqrt{3}},\frac{b}{\sqrt{3}},\frac{c}{\sqrt{3}}\right)$，此时最小体积为

$$V_{最小}=\frac{\sqrt{3}}{2}abc$$

19. 某厂家生产的一种产品同时在两个市场销售，售价分别为 p_1 和 p_2，销售量分别 q_1 和 q_2，需求函数分别为
$$q_1=24-0.2p_1,\quad q_2=10-0.05p_2$$
总成本函数为
$$C=35+40(q_1+q_2)$$
试问：厂家如何确定两个市场的售价，能使其获得的总利润最大？最大总利润为多少？

解　解法一　总收入函数为

$$R=p_1q_1+p_2q_2=24p_1-0.2p_1^2+10p_2-0.05p_2^2$$

总利润函数为

$$L=R-C=32p_1-0.2p_1^2-0.05p_2^2+12p_2-1\ 395$$

由极值的必要条件，得方程组

$$\begin{cases}\frac{\partial L}{\partial p_1}=32-0.4p_1=0\\ \frac{\partial L}{\partial p_2}=12-0.1p_2=0\end{cases}$$

解此方程组，得 $p_1=80,p_2=120$.

由问题的实际意义可知，厂家获得总利润最大的市场售价必定存在，故当 $p_1=80,p_2=120$ 时，厂家所获得的总利润最大，其最大总利润为

$$L\Big|_{p_1=80,p_2=120}=605$$

解法二　两个市场的价格函数分别为

$$p_1=120-5q_1,\quad p_2=200-20q_2$$

总收入函数为
$$R=p_1q_1+p_2q_2=(120-5q_1)q_1+(200-20q_2)q_2$$

总利润函数为

$$L=R-C=(120-5q_1)q_1+(200-20q_2)q_2-[35+40(q_1+q_2)]=80q_1-5q_1^2+160q_2-20q_2^2-35$$

由极值的必要条件，得方程组

$$\begin{cases}\dfrac{\partial L}{\partial q_1}=80-10q_1=0\\ \dfrac{\partial L}{\partial q_2}=160-40q_2=0\end{cases}$$

解此方程组得 $q_1=8,q_2=4$.

由问题的实际意义可知，当 $q_1=8,q_2=4$，即 $p_1=80,p_2=120$ 时，厂家所获得的总利润最大，其最大总利润为

$$L\big|_{q_1=8,q_2=4}=605$$

20. 设有一小山，取它的底面所在的平面为 xOy 坐标面，其底部所占的闭区域为 $D=\{(x,y)\mid x^2+y^2-xy\leqslant 75\}$，小山的高度函数为 $h=f(x,y)=75-x^2-y^2+xy$.

(1) 设 $M(x_0,y_0)\in D$，问 $f(x,y)$ 在该点沿平面上什么方向的方向导数最大？若记此方向导数的最大值为 $g(x_0,y_0)$，试写出 $g(x_0,y_0)$ 的表达式.

(2) 现欲利用此小山开展攀岩活动，为此需要在山脚找一上山坡度最大的点作为攀岩的起点，也就是说，要在 D 的边界线 $x^2+y^2-xy=75$ 上找出(1) 中的 $g(x,y)$ 达到最大值的点。试确定攀岩起点的位置.

解 (1) 由梯度与方向导数的关系知，$h=f(x,y)$ 在点 $M(x_0,y_0)$ 处沿梯度

$$\mathbf{grad}\,f(x_0,y_0)=(y_0-2x_0)\boldsymbol{i}+(x_0-2y_0)\boldsymbol{j}$$

方向的方向导数最大，方向导数的最大值为该梯度的模，所以

$$g(x_0,y_0)=\sqrt{(y_0-2x_0)^2+(x_0-2y_0)^2}=\sqrt{5x_0^2+5y_0^2-8x_0y_0}$$

(2) 欲使 D 的边界上求 $g(x,y)$ 达到最大值的点，只需求 $F(x,y)=g^2(x,y)=5x^2+5y^2-8xy$ 达到最大值的点. 因此，作拉格朗日函数

$$L=5x^2+5y^2-8xy+\lambda(75-x^2-y^2+xy)$$

令

$$\begin{cases}L_x=10x-8y+\lambda(y-2x)=0 & (1)\\ L_y=10y-8x+\lambda(x-2y)=0 & (2)\end{cases}$$

又由约束条件，有

$$75-x^2-y^2+xy=0 \qquad (3)$$

(1)+(2)，得

$$(x+y)(2-\lambda)=0$$

解得 $y=-x$ 或 $\lambda=2$.

若 $\lambda=2$，则由(1) 得 $y=x$，再由(3) 得 $x=y\pm5\sqrt{3}$.

若 $y=-x$，则由(3) 得 $x=\pm5,y=\mp5$.

于是得到四个可能的极值点：

$M_1(5,-5),M_2(-5,5),M_3(5\sqrt{3},5\sqrt{3}),M_4(-5\sqrt{3},-5\sqrt{3})$.

由于 $F(M_1)=F(M_2)=450,F(M_3)=F(M_4)=150$，故 $M_1(5,-5)$ 或 $M_2(-5,5)$ 可作为攀岩的起点.

五、模拟检测题

(一) 基础知识模拟检测题

1. 选择题

(1) 函数 $z=\sqrt{x-\sqrt{y}}$ 的定义域为__________.

A. $x>0$ 且 $y>0$ B. $x\geqslant\sqrt{y}$ 且 $y\geqslant0$ C. $x\geqslant0$ 且 $y\geqslant0$ D. $x\geqslant0$ 且 $x^2>y$

(2) $\lim\limits_{\substack{x\to0\\y\to0}}\dfrac{\sin(x-y)}{x+y}=$__________.

A. 1 B. ∞ C. 0 D. 不存在

(3) 设 $z=f(x,y)$ 在点 (x_0,y_0) 处的全增量为 Δz,若 $z=f(x,y)$ 在点 (x_0,y_0) 处可微,则在点 (x_0,y_0) 处________.

A. $\Delta z=\mathrm{d}z$　　B. $\Delta z=f_x'(x_0,y_0)\Delta x+f_y'(x_0,y_0)\Delta y$

C. $\Delta z=f_x'(x_0,y_0)+f_y'(x_0,y_0)+o(\rho)$　　D. $\Delta z=\mathrm{d}z+o(\rho)$

(4) 若 $f(xy,x+y)=x^2+y^2-xy$,则 $\dfrac{\partial}{\partial x}f(x,y)=$________.

A. -1　　B. $2y$　　C. $2(x+y)$　　D. $2x$

(5) 已知曲面 $z=4-x^2-y^2$ 上点 P 处的切平面平行于平面 $2x+2y+z-1=0$,则点 P 的坐标是________.

A. $(1,-1,2)$　　B. $(-1,1,2)$　　C. $(1,1,2)$　　D. $(-1,-1,2)$

2. 填空题

(1) 已知 $f\left(x+y,\dfrac{y}{x}\right)=x^2-y^2$,则 $f(x,y)=$________.

(2) 设 $z=[f(x,y)]^x$,其中 $f(x,y)$ 为可微函数,且 $f(x,y)>0$,则 $\dfrac{\partial z}{\partial x}=$________.

(3) 函数 $z=\ln(x^2+y^2+z^2)$ 在点 $M(1,2,-2)$ 处的梯度 $\mathbf{grad}l_M=$________.

(4) 设 $f(x,y,z)=\mathrm{e}^x yz^2$,其中 $z=z(x,y)$ 是由 $x+y=z+x\mathrm{e}^{z-y-x}$ 确定的隐函数,则 $f_x'(0,1,1)=$________.

3. 设函数 $z=z(x,y)$ 是由方程 $x^2+y^2+z^2=yf\left(\dfrac{z}{y}\right)$ 所确定,其中 f 为可微函数,证明:

$$(x^2-y^2-z^2)\frac{\partial z}{\partial x}+2xy\frac{\partial z}{\partial y}=2xz$$

4. 设函数 $z=z(x,y)$ 是由方程 $x^2+y^2+z^2-2x+4y-6z-11=0$ 所确定的隐函数,求该函数的极值.

5. 函数 $z=f(u,v)$ 由关系式 $f[xg(y),y]=x+g(y)$ 确定,其中 $g(y)$ 可微,且 $g(y)\neq 0$,求 $\dfrac{\partial^2 z}{\partial x\partial y}$.

(二) 考研模拟训练题

1. 填空题

(1) 设 $u=f(x+y+z,xyz)$ 具有二阶连续偏导数,则 $\dfrac{\partial^2 u}{\partial x\partial y}=$________.

(2) 已知 $u=f(r)$,$r=\ln\sqrt{x^2+y^2+z^2}$,$f''(r)$ 连续,则 $\dfrac{\partial^2 u}{\partial x^2}+\dfrac{\partial^2 u}{\partial y^2}+\dfrac{\partial^2 u}{\partial z^2}=$________.

(3) 设 $\ln\sqrt{x^2+y^2}=\arctan\dfrac{y}{x}$,则 $\dfrac{\mathrm{d}y}{\mathrm{d}x}=$________.

(4) 设 f 可微分,$r=\sqrt{x^2+y^2+z^2}$,$\boldsymbol{r}=\{x,y,z\}$,则 $\mathbf{grad}f(r)=$________.

(5) 椭圆 $x^2+2xy+5y^2-16y=0$ 与直线 $L: x+y-8=0$ 的最短距离 $d=$________.

2. 选择题

(1) $\lim\limits_{\substack{x\to 0\\ y\to 0}}\dfrac{3xy}{\sqrt{xy+1}-1}=$________.

A. 3　　B. 不存在　　C. 6　　D. ∞

(2) 设 $u=\sqrt{xy}$,则 $\left.\dfrac{\partial u}{\partial x}\right|_{(0,0)}=$________.

A. 0　　B. 不存在　　C. -1　　D. 1

(3) 已知 $x+y-z=\mathrm{e}^x$,$x\mathrm{e}^x=\tan t$,$y=\cos t$,则 $\left.\dfrac{\mathrm{d}z}{\mathrm{d}t}\right|_{t=0}=$________.

A. $\frac{1}{2}$ B. $-\frac{1}{2}$ C. 1 D. 0

(4) $u=f(x+y,xz)$ 具有二阶连续偏导数，则 $\frac{\partial^2 u}{\partial x\partial z}=$ ________.

A. $f_2+xf_{11}+zf_{12}+xf_{12}$ B. $f_2+xf_{21}+xzf_{22}$

C. $xf_{21}+xzf_{22}$ D. $xf_{12}+f_2+xzf_{22}$

(5) 曲面 $e^z-z+xy=3$ 在点$(2,1,0)$处的切平面方程为________.

A. $2x+y-4=0$ B. $2x+y-z-4=0$

C. $x+2y-4=0$ D. $2x+y-5=0$

(6) 曲线 $\begin{cases} z=\frac{x^2+y^2}{4} \\ y=4 \end{cases}$ 在点$(2,4,5)$处的切线与 x 轴正向所成角度是________.

A. $\frac{\pi}{2}$ B. $\frac{\pi}{3}$ C. $\frac{\pi}{4}$ D. $\frac{\pi}{6}$

3. 计算题

(1) 设 $z=e^{3x+2y}, x=\cos t, y=t^2$，求 $\frac{dz}{dt}$.

(2) 设 $\begin{cases} z=x^2+y^2 \\ x^2+2y^2+3z^2=20 \end{cases}$，求 $\frac{dy}{dx}$ 和 $\frac{dz}{dx}$.

(3) 设 $z=f(x+y,xy)$，已知 f 二阶可微，求 $\frac{\partial^2 z}{\partial x\partial y}$.

(4) 求函数 $z=x^2+y^2$ 在条件 $\frac{x}{a}+\frac{y}{b}=1$ 下的极值.

4. 求曲线 $\begin{cases} x^2+z^2=10 \\ y^2+z^2=10 \end{cases}$ 在点 $M(1,1,3)$ 处的切线方程和法平面方程.

5. 设 $u(x,y)=y^2f(3x+2y)$，其中 f 可微.

(1) 证明：$u(x,y)$ 满足 $3y\frac{\partial u}{\partial y}-2\frac{\partial u}{\partial x}=6u(x,y)$；

(2) 已知 $u\left(x,\frac{1}{2}\right)=x^2$，求 $u(x,y)$.

6. 确定常数 λ，使右平面上的向量 $\boldsymbol{A}=2xy(x^2+y^4)^\lambda\boldsymbol{i}-x^2(x^4+y^2)^\lambda\boldsymbol{j}$ 为某二元函数 $u(x,y)$ 的梯度，并求 $u(x,y)$.

六、模拟检测题答案与提示

(一) 基础知识模拟检测题答案与提示

1. 选择题

(1) B (2)D (3)D (4)A (5)C

2. 填空题

(1) $\frac{x^2(1-y)}{1+y}$ (2) $[f(x,y)]^x\left[\ln f(x,y)+x\frac{F_x'(x,y)}{f(x,y)}\right]$ (3) $\frac{2}{9}(1,2,-2)$ (4) 1

3. (略)

4. $z_{极小}(1,-2)=-2$， $z_{极大}(1,-2)=8$.

5. 令 $u=xg(y), v=y$，则 $x=\frac{u}{g(v)}$，代入原函数的表达式 $f(u,v)=\frac{u}{g(v)}+g(v)$，从而

$$\frac{\partial z}{\partial x}=\frac{1}{g(v)},\quad \frac{\partial^2 z}{\partial x\partial y}=-\frac{g'(v)}{g^2(v)}$$

(二) 考研模拟训练题答案与提示

1. 填空题

(1) $f_{11}''+(x+z)yf_{12}''+xy^2zf_{22}''+yf_2'$ (2) $\dfrac{f''(r)+f'(r)}{x^2+y^2+z^2}$ (3) $\dfrac{x+y}{x-y}$

(4) $\dfrac{f'(r)}{r}\boldsymbol{r}$ (5) $2\sqrt{2}$

2. 选择题

(1) B (2) B (3) D (4) D (5) C (6) C

3. 计算题

(1) $\dfrac{dz}{dt}=(4t-3\sin t)e^{3\cos t+2t^2}$

(2) $\dfrac{dy}{dx}=-\dfrac{x(6z+1)}{2y(3z+1)}$，　$\dfrac{dz}{dx}=\dfrac{x}{3z+1}$

(3) $\dfrac{\partial z}{\partial x}=f_1'+yf_2$，　$\dfrac{\partial^2 z}{\partial x\partial y}=f_{11}''+(x+y)f_{12}''+xyf_{22}''+f_2$

(4) $z_{\min}=\dfrac{a^2b^2}{a^2+b^2}$

4. 切线方程为 $$\frac{x-1}{3}=\frac{y-1}{3}=\frac{z-3}{-1}$$

法平面方程为 $$3x+3y-z=3$$

5. (1) 略；(2) $u(x,y)=\dfrac{4}{9}y^2(3x+2y-1)^2$

6. $P(x,y)=2xy(x^2+y^4)^\lambda$，$Q(x,y)=-x^2(x^4+y^2)^\lambda$，向量 $\boldsymbol{A}=2xy(x^2+y^4)^\lambda\boldsymbol{i}-x^2(x^4+y^2)^\lambda\boldsymbol{j}$ 为某二元函数 $u(x,y)$ 的梯度的充要条件为 $\dfrac{\partial Q}{\partial x}\equiv\dfrac{\partial P}{\partial y}$，即 $4x(x^2+y^2)^\lambda(\lambda+1)=0$，解之得 $\lambda=-1$，于是

$$u(x,y)=\int_{(1,0)}^{(x,y)}\frac{2xy\,dx-x^2dy}{x^4+y^2}+C=\int_1^x\frac{2x\times 0dx}{x^4+y^2}-\int_0^y\frac{x^2dy}{x^4+y^2}+C=\arctan\frac{y}{x^2}+C$$

第 10 章　重　积　分

一、本章小结

1. 二重积分、三重积分的定义

二重积分、三重积分的定义对照如表 10.1 所示.

表　10.1

	二重积分	三重积分
函数及定义范围	定义在平面上闭区域 D 的有界函数 $f(x,y)$	定义在空间上闭区域 Ω 的有界函数 $f(x,y,z)$
分 割	用平面上的曲线把 D 任意分成 n 个子区域 $\Delta\sigma_i(i=1,2,\cdots,n)$	用空间的曲面把 Ω 任意分成 n 个子区域 Δv_i $(i=1,2,\cdots,n)$
取 点	在第 i 个子区域 $\Delta\sigma_i$ 上任取一点 (ξ_i,η_i)，相应的函数值为 $f(\xi_i,\eta_i)$	在第 i 个子区域 Δv_i 上任取一点 (ξ_i,η_i,ζ_i)，相应的函数值为 $f(\xi_i,\eta_i,\zeta_i)$
作乘积	$f(\xi_i,\eta_i)\Delta\sigma_i$ （$\Delta\sigma_i$ 为第 i 个子区域的面积）	$f(\xi_i,\eta_i,\zeta_i)\Delta v_i$ （Δv_i 为第 i 个子区域的体积）
求 和（积分和）	$\sum\limits_{i=1}^{n}f(\xi_i,\eta_i)\Delta\sigma_i$	$\sum\limits_{i=1}^{n}f(\xi_i,\eta_i,\zeta_i)\Delta v_i$
取极限	如果 $\lim\limits_{\lambda\to0}\sum\limits_{i=1}^{n}f(\xi_i,\eta_i)\Delta\sigma_i$ 存在，此极限称为 $f(x,y)$ 在 D 上的二重积分. 其中 λ 是子区域直径的最大者	如果 $\lim\limits_{\lambda\to0}\sum\limits_{i=1}^{n}f(\xi_i,\eta_i,\zeta_i)\Delta v_i$ 存在，此极限称为 $f(x,y,z)$ 在 Ω 上的三重积分. 其中 λ 是子区域直径的最大者
积分记号	$\iint\limits_D f(x,y)\mathrm{d}\sigma$ 或 $\iint\limits_D f(x,y)\mathrm{d}x\mathrm{d}y$	$\iiint\limits_\Omega f(x,y,z)\mathrm{d}v$ 或 $\iiint\limits_\Omega f(x,y,z)\mathrm{d}x\mathrm{d}y\mathrm{d}z$

注　重积分是定积分的推广，它们的共同点是，每种积分都是对积分区域进行任意分割后得到的相应的和式的极限，积分和式中每一项都有两个乘积因子，其中一个因子是被积函数在小区域上某点的值；都是用区域的直径的最大值趋于零来刻划无限细分；每个极限都有两个无关性(与分割无关，与点的取法无关). 不同点是，被积函数与积分区域的差异.

2. 重积分的几何意义及物理意义

如果连续函数 $z=f(x,y)\geqslant0$ 时，二重积分 $\iint\limits_D f(x,y)\mathrm{d}\sigma$ 表示以 D 为底，$z=f(x,y)$ 为顶，侧面是以 D 的边界为准线，母线平行于 z 轴的柱面的曲顶柱体的体积. 如果 $z=f(x,y)$ 是负的，曲顶柱体就在 xOy 面的下方，二重积分的绝对值仍等于曲顶柱体的体积，但二重积分的值是负的. 一般情形，$z=f(x,y)$ 在 D 的若干部分区域上是正的，而在其他部分区域上是负的，$\iint\limits_D f(x,y)\mathrm{d}\sigma$ 表示 xOy 平面上方的曲顶柱体的体积与 xOy 平面下方的曲顶柱体的体积的代数和.

特别地，$\iint\limits_D d\sigma$ 等于闭区域 D 的面积；$\iiint\limits_\Omega dv$ 等于闭区域 Ω 的体积.

如果面密度为 $\rho = f(x,y)$ 的平面薄片所占闭区域为 D，二重积分 $\iint\limits_D f(x,y)d\sigma$ 就表示此薄片的质量. 如果体密度为 $\rho = f(x,y,z)$ 的立体所占空间闭区域为 Ω，三重积分 $\iiint\limits_\Omega f(x,y,z)dv$ 就表示此立体的质量.

3. 二重积分的性质

设 $f(x,y)$，$g(x,y)$ 在有界闭区域 D 上可积，则二重积分有如下性质：

(1) $\iint\limits_D kf(x,y)d\sigma = k\iint\limits_D f(x,y)d\sigma$ （k 为常数）

(2) $\iint\limits_D [f(x,y) \pm g(x,y)]d\sigma = \iint\limits_D f(x,y)d\sigma \pm \iint\limits_D g(x,y)d\sigma$

(3) $\iint\limits_D f(x,y)d\sigma = \iint\limits_{D_1} f(x,y)d\sigma + \iint\limits_{D_2} f(x,y)d\sigma$ （$D = D_1 + D_2$）

(4) 在 D 上，若 $f(x,y) \leqslant g(x,y)$，则 $\iint\limits_D f(x,y)d\sigma \leqslant \iint\limits_D g(x,y)d\sigma$

$$\left|\iint\limits_D f(x,y)d\sigma\right| \leqslant \iint\limits_D |f(x,y)|d\sigma$$

(5) $mA \leqslant \iint\limits_D f(x,y)d\sigma \leqslant MA$，其中 A 为 D 的面积，M，m 分别是 $f(x,y)$ 在 D 上的最大值和最小值.

(6)（二重积分的中值定理）设 $f(x,y)$ 在有界闭区域 D 上连续，则至少存在一点 $(\xi,\eta) \in D$，使 $\iint\limits_D f(x,y)d\sigma = f(\xi,\eta)A$，其中 A 为 D 的面积.

注　三重积分有与之完全对应的性质.

4. 二重积分的计算

(1) 在直角坐标系下二重积分的计算：

① 设 D 由 $x = a$，$x = b$，$y = \varphi_1(x)$，$y = \varphi_2(x)$ 所围成（见图 10.1），称 D 为 X-型区域，即

$$D:\begin{cases} a \leqslant x \leqslant b \\ \varphi_1(x) \leqslant y \leqslant \varphi_2(x) \end{cases}，则 \iint\limits_D f(x,y)dxdy = \int_a^b dx\int_{\varphi_1(x)}^{\varphi_2(x)} f(x,y)dy$$

② 设 D 由 $y = c$，$y = d$，$x = \psi_1(y)$，$x = \psi_2(y)$ 所围成（见图 10.2），称 D 为 Y-型区域，即

$$D:\begin{cases} c \leqslant y \leqslant d \\ \psi_1(y) \leqslant x \leqslant \psi_2(y) \end{cases}，则 \iint\limits_D f(x,y)dxdy = \int_c^d dy\int_{\psi_1(y)}^{\psi_2(y)} f(x,y)dx$$

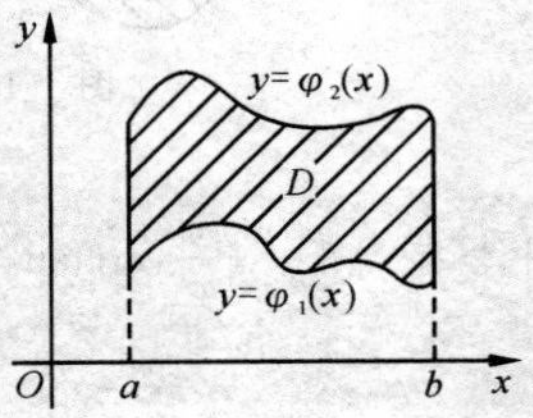

图　10.1

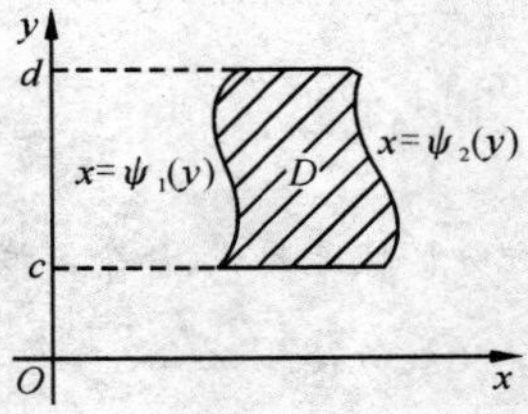

图　10.2

注 (1) 上面计算二重积分的方法是化为累次(或二次)积分来计算,其关键是确定出累次积分的上下限.为了有利于定限,可先画出积分区域 D 的图形或写出 D 的不等式表示.

(2) 方法 ① 是化为先对 y 后对 x 的二次积分,此时 D 的特点是,自下而上沿 y 轴方向作平行于 y 轴的直线与 D 相交,此直线与 D 的边界线的交点不多于两个.可先对 y 积分且确定关于 y 的积分限的方法是,过 D 自下而上作平行于 y 轴的直线,穿过区域 D,穿入点的纵坐标为积分下限,穿出点的纵坐标为积分上限.后对 x 积分且确定关于 x 的积分限的方法是,将区域 D 投影到 Ox 轴得投影区间 $[a,b]$,a 是下限,b 是上限.

(3) 类似地可定出方法 ②,先 x 后 y 的累次积分的积分限.

(4) 若积分区域 D 既不是 X-型区域也不是 Y-型区域,则可将 D 划分成若干 X-型区域或 Y-型区域,然后在部分区域上积分,原积分就等于部分区域上积分之和.

(2) 在极坐标系下二重积分的计算:化二重积分为极坐标系下的二重积分的公式是

$$\iint_D f(x,y)\mathrm{d}x\mathrm{d}y=\iint_D f(r\cos\theta,r\sin\theta)r\mathrm{d}\theta\mathrm{d}r\xlongequal{\text{def}}\iint_D F(r,\theta)r\mathrm{d}\theta\mathrm{d}r$$

将极坐标系下的二重积分化为累次积分,可分为以下三种情况:

① 若极点在区域 D 的边界上(见图 10.3),即 $D:\begin{cases}\alpha\leqslant\theta\leqslant\beta\\0\leqslant r\leqslant r(\theta)\end{cases}$,则

$$\iint_D f(x,y)\mathrm{d}x\mathrm{d}y=\int_\alpha^\beta\mathrm{d}\theta\int_0^{r(\theta)}f(r\cos\theta,r\sin\theta)r\mathrm{d}r$$

② 若极点在区域 D 之外(见图 10.4),即 $D:\begin{cases}\alpha\leqslant\theta\leqslant\beta\\r_1(\theta)\leqslant r\leqslant r_2(\theta)\end{cases}$,则

$$\iint_D f(x,y)\mathrm{d}x\mathrm{d}y=\int_\alpha^\beta\mathrm{d}\theta\int_{r_1(\theta)}^{r_2(\theta)}f(r\cos\theta,r\sin\theta)r\mathrm{d}r$$

③ 若极点在区域 D 的内部(见图 10.5),即 $D:\begin{cases}0\leqslant\theta\leqslant 2\pi\\0\leqslant r\leqslant r(\theta)\end{cases}$,则

$$\iint_D f(x,y)\mathrm{d}x\mathrm{d}y=\int_0^{2\pi}\mathrm{d}\theta\int_0^{r(\theta)}f(r\cos\theta,r\sin\theta)r\mathrm{d}r$$

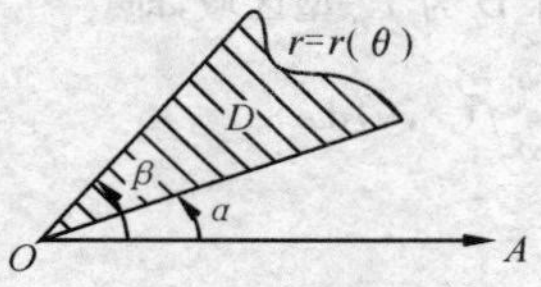

图 10.3

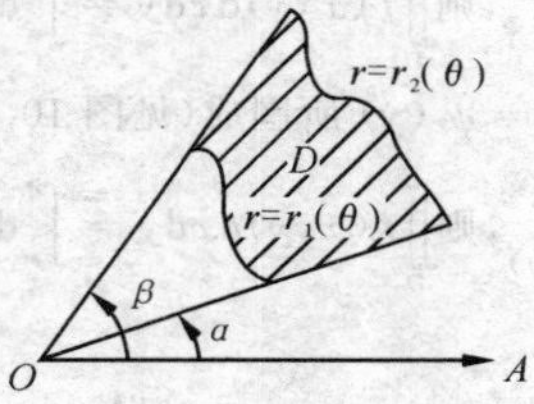

图 10.4

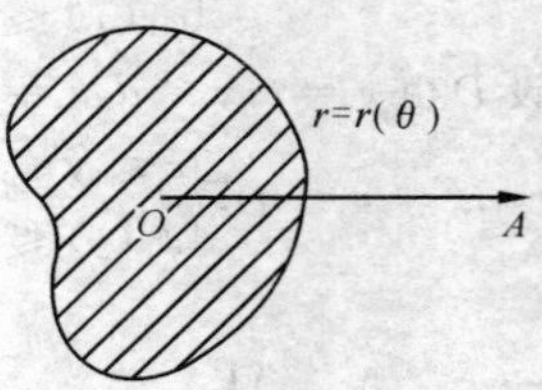

图 10.5

注 一般地,当积分区域是圆域、部分圆域或者被积函数中含有 x^2+y^2,$\dfrac{y}{x}$,$\arctan\dfrac{y}{x}$ 时,运用极坐标系下的二重积分公式计算比较方便.

5. 三重积分的计算

三重积分的计算类似于二重积分,也是将三重积分化为累次(或三次)积分来计算的.

(1) 直角坐标系下三重积分的计算:

① 如果空间有界闭区域 Ω 是由上曲面 $z=\psi_2(x,y)$、下曲面 $z=\psi_1(x,y)$ 及柱面所围成,此柱面正好是以 xOy 面上区域 D_{xy}(D_{xy} 是 Ω 在 xOy 面上的投影区域)的边界为准线,母线平行 z 轴的柱面,且在 D_{xy} 内任取一点作平行于 z 轴的直线,穿过 Ω 与 Ω 的边界曲面相交不多于两点(见图 10.6).

如果 Ω 决定于不等式组

$$\Omega:\begin{cases}a\leqslant x\leqslant b\\ \varphi_1(x)\leqslant y\leqslant\varphi_2(x)\\ \psi_1(x,y)\leqslant z\leqslant\psi_2(x,y)\end{cases}\quad (D_{xy}\text{ 为 }X\text{-型区域})$$

或 $$\Omega:\begin{cases}c\leqslant y\leqslant d\\ \varphi_1(y)\leqslant x\leqslant\varphi_2(y)\\ \psi_1(x,y)\leqslant z\leqslant\psi_2(x,y)\end{cases}\quad (D_{xy}\text{ 为 }Y\text{-型区域})$$

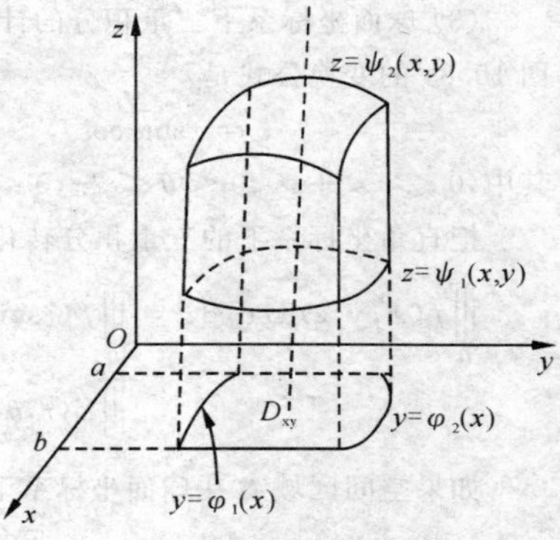

图 10.6

则 $$\iiint\limits_{\Omega}f(x,y,z)\mathrm{d}x\mathrm{d}y\mathrm{d}z=\iint\limits_{D_{xy}}\left[\int_{\psi_1(x,y)}^{\psi_2(x,y)}f(x,y,z)\mathrm{d}z\right]\mathrm{d}x\mathrm{d}y=$$

$$\int_a^b\mathrm{d}x\int_{\varphi_1(x)}^{\varphi_2(x)}\mathrm{d}y\int_{\psi_1(x,y)}^{\psi_2(x,y)}f(x,y,z)\mathrm{d}z$$

或 $$\iiint\limits_{\Omega}f(x,y,z)\mathrm{d}x\mathrm{d}y\mathrm{d}z=\int_c^d\mathrm{d}y\int_{\varphi_1(y)}^{\varphi_2(y)}\mathrm{d}x\int_{\psi_1(x,y)}^{\psi_2(x,y)}f(x,y,z)\mathrm{d}z$$

类似地，若将空间区域 Ω 投影到 xOz 面上(或 yOz 面上)，投影区域为 D_{xz}(或 D_{yz})，则

$$\iiint\limits_{\Omega}f(x,y,z)\mathrm{d}x\mathrm{d}y\mathrm{d}z=\iint\limits_{D_{xz}}\left[\int_{\psi_1(x,z)}^{\psi_2(x,z)}f(x,y,z)\mathrm{d}y\right]\mathrm{d}x\mathrm{d}z$$

或 $$\iiint\limits_{\Omega}f(x,y,z)\mathrm{d}x\mathrm{d}y\mathrm{d}z=\iint\limits_{D_{yz}}\left[\int_{\psi_1(y,z)}^{\psi_2(y,z)}f(x,y,z)\mathrm{d}x\right]\mathrm{d}y\mathrm{d}z$$

② 如果空间有界闭区域 Ω 是界于平面 $z=\alpha$ 与 $z=\beta(\beta>\alpha)$ 之间，过 z 轴上区间 $[\alpha,\beta]$ 中任一点 z 作垂直于 z 轴的平面截区域 Ω 得平面区域 $D(z)$，即

$$\Omega=\{(x,y,z)\mid\alpha\leqslant z\leqslant\beta,(x,y)\in D(z)\}$$

则 $$\iiint\limits_{\Omega}f(x,y,z)\mathrm{d}x\mathrm{d}y\mathrm{d}z=\int_\alpha^\beta\left[\iint\limits_{D(z)}f(x,y,z)\mathrm{d}x\mathrm{d}y\right]\mathrm{d}z$$

注　方法①与②都是把三重积分化为求一次定积分与求一次二重积分，最后均化为求三次定积分．但方法①是先求一次定积分再求一次二重积分(先一后二)的情形，方法②是先求一次二重积分再求一次定积分(先二后一)的情形．一般地，当被积函数仅是一个变元，同时 Ω 在该变元为零的坐标面上的投影是圆域或者部分圆域时，用先二后一法计算比较方便，但要注意，在计算二重积分时，要把该变元当做暂时的固定量．

(2) 柱面坐标系下三重积分的计算：从直角坐标 x,y,z 到柱面坐标 r,θ,z (见图 10.7) 的变换公式是　$x=r\cos\theta$，$y=r\sin\theta$，$z=z$

其中，$0\leqslant r<+\infty$，$0\leqslant\theta\leqslant2\pi$，$-\infty<z<+\infty$．

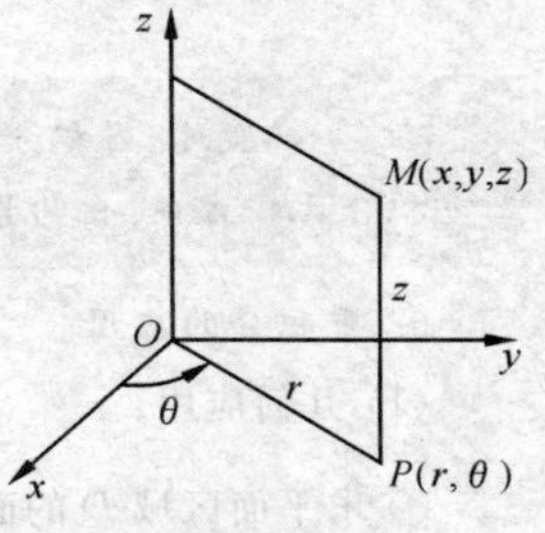

图 10.7

把直角坐标系下的三重积分转化为柱面坐标系下的三重积分的公式为

$$\iiint\limits_{\Omega}f(x,y,z)\mathrm{d}x\mathrm{d}y\mathrm{d}z=\iiint\limits_{\Omega}f(r\cos\theta,r\sin\theta,z)r\mathrm{d}r\mathrm{d}\theta\mathrm{d}z$$

如果空间区域 Ω 为(1)中①所述，上、下底曲面的柱面方程为 $z=\psi_2(r,\theta)$，$z=\psi_1(r,\theta)$，Ω 在 xOy 面上的投影区域 D_{xy} 在柱面坐标系下为 $\alpha\leqslant\theta\leqslant\beta$，$r_1(\theta)\leqslant r\leqslant r_2(\theta)$，则

$$\iiint\limits_{\Omega}f(x,y,z)\mathrm{d}x\mathrm{d}y\mathrm{d}z=\iiint\limits_{\Omega}f(r\cos\theta,r\sin\theta,z)r\mathrm{d}r\mathrm{d}\theta\mathrm{d}z=\int_\alpha^\beta\mathrm{d}\theta\int_{r_1(\theta)}^{r_2(\theta)}r\mathrm{d}r\int_{\psi_1(r,\theta)}^{\psi_2(r,\theta)}f(r\cos\theta,r\sin\theta,z)\mathrm{d}z$$

注　一般地，当积分区域的边界曲面是圆柱面或部分圆柱面，或者投影区域为圆域或部分圆域，或者被积函数中含有 x^2+y^2，$\dfrac{y}{x}$，$\arctan\dfrac{y}{x}$ 等时，用柱面坐标计算三重积分比较方便．化为累次积分的次序一般是先对 z 后对 r 再对 θ．

(3) 球面坐标系下三重积分的计算:从直角坐标 x,y,z 到球面坐标 r,θ,φ(见图 10.8)的变换公式是

$$x=r\sin\varphi\cos\theta,\quad y=r\sin\varphi\sin\theta,\quad z=r\cos\varphi$$

其中,$0\leqslant r<+\infty,0\leqslant\theta\leqslant 2\pi,0\leqslant\varphi\leqslant\pi$.

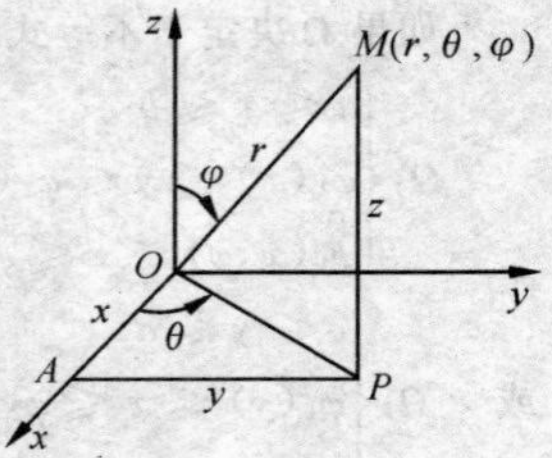

图 10.8

把直角坐标系下的三重积分转化为球面坐标系下的三重积分的公式为

$$\iiint_\Omega f(x,y,z)\mathrm{d}x\mathrm{d}y\mathrm{d}z=\iiint_\Omega f(r\sin\varphi\cos\theta,r\sin\varphi\sin\theta,r\cos\varphi)r^2\sin\varphi\mathrm{d}r\mathrm{d}\theta\mathrm{d}\varphi\overset{\text{def}}{=\!=}\iiint_\Omega F(r,\theta,\varphi)r^2\sin\varphi\mathrm{d}r\mathrm{d}\theta\mathrm{d}\varphi$$

如果空间区域 Ω 在球面坐标系下为 $\Omega:\alpha\leqslant\theta\leqslant\beta,\varphi_1(\theta)\leqslant\varphi\leqslant\varphi_2(\theta),\psi_1(\theta,\varphi)\leqslant r\leqslant\psi_2(\theta,\varphi)$,则

$$\iiint_\Omega f(x,y,z)\mathrm{d}x\mathrm{d}y\mathrm{d}z=\iiint_\Omega F(r,\theta,\varphi)r^2\sin\varphi\mathrm{d}r\mathrm{d}\theta\mathrm{d}\varphi=\int_\alpha^\beta\mathrm{d}\theta\int_{\varphi_1(\theta)}^{\varphi_2(\theta)}\sin\varphi\mathrm{d}\varphi\int_{\psi_1(\theta,\varphi)}^{\psi_2(\theta,\varphi)}F(r,\theta,\varphi)r^2\mathrm{d}r$$

特别地,若坐标原点 O 位于闭曲面 S 所围区域 Ω 内,S 的球坐标方程为 $r=r(\theta,\varphi)$(见图 10.9),则

$$\iiint_\Omega f(x,y,z)\mathrm{d}x\mathrm{d}y\mathrm{d}z=\int_0^{2\pi}\mathrm{d}\theta\int_0^\pi\sin\varphi\mathrm{d}\varphi\int_0^{r(\theta,\varphi)}F(r,\theta,\varphi)r^2\mathrm{d}r$$

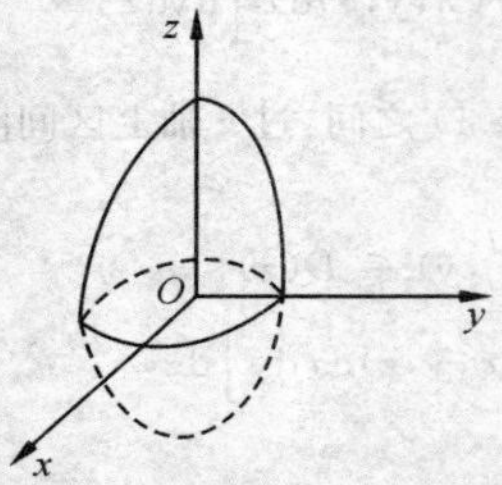

图 10.9

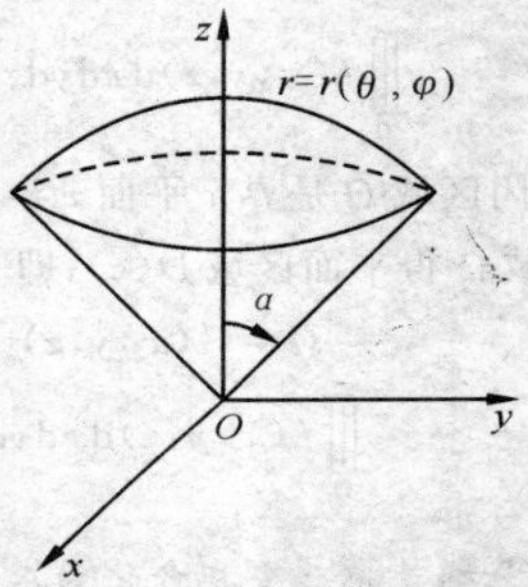

图 10.10

若 Ω 由锥面 $\varphi=\alpha$ 及球坐标方程为 $r=r(\theta,\varphi)$ 的曲面所围成(见图 10.10),则

$$\iiint_\Omega f(x,y,z)\mathrm{d}x\mathrm{d}y\mathrm{d}z=\int_0^{2\pi}\mathrm{d}\theta\int_0^\alpha\sin\varphi\mathrm{d}\varphi\int_0^{r(\theta,\varphi)}F(r,\theta,\varphi)r^2\mathrm{d}r$$

注　一般地,当积分区域为球形域或部分球形域,或者被积函数中含有 $x^2+y^2+z^2$ 时,用球面坐标计算三重积分比较方便.化为累次积分的次序一般是先对 r 后对 φ 再对 θ.

6. 重积分的应用

(1) 几何应用:

① 求平面区域 D 的面积:$A=\iint_D\mathrm{d}x\mathrm{d}y$.

② 求空间立体 Ω 的体积:$V=\iint_D f(x,y)\mathrm{d}x\mathrm{d}y$(其中 Ω 是以 $z=f(x,y)\geqslant 0$ 为曲顶,以 xOy 面上区域 D 为底的曲顶柱体),或 $V=\iiint_\Omega\mathrm{d}x\mathrm{d}y\mathrm{d}z$.

③ 求曲面的面积:设光滑曲面 Σ 的方程为 $z=f(x,y)$,则 Σ 的面积为 $A=\iint_{D_{xy}}\sqrt{1+z_x^2+z_y^2}\mathrm{d}x\mathrm{d}y$

若曲面 Σ 的方程为 $x=g(y,z)$,则 Σ 的面积为　$A=\iint_{D_{yz}}\sqrt{1+x_y^2+x_z^2}\mathrm{d}y\mathrm{d}z$

若曲面Σ的方程为$y=h(x,z)$，则Σ的面积为 $A=\iint\limits_{D_{zx}}\sqrt{1+y_x^2+y_z^2}\,\mathrm{d}x\mathrm{d}z$

其中，D_{xy}，D_{yz}，D_{zx} 分别是Σ在xOy，yOz，zOx坐标面上的投影区域.

(2) 物理应用：

① 设平面薄片在xOy平面上所占区域为D，其面密度为$\rho=\rho(x,y)$(或空间立体所占空间区域为Ω，其体密度为$\rho=\rho(x,y,z)$)，则平面薄片(或空间立体)的质量、重心、转动惯量的计算公式如表10.2所示.

表 10.2

	平面薄片	空间立体
质量	$M=\iint\limits_D\rho(x,y)\mathrm{d}x\mathrm{d}y$	$M=\iiint\limits_\Omega\rho(x,y,z)\mathrm{d}x\mathrm{d}y\mathrm{d}z$
重心坐标	$\bar{x}=\dfrac{\iint\limits_D x\rho(x,y)\mathrm{d}x\mathrm{d}y}{M}$ $\bar{y}=\dfrac{\iint\limits_D y\rho(x,y)\mathrm{d}x\mathrm{d}y}{M}$	$\bar{x}=\dfrac{\iiint\limits_\Omega x\rho(x,y,z)\mathrm{d}x\mathrm{d}y\mathrm{d}z}{M}$ $\bar{y}=\dfrac{\iiint\limits_\Omega y\rho(x,y,z)\mathrm{d}x\mathrm{d}y\mathrm{d}z}{M}$ $\bar{z}=\dfrac{\iiint\limits_\Omega z\rho(x,y,z)\mathrm{d}x\mathrm{d}y\mathrm{d}z}{M}$
转动惯量	$I_x=\iint\limits_D y^2\rho(x,y)\mathrm{d}x\mathrm{d}y$ $I_y=\iint\limits_D x^2\rho(x,y)\mathrm{d}x\mathrm{d}y$ $I_0=\iint\limits_D(x^2+y^2)\rho(x,y)\mathrm{d}x\mathrm{d}y$	$I_x=\iiint\limits_\Omega(y^2+z^2)\rho(x,y,z)\mathrm{d}x\mathrm{d}y\mathrm{d}z$ $I_y=\iiint\limits_\Omega(x^2+z^2)\rho(x,y,z)\mathrm{d}x\mathrm{d}y\mathrm{d}z$ $I_z=\iiint\limits_\Omega(x^2+y^2)\rho(x,y,z)\mathrm{d}x\mathrm{d}y\mathrm{d}z$ $I_0=\iiint\limits_\Omega(x^2+y^2+z^2)\rho(x,y,z)\mathrm{d}x\mathrm{d}y\mathrm{d}z$

其中I_x，I_y，I_z及I_0分别表示相应物体对x，y，z轴及坐标原点的转动惯量.

② 引力(以三重积分为例)：设质量为m的质点位于点$P_0(x_0,y_0,z_0)$处，物体所占空间为Ω，其体密度为$\rho=\rho(x,y,z)$，设物体对质点的引力为$\boldsymbol{F}=\{F_x,F_y,F_z\}$，则

$$F_x=km\iiint\limits_\Omega\rho(x,y,z)\cdot\frac{x-x_0}{r^3}\mathrm{d}x\mathrm{d}y\mathrm{d}z,\quad F_y=km\iiint\limits_\Omega\rho(x,y,z)\cdot\frac{y-y_0}{r^3}\mathrm{d}x\mathrm{d}y\mathrm{d}z$$

$$F_z=km\iiint\limits_\Omega\rho(x,y,z)\cdot\frac{z-z_0}{r^3}\mathrm{d}x\mathrm{d}y\mathrm{d}z$$

式中$r=\sqrt{(x-x_0)^2+(y-y_0)^2+(z-z_0)^2}$，$k$为引力常数.

注 与定积分一样，在重积分的应用中实质也采用的是元素法，将所求量表达成重积分的分析方法.但求引力时，当作用力不在同一条直线上时，所求引力是向量和而不是代数和，这时所求引力不具有可加性.解决办法是将各个小区域对质点的引力都沿x轴、y轴、z轴分解后的分力相加，积分后可求出沿各个坐标轴上的分力.

(二) 基本要求

(1) 理解二重积分、三重积分的概念，了解重积分的性质.

(2) 熟练掌握二重积分在直角坐标系、极坐标系下的计算方法.会在三种坐标系下(直角坐标、柱面坐标、

球面坐标）计算简单的三重积分.

(3) 会用重积分解决简单的几何量与物理量的求法（如体积、曲面面积、质量、重心、转动惯量、引力等）.

（三）重点与难点

重点：二重积分的概念及计算方法，三重积分的计算方法.

难点：二重积分、三重积分化为累次积分的积分限及积分次序的确定.

二、释疑解难

问题 10.1 计算重积分的一般方法步骤是什么？

答 (1) 画出积分区域 D 的草图，以利于选择积分次序和确定定积分限.

(2) 当积分域和被积函数具有对称性时，将重积分化简.

(3) 选择坐标系. 坐标系的选取既与积分域的形状又与被积函数有关. 对于二重积分，当积分域为圆域、环域、扇域或与圆域有关的区域，且被积函数为 $f(x^2+y^2)$，$f(xy)$，$f\left(\dfrac{y}{x}\right)$，$\arctan\dfrac{y}{x}$ 等形式时，宜选择极坐标系，其余可考虑选直角坐标系；对于三重积分，当积分域在坐标面上的投影是圆域或与圆域有关的区域，且被积函数中含有 x^2+y^2 项时，宜选用柱坐标；当 Ω 的边界曲面与球面有关，且被积函数中含有 $x^2+y^2+z^2$ 项时，宜选用球面坐标，其余可选用直角坐标.

(4) 选积分次序，确定单积分的上下限. 选择积分次序的原则是，首先要使累次积分中每个积分都能积出来，其次使积分区域分得尽量简单. 在极坐标系中，一般选“先 r 后 θ”的积分次序；在柱坐标系中一般选“先 z 再 r 最后 θ”的积分次序；在球坐标系中一般选“先 r 再 φ 最后 θ”的积分次序. 化成累次积分后，最后所求的定积分的上下限必为常数；先求定积分的积分上下限为后求定积分的积分变量的函数，或为常数；下限小于上限.

(5) 计算累次积分.

问题 10.2 怎样交换二次积分的顺序？

答 根据给定的二次积分写出另一个积分次序不同的二次积分，使两者具有相等的值，这称为交换二次积分的次序. 解决这种问题，通常是先根据给定的二次积分写出相应的二重积分的积分区域的联立不等式组，根据积分域的边界线画出积分域的草图，再按照所得的积分区域写出另一个次序的二次积分.

交换二次积分的顺序，值得注意的是二次积分是连续求两次定积分. 我们知道给出定积分时，积分下限未必一定小于上限；而重积分不同，由重积分化成的二次积分，其上限一定不能小于下限. 因此，当给定的二次积分出现下限大于上限时，应该将上下限颠倒过来，同时改变二次积分的符号，遇到这种情况交换积分顺序要特别加以注意.

问题 10.3 在什么情况下，二重积分等于两个独立的定积分之积？

答 在直角坐标系下，当积分区域为两组对边分别平行于两坐标轴的矩形区域，且被积函数可分解为两个单独变量的函数之积时，即 $D:\begin{cases}c\leqslant y\leqslant d\\ a\leqslant x\leqslant b\end{cases}$，$f(x,y)=f_1(x)f_2(y)$，这时，二重积分就等于两个完全独立的定积分的乘积，即

$$\iint\limits_D f(x,y)\mathrm{d}x\mathrm{d}y=\iint\limits_D f_1(x)f_2(y)\mathrm{d}x\mathrm{d}y=\int_a^b f_1(x)\mathrm{d}x\int_c^d f_2(y)\mathrm{d}y=$$

$$\left[\int_a^b f_1(x)\mathrm{d}x\right]\cdot\left[\int_c^d f_2(y)\mathrm{d}y\right]$$

在极坐标系下，当积分区域由不等式组 $a\leqslant r\leqslant b,\alpha\leqslant\theta\leqslant\beta$ 给出，且 $f(r,\theta)=f_1(r)\cdot f_2(\theta)$ 时，有

$$\iint\limits_D f_1(r)\cdot f_2(\theta)r\mathrm{d}r\mathrm{d}\theta=\left[\int_\alpha^\beta f_2(\theta)\mathrm{d}\theta\right]\cdot\left[\int_a^b f_1(r)r\mathrm{d}r\right]$$

问题 10.4 怎样正确利用积分区域和被积函数的对称性来简化重积分的计算？

答 (1) 二重积分的情形：设 $f(x,y)$ 在有界闭区域 D 上连续，那么

① 若 D 关于 x 轴对称，则

$$\iint_D f(x,y)\mathrm{d}\sigma = \begin{cases} 0, & \text{当 } f(x,y) \text{ 对 } y \text{ 为奇函数时，即 } f(x,-y)=-f(x,y),(x,y)\in D \\ 2\iint_{D_1} f(x,y)\mathrm{d}\sigma, & \text{当 } f(x,y) \text{ 对 } y \text{ 为偶函数时，即 } f(x,-y)=f(x,y),(x,y)\in D \end{cases}$$

其中，$D_1 = D \cap \{(x,y) \mid y \geqslant 0\}$.

② 若 D 关于 y 轴对称，则

$$\iint_D f(x,y)\mathrm{d}\sigma = \begin{cases} 0, & \text{当 } f(x,y) \text{ 对 } x \text{ 为奇函数时，即 } f(-x,y)=-f(x,y),(x,y)\in D \\ 2\iint_{D_1} f(x,y)\mathrm{d}\sigma, & \text{当 } f(x,y) \text{ 对 } x \text{ 为偶函数时，即 } f(-x,y)=f(x,y),(x,y)\in D \end{cases}$$

其中，$D_1 = D \cap \{(x,y) \mid x \geqslant 0\}$.

③ 若 D 关于原点对称，即 $(x,y)\in D \Leftrightarrow (-x,-y)\in D$，则

$$\iint_D f(x,y)\mathrm{d}\sigma = \begin{cases} 0, & \text{当 } f(x,y) \text{ 关于} (x,y) \text{ 为奇函数时，即 } f(-x,-y)=-f(x,y),(x,y)\in D \\ 2\iint_{D_1} f(x,y)\mathrm{d}\sigma, & \text{当 } f(x,y) \text{ 关于} (x,y) \text{ 为偶函数时，即 } f(-x,-y)=f(x,y),(x,y)\in D \end{cases}$$

其中，D_1 为 D 的右半平面或上半平面部分.

(2) 三重积分的情形：设 $f(x,y,z)$ 在有界闭区域 Ω 上连续，那么

① 若 Ω 关于 xOy 面对称，即 $(x,y,z)\in\Omega \Leftrightarrow (x,y,-z)\in D$，则

$$\iiint_\Omega f(x,y,z)\mathrm{d}v = \begin{cases} 0, & \text{当 } f(x,y,z) \text{ 关于 } z \text{ 为奇函数时，即 } f(x,y,-z)=-f(x,y,z),(x,y,z)\in\Omega \\ 2\iiint_{\Omega_1} f(x,y,z)\mathrm{d}v, & \text{当 } f(x,y,z) \text{ 关于 } z \text{ 为偶函数时，即 } f(x,y,-z)=f(x,y,z),(x,y,z)\in\Omega \end{cases}$$

其中，$\Omega_1 = \Omega \cap \{(x,y,z) \mid z \geqslant 0\}$.

② 若 Ω 关于 yOz 面（或 zOx 面）对称，且 $f(x,y,z)$ 关于 x（或 y）为奇函数或偶函数，则有类似的结论.

问题 10.5 当重积分的被积函数含有绝对值符号时，如何计算它的值？

答 与定积分的被积函数含有绝对值符号时的处理方法类似，先讨论被积函数在积分区域上的符号，将被积函数分块表示，去掉绝对值符号，有时也可以利用对称性去掉绝对值符号，再利用积分对区域的可加性来分块进行计算，然后把结果相加.

问题 10.6 若区域 D 是 $x^2+y^2\leqslant 1, x\geqslant 0, y\geqslant 0$ 的公共部分，$f(x,y)$ 在 D 上连续，将二重积分 $\iint_D f(x,y)\mathrm{d}\sigma$ 写成如下的累次积分对吗？

(1) $\iint_D f(x,y)\mathrm{d}\sigma = \int_0^1 \mathrm{d}x \int_0^{\sqrt{1-y^2}} f(x,y)\mathrm{d}y$

(2) $\iint\limits_D f(x,y)\mathrm{d}\sigma = \int_0^{\sqrt{1-y^2}}\mathrm{d}x\int_0^{\sqrt{1-x^2}} f(x,y)\mathrm{d}y$

(3) $\iint\limits_D f(x,y)\mathrm{d}\sigma = \int_0^1\mathrm{d}x\int_0^1 f(x,y)\mathrm{d}y$

(4) $\iint\limits_D f(x,y)\mathrm{d}\sigma = \int_0^1\mathrm{d}x\int_{\sqrt{1-x^2}}^0 f(x,y)\mathrm{d}y$

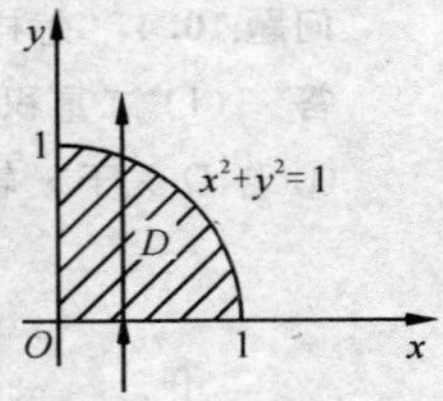

图 10.11

答 以上四个累次积分表示式都是错误的．积分区域 D 如图 10.11 所示．

(1) 其错误在于先对 y 积分时，D 在 x 轴上的投影区间是 $[0,1]$，任取 $x\in(0,1)$，过 $(x,0)$ 作平行于 y 轴的直线自下向上穿过区域 D，穿入边界曲线为 $y=0$，穿出边界曲线 y 应表示成 x 的函数 $y=\sqrt{1-x^2}$，而不是积分变量 y 本身的函数 $\sqrt{1-y^2}$．

(2) 其错误是第二次对 x 积分时，积分限应该是常数，而不能是 y 的函数．先对 y 后对 x 积分，x 的定限应是 D 在 x 轴上的投影区间两个端点的坐标 0 和 1．

(3) 其错误是第一次对 y 积分的上限穿出边界曲线不对，应该是圆 $y=\sqrt{1-x^2}$，而不是直线 $y=1$．

(4) 其错误是重积分写成二次积分定限时应是下限小，上限大，而这里违反了这个规则．正确做法应该是

$$\iint\limits_D f(x,y)\mathrm{d}\sigma = \int_0^1\mathrm{d}x\int_0^{\sqrt{1-x^2}} f(x,y)\mathrm{d}y$$

三、典型例题分析

例 10.1 设 $J_i=\iint\limits_{D_i}\mathrm{e}^{-(x^2+y^2)}\mathrm{d}x\mathrm{d}y$，$i=1,2,3$，其中 $D_1=\{(x,y)\mid x^2+y^2\leqslant R^2\}$，

$$D_2=\{(x,y)\mid x^2+y^2\leqslant 2R^2\},D_3=\{(x,y)\mid |x|\leqslant R,|y|\leqslant R\}，则(\quad)．$$

A. $J_1<J_2<J_3$ B. $J_2<J_3<J_1$ C. $J_1<J_3<J_2$ D. $J_3<J_2<J_1$

分析 此题中，积分区域不同，但被积函数相同且大于零，关键是比较积分区域．D_1,D_2 是以原点为圆心，半径分别为 $R,\sqrt{2}R$ 的圆；D_3 为中心在原点，边长为 $2R$ 的正方形．显然有 $D_1\subset D_3\subset D_2$，因此 $J_1<J_3<J_2$．

答案 C.

例 10.2 利用重积分的性质估计下列积分值的范围：

(1) $I=\iint\limits_D(x^2+4y^2+9)\mathrm{d}\sigma$，其中 $D=\{(x,y)\mid x^2+y^2\leqslant 4\}$；

(2) $I=\iint\limits_D(x+xy-x^2-y^2)\mathrm{d}x\mathrm{d}y$，其中 $D=\{(x,y)\mid 0\leqslant x\leqslant 1,0\leqslant y\leqslant 2\}$．

分析 若被积函数 $f(x,y)$ 在 D 上的最大值和最小值不易直接观察到，一般地，被积函数 $f(x,y)$ 在积分区域 D 上的最大值和最小值需要用求函数在闭区域上的最值的方法得到．

解 (1) 因为积分区域 D 为 $x^2+y^2\leqslant 4$，所以在 D 上的点 (x,y) 均有 $y^2\leqslant 4$，$0\leqslant x^2+y^2\leqslant 4$，从而 $9\leqslant x^2+4y^2+9=x^2+y^2+3y^2+9\leqslant 4+3\times 4+9=25$，由二重积分估值公式得 $9\sigma\leqslant I\leqslant 25\sigma$，其中 $\sigma=\pi\times 2^2=4\pi$，所以 $36\pi\leqslant I\leqslant 100\pi$．

(2) 求 $f(x,y)=x+xy-x^2-y^2$ 在 D 内的驻点，令

$$\begin{cases}\dfrac{\partial f}{\partial x}=1+y-2x=0\\[2ex]\dfrac{\partial f}{\partial y}=x-2y=0\end{cases}$$

解出 $f(x,y)$ 在 D 内的驻点为 $\left(\dfrac{2}{3},\dfrac{1}{3}\right)$，且在该点的函数值为 $f\left(\dfrac{2}{3},\dfrac{1}{3}\right)=\dfrac{1}{3}$．

在线段 $x=0, 0\leqslant y\leqslant 2$ 上，$f(x,y)=f(0,y)=-y^2$，在 $0<y<2$ 上无极值.

在线段 $x=1, 0\leqslant y\leqslant 2$ 上，$f(x,y)=f(1,y)=y-y^2$，由 $f_y'=1-2y=0$，得驻点 $y=\frac{1}{2}$，则

$$f\left(1,\frac{1}{2}\right)=\frac{1}{4}$$

在线段 $y=0, 0\leqslant x\leqslant 1$ 上，$f(x,0)=x-x^2$，由 $f_x'=1-2x=0$，得驻点 $x=\frac{1}{2}$，则

$$f\left(\frac{1}{2},0\right)=\frac{1}{4}$$

在线段 $y=2, 0\leqslant x\leqslant 1$ 上，$f(x,2)=3x-x^2-4$，由 $f_x'=3-2x=0$，得驻点 $x=\frac{3}{2}$（$\frac{3}{2}>1$ 不在该线段内舍去），$f(x,y)$ 在 $0\leqslant x\leqslant 1$ 上无极值.

$f(x,y)$ 在区域 D 边界上四个顶点的值为 $f(0,0)=0$；$f(0,2)=-4$；$f(1,2)=-2$；$f(1,0)=0$. 比较上述各值可知，$f(x,y)$ 在积分区域 D 上的最小值和最大值分别为 $m=-4, M=\frac{1}{3}$. 即 $-4\leqslant f(x,y)\leqslant\frac{1}{3}$，区域 D 的面积 $\sigma=2$，由估值性质可知，$-4\times 2\leqslant I\leqslant\frac{1}{3}\times 2$，即 $-8\leqslant I\leqslant\frac{2}{3}$.

小结 估计积分值（不计算积分值）有两种方法：被积函数 $f(x,y)$ 可以简捷地得到合适的函数估计式；被积函数 $f(x,y)$ 不能简捷地得到合适的函数估计式，就要用求二元函数的最值的方法，找到 $f(x,y)$ 的最值，再利用估值性质，这也是积分估值的一般方法.

例 10.3 计算二重积分 $I=\iint\limits_D e^{\max\{x^2,y^2\}}dxdy$，其中 $D=\{(x,y)\mid 0\leqslant x\leqslant 1, 0\leqslant y\leqslant 1\}$.

解 积分区域 D 如图 10.12 所示，由 $x^2=y^2$ 得，在 D 上 $y=x$，用 $y=x$ 将 D 分为两部分，即

$$D_1=\{(x,y)\mid 0\leqslant x\leqslant 1, 0\leqslant y\leqslant x\}$$
$$D_2=\{(x,y)\mid 0\leqslant x\leqslant 1, x\leqslant y\leqslant 1\}$$

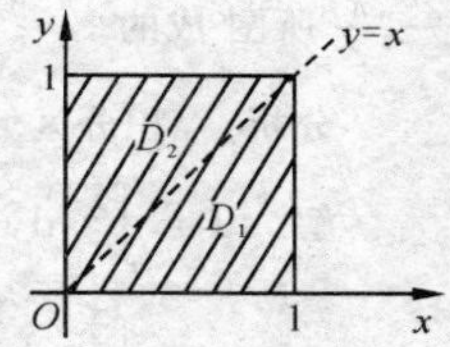

图 10.12

在 D_1 上，$\max\{x^2,y^2\}=x^2$；在 D_2 上，$\max\{x^2,y^2\}=y^2$.

$$I=\iint\limits_{D_1}e^{\max\{x^2,y^2\}}dxdy+\iint\limits_{D_2}e^{\max\{x^2,y^2\}}dxdy=\iint\limits_{D_1}e^{x^2}dxdy+\iint\limits_{D_2}e^{y^2}dxdy=$$

$$\int_0^1 dx\int_0^x e^{x^2}dy+\int_0^1 dy\int_0^y e^{y^2}dx=\int_0^1 xe^{x^2}dx+\int_0^1 ye^{y^2}dy=2\int_0^1 xe^{x^2}dx=$$

$$e^{x^2}\Big|_0^1=e-1$$

注 这里要注意积分次序的选择，因被积函数 e^{x^2}，e^{y^2} 的原函数不能用初等函数表达，所以上面第一个积分要选择先 y 后 x 的累次积分，第二个要选择先 x 后 y 的累次积分.

例 10.4 计算 $\iint\limits_D \frac{\sin y}{y}dxdy$，其中 D 由曲线 $y^2=x$ 与直线 $y=x$ 所围成.

解 积分区域 D 如图 10.13 所示，从表面上看，将积分化为先对 y 后对 x 的累次积分，还是先对 x 后对 y 的累次积分，计算量是相当的，但注意到若先对 y 积分，$\frac{\sin y}{y}$ 的原函数不是初等函数，$\frac{\sin y}{y}$ 的原函数不能用初等方法求出，因此应选择先对 x 后对 y 的积分次序.

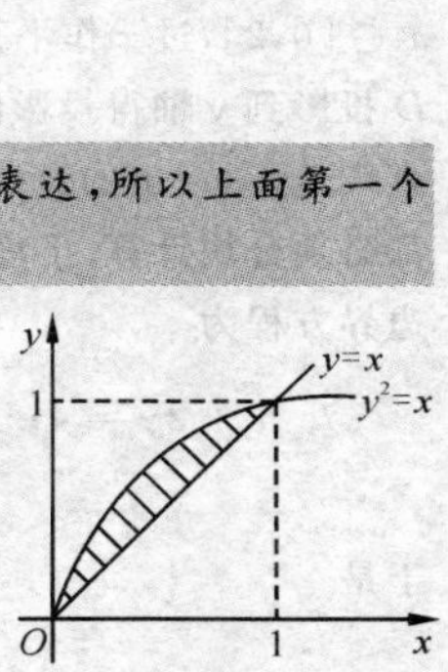

图 10.13

$$\iint\limits_D \frac{\sin y}{y}dxdy=\int_0^1 dy\int_{y^2}^y \frac{\sin y}{y}dx=\int_0^1 \frac{\sin y}{y}dy\int_{y^2}^y dx=\int_0^1(1-y)\sin y dy=1-\sin 1$$

例 10.5 计算 $I=\iint\limits_D e^{-\frac{y^2}{2}}dxdy$,其中 D 由曲线 $y=\sqrt{x}$ 与直线 $x=1$ 及 Ox 轴所围成.

解 积分区域 D 如图 10.14 所示,若先对 y 积分,被积函数 $e^{-\frac{y^2}{2}}$ 的原函数不是初等函数,因此应选择先对 x 后对 y 的积分次序.

$$I=\int_0^1 dy\int_{y^2}^1 e^{-\frac{y^2}{2}}dx=\int_0^1(1-y^2)e^{-\frac{y^2}{2}}dy=\int_0^1 e^{-\frac{y^2}{2}}dy-\int_0^1 y^2 e^{-\frac{y^2}{2}}dy$$

由于
$$\int y^2 e^{-\frac{y^2}{2}}dy=-\int ye^{-\frac{y^2}{2}}d\left(-\frac{y^2}{2}\right)=-\int yd(e^{-\frac{y^2}{2}})=-ye^{-\frac{y^2}{2}}+\int e^{-\frac{y^2}{2}}dy$$

于是
$$I=ye^{-\frac{y^2}{2}}\Big|_0^1=e^{-\frac{1}{2}}$$

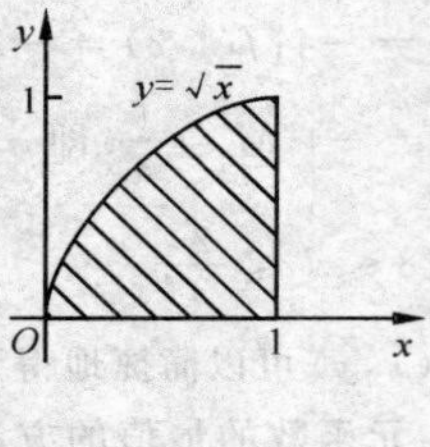

图 10.14

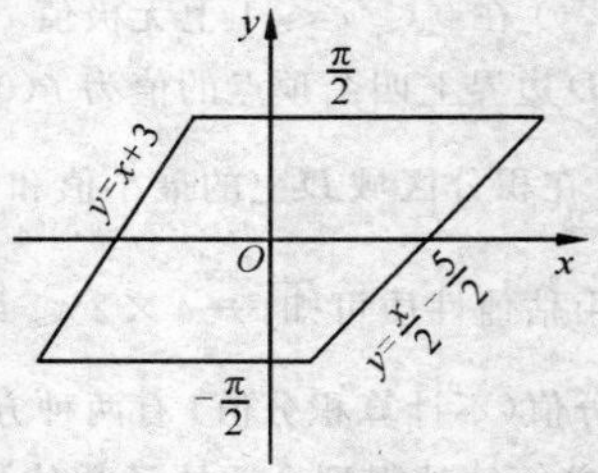

图 10.15

例 10.6 计算 $I=\iint\limits_D(1+x)\sqrt{1-\cos^2 y}\,dxdy$,其中 D 是由 $y=x+3$,$y=\frac{x}{2}-\frac{5}{2}$,$y=\frac{\pi}{2}$,$y=-\frac{\pi}{2}$ 所围 成的.

分析 积分区域如图 10.15 所示,选择先对 x 后对 y 的积分次序,D 就不必分块.

解 $I=\int_{-\frac{\pi}{2}}^{\frac{\pi}{2}}dy\int_{y-3}^{2y+5}(1+x)\sqrt{1-\cos^2 y}\,dx=\int_{-\frac{\pi}{2}}^{\frac{\pi}{2}}\left[x+\frac{x^2}{2}\right]_{y-3}^{2y+5}\sqrt{1-\cos^2 y}\,dy=$

$\int_0^{\frac{\pi}{2}}(3y^2+32)\sin y\,dy=26+3\pi$

例 10.7 计算 $\iint\limits_D(x+y)^2dxdy$,其中,$D$ 是以 $(1,0)$,$(2,1)$,$(0,2)$ 为顶点的三角形内部的区域.

解 积分区域 D 如图 10.16 所示,若将 D 投影到 x 轴得投影区间为 $[0,2]$,任取 $x\in[0,2]$,过 x 作平行于 y 轴的直线,穿入的直线是 l_2 和 l_3,故必须分块计算.若将 D 投影到 y 轴得投影区间为 $[0,2]$,任取 $y\in[0,2]$,过 y 作平行于 x 轴的直线,穿入直线是 l_2,穿出的直线是 l_1 和 l_3,故也必须分块计算.这说明不论按何种顺序积分,都必须分块计算.下面按先对 x 后对 y 来计算.D 按 $y=1$ 分为 D_1 和 D_2 两块,D 的边界方程为

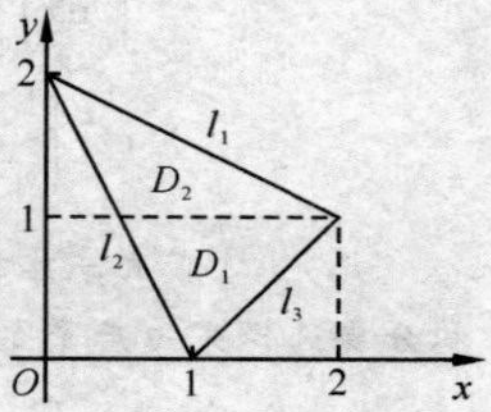

图 10.16

$l_1:x+2y=4$; $l_2:x+\frac{y}{2}=1$; $l_3:x-y=1$

于是
$$D_1:\begin{cases}1-\frac{y}{2}\leqslant x\leqslant 1+y\\0\leqslant y\leqslant 1\end{cases},\quad D_2:\begin{cases}1-\frac{y}{2}\leqslant x\leqslant 4-2y\\1\leqslant y\leqslant 2\end{cases}$$

所以
$$\iint\limits_D(x+y)^2dxdy=\int_0^1 dy\int_{1-\frac{y}{2}}^{1+y}(x+y)^2dx+\int_1^2 dy\int_{1-\frac{y}{2}}^{4-2y}(x+y)^2dx=$$

$$\frac{1}{3}\int_0^1\left[(1+2y)^3-\left(1+\frac{y}{2}\right)^3\right]dy+\frac{1}{3}\int_1^2\left[(4-y)^3-\left(1+\frac{y}{2}\right)^3\right]dy=\frac{25}{4}$$

小结 在直角坐标系下计算二重积分,首先画出积分区域的草图,其次选择适当的积分次序.选择积分

次序的原则是，以积分限好定及积分容易积为主；尽可能将区域少分块.

例 10.8 计算 $I=\iint\limits_D\sqrt{|y-x^2|}\mathrm{d}x\mathrm{d}y$，其中 D 是由 $|x|\leqslant 1$ 和 $0\leqslant y\leqslant 2$ 确定的区域.

分析 这是被积函数带有绝对值的积分，首先要考虑去掉绝对值符号，可通过划分区域的办法处理. 由于绝对值号内的函数 $y-x^2$ 在 D 上变号，当 $y\geqslant x^2$ 时，$y-x^2\geqslant 0$；当 $y<x^2$ 时，$y-x^2<0$，所以将 D 由 $y=x^2$ 分为 D_1 和 D_2 两部分(见图 10.17).

解 设 $D=D_1+D_2$，其中

$$D_1:\begin{cases}0\leqslant y\leqslant x^2\\-1\leqslant x\leqslant 1\end{cases},\qquad D_2:\begin{cases}x^2\leqslant y\leqslant 2\\-1\leqslant x\leqslant 1\end{cases}$$

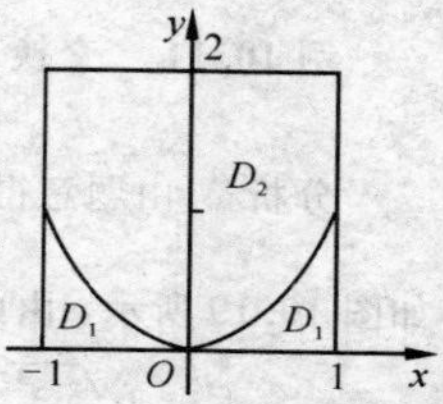

图 10.17

在 D_1 上，$\sqrt{|y-x^2|}=\sqrt{x^2-y}$；在 D_2 上，$\sqrt{|y-x^2|}=\sqrt{y-x^2}$. 于是

$$I=\iint\limits_{D_1}\sqrt{x^2-y}\,\mathrm{d}x\mathrm{d}y+\iint\limits_{D_2}\sqrt{y-x^2}\,\mathrm{d}x\mathrm{d}y=$$

$$\int_{-1}^{1}\mathrm{d}x\int_0^{x^2}\sqrt{x^2-y}\,\mathrm{d}y+\int_{-1}^{1}\mathrm{d}x\int_{x^2}^{2}\sqrt{y-x^2}\,\mathrm{d}y=$$

$$\int_{-1}^{1}\left[-\frac{2}{3}(x^2-y)^{\frac{3}{2}}\right]_0^{x^2}\mathrm{d}x+\int_{-1}^{1}\left[\frac{2}{3}(y-x^2)^{\frac{3}{2}}\right]_{x^2}^{2}\mathrm{d}x=$$

$$\frac{2}{3}\int_{-1}^{1}(x^2)^{\frac{3}{2}}\mathrm{d}x+\frac{2}{3}\int_{-1}^{1}(2-x^2)^{\frac{3}{2}}\mathrm{d}x=\frac{5}{3}+\frac{\pi}{2}$$

注 $\int_{-1}^{1}(x^2)^{\frac{3}{2}}\mathrm{d}x=\int_{-1}^{1}|x|^3\mathrm{d}x=2\int_0^1x^3\mathrm{d}x=\frac{1}{2}$，而不是 $\int_{-1}^{1}(x^2)^{\frac{3}{2}}\mathrm{d}x=\int_{-1}^{1}x^3\mathrm{d}x=0$.

例 10.9 计算 $I=\iint\limits_D\sqrt{1-\sin^2(x+y)}\,\mathrm{d}x\mathrm{d}y$，其中 D 为 $0\leqslant x\leqslant\frac{\pi}{2}$，$0\leqslant y\leqslant\frac{\pi}{2}$.

分析 $\sqrt{1-\sin^2(x+y)}=\sqrt{\cos^2(x+y)}=|\cos(x+y)|$，这是带有绝对值符号的二重积分. 首先要去掉绝对值，用划分区域的办法处理. 用直线 $x+y=\frac{\pi}{2}$，将 D 分为 D_1 和 D_2 两部分(见图 10.18).

解 设 $D=D_1+D_2$ 其中

$$D_1:\begin{cases}0\leqslant x\leqslant\frac{\pi}{2}\\0\leqslant y\leqslant\frac{\pi}{2}-x\end{cases},\qquad D_2:\begin{cases}0\leqslant x\leqslant\frac{\pi}{2}\\\frac{\pi}{2}-x\leqslant y\leqslant\frac{\pi}{2}\end{cases}$$

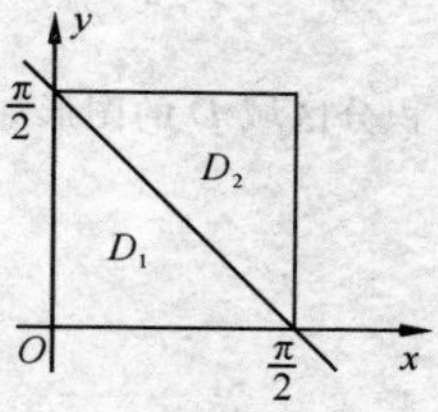

图 10.18

在 D_1 上，$|\cos(x+y)|=\cos(x+y)$；在 D_2 上，$|\cos(x+y)|=-\cos(x+y)$. 于是

$$I=\iint\limits_{D_1}\cos(x+y)\mathrm{d}x\mathrm{d}y+\iint\limits_{D_2}-\cos(x+y)\mathrm{d}x\mathrm{d}y=$$

$$\int_0^{\frac{\pi}{2}}\mathrm{d}x\int_0^{\frac{\pi}{2}-x}\cos(x+y)\mathrm{d}y-\int_0^{\frac{\pi}{2}}\mathrm{d}x\int_{\frac{\pi}{2}-x}^{\frac{\pi}{2}}\cos(x+y)\mathrm{d}y=$$

$$\int_0^{\frac{\pi}{2}}(1-\sin x)\mathrm{d}x-\int_0^{\frac{\pi}{2}}(\cos x-1)\mathrm{d}x=\pi-2$$

例 10.10 设 $f(x,y)$ 连续，且 $f(x,y)=xy+\iint\limits_D f(u,v)\mathrm{d}u\mathrm{d}v$，其中，$D$ 是由 $y=0$，$y=x^2$，$x=1$ 所围成区域，则 $f(x,y)$ 等于(　　).

A. xy　　B. $2xy$　　C. $xy+\frac{1}{8}$　　D. $xy+1$

分析 此题关键要认识到二重积分 $\iint\limits_D f(u,v)\mathrm{d}u\mathrm{d}v$ 为一个常数. 设 $A=\iint\limits_D f(u,v)\mathrm{d}u\mathrm{d}v$，则由题设

$f(x,y)=xy+A$，对此等式两边取在 D 上的二重积分，得

$$\iint_D f(x,y)\mathrm{d}x\mathrm{d}y=\iint_D(xy+A)\mathrm{d}x\mathrm{d}y=\int_0^1\mathrm{d}x\int_0^{x^2}(xy+A)\mathrm{d}y=\int_0^1\left(\frac{1}{2}x^5+Ax^2\right)\mathrm{d}x=\frac{1}{12}+\frac{1}{3}A$$

即 $A=\frac{1}{12}+\frac{1}{3}A$，解得 $A=\frac{1}{8}$，故 $f(x,y)=xy+\frac{1}{8}$.

答案 C.

例 10.11 交换二次积分的积分次序 $\int_0^1\mathrm{d}y\int_{\sqrt{y}}^{\sqrt{2-y^2}}f(x,y)\mathrm{d}x=$ ________.

分析 由题意得积分区域 D 为 $\begin{cases}0\leqslant y\leqslant 1\\ \sqrt{y}\leqslant x\leqslant\sqrt{2-y^2}\end{cases}$，画出积分区域 D 的草图如图 10.19 所示，由此可知

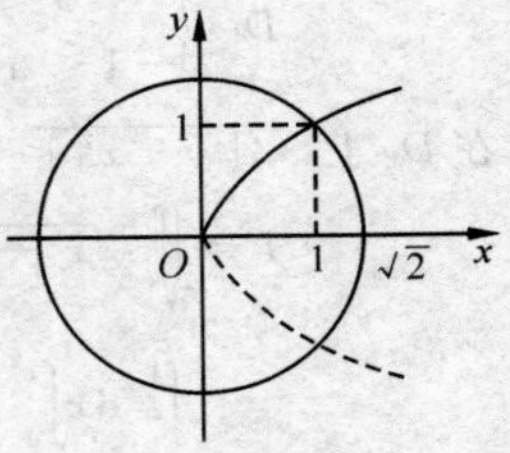

图 10.19

$$\int_0^1\mathrm{d}y\int_{\sqrt{y}}^{\sqrt{2-y^2}}f(x,y)\mathrm{d}x=\int_0^1\mathrm{d}x\int_0^{x^2}f(x,y)\mathrm{d}y+\int_1^{\sqrt{2}}\mathrm{d}x\int_0^{\sqrt{2-x^2}}f(x,y)\mathrm{d}y$$

答案 $\int_0^1\mathrm{d}x\int_0^{x^2}f(x,y)\mathrm{d}y+\int_1^{\sqrt{2}}\mathrm{d}x\int_0^{\sqrt{2-x^2}}f(x,y)\mathrm{d}y$.

例 10.12 计算 $I=\int_{\frac{1}{4}}^{\frac{1}{2}}\mathrm{d}x\int_{\frac{1}{2}}^{\sqrt{x}}\mathrm{e}^{\frac{x}{y}}\mathrm{d}y+\int_{\frac{1}{2}}^{1}\mathrm{d}x\int_{x}^{\sqrt{x}}\mathrm{e}^{\frac{x}{y}}\mathrm{d}y$.

分析 本题实质是二重积分的计算，而且已经化成了累次积分，但是，由于 $\mathrm{e}^{\frac{1}{y}}$ 的原函数不是初等函数，若先对 y 积分，$\mathrm{e}^{\frac{1}{y}}$ 的原函数不能用初等方法求出，所以不能先对 y 积分，必须交换积分次序. 常见的原函数不是初等函数的常有 $\frac{\sin x}{x}$，$\sin\frac{1}{x}$，$\frac{\cos x}{x}$，$\mathrm{e}^{\frac{1}{x}}$，e^{x^2}，e^{-x^2} 等.

解 由题给出的现有积分限确定出积分区域 D，用联立不等式表示为

$$\begin{cases}\frac{1}{4}\leqslant x\leqslant\frac{1}{2}\\ \frac{1}{2}\leqslant y\leqslant\sqrt{x}\end{cases}\quad 和 \quad\begin{cases}\frac{1}{2}\leqslant x\leqslant 1\\ x\leqslant y\leqslant\sqrt{x}\end{cases}$$

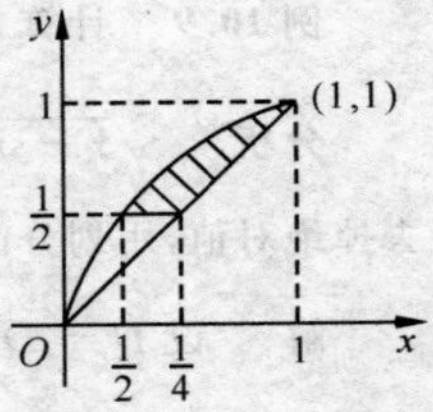

图 10.20

积分区域 D 的图形如图 10.20 所示，交换积分次序后 D 可表示为 $\begin{cases}\frac{1}{2}\leqslant y\leqslant 1\\ y^2\leqslant x\leqslant y\end{cases}$，于是

$$I=\int_{\frac{1}{2}}^{1}\mathrm{d}y\int_{y^2}^{y}\mathrm{e}^{\frac{x}{y}}\mathrm{d}x=\int_{\frac{1}{2}}^{1}\left[y\mathrm{e}^{\frac{x}{y}}\right]_{y^2}^{y}\mathrm{d}y=\int_{\frac{1}{2}}^{1}y(\mathrm{e}-\mathrm{e}^{y})\mathrm{d}y=$$

$$\left[\frac{\mathrm{e}}{2}y^2-y\mathrm{e}^{y}+\mathrm{e}^{y}\right]_{\frac{1}{2}}^{1}=\frac{3}{8}\mathrm{e}-\frac{1}{2}\mathrm{e}^{\frac{1}{2}}$$

例 10.13 设 $f(x)$ 为连续函数，$F(t)=\int_1^t\mathrm{d}y\int_y^t f(x)\mathrm{d}x$，则 $F'(2)$ 等于(　　).

A. $2f(2)$　　B. $f(2)$　　C. $-f(2)$　　D. 0

分析 此题直接求导没有法则可用，若交换二次积分次序可得到一个变上限积分. 积分区域 D 如图10.21 所示，则

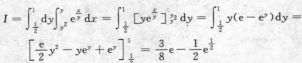

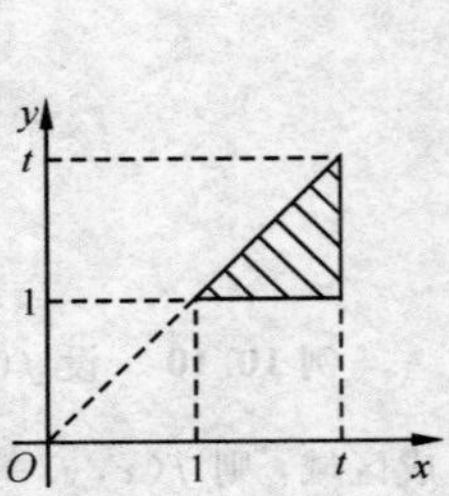

图 10.21

$$F(t)=\int_1^t\mathrm{d}y\int_y^t f(x)\mathrm{d}x=\int_1^t\mathrm{d}x\int_1^x f(x)\mathrm{d}y=\int_1^t(x-1)f(x)\mathrm{d}x$$

$$F'(t)=(t-1)f(t),\quad F'(2)=f(2)$$

答案 B.

小结 为了便于积分计算，有时需要更换积分次序，更换积分次序的一般步骤如下：

(1) 由原累次积分的上下限列出积分区域 D 的联立不等式，确定出 D 的边界曲线方程.

(2) 画出 D 的图形,以利于确定累次积分的上下限.

(3) 将区域 D 按新的积分次序列出相应的联立不等式，再按新的积分次序划分积分区域，列出相应的累次积分.

例 10.14 设区域 D 为 $x^2+y^2\leqslant R^2$,则 $\iint\limits_D\left(\frac{x^2}{a^2}+\frac{y^2}{b^2}\right)\mathrm{d}x\mathrm{d}y=$________.

分析 因积分区域为圆域，所以利用极坐标计算.

$$\iint\limits_D\left(\frac{x^2}{a^2}+\frac{y^2}{b^2}\right)\mathrm{d}x\mathrm{d}y=\int_0^{2\pi}\mathrm{d}\theta\int_0^R\left(\frac{r^2}{a^2}\cos^2\theta+\frac{r^2}{b^2}\sin^2\theta\right)r\mathrm{d}r=$$
$$\frac{R^4}{4}\int_0^{2\pi}\left(\frac{1}{a^2}\cos^2\theta+\frac{1}{b^2}\sin^2\theta\right)\mathrm{d}\theta=\left(\frac{1}{a^2}+\frac{1}{b^2}\right)\frac{\pi R^4}{4}$$

答案 $\left(\frac{1}{a^2}+\frac{1}{b^2}\right)\frac{\pi R^4}{4}$.

例 10.15 设函数 $f(u)$ 连续,区域 $D=\{(x,y)\mid x^2+y^2\leqslant 2y\}$,则 $\iint\limits_D f(xy)\mathrm{d}x\mathrm{d}y$ 等于(　　).

A. $\int_{-1}^1\mathrm{d}x\int_{-\sqrt{1-x^2}}^{\sqrt{1-x^2}}f(xy)\mathrm{d}y$　　B. $2\int_0^2\mathrm{d}y\int_0^{\sqrt{2y-y^2}}f(xy)\mathrm{d}x$

C. $\int_0^{\pi}\mathrm{d}\theta\int_0^{2\sin\theta}f(r^2\sin\theta\cos\theta)\mathrm{d}r$　　D. $\int_0^{\pi}\mathrm{d}\theta\int_0^{2\sin\theta}f(r^2\sin\theta\cos\theta)r\mathrm{d}r$

分析 积分区域如图 10.22 所示，在直角坐标系下

$$\iint\limits_D f(xy)\mathrm{d}x\mathrm{d}y=\int_0^2\mathrm{d}y\int_{-\sqrt{1-(y-1)^2}}^{\sqrt{1-(y-1)^2}}f(xy)\mathrm{d}x=\int_{-1}^1\mathrm{d}x\int_{1-\sqrt{1-x^2}}^{1+\sqrt{1-x^2}}f(xy)\mathrm{d}y$$

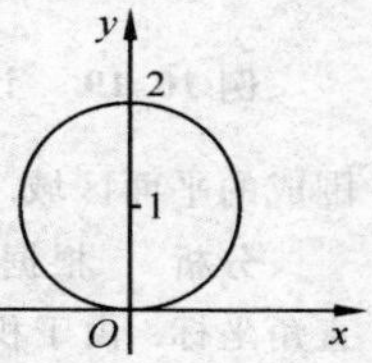

图 10.22

故应排除 A，B 项. 在极坐标系下 $\iint\limits_D f(xy)\mathrm{d}x\mathrm{d}y=\int_0^{\pi}\mathrm{d}\theta\int_0^{2\sin\theta}f(r^2\sin\theta\cos\theta)r\mathrm{d}r$.

答案 D.

例 10.16 计算 $I=\iint\limits_D\mathrm{e}^{-(x^2+y^2-\pi)}\sin(x^2+y^2)\mathrm{d}x\mathrm{d}y$，其中 $D=\{(x,y)\mid x^2+y^2\leqslant\pi\}$.

解 此题被积函数含有 x^2+y^2 项,且积分区域为圆域，所以利用极坐标计算.

$$I=\mathrm{e}^{\pi}\iint\limits_D\mathrm{e}^{-(x^2+y^2)}\sin(x^2+y^2)\mathrm{d}x\mathrm{d}y=\mathrm{e}^{\pi}\int_0^{2\pi}\mathrm{d}\theta\int_0^{\sqrt{\pi}}r\mathrm{e}^{-r^2}\sin r^2\mathrm{d}r=2\pi\mathrm{e}^{\pi}\int_0^{\sqrt{\pi}}r\mathrm{e}^{-r^2}\sin r^2\mathrm{d}r$$

令 $t=r^2$，则
$$I=\pi\mathrm{e}^{\pi}\int_0^{\pi}\mathrm{e}^{-t}\sin t\mathrm{d}t.$$

记 $A=\int_0^{\pi}\mathrm{e}^{-t}\sin t\mathrm{d}t$，则

$$A=-\int_0^{\pi}\sin t\mathrm{d}\mathrm{e}^{-t}=-\left[\mathrm{e}^{-t}\sin t\Big|_0^{\pi}-\int_0^{\pi}\mathrm{e}^{-t}\cos t\mathrm{d}t\right]=-\int_0^{\pi}\cos t\mathrm{d}\mathrm{e}^{-t}=$$
$$-\left[\mathrm{e}^{-t}\cos t\,\Big|_0^{\pi}+\int_0^{\pi}\mathrm{e}^{-t}\sin t\mathrm{d}t\right]=\mathrm{e}^{-\pi}+1-A$$

因此
$$A=\frac{1}{2}(1+\mathrm{e}^{-\pi})$$

故
$$I=\frac{\pi\mathrm{e}^{\pi}}{2}(1+\mathrm{e}^{-\pi})=\frac{\pi}{2}(1+\mathrm{e}^{\pi}).$$

例 10.17 求 $\iint\limits_D(\sqrt{x^2+y^2}+y)\mathrm{d}\sigma$,其中 D 是圆 $x^2+y^2=4$ 和 $(x+1)^2+y^2=1$ 所围成的平面区域.

解 积分区域 D 如图 10.23 所示，适宜用极坐标计算. 设 $D_1=\{(x,y)\mid x^2+y^2\leqslant 4\}$,$D_2=\{(x,y)\mid(x+1)^2+y^2\leqslant 1\}$,由于 $f(x,y)=y$ 关于 y 为奇函数,且积分区域 D 关于x 轴 对称,所以 $\iint\limits_D y\mathrm{d}\sigma=0$.

$$\iint\limits_D\sqrt{x^2+y^2}\mathrm{d}\sigma=\iint\limits_{D_1}\sqrt{x^2+y^2}\mathrm{d}\sigma-\iint\limits_{D_2}\sqrt{x^2+y^2}\mathrm{d}\sigma=$$

$$\int_0^{2\pi}\mathrm{d}\theta\int_0^2 r^2\mathrm{d}r-\int_{\frac{\pi}{2}}^{\frac{3\pi}{2}}\mathrm{d}\theta\int_0^{-2\cos\theta}r^2\mathrm{d}r=\frac{16\pi}{3}-\frac{32}{9}=\frac{16}{9}(3\pi-2)$$

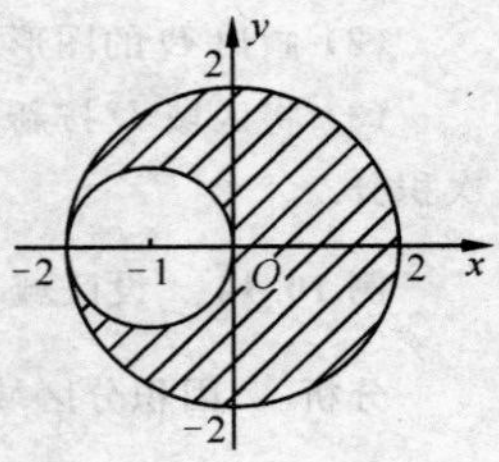

图 10.23

例 10.18 设 $D=\{(x,y)\mid x^2+y^2\leqslant\sqrt{2},x\geqslant 0,y\geqslant 0\}$，$[1+x^2+y^2]$ 表示不超过 $1+x^2+y^2$ 的最大整数，计算二重积分 $\iint\limits_D xy[1+x^2+y^2]\mathrm{d}x\mathrm{d}y$.

解法一 记 $D_1=\{(x,y)\mid x^2+y^2<1,x\geqslant 0,y\geqslant 0\}$

$D_2=\{(x,y)\mid 1\leqslant x^2+y^2\leqslant\sqrt{2},x\geqslant 0,y\geqslant 0\}$.

则当 $(x,y)\in D_1$ 时，$[1+x^2+y^2]=1$；当 $(x,y)\in D_2$ 时，$[1+x^2+y^2]=2$. 于是

$$\iint\limits_D xy[1+x^2+y^2]\mathrm{d}x\mathrm{d}y=\iint\limits_{D_1}xy\mathrm{d}x\mathrm{d}y+\iint\limits_{D_2}2xy\mathrm{d}x\mathrm{d}y=\int_0^{\frac{\pi}{2}}\mathrm{d}\theta\int_0^1 r^3\sin\theta\cos\theta\mathrm{d}r+\int_0^{\frac{\pi}{2}}\mathrm{d}\theta\int_1^{\sqrt[4]{2}}2r^3\sin\theta\cos\theta\mathrm{d}r=$$

$$\frac{1}{8}+\frac{1}{4}=\frac{3}{8}$$

解法二 $$\iint\limits_D xy[1+x^2+y^2]\mathrm{d}x\mathrm{d}y=\int_0^{\frac{\pi}{2}}\mathrm{d}\theta\int_0^{\sqrt[4]{2}}r^3\sin\theta\cos\theta[1+r^2]\mathrm{d}r=\int_0^{\frac{\pi}{2}}\sin\theta\cos\theta\mathrm{d}\theta\int_0^{\sqrt[4]{2}}r^3[1+r^2]\mathrm{d}r=$$

$$\frac{1}{2}\left(\int_0^1 r^3\mathrm{d}r+\int_1^{\sqrt[4]{2}}2r^3\mathrm{d}r\right)=\frac{3}{8}$$

例 10.19 计算二重积分 $\iint\limits_D y\mathrm{d}x\mathrm{d}y$，其中 D 是由直线 $x=-2,y=0,y=2$ 及曲线 $x=-\sqrt{2y-y^2}$ 所围成的平面区域.

分析 根据积分区域的特点，此题可以同时用直角坐标与极坐标，也可以只用直角坐标. 由于积分区域 D 的边界较复杂(见图 10.24)，为简化计算，增加辅助半圆形区域 D_1，使 $D+D_1$ 成为正方形域，变所求积分为正方形域与半圆形域 D_1 上的积分之差，在正方形域上用直角坐标，在 D_1 上用极坐标. 若只用直角坐标，在 D 上的二重积分化为累次积分时，先对 x 后对 y 积分. 若采用相反次序，将 D 分为三个区域，相对就比较麻烦.

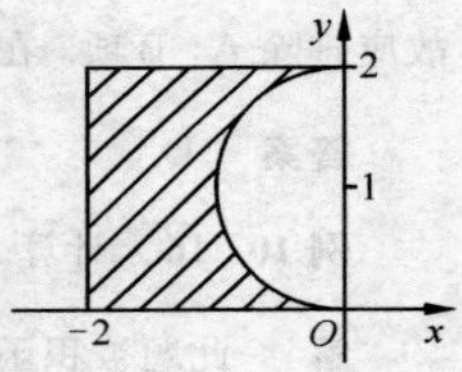

图 10.24

解法一 区域 D 和 D_1 如图 10.24 所示.

$$\iint\limits_D y\mathrm{d}x\mathrm{d}y=\iint\limits_{D+D_1}y\mathrm{d}x\mathrm{d}y-\iint\limits_{D_1}y\mathrm{d}x\mathrm{d}y$$

而
$$\iint\limits_{D+D_1}y\mathrm{d}x\mathrm{d}y=\int_{-2}^0\mathrm{d}x\int_0^2 y\mathrm{d}y=4$$

极坐标系下 $D_1=\left\{(r,\theta)\,\middle|\,0\leqslant r\leqslant 2\sin\theta,\frac{\pi}{2}\leqslant\theta\leqslant\pi\right\}$，因此

$$\iint\limits_{D_1}y\mathrm{d}x\mathrm{d}y=\int_{\frac{\pi}{2}}^{\pi}\mathrm{d}\theta\int_0^{2\sin\theta}r^2\sin\theta\mathrm{d}r=\frac{8}{3}\int_{\frac{\pi}{2}}^{\pi}\sin^4\theta\mathrm{d}\theta=\frac{8}{3\times 4}\int_{\frac{\pi}{2}}^{\pi}\left(1-2\cos 2\theta+\frac{1+\cos 4\theta}{2}\right)\mathrm{d}\theta=\frac{\pi}{2}$$

于是
$$\iint\limits_D y\mathrm{d}x\mathrm{d}y=4-\frac{\pi}{2}$$

解法二 $D=\left\{(x,y)\,\middle|\,-2\leqslant x\leqslant-\sqrt{2y-y^2},0\leqslant y\leqslant 2\right\}$，于是

$$\iint\limits_D y\mathrm{d}x\mathrm{d}y=\int_0^2\mathrm{d}y\int_{-2}^{-\sqrt{2y-y^2}}y\mathrm{d}x=2\int_0^2 y\mathrm{d}y-\int_0^2 y\sqrt{2y-y^2}\mathrm{d}y=4-\int_0^2 y\sqrt{1-(y-1)^2}\mathrm{d}y$$

令 $y-1=\sin t$，则 $y=1+\sin t$，$\mathrm{d}y=\cos t\mathrm{d}t$，即

$$\int_0^2 y\sqrt{1-(y-1)^2}\mathrm{d}y=\int_{-\frac{\pi}{2}}^{\frac{\pi}{2}}(1+\sin t)\cos^2 t\mathrm{d}t=\int_{-\frac{\pi}{2}}^{\frac{\pi}{2}}\cos^2 t\mathrm{d}t+\int_{-\frac{\pi}{2}}^{\frac{\pi}{2}}\cos^2 t\sin t\mathrm{d}t=\int_0^{\frac{\pi}{2}}(1+\cos 2t)\mathrm{d}t=\frac{\pi}{2}$$

故
$$\iint_D y\mathrm{d}x\mathrm{d}y = 4 - \frac{\pi}{2}$$

例 10.20 计算 $I = \iint_D y\mathrm{d}\sigma$，其中 D 是曲线 $r = 2(1+\cos\theta)$ 的上半部分与极轴所围成的区域.

分析 此题积分区域的边界线由极坐标方程给出(这是心形线的方程)，尽管与圆无关，但是若改用直角坐标系，则边界曲线的表达式很复杂，所以也应该考虑用极坐标.

解 积分区域 D 如图 10.25 所示，此时

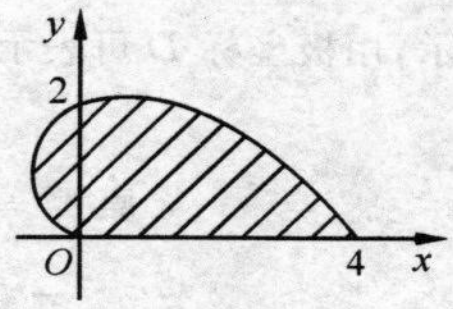

图 10.25

$$D = \begin{cases} 0 \leqslant r \leqslant 2(1+\cos\theta) \\ 0 \leqslant \theta \leqslant \pi \end{cases}$$

$$I = \iint_D r^2 \sin\theta \mathrm{d}r\mathrm{d}\theta = \int_0^{\pi} \mathrm{d}\theta \int_0^{2(1+\cos\theta)} r^2 \sin\theta \mathrm{d}r =$$

$$\int_0^{\pi} \sin\theta \left[\frac{1}{3}r^3\right]_0^{2(1+\cos\theta)} \mathrm{d}\theta = \frac{8}{3}\int_0^{\pi}(1+\cos\theta)^3 \sin\theta\mathrm{d}\theta =$$

$$\frac{-8}{3\times 4}(1+\cos\theta)^4 \Big|_0^{\pi} = \frac{32}{3}$$

例 10.21 计算 $I = \iint_D xy\mathrm{d}\sigma$，其中 D 为由曲线 $y = \sqrt{1-x^2}$，$x^2+(y-1)^2 = 1$ 与 y 轴所围成区域的右上方的部分.

分析 此题的积分区域涉及两个圆，自然想到应用极坐标来计算.

解 积分区域如图 10.26 所示，两个圆的极坐标方程为 $r = 1$ 与 $r = 2\sin\theta$，交点的极坐标为 $\left(1, \frac{\pi}{6}\right)$，则 D 可表示为 $\begin{cases} 1 \leqslant r \leqslant 2\sin\theta \\ \frac{\pi}{6} \leqslant \theta \leqslant \frac{\pi}{2} \end{cases}$，于是

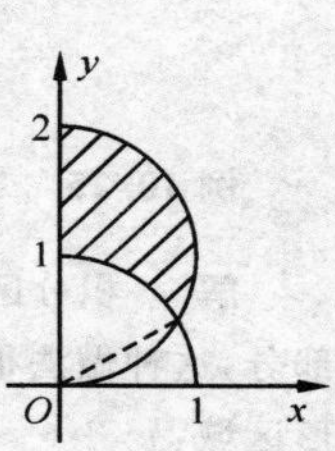

图 10.26

$$I = \iint_D r^3 \sin\theta\cos\theta \mathrm{d}r\mathrm{d}\theta = \int_{\frac{\pi}{6}}^{\frac{\pi}{2}} \sin\theta\cos\theta\mathrm{d}\theta \int_1^{2\sin\theta} r^3\,\mathrm{d}r =$$

$$\frac{1}{4}\int_{\frac{\pi}{6}}^{\frac{\pi}{2}} \sin\theta\cos\theta[r^4]_1^{2\sin\theta}\,\mathrm{d}\theta = \int_{\frac{\pi}{6}}^{\frac{\pi}{2}}\left[4\sin^5\theta\cos\theta - \frac{1}{4}\sin\theta\cos\theta\right]\mathrm{d}\theta =$$

$$\left(\frac{2}{3}\sin^6\theta - \frac{1}{8}\sin^2\theta\right)\Big|_{\frac{\pi}{6}}^{\frac{\pi}{2}} = \frac{9}{16}$$

例 10.22 求 $I = \iint_D |x-y|\,\mathrm{d}\sigma$，其中 D 是 $x^2+y^2 \leqslant 1$ 在第一象限中的部分.

解 积分区域 D 如图 10.27 所示，用直线 $y = x$ 将 D 分成上、下两部分，在上半部分 D_1 上，$|x-y| = y-x$；在下半部分 D_2 上，$|x-y| = x-y$. 于是 D_1，D_2 用极坐标表示为

$$D_1: \begin{cases} 0 \leqslant r \leqslant 1 \\ \frac{\pi}{4} \leqslant \theta \leqslant \frac{\pi}{2} \end{cases},\quad D_2: \begin{cases} 0 \leqslant r \leqslant 1 \\ 0 \leqslant \theta \leqslant \frac{\pi}{4} \end{cases}$$

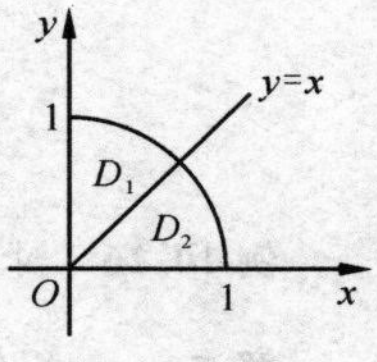

图 10.27

$$I = \iint_{D_1}(y-x)\mathrm{d}\sigma + \iint_{D_2}(x-y)\mathrm{d}\sigma =$$

$$\int_{\frac{\pi}{4}}^{\frac{\pi}{2}}\mathrm{d}\theta\int_0^1(r\sin\theta - r\cos\theta)r\mathrm{d}r + \int_0^{\frac{\pi}{4}}\mathrm{d}\theta\int_0^1(r\cos\theta - r\sin\theta)r\mathrm{d}r =$$

$$\frac{1}{3}\int_0^{\frac{\pi}{4}}(\cos\theta - \sin\theta)\mathrm{d}\theta + \frac{1}{3}\int_{\frac{\pi}{4}}^{\frac{\pi}{2}}(\sin\theta - \cos\theta)\mathrm{d}\theta = \frac{2}{3}(\sqrt{2}-1)$$

例 10.23 计算 $\int_0^{\frac{\sqrt{2}}{2}R} \mathrm{e}^{-y^2}\mathrm{d}y\int_0^y \mathrm{e}^{-x^2}\mathrm{d}x + \int_{\frac{\sqrt{2}}{2}R}^{R} \mathrm{e}^{-y^2}\mathrm{d}y\int_0^{\sqrt{R^2-y^2}} \mathrm{e}^{-x^2}\mathrm{d}x$.

分析 此题已经化成了先对 x 后对 y 的累次积分，但 e^{-x^2} 的原函数不是初等函数，所以自然想到更换积

分次序,但更换积分次序后先对 y 后对 x 积分,e^{-y^2} 的原函数也不是初等函数,所以必须改变坐标系,又由于被积函数为 $e^{-(x^2+y^2)}$,属于 $f(x^2+y^2)$ 的形式,因此选用极坐标较为方便.

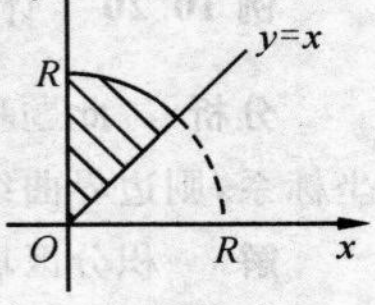

图 10.28

解 由 $\begin{cases}0\leqslant x\leqslant y\\0\leqslant y\leqslant \dfrac{\sqrt{2}}{2}R\end{cases}$ 和 $\begin{cases}0\leqslant x\leqslant \sqrt{R^2-y^2}\\\dfrac{\sqrt{2}}{2}R\leqslant y\leqslant R\end{cases}$ 知,积分区域 D 为扇形,如图10.28所示,用极坐标 D 可表示为 $\begin{cases}0\leqslant r\leqslant R\\\dfrac{\pi}{4}\leqslant \theta\leqslant \dfrac{\pi}{2}\end{cases}$,于是

$$原式=\iint_D e^{-(x^2+y^2)}dxdy=\int_{\frac{\pi}{4}}^{\frac{\pi}{2}}d\theta\int_0^R e^{-r^2}rdr=\frac{\pi}{8}(1-e^{-R^2})$$

例 10.24 求 $\iiint_\Omega xy^2z^3dv$,其中 Ω 是由曲面 $z=xy$,$y=x$,$z=0$,$x=1$ 所围成的区域.

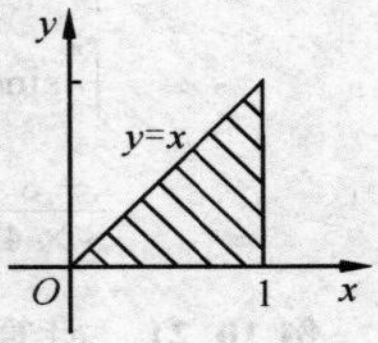

图 10.29

解 空间区域 Ω 的图形不太直观,但是它在 xOy 面上的投影为 $y=0$,$y=x$,$x=1$ 所围成的三角形区域(见图10.29),并且 Ω 的下侧边界是 $z=0$,上侧边界为 $z=xy$,从而 Ω 为 $\begin{cases}0\leqslant z\leqslant xy\\0\leqslant y\leqslant x\\0\leqslant x\leqslant 1\end{cases}$,于是

$$原式=\int_0^1dx\int_0^xdy\int_0^{xy}xy^2z^3dz=\frac{1}{4}\int_0^1x^5dx\int_0^xy^6dy=\frac{1}{28}\int_0^1x^{12}dx=\frac{1}{364}$$

例 10.25 求 $\iiint_\Omega y\sqrt{1-x^2}dv$,其中 Ω 是由曲面 $y=-\sqrt{1-x^2-z^2}$,$x^2+z^2=1$ 和平面 $y=1$ 所围成.

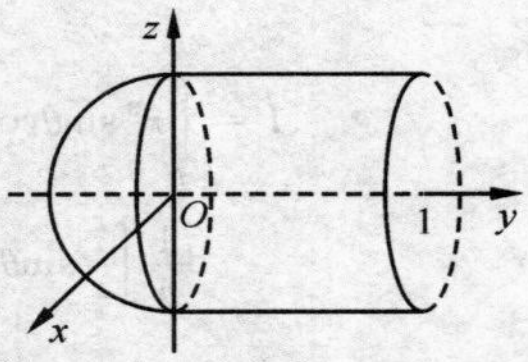

图 10.30

解 积分区域 Ω 如图10.30所示,若先对 z 积分,则要把积分区域 Ω 分成两部分,这种做法很麻烦;若选择先对 y 积分,将 Ω 投影到 xOz 面上得投影区域为圆形区域:$x^2+z^2\leqslant 1$,在投影区域内任意取一点作平行于 Oy 轴的直线自左向右穿过 Ω,穿入曲面为 $y=-\sqrt{1-x^2-z^2}$,穿出曲面为 $y=1$,从而 Ω 为

$$\begin{cases}-\sqrt{1-x^2-z^2}\leqslant y\leqslant 1\\-\sqrt{1-x^2}\leqslant z\leqslant \sqrt{1-x^2}\\-1\leqslant x\leqslant 1\end{cases}$$ 于是

$$原式=\int_{-1}^1dx\int_{-\sqrt{1-x^2}}^{\sqrt{1-x^2}}dz\int_{-\sqrt{1-x^2-z^2}}^1y\sqrt{1-x^2}dy=$$

$$\int_{-1}^1\sqrt{1-x^2}dx\int_{-\sqrt{1-x^2}}^{\sqrt{1-x^2}}\frac{x^2+z^2}{2}dz=$$

$$\int_{-1}^1\left(-\frac{2}{3}x^4+\frac{1}{3}x^2+\frac{1}{3}\right)dx=\frac{28}{45}$$

例 10.26 求 $\iiint_\Omega zdv$,其中 Ω 是由曲面 $z^2=\dfrac{h^2}{R^2}(x^2+y^2)$ 和平面 $z=h(h>0,R>0)$ 所围成的区域.

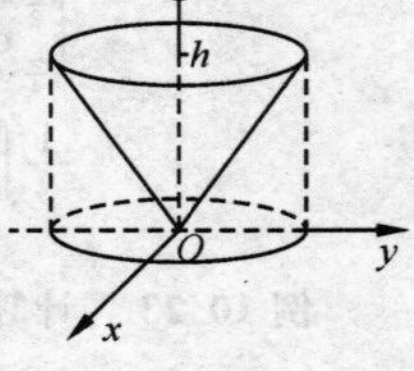

图 10.31

解法一 积分区域 Ω 如图10.31所示,本题适宜于先对 z 积分,因为 Ω 是以平面 $z=h$ 为顶,侧面由锥面围成,Ω 在 xOy 面上的投影区域 D 为 $x^2+y^2\leqslant R^2$,且对 z 的积分容易算出.

$$原式=\iint_D dxdy\int_{\frac{h}{R}\sqrt{x^2+y^2}}^h zdz=\frac{1}{2}\iint_D\left[h^2-\frac{h^2}{R^2}(x^2+y^2)\right]d\sigma=$$

$$\frac{h^2}{2}\iint_D d\sigma-\frac{h^2}{2R^2}\iint_D(x^2+y^2)d\sigma=\frac{h^2}{2}\pi R^2-\frac{h^2}{2R^2}\int_0^{2\pi}d\theta\int_0^R r^3dr=$$

$$\frac{\pi h^2R^2}{2}-\frac{\pi h^2R^2}{4}=\frac{\pi h^2R^2}{4}$$

解法二 先二后一法. 空间闭区域Ω可以表示为$\{(x,y,z)\mid(x,y)\in D_z,0\leqslant z\leqslant h\}$,其中$D_z$是竖坐标为$z$的平面截闭区域$\Omega$所得到的一个平面闭区域,$D_z$为圆域$x^2+y^2\leqslant\frac{z^2R^2}{h^2}$. 先将$z$固定,计算$D_z$上的二重积分,然后再对$z$积分,于是

$$原式=\int_0^h z\mathrm{d}z\iint_{D_z}\mathrm{d}x\mathrm{d}y=\int_0^h\frac{\pi R^2z^2}{h^2}z\mathrm{d}z=\frac{\pi R^2}{h^2}\int_0^h z^3\mathrm{d}z=\frac{\pi R^2h^2}{4}$$

注 一般地,当被积函数仅是一个变元,同时Ω在该变元为零的坐标面上的投影是圆域或者部分圆域时,用先求二重积分,再求一个定积分的方法(即先二后一法)计算是比较方便的,但在计算二重积分时,要把该变元当做暂时的固定量.

例 10.27 求$\iiint_\Omega(x^2+y^2)\mathrm{d}v$,其中$\Omega$是由曲线$\begin{cases}x^2=2z\\x=0\end{cases}$绕$z$轴旋转一周所形成的曲面与平面$z=2$和$z=8$所围成的空间闭区域.

分析 旋转曲面方程为$x^2+y^2=2z$(抛物面),Ω(见图10.32)在xOy面的投影区域D_{xy}为$x^2+y^2\leqslant16$,在D_{xy}内任取一点作平行于Oz轴的直线自下而上穿过Ω,穿入的曲面一部分为$z=2$,另一部分为$z=\frac{x^2+y^2}{2}$,穿出的曲面始终为$z=8$. 此题可用两种方法计算,一种是用柱面坐标计算,另一种是在直角坐标系下先二后一法.

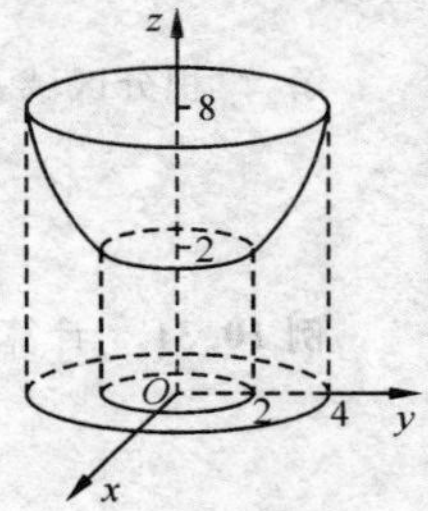

图 10.32

解法一 用柱面坐标计算. 将Ω分成两部分,其中

$$\Omega_1:\begin{cases}2\leqslant z\leqslant 8\\0\leqslant r\leqslant 2\\0\leqslant\theta\leqslant 2\pi\end{cases},\qquad \Omega_2:\begin{cases}\frac{r^2}{2}\leqslant z\leqslant 8\\2\leqslant r\leqslant 4\\0\leqslant\theta\leqslant 2\pi\end{cases}$$

$$原式=\int_0^{2\pi}\mathrm{d}\theta\int_0^2\mathrm{d}r\int_2^8 r^2\cdot r\mathrm{d}z+\int_0^{2\pi}\mathrm{d}\theta\int_2^4\mathrm{d}r\int_{\frac{r^2}{2}}^8 r^2\cdot r\mathrm{d}z=48\pi+288\pi=336\pi$$

解法二 在直角坐标系下先二后一法. Ω可以表示为$\{(x,y,z)\mid(x,y)\in D_z,2\leqslant z\leqslant 8\}$,其中$D_z$是竖坐标为$z$的平面截闭区域$\Omega$所得到的一个平面闭区域,$D_z$为圆域$x^2+y^2\leqslant 2z$. 先将$z$固定,计算$D_z$上的二重积分,然后再对$z$积分,于是

$$原式=\int_2^8\mathrm{d}z\iint_{D_z}(x^2+y^2)\mathrm{d}x\mathrm{d}y=\int_2^8\mathrm{d}z\int_0^{2\pi}\mathrm{d}\theta\int_0^{\sqrt{2z}}r^3\mathrm{d}r=2\pi\int_2^8 z^2\mathrm{d}z=336\pi$$

例 10.28 求$\int_0^2\mathrm{d}x\int_0^{\sqrt{2x-x^2}}\mathrm{d}y\int_0^a z\sqrt{x^2+y^2}\mathrm{d}z$.

分析 此题若直接计算比较烦琐,由已知,积分区域Ω用联立不等式可表示为$\begin{cases}0\leqslant z\leqslant a\\0\leqslant y\leqslant\sqrt{2x-x^2}\\0\leqslant x\leqslant 2\end{cases}$,$\Omega$的边界曲面为$z=0,z=a,y=0,y=\sqrt{2x-x^2}$,$\Omega$如图10.33所示. 由于被积函数含有$\sqrt{x^2+y^2}$,且$\Omega$在$xOy$面的投影区域为半圆域,故采用柱坐标计算较简单.

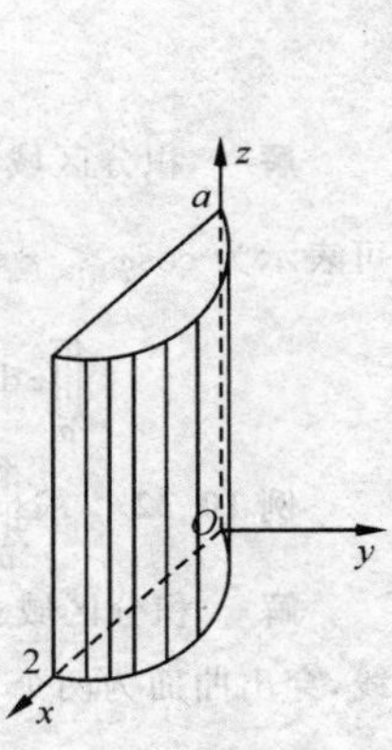

图 10.33

解 柱面坐标系下Ω可表示为$\begin{cases}0\leqslant z\leqslant a\\0\leqslant r\leqslant 2\cos\theta\\0\leqslant\theta\leqslant\frac{\pi}{2}\end{cases}$,于是

原式 $= \int_0^{\frac{\pi}{2}} d\theta \int_0^{2\cos\theta} dr \int_0^a zr \cdot r dz = \int_0^{\frac{\pi}{2}} d\theta \int_0^{2\cos\theta} \frac{a^2}{2} r^2 dr = \frac{a^2}{2} \int_0^{\frac{\pi}{2}} \frac{8}{3} \cos^3\theta d\theta = \frac{8}{9} a^2$

例 10.29 求 $I = \iiint\limits_{\Omega} |z - x^2 - y^2| dv$ 的值，其中 Ω 为 $0 \leqslant z \leqslant 1, x^2 + y^2 \leqslant 1$.

解 为去掉被积函数的绝对值号，考虑用曲面 $z = x^2 + y^2$ 把 Ω 分成 Ω_1 和 Ω_2 两部分，如图 10.34 所示. 采用柱面坐标

$$\Omega_1: \begin{cases} r^2 \leqslant z \leqslant 1 \\ 0 \leqslant r \leqslant 1 \\ 0 \leqslant \theta \leqslant 2\pi \end{cases}, \quad \Omega_2: \begin{cases} 0 \leqslant z \leqslant r^2 \\ 0 \leqslant r \leqslant 1 \\ 0 \leqslant \theta \leqslant 2\pi \end{cases}$$

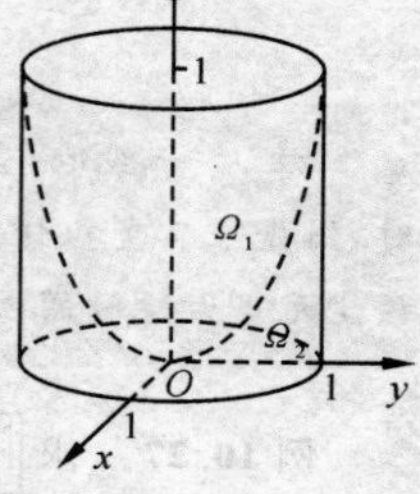

图 10.34

$$I = \iiint\limits_{\Omega_1} (z - x^2 - y^2) dv + \iiint\limits_{\Omega_2} -(z - x^2 - y^2) dv =$$

$$\int_0^{2\pi} d\theta \int_0^1 dr \int_{r^2}^1 (z - r^2) r dz + \int_0^{2\pi} d\theta \int_0^1 dr \int_0^{r^2} (r^2 - z) r dz =$$

$$2\pi \int_0^1 \left[\frac{r}{2}(1 - r^4) - r^3(1 - r^2) + (r^5 - \frac{1}{2} r^5) \right] dr =$$

$$2\pi \int_0^1 \left(\frac{r}{2} - r^3 + r^5 \right) dr = \frac{\pi}{3}$$

例 10.30 计算三重积分 $\iiint\limits_{\Omega} (x + z) dv$，其中 Ω 是由曲面 $z = \sqrt{x^2 + y^2}$ 和 $z = \sqrt{1 - x^2 - y^2}$ 所围成的区域.

解 积分区域 Ω 如图 10.35 所示，Ω 用球面坐标可表示为 $0 \leqslant r \leqslant 1, 0 \leqslant \varphi \leqslant \frac{\pi}{4}, 0 \leqslant \theta \leqslant 2\pi$，于是

$$\iiint\limits_{\Omega} (x + z) dv = \int_0^{2\pi} d\theta \int_0^{\frac{\pi}{4}} d\varphi \int_0^1 [r\sin\varphi\cos\theta + r\cos\varphi] r^2 \sin\varphi dr = \frac{\pi}{8}$$

例 10.31 计算 $\iiint\limits_{D} z dx dy dz$，其中 Ω 由不等式 $x^2 + y^2 + z^2 \geqslant z$ 与 $x^2 + y^2 + z^2 \leqslant 2z$ 所确定.

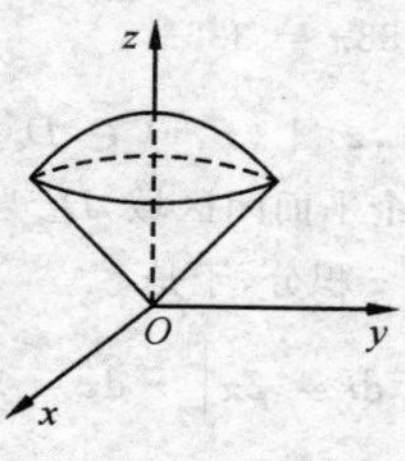

图 10.35

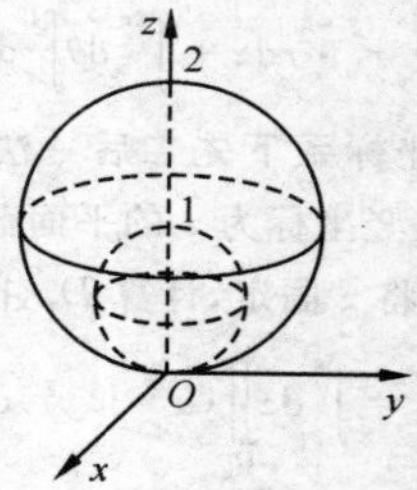

图 10.36

解 积分区域 Ω 如图 10.36 所示，由于 Ω 的边界曲面为球面，所以考虑用球面坐标计算. Ω 用球面坐标可表示为 $\cos\varphi \leqslant r \leqslant 2\cos\varphi, 0 \leqslant \varphi \leqslant \frac{\pi}{2}, 0 \leqslant \theta \leqslant 2\pi$，于是

$$\iiint\limits_{\Omega} z dx dy dz = \int_0^{2\pi} d\theta \int_0^{\frac{\pi}{2}} d\varphi \int_{\cos\varphi}^{2\cos\varphi} r\cos\varphi \cdot r^2 \sin\varphi dr = 2\pi \int_0^{\frac{\pi}{2}} \frac{15}{4} \cos^5\varphi \sin\varphi d\varphi = \frac{5}{4}\pi$$

例 10.32 求 $\iiint\limits_{\Omega} z^2 dx dy dz$，其中 Ω 是 $x^2 + y^2 + z^2 \leqslant a^2$ 与 $x^2 + y^2 + (z - a)^2 \leqslant a^2$ 所围成的公共部分.

解 积分区域 Ω 如图 10.37 所示，由于 Ω 的边界曲面为球面，所以考虑用球面坐标计算，从原点出发作射线，穿出曲面为两个不同的球面，故必须分块计算. 将球坐标变换公式代入两球面方程得 $r = a, r = 2a\cos\varphi$，联立 $\begin{cases} r = a \\ r = 2a\cos\varphi \end{cases}$ 求得 $\varphi = \frac{\pi}{3}$，在球面坐标系中，$\varphi = \frac{\pi}{3}$ 表示的是顶点在坐标原点半顶角为 $\frac{\pi}{3}$ 的锥面，此锥面

将 Ω 分成下面两部分，即

$$\Omega_1:\begin{cases}0\leqslant r\leqslant a\\0\leqslant\varphi\leqslant\dfrac{\pi}{3},\\0\leqslant\theta\leqslant 2\pi\end{cases}\qquad \Omega_2:\begin{cases}0\leqslant r\leqslant 2a\cos\varphi\\\dfrac{\pi}{3}\leqslant\varphi\leqslant\dfrac{\pi}{2}\\0\leqslant\theta\leqslant 2\pi\end{cases}$$

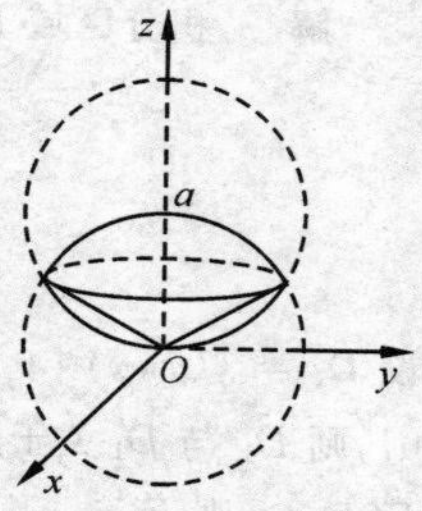

图 10.37

$$\text{原式}=\iiint_{\Omega_1}z^2\mathrm{d}x\mathrm{d}y\mathrm{d}z+\iiint_{\Omega_2}z^2\mathrm{d}x\mathrm{d}y\mathrm{d}z=\int_0^{2\pi}\mathrm{d}\theta\int_0^{\frac{\pi}{3}}\mathrm{d}\varphi\int_0^a r^4\cos^2\varphi\sin\varphi\mathrm{d}r+$$

$$\int_0^{2\pi}\mathrm{d}\theta\int_{\frac{\pi}{3}}^{\frac{\pi}{2}}\mathrm{d}\varphi\int_0^{2a\cos\varphi}r^4\cos^2\varphi\sin\varphi\mathrm{d}r=$$

$$\frac{2\pi}{5}a^5\int_0^{\frac{\pi}{3}}\cos^2\varphi\sin\varphi\mathrm{d}\varphi+\frac{64\pi}{5}a^5\int_{\frac{\pi}{3}}^{\frac{\pi}{2}}\cos^7\varphi\sin\varphi\mathrm{d}\varphi=\frac{59}{480}\pi a^5$$

例 10.33 设 D 是 xOy 面上以 $(1,1)$，$(-1,1)$ 和 $(-1,1)$ 为顶点的三角形区域，D_1 是 D 在第一象限的部分，则 $\iint\limits_D(xy+\cos x\sin y)\mathrm{d}x\mathrm{d}y$ 等于(　　).

A. $2\iint\limits_{D_1}\cos x\sin y\mathrm{d}x\mathrm{d}y$　　B. $2\iint\limits_{D_1}xy\mathrm{d}x\mathrm{d}y$　　C. $4\iint\limits_{D_1}(xy+\cos x\sin y)\mathrm{d}x\mathrm{d}y$　　D. 0

分析 此类问题一般都要利用被积函数的奇偶性及积分域的对称性，画出积分域的草图如图 10.38 所示，$\triangle OAB$ 所围区域记为 D_2，$\triangle OBC$ 所围区域记为 D_3. 由于 xy 关于 x 是奇函数，积分域 D_2 关于 y 轴对称，则 $\iint\limits_{D_2}xy\mathrm{d}x\mathrm{d}y=0$. 同理 $\iint\limits_{D_3}xy\mathrm{d}x\mathrm{d}y=0$. 从而 $\iint\limits_D xy\mathrm{d}x\mathrm{d}y=\iint\limits_{D_2}xy\mathrm{d}x\mathrm{d}y+\iint\limits_{D_3}xy\mathrm{d}x\mathrm{d}y=0$

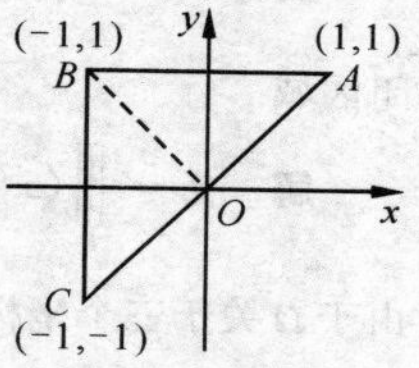

图 10.38

又 $\cos x\sin y$ 关于 x 是偶函数，D_2 关于 y 轴对称，则 $\iint\limits_{D_2}\cos x\sin y\mathrm{d}x\mathrm{d}y=2\iint\limits_{D_1}\cos x\sin y\mathrm{d}x\mathrm{d}y$

又 $\cos x\sin y$ 关于 y 是奇函数，D_3 关于 x 轴对称，则 $\iint\limits_{D_3}\cos x\sin y\mathrm{d}x\mathrm{d}y=0$. 于是

$$\iint\limits_D\cos x\sin y\mathrm{d}x\mathrm{d}y=\iint\limits_{D_2}\cos x\sin y\mathrm{d}x\mathrm{d}y+\iint\limits_{D_3}\cos x\sin y\mathrm{d}x\mathrm{d}y=2\iint\limits_{D_1}\cos x\sin y\mathrm{d}x\mathrm{d}y$$

综上所述

$$\iint\limits_D(xy+\cos x\sin y)\mathrm{d}x\mathrm{d}y=2\iint\limits_{D_1}\cos x\sin y\mathrm{d}x\mathrm{d}y$$

答案 A.

例 10.34 计算 $I=\iint\limits_D(|x|+y)\mathrm{d}x\mathrm{d}y$，其中 D 为 $|x|+|y|=1$ 所围成的区域.

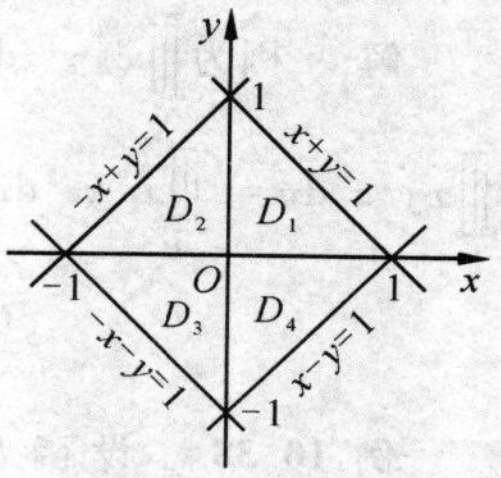

图 10.39

解 积分区域 D 如图 10.39 所示，设 $D=D_1+D_2+D_3+D_4$，则

$$I=\iint\limits_D|x|\mathrm{d}x\mathrm{d}y+\iint\limits_D y\mathrm{d}x\mathrm{d}y$$

设 $f(x,y)=y$，则函数 f 关于 y 为奇函数，且 D 关于 x 轴对称，故 $\iint\limits_D y\mathrm{d}x\mathrm{d}y=0$. 设 $g(x,y)=|x|$，则函数 g 关于 x 为偶函数，关于 y 也为偶函数，积分区域 D 既关于 x 轴对称，也关于 y 轴对称，故

$$\iint\limits_D|x|\mathrm{d}x\mathrm{d}y=4\iint\limits_{D_1}|x|\mathrm{d}x\mathrm{d}y=4\int_0^1\mathrm{d}x\int_0^{1-x}x\mathrm{d}y=4\int_0^1 x(1-x)\mathrm{d}x=\frac{2}{3}$$

综上所述

$$I=\frac{2}{3}+0=\frac{2}{3}$$

例 10.35 求 $I=\iint\limits_D x[1+yf(x^2+y^2)]\mathrm{d}x\mathrm{d}y$，其中 D 是由 $y=x^3$，$y=1$，$x=-1$ 所围成的闭区域，$f(x,y)$ 是连续函数.

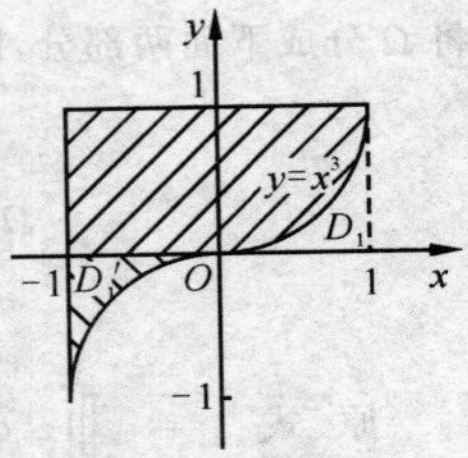

图 10.40

解 积分区域 D 如图 10.40 所示，设 $I=I_1+I_2$，其中

$$I_1=\iint\limits_D x\,\mathrm{d}x\mathrm{d}y,\quad I_2=\iint\limits_D xyf(x^2+y^2)\mathrm{d}x\mathrm{d}y$$

$$I_1=\int_{-1}^1\mathrm{d}x\int_{x^3}^1 x\mathrm{d}y=\int_{-1}^1 x(1-x^3)\mathrm{d}x=-\frac{2}{5}$$

设 $D_1=\{(x,y)\mid 0\leqslant x\leqslant 1,0\leqslant y\leqslant x^3\}$，$D_1'=\{(x,y)\mid -1\leqslant x\leqslant 0,x^3\leqslant y\leqslant 0\}$，则 D_1 与 D_1' 关于原点对称，设函数 $F(x,y)=xyf(x^2+y^2)$，且 $F(-x,-y)=F(x,y)$，则 $F(x,y)$ 关于 (x,y) 为偶函数，所以

$$\iint\limits_{D_1}xyf(x^2+y^2)\mathrm{d}x\mathrm{d}y=\iint\limits_{D_1'}xyf(x^2+y^2)\mathrm{d}x\mathrm{d}y$$

设 $D_2=\{(x,y)\mid -1\leqslant x\leqslant 1,0\leqslant y\leqslant 1\}$，则 D_2 关于 y 轴对称，函数 $xyf(x^2+y^2)$ 关于 x 为奇函数，所以 $\iint\limits_{D_2}xyf(x^2+y^2)\mathrm{d}x\mathrm{d}y=0$，于是

$$I_2=\iint\limits_{D\setminus D_1'}xyf(x^2+y^2)\mathrm{d}x\mathrm{d}y+\iint\limits_{D_1}xyf(x^2+y^2)\mathrm{d}x\mathrm{d}y=\iint\limits_{D_2}xyf(x^2+y^2)\mathrm{d}x\mathrm{d}y=0$$

故
$$I=I_1+I_2=-\frac{2}{5}+0=-\frac{2}{5}$$

例 10.36 求 $I=\iiint\limits_\Omega(x+y+z)^2\mathrm{d}v$，其中 Ω 是圆柱面 $x^2+y^2=1$ 和平面 $z=1,z=-1$ 所围成的空间闭区域.

解 $I=\iiint\limits_\Omega(x^2+y^2+z^2)\mathrm{d}v+2\iiint\limits_\Omega(xy+yz+xz)\mathrm{d}v$

由于 Ω 关于三个坐标面均对称，且函数 xy 关于 x 为奇函数(或根据函数 xy 关于 y 为奇函数)，则 $\iiint\limits_\Omega xy\mathrm{d}v=0$，同理 $\iiint\limits_\Omega yz\mathrm{d}v=0$，$\iiint\limits_\Omega xz\mathrm{d}v=0$，利用柱面坐标计算得

$$I=\iiint\limits_\Omega(x^2+y^2+z^2)\mathrm{d}v=2\int_0^{2\pi}\mathrm{d}\theta\int_0^1\mathrm{d}r\int_0^1(r^2+z^2)r\mathrm{d}z=4\pi\int_0^1\left(r^3+\frac{1}{3}r\right)\mathrm{d}r=\frac{5\pi}{3}$$

例 10.37 计算 $I=\iiint\limits_\Omega(xy^2z^2+x^2yz^2+x^2y^2z+x^2+y^2+z^2)\mathrm{d}v$，其中 Ω 为 $x^2+y^2+z^2\leqslant a^2$.

解 因为 $\iiint\limits_\Omega x^2y^2z\mathrm{d}v$ 的被积函数关于 z 为奇函数，积分区域 Ω 关于 xOy 面对称，故其值为 0. 同理 $\iiint\limits_\Omega xy^2z^2\mathrm{d}v=\iiint\limits_\Omega x^2yz^2\mathrm{d}v=0$，从而

$$I=\iiint\limits_\Omega(x^2+y^2+z^2)\mathrm{d}v=\int_0^{2\pi}\mathrm{d}\theta\int_0^\pi\mathrm{d}\varphi\int_0^a r^2\cdot r^2\sin\varphi\mathrm{d}r=\frac{4}{5}\pi a^5$$

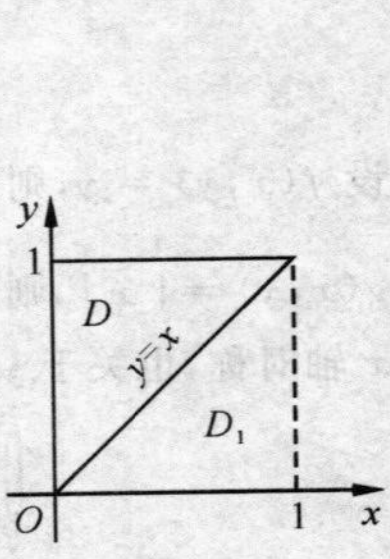

图 10.41

例 10.38 设函数 $f(x)$ 在区间 $[0,1]$ 上连续，并设 $\int_0^1 f(x)\mathrm{d}x=A$，求 $\int_0^1\mathrm{d}x\int_x^1 f(x)f(y)\mathrm{d}y$.

分析 此题关键是要知道被积函数 $f(x)f(y)$ 关于 $y=x$ 对称，积分域 D:$0\leqslant x\leqslant 1,x\leqslant y\leqslant 1$，如图 10.41 所示，再设 D_1 为 $0\leqslant x\leqslant 1,0\leqslant y\leqslant x$，则 D 和 D_1 也关于 $y=x$ 对称，从而 $\iint\limits_D f(x)f(y)\mathrm{d}x\mathrm{d}y=\iint\limits_{D_1}f(x)f(y)\mathrm{d}x\mathrm{d}y$. 此题有多种解法.

解 设 D 为 $0\leqslant x\leqslant 1$，$x\leqslant y\leqslant 1$，D_1 为 $0\leqslant x\leqslant 1$，$0\leqslant y\leqslant x$，则 D 和 D_1 关于 $y=x$ 对称，

$\iint\limits_D f(x)f(y)\mathrm{d}x\mathrm{d}y=\int_0^1\mathrm{d}x\int_x^1 f(x)f(y)\mathrm{d}y$. 由于被积函数 $f(x)f(y)$ 关于 $y=x$ 对称，因此

$$\iint\limits_D f(x)f(y)\mathrm{d}x\mathrm{d}y=\iint\limits_{D_1} f(x)f(y)\mathrm{d}x\mathrm{d}y$$

$$\iint\limits_{D+D_1} f(x)f(y)\mathrm{d}x\mathrm{d}y=2\iint\limits_D f(x)f(y)\mathrm{d}x\mathrm{d}y$$

化为累次积分即

$$\int_0^1\mathrm{d}x\int_0^1 f(x)f(y)\mathrm{d}y=\int_0^1 f(x)\mathrm{d}x\cdot\int_0^1 f(y)\mathrm{d}y=2\int_0^1\mathrm{d}x\int_x^1 f(x)f(y)\mathrm{d}y$$

因 $\int_0^1 f(x)\mathrm{d}x=A$，所以 $A^2=2\int_0^1\mathrm{d}x\int_x^1 f(x)f(y)\mathrm{d}y$，故

$$\int_0^1\mathrm{d}x\int_x^1 f(x)f(y)\mathrm{d}y=\frac{1}{2}A^2$$

例 10.39 求 $I=\iiint\limits_\Omega\left[\sqrt[3]{x^2+y^2+z^2}+\sin(x+y+z)^3\right]\mathrm{d}v$ 的值，其中 Ω 为 $x^2+y^2+z^2\leqslant 1$.

解 设 $I_1=\iiint\limits_\Omega\sqrt[3]{x^2+y^2+z^2}\mathrm{d}v, I_2=\iiint\limits_\Omega\sin(x+y+z)^3\mathrm{d}v$，有 $I=I_1+I_2$. 而

$$I_1=\int_0^{2\pi}\mathrm{d}\theta\int_0^\pi\mathrm{d}\varphi\int_0^1 r^{\frac{8}{3}}\sin\varphi\mathrm{d}r=\frac{11}{12}\pi$$

又因 $\sin(x+y+z)^3$ 对变量 $(x+y+z)$ 是奇函数，且积分域 Ω 关于 $x+y+z=0$ 平面对称，所以 $I_2=0$. 故 $I=\frac{11}{12}\pi$.

例 10.40 求位于圆 $r=R$ 之外和圆 $r=2R\cos\theta$ 之内的那部分面积.

解 所求面积的区域 D 的图形如图 10.42 所示，由 $\begin{cases}r=R\\ r=2R\cos\theta\end{cases}$ 得交点为 $A\left(R,\frac{\pi}{3}\right), B\left(R,-\frac{\pi}{3}\right)$，所求面积为

$$A=\iint\limits_D\mathrm{d}\sigma=\int_{-\frac{\pi}{3}}^{\frac{\pi}{3}}\mathrm{d}\theta\int_R^{2R\cos\theta} r\mathrm{d}r=\left(\frac{\sqrt{3}}{2}+\frac{\pi}{3}\right)R^2$$

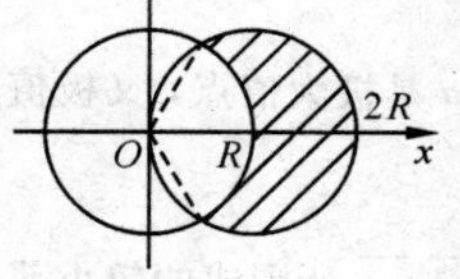

图 10.42

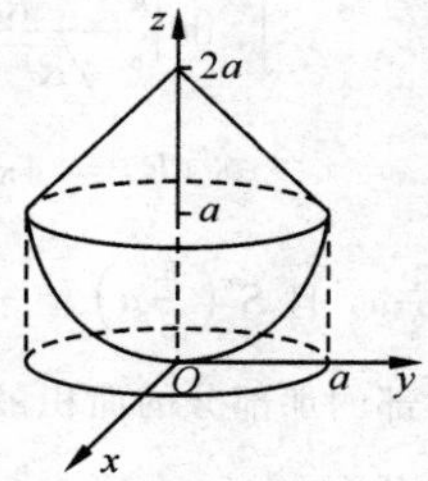

图 10.43

例 10.41 求由抛物面 $x^2+y^2=az$ 与锥面 $z=2a-\sqrt{x^2+y^2}\,(a>0)$ 所围成的空间立体 Ω 的体积.

解法一 两曲面所围立体 Ω 如图 10.43 所示，由 $\begin{cases}x^2+y^2=az\\ z=2a-\sqrt{x^2+y^2}\end{cases}$ 消去 z 得投影柱面为 $x^2+y^2=a^2$，于是，Ω 在 xOy 面上的投影区域 $D: x^2+y^2\leqslant a^2$，该立体 $\Omega=\left\{(x,y,z)\,\middle|\,\frac{x^2+y^2}{a}\leqslant z\leqslant 2a-\sqrt{x^2+y^2},(x,y)\in D\right\}$，因此利用二重积分的几何意义，$\Omega$ 的体积为

$$V=\iint\limits_D\left[2a-\sqrt{x^2+y^2}-\frac{x^2+y^2}{a}\right]\mathrm{d}x\mathrm{d}y=\int_0^{2\pi}\mathrm{d}\theta\int_0^a\left(2a-r-\frac{r^2}{a}\right)r\mathrm{d}r=$$

$$2\pi\left[ar^2-\frac{1}{3}r^3-\frac{1}{4a}r^4\right]_0^a=\frac{5}{6}\pi a^3$$

解法二 用三重积分的性质计算. 被积函数为1的三重积分表示积分区域Ω的体积,因此,立体Ω的体积$V=\iiint\limits_{\Omega}\mathrm{d}x\mathrm{d}y\mathrm{d}z$. 用柱面坐标计算(也可用先二后一法计算),$\Omega$为$\frac{1}{a}r^2\leqslant z\leqslant 2a-r,0\leqslant r\leqslant a,0\leqslant\theta\leqslant 2\pi$,所以

$$V=\int_0^{2\pi}\mathrm{d}\theta\int_0^a r\mathrm{d}r\int_{\frac{1}{a}r^2}^{2a-r}\mathrm{d}z=\frac{5}{6}\pi a^3$$

例 10.42 已知点A,B的直角坐标分别为$(1,0,0)$与$(0,1,1)$,线段AB绕z轴旋转一周所形成的旋转曲面为S,求由曲面S及平面$z=0,z=1$所围成的立体体积.

解 设所围成的立体为Ω,则立体Ω的体积$V=\iiint\limits_{\Omega}\mathrm{d}x\mathrm{d}y\mathrm{d}z$. 用先二后一法计算.

直线AB的方程为$\frac{x-1}{-1}=\frac{y}{1}=\frac{z}{1}$,即$\begin{cases}x=1-z\\y=z\end{cases}$,在$z$轴上截距为$z$的水平面截此旋转体所得截面为一个圆域,记为$D_z$,此截面与$z$轴交于点$(0,0,z)$,与直线$AB$交于点$(1-z,z,z)$,故圆截面半径$r(z)=\sqrt{(1-z)^2+z^2}=\sqrt{1-2z+2z^2}$,从而截面面积为$\pi(1-2z+2z^2)$,故体积为

$$V=\iiint\limits_{\Omega}\mathrm{d}x\mathrm{d}y\mathrm{d}z=\int_0^1\mathrm{d}z\iint\limits_{D_z}\mathrm{d}x\mathrm{d}y=\pi\int_0^1(1-2z+2z^2)\mathrm{d}z=\frac{2}{3}\pi$$

例 10.43 设半径为R的球面Σ的球心在定球面$x^2+y^2+z^2=a^2(a>0)$上,问当R为何值时,球面Σ在定球面内部的那部分的面积最大?

分析 先求出球面Σ在定球面内部的那部分面积$S(R)$,再求$S(R)$的最大值.

解 为了方便,球面Σ的球心不妨取在z轴上,则Σ的方程为$x^2+y^2+(z-a)^2=R^2$,两球面交线在xOy坐标面上的投影曲线方程为$\begin{cases}x^2+y^2=R^2-\frac{R^4}{4a^2}\\z=0\end{cases}$,令$R^2-\frac{R^4}{4a^2}=b^2(b>0)$. 从而球面$\Sigma$在定球面内部的那部分面积为

$$S(R)=\iint\limits_{x^2+y^2\leqslant b^2}\sqrt{1+z_x^2+z_y^2}\,\mathrm{d}x\mathrm{d}y=\iint\limits_{x^2+y^2\leqslant b^2}\frac{R}{\sqrt{R^2-x^2-y^2}}\mathrm{d}x\mathrm{d}y=$$

$$\int_0^{2\pi}\mathrm{d}\theta\int_0^b\frac{Rr}{\sqrt{R^2-r^2}}\mathrm{d}r=2\pi R^2-\frac{\pi}{a}R^3$$

$$S'(R)=4\pi R-\frac{3\pi}{a}R^2,\quad S''(R)=4\pi-\frac{6\pi}{a}R$$

令$S'(R)=0$得$R=\frac{4}{3}a$,且$S''\left(\frac{4}{3}a\right)=-4\pi<0$,故$R=\frac{4}{3}a$是极大值点,又极值点唯一,故当$R=\frac{4}{3}a$时,球面$\Sigma$在定球面内部的那部分的面积最大.

例 10.44 试求由球面$x^2+y^2+z^2=2$与锥面$z=\sqrt{x^2+y^2}$所围成的较小部分的立体的质量. 已知立体上任意一点处的密度与这点到球心的距离平方成正比且在球面处为1.

解 先确定密度函数$\rho(x,y,z)$,依题意$\rho(x,y,z)=k(x^2+y^2+z^2)$,由于当$x^2+y^2+z^2=2$时$\rho(x,y,z)=1$,所以$k=\frac{1}{2}$,从而$\rho(x,y,z)=\frac{1}{2}(x^2+y^2+z^2)$,故所求质量为

$$M=\iiint\limits_{\Omega}\frac{1}{2}(x^2+y^2+z^2)\mathrm{d}v=\int_0^{2\pi}\mathrm{d}\theta\int_0^{\frac{\pi}{4}}\sin\varphi\mathrm{d}\varphi\int_0^{\sqrt{2}}\frac{1}{2}r^4\mathrm{d}r=\frac{4}{5}\pi(\sqrt{2}-1)$$

例 10.45 设有一半径为R的球体,P_0是此球表面上的一个定点,球体上任一点的密度与该点到P_0距离的平方成正比(比例常数$k>0$),求球体的重心位置.

分析 此题是求重心,有固定的公式,问题关键是建立一个合适的坐标系.

解 取球心为坐标原点,球面与x轴正向的交点为P_0,则P_0的坐标为$(R,0,0)$,球面方程为x^2+

$y^2+z^2=R^2$，记所考虑球体为Ω，球体上任一点的密度

$$\rho=k[(x-R)^2+y^2+z^2].$$

设Ω的重心坐标为$(\bar{x},\bar{y},\bar{z})$，由对称性知$\bar{y}=0,\bar{z}=0$，由公式

$$\bar{x}=\frac{\iiint\limits_{\Omega}x\rho\mathrm{d}v}{\iiint\limits_{\Omega}\rho\mathrm{d}v}=\frac{\iiint\limits_{\Omega}xk[(x-R)^2+y^2+z^2]\mathrm{d}v}{\iiint\limits_{\Omega}k[(x-R)^2+y^2+z^2]\mathrm{d}v}$$

而

$$\iiint\limits_{\Omega}[(x-R)^2+y^2+z^2]\mathrm{d}v=\iiint\limits_{\Omega}(x^2+y^2+z^2)\mathrm{d}v-2R\iiint\limits_{\Omega}x\,\mathrm{d}v+\iiint\limits_{\Omega}R^2\mathrm{d}v=$$

$$\int_0^{2\pi}\mathrm{d}\theta\int_0^{\pi}\mathrm{d}\varphi\int_0^R r^4\sin\varphi\mathrm{d}r+\frac{4}{3}\pi R^5=\frac{32}{15}\pi R^5$$

$$\iiint\limits_{\Omega}x[(x-R)^2+y^2+z^2]\mathrm{d}v=-2R\iiint\limits_{\Omega}x^2\mathrm{d}v+\iiint\limits_{\Omega}x[x^2+R^2+y^2+z^2]\mathrm{d}v=$$

$$-2R\iiint\limits_{\Omega}x^2\mathrm{d}v=-\frac{2R}{3}\iiint\limits_{\Omega}(x^2+y^2+z^2)\mathrm{d}v=-\frac{8}{15}\pi R^6$$

所以$\bar{x}=-\dfrac{R}{4}$. 故重心为$\left(-\dfrac{R}{4},0,0\right)$.

注　此题也可以P_0为原点，球心取在x轴上点$(0,0,R)$处，求出重心为$\left(0,0,\dfrac{5}{4}R\right)$. 在上面三重积分计算过程中用到几个常用的技巧，如$\iiint\limits_{\Omega}x\,\mathrm{d}v$和$\iiint\limits_{\Omega}x[x^2+R^2+y^2+z^2]\mathrm{d}v$都为零，原因是这两个积分的被积函数都是关于$x$的奇函数，且积分域关于$yOz$面对称；另外还用到$\iiint\limits_{\Omega}x^2\mathrm{d}v=\dfrac{1}{3}\iiint\limits_{\Omega}(x^2+y^2+z^2)\mathrm{d}v$，原因是积分域关于坐标面对称，从而$\iiint\limits_{\Omega}x^2\mathrm{d}v=\iiint\limits_{\Omega}y^2\mathrm{d}v=\iiint\limits_{\Omega}z^2\mathrm{d}v$，这些技巧经常用到，望读者注意. 求重心坐标时，首先要建立适当的坐标系，其次充分利用对称性，以便简化运算.

例 10.46　设一薄片D由曲线$y=x^2,x=1$及$y=0$围成，且其面密度$\rho=xy$，求该薄片对x轴、y轴以及坐标原点O的转动惯量I_x,I_y,I_0.

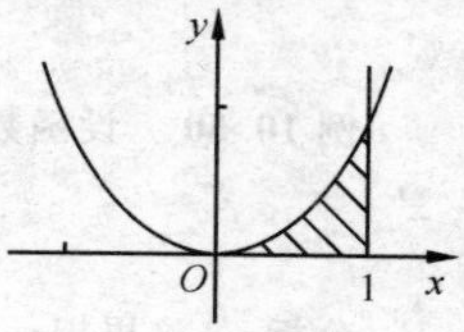

图　10.44

解　区域D如图10.44所示，于是

$$I_x=\iint\limits_{D}y^2\rho\mathrm{d}\sigma=\iint\limits_{D}xy^3\mathrm{d}\sigma=\int_0^1x\mathrm{d}x\int_0^{x^2}y^3\mathrm{d}y=\frac{1}{4}\int_0^1x^9\mathrm{d}x=\frac{1}{40}$$

$$I_y=\iint\limits_{D}x^2\rho\mathrm{d}\sigma=\iint\limits_{D}x^3y\mathrm{d}\sigma=\int_0^1x^3\mathrm{d}x\int_0^{x^2}y\mathrm{d}y=\frac{1}{2}\int_0^1x^7\mathrm{d}x=\frac{1}{16}$$

$$I_0=\iint\limits_{D}(x^2+y^2)\rho\mathrm{d}\sigma=\iint\limits_{D}(x^3y+xy^3)\mathrm{d}\sigma=I_x+I_y=\frac{7}{80}$$

例 10.47　在具有均匀密度ρ，半径为R的球体内部挖去两个相互外切，半径为$\dfrac{R}{2}$的小球，试求所剩物体对于三个球的直径同在的直线的转动惯量.

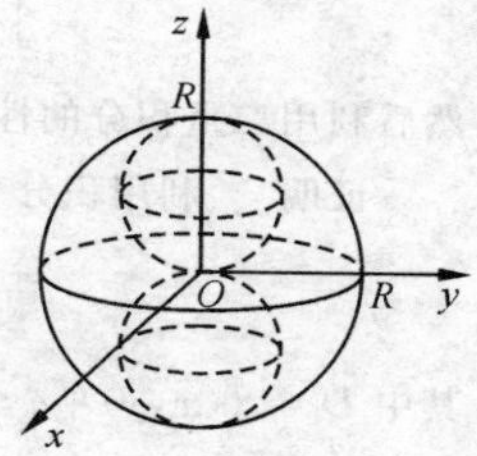

图　10.45

解　以大球球心为原点，建立坐标系如图10.45所示，使z轴与三个球心的连线相重合，则所求转动惯量　$I_z=\iiint\limits_{\Omega}(x^2+y^2)\rho\mathrm{d}v$

由Ω的形状，宜用球坐标计算此三重积分；又由Ω关于xOy面对称且被积函数(x^2+y^2)关于z是偶函数，所以

$$I_z=\iiint\limits_{\Omega}(x^2+y^2)\rho\mathrm{d}v=2\rho\int_0^{2\pi}\mathrm{d}\theta\int_0^{\frac{\pi}{2}}\mathrm{d}\varphi\int_{R\cos\varphi}^{R}(r^2\cos^2\theta\sin^2\varphi+r^2\sin^2\theta\sin^2\varphi)r^2\sin\varphi\mathrm{d}r=$$

$$4\pi\rho\int_0^{\frac{\pi}{2}}\sin^3\varphi d\varphi\int_{R\cos\varphi}^{R} r^4 dr = \frac{4}{5}\pi\rho R^5\int_0^{\frac{\pi}{2}}\sin^3\varphi(1-\cos^5\varphi)d\varphi =$$

$$\frac{4}{5}\pi\rho R^5\left[\int_0^{\frac{\pi}{2}}\sin^3\varphi d\varphi + \int_0^{\frac{\pi}{2}}(1-\cos^2\varphi)\cos^5\varphi d\cos\varphi\right] = \frac{1}{2}\pi\rho R^5$$

例 10.48 设 $f(x,y)$ 是定义在区域 $0\leqslant x\leqslant 1, 0\leqslant y\leqslant 1$ 上的二元连续函数，$f(0,0)=-1$，求极限 $\lim\limits_{x\to 0^+}\dfrac{\int_0^{x^2}dt\int_x^{\sqrt{t}}f(t,u)du}{1-e^{-x^3}}$.

解 交换累次积分的顺序，然后利用洛必达法则，再利用定积分中值定理.

$$\lim_{x\to 0^+}\frac{\int_0^{x^2}dt\int_x^{\sqrt{t}}f(t,u)du}{1-e^{-x^3}} = \lim_{x\to 0^+}\frac{-\int_0^{x}du\int_0^{u^2}f(t,u)dt}{1-e^{-x^3}} = \lim_{x\to 0^+}\frac{-\int_0^{x^2}f(t,x)dt}{3x^2e^{-x^3}} =$$

$$\lim_{x\to 0^+}\frac{-f(\xi,x)x^2}{3x^2e^{-x^3}} = \lim_{x\to 0^+}\frac{-f(\xi,x)}{3e^{-x^3}} = \frac{1}{3}$$

这里 $0\leqslant\xi\leqslant x^2$，当 $x\to 0^+$ 时，$\xi\to 0^+$，从而 $f(\xi,x)\to f(0,0)=-1$.

例 10.49 设 f 为一元连续函数，$F(t)=\iiint\limits_{\Omega}[z^2+f(x^2+y^2)]dv$，其中 $\Omega=\{(x,y,z)\mid 0\leqslant z\leqslant h, x^2+y^2\leqslant t^2\}$. 证明：

$$\lim_{t\to 0}\frac{F(t)}{t^2}=\frac{\pi}{3}h^3+\pi hf(0)$$

分析 先计算 $F(t)$，由于 Ω 为圆柱体，故应选用柱面坐标.

证明 因为 $F(t)=\int_0^{2\pi}d\theta\int_0^t rdr\int_0^h[z^2+f(r^2)]dz = 2\pi\int_0^t\left[\frac{h^3}{3}+hf(r^2)\right]rdr =$

$$\frac{\pi h^3}{3}t^2+2\pi h\int_0^t f(r^2)rdr$$

所以 $$\lim_{t\to 0}\frac{F(t)}{t^2}=\lim_{t\to 0}\frac{\frac{\pi h^3}{3}t^2+2\pi h\int_0^t f(r^2)rdr}{t^2} = \lim_{t\to 0}\frac{\frac{2}{3}\pi h^3t+2\pi hf(t^2)t}{2t} \xlongequal{\text{洛必达法则}}$$

$$\lim_{t\to 0}\left[\frac{\pi}{3}h^3+\pi hf(t^2)\right]=\frac{\pi}{3}h^3+\pi hf(0)$$

例 10.50 设函数 $f(x)$ 在区间 $[a,b]$ 上连续，且恒大于零，证明：

$$\int_a^b f(x)dx\int_a^b\frac{dx}{f(x)}\geqslant(b-a)^2$$

分析 这里把一元函数的积分问题转化为二元函数的积分问题便可使问题得到解决. 记 $D=\{(x,y)\mid a\leqslant x\leqslant b, a\leqslant y\leqslant b\}$，则不等式左边定积分之积就可表示为二重积分

$$\int_a^b f(x)dx\int_a^b\frac{1}{f(x)}dx=\int_a^b f(x)dx\int_a^b\frac{1}{f(y)}dy=\iint\limits_D f(x)\frac{1}{f(y)}dxdy$$

然后利用二重积分的性质可得证.

证明 利用积分变量的改变，可得

$$\int_a^b f(x)dx\int_a^b\frac{1}{f(x)}dx=\int_a^b f(x)dx\int_a^b\frac{1}{f(y)}dy=\iint\limits_D\frac{f(x)}{f(y)}dxdy$$

其中 $D=\{(x,y)\mid a\leqslant x\leqslant b, a\leqslant y\leqslant b\}$，并且利用对称性，可得

$$\int_a^b f(x)dx\int_a^b\frac{1}{f(x)}dx=\int_a^b f(y)dy\int_a^b\frac{1}{f(x)}dx=\iint\limits_D\frac{f(y)}{f(x)}dxdy$$

从而 $$\int_a^b f(x)dx\int_a^b\frac{dx}{f(x)}=\frac{1}{2}\iint\limits_D\left[\frac{f(x)}{f(y)}+\frac{f(y)}{f(x)}\right]dxdy=\iint\limits_D\frac{f^2(x)+f^2(y)}{2f(x)f(y)}dxdy\geqslant$$

$$\iint\limits_D dxdy=(b-a)^2$$

注 定积分的乘积问题往往先可以化为二重积分，再用重积分研究定积分. 望读者注意这一特殊方法.

例 10.51 设 $f(x)$ 在$[0,1]$上连续，证明：

$$\int_0^1 f(x)\mathrm{d}x\int_x^1 f(y)\mathrm{d}y=\frac{1}{2}\left(\int_0^1 f(x)\mathrm{d}x\right)^2$$

证法一 改变左端累次积分的积分次序，得

$$\int_0^1 f(x)\mathrm{d}x\int_x^1 f(y)\mathrm{d}y=\int_0^1 f(y)\mathrm{d}y\int_0^y f(x)\mathrm{d}x=\int_0^1 f(x)\mathrm{d}x\int_0^x f(y)\mathrm{d}y$$

后一等式成立是由于定积分的值与积分变量的取法无关，从而

$$\int_0^1 f(x)\mathrm{d}x\int_x^1 f(y(\mathrm{d}y=\frac{1}{2}\left[\int_0^1 f(x)\mathrm{d}x\int_x^1 f(y)\mathrm{d}y+\int_0^1 f(x)\mathrm{d}x\int_0^x f(y)\mathrm{d}y\right]=$$

$$\frac{1}{2}\int_0^1 f(x)\mathrm{d}x\int_0^1 f(y)\mathrm{d}y=\frac{1}{2}\left(\int_0^1 f(x)\mathrm{d}x\right)^2$$

证法二 设 $F(x)=\int_x^1 f(y)\mathrm{d}y$，则 $F'(x)=-f(x)$，这说明 $F(x)$ 是 $-f(x)$ 的一个原函数，于是

$$\int_0^1 f(x)\mathrm{d}x\int_x^1 f(y)\mathrm{d}y=\int_0^1 f(x)[-F(y)]_x^1\mathrm{d}x=\int_0^1 f(x)F(x)\mathrm{d}x=$$

$$-\int_0^1 F(x)\mathrm{d}F(x)=-\frac{1}{2}F^2(x)\Big|_0^1=\frac{1}{2}F^2(0)=\frac{1}{2}\left(\int_0^1 f(x)\mathrm{d}x\right)^2$$

四、课后习题精解

(一) 习题 10-1 解答

1. 设有一个平面薄板(不计其厚度)，占有 xOy 面上的闭区域D，薄板上分布有面密度为 $\mu=\mu(x,y)$ 的电荷，且 $\mu(x,y)$ 在 D 上连续，试用二重积分表达该板上的全部电荷 Q.

解 将 D 任意分割成 n 个小区域 $\Delta\sigma_i$，$i=1,2,\cdots,n$，在第 i 个小区域上任取一点(ξ_i,η_i)，由于 $\mu(x,y)$ 在 D 上连续和 $\Delta\sigma_i$ 很小，以 $\mu(\xi_i,\eta_i)$ 作为 $\Delta\sigma_i$ 上各点函数值的近似值，则 $\Delta\sigma_i$ 上的电荷 $\Delta Q\approx\mu(\xi_i,\eta_i)\Delta\sigma_i$，从而该板上的全部电荷为

$$Q=\lim_{\lambda\to 0}\sum_{i=1}^n\mu(\xi_i,\eta_i)\Delta\sigma_i=\iint_D\mu(x,y)\mathrm{d}\sigma\qquad(\lambda\text{ 是各 }\Delta\sigma_i\text{ 中直径最大者})$$

2. 设 $I_1=\iint_{D_1}(x^2+y^2)^3\mathrm{d}\sigma$，其中 $D_1=\{(x,y)\mid -1\leqslant x\leqslant 1,-2\leqslant y\leqslant 2\}$；又 $I_2=\iint_{D_2}(x^2+y^2)^3\mathrm{d}\sigma$，其中 $D_2=\{(x,y)\mid 0\leqslant x\leqslant 1,0\leqslant y\leqslant 2\}$. 试利用二重积分的几何意义说明 I_1 与 I_2 之间的关系.

解 记 D_3：$-1\leqslant x\leqslant 1,0\leqslant y\leqslant 2$. 因为 D_1 关于 x 轴对称，被积函数$(x^2+y^2)^3$ 关于 y 是偶函数，所以 $I_1=2\iint_{D_3}(x^2+y^2)^3\mathrm{d}\sigma$. 又因为 D_3 关于 y 轴对称，被积函数$(x^2+y^2)^3$ 关于 x 是偶函数，所以$\iint_{D_3}(x^2+y^2)^3\mathrm{d}\sigma=2I_2$，故 $I_1=4I_2$.

3. 利用二重积分定义证明：

(1) $\iint_D\mathrm{d}\sigma=\sigma$ (其中 σ 为 D 的面积)； (2) $\iint_D kf(x,y)\mathrm{d}\sigma=k\iint_D f(x,y)\mathrm{d}\sigma$ (其中 k 为常数)；

(3) $\iint_D f(x,y)\mathrm{d}\sigma=\iint_{D_1}f(x,y)\mathrm{d}\sigma+\iint_{D_2}f(x,y)\mathrm{d}\sigma$.

其中 $D=D_1\cup D_2$，D_1，D_2 为两个无公共内点的闭区域.

证明 (1) 由二重积分的定义可知，二重积分$\iint_D f(x,y)\mathrm{d}\sigma=\lim_{\lambda\to 0}\sum_{i=1}^n f(\xi_i,\eta_i)\Delta\sigma_i$，其中 $\Delta\sigma_i$ 表示第 i 个小

闭区域的面积. 因为 $f(x,y)\equiv 1$,所以 $f(\xi_i,\eta_i)\equiv 1$,于是

$$\iint_D \mathrm{d}\sigma = \lim_{\lambda\to 0}\sum_{i=1}^{n}\Delta\sigma_i = \lim_{\lambda\to 0}\sigma = \sigma$$

(2) $$\iint_D kf(x,y)\mathrm{d}\sigma = \lim_{\lambda\to 0}\sum_{i=1}^{n}kf(\xi_i,\eta_i)\Delta\sigma_i = \lim_{\lambda\to 0}k\sum_{i=1}^{n}f(\xi_i,\eta_i)\Delta\sigma_i =$$

$$k\lim_{\lambda\to 0}\sum_{i=1}^{n}f(\xi_i,\eta_i)\Delta\sigma_i = k\iint_D f(x,y)\mathrm{d}\sigma$$

(3) 将 D_1 任意分割成 n_1 个小区域 $\Delta\sigma_{i_1}$,λ_1 是各小区域直径最大者;将 D_2 任意分割成 n_2 个小区域 $\Delta\sigma_{i_2}$,λ_2 是各小区域直径最大者. 记 $n=n_1+n_2$,$\lambda=\max\{\lambda_1,\lambda_2\}$,即可得到区域 D 的划分,且 $\lambda_1\to 0,\lambda_2\to 0$ 时,$\lambda\to 0$. 于是

$$\iint_{D_1} f(x,y)\mathrm{d}\sigma + \iint_{D_2} f(x,y)\mathrm{d}\sigma = \lim_{\lambda_1\to 0}\sum_{i_1=1}^{n_1}f(\xi_{i_1},\eta_{i_1})\Delta\sigma_{i_1} + \lim_{\lambda_2\to 0}\sum_{i_2=1}^{n_2}f(\xi_{i_2},\eta_{i_2})\Delta\sigma_{i_2} =$$

$$\lim_{\lambda\to 0}\sum_{i=1}^{n}f(\xi_i,\eta_i)\Delta\sigma_i = \iint_D f(x,y)\mathrm{d}\sigma$$

4. 根据二重积分的性质,比较下列积分的大小:

(1) $\iint_D (x+y)^2\mathrm{d}\sigma$ 与 $\iint_D (x+y)^3\mathrm{d}\sigma$,其中积分区域 D 是由 x 轴、y 轴与直线 $x+y=1$ 所围成;

(2) $\iint_D (x+y)^2\mathrm{d}\sigma$ 与 $\iint_D (x+y)^3\mathrm{d}\sigma$,其中积分区域 D 是由圆周 $(x-2)^2+(y-1)^2=2$ 所围成;

(3) $\iint_D \ln(x+y)\mathrm{d}\sigma$ 与 $\iint_D [\ln(x+y)]^2\mathrm{d}\sigma$,其中 D 是三角形闭区域,三顶点分别为(1,0),(1,1),(2,0);

(4) $\iint_D \ln(x+y)\mathrm{d}\sigma$ 与 $\iint_D [\ln(x+y)]^2\mathrm{d}\sigma$,其中 $D=\{(x,y)\mid 3\leqslant x\leqslant 5, 0\leqslant y\leqslant 1\}$.

解 (1) 积分区域 D 如图 10.46 所示,$0\leqslant x+y\leqslant 1$,从而 $(x+y)^3\leqslant (x+y)^2$. 由二重积分的性质得

$$\iint_D (x+y)^3\mathrm{d}\sigma \leqslant \iint_D (x+y)^2\mathrm{d}\sigma$$

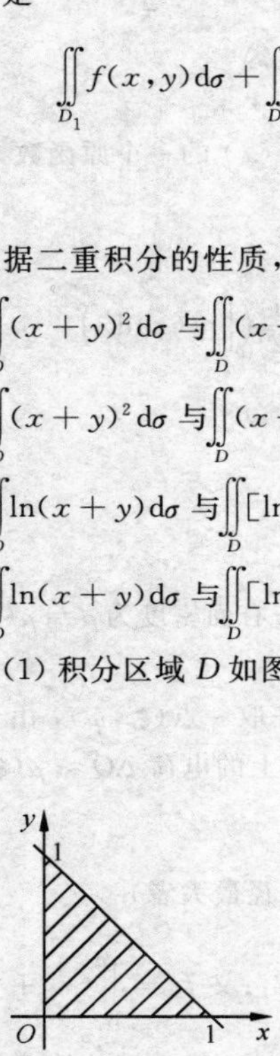

图 10.46

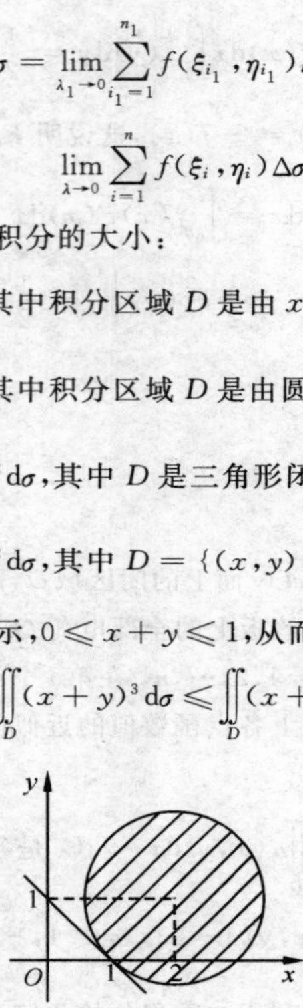

图 10.47

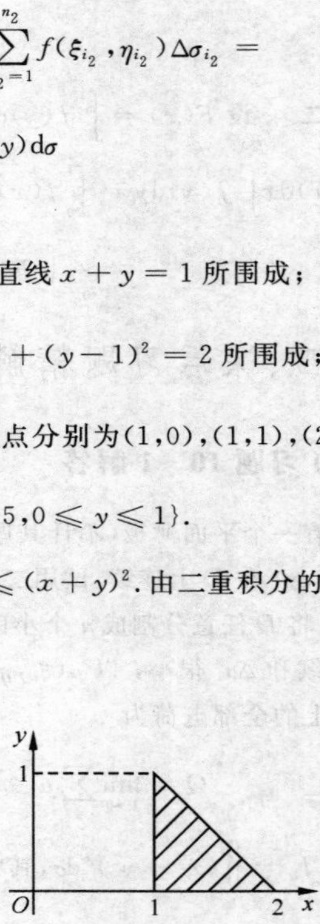

图 10.48

(2) 积分区域 D 如图 10.47 所示,D 位于 $x+y\geqslant 1$ 的半平面内. 在 D 内有 $(x+y)^2\leqslant (x+y)^3$,于是

$$\iint_D (x+y)^2\mathrm{d}\sigma \leqslant \iint_D (x+y)^3\mathrm{d}\sigma$$

(3) 积分区域 D 如图 10.48 所示,D 位于直线 $x+y=2$ 的下方. 在 D 内有 $x+y\leqslant 2$,故 $\ln(x+y)\leqslant 1$. 又 D 内的点满足 $x\geqslant 1,y\geqslant 0$,从而 $x+y\geqslant 1$,故 $\ln(x+y)\geqslant 0$. 于是,$\ln(x+y)\geqslant [\ln(x+y)]^2$,所以

$$\iint_D \ln(x+y)\mathrm{d}\sigma \geqslant \iint_D [\ln(x+y)]^2\mathrm{d}\sigma$$

(4) 积分区域 D 如图 10.49 所示,在 D 内有 $x+y>\mathrm{e}$,故 $\ln(x+y)>1$,从而 $\ln(x+y)<[\ln(x+y)]^2$,于是

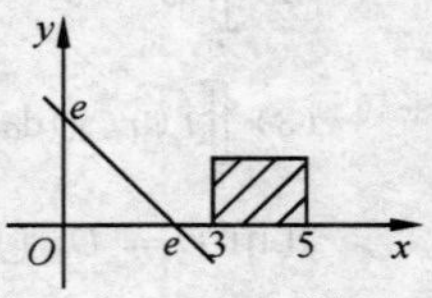

图 10.49

$$\iint_D \ln(x+y)\mathrm{d}\sigma < \iint_D [\ln(x+y)]^2\mathrm{d}\sigma$$

5. 利用二重积分的性质估计下列积分的值：

(1) $I=\iint\limits_D xy(x+y)\mathrm{d}\sigma$，其中 $D=\{(x,y)\mid 0\leqslant x\leqslant 1,0\leqslant y\leqslant 1\}$；

(2) $I=\iint\limits_D \sin^2 x\sin^2 y\mathrm{d}\sigma$，其中 $D=\{(x,y)\mid 0\leqslant x\leqslant \pi,0\leqslant y\leqslant \pi\}$；

(3) $I=\iint\limits_D (x+y+1)\mathrm{d}\sigma$，其中 $D=\{(x,y)\mid 0\leqslant x\leqslant 1,0\leqslant y\leqslant 2\}$；

(4) $I=\iint\limits_D (x^2+4y^2+9)\mathrm{d}\sigma$，其中 $D=\{(x,y)\mid x^2+y^2\leqslant 4\}$.

解 (1) 因为 $0\leqslant x\leqslant 1,0\leqslant y\leqslant 1$，所以 $0\leqslant xy\leqslant 1,0\leqslant x+y\leqslant 2$，从而 $0\leqslant xy(x+y)\leqslant 2$，于是 $\iint\limits_D 0\mathrm{d}\sigma\leqslant\iint\limits_D xy(x+y)\mathrm{d}\sigma\leqslant\iint\limits_D 2\mathrm{d}\sigma$，即

$$0\leqslant\iint\limits_D xy(x+y)\mathrm{d}\sigma\leqslant 2$$

(2) 因为 $0\leqslant\sin^2 x\leqslant 1,0\leqslant\sin^2 y\leqslant 1$，所以 $0\leqslant\sin^2 x\sin^2 y\leqslant 1$，于是 $\iint\limits_D 0\mathrm{d}\sigma\leqslant\iint\limits_D\sin^2 x\sin^2 y\mathrm{d}\sigma\leqslant\iint\limits_D 1\mathrm{d}\sigma$，即

$$0\leqslant\iint\limits_D\sin^2 x\sin^2 y\mathrm{d}\sigma\leqslant\pi^2$$

(3) 因为 $0\leqslant x\leqslant 1,0\leqslant y\leqslant 2$，所以 $1\leqslant x+y+1\leqslant 4$，于是 $\iint\limits_D\mathrm{d}\sigma\leqslant\iint\limits_D(x+y+1)\mathrm{d}\sigma\leqslant\iint\limits_D 4\mathrm{d}\sigma$，即

$$2\leqslant\iint\limits_D(x+y+1)\mathrm{d}\sigma\leqslant 8$$

(4) 因为 $0\leqslant x^2+y^2\leqslant 4$，所以 $9\leqslant x^2+4y^2+9\leqslant 4(x^2+y^2)+9\leqslant 25$，则 $\iint\limits_D 9\mathrm{d}\sigma\leqslant\iint\limits_D(x^2+4y^2+9)\mathrm{d}\sigma\leqslant\iint\limits_D 25\mathrm{d}\sigma$，即

$$36\pi\leqslant\iint\limits_D(x^2+4y^2+9)\mathrm{d}\sigma\leqslant 100\pi$$

（二）习题 10-2 解答

1. 计算下列二重积分：

(1) $\iint\limits_D(x^2+y^2)\mathrm{d}\sigma$，其中 $D=\{(x,y)\mid |x|\leqslant 1,|y|\leqslant 1\}$；

(2) $\iint\limits_D(3x+2y)\mathrm{d}\sigma$，其中 D 是由两坐标轴及直线 $x+y=2$ 所围成的闭区域；

(3) $\iint\limits_D(x^3+3x^2y+y^3)\mathrm{d}\sigma$，其中 $D=\{(x,y)\mid 0\leqslant x\leqslant 1,0\leqslant y\leqslant 1\}$；

(4) $\iint\limits_D x\cos(x+y)\mathrm{d}\sigma$，其中 D 是顶点分别为 $(0,0)$，$(\pi,0)$ 和 (π,π) 的三角形闭区域.

解 (1) 积分区域 D 如图 10.50 所示，于是

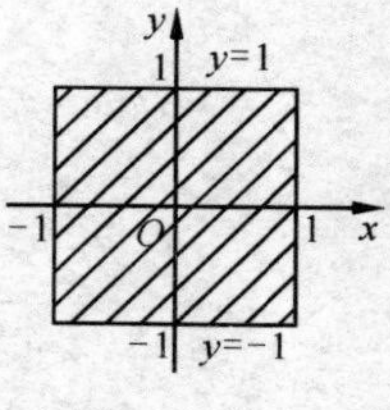

图 10.50

$$\iint\limits_D(x^2+y^2)\mathrm{d}\sigma=\int_{-1}^{1}\mathrm{d}x\int_{-1}^{1}(x^2+y^2)\mathrm{d}y=\int_{-1}^{1}\left[x^2y+\frac{1}{3}y^3\right]_{-1}^{1}\mathrm{d}x=$$

$$\int_{-1}^{1}\left(2x^2+\frac{2}{3}\right)\mathrm{d}x=\left[\frac{2}{3}x^3+\frac{2}{3}x\right]_{-1}^{1}=\frac{8}{3}$$

(2) 积分区域 D 如图 10.51 所示，于是

$$\iint\limits_D(3x+2y)\mathrm{d}\sigma=\int_0^2\mathrm{d}x\int_0^{2-x}(3x+2y)\mathrm{d}y=\int_0^2[3xy+y^2]_0^{2-x}\mathrm{d}x=$$

$$\int_0^2[3x(2-x)+(2-x)^2]\mathrm{d}x=\int_0^2(4+2x-2x^2)\mathrm{d}x=$$

$$\left[4x+x^2-\frac{2}{3}x^3\right]_0^2=\frac{20}{3}$$

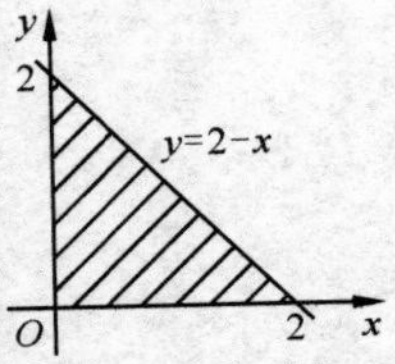

图 10.51

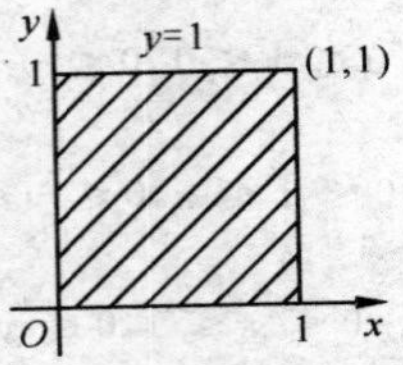

图 10.52

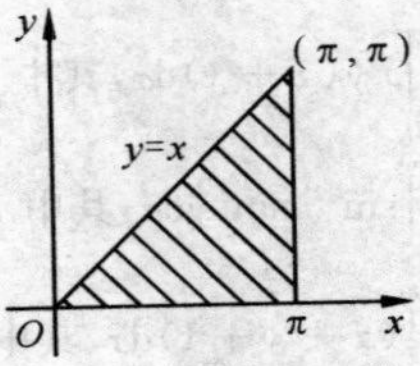

图 10.53

(3) 积分区域 D 如图 10.52 所示，于是

$$\iint_D (x^3+3x^2y+y^3)\mathrm{d}\sigma=\int_0^1\mathrm{d}y\int_0^1(x^3+3x^2y+y^3)\mathrm{d}x=\int_0^1\left[\frac{x^4}{4}+x^3y+y^3x\right]_0^1\mathrm{d}y=$$

$$\int_0^1\left(\frac{1}{4}+y+y^3\right)\mathrm{d}y=\left[\frac{y}{4}+\frac{y^2}{2}+\frac{y^4}{4}\right]_0^1=1$$

(4) 积分区域 D 如图 10.53 所示，于是

$$\iint_D x\cos(x+y)\mathrm{d}\sigma=\int_0^\pi\mathrm{d}x\int_0^x x\cos(x+y)\mathrm{d}y=\int_0^\pi x[\sin(x+y)]_0^x\mathrm{d}x=$$

$$\int_0^\pi x(\sin2x-\sin x)\mathrm{d}x=-\int_0^\pi x\mathrm{d}\left(\frac{1}{2}\cos2x-\cos x\right)=$$

$$-x\left(\frac{1}{2}\cos2x-\cos x\right)\Big|_0^\pi+\int_0^\pi\left(\frac{1}{2}\cos2x-\cos x\right)\mathrm{d}x=-\frac{3}{2}\pi$$

2. 画出积分区域，并计算下列二重积分：

(1) $\iint_D x\sqrt{y}\,\mathrm{d}\sigma$，其中 D 是由两条抛物线 $y=\sqrt{x}$，$y=x^2$ 所围成的闭区域；

(2) $\iint_D xy^2\mathrm{d}\sigma$，其中 D 是由圆周 $x^2+y^2=4$ 及 y 轴所围成的右半闭区域；

(3) $\iint_D \mathrm{e}^{x+y}\mathrm{d}\sigma$，其中 $D=\{(x,y)\mid |x|+|y|\leqslant 1\}$；

(4) $\iint_D (x^2+y^2-x)\mathrm{d}\sigma$，其中 D 是由直线 $y=2$，$y=x$ 及 $y=2x$ 所围成的闭区域.

解 (1) 积分区域 D 如图 10.54 所示，于是

$$\iint_D x\sqrt{y}\,\mathrm{d}\sigma=\int_0^1\mathrm{d}x\int_{x^2}^{\sqrt{x}}x\sqrt{y}\,\mathrm{d}y=\int_0^1 x\left[\frac{2}{3}y^{\frac{3}{2}}\right]_{x^2}^{\sqrt{x}}\mathrm{d}x=\int_0^1\left(\frac{2}{3}x^{\frac{7}{4}}-\frac{2}{3}x^4\right)\mathrm{d}x=\frac{6}{55}$$

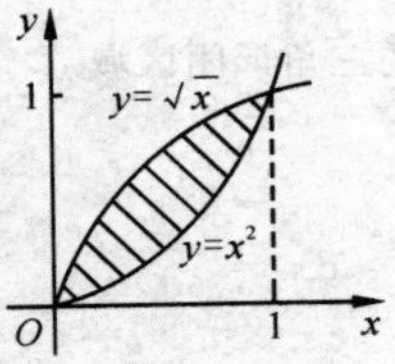

图 10.54

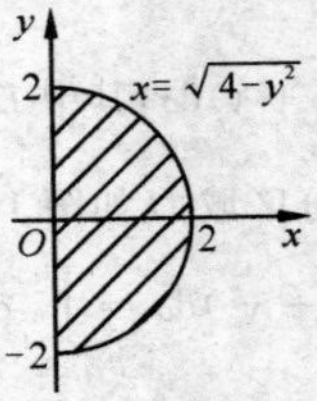

图 10.55

(2) 积分区域 D 如图 10.55 所示，于是

$$\iint_D xy^2\mathrm{d}\sigma=\int_{-2}^2\mathrm{d}y\int_0^{\sqrt{4-y^2}}xy^2\mathrm{d}x=\int_{-2}^2\left[\frac{1}{2}x^2y^2\right]_0^{\sqrt{4-y^2}}\mathrm{d}y=$$

$$\int_{-2}^2\left(2y^2-\frac{1}{2}y^4\right)\mathrm{d}y=\left[\frac{2}{3}y^3-\frac{1}{10}y^5\right]_{-2}^2=\frac{64}{15}$$

(3) 积分区域 D 如图 10.56 所示，于是

$$\iint\limits_D e^{x+y}d\sigma=\int_{-1}^{0}e^x dx\int_{-x-1}^{x+1}e^y dy+\int_0^1 e^x dx\int_{x-1}^{-x+1}e^y dy=\int_{-1}^{0}e^x\left[e^y\right]_{-x-1}^{x+1}dx+\int_0^1 e^x\left[e^y\right]_{x-1}^{-x+1}dx=$$

$$\int_{-1}^{0}(e^{2x+1}-e^{-1})dx+\int_0^1(e-e^{2x-1})dx=$$

$$\left[\frac{1}{2}e^{2x+1}-e^{-1}x\right]_{-1}^{0}+\left[ex-\frac{1}{2}e^{2x-1}\right]_0^1=e-e^{-1}$$

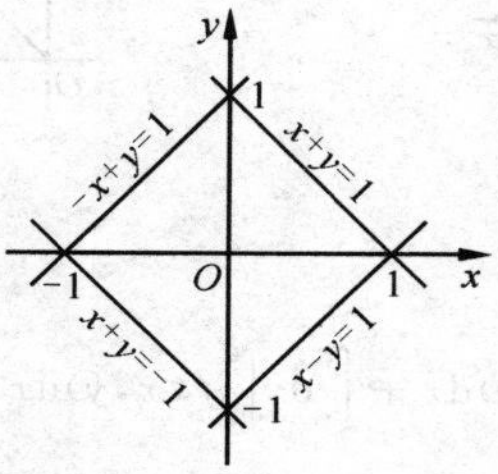

图 10.56

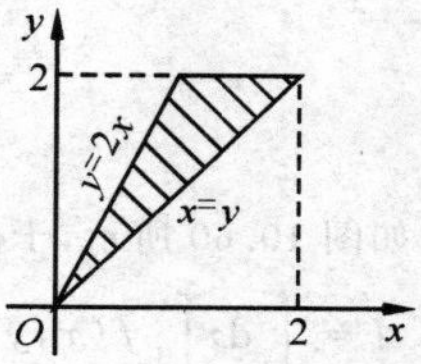

图 10.57

(4) 积分区域 D 如图 10.57 所示，于是

$$\iint\limits_D(x^2+y^2-x)d\sigma=\int_0^2 dy\int_{\frac{y}{2}}^{y}(x^2+y^2-x)dx=\int_0^2\left[\frac{x^3}{3}+y^2x-\frac{x^2}{2}\right]_{\frac{y}{2}}^{y}dy=$$

$$\int_0^2\left(\frac{19}{24}y^3-\frac{3}{8}y^2\right)dy=\left[\frac{19}{24}\times\frac{1}{4}y^4-\frac{1}{8}y^3\right]_0^2=\frac{13}{6}$$

3. 如果二重积分 $\iint\limits_D f(x,y)dxdy$ 的被积函数 $f(x,y)$ 是两个函数 $f_1(x)$ 及 $f_2(y)$ 的乘积，即 $f(x,y)=f_1(x)\cdot f_2(y)$，积分区域 $D=\{(x,y)\mid a\leqslant x\leqslant b,c\leqslant y\leqslant d\}$，证明这个二重积分等于两个单积分的乘积，即

$$\iint\limits_D f_1(x)\cdot f_2(y)dxdy=\left[\int_a^b f_1(x)dx\right]\cdot\left[\int_c^d f_2(y)dy\right]$$

证明

$$\iint\limits_D f_1(x)f_2(y)dxdy=\int_a^b dx\int_c^d f_1(x)f_2(y)dy=\int_a^b\left[\int_c^d f_1(x)f_2(y)dy\right]dx$$

而

$$\int_c^d f_1(x)f_2(y)dy=f_1(x)\int_c^d f_2(y)dy$$

故

$$\iint\limits_D f_1(x)f_2(y)dxdy=\int_a^b\left[f_1(x)\int_c^d f_2(y)dy\right]dx$$

由于 $\int_c^d f_2(y)dy$ 的值为一常数，因而可提到积分号的外面，于是

$$\iint\limits_D f_1(x)f_2(y)dxdy=\left[\int_a^b f_1(x)dx\right]\cdot\left[\int_c^d f_2(y)dy\right]$$

4. 化二重积分 $I=\iint\limits_D f(x,y)d\sigma$ 为二次积分（分别列出对两个变量先后次序不同的两个二次积分），其中积分区域 D 如下：

(1) 由直线 $y=x$ 及抛物线 $y^2=4x$ 所围成的闭区域；

(2) 由 x 轴及半圆周 $x^2+y^2=r^2(y\geqslant 0)$ 所围成的闭区域；

(3) 由直线 $y=x,x=2$ 及双曲线 $y=\dfrac{1}{x}(x>0)$ 所围成的闭区域；

(4) 环形闭区域 $\{(x,y)\mid 1\leqslant x^2+y^2\leqslant 4\}$.

解 (1) 积分区域如图 10.58 所示，于是

$$I=\int_0^4 dx\int_x^{2\sqrt{x}}f(x,y)dy=\int_0^4 dy\int_{\frac{y^2}{4}}^{y}f(x,y)dx$$

(2) 积分区域如图 10.59 所示，于是

$$I=\int_{-r}^{r}\mathrm{d}x\int_{0}^{\sqrt{r^2-x^2}}f(x,y)\mathrm{d}y=\int_{0}^{r}\mathrm{d}y\int_{-\sqrt{r^2-y^2}}^{\sqrt{r^2-y^2}}f(x,y)\mathrm{d}x$$

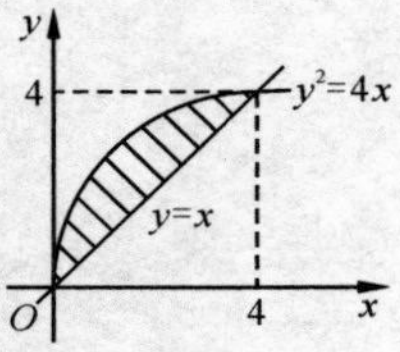

图 10.58

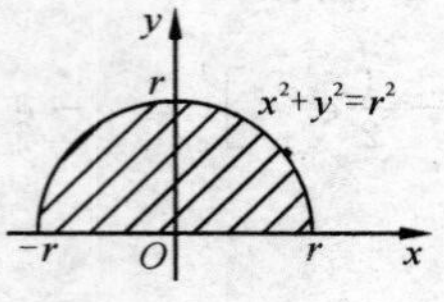

图 10.59

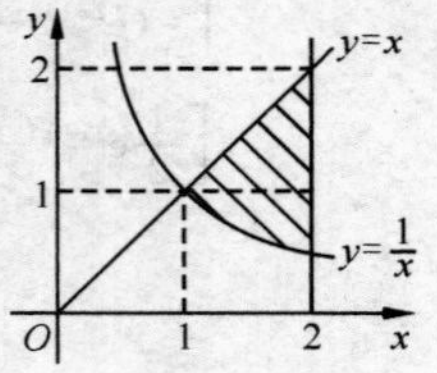

图 10.60

(3) 积分区域 D 如图 10.60 所示，于是

$$I=\int_{1}^{2}\mathrm{d}x\int_{\frac{1}{x}}^{x}f(x,y)\mathrm{d}y=\int_{\frac{1}{2}}^{1}\mathrm{d}y\int_{\frac{1}{y}}^{2}f(x,y)\mathrm{d}x+\int_{1}^{2}\mathrm{d}y\int_{y}^{2}f(x,y)\mathrm{d}x$$

(4) 积分区域如图 10.61(a) 所示，于是

$$I=\iint_{D_1}f(x,y)\mathrm{d}\sigma+\iint_{D_2}f(x,y)\mathrm{d}\sigma+\iint_{D_3}f(x,y)\mathrm{d}\sigma+\iint_{D_4}f(x,y)\mathrm{d}\sigma=$$

$$\int_{-2}^{-1}\mathrm{d}x\int_{-\sqrt{4-x^2}}^{\sqrt{4-x^2}}f(x,y)\mathrm{d}y+\int_{-1}^{1}\mathrm{d}x\int_{\sqrt{1-x^2}}^{\sqrt{4-x^2}}f(x,y)\mathrm{d}y+\int_{-1}^{1}\mathrm{d}x\int_{-\sqrt{4-x^2}}^{-\sqrt{1-x^2}}f(x,y)\mathrm{d}y+$$

$$\int_{1}^{2}\mathrm{d}x\int_{-\sqrt{4-x^2}}^{\sqrt{4-x^2}}f(x,y)\mathrm{d}y$$

或积分区域如图 10.61(b) 所示，于是

$$I=\iint_{D_1'}f(x,y)\mathrm{d}\sigma+\iint_{D_2'}f(x,y)\mathrm{d}\sigma+\iint_{D_3'}f(x,y)\mathrm{d}\sigma+\iint_{D_4'}f(x,y)\mathrm{d}\sigma=$$

$$\int_{1}^{2}\mathrm{d}y\int_{-\sqrt{4-y^2}}^{\sqrt{4-y^2}}f(x,y)\mathrm{d}x+\int_{-1}^{1}\mathrm{d}y\int_{-\sqrt{4-y^2}}^{-\sqrt{1-y^2}}f(x,y)\mathrm{d}x+\int_{-1}^{1}\mathrm{d}y\int_{\sqrt{1-y^2}}^{\sqrt{4-y^2}}f(x,y)\mathrm{d}x+\int_{-2}^{-1}\mathrm{d}y\int_{-\sqrt{4-y^2}}^{\sqrt{4-y^2}}f(x,y)\mathrm{d}x$$

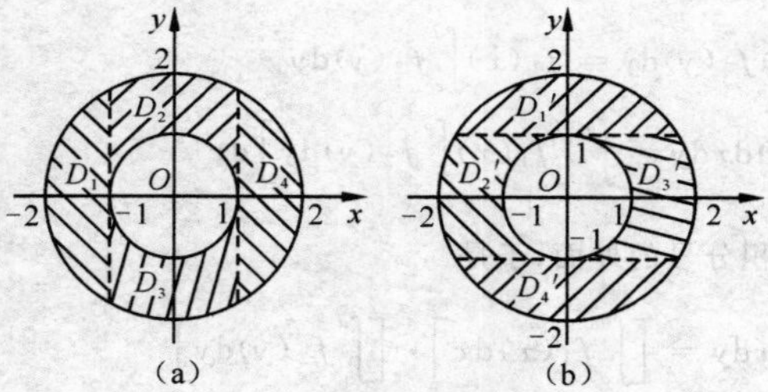

图 10.61

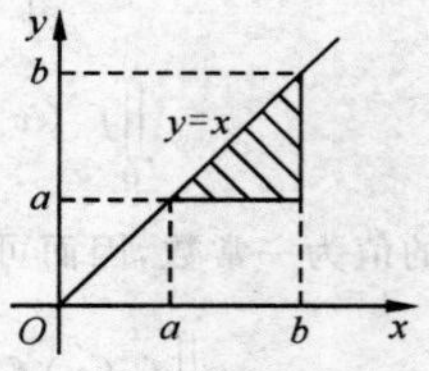

图 10.62

5. 设 $f(x,y)$ 在 D 上连续，其中 D 是由直线 $y=x$，$y=a$ 及 $x=b(b>a)$ 所围成的闭区域，证明：

$$\int_{a}^{b}\mathrm{d}x\int_{a}^{x}f(x,y)\mathrm{d}y=\int_{a}^{b}\mathrm{d}y\int_{y}^{b}f(x,y)\mathrm{d}x$$

证明 积分区域 D 如图 10.62 所示，由二重积分化为二次积分的公式可知，积分 $\int_{a}^{b}\mathrm{d}x\int_{a}^{x}f(x,y)\mathrm{d}y$ 和 $\int_{a}^{b}\mathrm{d}y\int_{y}^{b}f(x,y)\mathrm{d}x$ 都等于二重积分 $\iint_{D}f(x,y)\mathrm{d}\sigma$，因而它们相等.

6. 改换下列二次积分的积分次序：

(1) $\int_{0}^{1}\mathrm{d}y\int_{0}^{y}f(x,y)\mathrm{d}x$；　　(2) $\int_{0}^{2}\mathrm{d}y\int_{y^2}^{2y}f(x,y)\mathrm{d}x$；

(3) $\int_0^1 dy \int_{-\sqrt{1-y^2}}^{\sqrt{1-y^2}} f(x,y)dx$；　　(4) $\int_1^2 dx \int_{2-x}^{\sqrt{2x-x^2}} f(x,y)dy$；

(5) $\int_1^e dx \int_0^{\ln x} f(x,y)dy$；　　(6) $\int_0^{\pi} dx \int_{-\sin\frac{x}{2}}^{\sin x} f(x,y)dy$.

解　(1) 相应二重积分区域 D 为 $\begin{cases} 0 \leqslant y \leqslant 1 \\ 0 \leqslant x \leqslant y \end{cases}$，$D$ 也可表示成 $\begin{cases} 0 \leqslant x \leqslant 1 \\ x \leqslant y \leqslant 1 \end{cases}$，如图 10.63 所示，故

$$\int_0^1 dy \int_0^y f(x,y)dx = \int_0^1 dx \int_x^1 f(x,y)dy$$

(2) 相应二重积分的积分区域 D 为 $\begin{cases} 0 \leqslant y \leqslant 2 \\ y^2 \leqslant x \leqslant 2y \end{cases}$，$D$ 也可表示成 $\begin{cases} 0 \leqslant x \leqslant 4 \\ \dfrac{x}{2} \leqslant y \leqslant \sqrt{x} \end{cases}$，如图 10.64 所示，故

$$\int_0^2 dy \int_{y^2}^{2y} f(x,y)dx = \int_0^4 dx \int_{\frac{x}{2}}^{\sqrt{x}} f(x,y)dy$$

(3) 相应二重积分的积分区域 D 为 $\begin{cases} 0 \leqslant y \leqslant 1 \\ -\sqrt{1-y^2} \leqslant x \leqslant \sqrt{1-y^2} \end{cases}$，$D$ 也可表示成 $\begin{cases} -1 \leqslant x \leqslant 1 \\ 0 \leqslant y \leqslant \sqrt{1-x^2} \end{cases}$，如图 10.65 所示，故

$$\int_0^1 dy \int_{-\sqrt{1-y^2}}^{\sqrt{1-y^2}} f(x,y)dx = \int_{-1}^1 dx \int_0^{\sqrt{1-x^2}} f(x,y)dy$$

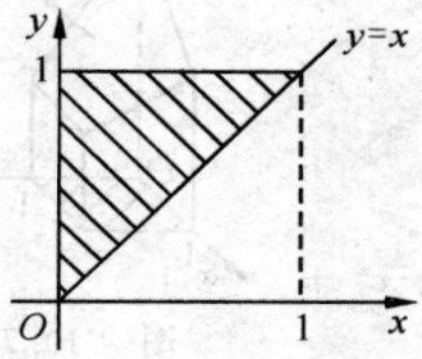

图　10.63

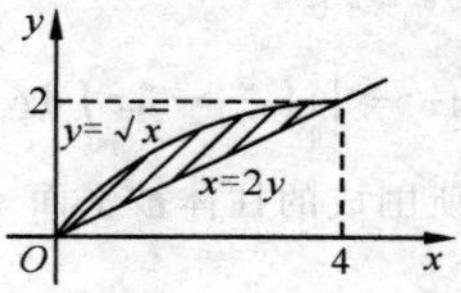

图　10.64

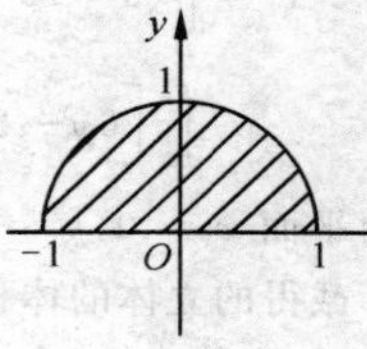

图　10.65

(4) 相应二重积分的积分区域 D 为 $\begin{cases} 1 \leqslant x \leqslant 2 \\ 2-x \leqslant y \leqslant \sqrt{2x-x^2} \end{cases}$，$D$ 也可表示成 $\begin{cases} 0 \leqslant y \leqslant 1 \\ 2-y \leqslant x \leqslant 1+\sqrt{1-y^2} \end{cases}$，如图 10.66 所示，故

$$\int_1^2 dx \int_{2-x}^{\sqrt{2x-x^2}} f(x,y)dy = \int_0^1 dy \int_{2-y}^{1+\sqrt{1-y^2}} f(x,y)dx$$

(5) 相应二重积分的积分区域 D 为 $\begin{cases} 1 \leqslant x \leqslant e \\ 0 \leqslant y \leqslant \ln x \end{cases}$，$D$ 也可表示成 $\begin{cases} 0 \leqslant y \leqslant 1 \\ e^y \leqslant x \leqslant e \end{cases}$，如图 10.67 所示，故

$$\int_1^e dx \int_0^{\ln x} f(x,y)dy = \int_0^1 dy \int_{e^y}^e f(x,y)dx$$

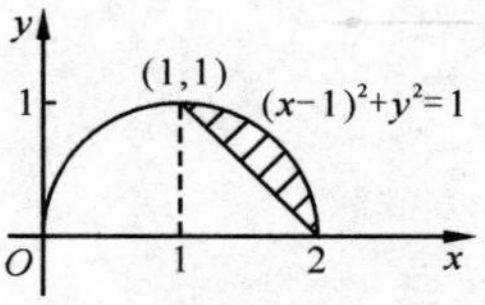

图　10.66

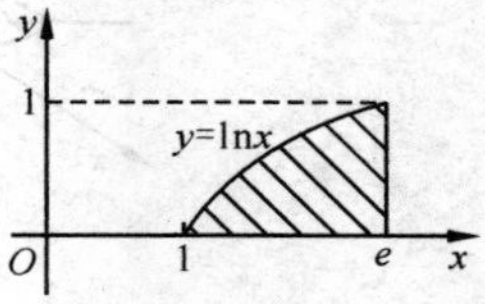

图　10.67

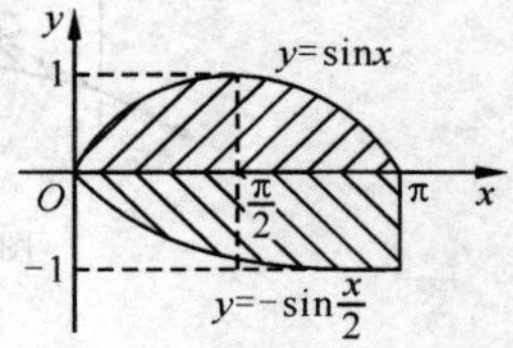

图　10.68

(6) 相应的二重积分的积分区域 D: $\begin{cases} 0 \leqslant x \leqslant \pi \\ -\sin\dfrac{x}{2} \leqslant y \leqslant \sin x \end{cases}$，$D$ 也可表示成 $D_1 + D_2$，如图 10.68 所示，其

中

$$D_1:\begin{cases}-1\leqslant y\leqslant 0\\ -2\arcsin y\leqslant x\leqslant \pi\end{cases},\quad D_2:\begin{cases}0\leqslant y\leqslant 1\\ \arcsin y\leqslant x\leqslant \pi-\arcsin y\end{cases}$$

故

$$\int_0^{\pi}\mathrm{d}x\int_{-\sin\frac{x}{2}}^{\sin x}f(x,y)\mathrm{d}y=\int_{-1}^{0}\mathrm{d}y\int_{-2\arcsin y}^{\pi}f(x,y)\mathrm{d}x+\int_0^1\mathrm{d}y\int_{\arcsin y}^{\pi-\arcsin y}f(x,y)\mathrm{d}x$$

7. 设平面薄片所占的闭区域 D 由直线 $x+y=2$, $y=x$ 和 x 轴所围成，它的面密度 $\mu(x,y)=x^2+y^2$，求该薄片的质量.

解 D 所在位置如图 10.69 所示，该薄片的质量为

$$M=\iint_D\mu(x+y)\mathrm{d}\sigma=\iint_D(x^2+y^2)\mathrm{d}\sigma=\int_0^1\mathrm{d}y\int_y^{2-y}(x^2+y^2)\mathrm{d}x=$$

$$\int_0^1\left[\frac{1}{3}x^3+xy^2\right]_y^{2-y}\mathrm{d}y=\int_0^1\left(\frac{1}{3}(2-y)^3+2y^2-\frac{7}{3}y^3\right)\mathrm{d}y=$$

$$\left[-\frac{1}{12}(2-y)^4+\frac{2}{3}y^3-\frac{7}{12}y^4\right]_0^1=\frac{4}{3}$$

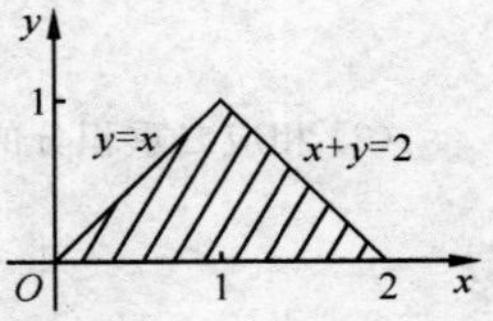

图 10.69

8. 计算由四个平面 $x=0$, $y=0$, $x=1$, $y=1$ 所围成的柱体被平面 $z=0$ 及 $2x+3y+z=6$ 截得的立体的体积.

解 所截立体如图 10.70 所示，该立体可看做以 $D=\{(x,y)\mid 0\leqslant x\leqslant 1, 0\leqslant y\leqslant 1\}$ 为底，以 $z=6-2x-3y$ 为顶的曲顶柱体，其体积为

$$V=\iint_D(6-2x-3y)\mathrm{d}x\mathrm{d}y=\int_0^1\mathrm{d}x\int_0^1(6-2x-3y)\mathrm{d}y=$$

$$\int_0^1\left[6y-2xy-\frac{3}{2}y^2\right]_0^1\mathrm{d}x=\int_0^1\left(\frac{9}{2}-2x\right)\mathrm{d}x=\frac{7}{2}$$

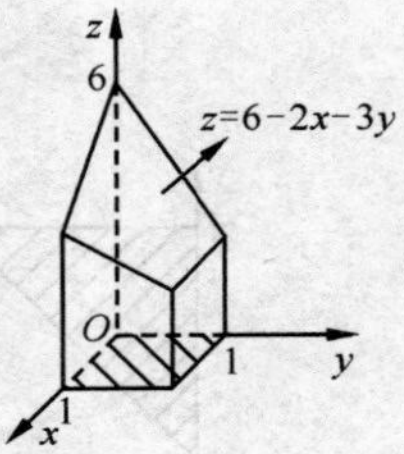

图 10.70

9. 求由平面 $x=0$, $y=0$, $x+y=1$ 所围成的柱体被平面 $z=0$ 及抛物线 $x^2+y^2=6-z$ 截得的立体的体积.

解 所截立体如图 10.71 所示，该立体可看做以 $D=\{(x,y)\mid 0\leqslant x\leqslant 1, 0\leqslant y\leqslant 1-x\}$ 为底，以 $z=6-x^2-y^2$ 为顶的曲顶柱体，其体积为

$$V=\iint_D(6-x^2-y^2)\mathrm{d}x\mathrm{d}y=\int_0^1\mathrm{d}x\int_0^{1-x}(6-x^2-y^2)\mathrm{d}y=\int_0^1\left[6y-x^2y-\frac{y^3}{3}\right]_0^{1-x}\mathrm{d}x=$$

$$\int_0^1\left[6-6x-x^2+x^3-\frac{1}{3}(1-x)^3\right]\mathrm{d}x=\left[6x-3x^2-\frac{x^3}{3}+\frac{x^4}{4}+\frac{1}{12}(1-x)^4\right]_0^1=\frac{17}{6}$$

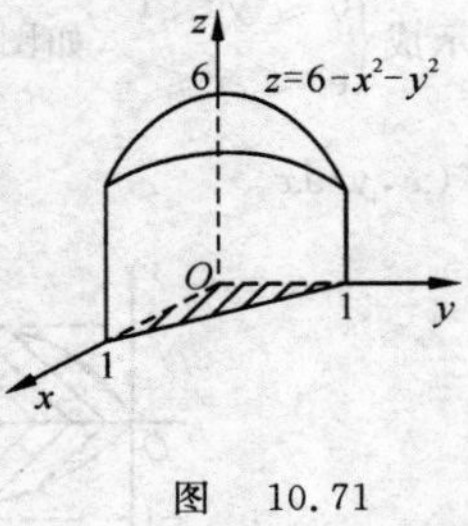

图 10.71

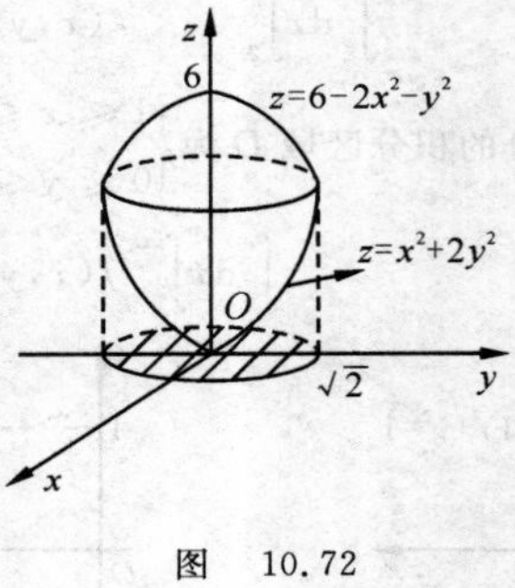

图 10.72

10. 求由曲面 $z=x^2+2y^2$ 及 $z=6-2x^2-y^2$ 所围成的立体的体积.

解 由 $\begin{cases}z=x^2+2y^2\\ z=6-2x^2-y^2\end{cases}$ 消去 z 得 $x^2+2y^2=6-2x^2-y^2$，即 $x^2+y^2=2$，故立体在 xOy 坐标面上的投影区域 D 为 $x^2+y^2\leqslant 2$，如图 10.72 所示. 因为所围立体关于 yOz, xOz 面对称，所以

$$V=\iint_D[6-2x^2-y^2-(x^2+2y^2)]d\sigma=12\int_0^{\sqrt{2}}dx\int_0^{\sqrt{2-x^2}}(2-x^2-y^2)dy \xlongequal{\text{利用对称性}}$$

$$12\int_0^{\sqrt{2}}\left[(2-x^2)y-\frac{1}{3}y^3\right]_0^{\sqrt{2-x^2}}dx=$$

$$8\int_0^{\sqrt{2}}\sqrt{(2-x^2)^3}\,dx \xlongequal{x=\sqrt{2}\sin t} 8\int_0^{\frac{\pi}{2}}2\sqrt{2}\cos^3\theta\times\sqrt{2}\cos\theta d\theta=$$

$$32\int_0^{\frac{\pi}{2}}\cos^4\theta d\theta=32\times\frac{3}{4}\times\frac{1}{2}\times\frac{\pi}{2}=6\pi$$

11. 画出积分区域，把积分$\iint_D f(x,y)dxdy$表示为极坐标形式的二次积分，其中积分区域D如下：

(1) $\{(x,y)\mid x^2+y^2\leqslant a^2\}(a>0)$；

(2) $\{(x,y)\mid x^2+y^2\leqslant 2x\}$；

(3) $\{(x,y)\mid a^2\leqslant x^2+y^2\leqslant b^2\}$，其中$0<a<b$；

(4) $\{(x,y)\mid 0\leqslant y\leqslant 1-x,0\leqslant x\leqslant 1\}$.

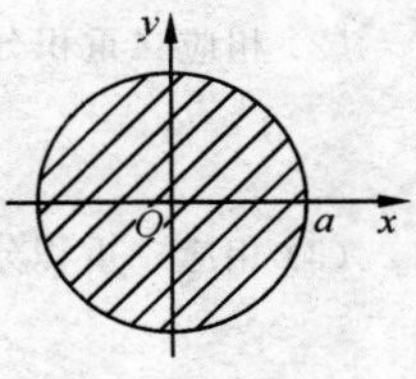

图 10.73

解 (1) 积分区域D如图10.73所示，于是

$$\iint_D f(x,y)dxdy=\iint_D f(r\cos\theta,r\sin\theta)rdrd\theta=\int_0^{2\pi}d\theta\int_0^a f(r\cos\theta,r\sin\theta)rdr$$

(2) 积分区域D如图10.74所示，于是

$$\iint_D f(x,y)dxdy=\iint_D f(r\cos\theta,r\sin\theta)rdrd\theta=\int_{-\frac{\pi}{2}}^{\frac{\pi}{2}}d\theta\int_0^{2\cos\theta}f(r\cos\theta,r\sin\theta)rdr$$

(3) 积分区域D如图10.75所示，于是

$$\iint_D f(x,y)dxdy=\iint_D f(r\cos\theta,r\sin\theta)rdrd\theta=\int_0^{2\pi}d\theta\int_a^b f(r\cos\theta,r\sin\theta)rdr$$

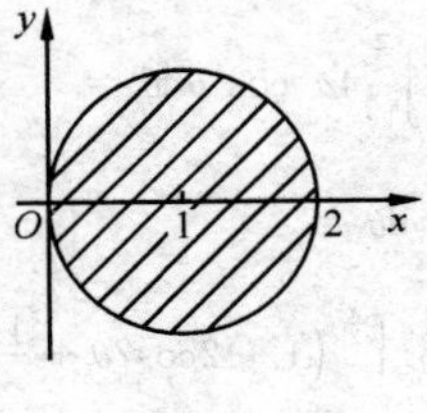

图 10.74

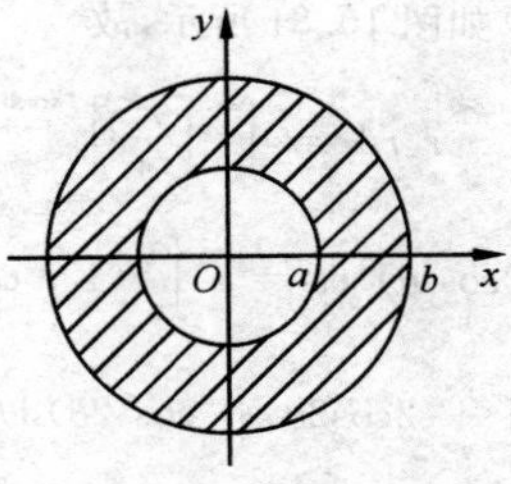

图 10.75

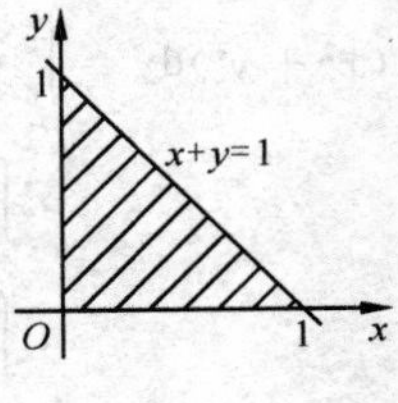

图 10.76

(4) 积分区域D如图10.76所示，于是

$$\iint_D f(x,y)dxdy=\iint_D f(r\cos\theta,r\sin\theta)rdrd\theta=\int_0^{\frac{\pi}{2}}d\theta\int_0^{\frac{1}{\cos\theta+\sin\theta}}f(r\cos\theta,r\sin\theta)rdr$$

12. 化下列二次积分为极坐标形式的二次积分：

(1) $\int_0^1dx\int_0^1 f(x,y)dy$；　(2) $\int_0^2dx\int_x^{\sqrt{3}x}f(\sqrt{x^2+y^2})dy$；

(3) $\int_0^1dx\int_{1-x}^{\sqrt{1-x^2}}f(x,y)dy$；　(4) $\int_0^1dx\int_0^{x^2}f(x,y)dy$.

解 (1) 相应二重积分的积分区域D如图10.77所示，故

$$\int_0^1dx\int_0^1 f(x,y)dy=\iint_{D_1}f(x,y)dxdy+\iint_{D_2}f(x,y)dxdy=$$

$$\int_0^{\frac{\pi}{4}} \mathrm{d}\theta \int_0^{\sec\theta} f(r\cos\theta, r\sin\theta) r\mathrm{d}r + \int_{\frac{\pi}{4}}^{\frac{\pi}{2}} \mathrm{d}\theta \int_0^{\csc\theta} f(r\cos\theta, r\sin\theta) r\mathrm{d}r$$

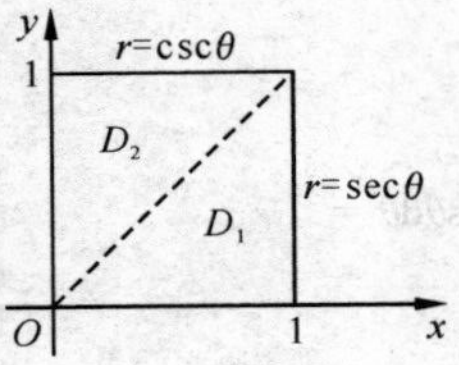

图 10.77

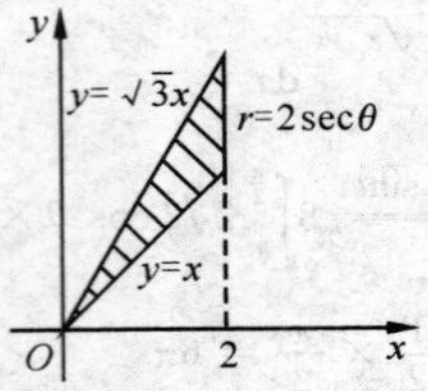

图 10.78

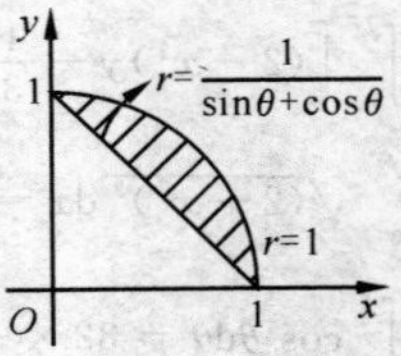

图 10.79

(2) 相应二重积分的区域 D 如图 10.78 所示，故

$$\int_0^2 \mathrm{d}x \int_x^{\sqrt{3}x} f(\sqrt{x^2+y^2})\mathrm{d}y = \int_{\frac{\pi}{4}}^{\frac{\pi}{3}} \mathrm{d}\theta \int_0^{2\sec\theta} f(r) r\mathrm{d}r$$

(3) 相应二重积分的积分区域 D 如图 10.79 所示，故

$$\int_0^1 \mathrm{d}x \int_{1-x}^{\sqrt{1-x^2}} f(x,y)\mathrm{d}y = \int_0^{\frac{\pi}{2}} \mathrm{d}\theta \int_{\frac{1}{\cos\theta+\sin\theta}}^1 f(r\cos\theta, r\sin\theta) r\mathrm{d}r$$

(4) 相应二重积分的积分区域 D 如图 10.80 所示，故

$$\int_0^1 \mathrm{d}x \int_0^{x^2} f(x,y)\mathrm{d}y = \int_0^{\frac{\pi}{4}} \mathrm{d}\theta \int_{\sec\theta\tan\theta}^{\sec\theta} f(r\cos\theta, r\sin\theta) r\mathrm{d}r$$

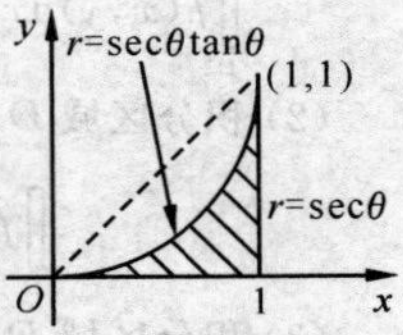

图 10.80

13. 化下列积分为极坐标形式，并计算积分值：

(1) $\int_0^{2a} \mathrm{d}x \int_0^{\sqrt{2ax-x^2}} (x^2+y^2)\mathrm{d}y$；　　(2) $\int_0^a \mathrm{d}x \int_0^x \sqrt{x^2+y^2}\,\mathrm{d}y$；

(3) $\int_0^1 \mathrm{d}x \int_{x^2}^x (x^2+y^2)^{-\frac{1}{2}}\mathrm{d}y$；　　(4) $\int_0^a \mathrm{d}y \int_0^{\sqrt{a^2-y^2}} (x^2+y^2)\mathrm{d}x$.

解　(1) 相应二重积分的积分区域 D 如图 10.81 所示，故

$$\int_0^{2a} \mathrm{d}x \int_0^{\sqrt{2ax-x^2}} (x^2+y^2)\mathrm{d}y = \int_0^{\frac{\pi}{2}} \mathrm{d}\theta \int_0^{2a\cos\theta} r^2 r\mathrm{d}r = \int_0^{\frac{\pi}{2}} \left[\frac{r^4}{4}\right]_0^{2a\cos\theta} \mathrm{d}\theta = \int_0^{\frac{\pi}{2}} 4a^4\cos^4\theta\mathrm{d}\theta =$$

$$a^4\int_0^{\frac{\pi}{2}} (2\cos^2\theta)^2\mathrm{d}\theta = a^4\int_0^{\frac{\pi}{2}} (1+\cos2\theta)^2\mathrm{d}\theta =$$

$$a^4\int_0^{\frac{\pi}{2}} (1+2\cos2\theta+\cos^2 2\theta)\mathrm{d}\theta = a^4\int_0^{\frac{\pi}{2}} \left(1+2\cos2\theta+\frac{1+\cos4\theta}{2}\right)\mathrm{d}\theta =$$

$$a^4\left[\frac{3}{2}\theta+\sin2\theta+\frac{1}{8}\sin4\theta\right]_0^{\frac{\pi}{2}} = \frac{3}{4}\pi a^4$$

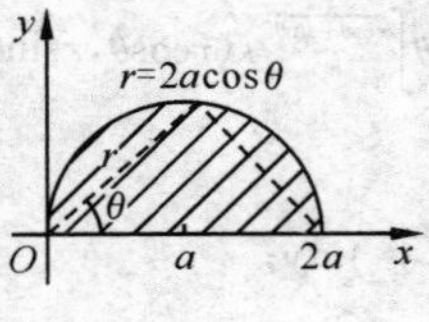

图 10.81

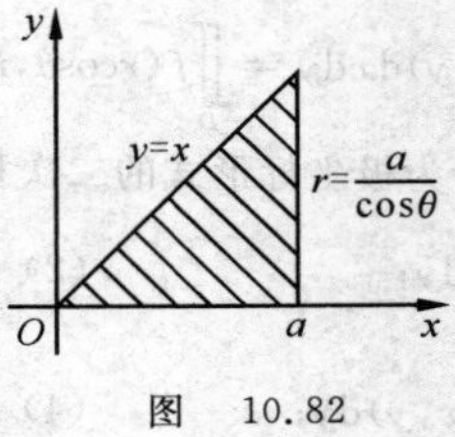

图 10.82

(2) 相应二重积分的积分区域 D 如图 10.82 所示，故

$$\int_0^a \mathrm{d}x \int_0^x \sqrt{x^2+y^2}\,\mathrm{d}y = \int_0^{\frac{\pi}{4}} \mathrm{d}\theta \int_0^{a\sec\theta} r\cdot r\mathrm{d}r = \int_0^{\frac{\pi}{4}} \left[\frac{r^3}{3}\right]_0^{a\sec\theta} \mathrm{d}\theta = \int_0^{\frac{\pi}{4}} \frac{a^3}{3}\sec^3\theta\mathrm{d}r =$$

$$\frac{a^3}{6}[\sec\theta\tan\theta+\ln(\sec\theta+\tan\theta)]_0^{\frac{\pi}{4}}=\frac{a^3}{6}[\sqrt{2}+\ln(\sqrt{2}+1)]$$

(3) 相应二重积分的积分区域 D 如图 10.83 所示，故

$$\int_0^1 dx\int_{x^2}^x (x^2+y^2)^{-\frac{1}{2}}dy=\int_0^{\frac{\pi}{4}}d\theta\int_0^{\sec\theta\tan\theta} r^{-1}rdr=\int_0^{\frac{\pi}{4}}\sec\theta\tan\theta d\theta=[\sec\theta]_0^{\frac{\pi}{4}}=\sqrt{2}-1$$

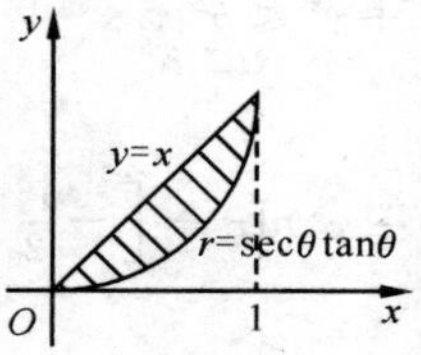

图 10.83

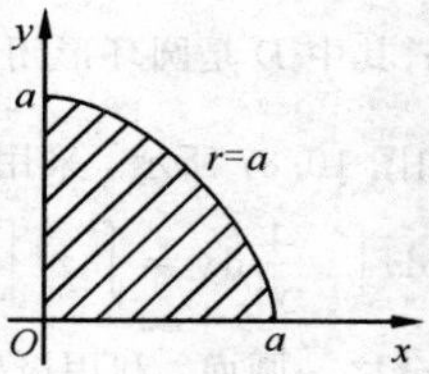

图 10.84

(4) 相应二重积分的积分区域 D 如图 10.84 所示，故

$$\int_0^a dy\int_0^{\sqrt{a^2-y^2}}(x^2+y^2)dx=\iint_D r^2\cdot rd\theta=\int_0^{\frac{\pi}{2}}d\theta\int_0^a r^3dr=\frac{\pi}{2}\left[\frac{r^4}{4}\right]_0^a=\frac{\pi}{8}a^4$$

14. 利用极坐标计算下列各题：

(1) $\iint\limits_D e^{x^2+y^2}d\sigma$，其中 D 是由圆周 $x^2+y^2=4$ 所围成的闭区域；

(2) $\iint\limits_D \ln(1+x^2+y^2)d\sigma$，其中 D 是由圆周 $x^2+y^2=1$ 及坐标轴所围成的在第一象限内的闭区域；

(3) $\iint\limits_D \arctan\frac{y}{x}d\sigma$，其中 D 是由圆周 $x^2+y^2=4$，$x^2+y^2=1$ 及直线 $y=0$，$y=x$ 所围成的在第一象限内的闭区域.

解 (1)
$$\iint\limits_D e^{x^2+y^2}d\sigma=\iint\limits_D e^{r^2}rdrd\theta=\int_0^{2\pi}d\theta\int_0^2 e^{r^2}rdr=2\pi\int_0^2 e^{r^2}\frac{1}{2}dr^2=\pi e^{r^2}\Big|_0^2=\pi(e^4-1)$$

(2) 区域 D 如图 10.85 所示，故

$$\iint\limits_D \ln(1+x^2+y^2)d\sigma=\int_0^{\frac{\pi}{2}}d\theta\int_0^1\ln(1+r^2)rdr=\frac{\pi}{2}\times\frac{1}{2}\int_0^1\ln(1+r^2)d(1+r^2)=$$

$$\frac{\pi}{4}\left((1+r^2)\ln(1+r^2)\Big|_0^1-\int_0^1 2rdr\right)=\frac{\pi}{4}(2\ln2-1)$$

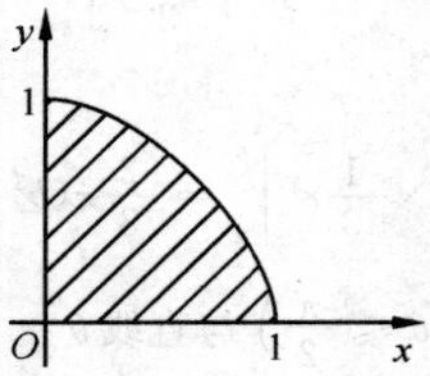

图 10.85

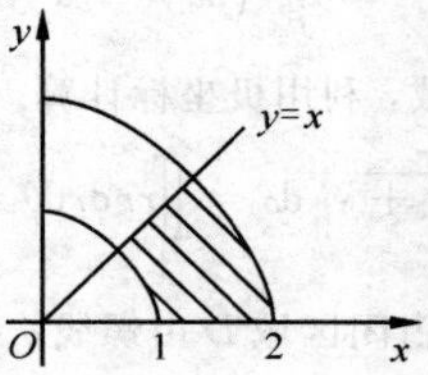

图 10.86

(3) 区域 D 如图 10.86 所示，故

$$\iint\limits_D \arctan\frac{y}{x}d\sigma=\iint\limits_D\theta rdrd\theta=\int_0^{\frac{\pi}{4}}\theta d\theta\int_1^2 rdr=\frac{1}{2}\times\left(\frac{\pi}{4}\right)^2\times\frac{1}{2}\times(4-1)=\frac{3}{64}\pi^2$$

15. 选用适当的坐标计算下列各题：

(1) $\iint\limits_D \frac{x^2}{y^2}\mathrm{d}\sigma$,其中 D 是由直线 $x=2, y=x$ 及曲线 $xy=1$ 所围成的闭区域;

(2) $\iint\limits_D \sqrt{\frac{1-x^2-y^2}{1+x^2+y^2}}\mathrm{d}\sigma$,其中 D 是由圆周 $x^2+y^2=1$ 及坐标轴所围成的在第一象限内的闭区域;

(3) $\iint\limits_D (x^2+y^2)\mathrm{d}\sigma$,其中 D 是由直线 $y=x, y=x+a, y=a, y=3a(a>0)$ 所围成的闭区域;

(4) $\iint\limits_D \sqrt{x^2+y^2}\mathrm{d}\sigma$,其中 D 是圆环形闭区域 $\{(x,y)\mid a^2\leqslant x^2+y^2\leqslant b^2\}$.

解　(1) 区域 D 如图 10.87 所示,采用直角坐标计算.

$$\iint\limits_D \frac{x^2}{y^2}\mathrm{d}\sigma=\int_1^2 x^2\mathrm{d}x\int_{\frac{1}{x}}^{x}\frac{1}{y^2}\mathrm{d}y=\int_1^2 x^2\left[-\frac{1}{y}\right]_{\frac{1}{x}}^{x}\mathrm{d}x=\int_1^2(-x+x^3)\mathrm{d}x=\left[-\frac{x^2}{2}+\frac{x^4}{4}\right]_1^2=\frac{9}{4}$$

(2) 积分区域为四分之一圆面,利用极坐标计算.

$$\iint\limits_D \sqrt{\frac{1-x^2-y^2}{1+x^2+y^2}}\mathrm{d}\sigma=\iint\limits_D \sqrt{\frac{1-r^2}{1+r^2}}r\mathrm{d}r\mathrm{d}\theta=\int_0^{\frac{\pi}{2}}\mathrm{d}\theta\int_0^1\sqrt{\frac{1-r^2}{1+r^2}}r\mathrm{d}r=\frac{\pi}{2}\left(\int_0^1\frac{1-r^2}{\sqrt{1-r^4}}r\mathrm{d}r\right)=$$

$$\frac{\pi}{2}\left(\int_0^1\frac{r}{\sqrt{1-r^4}}\mathrm{d}r-\int_0^1\frac{r^3}{\sqrt{1-r^4}}\mathrm{d}r\right)=$$

$$\frac{\pi}{2}\left[\frac{1}{2}\int_0^1\frac{1}{\sqrt{1-r^4}}\mathrm{d}r^2+\frac{1}{4}\int_0^1\frac{1}{\sqrt{1-r^4}}\mathrm{d}(1-r^4)\right]=$$

$$\frac{\pi}{2}\left[\frac{1}{2}\arcsin r^2\Big|_0^1+\frac{1}{2}(1-r^4)^{\frac{1}{2}}\Big|_0^1\right]=\frac{\pi}{8}(\pi-2)$$

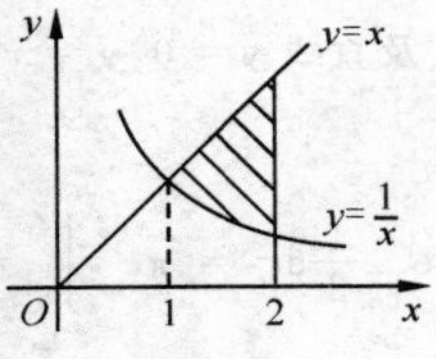

图　10.87

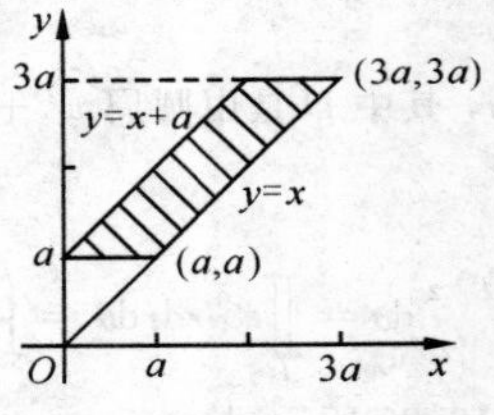

图　10.88

(3) 区域 D 如图 10.88 所示,采用直角坐标计算.

$$\iint\limits_D (x^2+y^2)\mathrm{d}\sigma=\int_a^{3a}\mathrm{d}y\int_{y-a}^{y}(x^2+y^2)\mathrm{d}x=\int_a^{3a}\left[\frac{x^3}{3}+y^2x\right]_{y-a}^{y}\mathrm{d}y=$$

$$\int_a^{3a}\left(2ay^2-a^3y+\frac{a^3}{3}\right)\mathrm{d}y=\left[\frac{2}{3}ay^3-\frac{a^2}{2}y^2+\frac{a^3}{3}y\right]_a^{3a}=14a^4$$

(4) D 为圆环形区域,利用极坐标计算.

$$\iint\limits_D \sqrt{x^2+y^2}\mathrm{d}\sigma=\iint\limits_D rr\mathrm{d}r\mathrm{d}\theta=\int_0^{2\pi}\mathrm{d}\theta\int_a^b r^2\mathrm{d}r=2\pi\times\frac{1}{3}r^3\Big|_a^b=\frac{2}{3}\pi(b^3-a^3)$$

16. 设平面薄片所占闭区域 D 由螺线 $\rho=2\theta$ 上一段弧 $\left(0\leqslant\theta\leqslant\frac{\pi}{2}\right)$ 与直线 $\theta=\frac{\pi}{2}$ 所围成,它的面密度为 $\mu(x,y)=x^2+y^2$. 求这薄片的质量(见图 10.89).

解　由题意得

$$M=\iint\limits_D(x^2+y^2)\mathrm{d}\sigma=\int_0^{\frac{\pi}{2}}\mathrm{d}\theta\int_0^{2\theta}r^2r\mathrm{d}r=\int_0^{\frac{\pi}{2}}\left[\frac{r^4}{4}\right]_0^{2\theta}\mathrm{d}\theta=4\int_0^{\frac{\pi}{2}}\theta^4\mathrm{d}\theta=\frac{4}{5}\theta^5\Big|_0^{\frac{\pi}{2}}=\frac{\pi^5}{40}$$

17. 求由平面 $y=0, y=kx(k>0), z=0$ 以及球心在原点、半径为 R 的上半球面所围成的在第一卦限内的立体的体积(见图 10.90).

解　由题意得

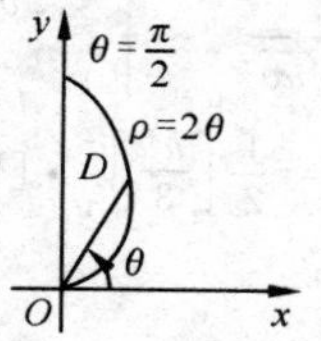

图 10.89

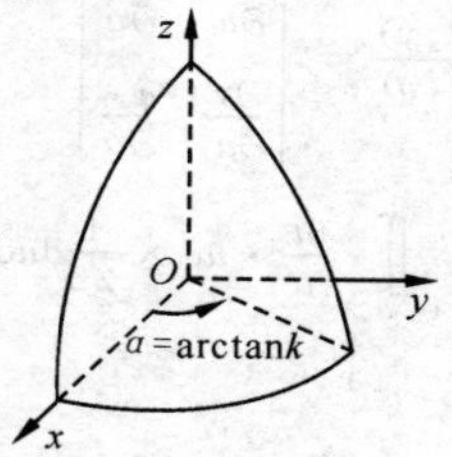

图 10.90

$$V=\iint_D\sqrt{R^2-x^2-y^2}\,d\sigma=\iint_D\sqrt{R^2-r^2}\,rdrdr\theta=\int_0^{\arctan k}d\theta\int_0^R\sqrt{R^2-r^2}\,rdr=$$

$$\arctan k\left[-\frac{1}{2}\int_0^R\sqrt{R^2-r^2}\,d(R^2-r^2)\right]=\arctan k\left[-\frac{1}{3}(R^2-r^2)^{\frac{3}{2}}\right]_0^R=\frac{R^3}{3}\arctan k$$

18. 计算以 xOy 面上的圆周 $x^2+y^2=ax$ 围成的闭区域为底，而以曲面 $z=x^2+y^2$ 为顶的曲顶柱体的体积.

解 积分域 $D:x^2+y^2\leqslant ax$，故

$$V=\iint_D(x^2+y^2)\,d\sigma\xlongequal{\text{对称性}}2\int_0^{\frac{\pi}{2}}d\theta\int_0^{a\cos\theta}r^2\,rdr=\frac{1}{2}\int_0^{\frac{\pi}{2}}a^4\cos^4\theta d\theta=$$

$$\frac{a^4}{2}\int_0^{\frac{\pi}{2}}\left(\frac{1+\cos2\theta}{2}\right)^2d\theta=\frac{a^4}{8}\int_0^{\frac{\pi}{2}}\left[1+2\cos2\theta+\frac{1+\cos4\theta}{2}\right]d\theta=\frac{3\pi}{32}a^4$$

*19. 作适当的变换，计算下列二重积分：

(1) $\iint_D(x-y)^2\sin^2(x+y)\,dxdy$，其中 D 是平行四边形闭区域，它的四个顶点是 $(\pi,0)$，$(2\pi,\pi)$，$(\pi,2\pi)$ 和 $(0,\pi)$；

(2) $\iint_D x^2y^2\,dxdy$，其中 D 是由两条双曲线 $xy=1$ 和 $xy=2$，直线 $y=x$ 和 $y=4x$ 所围成的在第一象限内的闭区域；

(3) $\iint_D e^{\frac{x}{x+y}}\,dxdy$，其中 D 是由 x 轴、y 轴和直线 $x+y=1$ 所围成的闭区域；

(4) $\iint_D\left(\frac{x^2}{a^2}+\frac{y^2}{b^2}\right)dxdy$，其中 $D=\left\{(x,y)\,\middle|\,\frac{x^2}{a^2}+\frac{y^2}{b^2}\leqslant1\right\}$.

解 (1) 区域 D 如图 10.91 所示，令 $u=x-y$，$v=x+y$，则 $x=\frac{u+v}{2}$，$y=\frac{v-u}{2}$，这时被积函数化为 $u^2\sin^2v$，在此变换下，平行四边形的四条边 $x+y=\pi$，$x+y=3\pi$，$x-y=\pi$，$-x+y=-\pi$，分别变为 $v=\pi$，$v=3\pi$，$u=\pi$，$u=-\pi$，于是 D 变为矩形域 D'：$-\pi\leqslant u\leqslant\pi$，$\pi\leqslant v\leqslant3\pi$. 而

$$J=\frac{\partial(x,y)}{\partial(u,v)}=\begin{vmatrix}\frac{\partial x}{\partial u}&\frac{\partial x}{\partial v}\\\frac{\partial y}{\partial u}&\frac{\partial y}{\partial v}\end{vmatrix}=\begin{vmatrix}\frac{1}{2}&\frac{1}{2}\\-\frac{1}{2}&\frac{1}{2}\end{vmatrix}=\frac{1}{2}=|J|$$

故

$$\iint_D(x-y)^2\sin^2(x+y)\,dxdy=\iint_{D'}u^2\sin^2v\,\frac{1}{2}dudv=\frac{1}{2}\int_{-\pi}^{\pi}u^2du\int_{\pi}^{3\pi}\sin^2v\,dv=$$

$$\frac{1}{2}\left[\frac{u^3}{3}\right]_{-\pi}^{\pi}\cdot\left[\frac{v}{2}-\frac{\sin2v}{4}\right]_{\pi}^{3\pi}=\frac{\pi^3}{3}\left(\frac{3}{2}\pi-\frac{1}{2}\pi\right)=\frac{\pi^4}{3}$$

(2) 区域 D 如图 10.92 所示，令 $xy=u$，$\frac{y}{x}=v$，则 $x=\sqrt{\frac{u}{v}}$，$y=\sqrt{uv}$，区域 D 变为矩形 D'：$1\leqslant u\leqslant2$，$1\leqslant v\leqslant4$，而

$$J=\frac{\partial(x,y)}{\partial(u,v)}=\begin{vmatrix}\dfrac{\partial x}{\partial u} & \dfrac{\partial x}{\partial v}\\ \dfrac{\partial y}{\partial u} & \dfrac{\partial y}{\partial v}\end{vmatrix}=\begin{vmatrix}\dfrac{1}{2}\sqrt{\dfrac{v}{u}}\dfrac{1}{v} & \dfrac{1}{2}\sqrt{\dfrac{v}{u}}\left(-\dfrac{u}{v^2}\right)\\ \dfrac{v}{2\sqrt{uv}} & \dfrac{u}{2\sqrt{uv}}\end{vmatrix}=\frac{1}{2v}=|J|$$

故 $$\iint_D x^2y^2\,\mathrm{d}x\mathrm{d}y=\iint_{\substack{1\leqslant u\leqslant 2\\ 1\leqslant v\leqslant 4}}\frac{u}{v}\cdot uv\times\frac{1}{2v}\mathrm{d}u\mathrm{d}v=\frac{1}{2}\int_1^2 u^2\mathrm{d}u\int_1^4\frac{1}{v}\mathrm{d}v=\frac{1}{2}\left[\frac{u^3}{3}\right]_1^2\cdot[\ln v]_1^4=\frac{7}{3}\ln 2$$

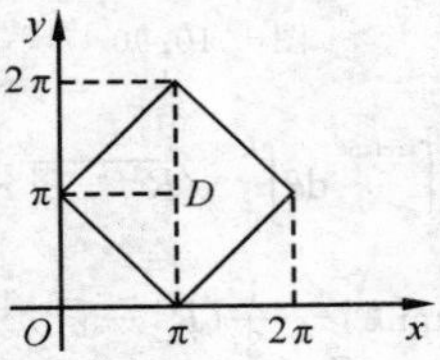

图 10.91

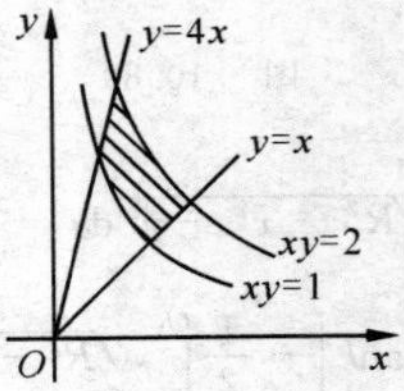

图 10.92

(3) 令 $x+y=u,\dfrac{y}{x+y}=v$,则 $x=uv,y=u-uv$,从而 $0\leqslant x+y=u\leqslant 1,0\leqslant\dfrac{y}{x+y}=v\leqslant\dfrac{y}{y}=1$,区域 D 变为矩形 D':$0\leqslant u\leqslant 1,0\leqslant v\leqslant 1$,而

$$J=\frac{\partial(x,y)}{\partial(u,v)}=\begin{vmatrix}\dfrac{\partial x}{\partial u} & \dfrac{\partial x}{\partial v}\\ \dfrac{\partial y}{\partial u} & \dfrac{\partial y}{\partial v}\end{vmatrix}=\begin{vmatrix}v & u\\ 1-v & -u\end{vmatrix}=-u,\quad |J|=u$$

故 $$\iint_D \mathrm{e}^{\frac{y}{x+y}}\mathrm{d}x\mathrm{d}y=\iint_{D'}\mathrm{e}^v u\,\mathrm{d}u\mathrm{d}v=\int_0^1 u\,\mathrm{d}u\int_0^1\mathrm{e}^v\mathrm{d}v=\frac{1}{2}(\mathrm{e}-1)$$

(4) 令 $x=ar\cos\theta,y=br\sin\theta(0\leqslant r\leqslant 1,0\leqslant\theta\leqslant 2\pi)$,而

$$J=\frac{\partial(x,y)}{\partial(r,\theta)}=\begin{vmatrix}\dfrac{\partial x}{\partial r} & \dfrac{\partial x}{\partial\theta}\\ \dfrac{\partial y}{\partial r} & \dfrac{\partial y}{\partial\theta}\end{vmatrix}=\begin{vmatrix}a\cos\theta & -ar\sin\theta\\ b\sin\theta & br\cos\theta\end{vmatrix}=abr=|J|$$

故 $$\iint_D\left(\frac{x^2}{a^2}+\frac{y^2}{b^2}\right)\mathrm{d}x\mathrm{d}y=\iint_D r^2abr\,\mathrm{d}r\mathrm{d}\theta=ab\int_0^{2\pi}\mathrm{d}\theta\int_0^1 r^3\mathrm{d}r=\frac{1}{2}ab\pi$$

*20. 求由下列曲线所围成的闭区域 D 的面积:

(1) D 是由曲线 $xy=4,xy=8,xy^3=5,xy^3=15$ 所围成的第一象限部分的闭区域;

(2) D 是由曲线 $y=x^3,y=4x^3,x=y^3,x=4y^3$ 所围成的第一象限部分的闭区域.

解 (1) 令 $u=xy,v=xy^3$,由于区域 D 在第一象限,所以 $x\geqslant 0,y\geqslant 0$,因而 $x=\sqrt{\dfrac{u^3}{v}},y=\sqrt{\dfrac{v}{u}}$,在此变换下,与 D 对应的闭区域 $D'=\{(u,v)\mid 4\leqslant u\leqslant 8,5\leqslant v\leqslant 15\}$,而

$$J=\frac{\partial(x,y)}{\partial(u,v)}=\begin{vmatrix}\dfrac{\partial x}{\partial u} & \dfrac{\partial x}{\partial v}\\ \dfrac{\partial y}{\partial u} & \dfrac{\partial y}{\partial v}\end{vmatrix}=\begin{vmatrix}\dfrac{3}{2}\sqrt{\dfrac{u}{v}} & -\dfrac{1}{2}\sqrt{\dfrac{u^3}{v^3}}\\ -\dfrac{1}{2}\sqrt{\dfrac{v}{u^3}} & \dfrac{1}{2}\sqrt{\dfrac{1}{uv}}\end{vmatrix}=\frac{1}{2v}=|J|$$

故 $$A=\iint_D\mathrm{d}x\mathrm{d}y=\iint_{D'}\frac{1}{2v}\mathrm{d}u\mathrm{d}v=\int_4^8\mathrm{d}u\int_5^{15}\frac{1}{2v}\mathrm{d}v=2\ln 3$$

(2) 令 $\dfrac{x^3}{y}=u,\dfrac{y^3}{x}=v$,则 D 化为 D':$\dfrac{1}{4}\leqslant u\leqslant 1,\dfrac{1}{4}\leqslant v\leqslant 1,x=u^{\frac{3}{8}}v^{\frac{1}{8}},y=u^{\frac{1}{8}}v^{\frac{3}{8}}$,而

$$J=\frac{\partial(x,y)}{\partial(u,v)}=\begin{vmatrix}\frac{3}{8}u^{-\frac{5}{8}}v^{\frac{1}{8}} & \frac{1}{8}u^{\frac{3}{8}}v^{-\frac{7}{8}}\\ \frac{1}{8}u^{-\frac{7}{8}}v^{\frac{3}{8}} & \frac{3}{8}u^{\frac{1}{8}}v^{-\frac{5}{8}}\end{vmatrix}=\frac{1}{8}u^{-\frac{1}{2}}v^{-\frac{1}{2}}=|J|$$

故 $$A=\iint_D \mathrm{d}\sigma=\iint_{D'}\frac{1}{8}u^{-\frac{1}{2}}v^{-\frac{1}{2}}\mathrm{d}u\mathrm{d}v=\frac{1}{8}\int_{\frac{1}{4}}^{1}u^{-\frac{1}{2}}\mathrm{d}u\int_{\frac{1}{4}}^{1}v^{-\frac{1}{2}}\mathrm{d}v=\frac{1}{8}\left[2\sqrt{u}\right]_{\frac{1}{4}}^{1}\cdot\left[2\sqrt{v}\right]_{\frac{1}{4}}^{1}=\frac{1}{8}$$

*21. 设闭区域 D 是由直线 $x+y=1, x=0, y=0$ 所围成，证明

$$\iint_D\cos\left(\frac{x-y}{x+y}\right)\mathrm{d}x\mathrm{d}y=\frac{1}{2}\sin 1$$

证明 令 $u=x-y, v=x+y$，则 $x=\frac{u+v}{2}, y=\frac{v-u}{2}$，在这种变换下，$D$ 的边界 $x+y=1, x=0, y=0$ 依次变成 $v=1, u=-v, u=v$，这是 D 的对应区域 D' 的边界，D' 如图 10.93 所示，且

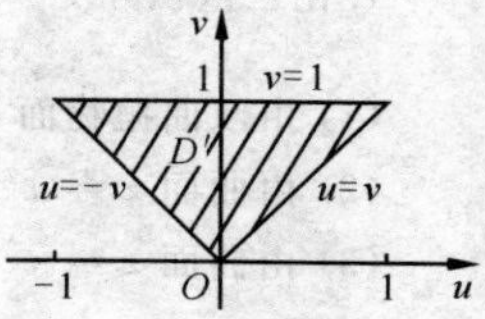

图 10.93

$$J=\frac{\partial(x,y)}{\partial(u,v)}=\begin{vmatrix}\frac{1}{2} & \frac{1}{2}\\ -\frac{1}{2} & \frac{1}{2}\end{vmatrix}=\frac{1}{2}=|J|$$

故 $$\iint_D\cos\left(\frac{x-y}{x+y}\right)\mathrm{d}x\mathrm{d}y=\iint\cos\frac{u}{v}\times\frac{1}{2}\mathrm{d}u\mathrm{d}v=\int_0^1\mathrm{d}v\int_{-v}^{v}\frac{1}{2}\cos\frac{u}{v}\mathrm{d}u=$$

$$\int_0^1\frac{v}{2}\left[\sin\frac{u}{v}\right]_{-v}^{v}\mathrm{d}v=\int_0^1 v\sin 1\mathrm{d}v=\sin 1\left.\frac{v^2}{2}\right|_0^1=\frac{1}{2}\sin 1$$

*22. 选取适当的变换，证明下列等式：

(1) $\iint_D f(x+y)\mathrm{d}x\mathrm{d}y=\int_{-1}^{1}f(u)\mathrm{d}u$，其中闭区域 $D=\{(x,y)\,|\,|x|+|y|\leqslant 1\}$；

(2) $\iint_D f(ax+by+c)\mathrm{d}x\mathrm{d}y=2\int_{-1}^{1}\sqrt{1-u^2}f(u\sqrt{a^2+b^2}+c)\mathrm{d}u$，其中 $D=\{(x,y)\,|\,x^2+y^2\leqslant 1\}$，且

$$a^2+b^2\neq 0$$

证明 (1) $u=x+y, v=x+y$，则 $x=\frac{u+v}{2}, y=\frac{u-v}{2}$，在这变换下 D 变为闭区域 $D'=\{(u,v)\,|\,-1\leqslant u\leqslant 1, -1\leqslant v\leqslant 1\}$，且

$$J=\frac{\partial(x,y)}{\partial(u,v)}=\begin{vmatrix}\frac{\partial x}{\partial u} & \frac{\partial x}{\partial v}\\ \frac{\partial y}{\partial u} & \frac{\partial y}{\partial v}\end{vmatrix}=\begin{vmatrix}\frac{1}{2} & \frac{1}{2}\\ \frac{1}{2} & -\frac{1}{2}\end{vmatrix}=-\frac{1}{2},\quad |J|=\frac{1}{2}$$

所以 $$\iint_D f(x+y)\mathrm{d}x\mathrm{d}y=\iint_{D'}f(u)\times\frac{1}{2}\mathrm{d}u\mathrm{d}v=\int_{-1}^{1}\mathrm{d}u\int_{-1}^{1}\frac{1}{2}f(u)\mathrm{d}v=\int_{-1}^{1}f(u)\mathrm{d}u$$

(2) 令 $$ax+by=\sqrt{a^2+b^2}\,u=\frac{(a^2+b^2)u}{\sqrt{a^2+b^2}},\quad ax-by=\frac{(a^2-b^2)u-2abv}{\sqrt{a^2+b^2}}$$

则 $$x=\frac{au-bv}{\sqrt{a^2+b^2}},\quad y=\frac{bu+av}{\sqrt{a^2+b^2}},\quad f(ax+by+c)=f(u\sqrt{a^2+b^2}+c)$$

且 $$J=\frac{\partial(x,y)}{\partial(u,v)}=\begin{vmatrix}\frac{a}{\sqrt{a^2+b^2}} & \frac{-b}{\sqrt{a^2+b^2}}\\ \frac{b}{\sqrt{a^2+b^2}} & \frac{a}{\sqrt{a^2+b^2}}\end{vmatrix}=\frac{a^2}{a^2+b^2}+\frac{b^2}{a^2+b^2}=1=|J|$$

当 $x^2+y^2\leqslant 1$ 时，有

$$\left(\frac{au-bv}{\sqrt{a^2+b^2}}\right)+\left(\frac{bu+av}{\sqrt{a^2+b^2}}\right)=\frac{(a^2+b^2)u^2+(a^2+b^2)v^2}{a^2+b^2}=u^2+v^2\leqslant 1$$

所以，D' 为圆域 $u^2+v^2\leqslant 1$，故

$$\iint_D f(ax+by+c)\mathrm{d}x\mathrm{d}y=\int_{-1}^{1}\mathrm{d}u\int_{-\sqrt{1-u^2}}^{\sqrt{1-u^2}}f(u\sqrt{a^2+b^2}+c)\mathrm{d}v=$$

$$\int_{-1}^{1}f(u\sqrt{a^2+b^2}+c)v\Big|_{-\sqrt{1-u^2}}^{\sqrt{1-u^2}}\mathrm{d}u=2\int_{-1}^{1}\sqrt{1-u^2}\,f(u\sqrt{a^2+b^2}+c)\mathrm{d}u$$

（三）习题 10-3 解答

1. 化三重积分 $I=\iiint_\Omega f(x,y,z)\mathrm{d}x\mathrm{d}y\mathrm{d}z$ 为三次积分，其中积分区域 Ω 分别是

(1) 由双曲抛物面 $xy=z$ 及平面 $x+y-1=0$，$z=0$ 所围成的闭区域；

(2) 由曲面 $z=x^2+y^2$ 及平面 $z=1$ 所围成的闭区域；

(3) 由曲面 $z=x^2+2y^2$ 及 $z=2-x^2$ 所围成的闭区域；

(4) 由曲面 $cz=xy(c>0)$，$\dfrac{x^2}{a^2}+\dfrac{y^2}{b^2}=1$，$z=0$ 所围成的在第一卦限内的闭区域.

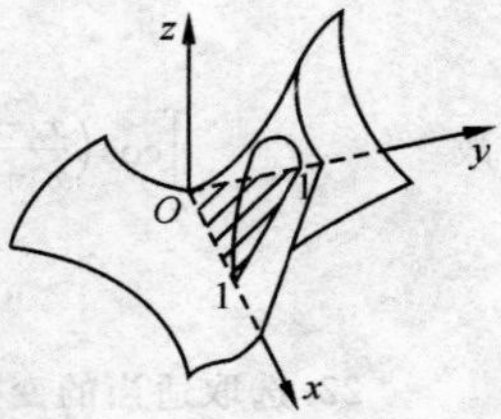

图 10.94

解 (1) Ω（见图 10.94）可表示为 $\begin{cases}0\leqslant x\leqslant 1\\0\leqslant y\leqslant 1-x\\0\leqslant z\leqslant xy\end{cases}$，于是

$$I=\int_0^1\mathrm{d}x\int_0^{1-x}\mathrm{d}y\int_0^{xy}f(x,y,z)\mathrm{d}z$$

(2) Ω（见图 10.95）在 xOy 平面上的投影区域是圆域 $x^2+y^2\leqslant 1$，于是

$$I=\int_{-1}^{1}\mathrm{d}x\int_{-\sqrt{1-x^2}}^{\sqrt{1-x^2}}\mathrm{d}y\int_{x^2+y^2}^{1}f(x,y,z)\mathrm{d}z$$

(3) 联立 $z=x^2+2y^2$ 与 $z=2-x^2$，消去 z 得 $x^2+y^2=1$，所以 Ω 在 xOy 面的投影区域为 $x^2+y^2\leqslant 1$，从而有 Ω：$\begin{cases}-1\leqslant x\leqslant 1\\-\sqrt{1-x^2}\leqslant y\leqslant\sqrt{1-x^2}\\x^2+2y^2\leqslant z\leqslant 2-x^2\end{cases}$，于是

$$I=\int_{-1}^{1}\mathrm{d}x\int_{-\sqrt{1-x^2}}^{\sqrt{1-x^2}}\mathrm{d}y\int_{x^2+2y^2}^{2-x^2}f(x,y,z)\mathrm{d}z$$

(4) Ω 的上边界为曲面 $cz=xy$，下边界为平面 $z=0$，从而有

$$\Omega:\begin{cases}0\leqslant x\leqslant a\\0\leqslant y\leqslant\dfrac{b}{a}\sqrt{a^2-x^2}\\0\leqslant z\leqslant\dfrac{xy}{c}\end{cases}$$

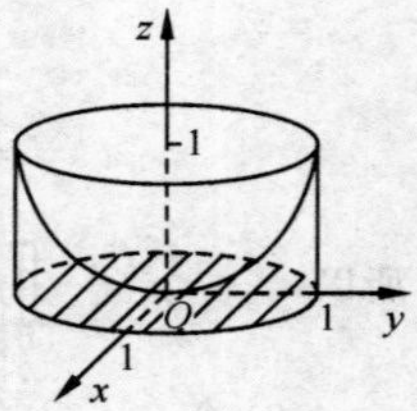

图 10.95

于是 $$I=\int_0^a\mathrm{d}x\int_0^{\frac{b}{a}\sqrt{a^2-x^2}}\mathrm{d}y\int_0^{\frac{xy}{c}}f(x,y,z)\mathrm{d}z$$

2. 设有一物体，占有空间闭区域 $\Omega=\{(x,y,z)\mid 0\leqslant x\leqslant 1,0\leqslant y\leqslant 1,0\leqslant z\leqslant 1\}$，在点 (x,y,z) 处的密度 $\rho(x,y,z)=x+y+z$，试计算该物体的质量.

解 $$M=\iiint_\Omega\rho(x,y,z)\mathrm{d}x\mathrm{d}y\mathrm{d}z=\int_0^1\mathrm{d}x\int_0^1\mathrm{d}y\int_0^1(x+y+z)\mathrm{d}z=\frac{3}{2}$$

3. 如果三重积分 $\iiint_\Omega f(x,y,z)\mathrm{d}x\mathrm{d}y\mathrm{d}z$ 的被积函数 $f(x,y,z)$ 是三个函数 $f_1(x)$，$f_2(y)$，$f_3(z)$ 的乘积，即 $f(x,y,z)=f_1(x)f_2(y)f_3(z)$，积分区域 $\Omega=\{(x,y,z)\mid a\leqslant x\leqslant b,c\leqslant y\leqslant d,l\leqslant z\leqslant m\}$，证明：这个三重积分等于三个单积分的乘积，即

$$\iiint_{\Omega} f_1(x)f_2(y)f_3(z)\mathrm{d}x\mathrm{d}y\mathrm{d}z = \int_a^b f_1(x)\mathrm{d}x\int_c^d f_2(y)\mathrm{d}y\int_l^m f_3(z)\mathrm{d}z$$

证明 $$\iiint_{\Omega} f_1(x)f_2(y)f_3(z)\mathrm{d}x\mathrm{d}y\mathrm{d}z = \int_a^b \mathrm{d}x\int_c^d \mathrm{d}y\int_l^m f_1(x)f_2(y)f_3(z)\mathrm{d}z =$$
$$\int_a^b \mathrm{d}x\int_c^d f_1(x)f_2(y)\mathrm{d}y\int_l^m f_3(z)\mathrm{d}z =$$
$$\int_a^b f_1(x)\mathrm{d}x\int_c^d f_2(y)\mathrm{d}y\int_l^m f_3(z)\mathrm{d}z$$

4. 计算$\iiint_{\Omega} xy^2z^3\mathrm{d}x\mathrm{d}y\mathrm{d}z$,其中$\Omega$是由曲面$z = xy$与平面$y = x, x = 1$和$z = 0$所围成的闭区域.

解 $\Omega: 0 \leqslant x \leqslant 1, 0 \leqslant y \leqslant x, 0 \leqslant z \leqslant xy$,于是

$$\iiint_{\Omega} xy^2z^3\mathrm{d}x\mathrm{d}y\mathrm{d}z = \int_0^1 x\mathrm{d}x\int_0^x y^2\mathrm{d}y\int_0^{xy} z^3\mathrm{d}z = \frac{1}{364}$$

5. 计算$\iiint_{\Omega} \frac{\mathrm{d}x\mathrm{d}y\mathrm{d}z}{(1+x+y+z)^3}$,其中$\Omega$为平面$x = 0, y = 0, z = 0, x + y + z = 1$所围成的四面体.

解 Ω如图10.96所示,故

$$\iiint_{\Omega} \frac{\mathrm{d}x\mathrm{d}y\mathrm{d}z}{(1+x+y+z)^3} = \int_0^1 \mathrm{d}x\int_0^{1-x}\mathrm{d}y\int_0^{1-x-y}\frac{1}{(1+x+y+z)^3}\mathrm{d}z = \frac{1}{2}\left(\ln 2 - \frac{5}{8}\right)$$

6. 计算$\iiint_{\Omega} xyz\mathrm{d}x\mathrm{d}y\mathrm{d}z$,其中$\Omega$为球面$x^2 + y^2 + z^2 = 1$及三个坐标面所围成的在第一卦限内的闭区域.

解 $$\iiint_{\Omega} xyz\mathrm{d}x\mathrm{d}y\mathrm{d}z = \int_0^1 \mathrm{d}x\int_0^{\sqrt{1-x^2}}\mathrm{d}y\int_0^{\sqrt{1-x^2-y^2}} xyz\mathrm{d}z = \frac{1}{48}$$

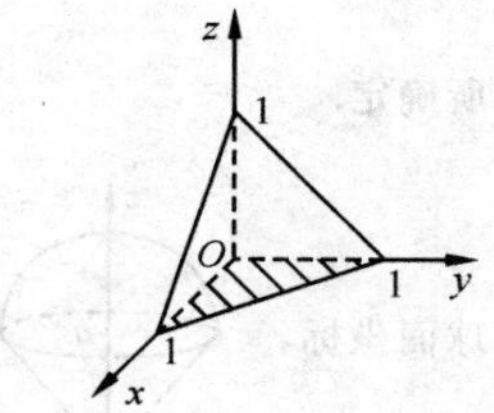

图 10.96

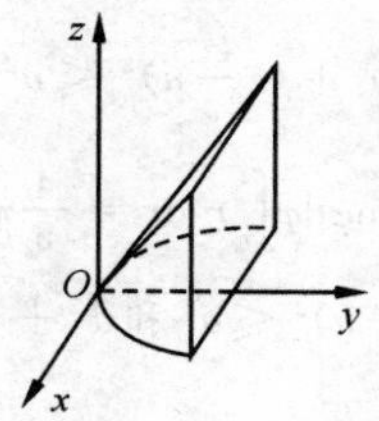

图 10.97

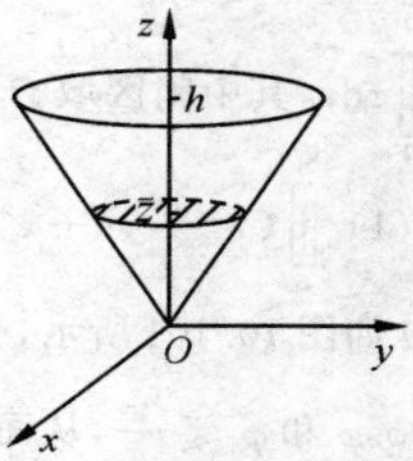

图 10.98

7. 计算$\iiint_{\Omega} xz\mathrm{d}x\mathrm{d}y\mathrm{d}z$,其中$\Omega$是由平面$z = 0, z = y, y = 1$以及抛物柱面$y = x^2$所围成的闭区域.

解 Ω如图10.97所示,故

$$\iiint_{\Omega} xz\mathrm{d}x\mathrm{d}y\mathrm{d}z = \int_{-1}^1 \mathrm{d}x\int_{x^2}^1 \mathrm{d}y\int_0^y xz\mathrm{d}z = 0$$

8. 计算$\iiint_{\Omega} z\mathrm{d}x\mathrm{d}y\mathrm{d}z$,其中$\Omega$是由锥面$z = \frac{h}{R}\sqrt{x^2+y^2}$与平面$z = h (R > 0, h > 0)$所围成的闭区域.

解 Ω如图10.98所示,采用先二后一法计算.当$0 \leqslant z \leqslant h$时,平行于$xOy$面的圆域$D_z$的半径为$\sqrt{x^2+y^2} = \frac{R}{h}z$,面积为$\frac{\pi R^2}{h^2}z^2$,于是

$$\iiint_{\Omega} z\mathrm{d}x\mathrm{d}y\mathrm{d}z = \int_0^h z\mathrm{d}z\iint_{D_z}\mathrm{d}x\mathrm{d}y = \int_0^h \frac{\pi R^2}{h^2}z^3\mathrm{d}z = \frac{\pi R^2 h^2}{4}$$

9. 利用柱面坐标计算下列三重积分:

(1) $\iiint_{\Omega} z\mathrm{d}v$,其中$\Omega$是由曲面$z = \sqrt{2-x^2-y^2}$及$z = x^2 + y^2$所围成的闭区域;

(2) $\iiint\limits_{\Omega}(x^2+y^2)\mathrm{d}v$,其中 Ω 是由曲面 $x^2+y^2=2z$ 及平面 $z=2$ 所围成的闭区域.

解 (1) Ω 如图 10.99 所示,联立 $z=\sqrt{2-x^2-y^2}$ 与 $z=x^2+y^2$,消去 z 得 $\sqrt{2-x^2-y^2}=x^2+y^2$,即 $x^2+y^2=1$,因而 Ω 在 xOy 面上的投影区域为 $x^2+y^2\leqslant 1$,于是

$$\iiint\limits_{\Omega} z\,\mathrm{d}v=\int_0^{2\pi}\mathrm{d}\theta\int_0^1 r\mathrm{d}r\int_{r^2}^{\sqrt{2-r^2}} z\mathrm{d}z=\frac{7}{12}\pi$$

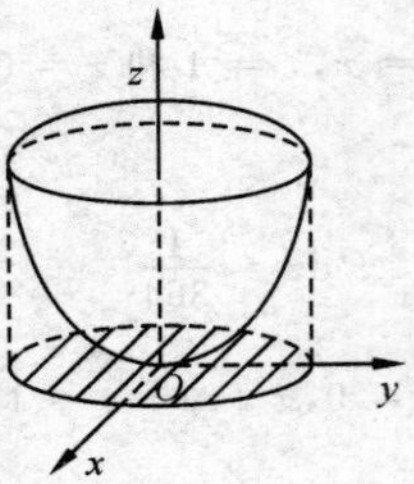

图 10.99

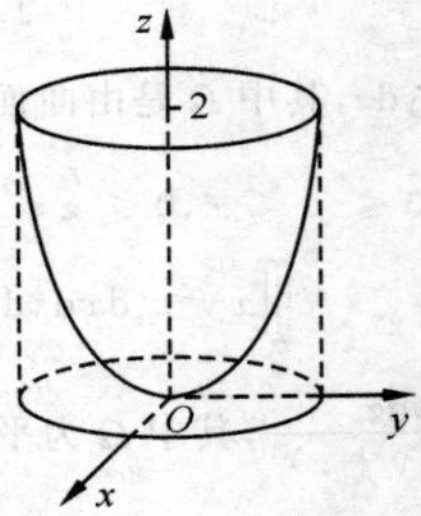

图 10.100

(2) Ω(见图 10.100) 在 xOy 面上的投影区域是圆域 $D:0\leqslant\theta\leqslant 2\pi,0\leqslant r\leqslant 2$. 于是

$$\iiint\limits_{\Omega}(x^2+y^2)\mathrm{d}v=\int_0^{2\pi}\mathrm{d}\theta\int_0^2 r^3\mathrm{d}r\int_{\frac{1}{2}r^2}^{2} z\mathrm{d}z=\frac{16}{3}\pi$$

10. 利用球面坐标计算下列三重积分:

(1) $\iiint\limits_{\Omega}(x^2+y^2+z^2)\mathrm{d}v$,其中 Ω 是由球面 $x^2+y^2+z^2=1$ 所围成的闭区域;

(2) $\iiint\limits_{\Omega} z\,\mathrm{d}v$,其中闭区域 Ω 由不等式 $x^2+y^2+(z-a)^2\leqslant a^2$,$x^2+y^2\leqslant z^2$ 所确定.

解 (1) $\iiint\limits_{\Omega}(x^2+y^2+z^2)\mathrm{d}v=\int_0^{2\pi}\mathrm{d}\theta\int_0^{\pi}\sin\varphi\mathrm{d}\varphi\int_0^1 r^4\mathrm{d}r=\frac{4}{5}\pi$

(2) Ω 如图 10.101 所示,将 $x^2+y^2+(z-a)^2\leqslant a^2$ 和 $x^2+y^2\leqslant z^2$ 变换为球面坐标,得 $r\leqslant 2a\cos\varphi$ 和 $\varphi\leqslant\frac{\pi}{4}$,从而

$$\iiint\limits_{\Omega} z\,\mathrm{d}v=\int_0^{2\pi}\mathrm{d}\theta\int_0^{\frac{\pi}{4}}\sin\varphi\cos\varphi\mathrm{d}\varphi\int_0^{2a\cos\varphi} r^3\mathrm{d}r=\frac{7}{6}\pi a^4$$

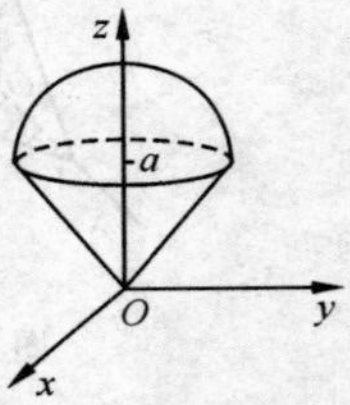

图 10.101

11. 选用适当的坐标计算下列三重积分:

(1) $\iiint\limits_{\Omega} xy\,\mathrm{d}v$,其中 Ω 为柱面 $x^2+y^2=1$ 及平面 $z=1,z=0,x=0,y=0$ 所围成的在第一卦限内的闭区域;

*(2) $\iiint\limits_{\Omega}\sqrt{x^2+y^2+z^2}\,\mathrm{d}v$,其中 Ω 是由球面 $x^2+y^2+z^2=z$ 所围成的闭区域;

(3) $\iiint\limits_{\Omega}(x^2+y^2)\mathrm{d}v$,其中 Ω 是由曲面 $4z^2=25(x^2+y^2)$ 及平面 $z=5$ 所围成的闭区域;

*(4) $\iiint\limits_{\Omega}(x^2+y^2)\mathrm{d}v$,其中闭区域 Ω 由不等式 $0<a\leqslant\sqrt{x^2+y^2+z^2}\leqslant A,z\geqslant 0$ 所确定.

解 (1) 用直角坐标计算. Ω 如图 10.102 所示,故

$$\iiint\limits_{\Omega} xy\,\mathrm{d}v=\int_0^1 x\mathrm{d}x\int_0^{\sqrt{1-x^2}} y\mathrm{d}y\int_0^1\mathrm{d}z=\frac{1}{8}$$

也可用柱面坐标计算,即

$$\iiint_{\Omega} xy\mathrm{d}v = \iiint_{\Omega} r\cos\theta r\sin\theta r\mathrm{d}r\mathrm{d}\theta\mathrm{d}z = \int_0^{\frac{\pi}{2}}\sin\theta\cos\theta\mathrm{d}\theta\int_0^1 r^3\mathrm{d}r\int_0^1\mathrm{d}z = \frac{1}{8}$$

(2) 用球面坐标计算. Ω 用球面坐标可表为 $0\leqslant\theta\leqslant 2\pi$，$0\leqslant\varphi\leqslant\frac{\pi}{2}$，$0\leqslant r\leqslant\cos\varphi$，从而

$$\iiint_{\Omega}\sqrt{x^2+y^2+z^2}\mathrm{d}v = \int_0^{2\pi}\mathrm{d}\theta\int_0^{\frac{\pi}{2}}\mathrm{d}\varphi\int_0^{\cos\theta} r\cdot r^2\sin\varphi\mathrm{d}r = \frac{\pi}{10}$$

(3) 用柱面坐标计算. 由 $z=5$ 与 $4z^2=25(x^2+y^2)$ 得 $x^2+y^2=4$. 从而 Ω 在 xOy 面上的投影区域为 $x^2+y^2\leqslant 4$. Ω(见图 10.103) 用柱面坐标可表为 $0\leqslant\theta\leqslant 2\pi$，$0\leqslant r\leqslant 2$，$\frac{5}{2}r\leqslant z\leqslant 5$，故

$$\iiint_{\Omega}(x^2+y^2)\mathrm{d}v = \int_0^{2\pi}\mathrm{d}\theta\int_0^2 r^3\mathrm{d}r\int_{\frac{5}{2}r}^5\mathrm{d}z = 8\pi$$

(4) 用球面坐标计算. Ω 用球面坐标可表为 $0\leqslant\theta\leqslant 2\pi$，$0\leqslant\varphi\leqslant\frac{\pi}{2}$，$a\leqslant r\leqslant A$，故

$$\iiint_{\Omega}(x^2+y^2)\mathrm{d}v = \iiint_{\Omega}(r^2\sin^2\varphi\cos^2\theta + r^2\sin^2\varphi\sin^2\theta)r^2\sin\varphi\mathrm{d}r\mathrm{d}\varphi\mathrm{d}\theta =$$

$$\int_0^{2\pi}\mathrm{d}\theta\int_0^{\frac{\pi}{2}}\sin^3\varphi\mathrm{d}\varphi\int_a^A r^4\mathrm{d}r = \frac{4\pi}{15}(A^5-a^5)$$

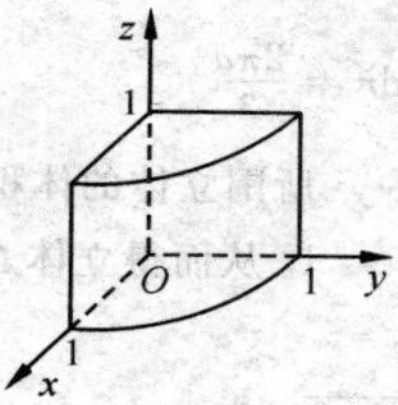

图 10.102

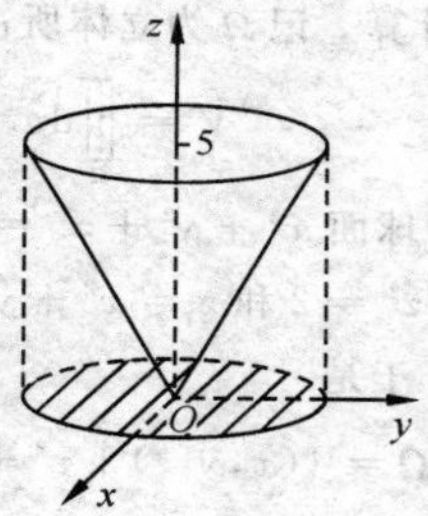

图 10.103

12. 利用三重积分计算下列由曲面所围成的立体的体积：

(1) $z=6-x^2-y^2$ 及 $z=\sqrt{x^2+y^2}$；

*(2) $x^2+y^2+z^2=2az(a>0)$ 及 $x^2+y^2=z^2$(含有 z 轴的部分)；

(3) $z=\sqrt{x^2+y^2}$ 及 $z=x^2+y^2$；

(4) $z=\sqrt{5-x^2-y^2}$ 及 $x^2+y^2=4z$.

解 (1) 用柱面坐标计算. $z=6-x^2-y^2$ 的柱面坐标方程为 $z=6-r^2$，$z=\sqrt{x^2+y^2}$ 的柱面坐标方程为 $z=r$. 由 $z=6-r^2$ 和 $z=r$ 得 $r=2$，故立体 Ω 在 xOy 面的投影区域为圆域 $r\leqslant 2$. 于是

$$V = \iiint_{\Omega}\mathrm{d}v = \iiint_{\Omega} r\mathrm{d}r\mathrm{d}\theta\mathrm{d}z = \int_0^{2\pi}\mathrm{d}\theta\int_0^2 r\mathrm{d}r\int_r^{6-r^2}\mathrm{d}z = \frac{32}{3}\pi$$

(2) 用球面坐标计算. $x^2+y^2=z^2$ 的球面坐标方程为 $r^2\sin^2\varphi = r^2\cos^2\varphi$，即 $\varphi=\frac{\pi}{4}$. $x^2+y^2+z^2=2az$ 的球面坐标方程为 $r=2a\cos\varphi$. 立体 Ω 如图 10.104 所示，故

$$V = \iiint_{\Omega}\mathrm{d}v = \iiint_{\Omega} r^2\sin\varphi\mathrm{d}r\mathrm{d}\varphi\mathrm{d}\theta = \int_0^{2\pi}\mathrm{d}\theta\int_0^{\frac{\pi}{4}}\sin\varphi\mathrm{d}\varphi\int_0^{2a\cos\varphi} r^2\mathrm{d}r = \pi a^3$$

(3) 用柱面坐标计算. 立体 Ω 如图 10.105 所示，曲面 $z=\sqrt{x^2+y^2}$ 和 $z=x^2+y^2$ 的柱面坐标方程分别为 $z=r$ 和 $z=r^2$，可得交线为圆 $r=1$，从而立体在 xOy 面的投影区域为 $r\leqslant 1$，故

$$V = \iiint_{\Omega}\mathrm{d}v = \int_0^{2\pi}\mathrm{d}\theta\int_0^1 r\mathrm{d}r\int_{r^2}^r\mathrm{d}z = \frac{\pi}{6}$$

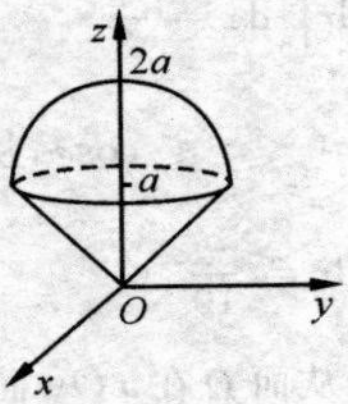

图 10.104

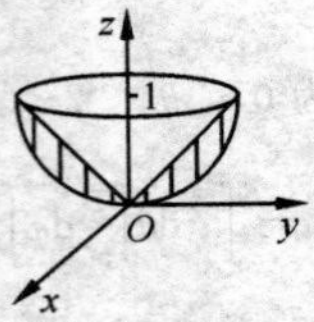

图 10.105

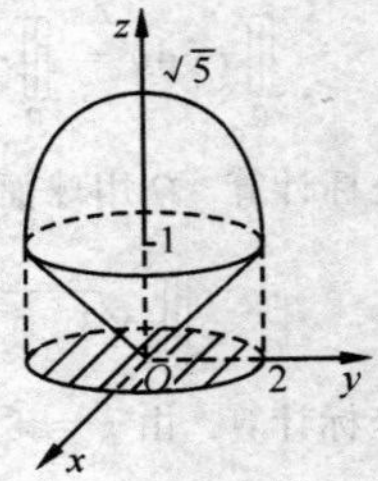

图 10.106

(4) 用柱面坐标计算. 立体 Ω 如图 10.106 所示，曲面 $z=\sqrt{5-x^2-y^2}$ 和 $x^2+y^2=4z$ 的柱面坐标方程分别为 $z=\sqrt{5-r^2}$ 和 $r^2=4z$，得交线为 $\begin{cases} r=2 \\ z=1 \end{cases}$，所以立体在 xOy 面的投影区域为 $r\leqslant 2$，故

$$V=\int_0^{2\pi}\mathrm{d}\theta\int_0^2 r\mathrm{d}r\int_{\frac{r^2}{4}}^{\sqrt{5-r^2}}\mathrm{d}z=\frac{2}{3}\pi(5\sqrt{5}-4)$$

*13. 求球体 $r\leqslant a$ 位于锥面 $\varphi=\frac{\pi}{3}$ 和 $\varphi=\frac{2}{3}\pi$ 之间的部分的体积.

解 用球面坐标计算. 记 Ω 为立体所占的空间区域，有

$$V=\iiint_\Omega \mathrm{d}v=\int_0^{2\pi}\mathrm{d}\theta\int_{\frac{\pi}{3}}^{\frac{2\pi}{3}}\sin\varphi\mathrm{d}\varphi\int_0^a r^2\mathrm{d}r=\frac{2\pi a}{3}$$

14. 求上、下分别为球面 $x^2+y^2+z^2=2$ 和抛物面 $z=x^2+y^2$ 所围立体的体积.

解 由 $x^2+y^2+z^2=2$ 和 $z=x^2+y^2$ 消去 z，解得 $x^2+y^2=1$. 从而得立体 Ω 在 xOy 面上的投影区域 D_{xy} 为 $x^2+y^2\leqslant 1$. 于是

$$\Omega=\{(x,y,z)\mid x^2+y^2\leqslant z\leqslant\sqrt{2-x^2-y^2},x^2+y^2\leqslant 1\}$$

因此

$$V=\iiint_\Omega \mathrm{d}v=\iint_{D_{xy}}\mathrm{d}x\mathrm{d}y\int_{x^2+y^2}^{\sqrt{2-x^2-y^2}}\mathrm{d}z=\iint_{D_{xy}}[\sqrt{2-x^2-y^2}-(x^2+y^2)]\mathrm{d}x\mathrm{d}y(\text{用极坐标})=$$

$$\int_0^{2\pi}\mathrm{d}\theta\int_0^1(\sqrt{2-\rho^2}-\rho^2)\rho\mathrm{d}\rho=\frac{8\sqrt{2}-7}{6}\pi$$

注:本题也可用“先重后单”的方法按下式方便地求得结果：

$$V=\int_1^{\sqrt{2}}\mathrm{d}z\iint_{x^2+y^2\leqslant 2-z^2}\mathrm{d}x\mathrm{d}y+\int_0^1\mathrm{d}z\iint_{x^2+y^2\leqslant z}\mathrm{d}x\mathrm{d}y=\pi\int_0^{\sqrt{2}}(2-z^2)\mathrm{d}z+\pi\int_0^1 z\mathrm{d}z=\frac{4\sqrt{2}-5}{3}\pi+\frac{1}{2}\pi=\frac{8\sqrt{2}-7}{6}\pi$$

*15. 球心在原点、半径为 R 的球体，在其上任意一点密度的大小与这点到球心的距离成正比，求这球体的质量.

解 用球面坐标计算. 设 Ω 为 $x^2+y^2+z^2\leqslant R^2$，即 $r\leqslant R$. $\rho(x,y,z)=k\sqrt{x^2+y^2+z^2}$，即 $\rho=kr$. 从而此球体的质量为

$$M=\iiint_\Omega k\sqrt{x^2+y^2+z^2}\mathrm{d}v=\int_0^{2\pi}\mathrm{d}\theta\int_0^\pi\sin\varphi\mathrm{d}\varphi\int_0^R kr\cdot r^2\mathrm{d}r=k\pi R^4$$

(四) 习题 10-4 解答

1. 求球面 $x^2+y^2+z^2=a^2$ 含在圆柱面 $x^2+y^2=ax$ 内部的那部分面积.

解 如图 10.107 所示，上半球面的方程为 $z=\sqrt{a^2-x^2-y^2}$，求偏导数得

$$\frac{\partial z}{\partial x}=\frac{-x}{\sqrt{a^2-x^2-y^2}},\quad\frac{\partial z}{\partial y}=\frac{-y}{\sqrt{a^2-x^2-y^2}}$$

从而 $$\sqrt{1+\left(\frac{\partial z}{\partial x}\right)^2+\left(\frac{\partial z}{\partial y}\right)^2}=\frac{a}{\sqrt{a^2-x^2-y^2}}$$

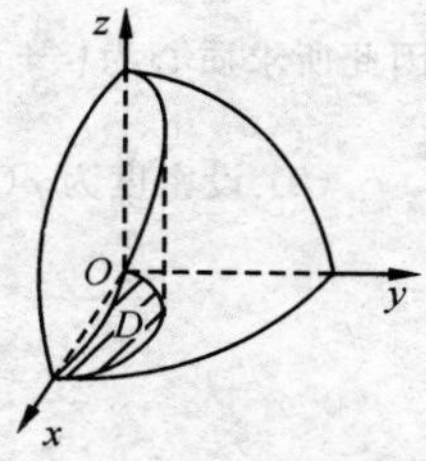

图 10.107

由对称性知

$$A=4\iint_D\sqrt{1+\left(\frac{\partial z}{\partial x}\right)^2+\left(\frac{\partial z}{\partial y}\right)^2}\mathrm{d}x\mathrm{d}y=4\iint_D\frac{a}{\sqrt{a^2-x^2-y^2}}\mathrm{d}x\mathrm{d}y=$$

$$4a\iint_D\frac{1}{\sqrt{a^2-r^2}}r\mathrm{d}r\mathrm{d}\theta=4a\int_0^{\frac{\pi}{2}}\mathrm{d}\theta\int_0^{a\cos\theta}\frac{1}{\sqrt{a^2-r^2}}r\mathrm{d}r=$$

$$2a\int_0^{\frac{\pi}{2}}\mathrm{d}\theta\int_0^{a\cos\theta}\frac{(-1)}{\sqrt{a^2-r^2}}\mathrm{d}(a^2-r^2)=2a\int_0^{\frac{\pi}{2}}\left[-2(a^2-r^2)^{\frac{1}{2}}\right]_0^{a\cos\theta}\mathrm{d}\theta=$$

$$4a\int_0^{\frac{\pi}{2}}a(1-\sin\theta)\mathrm{d}\theta=2a^2(\pi-2)$$

2. 求锥面 $z=\sqrt{x^2+y^2}$ 被柱面 $z^2=2x$ 所割下部分的曲面面积.

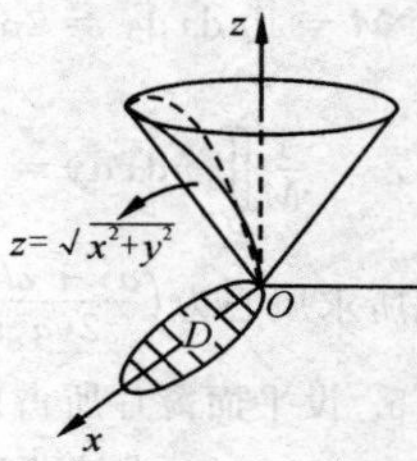

图 10.108

解 如图10.108所示，联立 $z^2=x^2+y^2$ 与 $z^2=2x$，消去 z 得 $x^2+y^2=2x$，则所求曲面在 xOy 面上的投影区域 D 为圆域 $x^2+y^2\leqslant 2x$，而

$$\frac{\partial z}{\partial x}=\frac{x}{\sqrt{x^2+y^2}},\quad \frac{\partial z}{\partial y}=\frac{y}{\sqrt{x^2+y^2}}$$

故 $$A=\iint_D\sqrt{1+z_x^2+z_y^2}\,\mathrm{d}x\mathrm{d}y=\iint_D\sqrt{2}\,\mathrm{d}x\mathrm{d}y=\sqrt{2}\,\pi$$

3. 求底圆半径相等的两个直交圆柱面 $x^2+y^2=R^2$ 及 $x^2+z^2=R^2$ 所围立体的表面积.

解 如图10.109所示，由对称性知，所围立体的表面积等于第一卦限中位于圆柱面 $x^2+z^2=R^2$ 上部分面积的16倍，这部分曲面的方程为 $z=\sqrt{R^2-x^2}$，于是

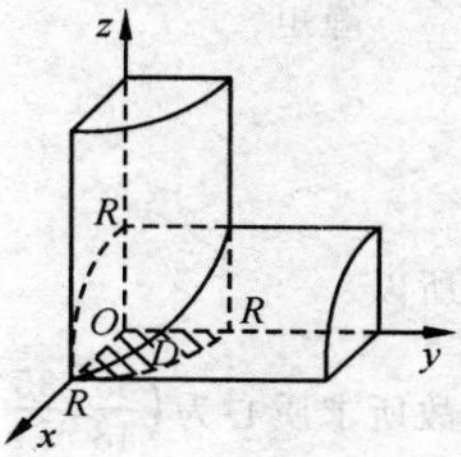

图 10.109

$$A=\iint_D\sqrt{1+\left(\frac{\partial z}{\partial x}\right)^2+\left(\frac{\partial z}{\partial y}\right)^2}\mathrm{d}x\mathrm{d}y=16\iint_D\sqrt{1+\left(\frac{-x}{\sqrt{R^2-x^2}}\right)^2+0^2}\,\mathrm{d}x\mathrm{d}y=$$

$$16\iint_D\frac{R}{\sqrt{R^2-x^2}}\mathrm{d}x\mathrm{d}y=16\int_0^R\mathrm{d}x\int_0^{\sqrt{R^2-x^2}}\frac{R}{\sqrt{R^2-x^2}}\mathrm{d}y=$$

$$16\int_0^R\left[\frac{R}{\sqrt{R^2-x^2}}y\right]_0^{\sqrt{R^2-x^2}}\mathrm{d}x=16\int_0^R R\mathrm{d}x=16R^2$$

4. 设薄片所占的闭区域 D 如下，求均匀薄片的质心：

(1) D 由 $y=\sqrt{2px}$，$x=x_0$，$y=0$ 所围成；

(2) D 是半椭圆形闭区域 $\left\{(x,y)\,\middle|\,\frac{x^2}{a^2}+\frac{y^2}{b^2}\leqslant 1, y\geqslant 0\right\}$；

(3) D 是介于两个圆 $\rho=a\cos\theta$，$\rho=b\cos\theta\ (0<a<b)$ 之间的闭区域.

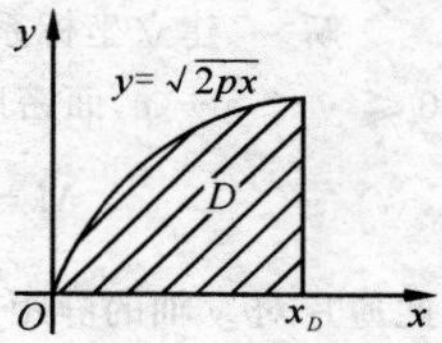

图 10.110

解 (1) 区域 D 如图10.110所示，设密度为 ρ（ρ 为常数），则质量为

$$M=\iint_D\rho\,\mathrm{d}x\mathrm{d}y=\rho\int_0^{x_0}\mathrm{d}x\int_0^{\sqrt{2px}}\mathrm{d}y=\rho\int_0^{x_0}\sqrt{2px}\,\mathrm{d}x=\rho\sqrt{2p}\,\frac{2}{3}x^{\frac{3}{2}}\Big|_0^{x_0}=$$

$$\frac{2}{3}\rho\sqrt{2px_0^3}$$

$$\bar{x}=\frac{1}{M}\iint_D\rho x\,\mathrm{d}x\mathrm{d}y=\frac{1}{M}\rho\int_0^{x_0}\mathrm{d}x\int_0^{\sqrt{2px}}x\mathrm{d}y=\frac{1}{M}\rho\int_0^{x_0}\sqrt{2p}\,x^{\frac{3}{2}}\mathrm{d}x=$$

$$\frac{3}{2\rho\sqrt{2px_0^3}}\rho\sqrt{2p}\,\frac{2}{5}x^{\frac{5}{2}}\Big|_0^{x_0}=\frac{3}{5}x_0$$

$$\bar{y}=\frac{1}{M}\iint_D\rho y\mathrm{d}x\mathrm{d}y=\frac{1}{M}\rho\int_0^{x_0}\mathrm{d}x\int_0^{\sqrt{2px}}y\mathrm{d}y=\frac{1}{M}\rho\int_0^{x_0}px\,\mathrm{d}x=\frac{3}{4\rho\sqrt{2px_0^3}}\rho px^2\Big|_0^{x_0}=\frac{3}{8}\sqrt{2px_0}=\frac{3}{8}y_0$$

因此所求质心为$\left(\frac{3}{5}x_0,\frac{3}{8}y_0\right)$.

(2) 设密度为ρ(ρ为常数)，因为闭区域D对称于y轴，所以$\bar{x}=0$，又$M=\frac{\rho}{2}\pi ab$，故

$$\bar{y}=\frac{\iint\limits_D \rho y\mathrm{d}x\mathrm{d}y}{M}=\frac{2}{\rho\pi ab}\rho\int_{-a}^{a}\mathrm{d}x\int_0^{\frac{b}{a}\sqrt{a^2-x^2}}y\mathrm{d}y=\frac{4b}{3\pi}$$

因此所求质心为$\left(0,\frac{4b}{3\pi}\right)$.

(3) 区域D如图10.111所示，设密度为ρ(ρ为常数)，由对称性可知$\bar{y}=0$，则

$$M=\iint\limits_D \rho\mathrm{d}x\mathrm{d}y=2\rho\int_0^{\frac{\pi}{2}}\mathrm{d}\theta\int_{a\cos\theta}^{b\cos\theta}r\mathrm{d}r=\rho\int_0^{\frac{\pi}{2}}(b^2-a^2)\cos^2\theta\mathrm{d}\theta=\frac{\pi\rho}{4}(b^2-a^2)$$

$$\bar{x}=\frac{1}{M}\iint\limits_D \rho x\mathrm{d}x\mathrm{d}y=\frac{4}{\pi\rho(b^2-a^2)}\times 2\rho\int_0^{\frac{\pi}{2}}\mathrm{d}\theta\int_{a\cos\theta}^{b\cos\theta}r\cos\theta\cdot r\mathrm{d}r=\frac{a^2+ab+b^2}{2(a+b)}$$

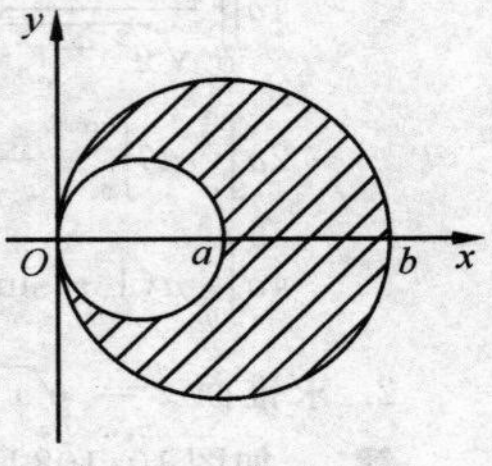

图 10.111

因此所求质心为$\left(\frac{a^2+ab+b^2}{2(a+b)},0\right)$.

5. 设平面薄片所占的闭区域D由抛物线$y=x^2$及直线$y=x$所围成，它在点(x,y)处的面密度$\mu(x,y)=x^2y$，求该薄片的质心.

解 质量 $$M=\iint\limits_D \rho\mathrm{d}x\mathrm{d}y=\int_0^1\mathrm{d}x\int_{x^2}^{x}x^2y\mathrm{d}y=\int_0^1\frac{1}{2}(x^4-x^6)\mathrm{d}x=\frac{1}{35}$$

静矩 $$M_y=\iint\limits_D x\rho\mathrm{d}x\mathrm{d}y=\int_0^1\mathrm{d}x\int_{x^2}^{x}x^3y\mathrm{d}y=\int_0^1\frac{1}{2}(x^5-x^7)\mathrm{d}x=\frac{1}{48}$$

$$M_x=\iint\limits_D y\rho\mathrm{d}x\mathrm{d}y=\int_0^1\mathrm{d}x\int_{x^2}^{x}x^2y^2\mathrm{d}y=\int_0^1\frac{1}{3}(x^5-x^8)\mathrm{d}x=\frac{1}{54}$$

所以 $$\bar{x}=\frac{M_y}{M}=\frac{35}{48},\quad \bar{y}=\frac{M_x}{M}=\frac{35}{54}$$

故所求质心为$\left(\frac{35}{48},\frac{35}{54}\right)$.

6. 设有一等腰直角三角形薄片，腰长为a，各点处的面密度等于该点到直角顶点的距离的平方，求这薄片的质心.

解 建立坐标系如图10.112所示，则平面薄片所占区域D为$0\leqslant x\leqslant a$，$0\leqslant y\leqslant a-x$，面密度函数为$\rho(x,y)=x^2+y^2$，此薄片的质量为

$$M=\iint\limits_D (x^2+y^2)\mathrm{d}\sigma=\int_0^a\mathrm{d}x\int_0^{a-x}(x^2+y^2)\mathrm{d}y=\frac{1}{6}a^4$$

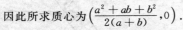

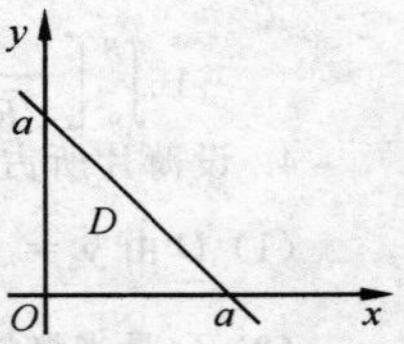

图 10.112

此薄片对y轴的静距为

$$M_y=\iint\limits_D x\rho(x,y)\mathrm{d}\sigma=\iint\limits_D x(x^2+y^2)\mathrm{d}\sigma=\frac{a^5}{15}$$

由对称性可知，此薄片对x轴的静距为 $M_x=M_y=\frac{a^5}{15}$

所以重心坐标为$(\bar{x},\bar{y})=\left(\frac{M_y}{M},\frac{M_x}{M}\right)=\left(\frac{2}{5}a,\frac{2}{5}a\right)$.

7. 利用三重积分计算下列由曲面所围立体的质心(设密度$\rho=1$)：

(1) $z^2=x^2+y^2,z=1$；

*(2) $z=\sqrt{A^2-x^2-y^2},z=\sqrt{a^2-x^2-y^2}\,(A>a>0),z=0$；

(3) $z=x^2+y^2,x+y=a,x=0,y=0,z=0$.

解 (1) 由对称性可知，质心在z轴上，故$\bar{x}=\bar{y}=0$. 又所围立体为一高和底面半径为1的圆锥体，其

体积为 $V=\dfrac{1}{3}\pi$，质量为 $M=\dfrac{1}{3}\pi$，因而

$$\bar{z}=\frac{1}{M}\iiint_{\Omega}z\,\mathrm{d}v=\frac{1}{M}\int_0^{2\pi}\mathrm{d}\theta\int_0^1 r\mathrm{d}r\int_r^1 z\,\mathrm{d}z=\frac{2\pi}{M}\int_0^1\frac{1}{2}(r-r^3)\mathrm{d}r=\frac{1}{2}\frac{2\pi}{M}\left(\frac{r^2}{2}-\frac{r^4}{4}\right)\Big|_0^1=\frac{3}{4}$$

从而所围立体的质心为$(0,0,\dfrac{3}{4})$.

(2) 所围立体 Ω 如图 10.113 所示，由对称性可知，质心在 z 轴上，故 $\bar{x}=\bar{y}=0$.

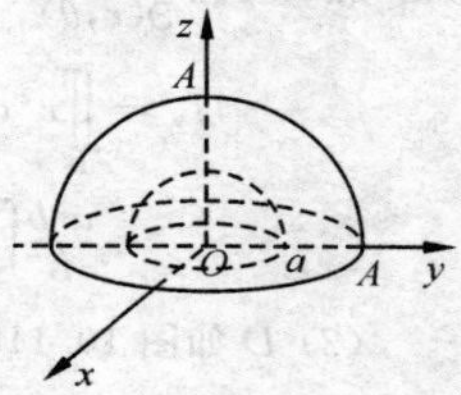

图 10.113

又所围立体的质量为$M=\dfrac{2}{3}\pi(A^3-a^3)$，因而

$$\bar{z}=\frac{1}{M}\iiint_{\Omega}z\,\mathrm{d}v=\frac{1}{M}\iiint_{\Omega}r^3\sin\varphi\cos\varphi\,\mathrm{d}r\mathrm{d}\varphi\mathrm{d}\theta=\frac{1}{M}\int_0^{2\pi}\mathrm{d}\theta\int_0^{\frac{\pi}{2}}\sin\varphi\cos\varphi\,\mathrm{d}\varphi\int_a^A r^3\,\mathrm{d}r=$$

$$\frac{1}{M}2\pi\left[\frac{1}{2}\sin^2\varphi\right]_0^{\frac{\pi}{2}}\left[\frac{1}{4}r^4\right]_a^A=\frac{3(A^4-a^4)}{8(A^3-a^3)}$$

故所围立体的质心为$\left(0,0,\dfrac{3(A^4-a^4)}{8(A^3-a^3)}\right)$.

(3) 所围立体 Ω 如图 10.114 所示，用直角坐标计算得

$$M=\int_0^a\mathrm{d}x\int_0^{a-x}\mathrm{d}y\int_0^{x^2+y^2}\mathrm{d}z=\int_0^a\mathrm{d}x\int_0^{a-x}(x^2+y^2)\mathrm{d}y=\int_0^a\left[x^2y+\frac{y^3}{3}\right]_0^{a-x}\mathrm{d}x=$$

$$\int_0^a\left[x^2(a-x)+\frac{1}{3}(a-x)^3\right]\mathrm{d}x=\left[\frac{a}{3}x^3-\frac{1}{4}x^4-\frac{1}{12}(a-x)^4\right]_0^a=\frac{1}{6}a^4$$

$$\bar{x}=\frac{1}{M}\iiint_{\Omega}x\,\mathrm{d}v=\frac{1}{M}\int_0^a x\mathrm{d}x\int_0^{a-x}\mathrm{d}y\int_0^{x^2+y^2}\mathrm{d}z=\frac{1}{M}\int_0^a x\left[x^2(a-x)+\frac{1}{3}(a-x)^3\right]\mathrm{d}x=\frac{1}{M}\frac{a^5}{15}=\frac{2}{5}a$$

由 Ω 关于 $y=x$ 的对称性可知 $\bar{y}=\bar{x}=\dfrac{2}{5}a$，由于

$$\bar{z}=\frac{1}{M}\iiint_{\Omega}z\,\mathrm{d}v=\frac{1}{M}\int_0^a\mathrm{d}x\int_0^{a-x}\mathrm{d}y\int_0^{x^2+y^2}z\mathrm{d}z=\frac{1}{2M}\int_0^a\mathrm{d}x\int_0^{a-x}(x^4+2x^2y^2+y^4)\mathrm{d}y=$$

$$\frac{3}{a^4}\int_0^a\left[x^4(a-x)+\frac{2}{3}x^2(a-x)^3+\frac{1}{5}(a-x)^5\right]\mathrm{d}x=\frac{7}{30}a^2$$

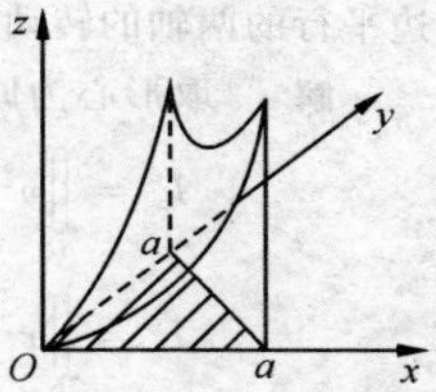

图 10.114

因而所求立体的质心为$\left(\dfrac{2}{5}a,\dfrac{2}{5}a,\dfrac{7}{30}a^2\right)$.

*8. 设球体占有闭区域 $\Omega=\{(x,y,z)\mid x^2+y^2+z^2\leqslant 2Rz\}$，它在内部各点处密度的大小等于该点到坐标原点的距离的平方. 试求这球体的质心.

解 用球面坐标计算. $x^2+y^2+z^2\leqslant 2Rz$ 在球面坐标下为 $r\leqslant 2R\cos\varphi$ $(0\leqslant\varphi\leqslant\dfrac{\pi}{2},0\leqslant\theta\leqslant 2\pi)$，球体密度为 $\rho=r^2$. 由对称性可知，质心在 z 轴上，即 $\bar{x}=\bar{y}=0$. 又

$$M=\int_0^{2\pi}\mathrm{d}\theta\int_0^{\frac{\pi}{2}}\sin\varphi\mathrm{d}\varphi\int_0^{2R\cos\varphi}r^4\,\mathrm{d}r=2\pi\int_0^{\frac{\pi}{2}}\frac{32}{5}R^5\sin\varphi\cos^5\varphi\mathrm{d}\varphi=-\frac{64}{5}\pi R^5\,\frac{1}{6}\cos^6\varphi\Big|_0^{\frac{\pi}{2}}=\frac{32}{15}\pi R^5$$

$$\bar{z}=\frac{1}{M}\iiint_{\Omega}\rho z\,\mathrm{d}v=\frac{1}{M}\int_0^{2\pi}\mathrm{d}\theta\int_0^{\frac{\pi}{2}}\sin\varphi\cos\varphi\mathrm{d}\varphi\int_0^{2R\cos\varphi}r^5\,\mathrm{d}r=\frac{2\pi}{M}\int_0^{\frac{\pi}{2}}\frac{64}{6}R^6\sin\varphi\cos^7\varphi\mathrm{d}\varphi=$$

$$\frac{1}{M}\frac{64}{3}\pi R^6\left[-\frac{1}{8}\cos^8\varphi\right]_0^{\frac{\pi}{2}}=\frac{\frac{8}{3}\pi R^6}{\frac{32}{15}\pi R^5}=\frac{5}{4}R$$

故球体的质心为$\left(0,0,\dfrac{5}{4}R\right)$.

9. 设均匀薄片(面密度为常数 1) 所占闭区域 D 如下，求指定的转动惯量：

(1) $D=\left\{(x,y)\,\middle|\,\dfrac{x^2}{a^2}+\dfrac{y^2}{b^2}\leqslant 1\right\}$，求 I_y；

(2) D 由抛物线 $y^2=\frac{9}{2}x$ 与直线 $x=2$ 所围成，求 I_x 和 I_y；

(3) D 为矩形闭区域$\{(x,y)\mid 0\leqslant x\leqslant a,0\leqslant y\leqslant b\}$，求 I_x 和 I_y.

解 (1) 令 $x=ar\cos\theta,y=br\sin\theta$，则在此变换下 $D:\frac{x^2}{a^2}+\frac{y^2}{b^2}\leqslant 1$ 变化为 $D':r\leqslant 1$，即 $0\leqslant r\leqslant 1,0\leqslant\theta\leqslant 2\pi$，又因$\frac{\partial(x,y)}{\partial(r,\theta)}=abr$，所以

$$I_y=\iint\limits_D x^2\,\mathrm{d}x\mathrm{d}y=\iint\limits_{D'}a^2r^2\cos^2\theta abr\,\mathrm{d}r\mathrm{d}\theta=a^3b\int_0^{2\pi}\cos^2\theta\,\mathrm{d}\theta\int_0^1 r^3\,\mathrm{d}r=$$

$$\frac{a^3b}{8}\int_0^{2\pi}(1+\cos2\theta)\,\mathrm{d}\theta=\frac{a^3b}{8}2\pi=\frac{1}{4}\pi a^3b$$

(2) D 如图 10.115 所示，故

$$I_x=\iint\limits_D y^2\,\mathrm{d}x\mathrm{d}y=2\int_0^2\mathrm{d}x\int_0^{3\left(\frac{x}{2}\right)^{\frac{1}{2}}}y^2\,\mathrm{d}y=\frac{2}{3}\int_0^2\frac{27}{2\sqrt{2}}x^{\frac{3}{2}}\,\mathrm{d}x=\frac{72}{5}$$

$$I_y=\iint\limits_D x^2\,\mathrm{d}x\mathrm{d}y=2\int_0^2 x^2\,\mathrm{d}x\int_0^{3\left(\frac{x}{2}\right)^{\frac{1}{2}}}\mathrm{d}y=\frac{6}{\sqrt{2}}\int_0^2 x^{\frac{5}{2}}\,\mathrm{d}x=\frac{96}{7}$$

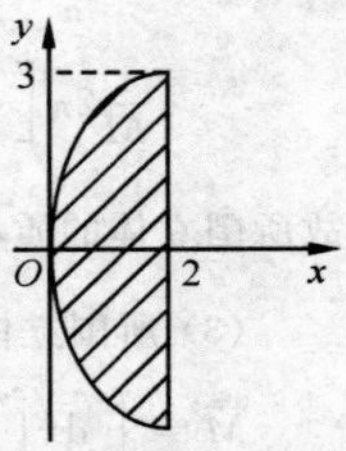

图 10.115

(3)
$$I_x=\iint\limits_D y^2\,\mathrm{d}x\mathrm{d}y=\int_0^a\mathrm{d}x\int_0^b y^2\,\mathrm{d}y=a\int_0^b y^2\,\mathrm{d}y=\frac{ab^3}{3}$$

$$I_y=\iint\limits_D x^2\,\mathrm{d}x\mathrm{d}y=\int_0^a\mathrm{d}x\int_0^b x^2\,\mathrm{d}y=\int_0^a bx^2\,\mathrm{d}x=\frac{a^3b}{3}$$

10. 已知均匀矩形板（面密度为常数 μ）的长和宽分别为 b 和 h，计算此矩形板对于通过其形心且分别与一边平行的两轴的转动惯量.

解 取形心为原点，取两旋转轴为坐标轴，建立坐标系如图 10.116 所示，故

$$I_x=\iint\limits_D y^2\mu\,\mathrm{d}x\mathrm{d}y=\int_{-\frac{b}{2}}^{\frac{b}{2}}\mathrm{d}x\int_{-\frac{h}{2}}^{\frac{h}{2}}y^2\mu\,\mathrm{d}y=b\int_{-\frac{h}{2}}^{\frac{h}{2}}\mu y^2\,\mathrm{d}y=\frac{1}{12}\mu bh^3$$

$$I_y=\iint\limits_D x^2\mu\,\mathrm{d}x\mathrm{d}y=\int_{-\frac{b}{2}}^{\frac{b}{2}}\mathrm{d}x\int_{-\frac{h}{2}}^{\frac{h}{2}}x^2\mu\,\mathrm{d}y=\int_{-\frac{b}{2}}^{\frac{b}{2}}\mu hx^2\,\mathrm{d}x=\frac{1}{12}\mu hb^3$$

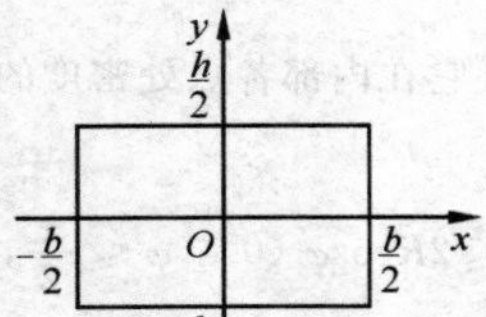

图 10.116

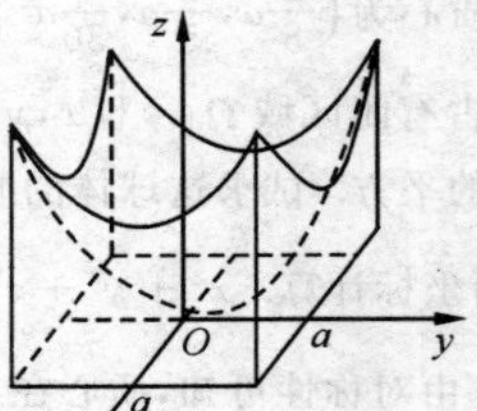

图 10.117

11. 一均匀物体（体密度 ρ 为常数）占有的闭区域 Ω 由曲面 $z=x^2+y^2$ 和平面 $z=0$，$|x|=a$，$|y|=a$ 所围成，试求：(1) 物体的体积；(2) 物体的质心；(3) 物体关于 z 轴的转动惯量.

解 (1) Ω 如图 10.117 所示，由对称性可知

$$V=4\int_0^a\mathrm{d}x\int_0^a\mathrm{d}y\int_0^{x^2+y^2}\mathrm{d}z=4\int_0^a\mathrm{d}x\int_0^a(x^2+y^2)\,\mathrm{d}y=4\int_0^a\left(ax^2+\frac{a^3}{3}\right)\mathrm{d}x=$$

$$4\left(\frac{a^4}{3}+\frac{a^4}{3}\right)=\frac{8}{3}a^4$$

(2) 由对称性可知，$\bar{x}=\bar{y}=0$，而

$$\bar{z}=\frac{1}{M}\iiint_{\Omega}\rho z\mathrm{d}v=\frac{4}{V}\int_0^a\mathrm{d}x\int_0^a\mathrm{d}y\int_0^{x^2+y^2}z\mathrm{d}z=\frac{2}{V}\int_0^a\mathrm{d}x\int_0^a(x^4+2x^2y^2+y^4)\mathrm{d}y=$$

$$\frac{2}{V}\int_0^a\left(ax^4+\frac{2}{3}a^3x^2+\frac{a^5}{5}\right)\mathrm{d}x=\frac{2}{V}\frac{56}{45}a^6=\frac{7}{15}a^2$$

故物体的质心为$(0,0,\frac{7}{15}a^2)$.

(3) $$I_z=\iiint_{\Omega}\rho(x^2+y^2)\mathrm{d}v=4\rho\int_0^a\mathrm{d}x\int_0^a\mathrm{d}y\int_0^{x^2+y^2}(x^2+y^2)\mathrm{d}z=4\rho\int_0^a\mathrm{d}x\int_0^a(x^4+2x^2y^2+y^4)\mathrm{d}y=$$

$$4\rho\frac{28}{45}a^6=\frac{112}{45}\rho a^6$$

12. 求半径为 a，高为 h 的均匀圆柱体对于过中心而平行于母线的轴的转动惯量(设密度 $\rho=1$).

解 建立坐标系如图 10.118 所示，用柱面坐标计算得

$$I_z=\iiint_{\Omega}(x^2+y^2)\rho\mathrm{d}v=\iiint_{\Omega}r^3\mathrm{d}r\mathrm{d}\theta\mathrm{d}z=\int_0^{2\pi}\mathrm{d}\theta\int_0^a r^3\mathrm{d}r\int_0^h\mathrm{d}z=2\pi\left[\frac{1}{4}r^4\right]_0^a h=\frac{1}{2}\pi ha^4$$

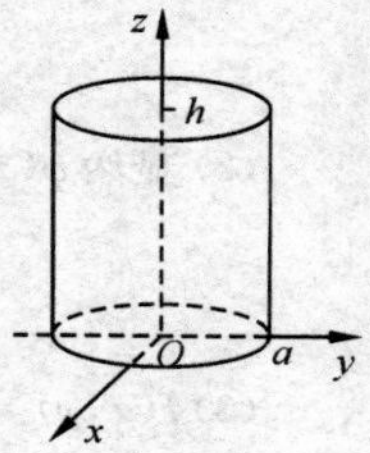

图 10.118

13. 设面密度为常数 μ 的匀质半圆环形薄片占有闭区域

$$D=\left\{(x,y,0)\,\middle|\,R_1\leqslant\sqrt{x^2+y^2}\leqslant R_2,x\geqslant 0\right\}$$

求它对位于 z 轴上点 $M_0(0,0,a)(a>0)$ 处单位质量的质点的引力 $\boldsymbol{F}$.

解 由对称性可知，$F_y=0$，而

$$F_x=G\iint_D\frac{\mu x}{(x^2+y^2+a^2)^{\frac{3}{2}}}\mathrm{d}\sigma=G\int_{-\frac{\pi}{2}}^{\frac{\pi}{2}}\mathrm{d}\theta\int_{R_1}^{R_2}\frac{\mu r\cos\theta}{(r^2+a^2)^{\frac{3}{2}}}r\mathrm{d}r=$$

$$G\mu\int_{-\frac{\pi}{2}}^{\frac{\pi}{2}}\cos\theta\mathrm{d}\theta\int_{R_1}^{R_2}\frac{r^2}{(r^2+a^2)^{\frac{3}{2}}}\mathrm{d}r=$$

$$2G\mu\int_{R_1}^{R_2}\frac{r^2}{(r^2+a^2)^{\frac{3}{2}}}\mathrm{d}r\xlongequal{r=a\tan t}2G\mu\int_{\arctan\frac{R_1}{a}}^{\arctan\frac{R_2}{a}}\frac{a^2\tan^2 t}{a^3\sec^3 t}\cdot a\sec^2 t\mathrm{d}t=$$

$$2G\mu\int_{\arctan\frac{R_1}{a}}^{\arctan\frac{R_2}{a}}(\sec t-\cos t)\mathrm{d}t=2G\mu\Big[\ln(\sec t+\tan t)-\sin t\Big]_{\arctan\frac{R_1}{a}}^{\arctan\frac{R_2}{a}}=$$

$$2G\mu\left(\ln\frac{\sqrt{R_2^2+a^2}+R_2}{\sqrt{R_1^2+a^2}+R_1}-\frac{R_2}{\sqrt{R_2^2+a^2}}+\frac{R_1}{\sqrt{R_1^2+a^2}}\right)$$

故所求引力为

$$F_z=-Ga\iint_D\frac{\mu\mathrm{d}\sigma}{(x^2+y^2+a^2)^{\frac{3}{2}}}=-Ga\mu\int_{-\frac{\pi}{2}}^{\frac{\pi}{2}}\mathrm{d}\theta\int_{R_1}^{R_2}\frac{r\mathrm{d}r}{(r^2+a^2)^{\frac{3}{2}}}=\frac{\pi aG\mu}{(r^2+a^2)^{\frac{1}{2}}}\Bigg|_{R_1}^{R_2}=$$

$$\pi aG\mu\left(\frac{1}{\sqrt{R_2^2+a^2}}-\frac{1}{\sqrt{R_1^2+a^2}}\right)$$

$$\boldsymbol{F}=2G\mu\left(\ln\frac{\sqrt{R_2^2+a^2}+R_2}{\sqrt{R_1^2+a^2}+R_1}-\frac{R_2}{\sqrt{R_2^2+a^2}}+\frac{R_1}{\sqrt{R_1^2+a^2}}\right)\boldsymbol{i}+\pi aG\mu\left(\frac{1}{\sqrt{R_2^2+a^2}}-\frac{1}{\sqrt{R_1^2+a^2}}\right)\boldsymbol{k}$$

14. 设均匀柱体密度为 ρ，占有闭区域 $\Omega=\{(x,y,z)\mid x^2+y^2\leqslant R^2,0\leqslant z\leqslant h\}$，求它对于位于点 $M_0(0,0,a)(a>h)$ 处的单位质量的质点的引力.

解 由柱体的对称性可知，沿 x 轴与 y 轴方向的分力互相抵消，故 $F_x=F_y=0$，而

$$F_z=\iiint_{\Omega}G\rho\frac{z-a}{[x^2+y^2+(z-a)^2]^{\frac{3}{2}}}\mathrm{d}v=G\rho\int_0^h(z-a)\mathrm{d}z\iint_{x^2+y^2\leqslant R^2}\frac{\mathrm{d}x\mathrm{d}y}{[x^2+y^2+(z-a)^2]^{\frac{3}{2}}}=$$

$$G\rho\int_0^h(z-a)\mathrm{d}z\int_0^{2\pi}\mathrm{d}\theta\int_0^R\frac{r\mathrm{d}r}{[r^2+(z-a)^2]^{\frac{3}{2}}}=2\pi G\rho\int_0^h(z-a)\left(\frac{1}{a-z}-\frac{1}{\sqrt{R^2+(z-a)^2}}\right)\mathrm{d}z=$$

$$-2\pi G\rho\int_0^h\left[1+\frac{z-a}{(R^2+(z-a)^2)^{\frac{1}{2}}}\right]dz=-2\pi G\rho[z+\sqrt{R^2+(a-z)^2}]_0^h=$$

$$2\pi G\rho\left[\sqrt{R^2+a^2}-h-\sqrt{R^2+(a-h)^2}\right]$$

*(五) 习题 10－5 解答

1. 求下列含参变量的积分所确定的函数的极限：

(1) $\lim\limits_{x\to 0}\int_x^{1+x}\frac{dy}{1+x^2+y^2}$； (2) $\lim\limits_{x\to 0}\int_{-1}^{1}\sqrt{x^2+y^2}\,dy$； (3) $\lim\limits_{x\to 0}\int_0^2 y^2\cos(xy)\,dy$.

解 (1) 显然 $\varphi(x)=\int_x^{1+x}\frac{dy}{1+x^2+y^2}$ 在原点的邻域连续，$\lim\limits_{x\to 0}\varphi(x)=\varphi(0)$，因此

$$\lim_{x\to 0}\int_x^{1+x}\frac{dy}{1+x^2+y^2}=\int_0^1\frac{dy}{1+y^2}=\arctan y\,\Big|_0^1=\frac{\pi}{4}$$

(2) 显然 $\varphi(x)=\int_{-1}^{1}\sqrt{x^2+y^2}\,dy$ 连续，$\lim\limits_{x\to 0}\varphi(x)=\varphi(0)$，因此

$$\lim_{x\to 0}\int_{-1}^{1}(x^2+y^2)^{\frac{1}{2}}dy=\int_{-1}^{1}|y|\,dy=2\int_0^1 y\,dy=1$$

(3) $f(x,y)=y^2\cos(xy)$ 连续，则 $\varphi(x)=\int_0^2 y^2\cos(xy)\,dy$ 连续，$\lim\limits_{x\to 0}\varphi(x)=\varphi(0)$，因此

$$\lim_{x\to 0}\int_0^2 y^2\cos(xy)\,dy=\int_0^2 y^2\,dy=\frac{1}{3}y^3\Big|_0^2=\frac{8}{3}$$

2. 求下列函数的导数：

(1) $\varphi(x)=\int_{\sin x}^{\cos x}(y^2\sin x-y^3)\,dy$； (2) $\varphi(x)=\int_0^x\frac{\ln(1+xy)}{y}dy$；

(3) $\varphi(x)=\int_{x^2}^{x^3}\arctan\frac{y}{x}dy$； (4) $\varphi(x)=\int_x^{x^2}e^{-xy^2}dy$.

解 (1) $\varphi'(x)=\int_{\sin x}^{\cos x}y^2\cos x\,dy+(\cos^2x\sin x-\cos^3x)(-\sin x)-(\sin^2x\sin x-\sin^3x)\cos x=$

$\frac{1}{3}\cos x(\cos^3x-\sin^3x)+(\cos x-\sin x)\sin x\cos^2x=$

$\frac{1}{3}\cos x(\cos x-\sin x)(1+\sin x\cos x+3\sin x\cos x)=$

$\frac{1}{3}\cos x(\cos x-\sin x)(1+2\sin 2x)$

(2) $\varphi'(x)=\int_0^x\frac{1}{1+xy}dy+\frac{1}{x}\ln(1+x^2)=\frac{1}{x}\ln(1+xy)\,|_0^x+\frac{1}{x}\ln(1+x^2)=\frac{2}{x}\ln(1+x^2)$

(3) $\varphi'(x)=\int_{x^2}^{x^3}\frac{-\frac{y}{x^2}}{1+\frac{y^2}{x^2}}dy+3x^2\arctan\frac{x^3}{x}-2x\arctan\frac{x^2}{x}=$

$\int_{x^2}^{x^3}-\frac{y}{x^2+y^2}dy+3x^2\arctan x^2-2x\arctan x=$

$-\frac{1}{2}\ln(x^2+y^2)\Big|_{x^2}^{x^3}+3x^2\arctan x^2-2x\arctan x=$

$\ln\sqrt{\frac{1+x^2}{1+x^4}}+3x^2\arctan x^2-2x\arctan x$

(4) $\varphi'(x)=\int_x^{x^2}e^{-xy^2}(-y^2)\,dy+2xe^{-x^5}-e^{-x^3}=2xe^{-x^5}-e^{-x^3}-\int_x^{x^3}y^2e^{-xy^2}dy$

3. 设 $F(x)=\int_0^x(x+y)f(y)\,dy$，其中 $f(y)$ 为可微的函数，求 $F''(x)$.

解

$$F'(x) = \int_0^x f(y)\mathrm{d}y + 2xf(x)$$

$$F''(x) = f(x) + 2f(x) + 2xf'(x) = 3f(x) + 2xf'(x)$$

4. 应用对参数的微分法，计算下列积分：

(1) $I = \int_0^{\frac{\pi}{2}} \ln\frac{1+a\cos x}{1-a\cos x}\cdot\frac{\mathrm{d}x}{\cos x}(|a|<1)$； (2) $I = \int_0^{\frac{\pi}{2}} \ln(\cos^2 x + a^2\sin^2 x)\mathrm{d}x(a>0)$.

解 (1) 设 $\varphi(a) = \int_0^{\frac{\pi}{2}} \ln\frac{1+a\cos x}{1-a\cos x}\cdot\frac{\mathrm{d}x}{\cos x}$，则 $\varphi(0)=0$. 于是

$$\frac{\partial}{\partial a}\left[\ln\frac{1+a\cos x}{1-a\cos x}\cdot\frac{1}{\cos x}\right] = \frac{1-a\cos x}{1+a\cos x}\cdot\frac{\cos x(1-a\cos x)-(1+a\cos x)(-\cos x)}{(1-a\cos x)^2}\frac{1}{\cos x} = \frac{2}{1-a^2\cos^2 x}$$

所以 $\varphi'(a) = \int_0^{\frac{\pi}{2}}\frac{2\mathrm{d}x}{1-a^2\cos^2 x} = \int_0^{\frac{\pi}{2}}\frac{2\mathrm{d}\tan x}{\tan^2 x+1-a^2} = \frac{2}{\sqrt{1-a^2}}\arctan\frac{\tan x}{\sqrt{1-a^2}}\Big|_0^{\frac{\pi}{2}} =$

$$\frac{2}{\sqrt{1-a^2}}\frac{\pi}{2} = \frac{\pi}{\sqrt{1-a^2}}$$

故 $$I = \varphi(a) = \varphi(a)-\varphi(0) = \int_0^a \varphi'(a)\mathrm{d}a = \int_0^a\frac{\pi}{\sqrt{1-a^2}}\mathrm{d}a = \pi\arcsin a\Big|_0^a = \pi\arcsin a$$

(2) 设 $\varphi(a) = \int_0^{\frac{\pi}{2}}\ln(\cos^2 x + a^2\sin^2 x)\mathrm{d}x$，显然 $\varphi(1)=0$，设 $a\neq 1$，则

$$\varphi'(a) = \int_0^{\frac{\pi}{2}}\frac{2a\sin^2 x}{\cos^2 x+a^2\sin^2 x}\mathrm{d}x = \int_0^{\frac{\pi}{2}}\frac{2a}{a^2+\cot^2 x}\mathrm{d}x = \int_0^{\frac{\pi}{2}}\frac{2a\csc^2 x}{(a^2+\cot^2 x)\csc^2 x}\mathrm{d}x =$$

$$\int_0^{\frac{\pi}{2}}\frac{-2a}{(a^2+\cot^2 x)(1+\cot^2 x)}\mathrm{d}(\cot x) =$$

$$\frac{2a}{a^2-1}\left[\int_0^{\frac{\pi}{2}}\frac{1}{a^2+\cot^2 x}\mathrm{d}(\cot x) - \int_0^{\frac{\pi}{2}}\frac{1}{1+\cot^2 x}\mathrm{d}(\cot x)\right] =$$

$$\frac{2a}{a^2-1}\left[\frac{1}{a}\arctan\left(\frac{\cot x}{a}\right)\Big|_0^{\frac{\pi}{2}} - \arctan(\cot x)\Big|_0^{\frac{\pi}{2}}\right] = \frac{\pi}{a+1}$$

又因为 $\varphi(1)=0$，所以

$$\varphi(a) = \varphi(a)-\varphi(1) = \int_1^a\varphi'(a)\mathrm{d}a = \int_1^a\frac{\pi}{a+1}\mathrm{d}a = \pi\ln\frac{a+1}{2}$$

故 $$I = \pi\ln\frac{a+1}{2}$$

5. 计算下列积分：

(1) $\int_0^1\frac{\arctan x}{x}\frac{\mathrm{d}x}{\sqrt{1-x^2}}$； (2) $\int_0^1\sin\left(\ln\frac{1}{x}\right)\frac{x^b-x^a}{\ln x}\mathrm{d}x(0<a<b)$.

解 (1) 令 $I(y) = \int_0^1\frac{\arctan(xy)}{x}\frac{\mathrm{d}x}{\sqrt{1-x^2}}$，则

$$I'(y) = \int_0^1\frac{1}{1+x^2y^2}\frac{\mathrm{d}x}{\sqrt{1-x^2}} \xlongequal{x=\sin t} \int_0^{\frac{\pi}{2}}\frac{1}{1+y^2\sin^2 t}\mathrm{d}t =$$

$$\int_0^{\frac{\pi}{2}}\frac{1}{\csc^2 t+y^2}\csc^2 t\mathrm{d}t = -\int_0^{\frac{\pi}{2}}\frac{1}{(y^2+1)+\cot^2 t}\mathrm{d}(\cot t) \xlongequal{u=\cot t}$$

$$\int_0^{+\infty}\frac{1}{(y^2+1)+u^2}\mathrm{d}u = \frac{1}{\sqrt{y^2+1}}\arctan\frac{u}{\sqrt{y^2+1}}\Big|_0^{+\infty} = \frac{\pi}{2\sqrt{y^2+1}}$$

故 $$I(y)-I(0) = \int_0^y I'(y)\mathrm{d}y = \int_0^y\frac{\pi}{2\sqrt{y^2+1}}\mathrm{d}y = \frac{\pi}{2}\ln(y+\sqrt{1+y^2})$$

而 $I(0)=0$，所以 $$I(y) = \frac{\pi}{2}\ln(y+\sqrt{1+y^2})$$

从而
$$\int_0^1 \frac{\arctan x}{x}\frac{\mathrm{d}x}{\sqrt{1-x^2}} = I(1) = \frac{\pi}{2}\ln(1+\sqrt{2})$$

(2) 因为 $\frac{x^b - x^a}{\ln x} = \int_a^b x^y \mathrm{d}y$，所以

$$\int_0^1 \sin\left(\ln\frac{1}{x}\right)\frac{x^b - x^a}{\ln x}\mathrm{d}x = \int_0^1 \sin\left(\ln\frac{1}{x}\right)\mathrm{d}x\int_a^b x^y \mathrm{d}y = \int_a^b\left[\int_0^1 \sin\left(\ln\frac{1}{x}\right)x^y\mathrm{d}x\right]\mathrm{d}y$$

又因为

$$\int_0^1 \sin\left(\ln\frac{1}{x}\right)x^y\mathrm{d}x = \frac{1}{y+1}x^{y+1}\sin\left(\ln\frac{1}{x}\right)\Big|_0^1 - \int_0^1 \frac{1}{y+1}x^{y+1}\cos\left(\ln\frac{1}{x}\right)\left(-\frac{1}{x}\right)\mathrm{d}x =$$
$$\int_0^1 \frac{1}{y+1}x^y\cos\left(\ln\frac{1}{x}\right)\mathrm{d}x = \frac{1}{(y+1)^2}x^{y+1}\cos\left(\ln\frac{1}{x}\right)\Big|_0^1 -$$
$$\int_0^1 \frac{1}{(y+1)^2}x^{y+1}\cdot\left[-\sin\left(\ln\frac{1}{x}\right)\right]\left(-\frac{1}{x}\right)\mathrm{d}x =$$
$$\frac{1}{(y+1)^2} - \frac{1}{(y+1)^2}\int_0^1 x^y\sin\left(\ln\frac{1}{x}\right)\mathrm{d}x$$

所以
$$\int_0^1 \sin\left(\ln\frac{1}{x}\right)x^y\mathrm{d}x = \frac{1}{1+(y+1)^2}$$

从而
$$\int_0^1 x^y\sin\left(\ln\frac{1}{x}\right)\frac{x^b - x^a}{\ln x}\mathrm{d}x = \int_a^b \frac{1}{1+(y+1)^2}\mathrm{d}y = \arctan(y+1)\Big|_a^b =$$
$$\arctan(b+1) - \arctan(a+1) = \arctan\frac{b-a}{ab+a+b+2}$$

(六) 总习题+解答

1. 选择以下各题中给出的四个结论中一个正确的结论：

(1) 设有空间闭区域 $\Omega_1 = \{(x,y,z) \mid x^2+y^2+z^2 \leqslant R^2, z\geqslant 0\}$，$\Omega_2 = \{(x,y,z) \mid x^2+y^2+z^2 \leqslant R^2, x\geqslant 0, y\geqslant 0, z\geqslant 0\}$，则有__________.

A. $\iiint\limits_{\Omega_1} x\mathrm{d}v = 4\iiint\limits_{\Omega_2} x\mathrm{d}v$ B. $\iiint\limits_{\Omega_1} y\mathrm{d}v = 4\iiint\limits_{\Omega_2} y\mathrm{d}v$ C. $\iiint\limits_{\Omega_1} z\mathrm{d}v = 4\iiint\limits_{\Omega_2} z\mathrm{d}v$ D. $\iiint\limits_{\Omega_1} xyz\mathrm{d}v = 4\iiint\limits_{\Omega_2} xyz\mathrm{d}v$

(2) 设有平面闭区域 $D = \{(x,y) \mid -a\leqslant x\leqslant a, x\leqslant y\leqslant a\}$，$D_1 = \{(x,y) \mid 0\leqslant x\leqslant a, x\leqslant y\leqslant a\}$，则 $\iint\limits_D (xy+\cos x\sin y)\mathrm{d}x\mathrm{d}y =$ __________.

A. $2\iint\limits_{D_1}\cos x\sin y\mathrm{d}x\mathrm{d}y$ B. $2\iint\limits_{D_1} xy\mathrm{d}x\mathrm{d}y$ C. $4\iint\limits_{D_1}(xy+\cos x\sin y)\mathrm{d}x\mathrm{d}y$ D. 0

(3) 设 $f(x)$ 为连续函数，$F(t) = \int_1^t \mathrm{d}y\int_y^t f(x)\mathrm{d}x$，则 $F'(2) =$ __________.

A. $2f(2)$ B. $f(2)$ C. $-f(2)$ D. 0

分析 (1) 此类问题一般都要利用被积函数的奇偶性及积分域的对称性. 由于选项 C 中的被积函数 $f(x,y,z) = z$ 既是 x 的偶函数，也是 y 的偶函数，且积分域 Ω_1 既关于 yOz 坐标面前后对称，又关于 xOz 坐标面左右对称，故 $\iiint\limits_{\Omega_1} z\mathrm{d}v = 4\iiint\limits_{\Omega_2} z\mathrm{d}v$. 或者利用排除法. 因 $f(x,y,z) = x$ 是关于 x 的奇函数，Ω_1 关于 yOz 坐标面前后对称，则 $\iiint\limits_{\Omega_1} x\mathrm{d}v = 0$，而在 Ω_2 内 $x>0$，有 $4\iiint\limits_{\Omega_2} x\mathrm{d}v > 0$，故 A 项不正确；同理 B 项和 D 项也不正确，所以应选 C 项.

(2) 利用被积函数的奇偶性及积分域的对称性，首先画出积分域的草图如图 10.119 所示，设有积分区域 D_1，D_2，D_3，D_4，则 $D = D_1 + D_2 + D_3 + D_4$.

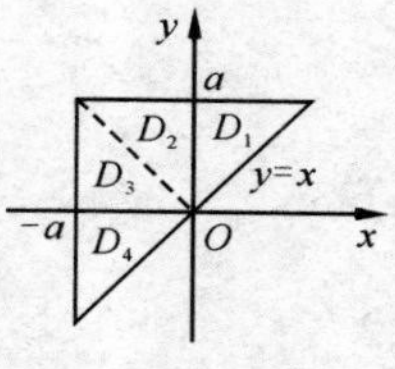

图 10.119

由于 xy 关于 x 是奇函数，积分域 D_1+D_2 关于 y 轴对称，则 $\iint\limits_{D_1+D_2} xy\mathrm{d}x\mathrm{d}y=0$. 同理 $\iint\limits_{D_3+D_4} xy\mathrm{d}x\mathrm{d}y=0$. 从而 $\iint\limits_{D} xy\mathrm{d}x\mathrm{d}y=0$. 又 $\cos x\sin y$ 关于 x 是偶函数，D_1+D_2 关于 y 轴对称，则 $\iint\limits_{D_1+D_2}\cos x\sin y\mathrm{d}x\mathrm{d}y=2\iint\limits_{D_1}\cos x\sin y\mathrm{d}x\mathrm{d}y$. 又 $\cos x\sin y$ 关于 y 是奇函数，D_3+D_4 关于 x 轴对称，则 $\iint\limits_{D_3+D_4}\cos x\sin y\mathrm{d}x\mathrm{d}y=0$. 从而有

$$\iint\limits_{D}\cos x\sin y\mathrm{d}x\mathrm{d}y=\iint\limits_{D_1+D_2}\cos x\sin y\mathrm{d}x\mathrm{d}y+\iint\limits_{D_3+D_4}\cos x\sin y\mathrm{d}x\mathrm{d}y=2\iint\limits_{D_1}\cos x\sin y\mathrm{d}x\mathrm{d}y$$

综上所述

$$\iint\limits_{D}(xy+\cos x\sin y)\mathrm{d}x\mathrm{d}y=2\iint\limits_{D_1}\cos x\sin y\mathrm{d}x\mathrm{d}y$$

(3) 解法一　由于考虑 $F'(2)$，故可设 $t>1$. 对所给二重积分交换积分次序，得

$$F(t)=\int_1^t f(x)\mathrm{d}x\int_1^x \mathrm{d}y=\int_1^t (x-1)f(x)\mathrm{d}x$$

于是

$$F'(t)=(t-1)f(t)$$

从而有

$$F'(2)=f(2)$$

故选 B.

解法二　设 $f(x)$ 的一个原函数为 $G(x)$，则有

$$F(t)=\int_1^t \mathrm{d}y\int_y^t f(x)\mathrm{d}x=\int_1^t [G(t)-G(y)]\mathrm{d}y=G(t)\int_1^t \mathrm{d}y-\int_1^t G(y)\mathrm{d}y=(t-1)G(t)-\int_1^t G(y)\mathrm{d}y$$

求导得

$$F'(t)=G(t)+(t-1)f(t)-G(t)=(t-1)f(t)$$

因此

$$F'(2)=f(2)$$

答案　(1)C.　(2)A.　(3)B.

2. 计算下列二重积分：

(1) $\iint\limits_{D}(1+x)\sin y\mathrm{d}\sigma$，其中 D 是顶点分别为(0,0)，(1,0)，(1,2) 和(0,1) 的梯形闭区域；

(2) $\iint\limits_{D}(x^2-y^2)\mathrm{d}\sigma$，其中 $D=\{(x,y)\mid 0\leqslant y\leqslant \sin x,0\leqslant x\leqslant \pi\}$；

(3) $\iint\limits_{D}\sqrt{R^2-x^2-y^2}\mathrm{d}\sigma$，其中 D 是圆周 $x^2+y^2=Rx$ 所围成的闭区域；

(4) $\iint\limits_{D}(y^2+3x-6y+9)\mathrm{d}\sigma$，其中 $D=\{(x,y)\mid x^2+y^2\leqslant R^2\}$.

解　(1) 积分域 D 如图 10.120 所示，于是

$$\iint\limits_{D}(1+x)\sin y\mathrm{d}\sigma=\int_0^1 (1+x)\mathrm{d}x\int_0^{x+1}\sin y\mathrm{d}y=\int_0^1 (1+x)[1-\cos(x+1)]\mathrm{d}x=$$

$$\int_0^1 (1+x)\mathrm{d}x-\int_0^1 (x+1)\mathrm{d}\sin(x+1)=$$

$$\left(x+\frac{x^2}{2}\right)\Big|_0^1-(1+x)\sin(x+1)\Big|_0^1+\int_0^1 \sin(x+1)\mathrm{d}x=$$

$$\frac{3}{2}+\sin 1-2\sin 2+\cos 1-\cos 2$$

(2) $$\iint\limits_{D}(x^2-y^2)\mathrm{d}\sigma=\int_0^\pi \mathrm{d}x\int_0^{\sin x}(x^2-y^2)\mathrm{d}y=\int_0^\pi \left(x^2y-\frac{1}{3}y^3\right)\Big|_0^{\sin x}\mathrm{d}x=$$

$$\int_0^\pi x^2\sin x\mathrm{d}x-\frac{1}{3}\int_0^\pi \sin^3 x\mathrm{d}x=-x^2\cos x\Big|_0^\pi+\int_0^\pi 2x\cos x\mathrm{d}x+\frac{1}{3}\int_0^\pi (1-\cos^2 x)\mathrm{d}\cos x=$$

$$\pi^2+(2x\sin x+2\cos x)\Big|_0^\pi+\frac{1}{3}\cos x\Big|_0^\pi-\frac{1}{9}\cos^3 x\Big|_0^\pi=\pi^2-\frac{40}{9}$$

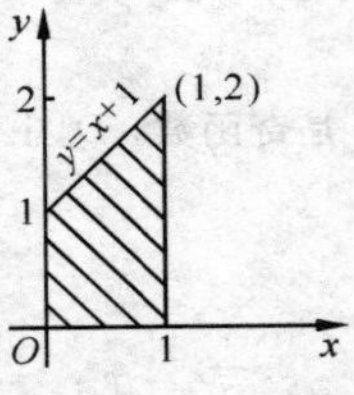

图 10.120

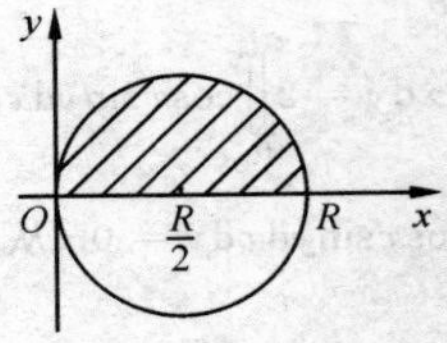

图 10.121

(3) D 如图 10.121 所示，结合对称性，利用极坐标得

$$\iint_D \sqrt{R^2-x^2-y^2}\,\mathrm{d}\sigma=2\int_0^{\frac{\pi}{2}}\mathrm{d}\theta\int_0^{R\cos\theta}\sqrt{R^2-r^2}\,r\mathrm{d}r=-2\int_0^{\frac{\pi}{2}}\frac{1}{3}(R^2-r^2)^{\frac{3}{2}}\Big|_0^{R\cos\theta}\mathrm{d}\theta=$$

$$-\frac{2}{3}R^3\int_0^{\frac{\pi}{2}}(\sin^3\theta-1)\mathrm{d}\theta=\frac{R^3}{3}\left(\pi-\frac{4}{3}\right)$$

(4) 利用极坐标计算，令 $x=r\cos\theta, y=r\sin\theta$，则

$$\iint_D (y^2+3x-6y+9)\mathrm{d}\sigma=\int_0^{2\pi}\mathrm{d}\theta\int_0^R(r^2\sin^2\theta+3r\cos\theta-6r\sin\theta+9)r\mathrm{d}r=\frac{1}{4}\pi R^4+9\pi R^2$$

3. 交换下列二次积分的次序：

(1) $\int_0^4\mathrm{d}y\int_{-\sqrt{4-y}}^{\frac{1}{2}(y-4)}f(x,y)\mathrm{d}x$；　(2) $\int_0^1\mathrm{d}y\int_0^{2y}f(x,y)\mathrm{d}x+\int_1^3\mathrm{d}y\int_0^{3-y}f(x,y)\mathrm{d}x$；

(3) $\int_0^1\mathrm{d}x\int_{\sqrt{x}}^{1+\sqrt{1-x^2}}f(x,y)\mathrm{d}y$.

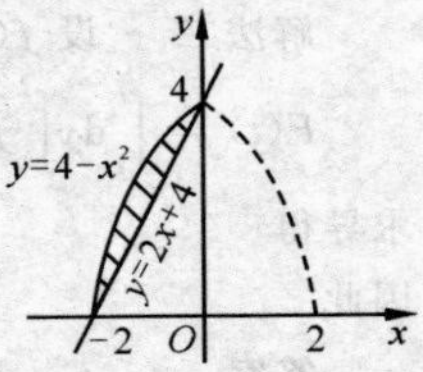

图 10.122

解 (1) 积分区域为 $\begin{cases}0\leqslant y\leqslant 4\\ -\sqrt{4-y}\leqslant x\leqslant\frac{1}{2}(y-4)\end{cases}$，也可表示为 $\begin{cases}-2\leqslant x\leqslant 0\\ 2x+4\leqslant y\leqslant 4-x^2\end{cases}$，如图 10.122 所示，从而

$$\int_0^4\mathrm{d}y\int_{-\sqrt{4-y}}^{\frac{1}{2}(y-4)}f(x,y)\mathrm{d}x=\int_{-2}^0\mathrm{d}x\int_{2x+4}^{4-x^2}f(x,y)\mathrm{d}y$$

(2) 积分区域为 $\begin{cases}0\leqslant y\leqslant 1\\ 0\leqslant x\leqslant 2y\end{cases}$ 和 $\begin{cases}1\leqslant y\leqslant 3\\ 0\leqslant x\leqslant 3-y\end{cases}$，即 $\begin{cases}0\leqslant x\leqslant 2\\ \frac{x}{2}\leqslant y\leqslant 3-x\end{cases}$，如图10.123 所示，从而

$$\int_0^1\mathrm{d}y\int_0^{2y}f(x,y)\mathrm{d}x+\int_1^3\mathrm{d}y\int_0^{3-y}f(x,y)\mathrm{d}x=\int_0^2\mathrm{d}x\int_{\frac{x}{2}}^{3-x}f(x,y)\mathrm{d}y$$

(3) 积分区域为 $\begin{cases}0\leqslant x\leqslant 1\\ \sqrt{x}\leqslant y\leqslant 1+\sqrt{1-x^2}\end{cases}$，如图 10.124 所示，也可表示为 $\begin{cases}0\leqslant y\leqslant 1\\ 0\leqslant x\leqslant y^2\end{cases}$ 和 $\begin{cases}1\leqslant y\leqslant 2\\ 0\leqslant x\leqslant\sqrt{1-(y-1)^2}\end{cases}$，从而

$$\int_0^1\mathrm{d}x\int_{\sqrt{x}}^{1+\sqrt{1-x^2}}f(x,y)\mathrm{d}y=\int_0^1\mathrm{d}y\int_0^{y^2}f(x,y)\mathrm{d}x+\int_1^2\mathrm{d}y\int_0^{\sqrt{1-(y-1)^2}}f(x,y)\mathrm{d}x$$

4. 证明：$\int_0^a\mathrm{d}y\int_0^y \mathrm{e}^{m(a-x)}f(x)\mathrm{d}x=\int_0^a(a-x)\mathrm{e}^{m(a-x)}f(x)\mathrm{d}x$.

证明 等式左边的积分区域为 $\begin{cases}0\leqslant y\leqslant a\\ 0\leqslant x\leqslant y\end{cases}$，如图 10.125 所示，交换积分次序，于是

$$\int_0^a \mathrm{d}y \int_0^y \mathrm{e}^{m(a-x)} f(x)\mathrm{d}x = \int_0^a \mathrm{d}x \int_x^a \mathrm{e}^{m(a-x)} f(x)\mathrm{d}y = \int_0^a \mathrm{e}^{m(a-x)} f(x)\mathrm{d}x \int_x^a \mathrm{d}y =$$

$$\int_0^a (a-x)\mathrm{e}^{m(a-x)} f(x)\mathrm{d}x$$

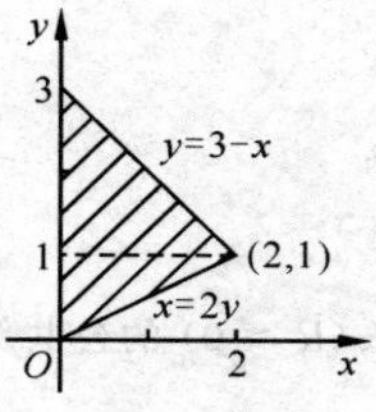

图 10.123

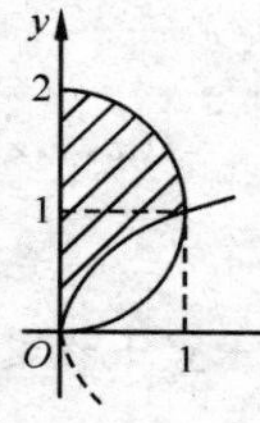

图 10.124

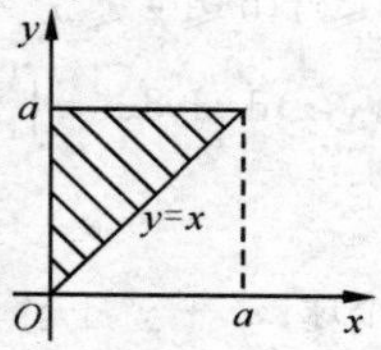

图 10.125

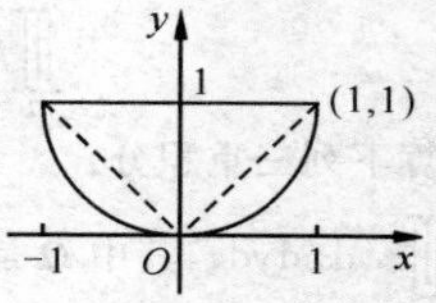

图 10.126

5. 把积分 $\iint\limits_D f(x,y)\mathrm{d}x\mathrm{d}y$ 表示为极坐标形式的二次积分，其中积分区域 $D=\{(x,y)\mid x^2\leqslant y\leqslant 1,-1\leqslant x\leqslant 1\}$.

解 D 如图 10.126 所示，直线 $y=1$ 的极坐标方程为 $r\sin\theta=1$，即 $r=\csc\theta$，抛物线 $y=x^2$ 的极坐标方程为 $r\sin\theta=r^2\cos^2\theta$，即 $r=\sec\theta\tan\theta$. 用直线 $y=x$ 和 $y=-x$ 将 D 分成三部分，即 D_1，D_2 和 D_3，则

$$\iint\limits_D f(x,y)\mathrm{d}x\mathrm{d}y = \iint\limits_{D_1} f(\cos\theta,r\sin\theta)r\mathrm{d}r\mathrm{d}\theta + \iint\limits_{D_2} f(r\cos\theta,r\sin\theta)r\mathrm{d}r\mathrm{d}\theta +$$

$$\iint\limits_{D_3} f(r\cos\theta,r\sin\theta)r\mathrm{d}r\mathrm{d}\theta = \int_0^{\frac{\pi}{4}}\mathrm{d}\theta\int_0^{\sec\theta\tan\theta} f(r\cos\theta,r\sin\theta)r\mathrm{d}r +$$

$$\int_{\frac{\pi}{4}}^{\frac{3\pi}{4}}\mathrm{d}\theta\int_0^{\csc\theta} f(r\cos\theta,r\sin\theta)r\mathrm{d}r + \int_{\frac{3\pi}{4}}^{\pi}\mathrm{d}\theta\int_0^{\sec\theta\tan\theta} f(r\cos\theta,r\sin\theta)r\mathrm{d}r$$

6. 设 $f(x,y)$ 在闭区域 $D=\{(x,y)\mid x^2+y^2\leqslant y,x\geqslant 0\}$ 上连续，且

$$f(x,y)=\sqrt{1-x^2-y^2}-\frac{8}{\pi}\iint\limits_D f(x,y)\mathrm{d}x\mathrm{d}y$$

求 $f(x,y)$.

解 设
$$\iint\limits_D f(x,y)\mathrm{d}x\mathrm{d}u = A$$

则
$$f(x,y)=\sqrt{1-x^2-y^2}-\frac{8}{\pi}A$$

从而
$$\iint\limits_D f(x,y)\mathrm{d}x\mathrm{d}y = \iint\limits_D \sqrt{1-x^2-y^2}\,\mathrm{d}x\mathrm{d}y - \frac{8}{\pi}A\iint\limits_D \mathrm{d}x\mathrm{d}y$$

又
$$\iint\limits_D \mathrm{d}x\mathrm{d}y = D\text{ 的面积} = \frac{\pi}{8}$$

故得
$$A=\iint\limits_D \sqrt{1-x^2-y^2}\,\mathrm{d}x\mathrm{d}y - A$$

因此
$$A=\frac{1}{2}\iint\limits_D \sqrt{1-x^2-y^2}\,\mathrm{d}x\mathrm{d}y$$

在极坐标系中
$$D=\{(\rho,\theta)\mid 0\leqslant\rho\leqslant\sin\theta,0\leqslant\theta\leqslant\frac{\pi}{2}\}$$

因此
$$\iint\limits_D \sqrt{1-x^2-y^2}\,\mathrm{d}x\mathrm{d}y = \int_0^{\frac{\pi}{2}}\mathrm{d}\theta\int_0^{\sin\theta}\sqrt{1-\rho^2}\,\rho\mathrm{d}\rho = \frac{\pi}{6}-\frac{2}{9}$$

于是得
$$A=\frac{\pi}{12}-\frac{1}{9}$$

从而
$$f(x,y)=\sqrt{1-x^2-y^2}+\frac{8}{9\pi}-\frac{2}{3}$$

7.把积分 $\iiint\limits_{\Omega} f(x,y,z)\mathrm{d}x\mathrm{d}y\mathrm{d}z$ 化为三次积分，其中积分区域 Ω 是由曲面 $z=x^2+y^2$，$y=x^2$ 及平面 $y=1$，$z=0$ 所围成的闭区域.

解 Ω：$-1\leqslant x\leqslant 1$，$x^2\leqslant y\leqslant 1$，$0\leqslant z\leqslant x^2+y^2$，所以
$$\iiint\limits_{\Omega} f(x,y,z)\mathrm{d}x\mathrm{d}y\mathrm{d}z=\int_{-1}^{1}\mathrm{d}x\int_{x^2}^{1}\mathrm{d}y\int_{0}^{x^2+y^2}f(x,y,z)\mathrm{d}z$$

8.计算下列三重积分：

(1) $\iiint\limits_{\Omega} z^2\mathrm{d}x\mathrm{d}y\mathrm{d}z$，其中 Ω 是两个球：$x^2+y^2+z^2\leqslant R^2$ 和 $x^2+y^2+z^2\leqslant 2Rz\,(R>0)$ 的公共部分；

(2) $\iiint\limits_{\Omega}\frac{z\ln(x^2+y^2+z^2+1)}{x^2+y^2+z^2+1}\mathrm{d}v$，其中 Ω 是由球面 $x^2+y^2+z^2=1$ 所围成的闭区域；

(3) $\iiint\limits_{\Omega}(y^2+z^2)\mathrm{d}v$，其中 Ω 是由 xOy 平面上曲线 $y^2=2x$ 绕 x 轴旋转而成的曲面与平面 $x=5$ 所围成的闭区域.

解 (1)Ω 如图 10.127 所示，由题意知两球面交线在 $z=\frac{R}{2}$ 面上，用先二后一法计算.

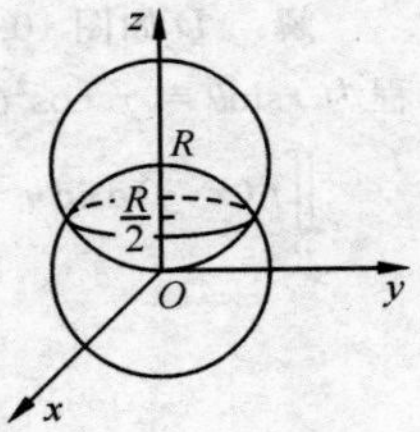

图 10.127

当 $0\leqslant z\leqslant\frac{R}{2}$ 时，平行圆域的半径是 $\sqrt{x^2+y^2}=\sqrt{2Rz-z^2}$，面积是 $\pi(2Rz-z^2)$；

当 $\frac{R}{2}\leqslant z\leqslant R$ 时，平行圆域的半径是 $\sqrt{x^2+y^2}=\sqrt{R^2-z^2}$，面积是 $\pi(R^2-z^2)$.
$$\iiint\limits_{\Omega} z^2\mathrm{d}x\mathrm{d}y\mathrm{d}z=\int_0^R z^2\mathrm{d}z\iint\limits_{D_z}\mathrm{d}x\mathrm{d}y=\pi\int_0^{\frac{R}{2}}z^2(2Rz-z^2)\mathrm{d}z+\pi\int_{\frac{R}{2}}^{R}z^2(R^2-z^2)\mathrm{d}z=\frac{59}{480}\pi R^5$$

(2) 用球面坐标计算.
$$\iiint\limits_{\Omega}\frac{z\ln(x^2+y^2+z^2+1)}{x^2+y^2+z^2+1}\mathrm{d}v=\iiint\limits_{\Omega}\frac{r^3\ln(r^2+1)\sin\varphi\cos\varphi}{r^2+1}\mathrm{d}r\mathrm{d}\varphi\mathrm{d}\theta=$$
$$\int_0^{2\pi}\mathrm{d}\theta\int_0^{\pi}\sin\varphi\cos\varphi\mathrm{d}\varphi\int_0^1\frac{r^3\ln(r^2+1)}{r^2+1}\mathrm{d}r=0$$

(3)$y^2=2x$ 绕 x 轴旋转而成的曲面为 $2x=y^2+z^2$，与 $x=5$ 的交线在 yOz 平面上的投影曲线为 $y^2+z^2=10$，于是
$$I=\iint\limits_{y^2+z^2\leqslant 10}\mathrm{d}y\mathrm{d}z\int_{\frac{y^2+z^2}{2}}^{5}(y^2+z^2)\mathrm{d}x=\int_0^{2\pi}\mathrm{d}\theta\int_0^{\sqrt{10}}r\mathrm{d}r\int_{\frac{r^2}{2}}^{5}r^2\mathrm{d}x=2\pi\left(\frac{5}{4}10^2-\frac{1}{12}10^3\right)=\frac{250\pi}{3}$$

9.设函数 $f(x)$ 连续且恒大于零，
$$F(t)=\frac{\iiint\limits_{\Omega(t)}f(x^2+y^2+z^2)\mathrm{d}v}{\iint\limits_{D(t)}f(x^2+y^2)\mathrm{d}\sigma},\quad G(t)=\frac{\iint\limits_{D(t)}f(x^2+y^2)\mathrm{d}\sigma}{\int_{1-t}^{t}f(x^2)\mathrm{d}x}$$

其中 $\Omega(t)=\{(x,y,z)\mid x^2+y^2+z^2\leqslant t^2\}$，$D(t)=\{(x,y)\mid x^2+y^2\leqslant t^2\}$.

(1) 讨论 $F(t)$ 在区间 $(0,+\infty)$ 内的单调性；　(2) 证明当 $t>0$ 时，$F(t)>\frac{2}{\pi}G(t)$.

解. (1) 利用球面坐标，
$$\iiint\limits_{\Omega(t)}f(x^2+y^2+z^2)\mathrm{d}v=\int_0^{2\pi}\mathrm{d}\theta\int_0^{\pi}\sin\varphi\mathrm{d}\varphi\int_0^t f(r^2)r^2\mathrm{d}r=4\pi\int_0^t f(r^2)r^2\mathrm{d}r$$

利用极坐标

$$\iint\limits_{D(t)} f(x^2+y^2)\mathrm{d}\sigma = \int_0^{2\pi}\mathrm{d}\theta\int_0^t f(\rho^2)\rho\mathrm{d}\rho = 2\pi\int_0^t f(\rho^2)\rho\mathrm{d}\rho = 2\pi\int_0^t f(r^2)r\mathrm{d}r$$

于是
$$F(t)=\frac{2\int_0^t f(r^2)r^2\mathrm{d}r}{\int_0^t f(r^2)r\mathrm{d}r}$$

求导得
$$F'(t)=\frac{2tf(t^2)\int_0^t f(r^2)r(t-r)\mathrm{d}r}{\left[\int_0^t f(r^2)r\mathrm{d}r\right]^2}$$

所以在区间$(0,+\infty)$内,$F'(t)>0$,故$F(t)$在$(0,+\infty)$内单调增加.

(2) **证明** 因为$f(x^2)$为偶函数,故

$$\int_{-t}^t f(x^2)\mathrm{d}x = 2\int_0^t f(x^2)\mathrm{d}x = 2\int_0^t f(r^2)\mathrm{d}r$$

所以
$$G(t)=\frac{\int_0^{2\pi}\mathrm{d}\theta\int_0^t f(r^2)r\mathrm{d}r}{2\int_0^t f(r^2)\mathrm{d}r}=\frac{\pi\int_0^t f(r^2)r\mathrm{d}r}{\int_0^t f(r^2)\mathrm{d}r}$$

要证明$t>0$时,$F(t)>\frac{2}{\pi}G(t)$,即证
$$\frac{2\int_0^t f(r^2)r^2\mathrm{d}r}{\int_0^t f(r^2)r\mathrm{d}r}>\frac{2\int_0^t f(r^2)r\mathrm{d}r}{\int_0^t f(r^2)\mathrm{d}r}$$

只须证当$t>0$时,$H(t)=\int_0^t f(r^2)r^2\mathrm{d}r\cdot\int_0^t f(r^2)\mathrm{d}r-\left[\int_0^t f(r^2)r\mathrm{d}r\right]^2>0$.

由于$H(0)=0$,且
$$H'(t)=f(t^2)\int_0^t f(r^2)(t-r)^2\mathrm{d}r>0$$

所以$H(t)$在$(0,+\infty)$内单调增加,又$H(t)$在$[0,+\infty]$上连续,故当$t>0$时

$$H(t)>H(0)=0$$

因此当$t>0$时,有
$$F(t)>\frac{2}{\pi}G(t)$$

10.求平面$\frac{x}{a}+\frac{y}{b}+\frac{z}{c}=1$被三坐标面所割出的有限部分的面积.

解 所求平面在xOy面上的投影区域D是以a,b为直角边的直角三角形,由$\frac{x}{a}+\frac{y}{b}+\frac{z}{c}=1$得$z=c-\frac{c}{a}x-\frac{c}{b}y$,从而$\frac{\partial z}{\partial x}=-\frac{c}{a}$,$\frac{\partial z}{\partial y}=-\frac{c}{b}$,$\sqrt{1+\left(\frac{\partial z}{\partial x}\right)^2+\left(\frac{\partial z}{\partial y}\right)^2}=\frac{1}{ab}\sqrt{a^2b^2+b^2c^2+c^2a^2}$,于是

$$A=\iint\limits_D\frac{1}{ab}\sqrt{a^2b^2+b^2c^2+c^2a^2}\mathrm{d}x\mathrm{d}y=\frac{1}{ab}\sqrt{a^2b^2+b^2c^2+c^2a^2}\iint\limits_D\mathrm{d}x\mathrm{d}y=\frac{1}{2}\sqrt{a^2b^2+b^2c^2+c^2a^2}$$

11.在均匀半径为R的半圆形薄片的直径上，要接上一个一边与直径等长的同样材料的均匀矩形薄片，为了使整个均匀薄片的质心恰好落在圆心上，问接上去的均匀矩形薄片另一边的长度应是多少?

解 建立如图10.128所示的直角坐标系,设所求矩形另一边边长为H,密度为常数ρ,由对称性可知,$\bar{x}=0$. 于是

$$\bar{y}=\frac{M_x}{M}=\frac{\iint\limits_D\rho y\mathrm{d}\sigma}{\iint\limits_D\rho\mathrm{d}\sigma}=\frac{\int_{-R}^R\mathrm{d}x\int_{-H}^{\sqrt{R^2-x^2}}y\mathrm{d}y}{\frac{1}{2}\pi R^2+2RH}=\frac{\frac{2}{3}R^3-RH^2}{\frac{1}{2}\pi R^2+2RH}$$

要使整个均匀薄片的质心恰好落在圆心上，必须$\bar{y}=0$,即$\frac{2}{3}R^3-RH^2=0$,故$H=\sqrt{\frac{2}{3}}R$.

12.求由抛物线$y=x^2$及直线$y=1$所围成的均匀薄片(面密度为常数μ)对于直线$y=-1$的转动惯量.

解 $I=\iint_D \mu(y+1)^2\mathrm{d}x\mathrm{d}y=\mu\int_{-1}^{1}\mathrm{d}x\int_{x^2}^{1}(y+1)^2\mathrm{d}y=\frac{368}{105}\mu$

13. 设在 xOy 面上有一质量为 M 的均匀半圆形薄片，占有平面闭区域 $D=\{(x,y)\mid x^2+y^2\leqslant R^2, y\geqslant 0\}$，过圆心 O 垂直于薄片的直线上有一质量为 m 的质点 P，$OP=a$. 求半圆形薄片对质点 P 的引力.

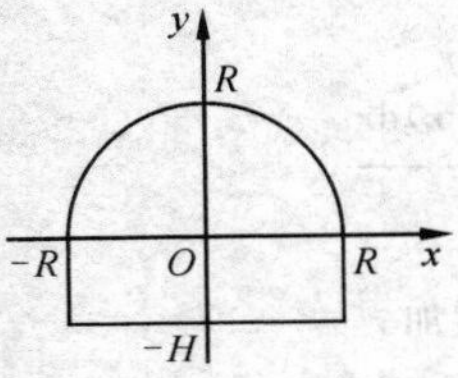

图 10.128

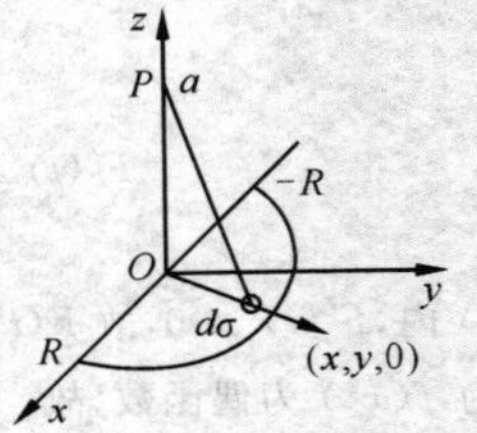

图 10.129

解 建立坐标系如图10.129所示，由已知条件知，面积为 $\frac{1}{2}\pi R^2$ 的薄片质量为 M，并且密度均匀，则 $\rho=\frac{M}{\frac{1}{2}\pi R^2}=\frac{2M}{\pi R^2}$. 用元素法求引力 $\boldsymbol{F}=\{F_x,F_y,F_z\}$，设 $\mathrm{d}\sigma$ 为半圆内的面积元素，在 $\mathrm{d}\sigma$ 上任取一点 $Q(x,y,0)$，由引力公式可得出，半圆上相对于 $\mathrm{d}\sigma$ 的那部分对质点 P 的引力大小的近似值为 $Gm\frac{2M}{\pi R^2}\frac{\mathrm{d}\sigma}{a^2+x^2+y^2}$，引力方向与向量 $\{x,y,-a\}$ 一致，于是引力在三坐标轴上的分力元素为 $\mathrm{d}F_x=\frac{Gm\rho}{r^2}\frac{x}{r}\mathrm{d}\sigma$，$\mathrm{d}F_y=\frac{Gm\rho}{r^2}\frac{y}{r}\mathrm{d}\sigma$，$\mathrm{d}F_z=\frac{Gm\rho}{r^2}\frac{-a}{r}\mathrm{d}\sigma$，其中 $r=\sqrt{a^2+x^2+y^2}$，$\rho=\frac{2M}{\pi R^2}$，所以

$$F_x=G\iint_D\frac{mx\rho\mathrm{d}\sigma}{(\sqrt{x^2+y^2+a^2})^3}=\frac{2GmM}{\pi R^2}\iint_D\frac{x}{(\sqrt{x^2+y^2+a^2})^3}\mathrm{d}\sigma=0 \quad \text{（由对称性知）}$$

$$F_y=G\iint_D\frac{my\rho\mathrm{d}\sigma}{(\sqrt{x^2+y^2+a^2})^3}=\frac{2GmM}{\pi R^2}\iint_D\frac{r\sin\theta\cdot r}{(\sqrt{r^2+a^2})^3}\mathrm{d}\theta\mathrm{d}r=$$

$$\frac{2GmM}{\pi R^2}\int_0^{\pi}\sin\theta\mathrm{d}\theta\int_0^R\frac{r^2}{(r^2+a)^{\frac{3}{2}}}\mathrm{d}r=\frac{4GmM}{\pi R^2}\left(\ln\frac{R+\sqrt{R^2+a^2}}{a}-\frac{R}{\sqrt{R^2+a^2}}\right)$$

$$F_z=\iint_D\frac{Gm(-a)\rho}{(\sqrt{x^2+y^2+a^2})^3}\mathrm{d}\sigma=-\frac{2GmMa}{\pi R^2}\iint_D\frac{1}{(\sqrt{x^2+y^2+a^2})^3}\mathrm{d}\sigma=$$

$$-\frac{2GmMa}{\pi R^2}\int_0^{\pi}\mathrm{d}\theta\int_0^R\frac{r}{(a^2+r^2)^{\frac{3}{2}}}\mathrm{d}r=\frac{2GmM}{R^2}\left(\frac{a}{\sqrt{R^2+a^2}}-1\right)$$

从而引力为

$$\boldsymbol{F}=\{F_x,F_y,F_z\}=\left\{0,\frac{4GmM}{\pi R^2}\left(\ln\frac{R+\sqrt{R^2+a^2}}{a}-\frac{R}{\sqrt{R^2+a^2}}\right),\frac{2GmM}{R^2}\left(\frac{a}{\sqrt{R^2+a^2}}-1\right)\right\}$$

14. 求质量分布均匀的半个旋转椭球体 $\Omega=\{(x,y,z)\mid\frac{x^2+y^2}{a^2}+\frac{z^2}{b^2}\leqslant 1, z\geqslant 0\}$ 的质心.

解 设质心为 $(\bar{x},\bar{y},\bar{z})$，由对称性知质心位于 z 轴上，即 $\bar{x}=\bar{y}=0$. 由于

$$\iiint_\Omega z\mathrm{d}v=\int_0^b z\mathrm{d}z\iint_{D_z}\mathrm{d}x\mathrm{d}y\ \left(\text{其中 } D_z=\left\{(x,y)\mid x^2+y^2\leqslant a^2\left(1-\frac{z^2}{b^2}\right)\right\}\right)=$$

$$\int_0^b\pi a^2\left(1-\frac{z^2}{b^2}\right)z\mathrm{d}z=\pi a^2\int_0^b\left(z-\frac{z^3}{b^2}\right)\mathrm{d}z=\frac{\pi a^2b^2}{4}$$

$$V=\frac{1}{2}\cdot\frac{4}{3}\pi a^2b=\frac{2\pi a^2b}{3}$$

因此
$$\bar{z}=\frac{\frac{\pi a^2 b^2}{4}}{\frac{2\pi a^2 b}{3}}=\frac{3b}{8}$$

即质心为$\left(0,0,\frac{3b}{8}\right)$.

*15. 一球形行星的半径为R，其质量为M，其密度呈球对称分布，并向着球心线性增加．若行星表面的密度为零，那么行星中心的密度是多少？

解 设行星中心的密度为μ_0，则由题设，在距球心$r(0\leqslant r\leqslant R)$处的密度为$\mu(r)=\mu_0-kr$. 由于$\mu(R)=\mu_0-kR=0$，故$k=\frac{\mu_0}{R}$，即
$$\mu(r)=\mu_0\left(1-\frac{r}{R}\right)$$
于是
$$M=\iiint\limits_{r\leqslant R}\mu_0\left(1-\frac{r}{R}\right)r^2\sin\varphi\mathrm{d}r\mathrm{d}\varphi\mathrm{d}\theta=\mu_0\int_0^{2\pi}\mathrm{d}\theta\int_0^{\pi}\sin\varphi\mathrm{d}\varphi\int_0^R\left(1-\frac{r}{R}\right)r^2\mathrm{d}r=$$
$$4\pi\mu_0\int_0^R\left(1-\frac{r}{R}\right)r^2\mathrm{d}r=\frac{\mu_0\pi R^3}{3}$$
因此得
$$\mu_0=\frac{3M}{\pi R^3}$$

五、模拟检测题

(一) 基础知识模拟检测题

1. 填空题

(1) 交换积分次序$\int_0^1\mathrm{d}y\int_{\sqrt{y}}^{\sqrt{2-y}}f(x,y)\mathrm{d}x=$__________________.

(2) 积分$\int_0^2\mathrm{d}x\int_x^2\mathrm{e}^{-y^2}\mathrm{d}y$的值等于________________.

(3) 设$D=\{(x,y)\mid x^2+y^2\leqslant 2x\}$，则在直角坐标系下把二重积分$\iint\limits_D f(x,y)\mathrm{d}x\mathrm{d}y$化为先$y$后$x$的二次积分是__________；在极坐标系下把二重积分$\iint f(x,y)\mathrm{d}x\mathrm{d}y$化为先$r$后$\theta$的二次积分是__________.

(4) $\iint\limits_{x^2+y^2\leqslant a^2}|xy|\mathrm{d}\sigma=$________________.

(5) 设Ω是由曲面$z=\sqrt{x^2+y^2}$与$z=\sqrt{2-x^2-y^2}$所围成的闭区域，则在柱面坐标系下$\iiint\limits_\Omega f(x,y,z)\mathrm{d}v$化为三次积分是____________；在球面坐标系下$\iiint\limits_\Omega f(x,y,z)\mathrm{d}v$化为三次积分是__________.

2. 选择题

(1) 已知$I_1=\iint\limits_D(x+y)^2\mathrm{d}\sigma$，$I_2=\iint\limits_D(x+y)^3\mathrm{d}\sigma$，其中$D$为$(x-2)^2+(y-1)^2\leqslant 1$，则(　　).

A. $I_1=I_2$　　B. $I_1>I_2$　　C. $I_1<I_2$　　D. $I_1^2=I_2^2$

(2) 累次积分$\int_0^{2R}\mathrm{d}y\int_0^{\sqrt{2Ry-y^2}}f(x^2+y^2)\mathrm{d}x(R>0)$化为极坐标形式的累次积分为(　　).

A. $\int_0^{\pi}\mathrm{d}\theta\int_0^{2R\sin\theta}f(r^2)r\mathrm{d}r$　　B. $\int_0^{\frac{\pi}{2}}\mathrm{d}\theta\int_0^{2R\cos\theta}f(r^2)r\mathrm{d}r$

C. $\int_0^{\frac{\pi}{2}}\mathrm{d}\theta\int_0^{2R\sin\theta}f(r^2)r\mathrm{d}r$　　D. $\int_0^{\pi}\mathrm{d}\theta\int_0^{2R\cos\theta}f(r^2)r\mathrm{d}r$

(3) 曲面$z=\sqrt{x^2+y^2}$被柱面$z^2=2x$割下部分的面积为(　　).

A. 2π　　B. 4π　　C. $2\sqrt{2}\pi$　　D. $\sqrt{2}\pi$

(4) 若积分区域 D 为曲线 $y=x^2$ 和 $y=2-x^2$ 所围成的区域,则$\iint\limits_D f(x,y)\mathrm{d}\sigma=($　　$)$.

A. $\int_{-1}^{1}\mathrm{d}x\int_{x^2}^{2-x^2}f(x,y)\mathrm{d}y$　　　B. $\int_{-1}^{1}\mathrm{d}x\int_{2-x^2}^{x^2}f(x,y)\mathrm{d}y$

C. $\int_{0}^{1}\mathrm{d}y\int_{\sqrt{2-y}}^{\sqrt{y}}f(x,y)\mathrm{d}x$　　　D. $\int_{x^2}^{2-x^2}\mathrm{d}y\int_{-1}^{1}f(x,y)\mathrm{d}x$

(5) 设 Ω 为 $x^2+y^2=4,z=0,z=4$ 所围成的空间区域,则$\iiint\limits_\Omega(x^2+y^2)\mathrm{d}v=($　　$)$.

A. $\int_{0}^{2}\mathrm{d}x\int_{-\sqrt{4-x^2}}^{\sqrt{4-x^2}}\mathrm{d}y\int_{2}^{4}(x^2+y^2)\mathrm{d}z$　　　B. $\int_{-2}^{2}\mathrm{d}x\int_{-\sqrt{4-x^2}}^{\sqrt{4-x^2}}\mathrm{d}y\int_{2}^{4}(x^2+y^2)\mathrm{d}z$

C. $\int_{0}^{2\pi}\mathrm{d}\theta\int_{-2}^{2}\mathrm{d}r\int_{0}^{4}r^2\cdot r\mathrm{d}z$　　　D. $\int_{0}^{2\pi}\mathrm{d}\theta\int_{0}^{2}\mathrm{d}r\int_{0}^{4}r^2\cdot r\mathrm{d}z$

3. 计算题

(1) 比较二重积分 $I_1=\iint\limits_{D_1}\mathrm{e}^{-(x^2+y^2)}\mathrm{d}\sigma$ 与 $I_2=\iint\limits_{D_2}\mathrm{e}^{-(x^2+y^2)}\mathrm{d}\sigma$ 的大小,其中 $D_1=\{(x,y)\mid x^2+y^2\leqslant R^2\}$, $D_2=\{(x,y)\mid |x|\leqslant R,|y|\leqslant R\}$.

(2) 估计二重积分 $I=\iint\limits_D(x+y+10)\mathrm{d}\sigma$ 的取值范围,其中 D 为 $x^2+y^2\leqslant 4$.

(3) $\iint\limits_D|\sin(x-y)|\mathrm{d}\sigma$,其中 D 由 $y=x,y=2\pi$ 及 y 轴所围成.

(4) 将二重积分 $I=\iint\limits_D f\left(\frac{y}{x}\right)\mathrm{d}x\mathrm{d}y$ 表示为极坐标系下的二次积分,其中 D 由 $y=\sqrt{2ax-x^2}$ 与 $x=\sqrt{2ay-y^2}$ 所围成.

(5) $I=\iiint\limits_\Omega z\mathrm{d}v$,其中 Ω 是曲面 $z=x^2+y^2$ 与平面 $z=1$ 和 $z=4$ 所围成的区域.

4. 证明题

设 $f(x)$ 在$[0,1]$上连续,求证$\int_0^1\mathrm{d}x\int_{x^2}^{\sqrt{x}}f(y)\mathrm{d}y=\int_0^1(\sqrt{x}-x^2)f(x)\mathrm{d}x$.

(二) 考研模拟训练题

1. 填空题

(1) 将$\int_0^1\mathrm{d}y\int_{-y}^{y}f(x,y)\mathrm{d}x$ 交换积分次序后为________________.

(2) 二次积分$\int_0^1\mathrm{d}x\int_x^1 x\sin y^3\mathrm{d}y=$________________.

(3) $\iint\limits_{|x|+|y|\leqslant 1}|xy|\mathrm{d}x\mathrm{d}y=$________________.

(4) 设 Ω 是由 $z\geqslant 0,z\leqslant\sqrt{3(x^2+y^2)},x^2+y^2-y\leqslant 0$ 确定的积分域,将三重积分 $I=\iiint\limits_\Omega f(\sqrt{x^2+y^2+z^2})\mathrm{d}v$ 化成柱面坐标系下的三次积分时,$I=$________________.

(5) $\iiint\limits_{x^2+y^2+z^2\leqslant 1}\left[\frac{z^3\ln(x^2+y^2+z^2+1)}{x^2+y^2+z^2+1}+1\right]\mathrm{d}v=$________________.

2. 选择题

(1) 已知 $I=\iint\limits_D xy\mathrm{d}\sigma$,其中 D 由 $y^2=x$ 及 $y=x-2$ 所围成,则 $I=($　　$)$.

A. $\int_0^4\mathrm{d}y\int_{y+2}^{y}xy\mathrm{d}y$　　　B. $\int_0^1\mathrm{d}x\int_{-\sqrt{x}}^{\sqrt{x}}xy\mathrm{d}y+\int_1^4\mathrm{d}x\int_{x-2}^{x}xy\mathrm{d}y$

C. $\int_{-1}^{2}\mathrm{d}y\int_{y^2}^{y+2}xy\mathrm{d}x$　　D. $\int_{-1}^{2}\mathrm{d}y\int_{y}^{y+2}xy\mathrm{d}x$

(2) $I=\iint\limits_{D}\mathrm{e}^{x^2+y^2}\mathrm{d}\sigma$,其中 D 为 $a^2\leqslant x^2+y^2\leqslant b^2$,$(0<a<b)$ 则 $I=$(　　).

A. $\pi(\mathrm{e}^{b^2}-\mathrm{e}^{a^2})$　　B. $2\pi(\mathrm{e}^{b^2}-\mathrm{e}^{a^2})$　　C. $\pi(\mathrm{e}^{b}-\mathrm{e}^{a})$　　D. $2\pi(\mathrm{e}^{b}-\mathrm{e}^{a})$

(3) 球面 $x^2+y^2+z^2=4a^2$ 与柱面 $x^2+y^2=2ax$ 所围立体的体积 $V=$(　　).

A. $4\int_{0}^{\frac{\pi}{2}}\mathrm{d}\theta\int_{0}^{2a\cos\theta}\sqrt{4a^2-r^2}\mathrm{d}r$　　B. $8\int_{0}^{\frac{\pi}{2}}\mathrm{d}\theta\int_{0}^{2a\cos\theta}r\sqrt{4a^2-r^2}\mathrm{d}r$

C. $4\int_{0}^{\frac{\pi}{2}}\mathrm{d}\theta\int_{0}^{2a\cos\theta}r\sqrt{4a^2-r^2}\mathrm{d}r$　　D. $\int_{-\frac{\pi}{2}}^{\frac{\pi}{2}}\mathrm{d}\theta\int_{0}^{2a\cos\theta}r\sqrt{4a^2-r^2}\mathrm{d}r$

(4) 若 Ω 为 $x^2+y^2+z^2\leqslant 2z$ 与 $x^2+y^2\leqslant z$ 所确定的区域,则 $\iiint\limits_{\Omega}\mathrm{d}v=$(　　).

A. $\int_{0}^{2\pi}\mathrm{d}\theta\int_{0}^{1}r\mathrm{d}r\int_{r}^{\sqrt{1-r^2}}\mathrm{d}z$　　B. $\int_{0}^{2\pi}\mathrm{d}\theta\int_{0}^{1}r\mathrm{d}r\int_{1}^{1-\sqrt{1-r^2}}\mathrm{d}z$

C. $\int_{0}^{2\pi}\mathrm{d}\theta\int_{0}^{1}r\mathrm{d}r\int_{r^2}^{1+\sqrt{1-r^2}}\mathrm{d}z$　　D. $-\int_{0}^{2\pi}\mathrm{d}\theta\int_{0}^{1}r\mathrm{d}r\int_{1-\sqrt{1-r^2}}^{r^2}\mathrm{d}z$

(5) 设 $I_1=\iint\limits_{D}\cos\sqrt{x^2+y^2}\mathrm{d}\sigma$,$I_2=\iint\limits_{D}\cos(x^2+y^2)\mathrm{d}\sigma$,$I_3=\iint\limits_{D}\cos(x^2+y^2)^2\mathrm{d}\sigma$,其中 $D=\{(x,y)\mid x^2+y^2\leqslant 1\}$,则(　　).

A. $I_3>I_2>I_1$　　B. $I_1>I_2>I_3$　　C. $I_2>I_1>I_3$　　D. $I_3>I_1>I_2$

3. 计算题

(1) $I=\int_{\frac{1}{4}}^{\frac{1}{2}}\mathrm{d}x\int_{\frac{1}{2}}^{\sqrt{x}}\mathrm{e}^{\frac{x}{y}}\mathrm{d}y+\int_{\frac{1}{2}}^{1}\mathrm{d}x\int_{x}^{\sqrt{x}}\mathrm{e}^{\frac{x}{y}}\mathrm{d}y$.

(2) $\iint\limits_{D}|y-x^2|\mathrm{d}x\mathrm{d}y$,其中 D 为 $-1\leqslant x\leqslant 1,0\leqslant y\leqslant 1$.

(3) $\iint\limits_{D}\ln(x^2+y^2)\mathrm{d}x\mathrm{d}y$,其中 D 为 $\mathrm{e}^2\leqslant x^2+y^2\leqslant \mathrm{e}^4$.

(4) 求球面 $x^2+y^2+z^2=a^2$ 包含在柱面 $\frac{x^2}{a^2}+\frac{y^2}{b^2}=1(0<b\leqslant a)$ 内的那部分面积.

(5) 求锥面 $z=\sqrt{x^2+y^2}$ 与抛物面 $z=x^2+y^2$ 所围立体的体积.

(6) 求半径为 R 的均匀球体(设密度为1),对球外一单位质点 Q 的引力. 设点 Q 与球心的距离为 $a>R$.

4. 证明题

(1) 设 $f(x)$ 在[0,1]上连续,试证:$\int_{0}^{1}\mathrm{e}^{f(x)}\mathrm{d}x\int_{0}^{1}\mathrm{e}^{-f(y)}\mathrm{d}y\geqslant 1$.

(2) 设 $F(t)=\iiint\limits_{\Omega}f(x^2+y^2+z^2)\mathrm{d}v$,其中 Ω 为 $x^2+y^2+z^2\leqslant t^2(t>0)$,$f$ 为连续函数,证明:$F'(t)=4\pi t^2f(t^2)$.

六、模拟检测题答案与提示

(一) 基础知识模拟检测题答案与提示

1. 填空题

(1) $\int_{0}^{1}\mathrm{d}x\int_{0}^{x^2}f(x,y)\mathrm{d}y+\int_{1}^{\sqrt{2}}\mathrm{d}x\int_{0}^{2-x^2}f(x,y)\mathrm{d}y$

(2) $\frac{1}{2}(1-\mathrm{e}^{-4})$　提示:交换积分次序后计算.

(3) $\int_0^2 dx\int_{-\sqrt{2x-x^2}}^{\sqrt{2x-x^2}} f(x,y)dy$； $\int_{-\frac{\pi}{2}}^{\frac{\pi}{2}} d\theta\int_0^{2\cos\theta} f(r\cos\theta, r\sin\theta)rdr$

(4) $\frac{1}{2}a^4$ 提示：先利用对称性去掉绝对值，然后再计算.

(5) $\int_0^{2\pi} d\theta\int_0^1 dr\int_r^{\sqrt{2-r^2}} f(r\cos\theta, r\sin\theta, z)rdz$； $\int_0^{2\pi} d\theta\int_0^{\frac{\pi}{4}} dr\int_0^{\sqrt{2}} f(r\sin\varphi\cos\theta, r\sin\varphi\sin\theta, r\cos\varphi)r^2\sin\varphi dr$

2. 选择题

(1) C (2) C (3) D (4) A (5) D

3. 计算题

(1) 提示：由于被积函数大于零，$D_1\subset D_2$，故 $I_1 < I_2$.

(2) 提示：设 $f(x,y)=x+y+10$，则 $f_x=f_y=1\neq 0$，所以 $f(x,y)$ 在圆内无极值，其最值应在边界 $x^2+y^2=4$ 上取得，用拉格朗日乘数法求极值. 设

$$F(x,y)=(x+y+10)+\lambda(x^2+y^2-4)$$

令

$$\begin{cases}\dfrac{\partial F}{\partial x}=1+2\lambda x=0\\ \dfrac{\partial F}{\partial y}=1+2\lambda y=0\\ x^2+y^2=4\end{cases}$$

解得 $x=-\frac{1}{2\lambda}$，$y=-\frac{1}{2\lambda}$，代入 $x^2+y^2=4$ 得 $\lambda=\pm\frac{\sqrt{2}}{4}$，从而 $x=\pm\sqrt{2}$，$y=\pm\sqrt{2}$，求得最小值 $m=10-2\sqrt{2}$，最大值 $M=10+2\sqrt{2}$，即 $10-2\sqrt{2}\leqslant f(x,y)\leqslant 10+2\sqrt{2}$，圆域 D 的面积 $\sigma=4\pi$，从而

$$8\pi(5-\sqrt{2})\leqslant I\leqslant 8\pi(5+\sqrt{2})$$

(3) 积分区域如图 10.130 所示，故

原式 $=\iint\limits_{D_1}\sin(x-y)d\sigma+\iint\limits_{D_2}\sin(y-x)d\sigma=$

$\int_0^{\pi} dx\int_{x+\pi}^{2\pi}\sin(x-y)dy+\int_0^{\pi} dx\int_x^{x+\pi}\sin(y-x)dy+\int_{\pi}^{2\pi} dx\int_x^{2\pi}\sin(y-x)dy=$

4π

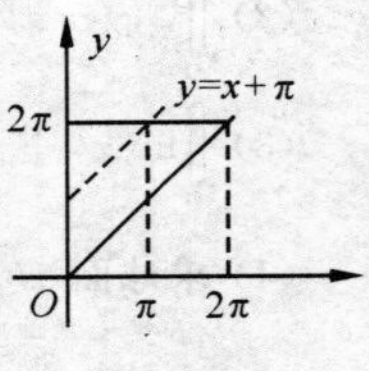

图 10.130

(4) $I=\int_0^{\frac{\pi}{4}} d\theta\int_0^{2a\sin\theta} f(\tan\theta)rdr+\int_{\frac{\pi}{4}}^{\frac{\pi}{2}} d\theta\int_0^{2a\cos\theta} f(\tan\theta)rdr=$

$2a^2\left[\int_0^{\frac{\pi}{4}} f(\tan\theta)\sin^2\theta d\theta+\int_{\frac{\pi}{4}}^{\frac{\pi}{2}} f(\tan\theta)\cos^2\theta d\theta\right]$

(5) 提示：采用先二后一法计算. Ω 夹在 $z=1$ 和 $z=4$ 两个平面之间，在 z 轴上的区间[1,4]内任取一点 z 作平行于 xOy 面的平面，此平面截 Ω 的截面为一圆面，记为 D_z，其面积为 $\pi(\sqrt{z})^2$. 于是

$$I=\int_1^4 zdz\iint\limits_{D_z} dxdy=\int_1^4 z\left[\pi(\sqrt{z})^2\right]dz=21\pi$$

4. 证明题

提示：交换积分次序.

(二) 考研模拟训练题答案与提示

1. 填空题

(1) $\int_{-1}^0 dx\int_{-x}^1 f(x,y)dy+\int_0^1 dx\int_x^1 f(x,y)dy$

(2) $\frac{1}{6}(1-\cos 1)$ 提示：交换积分次序后计算.

(3) $\frac{1}{6}$ 提示：先利用对称性去掉绝对值然后计算.

(4) $\int_0^{\pi}d\theta\int_0^{\sin\theta}rdr\int_0^{\sqrt{3}r}f(\sqrt{r^2+z^2})dz$

(5) $\frac{4}{3}\pi$ 提示：因被积函数的第一项关于 z 为奇函数，积分域关于 xOy 面对称，所以积分为零，被积函数的第二项为1，利用三重积分的性质可得结果.

2. 选择题

(1) C (2) A (3) C (4) C

(5) A 提示：此题中，积分区域相同，关键是在积分区域 D 上比较被积函数的大小. 在 D 上 $x^2+y^2\leqslant 1$，因此，$0\leqslant(x^2+y^2)^2\leqslant x^2+y^2\leqslant\sqrt{x^2+y^2}\leqslant 1<\frac{\pi}{2}$，又因为 $\cos u$ 在 $\left[0,\frac{\pi}{2}\right]$ 上严格单调递减，所以在 D 上 $\cos\sqrt{x^2+y^2}<\cos(x^2+y^2)<\cos(x^2+y^2)^2$. 由二重积分的性质知 $I_3>I_2>I_1$，故应选A项.

3. 计算题

(1) $I=\int_{\frac{1}{2}}^1dy\int_{y^2}^{y}e^{\frac{x}{y}}dx=\frac{3}{8}e-\frac{1}{2}e^{\frac{1}{2}}$ 提示：本题实质是二重积分的计算，而且已经化成了累次积分，但是由于 $e^{\frac{1}{y}}$ 的原函数不是初等函数，先对 y 积分，$e^{\frac{1}{y}}$ 的原函数不能用初等方法求出，所以不能先对 y 积分，必须交换积分次序.

(2) 原式 $=\iint\limits_{D_1}(y-x^2)d\sigma+\iint\limits_{D_2}(x^2-y)d\sigma=\frac{11}{15}$

其中 D_1 为 $x^2\leqslant y\leqslant 1,-1\leqslant x\leqslant 1$；$D_2$ 为 $0\leqslant y\leqslant x^2,-1\leqslant x\leqslant 1$.

(3) 原式 $=\int_0^{2\pi}d\theta\int_e^{e^2}r\ln r^2dr=\pi e^2(3e^2-1)$

(4) $A=8\int_0^a dx\int_0^{\frac{b}{a}\sqrt{a^2-x^2}}\frac{a}{\sqrt{a^2-x^2-y^2}}dy=8a^2\arcsin\frac{b}{a}$

(5) 由 $\begin{cases}z=\sqrt{x^2+y^2}\\ z=x^2+y^2\end{cases}$ 求得交线为点(0,0,0)及平面 $z=1$ 上的圆 $x^2+y^2=1$，从而立体 Ω 在 xOy 面上的投影区域 D 为 $x^2+y^2\leqslant 1$，故

$$V=\iint\limits_D\left[\sqrt{x^2+y^2}-(x^2+y^2)\right]dxdy=\int_0^{2\pi}d\theta\int_0^1(r-r^2)rdr=\frac{\pi}{6}$$

或者
$$V=\iiint\limits_{\Omega}dv=\int_0^{2\pi}d\theta\int_0^1rdr\int_{r^2}^{r}dz=\frac{\pi}{6}$$

这里要注意锥面位于抛物面的上方.

(6) 若选择球心为坐标原点，选 $\overrightarrow{OQ}$ 为 z 轴正向，则引力为 $\boldsymbol{F}=\left\{0,0,-\frac{GM}{a^2}\right\}$ (M 为球的质量).

4. 证明题

(1) 提示：由于积分区域关于直线 $y=x$ 对称，记积分区域为 D，D 的面积为1，则有

$$\int_0^1e^{f(x)}dx\int_0^1e^{-f(y)}dy=\frac{1}{2}\iint\limits_D\left[\frac{e^{f(x)}}{e^{f(y)}}+\frac{e^{f(y)}}{e^{f(x)}}\right]d\sigma=\iint\limits_D\frac{[e^{f(x)}]^2+[e^{f(y)}]^2}{2e^{f(x)}e^{f(y)}}d\sigma\geqslant\iint\limits_Dd\sigma=1$$

(2) 提示：用球坐标计算.

$$F(t)=\int_0^{2\pi}d\theta\int_0^{\pi}d\varphi\int_0^tf(r^2)r^2\sin\varphi dr=4\pi\int_0^tf(r^2)r^2dr$$

$$F'(t)=4\pi t^2f(t^2)$$

第 11 章　曲线积分与曲面积分

一、本章小结

(一) 本章小结

1. 对弧长的曲线积分(又称第一类曲线积分)

(1) 定义:设 L 是 xOy 平面上以 A,B 为端点的一条光滑的曲线,$f(x,y)$ 是定义在 L 上的有界函数,在 L 上任意插入一点列 $A=M_0,M_1,M_2,\cdots,M_{n-1},M_n=B$. 把 L 分成 n 个小段 $\overparen{M_{i-1}M_i}(i=1,2,\cdots,n)$. 记 Δs_i 为弧段 $\overparen{M_{i-1}M_i}$ 的长,在每个小弧段 $\overparen{M_{i-1}M_i}$ 上任取一点 (ξ_i,η_i),作乘积 $f(\xi_i,\eta_i)\Delta s_i(i=1,2,\cdots,n)$,并作和 $\sum_{i=1}^{n} f(\xi_i,\eta_i)\Delta s_i$,令 $\lambda=\max\{\Delta s_1,\Delta s_2,\cdots,\Delta s_n\}$,若 $\lim_{\lambda\to 0}\sum_{i=1}^{n} f(\xi_i,\eta_i)\Delta s_i$ 存在,则称此极限为函数 $f(x,y)$ 在曲线 L 上对弧长的曲线积分,或第一类曲线积分,记为 $\int_L f(x,y)\mathrm{d}s$,即 $\int_L f(x,y)\mathrm{d}s=\lim_{\lambda\to 0}\sum_{i=1}^{n} f(\xi_i,\eta_i)\Delta s_i$

注:① 若函数 $f(x,y)$ 在曲线 L 上连续,则 $f(x,y)$ 在曲线 L 上对弧长的曲线积分 $\int_L f(x,y)\mathrm{d}s$ 一定存在.

② 物理意义:线密度为 $\rho=f(x,y)$ 的弧段 L 的质量为 $M=\int_L f(x,y)\mathrm{d}s$.

③ 上述定义可推广到空间曲线 L 的情形:若 $f(x,y,z)$ 是定义在空间中分段光滑曲线 L 上的有界函数,则函数 $f(x,y,z)$ 在曲线 L 上对弧长的曲线积分是

$$\int_L f(x,y,z)\mathrm{d}s=\lim_{\lambda\to 0}\sum_{i=1}^{n} f(\xi_i,\eta_i,\zeta_i)\Delta s_i$$

(2) 性质:对积分曲线具有可加性

$$\int_L f(x,y)\mathrm{d}s=\int_{L_1} f(x,y)\mathrm{d}s+\int_{L_2} f(x,y)\mathrm{d}s$$

式中,$L=L_1+L_2$,L_1,L_2 两曲线段无重叠部分.

(3) 计算方法:简而言之,对弧长的曲线积分是化为参变量的定积分计算. 定积分的形式取决于曲线的参数方程形式. 具体解题步骤如下:

① 画出积分曲线 L 的图形;② 把曲线 L 的参数方程写出来,将 $\mathrm{d}s$ 写成参变量的微分形式.

设曲线 L 的参数方程为 $x=\varphi(t),y=\psi(t)(\alpha\leqslant t\leqslant\beta)$,其中函数 $\varphi(t),\psi(t)$ 在 $[\alpha,\beta]$ 上具有一阶连续导数,又 $f(x,y)$ 在 L 上连续,则 $\int_L f(x,y)\mathrm{d}s=\int_\alpha^\beta f[\varphi(t),\psi(t)]\sqrt{[\varphi'(t)]^2+[\psi'(t)]^2}\,\mathrm{d}t$

设曲线 L 的方程为 $y=f(x)\ (a\leqslant x\leqslant b)$,则　$\mathrm{d}s=\sqrt{1+f'^2(x)}\,\mathrm{d}x$

设曲线 L 的方程为 $x=\psi(y)\ (c\leqslant y\leqslant d)$,函数 $x=\psi(y)$ 在 $[c,d]$ 上具有一阶连续导数,又 $f(x,y)$ 在 L 上连续,则　$\int_L f(x,y)\mathrm{d}s=\int_c^d f[\psi(y),y]\sqrt{1+[\psi'(y)]^2}\,\mathrm{d}y$

注　这里积分上限一定大于积分下限.

设曲线 L 的方程为 $\rho=\rho(\theta)(\alpha\leqslant\theta\leqslant\beta)$,化为以 θ 为参数的参数方程 $x=\rho(\theta)\cos\theta,y=\rho(\theta)\sin\theta$ $(\alpha\leqslant\theta\leqslant\beta)$,则 $\mathrm{d}s=\sqrt{\rho^2(\theta)+\rho'^2(\theta)}\,\mathrm{d}\theta$,对空间曲线也可同样处理. 与定积分、重积分不同的是曲线积分的

积分区域是关于 x,y 的等式，因而被积函数中的 x,y 满足积分曲线 L 的方程，可直接带入化简积分式子.

2. 对坐标的曲线积分（又称第二类曲线积分）

(1) 定义：设 L 为 xOy 面内从点 A 到点 B 的一条有向光滑曲线弧，函数 $P(x,y)$，$Q(x,y)$ 在 L 有界. 沿 L 的方向任意插入一列点 $M_1(x_1,y_1)$，$M_2(x_2,y_2)$，$\cdots$，$M_{n-1}(x_{n-1},y_{n-1})$，把 L 分为 n 个有向小弧段 $\overset{\frown}{M_{i-1}M_i}$ $(i=1,2,\cdots,n;M_0=A,M_n=B)$，记 $\Delta x_i=x_i-x_{i-1}$，$\Delta y_i=y_i-y_{i-1}$，任取 $(\xi_i,\eta_i)\in\overset{\frown}{M_{i-1}M_i}$，作积 $P(\xi_i,\eta_i)\Delta x_i$，求和 $\sum\limits_{i=1}^{n}P(\xi_i,\eta_i)\Delta x_i$. 如果当各小弧段长度的最大值 $\lambda\to 0$ 时，此和式的极限存在，则称此极限为函数 $P(x,y)$ 在有向曲线弧 L 上对坐标 x 的曲线积分，记作 $\int_L P(x,y)\mathrm{d}x$. 类似地，如果 $\lim\limits_{\lambda\to 0}\sum\limits_{i=1}^{n}Q(\xi_i,\eta_i)\Delta y_i$ 存在，则称此极限为函数 $Q(x,y)$ 在有向曲线弧 L 上对坐标 y 的曲线积分，记作 $\int_L Q(x,y)\mathrm{d}y$，即

$$\int_L P(x,y)\mathrm{d}x=\lim_{\lambda\to 0}\sum_{i=1}^{n}P(\xi_i,\eta_i)\Delta x_i,\quad \int_L Q(x,y)\mathrm{d}y=\lim_{\lambda\to 0}\sum_{i=1}^{n}Q(\xi_i,\eta_i)\Delta y_i$$

其中，$P(x,y)$，$Q(x,y)$ 为被积函数，L 为积分曲线. 以上两个积分也称为第二类曲线积分. 实际应用中经常出现的形式是：

$$\int_L P(x,y)\mathrm{d}x+Q(x,y)\mathrm{d}y=\lim_{\lambda\to 0}\sum_{i=1}^{n}[P(\xi_i,\eta_i)\Delta x_i+Q(\xi_i,\eta_i)\Delta y_i]$$

上述定义可推广到空间曲线 L 的情形：

$$\int_L P(x,y,z)\mathrm{d}x+Q(x,y,z)\mathrm{d}y+R(x,y,z)\mathrm{d}z=\lim_{\lambda\to 0}\sum_{i=1}^{n}[P(\xi_i,\eta_i,\zeta_i)\Delta x_i+Q(\xi_i,\eta_i,\zeta_i)\Delta y_i+R(\xi_i,\eta_i,\zeta_i)\Delta z_i]$$

物理意义：变力 $\boldsymbol{F}=P(x,y)\boldsymbol{i}+Q(x,y)\boldsymbol{j}$ 沿 L 所做的功为

$$W=\int_L\boldsymbol{F}\cdot\mathrm{d}\boldsymbol{s}=\int_L(P\boldsymbol{i}+Q\boldsymbol{j})\cdot(\mathrm{d}x\boldsymbol{i}+\mathrm{d}y\boldsymbol{j})=\int_L P(x,y)\mathrm{d}x+Q(x,y)\mathrm{d}y$$

(2) 性质：

① $\int_{-L}P(x,y)\mathrm{d}x+Q(x,y)\mathrm{d}y=-\int_L P(x,y)\mathrm{d}x+Q(x,y)\mathrm{d}y$

② 对积分曲线的可加性：若 $L=L_1+L_2$（其中 L_1，L_2 两曲线段无重叠部分），则

$$\int_L P(x,y)\mathrm{d}x+Q(x,y)\mathrm{d}y=\int_{L_1}P\mathrm{d}x+Q\mathrm{d}y+\int_{L_2}P\mathrm{d}x+Q\mathrm{d}y$$

(3) 计算方法：对坐标曲线积分的计算基本方法是化为参变量的定积分来求解，但遇到特殊情形，可具体分析，采用一些特殊技巧来求解. 现将对坐标曲线积分的计算方法总结为下面四种方法：

① 化为参变量的定积分求解：若曲线 L 的参数方程为 $\begin{cases}x=\varphi(t)\\ y=\psi(t)\end{cases}$，$\alpha$ 为 L 起始点对应的参数值，β 为 L 终点对应的参数值（注：这里 β 不一定比 α 大），则

$$\int_L P(x,y)\mathrm{d}x+Q(x,y)\mathrm{d}y=\int_\alpha^\beta[P(\varphi(t),\psi(t))\varphi'(t)+Q(\varphi(t),\psi(t))\psi'(t)]\mathrm{d}t$$

若曲线 L 的参数方程为 $y=f(x)$，a 为 L 起始点对应的参数值，b 为 L 终点对应的参数值（注：这里 b 不一定比 a 大），则

$$\int_L P(x,y)\mathrm{d}x+Q(x,y)\mathrm{d}y=\int_a^b[P(x,f(x))+Q(x,f(x))f'(x)]\mathrm{d}x$$

若曲线 L 的参数方程为 $x=g(y)$，c 为 L 起始点对应的参数值，d 为 L 终点对应的参数值（注：这里 d 不一定比 c 大），则

$$\int_L P(x,y)\mathrm{d}x+Q(x,y)\mathrm{d}y=\int_c^d[P(g(y),y)\cdot g'(y)+Q(g(y),y)]\mathrm{d}y$$

② 利用格林公式求解：若 L 是封闭曲线，且 $P(x,y)$，$Q(x,y)$ 在 L 所围成的闭区域 D 上具有一阶连续偏导数，则

$$\oint_L P(x,y)\mathrm{d}x+Q(x,y)\mathrm{d}y=\iint_D\left(\frac{\partial Q}{\partial x}-\frac{\partial P}{\partial y}\right)\mathrm{d}x\mathrm{d}y$$

注　应用格林公式时，L 应取正方向(当人沿此方向行走时，区域 D 总在左边).

若 L 不是封闭曲线，可补上一段曲线 L_1 使之成为封闭曲线(一般要求 $\int_{L_1} P\mathrm{d}x+Q\mathrm{d}y$ 比较容易计算)，以便使用格林公式. 这种做法在对坐标曲线积分中是常用的，应予以重视.

$$\int_L P\mathrm{d}x+Q\mathrm{d}y=\oint_{L+L_1} P\mathrm{d}x+Q\mathrm{d}y-\int_{L_1} P\mathrm{d}x+Q\mathrm{d}y=\iint_D\left(\frac{\partial Q}{\partial x}-\frac{\partial P}{\partial y}\right)\mathrm{d}x\mathrm{d}y-\int_{L_1} P\mathrm{d}x+Q\mathrm{d}y$$

但要注意 $P(x,y)$，$Q(x,y)$ 在 $L+L_1$ 所围成的闭区域上具有一阶连续偏导数. 若有不连续点时，则可挖去该点，在复连通区域上利用格林公式.

例如，考虑积分 $\oint_L \sqrt{x^2+y^2}(x\mathrm{d}y+y\mathrm{d}x)$，其中 L 是区域 D 的边界曲线，于是 $\frac{\partial P}{\partial y}=\frac{\partial Q}{\partial x}=\frac{xy}{\sqrt{x^2+y^2}}$，如果区域 D 包含原点，那么 $\frac{\partial P}{\partial y}$ 与 $\frac{\partial Q}{\partial x}$ 在原点不存在，更不可能连续了，这时就不能直接用格林公式了，但可在挖去原点的复连通区域上用格林公式.

③ 利用对坐标曲线积分与积分路径无关求解：当积分区域是单连通的且 $\frac{\partial Q}{\partial x}=\frac{\partial P}{\partial y}$ 时，则曲线积分与路径无关，因而可找一条最简单的路径计算积分，一般可取平行于 x，y 轴的折线. 如果曲线本身是封闭的，则可找另一条更简单的同向封闭曲线，只要两条封闭曲线不相交，且在它们之间的区域内满足

$$\int_L P\mathrm{d}x+Q\mathrm{d}y=\int_{A(x_0,y_0)}^{B(x_0,y_0)} P\mathrm{d}x+Q\mathrm{d}y=\int_{x_0}^{x} P(x,y_0)\mathrm{d}x+\int_{y_0}^{y} Q(x,y)\mathrm{d}y=\int_{y_0}^{y} Q(x_0,y)\mathrm{d}y+\int_{x_0}^{x} P(x,y)\mathrm{d}x$$

3. 曲线积分的应用

(1) 求弧长. 求曲线 L 的弧长 $\int_L \mathrm{d}s$.

(2) 求质量. 设曲线弧 L 上任意一点 (x,y) 处的线密度为 $\rho(x,y)$，则质量为

$$M=\int_L \rho(x,y)\mathrm{d}s$$

(3) 求重心. 设平面曲线弧 L 上任意一点 (x,y) 处的线密度为 $\rho(x,y)$，则重心坐标为

$$\bar{x}=\frac{\int_L x\rho(x,y)\mathrm{d}s}{\int_L \rho(x,y)\mathrm{d}s},\quad \bar{y}=\frac{\int_L y\rho(x,y)\mathrm{d}s}{\int_L \rho(x,y)\mathrm{d}s}$$

(4) 求转动惯量. 设平面曲线弧 L 上任意一点 (x,y) 处的线密度为 $\rho(x,y)$，则转动惯量为

$$I_x=\int_L y^2\mathrm{d}s,\qquad I_y=\int_L x^2\mathrm{d}s$$

4. 格林公式、平面曲线积分对路径无关的条件

(1) 格林公式：设有界闭区域 D 由分段光滑的曲线 L 围成，函数 $P(x,y)$，$Q(x,y)$ 在 D 上具有一阶连续偏导数，则格林公式为 $\oint_L P(x,y)\mathrm{d}x+Q(x,y)\mathrm{d}y=\iint_D\left(\frac{\partial Q}{\partial x}-\frac{\partial P}{\partial y}\right)\mathrm{d}x\mathrm{d}y$

其中，L 是 D 的取正向的边界曲线.

(2) 平面曲线积分与路径无关的条件：设 $P(x,y)$，$Q(x,y)$ 在单连通区域 D 上有连续偏导数，则下面命题等价：

① $\frac{\partial Q}{\partial x}=\frac{\partial P}{\partial y}$ 在 D 内恒成立.

② 设 L 是 D 内任一条封闭曲线，有 $\oint_L P\mathrm{d}x+Q\mathrm{d}y=0$.

③ 存在二元函数 $u(x,y)$，使 $\mathrm{d}u=P\mathrm{d}x+Q\mathrm{d}y$.

④ 曲线积分与路径无关. 设 L 为区域 D 上任一条起点为 (x_0, y_0)，终点为 (x, y) 的曲线，则

$$\int_L P\mathrm{d}x + Q\mathrm{d}y = \int_{(x_0,y_0)}^{(x,y)} P\mathrm{d}x + Q\mathrm{d}y = \int_{x_0}^{x} P(x, y_0)\mathrm{d}x + \int_{y_0}^{y} Q(x, y)\mathrm{d}y =$$

$$\int_{y_0}^{y} Q(x_0, y)\mathrm{d}y + \int_{x_0}^{x} P(x, y)\mathrm{d}x$$

(3) 求原函数问题：设函数 $P(x,y)$，$Q(x,y)$ 在单连通区域 D 上有连续偏导数，而 $P\mathrm{d}x + Q\mathrm{d}y$ 为全微分，则求原函数 $u(x,y)$ 的方法如下：

① 曲线积分法：在 D 中任取一定点 (x_0, y_0)，则对任意的 (x,y) 有

$$u(x,y) = \int_{(x_0,y_0)}^{(x,y)} P\mathrm{d}x + Q\mathrm{d}y + C$$

由积分与路径无关，故可视函数 $P(x,y)$，$Q(x,y)$ 的特点，选取适当路径作此曲线积分.

② 偏积分法：由 $\dfrac{\partial u}{\partial x} = P(x,y)$ 知，$u = \int_{x_0}^{x} P(x,y)\mathrm{d}x + C(y)$，再对两边关于 y 求导，由 $\dfrac{\partial u}{\partial y} = Q(x,y)$，再积分求出 $C(y)$.

③ 凑全微分法.

5. 对面积的曲面积分(又称第一类曲面积分)

(1) 定义：设曲面 Σ 是光滑的，函数 $f(x,y,z)$ 在 Σ 上有界. 把 Σ 任意分成 n 小块 ΔS_i(ΔS_i 同时也代表第 i 块曲面的面积)，在 ΔS_i 上任意取一点 (ξ_i, η_i, ζ_i)，作乘积 $f(\xi_i,\eta_i,\zeta_i)\Delta S_i (i = 1,2,\cdots,n)$，求和 $\sum\limits_{i=1}^{n} f(\xi_i, \eta_i, \zeta_i)\Delta S_i$，令这 n 块小曲面的直径最大值为 λ，如果极限 $\lim\limits_{\lambda\to 0}\sum\limits_{i=1}^{n} f(\xi_i,\eta_i,\xi_i)\Delta S_i$ 存在，则称此极限值为函数 $f(x, y,z)$ 在曲面 Σ 上对面积的曲面积分，也称为第一类曲面积分，记作

$$\iint_{\Sigma} f(x,y,z)\mathrm{d}S = \lim_{\lambda\to 0}\sum_{i=1}^{n} f(\xi_i,\eta_i,\zeta_i)\Delta S_i$$

(2) 性质：设 Σ 可分成两块光滑曲面 Σ_1 及 Σ_2，即 $\Sigma = \Sigma_1 + \Sigma_2$，则有

$$\iint_{\Sigma} f(x,y,z)\mathrm{d}S = \iint_{\Sigma_1+\Sigma_2} f(x,y,z)\mathrm{d}S = \iint_{\Sigma_1} f(x,y,z)\mathrm{d}S + \iint_{\Sigma_2} f(x,y,z)\mathrm{d}S$$

(3) 计算方法：对面积的曲面积分的基本计算方法是化为投影区域上的二重积分来计算. 具体的解题步骤如下：

投影：画出曲面 Σ 的图形，并投影到相应的坐标面上.

代换：根据投影区域，将曲面写成相应变量的显函数(即若将曲面 Σ 投影到坐标平面 xOy 面上，可形成一个封闭的区域，则将曲面 Σ 的方程写成 $z = z(x,y)$ 的形式)，否则要改变投影坐标面.

计算：写出曲面面积的面积元素 $\mathrm{d}S = \sqrt{1 + \left(\dfrac{\partial z}{\partial x}\right)^2 + \left(\dfrac{\partial z}{\partial y}\right)^2}\mathrm{d}x\mathrm{d}y$，计算

$$\iint_{\Sigma} f(x,y,z)\mathrm{d}S = \iint_{D_{xy}} f[x,y,z(x,y)]\sqrt{1 + \left(\frac{\partial z}{\partial x}\right)^2 + \left(\frac{\partial z}{\partial y}\right)^2}\mathrm{d}x\mathrm{d}y$$

6. 对坐标的曲面积分(又称第二类曲面积分)

(1) 定义：设 Σ 为光滑的有向曲面，函数 $R(x,y,z)$ 在 Σ 上有界. 把 Σ 任意分成 n 块小曲面 ΔS_i(ΔS_i 同时又表示第 i 块小曲面的面积)，ΔS_i 在 xOy 面上的投影为 $(\Delta S_i)_{xy}$，在 ΔS_i 上任意一点 (ξ_i,η_i,ζ_i)，令各小块曲面的直径最大值为 λ，若 $\lim\limits_{\lambda\to 0}\sum\limits_{i=1}^{n} R(\xi_i,\eta_i,\zeta_i)(\Delta S_i)_{xy}$ 存在，则称此极限值为函数 $R(x,y,z)$ 在有向曲面 Σ 上对坐标 x，y 的曲面积分或第二类曲面积分. 记作 $\iint\limits_{\Sigma} R(x,y,z)\mathrm{d}x\mathrm{d}y$，即

$$\iint_{\Sigma} R(x,y,z)\mathrm{d}x\mathrm{d}y = \lim_{\lambda\to 0}\sum_{i=1}^{n} R(\xi_i,\eta_i,\zeta_i)(\Delta S_i)_{xy}$$

其中，$R(x,y,z)$ 为被积函数，Σ 为积分曲面.

类似地，可定义函数 $P(x,y,z)$ 在有向曲面 Σ 上对坐标 y,z 的曲面积分

$$\iint_{\Sigma} P(x,y,z)\mathrm{d}y\mathrm{d}z = \lim_{\lambda\to 0}\sum_{i=1}^{n} P(\xi_i,\eta_i,\zeta_i)(\Delta S_i)_{yz}$$

及函数 $Q(x,y,z)$ 在有向曲面 Σ 上对坐标 z,x 的曲面积分

$$\iint_{\Sigma} Q(x,y,z)\mathrm{d}z\mathrm{d}x = \lim_{\lambda\to 0}\sum_{i=1}^{n} Q(\xi_i,\eta_i,\zeta_i)(\Delta S_i)_{zx}$$

以上三个曲面积分也称为第二类曲面积分.

物理意义：设流体密度 $\rho=1$，速度场为 $\boldsymbol{v}=P\boldsymbol{i}+Q\boldsymbol{j}+R\boldsymbol{k}$，单位时间内流过曲面一侧的流量 Q，即

$$Q=\iint_{\Sigma} P\mathrm{d}y\mathrm{d}z+Q\mathrm{d}z\mathrm{d}x+R\mathrm{d}x\mathrm{d}y$$

(2) 性质：

① 如果把 Σ 分成 $\Sigma_1,\Sigma_2,\cdots,\Sigma_n$，并且任意两块曲面没有重叠部分，则

$$\iint_{\Sigma} P\mathrm{d}y\mathrm{d}z+Q\mathrm{d}z\mathrm{d}x+R\mathrm{d}x\mathrm{d}y=\iint_{\Sigma_1} P\mathrm{d}y\mathrm{d}z+Q\mathrm{d}z\mathrm{d}x+R\mathrm{d}x\mathrm{d}y+$$
$$\iint_{\Sigma_2} P\mathrm{d}y\mathrm{d}z+Q\mathrm{d}z\mathrm{d}x+R\mathrm{d}x\mathrm{d}y+\cdots+\iint_{\Sigma_n} P\mathrm{d}y\mathrm{d}z+Q\mathrm{d}z\mathrm{d}x+R\mathrm{d}x\mathrm{d}y$$

② 设 Σ 是有向曲面，$-\Sigma$ 表示与 Σ 取相反侧的有向曲面，则

$$\iint_{-\Sigma} P(x,y,z)\mathrm{d}y\mathrm{d}z=-\iint_{\Sigma} P(x,y,z)\mathrm{d}y\mathrm{d}z$$
$$\iint_{-\Sigma} Q(x,y,z)\mathrm{d}z\mathrm{d}x=-\iint_{\Sigma} Q(x,y,z)\mathrm{d}z\mathrm{d}x$$
$$\iint_{-\Sigma} R(x,y,z)\mathrm{d}x\mathrm{d}y=-\iint_{\Sigma} R(x,y,z)\mathrm{d}x\mathrm{d}y$$

(3) 计算方法：

① 通过投影化为二重积分 $\quad I=\iint_{\Sigma} P\mathrm{d}y\mathrm{d}z+Q\mathrm{d}z\mathrm{d}x+R\mathrm{d}x\mathrm{d}y$

“一投、二代、三计算，符号选取要注意”

$$\iint_{\Sigma} P\mathrm{d}y\mathrm{d}z=\pm\iint_{D_{yz}} P(x(y,z),y,z)\mathrm{d}y\mathrm{d}z \tag{11.1}$$

$$\iint_{\Sigma} Q\mathrm{d}z\mathrm{d}x=\pm\iint_{D_{zx}} Q(x,y(x,z),z)\mathrm{d}z\mathrm{d}x \tag{11.2}$$

$$\iint_{\Sigma} R\mathrm{d}x\mathrm{d}y=\pm\iint_{D_{xy}} R(x,y,z(x,y))\mathrm{d}x\mathrm{d}y \tag{11.3}$$

“$\pm$”号的确定原则：

若 Σ 的法向量 $\boldsymbol{n}$ 与 x 轴正向夹角 $(\boldsymbol{n},\boldsymbol{i})$ 为锐角，则式(11.1)取正号；否则，取负号；

若 Σ 的法向量 $\boldsymbol{n}$ 与 y 轴正向夹角 $(\boldsymbol{n},\boldsymbol{j})$ 为锐角，则式(11.2)取正号；否则，取负号；

若 Σ 的法向量 $\boldsymbol{n}$ 与 z 轴正向夹角 $(\boldsymbol{n},\boldsymbol{k})$ 为锐角，则式(11.3)取正号；否则，取负号.

② 利用高斯公式：若 $P(x,y,z)$，$Q(x,y,z)$，$R(x,y,z)$ 在闭曲面 Σ 所围成的空间区域 Ω 中有连续的一阶偏导数，则

$$\oiint_{\Sigma} P(x,y,z)\mathrm{d}y\mathrm{d}z+Q(x,y,z)\mathrm{d}z\mathrm{d}x+R(x,y,z)\mathrm{d}x\mathrm{d}y=\iiint_{\Omega}\left(\frac{\partial P}{\partial x}+\frac{\partial Q}{\partial y}+\frac{\partial R}{\partial z}\right)\mathrm{d}x\mathrm{d}y\mathrm{d}z$$

其中 Σ 取外侧.

若 Σ 不是闭合曲面且 $P(x,y,z)$，$Q(x,y,z)$，$R(x,y,z)$ 形式比较复杂，P,Q,R 在 Σ 补上 Σ^+ 后($\Sigma+\Sigma^+$ 为

闭合曲面）所围成的空间区域 Ω 中有一阶连续偏导，则

$$\iint_{\Sigma} P(x,y,z)\mathrm{d}y\mathrm{d}z + Q(x,y,z)\mathrm{d}z\mathrm{d}x + R(x,y,z)\mathrm{d}x\mathrm{d}y =$$

$$\iint_{\Sigma+\Sigma^+} P\mathrm{d}y\mathrm{d}z + Q\mathrm{d}z\mathrm{d}x + R\mathrm{d}x\mathrm{d}y - \iint_{\Sigma^+} P\mathrm{d}y\mathrm{d}z + Q\mathrm{d}z\mathrm{d}x + R\mathrm{d}x\mathrm{d}y =$$

$$\iiint_{\Omega}\left(\frac{\partial P}{\partial x}+\frac{\partial Q}{\partial y}+\frac{\partial R}{\partial z}\right)\mathrm{d}x\mathrm{d}y\mathrm{d}z - \iint_{\Sigma^+} P\mathrm{d}y\mathrm{d}z + Q\mathrm{d}z\mathrm{d}x + R\mathrm{d}x\mathrm{d}y$$

7. 各种积分的关系

(1) 对弧长的曲线积分和对坐标的曲线积分的关系.

$$\int_L P\mathrm{d}x + Q\mathrm{d}y + R\mathrm{d}z = \int_L (P\cos\alpha + Q\cos\beta + R\cos\gamma)\mathrm{d}s$$

其中 α,β,γ 是曲线 L 的切向量的方向角.

两类曲线积分之间的联系也可用向量的形式表达. 例如，空间曲线 Γ 上的两类曲线积分之间的联系可写成如下形式：

$$\int_\Gamma \boldsymbol{A}\mathrm{d}\boldsymbol{r} = \int_\Gamma \boldsymbol{A}\boldsymbol{t}\mathrm{d}s \quad \text{或} \quad \int_\Gamma \boldsymbol{A}\mathrm{d}\boldsymbol{r} = \int_\Gamma A_t\mathrm{d}s$$

其中，$\boldsymbol{A}=\{P,Q,R\}$，$\boldsymbol{t}=\{\cos\alpha,\cos\beta,\cos\gamma\}$ 为有向曲线弧 Γ 上点 (x,y,z) 处单位切向量，$\mathrm{d}\boldsymbol{r}=\boldsymbol{t}\mathrm{d}s=\{\mathrm{d}x,\mathrm{d}y,\mathrm{d}z\}$，称为有向曲线元；$A_t$ 为向量 $\boldsymbol{A}$ 在向量 $\boldsymbol{t}$ 上的投影.

(2) 对面积的曲面积分与对坐标的曲面积分的关系.

$$\iint_\Sigma P\mathrm{d}y\mathrm{d}z + Q\mathrm{d}z\mathrm{d}x + R\mathrm{d}x\mathrm{d}y = \iint_\Sigma (P\cos\alpha + Q\cos\beta + R\cos\gamma)\mathrm{d}S$$

其中 α,β,γ 是曲面 Σ 的法向量的方向角.

两类曲面积分之间的联系也可写成如下的向量形式：　$\iint_\Sigma \boldsymbol{A}\cdot\mathrm{d}\boldsymbol{S} = \iint_\Sigma \boldsymbol{A}\cdot\boldsymbol{n}\mathrm{d}S$

其中，$\boldsymbol{A}=\{P,Q,R\}$，$\boldsymbol{n}=\{\cos\alpha,\cos\beta,\cos\gamma\}$ 为有向曲面 Σ 上点 (x,y,z) 处的单位法向量；$\mathrm{d}\boldsymbol{S}=\boldsymbol{n}\mathrm{d}S=\{\mathrm{d}y\mathrm{d}z,\mathrm{d}z\mathrm{d}x,\mathrm{d}x\mathrm{d}y\}$ 称为有向曲面元.

(3) 平面上对坐标的曲线积分与二重积分的关系.

格林公式：设闭区域 D 由分段光滑的曲线 L 围成，函数 $P(x,y,)$ 及 $Q(x,y)$ 在 D 上具有一阶连续偏导数，则有

$$\iint_D\left(\frac{\partial Q}{\partial x}-\frac{\partial P}{\partial y}\right)\mathrm{d}x\mathrm{d}y = \oint_L P\mathrm{d}x + Q\mathrm{d}y$$

其中 L 是 D 的取正向的边界曲线.

(4) 对坐标的曲面积分与三重积分的关系.

高斯公式：设空间闭区域 Ω 是由分片光滑的闭曲面 Σ 所围成，函数 $P(x,y,z)$，$Q(x,y,z)$，$R(x,y,z)$ 在 Ω 上具有一阶连续偏导数，则有

$$\iiint_\Omega\left(\frac{\partial P}{\partial x}+\frac{\partial Q}{\partial y}+\frac{\partial R}{\partial z}\right)\mathrm{d}x\mathrm{d}y\mathrm{d}z = \oiint_\Sigma P\mathrm{d}y\mathrm{d}z + Q\mathrm{d}z\mathrm{d}x + R\mathrm{d}x\mathrm{d}y$$

或

$$\iiint_\Omega\left(\frac{\partial P}{\partial x}+\frac{\partial Q}{\partial y}+\frac{\partial R}{\partial z}\right)\mathrm{d}x\mathrm{d}y\mathrm{d}z = \oiint_\Sigma (P\cos\alpha + Q\cos\beta + R\cos\gamma)\mathrm{d}S$$

这里 Σ 是 Ω 的整个边界曲面的外侧，$\cos\alpha,\cos\beta,\cos\gamma$ 是 Σ 在点 (x,y,z) 处的法向量的方向余弦.

(5) 空间曲线积分与曲面积分的关系：

斯托克斯公式：设 Γ 为分段光滑的空间有向闭曲线，Σ 是以 Γ 为边界的分片光滑的有向曲面，Γ 的正向与 Σ 的侧符合右手规则，函数 $P(x,y,z)$，$Q(x,y,z)$，$R(x,y,z)$ 在曲面 Σ（连同边界 Γ）上具有一阶连续偏导数，则有

$$\iint_D\left(\frac{\partial R}{\partial y}-\frac{\partial Q}{\partial z}\right)\mathrm{d}y\mathrm{d}z + \left(\frac{\partial P}{\partial z}-\frac{\partial R}{\partial x}\right)\mathrm{d}z\mathrm{d}x + \left(\frac{\partial Q}{\partial x}-\frac{\partial P}{\partial y}\right)\mathrm{d}x\mathrm{d}y = \int_\Gamma P\mathrm{d}x + Q\mathrm{d}y + R\mathrm{d}z$$

8. 通量、散度、环流量与旋度

设有向量场 $\boldsymbol{A}(x,y,z)=P(x,y,z)\boldsymbol{i}+Q(x,y,z)\boldsymbol{j}+R(x,y,z)\boldsymbol{k}$，其中 P,Q,R 具有一阶连续的偏导数，Σ 是场内的有向曲面，$\boldsymbol{n}$ 是 Σ 上点 (x,y,z) 处的单位法向量，则 $\iint\limits_{\Sigma}\boldsymbol{A}\cdot\boldsymbol{n}\mathrm{d}s$ 称为向量场 $\boldsymbol{A}$ 通过曲面 Σ 向着指定侧的通量（或流量），而 $\dfrac{\partial P}{\partial x}+\dfrac{\partial Q}{\partial y}+\dfrac{\partial R}{\partial z}$ 为向量场 $\boldsymbol{A}$ 的散度，记为 $\mathrm{div}\boldsymbol{A}$，即 $\mathrm{div}\boldsymbol{A}=\dfrac{\partial P}{\partial x}+\dfrac{\partial Q}{\partial y}+\dfrac{\partial R}{\partial z}$

向量 $\left(\dfrac{\partial R}{\partial y}-\dfrac{\partial Q}{\partial z}\right)\boldsymbol{i}+\left(\dfrac{\partial P}{\partial z}-\dfrac{\partial R}{\partial x}\right)\boldsymbol{j}+\left(\dfrac{\partial Q}{\partial x}-\dfrac{\partial P}{\partial y}\right)\boldsymbol{k}$ 称为向量场 $\boldsymbol{A}$ 的旋度，记作 $\mathbf{rot}\boldsymbol{A}$，即

$$\mathbf{rot}\boldsymbol{A}=\left(\frac{\partial R}{\partial y}-\frac{\partial Q}{\partial z}\right)\boldsymbol{i}+\left(\frac{\partial P}{\partial z}-\frac{\partial R}{\partial x}\right)\boldsymbol{j}+\left(\frac{\partial Q}{\partial x}-\frac{\partial P}{\partial y}\right)\boldsymbol{k}$$

沿有向闭曲线 Γ 的曲线积分 $\oint_{\Gamma}P\mathrm{d}x+Q\mathrm{d}y+R\mathrm{d}z=\oint_{\Gamma}\boldsymbol{A}\cdot\boldsymbol{t}\mathrm{d}s$ 称为向量场 $\boldsymbol{A}$ 沿有向闭曲线 Γ 的环流量．其中 $\boldsymbol{t}$ 为 Γ 上点 (x,y,z) 处的单位切向量．

（二）基本要求

(1) 理解两类曲线积分的概念，了解两类曲线积分的性质及两类曲线积分的联系．

(2) 会计算两类曲线积分．

(3) 掌握格林公式，会利用平面曲线积分与路径无关的条件，会解全微分方程．

(4) 了解两类曲面积分的概念及高斯公式、斯托克斯公式，并会计算两类曲面积分．

(5) 了解散度、旋度的概念及其计算方法．

(6) 会用曲线积分及曲面积分求一些几何量与物理量（如体积、曲面面积、弧长、质量、重心、转动惯量、引力、功等）．

（三）重点与难点

重点：两类曲线积分的计算，格林公式，平面曲线积分与路径无关的条件，全微分函数的判定及求法，两类曲面积分的计算，高斯公式及其应用．

难点：格林公式、平面曲线积分与路径无关的条件；两类曲面积分的概念；第二类曲面积分的计算及高斯公式的应用．

二、释疑解难

问题 11.1　在曲线积分的计算过程中应注意什么问题？

答　两类曲线积分的计算都是转化为定积分的计算．但由于第一类曲线积分和式中 Δs_i 恒为正值，与积分路径的方向无关．因此，在计算中化为定积分的下限一定要小于上限．而对于第二类曲线积分，其积分和式中 $\Delta x_i,\Delta y_i,\Delta z_i$ 分别表示有向小曲线段在 x 轴、y 轴、z 轴上的投影，其值可能取正值或负值，它与积分路径的方向有关，定积分的下限对应积分曲线的起点，上限对应积分曲线的终点．在计算中，定积分的下限不一定小于上限．

问题 11.2　有人在计算积分"$\int_L x\mathrm{d}s$，其中 L 为图 11.1 中 $A(0,a)$ 与 $B\left(\dfrac{a}{\sqrt{2}},-\dfrac{a}{\sqrt{2}}\right)$ 之间的一段弧"时，这样做：因为 $\overset{\frown}{AC}:y=\sqrt{a^2-x^2}$，$\overset{\frown}{CB}:y=-\sqrt{a^2-x^2}$，所以沿这两段弧均有 $\mathrm{d}s=\dfrac{a\mathrm{d}x}{\sqrt{a^2-x^2}}$，故有

$$\int_{L(\overset{\frown}{AB})}x\mathrm{d}s=\int_0^{\frac{a}{\sqrt{2}}}\frac{ax}{\sqrt{a^2-x^2}}\mathrm{d}x=\left(1-\frac{1}{\sqrt{2}}\right)a^2$$

这个解法是否正确？化曲线积分为定积分的关键是什么？

答　以上解法是错误的．正确的解法是，将原积分分为 $L(\overset{\frown}{AC})$ 和 $L(\overset{\frown}{CB})$ 两段弧计算：

$$\int_{L(\overset{\frown}{AB})} x\mathrm{d}s = \int_{L(\overset{\frown}{AC})} x\mathrm{d}s + \int_{L(\overset{\frown}{CB})} x\mathrm{d}s$$

而

$$\int_{L(\overset{\frown}{AC})} x\mathrm{d}s = \int_0^a \frac{ax}{\sqrt{a^2-x^2}}\mathrm{d}x = a^2$$

$$\int_{L(\overset{\frown}{CB})} x\mathrm{d}s = \int_{\frac{a}{\sqrt{2}}}^a \frac{ax}{\sqrt{a^2-x^2}}\mathrm{d}x = \frac{a^2}{\sqrt{2}}$$

故

$$\int_{L(\overset{\frown}{AB})} x\mathrm{d}s = \left(1+\frac{1}{\sqrt{2}}\right)a^2$$

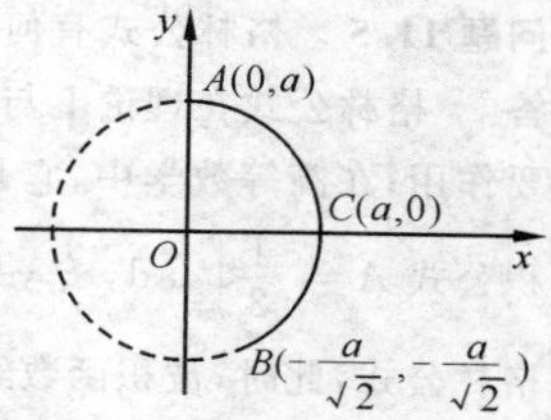

图 11.1

比较两种解法,可以看出错误解法的出错原因在于选x作为参数时,y表示为x的单值函数时须用两个表达式,故必须分为两段计算. 由于化第一类(对弧长的)曲线积分为定积分时,定积分的上限不能小于下限,但在错误解法中,上限$\frac{a}{\sqrt{2}}$小于下限a,因此结果差了一个符号.

上面的解法显得较繁,原因在于选x作为参数. 在$\overset{\frown}{AC}$和$\overset{\frown}{CB}$上,用x来表示y,两个表达式就不一样,所以计算积分必须分别计算. 如果选圆心角t作参数,这时圆弧的参数方程为$x=a\cos t, y=a\sin t$. 从而$\mathrm{d}s=a\mathrm{d}t$,故有

$$\int_{L(\overset{\frown}{AB})} x\mathrm{d}s = a^2\int_{-\frac{\pi}{4}}^{\frac{\pi}{2}} \cos t\mathrm{d}t = \left(1+\frac{1}{\sqrt{2}}\right)a^2$$

注　计算第一类曲线积分时,一般要注意两个问题:一个是积分限的问题(上限一定不小于下限);另一个是如何把题中曲线表示成参数方程的形式,参数方程不同,积分限也就不同,计算的难易程度也不同. 所以,一般要选取计算较为简便的参数方程形式.

问题 11.3　在可化为曲线积分的实际问题中,怎样的问题属于第一类曲线积分?怎样的问题属于第二类曲线积分?

答　可化为第一类曲线积分的问题,较典型的是求非均匀曲线的质量问题、重心问题、转动惯量问题等. 这些问题的共同特点是一个标量函数$f(P)$沿曲线的一种迭加. 所求量I的微元$\mathrm{d}I$是$f(P)$与曲线微元$\mathrm{d}s$的乘积,即$\mathrm{d}I=f(P)\mathrm{d}s$.

可化为第二类曲线积分的问题,较典型的是求变力沿曲线做功等问题. 这些问题的共同特点是一个向量函数$\boldsymbol{A}=\{P,Q,R\}$沿曲线的一种迭加. 如果改变曲线的方向,那么得出的结果就会相差一个符号,因此要求积分域是有向的. 所求量I的微元$\mathrm{d}I$是向量函数$\boldsymbol{A}=\{P,Q,R\}$与有向曲线微元的切向量$\mathrm{d}\boldsymbol{r}=\boldsymbol{t}\mathrm{d}s=\{\mathrm{d}x,\mathrm{d}y,\mathrm{d}z\}$的数量积,即

$$\mathrm{d}I = P\mathrm{d}x + Q\mathrm{d}y + R\mathrm{d}z$$

问题 11.4　下列等式是否成立,为什么?

设Σ为下半球面$x^2+y^2+z^2=a^2, z\leqslant 0$,法线朝下,则有

(1) $\iint_\Sigma z\mathrm{d}s = \iint_{D_{xy}} \sqrt{a^2-x^2-y^2}\,\frac{a}{\sqrt{a^2-x^2-y^2}}\mathrm{d}x\mathrm{d}y$

(2) $\iint_\Sigma z\mathrm{d}s = \iint_{D_{xy}} -\sqrt{a^2-x^2-y^2}\,\mathrm{d}x\mathrm{d}y$

其中$D_{xy}: x^2+y^2\leqslant a^2$为$\Sigma$在$xOy$面上的投影区域.

答　都不成立.

(1) 错在选择曲面方程为$z=\sqrt{a^2-x^2-y^2}$,下半球面方程应为$z=-\sqrt{a^2-x^2-y^2}$. 正确解答为

$$\iint_\Sigma z\mathrm{d}s = \iint_{D_{xy}} -\sqrt{a^2-x^2-y^2}\,\frac{a}{\sqrt{a^2-x^2-y^2}}\mathrm{d}x\mathrm{d}y$$

(2) 错在没有考虑Σ法线方向与z轴夹角为钝角,等式右端应取负号. 正确解答为

$$\iint_\Sigma z\mathrm{d}s = -\iint_{D_{xy}} -\sqrt{a^2-x^2-y^2}\,\mathrm{d}x\mathrm{d}y$$

问题 11.5 格林公式有何用处？应用时应注意什么？

答 格林公式在理论上与实用上都有重要作用. 它是场论三大公式之一，在物理学和数学其他学科都有重要作用；在高等数学中，它是证明曲线积分与路径无关的重要命题；在实用上，用它可推出曲线围成区域的面积公式 $A=\frac{1}{2}\oint_L x\,dy-y\,dx$，还可用它简化计算. 例如，当计算沿封闭曲线的第二类曲线积分时，可考虑利用格林公式，此时，被积函数经求导后可能变简单了，且使积分易于计算. 其次，即使是沿非闭合曲线的第二类曲线积分，也可选取适当的辅助线使曲线闭合转化为能用格林公式计算的类型.

应用格林公式时应注意：

(1) 式中区域 D 应为单连通区域.

(2) 函数 $P(x,y),Q(x,y)$ 在 D 上具有一阶连续偏导数.

(3) 利用格林公式转换得到的二重积分应易于计算.

问题 11.6 曲线积分常通过格林公式化为二重积分来计算，有没有二重积分化为曲线积分计算更为简洁的例子？

答 有. 特别是当二重积分的积分区域边界用参数方程表示时，化二重积分为曲线积分计算比较简便. 例如：求星形线 $x=a\cos^3 t,y=a\sin^3 t$ 在第一象限的弧与 x,y 坐标轴围成图形的形心.

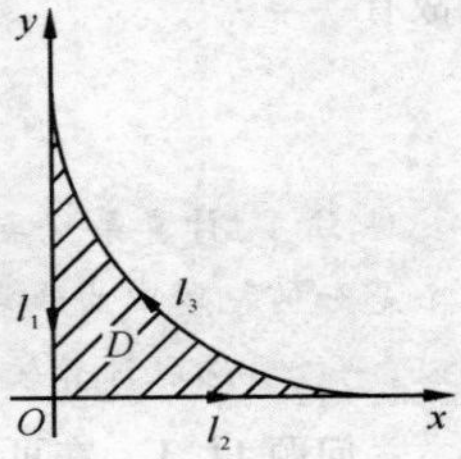

图 11.2

解 如图 11.2 所示，记区域为 D，边界曲线 L 为正向，L 由 l_1,l_2 和 l_3 三段弧组成. y 轴上的一段为 l_1，x 轴上的一段为 l_2，曲线那段为 l_3. 由对称性知，形心的两个坐标相等，记为 $(\overline{x},\overline{x})$，则

$$\overline{x}=\frac{\iint\limits_D x\,d\sigma}{\iint\limits_D d\sigma}$$

由格林公式，得

$$\iint\limits_D x\,d\sigma=\frac{1}{2}\oint_L x^2\,dy=\frac{1}{2}\left[\int_{l_1}x^2\,dy+\int_{l_2}x^2\,dy+\int_{l_3}x^2\,dy\right]=\frac{1}{2}\int_{l_3}x^2\,dy=\frac{3}{2}a^3\int_0^{\frac{\pi}{2}}\cos^6 t\sin^2 t\cos t\,dt=$$

$$\frac{3}{2}a^3\int_0^{\frac{\pi}{2}}\cos^7 t\sin^2 t\,dt=\frac{8a^3}{105}$$

$$\iint\limits_D d\sigma=\oint_L x\,dy=3a^2\int_0^{\frac{\pi}{2}}\cos^4 t\sin^2 t\,dt=\frac{3}{32}\pi a^2$$

故

$$\overline{x}=\frac{256}{315\pi}a$$

问题 11.7 计算积分 $\iint\limits_\Sigma\frac{dS}{x^2+y^2+z^2}$，其中 $\Sigma:x^2+y^2=a^2,0\leqslant z\leqslant h(h>0)$ 为介于 $z=0$ 与 $z=h$ 两平行平面之间的圆柱面. 有人说，Σ 在 xOy 平面上的投影是圆周，面积为零，因此这积分的值也等于零. 这一说法对不对？

答 这一说法不对. 这主要是对第一类曲面积分的计算方法没有掌握. 按照第一类曲面积分的计算方法，首先将曲面投影到坐标平面上，然后转化为二重积分来计算. 而把曲面投影到哪个坐标面上要取决于曲面方程的表达式. 一般来说，如果将其投影到 xOy 面，则曲面 Σ 的方程为 $z=z(x,y)$；同理，如果将其投影到 xOz 面，曲面 Σ 的方程为 $y=y(z,x)$；如果将其投影到 yOz 面，曲面 Σ 的方程为 $x=x(y,z)$. 而本题中 Σ 为 $x^2+y^2=a^2$，它不可能表示成 $z=z(x,y)$ 的表达式，因此计算这个积分把 Σ 投影到 xOy 面是得不到结果的. 圆柱面在 xOy 平面上的投影是圆周，面积为零，这话是对的，但据此肯定积分值为零是错误的.

正确的解法是，将圆柱面 Σ 投影到 yOz 面或 zOx 面上，再转化为二重积分进行计算. 如果投影到 yOz 面，那么得投影域 D 为 $-a\leqslant y\leqslant a,\ 0\leqslant z\leqslant h$，圆柱面方程可表示成 $x=\pm\sqrt{a^2-y^2}$，从而

$dS = \frac{a}{\sqrt{a^2 - y^2}} dydz$. 又由对称性，只要在$\Sigma$上$x \geqslant 0$的部分曲面$\Sigma_1$上计算积分，然后将结果乘2即得积分的值.

$$原式 = 2\iint_{\Sigma_1} \frac{dS}{x^2 + y^2 + z^2} = 2\iint_D \frac{a}{(a^2 + z^2)\sqrt{a^2 - y^2}} dydz = 2a\int_0^h \frac{dz}{a^2 + z^2}\int_{-a}^a \frac{dy}{\sqrt{a^2 - y^2}} = 2\pi\arctan\frac{h}{a}$$

问题 11.8 设Σ为平面$x + z = a$在柱面$x^2 + y^2 = a^2$内那一部分的上侧，下面两个积分的解法是否正确？

(1) $\iint_\Sigma (x + z)dS = a\iint_\Sigma dS = a \times (\Sigma 的面积) = \sqrt{2}\pi a^3$；

(2) $\iint_\Sigma (x + z)dxdy = a\iint_\Sigma dxdy = a \times (\Sigma 的面积) = \sqrt{2}\pi a^3$.

答 解法(1)是对的，解法(2)是错误的. 这主要是对第二类曲面积分的概念及计算方法没有掌握. 第一类曲面积分是对面积的积分，而第二类曲面积分是对坐标的积分. 一般地它们都要转化为二重积分进行计算. 对第二类曲面积分，先确定正负号，再转化为二重积分计算. 故(2)正确的解法为

$$\iint_\Sigma (x + z)dxdy = a\iint_\Sigma dxdy = a\iint_D dxdy$$

D是Σ在xOy面上的投影：$x^2 + y^2 \leqslant a^2$，故 $\iint_\Sigma (x + z)dxdy = a\iint_D dxdy = \pi a^3$

问题 11.9 计算积分$\oiint_\Sigma x^3 dydz + y^3 dzdx + z^3 dxdy$，$\Sigma$为球面：$x^2 + y^2 + z^2 = R^2$的外侧. 下面解法是否正确：

$$\oiint_\Sigma x^3 dydz + y^3 dzdx + z^3 dxdy = 3\iiint_\Omega (x^2 + y^2 + z^2)dV = 3R^3\iiint_\Omega dV = 4\pi R^5$$

答 这个解法是错误的，错在曲面积分应用高斯公式化为三重积分进行计算时，积分区域的变化. 因为给出的是Σ上的曲面积分，在Σ上x,y,z应该满足方程$x^2 + y^2 + z^2 = R^2$，这是对的. 但在用了高斯公式之后，曲面积分已转化为三重积分，积分区域为Ω：$x^2 + y^2 + z^2 \leqslant R^2$，这时若将$x^2 + y^2 + z^2$都用$R^2$代，就会增大积分的结果，当然就错了. 正确的结果应为

$$3\iiint_\Omega (x^2 + y^2 + z^2)dV = 3\int_0^{2\pi} d\theta\int_0^\pi d\varphi\int_0^R \rho^4 \sin\varphi d\rho = \frac{12}{5}\pi R^5$$

问题 11.10 设Σ是半球面$x^2 + y^2 + z^2 = R^2 (y \geqslant 0)$的外侧. 有人说："由对称性知$\iint_\Sigma z dS = 0$，故同样也有$\iint_\Sigma z dxdy = 0$." 这种说法对不对？

答 这种说法不对. 我们知道，对面积的曲面积分与曲面(积分域)的侧(方向)无关. 故考虑对称性比较容易. 但对坐标的曲面积分与曲面的侧有关，所以在考虑它的对称性时，还要考虑曲面的侧，即要顾及被积函数与曲面. 因此，在计算坐标的曲面积分时，如利用对称性有困难，不如先把它转化为二重积分，再化为定积分来计算，并在转化过程中考虑利用对称性，这是基本方法. 利用对称性只是对具有这种特殊性质的积分所用的解题技巧，并非每个曲面积分都具有这种特殊性质.

问题中的积分$\iint_\Sigma z dS = 0$是对的. 因为曲面Σ对称于xOy平面，而被积函数z在关于xOy平面的对称点上，它的值差一个符号(奇函数)，所以$\iint_\Sigma z dS = 0$. 但是$\iint_\Sigma z dxdy = 0$是不对的. 因为曲面虽关于xOy平面对称，但在对称点上，Σ的方向不同，因而投影$dxdy$不等. 故对称性不能用. 计算$\iint_\Sigma z dxdy$可用两种方法：

方法一 将Σ分为xOy平面上、下两部分，分别记为Σ_1与Σ_2，它们的方程是$z = \sqrt{R^2 - x^2 - y^2}$与

$z=-\sqrt{R^2-x^2-y^2}$. 所以

$$\iint_\Sigma z\mathrm{d}x\mathrm{d}y=\iint_{\Sigma_1}z\mathrm{d}x\mathrm{d}y+\iint_{\Sigma_2}z\mathrm{d}x\mathrm{d}y=\iint_{x^2+y^2\leqslant R^2}\sqrt{R^2-x^2-y^2}\,\mathrm{d}x\mathrm{d}y-$$

$$\iint_{x^2+y^2\leqslant R^2}(-\sqrt{R^2-x^2-y^2})\mathrm{d}x\mathrm{d}y=2\iint_{x^2+y^2\leqslant R^2}\sqrt{R^2-x^2-y^2}\,\mathrm{d}x\mathrm{d}y=$$

$$2\int_{-\frac{\pi}{2}}^{\frac{\pi}{2}}\mathrm{d}\theta\int_0^R\sqrt{R^2-r^2}\,r\mathrm{d}r=\frac{2}{3}\pi R^3$$

方法二　补一个圆面 $D:y=0,\ x^2+z^2\leqslant R^2$,使 $\Sigma+D$ 围成一半球体 Ω. 用高斯公式,由于 $\iint_D z\mathrm{d}x\mathrm{d}y=0$,

故有
$$\iint_\Sigma z\mathrm{d}x\mathrm{d}y=\oiint_{\Sigma+D}z\mathrm{d}x\mathrm{d}y=\iiint_\Omega\mathrm{d}V=\frac{2}{3}\pi R^3$$

三、典型例题分析

例 11.1　如图 11.3 所示,验证 $\int_L(\mathrm{e}^y+x)\mathrm{d}x+(x\mathrm{e}^y-2y)\mathrm{d}y$ 与路径无关,并求之. 其中 L 为过三点 $O(0,0)$,$A(0,1)$,$B(1,2)$ 的圆周,由 $O(0,0)$ 到 $B(1,2)$ 的曲线弧.

解　因为 $P(x,y)=\mathrm{e}^y+x$,$Q(x,y)=x\mathrm{e}^y-2y$. 且 $\dfrac{\partial P}{\partial y}=\mathrm{e}^y$,全平面是单连通域. 所以,积分与路径无关.

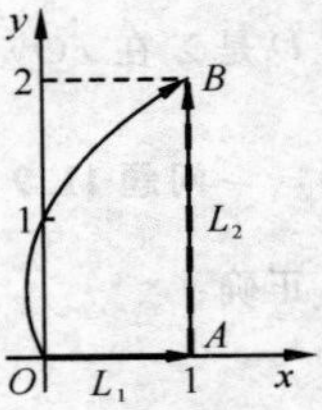

图　11.3

取一简单路径:L_1+L_2,即

$$L_1:y=0,x:0\to1,\quad L_2:x=1,y:0\to2$$

$$\int_L(\mathrm{e}^y+x)\mathrm{d}x+(x\mathrm{e}^y-2y)\mathrm{d}y=\int_{L_1}(\mathrm{e}^y+x)\mathrm{d}x+(x\mathrm{e}^y-2y)\mathrm{d}y+$$

$$\int_{L_2}(\mathrm{e}^y+x)\mathrm{d}x+(x\mathrm{e}^y-2y)\mathrm{d}y=$$

$$\int_0^1(\mathrm{e}^0+x)\mathrm{d}x+\int_0^2(1\times\mathrm{e}^y-2y)\mathrm{d}y=\mathrm{e}^2-\frac{7}{2}$$

例 11.2　设函数 $\varphi(y)$ 具有连续导数,在围绕原点的任意分段光滑简单闭曲线 L 上,曲线积分 $\oint_L\dfrac{\varphi(y)\mathrm{d}x+2xy\mathrm{d}y}{2x^2+y^4}$ 的值恒为同一常数.

(1) 证明:对右半平面 $x>0$ 内的任意分段光滑简单闭曲线 C,有 $\oint_C\dfrac{\varphi(y)\mathrm{d}x+2xy\mathrm{d}y}{2x^2+y^4}=0$

(2) 求函数 $\varphi(y)$ 的表达式.

分析　此题考查的是格林公式及其应用.

(1) **证明**　如图 11.4 所示,设 C 是半平面 $x>0$ 内的任一分段光滑简单闭曲线,在 C 上任意取定两点 M,N,作围绕原点的闭曲线 $\overset{\frown}{MQNRM}$,同时得到另一围绕原点的闭曲线 $\overset{\frown}{MQNPM}$. 根据题设可知

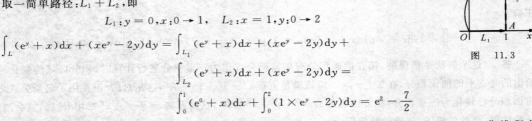

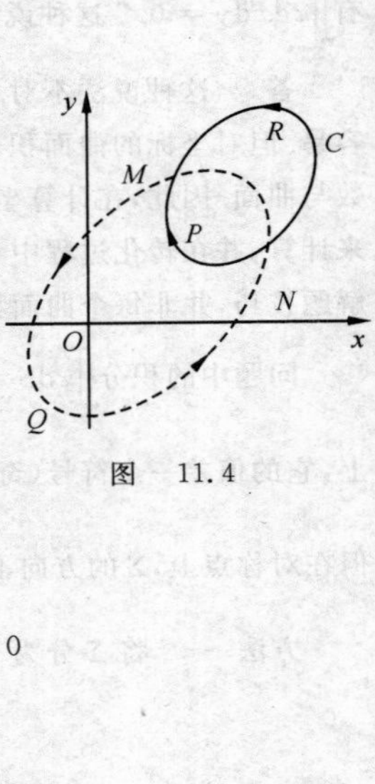

图　11.4

$$\int_{\overset{\frown}{MQNRM}}\frac{\varphi(y)\mathrm{d}x+2xy\mathrm{d}y}{2x^2+y^4}-\int_{\overset{\frown}{MQNPM}}\frac{\varphi(y)\mathrm{d}x+2xy\mathrm{d}y}{2x^2+y^4}=0$$

由第二类曲线积分的性质可知

$$\oint_C\frac{\varphi(y)\mathrm{d}x+2xy\mathrm{d}y}{2x^2+y^4}=\int_{\overset{\frown}{NRM}}\frac{\varphi(y)\mathrm{d}x+2xy\mathrm{d}y}{2x^2+y^4}+\int_{\overset{\frown}{MPN}}\frac{\varphi(y)\mathrm{d}x+2xy\mathrm{d}y}{2x^2+y^4}=$$

$$\int_{\overset{\frown}{NRM}}\frac{\varphi(y)\mathrm{d}x+2xy\mathrm{d}y}{2x^2+y^4}-\int_{\overset{\frown}{NPM}}\frac{\varphi(y)\mathrm{d}x+2xy\mathrm{d}y}{2x^2+y^4}=$$

$$\int_{\overset{\frown}{MQNRM}}\frac{\varphi(y)\mathrm{d}x+2xy\mathrm{d}y}{2x^2+y^4}-\int_{\overset{\frown}{MQNPM}}\frac{\varphi(y)\mathrm{d}x+2xy\mathrm{d}y}{2x^2+y^4}=0$$

(2) **解** 设 $P=\dfrac{\varphi(y)}{2x^2+y^4}$，$Q=\dfrac{2xy}{2x^2+y^4}$，$P$，$Q$ 在单连通区域 $x>0$ 内具有一阶连续偏导数. 由于，曲线积分 $\oint_L \dfrac{\varphi(y)\mathrm{d}x+2xy\mathrm{d}y}{2x^2+y^4}$ 在该区域内与路径无关，故当 $x>0$ 时，总有 $\dfrac{\partial Q}{\partial x}=\dfrac{\partial P}{\partial y}$.

$$\frac{\partial Q}{\partial x}=\frac{2y(2x^2+y^4)-4x\cdot 2xy}{(2x^2+y^4)^2}=\frac{-4x^2y+2y^5}{(2x^2+y^4)^2} \qquad ①$$

$$\frac{\partial P}{\partial y}=\frac{\varphi'(y)(2x^2+y^4)-4\varphi(y)y^3}{(2x^2+y^4)^2}=\frac{2x^2\varphi'(y)+\varphi'(y)y^4-4\varphi(y)y^3}{(2x^2+y^4)^2} \qquad ②$$

比较式 ①，② 得

$$\varphi'(y)=-2y \qquad ③$$

$$\varphi'(y)y^4-4\varphi(y)y^3=2y^5 \qquad ④$$

由式 ③ 得 $\varphi(y)=-y^2+C$，将 $\varphi(y)$ 代入式 ④ 得 $2y^5-4Cy^3=2y^5$，所以 $C=0$，从而

$$\varphi(y)=-y^2$$

例 11.3 设函数 $f(x)$ 在 $(-\infty,+\infty)$ 内具有一阶连续导数，L 是上半平面 $(y>0)$ 内的有向分段光滑曲线，其起点为 (a,b)，终点为 (c,d)，记 $I=\int_L \dfrac{1}{y}[1+y^2f(xy)]\mathrm{d}x+\dfrac{x}{y^2}[y^2f(xy)-1]\mathrm{d}y$

(1) 证明：曲线积分 I 与路径 L 无关；(2) 当 $ab=cd$ 时，求 I 的值.

分析 此题考查的是平面上曲线积分与路径无关的条件. 设函数 $P(x,y)$，$Q(x,y)$ 在单连通区域 D 上有连续偏导数，则下面命题等价：

① $\dfrac{\partial Q}{\partial x}\equiv\dfrac{\partial P}{\partial y}$ 在 D 内恒成立；

② 设 L 是 D 内任一条闭曲线，有 $\oint_L P\mathrm{d}x+Q\mathrm{d}y=0$；

③ 存在二元函数 $u(x,y)$，使 $\mathrm{d}u=P\mathrm{d}x+Q\mathrm{d}y$；

④ 函数积分与路径无关，设 L 为 D 内任一条的起始点为 (x_0,y_0)，终点为 (x_1,y_1) 的曲线，则

$$\int_L P\mathrm{d}x+Q\mathrm{d}y=\int_{(x_0,y_0)}^{(x_1,y_1)}P\mathrm{d}x+Q\mathrm{d}y=\int_{x_0}^{x_1}P(x,y_0)\mathrm{d}x+\int_{y_0}^{y_1}Q(x,y)\mathrm{d}y$$

证明 (1) 因为上半平面 $D(y>0)$ 是一个单连通区域，$P(x,y)=\dfrac{1}{y}[1+y^2f(xy)]$，$Q(x,y)=\dfrac{x}{y^2}[y^2f(xy)-1]$ 在 D 上具有一阶连续偏导数，且 $\dfrac{\partial P}{\partial y}=f(xy)-\dfrac{1}{y^2}+xyf'(xy)=\dfrac{\partial Q}{\partial x}$ 在 D 内恒成立. 故在上半平面 $(y>0)D$ 内的曲线积分 I 与路径无关.

(2) 选取积分路径 L 的起始点为 (a,b) 到 (c,b) 再到终点 (c,d) 的折线，则

$$I=\int_a^c\frac{1}{b}[1+b^2f(bx)]\mathrm{d}x+\int_b^d\frac{c}{y^2}[y^2f(cy)-1]\mathrm{d}y=\frac{c-a}{b}+\int_a^c bf(bx)\mathrm{d}x+\int_b^d cf(cy)\mathrm{d}y+\frac{c}{d}-\frac{c}{b}=$$

$$\frac{c}{d}-\frac{a}{b}+\int_{ab}^{bc}f(t)\mathrm{d}t+\int_{bc}^{cd}f(t)\mathrm{d}t=\frac{c}{d}-\frac{a}{b}+\int_{ab}^{cd}f(t)\mathrm{d}t$$

当 $ab=cd$ 时，$\int_{ab}^{cd}f(t)\mathrm{d}t=0$，故得 $I=\dfrac{c}{d}-\dfrac{a}{b}$.

例 11.4 计算曲线积分 $I=\oint_L\dfrac{x\mathrm{d}y-y\mathrm{d}x}{4x^2+y^2}$，其中 L 是以点 $(1,0)$ 为中心，R 为半径的圆周 $(R>1)$，取逆时针方向.

分析 由于该曲线积分是封闭的曲线积分，故可应用格林公式将曲线积分转化为二重积分来计算，但必须注意格林公式的条件，被积函数在 L 所围成的闭区域 D 上有唯一的奇点 $(0,0)$，故可用挖洞法去掉奇点，如图 11.5 所示.

若令 $P(x,y)=\dfrac{-y}{4x^2+y^2}$，$Q(x,y)=\dfrac{x}{4x^2+y^2}$，则 $\dfrac{\partial P}{\partial y}=\dfrac{\partial Q}{\partial x}=\dfrac{y^2-4x^2}{(4x^2+y^2)^2}$，$(x,y)\neq(0,0)$，因此必须作足够小的椭圆 C 将 $(0,0)$ 点包围，记 L 和 C 所围成的闭区域为 D_1，对于复连通区域 D_1 应用格林公式.

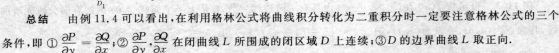

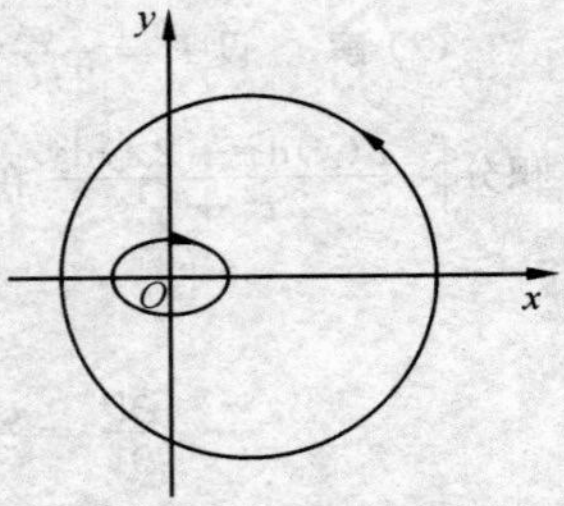

图 11.5

解 令 $P(x,y)=\dfrac{-y}{4x^2+y^2}$，$Q(x,y)=\dfrac{x}{4x^2+y^2}$，则

$$\frac{\partial P}{\partial y}=\frac{y^2-4x^2}{(4x^2+y^2)^2}=\frac{\partial Q}{\partial x}$$

作足够小的椭圆 C：$\begin{cases}x=\dfrac{r}{2}\cos\theta\\ y=r\sin\theta\end{cases}$，$\theta$ 由 2π 变到 0（即 C 去取顺时针方向），则由格林公式有

$$I=\int_{L+C}P(x,y)\mathrm{d}x+Q(x,y)\mathrm{d}y-\oint_C P(x,y)\mathrm{d}x+Q(x,y)\mathrm{d}y=$$

$$\iint_{D_1}\left(\frac{\partial Q}{\partial x}-\frac{\partial P}{\partial y}\right)\mathrm{d}x\mathrm{d}y-\oint_C\frac{x\mathrm{d}y-y\mathrm{d}x}{4x^2+y^2}=0-\int_{2\pi}^{0}\frac{\frac{1}{2}r^2}{r^2}\mathrm{d}\theta=\pi$$

总结 由例 11.4 可以看出，在利用格林公式将曲线积分转化为二重积分时一定要注意格林公式的三个条件，即① $\dfrac{\partial P}{\partial y}=\dfrac{\partial Q}{\partial x}$；② $\dfrac{\partial P}{\partial y}$，$\dfrac{\partial Q}{\partial x}$ 在闭曲线 L 所围成的闭区域 D 上连续；③D 的边界曲线 L 取正向.

例 11.5 设 S 为椭圆面 $\dfrac{x^2}{2}+\dfrac{y^2}{2}+z^2=1$ 的上半部分，点 $P(x,y,z)\in S$，π 为 S 在点 P 处的切平面，$\rho(x,y,z)$ 为点 $O(0,0,0)$ 到平面的距离，求 $\displaystyle\iint_S\frac{z}{\rho(x,y,z)}\mathrm{d}S$.

分析 该题属于对面积的曲线积分. 对面积的曲线积分可分为三步来计算："一代、二投、三计算". 所谓"代"，由于被积函数定义在曲面 S 上，它一定适合曲面 S 的方程；"投"，是将曲面 S 适当地投影到某一坐标面上，使得投影区域是一个封闭的区域；"计算"，将曲面积分转化为二重积分来计算.

解 将曲面 S 投影到 xOy 坐标面上，记投影区域为 D_{xy}，$D_{xy}=\{(x,y)\mid x^2+y^2\leqslant 2\}$，$S$：$z=\sqrt{1-\dfrac{x^2}{2}-\dfrac{y^2}{2}}$，$S$ 在点 P 处的法向量 $\boldsymbol{n}=\{x,y,2z\}$，则切平面 π 的方程为

$$x(X-x)+y(Y-y)+2z(Z-z)=0$$

即

$$xX+yY+2zZ-(x^2+y^2+2z^2)=0$$

又 $P\in S$，$x^2+y^2+2z^2=2$，所以 $\dfrac{xX}{2}+\dfrac{yY}{2}+zZ=1$，从而

$$\rho(x,y,z)=\frac{|-1|}{\sqrt{\dfrac{x^2}{4}+\dfrac{y^2}{4}+z^2}}=\left(\frac{x^2}{4}+\frac{y^2}{4}+z^2\right)^{-\frac{1}{2}}$$

$$\mathrm{d}S=\sqrt{1+\left(\frac{\partial z}{\partial x}\right)^2+\left(\frac{\partial z}{\partial y}\right)^2}\mathrm{d}\sigma=\frac{\sqrt{4-x^2-y^2}}{2\sqrt{1-\left(\dfrac{x^2}{2}+\dfrac{y^2}{2}\right)}}\mathrm{d}\sigma$$

于是

$$\iint_S\frac{z}{\rho(x,y,z)}\mathrm{d}S=\iint_{D_{xy}}\sqrt{1-\frac{x^2}{2}-\frac{y^2}{2}}\cdot\sqrt{\frac{x^2}{4}+\frac{y^2}{4}+\left(1-\frac{x^2}{2}-\frac{y^2}{2}\right)}\cdot\frac{\sqrt{4-x^2-y^2}}{2\sqrt{1-\left(\dfrac{x^2}{2}+\dfrac{y^2}{2}\right)}}\mathrm{d}\sigma=$$

$$\iint_{D_{xy}}\frac{\sqrt{4-x^2-y^2}}{2}\sqrt{\left(1-\frac{x^2}{4}-\frac{y^2}{4}\right)}\mathrm{d}\sigma=\frac{1}{4}\iint_{D_{xy}}(4-x^2-y^2)\mathrm{d}\sigma=$$

$$\frac{1}{4}\int_0^{2\pi}\mathrm{d}\theta\int_0^{\sqrt{2}}(4-r^2)r\mathrm{d}r=\frac{3}{2}\pi$$

例 11.6 确定常数 λ，使在右半平面 $x>0$ 上的向量 $A(x,y)=2xy(x^4+y^2)^{\lambda}\boldsymbol{i}-x^2(x^4+y^2)^{\lambda}\boldsymbol{j}$ 为某二元函数 $U(x,y)$ 的梯度，并求 $U(x,y)$.

分析 平面单连通区域上的向量场 $A(x,y)=P(x,y)\boldsymbol{i}+Q(x,y)\boldsymbol{j}$ 为梯度的充要条件是 $\dfrac{\partial P}{\partial y}=\dfrac{\partial Q}{\partial x}$，由此

可求出 λ，并在此基础上由曲线积分与路径无关可知

$$U(x,y)=\int_{(x_0,y_0)}^{(x,y)}P(x,y)\mathrm{d}x+Q(x,y)\mathrm{d}y.$$

解　令 $P(x,y)=2xy(x^4+y^2)^\lambda$，$Q(x,y)=-x^2(x^4+y^2)^\lambda$. $A(x,y)$ 在右半平面 $x>0$ 上为某二元函数 $U(x,y)$ 的梯度的充要条件是

$$\frac{\partial P}{\partial y}=\frac{\partial Q}{\partial x}\Rightarrow 4x(x^4+y^2)^\lambda(\lambda+1)=0\Rightarrow\lambda=-1$$

于是，在右半平面内任取一点. 例如取 $(1,0)$ 作为积分路径的起点，则得

$$U(x,y)=\int_{(1,0)}^{(x,y)}\frac{2xy\mathrm{d}x-x^2\mathrm{d}y}{x^4+y^2}=\int_1^x\frac{2x\cdot 0}{x^4+y^2}\mathrm{d}x-\int_0^y\frac{x^2}{x^4+y^2}\mathrm{d}y=-\arctan\frac{y}{x^2}$$

例 11.7　计算曲线积分 $\oint_C(z-y)\mathrm{d}x+(x-z)\mathrm{d}y+(x-y)\mathrm{d}z$. 其中 C 是曲线 $\begin{cases}x^2+y^2=1\\x-y+z=2\end{cases}$，从 z 轴正向往 z 轴负向看 C 的方向是顺时针的.

分析　本题属于空间曲线积分且 C 为封闭曲线，故有两种方法. 第一种是由斯托克斯公式将曲线积分转化为曲面积分；第二种是将曲线 C 改写成参数方程形式，用这种方法正确地计算出结果的关键是确定 C 的起点和终点所对应的参数值.

解法一　设在平面 $x+y+z=2$ 上由曲线 C 所围成的有限曲面记为 Σ，方向向下. Σ 在 xOy 面上的投影域 $D_{xy}:x^2+y^2\leqslant 1$，令 $P(x,y,z)=z-y$，　$Q(x,y,z)=x-z$，　$R(x,y,z)=x-y$.
根据斯托克斯公式，有

$$\text{原式}=\iint_\Sigma\begin{vmatrix}\mathrm{d}y\mathrm{d}z & \mathrm{d}z\mathrm{d}x & \mathrm{d}x\mathrm{d}y\\ \dfrac{\partial}{\partial x} & \dfrac{\partial}{\partial y} & \dfrac{\partial}{\partial z}\\ z-y & x-z & x-y\end{vmatrix}=\iint_\Sigma 2\mathrm{d}x\mathrm{d}y=-\iint_{D_{xy}}2\mathrm{d}x\mathrm{d}y=-2\pi$$

解法二　将 C 改写为参数方程 $x=\cos\theta$，$y=\sin\theta$，$z=2-\cos\theta+\sin\theta$（$\theta$ 由 2π 变到 0），于是

$$\text{原式}=\int_{2\pi}^0[-2(\sin\theta+\cos\theta)+2\cos 2\theta+1]\mathrm{d}\theta=-2\pi$$

例 11.8　设函数 $Q(x,y)$ 在平面 xOy 上具有一阶连续偏导数，曲线积分 $\int_L 2xy\mathrm{d}x+Q(x,y)\mathrm{d}y$ 与路径无关，并且对于任意 t 恒有 $\int_{(0,0)}^{(t,1)}2xy\mathrm{d}x+Q(x,y)\mathrm{d}y=\int_{(0,0)}^{(1,t)}2xy\mathrm{d}x+Q(x,y)\mathrm{d}y$，求 $Q(x,y)$.

分析　此题考查了曲线积分与路径无关的条件. 若令 $P(x,y)=2xy$，则由已知条件可得关于 $Q(x,y)$ 的方程形式.

解　由曲线积分与路径无关的条件知

$$\frac{\partial P}{\partial y}=\frac{\partial Q}{\partial x}\Rightarrow\frac{\partial Q}{\partial x}=2x\Rightarrow Q(x,y)=x^2+C(y)\qquad(\text{其中 }C(y)\text{ 为待定函数})$$

又因为

$$\int_{(0,0)}^{(t,1)}2xy\mathrm{d}x+Q(x,y)\mathrm{d}y=\int_0^1[t^2+C(y)]\mathrm{d}y=t^2+\int_0^1C(y)\mathrm{d}y$$

$$\int_{(0,0)}^{(1,t)}2xy\mathrm{d}x+Q(x,y)\mathrm{d}y=\int_0^t[1^2+C(y)]\mathrm{d}y=t+\int_0^tC(y)\mathrm{d}y$$

由题设可知

$$t^2+\int_0^1C(y)\mathrm{d}y=t+\int_0^tC(y)\mathrm{d}y$$

两边对 t 求导

$$2t=1+C(t)\Rightarrow C(t)=2t-1\Rightarrow C(y)=2y-1$$

故

$$Q(x,y)=x^2+2y-1$$

例 11.9　求曲面积分 $\iint_\Sigma\dfrac{x\mathrm{d}y\mathrm{d}z+z^2\mathrm{d}x\mathrm{d}y}{x^2+y^2+z^2}$，其中 Σ 是曲面 $x^2+y^2=R^2$ 及两平面 $z=R$，$z=-R(R>0)$ 所围成立体表面的外侧.

分析　记曲面 Σ 所围成的空间闭区域为 Ω，令 $P(x,y,z)=\dfrac{x}{x^2+y^2+z^2}$，$Q(x,y,z)=0$，$R(x,y,z)=\dfrac{z^2}{x^2+y^2+z^2}$，虽然曲面 Σ 是封闭的，但是在点(0,0,0)处，P,R 分母为 0，因此不能应用高斯公式来求解，只能将 Σ 分片投影到相应的坐标平面上化成二重积分逐项计算，下面就这种方法给出解答.

解　根据第二类曲面积分的奇偶对称性，Σ 关于坐标面 xOy 对称且方向相反，而被积函数

$$R(x,y,z)=\frac{z^2}{x^2+y^2+z^2}$$

关于 z 为偶函数，则

$$\iint_{\Sigma}\frac{z^2\mathrm{d}x\mathrm{d}y}{x^2+y^2+z^2}=0$$

设 $\Sigma_1,\Sigma_2,\Sigma_3$，依次为 Σ 的上，下底和圆柱面部分，则

$$\text{原式}=\iint_{\Sigma_1}\frac{x\mathrm{d}y\mathrm{d}z}{x^2+y^2+z^2}+\iint_{\Sigma_2}\frac{x\mathrm{d}y\mathrm{d}z}{x^2+y^2+z^2}+\iint_{\Sigma_3}\frac{x\mathrm{d}y\mathrm{d}z}{x^2+y^2+z^2}$$

因为在 Σ_1,Σ_2 上 $\mathrm{d}z=0$，所以前两项均为 0. 设 Σ_4 为 Σ_3 为前片，而 Σ_4 在 yOz 面的投影域记为 $D_{yz}=\{(y,z)\mid -R\leqslant y\leqslant R,-R\leqslant z\leqslant R\}$. 根据奇偶对称性，有

$$\iint_{\Sigma_3}\frac{x\mathrm{d}y\mathrm{d}z}{x^2+y^2+z^2}=2\iint_{\Sigma_4}\frac{x\mathrm{d}y\mathrm{d}z}{x^2+y^2+z^2}=2\iint_{D_{yz}}\frac{\sqrt{R^2-y^2}\,\mathrm{d}y\mathrm{d}z}{R^2+z^2}=$$

$$2\int_{-R}^{R}\sqrt{R^2-y^2}\,\mathrm{d}y\int_{-R}^{R}\frac{1}{R^2+z^2}\mathrm{d}z=\frac{\pi^2}{2}R$$

小结　第二类曲面积分的对称性与第二类曲线积分的对称性类似，请读者自己予以总结.

例 11.10　设 L 为椭圆 $\dfrac{x^2}{4}+\dfrac{y^2}{3}=1$，其周长记为 a，求 $\oint_L(2xy+3x^2+4y^2)\mathrm{d}s$.

分析　由于 L 关于 x 轴(或 y 轴)对称，且 $2xy$ 关于 y(或 x)为奇函数，故 $\oint_L 2xy\mathrm{d}s=0$. 因此只须计算 $\oint_L(3x^2+4y^2)\mathrm{d}s$.

解　$\oint_L(2xy+3x^2+4y^2)\mathrm{d}s=\oint_L 2xy\mathrm{d}s+\oint_L(3x^2+4y^2)\mathrm{d}s=\oint_L 12\left(\dfrac{x^2}{4}+\dfrac{y^2}{3}\right)\mathrm{d}s=\oint_L 12\mathrm{d}s=12a$

小结　在计算曲线积分时，可利用对称性来简化计算.

(1) 对于第一类曲线积分，有如下的对称结果：

① 设曲线 L 关于 y 轴对称，则

$$\int_L f(x,y)\mathrm{d}s=\begin{cases}0, & f\text{ 关于 } x \text{ 为奇函数}\\ 2\int_{L_1}f(x,y)\mathrm{d}s, & f\text{ 关于 } x \text{ 为偶函数}\end{cases}$$

其中 L_1 是 L 的右半段：$L_1=\{(x,y)\in L\mid x\geqslant 0\}$.

② 设曲线 L 关于 x 轴对称，则

$$\int_L f(x,y)\mathrm{d}s=\begin{cases}0, & f\text{ 关于 } y \text{ 为奇函数}\\ 2\int_{L_2}f(x,y)\mathrm{d}s, & f\text{ 关于 } y \text{ 为偶函数}\end{cases}$$

其中 L_2 是 L 的上半段：$L_2=\{(x,y)\in L\mid y\geqslant 0\}$.

(2) 对于第二类曲线积分，有如下的对称结果：

① 设曲线 L 关于 y 轴对称，且 L 在右半平面的部分 L_1 与在左半平面的部分 L_2 的方向相反，则

$$\int_L Q(x,y)\mathrm{d}s=\begin{cases}0, & Q(x,y)\text{ 关于 } x \text{ 轴为偶函数}\\ 2\int_{L_2}Q(x,y)\mathrm{d}s, & Q(x,y)\text{ 关于 } x \text{ 轴为奇函数}\end{cases}$$

② 设曲线 L 关于 x 轴对称，且 L 在上半平面的部分 L_1 与在下半平面的部分 L_2 的方向相反，则

$$\int_L Q(x,y)\mathrm{d}y=\begin{cases}0, & P(x,y)\text{ 关于 } y \text{ 轴为偶函数}\\ 2\int_{L_1} P(x,y)\mathrm{d}y, & P(x,y)\text{ 关于 } y \text{ 轴为奇函数}\end{cases}$$

例 11.11　计算$\int_L x^2\mathrm{d}s$,其中 L 为圆$\begin{cases}x^2+y^2+z^2=a^2\\ x+y+z=0\end{cases}$.

分析　第一类曲线积分关键在于能将曲线的参数方程写出来,进一步确定出参数的变化范围.

解法一　直接化为定积分. 从$\begin{cases}x^2+y^2+z^2=a^2\\ x+y+z=0\end{cases}$消去 z,得 $x^2+xy+y^2=\dfrac{a^2}{2}$. 配方得

$$\frac{3}{4}x^2+\left(y+\frac{x}{2}\right)^2=\frac{a^2}{2}$$

令

$$\begin{cases}\dfrac{\sqrt{3}}{2}x=\dfrac{a}{\sqrt{2}}\cos\theta\\ y+\dfrac{x}{2}=\dfrac{a}{\sqrt{2}}\sin\theta\end{cases}\quad(0\leqslant\theta\leqslant2\pi)$$

$$\begin{cases}x=\sqrt{\dfrac{2}{3}}a\cos\theta\\ y=\dfrac{a}{\sqrt{2}}\sin\theta-\dfrac{a}{\sqrt{6}}\cos\theta\\ z=-\dfrac{a}{\sqrt{6}}\cos\theta-\dfrac{a}{\sqrt{2}}\sin\theta\end{cases}\quad(0\leqslant\theta\leqslant2\pi)$$

故

$$\int_L x^2\mathrm{d}s=\int_0^{2\pi}\left(\sqrt{\frac{2}{3}}a\cos\theta\right)^2\sqrt{x'^2(\theta)+y'^2(\theta)+z'^2(\theta)}\,\mathrm{d}\theta=\int_0^{2\pi}\frac{2}{3}a^2\cos^2\theta\cdot a\mathrm{d}\theta=$$
$$\frac{2}{3}a^3\int_0^{2\pi}\cos^2\theta\mathrm{d}\theta=\frac{2\pi}{3}a^3$$

解法二　利用对称性. 由于曲线 L 的方程$\begin{cases}x^2+y^2+z^2=a^2\\ x+y+z=0\end{cases}$中的三个变量 x,y,z 具有"对等"的性质,即 x,y,z 三个变量中任意两个变量对换,L 的方程不变,因此

$$\int_L x^2\mathrm{d}s=\int_L y^2\mathrm{d}s=\int_L z^2\mathrm{d}s=\frac{1}{3}\int_L(x^2+y^2+z^2)\mathrm{d}s=\frac{1}{3}\int_L a^2\mathrm{d}s=\frac{a^2}{3}\cdot2\pi a=\frac{2\pi}{3}a^3$$

小结　比较两种解法,第一种运算比较复杂,但却是基本方法,必须熟练掌握. 第二种是利用对称性使计算非常简便,但这是针对特殊问题所用的特殊方法. 在解题时,要善于观察被积函数的特点. 利用对称性解题时,既要考虑积分区域的对称性,又要兼顾被积函数的对称性,两者缺一不可.

例 11.12　计算 $I=\int_L(x^2+2xy)\mathrm{d}x+(x^2+y^4)\mathrm{d}y$,其中 L 为由点 $O(0,0)$ 到点 $B(1,1)$ 的曲线 $y=\sin\dfrac{\pi}{2}x$.

分析　这是一道第二类曲线积分的题目,它的基本方法是化为参量定积分,由于积分曲线的参数方程是正弦函数,考虑到被积函数的特点,曲线积分化为定积分后不是很容易求出结果. 若记 $P(x,y)=x^2+2xy$,$Q(x,y)=x^2+y^4$,$P(x,y)$,$Q(x,y)$ 在整个实平面上具有一阶连续偏导数,且$\dfrac{\partial P}{\mathrm{d}y}=\dfrac{\partial Q}{\partial x}$在整个实平面上处处成立. 故曲线积分$\int_L(x^2+2xy)\mathrm{d}x+(x^2+y^4)\mathrm{d}y$与积分路径无关,只依赖积分曲线的起点和终点. 因此选择一条特殊的曲线 $y=x$,起点为 $O(0,0)$,终点为 $B(1,1)$.

解　记 $P(x,y)=x^2+2xy$,$Q(x,y)=x^2+y^4$,$(x,y)\in\mathbf{R}^2$,由于

$$\frac{\partial P}{\partial y}=\frac{\partial}{\partial y}(x^2+2xy)=2x,\quad\frac{\partial Q}{\partial x}=\frac{\partial}{\partial x}(x^2+y^4)=2x$$

在 $\mathbf{R}^2$ 上连续，且 $\dfrac{\partial P}{dy}=\dfrac{\partial Q}{\partial x}$ 在 $\mathbf{R}^2$ 上处处成立，故 $\int_L(x^2+2xy)dx+(x^2+y^2)dy$ 与路径无关. 取 L 为 $y=x$，$x:0\to 1$，则

$$\int_L(x^2+2xy)dx+(x^2+y^4)dy=\int_{(0,0)}^{(1,1)}(x^2+2xy)dx+(x^2+y^4)dy=$$

$$\int_0^1(x^2+2x\cdot x)dx+(x^2+x^4)dx=\int_0^1(4x^2+x^4)dx=$$

$$\frac{4}{3}+\frac{1}{5}=\frac{23}{15}$$

注　这道题当然也可选 L 为折线. $L_1:y=0,x:0\to 1$，$L_2:x=1,y:0\to 1$，但是结合被积函数的特点选 L 为 $y=x,x:0\to 1$ 更简单.

例 11.13　计算 $\iint\limits_{\Sigma}(xy+yz+zx)dS$，$\Sigma$ 为锥面 $z=\sqrt{x^2+y^2}$ 被曲面 $x^2+y^2=2ax\ (a>0)$ 所截下的部分.

解　如图 11.6 所示，Σ 关于 zOx 面对称，而 $y=\pm\sqrt{z^2-x^2}$. 由于被积函数中 xy,yz 都是 y 的奇函数，由对称性知，$\iint\limits_{\Sigma}xy\,dS=\iint\limits_{\Sigma}yz\,dS=0$，因此

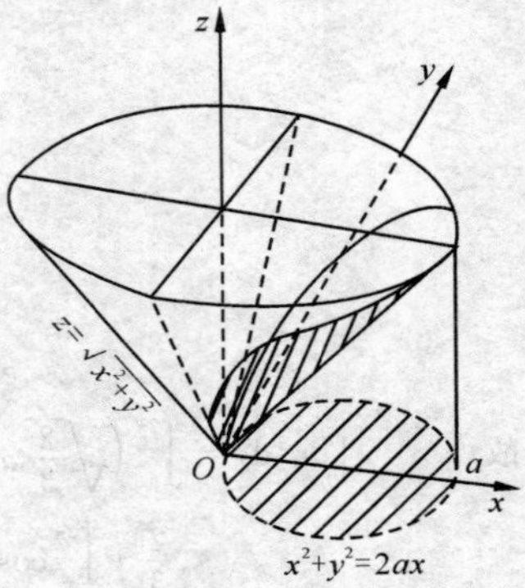

图　11.6

$$\iint\limits_{\Sigma}(xy+yz+zx)dS=\iint\limits_{\Sigma}zx\,dS$$

因为 $z=\sqrt{x^2+y^2}$，所以 $z_x=\dfrac{x}{\sqrt{x^2+y^2}}$，$z_y=\dfrac{y}{\sqrt{x^2+y^2}}$，

$dS=\sqrt{1+z_x^2+z_y^2}\,dxdy=\sqrt{2}\,dxdy$，故

$$\iint\limits_{\Sigma}(xz+yz+zx)dS=\sqrt{2}\iint\limits_{D_{xy}}\sqrt{x^2+y^2}\,x\,dxdy=\sqrt{2}\int_{-\frac{\pi}{2}}^{\frac{\pi}{2}}d\varphi\int_0^{2a\cos\varphi}\rho^3\cos\varphi d\rho=$$

$$4\sqrt{2}a^4\int_{-\frac{\pi}{2}}^{\frac{\pi}{2}}\cos^5\varphi d\varphi=8\sqrt{2}a^4\frac{2\times 4}{5\times 3}=\frac{64}{15}\sqrt{2}a^4$$

小结　利用对称性来计算第一类曲面积分是常用的方法之一. 以下的结果会经常用到：

(1) 设曲面 Σ 关于 xOy 面对称，记 Σ 的上半部分为 Σ_1，$f(x,y,z)$ 在 Σ 上连续，则

$$\iint\limits_{\Sigma}f(x,y,z)dS=\begin{cases}2\iint\limits_{\Sigma_1}f(x,y,z)dS, & f(x,y,z)\text{ 是关于 } z \text{ 的偶函数}\\ 0, & f(x,y,z)\text{ 是关于 } z \text{ 的奇函数}\end{cases}$$

(2) 设曲面 Σ 关于 zOx 面对称，记 Σ 的右半部分为 Σ_1，$f(x,y,z)$ 在 Σ 上连续，则

$$\iint\limits_{\Sigma}f(x,y,z)dS=\begin{cases}2\iint\limits_{\Sigma_1}f(x,y,z)dS, & f(x,y,z)\text{ 是关于 } y \text{ 的偶函数}\\ 0, & f(x,y,z)\text{ 是关于 } y \text{ 的奇函数}\end{cases}$$

(3) 设曲面 Σ 关于 yOz 面对称，记 Σ 的前半部分为 Σ_1，$f(x,y,z)$ 在 Σ 上连续，则

$$\iint\limits_{\Sigma}f(x,y,z)dS=\begin{cases}2\iint\limits_{\Sigma_1}f(x,y,z)dS, & f(x,y,z)\text{ 是关于 } x \text{ 的偶函数}\\ 0, & f(x,y,z)\text{ 是关于 } x \text{ 的奇函数}\end{cases}$$

例 11.14　求 $\iint\limits_{\Sigma}(2x^2+\frac{1}{2}y^2+\frac{1}{3}z^2)dS$，其中 $\Sigma:x^2+y^2+z^2=a^2$.

解　由轮换对称性知，$\iint\limits_{\Sigma}x^2dS=\iint\limits_{\Sigma}y^2dS=\iint\limits_{\Sigma}z^2dS$，故

$$\iint\limits_{\Sigma}\left(2x^2+\frac{1}{2}y^2+\frac{1}{3}z^2\right)dS=\left(2+\frac{1}{2}+\frac{1}{3}\right)\iint\limits_{\Sigma}x^2dS=\frac{17}{6}\times\frac{1}{3}\iint\limits_{\Sigma}x^2+y^2+z^2dS=$$

$$\frac{17}{18}a^2 \times 4\pi a^2 = \frac{34}{9}\pi a^4$$

例 11.15　试选择 a,b 使得 $(ay^2-2xy)\mathrm{d}x+(bx^2+2xy)\mathrm{d}y$ 是某一个函数的全微分，并求出一个这样的函数.

解　因为 $P(x,y)=ay^2-2xy, Q(x,y)=bx^2+2xy$. 令 $\frac{\partial Q}{\partial x}=\frac{\partial P}{\partial y}$，得 $2bx+2y=2ay-2x$，即 $a=1$，$b=-1$. 故所求函数为

$$u(x,y)=\int_{(0,0)}^{(x,y)} P(x,y)\mathrm{d}x+Q(x,y)\mathrm{d}y=\int_0^x P(x,0)\mathrm{d}x+\int_0^y Q(x,y)\mathrm{d}y=$$
$$\int_0^x 0\mathrm{d}x+\int_0^y(-x^2+2xy)\mathrm{d}y=-x^2y+xy^2$$

注　$u(x,y)$ 不唯一，但它们之间只相差一个常数.

例 11.16　验证在全平面上，微分形式 $\mathrm{e}^x(1+\sin y)\mathrm{d}x+(\mathrm{e}^x+2\sin y)\cos y\mathrm{d}y$ 是全微分，并求出它的一个原函数.

分析　$P(x,y)=\mathrm{e}^x(1+\sin y), Q(x,y)=(\mathrm{e}^x+2\sin y)\cos y$，在全平面这个单连通域上，有 $\frac{\partial P}{\partial y}=\mathrm{e}^x\cos y=\frac{\partial Q}{\partial x}$，故 $\exists U(x,y)$，使得 $\mathrm{d}U=P(x,y)\mathrm{d}x+Q(x,y)\mathrm{d}y$.

解法一　用曲线积分公式. 在区域内任意取定一点为始点，为了计算简单，可取(0,0). 于是原函数是

$$u(x,y)=\int_{(0,0)}^{(x,y)}\mathrm{e}^x(1+\sin y)\mathrm{d}x+(\mathrm{e}^x+2\sin y)\cos y\mathrm{d}y$$

取如图 11.7 所示路径：$\overrightarrow{OA}+\overrightarrow{AB}$，则

$$u(x,y)=\int_0^x \mathrm{e}^x(1+0)\mathrm{d}x+\int_0^y(\mathrm{e}^x+2\sin y)\cos y\mathrm{d}y=\mathrm{e}^x-1+\mathrm{e}^x\sin y+\sin^2 y$$

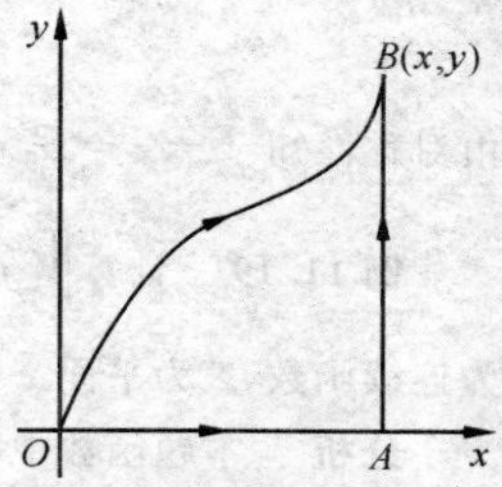

图　11.7

解法二　从定义出发. 设原函数为 $u(x,y)$，则有

$$\frac{\partial u}{\partial x}=P(x,y)=\mathrm{e}^x(1+\sin y)$$

两边对 x 积分(视 y 为参数)，得

$$u(x,y)=\mathrm{e}^x(1+\sin y)+g(y) \quad ①$$

待定函数 $g(y)$ 是作为对 x 积分的任意常数而出现的. 在上式两边对 y 求导，以利用已知的 $\frac{\partial u}{\partial y}=Q(x,y)$ 去确定 $g(y)$. 于是 $\mathrm{e}^x\cos y+g'(y)=(\mathrm{e}^x+2\sin y)\cos y$，化简得 $g'(y)=2\sin y\cos y$，从而 $g(y)=\sin^2 y+C$，其中 C 是任意常数. 代入式 ① 得原函数为

$$u(x,y)=\mathrm{e}^x+\mathrm{e}^x\sin y+\sin^2 y+C$$

解法三　对简单的情形，可直接用凑微分法解决.

$$\mathrm{e}^x(1+\sin y)\mathrm{d}x+(\mathrm{e}^x+2\sin y)\cos y\mathrm{d}y=\mathrm{e}^x\mathrm{d}x+(\mathrm{e}^x\sin y\mathrm{d}x+\mathrm{e}^x\cos y\mathrm{d}y)+2\sin y\cos y\mathrm{d}y=$$
$$\mathrm{d}\mathrm{e}^x+\mathrm{d}(\mathrm{e}^x\sin y)+\mathrm{d}(\sin^2 y)=\mathrm{d}(\mathrm{e}^x+\mathrm{e}^x\sin y+\sin^2 y)$$

故原函数为　　$u(x,y)=\mathrm{e}^x+\mathrm{e}^x\sin y+\sin^2 y$

例 11.17　计算 $\iint\limits_{\Sigma}|xyz|\mathrm{d}S$，其中 Σ 为曲面 $z=x^2+y^2$ 被平面 $z=1$ 所割下的部分.

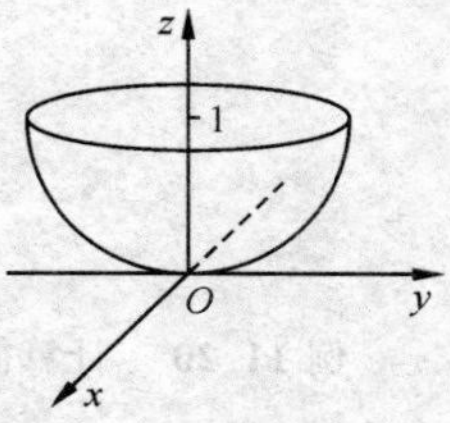

图　11.8

解　如图 11.8 所示，曲面 Σ 关于坐标面 yOz 及坐标面 xOz 对称，而被积函数 $f(x,y,z)=|xyz|=f(-x,-y,z)$，因此 $\iint\limits_{\Sigma}|xyz|\mathrm{d}S=4\iint\limits_{\Sigma_1}xyz\mathrm{d}S$，其中 Σ_1 为曲面 Σ 在第一卦限内的部分. 记 Σ_1 在坐标面 xOy 上的投影区域为 $D_{xy}: x^2+y^2\leqslant 1$，

$x \geqslant 0, y \geqslant 0, \dfrac{\partial z}{\partial x} = 2x, \dfrac{\partial z}{\partial y} = 2y, \mathrm{d}S = \sqrt{1+(4x^2+y^2)}\,\mathrm{d}x\mathrm{d}y$，于是

$$\iint_{\Sigma} |xyz|\,\mathrm{d}S = 4\iint_{\Sigma_1} xyz\,\mathrm{d}S = 4\iint_{D_{xy}} xy(x^2+y^2)\sqrt{1+4(x^2+y^2)}\,\mathrm{d}x\mathrm{d}y = 4\int_0^{\frac{\pi}{2}} \sin\theta\cos\theta \int_0^1 \sqrt{1+4r^2}\,r^5\,\mathrm{d}r =$$

$$2\int_0^1 r^5\sqrt{1+4r^2}\,\mathrm{d}r = 2\int_0^1 r^4\sqrt{1+4r^2}\,r\mathrm{d}r \xlongequal{\text{令}\sqrt{1+4r^2}=u}$$

$$2\int_1^{\sqrt{5}} \left(\frac{u^2-1}{4}\right)^2 \cdot u \cdot \frac{1}{4}u\mathrm{d}u = \frac{1}{32}\int_1^{\sqrt{5}} (u^2-1)^2 u^2\,\mathrm{d}u = \frac{125\sqrt{5}-1}{420}$$

例 11.18 求八分之一球面 $x^2+y^2+z^2=R^2, x\geqslant 0, y\geqslant 0, z\geqslant 0$ 的边界曲线的重心，设曲线的线密度 $\rho = 1$.

解 边界曲线如图 11.9 所示. 曲线在 xOy, yOz, zOx 坐标平面内弧段分别为 L_1, L_2, L_3，则曲线的质量为

$$m = \int_{L_1+L_2+L_3} \mathrm{d}s = 3 \times \frac{2\pi R}{4} = \frac{3}{2}\pi R$$

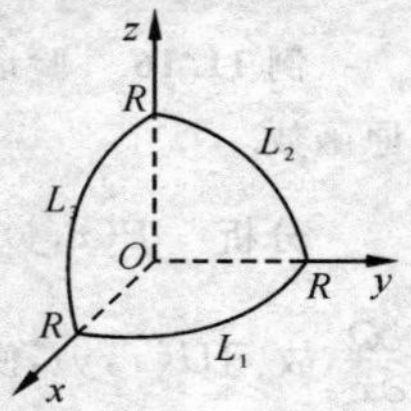

图 11.9

设曲线重心为 $(\bar{x}, \bar{y}, \bar{z})$，则

$$\bar{x} = \frac{1}{m}\int_{L_1+L_2+L_3} x\mathrm{d}s = \frac{1}{m}\left(\int_{L_1} x\mathrm{d}s + \int_{L_2} x\mathrm{d}s + \int_{L_3} x\mathrm{d}s\right) =$$

$$\frac{1}{m}\left(\int_{L_1} x\mathrm{d}s + 0 + \int_{L_3} x\mathrm{d}s\right) = \frac{2}{m}\int_{L_1} x\mathrm{d}s$$

因为 $L_1: x = R\cos t, y = R\sin t, z = 0, 0 \leqslant t \leqslant \dfrac{\pi}{2}$，所以

$$\int_{L_1} x\mathrm{d}s = \int_0^{\frac{\pi}{2}} R^2\cos t\mathrm{d}t = R^2$$

由对称性知 $\bar{y} = \bar{z} = \bar{x} = \dfrac{4R}{3\pi}$，即所求重心为 $\left(\dfrac{4R}{3\pi}, \dfrac{4R}{3\pi}, \dfrac{4R}{3\pi}\right)$.

例 11.19 计算 $\iint_{\Sigma} [f(x,y,z)+x]\mathrm{d}y\mathrm{d}z + [2f(x,y,z)+y]\mathrm{d}z\mathrm{d}x + [f(x,y,z)+z]\mathrm{d}x\mathrm{d}y$，其中 $f(x,y,z)$ 为连续函数，Σ 为平面 $x-y+z=1$ 在第四卦限的上侧.

分析 本题函数中出现了抽象函数，直接计算不方便，且利用高斯公式也无效. 注意到 Σ 为一平面，其法向量的方向余弦易得，借助于两类曲面积分的关系则十分有效.

解 平面 Σ 的法向量 $\boldsymbol{n} = (1,-1,1)$，其方向余弦为 $\cos\alpha = \dfrac{\sqrt{3}}{3}, \cos\beta = -\dfrac{\sqrt{3}}{3}, \cos\gamma = \dfrac{\sqrt{3}}{3}$. 于是

$$\iint_{\Sigma} [f(x,y,z)+x]\mathrm{d}y\mathrm{d}z + [2f(x,y,z)+y]\mathrm{d}z\mathrm{d}x + [f(x,y,z)+z]\mathrm{d}x\mathrm{d}y =$$

$$\iint_{\Sigma} [f(x,y,z)+x]\cos\alpha + [2f(x,y,z)+y]\cos\beta + [f(x,y,z)+z]\cos\gamma\mathrm{d}S =$$

$$\iint_{\Sigma} \left\{\frac{\sqrt{3}}{3}[f(x,y,z)+x] - \frac{\sqrt{3}}{3}[2f(x,y,z)+y] + \frac{\sqrt{3}}{3}[f(x,y,z)+z]\right\}\mathrm{d}S =$$

$$\frac{\sqrt{3}}{3}\iint_{\Sigma} (x-y+z)\mathrm{d}S = \frac{\sqrt{3}}{3}\iint_{\Sigma} (x-y+z)\frac{1}{\cos\gamma}\cos\gamma\mathrm{d}S =$$

$$\frac{\sqrt{3}}{3}\iint_{\Sigma} \frac{1}{\cos\gamma}\cos\gamma\mathrm{d}S = \frac{\sqrt{3}}{3}\iint_{D_{xy}} \frac{1}{\cos\gamma}\mathrm{d}x\mathrm{d}y = \iint_{D_{xy}} \mathrm{d}x\mathrm{d}y = \int_0^1 \mathrm{d}x\int_0^{1-x} \mathrm{d}y = \frac{1}{2}$$

例 11.20 计算曲面积分 $\iint_{\Sigma} x\mathrm{d}y\mathrm{d}z + y\mathrm{d}z\mathrm{d}x + (z^2-2z)\mathrm{d}x\mathrm{d}y$，其中 Σ 为锥面 $z = \sqrt{x^2+y^2}$ 被 $z=1$ 所截下部分的外侧.

解 如图 11.10 所示，$P = x, Q = y, R = z^2-2z$. 设 Σ_1 为平面 $z=1$ 上圆域：$x^2+y^2\leqslant 1$，取上侧；Ω 为 Σ 与 Σ_1 所围区域；D_{xy} 为 xOy 平面上圆域 $x^2+y^2\leqslant 1$. 用高斯公式计算，则

$$\iint_{\Sigma} x\,\mathrm{d}y\mathrm{d}z + y\mathrm{d}z\mathrm{d}x + (z^2-2z)\mathrm{d}x\mathrm{d}y = \oiint_{\Sigma+\Sigma_1} x\mathrm{d}y\mathrm{d}z + y\mathrm{d}z\mathrm{d}x + (z^2-2z)\mathrm{d}x\mathrm{d}y -$$

$$\iint_{\Sigma_1} x\mathrm{d}y\mathrm{d}z + y\mathrm{d}z\mathrm{d}x + (z^2-2z)\mathrm{d}x\mathrm{d}y = \iiint_{\Omega}(1+1+2z-2)\mathrm{d}x\mathrm{d}y\mathrm{d}z -$$

$$\iint_{D_{xy}}(1-2)\mathrm{d}x\mathrm{d}y = \int_0^1\mathrm{d}z\int_0^{2\pi}\mathrm{d}\theta\int_0^z 2zr\,\mathrm{d}r + \iint_{D_{xy}}\mathrm{d}x\mathrm{d}y = 2\pi\int_0^1 z^3\mathrm{d}z + \pi = \frac{3}{2}\pi$$

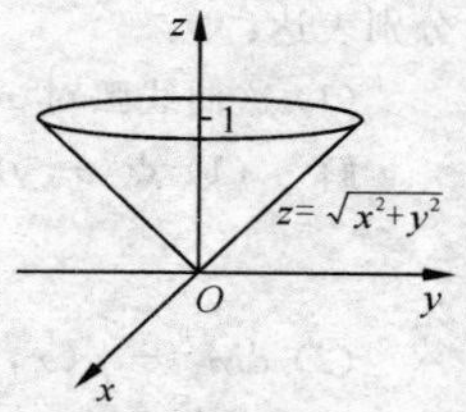

图　11.10

小结　应用高斯公式计算曲面积分是非常有效的方法之一. 在应用时一定要检验高斯公式的条件. 如不满足,应采取措施,使之满足. 例如曲面不是封闭曲面,采取添加有向曲面的方法使之封闭.

例 11.21　已知流体的流速为 $\boldsymbol{v} = xy\boldsymbol{i} + yz\boldsymbol{j} + xz\boldsymbol{k}$,求由平面 $z=1, x=0, y=0$ 和锥面 $z^2 = x^2+y^2$ 所围成的立体在第一卦限的部分向外流出的流量(通量).

解　由对坐标的曲面积分的物理意义可知,流量为 $\iint_{\Sigma}\boldsymbol{v}\cdot\boldsymbol{n}\mathrm{d}S$,其中 $\boldsymbol{n}$ 为曲面 Σ 的外法向量的方向余弦,于是

$$\iint_{\Sigma}\boldsymbol{v}\cdot\boldsymbol{n}\mathrm{d}S = \iint_{\Sigma}(xy\cos\alpha + yz\cos\beta + zx\cos\gamma)\mathrm{d}S = \iint_{\Sigma}xy\mathrm{d}x\mathrm{d}y + yz\mathrm{d}z\mathrm{d}x + zx\mathrm{d}x\mathrm{d}y =$$

$$\iiint_{\Omega}(x+y+z)\mathrm{d}x\mathrm{d}y\mathrm{d}z = \int_0^{\frac{\pi}{2}}\mathrm{d}\theta\int_0^1 r\mathrm{d}r\int_r^1[r(\cos\theta+\sin\theta)+z]\mathrm{d}z = \frac{1}{6}+\frac{\pi}{16}$$

例 11.22　设 $f(x)$ 具有二阶连续导数,$f(0)=0, f'(0)=1$,且 $[xy(x+y)-f(x)y]\mathrm{d}x + [f'(x)+x^2y]\mathrm{d}y = 0$ 为全微分方程,求 $f(x)$ 及全微分方程的通解.

解　$P(x,y) = xy(x+y) - f(x)y,\quad Q(x,y) = f'(x) + x^2y$

由题设有 $\dfrac{\partial P}{\partial y} = \dfrac{\partial Q}{\partial x}$,即 $x^2+2xy-f(x) = f''(x)+2xy$,即　$f''(x)+f(x) = x^2$

解得
$$f(x) = C_1\cos x + C_2\sin x + x^2 - 2$$
由 $f(0)=0, f'(0)=1$,可得 $C_1=2, C_2=1$,从而有
$$f(x) = 2\cos x + \sin x + x^2 - 2$$
于是原方程为　$[xy^2-(2\cos x+\sin x)y+2y]\mathrm{d}x + (-2\sin x+\cos x+2x+x^2y)\mathrm{d}y = 0$

即
$$-2\mathrm{d}(y\sin x) + \mathrm{d}(y\cos x) + \frac{1}{2}\mathrm{d}(x^2y^2) + 2\mathrm{d}(xy) = 0$$

其通解为
$$-2y\sin x + y\cos x + \frac{1}{2}x^2y^2 + 2xy = C$$

例 11.23　设曲线积分 $\int[f(x)-\mathrm{e}^x]\sin y\mathrm{d}x - f(x)\cos y\mathrm{d}y$ 与路径无关,其中 $f(x)$ 具有一阶连续导数,且 $f(0)=0$,求 $f(x)$.

解　$P(x,y) = [f(x)-\mathrm{e}^x]\sin y, Q(x,y) = -f(x)\cos y$,由题设有
$$\frac{\partial P(x,y)}{\partial y} = \frac{\partial Q(x,y)}{\partial x}$$
即
$$f'(x) + f(x) - \mathrm{e}^x = 0$$
$$f(x) = \mathrm{e}^{-\int\mathrm{d}x}\left[\int\mathrm{e}^x\mathrm{e}^{\int\mathrm{d}x}\mathrm{d}x + C\right] = \mathrm{e}^{-x}\left[\frac{1}{2}\mathrm{e}^{2x}+C\right]$$
因为 $f(0)=0$,所以 $C=-\dfrac{1}{2}$,故　$f(x) = \dfrac{\mathrm{e}^x-\mathrm{e}^{-x}}{2}$

四、课后习题精解

(一) 习题 11-1 解答

1. 设在 xOy 面内有一分布着质量的曲线 L,在点 (x,y) 处,它的线密度为 $\mu(x,y)$,用对弧长的曲线积分

分别表达：

(1) 这曲线弧对 x 轴，对 y 轴的转动惯量 I_x, I_y；(2) 这曲线弧的质心坐标 $(\bar{x}, \bar{y})$.

解 (1) 点 (x,y) 对 x 轴，y 轴的距离分别为 y 与 x，则 $dI_x = y^2\mu(x,y)ds, dI_y = x^2\mu(x,y)ds$ 故

$$I_x = \int_L y^2\mu(x,y)ds,\quad I_y = \int_L x^2\mu(x,y)ds$$

(2) $dM_x = \mu(x,y)yds, dM_y = \mu(x,y)xds$，故

$$M_x = \int_L y\mu(x,y)ds,\quad M_y = \int_L x\mu(x,y)ds$$

而质量 $M = \int_L \mu(x,y)ds$，所以

$$\bar{x} = \frac{M_y}{M} = \frac{\int_L x\mu(x,y)ds}{\int_L \mu(x,y)ds},\quad \bar{y} = \frac{M_x}{M} = \frac{\int_L y\mu(x,y)ds}{\int_L \mu(x,y)ds}$$

2. 利用对弧长的曲线积分的定义证明性质 3.

证明 设对积分弧段 L 任意分割成 n 个小弧段，第 i 个小弧段的长度为 Δs_i，(ξ_i, η_i) 为第 i 个小弧段上任意取定的一点．按假设，有

$$f(\xi_i,\eta_i)\Delta s_i \leqslant g(\xi_i,\eta_i)\Delta s_i (i = 1,2,\cdots,n)$$

$$\sum_{i=1}^{n} f(\xi_i,\eta_i)\Delta s_i \leqslant \sum_{i=1}^{n} g(\xi_i,\eta_i)\Delta s_i$$

令 $\lambda = \max\{\Delta s_i\} \to 0$，上式两端同时取极限，即得 $\int_L f(x,y)ds \leqslant \int_L g(x,y)ds$

又 $f(x,y) \leqslant |f(x,y)|, -f(x,y) \leqslant |f(x,y)|$，利用以上结果，得

$$\int_L f(x,y)ds \leqslant \int_L \left|f(x,y)\right|ds,\quad -\int_L f(x,y)ds \leqslant \int_L \left|f(x,y)\right|ds$$

即
$$\left|\int_L f(x,y)ds\right| \leqslant \int_L \left|f(x,y)\right|ds$$

3. 计算下列对弧长的曲线积分：

(1) $\oint_L (x^2+y^2)^n ds$，其中 L 为圆周 $x = a\cos t, y = a\sin t (0 \leqslant t \leqslant 2\pi)$；

(2) $\int_L (x+y)ds$，其中 L 为连接 $(1,0)$ 及 $(0,1)$ 两点的直线段；

(3) $\oint_L x ds$，其中 L 为由直线 $y = x$ 及抛物线 $y = x^2$ 所围成的区域的整个边界；

(4) $\oint_L e^{\sqrt{x^2+y^2}} ds$ 其中 L 为圆周 $x^2+y^2 = a^2$，直线 $y = x$ 及 x 轴在第一象限内所围成的扇形的整个边界；

(5) $\int_\Gamma \frac{1}{x^2+y^2+z^2} ds$ 其中 Γ 为曲线 $x = e^t\cos t, y = e^t\sin t, z = e^t$ 上相应于 t 从 0 变到 2 的这段弧；

(6) $\int_\Gamma x^2 yz ds$ 其中 Γ 为折线 $ABCD$，这里 A,B,C,D 依次为点 $(0,0,0),(0,0,2),(1,0,2),(1,3,2)$；

(7) $\int_L y^2 ds$ 其中 L 为摆线的一拱：$x = a(t-\sin t), y = a(1-\cos t)\quad (0 \leqslant t \leqslant 2\pi)$；

(8) $\int_L (x^2+y^2)ds$ 其中 L 为曲线 $x = a(\cos t + t\sin t), y = a(\sin t - t\cos t)(0 \leqslant t \leqslant 2\pi)$.

解 (1) 原式 $= \int_0^{2\pi} (a^2\cos^2 t + a^2\sin^2 t)^n \sqrt{(-a\sin t)^2+(a\cos t)^2}dt = \int_0^{2\pi} a^{2n+1}dt = 2\pi a^{2n+1}$

(2) 直线方程为 $y = 1-x$，于是

$$原式 = \int_0^1 1\cdot\sqrt{1+[(1-x)']^2}dx = \int_0^1 \sqrt{2}dx = \sqrt{2}$$

(3) $y = x$ 与 $y = x^2$ 的交点为 $(0,0)$ 与 $(1,1)$，记 $L_1: y = x(0 \leqslant x \leqslant 1)$；$L_2: y = x^2(0 \leqslant x \leqslant 1)$，于是

$$\oint_L x\,ds=\int_{L_1}x\,ds+\int_L x\,ds=\int_0^1 x\sqrt{1+[(x)']^2}\,dx+\int_0^1 x\sqrt{1+[(x^2)']^2}\,dx=$$

$$\sqrt{2}\int_0^1 x\,dx+\int_0^1 x\sqrt{1+4x^2}\,dx=\frac{\sqrt{2}}{2}x\Big|_0^1+\frac{1}{8}\int_0^1\sqrt{1+4x^2}\,d(1+4x^2)=\frac{\sqrt{2}}{2}+\frac{5\sqrt{5}-1}{12}$$

(4) $y=x$ 与 $x^2+y^2=a^2$ 的交点为 $\left(\frac{\sqrt{2}}{2}a,\frac{\sqrt{2}}{2}a\right)$，记 $L_1:y=0(0\leqslant x\leqslant a)$；$L_2:y=x\left(0\leqslant x\leqslant\frac{a}{\sqrt{2}}\right)$；$L_3:y=\sqrt{a^2-x^2}\left(\frac{a}{\sqrt{2}}\leqslant x\leqslant a\right)$；则

$$原式=\int_{L_1}e^{\sqrt{x^2+y^2}}ds+\int_{L_2}e^{\sqrt{x^2+y^2}}ds+\int_{L_3}e^{\sqrt{x^2+y^2}}ds=$$

$$\int_0^a e^x\sqrt{1+0^2}\,dx+\int_0^{\frac{a}{\sqrt{2}}}e^{\sqrt{2}x}\sqrt{1+(x')^2}\,dx+\int_{\frac{a}{\sqrt{2}}}^a e^a\sqrt{1+\left(\frac{-2x}{2\sqrt{a^2-x^2}}\right)^2}\,dx=e^a\left(2+\frac{\pi}{4}a\right)-2$$

(5) $$原式=\int_0^2\frac{1}{e^{2t}\cdot(1+e^{2t})}\sqrt{(e^t\cos t-e^t\sin t)^2+(e^t\sin t+e^t\cos t)^2+e^{2t}}\,dt=$$

$$\int_0^2\frac{\sqrt{3}\,e^t}{2e^{2t}}dt=\int_0^2\frac{\sqrt{3}}{2}e^{-t}dt=\frac{\sqrt{3}}{2}e^{-t}\Big|_0^2=\frac{\sqrt{3}}{2}(1-e^{-2})$$

(6) 如图 11.11 所示.

$\overrightarrow{AB}:x=0,y=0,z=t(0\leqslant t\leqslant 2),ds=\sqrt{0+0+1^2}\,dt=dt$

$\overrightarrow{BC}:x=t,y=0,z=2(0\leqslant t\leqslant 1),ds=\sqrt{1^2+0+0}\,dt=dt$

$\overrightarrow{CD}:x=1,y=t,z=2(1\leqslant t\leqslant 3),ds=\sqrt{0+1^2+0}\,dt=dt$

$$原式=\int_0^2 0dt+\int_0^1 0dt+\int_0^3 1^2\times 2tdt=9$$

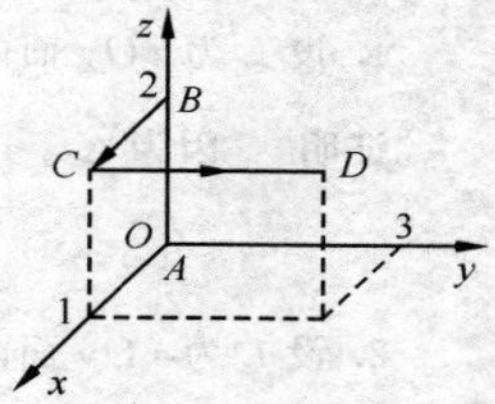

图　11.11

(7) $ds=\sqrt{[a(1-\cos t)]^2+(a\sin t)^2}\,dt=a\sqrt{2(1-\cos t)}\,dt$

$$原式=\int_0^{2\pi}a^2(1-\cos t)^2\cdot a\sqrt{2(1-\cos t)}\,dt=a^3\int_0^{2\pi}\sqrt{2}\left(2\sin^2\frac{t}{2}\right)^{\frac{5}{2}}dt\xlongequal{令\frac{t}{2}=u}$$

$$16a^3\int_0^{\pi}\sin^5 u\,du=-16a^3\int_0^{\pi}(1-\cos^2 u)^2 d\cos u=\frac{256}{15}a^3$$

(8) $ds=\sqrt{[a(-\sin t+\sin t+t\cos t)]^2+[a(\cos t-\cos t+t\sin t)]^2}\,dt=at\,dt$

$$原式=\int_0^{2\pi}[a^2(\cos t+t\sin t)^2+(\sin t-t\cos t)^2]at\,dt=a^3\int_0^{2\pi}(1+t^2)tdt=a^3\int_0^{2\pi}(t+t^3)dt=$$

$$a^3\left(\frac{1}{2}t^2+\frac{1}{4}t^4\right)\Big|_0^{2\pi}=2\pi^2a^3(1+2\pi^2)$$

4. 求半径为 a，中心角为 2φ 的均匀圆弧（线密度 $\mu=1$）的质心.

解　取扇形的角平分线为 x 轴，顶点为原点建立平面直角坐标系，则由对称性和 $\mu=1$ 知 $\bar{y}=0$，而

$$\bar{x}=\frac{M_y}{M}=\frac{1}{2\varphi a}\int_L x\,dx=\frac{1}{2\varphi a}\int_{-\varphi}^{\varphi}a\cos\theta\cdot a\,d\theta=\frac{a}{2\varphi}\sin\theta\Big|_{-\varphi}^{\varphi}=\frac{a}{\varphi}\sin\varphi$$

故质心在 $\left(\frac{a}{\varphi}\sin\varphi,0\right)$ 处.

5. 设螺旋形弹簧一圈的方程为 $x=a\cos t,y=a\sin t,z=kt$，其中 $0\leqslant t\leqslant 2\pi$，它的线密度 $\rho(x,y,z)=x^2+y^2+z^2$，求：(1) 它关于 z 轴的转动惯量 I_z；(2) 它的质心.

解　$\rho=x^2+y^2+z^2=a^2+k^2t^2$

$$ds=\sqrt{(-a\sin t)^2+(a\cos t)^2+k^2}\,dt=\sqrt{a^2+k^2}\,dt$$

(1) $$I_z=\int_\Gamma\rho(x,y,z)(x^2+y^2)ds=\int_0^{2\pi}a^2(a^2+k^2t^2)\sqrt{a^2+k^2}\,dt=$$

$$a^2\sqrt{a^2+k^2}\left(a^2t+\frac{k^2}{3}t^3\right)\Big|_0^{2\pi}=\pi a^2\sqrt{a^2+k^2}\left(2a^2+\frac{8}{3}k^2\pi^2\right)$$

(2) 为了求质心$(\bar{x},\bar{y},\bar{z})$，先求质量 M 与静距 M_x,M_y,M_z.

$$M=\int_\Gamma \rho\,\mathrm{d}s=\int_0^{2\pi}(a^2+k^2t^2)\sqrt{a^2+k^2}\,\mathrm{d}t=\frac{2\pi}{3}\sqrt{a^2+k^2}(3a^2+4k^2\pi^2)$$

$$M_x=\int_\Gamma x\rho\,\mathrm{d}s=\int_0^{2\pi}a\cos t(a^2+k^2t^2)\sqrt{a^2+k^2}\,\mathrm{d}t=4\pi ak^2\sqrt{a^2+k^2}$$

所以
$$\bar{x}=\frac{M_x}{M}=\frac{3\times 2ak^2}{3a^2+4k^2\pi^2}=\frac{6ak^2}{3a^2+4k^2\pi^2}$$

同理，可得

$$M_y=\int_\Gamma y\rho\,\mathrm{d}s=\int_0^{2\pi}a\sin t(a^2+k^2t^2)\sqrt{a^2+k^2}\,\mathrm{d}t=-4\pi^2k^2a\sqrt{a^2+k^2}$$

$$M_z=\int_\Gamma z\rho\,\mathrm{d}s=2\pi^2k\sqrt{a^2+k^2}(a^2+2\pi^2k^2)$$

$$\bar{y}=\frac{M_y}{M}=\frac{-6\pi ak^2}{3a^2+4k^2\pi^2},\quad \bar{z}=\frac{M_z}{M}=\frac{3\pi k(a^2+2\pi^2k^2)}{3a^2+4k^2\pi^2}$$

(二) 习题 11-2 解答

1. 设 L 为 xOy 面内直线 $x=a$ 上的一段，证明：$\int_L P(x,y)\mathrm{d}x=0$.

证明 因为 $\Delta x_i=x_i-x_{i-1}=a-a=0$，所以

$$\int_L P(x,y)\mathrm{d}x=\lim_{\lambda\to 0}\sum_{i=1}^n P(\xi_i,\eta_i)\Delta x_i=\lim_{\lambda\to 0}0=0$$

2. 设 L 为 xOy 面内 x 轴上从点$(a,0)$到点$(b,0)$的一段直线，证明：

$$\int_L P(x,y)\mathrm{d}x=\int_a^b P(x,0)\mathrm{d}x$$

证明 在 x 轴上 $\eta_i=0$，故

$$\int_L P(x,y)\mathrm{d}x=\lim_{\lambda\to 0}\sum_{i=1}^n P(\xi_i,0)\Delta x_i=\int_a^b P(x,0)\mathrm{d}x$$

3. 计算下列对坐标的曲线积分：

(1) $\int_L (x^2-y^2)\mathrm{d}x$，其中 L 是抛物线 $y=x^2$ 上从点$(0,0)$到点$(2,4)$的一段弧；

(2) $\oint_L xy\,\mathrm{d}x$，其中 L 为圆周$(x-a)^2+y^2=a^2(a>0)$及 x 轴所围成的在第一象限内的区域的整个边界(按逆时针方向绕行)；

(3) $\int_L y\mathrm{d}x+x\mathrm{d}y$，其中 L 为圆周 $x=R\cos t,y=R\sin t$ 上对应 t 从 0 到 $\frac{\pi}{2}$ 的一段弧；

(4) $\oint_L \frac{(x+y)\mathrm{d}x-(x-y)\mathrm{d}y}{x^2+y^2}$，其中 L 为圆周 $x^2+y^2=a^2$(按逆时针方向绕行)；

(5) $\int_\Gamma x^2\mathrm{d}x+z\mathrm{d}y-y\mathrm{d}z$，其中 Γ 为曲线 $x=k\theta,y=a\cos\theta,z=a\sin\theta$ 上对应 θ 从 0 到 π 的一段弧；

(6) $\int_\Gamma x\mathrm{d}x+y\mathrm{d}y+(x+y-1)\mathrm{d}z$，其中 Γ 是从点$(1,1,1)$到点$(2,3,4)$的一段直线；

(7) $\oint_\Gamma \mathrm{d}x-\mathrm{d}y+y\mathrm{d}z$，其中 Γ 为有向闭折线 $ABCA$，这里 A,B,C，依次为点$(1,0,0)$，$(0,1,0)$，$(0,0,1)$；

(8) $\int_L (x^2-2xy)\mathrm{d}x+(y^2-2xy)\mathrm{d}y$，其中 L 是抛物线 $y=x^2$ 上从点$(-1,1)$到点$(1,1)$的一段弧.

解 (1) $\int_L (x^2-y^2)\mathrm{d}x=\int_0^2 (x^2-x^4)\mathrm{d}x=\left(\frac{1}{3}x^3-\frac{1}{5}x^5\right)\Big|_0^2=-\frac{56}{15}$

(2) 圆弧的参数方程为 $x=2a\cos^2\theta,\quad y=2a\cos\theta\sin\theta\quad\left(\theta:0\to\frac{\pi}{2}\right)$

故
$$\int_L xy\mathrm{d}x=\int_0^{2\pi}x\cdot 0\mathrm{d}x+\int_0^{\frac{\pi}{2}}4a^2\cos^3\theta\sin\theta(-4a\cos\theta\sin\theta)\mathrm{d}\theta=$$
$$-16a^3\int_0^{\frac{\pi}{2}}\cos^4\theta(1-\cos^2\theta)\mathrm{d}\theta=-\frac{1}{2}\pi a^3$$

(3) 原式 $=\int_0^{\frac{\pi}{2}}[R\sin t(-R\sin t)+R\cos t\cdot R\cos t]\mathrm{d}t=R^2\int_0^{\frac{\pi}{2}}\cos 2t\mathrm{d}t=\frac{R^2}{2}\sin 2t\Big|_0^{\frac{\pi}{2}}=0$

(4) 圆参数方程为 $x=a\cos\theta,y=a\sin\theta(\theta:0\to 2\pi)$，于是

原式 $=\int_0^{2\pi}\frac{1}{a^2}[a(\cos\theta+\sin\theta)(-a\sin\theta)-a(\cos\theta-\sin\theta)a\cos\theta]\mathrm{d}\theta=-\int_0^{2\pi}1\cdot\mathrm{d}t=-2\pi$

(5) 原式 $=\int_0^{\pi}[k^3\theta^2+a\sin\theta(-a\sin\theta)-a\cos\theta\cdot a\cos\theta]\mathrm{d}\theta=\int_0^{\pi}(k^3\theta^2-a^2)\mathrm{d}\theta=\frac{1}{3}k^3\pi^3-a^2\pi$

(6) 该直线的方向向量 $\boldsymbol{s}=\{1,2,3\}$，已知直线的参数方程为 $x=1+t,y=1+2t,z=1+3t(t:0\to 1)$，故

原式 $=\int_0^1[(1+t)+2(1+2t)+3(1+3t)]\mathrm{d}t=\int_0^1(6+14t)\mathrm{d}t=(6t+7t^2)\Big|_0^1=13$

(7) 如图 11.12 所示，$L=L_1+L_2+L_3$，因为

$I_1=\int_{L_1}\mathrm{d}x-\mathrm{d}y=\int_1^0\mathrm{d}x-\mathrm{d}(1-x)=2\int_1^0\mathrm{d}x=-2$

$I_2=\int_{L_2}-\mathrm{d}y+y\mathrm{d}z=\int_1^0-\mathrm{d}y+y\mathrm{d}(1-y)=\int_0^1(1+y)\mathrm{d}y=\frac{3}{2}$

$I_3=\int_{L_3}\mathrm{d}x=\int_1^0\mathrm{d}(1-z)=1$

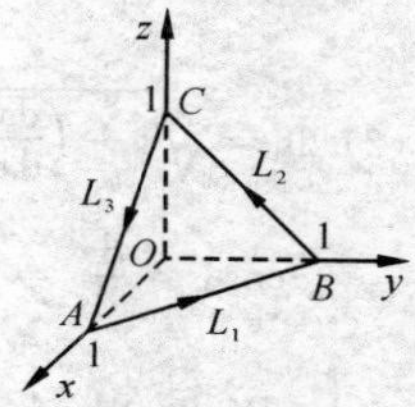

图　11.12

所以
$$原式=I_1+I_2+I_3=\frac{1}{2}$$

(8) 原式 $=\int_{-1}^1[(x^2-2x^3)+2x(x^4-2x^3)]\mathrm{d}x=-\frac{14}{15}$

4. 计算 $\int_L(x+y)\mathrm{d}x+(y-x)\mathrm{d}y$，其中 L 是

(1) 抛物线 $y^2=x$ 上从点(1,1) 到点(4,2) 的一段弧；

(2) 从点(1,1) 到点(4,2) 的直线段；

(3) 先沿直线从点(1,1) 到点(1,2)，然后再沿直线到点(4,2) 的折线；

(4) 曲线 $x=2t^2+t+1,y=t^2+1$ 从点(1,1) 到点(4,2) 的一段弧.

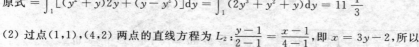

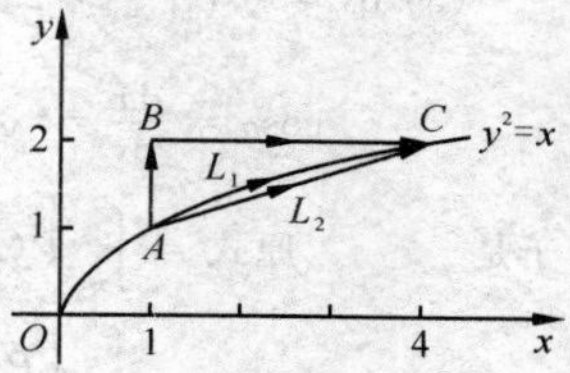

图　11.13

解　(1) 如图 11.13 所示，L_1 为 $x=y^2(y:1\to 2)$，于是

原式 $=\int_1^2[(y^2+y)2y+(y-y^2)]\mathrm{d}y=\int_1^2(2y^3+y^2+y)\mathrm{d}y=11\frac{1}{3}$

(2) 过点(1,1)，(4,2) 两点的直线方程为 $L_2:\frac{y-1}{2-1}=\frac{x-1}{4-1}$，即 $x=3y-2$，所以
$$原式=\int_1^2[(3y-2+y)3+y-3y+2]\mathrm{d}y=\int_1^2(10y-4)\mathrm{d}y=11$$

(3) $L_3=\overrightarrow{AB}+\overrightarrow{BC}$，$\overrightarrow{AB}\perp Ox$，$\overrightarrow{BC}\perp Oy$，于是
$$原式=\int_{\overline{AB}}(y-x)\mathrm{d}y+\int_{\overline{BC}}(x+y)\mathrm{d}x=\int_1^2(y-1)\mathrm{d}y+\int_1^4(x+2)\mathrm{d}y=14$$

(4) 当 $y=1$ 时，$t=0$；当 $y=2,x=4$ 时，$t=1$. 于是
$$原式=\int_0^1[(3t^2+t+2)(4t+1)+(-t^2-t)2t]\mathrm{d}t=\int_0^1(10t^3+5t^2+9t+2)\mathrm{d}t=10\frac{2}{3}$$

5. 一力场由沿横轴正方向的常力 $\boldsymbol{F}$ 所构成，试求当一质量为 m 的质点沿圆周 $x^2+y^2=R^2$ 按逆时针方向移过位于第一象限的那一段弧时场力所做的功.

解　$\boldsymbol{F}=|\boldsymbol{F}|\times\boldsymbol{i}+0\times\boldsymbol{j}$，记 $\mathrm{d}\boldsymbol{r}=\{\mathrm{d}x,\mathrm{d}y\}$，则功为

$$W=\int_L \boldsymbol{F}\mathrm{d}\boldsymbol{r}=\int_L |\boldsymbol{F}|\mathrm{d}x=|\boldsymbol{F}|\int_R^0\mathrm{d}x=-|\boldsymbol{F}|R$$

6. 设 z 轴与重力的方向一致，求质量为 m 的质点从位置 (x_1,y_1,z_1) 沿直线移到 (x_2,y_2,z_2) 时重力所做的功.

解 $\boldsymbol{F}=\{0,0,mg\}$，$g$ 为重力加速度；记 $\mathrm{d}\boldsymbol{r}=\{\mathrm{d}x,\mathrm{d}y,\mathrm{d}z\}$，$A(x_1,y_1,z_1)$，$B(x_2,y_2,z_2)$，则功为

$$W=\int_{\overline{AB}}\boldsymbol{F}\cdot\mathrm{d}\boldsymbol{r}=\int_{z_1}^{z_2}mg\,\mathrm{d}z=mg(z_2-z_1)$$

7. 把对坐标的曲线积分 $\int_L P(x,y)\mathrm{d}x+Q(x,y)\mathrm{d}y$ 化成对弧长的曲线积分，其中 L 为

(1) 在 xOy 面内沿直线从点 $(0,0)$ 到点 $(1,1)$；(2) 沿抛物线 $y=x^2$ 从点 $(0,0)$ 到点 $(1,1)$；

(3) 沿上半圆 $x^2+y^2=2x$ 从点 $(0,0)$ 到点 $(1,1)$.

解 (1) L_1 的方向余弦 $\cos\alpha=\cos\beta=\cos\dfrac{\pi}{4}=\dfrac{1}{\sqrt{2}}$，于是

$$\int_{L_1}P(x,y)\mathrm{d}x+Q(x,y)\mathrm{d}y=\int_{L_1}\frac{1}{\sqrt{2}}[P(x,y)+Q(x,y)]\mathrm{d}s$$

(2) $\mathrm{d}s=\sqrt{1+\left(\dfrac{\mathrm{d}y}{\mathrm{d}x}\right)^2}\mathrm{d}x=\sqrt{1+4x^2}\,\mathrm{d}x$

$$\cos\alpha=\frac{\mathrm{d}x}{\mathrm{d}s}=\sqrt{1+4x^2},\quad \cos\beta=\sin\alpha=\sqrt{1-\cos^2\alpha}=\sqrt{1-\frac{1}{1+4x^2}}=\frac{2x}{\sqrt{1+4x^2}}$$

于是 $\displaystyle\int_{L_2}P(x,y)\mathrm{d}x+Q(x,y)\mathrm{d}y=\int_{L_2}(P(x,y)\cos\alpha+Q(x,y)\cos\beta)\mathrm{d}s=$

$$\int_{L_2}\frac{1}{\sqrt{1+4x^2}}[P(x,y)+2xQ(x,y)]\mathrm{d}s$$

(3) $\mathrm{d}s=\sqrt{1+[(\sqrt{2x-x^2})']^2}\,\mathrm{d}x=\sqrt{1+\dfrac{(1-x)^2}{2x-x^2}}\,\mathrm{d}x$

$$\cos\alpha=\frac{\mathrm{d}x}{\mathrm{d}s}=\sqrt{2x-x^2},\quad \cos\beta=\sin\alpha=\sqrt{1-\cos^2\alpha}=\sqrt{1-(2x-x^2)}=1-x$$

于是 $\displaystyle 原式=\int_{L_3}P(x,y)\mathrm{d}x+Q(x,y)\mathrm{d}y=\int_{L_3}(P(x,y)\cos\alpha+Q(x,y)\cos\beta)\mathrm{d}s=$

$$\int_{L_3}[P(x,y)\cdot\sqrt{2x-x^2}+Q(x,y)\cdot(1-x)]\mathrm{d}s$$

8. Γ 为曲线 $x=t,y=t^2,z=t^3$ 上相应于 t 从 0 变到 1 的曲线弧，把对坐标的曲线积分 $\int_\Gamma P\mathrm{d}x+Q\mathrm{d}y+R\mathrm{d}z$ 化成对弧长的曲线积分.

解 $\mathrm{d}s=\sqrt{\left(\dfrac{\mathrm{d}x}{\mathrm{d}t}\right)^2+\left(\dfrac{\mathrm{d}y}{\mathrm{d}t}\right)^2+\left(\dfrac{\mathrm{d}z}{\mathrm{d}t}\right)^2}\mathrm{d}t=\sqrt{1+4t^2+9t^4}\,\mathrm{d}t=\sqrt{1+4x^2+9y^2}\,\mathrm{d}t$

$$\cos\alpha=\frac{\mathrm{d}x}{\mathrm{d}s}=\frac{1}{\sqrt{1+4x^2+9y^2}},\quad \cos\beta=\frac{\mathrm{d}y}{\mathrm{d}s}=\frac{2x}{\sqrt{1+4x^2+9y^2}},\quad \cos\gamma=\frac{\mathrm{d}z}{\mathrm{d}s}=\frac{3y}{\sqrt{1+4x^2+9y^2}}$$

于是
$$\int_\Gamma P\mathrm{d}x+Q\mathrm{d}y+R\mathrm{d}z=\int_\Gamma\frac{P+2xQ+3yR}{\sqrt{1+4x^2+9y^2}}\mathrm{d}s$$

(三) 习题 11-3 解答

1. 计算下列曲线积分，并验证格林公式的正确性：

(1) $\oint_\Gamma(2xy-x^2)\mathrm{d}x+(x+y^2)\mathrm{d}y$，其中 L 是由抛物线 $y=x^2$ 和 $y^2=x$ 所围成的区域的正向边界曲线；

(2) $\oint_L(x^2-xy^3)\mathrm{d}x+(y^2-2xy)\mathrm{d}y$，其中 L 是四个顶点分别为 $(0,0)$，$(2,0)$，$(2,2)$ 和 $(0,2)$ 的正方形区

域的正向边界.

解　(1)$P=2xy-x^2$，$P_y=2x$，$Q=x+y^2$，$Q_x=1$；又 L 分段光滑，故曲线积分满足格林公式的条件，记 D 是 L 所围闭区域，有

$$原式=\iint_{\Sigma}\left(\frac{\partial Q}{\partial x}-\frac{\partial P}{\partial y}\right)\mathrm{d}x\mathrm{d}y=\iint_{D}(1-2x)\mathrm{d}x\mathrm{d}y=\int_0^1\mathrm{d}x\int_{x^2}^{\sqrt{x}}(1-2x)\mathrm{d}y=\int_0^1(1-2x)(\sqrt{x}-x^2)\mathrm{d}x=\frac{1}{30}$$

(2)$D=[0,2;0,2]$，$P=x^2-xy^3$，$P_y=-3xy^2$；$Q=y^2-2xy$，$Q_x=-2y$；由于 D 是正方形，它分四段光滑，故线积分满足格林公式的条件，从而

$$原式=\iint_{D}(-2y+3xy^2)\mathrm{d}x\mathrm{d}y=\int_0^2\mathrm{d}x\int_0^2(3xy^2-2y)\mathrm{d}y=8$$

2. 利用曲线积分，求下列曲线所围成的图形面积：

(1) 星形线 $x=a\cos^3t$，$y=a\sin^3t$；(2) 椭圆 $9x^2+16y^2=144$；(3) 圆 $x^2+y^2=2ax$.

解　由公式 $A=\dfrac{1}{2}\oint_L x\mathrm{d}y-y\mathrm{d}x$ 得

$$(1)A=\frac{1}{2}\int_0^{2\pi}[a\cos^3t\cdot 3a\sin^2t\cos t-a\sin^3t(-3a\cos^2t\sin t)]\mathrm{d}t=\frac{3}{2}a^2\int_0^{2\pi}\sin^2t\cos^2t\mathrm{d}t=$$

$$\frac{3}{8}a^2\int_0^{2\pi}\sin^2 2t\mathrm{d}t=\frac{3}{8}a^2\int_0^{2\pi}\frac{1-\cos 4t}{2}\mathrm{d}t=\frac{3}{16}a^2\left(t-\frac{1}{4}\sin 4t\right)\Big|_0^{2\pi}=\frac{3}{8}ta^2$$

(2) 椭圆的参数方程为

$$x=4\cos t,\quad y=3\sin t\quad(0\leqslant t\leqslant 2\pi)$$

$$A=\frac{1}{2}\oint_L x\mathrm{d}y-y\mathrm{d}x=\frac{1}{2}\int_0^{2\pi}[4\cos t\cdot 3\cos t-3\sin t(-4\sin t)]\mathrm{d}t=\frac{1}{2}\int_0^{2\pi}12\mathrm{d}t=12\pi$$

(3) 圆的参数方程为

$$x=r\cos\theta=2a\cos\theta\cdot\cos\theta=2a\cos^2\theta$$

$$y=r\sin\theta=2a\cos\theta\cdot\sin\theta=a\sin 2\theta\quad\left(-\frac{\pi}{2}\leqslant\theta\leqslant\frac{\pi}{2}\right)$$

所以
$$A=\frac{1}{2}\int_{-\frac{\pi}{2}}^{\frac{\pi}{2}}(2a\cos^2\theta\cdot 2a\cos 2\theta+a\sin 2\theta\cdot 4a\cos\theta\sin\theta)\mathrm{d}\theta=$$

$$2a^2\int_{-\frac{\pi}{2}}^{\frac{\pi}{2}}[\cos^2\theta(\cos^2\theta-\sin^2\theta)+2\sin^2\theta\cos^2\theta]\mathrm{d}\theta=$$

$$4a^2\int_0^{\frac{\pi}{2}}(\cos^4\theta+\sin^2\theta\cos^2\theta)\mathrm{d}\theta=4a^2\int_0^{\frac{\pi}{2}}(\cos^2\theta+\cos^2\theta-\cos^4\theta)\mathrm{d}\theta=4a^2\int_0^{\frac{\pi}{2}}\cos\theta\mathrm{d}\theta=\pi a^2$$

3. 计算曲线积分 $\oint_L\dfrac{y\mathrm{d}x-x\mathrm{d}y}{2(x^2+y^2)}$，其中 L 为圆周 $(x-1)^2+y^2=2$，L 的方向为逆时针方向.

解　如图 11.14 所示，在 L 包围的区域 D 内作顺时针方向的小圆周 L_1：$x=\varepsilon\cos\theta$，$y=\varepsilon\sin\theta(0\leqslant\varepsilon\leqslant 2\pi)$. 在 L 与 L_1 包围的区域 D_1 上，由

$$\frac{\partial P}{\partial y}=\frac{x^2-y^2}{(x^2+y^2)^2}=\frac{\partial Q}{\partial x}$$

和格林公式，有
$$\oint_{L+L_1}\frac{y\mathrm{d}x-x\mathrm{d}y}{2(x^2+y^2)}=\iint_{D_1}\left(\frac{\partial Q}{\partial x}-\frac{\partial P}{\partial y}\right)\mathrm{d}x\mathrm{d}y=0$$

所以
$$\int_L\frac{y\mathrm{d}x-x\mathrm{d}y}{2(x^2+y^2)}=\int_{L_1}\frac{y\mathrm{d}x-x\mathrm{d}y}{2(x^2+y^2)}=\int_0^{2\pi}\frac{-\varepsilon^2\sin^2\theta-\varepsilon^2\cos^2\theta}{2\varepsilon^2}\mathrm{d}\theta=$$

$$-\frac{1}{2}\int_0^{2\pi}\mathrm{d}\theta=-\pi$$

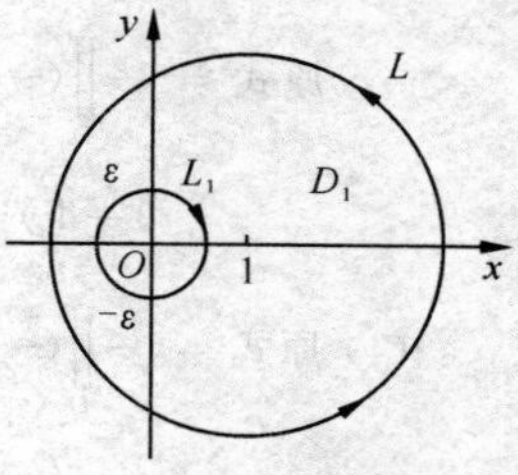

图　11.14

4. 证明下列曲线积分在整个 xOy 面内与路径无关，并计算积分值：

(1)$\displaystyle\int_{(1,1)}^{(2,3)}(x+y)\mathrm{d}x+(x-y)\mathrm{d}y$；

(2) $\int_{(1,2)}^{(3,4)}(6xy^2-y^3)\mathrm{d}x+(6x^2y-3xy^2)\mathrm{d}y$;

(3) $\int_{(1,0)}^{(2,1)}(2xy-y^4+3)\mathrm{d}x+(x^2-4xy^3)\mathrm{d}y$.

证明 (1) $P_y=1=Q_x$,曲线积分与路径无关.

$$\int_{(1,1)}^{(2,3)}(x+y)\mathrm{d}x+(x-y)\mathrm{d}y=\int_1^2(x+1)\mathrm{d}x+\int_1^3(2-y)\mathrm{d}y+0=$$

$$\left(\frac{1}{2}x^2+x\right)\Big|_1^2+\left(2y-\frac{1}{2}y^2\right)\Big|_1^3=2\frac{1}{2}$$

(2) $(6xy^2-y^3)\mathrm{d}x+(6x^2y-3xy^2)\mathrm{d}y=(6xy^2\mathrm{d}x+6x^2y\mathrm{d}y)-(y^3\mathrm{d}x-3xy^2\mathrm{d}y)=$

$$\mathrm{d}(3x^2y^2)-\mathrm{d}(xy^3)=\mathrm{d}(3x^3y^2-xy^3)$$

被积式是函数 $u(x,y)=3x^2y^2-xy^3$ 的全微分,从而题设线积分与路径无关,于是

$$原式=(3x^2y^2-xy^3)\Big|_{(1,2)}^{(3,4)}=236$$

(3) 函数 $P=2xy-y^4+3,Q=x^2-4xy^3$ 在 xOy 面这个单连通域内具有一阶连续偏导数,且

$$\frac{\partial Q}{\partial x}=2x-4y^3=\frac{\partial P}{\partial y}$$

故曲线积分在 xOy 面内与路径无关.取折线积分路径 MRN,其中 M 为(1,0),R 为(2,0),N 为(2,1),则

$$原式=\int_1^2 3\mathrm{d}x+\int_0^1(4-8y^3)\mathrm{d}y=3+2=5$$

5. 利用格林公式,计算下列曲线积分;

(1) $\oint_L(2x-y+4)\mathrm{d}x+(5y+3x-6)\mathrm{d}y$,其中 L 为三顶点(0,0),(3,0)和(3,2)的三角形正向边界;

(2) $\oint_L(x^2y\cos x+2xy\sin x-y^2\mathrm{e}^x)\mathrm{d}x+(x^2\sin x-2y\mathrm{e}^x)\mathrm{d}y$,其中 L 为正向是星形线 $x^{\frac{2}{3}}+y^{\frac{2}{3}}=a^{\frac{2}{3}}(a>0)$;

(3) $\int_L(2xy^3-y^2\cos x)\mathrm{d}x+(1-2y\sin x+3x^2y^2)\mathrm{d}y$,其中 L 为在抛物线 $2x=\pi y^2$ 上由点(0,0)到 $\left(\frac{\pi}{2},1\right)$ 的一段弧;

(4) $\int_L(x^2-y)\mathrm{d}x-(x+\sin^2y)\mathrm{d}y$,其中 L 是在圆周 $y=\sqrt{2x-x^2}$ 上由点(0,0)到点(1,1)的一段弧.

解 (1) $原式=\iint_D(3+1)\mathrm{d}x\mathrm{d}y=12$

(2) $原式=\iint_D(2x\sin x+x^2\cos x-2y\mathrm{e}^x-x^2\cos x-2x\sin x+2y\mathrm{e}^x\,\mathrm{d}\sigma)=0$

(3) 记 D 为 $L:x=\frac{\pi}{2},y=0$ 所围的闭区域,则

$$原式=-\iint_D(-2y\cos x+6xy^2-6xy^2+2y\cos x)\mathrm{d}x\mathrm{d}y-0-\int_1^0\left(1-2y+\frac{3}{4}\pi^2y^2\right)\mathrm{d}y-0=$$

$$0+\left(y-y^2+\frac{1}{4}\pi^2y^2\right)\Big|_0^1=\frac{1}{4}\pi^2$$

(4) $原式=-\iint_D(-1+1)\mathrm{d}x\mathrm{d}y-\int_1^0[-(1+\sin^2y)]\mathrm{d}y-\int_1^0x^2\mathrm{d}x=$

$$0+\left(y+\frac{1}{2}y-\frac{1}{4}\sin 2y\right)\Big|_1^0+\frac{1}{3}x^3\Big|_0^1=\frac{1}{3}-\left(\frac{3}{2}-\frac{1}{4}\sin 2\right)=\frac{1}{4}\sin 2-\frac{6}{7}$$

其中,D 为圆周 $(x-1)^2+y^2=1(y\geqslant 0,0\leqslant x\leqslant 1)$ 与 $x=1,y=0$ 所围的闭区域.

6. 验证下列 $P(x,y)\mathrm{d}x+Q(x,y)\mathrm{d}y$ 在整个 xOy 平面内是某一函数 $u(x,y)$ 的全微分,并求这样的一个 $u(x,y)$:

(1) $(x+2y)\mathrm{d}x+(2x+y)\mathrm{d}y$；　　(2) $2xy\mathrm{d}x+x^2\mathrm{d}y$；

(3) $4\sin x\sin 3y\cos x\mathrm{d}x-3\cos 3y\cos 2x\mathrm{d}y$；　　(4) $(3x^2y+8xy^2)\mathrm{d}x+(x^3+8x^2y+12y\mathrm{e}^y)\mathrm{d}y$；

(5) $(2x\cos y+y^2\cos x)\mathrm{d}x+(2y\sin x-x^2\sin y)\mathrm{d}y$.

解　(1)$P_y=2=Q_x$，故原式 $=\mathrm{d}[u(x,y)]$，因为

$$(x+2y)\mathrm{d}x+(2x+y)\mathrm{d}y=(x\mathrm{d}x+y\mathrm{d}y)+2(y\mathrm{d}x+x\mathrm{d}y)=\frac{1}{2}\mathrm{d}(x^2+y^2)+2d(xy)=\mathrm{d}\left[2xy+\frac{1}{2}(x^2+y^2)\right]$$

所以

$$u(x,y)=2xy+\frac{1}{2}(x^2+y^2)$$

(2) $P_y=2x=Q_x$，原式 $=\mathrm{d}u$，因为　　$2xy\mathrm{d}x+x^2\mathrm{d}y=\mathrm{d}(x^2y)$

所以

$$u=x^2y$$

(3) $u=-\sin 3y\cos 2x$

(4) 原式 $=(3x^2y\mathrm{d}x+x^3\mathrm{d}y)+(8xy^2\mathrm{d}x+8x^2y\mathrm{d}y)+12y\mathrm{e}^y\mathrm{d}y=\mathrm{d}(x^3y)+4\mathrm{d}(x^2y^2)+12\mathrm{d}\left(\int y\mathrm{d}\mathrm{e}^y\right)=$

$\mathrm{d}(x^3y+4x^2y^2+12y\mathrm{e}^y-12\mathrm{e}^y)$

所以

$$u(x,y)=x^3y+4x^2y^2+12\mathrm{e}^y(y-1)$$

(5) 原式 $=(2x\cos y\mathrm{d}x-x^2\sin y\mathrm{d}y)+(y^2\cos x\mathrm{d}x+2y\sin x\mathrm{d}y)=$

$\mathrm{d}(x^2\cos y)+\mathrm{d}(y^2\sin x)=\mathrm{d}(x^2\cos y+y^2\sin x)$

所以

$$u(x,y)=x^2\cos y+y^2\sin x$$

7. 设有一变力在坐标轴上的投影为 $X=x+y^2$，$Y=2xy-8$，这变力确定了一个力场. 证明：质点在此场内移动时，场力所做的功与路径无关.

证明

$$W=\int_L(x+y^2)\mathrm{d}x+(2xy-8)\mathrm{d}y$$

因为

$$\frac{\partial X}{\partial y}=2y=\frac{\partial Y}{\partial x}$$

故功 W 之值与路径无关.

*8. 判别下列方程中哪些是全微分方程？对于全微分方程，求出它的通解.

(1)$(3x^2+6xy)\mathrm{d}x+(6x^2y+4y^2)\mathrm{d}y=0$；　　(2)$(a^2-2xy-y^2)\mathrm{d}x-(x+y)^2\mathrm{d}y=0$；

(3)$\mathrm{e}^y\mathrm{d}x+(x\mathrm{e}^y-2y)\mathrm{d}y=0$；　　(4)$(x\cos y+\cos x)y'-y\sin x+\sin y=0$；

(5)$(x^2-y)\mathrm{d}x-x\mathrm{d}y=0$；　　(6)$y(x-2y)\mathrm{d}x-x^2\mathrm{d}y=0$；

(7)$(1+\mathrm{e}^{2\theta})\mathrm{d}\rho+2\rho\mathrm{e}^{2\theta}\mathrm{d}\theta=0$；　　(8)$(x^2+y^2)\mathrm{d}x+xy\mathrm{d}y=0$.

说明

① 在单连通区域内，若 $P(x,y)$，$Q(x,y)$ 有连续的偏导数，则$\dfrac{\partial P}{\partial y}\equiv\dfrac{\partial Q}{\partial x}$是方程 $P(x,y)\mathrm{d}x+Q(x,y)\mathrm{d}y=0$ 为全微分方程的充要条件. 本题利用这一条件来判别方程是否为全微分方程.

② 在条件$\dfrac{\partial P}{\partial y}\equiv\dfrac{\partial Q}{\partial x}$下，存在函数 $u=u(x,y)$，满足 $\mathrm{d}u=P(x,y)\mathrm{d}x+Q(x,y)\mathrm{d}y$，而 $u(x,y)=C$ 即是方程 $P(x,y)\mathrm{d}x+Q(x,y)\mathrm{d}y=0$ 的通解. 函数 $u(x,y)$ 可用三种方法求得，其一为曲线积分法，其二为凑微分法，其三为偏积分法.

解　(1)

$$\frac{\partial P}{\partial y}=(3x^2+6xy^2)'_y=12xy,\quad \frac{\partial Q}{\partial x}=(6x^2y+4y^2)'_x=12xy$$

因$\dfrac{\partial P}{\partial y}\equiv\dfrac{\partial Q}{\partial x}$，故原方程是全微分方程.

$$u(x,y)=\int_0^x P(x,0)\mathrm{d}x+\int_0^y Q(x,y)\mathrm{d}y=\int_0^x 3x^2\mathrm{d}x+\int_0^y(6x^2y+4y^2)\mathrm{d}y=x^3+3x^2y^2+\frac{4}{3}y^3$$

故所求通解为 $$x^3+3x^2y^2+\frac{4}{3}y^3=C$$

(2) $\frac{\partial P}{\partial y}=(a^2-2xy-y^2)'_y=-2x-2y$, $\frac{\partial Q}{\partial x}=[-(x+y)^2]'_x=-2(x+y)$

因$\frac{\partial P}{\partial y}\equiv\frac{\partial Q}{\partial x}$,故原方程是全微分方程.

$$u(x,y)=\int_0^x P(x,0)\mathrm{d}x+\int_0^y Q(x,y)\mathrm{d}y=\int_0^x a^2\mathrm{d}x-\int_0^y (x+y)^2\mathrm{d}y=a^2x-\frac{1}{3}(x+y)^3+\frac{1}{3}x^3=$$
$$a^2x-x^2y-xy^2-\frac{1}{3}y^3$$

故所求通解为 $$a^2x-x^2y-xy^2-\frac{1}{3}y^3=C$$

(3) $\frac{\partial P}{\partial y}=(\mathrm{e}^y)'_y=\mathrm{e}^y$;$\frac{\partial Q}{\partial x}=(x\mathrm{e}^y-2y)'_x=\mathrm{e}^y$,因$\frac{\partial P}{\partial y}\equiv\frac{\partial Q}{\partial x}$,故原方程是全微分方程.下面用凑微分方法求通解:

方程的左端 $=\mathrm{e}^y\mathrm{d}x+(x\mathrm{e}^y-2y)\mathrm{d}y=(\mathrm{e}^y\mathrm{d}x+x\mathrm{e}^y\mathrm{d}y)-2y\mathrm{d}y=\mathrm{d}(x\mathrm{e}^y)-\mathrm{d}(y^2)=\mathrm{d}(x\mathrm{e}^y-y^2)$

即原方程为 $$\mathrm{d}(x\mathrm{e}^y-y^2)=0$$

故所求通解为 $$x\mathrm{e}^y-y^2=C$$

(4) 将原方程改写成

$$(\sin y-y\sin x)\mathrm{d}x+(x\cos y+\cos x)\mathrm{d}y=0$$

$$\frac{\partial P}{\partial y}=(\sin y-y\sin x)'_y=\cos y-\sin x$$

$$\frac{\partial Q}{\partial x}=(x\cos y+\cos x)'_x=\cos y-\sin x$$

因$\frac{\partial P}{\partial y}\equiv\frac{\partial Q}{\partial x}$,故原方程是全微分方程.

方程的左端 $=(\sin y-y\sin x)\mathrm{d}x+(x\cos y+\cos x)\mathrm{d}y=(\sin y\mathrm{d}x+x\cos y\mathrm{d}y)+(-y\sin x\mathrm{d}x+\cos x\mathrm{d}y)=$
$\mathrm{d}(x\sin y)+\mathrm{d}(y\cos x)$

即原方程为 $$\mathrm{d}(x\sin y+y\cos x)=0$$

故所求通解为 $$x\sin y+y\cos x=C$$

(5) $\frac{\partial P}{\partial y}=(x^2-y)'_y=-1$,$\frac{\partial Q}{\partial x}=(-x)'_x=-1$,因$\frac{\partial P}{\partial y}\equiv\frac{\partial Q}{\partial x}$,故原方程是全微分方程.

方程的左端 $=(x^2-y)\mathrm{d}x-x\mathrm{d}y=x^2\mathrm{d}x-(y\mathrm{d}x+x\mathrm{d}y)=\mathrm{d}\left(\frac{x^3}{3}\right)-\mathrm{d}(xy)$

即原方程为 $$\mathrm{d}\left(\frac{x^3}{3}-xy\right)=0$$

故所求通解为 $$\frac{x^3}{3}-xy=C$$

(6) $\frac{\partial P}{\partial y}=[y(x-2y)]'_y=x-4y$,$\frac{\partial Q}{\partial x}=(-x^2)'_x=-2x$.因$\frac{\partial P}{\partial y}\neq\frac{\partial Q}{\partial x}$,故原方程不是全微分方程.

(7) $\frac{\partial P}{\partial \theta}=(1+\mathrm{e}^{2\theta})'_\theta=2\mathrm{e}^{2\theta}$,$\frac{\partial Q}{\partial \rho}=(2\rho\mathrm{e}^{2\theta})'_\rho=2\mathrm{e}^{2\theta}$,因$\frac{\partial P}{\partial \theta}\equiv\frac{\partial Q}{\partial \rho}$,故原方程是全微分方程.

方程的左端 $=(1+\mathrm{e}^{2\theta})\mathrm{d}\rho+2\rho\mathrm{e}^{2\theta}\mathrm{d}\theta=\mathrm{d}\rho+(\mathrm{e}^{2\theta}\mathrm{d}\rho+2\rho\mathrm{e}^{2\theta}\mathrm{d}\theta)=\mathrm{d}\rho+\mathrm{d}(\rho\mathrm{e}^{2\theta})$

即原方程为 $$\mathrm{d}(\rho+\rho\mathrm{e}^{2\theta})=0$$

故所求通解为

$$\rho+\rho\mathrm{e}^{2\theta}=C$$

(8) $\frac{\partial P}{\partial y}=(x^2+y^2)'_y=2y$,$\frac{\partial Q}{\partial x}=(xy)'_x=y$.因$\frac{\partial P}{\partial y}\neq\frac{\partial Q}{\partial x}$,故原方程不是全微分方程.

*9. 确定常数 λ，使在右半平面 $x>0$ 内的向量 $\boldsymbol{A}(x,y)=2xy(x^4+y^2)^{\lambda}\boldsymbol{i}-x^2(x^4+y^2)^{\lambda}\boldsymbol{j}$ 为某二元函数 $u(x,y)$ 的梯度，并求 $u(x,y)$.

解 在单连通域 G 内，若 $P(x,y)$，$Q(x,y)$ 具有一阶连续偏导数，则向量 $\boldsymbol{A}(x,y)=P(x,y)\boldsymbol{i}+Q(x,y)\boldsymbol{j}$ 为某二元函数 $u(x,y)$ 的梯度（此条件相当于 $P(x,y)\mathrm{d}x+Q(x,y)\mathrm{d}y$ 是 $u(x,y)$ 的全微分方程）的充分必要条件是 $\dfrac{\partial P}{\partial y}=\dfrac{\partial Q}{\partial x}$ 在 G 内恒成立.

本题中，$P(x,y)=2xy(x^4+y^2)^{\lambda}$，$Q(x,y)=-x^2(x^4+y^2)^{\lambda}$

$$\frac{\partial P}{\partial y}=2x(x^4+y^2)^{\lambda}+2\lambda xy(x^4+y^2)^{\lambda-1}\cdot 2y$$

$$\frac{\partial Q}{\partial x}=-2x(x^4+y^2)^{\lambda}-x^2\lambda(x^4+y^2)^{\lambda-1}\cdot 4x^3$$

由等式 $\dfrac{\partial Q}{\partial x}=\dfrac{\partial P}{\partial y}$ 得到

$$4x(x^4+y^2)^{\lambda}(1+\lambda)=0$$

由于 $4x(x^4+y^2)^{\lambda}>0$，故 $\lambda=-1$，即 $\boldsymbol{A}(x,y)=\dfrac{2xy\boldsymbol{i}-x^2\boldsymbol{j}}{x^4+y^2}$.

在半平面 $x>0$ 内，取 $(x_0,y_0)=(1,0)$，则得

$$u(x,y)=\int_1^x\frac{2x\cdot 0}{x^4+0^2}\mathrm{d}x-\int_0^y\frac{x^2}{x^4+y^2}\mathrm{d}y=-\arctan\frac{y}{x^2}$$

（四）习题 11-4 解答

1. 设有一分布着质量的曲面 Σ，在点 (x,y,z) 处它的面密度为 $\mu(x,y,z)$，用对面积的曲面积分表达这曲面对于 x 轴的转动惯量.

解 点 (x,y,z) 到 x 轴的距离 $r=\sqrt{y^2+z^2}$，转动惯量元素为

$$\mathrm{d}I_x=(y^2+z^2)\mu(x,y,z)\mathrm{d}S$$

$$I_x=\iint_{\Sigma}(y^2+z^2)\mu(x,y,z)\mathrm{d}S$$

2. 按对面积的曲面积分的定义证明：

$$\iint_{\Sigma}f(x,y,z)\mathrm{d}S=\iint_{\Sigma_1}f(x,y,z)\mathrm{d}S+\iint_{\Sigma_2}f(x,y,z)\mathrm{d}S$$

其中 Σ 是由 Σ_1 和 Σ_2 组成的.

证明 选取这样一种对 Σ 的分割法，使 Σ_1 与 Σ_2 的交线也是分割的一条曲线，设 $n=n_1+n_2$，于是

$$\sum_{i=1}^{n}f(\xi_i,\eta_i,\zeta_i)\Delta S_i=\sum_{i=1}^{n_1}f(\xi_i,\eta_i,\zeta_i)\Delta S_i+\sum_{i=1}^{n_2}f(\xi_i,\eta_i,\zeta_i)\Delta S_i$$

令 $\lambda=\max\{d_i\}\to 0$ 取极限（$i=1,2,\cdots,n$；d_i 是 ΔS_i 的直径），则有

$$\iint_{\Sigma}f(x,y,z)\mathrm{d}S=\lim_{\lambda\to 0}\sum_{i=1}^{n}f(\xi_i,\eta_i,\zeta_i)\Delta S_i=\lim_{\lambda_1\to 0}\sum_{i=1}^{n_1}f(\xi_i,\eta_i,\zeta_i)\Delta S_i+\lim_{\lambda_2\to 0}\sum_{i=1}^{n_2}f(\xi_i,\eta_i,\zeta_i)\Delta S_i=$$

$$\iint_{\Sigma_1}f(x,y,z)\mathrm{d}S+\iint_{\Sigma_2}f(x,y,z)\mathrm{d}S$$

其中 λ_1，λ_2 分别是对 Σ_1，Σ_2 分割下 ΔS_i 的最大直径.

3. 当 Σ 是 xOy 面内的一个闭区域时，曲面积分 $\iint_{\Sigma}f(x,y,z)\mathrm{d}S$ 与二重积分有什么关系？

解 记 $\Sigma=D_{xy}$，于是

$$\iint_{\Sigma}f(x,y,z)\mathrm{d}S=\iint_{D_{xy}}f(x,y,0)\mathrm{d}\sigma$$

4. 计算曲面积分$\iint\limits_{\Sigma} f(x,y,z)\mathrm{d}S$,其中$\Sigma$为抛物面$z=2-(x^2+y^2)$在$xOy$面上方的部分,$f(x,y,z)$分别如下:(1) $f(x,y,z)=1$;(2) $f(x,y,z)=x^2+y^2$;(3) $f(x,y,z)=3z$.

解 Σ在xOy面上的投影域为D_{xy};$x^2+y^2\leqslant 2(z=0)$;则 $\mathrm{d}S=\sqrt{1+4x^2+4y^2}\,\mathrm{d}x\mathrm{d}y$

(1) $\iint\limits_{\Sigma} f(x,y,z)\mathrm{d}S=\iint\limits_{D_{xy}}\sqrt{1+4x^2+4y^2}\,\mathrm{d}x\mathrm{d}y=\int_0^{2\pi}\mathrm{d}\theta\int_0^{\sqrt{2}}\sqrt{1+4r^2}\,r\mathrm{d}r=$

$$2\pi\int_0^{\sqrt{2}}\frac{1}{8}(1+4r^2)^{\frac{1}{2}}\mathrm{d}(1+4r^2)=\frac{13}{3}\pi$$

(2) 原式 $=\iint\limits_{D_{xy}}(x^2+y^2)\sqrt{1+4(x^2+y^2)}\,\mathrm{d}x\mathrm{d}y=\int_0^{2\pi}\mathrm{d}\theta\int_0^{\sqrt{2}}r^2\sqrt{1+4r^2}\,r\mathrm{d}r=$

$$2\pi\int_0^{\sqrt{2}}[(1+4r^2)-1]\frac{1}{4}(1+4r^2)^{\frac{1}{2}}\frac{1}{8}\mathrm{d}(1+4r^2)=$$

$$\frac{\pi}{16}\left[\frac{2}{5}(1+4r^2)^{\frac{5}{2}}-\frac{2}{3}(1+4r^2)^{\frac{3}{2}}\right]\Big|_0^{\sqrt{2}}=\frac{149}{30}\pi$$

(3) 原式 $=\iint\limits_{D_{xy}}3(2-x^2-y^2)\sqrt{1+4(x^2+y^2)}\,\mathrm{d}x\mathrm{d}y=3\int_0^{2\pi}\mathrm{d}\theta\int_0^{\sqrt{2}}(2-r^2)\sqrt{1+4r^2}\,r\mathrm{d}r=$

$$3\left[2\pi\int_0^{\sqrt{2}}2\sqrt{1+4r^2}\,r\mathrm{d}r-\frac{149}{30}\pi\right]=\frac{111}{10}\pi$$

5. 计算$\iint\limits_{\Sigma}(x^2+y^2)\mathrm{d}S$,其中$\Sigma$是:

(1) 锥面$z=\sqrt{x^2+y^2}$及平面$z=1$所围成的区域的整个边界曲面;

(2) 锥面$z^2=3(x^2+y^2)$被平面$z=0$和$z=3$所截得的部分.

解 (1) 对于锥面Σ_1,由于

$$\mathrm{d}S=\sqrt{1+\left(\frac{x}{\sqrt{x^2+y^2}}\right)^2+\left(\frac{y}{\sqrt{x^2+y^2}}\right)^2}\,\mathrm{d}x\mathrm{d}y=\sqrt{1+\frac{x^2+y^2}{x^2+y^2}}\,\mathrm{d}x\mathrm{d}y=\sqrt{2}\,\mathrm{d}x\mathrm{d}y$$

Σ_1在xOy面的投影D_{xy}:$x^2+y^2\leqslant 1(z=0)$;记$x^2+y^2\leqslant 1(z=1)$为Σ_2,则$\mathrm{d}S=\mathrm{d}x\mathrm{d}y$,所以

$$\iint\limits_{\Sigma}(x^2+y^2)\mathrm{d}S=\iint\limits_{D_{xy}}(x^2+y^2)\sqrt{2}\,\mathrm{d}x\mathrm{d}y+\iint\limits_{\Sigma_2}(x^2+y^2)\mathrm{d}S=(\sqrt{2}+1)\int_0^{2\pi}\mathrm{d}\theta\int_0^1 r^2\cdot r\mathrm{d}r=\frac{\sqrt{2}+1}{2}\pi$$

(2) Σ在xOy面内的投影域为D_{xy};在锥面上,因为

$$\mathrm{d}S=\sqrt{1+\left(\frac{3x}{\sqrt{3(x^2+y^2)}}\right)^2+\left(\frac{3y}{\sqrt{3(x^2+y^2)}}\right)^2}\,\mathrm{d}x\mathrm{d}y=\sqrt{1+\frac{3(x^2+y^2)}{x^2+y^2}}\,\mathrm{d}x\mathrm{d}y=2\mathrm{d}x\mathrm{d}y$$

这里Σ仅为被$z=0$与$z=3$截下的锥面部分,所以

$$\text{原式}=\iint\limits_{D_{xy}}(x^2+y^2)2\mathrm{d}x\mathrm{d}y=2\int_0^{2\pi}\mathrm{d}\theta\int_0^{\sqrt{2}}r^2\cdot r\mathrm{d}r=9\pi$$

6. 计算下列对面积的曲面积分:

(1) $\iint\limits_{\Sigma}\left(z+2x+\frac{4}{3}y\right)\mathrm{d}S$,其中$\Sigma$为平面$\frac{x}{2}+\frac{y}{3}+\frac{z}{4}=1$在第一卦限中的部分;

(2) $\iint\limits_{\Sigma}(2xy-2x^2-x+z)\mathrm{d}S$,其中$\Sigma$为平面$2x+2y+z=6$在第一卦限中的部分;

(3) $\iint\limits_{\Sigma}(x+y+z)\mathrm{d}S$,其中$\Sigma$为球面$x^2+y^2+z^2=a^2$上$z\geqslant h(0<h<a)$的部分;

(4) $\iint\limits_{\Sigma}(xy+yz+zx)\mathrm{d}S$,其中$\Sigma$为锥面$z=\sqrt{x^2+y^2}$被柱面$x^2+y^2=2ax$所截得的有限部分.

解 (1) Σ在xOy面内的投影为三角形区域Δ_{xy}:$0\leqslant x\leqslant 2,0\leqslant y\leqslant 3\left(1-\frac{x}{2}\right)$ $(z=0)$;由于

$$dS=\sqrt{1+(-2)^2+\left(-\frac{4}{3}\right)^2}\,dxdy=\frac{\sqrt{61}}{3}dxdy$$

故 原式 $=\iint\limits_{\Delta_{xy}}\left[4\left(1-\frac{x}{2}-\frac{y}{3}\right)+2x+\frac{4}{3}y\right]\frac{\sqrt{61}}{3}dxdy=\frac{4}{3}\sqrt{61}\iint\limits_{\Delta_{xy}}dxdy=4\sqrt{61}$

(2) Σ 在 xOy 面上的投影是三角形区域 $\Delta_{xy}:0\leqslant x\leqslant 3,0\leqslant y\leqslant 3-x,(z=0)$ 由于

$$dS=\sqrt{1+(-2)^2+(-2)^2}\,dxdy=3dxdy$$

故 原式 $=\iint\limits_{\Delta_{xy}}3(2xy-2x^2-x+6-2x-2y)dxdy=3\int_0^3dx\int_0^{3-x}(2xy-2y-2x^2-3x+6)dy=$

$3\int_0^3\left[(xy^2-y^2-2x^2y-3xy+6y)\Big|_0^{3-x}\right]dx=3\int_0^3(3x^3-10x^2+9)dx=-\frac{27}{4}$

(3) Σ 在 xOy 面内的投影为圆域 $D_{xy}:x^2+y^2\leqslant a^2-h^2\quad(z=0)$;由于

$$dS=\sqrt{1+\left(\frac{-x}{\sqrt{a^2-x^2-y^2}}\right)^2+\left(\frac{-y}{\sqrt{a^2-x^2-y^2}}\right)^2}\,dxdy=\frac{a}{\sqrt{a^2-x^2-y^2}}dxdy$$

故 原式 $=\iint\limits_{D_{xy}}(x+y+\sqrt{a^2-x^2-y^2})\cdot\frac{a}{\sqrt{a^2-x^2-y^2}}dxdy=$

$\int_0^{2\pi}d\theta\int_0^{\sqrt{a^2-h^2}}(r\cos\theta+r\sin\theta+\sqrt{a^2-r^2})\frac{ar\,dr}{\sqrt{a^2-r^2}}=$

$a\int_0^{2\pi}(\cos\theta+\sin\theta)d\theta\int_0^{\sqrt{a^2-h^2}}\frac{a^2-(a^2-r^2)}{\sqrt{a^2-r^2}}dr+a\int_0^{2\pi}d\theta\int_0^{\sqrt{a^2-h^2}}r\,dr=\pi a(a^2-h^2)$

(4) Σ 在 xOy 面内的投影域 D_{xy} 为

$$x^2+y^2\leqslant 2ax\quad(z=0)$$
$$(x-a)^2+y^2\leqslant a^2\quad(z=0)$$

用极坐标表示,则为 $-\frac{\pi}{2}\leqslant\theta\leqslant-\frac{\pi}{2},\quad 0\leqslant r\leqslant 2a\cos\theta\quad(z=0)$

$$dS=\sqrt{1+\left(\frac{x}{\sqrt{x^2+y^2}}\right)^2+\left(\frac{y}{\sqrt{x^2+y^2}}\right)^2}\,dxdy=\sqrt{2}\,dxdy$$

故 原式 $=\sqrt{2}\iint\limits_{D_{xy}}[xy+(x+y)\sqrt{x^2+y^2}]dxdy=\sqrt{2}\int_{-\frac{\pi}{2}}^{\frac{\pi}{2}}d\theta\int_0^{2a\cos\theta}[r^2\sin\theta\cos\theta+(\sin\theta+\cos\theta)r^2]r\,dr=$

$\sqrt{2}\int_{-\frac{\pi}{2}}^{\frac{\pi}{2}}(\sin\theta\cos\theta+\sin\theta+\cos\theta)\cdot\frac{1}{4}(2a\cos\theta)^4d\theta=0+2\sqrt{2}\int_0^{\frac{\pi}{2}}4a^4\cos^5\theta d\theta=\frac{64}{15}\sqrt{2}a^4$

7. 求抛物面壳 $z=\frac{1}{2}(x^2+y^2)(0\leqslant z\leqslant 1)$ 的质量,此壳的面密度的大小为 $\mu=z$.

解 抛物线面壳 Σ 在 xOy 面内的投影域 D_{xy} 为 $x^2+y^2\leqslant 2\quad(z=0)$

$$dS=\sqrt{1+x^2+y^2}\,dxdy$$

质量 $M=\iint\limits_{\Sigma}\mu dS=\iint\limits_{\Sigma}z dS=\frac{1}{2}\iint\limits_{D_{xy}}(x^2+y^2)\sqrt{1+x^2+y^2}\,dxdy=$

$\frac{1}{2}\int_0^{2\pi}d\theta\int_0^{\sqrt{2}}r^2\cdot\sqrt{1+r^2}\,r\,dr\xlongequal{令 r^2=t}$

$\pi\int_0^2 t\sqrt{1+t}\times\frac{1}{2}dt=\frac{\pi}{2}\int_0^2(1+t-1)(1+t)^{\frac{1}{2}}d(1+t)\xlongequal{1+t=u}$

$\frac{\pi}{2}\int_1^3(u^{\frac{3}{2}}-u^{\frac{1}{2}})du=\frac{2}{15}\pi(6\sqrt{3}+1)$

8. 求面密度为 μ_0 的均匀半球壳 $x^2+y^2+z^2=a^2(z\geqslant 0)$ 对于 z 轴的转动惯量.

解 半球壳上任一点(x,y,z)与z轴的距离$d=\sqrt{x^2+y^2}$，由于$\mathrm{d}I_x=(x^2+y^2)\mu_0\mathrm{d}S$

$$\mathrm{d}S=\sqrt{1+\left(\frac{-x}{\sqrt{x^2-x^2-y^2}}\right)^2+\left(\frac{-y}{\sqrt{x^2-x^2-y^2}}\right)^2}\mathrm{d}x\mathrm{d}y=\frac{a\mathrm{d}x\mathrm{d}y}{\sqrt{a^2-x^2-y^2}}$$

故
$$I_z=\iint_\Sigma(x^2+y^2)\mu_0\mathrm{d}S=\mu_0\iint_{D_{xy}}(x^2+y^2)\cdot\frac{a}{\sqrt{a^2-x^2-y^2}}\mathrm{d}x\mathrm{d}y=$$

$$\mu_0\int_0^{2\pi}\mathrm{d}\theta\int_0^a r^2\cdot\frac{ar}{\sqrt{a^2-r^2}}\mathrm{d}r=2\pi\mu_0 a\int_0^a\frac{a^2-(a^2-r^2)}{\sqrt{a^2-r^2}}r\mathrm{d}r=$$

$$-\pi\mu_0 a\left\{\int_0^a\left[a^2(a^2-r^2)^{\frac{1}{2}}-(a^2-r^2)^{\frac{1}{2}}\right]\mathrm{d}(a^2-r^2)\right\}=$$

$$\pi a\mu_0\left[\frac{2}{3}(a^2-r^2)^{\frac{3}{2}}-2a^2(a^2-r^2)^{\frac{1}{2}}\right]\Big|_0^a=\pi a\mu_0\left(2a^3-\frac{2}{3}a^3\right)=\frac{4}{3}\pi\mu_0 a^4$$

（五）习题 11-5 解答

1. 按对坐标的曲面积分的定义证明公式：

$$\iint_\Sigma[P_1(x,y,z)\pm P_2(x,y,z)]\mathrm{d}x\mathrm{d}z=\iint_\Sigma P_1(x,y,z)\mathrm{d}y\mathrm{d}z\pm\iint_\Sigma P_2(x,y,z)\mathrm{d}y\mathrm{d}z$$

证明 分割Σ，取点$(\xi_i,\eta_i,\zeta_i)\in\Delta S_i$，则

$$\text{左式}=\lim_{\lambda\to0}\sum_{i=1}^n[P_1(\xi_i,\eta_i,\zeta_i)\pm P_2(\xi_i,\eta_i,\zeta_i)\Delta S_i](\Delta S_i)_{yz}=$$

$$\lim_{\lambda\to0}\sum_{i=1}^n P_1(\xi_i,\eta_i,\zeta_i)(\Delta S_i)_{yz}\pm\lim_{\lambda\to0}\sum_{i=1}^n P_2(\xi_i,\eta_i,\zeta_i)(\Delta S_i)_{yz}=$$

$$\iint_\Sigma P_1(x,y,z)\mathrm{d}y\mathrm{d}z\pm\iint_\Sigma P_2(x,y,z)\mathrm{d}y\mathrm{d}z$$

2. 当Σ为xOy面内的一个闭区域时，曲面积分$\iint_\Sigma R(x,y,z)\mathrm{d}x\mathrm{d}y$与二重积分有什么关系？

解 这时Σ为xOy面内的闭区域D_{xy}，则

$$\iint_\Sigma R(x,y,z)\mathrm{d}x\mathrm{d}y=\pm\iint_{D_{xy}}R(x,y,z)\mathrm{d}x\mathrm{d}y$$

当Σ取上侧时取正号；当Σ取下侧时取负号. 可见，当Σ为D_{xy}时，第二类曲面积分便成了二重积分.

3. 计算下列对坐标的曲面积分：

(1)$\iint_\Sigma x^2y^2z\mathrm{d}x\mathrm{d}y$，其中$\Sigma$是球面$x^2+y^2+z^2=R^2$的下半部分的下侧；

(2)$\iint_\Sigma z\mathrm{d}x\mathrm{d}y+x\mathrm{d}y\mathrm{d}z+y\mathrm{d}z\mathrm{d}x$，其中$\Sigma$是柱面$x^2+y^2=1$被平面$z=0$及$z=3$所截得的在第一卦限内的部分的前侧；

(3)$\iint_\Sigma[f(x,y,z)+x]\mathrm{d}y\mathrm{d}z+[2f(x,y,z)+y]\mathrm{d}z\mathrm{d}x+[f(x,y,z)+z]\mathrm{d}x\mathrm{d}y$. 其中$f(x,y,z)$为连续函数，$\Sigma$是平面$x-y+z=1$在第四卦限部分的上侧；

(4)$\oiint_\Sigma xz\mathrm{d}x\mathrm{d}y+xy\mathrm{d}y\mathrm{d}z+yz\mathrm{d}z\mathrm{d}x$，其中$\Sigma$是平面$x=0,y=0,z=0,x+y+z=1$所围成的空间区域的整个边界曲面的外侧.

解 (1) 原式$=-\iint_{D_{xy}}x^2y^2(-\sqrt{R^2-x^2-y^2})\mathrm{d}x\mathrm{d}y=\int_0^{2\pi}\mathrm{d}\theta\int_0^R r^4\cos^2\theta\sin^2\theta\sqrt{R^2-r^2}r\mathrm{d}r=$

$$\int_0^{2\pi}\sin^2\theta\cos^2\theta\mathrm{d}\theta\cdot\frac{-1}{2}\int_0^R r^4\sqrt{R^2-r^2}\mathrm{d}(R^2-r^2)=$$

$$-\frac{1}{8}\int_0^{2\pi}\sin^2 2\theta d\theta\cdot\int_0^R[R^2-(R^2-r^2)]^2\cdot\sqrt{R^2-r^2}\,d(R^2-r^2)=$$

$$-\frac{1}{8}\int_0^{2\pi}\frac{1-\cos4\theta}{2}d\theta\cdot\int_0^R[R^4(R^2-r^2)^{\frac{1}{2}}-2R^2(R^2-r^2)^{\frac{3}{2}}+(R^2-r^2)^{\frac{5}{2}}]d(R^2-r^2)=$$

$$-\frac{1}{16}\left(\theta-\frac{1}{4}\sin4\theta\right)\Big|_0^{2\pi}\cdot\left[\frac{2}{3}R^4(R^2-r^2)^{\frac{3}{2}}-\frac{4}{5}R^2(R^2-r^2)^{\frac{5}{2}}+\frac{2}{7}(R^2-r^2)^{\frac{7}{2}}\right]_0^R=$$

$$\frac{2\pi}{16}\left(\frac{2}{3}-\frac{4}{5}+\frac{2}{7}\right)R^7=\frac{2\pi}{105}R^7$$

(2) 该柱面与 xOy 面垂直，故$\iint\limits_{\Sigma}z\,dxdy=0$，将 Σ 分别向 yOz 面与 zOx 面投影，得矩形域

$$D_{yz}:0\leqslant y\leqslant1,0\leqslant z\leqslant3,\quad D_{xz}:0\leqslant x\leqslant1,0\leqslant z\leqslant3$$

$$原式=\iint\limits_{\Sigma}x\,dydz+\iint\limits_{\Sigma}y\,dzdx=\iint\limits_{D_{yz}}\sqrt{1-y^2}\,dydz+\iint\limits_{D_{xz}}\sqrt{1-x^2}\,dxdz=$$

$$\int_0^1dy\int_0^3\sqrt{1-y^2}\,dz+\int_0^1dx\int_0^3\sqrt{1-x^2}\,dz=2\times3\int_0^1\sqrt{1-x^2}\,dx=\frac{3}{2}\pi$$

(3) 平面 Σ 的法向量 $\boldsymbol{n}=\{1,-1,1\}$，单位法向量

$$\boldsymbol{n}_0=\left\{\frac{1}{\sqrt3},-\frac{1}{\sqrt3},\frac{1}{\sqrt3}\right\}=\{\cos\alpha,\cos\beta,\cos\gamma\}$$

$$原式=\iint\limits_{\Sigma}(P\cos\alpha+Q\cos\beta+R\cos\gamma)dS=\frac{1}{\sqrt3}\iint\limits_{\Sigma}[(f+x)-(2f+y)+(f+z)]dS=$$

$$\frac{1}{\sqrt3}\iint\limits_{\Sigma}(x-y+z)dS=\frac{1}{\sqrt3}\iint\limits_{\Sigma}1dS=\frac{1}{2}$$

(4) 如图 11.15 所示，在 Σ_1 上，$z=0$，所以

$$\iint\limits_{\Sigma_1}xz\,dxdy=\iint\limits_{\Sigma_1}yz\,dzdx=0$$

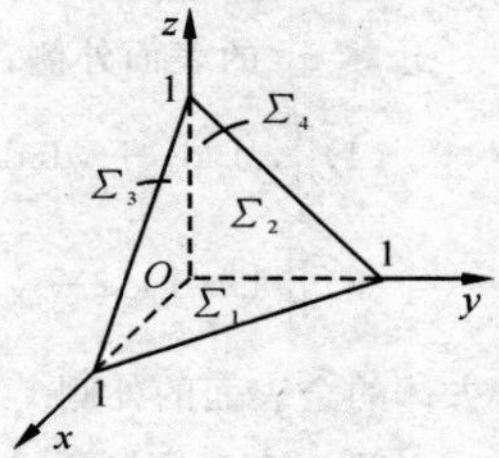

图　11.15

又 $\Sigma_1\perp yOz$ 面，所以$\iint\limits_{\Sigma_1}xy\,dydz=0$，从而

$$\iint\limits_{\Sigma_1}xz\,dxdy+xy\,dydz+yz\,dzdx=0$$

$$\iint\limits_{\Sigma_2}xz\,dxdy+xy\,dydz+yz\,dzdx=0$$

$$\iint\limits_{\Sigma_2}xz\,dxdy+xy\,dydz+yz\,dzdx=0$$

在 Σ_4 上，将三项的面积分都化成二重积分，这时 $\boldsymbol{n}=\{1,1,1\}$，$\cos\alpha=\cos\beta=\cos\gamma=\dfrac{1}{\sqrt3}>0$，所以

$$原式=0+0+0+\iint\limits_{\Sigma_1}xz\,dxdy+xy\,dydz+yz\,dzdx=\iint\limits_{D_{xy}}(1-x-y)x\,dxdy+\iint\limits_{D_{yz}}(1-y-z)y\,dydz+$$

$$\iint\limits_{D_{xz}}(1-x-z)z\,dzdx=3\iint\limits_{D_{xy}}x(1-x-y)dxdy=3\int_0^1dx\int_0^{1-x}(x-x^2-xy)dy=$$

$$3\int_0^1\left[x(1-x)-x^2(1-x)-\frac{x}{2}(1-x)^2\right]dx=\frac{1}{8}$$

4. 把对坐标的曲面积分$\iint\limits_{\Sigma}P(x,y,z)dydz+Q(x,y,z)dzdx+R(x,y,z)dxdy$ 化成对面积的曲面积分，其中：

(1)Σ 是平面 $3x+2y+2\sqrt3z=6$ 在第一卦限的部分的上侧；

(2)Σ 是抛物面 $z=8-(x^2+y^2)$ 在 xOy 面上方的部分的上侧.

解 (1) 平面 Σ 的法向量 $\boldsymbol{n}=\{3,2,2\sqrt{3}\}$，所以

$$\cos\alpha=\frac{3}{\sqrt{9+4+12}}=\frac{3}{5},\quad \cos\beta=\frac{2}{5},\quad \cos\gamma=\frac{2\sqrt{3}}{5}$$

$$原式=\iint_{\Sigma}\left(\frac{3}{5}P+\frac{2}{5}Q+\frac{2\sqrt{3}}{5}R\right)\mathrm{d}S$$

(2) $\dfrac{\partial z}{\partial x}=-2x,\dfrac{\partial z}{\partial y}=-2y$. 而 Σ 取上侧，取其法向量 $\boldsymbol{n}=\{2x,2y,1\}$，所以

$$\cos\alpha=\frac{-f_x}{\sqrt{1+f_x^2+f_y^2}}=\frac{2x}{\sqrt{1+4x^2+4y^2}},\quad \cos\beta=\frac{2y}{\sqrt{1+4(x^2+y^2)}},\quad \cos r=\frac{1}{\sqrt{1+4(x^2+y^2)}}$$

$$原式=\iint_{\Sigma}\frac{2xP+2yQ+R}{\sqrt{1+4(x^2+y^2)}}\mathrm{d}S$$

(六) 习题 11-6 解答

1. 利用高斯公式计算曲面积分：

(1) $\oiint_{\Sigma}x^2\mathrm{d}y\mathrm{d}z+y^2\mathrm{d}z\mathrm{d}x+z^2\mathrm{d}x\mathrm{d}y$，其中 Σ 为平面 $x=0,y=0,z=0,x=a,y=a,z=a$ 所围成的立体的表面的外侧；

*(2) $\oiint_{\Sigma}x^3\mathrm{d}y\mathrm{d}z+y^3\mathrm{d}z\mathrm{d}x+z^3\mathrm{d}x\mathrm{d}y$，其中 Σ 为球面 $x^2+y^2+z^2=a^2$ 的外侧；

*(3) $\oiint_{\Sigma}xz^2\mathrm{d}y\mathrm{d}z+(x^2y-z^3)\mathrm{d}z\mathrm{d}x+(2xy+y^2z)\mathrm{d}x\mathrm{d}y$，其中 Σ 为上半球体 $0\leqslant z\leqslant\sqrt{a^2-x^2-y^2}$，$x^2+y^2\leqslant a^2$ 的表面外侧；

(4) $\iint_{\Sigma}x\mathrm{d}y\mathrm{d}z+y\mathrm{d}z\mathrm{d}x+z\mathrm{d}x\mathrm{d}y$，其中 Σ 是界于 $z=0$ 和 $z=3$ 之间的圆柱体 $x^2+y^2\leqslant 9$ 的整个表面的外侧；

(5) $\oiint_{\Sigma}4xz\mathrm{d}y\mathrm{d}z-y^2\mathrm{d}z\mathrm{d}x+yz\mathrm{d}x\mathrm{d}y$，其中 Σ 是平面 $x=0,y=0,z=0,x=1,y=1,z=1$ 所围成的立方体的全表面的外侧.

解 (1) 显然原式满足高斯公式的条件，这里 $\Omega=[0,a;0,a;0,a]$，于是

$$原式=\iiint_{\Omega}(2x+2y+2z)\mathrm{d}V=2\int_0^a\mathrm{d}x\int_0^a\mathrm{d}y\int_0^a(x+y+z)\mathrm{d}z=$$

$$2\left(\int_0^a x\mathrm{d}x\int_0^a\mathrm{d}y\int_0^a\mathrm{d}z+\int_0^a\mathrm{d}x\int_0^a y\mathrm{d}y\int_0^a\mathrm{d}z+\int_0^a\mathrm{d}x\int_0^a\mathrm{d}y\int_0^a z\mathrm{d}z\right)=$$

$$6\int_0^a\mathrm{d}z\int_0^a\mathrm{d}y\int_0^a x\mathrm{d}x=6a^2\times\frac{1}{2}x^2\Big|_0^a=3a^4$$

(2) $原式=\iiint_{\Omega}3(x^2+y^2+z^2)\mathrm{d}V=3\int_0^{\pi}\mathrm{d}\theta\int_0^{\pi}\sin\varphi\mathrm{d}\varphi\int_0^a r^4\mathrm{d}r=3\times2\pi(-\cos\varphi)\Big|_0^{\pi}\times\frac{1}{5}r^5\Big|_0^a=\frac{12}{5}\pi a^5$

(3) $原式=\iiint_{\Omega}(x^2+z^2+y^2)\mathrm{d}V=\int_0^{2\pi}\mathrm{d}\theta\int_0^{\frac{\pi}{2}}\sin\varphi\mathrm{d}\varphi\int_0^a r^4\mathrm{d}r=2\pi\cos\varphi\Big|_{\frac{\pi}{2}}^{0}\times\frac{1}{5}r^5\Big|_0^a=\frac{2}{5}\pi a^5$

(4) $原式=\iiint_{\Omega}(1+1+1)\mathrm{d}V=3\iiint_{\Omega}\mathrm{d}V=3V_{柱}=81\pi$

(5) $原式=\iiint_{\Omega}(4z-2y+y)\mathrm{d}V=\iiint_{\Omega}(4z-y)\mathrm{d}V=4\int_0^1\mathrm{d}x\int_0^1\mathrm{d}y\int_0^1 z\mathrm{d}z-\int_0^1\mathrm{d}x\int_0^1 y\mathrm{d}y\int_0^1\mathrm{d}z=\frac{3}{2}$

*2. 求下列向量 $\boldsymbol{A}$ 穿过曲面 Σ 流向指定侧的通量：

(1) $\boldsymbol{A}=yz\boldsymbol{i}+xz\boldsymbol{j}+xy\boldsymbol{k}$，$\Sigma$ 为圆柱 $x^2+y^2\leqslant a^2(0\leqslant z\leqslant h)$ 的全表面，流向外侧；

(2) $\boldsymbol{A}=(2x-z)\boldsymbol{i}+x^2y\boldsymbol{j}-xz^2\boldsymbol{k}$，$\Sigma$ 为立方体 $0\leqslant x\leqslant a,0\leqslant y\leqslant a,0\leqslant z\leqslant a$ 的全表面，流向外侧；

(3) $\boldsymbol{A}=(2x+3z)\boldsymbol{i}-(zx+y)\boldsymbol{j}+(y^2+2z)\boldsymbol{k}$，$\Sigma$ 是以点 $(3,-1,2)$ 为球心，半径 $R=3$ 的球面，流向外侧.

解 (1) $\Phi=\oiint\limits_{\Sigma} yz\mathrm{d}y\mathrm{d}z+zx\mathrm{d}z\mathrm{d}x+xy\mathrm{d}x\mathrm{d}y=\iiint\limits_{\Omega}(0+0+0)\mathrm{d}V=0$

(2) $\Phi=\oiint\limits_{\Sigma}(2x-z)\mathrm{d}y\mathrm{d}z+x^2y\mathrm{d}z\mathrm{d}x-xz^2\mathrm{d}x\mathrm{d}y=\iiint\limits_{\Omega}(2+x^2-2xz)\mathrm{d}x\mathrm{d}y\mathrm{d}z=$

$$\int_0^a\mathrm{d}y\int_0^a\mathrm{d}z\int_0^a(2+x^2)\mathrm{d}x-2\int_0^a x\mathrm{d}x\int_0^a\mathrm{d}y\int_0^a z\mathrm{d}z=2a^3-\frac{1}{6}a^5$$

(3) $\Phi=\oiint\limits_{\Sigma}(2x+3z)\mathrm{d}y\mathrm{d}z-(xz+y)\mathrm{d}z\mathrm{d}x+(y^2+2z)\mathrm{d}x\mathrm{d}y=\iiint\limits_{\Omega}(2-1+2)\mathrm{d}V=3\iiint\limits_{\Omega}\mathrm{d}V=108\pi$

*3. 求下列向量场 $\boldsymbol{A}$ 的散度：

(1) $\boldsymbol{A}=(x^2+yz)\boldsymbol{i}+(y^2+xz)\boldsymbol{j}+(z^2+xy)\boldsymbol{k}$；

(2) $\boldsymbol{A}=\mathrm{e}^{xy}\boldsymbol{i}+\cos(xy)\boldsymbol{j}+\cos(xz^2)\boldsymbol{k}$； (3) $\boldsymbol{A}=y^2\boldsymbol{i}+xy\boldsymbol{j}+xz\boldsymbol{k}$.

解 (1) $\mathrm{div}\boldsymbol{A}=\dfrac{\partial P}{\partial x}+\dfrac{\partial Q}{\partial y}+\dfrac{\partial R}{\partial z}=2(x+y+z)$

(2) $\mathrm{div}\boldsymbol{A}=y\mathrm{e}^{xy}-x\sin(xy)-2xz\sin(xz^2)$

(3) $\mathrm{div}\boldsymbol{A}=0+x+x=2x$

4. 设 $u(x,y,z)$，$v(x,y,z)$ 是两个定义在闭区域 Ω 上的具有二阶连续偏导数的函数，$\dfrac{\partial u}{\partial n}$，$\dfrac{\partial v}{\partial n}$ 依次表示 $u(x,y,z)$，$v(x,y,z)$ 沿 Σ 的外法线方向的方向导数，证明：

$$\iiint\limits_{\Omega}(u\Delta v-v\Delta u)\mathrm{d}x\mathrm{d}y\mathrm{d}z=\oiint\limits_{\Sigma}\left(u\frac{\partial v}{\partial n}-v\frac{\partial u}{\partial n}\right)\mathrm{d}S$$

其中，Σ 是空间闭区域 Ω 的整个边界曲面，这个公式叫做格林第二公式.

证明 由格林第一公式

$$\iiint\limits_{\Omega}u\Delta v\mathrm{d}x\mathrm{d}y\mathrm{d}z=\oiint\limits_{\Sigma}u\cdot\frac{\partial v}{\partial n}\mathrm{d}S-\iiint\limits_{\Omega}\left(\frac{\partial v}{\partial x}\frac{\partial u}{\partial x}+\frac{\partial u}{\partial y}\frac{\partial v}{\partial y}+\frac{\partial u}{\partial z}\frac{\partial v}{\partial z}\right)\mathrm{d}x\mathrm{d}y\mathrm{d}z \qquad ①$$

得

$$\iiint\limits_{\Omega}v\Delta u\mathrm{d}x\mathrm{d}y\mathrm{d}z=\oiint\limits_{\Sigma}v\frac{\partial u}{\partial n}\mathrm{d}S-\iiint\limits_{\Omega}\left(\frac{\partial u}{\partial x}\frac{\partial v}{\partial x}+\frac{\partial u}{\partial y}\frac{\partial v}{\partial y}+\frac{\partial u}{\partial z}\frac{\partial v}{\partial z}\right)\mathrm{d}x\mathrm{d}y\mathrm{d}z \qquad ②$$

式 ①，② 相减，得

$$\iiint\limits_{\Omega}(u\Delta v-v\Delta u)\mathrm{d}x\mathrm{d}y\mathrm{d}z=\oiint\limits_{\Sigma}\left(u\frac{\partial v}{\partial n}-v\frac{\partial u}{\partial n}\right)\mathrm{d}S$$

*5. 利用高斯公式推证阿基米德原理：浸没在液体中的物体所受液体的压力的合力（即浮力）的方向铅直向上、其大小等于这物体所排开的液体的重力.

证明 取液面为 xOy 面，z 轴铅直向上，设液体密度为 ρ，在物体表面 Σ 上取面积元素 $\mathrm{d}S$，$M(x,y,z)\in\mathrm{d}S$，M 处 Σ 的外法线方向余弦为 $\cos\alpha$，$\cos\beta$，$\cos\gamma$，则面积微元 $\mathrm{d}S$ 所受液体的压力（浮力）$\boldsymbol{F}$ 在三条坐标轴上的分力元素分别为 $z\rho\cos\alpha\mathrm{d}S$，$\rho z\cos\beta\mathrm{d}S$，$\rho z\cos\gamma\mathrm{d}S$，故 Σ 所受总压力的各分力为上述各分力元素在 Σ 上的曲面积分. 由高斯公式得

$$F_x=\oiint\limits_{\Sigma}\rho z\cos\alpha\mathrm{d}S=\oiint\limits_{\Sigma}\rho z\mathrm{d}y\mathrm{d}z=\iiint\limits_{\Omega}0\mathrm{d}V=0$$

$$F_y=\oiint\limits_{\Sigma}\rho z\cos\beta\mathrm{d}S=\oiint\limits_{\Sigma}\rho z\mathrm{d}x\mathrm{d}z=\iiint\limits_{\Omega}0\mathrm{d}V=0$$

$$F_z=\oiint\limits_{\Sigma}\rho z\cos\gamma\mathrm{d}S=\oiint\limits_{\Sigma}\rho z\mathrm{d}x\mathrm{d}y=\rho\iiint\limits_{\Omega}1\mathrm{d}V=\rho V$$

故

$$\boldsymbol{F}=\rho V\boldsymbol{k}$$

（七）习题 11－7 解答

1. 试对曲面 Σ：$z=x^2+y^2$，$x^2+y^2\leqslant 1$，$P=y^2$，$Q=x$，$R=z^2$ 验证斯托克斯公式.

解 按右手法测，Σ 取上侧，Σ 的边界 Γ 为圆周 $x^2+y^2=1, z=1$，从 z 轴正向看去，取逆时针方向．

$$\iint_\Sigma \begin{vmatrix} dydz & dzdx & dxdy \\ \dfrac{\partial}{\partial x} & \dfrac{\partial}{\partial y} & \dfrac{\partial}{\partial z} \\ y^2 & x & z^2 \end{vmatrix} = \iint_\Sigma (1-2y)dxdy = \iint_{D_{xy}} (1-2y)dxdy \xlongequal{\text{极坐标}} \int_0^{2\pi} d\theta \int_0^1 (1-2\rho\sin\theta)\rho d\rho =$$

$$\int_0^{2\pi} \left[\frac{\rho^2}{2} - \frac{2}{3}\rho^3\sin\theta\right]_0^1 d\theta = \int_0^{2\pi}\left(\frac{1}{2}-\frac{2}{3}\sin\theta\right)d\theta = \pi$$

Γ 的参数方程可取为 $x=\cos t, y=\sin t, z=1$，t 从 0 变到 2π，故

$$\oint_\Gamma Pdx+Qdy+Rdz = \int_0^{2\pi}(-\sin^3 t+\cos^2 t)dt = \pi$$

两者相等，斯托克斯公式得到验证．

*2. 利用斯托克斯公式，计算下列曲线积分：

(1) $\oint_\Gamma ydx+zdy+xdz$，其中 Γ 为圆周 $x^2+y^2+z^2=a^2, x+y+z=0$，若从 z 轴的正向看去，这圆周是取逆时针方向；

(2) $\oint_\Gamma (y-z)dx+(z-x)dy+(x-y)dz$，其中 Γ 为椭圆 $x^2+y^2=a^2, \dfrac{x}{a}+\dfrac{z}{b}=1(a>0,b>0)$，若从 x 轴正向看去，这椭圆是取逆时针方向；

(3) $\oint_\Gamma 3ydx-xzdy+yz^2dz$，其中 Γ 是圆周 $x^2+y^2=2z, z=2$，若从 z 轴正向看去，这圆周是取逆时针方向；

(4) $\oint_\Gamma 2ydx+3xdy-z^2dz$，其中 Γ 是圆周 $x^2+y^2+z^2=9, z=0$，若从 z 轴正向看去，这圆周是取逆时针方向.

解 (1) 记 Σ 为平面 $x+y+z=0$ 被圆 Γ 所围部分的上侧，而 Σ 的单位法向量为

$$\boldsymbol{n}_0 = \{\cos\alpha, \cos\beta, \cos\gamma\} = \left\{\frac{1}{\sqrt{3}}, \frac{1}{\sqrt{3}}, \frac{1}{\sqrt{3}}\right\}$$

于是

$$\text{原式} = \iint_\Sigma \begin{vmatrix} \dfrac{1}{\sqrt{3}} & \dfrac{1}{\sqrt{3}} & \dfrac{1}{\sqrt{3}} \\ \dfrac{\partial}{\partial x} & \dfrac{\partial}{\partial y} & \dfrac{\partial}{\partial z} \\ y & z & x \end{vmatrix} dS = \iint_\Sigma \left(-\frac{1}{\sqrt{3}}-\frac{1}{\sqrt{3}}-\frac{1}{\sqrt{3}}\right)dS = -\sqrt{3}\iint_\Sigma dS = -\sqrt{3}\pi a^2$$

其中，圆周 Γ 是球面 $x^2+y^2+z^2=a^2$ 的大圆，其半径为 a.

(2) 记 Σ 为平面 $\dfrac{x}{a}+\dfrac{z}{b}=1$ 被椭圆 Γ 所围部分的上侧，Σ 的单位法向量为

$$\boldsymbol{n}_0 = (\cos\alpha, 0, \cos\gamma) = \left(\frac{b}{\sqrt{a^2+b^2}}, 0, \frac{a}{\sqrt{a^2+b^2}}\right)$$

于是

$$\text{原式} = \iint_\Sigma \begin{vmatrix} \dfrac{b}{\sqrt{a^2+b^2}} & 0 & \dfrac{a}{\sqrt{a^2+b^2}} \\ \dfrac{\partial}{\partial x} & \dfrac{\partial}{\partial y} & \dfrac{\partial}{\partial z} \\ y-z & z-x & x-y \end{vmatrix} dS =$$

$$\iint_\Sigma \left(\frac{-2b}{\sqrt{a^2+b^2}} + \frac{-2a}{\sqrt{a^2+b^2}}\right)dS = -2\frac{a+b}{\sqrt{a^2+b^2}}\iint_\Sigma dS = -2\pi a(a+b)$$

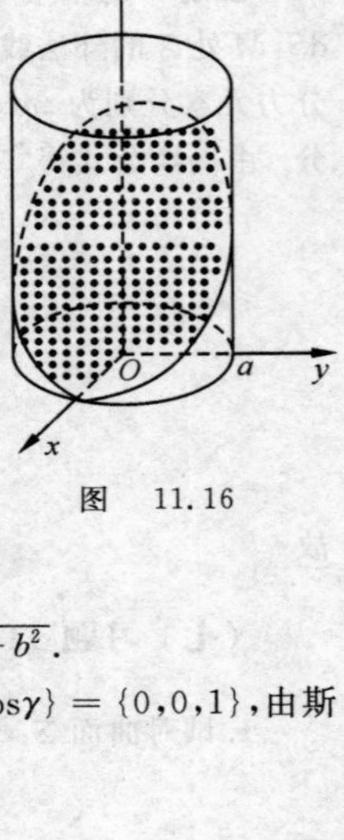

图 11.16

如图 11.16 所示，椭圆截面的短半轴长为 a，长半轴长为 $\sqrt{a^2+b^2}$，从而面积为 $\pi a\sqrt{a^2+b^2}$．

(3) 记 Σ 是平面 $z=2$ 上被圆周 Γ 所围部分的上侧，Σ 的法向量 $\boldsymbol{n}_0=\{\cos\alpha,\cos\beta,\cos\gamma\}=\{0,0,1\}$，由斯

托克斯公式得

$$原式=\iint_{\Sigma}\begin{vmatrix}0 & 0 & 1\\ \frac{\partial}{\partial x} & \frac{\partial}{\partial y} & \frac{\partial}{\partial z}\\ 3y & -xz & yz^2\end{vmatrix}dS=\iint_{\Sigma}(-z-3)dS=-\iint_{D_{xy}}(2+3)dxdy=-20\pi$$

其中 $D_{xy}:x^2+y^2\leqslant 4(z=0)$，其中半径 $r=2$.

(4) 由斯托克斯公式得

$$原式=\iint_{\Sigma}\begin{vmatrix}dydz & dzdx & dxdy\\ \frac{\partial}{\partial x} & \frac{\partial}{\partial y} & \frac{\partial}{\partial z}\\ 2y & 3x & -z^2\end{vmatrix}=\iint_{\Sigma}(3-2)dxdy=\iint_{D_{xy}}dxdy=9\pi$$

其中 $D_{xy}:x^2+y^2\leqslant 9(z=0)$，其半径 $r=3$.

*3. 求下列向量场 $\boldsymbol{A}$ 的旋度：

(1) $\boldsymbol{A}=(2z-3y)\boldsymbol{i}+(3x-z)\boldsymbol{j}+(y-2x)\boldsymbol{k}$；(2) $\boldsymbol{A}=(z+\sin y)\boldsymbol{i}-(z-x\cos y)\boldsymbol{j}$；

(3) $\boldsymbol{A}=x^2\sin y\boldsymbol{i}+y^2\sin(xz)\boldsymbol{j}+xy\sin(\cos z)\boldsymbol{k}$.

解　(1) $$\mathbf{rot}\boldsymbol{A}=\begin{vmatrix}\boldsymbol{i} & \boldsymbol{j} & \boldsymbol{k}\\ \frac{\partial}{\partial x} & \frac{\partial}{\partial y} & \frac{\partial}{\partial z}\\ 2z-3y & 3x-z & y-2x\end{vmatrix}=2\boldsymbol{i}+4\boldsymbol{j}+6\boldsymbol{k}$$

(2) $$\mathbf{rot}\boldsymbol{A}=\begin{vmatrix}\boldsymbol{i} & \boldsymbol{j} & \boldsymbol{k}\\ \frac{\partial}{\partial x} & \frac{\partial}{\partial y} & \frac{\partial}{\partial z}\\ z+\sin y & -z+x\cos y & 0\end{vmatrix}=\boldsymbol{i}+\boldsymbol{j}$$

(3) $$\mathbf{rot}\boldsymbol{A}=\begin{vmatrix}\boldsymbol{i} & \boldsymbol{j} & \boldsymbol{k}\\ \frac{\partial}{\partial x} & \frac{\partial}{\partial y} & \frac{\partial}{\partial z}\\ x^2\sin y & y^2\sin(xz) & xy\sin(\cos z)\end{vmatrix}=[x\sin(\cos z)-xy^2\cos(xz)]\boldsymbol{i}-$$

$$y\sin(\cos z)\boldsymbol{j}+[zy^2\cos(xz)-x^2\cos y]\boldsymbol{k}$$

*4. 利用斯托克斯公式把曲面积分 $\iint_{\Sigma}\mathbf{rot}\boldsymbol{A}\cdot\boldsymbol{n}dS$ 化为曲线积分，并计算积分值，其中 $\boldsymbol{A},\Sigma$ 及 $\boldsymbol{n}$ 分别如下：

(1) $\boldsymbol{A}=y^2\boldsymbol{i}+xy\boldsymbol{j}+xz\boldsymbol{k}$，$\Sigma$ 为上半球面 $z=\sqrt{1-x^2+y^2}$ 的上侧，$\boldsymbol{n}$ 是 Σ 的单位法向量；

(2) $\boldsymbol{A}=(y-z)\boldsymbol{i}+yz\boldsymbol{j}-xz\boldsymbol{k}$，$\Sigma$ 为立方体 $\{(x,y,z)\mid 0\leqslant x\leqslant 2,0\leqslant y\leqslant 2,0\leqslant z\leqslant 2\}$ 的表面外侧去掉 xOy 面上的那个底面，$\boldsymbol{n}$ 是 Σ 的单位法向量.

解　(1) 设该上半球面 Σ 是由 xOy 面上的单位圆 $\Gamma:x^2+y^2=1$ 张成的，并取逆时针方向，此圆的参数方程为 $x=\cos\theta,y=\sin\theta(z=0,0\leqslant\theta\leqslant 2\pi)$ 由斯托克斯公式和化参数式线积分的计算法，有

$$\iint_{\Sigma}\mathbf{rot}\boldsymbol{A}\cdot\boldsymbol{n}dS=\oint_{\Gamma}Pdx+Qdy+Rdz=\oint_{\Gamma}y^2dx+xydy+xzdz=\int_0^{2\pi}[(\sin^2\theta(-\sin\theta)+\cos^2\theta\sin\theta+0]d\theta=$$

$$\int_0^{2\pi}(\cos^2\theta-\sin^2\theta)d(\cos\theta)=\int_0^{2\pi}(1-2\cos^2\theta)d(\cos\theta)=\left[\cos\theta-\frac{2}{3}\cos^3\theta\right]\Big|_0^{2\pi}=0$$

(2) 该 Σ 是由底面正方形 $D_{xy}:[0,2;0,2](z=0)$ 的边界 Γ 张成的，Γ 取逆时针方向，由斯托克斯公式和格林公式，则有

$$\iint_{\Sigma}\mathbf{rot}\boldsymbol{A}\cdot\boldsymbol{n}dS=\oint_{\Gamma}(y-z)dx+yzdy-xzdz=\oint_{\Gamma}(y-0)dx+0=\iint_{D_{xy}}\left(\frac{\partial Q}{\partial x}-\frac{\partial P}{\partial y}\right)dxdy=$$

$$\iint_{D_{xy}}-1dxdy=-4$$

*5. 求下列向量场 $\boldsymbol{A}$ 沿闭曲线 Γ（从 z 轴正向看 Γ 依逆时针方向）的环流量：

(1) $\boldsymbol{A}=-y\boldsymbol{i}+x\boldsymbol{j}+c\boldsymbol{k}$（$c$ 为常量），Γ 为圆周 $x^2+y^2=1,z=0$；

(2) $\boldsymbol{A}=(x-z)\boldsymbol{i}+(x^3+yz)\boldsymbol{j}-3xy^2\boldsymbol{k}$，其中 Γ 为圆周 $z=2-\sqrt{x^2+y^2},z=0$.

解 (1) Γ 是 xOy 面上的正向圆周：$x=\cos\theta,y=\sin\theta,z=0(0\leqslant\theta\leqslant2\pi)$，于是

$$\oint_\Gamma P\mathrm{d}x+Q\mathrm{d}y+R\mathrm{d}z=\oint_\Gamma -y\mathrm{d}x+x\mathrm{d}y+c\mathrm{d}z=\int_0^{2\pi}(\sin^2\theta+\cos^2\theta+0)\mathrm{d}\theta=2\pi$$

(2) Γ 是 xOy 面上的正向圆周：$x^2+y^2=4(z=0)$，即 $x=2\cos\theta,y=2\sin\theta,z=0(0\leqslant\theta\leqslant2\pi)$，所以

$$\oint_\Gamma P\mathrm{d}x+Q\mathrm{d}y+R\mathrm{d}z=\oint_\Gamma(x-z)\mathrm{d}x+(x^3+yz)\mathrm{d}y-3xy^2\mathrm{d}z=$$
$$\int_0^{2\pi}[2\cos\theta(-2\sin\theta)+8\cos^3\theta\times2\cos\theta+0]\mathrm{d}\theta=12\pi$$

*6. 证明：$\mathbf{rot}(\boldsymbol{a}+\boldsymbol{b})=\mathbf{rot}\boldsymbol{a}+\mathbf{rot}\boldsymbol{b}$.

证明 设 $\boldsymbol{a}=\{a_x,a_y,a_z\},\boldsymbol{b}=\{b_x,b_y,b_z\}$，则

$$\mathbf{rot}(\boldsymbol{a}+\boldsymbol{b})=\begin{vmatrix}\boldsymbol{i}&\boldsymbol{j}&\boldsymbol{k}\\ \dfrac{\partial}{\partial x}&\dfrac{\partial}{\partial y}&\dfrac{\partial}{\partial z}\\ a_x+b_x&a_y+b_y&a_z+b_z\end{vmatrix}=\begin{vmatrix}\boldsymbol{i}&\boldsymbol{j}&\boldsymbol{k}\\ \dfrac{\partial}{\partial x}&\dfrac{\partial}{\partial y}&\dfrac{\partial}{\partial z}\\ a_x&a_y&a_z\end{vmatrix}+\begin{vmatrix}\boldsymbol{i}&\boldsymbol{j}&\boldsymbol{k}\\ \dfrac{\partial}{\partial x}&\dfrac{\partial}{\partial y}&\dfrac{\partial}{\partial z}\\ b_x&b_y&b_z\end{vmatrix}=\mathbf{rot}\boldsymbol{a}+\mathbf{rot}\boldsymbol{b}$$

*7. 设 $u=u(x,y,z)$ 具有二阶连续偏导数，求 $\mathbf{rot}(\mathbf{grad}u)$.

解 $\mathbf{grad}u=\left(\dfrac{\partial u}{\partial x},\dfrac{\partial u}{\partial y},\dfrac{\partial u}{\partial z}\right)$，$\mathbf{rot}(\mathbf{grad}u)=\begin{vmatrix}\boldsymbol{i}&\boldsymbol{j}&\boldsymbol{k}\\ \dfrac{\partial}{\partial x}&\dfrac{\partial}{\partial y}&\dfrac{\partial}{\partial z}\\ \dfrac{\partial u}{\partial x}&\dfrac{\partial u}{\partial y}&\dfrac{\partial u}{\partial z}\end{vmatrix}=$

$$\left(\frac{\partial^2u}{\partial z\partial y}-\frac{\partial^2u}{\partial y\partial z}\right)\boldsymbol{i}-\left(\frac{\partial^2u}{\partial z\partial x}-\frac{\partial^2u}{\partial x\partial z}\right)\boldsymbol{j}+\left(\frac{\partial^2u}{\partial y\partial x}-\frac{\partial^2u}{\partial x\partial y}\right)\boldsymbol{k}=0\boldsymbol{i}+0\boldsymbol{j}+0\boldsymbol{k}=0$$

(八) 总习题十一解答

1. 填空题

(1) 第二类曲线积分 $\int_\Gamma P\mathrm{d}x+Q\mathrm{d}y+R\mathrm{d}z$ 化成第一类曲线积分是______，其中 α,β,γ 为有向曲线弧 Γ 在点 (x,y,z) 处的______方向角；

(2) 第二类曲面积分 $\iint_\Sigma P\mathrm{d}y\mathrm{d}z+Q\mathrm{d}z\mathrm{d}x+R\mathrm{d}x\mathrm{d}y$ 化成第一类曲面积分是______，其中，α,β,γ 为有向曲面 Σ 在点 (x,y,z) 处的______的方向角.

答案 (1) $\int_\Gamma(P\cos\alpha+Q\cos\beta+R\cos\gamma)\mathrm{d}s$，切向量

(2) $\iint_\Sigma(P\cos\alpha+Q\cos\beta+R\cos\gamma)\mathrm{d}S$，法向量

2. 选择下述题中给出的四个结论中一个正确的结论：

设曲面 Σ 是上半球面：$x^2+y^2+z^2=R^2(z\geqslant0)$，曲面 Σ_1 是曲面 Σ 在第一卦限中的部分，则有______.

A. $\iint_\Sigma x\mathrm{d}S=4\iint_{\Sigma_1}x\mathrm{d}S$　　B. $\iint_\Sigma y\mathrm{d}S=4\iint_{\Sigma_1}x\mathrm{d}S$

C. $\iint_\Sigma z\mathrm{d}S=4\iint_{\Sigma_1}x\mathrm{d}S$　　D. $\iint_\Sigma xyz\mathrm{d}S=4\iint_{\Sigma_1}xyz\mathrm{d}S$

分析 因为 $\iint_{\Sigma_1}x\mathrm{d}S=\iint_{\Sigma_1}z\mathrm{d}S$，$\iint_\Sigma z\mathrm{d}S=4\iint_{\Sigma_1}z\mathrm{d}S$，所以 $\iint_\Sigma z\mathrm{d}S=4\iint_{\Sigma_1}x\mathrm{d}S$.

答案　C.

3. 计算下列曲线积分：

(1) $\oint_\Gamma \sqrt{x^2+y^2}\,\mathrm{d}s$，其中 L 为圆周 $x^2+y^2=ax$；

(2) $\int_\Gamma z\mathrm{d}s$，其中 Γ 为曲线 $x=t\cos t, y=t\sin t, z=t \quad (0\leqslant t\leqslant t_0)$；

(3) $\int_\Gamma (2a-y)\mathrm{d}x+x\mathrm{d}y$，其中 L 为摆线 $x=a(t-\sin t), y=a(1-\cos t)$ 上对应 t 从 0 到 2π 的一段弧；

(4) $\int_\Gamma (y^2-z^2)\mathrm{d}x+2yz\mathrm{d}y-x^2\mathrm{d}z$，其中 Γ 是曲线 $x=t, y=t^2, z=t^2$ 上由 $t_1=0$ 到 $t_2=1$ 的一段弧；

(5) $\int_\Gamma (\mathrm{e}^x\sin y-2y)\mathrm{d}x+(\mathrm{e}^x\cos y-2)\mathrm{d}y$，其中 L 为上半圆周 $(x-a)^2+y^2=a^2, y\geqslant 0$，沿逆时针方向；

(6) $\oint_\Gamma xyz\mathrm{d}z$，其中 Γ 是用平面 $y=z$ 截球面 $x^2+y^2+z^2=1$ 所得的截痕，从 z 轴的正向看去，沿逆时针方向.

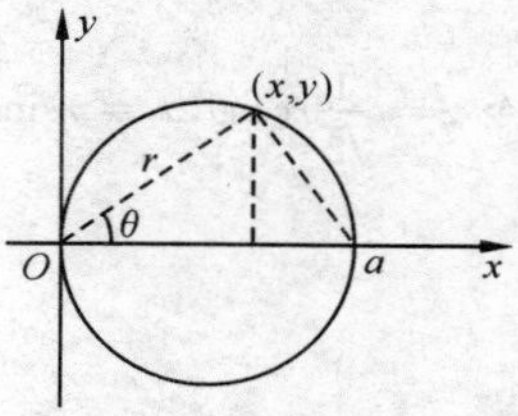

图　11.17

解　(1) 利用 L 的极坐标方程来解，如图 11.17 所示. $L: r=a\cos\theta\left(-\frac{\pi}{2}\leqslant\theta\leqslant\frac{\pi}{2}\right)$，于是

$$\mathrm{d}s=\sqrt{r'^2+r^2}\,\mathrm{d}\theta=\sqrt{(a\cos\theta)^2+(-a\sin\theta)^2}\,\mathrm{d}\theta=\frac{a\mathrm{d}\theta}{\sqrt{x^2+y^2}}=r=a\cos\theta$$

$$\oint_\Gamma\sqrt{x^2+y^2}\,\mathrm{d}s=\int_{-\frac{\pi}{2}}^{\frac{\pi}{2}}a\cos\theta\cdot a\mathrm{d}\theta=a^2\int_{-\frac{\pi}{2}}^{\frac{\pi}{2}}\cos\theta\mathrm{d}\theta=2a^2$$

(2) $\mathrm{d}s=\sqrt{(\cos t-t\sin t)^2+(\sin t+t\cos t)^2+1}\,\mathrm{d}t=\sqrt{2+t^2}\,\mathrm{d}t$

$$\int_\Gamma z\mathrm{d}s=\int_0^{t_0}t\sqrt{2+t^2}\,\mathrm{d}t=\frac{1}{2}\int_0^{t_0}(2+t^2)^{\frac{1}{2}}\mathrm{d}(2+t^2)=\frac{1}{3}(2+t^2)^{\frac{3}{2}}\Big|_0^{t_0}=\frac{(2+t_0^2)^{\frac{3}{2}}-2\sqrt{2}}{3}$$

(3) $\int_\Gamma(2a-y)\mathrm{d}x+x\mathrm{d}y=\int_0^{2\pi}\{[2a-a(1-\cos t)]\cdot a(1-\cos t)+a(t-\sin t)\cdot a\sin t\}\mathrm{d}t=$

$$a^2\int_0^{2\pi}t\sin t\mathrm{d}t=a^2(-t\cos t+\sin t)\Big|_0^{2\pi}=-2\pi a^2$$

(4) $\int_\Gamma(y^2-z^2)\mathrm{d}x+2yz\mathrm{d}y-x^2\mathrm{d}z=\int_0^1[(t^4-t^6)\times 1+2t^2\times t^3\times 2t-t^2\times 3t^2]\mathrm{d}t=$

$$\int_0^1(3t^6-2t^4)\mathrm{d}t=\left(\frac{3}{7}t^7-\frac{2}{5}t^5\right)\Big|_0^1=\frac{1}{35}$$

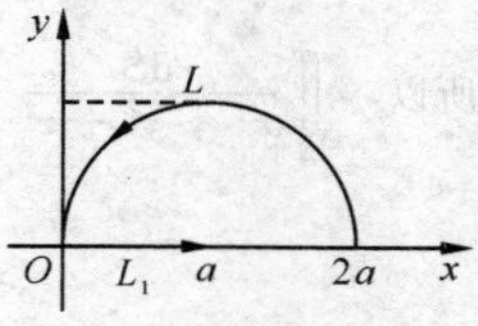

图　11.18

(5) 补充积分路径 $L_1: y=0$，x 由 0 到 $2a$，如图 11.18 所示，令 $P=\mathrm{e}^x\sin y-2y$，$Q=\mathrm{e}^x\cos y-2$，则由 L, L_1 所围区域的面积为 $\frac{\pi a^2}{2}$，由格林公式得

$$\int_{L_1+L}P\mathrm{d}x+Q\mathrm{d}y=\iint_D\left(\frac{\partial Q}{\partial x}-\frac{\partial P}{\partial y}\right)\mathrm{d}x\mathrm{d}y=\iint_D(\mathrm{e}^x\cos y-\mathrm{e}^x\cos y+2)\mathrm{d}x\mathrm{d}y=$$

$$2\iint_D\mathrm{d}x\mathrm{d}y=\pi a^2$$

所以 $\int_L P\mathrm{d}x+Q\mathrm{d}y=-\int_{L_1}P\mathrm{d}x+Q\mathrm{d}y+\pi a^2=-\int_0^{2\pi}(\mathrm{e}^x\sin 0-2\times 0)\mathrm{d}x+(\mathrm{e}^x\cos 0-2)\times 0+\pi a^2=\pi a^2$

(6) 由斯托克斯公式得

$$\oint_\Gamma xyz\mathrm{d}z = \iint_\Sigma \begin{vmatrix} \mathrm{d}y\mathrm{d}z & \mathrm{d}z\mathrm{d}x & \mathrm{d}x\mathrm{d}y \\ \dfrac{\partial}{\partial x} & \dfrac{\partial}{\partial y} & \dfrac{\partial}{\partial z} \\ 0 & 0 & xyz \end{vmatrix} = \iint_\Sigma xz\mathrm{d}y\mathrm{d}z - yz\mathrm{d}z\mathrm{d}x$$

其中，Σ 是平面 $y=z$ 上以 Γ 为边界的圆平面，其侧与 Γ 的正向符合右手规则.

显然，Σ 在 yOz 坐标面上的投影为一线段，所以 $\displaystyle\iint_\Sigma xz\mathrm{d}y\mathrm{d}z = 0$

Σ 在 xOz 坐标面上的投影为一椭圆 $D: x^2+2z^2\leqslant 1$，且 Σ 的正侧方向与 y 轴成钝角，所以

$$-\iint_\Sigma yz\mathrm{d}z\mathrm{d}x = \iint_D z^2\mathrm{d}z\mathrm{d}x$$

令 $z=\dfrac{1}{\sqrt{2}}r\cos\theta, x=r\sin\theta \quad (0\leqslant r\leqslant 1, 0\leqslant\theta\leqslant 2\pi)$，于是

$$J=\frac{\partial(z,x)}{\partial(r,\theta)} = \begin{vmatrix} \dfrac{1}{\sqrt{2}}\cos\theta & -\dfrac{1}{\sqrt{2}}r\cos\theta \\ \sin\theta & r\cos\theta \end{vmatrix} = \frac{1}{\sqrt{2}}$$

所以 $\displaystyle\iint_\Sigma z^2\mathrm{d}z\mathrm{d}x = \int_0^{2\pi}\mathrm{d}\theta\int_0^1 \frac{1}{2}r^2\cos^2\theta\times\frac{1}{\sqrt{2}}r\mathrm{d}r = \int_0^{2\pi}\cos^2\theta\int_0^1\frac{1}{2\sqrt{2}}r^3\mathrm{d}r = \int_0^{2\pi}\frac{1+\cos2\theta}{2}\mathrm{d}\theta\int_0^1\frac{1}{2\sqrt{2}}r^3\mathrm{d}r = \frac{\sqrt{2}}{16}\pi$

故所求积分为

$$\oint_\Gamma yxz\mathrm{d}z = \frac{\sqrt{2}}{16}\pi$$

4. 计算下列曲面积分：

(1) $\displaystyle\iint_\Sigma \frac{\mathrm{d}S}{x^2+y^2+z^2}$，其中 Σ 是界于平面 $z=0$ 及 $z=H$ 之间的圆柱面 $x^2+y^2=R^2$；

(2) $\displaystyle\iint_\Sigma (y^2-z)\mathrm{d}y\mathrm{d}z + (z^2-x)\mathrm{d}z\mathrm{d}x + (x^2-y)\mathrm{d}x\mathrm{d}y$. 其中 Σ 为锥面 $z=\sqrt{x^2+y^2}\,(0\leqslant z\leqslant h)$ 的外侧；

(3) $\displaystyle\iint_\Sigma x\mathrm{d}y\mathrm{d}z + y\mathrm{d}z\mathrm{d}x + z\mathrm{d}x\mathrm{d}y$，其中 Σ 为半球面 $z=\sqrt{R^2-x^2-y^2}$ 的上侧；

(4) $\displaystyle\iint_\Sigma xyz\mathrm{d}x\mathrm{d}y$，其中 Σ 为球面 $x^2+y^2+z^2=1(x\geqslant 0, y\geqslant 0)$ 的外侧.

解 (1) Σ 在 yOz 平面上的投影 D_{yz} 为 $-R\leqslant y\leqslant R, 0\leqslant z\leqslant H$（见图 11.19），

$x=\pm\sqrt{R^2-y^2}, x'_y=\dfrac{\pm y}{\sqrt{R^2-y^2}}, x'_z=0$，（$\Sigma$ 分为两个曲面 $\Sigma_1+\Sigma_2$），因为

$$\mathrm{d}S = \sqrt{1+x'^2_y+x'^2_z}\mathrm{d}y\mathrm{d}z = \frac{R}{\sqrt{R^2-y^2}}\mathrm{d}y\mathrm{d}z$$

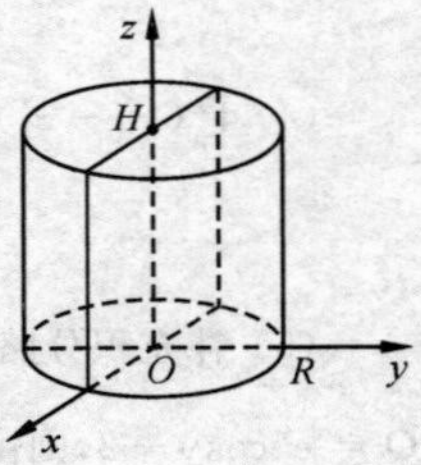

图 11.19

所以
$$\iint_\Sigma \frac{\mathrm{d}S}{x^2+y^2+z^2} = \iint_{\Sigma_1+\Sigma_2}\frac{\mathrm{d}S}{x^2+y^2+z^2} =$$
$$\iint_{D_{yz}}\frac{1}{(-\sqrt{R^2-y^2})^2+y^2+z^2}\cdot\frac{R}{\sqrt{R^2-y^2}}\mathrm{d}y\mathrm{d}z +$$
$$\iint_{D_{yz}}\frac{1}{(\sqrt{R^2-y^2})^2+y^2+z^2}\cdot\frac{R}{\sqrt{R^2-y^2}}\mathrm{d}y\mathrm{d}z =$$
$$2\iint_{D_{yz}}\frac{1}{R^2+z^2}\cdot\frac{R}{\sqrt{R^2-y^2}}\mathrm{d}y\mathrm{d}z = 2R\int_{-R}^{R}\frac{\mathrm{d}y}{\sqrt{R^2-y^2}}\cdot\int_0^H\frac{\mathrm{d}z}{R^2+z^2} = 2\pi\arctan\frac{H}{R}$$

(2) 如图 11.20 所示，Σ 在 yOz 平面及 zOx 平面上的投影均为三角形域. 由于 Σ 分成前后两部分（或左右的两部分），而所求积分第一项中的被积函数不含 x，第二项中的被积函数不含 y，故这两项的积分均为 0. Σ 在 xOy 平面上的投影为一圆域 $D_{xy}: x^2+y^2\leqslant h^2$，其侧与 z 轴成钝角. 所以

$$\iint_{\Sigma}(x^2-y)\mathrm{d}x\mathrm{d}y=-\iint_{D_{xy}}(x^2-y)\mathrm{d}x\mathrm{d}y=\int_0^{2\pi}\mathrm{d}\theta\int_0^{h}(r\sin\theta-r^2\cos^2\theta)r\mathrm{d}r=$$

$$\int_0^{2\pi}\left(\sin\theta\times\frac{1}{3}r^3\Big|_0^h-\cos^2\theta\times\frac{1}{4}r^4\Big|_0^h\right)\mathrm{d}\theta=$$

$$\frac{1}{3}h^3\int_0^{2\pi}\sin\theta\mathrm{d}\theta-\frac{1}{4}h^4\int_0^{2\pi}\cos^2\theta\mathrm{d}\theta=$$

$$0-\frac{1}{4}h^4\int_0^{2\pi}\frac{1+\cos2\theta}{2}\mathrm{d}\theta=-\frac{1}{4}h^4$$

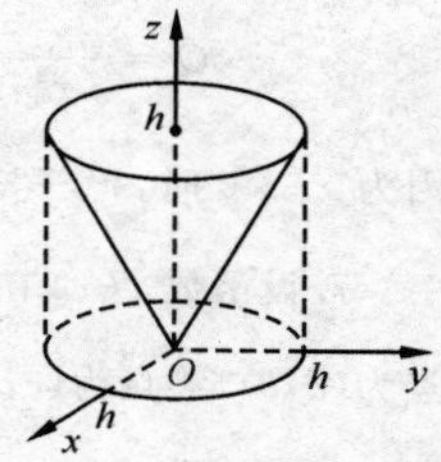

图　11.20

故所求曲面积分为　　$I=0+0+\iint_{\Sigma}(x^2-y)\mathrm{d}x\mathrm{d}y=-\frac{\pi}{4}h^4$

(3) 补充平面 $\Sigma_1: z=0(x^2+y^2\leqslant R^2)$ 取下侧，则 $\Sigma_1+\Sigma$ 构成封闭曲面（外侧），由高斯公式得

$$\oiint_{\Sigma+\Sigma_1}x\mathrm{d}y\mathrm{d}z+y\mathrm{d}z\mathrm{d}x+z\mathrm{d}x\mathrm{d}y=\iiint_{\Omega}(1+1+1)\mathrm{d}v=3\iiint_{\Omega}\mathrm{d}v=3\times\frac{2}{3}\pi R^3=2\pi R^3$$

而

$$\iint_{\Sigma_1}x\mathrm{d}y\mathrm{d}z+y\mathrm{d}z\mathrm{d}x+z\mathrm{d}x\mathrm{d}y=\iint_{\Sigma_1}z\mathrm{d}x\mathrm{d}y=-\iint_{D_{xy}}0\mathrm{d}x\mathrm{d}y=0$$

所以

$$\iint_{\Sigma}x\mathrm{d}y\mathrm{d}z+y\mathrm{d}z\mathrm{d}x+z\mathrm{d}x\mathrm{d}y=2\pi R^3$$

(4) Σ 是球面在第 I, V 卦限的部分的外侧，Σ 在 xOy 平面上的投影 $D_{xy}: x^2+y^2\leqslant1(x\geqslant0, y\geqslant0)$，如图 11.21 所示，于是

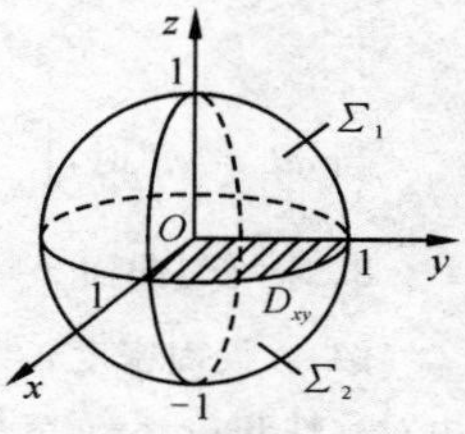

图　11.21

$$\iint_{\Sigma}xyz\mathrm{d}x\mathrm{d}y=\iint_{\Sigma_1}xyz\mathrm{d}x\mathrm{d}y+\iint_{\Sigma_2}xyz\mathrm{d}x\mathrm{d}y=\iint_{D_{xy}}xy\sqrt{1-x^2-y^2}\mathrm{d}x\mathrm{d}y-$$

$$\iint_{D_{xy}}xy(-\sqrt{1-x^2-y^2})\mathrm{d}x\mathrm{d}y=2\iint_{D_{xy}}xy\sqrt{1-x^2-y^2}\mathrm{d}x\mathrm{d}y=$$

$$2\int_0^{\frac{\pi}{2}}\mathrm{d}\theta\int_0^1 r\cos\theta\cdot r\sin\theta\cdot\sqrt{1-r^2}r\mathrm{d}r=$$

$$2\int_0^{\frac{\pi}{2}}\cos\theta\sin\theta\mathrm{d}\theta\int_0^1 r^3\sqrt{1-r^2}\mathrm{d}r=2\frac{\sin\theta}{2}\Big|_0^{\frac{\pi}{2}}\cdot\int_0^{\frac{\pi}{2}}\sin^3t\cos^2t\mathrm{d}t=$$

$$\int_0^{\frac{\pi}{2}}(\sin^3t-\sin^5t)\mathrm{d}t=\frac{2}{15}$$

5. 证明：$\frac{x\mathrm{d}x+y\mathrm{d}y}{x^2+y^2}$ 在整个 xOy 平面除去 y 的负半轴及原点的开区域 G 内是某个二元函数的全微分，并求出一个这样的二元函数.

证明　$P(x,y)$ 与 $Q(x,y)$ 在点 $(0,0)$ 处都无意义，整个 xOy 平面除 y 的负半轴及原点外的开区域 G 是单连通域（见图 11.22），因为在 G 内 $\frac{\partial Q}{\partial x}=\frac{-2xy}{(x^2+y^2)^2}=\frac{\partial P}{\partial y}$，所以存在 $u(x,y)$，使 $\mathrm{d}u=\frac{x\mathrm{d}x+y\mathrm{d}y}{x^2+y^2}$，为求出一个 $u(x,y)$ 来，取积分路径 $(1,0)\to(x,0)\to(x,y)$，于是

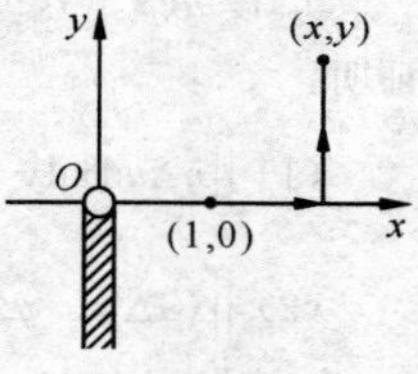

图　11.22

$$u(x,y)=\int_{(1,0)}^{(x,y)}\frac{x\mathrm{d}x+y\mathrm{d}y}{x^2+y^2}=\int_1^x\frac{x}{x^2}\mathrm{d}x+\int_0^y\frac{y}{x^2+y^2}\mathrm{d}y=$$

$$\ln x\Big|_1^x+\frac{1}{2}\ln(x^2+y^2)\Big|_0^y=\frac{1}{2}\ln(x^2+y^2)$$

6. 设在半平面 $x>0$ 内有力 $\boldsymbol{F}=-\frac{k}{\rho^3}(x\boldsymbol{i}+y\boldsymbol{j})$ 构成力场，其中 k 为常数，$\rho=\sqrt{x^2+y^2}$，证明在此力场中场力所做的功与所取的路径无关.

证明　$P=\frac{-kx}{(x^2+y^2)^{3/2}}$，　$\frac{\partial P}{\partial y}=\frac{3kxy}{(x^2+y^2)^{5/2}}$

$$Q=\frac{-ky}{(x^2+y^2)^{3/2}},\quad \frac{\partial Q}{\partial x}=\frac{3kxy}{(x^2+y^2)^{5/2}}$$

因为 $x>0$ 时，$x^2+y^2\neq 0$，所以$\frac{\partial Q}{\partial x}=\frac{\partial P}{\partial y}$，故场力所做的功$\int_L P\mathrm{d}x+Q\mathrm{d}y$ 与路径无关.

7. 设函数 $f(x)$ 在$(-\infty,+\infty)$内具有一阶连续导数，L 是上半平面($y>0$)内的有向分段光滑曲线，其起点为(a,b)，终点为(c,d). 记 $I=\int_L \frac{1}{y}[1+y^2f(xy)]\mathrm{d}x+\frac{x}{y^2}[y^2f(xy)-1]\mathrm{d}y$

(1) 证明曲线积分 I 与路径无关；(2) 当 $ab=cd$ 时，求 I 的值；

(1) **证明** 因为

$$\frac{\partial}{\partial y}\left\{\frac{1}{y}[1+y^2f(xy)]\right\}=f(xy)-\frac{1}{y^2}+xyf'(xy)=\frac{\partial}{\partial x}\left\{\frac{x}{y^2}[y^2f(xy)-1]\right\}$$

在上半平面这个单连通域内处处成立，所以在上半平面内曲线积分与路径 L 无关.

(2) **解** 由于 I 与路径无关，故取积分路径 L 为由点(a,b)到点(c,b)再到点(c,d)的有向折线，从而得

$$I=\int_a^c\frac{1}{b}[1+b^2f(bx)]\mathrm{d}x+\int_b^d\frac{c}{y^2}[y^2f(cy)-1]\mathrm{d}y=$$

$$\frac{c-a}{b}+\int_a^c bf(bx)\mathrm{d}x+\int_b^d cf(cy)\mathrm{d}y+\frac{c}{d}-\frac{c}{b}=$$

$$\frac{c}{d}-\frac{a}{b}+\int_{ab}^{bc}f(t)\mathrm{d}t+\int_{bc}^{cd}f(t)\mathrm{d}t=\frac{c}{d}-\frac{a}{b}+\int_{ab}^{cd}f(t)\mathrm{d}t$$

当 $ad=cd$ 时，$\int_{ab}^{cd}f(t)\mathrm{d}t=0$，由此得 $I=\frac{c}{d}-\frac{a}{b}$

8. 求均匀曲面 $z=\sqrt{a^2-x^2-y^2}$ 的质心的坐标.

解 设面密度 $\rho=\rho_0$，曲面 $z=\sqrt{a^2-x^2-y^2}$ 在 xOy 平面的投影 $D_{xy}:x^2+y^2\leqslant a^2$，质心为$(x,y,z)$，由对称性知：$\bar{x}=\bar{y}=0$，于是

$$M=\iint_\Sigma\rho_0\mathrm{d}S=\iint_{D_{xy}}\frac{\rho_0a}{\sqrt{a^2-x^2-y^2}}\mathrm{d}x\mathrm{d}y=\rho_0\int_0^{2\pi}\mathrm{d}\theta\int_0^a\frac{a}{\sqrt{a^2-r^2}}r\mathrm{d}r=$$

$$2\pi\rho_0a\int_0^a\left(-\frac{1}{2}\right)(a^2-r^2)^{-\frac{1}{2}}\mathrm{d}(a^2-r^2)=2\pi\rho_0a(-1)(a^2-r^2)^{\frac{1}{2}}\Big|_0^a=2\pi\rho_0a^2$$

$$\bar{z}=\frac{1}{M}\iint_\Sigma\rho_0z\mathrm{d}S=\frac{1}{2\pi a^2}\iint_{D_{xy}}\sqrt{a^2-x^2-y^2}\cdot\frac{a}{\sqrt{a^2-x^2-y^2}}\mathrm{d}x\mathrm{d}y=\frac{1}{2\pi a^2}\cdot a\pi a^2=\frac{a}{2}$$

故所求质心的坐标为$\left(0,0,\frac{a}{2}\right)$.

9. 设 $u(x,y),v(x,y)$ 在闭区域 D 上都具有二阶连续偏导数，分段光滑的曲线 L 为 D 的正向边界曲线，证明：

(1) $\iint_D v\Delta u\mathrm{d}x\mathrm{d}y=-\iint_D(\mathbf{grad}u\cdot\mathbf{grad}v)\mathrm{d}x\mathrm{d}y+\oint_L v\frac{\partial u}{\partial n}\mathrm{d}s$；

(2) $\iint_D(u\Delta v-v\Delta u)\mathrm{d}x\mathrm{d}y=\oint_L\left(u\frac{\partial v}{\partial n}-v\frac{\partial u}{\partial n}\right)\mathrm{d}s$，其中$\frac{\partial u}{\partial n},\frac{\partial v}{\partial n}$ 分别是 u,v 沿 L 的外法线向量 $\boldsymbol{n}$ 的方向导数，符号 $\Delta=\frac{\partial^2}{\partial x^2}+\frac{\partial^2}{\partial y^2}$ 称为二维拉普拉斯算子.

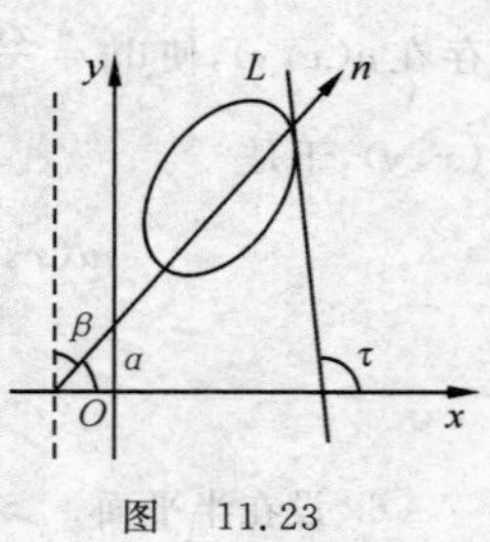

图 11.23

证明 设 $\boldsymbol{n}_0=(\cos\alpha,\cos\beta)$，由图 11.23 可知 $\cos\alpha=\sin\tau,\cos\beta=\sin\alpha=-\cos\tau$，于是 $\cos\alpha\mathrm{d}s=\mathrm{d}y,\cos\beta\mathrm{d}s=-\cos\tau\mathrm{d}s=-\mathrm{d}x$，所以

$$\int_L v\frac{\partial u}{\partial n}\mathrm{d}s=\int_L v\left(\frac{\partial u}{\partial x}\cos\alpha+\frac{\partial u}{\partial y}\cos\beta\right)\mathrm{d}s=\int_L v\frac{\partial u}{\partial x}\mathrm{d}y-v\frac{\partial u}{\partial y}\mathrm{d}x$$

利用格林公式得

$$\int_L v\frac{\partial u}{\partial n}\mathrm{d}s = \iint_D\left[\frac{\partial}{\partial x}\left(v\frac{\partial u}{\partial x}\right)-\frac{\partial}{\partial y}\left(-v\frac{\partial u}{\partial y}\right)\right]\mathrm{d}x\mathrm{d}y = \iint_D\left(\frac{\partial v}{\partial x}\cdot\frac{\partial u}{\partial x}+v\frac{\partial^2 u}{\partial x^2}+\frac{\partial v}{\partial y}\cdot\frac{\partial u}{\partial y}+v\frac{\partial^2 u}{\partial y^2}\right)\mathrm{d}x\mathrm{d}y =$$

$$\iint_D v\left(\frac{\partial^2 u}{\partial x^2}+\frac{\partial^2 u}{\partial y^2}\right)\mathrm{d}x\mathrm{d}y+\iint_D\left(\frac{\partial u}{\partial x}\cdot\frac{\partial v}{\partial x}+\frac{\partial u}{\partial y}\cdot\frac{\partial v}{\partial y}\right)\mathrm{d}x\mathrm{d}y =$$

$$\iint_D v\Delta u\mathrm{d}x\mathrm{d}y+\iint_D(\mathbf{grad}u\cdot\mathbf{grad}v)\mathrm{d}x\mathrm{d}y$$

故

$$\iint_D v\Delta u\mathrm{d}x\mathrm{d}y = -\iint_D(\mathbf{grad}u\cdot\mathbf{grad}v)\mathrm{d}x\mathrm{d}y+\int_L v\frac{\partial u}{\partial n}\mathrm{d}s$$

(2) 由(1)的结论得 $\displaystyle\iint_D u\Delta v\mathrm{d}x\mathrm{d}y = -\iint_D(\mathbf{grad}u\cdot\mathbf{grad}v)\mathrm{d}x\mathrm{d}y+\int_L u\frac{\partial v}{\partial n}\mathrm{d}s$

*10. 求向量 $\boldsymbol{A} = x\boldsymbol{i}+y\boldsymbol{j}+z\boldsymbol{k}$ 通过闭区域 $\Omega = \{(x,y,z)\mid 0\leqslant x\leqslant 1, 0\leqslant y\leqslant 1, 0\leqslant z\leqslant 1\}$ 的边界曲面流向外侧的通量．

解　通量 $\displaystyle\Phi = \iint_\Sigma \boldsymbol{A}\cdot\boldsymbol{n}\mathrm{d}S = \iint_\Sigma x\mathrm{d}y\mathrm{d}z+y\mathrm{d}z\mathrm{d}x+z\mathrm{d}x\mathrm{d}y \xlongequal{\text{高斯公式}} \iiint_\Omega\left(\frac{\partial x}{\partial x}+\frac{\partial y}{\partial y}+\frac{\partial z}{\partial z}\right)\mathrm{d}v =$

$$\iiint_\Omega(1+1+1)\mathrm{d}v = 3\iiint_\Omega\mathrm{d}v = 3\cdot 1 = 3$$

11. 求力 $\boldsymbol{F} = y\boldsymbol{i}+z\boldsymbol{j}+x\boldsymbol{k}$ 沿有向闭曲线 Γ 所作的功，其中 Γ 为平面 $x+y+z=1$ 被三个坐标面所截成的三角形的整个边界，从 z 轴正向看去，沿顺时针方向．

解　$\displaystyle W = \oint_\Gamma \boldsymbol{F}\cdot\mathrm{d}\boldsymbol{r} = \oint_\Gamma y\mathrm{d}x+z\mathrm{d}y+x\mathrm{d}z$

下面用两种方法来计算上面这个积分．

方法一　化为定积分直接计算．如图 11-24 所示，Γ 由 AB,BC,CA 三条有向线段组成

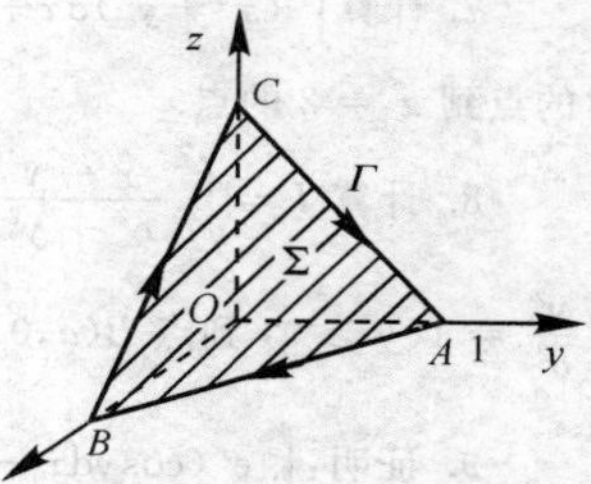

图　11.24

$AB: z=0, x=t, y=1-t, t$ 从 0 变到 1；

$BC: y=0, x=t, z=1-t, t$ 从 1 变到 0；

$CA: x=0, y=t, z=1-t, t$ 从 0 变到 1.

于是

$$\int_{AB}y\mathrm{d}x+z\mathrm{d}y+x\mathrm{d}z = \int_{AB}y\mathrm{d}x = \int_0^1(1-t)\mathrm{d}t = \frac{1}{2}$$

$$\int_{BC}y\mathrm{d}x+z\mathrm{d}y+x\mathrm{d}z = \int_{BC}x\mathrm{d}z = \int_1^0 t\cdot(-1)\mathrm{d}t = \frac{1}{2}$$

$$\int_{CA}y\mathrm{d}x+z\mathrm{d}y+x\mathrm{d}z = \int_{CA}z\mathrm{d}y = \int_0^1(1-t)\mathrm{d}t = \frac{1}{2}$$

因此

$$W = \oint_\Gamma y\mathrm{d}x+z\mathrm{d}y+x\mathrm{d}z = \int_{AB}+\int_{BC}+\int_{CA} = \frac{3}{2}$$

***方法二**　利用斯托克斯公式计算．取 Σ 为平面 $x+y+z=1$ 的下侧被 Γ 所围的部分，则 Σ 在任一点处的单位法向量为 $\boldsymbol{n} = (\cos\alpha,\cos\beta,\cos\gamma) = \left(-\frac{1}{\sqrt{3}},-\frac{1}{\sqrt{3}},-\frac{1}{\sqrt{3}}\right)$，由斯托克斯公式得

$$\oint_\Gamma y\mathrm{d}x+z\mathrm{d}y+x\mathrm{d}z = \iint_\Sigma\begin{vmatrix}-\frac{1}{\sqrt{3}} & -\frac{1}{\sqrt{3}} & -\frac{1}{\sqrt{3}}\\ \frac{\partial}{\partial x} & \frac{\partial}{\partial y} & \frac{\partial}{\partial z}\\ y & z & x\end{vmatrix}\mathrm{d}S = \iint_\Sigma\left(\frac{1}{\sqrt{3}}+\frac{1}{\sqrt{3}}+\frac{1}{\sqrt{3}}\right)\mathrm{d}S =$$

$$\sqrt{3}\iint_\Sigma\mathrm{d}S = \sqrt{3}\cdot(\Sigma\text{的面积}) = \sqrt{3}\cdot\frac{\sqrt{3}}{2} = \frac{3}{2}$$

五、模拟检测题

(一) 基础知识模拟检测题

1. 计算$\int_L \sqrt{x^2+y^2}\,\mathrm{d}s$,其中 L 为曲线 $x=\mathrm{e}^t\cos t, y=\mathrm{e}^t\sin t,(0\leqslant t\leqslant 2\pi)$.

2. 计算$\oint_L (x+y^3)\mathrm{d}s$,其中 L 是圆周 $x^2+y^2=R^2$.

3. 求$\int_L (x-y+z^2)\mathrm{d}s$,其中 L 是球面 $x^2+y^2+z^2=a^2$ 与平面 $x+y+z=0$ 的交线.

4. 计算$\oint_L \frac{x}{x+1}\mathrm{d}x+2xy\mathrm{d}y$,其中 L 是由 $y=\sqrt{x}$ 与 $y=x^2$ 构成的闭合曲线的正向.

5. 计算$\int_{\overset{\frown}{AOB}}(x+y)^2\mathrm{d}x+(-x^2-y^2\sin y)\mathrm{d}y$,其中积分路线$\overset{\frown}{AOB}$为抛物线 $y=x^2$,起点 $A(-1,1)$,终点 $B(1,1)$,O 为原点$(0,0)$.

6. 计算 $I=\int_L \boldsymbol{f}(x,y)\mathrm{d}\boldsymbol{s}$,其中 $\boldsymbol{f}(x,y)=-y\boldsymbol{i}+x\boldsymbol{j}$,$L$ 是点$(0,0)$到点$(1,1)$的曲线,分别沿(见图 11.25):(1) $y=\sqrt{x}$;(2) $y=x^2$;(3) 经过点$(1,0)$的折线.

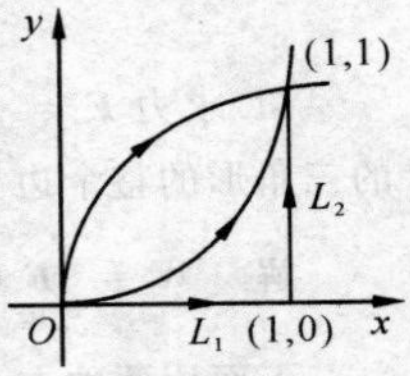

图 11.25

7. 计算$\int_L (x^2+y^2)\mathrm{d}x+(x^2-y^2)\mathrm{d}y$,其中 L 为曲线 $y=1-|1-x|$ 从对应于 $x=0$ 的点到 $x=2$ 的点.

8. 计算 $I=\int_L \frac{x-y}{x^2+y^2}\mathrm{d}x+\frac{x+y}{x^2+y^2}\mathrm{d}y$,其中 L 是从点 $A(-a,0)$ 经上半椭圆$\frac{x^2}{a^2}+\frac{y^2}{b^2}=1(y\geqslant 0)$到点 $B(a,0)$ 的弧段.

9. 证明:$\int_L \mathrm{e}^x(\cos y\mathrm{d}x-\sin y\mathrm{d}y)$ 只与 L 的起点、终点有关,而与所取路径无关;且求$\int_{(0,0)}^{(a,b)}\mathrm{e}^x(\cos y\mathrm{d}x-\sin y\mathrm{d}y)$.

10. 计算$\oint_L (2xy-2y)\mathrm{d}x+(x^2-4x)\mathrm{d}y$,其中 L:$x^2+y^2=9$,取正向(逆时针方向).

11. 把对坐标的曲线积分$\int_L P(x,y)\mathrm{d}x+Q(x,y)\mathrm{d}y$ 化为对弧长的曲线积分,其中 L 为沿上半圆周 $x^2+y^2=2x$ 从点$(0,0)$到点$(1,1)$.

12. 验证$((x-y+2)\mathrm{e}^{x+y}+y\mathrm{e}^x)\mathrm{d}x+((x-y)\mathrm{e}^{x+y}+\mathrm{e}^x)\mathrm{d}y$ 是否全微分,若是,则求其原函数.

13. 求函数 $u(x,y)$,使得 u 满足 $\mathrm{d}u=\frac{2x(1-\mathrm{e}^y)}{(1+x^2)^2}\mathrm{d}x+\frac{\mathrm{e}^y}{1+x^2}\mathrm{d}y$.

14. 计算$\iint_\Sigma \sqrt{1+4z}\,\mathrm{d}S$,其中 Σ 是 $z=x^2+y^2$ 在 $z\leqslant 1$ 的部分.

15. 计算曲面积分$\iint_\Sigma (x^2+y^2)\mathrm{d}S$,$\Sigma$ 是立体 $\sqrt{x^2+y^2}\leqslant z\leqslant 1$ 的边界曲面.

16. 计算$\iint_\Sigma (x^2+y^2+z^2)^3\mathrm{d}S$,其中 Σ 是球面 $x^2+y^2+z^2=a^2$.

17. 计算$\iint_\Sigma \left|\frac{xy}{z}\right|\mathrm{d}S$,$\Sigma$ 是曲面 $z=\frac{1}{2}(x^2+y^2)$ 介于$\frac{1}{2}\leqslant z\leqslant 2$之间的部分.

18. 计算$\iint_\Sigma \mathrm{e}^y\mathrm{d}y\mathrm{d}z+y\mathrm{e}^x\mathrm{d}z\mathrm{d}x+x^2y\mathrm{d}x\mathrm{d}y$,$\Sigma$ 是抛物面 $z=x^2+y^2$ 被平面 $x=0,x=1,y=0,y=1$ 所截部分的上侧.

19. 计算$\oint\!\!\!\oint_{\Sigma} 2xz\mathrm{d}y\mathrm{d}z + yz\mathrm{d}z\mathrm{d}x - z^2\mathrm{d}x\mathrm{d}y$，其中$\Sigma$是曲面$z=\sqrt{x^2+y^2}$与$z=\sqrt{2-x^2-y^2}$所围立体的表面外侧.

20. 求曲面$z^2=2xy$被$x+y=1, x=0, y=0$所截下的有限部分的面积.

(二) 考研模拟训练题

1. 计算$\int_L \sin 2x\mathrm{d}s$，其中$L$为曲线$y=\sin x(0\leqslant x\leqslant\pi)$.

2. 求$\int_L (x-y+z^2)\mathrm{d}s$，其中$L$是球面$x^2+y^2+z^2=a^2$与平面$x+y+z=0$的交线.

3. 计算$\oint_L (x+x^2y+y\mathrm{e}^{xy})\mathrm{d}x+(y+xy^2+x\mathrm{e}^{xy})\mathrm{d}y$，其中$L$是圆周$x^2+y^2=a^2$的正向.

4. 计算$I=\int_L (x^2+2xy)\mathrm{d}x+(x^2+y^4)\mathrm{d}y$，其中$L$为由点$(0,0)$到点$B(1,1)$的曲线$y=\sin\frac{\pi}{2}x$.

5. 计算$\int_L (\mathrm{e}^x\sin y-my)\mathrm{d}x+(\mathrm{e}^x\cos y+m)\mathrm{d}y$，其中$L$是由$A(2,0)$出发至$O(0,0)$点的半圆周$y=\sqrt{2x-x^2}$.

6. 设曲线积分$\int_L xy^2\mathrm{d}x+y\varphi(x)\mathrm{d}y$与路径无关，$\varphi$具有连续的导数，且$\varphi(0)=0$，计算$I=\int_{(0,0)}^{(1,1)} xy^2\mathrm{d}x+y\varphi(x)\mathrm{d}y$.

7. 计算第一类曲面积分$\iint_{\Sigma}(x^2+y^2+z^2)\mathrm{d}S$，$\Sigma$：$z=\sqrt{x^2+y^2}(0\leqslant z\leqslant 1)$.

8. 计算第二类曲面积分$\iint_{\Sigma} x\mathrm{d}y\mathrm{d}z$，$\Sigma$：$x^2+y^2=z^2(0\leqslant z\leqslant 1)$，取外侧.

9. 计算曲面积分$\iint_{\Sigma} x\mathrm{d}y\mathrm{d}z+y\mathrm{d}z\mathrm{d}x+z\mathrm{d}x\mathrm{d}y$，$\Sigma$：$x^2+y^2+z^2=2az$，取外侧.

10. 求面密度为ρ的均匀半球壳$x^2+y^2+z^2=a^2(z\geqslant 0)$对于$z$轴的转动惯量.

六、模拟检测题答案与提示

(一) 基础知识模拟检测题答案与提示

1. $\frac{1}{\sqrt{2}}(\mathrm{e}^{4\pi}-1)$　　2. 0　提示：可运用对称性.　　3. $\frac{2\pi}{3}a^3$　提示：可用轮换对称性.

4. $\frac{3}{10}$　　5. $\frac{16}{15}$

6. $I=\int_L \boldsymbol{f}(x,y)\cdot\mathrm{d}\boldsymbol{s}=\int_L -y\mathrm{d}x+x\mathrm{d}y$　(1) $-\frac{1}{3}$　(2) $\frac{1}{3}$　(3) 1

7. $\frac{4}{3}$　提示：L是由L_1：$y=x$和L_2：$y=2-x$组成，如图11.26所示.

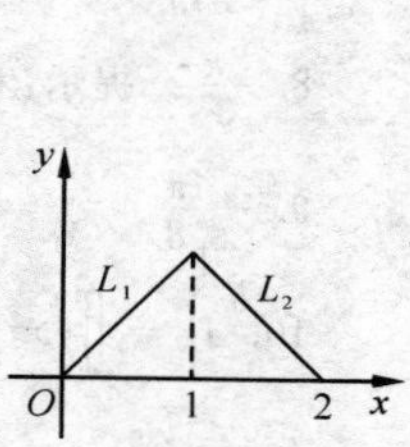

图 11.26

8. $-\pi$　　9. $\mathrm{e}^a\cos b-1$　　10. -18π

11. $\int_L P(x,y)\mathrm{d}x+Q(x,y)\mathrm{d}y=\int_L [P\sqrt{2x-x^2}+Q(1-x)]\mathrm{d}s$

提示：注意L的方向.

12. $f(x,y)=(x-y+1)\mathrm{e}^{x+y}+y\mathrm{e}^x+C$

13. $\frac{\partial P}{\partial y}=-\frac{2x\mathrm{e}^y}{(1+x^2)^2}=\frac{\partial Q}{\partial x}$，$u(x,y)=\int_0^x 0\mathrm{d}x+\int_0^y\frac{\mathrm{e}^y}{1+x^2}\mathrm{d}y=\frac{\mathrm{e}^y-1}{1+x^2}+C$

14. $D_{xy}:x^2+y^2\leqslant 1$

$$\iint_{\Sigma}\sqrt{1+4z}\,dS=\iint_{D_{xy}}\sqrt{1+4(x^2+y^2)}\cdot\sqrt{1+4(x^2+y^2)}\,dxdy=\int_0^{2\pi}d\theta\int_0^1(1+4r^2)r\,dr=3\pi$$

15. $\Sigma_1:z=\sqrt{x^2+y^2}$，$\Sigma_2:z=1,x^2+y^2\leqslant 1$. 两者投影区域 $D_{xy}:x^2+y^2\leqslant 1$.

$$\iint_{\Sigma}(x^2+y^2)dS=\iint_{\Sigma_1}(x^2+y^2)dS+\iint_{\Sigma_1}(x^2+y^2)dS=\iint_{D_{xy}}(x^2+y^2)\sqrt{2}\,dxdy+\iint_{D_{xy}}(x^2+y^2)dxdy=$$

$$(\sqrt{2}+1)\int_0^{2\pi}d\theta\int_0^1 r^3\,dr=\frac{\pi}{2}(\sqrt{2}+1)$$

16. $\iint_{\Sigma}(x^2+y^2+z^2)^3\,dS=\iint_{\Sigma}a^6\,dS=4\pi a^8$

17. $$\iint_{\Sigma}\left|\frac{xy}{2}\right|dS=4\iint_{\Sigma_1}\frac{xy}{z}dS=4\iint_{D_{xy}}\frac{2xy}{x^2+y^2}\sqrt{1+x^2+y^2}\,dxdy=8\int_0^{\frac{\pi}{2}}d\theta\int_1^2 r\sin\theta\cos\theta\sqrt{1+r^2}\,dr=$$

$$\frac{4}{3}(5\sqrt{5}-2\sqrt{2})$$

18. $D_{xy}:\{(x,y)\mid 0\leqslant x\leqslant 1,0\leqslant y\leqslant 1\}$，于是

$$\iint_{\Sigma}e^y\,dydz+ye^x\,dzdx+x^2y\,dxdy=\iint_{D_{xy}}(-2x\cdot e^y+(-2y)\cdot ye^x+x^2y)dxdy=$$

$$\int_0^1dx\int_0^1(x^2y-2xe^y-2e^xy^2)dy=\frac{11-10e}{6}$$

19. $$\oiint_{\Sigma}2xz\,dydz+yz\,dzdx-z^2\,dxdy=\iiint_{\Omega}\left[\frac{\partial(2xz)}{\partial x}+\frac{\partial(yz)}{\partial y}+\frac{\partial(-z^2)}{\partial z}\right]dxdydz=\iiint_{\Omega}z\,dxdydz=$$

$$\int_0^{2\pi}d\varphi\int_0^{\frac{\pi}{4}}\sin\theta\cos\theta\,d\theta\int_0^{\sqrt{2}}\rho^3\,d\rho=\frac{\pi}{2}$$

20. $D_{xy}:0\leqslant y\leqslant 1-x,0\leqslant x\leqslant 1$，于是

$$S=\iint_{\Sigma}dS=2\iint_{D_{xy}}\frac{x+y}{\sqrt{2xy}}dxdy=2\sqrt{2}\iint_{D_{xy}}\frac{\sqrt{x}}{\sqrt{y}}dxdy=2\sqrt{2}\int_0^1\sqrt{x}\,dx\int_0^{1-x}\frac{1}{\sqrt{y}}dy=$$

$$4\sqrt{2}\int_0^1\sqrt{x(1-x)}\,dx=\frac{\sqrt{2}}{2}\pi$$

(二) 考研模拟训练题答案与提示

1. 0　2. $\frac{2\pi}{3}a^3$　3. 0　4. $\frac{23}{15}$　5. $\frac{1}{2}m\pi$　6. $\varphi(x)=x^2$；$I=\frac{1}{2}$

7. $\frac{7\sqrt{2}\pi}{6}$　提示：将曲面方程代入被积函数，利用 $dS=\sqrt{2}\,dxdy$.

8. $\frac{8\pi}{3}$　提示：利用两类曲面积分的关系将对坐标 y,z 的积分化为对坐标 x,y 的积分.

9. $-\frac{\pi}{8}$

10. $$I_z=\iint_{\Sigma}(x^2+y^2)\rho\,dS=\iint_{\Sigma}(x^2+y^2)\frac{a}{\sqrt{a^2-x^2-y^2}}dxdy=\rho\int_0^{2\pi}d\theta\int_0^a r^2\frac{ar}{\sqrt{a^2-r^2}}dr=\frac{4}{3}\pi\rho a^4$$

第 12 章 无穷级数

一、本章小结

(一)本章小结

1. 常数项级数及其敛散性的概念

设给定一个数列 $u_1, u_2, \cdots, u_n, \cdots$，和式 $u_1 + u_2 + u_3 + \cdots + u_n + \cdots$ 称为(常数项)无穷级数，简称级数，记为 $\sum_{n=1}^{\infty} u_n$. 即

$$\sum_{n=1}^{\infty} u_n = u_1 + u_2 + u_3 + \cdots + u_n + \cdots \quad (12.1)$$

$s_n = u_1 + u_2 + \cdots + u_n$ 称为级数的部分和.

若 $\lim_{n\to\infty} s_n = s$ 存在，则称级数(12.1)收敛，s 称为级数(12.1)的和，记成 $\sum_{n=1}^{\infty} u_n = s$.

若 $\lim_{n\to\infty} s_n = s$ 不存在，则称级数(12.1)发散.

2. 收敛级数的基本性质

(1) 若 $\sum_{n=1}^{\infty} u_n = s$，则 $\sum_{n=1}^{\infty} k u_n = ks$($k$ 为常数)；若 $\sum_{n=1}^{\infty} u_n$ 发散，则 $\sum_{n=1}^{\infty} k u_n$ 也发散(k 是不为零的常数).

(2) 若 $\sum_{n=1}^{\infty} u_n = s$，$\sum_{n=1}^{\infty} v_n = \sigma$，则 $\sum_{n=1}^{\infty} (u_n \pm v_n) = \sum_{n=1}^{\infty} u_n \pm \sum_{n=1}^{\infty} v_n = s \pm \sigma$.

(3) 在级数中加上、去掉或改变有限项，不改变级数的敛散性.

(4) 收敛级数任意加括号后所成的级数仍收敛于原级数的和.

注　若加括号后所成级数发散，则原级数发散.

3. 级数收敛的必要条件

若级数 $\sum_{n=1}^{\infty} u_n$ 收敛，则 $\lim_{n\to\infty} u_n = 0$.

注　(1) 若 $\lim_{n\to\infty} u_n = 0$，则级数 $\sum_{n=1}^{\infty} u_n$ 可能收敛也可能发散.

(2) 若 $\lim_{n\to\infty} u_n \neq 0$，则级数 $\sum_{n=1}^{\infty} u_n$ 一定发散.

4. 几个重要级数的敛散性

(1) 等比级数：$\sum_{n=1}^{\infty} aq^{n-1}(a \neq 0)$，当 $|q| < 1$ 时，级数收敛于 $\frac{a}{1-q}$；当 $|q| \geqslant 1$ 时，级数发散.

(2) 调和级数：$\sum_{n=1}^{\infty} \frac{1}{n}$ 发散.

(3) p 级数：$\sum_{n=1}^{\infty} \frac{1}{n^p}$(常数 $p > 0$)，当 $p > 1$ 时收敛；当 $0 < p \leqslant 1$ 时发散.

5. 正项级数 $\sum_{n=1}^{\infty} u_n (u_n \geqslant 0)$ 敛散性的判别法

(1) 比较审敛法：设有正项级数 $\sum_{n=1}^{\infty} u_n$ 和 $\sum_{n=1}^{\infty} v_n$，且 $u_n \leqslant v_n (n = 1,2,3,\cdots)$. 若级数 $\sum_{n=1}^{\infty} v_n$ 收敛，则级数

$\sum\limits_{n=1}^{\infty} u_n$ 收敛；若级数 $\sum\limits_{n=1}^{\infty} u_n$ 发散，则级数 $\sum\limits_{n=1}^{\infty} v_n$ 发散.

(2) 比较审敛法的极限形式：设有正项级数 $\sum\limits_{n=1}^{\infty} u_n$ 和 $\sum\limits_{n=1}^{\infty} v_n$，若 $\lim\limits_{n\to\infty} \dfrac{u_n}{v_n} = l,\quad 0 < l < +\infty$ (12.2)

则级数 $\sum\limits_{n=1}^{\infty} u_n$ 和 $\sum\limits_{n=1}^{\infty} v_n$ 同时收敛或同时发散.

(3) 比值审敛法(达朗贝尔判别法)：设有正项级数 $\sum\limits_{n=1}^{\infty} u_n$，若

$$\lim_{n\to\infty} \frac{u_{n+1}}{u_n} = \rho$$

则当 $\rho < 1$ 时级数收敛；当 $\rho > 1$(或 $\lim\limits_{n\to\infty} \dfrac{u_{n+1}}{u_n} = \infty$) 时级数发散；当 $\rho = 1$ 时级数可能收敛也可能发散.

(4) 根值审敛法(柯西判别法)：设有正项级数 $\sum\limits_{n=1}^{\infty} u_n$，若 $\lim\limits_{n\to\infty} \sqrt[n]{u_n} = \rho$ (12.3)

则当 $\rho < 1$ 时级数收敛；当 $\rho > 1$(或 $\lim\limits_{n\to\infty} \sqrt[n]{u_n} = +\infty$) 时级数发散；当 $\rho = 1$ 时级数可能收敛也可能发散.

6. 交错级数 $\sum\limits_{n=1}^{\infty} (-1)^{n-1} u_n (u_n > 0)$ 敛散性的判别法(莱布尼兹判别法)

如果交错级数 $\sum\limits_{n=1}^{\infty} (-1)^{n-1} u_n$ 满足：① $u_n \geqslant u_{n+1} (n = 1,2,3,\cdots)$；② $\lim\limits_{n\to\infty} u_n = 0$. 则级数 $\sum\limits_{n=1}^{\infty} (-1)^{n-1} u_n$ 收敛. 且其和 $s \leqslant u_1$，其余项 r_n 的绝对值 $|r_n| \leqslant u_{n+1}$. (12.4)

7. 绝对收敛与条件收敛

(1) 若级数 $\sum\limits_{n=1}^{\infty} |u_n|$ 收敛，则称 $\sum\limits_{n=1}^{\infty} u_n$ 绝对收敛.

(2) 若级数 $\sum\limits_{n=1}^{\infty} u_n$ 收敛，而 $\sum\limits_{n=1}^{\infty} |u_n|$ 发散，则称 $\sum\limits_{n=1}^{\infty} u_n$ 条件收敛.

(3) 若级数 $\sum\limits_{n=1}^{\infty} u_n$ 绝对收敛，则级数 $\sum\limits_{n=1}^{\infty} u_n$ 一定收敛.

注　级数 $\sum\limits_{n=1}^{\infty} u_n$ 收敛，不能保证 $\sum\limits_{n=1}^{\infty} u_n$ 绝对收敛.

8. 函数项级数的基本概念

(1) 若 $\{u_n(x)\} (n = 1,2,3,\cdots)$ 是定义在区间 I 的函数列，则称

$$u_1(x) + u_2(x) + \cdots + u_n(x) + \cdots = \sum_{n=1}^{\infty} u_n(x)$$

为函数项级数.

(2) 若 $x_0 \in I$ 时，$\sum\limits_{n=1}^{\infty} u_n(x_0)$ 收敛，则称点 x_0 是函数项级数 $\sum\limits_{n=1}^{\infty} u_n(x)$ 的收敛点. 否则称点 x_0 为发散点. 函数项级数所有收敛点的全体称为其收敛域. 函数项级数所有发散点的全体称为其发散域.

9. 幂级数及其收敛性

(1) 形如 $\sum\limits_{n=0}^{\infty} a_n (x - x_0)^n$ 或 $\sum\limits_{n=0}^{\infty} a_n x^n$ 的级数称为幂级数. 不失一般性，我们主要研究形如 $\sum\limits_{n=0}^{\infty} a_n x^n$ 的幂级数.

(2) 阿贝尔(Abel) 定理：若级数 $\sum\limits_{n=0}^{\infty} a_n x^n$ 当 $x = x_0 (x_0 \neq 0)$ 时收敛，则适合不等式 $|x| < |x_0|$ 的一切 x 使该幂级数绝对收敛. 反之，若级数 $\sum\limits_{n=0}^{\infty} a_n x^n$ 当 $x = x_1$ 时发散，则适合不等式 $|x| > |x_1|$ 的一切 x 使该幂

级数发散.

(3) 阿贝尔定理的推论：若级数 $\sum\limits_{n=0}^{\infty}a_nx^n$ 不是仅在点 $x=0$ 收敛，也不是在整个数轴上都收敛，则必有一个完全确定的正数 R 存在，使得

当 $|x|<R$ 时，$\sum\limits_{n=0}^{\infty}a_nx^n$ 绝对收敛；

当 $|x|>R$ 时，$\sum\limits_{n=0}^{\infty}a_nx^n$ 发散；

当 $x=R$ 或 $x=-R$ 时，$\sum\limits_{n=0}^{\infty}a_nx^n$ 可能收敛也可能发散.

正数 R 叫做级数 $\sum\limits_{n=1}^{\infty}a_nx^n$ 的收敛半径. 开区间 $(-R,R)$ 叫做幂级数 $\sum\limits_{n=0}^{\infty}a_nx^n$ 的收敛区间. 由幂级数在 $x=\pm R$ 的敛散性决定 $\sum\limits_{n=0}^{\infty}a_nx^n$ 在区间 $(-R,R)$，或 $[-R,R)$，$(-R,R]$ 或 $[-R,R]$ 收敛，该区间叫做幂级数 $\sum\limits_{n=0}^{\infty}a_nx^n$ 的收敛域.

(4) 幂级数 $\sum\limits_{n=0}^{\infty}a_nx^n$ 的收敛半径 R 的求法：设极限 $\lim\limits_{n\to\infty}\left|\dfrac{a_{n+1}}{a_n}\right|=\rho$ (或 $\lim\limits_{n\to\infty}\sqrt[n]{|a_n|}=\rho$)，则

① $\rho\neq 0$ 时，$R=\dfrac{1}{\rho}$；② $\rho=0$ 时，$R=+\infty$；③ $\rho=+\infty$ 时，$R=0$.

10. 幂级数的分析性质

(1) 幂级数 $\sum\limits_{n=0}^{\infty}a_nx^n$ 的和函数 $s(x)$ 在收敛区间 $(-R,R)$ 内是连续函数.

(2) 幂级数 $\sum\limits_{n=0}^{\infty}a_nx^n$ 的和函数 $s(x)$ 在收敛区间 $(-R,R)$ 内可导，且

$$s'(x)=\left(\sum_{n=0}^{\infty}a_nx^n\right)'=\sum_{n=0}^{\infty}(a_nx^n)'=\sum_{n=1}^{\infty}na_nx^{n-1}$$

逐项求导后所得级数与原级数有相同的收敛半径.

(3) 幂级数 $\sum\limits_{n=0}^{\infty}a_nx^n$ 的和函数 $s(x)$ 在收敛区间 $(-R,R)$ 内可积，且

$$\int_0^x s(x)\mathrm{d}x=\int_0^x\left[\sum_{n=0}^{\infty}a_nx^n\right]\mathrm{d}x=\sum_{n=0}^{\infty}\int_0^x a_nx^n\mathrm{d}x=\sum_{n=0}^{\infty}\frac{a_n}{n+1}x^{n+1}$$

其中 $|x|<R$，逐项积分后所得级数与原级数有相同的收敛半径.

注 在 $x=-R$ 和 $x=R$ 处，逐项求导或逐项积分后所得级数是否收敛要给予验证.

11. 函数展开成幂级数

(1) 泰勒级数. 设函数 $f(x)$ 在点 x_0 的某邻域内有任意阶导数，则称

$$\sum_{n=0}^{\infty}\frac{f^{(n)}(x_0)}{n!}(x-x_0)^n=f(x_0)+f'(x_0)(x-x_0)+\frac{f''(x_0)}{2!}(x-x_0)^n+\cdots+\frac{f^{(n)}(x_0)}{n!}(x-x_0)^n+\cdots \tag{12.5}$$

为 $f(x)$ 的泰勒级数.

当 $x_0=0$ 时，式(12.5)变为

$$\sum_{n=0}^{\infty}\frac{f^{(n)}(0)}{n!}x^n=f(0)+f'(0)x+\frac{f''(0)}{2!}x^2+\cdots+\frac{f^{(n)}(0)}{n!}x^n+\cdots \tag{12.6}$$

级数(12.6)称为函数 $f(x)$ 的麦克劳林级数.

(2) 泰勒展开式：若函数 $f(x)$ 在点 x_0 的某邻域内有任意阶导数，且对该邻域内任意 x，$\lim\limits_{n\to\infty}R_n(x)=0$，其中

$$R_n(x)=\frac{f^{(n+1)}[x_0+\theta(x-x_0)]}{(n+1)!}(x-x_0)^{n+1},\quad 0<\theta<1$$

则 $$f(x)=\sum_{n=0}^{\infty}\frac{f^{(n)}(x_0)}{n!}(x-x_0)^n \tag{12.7}$$

式(12.7) 叫做函数 $f(x)$ 的泰勒展开式.

当 $x_0=0$ 时,式(12.7) 变为 $$f(x)=\sum_{n=0}^{\infty}\frac{f^{(n)}(0)}{n!}x^n \tag{12.8}$$

式(12.8) 叫做函数 $f(x)$ 的麦克劳林展开式.

注 (1) 只要函数 $f(x)$ 在点 x_0 的某邻域内有任意阶导数,就可以形式地作出级数 $\sum\limits_{n=0}^{\infty}\frac{f^{(n)}(x_0)}{n!}(x-x_0)^n$,但此级数未必收敛于 $f(x)$;只有对该邻域内任意 x,$\lim\limits_{n\to\infty}R_n(x)=0$,级数 $\sum\limits_{n=0}^{\infty}\frac{f^{(n)}(x_0)}{n!}(x-x_0)^n$ 才收敛于 $f(x)$.

(2) 若函数 $f(x)$ 能表示为 $x-x_0$ 的幂级数,即

$$f(x)=a_0+a_1(x-x_0)+a_2(x-x_0)^2+\cdots+a_n(x-x_0)^n+\cdots \tag{12.9}$$

则幂级数(12.9) 与 $f(x)$ 的泰勒级数(12.5) 是一致的,即 $f(x)$ 的泰勒展开式唯一.

(3) 常用函数的幂级数展开式

$$e^x=1+x+\frac{1}{2!}x^2+\cdots+\frac{1}{n!}x^n+\cdots,\quad -\infty<x<+\infty$$

$$\sin x=x-\frac{1}{3!}x^3+\frac{1}{5!}x^5-\cdots+(-1)^n\frac{x^{2n+1}}{(2n+1)!}+\cdots,\quad -\infty<x<+\infty$$

$$\cos x=1-\frac{1}{2!}x^2+\frac{1}{4!}x^4-\cdots+(-1)^n\frac{x^{2n}}{(2n)!}+\cdots,\quad -\infty<x<+\infty$$

$$\frac{1}{1-x}=1+x+x^2+\cdots+x^n+\cdots,\quad -1<x<1$$

$$\ln(1+x)=x-\frac{1}{2}x^2+\frac{1}{3}x^3-\cdots+(-1)^n\frac{1}{n+1}x^{n+1}+\cdots,\quad -1<x\leqslant 1$$

$$(1+x)^m=1+mx+\frac{m(m-1)}{2!}x^2+\cdots+\frac{m(m-1)(m-2)\cdots(m-n+1)}{n!}x^n+\cdots,\quad -1<x<1$$

要通过讨论 m 的值来确定 $x=\pm 1$ 时展开式是否成立.

12. 傅里叶(Fourier)级数

(1) 傅里叶系数与傅里叶级数:设 $f(x)$ 是以 2π 为周期的函数,且在区间$[-\pi,\pi]$可积,若

$$a_n=\frac{1}{\pi}\int_{-\pi}^{\pi}f(x)\cos nx\,dx,\quad n=0,1,2,3,\cdots \tag{12.10}$$

$$b_n=\frac{1}{\pi}\int_{-\pi}^{\pi}f(x)\sin nx\,dx,\quad n=1,2,3,\cdots \tag{12.11}$$

存在,则称 a_n 和 b_n 为函数 $f(x)$ 的傅里叶系数,以函数 $f(x)$ 的傅里叶系数为系数的三角级数

$$\frac{a_0}{2}+\sum_{n=1}^{\infty}(a_n\cos nx+b_n\sin nx) \tag{12.12}$$

称为函数 $f(x)$ 的傅里叶级数,记为

$$f(x)\sim\frac{a_0}{2}+\sum_{n=1}^{\infty}(a_n\cos nx+b_n\sin nx) \tag{12.13}$$

当 $f(x)$ 是奇函数时,$a_n=0,b_n=\frac{2}{\pi}\int_0^{\pi}f(x)\sin nx\,dx,(n=1,2,3,\cdots)$ 级数(12.13) 变为正弦级数

$$\sum_{n=1}^{\infty}b_n\sin nx \tag{12.14}$$

当 $f(x)$ 是偶函数时,$a_n=\frac{2}{\pi}\int_0^{\pi}f(x)\cos nx\,dx,b_n=0(n=1,2,3,\cdots)$ 级数(12.13) 变为余弦级数

$$\frac{a_0}{2}+\sum_{n=1}^{\infty}a_n\cos nx \tag{12.15}$$

(2) 收敛定理：设 $f(x)$ 是以 2π 为周期的函数，且满足条件：在一个周期内连续或只有有限个第一类间断点，且至多有有限个极值点，则 $f(x)$ 的傅里叶级数收敛，则

① 当 x 是 $f(x)$ 的连续点时，级数收敛于 $f(x)$；

② 当 x 是 $f(x)$ 的间断点时，级数收敛于 $\dfrac{f(x-0)+f(x+0)}{2}$.

(3) 以 $2l$ 为周期的函数的傅里叶级数：设以 $2l$ 为周期的函数 $f(x)$ 满足收敛定理的条件，则 $f(x)$ 的傅里叶级数为

$$\frac{a_0}{2}+\sum_{n=1}^{\infty}\left(a_n\cos\frac{n\pi x}{l}+b_n\sin\frac{n\pi x}{l}\right) \tag{12.16}$$

当 x 是 $f(x)$ 的连续点时，级数(12.16)收敛于 $f(x)$；当 x 是 $f(x)$ 的间断点时，级数(12.16)收敛于 $\dfrac{f(x-0)+f(x+0)}{2}$. 其中

$$a_n=\frac{1}{l}\int_{-l}^{l}f(x)\cos\frac{n\pi x}{l}\mathrm{d}x,\quad n=0,1,2,3,\cdots$$

$$b_n=\frac{1}{l}\int_{-l}^{l}f(x)\sin\frac{n\pi x}{l}\mathrm{d}x,\quad n=1,2,3,\cdots$$

当 $f(x)$ 是奇函数时，$a_n=0, b_n=\dfrac{2}{l}\displaystyle\int_0^l f(x)\sin\frac{n\pi x}{l}\mathrm{d}x\,(n=1,2,3,\cdots)$，式(12.16)变为正弦级数

$$\sum_{n=1}^{\infty}b_n\sin\frac{n\pi x}{l}$$

当 $f(x)$ 是偶函数时，$a_n=\dfrac{2}{l}\displaystyle\int_0^l f(x)\cos\frac{n\pi x}{l}\mathrm{d}x, b_n=0\ (n=1,2,3,\cdots)$，式(12.16)变为余弦级数

$$\frac{a_0}{2}+\sum_{n=1}^{\infty}a_n\cos\frac{n\pi x}{l}$$

(二) 基本要求

(1) 理解无穷级数收敛、发散及和的概念，了解无穷级数收敛的必要条件；知道无穷级数的基本性质.

(2) 熟练掌握正项级数的比较审敛法、比值审敛法和根值审敛法；熟练掌握等比级数和 p 级数的敛散性.

(3) 了解无穷级数绝对收敛与条件收敛的概念，及绝对收敛与条件收敛的关系.

(4) 知道函数项级数的收敛域与和函数的概念；知道幂级数的基本性质，熟练掌握幂级数收敛半径、收敛区间的求法；会求简单幂级数的和函数.

(5) 知道函数展开为泰勒级数的充要条件；熟练掌握 e^x，$\sin x$，$\cos x$，$\ln(1+x)$ 和 $(1+x)^\alpha$ 的麦克劳林展开式，并能利用这些展开式将一些简单函数展开成幂级数；会用幂级数进行一些近似计算.

(6) 知道函数展开为傅里叶级数的充分条件，并能将定义在 $[-\pi,\pi]$ 和 $[-l,l]$ 上的函数展开为傅里叶级数；能将定义在 $[0,l]$ 上的函数展开为正弦级数或余弦级数.

(三) 重点与难点

重点：收敛、发散、条件收敛、绝对收敛的判定；幂级数收敛半径、收敛区间以及和函数的求法；将函数展开成幂级数；求函数的傅里叶系数与傅里叶级数，会求傅里叶级数的和；会求某些数项级数的和.

难点：泰勒级数、傅里叶级数.

二、释疑解难

问题 12.1 级数是否可以任意加括号？

答　不可以. 例如,级数$\sum\limits_{k=1}^{\infty}x_k$加括号后变为

$$(x_1+x_2+\cdots+x_{p_1})+(x_{p_{k-1}+1}+\cdots+x_{p_2})+\cdots+(x_{p_{k-1}+1}+1+\cdots+x_{p_k})+\cdots=\sum_{k=1}^{\infty}y_k$$

其中
$$y_k=x_{p_{k-1}+1}+\cdots+x_{p_k}$$

级数$\sum\limits_{k=1}^{\infty}x_k$的部分和为
$$s_n=x_1+x_2+\cdots+x_n$$

级数$\sum\limits_{k=1}^{\infty}y_k$的部分和为　$\sigma_k=y_1+y_2+\cdots+y_k=(x_1+x_2+\cdots+x_{p_1})+\cdots+(x_{p_{k-1}+1}+\cdots+x_{p_k})=s_{p_k}$

可见,数列$\sigma_k=s_{p_k}$是数列s_n的一个子数列. 从而,若级数$\sum\limits_{i=1}^{\infty}x_i=A$(或$\infty$),则级数$\sum\limits_{i=1}^{\infty}y_i=A$(或$\infty$);但逆命题不成立.

总之,收敛级数加括号后仍然收敛,发散级数加括号后可能收敛也可能发散.

问题 12.2　设有级数$\sum\limits_{n=1}^{\infty}u_n$及$\sum\limits_{n=1}^{\infty}v_n$,如果$\lim\limits_{n\to\infty}\dfrac{u_n}{v_n}=l\neq 0$,那么它们是否具有相同的敛散性?

答　不一定. 比较审敛法仅对正项级数适用,本问题中的两级数未指明为正项级数,由所给条件不能断定两级数有相同的敛散性.

例如,级数$\sum\limits_{n=1}^{\infty}\left[\dfrac{(-1)^n}{\sqrt{n}}+\dfrac{1}{n}\right]$与$\sum\limits_{n=1}^{\infty}\dfrac{(-1)^n}{\sqrt{n}}$,有$\lim\limits_{n\to\infty}\left[\dfrac{(-1)^n}{\sqrt{n}}+\dfrac{1}{n}\right]\Big/\dfrac{(-1)^n}{\sqrt{n}}=1$,但是,级数$\sum\limits_{n=1}^{\infty}\dfrac{(-1)^n}{\sqrt{n}}$收敛,而级数$\sum\limits_{n=1}^{\infty}\left[\dfrac{(-1)^n}{\sqrt{n}}+\dfrac{1}{n}\right]$发散.

若此问题中的两个级数都是正项级数,则它们有相同的敛散性.

问题 12.3　用比较审敛法时,怎样寻找用于比较的标准级数?

答　使用比较审敛法时首先要估计所给级数的敛散性,然后寻找用于比较的标准级数,来证明所作估计是正确的.

设有级数$\sum\limits_{n=1}^{\infty}u_n(u_n\to 0)$,因为$\lim\limits_{n\to\infty}\dfrac{u_n}{\frac{1}{n^p}}=l\neq 0$时,$\sum\limits_{n=1}^{\infty}u_n$与$\sum\limits_{n=1}^{\infty}\dfrac{1}{n^p}$有相同的敛散性,所以一般取$v_n=\dfrac{1}{n^p}$作为标准级数用来比较.

问题 12.4　对于交错级数$\sum\limits_{n=1}^{\infty}(-1)^n u_n$,当它满足莱布尼茨定理中的条件时一定收敛. 如果它不满足莱布尼茨定理中的条件$u_{n+1}\leqslant u_n$,是否一定发散?

答　不一定. 当条件$u_{n+1}\leqslant u_n$不满足时,级数可能收敛也可能发散.

例如交错级数$\sum\limits_{n=2}^{\infty}\dfrac{(-1)^n}{\sqrt{n}+(-1)^n}$,不满足$u_{n+1}\leqslant u_n$. 因为

$$\frac{(-1)^n}{\sqrt{n}+(-1)^n}=\frac{(-1)^n[\sqrt{n}-(-1)^n]}{n-1}=\frac{(-1)^n\sqrt{n}}{n-1}-\frac{1}{n-1}$$

所以$\sum\limits_{n=2}^{\infty}\dfrac{(-1)^n}{\sqrt{n}+(-1)^n}$发散.

例如交错级数$\sum\limits_{n=2}^{\infty}\dfrac{(-1)^n}{\sqrt{n+(-1)^n}}$,也不满足$u_{n+1}\leqslant u_n$,但可以证明它是收敛的. 因为

$$s_{2n}=\left(\frac{1}{\sqrt{3}}-\frac{1}{\sqrt{2}}\right)+\left(\frac{1}{\sqrt{5}}-\frac{1}{\sqrt{4}}\right)+\cdots+\left(\frac{1}{\sqrt{2n+1}}-\frac{1}{\sqrt{2n}}\right)$$

单调减少,且

$$s_{2n}=-\frac{1}{\sqrt{2}}+\left(\frac{1}{\sqrt{3}}-\frac{1}{\sqrt{4}}\right)+\cdots+\left(\frac{1}{\sqrt{2n-1}}-\frac{1}{\sqrt{2n}}\right)+\frac{1}{\sqrt{2n+1}}>-\frac{1}{\sqrt{2}}$$

知 s_{2n} 有下界，故 $\lim\limits_{n\to\infty}s_{2n}$ 存在，记为 s. 又 $\lim\limits_{n\to\infty}u_{2n+1}=0$，从而，$\lim\limits_{n\to\infty}s_{2n+1}=\lim\limits_{n\to\infty}(s_{2n}+u_{2n+1})=s$，故 $\lim\limits_{n\to\infty}s_n=s$.

问题 12.5 设级数 $\sum\limits_{n=1}^{\infty}a_n$ 收敛，从而 $\lim\limits_{n\to\infty}a_n=0$，而 a_n^2 是比 a_n 更高阶的无穷小，因此 $\sum\limits_{n=1}^{\infty}a_n^2$ 也收敛，这种说法对吗？

答 不对. 因为比较审敛法仅适用于正项级数，而 $\sum\limits_{n=1}^{\infty}a_n$ 不一定是正项级数，所以结论不能成立. 例如 $\sum\limits_{n=1}^{\infty}\dfrac{(-1)^n}{\sqrt{n}}$ 收敛，但 $\sum\limits_{n=1}^{\infty}\left[\dfrac{(-1)^n}{\sqrt{n}}\right]^2=\sum\limits_{n=1}^{\infty}\dfrac{1}{n}$ 发散.

问题 12.6 若 $\sum\limits_{n=0}^{\infty}a_nx^n$ 在 $x=-2$ 条件收敛，那么该级数的收敛半径是多少？

答 因为 $\sum\limits_{n=1}^{\infty}a_nx^n$ 在 $x=-2$ 收敛，所以，当 $|x|<|-2|=2$ 时，级数 $\sum\limits_{n=0}^{\infty}a_nx^n$ 绝对收敛；另一方面，因为 $\sum\limits_{n=1}^{\infty}a_nx^n$ 在 $x=-2$ 条件收敛，所以，$|x|>|-2|=2$ 时，级数 $\sum\limits_{n=1}^{\infty}a_nx^n$ 发散.

因为 $|x|<2$ 时级数收敛，$|x|>2$ 时级数发散，所以该幂级数的收敛半径是 $R=2$.

问题 12.7 对幂级数 $\sum\limits_{n=0}^{\infty}\dfrac{2+(-1)^n}{2^n}x^n$，有 $\left|\dfrac{a_{n+1}}{a_n}\right|=\dfrac{1}{2}\,\dfrac{2+(-1)^{n+1}}{2+(-1)^n}=\begin{cases}\dfrac{3}{2}, & n=2k+1\\[2mm] \dfrac{1}{6}, & n=2k\end{cases}$

问该幂级数的收敛半径是 $\dfrac{2}{3}$ 还是 6？

答 该幂级数的收敛半径既不是 $\dfrac{2}{3}$，也不是 6. 因为 $\lim\limits_{n\to\infty}\left|\dfrac{a_{n+1}}{a_n}\right|$ 不存在，所以它的收敛半径不能用比值法确定.

由 $\lim\limits_{n\to\infty}\sqrt[n]{|u_n(x)|}=\lim\limits_{n\to\infty}\sqrt[n]{2+(-1)^n}\,\dfrac{|x|}{2}=\dfrac{|x|}{2}$，可知 $|x|<2$ 时级数收敛，$|x|>2$ 时级数发散，所以收敛半径 $R=2$.

问题 12.8 设幂级数 $\sum\limits_{n=1}^{\infty}a_nx^n$ 的收敛半径 $R_1=1$，怎样求幂级数 $\sum\limits_{n=0}^{\infty}b_nx^n=\sum\limits_{n=0}^{\infty}\dfrac{a_n}{n!}x^n$ 的收敛半径 R_2.

答 因为 $R_1=1$，所以任给 $x_0\in(0,1)$，级数 $\sum\limits_{n=0}^{\infty}a_nx_0^n$ 绝对收敛，于是 $\{a_nx_0^n\}$ 有界，记成 $|a_nx_0^n|\leqslant M$. 从而

$$\left|\frac{a_n}{n!}x^n\right|=\left|\frac{a^nx_0^n}{n!\ x_0^n}x^n\right|\leqslant\frac{M}{n!\ x_0^n}\,|x|^n$$

由比值审敛法知，$\sum\limits_{n=0}^{\infty}\dfrac{M}{n!\ x_0^n}x^n$ 对任何 x 都绝对收敛；由比较审敛法知，$\sum\limits_{n=0}^{\infty}b_nx^n=\sum\limits_{n=0}^{\infty}\dfrac{a_n}{n!}x^n$ 对任何 x 都绝对收敛，即 $R_2=\infty$.

问题 12.9 下面的运算对吗？

因为

$$\frac{x}{1-x}=x+x^2+\cdots+x^n+\cdots$$

$$\frac{x}{x-1}=1+\frac{1}{x}+\frac{1}{x^2}+\cdots+\frac{1}{x^n}+\cdots$$

两式相加得

$$\cdots+x^{-n}+\cdots+x^{-2}+x^{-1}+1+x+x^2+\cdots+x^n+\cdots=0$$

答 不对. 因为 $\dfrac{x}{1-x}=x+x^2+\cdots+x^n+\cdots$ 只有在 $|x|<1$ 时才成立；而 $\dfrac{x}{x-1}=1+\dfrac{1}{x}+\dfrac{1}{x^2}+\cdots+\dfrac{1}{x^n}+\cdots$ 只有在 $|x|>1$ 时才成立. 由于这两个级数的收敛域没有公共部分，所以不能相加.

问题 12.10 设幂级数 $\sum_{n=0}^{\infty}a_nx^n$，$\sum_{n=0}^{\infty}b_nx^n$ 和 $\sum_{n=0}^{\infty}(a_n+b_n)x^n$ 的收敛域分别为 I_1，I_2 和 I_3，那么 $I_3=I_1\cap I_2$，对吗？

答 不对. 虽然等式 $\sum_{n=0}^{\infty}a_nx^n+\sum_{n=0}^{\infty}b_nx^n=\sum_{n=0}^{\infty}(a_n+b_n)x^n$ 只能在 $I_1\cap I_2$ 上成立，但 I_3 可能大于 $I_1\cap I_2$. 例如

$$\sum_{n=0}^{\infty}a_nx^n=\sum_{n=1}^{\infty}\frac{1}{n}x^n=-\ln(1-x),\quad I_1=[-1,1)$$

$$\sum_{n=0}^{\infty}b_nx^n=\sum_{n=1}^{\infty}\frac{(-1)^{n-1}-1}{n}x^n=-\sum_{n=1}^{\infty}\frac{1}{n}x^{2n}=\ln(1-x^2),\quad I_2=(-1,1)$$

$$\sum_{n=0}^{\infty}(a_n+b_n)x^n=\sum_{n=1}^{\infty}\frac{(-1)^{n-1}}{n}x^n=\ln(1+x),\quad I_3=(-1,1]$$

有 $I_1\cap I_2=(-1,1)$，$I_3\supset I_1\cap I_2$ 且 $I_3\neq I_1\cap I_2$.

问题 12.11 若 $f(x)$ 在点 x_0 的邻域内有任意阶导数，那么在点 x_0 处，$f(x)$ 是否能展开为泰勒级数？

答 若 $f(x)$ 在点 x_0 的邻域内有任意阶导数，则 $\sum_{n=0}^{\infty}\frac{f^{(n)}(x_0)}{n!}(x-x_0)^n$ 叫做 $f(x)$ 在点 x_0 的泰勒级数.

若 $f(x)$ 在点 x_0 的泰勒级数 $\sum_{n=0}^{\infty}\frac{f^{(n)}(x_0)}{n!}(x-x_0)^n$ 在 x_0 的邻域 $U(x_0)$ 内收敛，且收敛到 $f(x)$，即 $f(x)=\sum_{n=0}^{\infty}\frac{f^{(n)}(x_0)}{n!}(x-x_0)^n$ 在 $U(x_0)$ 内成立，则 $\sum_{n=0}^{\infty}\frac{f^{(n)}(x_0)}{n!}(x-x_0)^n$ 叫做 $f(x)$ 在 x_0 的泰勒展开式，此时也称 $f(x)$ 在点 x_0 能展开成泰勒级数.

由以上分析可知，"泰勒级数"与"泰勒展开式"是两个不同的概念. 由收敛定理知，泰勒级数 $\sum_{n=0}^{\infty}\frac{f^{(n)}(x_0)}{n!}(x-x_0)^n$ 在 $U(x_0)$ 收敛到 $f(x)$ 的充分必要条件是，在 $U(x_0)$ 内 $f(x)$ 的泰勒公式中的余项 $R_n(x)\to 0(n\to\infty)$. 在本问题中没有说明余项 $R_n(x)$ 的情况，因此 $f(x)$ 在 x_0 不一定能展开为泰勒级数.

问题 12.12 可否用泰勒展开式求任意阶可导函数 $f(x)$ 得导数值 $f^{(n)}(0)$？

答 可以利用 $f(x)$ 的麦克劳林展开式来求 $f^{(n)}(0)$，因为在 $f(x)$ 的麦克劳林展开式 $f(x)=\sum_{n=0}^{\infty}\frac{f^{(n)}(0)}{n!}x^n$ 中含有 $f(x)$ 在 $x=0$ 的各阶导数值. 当 $f(x)$ 的麦克劳林展开式能利用一些已知函数的展开式比较容易得到时，就可方便的得到 $f^{(n)}(0)$.

例如，$f(x)=\frac{x^4}{1+x^3}$，求 $f^{(n)}(0)$. 因为 $\frac{1}{1+x^3}=\sum_{n=0}^{\infty}(-1)^nx^{3n}$，$x\in(-1,1)$. 所以

$$f(x)=\frac{x^4}{1+x^3}=x^4\frac{1}{1+x^3}=x^4\sum_{n=0}^{\infty}(-1)^nx^{3n}=\sum_{n=0}^{\infty}(-1)^nx^{3n+4},\quad x\in(-1,1)$$

与 $f(x)$ 的麦克劳林展开式比较知 $\frac{f^{(3n+4)}(0)}{(3n+4)!}=(-1)^n$，从而 $f^{(3n+4)}(0)=(-1)^n(3n+4)!$ $(n=0,1,2,3,\cdots)$，$f(x)$ 在 $x=0$ 处的其他各阶导数均为零.

三、典型例题分析

例 12.1 用比较审敛法判断下列级数的敛散性：

(1) $\sum_{n=1}^{\infty}\left(1-\cos\frac{\pi}{n}\right)$；　(2) $\sum_{n=1}^{\infty}\frac{2^{n-1}}{3\cdot5\cdot7\cdot\cdots\cdot(2n-1)}$；　(3) $\sum_{n=1}^{\infty}\frac{1}{n\sqrt[n]{n}}$.

解 (1) 因为 $u_n=1-\cos\frac{\pi}{n}=2\sin^2\frac{\pi}{2n}\leqslant 2\left(\frac{\pi}{2n}\right)^2=\frac{\pi^2}{2n^2}$，而级数 $\sum_{n=1}^{\infty}\frac{1}{n^2}$ 收敛，从而级数 $\sum_{n=1}^{\infty}\frac{\pi^2}{2n^2}$ 收敛，由比较审敛法知 $\sum_{n=1}^{\infty}\left(1-\cos\frac{\pi}{n}\right)$ 收敛.

(2) 因为 $u_n=\frac{2^{n-1}}{3\cdot5\cdot7\cdot\cdots\cdot(2n-1)}=\frac{2}{3}\cdot\frac{2}{5}\cdot\frac{2}{7}\cdot\cdots\cdot\frac{2}{2n-1}\leqslant\left(\frac{2}{3}\right)^{n-1}$，而 $\sum\limits_{n=1}^{\infty}\left(\frac{2}{3}\right)^{n-1}$ 收敛，所以 $\sum\limits_{n=1}^{\infty}\frac{2^{n-1}}{3\cdot5\cdot7\cdot\cdots\cdot(2n-1)}$ 收敛.

(3) $u_n=\frac{1}{n\sqrt[n]{n}}$，因为 $\lim\limits_{n\to\infty}\frac{1}{n\sqrt[n]{n}}\bigg/\frac{1}{n}=\lim\limits_{n\to\infty}\frac{1}{\sqrt[n]{n}}=1$，而级数 $\sum\limits_{n=1}^{\infty}\frac{1}{n}$ 发散，所以由比较审敛法的极限形式知，$\sum\limits_{n=1}^{\infty}\frac{1}{n\sqrt[n]{n}}$ 发散.

小结　比较审敛法的极限形式比比较审敛法的非极限形式用起来方便. 用比较审敛法或其极限形式判别正项级数的敛散性时，需要选取敛散性已知的正项级数与所给级数作比较，常用的比较级数有等比级数 $\sum\limits_{n=1}^{\infty}aq^{n-1}(a\neq0)$ 和 p 级数 $\sum\limits_{n=1}^{\infty}\frac{1}{n^p}$(常数 $p>0$).

例 12.2　用比值审敛法判断下列级数的敛散性：

(1) $\sum\limits_{n=1}^{\infty}n\tan\frac{\pi}{2^{n+1}}$；　(2) $\sum\limits_{n=1}^{\infty}\frac{n^n}{(2n)!}$；　(3) $\sum\limits_{n=1}^{\infty}\frac{n!\,e^n}{n^n}$.

解　(1) 用比值法. 因为

$$\lim_{n\to\infty}\frac{u_{n+1}}{u_n}=\lim_{n\to\infty}\frac{n+1}{n}\frac{\tan\frac{\pi}{2^{n+2}}}{\tan\frac{\pi}{2^{n+1}}}=\lim_{n\to\infty}\frac{n+1}{n}\cdot\frac{\tan\frac{\pi}{2^{n+2}}}{\frac{\pi}{2^{n+2}}}\cdot\frac{\frac{\pi}{2^{n+1}}}{\tan\frac{\pi}{2^{n+1}}}\cdot\frac{1}{2}=\frac{1}{2}<1$$

所以级数 $\sum\limits_{n=1}^{\infty}n\tan\frac{\pi}{2^{n+1}}$ 收敛.

(2) 因为　$\lim\limits_{n\to\infty}\frac{u_{n+1}}{u_n}=\lim\limits_{n\to\infty}\frac{(n+1)^{n+1}}{(2n+2)!}\bigg/\frac{n^n}{(2n)!}=\lim\limits_{n\to\infty}\left(1+\frac{1}{n}\right)^n\cdot\frac{n+1}{(2n+1)(2n+2)}=e\times0=0<1$

所以级数 $\sum\limits_{n=1}^{\infty}\frac{n^n}{(2n)!}$ 收敛.

(3) 因为　$\lim\limits_{n\to\infty}\frac{u_{n+1}}{u_n}=\lim\limits_{n\to\infty}(n+1)!\left(\frac{e}{n+1}\right)^{n+1}\bigg/n!\left(\frac{e}{n}\right)^n=\lim\limits_{n\to\infty}\frac{e}{\left(1+\frac{1}{n}\right)^n}=1$

所以比值审敛法失效，要找别的办法解决此问题.

因为 $\left(1+\frac{1}{n}\right)^n$ 是单调增加趋于 e 的，所以对于任意的 n 均有 $\left(1+\frac{1}{n}\right)^n<e$，因而

$$\frac{u_{n+1}}{u_n}=\frac{e}{\left(1+\frac{1}{n}\right)^n}>1$$

即对任意的 n，均有 $u_{n+1}>u_n$，所以 u_n 不可能趋于零，级数发散.

小结　① 比值审敛法是利用级数本身的性质判定级数的敛散性，不用另找比较级数. 当正项级数的一般项 u_n 含有 $n!$，a^n，n^n 时用比值审敛法比较方便；

② 当 $\lim\limits_{n\to\infty}\frac{u_{n+1}}{u_n}=1$，且 $\frac{u_{n+1}}{u_n}\geqslant1$ 时，级数发散；

③ 当 $\lim\limits_{n\to\infty}\frac{u_{n+1}}{u_n}=1$，且 $\frac{u_{n+1}}{u_n}<1$ 时，比值审敛法失效.

例 12.3　用根值审敛法判断下列级数的敛散性：

(1) $\sum\limits_{n=1}^{\infty}\frac{\arctan n}{(\ln2)^n}$；　(2) $\sum\limits_{n=2}^{\infty}\frac{n^{\ln n}}{(\ln n)^n}$；　(3) $\sum\limits_{n=1}^{\infty}\left(\frac{an}{n+1}\right)^n(a>0)$.

解　(1) 因为　$\lim\limits_{n\to\infty}\sqrt[n]{u_n}=\lim\limits_{n\to\infty}\frac{(\arctan n)^{\frac{1}{n}}}{\ln2}=\frac{\left(\frac{\pi}{2}\right)^0}{\ln2}=\frac{1}{\ln2}<1$

所以级数$\sum_{n=1}^{\infty}\frac{\arctan n}{(\ln 2)^n}$收敛.

(2) $\lim_{n\to\infty}\sqrt[n]{u_n}=\lim_{n\to\infty}\frac{n^{\frac{\ln n}{n}}}{\ln n}=\lim_{n\to\infty}\frac{e^{\frac{\ln n}{n}\ln n}}{\ln n}=\lim_{n\to\infty}\frac{e^{\frac{\ln^2 n}{n}}}{\ln n}$

因为$\lim_{x\to\infty}\frac{(\ln x^2)}{x}=\lim_{x\to\infty}\frac{2\ln x}{x}=0$,所以$\lim_{n\to\infty}\frac{(\ln n)^2}{n}=0$,从而$\lim_{n\to\infty}\frac{e^{\frac{\ln^2 n}{n}}}{\ln n}=0$. 即$\lim_{n\to\infty}\sqrt[n]{u_n}=0<1$,所以级数$\sum_{n=2}^{\infty}\frac{n^{\ln n}}{(\ln n)^n}$收敛.

(3) 因为$\lim_{n\to\infty}\sqrt[n]{u_n}=\lim_{n\to\infty}\frac{an}{n+1}=a$,所以,$a<1$时,级数收敛;$a>1$时,级数发散;$a=1$时,级数变为$\sum_{n=1}^{\infty}\left(\frac{n}{n+1}\right)^n$. 又因为$\lim_{n\to\infty}\left(\frac{n}{n+1}\right)^n=\lim_{n\to\infty}\frac{1}{\left(1+\frac{1}{n}\right)^n}=\frac{1}{e}\neq 0$,所以级数发散. 综上所述,当$0<a<1$时,级数收敛;当$a\geqslant 1$时,级数发散.

小结 ① 当正项级数的一般项u_n为n次方形式,或含有c^n(c为常数)时,用根值判别法比较方便;

② 当$\lim_{n\to\infty}\sqrt[n]{u_n}=1$,且$\sqrt[n]{u_n}<1$时,根值审敛法失效;

③ 当$\lim_{n\to\infty}\sqrt[n]{u_n}=1$,但$\sqrt[n]{u_n}>1$时,级数发散(此时$u_n$不趋于零).

例 12.4 判断级数$\sum_{n=1}^{\infty}\frac{n}{(n+1)!}$的敛散性.

分析 $\lim_{n\to\infty}u_n=\lim_{n\to\infty}\frac{n}{(n+1)!}=0$,由此不能断定所给级数的敛散性. 所给级数是正项级数,可用正项级数敛散性的判别法来判定.

解法一 用比值审敛法. 因为 $\lim_{n\to\infty}\frac{u_{n+1}}{u_n}=\lim_{n\to\infty}\frac{\frac{n+1}{(n+2)!}}{\frac{n}{(n+1)!}}=\lim_{n\to\infty}\frac{n+1}{n(n+2)}=0<1$

所以级数收敛.

解法二 用根值审敛法. 因为 $\lim_{n\to\infty}\sqrt[n]{u_n}=\lim_{n\to\infty}\sqrt[n]{\frac{n}{(n+1)!}}=\lim_{n\to\infty}\frac{\sqrt[n]{n}}{\sqrt[n]{(n+1)!}}$

而

$$\lim_{n\to\infty}\sqrt[n]{n}=1,\ \lim_{n\to\infty}\sqrt[n]{(n+1)!}=+\infty$$

所以$\lim_{n\to\infty}\sqrt[n]{u_n}=0<1$,所以级数收敛.

解法三 用比较审敛法的极限形式. 因为 $\lim_{n\to\infty}\frac{n}{(n+1)!}\Big/\frac{1}{n^2}=\lim_{n\to\infty}\frac{n^3}{(n+1)!}=0$

而$\sum_{n=1}^{\infty}\frac{1}{n^2}$收敛,所以所给级数收敛.

解法四 用比较审敛法. 因为 $\frac{n}{(n+1)!}<\frac{1}{n!}=\frac{1}{1\cdot 2\cdot 3\cdots n}\leqslant\frac{1}{2^{n-1}}$

而$\sum_{n=1}^{\infty}\frac{1}{2^{n-1}}$收敛,所以所给级数收敛.

解法五 用级数收敛的定义. 因为 $u_n=\frac{n}{(n+1)!}=\frac{1}{n!}-\frac{1}{(n+1)!}$

$$s_n=\left(\frac{1}{1!}-\frac{1}{2!}\right)+\left(\frac{1}{2!}-\frac{1}{3!}\right)+\cdots+\left(\frac{1}{n!}-\frac{1}{(n+1)!}\right)=1-\frac{1}{(n+1)!}$$

$$\lim_{n\to\infty}s_n=\lim_{n\to\infty}\left(1-\frac{1}{(n+1)!}\right)=1$$

所以级数收敛.

小结 判定常数项级数$\sum\limits_{n=1}^{\infty}u_n$敛散性的一般步骤如下：

① 考察$\lim\limits_{n\to\infty}u_n=0$成立否，若不为0，则判定$\sum\limits_{n=1}^{\infty}u_n$发散；

② 若$\lim\limits_{n\to\infty}u_n=0$或$\lim\limits_{n\to\infty}u_n$不易求得，则考察$\lim\limits_{n\to\infty}s_n$存在否，或观察其是正项级数、交错级数或是任意项级数，从而用相应审敛法判定；

③ 当$\sum\limits_{n=1}^{\infty}u_n$为正项级数时，分析$\sum\limits_{n=1}^{\infty}u_n$的特点确定使用比值审敛法、根值审敛法、比较审敛法(或比较审敛法的极限形式)；

④ 当$\sum\limits_{n=1}^{\infty}u_n$为交错级数时，使用莱布尼茨审敛法；

⑤ 当$\sum\limits_{n=1}^{\infty}u_n$为任意项级数时，使用绝对收敛审敛法.

例 12.5 判断下列级数的敛散性：

(1) $\sum\limits_{n=1}^{\infty}\dfrac{\ln n}{n^{\frac{3}{2}}}$； (2) $\sum\limits_{n=1}^{\infty}\left(\dfrac{2}{n}\right)^n n!$； (3) $\sum\limits_{n=1}^{\infty}\dfrac{2^n}{2n-1}$； (4) $\sum\limits_{n=1}^{\infty}3^n\left(1-\dfrac{1}{n}\right)^{n^2}$.

解 (1) **分析** 可与级数$\sum\limits_{n=1}^{\infty}\dfrac{1}{n^{\frac{5}{4}}}$比较.

解 因为$\lim\limits_{n\to\infty}\dfrac{\ln n}{n^{\frac{3}{2}}}\Big/\dfrac{1}{n^{\frac{5}{4}}}=\lim\limits_{n\to\infty}\dfrac{\ln n}{n^{\frac{1}{4}}}=0$，且$\sum\limits_{n=1}^{\infty}\dfrac{1}{n^{\frac{5}{4}}}$收敛，所以$\sum\limits_{n=1}^{\infty}\dfrac{\ln n}{n^{\frac{3}{2}}}$收敛.

(2) **分析** 通项中含有$n!$，一般用比值判别法.

解 因为$\lim\limits_{n\to\infty}\dfrac{a_{n+1}}{a_n}=\lim\limits_{n\to\infty}\dfrac{\left(\dfrac{2}{n+1}\right)^{n+1}(n+1)!}{\left(\dfrac{2}{n}\right)^n n!}=\lim\limits_{n\to\infty}\dfrac{2}{\left(1+\dfrac{1}{n}\right)^n}=\dfrac{2}{\mathrm{e}}<1$，所以级数收敛.

(3) **分析** 通项中含有a^n因子，一般用比值判别法.

解 因为$\lim\limits_{n\to\infty}\dfrac{a_{n+1}}{a_n}=\lim\limits_{n\to\infty}\dfrac{\dfrac{2^{n+1}}{2(n+1)-1}}{\dfrac{2^n}{2n-1}}=2\lim\limits_{n\to\infty}\dfrac{2n-1}{2n+1}=2>1$，所以级数发散.

(4) **分析** 利用根值审敛法.

解 因为$\lim\limits_{n\to\infty}\sqrt[n]{a_n}=\lim\limits_{n\to\infty}3\left(1-\dfrac{1}{n}\right)^n=\dfrac{3}{\mathrm{e}}>1$，所以级数发散.

例 12.6 判断级数$\sum\limits_{n=1}^{\infty}\int_0^{\frac{1}{n}}\dfrac{x}{1+x^2}\mathrm{d}x$的敛散性.

分析 因为$\int_0^{\frac{1}{n}}\dfrac{x}{1+x^2}\mathrm{d}x=\dfrac{1}{2}[\ln(1+x^2)]_0^{\frac{1}{n}}=\dfrac{1}{2}\ln\left(1+\dfrac{1}{n^2}\right)>0$，所以所给级数为正项级数，且

$$\sum_{n=1}^{\infty}\int_0^{\frac{1}{n}}\frac{x}{1+x^2}\mathrm{d}x=\frac{1}{2}\sum_{n=1}^{\infty}\ln\left(1+\frac{1}{n^2}\right)$$

解法一 因为$\ln\left(1+\dfrac{1}{n^2}\right)<\dfrac{1}{n^2}$，且$\sum\limits_{n=1}^{\infty}\dfrac{1}{n^2}$收敛，所以$\dfrac{1}{2}\sum\limits_{n=1}^{\infty}\ln\left(1+\dfrac{1}{n^2}\right)$收敛，从而$\sum\limits_{n=1}^{\infty}\int_0^{\frac{1}{n}}\dfrac{x}{1+x^2}\mathrm{d}x$收敛.

解法二 因为$x\geqslant 0$时，$0\leqslant\dfrac{x}{1+x^2}\leqslant x$，所以$0<\int_0^{\frac{1}{n}}\dfrac{x}{1+x^2}\mathrm{d}x<\int_0^{\frac{1}{n}}x\mathrm{d}x=\dfrac{1}{2n^2}$，而$\sum\limits_{n=1}^{\infty}\dfrac{1}{2n^2}$收敛，故$\sum\limits_{n=1}^{\infty}\int_0^{\frac{1}{n}}\dfrac{x}{1+x^2}\mathrm{d}x$收敛.

例 12.7 判断级数$\sum\limits_{n=1}^{\infty}\dfrac{a^n}{1+a^{2n}}$,$(a>0)$的敛散性.

分析 此题要针对 a 的取值范围进行讨论.

解法一 用比较审敛法.

当 $a=1$ 时,原级数为$\sum\limits_{n=1}^{\infty}\dfrac{1}{2}$,发散;

当 $0<a<1$ 时,因为$\dfrac{a^n}{1+a^{2n}}<a^n$,所以级数收敛;

当 $a>1$ 时,$\dfrac{a^n}{1+a^{2n}}=\dfrac{1}{\dfrac{1}{a^n}+a^n}<\dfrac{1}{a^n}=\left(\dfrac{1}{a}\right)^n$,级数收敛.

解法二 用根值审敛法.

当 $a=1$ 时,原级数为$\sum\limits_{n=1}^{\infty}\dfrac{1}{2}$,发散;

当 $0<a<1$ 时,$\lim\limits_{n\to\infty}\sqrt[n]{\dfrac{a^n}{1+a^{2n}}}=\lim\limits_{n\to\infty}\dfrac{a}{\sqrt[n]{1+a^{2n}}}=a<1$,级数收敛;

当 $a>1$ 时,$\lim\limits_{n\to\infty}\sqrt[n]{\dfrac{a^n}{1+a^{2n}}}=\lim\limits_{n\to\infty}\sqrt[n]{\dfrac{\left(\dfrac{1}{a}\right)^n}{1+\left(\dfrac{1}{a}\right)^{2n}}}=\dfrac{1}{a}<1$,级数收敛.

例 12.8 设数列$\{na_n\}$有界,证明$\sum\limits_{n=1}^{\infty}a_n^2$收敛.

证明 因为$\{na_n\}$有界,所以存在 $M>0$,使 $|na_n|\leqslant M$,即 $|a_n|\leqslant\dfrac{M}{n}$, $a_n^2\leqslant\dfrac{M^2}{n^2}$,又$\sum\limits_{n=1}^{\infty}\dfrac{1}{n^2}$收敛,所以$\sum\limits_{n=1}^{\infty}a_n^2$收敛.

例 12.9 设 $a_n\geqslant 0(n=1,2,3,\cdots)$,试证:若级数$\sum\limits_{n=1}^{\infty}a_n$收敛,则级数$\sum\limits_{n=1}^{\infty}a_n^2$,$\sum\limits_{n=1}^{\infty}\sqrt{a_na_{n+1}}$,$\sum\limits_{n=1}^{\infty}\dfrac{\sqrt{a_n}}{n}$都收敛.

分析 本题主要用比较审敛法和不等式 $2ab\leqslant a^2+b^2$.

证明 因为级数$\sum\limits_{n=1}^{\infty}a_n$收敛,所以$\lim\limits_{n\to\infty}a_n=0$,故 n 充分大时,$a_n<1$, $a_n^2\leqslant a_n$,由比较审敛法知级数$\sum\limits_{n=1}^{\infty}a_n^2$收敛.

由于$\sqrt{a_na_{n+1}}\leqslant\dfrac{a_n+a_{n+1}}{2}$,由比较审敛法知$\sum\limits_{n=1}^{\infty}\sqrt{a_na_{n+1}}$收敛;

由于$\dfrac{\sqrt{a_n}}{n}\leqslant\dfrac{1}{2}\left(a_n+\dfrac{1}{n^2}\right)$,由比较审敛法知$\sum\limits_{n=1}^{\infty}\dfrac{\sqrt{a_n}}{n}$收敛.

例 12.10 若$\sum\limits_{n=1}^{\infty}a_n$与$\sum\limits_{n=1}^{\infty}c_n$都收敛,且 $a_n\leqslant b_n\leqslant c_n(n=1,2,3,\cdots)$,试证$\sum\limits_{n=1}^{\infty}b_n$收敛.

分析 本题不能由 $b_n\leqslant c_n$,且$\sum c_n$收敛得出$\sum b_n$收敛,比较审敛法仅适用于正项级数.

证明 因为 $a_n\leqslant b_n\leqslant c_n(n=1,2,3,\cdots)$,所以 $0\leqslant b_n-a_n\leqslant c_n-a_n$.

因为$\sum\limits_{n=1}^{\infty}a_n$与$\sum\limits_{n=1}^{\infty}c_n$都收敛,所以$\sum\limits_{n=1}^{\infty}(c_n-a_n)$收敛,由比较审敛法知$\sum\limits_{n=1}^{\infty}(b_n-a_n)$收敛.而 $b_n=(b_n-a_n)+a_n$,故$\sum\limits_{n=1}^{\infty}b_n$收敛.

例 12.11 设有方程 $x^n+nx-1=0$,其中 n 为正整数.证明此方程存在唯一正实根 x_n,并证明当$\alpha>1$

时，级数 $\sum_{n=1}^{\infty} x_n^{\alpha}$ 收敛.

分析 利用零点定理证明根的存在性，利用罗尔定理证明根的唯一性，利用比较判别法证明级数的收敛性.

证明 先证根的存在性. 令 $f_n(x) = x^n + nx - 1$，由于 $f_n(x)$ 在 $[0,1]$ 连续，且 $f_n(0) = -1 < 0$，$f_n(1) = n > 0$，由零点定理知，存在 $x_n \in (0,1)$，使 $f_n(x_n) = 0$.

再证唯一性. 若存在 $x_1, x_2 \in (0, +\infty)$，使 $f(x_1) = f(x_2) = 0$. 则由罗尔证明知，存在 ξ(ξ 介于 x_1 与 x_2 之间)，使 $f'(\xi) = 0$，但是 $f'(x) = nx^{n-2} + n > 1$，矛盾.

最后证级数的收敛性. 因为 $x_n^n + nx_n - 1 = 0$，且 $x_n > 0$，所以 $0 < x_n = \frac{1-x_n^n}{n} < \frac{1}{n}$，于是，$\alpha > 1$ 时，$0 < x_n^{\alpha} < \frac{1}{n^{\alpha}}$，而正项级数 $\sum_{n=1}^{\infty} \frac{1}{n^{\alpha}}$ 收敛，利用比较判别法知级数 $\sum_{n=1}^{\infty} x_n^{\alpha}$ 收敛.

例 12.12 设 $a_1 = 2, a_{n+1} = \frac{1}{2}\left(a_n + \frac{1}{a_n}\right) (n = 1,2,3,\cdots)$，证明：

(1) $\lim\limits_{n\to\infty} a_n$ 存在；(2) 级数 $\sum_{n=1}^{\infty}\left(\frac{a_n}{a_{n+1}} - 1\right)$ 收敛.

分析 利用单调有界原理证明数列 $\{a_n\}$ 收敛，再利用比值判别法或比较判别法证明级数 $\sum_{n=1}^{\infty}\left(\frac{a_n}{a_{n+1}} - 1\right)$ 的收敛性.

证明 (1) 因为

$$a_{n+1} = \frac{1}{2}\left(a_n + \frac{1}{a_n}\right) \geqslant \sqrt{a_n \cdot \frac{1}{a_n}} = 1$$

$$\frac{a_{n+1}}{a_n} = \frac{1}{2}\left(1 + \frac{1}{a_n^2}\right) \leqslant \frac{1}{2}\left(1 + \frac{1}{1^2}\right) = 1$$

所以数列 $\{a_n\}$ 单调递减且有下界，由单调有界原理知数列 $\{a_n\}$ 收敛.

记 $\lim\limits_{n\to\infty} a_n = a$，在等式 $a_{n+1} = \frac{1}{2}\left(a_n + \frac{1}{a_n}\right)$ 中令 $n \to \infty$ 得 $a = 1$，即 $\lim\limits_{n\to\infty} a_n = 1$.

② 记 $b_n = \frac{a_n}{a_{n+1}} - 1$，则 $b_n > 0$，且 $b_n = \frac{a_n^2 - 1}{a_n^2 + 1}$. 因为

$$\lim_{n\to\infty} \frac{b_{n+1}}{b_n} = \lim_{n\to\infty} \frac{a_{n+1}^2 - 1}{a_{n+1}^2 + 1} \cdot \frac{a_n^2 + 1}{a_n^2 - 1} = \lim_{n\to\infty} \frac{a_n^2 + 1}{a_{n+1}^2 + 1} \cdot \frac{1}{a_n^2 - 1} \cdot \left(\frac{(a_n^2 + 1)^2}{4a_n^2} - 1\right) =$$

$$\lim_{n\to\infty} \frac{a_n^2 + 1}{a_{n+1}^2 + 1} \cdot \frac{a_n^2 - 1}{4a_n^2} = 0 < 1$$

所以由比值判别法知，级数 $\sum_{n=1}^{\infty} b_n = \sum_{n=1}^{\infty}\left(\frac{a_n}{a_{n+1}} - 1\right)$ 收敛.

例 12.13 证明：级数 $\sum_{n=1}^{\infty}\int_{n\pi}^{(n+1)\pi} \frac{\sin x}{\sqrt{x}}\mathrm{d}x$ 收敛.

分析 首先判定 $\sum_{n=1}^{\infty}\int_{n\pi}^{(n+1)\pi} \frac{\sin x}{\sqrt{x}}\mathrm{d}x$ 为交错级数，然后验证莱布尼兹准则的条件.

证明 记 $u_n = \int_{n\pi}^{(n+1)\pi} \frac{\sin x}{\sqrt{x}}\mathrm{d}x$，可见 n 为偶数时，$u_n \geqslant 0$；n 为奇数时，$u_n < 0$，所以原级数是交错级数.

$\sum_{n=1}^{\infty}\int_{n\pi}^{(n+1)\pi} \frac{\sin x}{\sqrt{x}}\mathrm{d}x = \sum_{n=1}^{\infty} u_n = \sum_{n=1}^{\infty} (-1)^n \mid u_n \mid$，只要证明 $\{\mid u_n \mid\}$ 单减且极限为 0 即可. 因为

$$\mid u_n \mid = \left|\int_{n\pi}^{(n+1)\pi} \frac{\sin x}{\sqrt{x}}\mathrm{d}x\right| = \int_{n\pi}^{(n+1)\pi} \frac{\mid \sin x \mid}{\sqrt{x}}\mathrm{d}x > \int_{n\pi}^{(n+1)\pi} \frac{\mid \sin x \mid}{\sqrt{x+\pi}}\mathrm{d}x \xlongequal{x+\pi=t} \int_{(n+1)\pi}^{(n+2)\pi} \frac{\mid \sin t \mid}{\sqrt{t}}\mathrm{d}t = \mid u_{n+1} \mid$$

所以

$$\mid u_n \mid > \mid u_{n+1} \mid$$

又因为

$$0 \leqslant \mid u_n \mid \leqslant \int_{n\pi}^{(n+1)\pi} \frac{1}{\sqrt{x}}\mathrm{d}x = \frac{2\pi}{\sqrt{(n+1)\pi} + \sqrt{n\pi}}$$

且$\lim\limits_{n\to\infty}\dfrac{2\pi}{\sqrt{(n+1)\pi}+\sqrt{n\pi}}=0$，所以 $\lim\limits_{n\to\infty}|u_n|=0$

由莱布尼兹准则知，$\sum\limits_{n=1}^{\infty}\int_{n\pi}^{(n+1)\pi}\dfrac{\sin x}{\sqrt{x}}\mathrm{d}x$ 收敛.

例 12.14 设$\sum\limits_{n=1}^{\infty}(a_n-a_{n-1})$收敛，$\sum\limits_{n=1}^{\infty}b_n$绝对收敛，试证$\sum\limits_{n=1}^{\infty}a_nb_n$绝对收敛.

分析 从级数$\sum\limits_{n=1}^{\infty}(a_n-a_{n-1})$收敛，推知$\{a_n\}$有界.

证明 设$\sum\limits_{n=1}^{\infty}(a_n-a_{n-1})=s$，则$\lim\limits_{n\to\infty}s_n=s$，其中

$$s_n=(a_1-a_0)+(a_2-a_1)+\cdots+(a_n-a_{n-1})=a_n-a_0$$

从而，$\lim\limits_{n\to\infty}a_n=s+a_0$，存在$M>0$，使$|a_n|\leqslant M$. 又因为$|a_nb_n|\leqslant M|b_n|$，$\sum\limits_{n=1}^{\infty}b_n$绝对收敛，所以$\sum\limits_{n=1}^{\infty}a_nb_n$绝对收敛.

例 12.15 设$\sum\limits_{n=1}^{\infty}a_n$绝对收敛，试证$\sum\limits_{n=1}^{\infty}a_n^2$，$\sum\limits_{n=1}^{\infty}\dfrac{a_n}{1+a_n}$，$\sum\limits_{n=1}^{\infty}\dfrac{a_n^2}{1+a_n^2}$绝对收敛.

分析 利用正项级数的比较审敛法.

解 因为$\sum\limits_{n=1}^{\infty}a_n$绝对收敛，所以$\lim\limits_{n\to\infty}a_n=0$. 从而当$n$充分大时，$|a_n|<1$，$a_n^2\leqslant|a_n|$，故$\sum\limits_{n=1}^{\infty}a_n^2$收敛.

因为$\lim\limits_{n\to\infty}\dfrac{\left|\dfrac{a_n}{1+a_n}\right|}{|a_n|}=\lim\limits_{n\to\infty}\dfrac{1}{|1+a_n|}=1$，所以$\sum\limits_{n=1}^{\infty}\dfrac{a_n}{1+a_n}$绝对收敛.

因为$\dfrac{a_n^2}{1+a_n^2}\leqslant a_n^2$，所以$\sum\limits_{n=1}^{\infty}\dfrac{a_n^2}{1+a_n^2}$收敛，即绝对收敛.

例 12.16 设函数$f(x)$在$x=0$的邻域内具有二阶连续导数，且$\lim\limits_{x\to0}\dfrac{f(x)}{x}=0$，证明级数$\sum\limits_{n=1}^{\infty}f\left(\dfrac{1}{n}\right)$绝对收敛.

分析 应用$f(x)$的麦克劳林展开式，估计$f\left(\dfrac{1}{n}\right)$的值，然后用比较判别法.

证明 因为$\lim\limits_{x\to0}\dfrac{f(x)}{x}=0$，所以$f(0)=0$，$f'(0)=0$. $f(x)$的麦克劳林展开式为

$$f(x)=f(0)+f'(0)x+\frac{1}{2!}f''(\theta x)x^2=\frac{1}{2}f''(\theta x)x^2,\quad 0<\theta<1$$

因为$f(x)$在$x=0$的邻域内具有二阶连续导数，所以存在$M>0$，使$|f''(x)|\leqslant M$，于是$|f(x)|\leqslant\dfrac{M}{2}x^2$. 从而，当$n$充分大时，有 $\left|f\left(\dfrac{1}{n}\right)\right|\leqslant\dfrac{M}{2}\cdot\dfrac{1}{n^2}$

因为$\sum\limits_{n=1}^{\infty}\dfrac{1}{n^2}$收敛，所以级数$\sum\limits_{n=1}^{\infty}f\left(\dfrac{1}{n}\right)$绝对收敛.

例 12.17 求级数$\sum\limits_{n=0}^{\infty}n^2\mathrm{e}^{-nx}$的收敛区间.

解 $\lim\limits_{n\to\infty}\left|\dfrac{u_{n+1}}{u_n}\right|=\lim\limits_{n\to\infty}\dfrac{(n+1)^2\mathrm{e}^{-(n+1)x}}{n^2\mathrm{e}^{-nx}}=\mathrm{e}^{-x}$

当$0\leqslant\mathrm{e}^{-x}<1$，即$0<x<+\infty$时，级数绝对收敛；当$\mathrm{e}^{-x}>1$，即$-\infty<x<0$时，级数发散. 当$x=0$时，$\sum\limits_{n=0}^{\infty}n^2$发散. 故$\sum\limits_{n=0}^{\infty}n^2\mathrm{e}^{-nx}$的收敛区间为$(0,+\infty)$.

例 12.18 设$\sum\limits_{n=0}^{\infty}a_nx^n$的收敛半径为 3，求幂级数$\sum\limits_{n=1}^{\infty}na_n(x-1)^{n+1}$的收敛区间.

分析 对幂级数逐项求导,逐项积分以及乘以非零因子后,收敛半径不变.

解 因为$\sum\limits_{n=0}^{\infty}a_nx^n$的收敛半径为3,所以$\lim\limits_{n\to\infty}\frac{|a_{n+1}|}{|a_n|}=\frac{1}{3}$.从而

$$\lim_{n\to\infty}\frac{|(n+1)a_{n+1}|}{|na_n|}=\lim_{n\to\infty}\frac{n+1}{n}\cdot\lim_{n\to\infty}\frac{|a_{n+1}|}{|a_n|}=\frac{1}{3}$$

幂级数$\sum\limits_{n=1}^{\infty}na_n(x-1)^{n+1}$的收敛半径为$R=3$,解不等式$-3<x-1<3$得,即收敛区间为$(-2,4)$.

例 12.19 求下列级数的和函数:

(1) $\sum\limits_{n=1}^{\infty}\frac{x^{2n+1}}{2n}$; (2) $\sum\limits_{n=1}^{\infty}n(n+1)x^n$; (3) $\sum\limits_{n=1}^{\infty}(3n-2)x^{2n-1}$.

解 (1) 收敛区间为$(-1,1)$.设$s(x)=\sum\limits_{n=1}^{\infty}\frac{x^{2n+1}}{2n}$, $x\in(-1,1)$,则

$$s(x)=x\sum_{n=1}^{\infty}\frac{x^{2n}}{2n},\quad x\in(-1,1)$$

对$f(x)=\sum\limits_{n=1}^{\infty}\frac{x^{2n}}{2n}$在$(-1,1)$逐项求导得 $f'(x)=\sum\limits_{n=1}^{\infty}x^{2n-1}=\frac{x}{1-x^2}$, $x\in(-1,1)$

对上式从0到x积分得

$$f(x)=\int_0^x\frac{t}{1-t^2}\mathrm{d}t=-\frac{1}{2}\ln(1-x^2)$$

从而,$s(x)=-\frac{x}{2}\ln(1-x^2)$, $x\in(-1,1)$.

(2) 收敛区间为$(-1,1)$.因为 $\sum\limits_{n=1}^{\infty}x^n=\frac{x}{1-x}$, $x\in(-1,1)$

两边对x求导得 $\sum\limits_{n=1}^{\infty}nx^{n-1}=\frac{1}{(1-x)^2}$, $x\in(-1,1)$

上式两边乘以x^2,再对x求导得

$$\left(\sum_{n=1}^{\infty}nx^{n+1}\right)'=\sum_{n=1}^{\infty}n(n+1)x^n=\left[\frac{x^2}{(1-x)^2}\right]'=\frac{2x}{(1-x)^3},\quad x\in(-1,1)$$

即

$$s(x)=\frac{2x}{(1-x)^3},\quad x\in(-1,1)$$

(3) 收敛区间为$(-1,1)$.设

$$s(x)=\sum_{n=1}^{\infty}(3n-2)x^{2n-1}=x+4x^3+7x^5+\cdots+(3n-2)x^{2n-1}+\cdots,\quad x\in(-1,1)$$

则

$$x^2s(x)=x^3+4x^5+7x^7+\cdots+(3n-2)x^{2n+1}+\cdots$$

以上两式相减,得

$$(1-x^2)s(x)=x+3x^3+3x^5+\cdots+3x^{2n-1}+\cdots=x+\frac{3x^3}{1-x^2}=\frac{x+2x^3}{1-x^2}$$

所以

$$s(x)=\frac{x+2x^3}{(1-x^2)^2},\quad x\in(-1,1)$$

小结 求幂级数的和函数时,应将所求级数与和函数已知的幂级数作比较,看有何不同,然后采取变量代换法、代数运算法、逐项求导法、逐项积分法,将所给幂级数转化成和函数已知的幂级数形式.

例 12.20 求幂级数$\sum\limits_{n=1}^{\infty}(-1)^{n-1}\left(1+\frac{1}{n(2n-1)}\right)x^{2n}$的收敛区间与和函数$f(x)$.

分析 第一步利用收敛半径的计算公式求出收敛半径,即可求出收敛区间;第二步利用幂级数性质求和函数.

解 令$x^2=t$,则原级数变成标准幂级数

$$\sum_{n=1}^{\infty}(-1)^{n-1}\left(1+\frac{1}{n(2n-1)}\right)t^n$$

记
$$a_n=(-1)^{n-1}\left(1+\frac{1}{n(2n-1)}\right)$$

因为
$$\lim_{n\to\infty}\left|\frac{a_{n+1}}{a_n}\right|=\lim_{n\to\infty}\frac{(n+1)(2n+1)+1}{(n+1)(2n+1)}\cdot\frac{n(2n-1)}{n(2n-1)+1}=1$$

所以级数 $\sum_{n=1}^{\infty}(-1)^{n-1}\left(1+\frac{1}{n(2n-1)}\right)t^n$ 的收敛半径 $R=1$，于是原级数当 $x^2<1$ 时收敛，当 $x^2>1$ 时发散，从而原级数的收敛区间为 $(-1,1)$.

$$\sum_{n=1}^{\infty}(-1)^{n-1}\left(1+\frac{1}{n(2n-1)}\right)x^{2n}=-\sum_{n=1}^{\infty}(-x^2)^n+2\sum_{n=1}^{\infty}(-1)^{n-1}\frac{1}{2n(2n-1)}x^{2n}=$$

$$\frac{x^2}{1+x^2}+2\sum_{n=1}^{\infty}(-1)^{n-1}\frac{1}{2n(2n-1)}x^{2n},\quad x\in(-1,1)$$

令
$$s(x)=\sum_{n=1}^{\infty}(-1)^{n-1}\frac{1}{2n(2n-1)}x^{2n}$$

则
$$s'(x)=\sum_{n=1}^{\infty}(-1)^{n-1}\frac{1}{2n-1}x^{2n-1}$$

$$s''(x)=\sum_{n=1}^{\infty}(-1)^{n-1}x^{2n-2}=\sum_{n=1}^{\infty}(-x^2)^{n-1}=\frac{1}{1+x^2},\quad x\in(-1,1)$$

积分得
$$s'(x)=\arctan x\Big|_0^x=\arctan x,\quad x\in(-1,1)$$

$$s(x)=\int_0^x\arctan x\mathrm{d}x=x\arctan x\Big|_0^x-\int_0^x\frac{x}{1+x^2}\mathrm{d}x=x\arctan x-\frac{1}{2}\ln(1+x^2),\quad x\in(-1,1)$$

从而所求和函数为
$$f(x)=\frac{x^2}{1+x^2}+2x\arctan x-\ln(1+x^2),\quad x\in(-1,1)$$

例 12.21 将函数 $f(x)=xa^x(a>0)$ 展开成 x 的幂级数.

分析 利用 e^x 的展开式.

解 因为
$$\mathrm{e}^x=1+x+\frac{x^2}{2!}+\cdots+\frac{x^n}{n!}+\cdots,\quad x\in(-\infty,+\infty)$$

所以
$$a^x=\mathrm{e}^{\ln a^x}=\mathrm{e}^{x\ln a}=1+x\ln a+\frac{(x\ln a)^2}{2!}+\cdots+\frac{(x\ln a)^n}{n!}+\cdots=$$

$$1+\ln a\cdot x+\frac{(\ln a)^2}{2!}x^2+\cdots+\frac{(\ln a)^n}{n!}x^n+\cdots,\quad x\in(-\infty,+\infty)$$

于是
$$f(x)=xa^x=x\left(1+\ln a\cdot x+\frac{(\ln a)^2}{2!}x^2+\cdots+\frac{(\ln a)^n}{n!}x^n+\cdots\right)=$$

$$x+\ln a\cdot x^2+\frac{(\ln a)^2}{2!}x^3+\cdots+\frac{(\ln a)^{n-1}}{(n-1)!}x^n+\cdots,\quad x\in(-\infty,+\infty)$$

例 12.22 将函数 $f(x)=\frac{1}{(1+x)(1+x^2)(1+x^4)}$ 展开成 x 的幂级数.

分析 此类问题应利用等比级数求和公式.

解
$$f(x)=\frac{1-x}{(1-x)(1+x)(1+x^2)(1+x^4)}=\frac{1-x}{1-x^8},\quad x\neq 1$$

因为
$$\frac{1}{1-x}=\sum_{n=0}^{\infty}x^n,\quad x\in(-1,1)$$

所以
$$\frac{1}{1-x^8}=\sum_{n=0}^{\infty}x^{8n},\quad x\in(-1,1)$$

于是
$$f(x)=(1-x)\sum_{n=0}^{\infty}x^{8n}=(1-x)(1+x^8+x^{16}+\cdots)=$$

$$1-x+x^8-x^9+x^{16}-x^{17}+\cdots,\quad x\in(-1,1)$$

例 12.23 将函数 $f(x)=\arctan\dfrac{1+x}{1-x}$ 展开成 x 的幂级数.

解 $f'(x)=\left(\arctan\dfrac{1+x}{1-x}\right)'=\dfrac{1}{1+x^2}=1-x^2+x^4-x^6+\cdots+(-1)^n x^{2n}+\cdots$

积分得
$$\int_0^x f'(x)\mathrm{d}x=f(x)-f(0)=\sum_{n=0}^{\infty}\frac{(-1)^n}{2n+1}x^{2n+1}$$

$$f(x)=f(0)+\sum_{n=0}^{\infty}\frac{(-1)^n}{2n+1}x^{2n+1},\quad x\in(-1,1)$$

因为 $f(0)=\arctan1=\dfrac{\pi}{4}$,所以

$$f(x)=\frac{\pi}{4}+\sum_{n=0}^{\infty}\frac{(-1)^n}{2n+1}x^{2n+1},\quad x\in(-1,1)$$

例 12.24 将函数 $f(x)=\dfrac{1}{4}\ln\dfrac{1+x}{1-x}+\dfrac{1}{2}\arctan x-x$ 展开成 x 的幂级数.

分析 先求导函数的幂级数展开式,然后利用逐项积分可得原函数的幂级数展开式.

解 $f'(x)=\dfrac{1}{4}\left(\dfrac{1}{1+x}+\dfrac{1}{1-x}\right)+\dfrac{1}{2(1+x^2)}-1=\dfrac{1}{1-x^4}-1=\displaystyle\sum_{n=1}^{\infty}x^{4n},\quad x\in(-1,1)$

积分得
$$f(x)=\int_0^x f'(x)\mathrm{d}x=\int_0^x\sum_{n=1}^{\infty}x^{2n}\mathrm{d}x=\sum_{n=1}^{\infty}\frac{x^{4n+1}}{4n+1},\quad x\in(-1,1)$$

例 12.25 将函数 $f(x)=\dfrac{\mathrm{d}}{\mathrm{d}x}\left(\dfrac{\mathrm{e}^x-1}{x}\right)(x\neq0)$ 展开成 x 的幂级数,并求 $\displaystyle\sum_{n=1}^{\infty}\frac{n}{(n+1)!}$ 的和.

解 $\dfrac{\mathrm{e}^x-1}{x}=\dfrac{1}{x}\left(\displaystyle\sum_{n=0}^{\infty}\frac{x^n}{n!}-1\right)=\frac{1}{x}\sum_{n=1}^{\infty}\frac{x^n}{n!}=\sum_{n=1}^{\infty}\frac{x^{n-1}}{n!}$

$$f(x)=\frac{\mathrm{d}}{\mathrm{d}x}\left(\frac{\mathrm{e}^x-1}{x}\right)=\frac{\mathrm{d}}{\mathrm{d}x}\left(\sum_{n=1}^{\infty}\frac{x^{n-1}}{n!}\right)=\sum_{n=2}^{\infty}\frac{(n-1)x^{n-2}}{n!}=\sum_{n=1}^{\infty}\frac{nx^{n-1}}{(n+1)!},\quad x\neq0$$

令 $x=1$,得
$$\sum_{n=1}^{\infty}\frac{n}{(n+1)!}=f(1)=\frac{\mathrm{d}}{\mathrm{d}x}\left(\frac{\mathrm{e}^x-1}{x}\right)\Bigg|_{x=1}=\frac{\mathrm{e}^x(x-1)+1}{x^2}\Bigg|_{x=1}=1$$

例 12.26 求级数 $\displaystyle\sum_{n=2}^{\infty}\frac{1}{(n^2-1)2^n}$ 的和.

解 引入幂级数

$$\sum_{n=2}^{\infty}\frac{x^n}{n^2-1}=\frac{1}{2}\sum_{n=2}^{\infty}\left(\frac{1}{n-1}-\frac{1}{n+1}\right)x^n=\frac{1}{2}\left[\frac{x^2}{1}+\frac{x^3}{2}+\frac{x^4}{3}+\cdots+\frac{x^{n-1}}{n}+\cdots\right]-$$
$$\frac{1}{2}\left[\frac{x^2}{3}+\frac{x^3}{4}+\frac{x^4}{5}+\cdots+\frac{x^{n+1}}{n+2}+\cdots\right]$$

而
$$\frac{x^2}{1}+\frac{x^3}{2}+\frac{x^4}{3}+\cdots=x\left(x+\frac{x^2}{2}+\frac{x^3}{3}+\cdots\right)=x\cdot\int_0^x(1+x+x^2+x^3+\cdots)\mathrm{d}x=$$
$$x\int_0^x\frac{1}{1-x}\mathrm{d}x=-x\ln(1-x),\quad -1\leqslant x<1$$
$$\frac{x^2}{3}+\frac{x^3}{4}+\frac{x^4}{5}+\cdots=\frac{1}{x}\left(\frac{x^3}{3}+\frac{x^4}{4}+\frac{x^5}{5}+\cdots\right)=$$
$$\frac{1}{x}\left[-\ln(1-x)-x-\frac{x^2}{2}\right],\quad -1\leqslant x<1,\text{但 }x\neq0$$

从而
$$\sum_{n=2}^{\infty}\frac{x^n}{n^2-1}=-\frac{1}{2}x\ln(1-x)+\frac{1}{2x}\left[\ln(1-x)+x+\frac{x^2}{2}\right]=$$
$$\frac{1}{2}\left(\frac{1}{x}-x\right)\ln(1-x)+\frac{1}{2}\left(1+\frac{x}{2}\right),\quad -1\leqslant x<1,\text{但 }x\neq0$$

故
$$\sum_{n=2}^{\infty}\frac{1}{(n^2-1)2^n}=\frac{1}{2}\left(2-\frac{1}{2}\right)\ln\frac{1}{2}+\frac{1}{2}\left(1+\frac{1}{4}\right)==\frac{5}{8}-\frac{3}{4}\ln 2$$

例 12.27 试求极限$\lim\limits_{n\to\infty}\left(\frac{1}{a}+\frac{2}{a^2}+\cdots+\frac{n}{a^n}\right)$，其中 $a>1$.

分析 注意$\lim\limits_{n\to\infty}\left(\frac{1}{a}+\frac{2}{a^2}+\cdots+\frac{n}{a^n}\right)=\sum\limits_{n=1}^{\infty}\frac{n}{a^n}$，可考察幂级数$\sum\limits_{n=1}^{\infty}nx^n$.

解 令 $s(x)=\sum\limits_{n=1}^{\infty}nx^n$，其中 $a>1$. 则
$$s(x)=x\sum_{n=1}^{\infty}nx^{n-1}=x\left(\sum_{n=0}^{\infty}x^n\right)'=x\left(\frac{1}{1-x}\right)'=\frac{x}{(1-x)^2},\quad -1<x<1$$
故
$$\lim_{n\to\infty}\left(\frac{1}{a}+\frac{2}{a^2}+\cdots+\frac{n}{a^n}\right)=s\left(\frac{1}{a}\right)=\frac{a}{(1-a)^2}$$

例 12.28 设函数 $f(x)=x^2, x\in[0,\pi]$，试求：

(1) $f(x)$ 在$[0,\pi]$上的正弦级数； (2) $f(x)$ 在$[0,\pi]$上的余弦级数；

(3) $f(x)$ 在$(0,\pi)$上以 2π 为周期的傅里叶级数；

(4) $f(x)$ 在$(0,\pi)$上以 π 为周期的傅里叶级数.

解 (1) 将 $f(x)=x^2, x\in[0,\pi]$ 奇延拓到$[-\pi,0)$，相应正弦级数的系数为

$a_n=0,\quad n=0,1,2,3\cdots$
$$b_n=\frac{2}{\pi}\int_0^{\pi}x^2\sin nx\,dx=\frac{2}{\pi}\left[\frac{-x^2\cos nx}{n}+\frac{2x\sin nx}{n^2}+\frac{2\cos nx}{n^3}\right]\Bigg|_0^{\pi}=$$
$$\frac{2\pi(-1)^{n+1}}{n}-\frac{4[1-(-1)^n]}{\pi n^3},\quad n=1,2,3,\cdots$$

$f(x)$ 在$[0,\pi]$上的正弦级数为
$$\frac{2}{\pi}\sum_{n=1}^{\infty}\left\{\frac{\pi^2(-1)^{n+1}}{n}-\frac{2[1-(-1)^n]}{n^3}\right\}\sin nx=\begin{cases}x^2, & 0\leqslant x\leqslant\pi\\ 0, & x=\pi\end{cases}$$

(2) 将 $f(x)=x^2, x\in[0,\pi]$ 偶延拓到$[-\pi,0)$，相应余弦级数的系数为

$b_n=0,\quad n=1,2,3,\cdots$
$$a_0=\frac{2}{\pi}\int_0^{\pi}x^2\,dx=\frac{2}{3}\pi^2$$
$$a_n=\frac{2}{\pi}\int_0^{\pi}x^2\cos nx\,dx=\frac{2}{\pi}\left[\frac{x^2\sin nx}{n}+\frac{2x\cos nx}{n^2}-\frac{2\sin nx}{n^3}\right]\Bigg|_0^{\pi}=\frac{4(-1)^n}{n^2},\quad n=1,2,3,\cdots$$

$f(x)$ 在$[0,\pi]$上的余弦级数为 $\quad\frac{\pi^2}{3}+4\sum\limits_{n=1}^{\infty}\frac{(-1)^n}{n^2}\cos nx=x^2,\quad 0\leqslant x\leqslant\pi$

(3) 为了将 $f(x)=x^2$ 在$(0,\pi)$上展开以 2π 为周期的傅里叶级数，构造函数
$$F(x)=\begin{cases}0, & -\pi\leqslant x<0\\ x^2, & 0\leqslant x\leqslant\pi\end{cases}$$
并将 $F(x)$ 展开为以 2π 为周期的傅里叶级数，其傅里叶系数为
$$a_0=\frac{1}{\pi}\int_{-\pi}^{\pi}F(x)\,dx=\frac{1}{\pi}\int_0^{\pi}x^2\,dx=\frac{1}{3}\pi^2$$
$$a_n=\frac{1}{\pi}\int_{-\pi}^{\pi}F(x)\cos nx\,dx=\frac{1}{\pi}\int_0^{\pi}x^2\cos nx\,dx=\frac{2(-1)^n}{n^2},\quad n=1,2,3,\cdots$$
$$b_n=\frac{1}{\pi}\int_{-\pi}^{\pi}F(x)\sin nx\,dx=\frac{1}{\pi}\int_0^{\pi}x^2\sin nx\,dx=\frac{\pi(-1)^{n+1}}{n}-\frac{2[1-(-1)^n]}{\pi n^3},\quad n=1,2,3,\cdots$$
从而，$f(x)$ 在$(0,\pi)$上以 2π 为周期的傅里叶级数为
$$\frac{\pi^2}{6}+\sum_{n=1}^{\infty}\left\{\frac{2(-1)^n}{n^2}\cos nx+\left[\frac{\pi(-1)^{n+1}}{n}-\frac{2(1-(-1)^n)}{\pi n^3}\right]\sin nx\right\}=x^2,\quad 0<x<\pi$$

(4) $f(x)$ 在 $(0,\pi)$ 上展开为以 π 为周期的傅里叶级数，其傅里叶系数为

$$a_0=\frac{2}{\pi}\int_{-\frac{\pi}{2}}^{\frac{\pi}{2}}f(x)\mathrm{d}x=\frac{2}{\pi}\int_0^{\pi}x^2\mathrm{d}x=\frac{2}{3}\pi^2$$

$$a_n=\frac{2}{\pi}\int_{-\frac{\pi}{2}}^{\frac{\pi}{2}}f(x)\cos 2nx\,\mathrm{d}x=\frac{2}{\pi}\int_0^{\pi}x^2\cos 2nx\,\mathrm{d}x=\frac{1}{n^2},\quad n=1,2,3,\cdots$$

$$b_n=\frac{2}{\pi}\int_{-\frac{\pi}{2}}^{\frac{\pi}{2}}f(x)\sin 2nx\,\mathrm{d}x=\frac{2}{\pi}\int_0^{\pi}x^2\sin 2nx\,\mathrm{d}x=-\frac{\pi}{n},\quad n=1,2,3,\cdots$$

从而，$f(x)$ 在 $(0,\pi)$ 上以 π 为周期的傅里叶级数为

$$\frac{\pi^2}{3}+\sum_{n=1}^{\infty}\left(\frac{1}{n^2}\cos 2nx-\frac{\pi}{n}\sin 2nx\right)=x^2,\quad 0<x<\pi$$

注　对于同一函数，可以根据需要采用不同的方式展开为相应的傅里叶级数. 应该注意它们的差异，尽管上述四个三角级数形式不同，但是，在区间 $(0,\pi)$ 上，它们都表示同一个函数 $f(x)=x^2$.

小结　将函数 $f(x)$ 展开为傅里叶级数的步骤如下：

① 判定 $f(x)$ 的周期 $2l$，以及是否具有奇偶性；

② 计算傅里叶系数 a_0,a_n,b_n；

③ 根据狄利克莱定理写出所得傅里叶级数的和函数 $s(x)$；

④ 若还要求某数项级数的和，只要重令 x 在 $s(x)$ 取某特殊值即可.

四、课后习题精解

(一) 习题 11-1 解答

1. 写出下列级数的前五项：

(1) $\sum_{n=1}^{\infty}\frac{1+n}{1+n^2}$；　(2) $\sum_{n=1}^{\infty}\frac{1\cdot 3\cdot 5\cdot\cdots\cdot(2n-1)}{2\cdot 4\cdot\cdots\cdot 2n}$；　(3) $\sum_{n=1}^{\infty}\frac{(-1)^{n-1}}{5^n}$；　(4) $\sum_{n=1}^{\infty}\frac{n!}{n^n}$.

解　(1) $\frac{1+1}{1+1^2}+\frac{1+2}{1+2^2}+\frac{1+3}{1+3^2}+\frac{1+4}{1+4^2}+\frac{1+5}{1+5^2}+\cdots$

(2) $\frac{1}{2}+\frac{3}{8}+\frac{15}{48}+\frac{105}{384}+\frac{1\cdot 3\cdot 5\cdot 7\cdot 9}{2\cdot 4\cdot 6\cdot 8\cdot 10}+\cdots$

(3) $\frac{1}{5}-\frac{1}{5^2}+\frac{1}{5^3}-\frac{1}{5^4}+\frac{1}{5^5}-\cdots$

(4) $1+\frac{2!}{2^2}+\frac{3!}{3^3}+\frac{4!}{4^4}+\frac{5!}{5^5}+\cdots$

2. 写出下列级数的一般项：

(1) $1+\frac{1}{3}+\frac{1}{5}+\frac{1}{7}+\cdots$；　(2) $\frac{2}{1}-\frac{3}{2}+\frac{4}{3}-\frac{5}{4}+\frac{6}{5}-\cdots$；

(3) $\frac{\sqrt{x}}{2}+\frac{x}{2\cdot 4}+\frac{x\sqrt{x}}{2\cdot 4\cdot 6}+\frac{x^2}{2\cdot 4\cdot 6\cdot 8}+\cdots$；　(4) $\frac{a^2}{3}-\frac{a^3}{5}+\frac{a^4}{7}-\frac{a^5}{9}+\cdots$.

解　(1) $u_n=\frac{1}{2n-1}$　(2) $u_n=(-1)^{n-1}\frac{n+1}{n}=(-1)^{n-1}\left(1+\frac{1}{n}\right)$

(3) $u_n=\frac{x^{\frac{n}{2}}}{(2n)!!}$　(4) $u_n=(-1)^{n+1}\frac{a^{n+1}}{2n+1}$

3. 按照级数收敛与发散的定义判定下列级数的收敛性：

(1) $\sum_{n=1}^{\infty}(\sqrt{n+1}-\sqrt{n})$；　(2) $\frac{1}{1\cdot 3}+\frac{1}{3\cdot 5}+\frac{1}{5\cdot 7}+\cdots+\frac{1}{(2n-1)(2n+1)}+\cdots$；

(3) $\sin\frac{\pi}{6}+\sin\frac{2\pi}{6}+\cdots+\sin\frac{n\pi}{6}+\cdots$.

解 (1) $s_n=(\sqrt{2}-1)+(\sqrt{3}-\sqrt{2})+(\sqrt{4}-\sqrt{3})+\cdots+(\sqrt{n+1}-\sqrt{n})=\sqrt{n+1}-1$

因为 $\lim\limits_{n\to\infty}s_n=+\infty$，所以级数发散.

(2) $s_n=\frac{1}{2}\left(1-\frac{1}{3}\right)+\frac{1}{2}\left(\frac{1}{3}-\frac{1}{5}\right)+\cdots+\frac{1}{2}\left(\frac{1}{2n-1}-\frac{1}{2n+1}\right)=\frac{1}{2}\left(1-\frac{1}{2n+1}\right)$

因为 $\lim\limits_{n\to\infty}s_n=\frac{1}{2}$，所以级数收敛于 $\frac{1}{2}$.

(3) 利用
$$u_k=\sin\frac{k\pi}{6}=\frac{1}{2\sin\frac{\pi}{12}}\left[\cos\frac{(2k-1)\pi}{12}-\cos\frac{(2k+1)\pi}{12}\right]$$

$$s_n=\frac{1}{2\sin\frac{\pi}{12}}\left[\left(\cos\frac{\pi}{12}-\cos\frac{3\pi}{12}\right)+\left(\cos\frac{3\pi}{12}-\cos\frac{5\pi}{12}\right)+\cdots+\left(\cos\frac{(2n-1)\pi}{12}-\cos\frac{(2n+1)\pi}{12}\right)\right]=$$
$$\frac{1}{2\sin\frac{\pi}{12}}\left[\cos\frac{\pi}{12}-\cos\frac{(2n+1)\pi}{12}\right]$$

因为 $\lim\limits_{n\to\infty}s_n=\lim\limits_{n\to\infty}\frac{1}{2\sin\frac{\pi}{12}}\left[\cos\frac{\pi}{12}-\cos\frac{(2n+1)\pi}{12}\right]$ 不存在，所以级数发散.

4. 判定下列级数的收敛性：

(1) $-\frac{8}{9}+\frac{8^2}{9^2}-\frac{8^3}{9^3}+\cdots+(-1)^n\frac{8^n}{9^n}+\cdots$；　(2) $\frac{1}{3}+\frac{1}{6}+\frac{1}{9}+\cdots+\frac{1}{3n}+\cdots$；

(3) $\frac{1}{3}+\frac{1}{\sqrt{3}}+\frac{1}{\sqrt[3]{3}}+\cdots+\frac{1}{\sqrt[n]{3}}+\cdots$；　(4) $\frac{3}{2}+\frac{3^2}{2^2}+\frac{3^3}{2^3}+\cdots+\frac{3^n}{2^n}+\cdots$；

(5) $\left(\frac{1}{2}+\frac{1}{3}\right)+\left(\frac{1}{2^2}+\frac{1}{3^2}\right)+\left(\frac{1}{2^3}+\frac{1}{3^3}\right)+\cdots+\left(\frac{1}{2^n}+\frac{1}{3^n}\right)+\cdots$.

解 (1) 此级数是公比为 $q=-\frac{8}{9}$ 的等比级数，此级数收敛.

(2) 原式 $=\sum\limits_{n=1}^{\infty}\frac{1}{3n}=\frac{1}{3}\sum\limits_{n=1}^{\infty}\frac{1}{n}$，发散.

(3) 因为 $\lim\limits_{n\to\infty}u_n=\lim\limits_{n\to\infty}\frac{1}{\sqrt[n]{3}}=1\neq 0$，所以级数发散.

(4) 此级数是公比为 $q=\frac{3}{2}>1$ 的等比级数，此级数发散.

(5) 原式 $=\sum\limits_{n=1}^{\infty}\left(\frac{1}{2}\right)^n+\sum\limits_{n=1}^{\infty}\left(\frac{1}{3}\right)^n$，此级数收敛.

*5. 利用柯西收敛原理判定下列级数的收敛性：

(1) $\sum\limits_{n=1}^{\infty}\frac{(-1)^{n+1}}{n}$；　(2) $1+\frac{1}{2}-\frac{1}{3}+\frac{1}{4}+\frac{1}{5}-\frac{1}{6}+\cdots$；

(3) $\sum\limits_{n=1}^{\infty}\frac{\sin nx}{2^n}$；　(4) $\sum\limits_{n=0}^{\infty}\left(\frac{1}{3n+1}+\frac{1}{3n+2}-\frac{1}{3n+3}\right)$.

解 (1) 任给 $0<\varepsilon<1$，对于任何自然数 p，因为
$$|u_{n+1}+u_{n+2}+\cdots+u_{n+p}|=\left|\frac{(-1)^{n+2}}{n+1}+\frac{(-1)^{n+3}}{n+2}+\cdots+\frac{(-1)^{n+p+1}}{n+p}+\right|\leqslant$$
$$\left|\frac{1}{n+1}-\frac{1}{n+2}+\cdots+(-1)^{p-1}\frac{1}{n+p}\right|<\frac{1}{n+1}$$

取 $N=\left[\frac{1}{\varepsilon}-1\right]$，则当 $n>N$ 时，对于任何自然数 p，都有

$$|u_{n+1}+u_{n+2}+\cdots+u_{n+p}|<\frac{1}{n+1}<\varepsilon$$

由柯西收敛原理知，级数收敛.

(2) 取 $p=3n$，则

$$|s_{n+p}-s_n|=|u_{n+1}+u_{n+2}+u_{n+3}+\cdots+u_{n+p}|=$$

$$\left|\left(\frac{1}{n+1}+\frac{1}{n+2}-\frac{1}{n+3}\right)+\left(\frac{1}{n+4}+\frac{1}{n+5}-\frac{1}{n+6}\right)+\cdots+\left(\frac{1}{4n-2}+\frac{1}{4n-1}-\frac{1}{4n}\right)\right|>$$

$$\left|\frac{1}{n+1}+\frac{1}{n+4}+\cdots+\frac{1}{4n-2}\right|>\frac{1}{4n}+\frac{1}{4n}+\cdots+\frac{1}{4n}=\frac{1}{4}\quad(共\ n\ 项)$$

于是，取 $\varepsilon_0=\frac{1}{4}$，对于任意的 $n\in\mathbf{N}$，$\exists\, p=3n$，使得 $\quad|u_{n+1}+u_{n+2}+u_{n+3}+\cdots+u_{n+p}|>\varepsilon_0$

由柯西收敛原理知，级数发散.

(3) 对于任何自然数 p，因为

$$|u_{n+1}+u_{n+2}+u_{n+3}+\cdots+u_{n+p}|\leqslant\left|\frac{\sin(n+1)x}{2^{n+1}}+\frac{\sin(n+2)x}{2^{n+2}}+\frac{\sin(n+3)x}{2^{n+3}}+\cdots+\frac{\sin(n+p)x}{2^{n+p}}\right|\leqslant$$

$$\frac{1}{2^{n+1}}+\frac{1}{2^{n+2}}+\frac{1}{2^{n+3}}+\cdots+\frac{1}{2^{n+p}}=\frac{1}{2^n}\left(1-\frac{1}{2^n}\right)<\frac{1}{2^n}$$

于是，$\forall\, 0<\varepsilon<1$，$\exists\, N=\left[\frac{-\ln\varepsilon}{\ln 2}\right]>0$，当 $n>N$ 时，对于任何自然数 p，都有

$$|u_{n+1}+u_{n+2}+u_{n+3}+\cdots+u_{n+p}|<\frac{1}{2^n}<\varepsilon$$

由柯西收敛原理知，级数收敛.

(4) 取 $p=3n$，则

$$|s_{n+p}-s_n|=|u_{n+1}+u_{n+2}+u_{n+3}+\cdots+u_{n+p}|=\left|\left(\frac{1}{3n+4}+\frac{1}{3n+5}-\frac{1}{3n+6}\right)+\right.$$

$$\left.\left(\frac{1}{3n+7}+\frac{1}{3n+8}-\frac{1}{3n+9}\right)+\cdots+\left(\frac{1}{3n+3p+1}+\frac{1}{3n+3p+2}-\frac{1}{12n+3}\right)\right|>$$

$$\frac{1}{3n+4}+\frac{1}{3n+7}+\cdots+\frac{1}{3n+3p+1}>\quad(共\ n\ 项)$$

$$\frac{n}{12n+1}>\frac{n}{13n}=\frac{1}{13}\qquad(n>1)$$

于是，取 $\varepsilon_0=\frac{1}{13}$，对于任意的 $n\in N$，$\exists\, p=3n$，使得

$$|u_{n+1}+u_{n+2}+u_{n+3}+\cdots+u_{n+p}|>\varepsilon_0$$

由柯西收敛原理知，级数发散.

(二) 习题 12-2 解答

1. 用比较审敛法或极限形式的比较审敛法判定下列级数的收敛性：

(1) $1+\frac{1}{3}+\frac{1}{5}+\cdots+\frac{1}{2n-1}+\cdots$； (2) $1+\frac{1+2}{1+2^2}+\frac{1+3}{1+3^2}+\cdots+\frac{1+n}{1+n^2}+\cdots$；

(3) $\frac{1}{2\cdot5}+\frac{1}{3\cdot6}+\cdots+\frac{1}{(n+1)(n+4)}+\cdots$； (4) $\sin\frac{\pi}{2}+\sin\frac{\pi}{2^2}+\sin\frac{\pi}{2^3}+\cdots+\sin\frac{\pi}{2^n}+\cdots$；

(5) $\sum\limits_{n=1}^{\infty}\frac{1}{1+a^n}\quad(a>0)$.

解 (1) $u_n=\frac{1}{2n-1}$，因为 $\lim\limits_{n\to\infty}\frac{1}{2n-1}\Big/\frac{1}{n}=\lim\limits_{n\to\infty}\frac{n}{2n-1}=\frac{1}{2}$，而 $\sum\limits_{n=1}^{\infty}\frac{1}{n}$ 发散，所以该级数发散.

(2) $u_n=\frac{1+n}{1+n^2}>\frac{1+n}{n+n^2}=\frac{1}{n}$，而 $\sum\limits_{n=1}^{\infty}\frac{1}{n}$ 发散，由比较审敛法知，该级数发散.

(3)$u_n=\frac{1}{(n+1)(n+4)}$,因为$\lim\limits_{n\to\infty}\frac{1}{(n+1)(n+4)}\bigg/\frac{1}{n^2}=1$,且$\sum\limits_{n=1}^{\infty}\frac{1}{n^2}$收敛,所以该级数收敛.

(4)$u_n=\sin\frac{\pi}{2^n}$,因为$\lim\limits_{n\to\infty}\sin\frac{\pi}{2^n}\bigg/\frac{\pi}{2^n}=1$,且$\sum\limits_{n=1}^{\infty}\frac{\pi}{2^n}$收敛,所以该级数收敛.

(5) 当$0<a\leqslant 1$时,$u_n=\frac{1}{1+a^n}\geqslant\frac{1}{1+1}=\frac{1}{2}$,$\lim\limits_{n\to\infty}u_n\neq 0$,该级数发散;

当$a>1$时,$\frac{1}{a}<1$,$u_n=\frac{1}{1+a^n}<\frac{1}{a^n}$,且$\sum\limits_{n=1}^{\infty}\frac{1}{a^n}$收敛,由比较审敛法知,该级数收敛.

2. 用比值判别法判定下列级数的收敛性:

(1) $\frac{3}{1\cdot 2}+\frac{3^2}{2\cdot 2^2}+\frac{3^3}{3\cdot 2^3}+\cdots+\frac{3^n}{n2^n}+\cdots$;　　(2) $\sum\limits_{n=1}^{\infty}\frac{n^2}{3^n}$;

(3) $\sum\limits_{n=1}^{\infty}\frac{2^n\cdot n!}{n^n}$;　　(4) $\sum\limits_{n=1}^{\infty}n\tan\frac{\pi}{2^{n+1}}$.

解　(1) $\lim\limits_{n\to\infty}\frac{u_{n+1}}{u_n}=\lim\limits_{n\to\infty}\frac{3^{n+1}}{(n+1)2^{n+1}}\bigg/\frac{3^n}{n2^n}=\frac{3}{2}\lim\limits_{n\to\infty}\frac{n}{n+1}=\frac{3}{2}>1$,由比值审敛法知,该级数发散.

(2) $\lim\limits_{n\to\infty}\frac{u_{n+1}}{u_n}=\lim\limits_{n\to\infty}\frac{(n+1)^2}{3^{n+1}}\bigg/\frac{n^2}{3^n}=\frac{1}{3}\lim\limits_{n\to\infty}\left(\frac{n+1}{n}\right)^2=\frac{1}{3}<1$,级数收敛.

(3) $\lim\limits_{n\to\infty}\frac{u_{n+1}}{u_n}=\lim\limits_{n\to\infty}\frac{2^{n+1}(n+1)!}{(n+1)^{n+1}}\bigg/\frac{2^n n!}{n^n}=2\lim\limits_{n\to\infty}\frac{1}{\left(1+\frac{1}{n}\right)^n}=\frac{2}{e}<1$,级数收敛.

(4) $\lim\limits_{n\to\infty}\frac{u_{n+1}}{u_n}=\lim\limits_{n\to\infty}(n+1)\tan\frac{\pi}{2^{n+2}}\bigg/n\tan\frac{\pi}{2^{n+1}}=\lim\limits_{n\to\infty}\frac{n+1}{n}\lim\limits_{n\to\infty}\tan\frac{\pi}{2^{n+2}}\bigg/\tan\frac{\pi}{2^{n+1}}=\frac{1}{2}<1$

级数收敛.

*3. 用根值审敛法判定下列级数的收敛性:

(1) $\sum\limits_{n=1}^{\infty}\left(\frac{n}{2n+1}\right)^n$;　　(2) $\sum\limits_{n=1}^{\infty}\frac{1}{[\ln(n+1)]^n}$;　　(3) $\sum\limits_{n=1}^{\infty}\left(\frac{n}{3n-1}\right)^{2n-1}$;

(4) $\sum\limits_{n=1}^{\infty}\left(\frac{b}{a_n}\right)^n$,其中$a_n\to a$,$a_n,b,a$均为正常数.

解　(1) $\lim\limits_{n\to\infty}\sqrt[n]{u_n}=\lim\limits_{n\to\infty}\frac{n}{2n+1}=\frac{1}{2}<1$,级数收敛.

(2) $\lim\limits_{n\to\infty}\sqrt[n]{u_n}=\lim\limits_{n\to\infty}\frac{1}{\ln(n+1)}=0<1$,级数收敛.

(3) $\lim\limits_{n\to\infty}\sqrt[n]{u_n}=\lim\limits_{n\to\infty}\left(\frac{n}{3n-1}\right)^{\frac{2n-1}{n}}=\lim\limits_{n\to\infty}\left(\frac{n}{3n-1}\right)^{2-\frac{1}{n}}=\frac{1}{9}<1$,级数收敛.

(4) $\lim\limits_{n\to\infty}\sqrt[n]{u_n}=\lim\limits_{n\to\infty}\frac{b}{a_a}=\frac{b}{a}$,当$b<a$时,级数收敛;当$b>a$时,级数发散;当$b=a$时,根值判别法失效.

4. 判定下列级数的收敛性:

(1) $\frac{3}{4}+2\left(\frac{3}{4}\right)^2+3\left(\frac{3}{4}\right)^3+\cdots+n\left(\frac{3}{4}\right)^n+\cdots$;　　(2) $\frac{1^4}{1!}+\frac{2^4}{2!}+\frac{3^4}{3!}+\cdots+\frac{n^4}{n!}+\cdots$;

(3) $\sum\limits_{n=1}^{\infty}\frac{n+1}{n(n+2)}$;　　(4) $\sum\limits_{n=1}^{\infty}2^n\sin\frac{\pi}{3^n}$;

(5) $\sqrt{2}+\sqrt{\frac{3}{2}}+\cdots+\sqrt{\frac{n+1}{n}}+\cdots$;

(6) $\frac{1}{a+b}+\frac{1}{2a+b}+\cdots+\frac{1}{na+b}+\cdots$, $(a>0,b>0)$.

解　(1) $\lim\limits_{n\to\infty}\sqrt[n]{u_n}=\frac{3}{4}\lim\limits_{n\to\infty}\sqrt[n]{n}=\frac{3}{4}<1$,级数收敛.

(2) $\lim\limits_{n\to\infty}\frac{u_{n+1}}{u_n}=\lim\limits_{n\to\infty}\frac{(n+1)^4}{(n+1)!}\Big/\frac{n^4}{n!}=\lim\limits_{n\to\infty}\frac{1}{n+1}\lim\limits_{n\to\infty}\left(\frac{n+1}{n}\right)^4=0<1$,级数收敛.

(3) 因为$\lim\limits_{n\to\infty}u_n\Big/\frac{1}{n}=\lim\limits_{n\to\infty}\frac{n(n+1)}{n(n+2)}=\lim\limits_{n\to\infty}\frac{n+1}{n+2}=1$,而$\sum\limits_{n=1}^{\infty}\frac{1}{n}$发散,所以级数发散.

(4) 因为$\lim\limits_{n\to\infty}2^n\sin\frac{\pi}{3^n}\Big/\left(\frac{2}{3}\right)^n=\pi\lim\limits_{n\to\infty}\sin\frac{\pi}{3^n}\Big/\frac{\pi}{3^n}=\pi$,且$\sum\limits_{n=1}^{\infty}\left(\frac{2}{3}\right)^n$收敛,所以级数收敛.

(5) 因为$\lim\limits_{n\to\infty}u_n=\lim\limits_{n\to\infty}\sqrt{\frac{n+1}{n}}=1\neq 0$,所以级数发散.

(6) 因为$\lim\limits_{n\to\infty}\frac{1}{na+b}\Big/\frac{1}{n}=\lim\limits_{n\to\infty}\frac{n}{na+b}=\frac{1}{a}>0$,而$\sum\limits_{n=1}^{\infty}\frac{1}{n}$发散,所以级数发散.

5. 判定下列级数是否收敛?如果是收敛的,是绝对收敛还是条件收敛?

(1)$1-\frac{1}{\sqrt{2}}+\frac{1}{\sqrt{3}}-\frac{1}{\sqrt{4}}+\cdots$;　　(2) $\sum\limits_{n=1}^{\infty}(-1)^{n-1}\frac{n}{3^{n-1}}$;

(3) $\frac{1}{3}\cdot\frac{1}{2}-\frac{1}{3}\cdot\frac{1}{2^2}+\frac{1}{3}\cdot\frac{1}{2^3}-\frac{1}{3}\cdot\frac{1}{2^4}+\cdots$;　　(4) $\frac{1}{\ln 2}-\frac{1}{\ln 3}+\frac{1}{\ln 4}-\frac{1}{\ln 5}+\cdots$;

(5) $\sum\limits_{n=1}^{\infty}(-1)^{n+1}\frac{2^{n^2}}{n!}$.

解　(1) 条件收敛.

(2) 因为$\lim\limits_{n\to\infty}\frac{|u_{n+1}|}{|u_n|}=\lim\limits_{n\to\infty}\frac{n+1}{3^n}\Big/\frac{n}{3^{n-1}}=\frac{1}{3}\lim\limits_{n\to\infty}\left(1+\frac{1}{n}\right)=\frac{1}{3}<1$,所以级数绝对收敛.

(3) 因为$\sum\limits_{n=1}^{\infty}|u_n|=\frac{1}{3}\sum\limits_{n=1}^{\infty}\frac{1}{2^n}$收敛,所以级数绝对收敛.

(4) 因为$\sum\limits_{n=1}^{\infty}\frac{(-1)^{n-1}}{\ln(n+1)}$收敛,而$\sum\limits_{n=1}^{\infty}\frac{1}{\ln(n+1)}$发散,所以级数条件收敛.

(5) 因为$|u_n|=\frac{2^{n^2}}{n!}>\frac{[(1+1)^n]^n}{n!}>\frac{(1+n)^n}{n!}>\frac{n^n}{n!}=\frac{n\cdot n\cdots n}{1\cdot 2\cdots n}>1$,所以$\lim\limits_{n\to\infty}u_n\neq 0$,级数发散.

(三) 习题 12-3 解答

1. 求下列幂级数的收敛区间:

(1)$x+2x^2+3x^3+\cdots+nx^n+\cdots$;　　(2)$1-x+\frac{x^2}{2^2}+\cdots+(-1)^n\frac{x^n}{n^2}+\cdots$;

(3) $\frac{x}{2}+\frac{x^2}{2\cdot 4}+\frac{x^3}{2\cdot 4\cdot 6}+\cdots+\frac{x^n}{2\cdot 4\cdot 6\cdot\cdots\cdot(2n)}+\cdots$;

(4) $\frac{x}{1\cdot 3}+\frac{x^2}{2\cdot 3^2}+\frac{x^3}{3\cdot 3^3}+\cdots+\frac{x^n}{n\cdot 3^n}+\cdots$;　　(5) $\frac{2}{2}x+\frac{2^2}{5}x^2+\frac{2^3}{10}x^3+\cdots+\frac{2^n}{n^2+1}x^n+\cdots$;

(6) $\sum\limits_{n=1}^{\infty}(-1)^n\frac{x^{2n+1}}{2n+1}$;　　(7) $\sum\limits_{n=1}^{\infty}\frac{2n-1}{2^n}x^{2n-2}$;　　(8) $\sum\limits_{n=1}^{\infty}\frac{(x-5)^n}{\sqrt{n}}$.

解　(1)$\rho=\lim\limits_{n\to\infty}\left|\frac{a_{n+1}}{a_n}\right|=\lim\limits_{n\to\infty}\frac{n+1}{n}=1$,收敛半径 $R=1$;幂级数的收敛区间为$(-1,+1)$.

(2)$\rho=\lim\limits_{n\to\infty}\left|\frac{a_{n+1}}{a_n}\right|=\lim\limits_{n\to\infty}\frac{1}{(n+1)^2}\Big/\frac{1}{n^2}=\lim\limits_{n\to\infty}\left(\frac{n}{n+1}\right)^2=1$,收敛半径 $R=1$.

幂级数的收敛区间为$(-1,1)$.

(3)$\rho=\lim\limits_{n\to\infty}\left|\frac{a_{n+1}}{a_n}\right|=\lim\limits_{n\to\infty}\frac{1}{2^{n+1}(n+1)!}\Big/\frac{1}{2^n n!}=\lim\limits_{n\to\infty}\frac{1}{2(n+1)}=0$,收敛半径 $R=+\infty$;幂级数的收敛区间为$(-\infty,+\infty)$.

(4)$\rho=\lim\limits_{n\to\infty}\left|\frac{a_{n+1}}{a_n}\right|=\lim\limits_{n\to\infty}\frac{1}{(n+1)3^{n+1}}\Big/\frac{1}{n3^n}=\frac{1}{3}$,收敛半径 $R=3$.

幂级数的收敛区间为(−3,3).

(5)$\rho=\lim\limits_{n\to\infty}\left|\dfrac{a_{n+1}}{a_n}\right|=\lim\limits_{n\to\infty}\dfrac{2^{n+1}}{(n+1)^2+1}\Big/\dfrac{2^n}{n^2+1}=2\lim\limits_{n\to\infty}\dfrac{n^2+1}{(n+1)^2+1}=2$,收敛半径 $R=\dfrac{1}{2}$.

幂级数的收敛区间为$\left(-\dfrac{1}{2},\dfrac{1}{2}\right)$.

(6) $\lim\limits_{n\to\infty}\left|\dfrac{u_{n+1}}{u_n}\right|=\lim\limits_{n\to\infty}\dfrac{x^{2n+3}}{2n+3}\Big/\dfrac{x^{2n+1}}{2n+1}=x^2\lim\limits_{n\to\infty}\dfrac{2n+1}{2n+3}=x^2$

幂级数的收敛区间为(−1,1).

(7) 令 $y=x^2$,原级数变为$\sum\limits_{n=1}^{\infty}\dfrac{2n-1}{2^n}y^{n-1}$,则

$\rho=\lim\limits_{n\to\infty}\left|\dfrac{a_{n+1}}{a_n}\right|=\lim\limits_{n\to\infty}\dfrac{2n+1}{2^{n+1}}\Big/\dfrac{2n-1}{2^n}=\dfrac{1}{2}\lim\limits_{n\to\infty}\dfrac{2n+1}{2n-1}=\dfrac{1}{2}$,收敛半径 $R=2$.

级数$\sum\limits_{n=1}^{\infty}\dfrac{2n-1}{2^n}y^{n-1}$ 的收敛区间为(−2,2);级数$\sum\limits_{n=1}^{\infty}\dfrac{2n-1}{2^n}x^{2n-2}$ 的收敛区间为$(-\sqrt{2},\sqrt{2})$.

(8)$\rho=\lim\limits_{n\to\infty}\left|\dfrac{a_{n+1}}{a_n}\right|=\lim\limits_{n\to\infty}\dfrac{\sqrt{n}}{\sqrt{n+1}}=1$,收敛半径 $R=1$.

当 $|x-5|<1$ 时,级数绝对收敛;当 $|x-5|>1$ 时,级数发散;幂级数的收敛区间为(4,6).

2. 利用逐项求导或逐项积分,求下列级数的和函数:

(1) $\sum\limits_{n=1}^{\infty}nx^{n-1}$; (2) $\sum\limits_{n=1}^{\infty}\dfrac{x^{4n+1}}{4n+1}$; (3) $x+\dfrac{x^3}{3}+\dfrac{x^5}{5}+\cdots+\dfrac{x^{2n-1}}{2n-1}+\cdots$.

解 (1) 因为

$$\int_0^x\sum_{n=1}^{\infty}nx^{n-1}\mathrm{d}x=\sum_{n=1}^{\infty}\int_0^x nx^{n-1}\mathrm{d}x=\sum_{n=1}^{\infty}x^n=\frac{x}{1-x}$$

所以

$$\sum_{n=1}^{\infty}nx^{n-1}=\left(\frac{x}{1-x}\right)'=\frac{1}{(1-x)^2},\quad -1<x<1$$

(2) 因为

$$\left(\sum_{n=1}^{\infty}\frac{x^{4n+1}}{4n+1}\right)'=\sum_{n=1}^{\infty}\left(\frac{x^{4n+1}}{4n+1}\right)'=\sum_{n=1}^{\infty}x^{4n}=\frac{x^4}{1-x^4}$$

所以

$$\sum_{n=1}^{\infty}\frac{x^{4n+1}}{4n+1}=\int_0^x\frac{x^4}{1-x^4}\mathrm{d}x=\int_0^x\left(-1+\frac{1}{2}\cdot\frac{1}{1+x^2}+\frac{1}{2}\cdot\frac{1}{1-x^2}\right)\mathrm{d}x=$$

$$\frac{1}{2}\arctan x-x+\frac{1}{4}\ln\left(\frac{1+x}{1-x}\right),\quad |x|<1$$

(3) 因为

$$\left(\sum_{n=1}^{\infty}\frac{x^{2n-1}}{2n-1}\right)'=\sum_{n=1}^{\infty}\left(\frac{x^{2n-1}}{2n-1}\right)'=\sum_{n=1}^{\infty}x^{2n-2}=\frac{1}{1-x^2}$$

所以

$$\text{原式}=\int_0^x\frac{\mathrm{d}x}{1-x^2}=\frac{1}{2}\ln\left(\frac{1+x}{1-x}\right),\quad |x|<1$$

(四) 习题 12-4 解答

1. 求函数 $f(x)=\cos x$ 的泰勒级数,并验证它在整个数轴上收敛于这个函数.

解 $f^{(n)}(x_0)=(\cos x)^{(n)}\Big|_{x=x_0}=\cos\left(x_0+\dfrac{n\pi}{2}\right),\quad n\in\mathbf{N}$

$f(x)$ 的泰勒级数为

$$\cos x_0+\cos\left(x_0+\frac{\pi}{2}\right)(x-x_0)+\frac{\cos(x_0+\pi)}{2!}(x-x_0)^2+\cdots+\frac{\cos\left(x_0+\frac{n\pi}{2}\right)}{n!}(x-x_0)^n+\cdots$$

余项 $$|R_n(x)|=\left|\frac{\cos\left[x_0+\theta(x-x_0)+\frac{n+1}{2}\pi\right]}{(n+1)!}(x-x_0)^{n+1}\right|\leqslant\frac{|x-x_0|^{n+1}}{(n+1)!},\quad 0<\theta<1$$

因为级数 $\sum_{n=1}^{\infty}\frac{|x-x_0|^{n+1}}{(n+1)!}$ 的收敛区间为 $(-\infty,+\infty)$，所以任给 $x\in\mathbf{R}$，有

$$\lim_{n\to\infty}\frac{|x-x_0|^{n+1}}{(n+1)1}=0$$

从而，任给 $x\in\mathbf{R}$，$\lim\limits_{n\to\infty}R_n(x)=0$，于是

$$\cos x=\cos x_0+\cos\left(x_0+\frac{\pi}{2}\right)(x-x_0)+\frac{\cos(x_0+\pi)}{2!}(x-x_0)^2+\cdots+\frac{\cos\left(x_0+\frac{n\pi}{2}\right)}{n!}(x-x_0)^n+\cdots$$

$$x\in\mathbf{R}$$

2. 将下列函数展开成 x 的幂级数，并求展开式成立的区间：

(1) $\mathrm{sh}x=\frac{e^x-e^{-x}}{2}$；　(2) $\ln(a+x)(a>0)$；　(3) a^x；

(4) $\sin^2x$；　(5) $(1+x)\ln(1+x)$；　(6) $\frac{x}{\sqrt{1+x^2}}$.

解　(1) $\mathrm{sh}x=\frac{1}{2}(e^x-e^{-x})=\frac{1}{2}\left[\sum_{n=0}^{\infty}\frac{x^n}{n!}-\sum_{n=0}^{\infty}\frac{(-x)^n}{n!}\right]=\frac{1}{2}\sum_{n=0}^{\infty}[1-(-1)^n]\frac{x^n}{n!}=$

$$\sum_{n=1}^{\infty}\frac{x^{2n-1}}{(2n-1)!}=\sum_{n=0}^{\infty}\frac{x^{2n+1}}{(2n+1)!},\qquad x\in\mathbf{R}$$

(2) $\ln(a+x)=\ln a\left(1+\frac{x}{a}\right)=\ln a+\ln\left(1+\frac{x}{a}\right)=\ln a+\sum_{n=0}^{\infty}(-1)^n\frac{1}{n+1}\left(\frac{x}{a}\right)^{n+1}=$

$$\ln a+\sum_{n=0}^{\infty}(-1)^n\frac{x^{n+1}}{(n+1)a^{n+1}},\quad -a<x\leqslant a$$

(3) $a^x=e^{x\ln a}=\sum_{n=0}^{\infty}\frac{\ln^n a}{n!}x^n,\quad -\infty<x<+\infty$

(4) $\sin^2x=\frac{1}{2}(1-\cos 2x)=\frac{1}{2}-\frac{1}{2}\cos 2x=\frac{1}{2}-\frac{1}{2}\sum_{n=0}^{\infty}(-1)^n\frac{(2x)^{2n}}{(2n)!}=$

$$\sum_{n=1}^{\infty}(-1)^{n-1}\frac{2^{2n-1}}{(2n)!}x^{2n},\quad x\in\mathbf{R}$$

(5) $(1+x)\ln(1+x)=\ln(1+x)+x\ln(1+x)=\sum_{n=0}^{\infty}(-1)^n\frac{x^{n+1}}{n+1}+x\sum_{n=0}^{\infty}(-1)^n\frac{x^{n+1}}{n+1}=$

$$x+\sum_{n=1}^{\infty}(-1)^n\frac{x^{n+1}}{n+1}+\sum_{n=0}^{\infty}(-1)^n\frac{x^{n+2}}{n+1}=$$

$$x+\sum_{n=1}^{\infty}\left[\frac{(-1)^n}{n+1}+\frac{(-1)^{n-1}}{n}\right]x^{n+1}=x+\sum_{n=1}^{\infty}\frac{(-1)^n n+(-1)^{n-1}(n+1)}{n(n+1)}x^{n+1}=$$

$$x+\sum_{n=1}^{\infty}\frac{(-1)^{n-1}}{n(n+1)}x^{n+1},\qquad -1<x\leqslant 1$$

(6) $\frac{x}{\sqrt{1+x^2}}=x(1+x^2)^{-\frac{1}{2}}=$

$$x\left[1-\frac{1}{2}x^2+\frac{-\frac{1}{2}\cdot\left(-\frac{3}{2}\right)}{2!}x^4+\cdots+\frac{-\frac{1}{2}\cdot\left(-\frac{3}{2}\right)\cdots\left(-\frac{1}{2}-n+1\right)}{n!}x^{2n}+\cdots\right]=$$

$$x-\frac{x^3}{2}+\frac{1\cdot 3}{2^2\cdot 2!}x^5+\cdots+(-1)^n\frac{1\cdot 3\cdots\cdots(2n-1)}{2^n\cdot n!}x^{2n+1}+\cdots=$$

$$x+\sum_{n=1}^{\infty}(-1)^n\frac{(2n-1)!!}{(2n)!!}x^{2n+1}=x+\sum_{n=1}^{\infty}(-1)^n\frac{2(2n)!}{(n!)^2}\left(\frac{x}{2}\right)^{2n+1},\qquad -1<x<1$$

3. 将下列函数展开成 $(x-1)$ 的幂级数，并求展开式成立的区间：

(1) $\sqrt{x^3}$；　(2) $\lg x$.

解 (1) $\sqrt{x^3}=[1+(x-1)]^{\frac{3}{2}}=1+\frac{3}{2}(x-1)+\frac{\frac{3}{2}\left(\frac{3}{2}-1\right)}{2!}(x-1)^2+\cdots+$

$$\frac{1}{n!}\ \frac{3}{2}\left(\frac{3}{2}-1\right)\cdots\left(\frac{3}{2}-n+1\right)(x-1)^n+\cdots=1+\frac{3}{2}(x-1)+$$

$$\frac{3\cdot 1}{2^2\cdot 2!}(x-1)^2+\cdots+\frac{3\cdot 1\cdot(-1)(-3)\cdots(-2n+5)}{2^n n!}(x-1)^n+\cdots=$$

$$1+\frac{3}{2}(x-1)+\sum_{n=0}^{\infty}\frac{3(-1)^n\cdot 1\cdot 3\cdot 5\cdots\cdots(2n-1)}{2^{n+2}\cdot(n+1)!}(x-1)^{n+2}=$$

$$1+\frac{3}{2}(x-1)+\sum_{n=0}^{\infty}\frac{3(-1)^n(2n)!}{2^{n+2}\cdot 2^n\cdot n!\ \cdot(n+2)!}(x-1)^{n+2}=$$

$$1+\frac{3}{2}(x-1)+\sum_{n=0}^{\infty}(-1)^n\frac{(2n)!}{(n!)^2}\cdot\frac{3}{(n+1)(n+2)2^n}\left(\frac{x-1}{2}\right)^{n+2},\quad 0\leqslant x\leqslant 2$$

(2) $\lg x=\frac{\ln x}{\ln 10}=\frac{1}{\ln 10}\ln[1+(x-1)]$,利用

$$\ln(1+x)=\sum_{n=1}^{\infty}(-1)^{n-1}\frac{x^n}{n},\quad x\in(-1,1]$$

将上式中的 x 换成 $(x-1)$,得

$$\lg x=\frac{1}{\ln 10}\sum_{n=1}^{\infty}(-1)^{n-1}\frac{(x-1)^n}{n},\quad x\in(0,2]$$

4. 将函数 $f(x)=\cos x$ 展开成 $\left(x+\frac{\pi}{3}\right)$ 的幂级数.

解 $f(x)=\cos x=\cos\left[\left(x+\frac{\pi}{3}\right)-\frac{\pi}{3}\right]=\cos\left(x+\frac{\pi}{3}\right)\cos\frac{\pi}{3}+\sin\left(x+\frac{\pi}{3}\right)\sin\frac{\pi}{3}=$

$$\frac{1}{2}\sum_{n=0}^{\infty}\frac{(-1)^n}{(2n)!}\left(x+\frac{\pi}{3}\right)^{2n}+\frac{\sqrt{3}}{2}\sum_{n=0}^{\infty}\frac{(-1)^n}{(2n+1)!}\left(x+\frac{\pi}{3}\right)^{2n+1}=$$

$$\frac{1}{2}\sum_{n=0}^{\infty}(-1)^n\left[\frac{1}{(2n)!}\left(x+\frac{\pi}{3}\right)^{2n}+\frac{\sqrt{3}}{(2n+1)!}\left(x+\frac{\pi}{3}\right)^{2n+1}\right],\quad x\in(-\infty,+\infty)$$

5. 将函数 $f(x)=\frac{1}{x}$ 展开成 $(x-3)$ 的幂级数.

解 $f(x)=\frac{1}{x}=\frac{1}{3+(x-3)}=\frac{1}{3}\cdot\frac{1}{1+\frac{x-3}{3}}=\frac{1}{3}\sum_{n=0}^{\infty}(-1)^n\left(\frac{x-3}{3}\right)^n,\quad 0<x<6$

6. 将函数 $f(x)=\frac{1}{x^2+3x+2}$ 展开成 $(x+4)$ 的幂级数.

解 $f(x)=\frac{1}{x^2+3x+2}=\frac{1}{x+1}-\frac{1}{x+2}=\frac{1}{-3+(x+4)}-\frac{1}{-2+(x+4)}=$

$$\frac{1}{2}\cdot\frac{1}{1-\frac{x+4}{2}}-\frac{1}{3}\cdot\frac{1}{1-\frac{x+4}{3}}=\frac{1}{2}\sum_{n=0}^{\infty}\left(\frac{x+4}{2}\right)^n-\frac{1}{3}\sum_{n=0}^{\infty}\left(\frac{x+4}{3}\right)^n=$$

$$\sum_{n=0}^{\infty}\left(\frac{1}{2^{n+1}}-\frac{1}{3^{n+1}}\right)(x+4)^n$$

其中 $-1<\frac{x+4}{2}<1$,且 $-1<\frac{x+4}{3}<1$,从而级数的收敛域为 $(-6,-2)$.

(五)习题 12-5 解答

1. 利用函数的幂级数展开式求下列各数的近似值:

(1) ln3(误差不超过 0.000 1);(2) $\sqrt{e}$(误差不超过 0.001);

(3) $\sqrt[9]{522}$(误差不超过 0.000 01);(4) $\cos 2°$(误差不超过 0.000 1).

解 (1) 第一步,选级数.

$$\ln(1+x)=\sum_{n=1}^{\infty}\frac{(-1)^{n-1}}{n}x^n,\quad x\in(-1,1]$$

$$\ln(1-x)=-\sum_{n=1}^{\infty}\frac{1}{n}x^n,\quad x\in[-1,1)$$

上两式相减得
$$\ln\frac{1+x}{1-x}=2\sum_{n=1}^{\infty}\frac{x^{2n-1}}{2n-1},\quad x\in(-1,1)$$

令 $x=\frac{1}{2}$ 得
$$\ln 3=\ln\frac{1+\frac{1}{2}}{1-\frac{1}{2}}=2\sum_{n=1}^{\infty}\frac{1}{(2n-1)2^{2n-1}}$$

第二步,确定项数.

$$|r_n|=2\left[\frac{1}{(2n+1)2^{2n+1}}+\frac{1}{(2n+3)2^{2n+3}}+\cdots\right]=\frac{1}{(2n+1)2^{2n}}\left[1+\frac{2n+1}{(2n+3)2^2}+\cdots\right]<$$
$$\frac{1}{(2n+1)2^{2n}}\left(1+\frac{1}{2^2}+\frac{1}{2^4}+\cdots\right)\approx\frac{1}{(2n+1)2^{2n}}\cdot\frac{1}{1-\frac{1}{4}}=\frac{1}{3(2n+1)2^{2n-2}}$$

因为
$$|r_6|<\frac{1}{3\cdot 13\cdot 2^{10}}\approx 0.000\ 025=2.5\times 10^{-5}$$

所以,取 $n=6$ 使,$|r_6|<10^{-4}$.

第三步,计算各项,求和取值.

$$\ln 3\approx 2\sum_{n=1}^{6}\frac{1}{(2n-1)2^{2n-1}}=2\left(\frac{1}{2}+\frac{1}{3\cdot 2^3}+\frac{1}{5\cdot 2^5}+\frac{1}{7\cdot 2^7}+\frac{1}{9\cdot 2^9}+\frac{1}{11\cdot 2^{11}}\right)\approx$$
$$1.098\ 58\approx 1.098\ 6$$

第四步,估计误差. 在上述参加计算的六项中,有两项用的是精确值,另外四项由小数点后第六项四舍五入,由此产生舍入误差为

$$\delta<4\times 0.5\times 10^{-5}=2\times 10^{-5}$$

求和以后最后一步的舍入误差为 $\delta'<5\times 10^{-5}$

总误差为
$$\Delta=|r_6|+\delta+\delta'<9.5\times 10^{-5}<10^{-4}$$

所以
$$\ln 3\approx 1.098\ 6$$

(2) 第一步,选级数.
$$e^x=\sum_{n=0}^{\infty}\frac{x^n}{n!},\quad x\in\mathbf{R}$$

$$\sqrt{e}=e^{\frac{1}{2}}=1+\frac{1}{2}+\frac{1}{2!\cdot 2^2}+\cdots+\frac{1}{n!\cdot 2^n}+\cdots$$

第二步,确定项数.
$$|r_n|=\frac{1}{(n+1)!\ 2^{n+1}}+\frac{1}{(n+2)!\ 2^{n+2}}+\cdots=$$
$$\frac{1}{(n+1)!\ 2^{n+1}}\left(1+\frac{1}{n+2}\cdot\frac{1}{2}+\frac{1}{(n+3)(n+2)}\cdot\frac{1}{2^2}+\cdots\right)<$$
$$\frac{1}{(n+1)!\ 2^{n+1}}\left(1+\frac{1}{2^2}+\frac{1}{2^4}+\cdots\right)=\frac{1}{3(n+1)!\ 2^{n-1}}$$

取 $n=4$,截断误差为
$$|r_4|<\frac{1}{3\cdot 5!\cdot 2^3}\approx 0.000\ 3<10^{-3}$$

第三步,计算各项,求和取值.

$$\sqrt{e}\approx 1+\frac{1}{2}+\frac{1}{2!\cdot 2^2}+\frac{1}{3!\cdot 2^3}+\frac{1}{4!\cdot 2^4}\approx 1.648\ 4\approx 1.648$$

第四步,估计误差. 总误差 $\Delta<0.5\times 10^{-4}+2\times 0.5\times 10^{-4}+0.5\times 10^{-4}<10^{-3}$,所以 $\sqrt{e}\approx 1.648$.

(3) $\sqrt[9]{522}=\sqrt[9]{2^9+10}=2\left(1+\frac{10}{2^9}\right)^{\frac{1}{9}}=$

$$2\left[1+\frac{1}{9}\cdot\frac{10}{2^9}+\frac{\frac{1}{9}\cdot\left(\frac{1}{9}-1\right)}{2!}\left(\frac{10}{2^9}\right)^2+\cdots+\frac{\frac{1}{9}\cdot\left(\frac{1}{9}-1\right)\cdots\left(\frac{1}{9}-n+1\right)}{n!}\left(\frac{10}{2^9}\right)^n+\cdots\right]$$

此为交错级数，$|r_n|<u_{n+1}$，计算得

$$u_0=1,\quad u_1=\frac{1}{9}\cdot\frac{10}{2^9}\approx 0.002\ 170,\quad u_2=\frac{1}{2!}\cdot\frac{1}{9}\cdot\frac{8}{9}\cdot\left(\frac{10}{2^9}\right)^2\approx 0.000\ 019$$

$$u_3=\frac{1}{3!}\cdot\frac{1}{9}\cdot\frac{8}{9}\cdot\frac{7}{9}\cdot\left(\frac{10}{2^9}\right)^3\approx 0.000\ 000\ 1$$

因 $|r_2|<0.000\ 000\ 1$，故

$$\sqrt[9]{522}\approx 2(1+0.002\ 170-0.000\ 019)=2\times 1.002\ 151\approx 2.004\ 30$$

(4) $\cos 2^\circ=\cos\frac{\pi}{90}=1-\frac{1}{2!}\left(\frac{\pi}{90}\right)^2+\frac{1}{4!}\left(\frac{\pi}{90}\right)^4-\cdots+\frac{(-1)^n}{(2n)!}\left(\frac{\pi}{90}\right)^n+\cdots$

$$u_1=1,\quad u_2=\frac{1}{2!}\left(\frac{\pi}{90}\right)^2\approx 6.1\times 10^{-4},\quad u_3=\frac{1}{4!}\left(\frac{\pi}{90}\right)^4\approx 6.186\times 10^{-8}$$

此为交错级数，$|r_2|<u_3<10^{-7}$，则

$$\cos 2^\circ\approx 1-\frac{1}{2!}\left(\frac{\pi}{90}\right)^2\approx 1-0.000\ 61\approx 0.999\ 4$$

2. 利用被积函数的幂级数展开式求下列定积分的近似值：

(1) $\int_0^{0.5}\frac{1}{1+x^4}\mathrm{d}x$（误差不超过 0.000 1）； (2) $\int_0^{0.5}\frac{\arctan x}{x}\mathrm{d}x$（误差不超过 0.001）.

解 (1) $\int_0^{0.5}\frac{1}{1+x^4}\mathrm{d}x=\int_0^{0.5}[1-x^4+x^8-\cdots+(-1)^n x^{4n}+\cdots]\mathrm{d}x=$

$$\left(x-\frac{x^5}{5}+\frac{x^9}{9}-\frac{x^3}{13}+\cdots\right)\Big|_0^{0.5}=\frac{1}{2}-\frac{1}{5}\cdot\frac{1}{2^5}+\frac{1}{9}\cdot\frac{1}{2^9}-\frac{1}{13}\cdot\frac{1}{2^3}+\cdots$$

此为交错级数，$|r_n|<u_{n+1}$，计算得

$$u_1=\frac{1}{2},\quad u_2=\frac{1}{5}\cdot\frac{1}{2^5}\approx 0.006\ 25,\quad u_3=\frac{1}{9}\cdot\frac{1}{2^9}\approx 0.000\ 28,\quad u_4=\frac{1}{13}\cdot\frac{1}{2^{13}}\approx 0.000\ 009$$

$$\int_0^{0.5}\frac{1}{1+x^4}\mathrm{d}x\approx\frac{1}{2}-0.006\ 25+0.002\ 8=0.494\ 03$$

(2) 因为 $(\arctan x)=\frac{1}{1+x^2}=1-x^2+x^4-\cdots$

所以 $\arctan x=\int_0^x\frac{1}{1+x^2}\mathrm{d}x=x-\frac{1}{3}x^3+\frac{1}{5}x^5-\cdots,\quad |x|<1$

$$\int_0^{0.5}\frac{\arctan x}{x}\mathrm{d}x=\int_0^{0.5}\left[1-\frac{1}{3}x^2+\frac{1}{5}x^4-\cdots+(-1)^n\frac{x^{2n}}{2n+1}+\cdots\right]\mathrm{d}x=$$

$$\left(x-\frac{x^3}{9}+\frac{x^5}{25}-\frac{x^7}{49}+\cdots\right)\Big|_0^{0.5}=\frac{1}{2}-\frac{1}{9}\cdot\frac{1}{2^3}+\frac{1}{25}\cdot\frac{1}{2^5}-\frac{1}{49}\cdot\frac{1}{2^7}+\cdots$$

此为交错级数，$|r_n|<u_{n+1}$，计算得

$$u_1=\frac{1}{2},\quad u_2=\frac{1}{9}\cdot\frac{1}{2^3}\approx 0.013\ 9,\quad u_3=\frac{1}{25}\cdot\frac{1}{2^5}\approx 0.001\ 3,\quad u_4=\frac{1}{49}\cdot\frac{1}{2^7}\approx 0.000\ 2$$

$$\int_0^{0.5}\frac{\arctan x}{x}\mathrm{d}x\approx\frac{1}{2}-\frac{1}{9}\cdot\frac{1}{2^3}+\frac{1}{25}\cdot\frac{1}{2^5}=0.5-0.013\ 9+0.001\ 3=0.487\ 4$$

3. 试用幂级数求下列各微分方程的解：

(1) $y'-xy-x=1$； (2) $y''+xy'+y=0$； (3) $(1-x)y'=x^2-y$.

解 (1) 设方程的解为 $y=a_0+a_1x+a_2x^2+\cdots+a_nx^n+\cdots$（$a_0$ 为任意常数），代入方程，则有如下竖式

(注意对齐同次幂项):

$$
\begin{aligned}
y' &= a_1 + 2a_2 x + 3a_3 x^2 + \cdots + (n+1)a_{n+1}x^n + \cdots \\
-xy &= \quad -a_0 x - a_1 x^2 - \cdots \quad -a_{n-1}x^n - \cdots \\
-x &= \quad -x
\end{aligned}
$$

$$1 = a_1 + (2a_2 - a_0 - 1)x + (3a_3 - a_1)x^2 + \cdots + [(n+1)a_{n+1} - a_{n-1}]x^n + \cdots$$

比较系数可得

$a_1 = 1,\qquad a_2 = \dfrac{a_0+1}{2},$

$a_3 = \dfrac{1}{3},\qquad a_4 = \dfrac{a_2}{4} = \dfrac{a_0+1}{2\times 4},$

$a_5 = \dfrac{a_3}{5} = \dfrac{1}{3\times 5},\qquad a_6 = \dfrac{a_4}{6} = \dfrac{a_0+1}{2\times 4\times 6},$

……

$a_{2n-1} = \dfrac{1}{3\times 5\times\cdots\times(2n-1)},\qquad a_{2n} = \dfrac{a_0+1}{2\times 4\times 6\times\cdots\times 2n} = \dfrac{a_0+1}{n!\ 2^n}.$

不难求出$\sum\limits_{n=1}^{\infty} a_{2n-1}x^{2n-1}$与$\sum\limits_{n=0}^{\infty} a_{2n}x^{2n}$的收敛域都是$(-\infty,+\infty)$,故

$$
\begin{aligned}
y = \sum_{n=0}^{\infty} a_n x^n &= \sum_{n=1}^{\infty} a_{2n-1}x^{2n-1} + \sum_{n=0}^{\infty} a_{2n}x^{2n} = \\
&\sum_{n=1}^{\infty} \frac{x^{2n-1}}{3\times 5\times\cdots\times(2n-1)} + (a_0+1)\sum_{n=0}^{\infty}\frac{x^{2n}}{n!\ 2^n} - 1 = \\
&\sum_{n=1}^{\infty} \frac{x^{2n-1}}{3\times 5\times\cdots\times(2n-1)} + (a_0+1)\sum_{n=0}^{\infty}\frac{1}{n!}\left(\frac{x^2}{2}\right)^n - 1
\end{aligned}
$$

由于$\sum\limits_{n=0}^{\infty}\dfrac{1}{n!}\left(\dfrac{x^2}{2}\right)^n = e^{\frac{x^2}{2}}$,记$a_0+1=C, 1\times 3\times 5\times\cdots\times(2n-1) = (2n-1)!!$,则

$$y = Ce^{\frac{x^2}{2}} + \sum_{n=1}^{\infty}\frac{1}{(2n-1)!!}x^{2n-1} - 1,\quad x\in(-\infty,+\infty)$$

(2) 设$y = \sum\limits_{n=0}^{\infty} a_n x^n$是方程的解,其中$a_0, a_1$是任意常数,则

$$y' = \sum_{n=1}^{\infty} n a_n x^{n-1}$$

$$y'' = \sum_{n=2}^{\infty} n(n-1)a_n x^{n-2} = \sum_{n=0}^{\infty}(n+2)(n+1)a_{n+2}x^n$$

代入方程$y''+xy'+y=0$,得

$$\sum_{n=0}^{\infty}[(n+2)(n+1)a_{n+2} + na_n + a_n]x^n = 0$$

故必有

$$(n+2)(n+1)a_{n+2} + (n+1)a_n = 0$$

即

$$a_{n+2} = -\frac{a_n}{n+2}\quad (n=0,1,2,\cdots)$$

可见,当$n=2(k-1)$时,

$$a_{2k} = \left(-\frac{1}{2k}\right)a_{2k-2} = \left(-\frac{1}{2k}\right)\left(-\frac{1}{2k-2}\right)\cdots\left(-\frac{1}{2}\right)a_0 = \frac{a_0(-1)^k}{k!\ 2^k}$$

当$n=2k-1$时,

$$a_{2k+1}=\left(-\frac{1}{2k+1}\right)a_{2k-1}=\left(-\frac{1}{2k+1}\right)\left(-\frac{1}{2k-1}\right)\cdots\left(-\frac{1}{3}\right)a_1=\frac{a_1(-1)^k}{(2k+1)!!}$$

由于$\sum_{n=0}^{\infty}a_{2n}x^{2n}$与$\sum_{n=0}^{\infty}a_{2n+1}x^{2n+1}$的收敛域均为$(-\infty,+\infty)$，故

$$y=\sum_{n=0}^{\infty}a_nx^n=\sum_{n=0}^{\infty}a_{2n}x^{2n}+\sum_{n=0}^{\infty}a_{2n+1}x^{2n+1}=\sum_{n=0}^{\infty}\frac{a_0(-1)^n}{n!\,2^n}x^{2n}+\sum_{n=0}^{\infty}\frac{a_1(-1)^n}{(2n+1)!!}x^{2n+1}$$

即
$$y=a_0\mathrm{e}^{-\frac{x^2}{2}}+a_1\sum_{n=0}^{\infty}\frac{(-1)^n}{(2n+1)!!}x^{2n+1},\quad x\in(-\infty,+\infty)$$

(3) 设$y=\sum_{n=0}^{\infty}a_nx^n$是方程的解，代入方程，得

$$(1-x)\sum_{n=1}^{\infty}na_nx^{n-1}=x^2-\sum_{n=0}^{\infty}a_nx^n$$

有
$$\sum_{n=0}^{\infty}na_nx^{n-1}-\sum_{n=1}^{\infty}na_nx^n+\sum_{n=0}^{\infty}a_nx^n=x^2$$

将上式左边第一个级数写成$\sum_{n=1}^{\infty}na_nx^{n-1}=\sum_{n=0}^{\infty}(n+1)a_{n+1}x^n$，则有

$$\sum_{n=0}^{\infty}[(n+1)a_{n+1}+(1-n)a_n]x^n=x^2$$

比较系数，得
$$a_1+a_0=0,\quad 2a_2=0,\quad 3a_3-a_2=1$$
$$(n+1)a_{n+1}+(1-n)a_n=0\quad(n\geqslant 3)$$

即
$$a_1=a_0,\quad a_2=0,\quad a_3=\frac{1}{3},\quad a_{n+1}=\frac{n-1}{n+1}a_n\quad(n\geqslant 3)$$

或写成

$$a_n=\frac{n-2}{n}a_{n-1}=\frac{n-2}{n}\cdot\frac{n-3}{n-1}\cdot\frac{n-4}{n-2}\cdot\cdots\cdot\frac{2}{4}\cdot\frac{1}{3}=\frac{2}{n(n-1)}\quad(n\geqslant 4)$$

于是
$$y=a_0-a_0x+\frac{1}{3}x^3+\frac{1}{6}x^4+\frac{1}{10}x^5+\cdots+\frac{2}{n(n-1)}x^n+\cdots$$

或写成
$$y=a_0(1-x)+x^3\left[\frac{1}{3}+\frac{1}{6}x+\frac{1}{10}x^2+\cdots+\frac{2}{(n+2)(n+3)}x^n+\cdots\right]$$

4. 试用幂级数求下列方程满足所给初始条件的特解：

(1) $y'=y^2+x^3,\ y\Big|_{x=0}=\frac{1}{2}$；　　(2) $(1-x)y'+y=1+x,\ y\Big|_{x=0}=0$.

解 (1) 因$y\Big|_{x=0}=\frac{1}{2}$，故设方程的特解为$y=\frac{1}{2}+\sum_{n=1}^{\infty}a_nx^n$，则

$$y'=\sum_{n=1}^{\infty}na_nx^{n-1}=a_1+\sum_{n=1}^{\infty}(n+1)a_{n+1}x^n$$

代入方程，有

$$a_1+\sum_{n=1}^{\infty}(n+1)a_{n+1}x^n=x^3+\left(\frac{1}{2}+\sum_{n=1}^{\infty}a_nx^n\right)^2=x^3+\frac{1}{4}+\sum_{n=1}^{\infty}a_nx^n+\left(\sum_{n=1}^{\infty}a_nx^n\right)^2=$$

$$x^3+\frac{1}{4}+\sum_{n=1}^{\infty}a_nx^n+\left[a_1^2x^2+2a_1a_2x^3+(a_2^2+2a_1a_3)x^4+\left(\sum_{i+j=n}a_ia_j\right)x^n+\cdots\right]$$

即
$$a_1+(2a_2-a_1)x+(3a_3-a_2-a_1^2)x^2+(4a_4-a_3-2a_1a_2)x^3+\cdots$$
$$+\left[(n+1)a_{n+1}-a_n-\sum_{i+j=n}a_ia_j\right]x^n+\cdots=\frac{1}{4}+x^3$$

比较系数，得
$$a_1=\frac{1}{4},\quad 2a_2-a_1=0,\quad 3a_3-a_2-a_1^2=0,$$
$$4a_4-a_3-2a_1a_2=1,\ \cdots,(n+1)a_{n+1}-a_n-\sum_{i+j=n}a_ia_j=0\quad(n\geqslant 4)$$

依次解得
$$a_1=\frac{1}{4},\quad a_2=\frac{1}{8},\quad a_3=\frac{1}{16},\quad a_4=\frac{9}{32},\cdots$$
故
$$y=\frac{1}{2}+\frac{1}{4}x+\frac{1}{8}x^2+\frac{1}{16}x^3+\frac{9}{32}x^4+\cdots$$

(2) 因 $y\Big|_{x=0}=0$,故设 $y=\sum\limits_{n=1}^{\infty}a_nx^n$ 是方程的特解,则 $y'=\sum\limits_{n=1}^{\infty}na_nx^{n-1}$,代入方程,有
$$(1-x)\sum_{n=1}^{\infty}na_nx^{n-1}+\sum_{n=1}^{\infty}a_nx^n=1+x$$
即
$$\sum_{n=1}^{\infty}na_nx^{n-1}-\sum_{n=1}^{\infty}na_nx^n+\sum_{n=1}^{\infty}a_nx^n=1+x$$
或写成 $a_1+\sum\limits_{n=1}^{\infty}[(n+1)a_{n+1}+(1-n)a_n]x^n=1+x$

比较系数,得 $a_1=1,a_2=\dfrac{1}{2},a_{n+1}=\dfrac{n-1}{n+1}a_n(n\geqslant 2)$,或写成
$$a_n=\frac{n-2}{n}a_{n-2}=\frac{(n-2)(n-3)\cdots 1}{n(n-1)\cdots 3}\cdot\frac{1}{2}=\frac{1}{n(n-1)}\quad(n\geqslant 3)$$
故
$$y=x+\frac{1}{2}x^2+\frac{1}{6}x^3+\cdots+\frac{1}{n(n-1)}x^n+\cdots$$

5. 利用欧拉公式将函数 $e^x\cos x$ 展开成 x 的幂级数.

解 $e^x\cos x=\left(1+x+\dfrac{x^2}{2!}+\dfrac{x^3}{3!}+\cdots\right)\cdot\left(1-\dfrac{x^2}{2!}+\dfrac{x^4}{4!}-\dfrac{x^6}{6!}+\cdots\right)=$
$$1+x+\left(\frac{1}{3!}-\frac{1}{2!}\right)x^3+\left(\frac{2}{4!}-\frac{1}{2!\,2!}\right)x^4+\cdots,\quad x\in\mathbf{R}$$

(六) 习题 12-6 解答

1. 已知函数序列 $s_n(x)=\sin\dfrac{x}{n}(n=1,2,3\cdots)$ 在 $(-\infty,+\infty)$ 收敛于0,

(1) 问 $N(\varepsilon,x)$ 取多大,能使当 $n>N$ 时,$s_n(x)$ 与其极限之差的绝对值小于正数 ε;

(2) 证明 $s_n(x)$ 在任一有限区间 $[a,b]$ 上一致收敛.

解 (1) 因为 $|s_n(x)-0|=\left|\sin\dfrac{x}{n}\right|\leqslant\dfrac{|x|}{n}$,所以,欲使 $|s_n(x)-0|<\varepsilon$,只要 $n>\dfrac{|x|}{\varepsilon}$ 即可. 从而 $\forall\varepsilon>0$,取 $N=\dfrac{|x|}{\varepsilon}$,当 $n>N$ 时,有 $|s_n(x)-0|<\varepsilon$.

(2) 令 $M=\max\{|a|,|b|\}$,当 $x\in[a,b]$ 时,有 $|x|\leqslant M$,而当 $x\in[a,b]$ 时,$|s_n(x)-0|\leqslant\dfrac{|x|}{n}\leqslant\dfrac{M}{n}$,于是,$\forall\varepsilon>0$,$\exists N=\left[\dfrac{M}{\varepsilon}\right]+1$,当 $n>N$ 时,$|s_n(x)-0|\leqslant\dfrac{|x|}{n}\leqslant\dfrac{M}{n}<\varepsilon$. 故 $s_n(x)$ 在任一有限区间 $[a,b]$ 上一致收敛.

2. 已知级数 $x^2+\dfrac{x^2}{1+x^2}+\dfrac{x^2}{(1+x^2)^2}+\cdots$ 在 $(-\infty,+\infty)$ 收敛.

(1) 求出该级数的和;

(2) 问 $N(\varepsilon,x)$ 取多大,能使当 $n>N$ 时,级数的余项 r_n 的绝对值小于正数 ε;

(3) 分别讨论级数在区间 $[0,1]$,$\left[\dfrac{1}{2},1\right]$ 的一致收敛性.

解 (1) 显然 $s(0)=0$,当 $x\neq 0$ 时,有
$$s(x)=x^2\left(1+\frac{1}{1+x^2}+\frac{1}{(1+x^2)^2}+\cdots\right)=1+x^2$$

$$s(x)=\begin{cases}1+x^2, & x\neq 0\\ 0, & x=0\end{cases}$$

(2) $r_n(x)=s(x)-s_n(x)=\dfrac{x^2}{(1+x^2)^n}+\dfrac{x^2}{(1+x^2)^{n+1}}+\cdots$

任给 $0<\varepsilon<1$，当 $x=0$ 时，因为 $r_n(0)=0$，所以取 $N=1$，则当 $n>N$ 时，$|r_n|<\varepsilon$. 当 $x\neq 0$ 时

$$r_n(x)=\frac{x^2}{(1+x^2)^n}+\frac{x^2}{(1+x^2)^{n+1}}+\cdots=\frac{1}{(1+x^2)^{n-1}}$$

欲使 $|r_n|<\varepsilon$，只要 $\dfrac{1}{(1+x^2)^{n-1}}<\varepsilon$ 即可，即 $n>1+\dfrac{\ln\frac{1}{\varepsilon}}{\ln(1+x^2)}$，取 $N=\left[1+\dfrac{\ln\frac{1}{\varepsilon}}{\ln(1+x^2)}\right]$，则当 $n>N$ 时，$|r_n|<\varepsilon$.

(3) 因为 $u_n(x)=\dfrac{x^2}{(1+x^2)^{n-1}}\in[0,1]$，若级数在 $[0,1]$ 一致收敛，必有 $s(x)\in[0,1]$，与已知矛盾. 所以此级数在区间 $[0,1]$ 不一致收敛.

在区间 $\left[\frac{1}{2},1\right]$，因为

$$|r_n(x)|=\frac{1}{(1+x^2)^{n-1}}\leqslant\frac{1}{\left(1+\frac{1}{4}\right)^{n-1}}=\left(\frac{4}{5}\right)^{n-1}$$

所以，$\forall\, 0<\varepsilon<1$，欲使 $|r_n|<\varepsilon$，只须 $\left(\dfrac{5}{4}\right)^{n-1}>\dfrac{1}{\varepsilon}$ 即可，即 $n>\dfrac{\ln\frac{1}{\varepsilon}}{\ln\frac{5}{4}}$. 取 $N=\left[\dfrac{\ln\frac{1}{\varepsilon}}{\ln\frac{5}{4}}\right]+1$，则当 $n>N$ 时，有

$$|r_n(x)|=|s(x)-s_n(x)|<\varepsilon$$

所以 $\{s_n(x)\}$ 在 $\left[\frac{1}{2},1\right]$ 一致收敛.

3. 按定义讨论下列级数在所给区间上的一致收敛性：

(1) $\sum\limits_{n=1}^{\infty}(-1)^{n-1}\dfrac{x^2}{(1+x^2)^n}$，$-\infty<x<+\infty$；　(2) $\sum\limits_{n=0}^{\infty}(1-x)x^n$，$0<x<1$.

解　(1) 因为

$$|r_n(x)|\leqslant|u_{n+1}(x)|=\frac{x^2}{(1+x^2)^{n+1}}\leqslant\frac{x^2}{(1+x^2)^n}=\frac{x^2}{1+nx^2+\cdots+x^{2n}}<\frac{x^2}{nx^2}=\frac{1}{n}$$

所以，$\forall\varepsilon>0$，$\forall N=\left[\dfrac{1}{\varepsilon}\right]$，当 $n>N$ 时，有 $|r_n|<\varepsilon$. 故该级数在 $(-\infty,+\infty)$ 一致收敛.

(2)
$$s_n(x)=1-x+(x-x^2)+(x^2-x^3)+\cdots+(x^n-x^{n+1})=1-x^{n+1}$$
$$s(x)=\lim_{n\to\infty}s_n(x)=\lim_{n\to\infty}(1-x^{n+1})=1,\quad 0<x<1$$
$$|r_n(x)=|s(x)-s_n(x)|=x^{n+1},\quad 0<x<1$$

对于任意的自然数 n，取 $x_n=\left(\dfrac{1}{2}\right)^{\frac{1}{n+1}}\in(0,1)$，有 $|r_n(x_n)|=\dfrac{1}{2}$. 于是，存在 $\varepsilon_0=\dfrac{1}{4}$，无论 n 多大，总存在 $x_n=\left(\dfrac{1}{2}\right)^{\frac{1}{n+1}}$，使得 $|r_n(x_n)|=\dfrac{1}{2}>\varepsilon_0$，所以该级数在 $(0,1)$ 不一致收敛.

4. 利用魏尔斯特拉斯判别法证明下列级数在所给区间上的一致收敛性：

(1) $\sum\limits_{n=1}^{\infty}\dfrac{\cos nx}{2^n}$，$-\infty<x<+\infty$；　(2) $\sum\limits_{n=1}^{\infty}\dfrac{\sin nx}{\sqrt[3]{n^4+x^4}}$，$-\infty<x<+\infty$；

(3) $\sum\limits_{n=1}^{\infty}x^2\mathrm{e}^{-nx}$，$0\leqslant x\leqslant+\infty$；　(4) $\sum\limits_{n=1}^{\infty}\dfrac{\mathrm{e}^{-nx}}{n!}$，$|x|<10$；

(5) $\sum\limits_{n=1}^{\infty}\dfrac{(-1)^n(1-\mathrm{e}^{-nx})}{n^2+x^2}$，$0\leqslant x<+\infty$.

解 (1) 因为 $|u_n(x)|=\left|\dfrac{\cos nx}{2^n}\right|\leqslant\dfrac{1}{2^n}$，而 $\sum\limits_{n=1}^{\infty}\dfrac{1}{2^n}$ 收敛，由魏尔斯特拉斯判别法知，级数在区间 $(-\infty,+\infty)$ 一致收敛.

(2) 因为 $|u_n(x)|=\left|\dfrac{\sin nx}{\sqrt[3]{n^4+x^4}}\right|\leqslant\dfrac{1}{\sqrt[3]{n^4}}$，而 $\sum\limits_{n=1}^{\infty}\dfrac{1}{n^{\frac{4}{3}}}$ 收敛，由魏尔斯特拉斯判别法知，级数在区间 $(-\infty,+\infty)$ 一致收敛.

(3) 因为 $e^t=1+t+\dfrac{t^2}{2!}+\cdots+\dfrac{t^n}{n!}+\cdots\geqslant\dfrac{t^2}{2}$，所以 $e^{nx}\geqslant\dfrac{n^2x^2}{2}$，$e^{-nx}\leqslant\dfrac{2}{n^2x^2}$，从而 $|u_n(x)|=|x^2e^{-nx}|\leqslant\left|\dfrac{2x^2}{n^2x^2}\right|=\dfrac{2}{n^2}$，而 $\sum\limits_{n=1}^{\infty}\dfrac{2}{n^2}$ 收敛，由魏尔斯特拉斯判别法知，级数在区间 $[0,+\infty)$ 一致收敛.

(4) 对于级数 $\sum\limits_{n=1}^{\infty}\dfrac{3^{10n}}{n!}$，因为 $\lim\limits_{n\to\infty}\dfrac{u_{n+1}}{u_n}=\lim\limits_{n\to\infty}\dfrac{3^{10(n+1)}}{(n+1)!}\Big/\dfrac{3^{10n}}{n!}=\lim\limits_{n\to\infty}\dfrac{3^{10}}{n+1}=0<1$，所以级数 $\sum\limits_{n=1}^{\infty}\dfrac{3^{10n}}{n!}$ 收敛，从而，$\lim\limits_{n\to\infty}\dfrac{3^{10n}}{n!}=0$.

对于 $\varepsilon=1$，$\exists N>0$，当 $n>N$ 时，$\left|\dfrac{3^{10n}}{n!}-0\right|=\dfrac{3^{10n}}{n!}<1$，即当 $n>N$ 时，$n!>3^{10n}$. 任给 $x\in(-10,10)$，有 $|u_n(x)|=\dfrac{e^{-nx}}{n!}\leqslant\dfrac{e^{10n}}{n!}<\left(\dfrac{e^{10}}{3^{10}}\right)^n$；而级数 $\sum\limits_{n=N+1}^{\infty}\left(\dfrac{e^{10}}{3^{10}}\right)^n$ 收敛，所以级数 $\sum\limits_{n=N+1}^{\infty}\dfrac{e^{-nx}}{n!}$ 与 $\sum\limits_{n=N+1}^{\infty}\dfrac{e^{nx}}{n!}$ 都在 $|x|<10$ 时一致收敛.

(5) 因为 $|u_n(x)|=\left|\dfrac{(-1)^n(1-e^{-nx})}{n^2+x^2}\right|<\dfrac{1}{n^2}$，$x\in[0,\infty)$，而 $\sum\limits_{n=1}^{\infty}\dfrac{1}{n^2}$ 收敛，所以级数在 $(0,+\infty)$ 一致收敛.

(七) 习题 12-7 解答

1. 下列函数 $f(x)$ 的周期为 2π，试将 $f(x)$ 展开成傅里叶级数，如果 $f(x)$ 在 $[-\pi,\pi)$ 上的表达式为

(1) $f(x)=3x^2+1,\ -\pi\leqslant x<\pi$；　　(2) $f(x)=e^{2x},\ -\pi\leqslant x<\pi$；

(3) $f(x)=\begin{cases}bx, & -\pi\leqslant x<0\\ ax, & 0\leqslant x<\pi\end{cases}$ (a,b 为常数，且 $a>b>0$).

解 (1) $a_0=\dfrac{1}{\pi}\displaystyle\int_{-\pi}^{\pi}(3x^2+1)\,dx=2(\pi^2+1)$

$$a_n=\frac{1}{\pi}\int_{-\pi}^{\pi}(3x^2+1)\cos nx\,dx=\frac{2}{n\pi}\left[(3x^2+1)\sin nx\Big|_0^{\pi}-6\int_0^{\pi}x\sin x\,dx\right]=$$
$$\frac{12}{n^2\pi}\left[x\cos nx\Big|_0^{\pi}-\int_0^{\pi}\cos nx\,dx\right]=(-1)^n\frac{12}{n^2}$$
$$b_n=\frac{1}{\pi}\int_{-\pi}^{\pi}(3x^2+1)\sin nx\,dx=0$$

因为 $f(x)=3x^2+1\in[-\pi,\pi]$，且 $f(-\pi+0)=f(\pi-0)=3\pi^2+1(-\pi\leqslant x\leqslant\pi)$. 所以

$$f(x)=3x^2+1=\pi^2+1+12\sum_{n=1}^{\infty}\frac{(-1)^n}{n^2}\cos nx$$

(2) $a_0=\dfrac{1}{\pi}\displaystyle\int_{-\pi}^{\pi}e^{2x}\,dx=\dfrac{e^{2\pi}-e^{-2\pi}}{2\pi}$

$$a_n=\frac{1}{\pi}\int_{-\pi}^{\pi}e^{2x}\cos nx\,dx=\frac{1}{2\pi}\left[e^{2x}\cos nx\Big|_{-\pi}^{\pi}+n\int_{-\pi}^{\pi}e^{2x}\sin nx\,dx\right]=$$
$$\frac{(-1)^n(e^{2\pi}-e^{-2\pi})}{2\pi}+\frac{n}{4\pi}\left[e^{2x}\sin nx\Big|_{-\pi}^{\pi}-n\int_{-\pi}^{\pi}e^{2x}\cos nx\,dx\right]=$$
$$-\frac{n^2}{4\pi}\int_{-\pi}^{\pi}e^{2x}\cos nx\,dx+\frac{(-1)^n(e^{2\pi}-e^{-2\pi})}{2\pi}$$

移项得 $$a_n=\frac{2(-1)^n}{n^2+4}\cdot\frac{e^{2\pi}-e^{2\pi}}{\pi},\quad n\in\mathbf{N}$$

$$b_n=\frac{1}{\pi}\int_{-\pi}^{\pi}e^{2x}\sin nx\,dx=\frac{n(-1)^{n+1}}{n^2+4}\cdot\frac{e^{2\pi}-e^{-2\pi}}{\pi},\quad n\in\mathbf{N}$$

因为 $f(x)=e^{2x}\in[-\pi,\pi)$，且 $f(-\pi+0)=e^{-2\pi}\neq f(\pi-0)=e^{2\pi}$，所以

$$e^{2x}=\frac{e^{2\pi}-e^{-2\pi}}{\pi}\left[\frac{1}{4}+\sum_{n=1}^{\infty}\frac{(-1)^n}{n^2+4}(2\cos nx-n\sin nx)\right],x\neq(2n+1)\pi,\quad n=0,\pm1,\pm2,\cdots$$

在间断点处，级数收敛于$\frac{1}{2}(e^{2\pi}+e^{-2\pi})$.

(3) $$a_0=\frac{1}{\pi}\left(\int_{-\pi}^{0}bx\,dx+\int_0^{\pi}ax\,dx\right)=\frac{\pi}{2}(a-b)$$

$$a_n=\frac{1}{\pi}\left(\int_{-\pi}^{0}bx\cos nx\,dx+\int_0^{\pi}ax\cos nx\,dx\right)=\frac{b}{\pi}\left[\frac{x}{n}\sin nx+\frac{1}{n^2}\cos nx\right]\Bigg|_{-\pi}^{0}+$$

$$\frac{a}{\pi}\left[\frac{x}{n}\sin nx+\frac{1}{n^2}\cos nx\right]\Bigg|_0^{\pi}=\frac{b-a}{n^2\pi}[1-(-1)^n],\quad n\in\mathbf{N}$$

$$b_n=\frac{1}{\pi}\left(\int_{-\pi}^{0}bx\sin nx\,dx+\int_0^{\pi}ax\sin nx\,dx\right)=$$

$$\frac{b}{\pi}\left[-\frac{x}{n}\cos nx+\frac{\sin nx}{n^2}\right]\Bigg|_{-\pi}^{0}+\frac{a}{\pi}\left[-\frac{x}{n}\cos nx+\frac{\sin nx}{n^2}\right]\Bigg|_0^{\pi}=$$

$$(-1)^{n+1}\frac{a+b}{n},\quad n\in\mathbf{N}$$

因为 $f(x)\in[-\pi,\pi)$，且 $f(-\pi+0)=-b\pi\neq f(\pi-0)=a\pi$，所以

$$f(x)=\frac{\pi(a-b)}{4}+\sum_{n=1}^{\infty}\left(\frac{[1-(-1)^n](b-a)}{n^2\pi}\cos nx+(-1)^{n+1}\frac{a+b}{n}\sin nx\right)$$

$$x\neq(2n+1)\pi;n=0,\pm1,\pm2,\cdots$$

在间断点处，级数收敛于$\frac{\pi}{2}(a-b)$.

2. 将下列函数 $f(x)$ 展开成傅里叶级数：

(1) $f(x)=2\sin\frac{x}{3}$，$-\pi\leqslant x\leqslant\pi$；　　(2) $f(x)=\begin{cases}e^x, & -\pi\leqslant x<0\\ 1, & 0\leqslant x\leqslant\pi\end{cases}$.

解 (1) 将 $f(x)$ 在区间 $[-\pi,\pi]$ 作周期为 2π 的延拓，仍记为 $f(x)$.

$$a_n=0,\quad n=0,1,2,\cdots$$

$$b_n=\frac{1}{\pi}\int_{-\pi}^{\pi}2\sin\frac{x}{3}\sin nx\,dx=\frac{2}{\pi}\int_0^{\pi}\left[\cos\left(\frac{1}{3}-n\right)x-\cos\left(\frac{1}{3}+n\right)x\right]dx=$$

$$(-1)^{n+1}\frac{18\sqrt{3}}{\pi}\cdot\frac{n}{9n^2-1}$$

$$f(x)=\frac{18\sqrt{3}}{\pi}\sum_{n=1}^{\infty}(-1)^{n-1}\frac{n\sin nx}{9n^2-1},\quad -\pi<x<\pi$$

当 $x=\pm\pi$ 时，右边的级数收敛于 0.

(2) $$a_0=\frac{1}{\pi}\left(\int_{-\pi}^{0}e^x\,dx+\int_0^{\pi}dx\right)=\frac{1}{\pi}(1-e^{-\pi})+1$$

$$a_n=\frac{1}{\pi}\left(\int_{-\pi}^{0}e^x\cos nx\,dx+\int_0^{\pi}\cos nx\,dx\right)=\frac{e^x}{\pi(1+n^2)}(n\sin nx+\cos nx)\Bigg|_{-\pi}^{0}+\frac{\sin nx}{\pi n}\Bigg|_0^{\pi}=$$

$$\frac{1-(-1)^n e^{-\pi}}{\pi(1+n^2)},\quad n\in\mathbf{N}$$

$$b_n=\frac{1}{\pi}\left(\int_{-\pi}^{0}e^x\sin nx\,dx+\int_0^{\pi}\sin nx\,dx\right)=\frac{e^x}{\pi(1+n^2)}(\sin nx-n\cos nx)\Bigg|_{-\pi}^{0}-\frac{\cos nx}{\pi n}\Bigg|_0^{\pi}=$$

$$\frac{1}{\pi}\left[\frac{-ne^{-\pi}(1-(-1)^n)}{1+n^2}+\frac{1-(-1)^n}{n}\right],\quad n\in\mathbf{N}$$

$$f(x)=\frac{1+\pi-e^{-\pi}}{2\pi}+\frac{1}{\pi}\sum_{n=1}^{\infty}\left\{\frac{1-(-1)^n e^{-\pi}}{1+n^2}\cos nx+[1-(-1)^n]\left(\frac{1}{n}-\frac{ne^{-\pi}}{1+n^2}\right)\sin nx\right\},\quad x\in(-\pi,\pi)$$

当 $x=\pm\pi$ 时,右边的级数收敛于 $\frac{1}{2}(e^{-\pi}+1)$.

3. 将函数 $f(x)=\cos\frac{x}{2}(-\pi\leqslant x\leqslant\pi)$ 展开成傅里叶级数.

解 因为 $f(x)$ 为偶函数,所以

$$b_n=0,\quad n\in\mathbf{N}$$

$$a_n=\frac{2}{\pi}\int_0^{\pi}\cos\frac{x}{2}\cos nx\,dx=\frac{1}{\pi}\int_0^{\pi}\left[\cos\left(\frac{1}{2}+n\right)x+\cos\left(\frac{1}{2}-n\right)x\right]dx=$$

$$\frac{2}{\pi}\left(\frac{\cos n\pi}{2n+1}-\frac{\cos n\pi}{2n-1}\right)=\frac{4(-1)^{n+1}}{\pi(4n^2-1)},\qquad n=0,1,2,3,\cdots$$

所以

$$\cos\frac{x}{2}=\frac{2}{\pi}+\frac{4}{\pi}\sum_{n=1}^{\infty}\frac{(-1)^{n-1}}{4n^2-1}\cos nx,\quad -\pi\leqslant x\leqslant\pi$$

4. 设 $f(x)$ 的周期为 2π,它在 $[-\pi,\pi)$ 上的表达式为

$$f(x)=\begin{cases}-\frac{\pi}{2}, & -\pi\leqslant x<-\frac{\pi}{2}\\ x, & -\frac{\pi}{2}\leqslant x<\frac{\pi}{2}\\ \frac{\pi}{2}, & \frac{\pi}{2}\leqslant x<\pi\end{cases}$$

将函数 $f(x)$ 展开成傅里叶级数.

解 因为 $f(x)$ 为奇函数,所以

$$a_n=0,\quad n=0,1,2,3,\cdots$$

$$b_n=\frac{2}{\pi}\int_0^{\pi}f(x)\sin nx\,dx=\frac{2}{\pi}\left(\int_0^{\frac{\pi}{2}}x\sin nx\,dx+\int_{\frac{\pi}{2}}^{\pi}\frac{\pi}{2}\sin nx\,dx\right)=\frac{2}{n^2\pi}\sin\frac{n\pi}{2}-\frac{(-1)^n}{n}$$

所以 $$f(x)=\frac{2}{\pi}\sum_{n=1}^{\infty}\left[\frac{1}{n^2}\sin\frac{n\pi}{2}+(-1)^{n+1}\frac{\pi}{2n}\right]\sin nx,\quad n\neq(2n+1)\pi,n=0,\pm1,\pm2,\pm3,\cdots$$

当 $n=(2n+1)\pi,n=0,\pm1,\pm2,\pm3,\cdots$ 时,右边的级数收敛于 0.

5. 将 $f(x)=\frac{\pi-x}{2}(0\leqslant x\leqslant\pi)$ 展开成正弦级数.

解 将函数延拓成 $[-\pi,\pi]$ 上的奇函数,则

$$a_n=0,\quad n=0,1,2,3,\cdots$$

$$b_n=\frac{2}{\pi}\int_0^{\pi}\frac{\pi-x}{2}\sin nx\,dx=\frac{2}{\pi}\left(\frac{x-\pi}{2n}\cos nx-\frac{1}{2n^2}\sin nx\right)\Big|_0^{\pi}=\frac{1}{n},\quad n\in\mathbf{N}$$

从而,当 $0<x\leqslant\pi$ 时,$\frac{\pi-x}{2}=\sum_{n=1}^{\infty}\frac{\sin nx}{n}$;当 $x=0$ 时,右边的级数收敛于

$$\frac{1}{2}[f(0+0)+f(0-0)]=\frac{1}{2}\left[\frac{\pi}{2}+\left(-\frac{\pi}{2}\right)\right]=0$$

6. 将函数 $f(x)=2x^2(0\leqslant x\leqslant\pi)$ 分别展开成正弦级数和余弦级数.

解 (1) 将函数 $f(x)$ 奇延拓成奇函数,则

$$a_n=0,\quad n=0,1,2,3,\cdots$$

$$b_n=\frac{2}{\pi}\int_0^{\pi}2x^2\sin nx\,dx=\frac{4}{\pi}\left[-\frac{2}{n^3}+(-1)^n\left(\frac{2}{n^3}-\frac{\pi^2}{n}\right)\right]$$

当 $x \in [0,\pi)$ 时，有

$$2x^2 = \frac{4}{\pi}\sum_{n=1}^{\infty}\left[-\frac{2}{n^3} + (-1)^n\left(\frac{2}{n^3} - \frac{\pi^2}{n}\right)\right]\sin nx$$

当 $x = \pi$ 时，右边的级数收敛于

$$\frac{1}{2}[f(\pi+0) + f(\pi-0)] = 0$$

(2) 将函数 $f(x)$ 偶延拓成偶函数，则

$$b_n = 0,\quad n = 1,2,3,\cdots$$

$$a_0 = \frac{2}{\pi}\int_0^{\pi} 2x^2\,\mathrm{d}x = \frac{4}{3}\pi^2$$

$$a_n = \frac{2}{\pi}\int_0^{\pi} 2x^2\cos nx\,\mathrm{d}x = (-1)^n\frac{8}{n^2},\quad n = 1,2,3,\cdots$$

$$f(x) = 2x^2 = \frac{2}{3}\pi^2 + 8\sum_{n=1}^{\infty}\frac{(-1)^n}{n^2}\cos nx,\quad x \in [0,\pi]$$

7. 设 $f(x)$ 的周期为 2π，证明：

(1) 如果 $f(x-\pi) = -f(x)$，则 $f(x)$ 的傅里叶系数为 $a_0 = 0, a_{2k} = 0, b_{2k} = 0(k = 1,2,3,\cdots)$；

(2) 如果 $f(x-\pi) = f(x)$，则 $f(x)$ 的傅里叶系数为 $a_{2k+1} = 0, b_{2k+1} = 0(k = 0,1,2,3,\cdots)$.

证明 (1) $a_0 = \frac{1}{\pi}\int_{-\pi}^{\pi} f(x)\mathrm{d}x = \frac{1}{\pi}\left[\int_{-\pi}^{0} f(x)\mathrm{d}x + \int_0^{\pi} f(x)\mathrm{d}x\right] = \frac{1}{\pi}\left[\int_{-\pi}^{0} f(x)\mathrm{d}x - \int_0^{\pi} f(x-\pi)\mathrm{d}x\right]$

因为 $\int_0^{\pi} f(x-\pi)\mathrm{d}x \xlongequal{\text{令 } x-\pi=u} \int_{-\pi}^{0} f(u)\mathrm{d}u$，所以 $a_0 = 0$；于是

$$a_{2k} = \frac{1}{\pi}\int_{-\pi}^{\pi} f(x)\cos 2kx\,\mathrm{d}x = \frac{1}{\pi}\left[\int_{-\pi}^{0} f(x)\cos 2kx\,\mathrm{d}x - \int_0^{\pi} f(x-\pi)\cos 2kx\,\mathrm{d}x\right] =$$

$$\frac{1}{\pi}\left[\int_{-\pi}^{0} f(x)\cos 2kx\,\mathrm{d}x - \int_{-\pi}^{0} f(u)\cos(2k\pi + 2ku)\mathrm{d}u\right] =$$

$$\frac{1}{\pi}\left[\int_{-\pi}^{0} f(x)\cos 2kx\,\mathrm{d}x - \int_{-\pi}^{0} f(u)\cos 2ku\,\mathrm{d}u\right] = 0$$

同理，$b_{2k} = 0$.

(2) $a_{2k+1} = \frac{1}{\pi}\int_{-\pi}^{\pi} f(x)\cos(2k+1)x\mathrm{d}x =$

$$\frac{1}{\pi}\left[\int_{-\pi}^{0} f(x)\cos(2k+1)x\mathrm{d}x + \int_0^{\pi} f(x)\cos(2k+1)x\mathrm{d}x\right] =$$

$$\frac{1}{\pi}\left[\int_{-\pi}^{0} f(x)\cos(2k+1)x\mathrm{d}x + \int_0^{\pi} f(x-\pi)\cos(2k+1)x\mathrm{d}x\right] =$$

$$\frac{1}{\pi}\int_{-\pi}^{0} f(x)\cos(2k+1)x\mathrm{d}x + \frac{1}{\pi}\int_{-\pi}^{0} f(u)\cos[(2k+1)\pi + (2k+1)u]\mathrm{d}u =$$

$$\frac{1}{\pi}\left[\int_{-\pi}^{0} f(x)\cos(2k+1)x\mathrm{d}x - \int_{-\pi}^{0} f(u)\cos(2k+1)u\mathrm{d}u\right] = 0$$

$$b_{2k+1} = \frac{1}{\pi}\int_{-\pi}^{\pi} f(x)\sin(2k+1)x\mathrm{d}x =$$

$$\frac{1}{\pi}\left[\int_{-\pi}^{0} f(x)\sin(2k+1)x\mathrm{d}x + \int_0^{\pi} f(x)\sin(2k+1)x\mathrm{d}x\right] =$$

$$\frac{1}{\pi}\left[\int_{-\pi}^{0} f(x)\sin(2k+1)x\mathrm{d}x + \int_0^{\pi} f(x-\pi)\sin(2k+1)x\mathrm{d}x\right] =$$

$$\frac{1}{\pi}\int_{-\pi}^{0} f(x)\sin(2k+1)x\mathrm{d}x + \frac{1}{\pi}\int_{-\pi}^{0} f(u)\sin[(2k+1)\pi + (2k+1)u]\mathrm{d}u =$$

$$\frac{1}{\pi}\left[\int_{-\pi}^{0} f(x)\sin(2k+1)x\mathrm{d}x - \int_{-\pi}^{0} f(u)\sin(2k+1)u\mathrm{d}u\right] = 0$$

(八)习题12-8解答

1. 将下列各周期函数展开成傅里叶级数(下面给出函数在一个周期内的表达式):

(1)$f(x)=1-x^2,-\frac{1}{2}\leqslant x<\frac{1}{2}$; (2)$f(x)=\begin{cases}x, & -1\leqslant x<0\\ 1, & 0\leqslant x<\frac{1}{2}\\ -1, & \frac{1}{2}\leqslant x<1\end{cases}$;

(3)$f(x)=\begin{cases}2x+1, & -3\leqslant x<0\\ 1, & 0\leqslant x<3\end{cases}$.

解 (1) $a_0=2\int_{-\frac{1}{2}}^{\frac{1}{2}}(1-x^2)\mathrm{d}x=4\int_0^{\frac{1}{2}}(1-x^2)\mathrm{d}x=\frac{11}{6}$

$a_n=4\int_0^{\frac{1}{2}}(1-x^2)\cos 2n\pi x\mathrm{d}x=\frac{(-1)^{n+1}}{n^2\pi^2},\quad n=1,2,3,\cdots$

$b_n=0,\quad n=1,2,3,\cdots$

$$1-x^2=\frac{11}{12}+\frac{1}{\pi^2}\sum_{n=1}^{\infty}\frac{(-1)^{n+1}}{n^2}\cos 2n\pi x,\quad x\in(-\infty,+\infty)$$

(2) $a_0=\int_{-1}^{1}f(x)\mathrm{d}x=\int_{-1}^{0}x\mathrm{d}x+\int_0^{\frac{1}{2}}\mathrm{d}x+\int_{\frac{1}{2}}^{1}(-1)\mathrm{d}x=-\frac{1}{2}$

$a_n=\int_{-1}^{0}x\cos n\pi x\mathrm{d}x+\int_0^{\frac{1}{2}}\cos n\pi x\mathrm{d}x-\int_{\frac{1}{2}}^{1}\cos nx\mathrm{d}x=\frac{1-(-1)^n}{n^2\pi^2}+\frac{2}{n\pi}\sin\frac{n\pi}{2},\quad n=1,2,3,\cdots$

$b_n=\int_{-1}^{0}x\sin n\pi x\mathrm{d}x+\int_0^{\frac{1}{2}}\sin n\pi x\mathrm{d}x-\int_{\frac{1}{2}}^{1}\sin n\pi x\mathrm{d}x=-\frac{2}{n\pi}\cos\frac{n\pi}{2}+\frac{1}{n\pi},\quad n=1,2,3,\cdots$

$$f(x)=-\frac{1}{4}+\sum_{n=1}^{\infty}\left\{\left[\frac{1-(-1)^n}{n^2\pi^2}+\frac{2}{n\pi}\sin\frac{n\pi}{2}\right]\cos n\pi x+\frac{1}{n\pi}\left(1-2\cos\frac{n\pi}{2}\right)\sin n\pi x\right\}$$

$$x\neq 2k,2k+\frac{1}{2},k=0,\pm 1,\pm 2,\cdots$$

(3) $a_0=\frac{1}{3}\left[\int_{-3}^{0}(2x+1)\mathrm{d}x+\int_0^3\mathrm{d}x\right]=-1$

$a_n=\frac{1}{3}\int_{-3}^{0}(2x+1)\cos\frac{n\pi x}{3}\mathrm{d}x+\frac{1}{3}\int_0^3\cos\frac{n\pi x}{3}\mathrm{d}x=\frac{6}{n^2\pi^2}[1-(-1)^n],\quad n=1,2,3,\cdots$

$b_n=\frac{1}{3}\int_{-3}^{0}(2x+1)\sin\frac{n\pi x}{3}\mathrm{d}x+\frac{1}{3}\int_0^3\sin\frac{n\pi x}{3}\mathrm{d}x=\frac{6}{n^2\pi^2}(-1)^{n+1},\quad n=1,2,3,\cdots$

$$f(x)=-\frac{1}{2}+6\sum_{n=1}^{\infty}\left\{\frac{1-(-1)^n}{n^2\pi^2}\cos\frac{n\pi x}{3}+\frac{(-1)^{n+1}}{n\pi}\sin\frac{n\pi x}{3}\right\}$$

2. 将下列函数分别展开成正弦级数和余弦级数:

(1)$f(x)=\begin{cases}x, & 0\leqslant x<\frac{l}{2}\\ l-x, & -\frac{l}{2}\leqslant x\leqslant l\end{cases}$; (2)$f(x)=x^2,\quad 0\leqslant x\leqslant 2$.

解 (1) 将 $f(x)$ 作奇延拓,则

$a_n=0,\quad n=0,1,2,3,\cdots$

$b_n=\frac{2}{l}\left[\int_0^{\frac{l}{2}}x\sin\frac{n\pi x}{l}\mathrm{d}x+\int_{\frac{l}{2}}^{l}(l-x)\sin\frac{n\pi x}{l}\mathrm{d}x\right]=\frac{4l}{n^2\pi^2}\sin\frac{n\pi}{2},\quad n=1,2,3,\cdots$

从而
$$f(x)=\frac{4l}{\pi^2}\sum_{n=1}^{\infty}\frac{1}{n^2}\sin\frac{n\pi}{2}\sin\frac{n\pi x}{l},\quad 0\leqslant x\leqslant l$$

将 $f(x)$ 作偶延拓，则

$$b_n = 0,\quad n = 1,2,3,\cdots$$

$$a_0 = \frac{2}{l}\left[\int_0^{\frac{l}{2}} x\mathrm{d}x + \int_{\frac{l}{2}}^{l}(l-x)\mathrm{d}x\right] = \frac{l}{2}$$

$$a_n = \frac{2}{l}\left[\int_0^{\frac{l}{2}} x\cos\frac{n\pi x}{l}\mathrm{d}x + \int_{\frac{l}{2}}^{l}(l-x)\cos\frac{n\pi x}{l}\mathrm{d}x\right] = \frac{2l}{n^2\pi^2}\left[2\cos\frac{n\pi}{2} - 1 - (-1)^n\right],\quad n = 1,2,3,\cdots$$

从而
$$f(x) = \frac{l}{4} + \frac{2l}{\pi^2}\sum_{n=1}^{\infty}\frac{1}{n^2}\left[2\cos\frac{n\pi}{2} - 1 - (-1)^n\right]\cos\frac{n\pi x}{l},\quad x\in[0,l]$$

(2) 将 $f(x)$ 作奇延拓，则

$$a_n = 0,\quad n = 0,1,2,3,\cdots$$

$$b_n = \int_0^2 x^2\sin\frac{n\pi x}{2}\mathrm{d}x = \frac{8(-1)^{n+1}}{n\pi} + \frac{16[(-1)^n - 1]}{n^3\pi^3},\quad n = 1,2,3,\cdots$$

从而
$$f(x) = \frac{8}{\pi}\sum_{n=1}^{\infty}\left\{\frac{(-1)^{n+1}}{n} + \frac{2}{n^3\pi^3}[(-1)^n - 1]\right\}\sin\frac{n\pi x}{2},\quad x\in[0,2)$$

在 $x = 2$ 处，右边的级数收敛于 0.

将 $f(x)$ 作偶延拓，则

$$b_n = 0,\quad n = 1,2,3,\cdots$$

$$a_0 = \int_0^2 x^2\mathrm{d}x = \frac{8}{3}$$

$$a_n = \int_0^2 x^2\cos\frac{n\pi x}{2}\mathrm{d}x = \frac{16(-1)^n}{n^2\pi^2},\quad n = 1,2,3,\cdots$$

从而
$$f(x) = \frac{4}{3} + \frac{16}{\pi}\sum_{n=1}^{\infty}\frac{(-1)^n}{n^2}\cos\frac{n\pi x}{2},\quad x\in[0,2]$$

3. 设 $f(x)$ 是周期为 2 的周期函数，它在 $[-1,1)$ 的表达式为 $f(x) = \mathrm{e}^{-x}$，试将 $f(x)$ 展开为复数形式的傅里叶级数.

解 $$c_n = \frac{1}{2}\int_{-1}^{1}\mathrm{e}^{-x}\mathrm{e}^{-\mathrm{i}n\pi x}\mathrm{d}x = \frac{1}{2}\int_{-1}^{1}\mathrm{e}^{-x-\mathrm{i}n\pi x}\mathrm{d}x = \frac{1}{2}\,\frac{1}{-(1+\mathrm{i}n\pi)}\mathrm{e}^{-(1+\mathrm{i}n\pi)x}\Big|_{-1}^{1} = (-1)^n\frac{1-\mathrm{i}n\pi}{1+(n\pi)^2}\mathrm{sh}1$$

$$f(x) = \sum_{n=-\infty}^{+\infty}(-1)^n\frac{1-\mathrm{i}n\pi}{1+(n\pi)^2}\mathrm{sh}1\cdot\mathrm{e}^{\mathrm{i}n\pi x},\quad x\neq 2k+1, k = 0,\pm1,\pm2,\cdots$$

4. 设 $u(t)$ 是周期为 T 的周期函数，已知它的傅里叶级数的复数形式为

$$u(t) = \frac{h\tau}{T} + \frac{h}{\pi}\sum_{\substack{n=-\infty\\ n\neq 0}}^{\infty}\frac{1}{n}\sin\frac{n\pi\tau}{T}\mathrm{e}^{\mathrm{i}\frac{2n\pi t}{T}},\quad -\infty < t < +\infty$$

试写出 $u(t)$ 的傅里叶级数的实数形式(即三角形式).

解 $c_n = \dfrac{h}{n\pi}\sin\dfrac{n\pi\tau}{T},\quad n = \pm1,\pm2,\pm3,\cdots$

因为 $c_n = \dfrac{a_n - \mathrm{i}b_n}{2},\quad c_{-n} = \dfrac{a_n + \mathrm{i}b_n}{2},\quad n\in\mathbf{N}$

得 $a_n = c_n + c_{-n} = \dfrac{2h}{n\pi}\sin\dfrac{n\pi\tau}{T},\quad n\in\mathbf{N}$

$b_n = \mathrm{i}(c_n - c_{-n}) = 0,\quad n\in\mathbf{N}$

所以
$$u(t) = \frac{h\tau}{T} + \frac{2h}{\pi}\sum_{n=1}^{\infty}\frac{1}{n}\sin\frac{n\pi\tau}{T}\cos\frac{2n\pi t}{T},\quad -\infty < t < +\infty$$

(九) 总习题十二解答

1. 填空

(1) 对级数 $\sum_{n=1}^{\infty}u_n$，$\lim_{n\to\infty}u_n=0$ 是它收敛的__________条件，不是它收敛的__________条件.

(2) 部分和数列 $\{s_n\}$ 有界是正项级数 $\sum_{n=1}^{\infty}u_n$ 收敛的__________条件.

(3) 若级数 $\sum_{n=1}^{\infty}u_n$ 绝对收敛，则级数 $\sum_{n=1}^{\infty}u_n$ 必定__________；若级数 $\sum_{n=1}^{\infty}u_n$ 条件收敛，则级数 $\sum_{n=1}^{\infty}|u_n|$ 必定__________.

答案　(1) 必要，充分　(2) 充分必要　(3) 收敛，发散

2. 判定下列级数的收敛性：

(1) $\sum_{n=1}^{\infty}\frac{1}{n\sqrt[n]{n}}$；　(2) $\sum_{n=1}^{\infty}\frac{(n!)^2}{2n^2}$；　(3) $\sum_{n=1}^{\infty}\frac{n\cos^2\frac{n\pi}{3}}{2^n}$；

(4) $\sum_{n=2}^{\infty}\frac{1}{\ln^{10}n}$；　(5) $\sum_{n=1}^{\infty}\frac{a^n}{n^s}(a>0,s>0)$.

解　(1) 因为 $\lim_{n\to\infty}\frac{u_n}{\frac{1}{n}}=\lim_{n\to\infty}\frac{1}{\lim_{n\to\infty}n^{\frac{1}{n}}}=1$，而 $\sum_{n=1}^{\infty}\frac{1}{n}$ 发散，所以 $\sum_{n=1}^{\infty}\frac{1}{n\sqrt[n]{n}}$ 发散.

(2) 因为 $u_n=\frac{(n!)^2}{2n^2}=\frac{1}{2}\left(\frac{n!}{n}\right)^2=\frac{1}{2}[(n-1)!]^2$，且 $\lim_{n\to\infty}u_n=+\infty$，所以 $\sum_{n=1}^{\infty}\frac{(n!)^2}{2n^2}$ 发散.

(3) 因为 $0<\frac{n\cos^2\frac{n\pi}{3}}{2^n}<\frac{n}{2^n}$，由比值审敛法知 $\sum_{n=1}^{\infty}\frac{n}{2^n}$ 收敛，所以 $\sum_{n=1}^{\infty}\frac{n\cos^2\frac{n\pi}{3}}{2^n}$ 收敛.

(4) 因为 $\lim_{n\to\infty}\frac{1}{\ln^{10}n}\Big/\frac{1}{n}=\lim_{n\to\infty}\frac{n}{\ln^{10}n}=\lim_{x\to\infty}\frac{x}{\ln^{10}x}=+\infty$（洛必达法则），所以 $\sum_{n=2}^{\infty}\frac{1}{\ln^{10}n}$ 发散.

(5) ① 当 $0<a<1$ 时，$0<\frac{a^n}{n^s}\leqslant a^n$，因为 $\sum_{n=1}^{\infty}a^n$ 收敛，由比较审敛法知，$\sum_{n=1}^{\infty}\frac{a^n}{n^s}(a>0,s>0)$ 收敛.

② 当 $a>1$ 时，$\forall s>0$，$\exists N$，使 $N>s$，得 $\frac{a^n}{n^s}\geqslant\frac{a^n}{n^N}$，因为

$$\lim_{n\to\infty}\frac{a^n}{n^N}=\lim_{x\to+\infty}\frac{a^x}{x^N}=\lim_{x\to+\infty}\frac{a^x\ln a}{Nx^{N-1}}=\lim_{x\to\infty}\frac{a^x(\ln a)^2}{N(N-1)x^{N-2}}=\cdots=\lim_{x\to\infty}\frac{a^x(\ln a)^N}{N!}=+\infty$$

所以 $\sum_{n=1}^{\infty}\frac{a^n}{n^N}$ 发散，$\sum_{n=1}^{\infty}\frac{a^n}{n^s}(a>0,s>0)$ 发散.

③ 当 $a=1$ 时，原级数变为 $\sum_{n=1}^{\infty}\frac{1}{n^s}$，当 $s>1$ 时级数收敛，当 $s\leqslant1$ 时级数发散.

3. 设正项级数 $\sum_{n=1}^{\infty}u_n$ 和 $\sum_{n=1}^{\infty}u_n$ 都收敛，证明级数 $\sum_{n=1}^{\infty}(u_n+v_n)^2$ 也收敛.

解　因为正项级数 $\sum_{n=1}^{\infty}u_n$ 和 $\sum_{n=1}^{\infty}v_n$ 都收敛，所以 $\sum_{n=1}^{\infty}(u_n+v_n)$ 也收敛，从而 $\lim_{n\to\infty}(u_n+v_n)=0$，存在 $N>0$，当 $n\geqslant N$ 时，$(u_n+v_n)^2\leqslant u_n+v_n$，由比较审敛法知，$\sum_{n=N}^{\infty}(u_n+v_n)^2$ 收敛，所以 $\sum_{n=1}^{\infty}(u_n+v_n)^2$ 也收敛.

4. 级数 $\sum_{n=1}^{\infty}u_n$ 收敛，且 $\lim_{n\to\infty}\frac{v_n}{u_n}=1$. 问级数 $\sum_{n=1}^{\infty}v_n$ 是否也收敛？试说明理由.

解　若 $\sum_{n=1}^{\infty}u_n$ 和 $\sum_{n=1}^{\infty}v_n$ 都是正项级数，则 $\sum_{n=1}^{\infty}v_n$ 一定收敛；对一般项级数而言，$\sum_{n=1}^{\infty}v_n$ 不一定收敛. 例如，级数 $\sum_{n=1}^{\infty}\frac{(-1)^n}{\sqrt{n}}$ 收敛，级数 $\sum_{n=1}^{\infty}\left(\frac{(-1)^n}{\sqrt{n}}+\frac{1}{n}\right)$ 发散，但是，$\lim_{n\to\infty}\frac{u_n}{v_n}=\lim_{n\to\infty}\frac{\frac{(-1)^n}{\sqrt{n}}+\frac{1}{n}}{\frac{(-1)^n}{\sqrt{n}}}=1$.

5. 讨论下列级数的绝对收敛和条件收敛：

(1) $\sum\limits_{n=1}^{\infty}(-1)^n\dfrac{1}{n^p}$；　　(2) $\sum\limits_{n=1}^{\infty}(-1)^{n+1}\dfrac{\sin\frac{\pi}{n+1}}{\pi^{n+1}}$；

(3) $\sum\limits_{n=1}^{\infty}(-1)^n\ln\dfrac{n+1}{n}$；　　(4) $\sum\limits_{n=1}^{\infty}(-1)^n\dfrac{(n+1)!}{n^{n+1}}$.

解　(1) 当 $p>1$ 时，级数 $\sum\limits_{n=1}^{\infty}(-1)^n\dfrac{1}{n^p}$ 绝对收敛；

当 $0<p\leqslant 1$ 时，级数 $\sum\limits_{n=1}^{\infty}(-1)^n\dfrac{1}{n^p}$ 条件收敛；

当 $p\leqslant 0$ 时，级数 $\sum\limits_{n=1}^{\infty}(-1)^n\dfrac{1}{n^p}$ 发散.

(2) 因为 $\left|\dfrac{(-1)^{n+1}\sin\frac{\pi}{n+1}}{\pi^{n+1}}\right|\leqslant\dfrac{1}{\pi^{n+1}}$，而级数 $\sum\limits_{n=1}^{\infty}\dfrac{1}{\pi^{n+1}}$ 收敛，所以原级数绝对收敛.

(3) 因为 $\sum\limits_{n=1}^{\infty}\left|(-1)^n\ln\dfrac{n+1}{n}\right|=\sum\limits_{n=1}^{\infty}\ln\left(1+\dfrac{1}{n}\right)$ 发散，而 $\sum\limits_{n=1}^{\infty}(-1)^n\ln\dfrac{n+1}{n}$ 收敛，所以原级数条件收敛.

(4) 因为 $\lim\limits_{n\to\infty}\dfrac{(n+2)!}{(n+1)^{n+2}}\Big/\dfrac{(n+1)!}{n^{n+1}}=\dfrac{1}{e}<1$，所以原级数绝对收敛.

6. 求下列极限：

(1) $\lim\limits_{n\to\infty}\dfrac{1}{n}\sum\limits_{k=1}^{n}\dfrac{1}{3^k}\left(1+\dfrac{1}{k}\right)^{k^2}$；　　(2) $\lim\limits_{n\to\infty}\left[2^{\frac{1}{3}}\cdot 4^{\frac{1}{9}}\cdot 8^{\frac{1}{27}}\cdot\cdots\cdot(2^n)^{\frac{1}{3^n}}\right]$.

解　(1) 因为 $\left(1+\dfrac{1}{n}\right)^n<e$，所以 $\dfrac{1}{3^n}\left(1+\dfrac{1}{n}\right)^{n^2}<\dfrac{e^n}{3^n}=\left(\dfrac{e}{3}\right)^n$，而 $\sum\limits_{n=1}^{\infty}\left(\dfrac{e}{3}\right)^n$ 收敛，从而 $\sum\limits_{k=1}^{\infty}\dfrac{1}{3^k}\left(1+\dfrac{1}{k}\right)^{k^2}$ 收敛，则 $\lim\limits_{n\to\infty}\sum\limits_{k=1}^{n}\dfrac{1}{3^k}\left(1+\dfrac{1}{k}\right)^{k^2}=\sum\limits_{k=1}^{\infty}\dfrac{1}{3^k}\left(1+\dfrac{1}{k}\right)^{k^2}=A$(常量)，所以

$$\lim_{n\to\infty}\frac{1}{n}\sum_{k=1}^{n}\frac{1}{3^k}\left(1+\frac{1}{k}\right)^{k^2}=0$$

(2) 因为 $\sum\limits_{n=1}^{\infty}\dfrac{x^n}{3^n}=\dfrac{x}{3-x}$，$|x|<3$，所以 $\sum\limits_{n=1}^{\infty}\dfrac{nx^{n-1}}{3^n}=\left(\dfrac{x}{3-x}\right)'=\dfrac{3}{(3-x)^2}$　($|x|<3$)；令 $x=1$，得 $\sum\limits_{n=1}^{\infty}\dfrac{n}{3^n}=\dfrac{3}{4}$. 所以

$$\lim_{n\to\infty}\left[2^{\frac{1}{3}}\cdot 4^{\frac{1}{9}}\cdot 8^{\frac{1}{27}}\cdot\cdots\cdot(2^n)^{\frac{1}{3^n}}\right]=2^{\lim\limits_{n\to\infty}\sum\limits_{k=1}^{n}\frac{k}{3^k}}=2^{\sum\limits_{k=1}^{\infty}\frac{k}{3^k}}=2^{\frac{3}{4}}$$

7. 求下列级数的收敛区间：

(1) $\sum\limits_{n=1}^{\infty}\dfrac{3^n+5^n}{n}x^n$；　(2) $\sum\limits_{n=1}^{\infty}\left(1+\dfrac{1}{n}\right)^{n^2}x^n$；　(3) $\sum\limits_{n=1}^{\infty}n(x+1)^n$；　(4) $\sum\limits_{n=1}^{\infty}\dfrac{n}{2^n}x^{2n}$.

解　(1) $\rho=\lim\limits_{n\to\infty}\left|\dfrac{a_{n+1}}{a_n}\right|=\lim\limits_{n\to\infty}\dfrac{3^{n+1}+5^{n+1}}{n+1}\cdot\dfrac{n}{3^n+5^n}=5$，$R=\dfrac{1}{5}$.

故所求级数的收敛区间为 $\left(-\dfrac{1}{5},\dfrac{1}{5}\right)$.

(2) $\rho=\lim\limits_{n\to\infty}\sqrt[n]{|a_n|}=\lim\limits_{n\to\infty}\left(1+\dfrac{1}{n}\right)^n=e$，$R=\dfrac{1}{e}$.

所求级数的收敛区间为 $\left(-\dfrac{1}{e},\dfrac{1}{e}\right)$.

(3) 因为 $\sum\limits_{n=1}^{\infty}nt^n$ 的收敛区间为 $t\in(-1,1)$，所求级数的收敛区间为 $(-2,0)$.

(4) 因为$\lim\limits_{n\to\infty}\left|\dfrac{n+1}{2^{n+1}}x^{2(n+1)}\Big/\dfrac{n}{2^n}x^{2n}\right|=\dfrac{1}{2}x^2$，所以$|x|<\sqrt{2}$时，级数绝对收敛；所求级数的收敛区间为$(-\sqrt{2},\sqrt{2})$.

8. 求下列幂级数的和函数：

(1) $\sum\limits_{n=1}^{\infty}\dfrac{2n-1}{2^n}x^{2(n-1)}$；　*(2) $\sum\limits_{n=1}^{\infty}\dfrac{(-1)^{n-1}}{2n-1}x^{2n-1}$；　(3) $\sum\limits_{n=1}^{\infty}n(x-1)^n$；　*(4) $\sum\limits_{n=1}^{\infty}\dfrac{x^n}{n(n+1)}$.

解 (1) 收敛域为$(-\sqrt{2},\sqrt{2})$. 记$s(x)=\sum\limits_{n=1}^{\infty}\dfrac{2n-1}{2^n}x^{2(n-1)}$，$x\in(-\sqrt{2},\sqrt{2})$. 则

$$\int_0^x s(x)\mathrm{d}x=\sum_{n=1}^{\infty}\frac{1}{2^n}x^{2n-1}=\frac{1}{x}\sum_{n=1}^{\infty}\left(\frac{x^2}{2}\right)^n=\frac{x}{2-x^2}$$

$$s(x)=\left(\frac{x}{2-x^2}\right)'=\frac{2+x^2}{(2-x^2)^2},\quad x\in(-\sqrt{2},\sqrt{2})$$

(2) 收敛域为$[-1,1]$. 记$s(x)=\sum\limits_{n=1}^{\infty}\dfrac{(-1)^{n-1}}{2n-1}x^{2n-1}$，$x\in[-1,1]$. 则

$$s'(x)=\sum_{n=1}^{\infty}(-1)^{n-1}x^{2(n-1)}=\frac{1}{1+x^2}$$

$$s(x)=\int_0^x\frac{1}{1+x^2}\mathrm{d}x=\arctan x,\quad x\in[-1,1]$$

(3) 收敛域为$(0,2)$. 记$s(x)=\sum\limits_{n=1}^{\infty}n(x-1)^n$，$x\in(0,2)$. 则

$$s(x)=\sum_{n=1}^{\infty}n(x-1)^n=(x-1)\sum_{n=1}^{\infty}n(x-1)^{n-1}=(x-1)\sum_{n=1}^{\infty}[(x-1)^n]'=$$

$$(x-1)\left[\sum_{n=1}^{\infty}(x-1)^n\right]'=(x-1)\left(\frac{x-1}{2-x}\right)'=\frac{x-1}{(2-x)^2},\quad x\in(0,2)$$

(4) 收敛域为$[-1,1]$. 记$s(x)=\sum\limits_{n=1}^{\infty}\dfrac{x^n}{n(n+1)}$，$x\in[-1,1]$. 则

$$xs(x)=\sum_{n=1}^{\infty}\frac{x^{n+1}}{n(n+1)},\quad x\in[-1,1]$$

$$[xs(x)]'=\sum_{n=1}^{\infty}\frac{x^n}{n},\quad x\in(-1,1)$$

$$[xs(x)]''=\sum_{n=1}^{\infty}x^{n-1}=\frac{1}{1-x},\quad x\in(-1,1)$$

从而

$$[xs(x)]'=\int_0^x\frac{1}{1-x}\mathrm{d}x=-\ln(1-x)$$

$$xs(x)=\int_0^x-\ln(1-x)\mathrm{d}x=(1-x)\ln(1-x)+x,\quad x\in(-1,1)$$

故当$x\neq0$时

$$s(x)=1+\frac{1-x}{x}\ln(1-x),\quad x\in[-1,1]$$

当$x=0$时，$s(x)=0$.

9. 求下列数项级数的和：

(1) $\sum\limits_{n=1}^{\infty}\dfrac{n^2}{n!}$；　(2) $\sum\limits_{n=0}^{\infty}(-1)^n\dfrac{n+1}{(2n+1)!}$.

解 (1) $\sum\limits_{n=1}^{\infty}\dfrac{n^2}{n!}=\sum\limits_{n=1}^{\infty}\dfrac{n}{(n-1)!}=\sum\limits_{n=1}^{\infty}\dfrac{(n-1)+1}{(n-1)!}=$

$$\sum_{n=1}^{\infty}\frac{1}{(n-1)!}+\sum_{n=2}^{\infty}\frac{1}{(n-2)!}=\sum_{n=0}^{\infty}\frac{1}{n!}+\sum_{n=0}^{\infty}\frac{1}{n!}=2\sum_{n=0}^{\infty}\frac{1}{n!}=2\mathrm{e}$$

(2) $\sum\limits_{n=0}^{\infty}(-1)^n\dfrac{n+1}{(2n+1)!}=\sum\limits_{n=0}^{\infty}(-1)^n\dfrac{2n+1+1}{2(2n+1)!}=\dfrac{1}{2}\sum\limits_{n=0}^{\infty}(-1)^n\left[\dfrac{1}{(2n)!}+\dfrac{1}{(2n+1)!}\right]=$

$$\frac{1}{2}(\cos 1+\sin 1)$$

10. 将下列函数展开成 x 的幂级数：

(1) $\ln(x+\sqrt{1+x^2})$；　　(2) $\dfrac{1}{(2-x)^2}$.

解　(1) 因为

$$[\ln(x+\sqrt{1+x^2})]'=(1+x^2)^{-\frac{1}{2}}=1+\sum_{n=1}^{\infty}\frac{\left(-\frac{1}{2}\right)\left(-\frac{1}{2}-1\right)\cdots\left(-\frac{1}{2}-n+1\right)}{n!}x^{2n}=$$

$$1+\sum_{n=1}^{\infty}(-1)^n\frac{1\cdot3\cdot5\cdot\cdots\cdot(2n-1)}{2^n n!}x^{2n}=$$

$$1+\sum_{n=1}^{\infty}(-1)^n\frac{(2n-1)!!}{(2n)!!}x^{2n},\quad x\in[-1,1]$$

所以

$$\ln(x+\sqrt{1+x^2})=\int_0^x\left[1+\sum_{n=1}^{\infty}(-1)^n\frac{(2n-1)!!}{(2n)!!}x^{2n}\right]\mathrm{d}x=$$

$$x+\sum_{n=1}^{\infty}(-1)^n\frac{(2n-1)!!}{(2n)!!}\cdot\frac{1}{2n+1}x^{2n+1},\quad x\in[-1,1]$$

(2)
$$\frac{1}{(2-x)^2}=\left(\frac{1}{2-x}-1\right)'=\left(\frac{1}{2}\cdot\frac{1}{1-\frac{x}{2}}-1\right)'=\left(\frac{1}{2}\sum_{n=0}^{\infty}\frac{x^n}{2^n}-1\right)'=\left(\sum_{n=0}^{\infty}\frac{x^n}{2^{n+1}}-1\right)'=$$

$$\sum_{n=1}^{\infty}\frac{nx^{n-1}}{2^{n+1}},\quad x\in(-2,2)$$

11. 设 $f(x)$ 是周期为 2π 的周期函数，它在 $[-\pi,\pi)$ 的表达式为

$$f(x)=\begin{cases}0, & x\in[-\pi,0)\\ \mathrm{e}^x, & x\in[0,\pi)\end{cases}$$

将 $f(x)$ 展开成傅里叶级数.

解
$$a_n=\frac{1}{\pi}\int_{-\pi}^{\pi}f(x)\cos nx\,\mathrm{d}x=\frac{1}{\pi}\int_{-\pi}^{\pi}\mathrm{e}^x\cos nx\,\mathrm{d}x=\frac{(-1)^n\mathrm{e}^{\pi}-1}{(n^2+1)\pi},\quad n=0,1,2,\cdots$$

$$b_n=\frac{1}{\pi}\int_{-\pi}^{\pi}f(x)\sin nx\,\mathrm{d}x=\frac{1}{\pi}\int_{-\pi}^{\pi}\mathrm{e}^x\sin nx\,\mathrm{d}x=\frac{[1-(-1)^n\mathrm{e}^{\pi}]n}{(n^2+1)\pi},\quad n=1,2,3,\cdots$$

$$f(x)=\frac{\mathrm{e}^{\pi}-1}{2\pi}+\frac{1}{\pi}\sum_{n=1}^{\infty}\left\{\frac{(-1)^n\mathrm{e}^{\pi}-1}{n^2+1}\cos nx+\frac{n[1+(-1)^{n+1}\mathrm{e}^{\pi}]}{n^1+1}\sin nx\right\}$$

$$-\infty<x<+\infty，且\ x\neq k\pi,k=0,\pm1,\pm2,\cdots$$

12. 将函数 $f(x)=\begin{cases}1, & 0\leqslant x\leqslant h\\ 0, & h<x\leqslant\pi\end{cases}$ 分别展开成正弦级数和余弦级数.

解　(1) 展开成正弦级数，令

$$F(x)=\begin{cases}f(x), & x\in(0,\pi]\\ 0, & x=0\\ -f(-x), & x\in(-\pi,0)\end{cases}$$

从而　$a_n=0$

$$b_n=\frac{2}{\pi}\int_0^{\pi}F(x)\sin nx\,\mathrm{d}x=\frac{2}{\pi}\left[\int_0^h\sin nx\,\mathrm{d}x+\int_h^{\pi}0\sin nx\,\mathrm{d}x\right]=\frac{2(1-\cos nh)}{n\pi},\quad n=1,2,3\cdots$$

故
$$f(x)=\frac{2}{\pi}\sum_{n=1}^{\infty}\frac{1-\cos nh}{n}\sin nx,\quad x\in(0,h)\cup(h,\pi)$$

(2) 展开成余弦级数，令

$$F(x)=\begin{cases}f(x), & x\in[0,\pi]\\ f(-x), & x\in(-\pi,0)\end{cases}$$

从而 $a_0=\frac{2}{\pi}\int_0^h dx=\frac{2}{\pi}h$

$$a_n=\frac{2}{\pi}\int_0^\pi F(x)\cos nx\,dx=\frac{2}{\pi}\int_0^h \cos nx\,dx=\frac{2}{n\pi}\sin nh,\quad n=1,2,3\cdots$$

$$b_n=0$$

故
$$f(x)=\frac{h}{\pi}+\frac{2}{\pi}\sum_{n=1}^{\infty}\frac{\sin nh}{n}\cos nx,\quad x\in[0,h)\cup(h,\pi)$$

五、模拟检测题

(一) 基础知识模拟检测题

1. 填空题

(1) $\frac{1}{2!}+\frac{2}{3!}+\frac{3}{4!}+\frac{4}{5!}+\cdots$ 的和为__________.

(2) 级数 $\sum_{n=1}^{\infty}(-1)^n\left(1-\cos\frac{2}{n}\right)$ 的敛散性为__________.

(3) 幂级数 $\sum_{n=1}^{\infty}\frac{(-x)^n}{3^n\sqrt{n}}$ 的收敛区间为__________.

(4) 设 $f(x)=\begin{cases}-1, & -\pi<x\leqslant 0\\ 1+x^2, & 0<x\leqslant\pi\end{cases}$，其以 2π 为周期的傅里叶级数在 $x=\pi$ 处收敛于__________.

(5) 设 $f(x)$ 为可积函数，且 $x\in[-\pi,\pi]$ 时，$f(x+\pi)=f(x)$，a_n,b_n 为 $f(x)$ 的傅里叶级数系数，则 $a_{2n-1}=$__________，$b_{2n-1}=$__________.

2. 选择题

(1) 设 $0\leqslant a_n\leqslant\frac{1}{n}$，下列级数中收敛的是(　　).

A. $\sum_{n=1}^{\infty}a_n$　B. $\sum_{n=1}^{\infty}(-1)^n a_n$　C. $\sum_{n=1}^{\infty}a_n^{\frac{1}{2}}$　D. $\sum_{n=1}^{\infty}(-1)^n a_n^2$

(2) 下列选项中正确的是(　　).

A. 若 $\sum_{n=1}^{\infty}u_n^2$，$\sum_{n=1}^{\infty}v_n^2$ 收敛，则 $\sum_{n=1}^{\infty}(u_n+v_n)^2$ 收敛　B. 若 $\sum_{n=1}^{\infty}|u_n v_n|$ 收敛，则 $\sum_{n=1}^{\infty}u_n^2$，$\sum_{n=1}^{\infty}v_n^2$ 收敛

C. 若 $\sum_{n=1}^{\infty}u_n$ 收敛，$u_n\geqslant v_n$，则 $\sum_{n=1}^{\infty}v_n$ 收敛　D. 正项级数 $\sum_{n=1}^{\infty}u_n$ 发散，则从某一项开始有 $u_n\geqslant\frac{1}{n}$

(3) 设 $\sum_{n=1}^{\infty}(-1)^n a_n$ 条件收敛，则(　　).

A. $\sum_{n=1}^{\infty}a_n$ 收敛　B. $\sum_{n=1}^{\infty}a_n$ 发散

C. $\sum_{n=1}^{\infty}(a_n-a_{n+1})$ 收敛　D. $\sum_{n=1}^{\infty}a_{2n}$ 与 $\sum_{n=1}^{\infty}a_{2n-1}$ 都收敛

(4) 若 $\sum_{n=1}^{\infty}u_n$ 条件收敛，$\sum_{n=1}^{\infty}v_n$ 绝对收敛，则 $\sum_{n=1}^{\infty}(u_n+v_n)$(　　).

A. 发散　B. 绝对收敛

C. 条件收敛　D. 前三种情况都有可能

(5) 若 $\sum_{n=1}^{\infty}u_n$ 与 $\sum_{n=1}^{\infty}v_n$ 都发散，则下列级数发散的是(　　).

A. $\sum_{n=1}^{\infty}(u_n+v_n)$　B. $\sum_{n=1}^{\infty}(|u_n|+|v_n|)$　C. $\sum_{n=1}^{\infty}u_n v_n$　D. $\sum_{n=1}^{\infty}(u_n^2+v_n^2)$

3. 计算题

(1) 根据级数收敛与发散的定义判断级数 $\sum_{n=1}^{\infty}\frac{1}{(2n-1)(2n+1)}$ 的敛散性.

(2) 判定下列级数的敛散性：① $\sum_{n=1}^{\infty}(\sqrt{n^3+1}-\sqrt{n^3-1})$；② $\sum_{n=1}^{\infty}\left(\frac{2}{n}\right)^n n!$.

(3) 讨论级数 $\sum_{n=1}^{\infty}\frac{(-1)^n}{(n+a)^k}$ $(a>0,k>0)$ 是绝对收敛，条件收敛，还是发散？

(4) 判定级数 $\sum_{n=1}^{\infty}\int_0^{\frac{1}{n}}\frac{\sqrt{x}}{1+x^4}\mathrm{d}x$ 的敛散性.

(5) 将函数 $f(x)=\frac{1}{x^2+3x+2}$ 展开成 $x+4$ 的幂级数.

(6) 求幂级数 $\sum_{n=1}^{\infty}\frac{1}{n2^n}x^{n-1}$ 的收敛域及和函数.

4. 证明题

设级数 $\sum_{n=1}^{\infty}(-1)^n 2^n a_n$ 收敛，证明级数 $\sum_{n=1}^{\infty}a_n$ 绝对收敛.

5. 综合题

设正项数列 $\{a_n\}$ 单减，且 $\sum_{n=1}^{\infty}(-1)^n a_n$ 发散，试问级数 $\sum_{n=1}^{\infty}\left(\frac{1}{a_n+1}\right)^n$ 是否收敛？并说明理由.

(二) 考研模拟训练题

1. 填空题

(1) 级数 $\sum_{n=1}^{\infty}\left[\frac{\sin 2n}{n^2}-\frac{1}{\sqrt{n}}\right]$ 的敛散性为__________.

(2) 设级数 $\sum_{n=0}^{\infty}a_n x^n$ 的收敛半径为 3，则级数 $\sum_{n=0}^{\infty}na_n(x-1)^{n+1}$ 的收敛区间为__________.

(3) 设 $f(x)$ 是以 2π 为周期的函数，其傅里叶系数为 a_n,b_n. 则 $f(x+h)$ 的傅里叶系数：

$a_n^*=$ __________, $b_n^*=$ __________.

(4) 设 $x^2=\sum_{n=0}^{\infty}a_n\cos nx\,(-\pi\leqslant x\leqslant\pi)$，则 $a_2=$__________.

(5) 函数 $f(x)=\frac{1}{x(x-1)}$ 的展开成 $x-3$ 的幂级数为__________.

2. 选择题

(1) 设 $a_n>0(n=1,2,3,\cdots)$ 且 $\sum_{n=1}^{\infty}a_n$ 收敛，常数 $\lambda\in\left(0,\frac{\pi}{2}\right)$，则级数 $\sum_{n=1}^{\infty}(-1)^n\left(n\tan\frac{\lambda}{n}\right)a_{2n}$（　　）.

A. 绝对收敛　　B. 条件收敛　　C. 发散　　D. 敛散性与 λ 有关

(2) 若级数 $\sum_{n=0}^{\infty}a_n(x-1)^n$ 在 $x=-1$ 收敛，则此级数在 $x=2$ 处（　　）.

A. 条件收敛　　B. 绝对收敛　　C. 发散　　D. 不能确定敛散性

(3) 设级数 $\sum_{n=1}^{\infty}u_n$ 收敛，则必收敛的级数为（　　）.

A. $\sum_{n=1}^{\infty}(-1)^n\frac{u_n}{n}$　　B. $\sum_{n=1}^{\infty}u_n^2$　　C. $\sum_{n=1}^{\infty}(u_{2n-1}-u_{2n})$　　D. $\sum_{n=1}^{\infty}(u_n+u_{n+1})$

(4) 设常数 $k>0$，则级数 $\sum_{n=1}^{\infty}(-1)^n\frac{n+k}{n^2}$（　　）.

A. 发散　　B. 绝对收敛　　C. 条件收敛　　D. 敛散性与 k 有关

3. 计算题

(1) 设 $f(x)$ 在 $(-\infty,+\infty)$ 上连续，n 为自然数，且 $\int_0^x f(x-t)e^{\frac{t}{n}}dt=\cos x$，① 求 $f(x)$；② 记 $I_n=f(0)$，求 $\sum\limits_{n=1}^{\infty}\dfrac{I_n}{4^{n+1}}$ 的和.

(2) 设 $u_n=\int_0^1(1-\sqrt{x})^n dx$，求 $\sum\limits_{n=1}^{\infty}u_n$ 的值.

(3) 将函数 $f(x)=\ln(3x-x^2)$ 在 $x=1$ 处展开为幂级数.

(4) 设 $f(x)=\begin{cases}\dfrac{\sin x}{x}, & x\neq 0\\ 1, & x=0\end{cases}$，求 $f^{(n)}(0)$，$n=1,2,3\cdots$.

4. 证明题

(1) 设函数 $f(x)$ 在区间 $[a,b]$ 满足 $a\leqslant f(x)\leqslant b$，$|f'(x)|\leqslant q<1$，且 $u_n=f(u_{n-1})$，$n=1,2,3\cdots$，$u_0\in[a,b]$，证明 $\sum\limits_{n=1}^{\infty}(u_{n+1}-u_n)$ 绝对收敛.

(2) 设 $a_n=\int_0^{\frac{\pi}{4}}\tan^n x\,dx$，求 $\sum\limits_{n=1}^{\infty}\dfrac{1}{n}(a_n+a_{n+2})$ 的和.

六、模拟检测题答案与提示

(一) 基础知识模拟检测题答案与提示

1. 填空题

(1) 提示：$u_n=\dfrac{n}{(n+1)!}=\dfrac{1}{n!}-\dfrac{1}{(n+1)!}$，$s_n=\sum\limits_{k=1}^{n}\left(\dfrac{1}{k!}-\dfrac{1}{(k+1)!}\right)=1-\dfrac{1}{(n+1)!}$

$$s=\lim_{n\to\infty}s_n=\lim_{n\to\infty}\left(1-\frac{1}{(n+1)!}\right)=1$$

(2) 绝对收敛　提示：$n\to\infty$ 时，$1-\cos\dfrac{2}{n}\sim\dfrac{1}{2}\left(\dfrac{2}{n}\right)^2=\dfrac{2}{n^2}$.

(3) 收敛区间为 $(-3,3]$　提示：收敛半径为 $R=\lim\limits_{n\to\infty}\left|\dfrac{(-1)^n}{3^{n-1}\sqrt{n}}\right|\Big/\left|\dfrac{(-1)^{n+1}}{3^n\sqrt{n+1}}\right|=3$，$x=-3$ 时，级数 $\sum\limits_{n=1}^{\infty}\dfrac{3}{\sqrt{n}}$ 发散；$x=3$ 时，级数 $\sum\limits_{n=1}^{\infty}\dfrac{3(-1)^n}{\sqrt{n}}$ 收敛.

(4) $\dfrac{\pi^2}{2}$　提示：$f(x)$ 在 $(-\pi,\pi)$ 满足狄利克莱条件，$f(x)$ 的傅里叶级数处处收敛. 由收敛定理可知，$f(x)$ 的傅里叶级数在 $x=\pi$ 处收敛于 $\dfrac{f(-\pi+0)+f(\pi-0)}{2}=\dfrac{-1+1+\pi^2}{2}=\dfrac{\pi^2}{2}$.

(5) $a_{2n-1}=0$，$b_{2n-1}=0$　提示：$a_n=\dfrac{1}{\pi}\int_{-\pi}^{\pi}f(x)\cos nx\,dx=\dfrac{1}{\pi}\int_{-\pi}^{0}f(x)\cos nx\,dx+\dfrac{1}{\pi}\int_0^{\pi}f(x)\cos nx\,dx$，因为 $\int_0^{\pi}f(x)\cos nx\,dx\xlongequal{令x=t+\pi}\int_{-\pi}^{0}f(t+\pi)\cos n(t+\pi)dt=\int_{-\pi}^{0}f(t)(-1)^n\cos nt\,dt=\int_{-\pi}^{0}f(x)(-1)^n\cos nx\,dx$ 所以 $a_n=\dfrac{1}{\pi}\int_{-\pi}^{0}[1+(-1)^n]f(x)\cos nx\,dx$. 从而 $a_{2n-1}=0$，同理 $b_{2n-1}=0$.

2. 选择题

(1) D.　提示：用莱布尼兹准则.

(2) A.　提示：$2|u_nv_n|\leqslant u_n^2+v_n^2$.

(3) C.　提示：用定义判断.

(4)C.　　提示：显然 $\sum_{n=1}^{\infty}(u_n+v_n)$ 收敛，用反证法可知 $\sum_{n=1}^{\infty}(u_n+v_n)$ 不会绝对收敛.

(5)B.　　提示：用反证法.

3. 计算题

(1) $s_n=\frac{1}{2}\left(1-\frac{1}{3}\right)+\frac{1}{2}\left(\frac{1}{3}-\frac{1}{5}\right)+\frac{1}{2}\left(\frac{1}{5}-\frac{1}{7}\right)+\cdots+\frac{1}{2}\left(\frac{1}{2n-1}-\frac{1}{2n+1}\right)=\frac{1}{2}\left(1-\frac{1}{2n+1}\right)$

(2)① $\sqrt{n^3+1}-\sqrt{n^3-1}=\dfrac{2}{\sqrt{n^3+1}+\sqrt{n^3-1}}$

因为

$$\lim_{n\to\infty}\frac{\sqrt{n^3+1}-\sqrt{n^3-1}}{\frac{1}{n\sqrt{n}}}=\lim_{n\to\infty}\frac{2n\sqrt{n}}{\sqrt{n^3+1}+\sqrt{n^3-1}}=1$$

而 $\sum_{n=1}^{\infty}\frac{1}{n\sqrt{n}}$ 收敛，所以级数 $\sum_{n=1}^{\infty}(\sqrt{n^3+1}-\sqrt{n^3-1})$ 收敛.

② 因为

$$\lim_{n\to\infty}\frac{a_{n+1}}{a_n}=\lim_{n\to\infty}\left(\frac{2}{n+1}\right)^{n+1}(n+1)!\bigg/\left(\frac{2}{n}\right)^n n!=\lim_{n\to\infty}\frac{2n^n}{(n+1)^n}=\lim_{n\to\infty}\frac{2}{\left(1+\frac{1}{n}\right)^n}=\frac{2}{\mathrm{e}}<1$$

所以，级数 $\sum_{n=1}^{\infty}\left(\frac{2}{n}\right)^n n!$ 收敛.

(3) $k>1$ 时，绝对收敛；$0<k\leqslant 1$ 时，条件收敛；$k\leqslant 0$ 时，发散.

(4) 因为

$$\int_0^{\frac{1}{n}}\frac{\sqrt{x}}{1+x^4}\mathrm{d}x<\int_0^{\frac{1}{n}}\sqrt{x}\,\mathrm{d}x=\frac{2}{3}\cdot\frac{1}{n^{\frac{3}{2}}}$$

且 $\sum_{n=1}^{\infty}\frac{1}{n^{\frac{3}{2}}}$ 收敛，所以 $\sum_{n=1}^{\infty}\int_0^{\frac{1}{n}}\frac{\sqrt{x}}{1+x^4}\mathrm{d}x$ 收敛.

(5)
$$f(x)=\frac{1}{x^2+3x+2}=\frac{1}{(x+1)(x+2)}=\frac{1}{x+1}-\frac{1}{x+2}=\frac{1}{(x+4)-3}-\frac{1}{(x+4)-2}=$$
$$\frac{1}{2}\cdot\frac{1}{1-\frac{x+4}{2}}-\frac{1}{3}\cdot\frac{1}{1-\frac{x+4}{3}}=\frac{1}{2}\sum_{n=0}^{\infty}\left(-\frac{x+4}{2}\right)^n-\frac{1}{3}\sum_{n=0}^{\infty}\left(-\frac{x+4}{3}\right)^n=$$
$$\sum_{n=0}^{\infty}(-1)^n\frac{(x+4)^n}{2^{n+1}}+\sum_{n=0}^{\infty}(-1)^{n+1}\frac{(x+4)^{n+1}}{3^{n+1}},\quad -6<x<-2$$

(6) 因为 $\lim_{n\to\infty}\left|\frac{a_{n+1}}{a_n}\right|=\lim_{n\to\infty}\frac{n2^n}{(n+1)2^{n+1}}=\frac{1}{2}$，所以收敛半径 $R=2$.

当 $x=2$ 时，$\sum_{n=1}^{\infty}\frac{2^{n-1}}{n2^n}=\sum_{n=1}^{\infty}\frac{1}{2n}$ 发散；当 $x=-2$ 时，$\sum_{n=1}^{\infty}\frac{(-1)^{n-1}2^{n-1}}{n2^n}=\sum_{n=1}^{\infty}\frac{(-1)^{n-1}}{2n}$ 收敛.
所以级数的收敛域为 $[-2,2)$.

设 $s(x)=\sum_{n=1}^{\infty}\frac{x^{n-1}}{n2^n}$，则 $xs(x)=\sum_{n=1}^{\infty}\frac{1}{n}\left(\frac{x}{2}\right)^n$，求导得

$$[xs(x)]'=\left[\sum_{n=1}^{\infty}\frac{1}{n}\left(\frac{x}{2}\right)^n\right]'=\sum_{n=1}^{\infty}\left[\frac{1}{n}\left(\frac{x}{2}\right)^n\right]'=\frac{1}{2}\sum_{n=1}^{\infty}\left(\frac{x}{2}\right)^{n-1}=\frac{1}{2}\cdot\frac{1}{1-\frac{x}{2}}=\frac{1}{2-x}$$

两边积分得

$$xs(x)=-\ln(2-x)+\ln 2$$

当 $x\neq 0$ 时，$s(x)=-\dfrac{\ln\left(1-\frac{x}{2}\right)}{x}$；当 $x=0$ 时，$s(0)=\frac{1}{2}$. 所以

$$\sum_{n=1}^{\infty}=\frac{1}{n2^n}x^{n-1}=\begin{cases}-\dfrac{\ln\left(1-\frac{x}{2}\right)}{x}, & -2\leqslant x<0,\text{或}\ 0<x<2\\ \dfrac{1}{2}, & x=0\end{cases}$$

4. 证明题

提示:因为级数$\sum_{n=1}^{\infty}(-1)^n 2^n a_n$收敛,所以$\lim_{n\to\infty}(-1)^n 2^n a_n=0$,有$\lim_{n\to\infty}2^n|a_n|=0$. 从而存在$M>0$及正整数$N$,当$n>N$时,$2^n|a_n|<M$,即$|a_n|<\frac{M}{2^n}$. 而$\sum_{n=1}^{\infty}\frac{M}{2^n}$收敛,所以$\sum_{n=1}^{\infty}|a_n|$收敛.

5. 综合题

因为数列$\{a_n\}$单减,且$a_n\geqslant 0$,所以$\lim_{n\to\infty}a_n=a$存在,且$a\geqslant 0$. 又因为$\sum_{n=1}^{\infty}(-1)^n a_n$发散,所以$a>0$.

$$\lim_{n\to\infty}\sqrt[n]{u_n}=\lim_{n\to\infty}\sqrt[n]{\left(\frac{1}{a_n+1}\right)^n}=\lim_{n\to\infty}\frac{1}{a_n+1}=\frac{1}{a+1}<1$$

由根值收敛法则知,$\sum_{n=1}^{\infty}\left(\frac{1}{a_n+1}\right)^n$收敛.

(二) 考研模拟训练题答案与提示

1. 填空题

(1) 发散　提示:$\sum_{n=1}^{\infty}\frac{\sin 2n}{n^2}$绝对收敛,$\sum_{n=1}^{\infty}\frac{1}{\sqrt{n}}$发散.

(2)$(-2,4)$　提示:因为$\lim_{n\to\infty}\frac{(n+1)a_{n+1}}{na_n}=\lim_{n\to\infty}\frac{n+1}{n}\lim_{n\to\infty}\frac{a_{n+1}}{a_n}=\frac{1}{3}$,所以$\sum_{n=0}^{\infty}na_n(x-1)^{n+1}$的收敛半径也是3,从而$\sum_{n=0}^{\infty}na_n(x-1)^{n+1}$的收敛区间为$(-2,4)$.

(3) 提示:
$$a_n^*=\frac{1}{\pi}\int_{-\pi}^{\pi}f(x+h)\cos nx\,\mathrm{d}x=\frac{1}{\pi}\int_{-\pi}^{\pi}f(x+h)\cos[n(x+h)-nh]\mathrm{d}x=$$
$$\frac{1}{\pi}\int_{-\pi}^{\pi}f(x+h)\cos nh\cos n(x+h)\mathrm{d}x+\frac{1}{\pi}\int_{-\pi}^{\pi}f(x+h)\sin nh\sin n(x+h)\mathrm{d}x=$$
$$a_n\cos nh+b_n\sin nh$$

同理$b_n^*=b_n\cos nh-a_n\sin nh$.

(4)$a_2=\frac{2}{\pi}\int_0^{\pi}x^2\cos 2x\,\mathrm{d}x=1$

(5)
$$f(x)=\frac{1}{x(x-1)}=\frac{1}{x-1}-\frac{1}{x}=\frac{1}{2}\cdot\frac{1}{1+\frac{x-3}{2}}-\frac{1}{3}\cdot\frac{1}{1+\frac{x-3}{3}}=$$
$$\frac{1}{2}\sum_{n=0}^{\infty}(-1)^n\left(\frac{x-3}{2}\right)^n-\frac{1}{3}\sum_{n=0}^{\infty}(-1)^n\left(\frac{x-3}{3}\right)^n=$$
$$\sum_{n=0}^{\infty}(-1)^n\left(\frac{1}{2^{n+1}}-\frac{1}{3^{n+1}}\right)(x-3)^n,\quad 1<x<5$$

2. 选择题

(1)A.　提示:$\sum_{n=1}^{\infty}a_{2n}$为收敛的正项级数. 因为$\lim_{n\to\infty}\frac{\left|(-1)^n\left(n\tan\frac{\lambda}{n}\right)a_{2n}\right|}{a_{2n}}=\lim_{n\to\infty}n\tan\frac{\lambda}{n}=\lambda$,所以,$\sum_{n=1}^{\infty}(-1)^n\left(n\tan\frac{\lambda}{n}\right)a_{2n}$绝对收敛.

(2)B.　提示:$\sum_{n=0}^{\infty}a_n(x-1)^n$是$x-1$的幂级数,它的收敛区间是以$x=1$为中心的对称区间. 由阿贝尔定理知,若$\sum_{n=0}^{\infty}a_n(x-x_0)^n$在$x=x_1$收敛,则在$|x-x_0|<|x_1-x_0|$的点$x$处,$\sum_{n=0}^{\infty}a_n(x-x_0)^n$必绝对收

敛. 在本题中,凡满足不等式 $|x-1|<|-1-1|=2$ 的点 x 处,$\sum_{n=0}^{\infty}a_n(x-1)^n$ 必绝对收敛,即 $x\in(-1,3)$ 时级数绝对收敛. 今 $x=2\in(-1,3)$,故 $\sum_{n=0}^{\infty}a_n(x-x_0)^n$ 在 $x=2$ 绝对收敛.

(3)D. 提示:收敛级数加括号后仍收敛.

(4)C. 提示:因为 $\sum_{n=1}^{\infty}(-1)^n\frac{n+k}{n^2}=\sum_{n=1}^{\infty}(-1)^n\frac{1}{n}+\sum_{n=1}^{\infty}(-1)^n\frac{k}{n^2}$,且 $\sum_{n=1}^{\infty}(-1)^n\frac{1}{n}$ 条件收敛,而 $\sum_{n=1}^{\infty}(-1)^n\frac{k}{n^2}$ 绝对收敛,所以 $\sum_{n=1}^{\infty}(-1)^n\frac{n+k}{n^2}$ 条件收敛.

3. 计算题

(1) 提示:$f(x)=-\sin x-\frac{1}{n}\cos x$; $I_n=-\frac{1}{n}$; $\sum_{n=1}^{\infty}\frac{I_n}{4^{n+1}}=-\sum_{n=1}^{\infty}\frac{1}{n4^{n+1}}=\frac{1}{4}\ln\frac{3}{4}$

(2) 提示:$u_n=2\left(\frac{1}{n+1}-\frac{1}{n+2}\right)$

(3)$f(x)=\ln x+\ln(3-x)=\ln[1+(x-1)]+\ln[2-(x-1)]=$

$$\ln 2+\sum_{n=1}^{\infty}(-1)^{n-1}\frac{(x-1)^n}{n}+\sum_{n=1}^{\infty}(-1)^{2n-1}\frac{(x-1)^n}{n2^n}=$$

$$\ln 2+\sum_{n=1}^{\infty}\left[(-1)^{n-1}-\frac{1}{2^n}\right]\frac{(x-1)^n}{n},\quad 0<x\leqslant 2$$

(4) 因为 $\sin x=x-\frac{x^3}{3!}+\frac{x^5}{5!}-\cdots+(-1)^n\frac{x^{2n+1}}{(2n+1)!}+\cdots,\quad -\infty<x<+\infty$

$$\frac{\sin x}{x}=1-\frac{x^2}{3!}+\frac{x^4}{5!}-\cdots+(-1)^n\frac{x^{2n}}{(2n+1)!}+\cdots,\quad x\neq 0$$

所以
$$f(x)=1-\frac{x^2}{3!}+\frac{x^4}{5!}-\cdots+(-1)^n\frac{x^{2n}}{(2n+1)!}+\cdots,\quad -\infty<x<+\infty$$

从而
$$f^{(2m-1)}(0)=0,\quad f^{(2m)}(0)=\frac{(-1)^m}{2m+1},\quad m=1,2,3,\cdots$$

4. 证明题

(1) 提示:$|u_{n+1}-u_n|=|f(u_n)-f(u_{n-1})|=|f'(\xi_1)||u_n-u_{n-1}|\leqslant\cdots\leqslant q^n|u_1-u_0|$

(2) 提示:$\frac{1}{n}(a_n+a_{n+2})=\frac{1}{n}\int_0^{\frac{\pi}{4}}\tan^n x(1+\tan^2 x)\mathrm{d}x=\frac{1}{n}\int_0^{\frac{\pi}{4}}\tan^n x\sec^2 x\mathrm{d}x=$

$$\frac{1}{n(n+1)}\tan^{n+1}x\Big|_0^{\frac{\pi}{4}}=\frac{1}{n(n+1)}$$

因为
$$\lim_{n\to\infty}s_n=\lim_{n\to\infty}\sum_{k=1}^{n}\frac{1}{k}(a_k+a_{k+2})=\lim_{n\to\infty}\sum_{k=1}^{n}\frac{1}{k(k+1)}=\lim_{n\to\infty}\left(1-\frac{1}{n+1}\right)=1$$

所以
$$\sum_{k=1}^{\infty}\frac{1}{k}(a_k+a_{k+2})=1$$

附　录

附录一　高等数学(上)期末考试模拟试题及参考答案

(一) 试题(总分 100 分)

一、填空．(每题 2 分，共 20 分)

1. 设函数 $f(x)$ 的定义域是 $[0,1)$，则函数 $f(\ln x)$ 的定义域是________.

2. 若函数 $f(x)=\begin{cases} x^2\sin\dfrac{1}{x}, x\neq 0 \\ a, \quad x=0 \end{cases}$ 在 $x=0$ 连续，则常数 $a=$________.

3. 若函数 $f(x)$ 满足 $f(0)=0, f'(0)=2$，则 $\lim\limits_{x\to 0}\dfrac{f(x)}{x}=$________.

4. 曲线 $\begin{cases} x=1+t^2 \\ y=t^3 \end{cases}$ 在 $t=2$ 处的切线方程是________.

5. 设函数 $f(x)=\arctan e^x$，则 $\mathrm{d}f(x)=$________.

6. 函数 $y=xe^{-x}$ 的单调增加区间是________.

7. $\displaystyle\int_{-\frac{\pi}{3}}^{\frac{\pi}{3}}\frac{\sin x+x}{\cos x}\mathrm{d}x=$________.

8. $\displaystyle\int[f(x)+xf'(x)]\mathrm{d}x=$________.

9. 微分方程 $y'=2y$ 的通解是________.

10. 曲线 $y=\cos x(0\leqslant x\leqslant\dfrac{\pi}{2})$ 及 x 轴、y 轴所围成的平面图形绕 y 轴旋转一周所产生的旋转体的体积可用定积分表示为________.

二、单项选择题．(每题 2 分，共 10 分)

1. 当 $x\to$(　　)时，$y=\dfrac{x^2-1}{x(x-1)}$ 为无穷大量．

A. 1　　B. 0　　C. $+\infty$　　D. $-\infty$

2. 设函数 $f(x)$ 的导函数为 $\ln x$，且 $f(1)=0$，则 $f(x)=$(　　).

A. $x\ln x$　　B. $x\ln x-x$　　C. $x\ln x-x+1$　　D. $x\ln x+x-1$

3. 若 $\displaystyle\int_0^2 xf(x^2)\mathrm{d}x=\frac{1}{2}\int_0^a f(x)\mathrm{d}x$，则常数 $a=$(　　).

A. $\dfrac{1}{2}$　　B. 1　　C. 2　　D. 4

4. 设函数 $f(x)=\displaystyle\int_0^x(t^2-t)\mathrm{d}t$，则 $x=0$ 是 $f(x)$ 的(　　).

A. 极大点　　B. 极小点　　C. 拐点　　D. 非极值点的驻点

5. 函数 $f(x)$ 在 $x=0$ 处可导的充分必要条件是(　　).

A. $f(x)$ 在 $x=0$ 处连续　　B. $f(x)-f(0)=Ax+o(x)$，其中 A 是常数

C. $f'_+(0)$ 与 $f'_-(0)$ 存在　　D. $\lim\limits_{x\to 0}f'(x)$ 存在

三、解答下列各题.(每题 5 分,共 30 分)

1. $\lim\limits_{x\to1}\left(\dfrac{3}{1-x^3}-\dfrac{1}{1-x}\right)$.　　2. $\lim\limits_{x\to0}\dfrac{\int_0^x te^{-t}\mathrm{d}t}{x}$

3. $y=x\arcsin\dfrac{x}{3}+\sqrt{9-x^2}$,求 y'.　　4. 求由方程 $xe^y-y-1=0$ 所确定的隐函数的二阶导数 $\dfrac{\mathrm{d}^2y}{\mathrm{d}x^2}$.

5. 求不定积分 $\int\dfrac{\cot x}{\sin x+1}\mathrm{d}x$.　　6. $\int_0^{\ln2}\sqrt{e^x-1}\,\mathrm{d}x$.

四、计算反常积分 $\int_1^{+\infty}\dfrac{\arctan x}{x^2}\mathrm{d}x$.(5 分)

五、求微分方程 $y''-4y'+3y=2e^x$ 的通解.(10 分)

六、试确定 a,b,c 的值,使 $y=x^3+ax^2+bx+c$ 在点 $(1,-1)$ 处有拐点,且在 $x=0$ 处有极大值为 1,并求此函数的极小值.(7 分)

七、在曲线族 $y=a(1-x^2)\ (a>0)$ 中,试求一条曲线,使这条曲线与它在点 $(-1,0)$ 及点 $(1,0)$ 处的两条法线所围成的图形的面积为最小.(8 分)

八、证明:(每题 5 分,共 10 分)

1. 设函数 $f(x)$ 在 $[0,1]$ 上连续,且 $0<f(x)<1$,判断方程 $2x-\int_0^x f(t)\mathrm{d}t=1$ 在 $(0,1)$ 内有几个实根?并证明你的结论.

2. 设 $f(x)$ 在 $[0,1]$ 上可微,且满足 $f(1)=2\int_0^{\frac{1}{2}}xf(x)\mathrm{d}x$,试证:存在点 $\xi\in(0,1)$,使 $f(\xi)+\xi f'(\xi)=0$.

(二) 参考答案

一、填空题.(每题 2 分,共 20 分)

1. $1\leqslant x<e$　　2. 0　　3. 2

4. $3x-y-7=0$ 或 $y-8=3(x-5)$　　5. $\dfrac{e^x}{1+e^{2x}}\mathrm{d}x$　　6. $(-\infty,1)$

7. 0　　8. $xf(x)+C$(漏写 C 得 1 分)　　9. $y=Ce^{2x}$　　10. $\int_0^1\pi(\arccos y)^2\mathrm{d}y$

二、单项选择题.(每题 2 分,共 10 分)

1. B　2. C　3. D　4. A　5. B

三、解答下列各题:(每题 5 分,共 30 分)

1. $\lim\limits_{x\to1}\left(\dfrac{3}{1-x^3}-\dfrac{1}{1-x}\right)=\lim\limits_{x\to1}\dfrac{3-(1+x+x^2)}{1-x^3}=\lim\limits_{x\to1}\dfrac{2-x-x^2}{1-x^3}=\lim\limits_{x\to1}\dfrac{2+x}{1+x+x^2}=1$

2. $\lim\limits_{x\to0}\dfrac{\int_0^x te^{-1}\mathrm{d}t}{x}=\lim\limits_{x\to0}\dfrac{(\int_0^x te^{-1}\mathrm{d}t)'}{x'}=\lim\limits_{x\to0}\dfrac{xe^{-x}}{1}=0$

3. $y'=\arcsin\dfrac{x}{3}+x\dfrac{\frac{1}{3}}{\sqrt{1-\frac{x^2}{9}}}-\dfrac{-2x}{2\sqrt{9-x^2}}=\arcsin\dfrac{x}{3}$

4. 方程两边同时对 x 求导,则有 $e^y+xe^y\dfrac{\mathrm{d}y}{\mathrm{d}x}-\dfrac{\mathrm{d}y}{\mathrm{d}x}=0$,解得

$$\frac{\mathrm{d}y}{\mathrm{d}x}=\frac{e^y}{1-xe^y}$$

再对 x 求导得　$\dfrac{\mathrm{d}^2y}{\mathrm{d}x^2}=\dfrac{e^y\dfrac{\mathrm{d}y}{\mathrm{d}x}(1-xe^y)-e^y\left(-e^y-xe^y\dfrac{\mathrm{d}y}{\mathrm{d}x}\right)}{(1-xe^y)^2}=\dfrac{e^{2y}(2-xe^y)}{(1-xe^y)^3}=\dfrac{(y-1)e^{2y}}{y^3}$

5. $\int\frac{\cot x}{\sin x+1}dx=\int\frac{\cos x}{\sin x(\sin x+1)}dx=\int(\frac{1}{\sin x}-\frac{1}{\sin x+1})d\sin x=$

$$\ln|\sin x|-\ln|\sin x+1|+C=\ln\left|\frac{\sin x}{\sin x+1}\right|+C$$

6. 令 $\sqrt{e^x-1}=t$，则 $x=\ln(t^2+1)$

$$\int_0^{\ln 2}\sqrt{e^x-1}\,dx=\int_0^1 t\frac{2t}{t^2+1}dt=2\int_0^1(1-\frac{1}{t^2+1})dt=2(t-\arctan t)\Big|_0^1=2-\frac{\pi}{2}$$

四、解(5分)

$$\int_1^{+\infty}\frac{\arctan x}{x^2}dx=-\int_1^{+\infty}\arctan x\,d\frac{1}{x}=-\frac{1}{x}\arctan x\Big|_1^{+\infty}+\int_1^{+\infty}\frac{1}{x}\cdot\frac{1}{1+x^2}dx=$$

$$\frac{\pi}{4}+\int_1^{+\infty}(\frac{1}{x}-\frac{x}{1+x^2})dx=\frac{\pi}{4}+\ln\frac{x}{\sqrt{1+x^2}}\Big|_1^{+\infty}=\frac{1}{2}\ln 2+\frac{\pi}{4}$$

五、解(10分)

原微分方程对应的齐次方程　　$y''-4y'+3y=0$

其特征方程是 $r^2-4r+3=0$，解得　　$r_1=1,\quad r_2=3$

齐次方程 $y''-4y'+3y=0$ 的通解为　　$Y=C_1e^x+C_2e^{3x}$

考虑自由项 $2e^x$，$\lambda=1$ 是特征方程的单根，设特解　　$y^*=axe^x$

把它代入原方程，解得 $a=-1$，特解

$$y^*=-xe^x$$

原方程的通解是　　$y=C_1e^x+C_2e^{3x}-xe^x$

六、解(7分)　因为　　$y'=3x^2+2ax+b,\quad y''=6x+2a$

由题意 $\begin{cases}1+a+b+c=-1\\c=1\\6+2a=0\end{cases}$，可解得 $a=-3,b=0,c=1$

令 $y'=3x^2-6x=3x(x-2)=0$，解得驻点 $x=0,x=2$

因为 $y''(2)=6>0$，所以当 $x=2$ 时函数有极小值 -3.

七、解(8分)

因为 $y'=-2ax$，所以曲线在点(1,0)的法线方程为　　$y=\frac{1}{2a}(x-1)$

根据所围图形的对称性，其面积为

$$S=2\int_0^1\left[a(1-x^2)-\frac{1}{2a}(x-1)\right]dx=\frac{4a}{3}+\frac{1}{2a}$$

令 $\frac{dS}{da}=\frac{4}{3}-\frac{1}{2a^2}=0$ 得　　$a=\frac{\sqrt{6}}{4}$

又 $\frac{d^2S}{da^2}=\frac{1}{a^3}>0$，所以当 $a=\frac{\sqrt{6}}{4}$ 时，所围图形的面积最小，此时曲线方程为 $y=\frac{\sqrt{6}}{4}(1-x^2)$.

八、证明：(每题5分，共10分)

1. 证明：方程 $2x-\int_0^x f(t)dt=1$ 在(0,1)内有且仅有一个实数根.

设函数 $F(x)=2x-\int_0^x f(t)dt-1$，则 $F(x)$ 在[0,1]上连续，在(0,1)内可导，且有 $F(0)=-1<0$，

$F(1)=1-\int_0^1 f(t)dt>0$（因为 $0<f(x)<1$）

由零点定理知方程 $2x-\int_0^x f(t)dt=1$ 在(0,1)内至少有一个实数根.

又 $F'(x)=2-f(x)>0$，所以函数 $F(x)$ 在(0,1)内单调增加，方程 $2x-\int_0^x f(t)dt=1$ 在(0,1)内至多

有一个实数根.

综上所述,可知方程 $2x-\int_0^x f(t)\mathrm{d}t=1$ 在 $(0,1)$ 内有且仅有一个实数根.

2.证明:构造函数 $F(x)=xf(x)$,则 $F(x)$ 在 $[0,1]$ 上连续,在 $(0,1)$ 内可微,

$$F(1)=f(1)$$

$f(1)=2\int_0^{\frac{1}{2}}F(x)\mathrm{d}x=2F(\eta)\cdot\frac{1}{2}=F(\eta)$(其中 $0<\eta<\frac{1}{2}$,积分中值定理)

在区间 $[\eta,1]$ 上应用罗尔中值定理,存在点 $\xi\in(\eta,1)\in(0,1)$ 使

$$f(\xi)+\xi f'(\xi)=0$$

附录二　高等数学(下)期末考试模拟试题及参考答案

(一) 试题(总分 100 分)

一、填空题.(每题 2 分,共 20 分)

1. $\lim\limits_{\substack{x\to0\\y\to0}}(1+xy)^{\frac{1}{x}}=$ ________.

2. 函数 $z=\sin(x+y^2)$ 的全微分 $\mathrm{d}z=$ ________.

3. 曲面 $\mathrm{e}^z-z+xy=3$ 在点 $(2,1,0)$ 的法线方程为________.

4. 在直角坐标系下交换积分次序:$\int_0^1\mathrm{d}y\int_{2y}^2 f(x,y)\mathrm{d}x=$ ________.

5. 设 D 为圆域:$x^2+y^2\leqslant a^2$(常数 $a>0$),则二重积分 $\iint\limits_D(x^2+y^2)\mathrm{d}\sigma=$ ________.

6. 设 Ω 为半球域:$x^2+y^2+z^2\leqslant1,z\geqslant0$,则三重积分 $\iiint\limits_\Omega\mathrm{d}V=$ ________.

7. 设 L 是从 $A(1,0)$ 到 $B(-1,2)$ 的线段,则曲线积分 $\int_L(x+y)\mathrm{d}s=$ ________.

8. 已知级数 $\sum\limits_{n=1}^{\infty}u_n=3$,则 $\lim\limits_{n\to\infty}(u_1+u_2+\cdots u_n)=$ ________.

9. 设 $f(x)$ 是周期为 2π 的周期函数,它在 $[-\pi,\pi]$ 上的表达式为 $f(x)=\begin{cases}-1, & -\pi\leqslant x<0\\1+x, & 0\leqslant x<\pi\end{cases}$,则其傅里叶级数在点 $x=0$ 收敛于________.

10. 与向量 $\{6,-7,6\}$ 方向相反的单位向量是________.

二、解答下列各题.(本题 14 分)

1. 已知 $z=f(\frac{x}{y},\mathrm{e}^x)$,$f$ 具有二阶连续偏函数,求 $\frac{\partial z}{\partial x}$ 与 $\frac{\partial^2 z}{\partial x\partial y}$.(6 分)

2. 求抛物面 $z=x^2+y^2$ 到平面 $x+y+z+1=0$ 的最短距离.(8 分)

三、利用格林公式计算曲线积分:$\int_L(1+2xy)\mathrm{d}x+(y^2+2x+x^2)\mathrm{d}y$,其中 L 为从点 $A(4,0)$ 沿上半圆 $y=\sqrt{4x-x^2}$ 到 $O(0,0)$ 的一段弧.(10 分)

四、计算曲面积分 $\iint\limits_\Sigma(z+2x)\mathrm{d}y\mathrm{d}z+z\mathrm{d}x\mathrm{d}y$,其中 Σ 是曲面 $z=x^2+y^2(0\leqslant z\leqslant1)$ 的外侧.(10 分)

五、解答下列各题:(本题 18 分)

1. 判断级数 $\sum\limits_{n=1}^{\infty}(\frac{1}{n}+\frac{\sin a}{n^2})$ 的收敛性(a 为常数).(5 分)

2. 将函数 $f(x)=\frac{1}{2-x}$ 展开为 x 的幂级数.(5 分)

3. 求幂级数 $\sum_{n=1}^{\infty}\frac{(x-1)^n}{n}$ 的收敛域，并求它在收敛域内的和函数.(8 分)

六、1. 判断直线 $L:\frac{x-5}{2}=\frac{y+3}{-2}=\frac{z-4}{3}$ 与平面 $\pi:x+2y-5z+3=0$ 的相对位置关系.(4 分)

2. 求与两直线 $L_1:\begin{cases}x=1\\y=t+1\\z=t-2\end{cases}$，$L_2:\frac{x-2}{1}=\frac{y+1}{-2}=\frac{z-1}{3}$ 都平行且过原点的平面方程.(8 分)

七、设曲线积分 $\int_L[f(x)-e^x]\sin y\mathrm{d}x-f(x)\cos y\mathrm{d}y$ 与路径无关，其中 $f(x)$ 一阶连续可导，且 $f(0)=0$，求 $f(x)$.(10 分)

八、证明题:(6 分)

设函数 $f(x)$ 在$[0,1]$上连续，且 $\int_0^1 f(x)\mathrm{d}x=A$，求证：$\int_0^1\mathrm{d}x\int_x^1 f(x)f(y)\mathrm{d}y=\frac{1}{2}A^2$.

(二) 参考答案

一、填空题.(每题 2 分，共 20 分)

1. 1　2. $\cos(x+y^2)(\mathrm{d}x+2y\mathrm{d}y)$　3. $\frac{x-2}{1}=\frac{y-1}{2}=\frac{z}{0}$　4. $\int_0^2\mathrm{d}x\int_0^{\frac{x}{2}}f(x,y)\mathrm{d}y$　5. $\frac{\pi a^4}{2}$　6. $\frac{2\pi}{3}$　7. $2\sqrt{2}$　8. 3　9. 0　10. $\left\{-\frac{6}{11},\frac{7}{11},-\frac{6}{11}\right\}$

二、解答下列各题.(本大题 14 分，第 1 小题 6 分，第 2 小题 8 分)

1. 解　$\frac{\partial z}{\partial x}=\frac{1}{y}f'_1+e^x f'_2$

$\frac{\partial^2 z}{\partial x\partial y}=-\frac{1}{y^2}f'_1+\frac{1}{y}f''_{11}(-\frac{x}{y^2})+e^x f''_{21}(-\frac{x}{y^2})=-\frac{1}{y^2}f'_1-\frac{x}{y^2}(\frac{1}{y}f''_{11}+e^x f''_{21})$

2. 解　方法一:(拉格朗日乘数法)

设抛物面上任意点(x,y,z)到平面 $x+y+z+1=0$ 的距离为 $d=\frac{|x+y+z+1|}{\sqrt{3}}$，令 $D=(x+y+z+1)^2$，构造拉格朗日函数

$$L(x,y,z)=(x+y+z+1)^2+\lambda(x^2+y^2-z)$$

令

$$L_x=2(x+y+z+1)+2\lambda x=0$$
$$L_y=2(x+y+z+1)+2\lambda y=0$$
$$L_z=2(x+y+z+1)-\lambda=0$$

以及

$$x^2+y^2-z=0$$

解得 $x=y=-\frac{1}{2}$，$z=\frac{1}{2}$ 时 $D=(x+y+z+1)^2$ 取最小值，从而 d 取最小值，这时抛物面到平面 $x+y+z+1=0$ 的最短距离为 $d=\frac{\sqrt{3}}{6}$.

方法二：抛物面上任意点(x,y,z)处的切平面的法向量为

$$\boldsymbol{n}=(f_x,f_y,-1)=(2x,2y,-1)$$

平面 $x+y+z+1=0$ 的法向量为　$\boldsymbol{n}=(1,1,1)$

令 $\frac{2x}{1}=\frac{2y}{1}=\frac{-1}{1}$，得 $x=y=-\frac{1}{2}$，这时 $z=\frac{1}{2}$，

点$(-\frac{1}{2},-\frac{1}{2},\frac{1}{2})$到平面的距离即为所求最短距离，为 $d=\frac{\sqrt{3}}{6}$.

三、解(本题 10 分)

令 $P = 1 + 2xy, Q = y^2 + 2x + x^2$，则

$$\frac{\partial P}{\partial y} = 2x, \frac{\partial Q}{\partial x} = 2x + 2$$

取 L_1 为点 $O(0,0)$ 到点 $A(4,0)$ 的直线段，D 为由 L 和 L_1 围成的闭区域，由格林公式

$$\int_{L+L_1}(1+2xy)\mathrm{d}x + (y^2+2x+x^2)\mathrm{d}y = \iint_D\left(\frac{\partial Q}{\partial x} - \frac{\partial P}{\partial y}\right)\mathrm{d}x\mathrm{d}y = \iint_D 2\mathrm{d}x\mathrm{d}y = 2\times 2\pi = 4\pi$$

而
$$\int_{L_1}(1+2xy)\mathrm{d}x + (y^2+2x+x^2)\mathrm{d}y = \int_0^4 \mathrm{d}x = 4$$

所以
$$\int_L (1+2xy)\mathrm{d}x + (y^2+2x+x^2)\mathrm{d}y = 4\pi - 4$$

四、解（本题 10 分）

令 $P = z + 2x, Q = 0, R = z$，则 $\frac{\partial P}{\partial x} = 2, \frac{\partial Q}{\partial y} = 0, \frac{\partial R}{\partial z} = 1$

取 Σ_1 为平面 $z = 1(x^2+y^2 \leqslant 1)$ 的上侧，Ω 为 Σ 和 Σ_1 围成的闭区域，由高斯公式

$$\iint_{\Sigma+\Sigma_1}(z+2x)\mathrm{d}y\mathrm{d}z + z\mathrm{d}x\mathrm{d}y = \iiint_\Omega\left(\frac{\partial P}{\partial x} + \frac{\partial Q}{\partial y} + \frac{\partial R}{\partial z}\right)\mathrm{d}V = \iiint_\Omega 3\mathrm{d}V = 3\int_0^{2\pi}\mathrm{d}\theta\int_0^1 r\mathrm{d}r\int_{r^2}^1\mathrm{d}z = \frac{3}{2}\pi$$

而
$$\iint_{\Sigma_1}(z+2x)\mathrm{d}y\mathrm{d}z + z\mathrm{d}x\mathrm{d}y = \iint_{x^2+y^2\leqslant 1} 1\mathrm{d}x\mathrm{d}y = \pi$$

所以
$$\iint_\Sigma (z+2x)\mathrm{d}y\mathrm{d}z + z\mathrm{d}x\mathrm{d}y = \frac{3}{2}\pi - \pi = \frac{\pi}{2}$$

五、解答下列各题：（本大题 18 分，第 1，2 小题各 5 分，第 2 小题 8 分）

1. 解　级数 $\sum_{n=1}^{\infty}\frac{1}{n}$ 是发散的调和级数，对于级数 $\sum_{n=1}^{\infty}\frac{\sin a}{n^2}$，因为 $\left|\frac{\sin a}{n^2}\right| \leqslant \frac{1}{n^2}$，而 $\sum_{n=1}^{\infty}\frac{1}{n^2}$ 是收敛级数，所以级数 $\sum_{n=1}^{\infty}\left|\frac{\sin a}{n^2}\right|$ 收敛，从而级数 $\sum_{n=1}^{\infty}\frac{\sin a}{n^2}$ 绝对收敛，因而级数 $\sum_{n=1}^{\infty}\left(\frac{1}{n} + \frac{\sin a}{n^2}\right)$ 发散.

2. 解　$\frac{1}{2-x} = \frac{1}{2}\frac{1}{1-\frac{x}{2}} = \frac{1}{2}\left(1 + \frac{x}{2} + \frac{x^2}{2^2} + \cdots + \frac{x^n}{2^n} + \cdots\right) = \frac{1}{2} + \frac{x}{2^2} + \frac{x^2}{2^3} + \cdots + \frac{x^n}{2^{n+1}} + \cdots$

$(-2 < x < 2)$

3. 解　令 $x - 1 = y$，考虑级数 $\sum_{n=1}^{\infty}\frac{y^n}{n}$，其收敛半径为 $R = \lim_{n\to\infty}\frac{\frac{1}{n}}{\frac{1}{n+1}} = 1$

当 $y = -1$ 时，级数 $\sum_{n=1}^{\infty}\frac{(-1)^n}{n}$ 收敛；当 $y = 1$ 时，级数 $\sum_{n=1}^{\infty}\frac{1}{n}$ 发散，

所以收敛域为 $[-1,1)$，原级数 $\sum_{n=1}^{\infty}\frac{(x-1)^n}{n}$ 的收敛域是 $[0,2)$.

设其和函数是 $s(y)$，则 $y \in [-1,1)$ 时，$s(y) = y + \frac{y^2}{2} + \frac{y^3}{3} + \cdots$

$$s'(y) = 1 + y + y^2 + y^3 + \cdots = \frac{1}{1-y}$$

所以
$$s(y) = \int_0^y \frac{1}{1-y}\mathrm{d}y = -\ln(1-y)$$

和函数为 $-\ln(2-x)$.

六、解（本题 12 分）

(1) L 与 π 相交但不垂直.

(2) 两直线的方向向量分别为　$\boldsymbol{s}_1 = \{0,1,1\}$，$\boldsymbol{s}_2 = \{1,-2,3\}$

所求平面的法向量为

$$\boldsymbol{n}=\boldsymbol{s}_1\times\boldsymbol{s}_2=\begin{vmatrix}\boldsymbol{i} & \boldsymbol{j} & \boldsymbol{k}\\ 0 & 1 & 1\\ 1 & -2 & 3\end{vmatrix}=\{5,1,-1\}$$

因为平面过原点，所以平面方程为

$$5x+y-z=0$$

七、解（本题10分）

令
$$P=[f(x)-\mathrm{e}^x]\sin y,\quad Q=-f(x)\cos y$$

则
$$\frac{\partial Q}{\partial x}=-f'(x)\cos y,\quad \frac{\partial P}{\partial y}=[f(x)-\mathrm{e}^x]\cos y$$

因曲线积分与路径无关，故有$\dfrac{\partial Q}{\partial x}=\dfrac{\partial P}{\partial y}$，即$-f'(x)\cos y=[f(x)-\mathrm{e}^x]\cos y$

化简为 $f'(x)+f(x)=\mathrm{e}^x$，是一阶线性非齐次微分方程，其通解为

$$y=\mathrm{e}^{-\int\mathrm{d}x}[C+\int\mathrm{e}^x\mathrm{e}^{\int\mathrm{d}x}\mathrm{d}x]=\mathrm{e}^{-x}[C+\frac{1}{2}\mathrm{e}^{2x}]$$

代入 $f(0)=0$，得 $C=-\dfrac{1}{2}$.

所以所求函数
$$f(x)=\frac{1}{2}(\mathrm{e}^x-\mathrm{e}^{-x})$$

八、证明（本题6分）

方法一：将累次积分 $I=\int_0^1\mathrm{d}x\int_x^1 f(x)f(y)\mathrm{d}y$ 表示成二重积分$\iint\limits_{D_1}f(x)f(y)\mathrm{d}x\mathrm{d}y$.

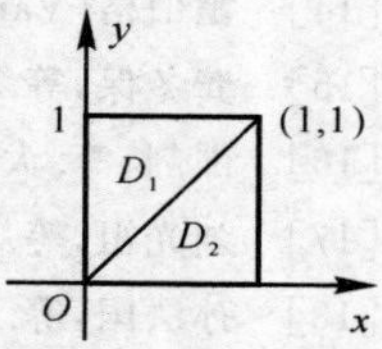

其中 D_1、D_2 如图，由于被积函数 $f(x)f(y)$ 关于 x,y 的对称性，

$$I=\iint\limits_{D_1}f(x)f(y)\mathrm{d}x\mathrm{d}y=\iint\limits_{D_2}f(x)f(y)\mathrm{d}x\mathrm{d}y$$

而
$$\iint\limits_{D_1+D_2}f(x)f(y)\mathrm{d}x\mathrm{d}y=\iint\limits_{D}f(x)f(y)\mathrm{d}x\mathrm{d}y=\int_0^1 f(x)\mathrm{d}x\int_0^1 f(y)\mathrm{d}y=A^2$$

所以 $I=\int_0^1\mathrm{d}x\int_x^1 f(x)f(y)\mathrm{d}y=\dfrac{1}{2}A^2$，证毕.

方法二：设 $F(x)=\int_0^x f(x)\mathrm{d}x$，则有　$F(0)=0,\quad F(1)=A$

$$I=\int_0^1\mathrm{d}x\int_x^1 f(x)f(y)\mathrm{d}y=\int_0^1 f(x)[\int_x^1 f(y)\mathrm{d}y]\mathrm{d}x=\int_0^1 f(x)[F(1)-F(x)]\mathrm{d}x=$$

$$\int_0^1 f(x)[A-F(x)]\mathrm{d}x=A^2-\int_0^1 F(x)\mathrm{d}F(x)=A^2-\frac{1}{2}F^2(x)\Big|_0^1=\frac{1}{2}A^2$$

参考文献

[1] 同济大学数学系.高等数学.6版.北京:高等教育出版社,2007.

[2] 高等学校工科数学课程教学指导委员会本科组.高等数学释疑解难.高等教育出版社,1992.

[3] 同济大学数学系.高等数学习题全解指南.6版.北京:高等教育出版社,2007.

[4] 霍伯格(Varberg,D.),等.CALCULUS.北京:机械工业出版社,2004.

[5] 龚冬保,等.数学考研典型题.西安:西安交通大学出版社,2002.

[6] 邵剑,等.大学数学考研专题复习.北京:科学出版社,2005.

[7] 刘光祖,等.大学数学辅导与考研指导.北京:科学出版社,2005.

[8] 孙法国,等.高等数学导教·导学·导考(上、下).西安:西北工业大学出版社,2006.

[9] 王景可.高等数学解题方法与技巧.3版.北京:中国林业出版社,2004.

[10] 李永乐,等.硕士研究生入学考试历年试题解析(数学一).国家行政学院出版社,2008.

[11] 同济大学数学系.高等数学.6版.北京:高等教育出版社,2007.

[12] 高等学校工科数学课程教学指导委员会本科组.高等数学释疑解难.高等教育出版社,1992.

[13] 同济大学数学系.高等数学习题全解指南.6版.北京:高等教育出版社,2007.

[14] 霍伯格(Varberg,D.),等.CALCULUS.北京:机械工业出版社,2004.

[15] 龚冬保,等.数学考研典型题.西安:西安交通大学出版社,2002.

[16] 邵剑,等.大学数学考研专题复习.北京:科学出版社,2005.

[17] 刘光祖,等.大学数学辅导与考研指导.北京:科学出版社,2005.

[18] 孙法国,等.高等数学导教·导学·导考(上、下).西安:西北工业大学出版社,2006.

[19] 王景可.高等数学解题方法与技巧.3版.北京:中国林业出版社,2004.

[20] 李永乐,等.硕士研究生入学考试历年试题解析(数学一).国家行政学院出版社,2008.